W0264148

HANDBUCH DER KATALYSE

HERAUSGEGEBEN

VON

G.-M. SCHWAB

ATHEN

VIERTER BAND:

HETEROGENE KATALYSE I

WIEN

SPRINGER-VERLAG

1943

HETEROGENE KATALYSE I

BEARBEITET VON

R. A. BEEBE · R. FRICKE · R. H. GRIFFITH
W. HUNSMANN · H. W. KOHLSCHÜTTER
M. STRAUMANIS · K.-E. ZIMENS

MIT 161 ABBILDUNGEN IM TEXT

WIEN

SPRINGER-VERLAG

1943

ISBN 978-3-642-52035-8   ISBN 978-3-642-52053-2 (eBook)

DOI 10.1007/978-3-642-52053-2

Vorwort.

Der vorliegende Band leitet die Behandlung der heterogenen Katalyse ein. Es entspricht der praktischen Bedeutung, der Entwicklungstendenz und der wissenschaftlichen Vielseitigkeit dieses Gebietes, daß es drei Bände, also fast die Hälfte des ganzen Handbuches, einnimmt. Das Hauptgewicht liegt dabei auf der Reaktionsbeschleunigung und Reaktionslenkung durch feste Katalysatoren. Flüssigkeiten und Gase in ihrem katalytischen Einfluß auf Umsetzungen in andern Phasen finden dabei an jeweils passender Stelle ihre Berücksichtigung. Dieses Vorgehen hat sich bewährt und entspricht der tatsächlichen Verteilung der Wichtigkeit und unserer gegenwärtigen Kenntnisse.

So kommt es, daß im Gegensatz zur homogenen Katalyse, wo unmittelbar mit der Betrachtung des chemischen Geschehens begonnen werden konnte, zunächst die Verhältnisse an den Grenzflächen fester Körper klargestellt werden müssen. Es ist ja heute allgemeiner bekannt, daß die chemischen Eigenschaften der Begrenzungsfläche eines festen Körpers keineswegs durch seine chemische Zusammensetzung eindeutig beschrieben sind, daß vielmehr Besonderheiten der Gitterausbildung, der Aufteilung, der Gestalt und des Feinbaus der Oberfläche wenigstens ebenso maßgebende Faktoren sind. Dem tragen die ersten vier Aufsätze Rechnung: Der erste behandelt eingehend die weittragenden Ergebnisse, die besonders die letzten Jahre über diese Fragen gezeitigt haben, sowie die großenteils modernen Methoden, mit denen sie erzielt wurden und die auch in Zukunft das Rüstzeug der Katalysator-Erforschung zu bilden haben. Der zweite rückt den Sonderfragen der Katalyse schon näher, indem er den porösen Körper einer eingehenden grundsätzlichen und methodischen Betrachtung unterzieht im Hinblick darauf, daß in fast allen praktischen Kontaktsubstanzen die Eigenschaften feiner Poren und die Vorgänge in ihnen eine wichtige Rolle spielen. Der dritte Aufsatz zieht, einen besonders wichtigen Gesichtspunkt des ersten nochmals heraushebend und spezialisierend, die Folgerungen, die sich aus der heutigen Theorie des Kristallwachstums für die aktiven Zentren der Katalysatoren ergeben, und der vierte endlich (vom Verfasser selbst in deutscher Sprache abgefaßt) gibt die praktischen Erfahrungen über Darstellung und Alterung von Katalysatoren wieder, in denen sich die vorher auseinandergelegten Gesichtspunkte auswirken.

Erst jetzt ist der Weg frei für die Darstellung des chemischen Geschehens an den so gekennzeichneten Festkörpern. Es kann nicht genug betont werden, daß Katalyse vor allem ein chemisches Problem ist und daß daher alle physikalischen Erkenntnisse darüber erst durch bestimmte Chemismen ihren Inhalt bekommen. Deshalb wird nun zunächst ein Überblick über die große Mannigfaltigkeit der anorganischen Katalyse gegeben. (Für die organische Katalyse ist das in weitestem Umfang in Band VII des Handbuches geschehen.) Naturnotwendig spiegelt sich auch in diesem Überblick nochmals die Wichtigkeit der Katalysator-Struktur wieder.

Vorwort.

Ehe dann die physikalische Chemie der Grenzflächenreaktionen selbst im einzelnen behandelt wird (Band V), ist noch eine Vorbedingung zu erfüllen: Die Darstellung der primären Wechselwirkung zwischen Katalysator und Substrat, der Adsorption. Der Aufsatz, der die eigentliche Phänomenologie und Theorie der Adsorptionserscheinungen und das Verhalten der Adsorptionsschichten behandelt, wird aus technischen Gründen erst am Beginn des folgenden Bandes erscheinen. Jetzt schon werden aber die wichtigsten Sondergebiete behandelt: Die „aktivierte Adsorption", die ja, wie sich herausgestellt hat, die eigentliche Vorstufe der meisten Katalysen ist, sowie die Adsorptionswärmen, die den für die Energetik der Katalyse notwendigen Einblick in die Energetik der Adsorptionsschichten vermitteln. (Dieser Beitrag, noch eben vor dem Kriege eingegangen, enthält naturgemäß die Literatur der letzten Jahre nicht mehr, doch haben sich keine das abgerundete Bild wesentlich verschiebenden Ergebnisse mehr gezeigt.)

Allen Verfassern und besonders dem Verlag gebührt für ihre hingebende und verständnisvolle Zusammenarbeit der besondere Dank des Herausgebers und auch der Benutzer des Bandes, die hoffentlich darin erstmals alle Grundlagen für das Verständnis des Zustandes von Phasengrenzzonen der Katalyse in hinreichender Vollständigkeit und Klarheit vorfinden werden.

Athen, im September 1943.

G.-M. Schwab.

Inhaltsverzeichnis.

Seite

Struktur und Verteilungsart realer Festkörper und Katalysatoren sowie deren Untersuchungsmethoden. Von Professor Dr. ROBERT FRICKE, Stuttgart   1

Kennzeichnung, Herstellung und Eigenschaften poröser Körper. Von Dr. habil. K.-E. ZIMENS, Darmstadt 151

Keimbildung, Kristallwachstum und Katalyse. Von Professor Dr. MARTIN STRAUMANIS, Riga 269

Herstellung und Alterung von Katalysatoren. Von Professor Dr. ROLAND H. GRIFFITH, London 295

Heterogene Katalysen in anorganischen Stoffsystemen. Von Professor Dr. H. W. KOHLSCHÜTTER, Darmstadt 337

Aktivierte Adsorption. Von Dr. WERNER HUNSMANN, Marl-Hüls 405

Heats of Adsorption on Catalytic Materials (Adsorptionswärmen). By Dr. RALPH A. BEEBE, Amherst, Mass. 473

Namenverzeichnis 524

Sachverzeichnis 537

Struktur und Verteilungsart realer Festkörper und Katalysatoren sowie deren Untersuchungsmethoden.

Von

R. Fricke, Stuttgart.

Inhaltsverzeichnis.

Seite

I. Der Begriff der Kontaktstoffe und der „aktiven" festen Stoffe und die Notwendigkeit der genauen Untersuchung ihrer Feineigenschaften 4

II. Allgemeines über die Entstehung und Darstellung aktiver Stoffe 5
1. durch Umwandlung eines festen Ausgangsstoffes 5
2. durch Reaktion zweier oder mehrerer fester Stoffe miteinander 7
3. durch Fällung aus Lösung mit thermischer Nachbehandlung des Niederschlages 8
   a) Darstellung 8
   b) Reinigung.. 10
   c) Thermische Nachbehandlung................................. 11
4. Methode nach Cremer und Flügge. Aktivierung durch Gase 11
5. Stoffe, welche die Durch- und Sammelkristallisation erschweren 12

III. Einige Beobachtungen bei der Verfolgung der Auskristallisation aus röntgenamorphem Material und bei der allotropen Umwandlung von Kristallen. Verschiedene katalytische Wirksamkeit von Kristallen, gestörten Kristallen und amorphem Material 12

IV. Begriff und Untersuchung des amorphen Zustandes. Verschiedene Arten von Gitterstörungen. Bestimmung von Gitterstörungen und amorphen Beimengungen 13
1. „Amorpher" Zustand 13
2. Die röntgenographische Untersuchung und mengenmäßige Bestimmung der Röntgenamorphie bzw. röntgenamorpher Beimengungen 17
3. Definierbare „Gitterstörungen" 21
   a) Schwankungen der Netzebenenabstände 21
   b) Gitterdehnungen und Gitterschrumpfungen 22
   c) Gitterstörungen infolge von Verbiegungen der Kristallite 23
   d) Mischkristalle mit unregelmäßiger und regelmäßiger Verteilung der Fremdatome: Überstruktur 25
   e) Unregelmäßige Gitterstörungen............................... 26
      α) Allgemeine Ursachen 26
      β) Erste röntgenographische Beobachtungen an aktiven Stoffen .. 26
      γ) Wärmeschwingungen und Intensität nach Debye-Waller 27
      δ) Übertragung der Wärmeschwingungstheorie auf die unregelmäßigen Störungen 28
      ε) Genaueres Bild der unregelmäßigen Gitterstörungen 28

2 R. FRICKE:

Seite

ζ) Messung und quantitative Auswertung unregelmäßiger Gitterstörungen 29
η) Calorimetrische Nachprüfung der röntgenographisch gemessenen
unregelmäßigen Gitterstörungen 31
ϑ) Richtungsabhängigkeit unregelmäßiger Gitterstörungen 33
f) Spezielle Gitterstörungen bei Schichtengittern 34

4. Ursachen der Stabilisierung von Gitterstörungen, insbesondere von unregelmäßigen. Richtungsabhängigkeit von Gitterstörungen und von
„röntgenamorphem Material" 36
a) Stabilisierungsursachen 36
b) Richtungsabhängigkeit von Gitterstörungen und von Röntgenamorphem 37

5. Bestimmung von röntgenamorphem Material neben Gitterstörungen . 38
6. Die Untersuchung der Konstitution amorpher aktiver Stoffe 40

V. Teilchengröße und Teilchenform sowie ihre Bestimmung 48

1. Prinzipielles zur Teilchengröße. Die verschiedenen Bestimmungsmethoden 48
2. Röntgenographische Bestimmung der Primärteilchengröße und Primärteilchenform aktiver Stoffe 50
a) Kristallgrößen oberhalb $\sim$ weniger $1000 \div 10000$ Å 50
b) Kristallgrößen unterhalb weniger 1000 Å 50
α) Verfahren von P. SCHERRER 50
β) Allgemeine Theorie nach V. LAUE. Bestimmung der Teilchengröße für den Fall wenig absorbierender Präparatenstäbchen
nach M. V. LAUE und BRILL 51
γ) Teilchenformbestimmung 54
δ) Untersuchung stark absorbierender Stoffe nach der Methode für
schwach absorbierende und Methode der stark absorbierenden
Stäbchen nach R. BRILL. Methode von F. W. JONES 55
ε) Teilchengrößenbestimmung an Blechen. Pulverplattenmethode
nach A. KOCHENDÖRFER 57
ζ) Kontrolle der berechneten Teilchengrößen 58
η) Bedeutung der röntgenographisch ermittelten Teilchendimensionen 59
3. Bestimmung der Primärteilchengröße und Primärteilchenform mit Hilfe
von Elektronenstrahlen 60
a) Allgemeines 60
b) Bestimmung der Teilchengrößen 61
c) Bestimmung der Teilchenform mit Hilfe von Elektronenstrahlen . 63
4. Bestimmung der Teilchengröße und Teilchenform mit Hilfe des Elektronenmikroskops („Übermikroskop") 65
5. Die weiteren Teilchengrößenbestimmungsmethoden 68
6. Entscheidung der Frage Primär- oder Sekundärteilchen. Untersuchung
auf Einheitlichkeit der Teilchengröße und des physikalischen Zustandes 71
7. Eigenschaften sehr kleiner Primärteilchen 72
a) Verhalten der Gitterkonstanten 72
b) Die Instabilität sehr kleiner Teilchen 73
α) Anwendungen der ursprünglichen THOMSONschen Gleichung ... 73
β) Gültigkeitsgrenzen der THOMSONschen Formel 74
γ) Spezielle Betrachtungen und Formeln betr. die Stabilität verschieden großer Kristalle. Stabilität von Ecken, Kanten und Flächen 75

VI. Einiges über die Sekundärstruktur realer Festkörper 83

1. Definition und Allgemeines 83
2. Methodisches 83
a) Die verschiedenen Untersuchungsarten und Allgemeines 83
b) Zur pyknometrischen Untersuchung 85

Seite

   c) Zur Emaniermethode Otto Hahns 86
   d) Elektronenmikroskopische Untersuchung, dilatometrische Gefrier-
      untersuchung und Schlußhinweis 89
  3. Die Sekundärstruktur von einheitlichen und von Mischkörpern 90
VII. Die Oberfläche fester Stoffe 92
  1. Die Bestimmung der gesamten Oberflächengröße 92
   a) Aus der Teilchengröße und Teilchenform 92
   b) Direkte Bestimmung der gesamten Oberflächengröße durch Adsorp-
      tionsmessungen, insbesondere von radioaktiven Stoffen 95
   c) Andere Verfahren zur Bestimmung der gesamten Oberfläche..... 98
  2. Verhalten und Bestimmung spezifischer Oberflächenanteile. Energetik
     der Oberfläche. Struktur der Oberfläche 98
   a) Untersuchung der verschiedenen Aktivität verschiedener Flächen-
      arten bzw. verschiedener Oberflächenbezirke durch Adsorptionsmes-
      sungen, insbesondere unter Zuhilfenahme radioaktiver Stoffe...... 98
   b) Erkennung und Vermessung spezifischer Oberflächenanteile durch
      katalytische Untersuchungen im Verein mit Adsorptionsmessungen.
      Zum Wesen der „aktiven Stellen" 102
     α) Theoretisches und Allgemeines 102
     β) Zum Wesen der aktiven Stellen............................ 104
     γ) Einige praktische Beispiele................................ 106
   c) Zur Energetik des Baues fester Oberflächen. Oberflächenenergie
      fester Stoffe und Energieinhalt aktiver Stellen 108
   d) Die direkte Untersuchung des Baues von Oberflächen 119
     α) Die Untersuchung von Oberflächen an Hand von Elektronen-
       interferenzen 119
     β) Die Untersuchung von Oberflächen mit Hilfe des Übermikroskops
       (Elektronenmikroskops) 125
  3. Der chemische Zustand der Oberfläche. Aktivität und chemische Spe-
     zifität der Oberfläche 129
  4. Zur Frage der Mischkatalysatoren. Die Zwischenzustände, welche bei
     Reaktionen fester Stoffe miteinander durchschritten werden 136
VIII. Einige spezielle Resultate bez. der Eigenschaften aktiver Stoffe und deren
    Auswirkungen 142
  1. Erhöhungen des Wärmeinhaltes................................. 142
  2. Auswirkungen der Erhöhungen des Wärmeinhaltes und der aktiven
     Strukturen 145
   a) Theoretisch abzuleitende thermodynamische Konsequenzen des er-
      höhten Wärmeinhaltes 145
   b) Direkte Beobachtungen der Folgen des erhöhten Wärmeinhaltes . 147
   c) Reaktivität und katalytische Aktivität 149

Einführung.

Der Aufforderung des Herausgebers, einen Beitrag zu vorliegendem Handbuch zu schreiben, gerne folgend, habe ich versucht, einen Überblick über den
derzeitigen Stand der Methoden und Ergebnisse zu liefern, welche bezüglich der
Realstruktur und der Oberflächen fester Stoffe, und zwar insbesondere katalytisch und adsorptiv aktiver fester Stoffe erarbeitet worden sind. Das Gebiet ist
den zu behandelnden Aufgaben nach bereits derart umfangreich, daß es im Rahmen meines Artikels bei weitem nicht möglich war, alles hier irgendwie hinein-
gehörende Material zusammenzutragen. Es konnte deshalb auch nicht mein Ziel
sein, durch die Zusammenschrift etwa das Studium der Originalliteratur über-
flüssig zu machen.

Monographien werden heute immer eine mehr oder weniger persönliche
Note tragen müssen. Wesentlich ist, daß der Autor nicht nur die ihm geläufigen
Arbeitsgebiete möglichst sorgfältig beschreibt, sondern auch versucht, neue
Verbindungen zu anderen Arbeitsgebieten und Methoden herzustellen, indem
er sich bemüht, über die Zäune seines eigenen bisherigen Arbeitsbereiches hin-
auszuschauen.

Beides glaube ich in der folgenden Zusammenfassung getan zu haben. Die
von uns für die Untersuchung der Teilchengröße und Störstruktur aktiver Stoffe
hauptsächlich verwandten röntgenographischen Methoden sind ausführlicher
geschildert. Bezüglich der Untersuchung der Sekundärstruktur aktiver Stoffe,
welche auch noch in anderen Beiträgen zu diesem Band behandelt wird (vgl.
z. B. den Beitrag Zimens), habe ich einige prinzipielle Gesichtspunkte herausgestellt und Literaturhinweise gegeben. Ähnlich, aber ausführlicher habe ich die
Frage der direkten Oberflächenuntersuchung behandelt. Hier konnte auch
einiges Neue zur Energetik und Chemie der Oberflächen beigesteuert werden.

Allgemein habe ich versucht, bisher von mir nicht benutzte Methoden, welche
für die Hauptprobleme meines Beitrages Bedeutung besitzen, so weit zu berücksichtigen, wie es im Rahmen der Zusammenfassung überhaupt möglich war, und
habe die Angabe von Literaturstellen in diesem Sinne ausgebaut.

Das behandelte Gebiet ist noch sehr jung und befindet sich in starker Entwicklung, so daß zu erwarten steht, daß nach einer Reihe von Jahren eine Neu-
fassung des Kapitels notwendig wird, in welcher sicher viele Dinge in wesentlich
präziserer Form gebracht werden können.

I. Der Begriff der Kontaktstoffe und der „aktiven" festen Stoffe und die Notwendigkeit der genauen Untersuchung ihrer Feineigenschaften.

Schon seit den Anfängen bewußter Forschung über Kontaktkatalyse, also
etwa seit Döbereiner (1820), ist bekannt, daß feste Katalysatoren um so wirksamer sind, je größer ihre Oberfläche ist. Als Kontakte wurden deshalb stets
oberflächenreiche, also sehr feinteilige oder poröse Körper (Platinmohr, Platinschwamm, Tonscherben und -kugeln, Raseneisenerz, Kiesabbrand usw.) verwandt. Die in neuerer Zeit einsetzende stürmische Entwicklung der Kolloidchemie und das damit verbundene Studium von Oberflächenerscheinungen ließen
vorübergehend sogar den Gedanken aufkommen, daß heterogene Katalyse einfach eine Auswirkung von adsorptiv nicht vorbelasteter (nicht „vergifteter")
Oberfläche sei. Das eingehendere Studium dieses Erscheinungsgebietes zeigte aber
sehr schnell, daß zum Zustandekommen der Katalyse außer gut entwickelter
Oberfläche auch der chemische Charakter des betreffenden Festkörpers von ausschlaggebender Bedeutung ist. Und die weitere Entwicklung der Forschung
lehrte, daß nicht nur allotrope Kristallarten desselben Stoffes, sondern auch
chemisch und kristallographisch gleiche Stoffe, je nach ihrer Darstellungsart,
qualitativ ganz verschiedene Wirkungen entfalten können. Ja, es zeigte sich sogar,
daß an ein und demselben, chemisch einheitlichen Katalysator Stellen vorhanden
sein können, die eine Gasreaktion ganz verschieden lenken, also auch voneinander unterschiedliche *chemische* Eigenschaften aufweisen müssen.

Zieht man weiter in Betracht, daß auch die Art der Zusammenlagerung bzw.
Verwachsung der Primärteilchen, also die sogenannte Sekundärstruktur, nicht
nur auf die Zugänglichkeit der Oberfläche, sondern infolge Beeinflussung der
aktiven Stellen (Taylor) auch auf deren katalytische Wirksamkeit von Einfluß

sein muß, so versteht man die große Bedeutung, welche einer möglichst eingehenden Untersuchung der Verteilungsart und Struktur von Kontakten als Voraussetzung für ein wirkliches Verständnis der hierdurch bewirkten Katalysen zukommt. Die Notwendigkeit solcher Untersuchungen wird nicht geringer durch die Tatsache, daß in der Technik vielfach aus mehreren Stoffen zusammengesetzte „Mischkatalysatoren" (MITTASCH) zur Verwendung gelangen.

Im folgenden sollen unter „Kontakten" alle festen Stoffe oder Stoffmischungen verstanden werden, welche imstande sind, irgendwelche Reaktionen in Gasen oder Flüssigkeiten katalytisch zu beeinflussen. Unter „aktiven" festen Stoffen dagegen wollen wir solche thermodynamisch instabilen Körper verstehen, welche auf Grund von hoher Oberflächenentwicklung, von Gitterstörungen u. a. einen gegenüber dem normalen erhöhten Wärmeinhalt besitzen. Immer sind diese Stoffe besonders reaktionsfähig und oft auch katalytisch besonders aktiv. Doch decken sich im übrigen die Begriffe des Kontaktstoffes und des „aktiven" Stoffes nicht. Ein guter Kontakt wird wohl meist auch ein „aktiver" Stoff sein müssen. Doch braucht das Umgekehrte nicht zu gelten, da die Gründe des erhöhten Wärmeinhaltes verschieden sein und sich deshalb auf Katalysen auch verschieden auswirken können, ganz abgesehen von der Notwendigkeit der *chemischen* Spezifität des Katalysators.

II. Allgemeines über die Entstehung und Darstellung aktiver Stoffe.

Bei der Darstellung aktiver Stoffe ist zu beachten, daß sie thermodynamisch nicht stabil sind, daß sie sich also bei Temperaturen, bei denen die Beweglichkeit der Atome oder Atomgruppen genügend groß ist, in inaktive Stoffe umzuwandeln beginnen. Dies ist die wesentliche Ursache für die Notwendigkeit der Gewinnung dieser Körper bei genügend tiefer Temperatur.

Um eine gute Durchkristallisation bzw. eine Sammelkristallisation zu verhindern oder zu erschweren, werden ferner oft feinverteilte andere Stoffe zugegeben, die im einfachsten Falle weder mit dem betreffenden aktiven Stoff reagieren noch die zu katalysierende Reaktion beeinflussen, also nur sogenannte „Trägersubstanzen" vorstellen. In den meisten Fällen wird allerdings irgendeine chemische Wechselwirkung entweder der sich umsetzenden Moleküle oder des Katalysators oder beider Stoffgruppen mit der „Trägersubstanz" stattfinden, so daß schon der die Sammelkristallisation usw. verhindernde Stoff dem Gemenge den Charakter eines Mischkatalysators (MITTASCH) erteilt.

1. Durch Umwandlung eines festen Ausgangsstoffes.

Die Gewinnung aktiver fester Stoffe geht in vielen Fällen so vor sich, daß ein Ausgangsstoff durch allotrope Umwandlung oder durch irgendeine chemische Reaktion direkt in einen anderen festen Stoff überführt wird. Dieser Darstellungsweg hat folgendes als Grundlage:

Wie J. A. HEDVALL in zahlreichen Arbeiten zeigte, sind alle Umwandlungen und Reaktionen in fester Phase dadurch gekennzeichnet, daß vorübergehend ein Zustand besonderer katalytischer und Reaktionsaktivität durchschritten wird. Dies ist darauf zurückzuführen, daß die Umwandlung der anfänglich vorliegenden Kristallarten meist mit einem vorübergehenden Zerfall der Kristalle in sehr viel kleinere Bruchstücke und mit vorübergehenden starken Störungen der Gitterstruktur (FRICKE) verbunden ist. Führt man die Reaktion bei genügend tiefer

Temperatur durch, so gelingt es, auch die definitiven Reaktionsprodukte feinteilig und mit gestörten Gittern, also als aktive Stoffe mit erhöhtem Wärmeinhalt (FRICKE) zu gewinnen.

Die erforderliche Höhe der Reaktionstemperatur wird praktisch nicht allein
dadurch bestimmt, daß die Bildungsreaktion genügend schnell vor sich geht,
sondern evtl. auch durch die Temperaturlage der später mit dem Stoff zu katalysierenden Reaktion. Denn es wird meist keinen Sinn haben, einen Katalysator
schonend, z. B. bei 300°, herzustellen, der nachher für eine bei 400° vor sich
gehende Katalyse eingesetzt wird, da bei dieser höheren Temperatur doch schnell
eine bessere Durchkristallisation erfolgen wird.

Weiterhin ist nicht allein die Höhe der Temperatur, sondern auch die Dauer
der Temperung für die Eigenschaften des aktiven Stoffes von ausschlaggebender
Bedeutung, weil Durchkristallisation und Sammelkristallisation Zeitvorgänge sind.

Deshalb finden auch während der Katalyse meist noch Änderungen des Katalysators statt (G. F. HÜTTIG, W. JANDER), die vor allem zu Anfang der Kata-
lysatorbenutzung stärker sind (G.-M. SCHWAB). Meist handelt es sich hierbei um
Rückgänge der Aktivität. Man wird also, wenn auf *von vornherein* möglichst beständige Eigenschaften des aktiven Stoffes Wert gelegt wird, diesen entweder
direkt bei der Herstellung oder hinterher auf Temperaturen vorerhitzen, die etwas
höher liegen als die Temperatur der späteren Katalyse.

Die Darstellung fester Kontakte aus festen Ausgangsmaterialien bei tieferen
Temperaturen wird stets einen topochemischen Charakter V. KOHLSCHÜTTER)
besitzen, d. h. die gewonnenen Stoffe werden außer der bereits erwähnten mehr
oder weniger schlechten Gitterdurchbildung und geringen Primärteilchengröße
auch noch Eigenschaften haben, die mit denen des oder der Ausgangsstoffe in
engem Zusammenhang stehen (V. KOHLSCHÜTTER, W. FEITKNECHT, G. F. HÜT-
TIG, H. W. KOHLSCHÜTTER). In vielen Fällen werden auch noch Reste des Ausgangsmaterials in dem aktiven Reaktionsprodukt vorhanden sein.

Bei dieser Art der Gewinnung aktiver Stoffe können ein oder mehrere feste
Stoffe als Ausgangsmaterial dienen.

Beispiele für *einen* festen Stoff als Ausgangsmaterial sind folgende:

a) Austreibung eines Bestandteiles der Verbindung in Gasform, wie die Ge
winnung aktiver Oxyde durch Erhitzen von Hydroxyden, Carbonaten, Oxalaten
usw. Die Austreibung des flüchtigen Bestandteiles kann an der Luft, im Vakuum,
unter einem ruhenden oder strömenden, indifferenten Gas geschehen.

b) Reduktion eines Oxydes, Carbonates, Oxalates usw. unter strömendem
Wasserstoff, Kohlenoxyd oder einem anderen reduzierenden Gas zu aktivem
Metall.

c) Herauslösen eines Bestandteiles aus einer festen Verbindung, wie z. B. das
Herauslösen des stärker basischen Oxydes des zweiwertigen Metalles aus einem
Spinell oder das Herauslösen des unedleren Metalles aus einer Legierung („Skelett-
kontakt" nach RANEY, s. a. FRANZ FISCHER) mit Säuren.

d) Unmittelbare wechselseitige (topochemische) Reaktion eines festen Stoffes
mit einer Lösung.

Zu den *Wegen* a) und b) ist prinzipiell folgendes zu sagen:

Abgesehen von der Höhe der Reaktionstemperatur und der Dauer der Reaktion ist von maßgebendem Einfluß auf Teilchengröße und Struktur des Reaktionsproduktes auch die Teilchengröße, der Ordnungsgrad, die Sekundärstruktur und die Reinheit des Ausgangsmaterials.

Wird einmal ein röntgenographisch amorpher, das andere Mal ein kristalliner
Ausgangsstoff gewählt, so erhält man unter den gleichen Bedingungen ganz ver-

schiedene Endprodukte, und zwar im ersteren Falle meist energiereichere mit stärkeren Gitterstörungen und Beimengungen von amorphem Material[1].

Verringerung der Primärteilchengröße des (kristallinen) Ausgangsstoffes wirkt sich auf die Primärteilchengröße des Reaktionsproduktes im gleichen Sinne aus[2]. Auch die Sekundärstruktur des Ausgangsmaterials kann maßgebenden Einfluß auf Eigenschaften des Reaktionsproduktes besitzen[3].

Gitterstörungen des Ausgangsstoffs wirken sich in der Hauptsache, wie geringe Primärteilchengröße und lockere Sekundärstruktur das ebenfalls tun, in Richtung einer Erhöhung der Reaktionsgeschwindigkeit bei Reaktionen mit anderen Stoffen bzw. einer Verbesserung der Reaktionsbereitschaft des Ausgangsstoffs aus.

Verunreinigungen wirken meist so, daß die Erhaltung von Gitterstörungen gefördert und die Sammelkristallisation erschwert wird. Absichtlich zugesetzte „Verunreinigungen" wären in diesem Sinne viele „Trägersubstanzen".

Doch kann auch das Gegenteil der Fall sein, so z. B. wenn die Verunreinigung bei der betreffenden Temperatur schon schmilzt und den Hauptstoff soweit zu lösen imstande ist, daß dieser quasi durch die Verunreinigung hindurch umkristallisiert wird, oder wenn bei aktiven Metallen die Verunreinigung von bestimmten Temperaturen an beginnt, eine Oxydschicht vom Metall abzulösen usw.

Ganz allgemein haben Metalle ein erheblich größeres Bestreben zur Sammelkristallisation und auch zu guter Durchordnung der Kristalle als Oxyde und andere Verbindungen[4]. Parallel hiermit geht das höhere Reaktionsvermögen der Metalle im festen Zustand, welches seinen Ausdruck in der bekannten TAMMANN-schen Regel findet, daß Metalle unter etwa einem Drittel, Oxyde und andere Verbindungen aber erst etwa bei der Hälfte der absoluten Schmelztemperatur im festen Zustand merklich zu reagieren beginnen.

Im Zusammenhang mit der relativ hohen Neigung der Metalle zur Sammelkristallisation steht auch die Tatsache, daß die Oberflächenenergie der Metalle eine sehr hohe und wohl durchweg eine höhere als die der Oxyde ist[5].

Zu dem oben angegebenen *Weg* c) ist zu sagen, daß die Anwendung von Lösungsmitteln stets eine starke Förderung der Sammelkristallisation zur Folge hat. Dabei braucht der betreffende Stoff in dem Lösungsmittel nicht einmal gut löslich zu sein, wie z. B. die schnelle Sammelkristallisation kolloiden Goldes unter angesäuertem Wasser zeigt[4].

Bezüglich des topochemischen *Weges* d) können wir hier auf den Beitrag von H. W. KOHLSCHÜTTER in diesem Band verweisen[6].

2. Durch Reaktion zweier oder mehrerer fester Stoffe miteinander.

In anderen Fällen werden aktive Stoffe so gewonnen, daß zwei oder mehrere feste Stoffe *bei nicht zu hoher Temperatur* miteinander reagieren, so z. B. zwei Oxyde unter Bildung eines Spinells oder Mischkristalls oder ein saures Oxyd mit einem Carbonat usw. (HÜTTIG, W. JANDER, HEDVALL[7]). Man erhält auf

---

[1] R. FRICKE, L. KLENK: Z. Elektrochem. angew. physik. Chem. 41 (1935), 617. — R. FRICKE, P. ACKERMANN: Z. Elektrochem. angew. physik. Chem. 40 (1934), 630.

[2] R. FRICKE, W. ZERRWECK: Z. Elektrochem. angew. physik. Chem. 43 (1937), 52.

[3] R. FRICKE, W. DÜRR: Z. Elektrochem. angew. physik. Chem. 45 (1939), 254.

[4] R. FRICKE, F. R. MEYER: Z. physik. Chem., Abt. A 181 (1938), 409; 183 (1938), 177.

[5] R. FRICKE, F. R. MEYER: loc. cit. — R. FRICKE: Z. physik. Chem., Abt. B 52 (1942), 284.

[6] Vgl. auch H. W. KOHLSCHÜTTER, H. SIECKE: Z. anorg. allg. Chem. 240 (1939), 232.

[7] Literatur z. B. bei J. A. HEDVALL: Reaktionsfähigkeit fester Stoffe. Leipzig: Johann Ambrosius Barth, 1938.

diese Weise ebenfalls aktive Stoffe, die sich nach den bisherigen Erfahrungen weniger durch geringe Teilchengröße als durch Gitterstörungen auszeichnen[1].

Bei dieser Art der Gewinnung aktiver Stoffe ist es auffallenderweise vom Standpunkt der heterogenen Katalyse aus nicht immer erforderlich, daß die Ausgangsstoffe wirklich miteinander reagieren. Schon bei Temperaturen, bei denen eine röntgenographisch nachweisbare Reaktion noch nicht stattfindet, können sich die Ausgangsstoffe, wahrscheinlich auf dem Wege von Oberflächenreaktionen, gegenseitig so beeinflussen, daß die Stoffgemenge ganz andere Eigenschaften, z. B. auch eine höhere katalytische Aktivität, erhalten (G. F. HÜTTIG, W. JANDER). G. F. HÜTTIG nennt das Temperaturintervall, in dem diese noch nicht aufgeklärte Eigenschaftsänderung stattfindet, die „Abdeckungsperiode"[2].

3. Durch Fällung aus Lösung mit thermischer Nachbehandlung des Niederschlages.

Ein recht häufig benutztes Verfahren der Herstellung aktiver Stoffe ist die Fällung aus wäßriger oder anderer Lösung mit thermischer Nachbehandlung des Niederschlages.

a) Darstellung.

Bei all diesen Fällungen muß man sich darüber klar sein, daß ein Lösungsmittel, also in diesem Falle die Mutterlauge, die „Alterung", d. h. die Umwandlung der erstrebten instabilen Stoffe in stabile stark fördert, und zwar zunächst auf dem Wege der „Umkristallisation".

Diese kann sich auch bei nur geringer Löslichkeit der Fällung in der Mutterlauge stark bemerklich machen[3], wenn sich viele Kristallkeime in der zunächst amorphen Substanz bilden[4], weil dann der Diffusionsweg von der amorphen zur kristallinen Substanz nur sehr kurz ist. Auch eine Wanderung der Moleküle längs der Oberfläche (VOLMER[5]) kommt hier in Frage.

Bei der Fällung aus Lösung sind sehr viele Momente von Bedeutung für den Charakter des Fällungsproduktes, also für seine Struktur im weitesten Sinne, seinen Wassergehalt u. a. Durchkristallisation und Sammelkristallisation werden gefördert durch Arbeiten bei höherer Temperatur und durch langsame, z. B. hydrolytische Fällung. Besonders aktive Stoffe wird man also durch möglichst schnelle Fällung bei tieferen Temperaturen gewinnen.

Wesentlich für den Zustand der Fällung ist weiter die Konzentration der angewandten Lösungen. Hohe Konzentrationen befördern die Schnelligkeit der Ausfällung und damit den aktiven Zustand des Reaktionsproduktes. Sie befördern aber auch die Okklusion von Ausgangsstoffen, Reaktionszwischenprodukten oder löslichen Salzen. Für die Verwendung verdünnter Lösungen gilt das Umgekehrte.

Die Feinteiligkeit des Niederschlages ist fernerhin unter sonst vergleichbaren Bedingungen um so größer, je geringer seine Löslichkeit in dem betreffenden Lösungsmittel ist, d. h. also, daß die Feinteiligkeit vom Grade der Übersättigung bei der Fällung abhängt[5].

---

[1] R. FRICKE, W. DÜRR: loc. cit. — R. FRICKE, F. BLASCHKE: Z. anorg. allg. Chem. **251** (1943), 396.

[2] Literatur bei J. A. HEDVALL: loc. cit. und bei HÜTTIG in Band VI dieses Handbuchs.

[3] R. FRICKE, TH. AHRNDTS: Z. anorg. allg. Chem. **134** (1924), 344. — R. FRICKE, F. R. MEYER: loc. cit.

[4] R. FRICKE, K. MEYRING: Z. anorg. allg. Chem. **214** (1933), 269.

[5] Näheres bei M. VOLMER: Kinetik der Phasenbildung. Dresden u. Leipzig: Th. Steinkopff, 1939.

Der Charakter des Fällungsproduktes hängt aber fernerhin sehr weitgehend auch von anderen Faktoren ab. So ist es z. B. durchaus nicht gleichgültig, ob man die Salzlösung in die Lösung des Fällungsmittels hineingibt oder umgekehrt.

Fällt man z. B. ein Hydroxyd mit Lauge, indem man, wie sonst meist üblich, die Lauge zu der betreffenden Salzlösung laufen läßt, so werden in vielen Fällen zunächst basische Salze an Stelle des betreffenden Hydroxyds gefällt (H. T. S. BRITTON[1]). Diese basischen Salze werden nach Zugabe der ganzen stöchiometrisch für die Hydroxydbildung berechneten Menge Lauge oft nur unvollkommen in die Hydroxyde umgewandelt. Außerdem haben durch Behandeln basischer Salze mit Alkali erhaltene Hydroxyde oft ganz andere Eigenschaften als direkt aus neutralen Salzen gewonnene, so daß man u. U. vor der Hydroxydherstellung bewußt die Stufe der betreffenden basischen Salze einstellt[2].

Läßt man die Salzlösung unter Rührung in die Lauge fließen, so erhält man kein basisches Salz, sondern nur Hydroxyd, allerdings hier evtl. nach vorheriger Bildung eines Salzes des Hydroxyds mit der Lauge, wenn nämlich das Hydroxyd amphoter ist, oder eines Ammoniakats, wenn Ammoniak als Fällungsmittel verwandt wurde. — Das definitiv erhaltene Hydroxyd zeigt je nach der Fällungsart oft *sehr* unterschiedliche Eigenschaften.

Es ist weiter auch nicht gleichgültig, ob ein größerer oder kleinerer Überschuß oder etwa eine stöchiometrisch ungenügende Menge des Fällungsmittels verwandt wird. Die dadurch bedingte Beimengung von Fällungsmittel oder von Ausgangsstoff bzw. von basischem Salz usw. zum Reaktionsprodukt kann dessen Eigenschaften stark beeinflussen. Aus entsprechenden Gründen ist es auch von Bedeutung, ob man mit schwacher oder starker Rührung, in einem Guß oder tropfenweise usw. zusammengibt.

Schließlich ist die Wahl der Ausgangsstoffe noch insofern von Bedeutung, als die Eigenschaften des Reaktionsprodukts auch von den scheinbar an der Reaktion unbeteiligten Ionen abhängen. So ist es nicht dasselbe, ob man zur Fällung eines bestimmten Metallhydroxyds als Ausgangsmaterial das Nitrat, Chlorid, Sulfat, Acetat oder ein anderes Salz verwendet und ob man mit NaOH, KOH, NH_4OH oder anderen Basen fällt. Zum Teil liegt das an der verschieden guten Auswaschbarkeit der betreffenden (an sich in Lösung bleibenden) Ionenarten, zum Teil aber auch daran, daß die vor der Fällung in der Lösung bzw. zunächst bei der Fällung sich sehr oft bildenden basischen Salze je nach der Salzart ganz verschiedene sind (W. D. TREADWELL[3], W. FEITKNECHT[4], G. JANDER[5], H. T. S. BRITTON[1]).

Wird ein Oxyd oder Hydroxyd mit einem Alkalicarbonat gefällt, so sind natürlich wieder andere Eigenschaften zu erwarten. Dies liegt nur zum Teil an der vorübergehenden Bildung von Carbonat oder basischem Carbonat. Auch die andere Wasserstoffionenkonzentration des Fällungsmittels ist hier von wesentlichem Einfluß.

Durch Hydrolyse im eigentlichen Sinne gewonnene Produkte sind durchweg besser durchkristallisiert und grobteiliger als die durch Fällung gewonnenen. Aber auch hier gibt es sehr große Variationsmöglichkeiten durch Wechsel der zu hydrolysierenden Salze, der Konzentration, der Temperatur und vor allem der Wasserstoffionenkonzentration (G. JANDER[5]).

Die Wasserstoffionenkonzentration kann prinzipiell entscheidend sein, ob

[1] H. T. S. BRITTON: J. chem. Soc. (London) **127** (1925), 2110ff.
[2] H. W. KOHLSCHÜTTER: Kolloid-Z. **96** (1941), 237.
[3] Letzte Mitteilung W. D. TREADWELL, J. E. BONER: Helv. chim. Acta **17** (1934), 774.
[4] Zusammenfassung W. FEITKNECHT: Angew. Chem. **52** (1939), 202.
[5] Zusammenfassung G. JANDER, K. F. JAHR: Kolloidchem. Beih. **41** (1934), 1.

ein Niederschlag zu stabileren Formen weiter altert[1] oder nicht[2]. Dies gilt nicht nur für den Vorgang der Fällung, sondern auch für den nachfolgenden der Reinigung (vgl. unten).

Eine besondere Stellung wegen des unmittelbar erhaltenen hohen Reinheitsgrades nehmen die durch Hydrolyse in alkoholischer Lösung aus Metallalkylverbindungen und Äthylaten gewonnenen Oxydhydrate von Thiessen[3] und Mitarbeitern ein. Hier entfällt weitgehend die Notwendigkeit der Reinigung.

b) Reinigung.

Bei fast allen anderen durch Fällung gewonnenen Produkten ist eine mehr oder weniger sorgfältige Reinigung unentbehrlich. Nur wenn die in Frage kommende Verunreinigung bei der später doch notwendigen Erhitzung des Präparates gasförmig entweicht, kann man bei der Reinigung „großzügiger" sein. Das ist z. B. der Fall, wenn man ein Nitrat mit Ammoniak gefällt hat, weil das als Verunreinigung in der Fällung bleibende Ammoniumnitrat beim Erhitzen in N_2O und H_2O übergeht.

Bei allen Reinigungen können noch wesentliche Änderungen des Fällungsproduktes vor sich gehen, und zwar um so mehr, als die Reinigung aktiver Niederschläge wegen deren starker Adsorptionswirkung meist eine langwierige ist.

Prinzipiell wird eine Reinigung in der Kälte die „Alterung", d. h. den Übergang in schwächer aktive Zustände weniger begünstigen als eine Reinigung in der Hitze.

Auswaschen auf dem Filter ist wenig zu empfehlen, weil meist infolge der sehr feinteiligen oder gar schleimigen Beschaffenheit des Niederschlages die Filtrationsgeschwindigkeit eine sehr geringe ist. Das gleiche gilt für die Verwendung entsprechend engporiger Ultrafilter. Man wird deshalb zweckmäßig die erste Reinigung durch Dekantieren vornehmen. Wenn der Niederschlag sich nicht mehr gut absetzt, kann man ein sich bei der späteren thermischen Nachbehandlung des Präparates verflüchtigendes Neutralsalz, wie z. B. Ammoniumnitrat, zum Waschwasser zusetzen. Durch weitere Zugabe einer Spur überschüssigen Ammoniaks kann man evtl. noch die p_H im Sinne des leichten Absitzens eines kolloid positiv geladenen Niederschlages günstig beeinflussen. (Beachte hierbei aber die Beeinflussung der Alterung durch die p_H! Vgl. auch unter a!). Durch die Neutralsalzzugabe erreicht man aber nicht nur ein erneutes gutes Absitzen des Präparates, sondern auch eine erleichterte Reinigung insofern, als das Ammoniumnitrat durch Adsorptionsverdrängung die zu entfernenden Verunreinigungen vom Niederschlag loslöst.

Wenn der Niederschlag sich trotzdem nicht mehr genügend schnell absetzt, so empfiehlt sich die Weiterreinigung in einer leistungsfähigen Zentrifuge.

Bezüglich der Auswaschbarkeit der Ionen der hauptsächlich in Frage kommenden löslichen Neutralsalze gilt folgendes: SO_4'' ist ausgesprochen schlecht auswaschbar. In zunehmendem Maße besser auswaschbar sind Cl', NO_3', ClO_4'. K^+ läßt sich aus Hydroxyden schlechter auswaschen als Na^+.

Diese Angaben beziehen sich zunächst nur auf die Entfernung wirklich adsorbierter Neutralsalze und nicht etwa auf eine hydrolytische Abspaltung restlich am Hydroxyd noch sitzender Säurereste usw.

---

[1] Fricke-Hüttig: Hydroxyde und Oxydhydrate. Leipzig: Akad. Verl.-Ges. 1937, insbesondere S. 515ff.

[2] Vgl. z. B. H. Kraut, F. Flake W. Schmidt, H. Volmer: Berichte 75 (1942), 1357.

[3] P. A. Thiessen u. Mitarbeiter, letzte Mitteilung: Z. anorg. allg. Chem. 200 (1931), 18.

Die Reinigungsmethode der Elektrodialyse[1] sei hier nur kurz erwähnt. Sie führt zu höchstreinen Produkten, bewirkt aber oft eine recht weitgehende Durch- und Sammelkristallisation.

c) Thermische Nachbehandlung.

Die Überführung der Fällung in den aktiven Stoff durch thermische Behandlung geschieht z. B. nach dem oben unter 1a) und b) Gesagten. Handelt es sich dabei um die Austreibung eines gasförmigen Bestandteils, z. B. von H_2O, so kann man auch wieder je nach Arbeitsart verschiedene Zustände desselben Stoffes erhalten. Es ist hier durchaus nicht gleichgültig, ob man in hohem oder niederem oder ohne Vakuum, unter ruhendem oder strömendem Gas (Luft, N_2 usw.) schnell oder langsam entwässert, ob man die zu entwässernde Substanz in dicker oder dünner Schicht verarbeitet, ob man schnell oder langsam abkühlt usw. Daß die Temperaturlage und die Dauer der Einwirkung der erhöhten Temperatur von grundlegender Bedeutung sind, versteht sich nach dem vorher Gesagten von selbst. Für andere thermische Verarbeitungsarten gilt Entsprechendes.

4. Methode nach CREMER und FLÜGGE. Aktivierung durch Gase.

Eine sehr originelle, bisher aber kaum ausprobierte Methode der Herstellung aktiver Stoffe ist die von E. CREMER und S. FLÜGGE[2] vorgeschlagene, einen festen Stoff hoch zu erhitzen und dann schnell abzuschrecken. Die Methode geht von dem Gedanken aus, daß bei hoher Temperatur die Oberfläche der Kriställchen durch die starke Wärmebewegung der Kristallbausteine und durch die verstärkten Verdampfungsvorgänge „Atomlöcher" verschiedener Art erhält, und daß man diese beim Abschrecken einfrieren könne. Es erscheint vorläufig noch fraglich, ob man auf diesem Wege tatsächlich zu aktiven Stoffen kommt[3].

Besonders erwähnt sei hier auch die Möglichkeit des Aktivierens durch Behandeln mit heißen Gasen. Während man z. B. schon früher Aktivkohle durch Behandeln mit heißer Luft oder heißem Wasserdampf in ihrer Qualität zu verbessern suchte[4], erkannten G. F. HÜTTIG[5] und J. A. HEDVALL[6], daß es sich hier um ein ganz allgemeines Prinzip handelt. So sagt HEDVALL betreffend zu aktivierender Oxyde[7]: „In einem Temperaturintervall, das noch zu niedrig ist, um einen wirklichen chemischen Angriff des angewandten Gases auf das betreffende Oxyd hervorzurufen, existieren in einer von der Temperatur (und bei topochemisch fehlgebauten Phasen auch von anderen Faktoren) abhängigen Konzentration Partikeln[8], deren Energieinhalt genügend groß ist, um in Reaktion zu treten, wodurch Gitterlöcher und andere auflockernde Fehlbaustellen erzeugt werden."

<hr>

[1] Literatur vgl. z. B. bei R. FRICKE, F. A. Fischer, H. BORCHERS: Kolloid-Z. **39** (1926), 152, 371.

[2] E. CREMER, S. FLÜGGE: Z. physik. Chem., Abt. B **41** (1939), 453. — Siehe E. CREMER, G.-M. SCHWAB: Z. physik. Chem., Abt. A **144** (1929), 243. — G.-M. SCHWAB: Z. physik. Chem., Abt. B **5** (1929), 406.

[3] R. FRICKE, H. J. BÜCKMANN: Berichte **72** (1939), 1199.

[4] Vgl. z. B. bei G. BAILLEUL, W. HERBERT, E. REISEMANN: „Aktive Kohle." Stuttgart: Ferd. Enke, 1937, sowie O. WOHRYZEK: Die aktivierten Entfärbungskohlen. Stuttgart: Ferd. Enke, 1937.

[5] G. F. HÜTTIG u. Mitarbeiter: Kolloid-Z. **88** (1939), 274; **89** (1939), 202. — G. F. HÜTTIG, E. HERRMANN: Kolloid-Z. **92** (1940), 9.

[6] J. A. HEDVALL, K. OLSSON: Z. anorg. allg. Chem. **243** (1940), 237.

[7] J. A. HEDVALL, O. RUNEHAGEN: Naturwiss. **28** (1940), 429.

[8] Noch besser würde man sagen „Stellen". Der Verf.

5. Stoffe, welche die Durch- und Sammelkristallisation erschweren.

Als Stoffe, welche die Durch- und Sammelkristallisation erschweren und dadurch den aktiven Zustand beständiger machen, kommen alle möglichen „Verunreinigungen" in Frage, und zwar sowohl in die betreffende Kristallart zu Mischkristallen einbaufähige[1], als auch solche, für die das nicht der Fall ist. Für die Erzeugung bzw. Stabilisierung einer katalytischen Aktivität genügen allerdings unter Umständen *sehr* geringe Beimengungen, die also schon bei einer sehr geringen Löslichkeit mischkristallartig in die Grundsubstanz eingebaut werden könnten. Diese Beimengungen können sowohl bei der Darstellung zurückgebliebene Verunreinigungen als auch Reste des Ausgangsmaterials, als auch willkürlich bei der Herstellung in kleineren Mengen zugegebene Stoffe sein.

Außerdem kommen z. B. absichtlich in größerer Menge zugegebene „Trägersubstanzen" der verschiedensten Art in Frage. Ein besonders guter „basischer Träger" ist γ-Al_2O_3, welches auch bei den von A. Mittasch und Mitarbeitern ausgearbeiteten Katalysatoren eine wesentliche Rolle spielt und nach den meisten Methoden sehr feinteilig entsteht. Es hat die sehr wertvolle Eigenschaft, auch beim Erhitzen auf recht hohe Temperaturen, z. B. 800° und höher, noch auffallend feinteilig zu bleiben[2]. Im Falle oxydischer Katalysatoren besteht je nach Art und Darstellungsweise des Kontaktes oft die Möglichkeit der Bildung von Mischkristallen oder Spinellen mit dem γ-Al_2O_3.

γ-Al_2O_3 spielt auch selbst als aktiver Stoff eine außerordentlich wichtige Rolle[3].

Ein viel benutzter „saurer Träger" ist das Kieselgel in seinen vielen Abwandlungen und Formen[4]. Hier ist vor allem bemerkenswert die große Fähigkeit, den amorphen Zustand beizubehalten.

Bezüglich alles Weiteren verweisen wir auf die Kapitel von R. Griffith, H. W. Kohlschütter und K. E. Zimens in diesem Band.

III. Einige Beobachtungen bei der Verfolgung der Auskristallisation aus röntgenamorphem Material und bei der allotropen Umwandlung von Kristallen. Verschiedene katalytische Wirksamkeit von Kristallen, gestörten Kristallen und amorphem Material.

Sehr lehrreich für die Erkennung der Bildungsart und des Charakters aktiver kristalliner Stoffe ist sowohl die Verfolgung ihrer Entstehung aus anderen kristallinen als vor allem aus amorphen Stoffen.

Wenn ein kristalliner Stoff durch Entwässerung, Reduktion usw. in einen anderen kristallinen umgewandelt wird, so durchschreitet er vorübergehend einen Zustand größerer Unordnung und Feinteiligkeit (Hedvall, Hüttig, Fricke, W. Jander). Dies ist um so ausgesprochener, je geringer die Bildungsgeschwindigkeit der Kristallkeime der neuen Phase ist und je schlechter diese Keime durch-

---

[1] Bez. der Gitterstörungen in Mischkristallen und bez. der störungsstabilisierenden Wirkung von Verunreinigungen vgl. unter IV 3 u. 4, S. 26 und 36.

[2] R. Fricke, F. Niermann, Ch. Feichtner: Berichte **70** (1937), 2318.

[3] F. Krczil: Aktive Tonerde, ihre Herstellung und Verwendung. Stuttgart: Ferd. Enke, 1938.

[4] Literatur z. B. bei F. Krczil: Technische Adsorptionsstoffe in der Kontaktkatalyse. Leipzig: Akad. Verl.-Ges., 1938. Vgl. auch H. Zocher in Fricke-Hüttig: Hydroxyde und Oxydhydrate, S. 129ff. Leipzig: Akad. Verl.-Ges., 1937.

kristallisiert sind. Die Aussicht auf die Bildung einer sehr ungeordneten festen Phase ist also um so größer, je tiefer die Reaktionstemperatur.

Diese Überlegungen gelten zum Teil auch für allotrope Umwandlungen (HEDVALL), für welche ja stets die Ausbildung von Keimen der neuen Phase Voraussetzung ist[1].

Der Übergang eines röntgenographisch amorphen Materials in kristallines kann so verfolgt werden, daß der Körper nach verschiedenen Erhitzungszeiten auf nicht zu hohe Temperatur abgeschreckt und jeweils röntgenographisch untersucht wird. Bei einem Studium des Überganges von röntgenographisch amorphem Fe(III)-oxydhydrat in kristallines α-Fe_2O_3 ergab sich, daß die bei tieferen Temperaturen (z. B. 250° C) aus der festen amorphen Grundmasse herauswachsenden Kriställchen mit unregelmäßigen Gitterstörungen behaftet waren[2].

Andere Untersuchungen wiederum erwiesen, daß bei der Alterung amorph$\rightarrow$ kristallin Schwankungserscheinungen in der katalytischen Aktivität auftreten können[3] und daß das katalytische Verhalten der Stoffe bei solchen Alterungen außerordentlich empfindlich auf alle möglichen Einflüsse anspricht[4]. Dies gilt sowohl für die heterogene Reaktionskinetik als auch für die scheinbare Aktivierungswärme und Aktionskonstante. Gestörte (aktive) Kristalle und röntgenamorphes Material zeigten zum Teil gänzlich verschiedenes Verhalten. Das amorphe Material ist auch trotz höheren Wärmeinhalts durchaus nicht immer das katalytisch aktivere. Es kommt also offenbar bei den die katalytische Aktivität hervorrufenden Störstellen („aktiven" Stellen nach TAYLOR) sehr auf die Art dieser Störungen an.

Es ist deshalb erforderlich, daß man sich zunächst einmal darüber klar wird, was für Arten von Störungen eigentlich möglich sind, was sich unter dem Begriff „röntgenamorph" alles zusammenfindet und welche Möglichkeiten uns zur Verfügung stehen, diese verschiedenen Störungsarten auseinanderzuhalten, zu erkennen und zu messen.

IV. Begriff und Untersuchung des amorphen Zustandes. Verschiedene Arten von Gitterstörungen. Bestimmung von Gitterstörungen und amorphen Beimengungen.

1. „Amorpher" Zustand.

Zur Feststellung des amorphen Zustandes fester Stoffe bedient man sich heute ausschließlich der röntgenographischen Untersuchung. Eine größere Zahl von früher als amorph geltenden Stoffen erwies sich nach Einführung des DEBYE-SCHERRER-Verfahrens als kristallin. Trotzdem läßt auch der Befund der Amorphie bei der Untersuchung mit Röntgenstrahlen, also der Befund des Ausbleibens von *Kristall*interferenzen noch verschiedene Deutungsmöglichkeiten offen, so daß man hier besser von „Röntgenamorphie" spricht. Folgende Ursachen der Röntgenamorphie sind möglich:

a) kann ein wirklich amorpher Zustand vorliegen, den man etwa mit einer eingefrorenen Flüssigkeit vergleichen könnte. In diesem Falle können unter geeigneten Belichtungsbedingungen bei kleinen Ablenkungswinkeln „Flüssigkeitsinterferenzen" erhalten werden[5];

---

[1] M. VOLMER: Kinetik der Phasenbildung. Dresden u. Leipzig: Th. Steinkopff, 1939. — R. FRICKE, K. MEYRING: Z. anorg. allg. Chem. **214** (1933), 269.

[2] R. FRICKE, L. KLENK: Z. Elektrochem. angew. physik. Chem. **41** (1935), 617.

[3] G. F. HÜTTIG: loc. cit. und a. a. O.

[4] Vgl. z. B. R. FRICKE, H. WIEDMANN: Kolloid-Z. **89** (1939), 178.

[5] Vgl. z. B. P. P. EWALD im Handbuch d. Physik, 2. Aufl., Bd. XXIII/2 (1933), 468 ff.

b) können die Kristallite des Stoffes so extrem klein sein, daß sie nur außerordentlich verbreiterte Interferenzen liefern, welche weitgehend in der diffusen Untergrundschwärzung aufgehen.

Ein klassisches Beispiel für den Fall a) (wirkliche Amorphie) liefert eine Arbeit von Glocker und Hendus über explosibles Antimon und glasiges Selen[1]. Hier konnten in einer evakuierten Kamera unter Verwendung der Plattenmethode (vgl. unter V 2 b$_\varepsilon$) mit streng monochromatischer Strahlung besonders schöne „Flüssigkeitsinterferenzen" erhalten werden, welche nicht nur den „echt amorphen" Charakter der betreffenden Stoffe bewiesen, sondern sich auch fourier-analytisch auf mittlere Atomabstände und Koordinationszahlen auswerten ließen[2].

Auch die diffuse Streustrahlung zeigte den zu erwartenden charakteristischen Gang, indem in der direkten Umgebung des Durchstoßpunktes nur sehr wenig Streustrahlung beobachtet wurde. Dies ist für Flüssigkeiten und *kompakte* echtamorphe Stoffe zu erwarten[3], nicht aber für Pulverpräparate[3].

Für den Fall b) (reine Röntgenamorphie) gilt folgendes:

Da die Interferenzbreite mit der verwandten Röntgenwellenlänge zunimmt (vgl. unten unter V 2 b, S. 50), so erscheinen um so kleinere Kristallite erst röntgenamorph, je kurzwelligere Strahlung man verwendet.

Da schnell beschleunigten Elektronen besonders kurze Wellenlängen zuzuordnen sind, ließ sich in Arbeiten aus dem Laboratorium von P. A. Thiessen zeigen, daß für Röntgenstrahlung (FeK_α) scheinbar amorphes Material mit schnellen Elektronenstrahlen doch noch schön vermeßbare Kristallinterferenzen lieferte (vgl. hierzu unten unter V 3 b, S. 61).

Bei b) ist auch eine richtungsabhängige Röntgenamorphie möglich, wenn nämlich die Kristallite nur in bestimmten Richtungen sehr dünn sind, so daß nur bestimmte Interferenzen infolge zu starker Verbreiterung ausfallen[4].

Bei b) ist weiter ein starkes Ansteigen der diffusen Streustrahlung (Untergrundschwärzung) zum Durchstoßpunkt ($\vartheta = 0$) hin zu erwarten[3].

Die beiden Fälle a) und b) können also durch Verwendung streng monochromatischer Strahlung, durch starke Verringerung der Röntgenwellenlänge, sowie auf Grund des Verlaufes der Untergrundschwärzung unterschieden werden. (Weiteres siehe unter IV 2, S. 17.)

Handelt es sich nicht um eine vollkommene, sondern nur um eine partielle Röntgenamorphie, d. h. sind die Interferenzen so geschwächt, als ob dem kristallinen Material röntgenamorphes beigemengt sei (weiteres hierzu vgl. später bei der Besprechung der Untersuchungsmethoden), so sind über die oben genannten hinaus noch eine ganze Reihe von anderen Fällen der „Röntgenamorphie" denkbar:

c) müssen statistisch im Gitter verteilte Leerstellen sich als „röntgenamorph" auswirken. Betrachten wir zunächst nur einatomige Gitter, so wirken sich intensitätsvermindernd nicht nur die Leerstellen im Gitter aus, sondern auch die Störungen der Netzebenenabstände in unmittelbarer Umgebung der Leerstellen, wie es durch Abb. 1 angedeutet ist. Ein Ausgleich der Leerstellenwirkung durch Vergleich von Präparaten gleicher Schüttdichte (gestört und ungestört) ist also auch schon aus diesem Grunde nicht möglich.

[1] R. Glocker, H. Hendus: Z. Elektrochem. angew. physik. Chem. 48 (1942), 327. — H. Hendus: Z. Physik 119 (1942), 265. — Siehe auch S. Geiling, R. Glocker: Z. Elektrochem. angew. physik. Chem. 49 (1943), 269 [amorphes Al(OH)$_3$].

[2] B. E. Warren, N. S. Gingrich: Physic. Rev. 46 (1934), 368.

[3] P. Debye: Physik. Z. 28 (1927), 131. — B. E. Warren: J. chem. Physics 2 (1934), 551.

[4] U. Hofmann, D. Wilm: Z. Elektrochem. angew. physik. Chem. 42 (1936), 504. — W. Feitknecht: Z. angew. Chem. 52 (1939), 202.

Entsprechendes gilt natürlich für statistisch verteiltes Fehlen von ganzen Atomgruppen oder Molekülen im Gitter, wie es bei aktiven Stoffen erwartet werden kann.

d) muß auch für Mischkristalle mit statistisch verteilten „Fremdatomen" meist eine Verringerung der Interferenzintensitäten erwartet werden, die mit dem abweichenden Streuvermögen der Fremdatome nichts zu tun hat. Und zwar gilt dies für Substitutionsmischkristalle dann, wenn der Platzbedarf der Fremdatome ein anderer ist, als derjenige der Atome des Grundgitters. Für Einlagerungsmischkristalle aber gilt es immer. Der Grund ist darin zu suchen, daß in der Umgebung der Fremdatome eine Störung der normalen Netzebenenabstände des Grundgitters erwartet werden muß. Dies sei an Hand von Abb. 2 erläutert, in welcher die Umgebung eines Fremdatomes mit anderem Platzbedarf für einen Substitutionsmischkristall schematisch wiedergegeben ist.

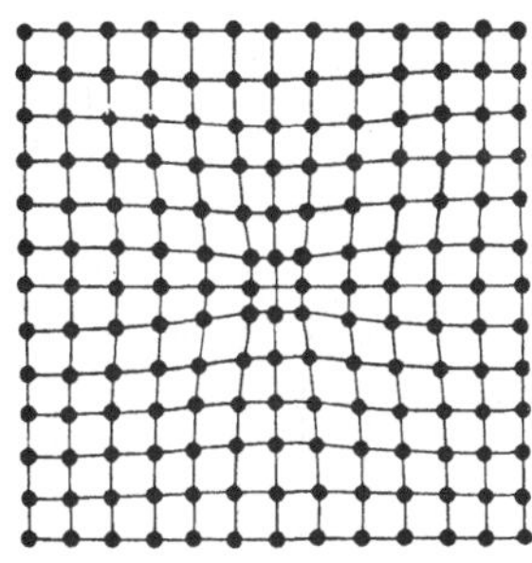

Abb. 1. Gestörte Netzebenenabstände in der Umgebung einer Gitterleerstelle.

In Abb. 2 handelt es sich um eine lokale „Gitterdehnung" um das Fremdatom herum. Natürlich kann bei einem Substitutionsmischkristall auch eine lokale „Gitterschrumpfung" in Frage kommen, wenn der Raumbedarf und die Auswirkung des Fremdatomes auf die Umgebung entsprechend sind. Bei Einlagerungsmischkristallen dagegen kommen nur lokale „Gitterdehnungen" in Frage.

In allen Fällen aber fallen in der Nähe der Fremdatome die Netzebenenabstände, wenn sie stärker verändert sind, für die Interferenzintensitäten aus, so daß die Umgebungen der Fremdatome sich zunächst wie Beimengungen von röntgenamorphem Material auswirken.

Bei Mischkristallen sind also auch abgesehen vom abweichenden Streuvermögen der in das Grundgitter eingebauten fremden Atome oder Atomgruppen meist Intensitätseffekte zu erwarten, welche durch lokale Netzebenenabstandsstörungen bedingt sind. Über die hierdurch verursachten Verminderungen der Interferenzintensitäten liegen bisher theoretische Untersuchungen kaum und auch nur sehr wenig experimentelle Untersuchungen vor. G. MASING und Mitarbeiter, J. HENGSTENBERG sowie G. W. BRINDLEY und F. W. SPIERS[1] fanden aber schon bei verschiedenen Legierungen mit unterschiedlichem Platzbedarf der Atome mit zunehmendem Glanzwinkel zunehmende, auf unregelmäßige Gitterstörungen hinweisende Intensitätsabnahmen.

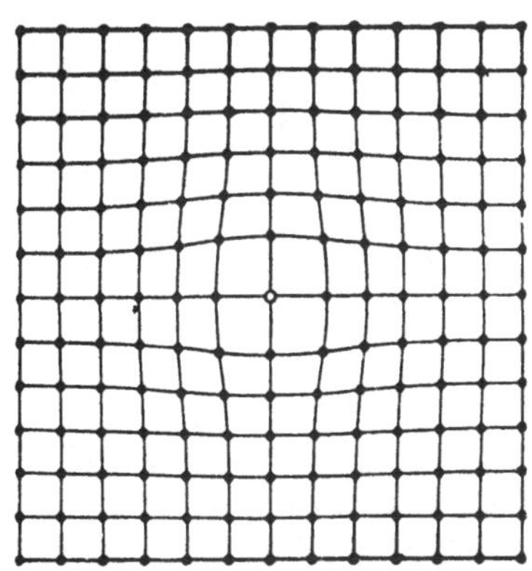

Abb. 2. Gestörte Netzebenenabstände in einem Substitutionsmischkristall (aus BRILL und RENNINGER[2]).

Im Fall eines Mischkristalles mit nahezu gleichem Platzbedarf der beiden Atomsorten dürfen solche Intensitätseffekte nur sehr klein sein. Nach VON LAUE[3]

---

[1] G. MASING, O. DAHL, E. KOCH-HOLM: Wiss. Veröff. Siemens-Konzern 8 [1] (1929), 154 (Cu-Be). — J. HENGSTENBERG: Ergebn. techn. Röntgenkunde II, S. 139ff. (Cu-Al). Leipzig: Akad. Verl.-Ges., 1931. — G. W. BRINDLEY, F. W. SPIERS: Philos. Mag. J. Sci. (7) 20 (1935), 893 (Cu-Be).

[2] R. BRILL, M. RENNINGER: Ergebn. techn. Röntgenkunde 6 (1938), 41.

[3] M. v. LAUE: Ann. Physik 56 (1918), 497.

gilt für die Intensität einer Mischkristallinterferenz ohne Berücksichtigung von Gitterverzerrungen in der Nähe der Fremdatome, also bei gleichem Platzbedarf beider Atomsorten:

$$\psi^2 \simeq (p_1\,\psi_1 + p_2\,\psi_2)^2/\mu\,,$$

worin bedeutet: ψ das Gesamtstreuvermögen, ψ_1 und ψ_2 das Streuvermögen und p_1 und p_2 die Atomprozente der beiden Komponenten. μ ist der Absorptionskoeffizient der betreffenden Legierung.

Dieser Ansatz bewährte sich grob quantitativ bei der Untersuchung homogen konzentrierter Silber-Gold-Mischkristalle[1]. Der Platzbedarf der Silber- und der Goldatome im Gitter ist nahezu derselbe.

Um genügend einfache Verhältnisse zu haben, müßten bei den betreffenden Intensitätsmessungen die Einflüsse der Primär- und Sekundärextinktion ausgeschaltet werden, d. h. man müßte mit genügend

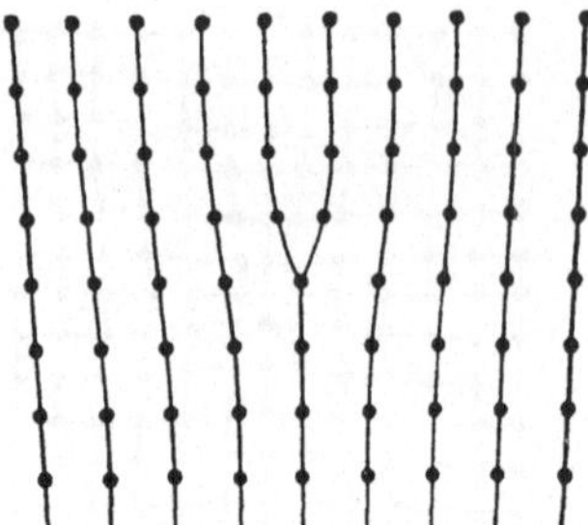

Abb. 3. Verhakung, Versetzung (aus BRILL und RENNINGER).

feinteiligen Präparaten (Teilchengröße < 10000 Å) arbeiten). Die Herstellung homogen konzentrierter Mischkristalle von dieser geringen Teilchengröße ist präparativ nicht einfach[2].

Die Intensitätsverhältnisse bei Mischkristallen mit regelmäßiger Anordnung der Fremdatome oder -atomgruppen (Überstruktur) bedürfen einer gesonderten Betrachtung.

Es sei aber noch besonders daran erinnert, daß in allen Fällen von homogen konzentrierten Mischkristallen die Interferenzen „scharf" sind, wie es zu erwarten ist, wenn überall im Gitter die gleichen *mittleren* Netzebenenabstände vorhanden sind

e) als „röntgenamorphe" Beimengungen müssen sich auf die Interferenzintensitäten auch auswirken in größerem Maßstabe vorhandene „Gitterverhakungen" und „Gitterversetzungen" im Sinne U. DEHLINGERS[3]. In Abb. 3 und 4 sind diese Formen der Gitterstörung schematisch wiedergegeben.

Die Art der lokalen Netzebenenabstandsänderungen ist aus den Abbildungen deutlich zu ersehen. Wieweit dieser Störungsart praktische Bedeutung zukommt, ist noch ziemlich unerforscht[4].

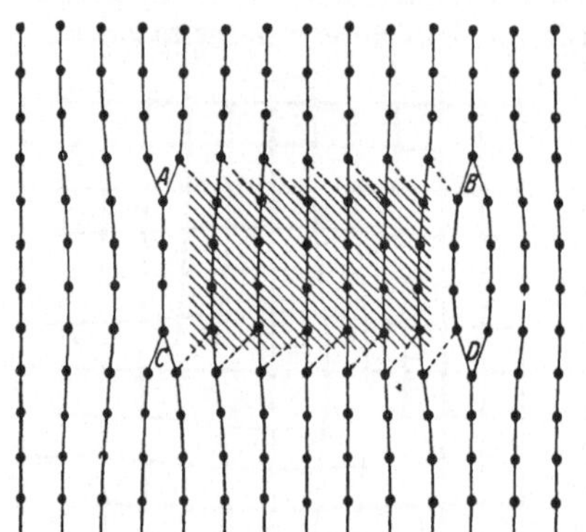

Abb. 4. Ein um einen Gitterschritt nach rechts verschobener Gitterbereich (schraffiert). Bei *ABCD* sind Verhakungen (aus BRILL und RENNINGER).

f) weiter müssen sich evtl. wie Beimengungen von röntgenamorphem Material auswirken vereinzelte abnorme Netzebenenabstände, wie z. B. die direkt an die Oberfläche anschließenden äußersten Netzebenenabstände der Kristalle, welche von den normalen Netzebenenabständen recht verschieden sein können[5].

---

[1] J. HENGSTENBERG: loc. cit.

[2] Vgl. hierzu aber P. A. THIESSEN: Z. Elektrochem. angew. physik. Chem. **46** (1940), 500.

[3] U. DEHLINGER: Ann. Physik **2** (1929), 749.

[4] Vgl. aber z. B. A. KOCHENDÖRFER: Z. Physik **108** (1938), 244.

[5] Literatur z. B. bei TH. SCHOON: Z. Elektrochem. angew. physik. Chem. **44** (1938), 498. — S. a. A. E. VAN ARKEL, J. H. DE BOER: Chemische Bindung als elektrostatische Erscheinung, S. 237 ff. Leipzig: S. Hirzel, 1931.

Wenn sehr kleine Kristallite vorliegen, also eine sehr große Oberflächenentwicklung vorhanden ist, kann der von dieser Seite kommende Einfluß u. U. ebenfalls beträchtlich werden.

Vereinzelte abnorme Netzebenenabstände kommen evtl. auch bei *Schwankungen* der Netzebenenabstände (vgl. unten unter IV 3a, S. 21) in Frage, weiterhin aber vor allem bei in einer Richtung sehr dünnen (zweidimensionalen), unregelmäßig durcheinander liegenden Kriställchen[1]. Auch wenn hier die betr. vereinzelten Netzebenen praktisch keine abnormen Abstände haben, so fallen sie doch für die zugehörigen Interferenzen aus. Die betr. Kriställchen liefern nur noch die Interferenzen der senkrecht zu der betr. Fläche stehenden Netzebenen, und zwar als Kreuzgitterinterferenzen[2].

Ganz allgemein werden in größerer Zahl auftretende vereinzelte Netzebenenabstände nur für bestimmte Interferenzen ausfallen. Die dadurch verursachte „Röntgenamorphie" ist also richtungsabhängig.

g) schließlich müssen auch die oben unter II 5 genannten Verunreinigungen, wie Reste des Ausgangsmaterials, des Fällungsmittels usw., bei geeignetem Verteilungszustand wie röntgenamorphes Material wirken.

Bez. einer evtl. „Richtungsabhängigkeit" des Auftretens von röntgenamorphem Material, bzw. seiner evtl. richtungsabhängigen Auswirkung auf die kristalline Umgebung vgl. außer dem oben unter f) Gesagten weiter unten unter IV 2, und vor allem unter IV 4, S. 36 und IV 5, S. 38.

2. Die röntgenographische Untersuchung und mengenmäßige Bestimmung der Röntgenamorphie bzw. röntgenamorpher Beimengungen.

a) Zu dem unter 1a) bis f) Gesagten sei zunächst hervorgehoben, daß diese verschiedenen Arten von „Röntgenamorphie" bisher noch kaum praktisch voneinander unterschieden worden sind. Möglichkeiten dazu sind, wie oben auseinandergesetzt, von der Röntgenmethode allein aus bei a) und b) gegeben[3]. Auch bei Mischkristallen (d) kann die ausschließliche Verwendung der Röntgenmethode noch zum Ziele führen. In allen anderen Fällen, also bei den statistisch verteilten Leerstellen, den Gitterverhakungen und -versetzungen und den vereinzelten abnormen Netzebenenabständen (c, e und f) aber müssen zur Deutung der Röntgenamorphie andere Kriterien mit herangezogen werden.

So können u. U. bezügl. der Art der Röntgenamorphie Schlüsse gezogen werden aus der Struktur der Ausgangsmaterialien und der Entstehungsgeschichte des betreffenden Körpers, aus seiner Oberflächenentwicklung (Adsorption von Gasen oberhalb deren kritischer Temperatur), aus der Größe und Art der Capillarkondensation an dem betreffenden Stoff (Lage der Hysteresisschleife), aus vergleichenden pyknometrischen Dichtebestimmungen einmal mit Flüssigkeiten und das andere Mal mit emanationshaltiger Luft als Pyknometerfüllung nach GRAUE und RIEHL[4], aus dem Emaniervermögen nach Otto HAHN[5], aus Elek-

---

[1] Vgl. z. B. U. HOFMANN, D. WILM: Z. Elektrochem. angew. physik. Chem. **42** (1936), 504. — W. FEITKNECHT: Helv. chim. Acta **21** (1938), 766.

[2] M. v. LAUE: Z. Kristallogr., Mineral., Petrogr., Abt. A **82** (1932), 127. — Vgl. auch U. HOFMANN, D. WILM: loc. cit.

[3] Außer den oben genannten Stellen vgl. P. DEBYE, H. MENKE: Ergebn. techn. Röntgenkunde II, S. 1ff. Leipzig: Akad. Verl.-Ges., 1931. — P. DEBYE: Struktur der Materie, S. 28ff. Leipzig: S. Hirzel, 1933. — E. SCHIEBOLD: Glastechn. Ber. **15** (1937), 231.

[4] G. GRAUE, N. RIEHL: Z. anorg. allg. Chem. **233** (1937), 365. — Letzte Veröffentl.: G. GRAUE, H. W. KOCH: Berichte **73** (1940), 984.

[5] Vgl. z. B. OTTO HAHN: Naturwiss. **17** (1929), 295. — O. HAHN, V. SENFTNER: Z. physik. Chem., Abt. A **170** (1934), 191 und a. a. O. — K. E. ZIMENS: Z. physik. Chem., Abt. A **191** (1942), 1 u. 95, sowie den Beitrag von K. E. ZIMENS zu diesem Band.

tronenstrahlaufnahmen[1], aus übermikroskopischen Untersuchungen (Brüche, v. Borries, Ruska, Mahl, Boersch, v. Ardenne, Beischer), aus magnetischen Messungen[2], aus Messungen des Fluorescenzspektrums nach Indizierung mit seltenen Erden[3], aus Leitfähigkeitsmessungen[3] u. a. Bei total röntgenamorpher Substanz kann auch die *Art* der Umwandlung in den nachweisbar kristallinen Zustand wertvolle Hinweise geben.

b) Eine Beimischung von röntgenamorphem Material zu kristallinem verursacht eine Vermehrung der diffusen Streustrahlung und eine Verminderung der Interferenzintensitäten. Vor allem letztere kann unter geeigneten Umständen zu einer quantitativen Bestimmung der Beimengung des Röntgenamorphen benutzt werden.

Hat das röntgenamorphe Material nahezu dieselbe Dichte und damit für die Röntgenstrahlung nahezu das gleiche Absorptionsvermögen wie die chemisch damit identische kristalline Substanz, so müssen [unter Voraussetzung eines Wegfalles der Primär- und Sekundärextinktion (vgl. unten)] die Interferenzen bei allen Ablenkungswinkeln praktisch im gleichen prozentualen Verhältnis verringert werden, in dem röntgenamorphe Substanz neben der kristallinen vorhanden ist[5].

Ist die Dichte und damit das Absorptionsvermögen des amorphen Anteiles anders als die des kristallinen, so sind die Interferenzintensitäten der beiden Aufnahmen nicht ohne weiteres vergleichbar. Man hat dann vorher durch geeignetes „Verdünnen" mit einem sehr wenig absorbierenden Stoff, also z. B. mit feinstem Korkmehl[6], die Dichten der Vergleichspräparate einander gleich zu machen [was aber auch sonst oft erforderlich ist, weil immer in den betr. Substanzröhrchen die gleichen Substanzmengen, also die gleiche „Schüttdichte" vorhanden sein müssen (vgl. unten)]. Günstig ist starke „Verdünnung", so daß die Absorption des ganzen Stäbchens klein wird, weil in diesem Falle auch die Winkelabhängigkeit der Absorption gering wird[7].

Auf vollkommene Homogenität der entstehenden Mischung ist hierbei besonders zu achten. Wichtig ist außerdem, daß *alle* Präparatteilchen so klein sind, daß die Absorption im Einzel*korn* keine Rolle spielt (Körner $< 10^{-4}$ cm)[7].

Hält man diese Bedingungen ein, so erreicht man auch hier Proportionalität der Verringerung der integralen Interferenzintensitäten zur Größe des röntgenamorphen Anteiles.

Für die Auswertung benötigt man also in beiden Fällen Vergleichsaufnahmen an 100proz. kristallinem Material. Damit aber eine Vergleichbarkeit der Interferenzintensitäten der betreffenden Debye-Scherrer-Aufnahmen erreicht wird, sind noch eine ganze Reihe von weiteren Vorbedingungen zu erfüllen:

Zunächst müssen in *allen* Präparaten die Kristallite so klein sein, daß Einflüsse der Primär- und Sekundärextinktion[8] wegfallen, was für Pulverpräparate bei Teilchengrößen < 10000 Å, also für Präparate, die ohne Drehung des Stäb-

[1] Vgl. z. B. Th. Schoon: Z. Elektrochem. angew. physik. Chem. **44** (1938), 498. — K. Molière: Z. Elektrochem. angew. physik. Chem. **46** (1940), 514.

[2] M. Kersten: Z. Elektrochem. angew. physik. Chem. **46** (1940), 499.

[3] R. Tomaschek, O. Deutschbein: Glastechn. Ber. **16** (1938), 155.

[4] R. Suhrmann, H. Schnackenberg: Z. Physik **119** (1942), 287 und frühere Arbeiten von R. Suhrmann u. Mitarbeitern (dort auch Berechnung der Aktivierungswärme des Übergangs amorph-kristallin bei Metallen); vgl. auch J. Kramer: Z. Physik **111** (1938), 409.

[5] R. Fricke: Z. Elektrochem. angew. physik. Chem. **46** (1940), 491. — R. Fricke, L. Klenk: loc. cit.

[6] R. Glocker: Materialprüfung mit Röntgenstrahlen, S. 159ff. 2. Aufl. Berlin: Springer, 1936. — R. Glocker: Z. techn. Physik **15** (1934), 421.

[7] K. Schäfer: Z. Kristallogr., Mineral., Petrogr., Abt. A **99** (1938), 142.

[8] R. Glocker: loc. cit., S. 221ff. — H. Ott im Handbuch der Experimentalphysik VII, 2, S. 85ff. Leipzig: Akad. Verl.-Ges., 1928.

chens glatte DEBYE-SCHERRER-Linien geben, praktisch der Fall ist[1]. Diese Forderung deckt sich zum Teil mit der oben bez. der Korngröße aufgestellten. Weiter benötigt man für *alle* Aufnahmen: gleiche Stäbchendicke und gleiche Wandstärke der Capillaren[2], gleiche Schüttdichte der Präparate (vgl. oben), gleiche Kamera vor der gleichen Röhre[3] in gleicher Stellung, gleiche Betriebsspannungen der Röhre (Spannungskonstanthalte-Einrichtung!), gleiche Belichtungszeit[4], gleiche Filmemulsion, Entwicklung der zu vergleichenden Filme gemeinsam im gleichen Bade und in gleicher Zeit, richtige Entwicklungstechnik[5], richtige, vor allem nicht zu starke Belichtung, damit Proportionalität zwischen Belichtungsstärke und Schwärzungsstärke gewahrt bleibt[6], und richtiges Photometrieren, wobei die Proportionalität zwischen Photometerausschlag und Schwärzungsstärke nachzuprüfen ist. Die Breite des Photometerspaltes sollte stets unter einem Drittel der kleinsten vorkommenden Interferenzbreite liegen.

Hierzu ist im Prinzip noch folgendes zu sagen: Die absolute Schwärzung S ist definitionsgemäß $= \log J_0/J$, wobei J_0 die beim Photometrieren auf die betr. Filmstelle auffallende und J die an der gleichen Stelle durch den Film hindurchtretende Strahlungsintensität ist. Für Röntgenstrahlen ist nach R. GLOCKER[5] bei richtiger Entwicklungstechnik S weitgehend einfach proportional zur Belichtungsintensität, bzw. Belichtungsdauer, nämlich für einseitig begossene Filme

bis zu etwa $S = 0{,}7$ und für doppelseitig begossene (mit steilerer Gradation, z. B. *Agfa-Laue*-Film) bis zu $S = 1{,}2 \div 1{,}5$ hinauf.

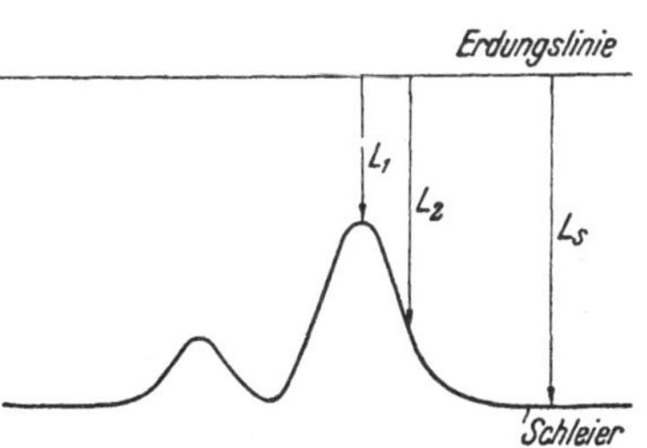

Abb. 5. Photometerkurve eines DEBYE-SCHERRER-Diagramms, schematisch.

Die meistbenutzten Registrierphotometer liefern aber nicht $\log J_0/J$, sondern zunächst nur Elektrometerausschläge, die bei guten Apparaten (z. B. Zeiss) bis zu hohen Schwärzungen mit dem Photostrom linear gehen, wobei man die Ausschläge von der Marke des absoluten Schwarz (Erdungslinie) an zu messen hat. Der Weg von solchen linearen Elektrometerausschlägen L zu den Schwärzungen S sei nach R. GLOCKER durch Abb. 5 illustriert. Wenn die L in Abb. 5 die Elektrometerausschläge bedeuten, so sind die zugehörigen absoluten Schwärzungen S:

$$S_s = \log \frac{L_0}{L_s}; \quad S_1 = \log \frac{L_0}{L_1} \quad \text{und} \quad S_2 = \log \frac{L_0}{L_2},$$

wobei L_0 der der zunächst auftreffenden, ganz ungeschwächten Lichtintensität entsprechende Photometerausschlag ist. Röntgenographisch besteht an den Interferenzstellen Interesse für die Differenz der Gesamt*schwärzungen* gegen die betr. Schleier*schwärzung*, also für die Interferenzschwärzungen $S_1 - S_s$, $S_2 - S_s$ usw.

---

[1] Vgl. z. B. R. BRILL, M. RENNINGER: Ergebn. techn. Röntgenkunde **VI** (1938), 141.

[2] Bez. der Herstellung von Capillaren aus Acetylcellulose mit gleichem Innendurchmesser und gleicher Wandstärke vgl. R. FRICKE, O. LOHRMANN, W. WOLF: Z. physik. Chem., Abt. B **37** (1937), 67ff. sowie R. FRICKE, O. LOHRMANN, W. SCHRÖDER: Z. Elektrochem. angew. physik. Chem. **47** (1941), 374.

[3] Bei längeren Belichtungszeiten oder größeren Vergleichsserien ist auch die Alterung der Röhre (Veränderung des Brennfleckes usw.) zu beachten. Die Nachprüfung kann z. B. so geschehen, daß man an den Schluß der Serie die erste Aufnahme wiederholend anschließt.

[4] Eine Spezialkamera für derartige Vergleichsaufnahmen, welche das Arbeiten wesentlich vereinfacht, vgl. bei O. KRATKY, F. SCHOSSBERGER, A. SEKORA: Z. Elektrochem. angew. physik. Chem. **48** (1942), 409. Dort auch Hinweise auf weitere Fehlerquellen.

[5] Vgl. z. B. K. SCHÄFER: loc. cit.

[6] R. GLOCKER: loc. cit., S. 59ff.

Diese sind aber nach Obigem $= \log \dfrac{L_s}{L_1}$, $\log \dfrac{L_s}{L_2}$ usw. Das Verhältnis zweier Interferenzschwärzungen $\dfrac{S_1 - S_s}{S_2 - S_s}$ wäre also $= \log \dfrac{L_s}{L_1}/\log \dfrac{L_s}{L_2}$.

Bei *kleinen Schwärzungen* kann man setzen

$$L_1/L_s = 1 - \delta; \quad L_2/L_s = 1 - \varepsilon,$$

wobei δ und ε kleine Zahlen sind. In diesem Fall ist angenähert $\ln(1 - \delta) = -\delta$ usw., also $\log(1 - \delta) = -0{,}4343\,\delta$ und $\log(1 - \varepsilon) = -0{,}4343\,\varepsilon$. Demnach ist hier

$$\frac{-\log L_1/L_s}{-\log L_2/L_s} = \log(L_s/L_1)/\log(L_s/L_2) = \delta/\varepsilon.$$

δ/ε ist aber nach Obigem auch gleich

$$\frac{1 - L_1/L_s}{1 - L_2/L_s} = \frac{L_s - L_1}{L_s - L_2},$$

d. h. bei solchen Schwärzungen, die sich nur wenig vom Schleier unterscheiden, ist angenähert

$$\frac{S_1 - S_s}{S_2 - S_s} = \frac{L_s - L_1}{L_s - L_2}.$$

Es ist also hier erlaubt, die Höhe der Photometerkurve über der Linie der Schleierschwärzung direkt als Interferenzschwärzung anzusetzen, wovon in der Literatur oft Gebrauch gemacht wurde. Bei einem Verhältnis des $(S_1 - S_s)/(S_2 - S_s)$ bzw. J_1/J_2 von $1:2$ beträgt der durch diese Vereinfachung verursachte Fehler erst $\sim 2\%$, liegt also wesentlich unter der Fehlergrenze der meisten Intensitätsmessungen, bei $J_1/J_2 = 4$ dagegen beträgt der Fehler schon nahezu 12%.

Bei stärkeren Schwärzungen ist also vor der Auswertung stets die Photometerkurve auf $\log L_s/L$ umzurechnen oder noch besser an Hand einer photometrischen Eichkurve, die an einem Film mit in bekannter Abstufung verschieden lange belichteten Bezirken aufgenommen wurde, auf tatsächliche Belichtungsintensitäten umzurechnen. In letzterem Falle kann man natürlich auch ohne weiteres über das Gebiet der Linearität zwischen S und Belichtungsstärke hinausgehen. Außerdem wird dann auch eine evtl. Nichtlinearität zwischen Photometerausschlägen und Photostrom bei hohen Schwärzungswerten unschädlich gemacht.

Wenn man den Präparaten als Eichstoff eine *jeweils gleiche* Menge eines kubisch kristallisierenden Körpers, wie z. B. Aluminium, Eisen, MgO oder NaCl, zusetzt, so ist bei den Aufnahmen trotzdem noch alles das zu beachten, was oben bez. Stäbchendicke und Wandstärke des Stäbchens, Korngröße, Kristallitgröße, Schüttdichte, gleichmäßige Mischung mit dem Korkmehl, Aufnahme-, Entwicklungs- und Photometrierungstechnik gesagt worden ist.

Die zugesetzte Eichsubstanz muß ebenfalls die bez. Absorption und Extinktion oben für das Präparat vorgeschriebenen Bedingungen erfüllen. Sie muß also genügend feinteilig (Kristall- und Korngröße < 10000 Å) sein[1]. Weiter wird sie am besten nur in so geringer Menge zugegeben, daß dadurch keine wesentliche Absorption entsteht.

Dann aber entfallen nach Eichstoffzumischung die weiteren oben angegebenen Konstanthaltebedingungen, weil man auf die Intensität der Interferenzen des Eichstoffes als Einheit beziehen kann, was nur einen Umrechnungsfaktor hineinbringt.

Nachteile der Eichstoffzumischung sind evtl. Linienkoinzidenzen, vor allem beim Vorhandensein verbreiterter Linien, und u. U. auch die Schwierigkeit vollkommen homogener Mischung mit dem Korkmehl-Substanzgemisch.

---

[1] Näheres bei K. Schäfer: loc. cit. Dort auch geeignete Zerkleinerungsmethoden.

Es ist nun bei niedriger symmetrischen (nichtkubischen) Gittern durchaus möglich, daß die nach den oben beschriebenen Verfahren gefundenen Mengenanteile von Röntgenamorphem bei bestimmten Ebenenarten zwar konstant, von einer zur anderen Ebenenart aber verschieden sind. Bez. dieser Richtungsabhängigkeit des Röntgenamorphen vgl. unter IV 4 und IV 5 (S. 36 und 38).

3. Definierbare „Gitterstörungen".

Im voraufgehenden haben wir gesehen, daß es eine ganze Reihe von Ursachen der Röntgenamorphie gibt, welche man auch als „Gitterstörungen" bezeichnen könnte. Von praktischen, d. h. experimentellen Gesichtspunkten ausgehend, wollen wir das aber nicht ohne weiteres tun, sondern wollen als eigentliche Gitterstörungen zunächst nur solche bezeichnen, welche sich röntgenographisch nicht einfach wie Beimengungen von „röntgenographisch-amorphem Material", sondern ohne weiteres erkennbar so spezifisch äußern, daß die Art der Störung daraus abgeleitet werden kann. Dabei wird nur zum kleinen Teil eine Überdeckung mit den oben unter 1. besprochenen Begriffen herauskommen.

a) Schwankungen der Netzebenenabstände.

Zunächst einmal können Schwankungen der Netzebenenabstände um einen Mittelwert vorliegen. Es ist sehr unwahrscheinlich, daß diese jemals vollkommen unregelmäßig sind, d. h. von *jedem einzelnen* Netzebenenabstand zum anderen stärker schwanken. In diesem Falle würden keine Interferenzen zustande kommen. In den meisten Fällen werden mehr oder weniger große Bezirke vorhanden sein, in denen konstante Netzebenenabstände vorliegen. Wenn diese Bezirke so groß sind, daß eine Verbreiterung der Interferenzen durch geringe Größe der Kohärenzbereiche fortfällt, so wird sich hier eine Interferenzverbreiterung dadurch ergeben, daß jeweils eine Reihe von verschiedenen Netzebenenabständen des gleichen Index auf dem Röntgenogramm dicht beieinanderliegen. Die Größe der dadurch bewirkten Verbreiterung der Interferenzen hängt nicht nur von der Schwankungsbreite der Netzebenenabstände, sondern auch von der Größe des betreffenden Glanzwinkels ab. Letztere Abhängigkeit erhält man durch Differentiation der BRAGGschen Gleichung,

$$n\lambda = 2 \cdot d \cdot \sin \vartheta,$$

wobei d und ϑ als Variable auftreten[1]. Bei der Differentiation benutzen wir zum Unterschied vom Netzebenenabstand d statt des Symbols für das einfache Differential dasjenige für das partielle, also ∂. Es ergibt sich dann

$$0 = 2 \cdot \sin \vartheta \cdot \partial d + 2 \cdot d \cdot \cos \vartheta \cdot \partial \vartheta \tag{1}$$

und daraus

$$\partial \vartheta = -\frac{\partial d}{d} \operatorname{tg} \vartheta$$

oder

$$\Delta \vartheta = -\frac{\Delta d}{d} \operatorname{tg} \vartheta. \tag{2}$$

Man erkennt, daß hier die Verbreiterung proportional zu $\operatorname{tg} \vartheta$ ansteigt. Dieser Anstieg ist von $\vartheta = 0°$ ausgehend erheblich stärker als derjenige, den man bei einer durch geringe Teilchengröße verursachten Interferenzverbreiterung

---

[1] U. DEHLINGER, A. KOCHENDÖRFER: Z. Kristallogr., Mineral., Petrogr., Abt. A **101** (1939), 134. — DEHLINGER nennt diese Art von Störungen für kalt bearbeitete Metalle: Langsam veränderliche Spannungen zweiter Art. Spannungen erster Art sind nach DEHLINGER Gesamtdehnungen oder Schrumpfungen des Gitters (IV 3b, S. 22).

zu erwarten hat. Denn hier nimmt die Verbreiterung bei Ausschluß der Absorption [Pulverplattenmethode mit Anstrahlwinkel $\simeq$ Glanzwinkel[1] (V 2b ε, S. 57) oder sehr wenig absorbierende Stäbchen] je nach den Versuchsbedingungen entweder exakt oder in erster Näherung proportional mit $1/\cos\vartheta$ zu[2].

Die Verhältnisse bei den Gängen der beiden Arten von Interferenzverbreiterungen mit zunehmendem ϑ seien durch Abb. 6 illustriert. Für $\vartheta = 0$ ist die Verbreiterung, welche durch Schwankungen der Netzebenenabstände um einen Mittelwert bewirkt wird, gleich 0, die durch geringe Teilchengröße verursachte Verbreiterung aber nicht.

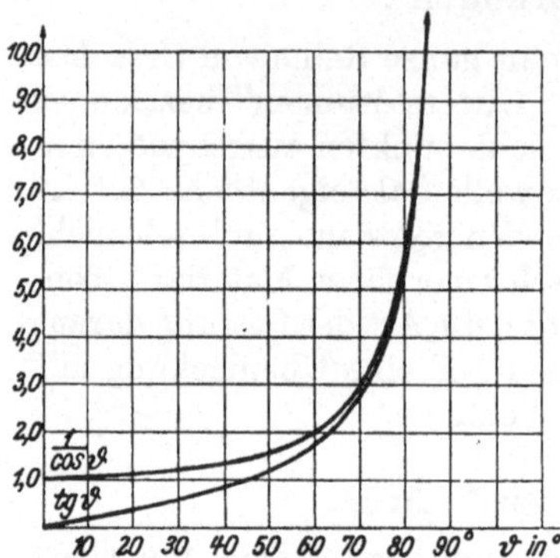

Abb. 6. Abhängigkeit der Linienverbreiterung vom Streuwinkel: Obere Kurve: Verbreiterung infolge geringer Teilchengröße. Untere Kurve: Verbreiterung infolge Schwankungen der Netzebenenabstände.

Bei den praktisch vorkommenden Interferenzverbreiterungen durch Schwankungen von Netzebenenabständen ist zu berücksichtigen, daß diese Schwankungen in vielen Fällen wenige zehntel Prozent nicht überschreiten werden. (Von den bei inhomogen konzentrierten Mischkristallen auftretenden Schwankungen der Netzebenenabstände sehen wir hier ab.) Dies gilt z. B. für kaltbearbeitete Metalle[4], bei denen die Schwankungen der Netzebenenabstände meist nur an der Verwaschung des $K\alpha$-Dubletts bei den sehr hohen Ablenkungswinkeln erkannt werden, bei denen unter normalen Bedingungen überhaupt erst die Aufspaltung des $K\alpha$-Dubletts in $K\alpha_1$ und $K\alpha_2$ sichtbar wird. In solchen Fällen tritt bei niedrigeren Ablenkungswinkeln eine Interferenzverbreiterung nicht meßbar in Erscheinung.

Für den Fall, daß Interferenzverbreiterung gleichzeitig durch die oben besprochene Art von Schwankungen der Netzebenenabstände und durch besonders geringe Größe der kohärent strahlenden Bereiche verursacht wird, empfehlen deshalb Dehlinger und Kochendörfer[3] zunächst die Teilchengröße (und Teilchenform) an Hand der Halbwertsbreiten der Interferenzen mit niedrigen Ablenkungswinkeln zu bestimmen und anschließend an Hand der Interferenzen bei den höchsten Ablenkungswinkeln, unter Zuhilfenahme der jetzt bekannten Teilchengröße, die Schwankungen der Netzebenenabstände.

b) Gitterdehnungen und Gitterschrumpfungen.

In vielen Fällen liegen Schwankungen der Netzebenenabstände nicht, wie sehr oft bei kalt bearbeiteten Metallen, um den Normalwert als Mittelwert herum, sondern um einen anderen Wert: Es liegen Gitterdehnungen und evtl. in bestimmten Richtungen auch Gitterschrumpfungen (gleichzeitig mit den Dehnungen) vor[4].

---

[1] A. Kochendörfer: Z. Kristallogr., Mineral., Petrogr., Abt. A 97 (1937), 263, 469. — U. Dehlinger, A. Kochendörfer: loc. cit. — P. Debye, H. Menke: Ergebn. techn. Röntgenkunde II (1931), 15 ff. Leipzig: Akad. Verl.-Ges.

[2] Siehe z. B. loc. cit. sowie A. Kochendörfer: Z. Kristallogr., Mineral., Petrogr., Abt. A 97 (1937), 469 und weiter unten unter V.

[3] U. Dehlinger, A. Kochendörfer: loc. cit. fanden z. B. für kalt bearbeitetes Kupfer maximal $\sim 0{,}2\%$.

[4] Liegen keine wesentlichen Schwankungen der Netzebenenabstände, sondern z. B. nur praktisch einheitliche Dehnungen vor, so nennt U. Dehlinger diese Erscheinungen „Spannungen 1. Art".

Die Bestimmung dieser veränderten Lagen oder Mittellagen der Interferenzen hat schon frühzeitig das Interesse vieler Forscher, vor allem metallkundlicher Richtung, gefunden, und es sind eine ganze Reihe von Spezialkameras und Spezialmethoden angegeben worden, vermittels deren man imstande ist, auch kleine Netzebenenabstandsänderungen noch genau zu vermessen. Hier sind insbesondere VAN ARKEL, GLOCKER, DEHLINGER, SEEMANN, BOHLIN und STRAUMANIS zu nennen[1].

Sehr wesentlich bei diesen Bestimmungen ist die Beimischung einer Eichsubstanz (z. B. NaCl oder MgO oder Al) zur Ausschaltung des Einflusses von Fehlern der Kamerakonstruktion, der Zentrierung des Präparatenstäbchens, der Filmlage, der Filmschrumpfung usw. und weiter die Ausnutzung der Interferenzen mit den höchsten Ablenkungswinkeln zur Messung.

Bei den früheren Messungen wurde oft ohne Beweis stillschweigend angenommen, daß die Gitterdehnung usw. sich einfach in der Verschiebung einer scharfen Interferenz äußert, daß also Schwankungen der Netzebenenabstände nicht vorlagen. Wenn das wirklich zutrifft, kann die Vermessung der Interferenzen stets direkt auf dem Film vorgenommen werden.

Wenn aber, wie in vielen Fällen, Schwankungen der Netzebenenabstände um einen anomalen Mittelwert vorliegen, so empfiehlt sich in allen Fällen die Bestimmung der Mittellage der Interferenzen (vor allem mit hohen Ablenkungswinkeln) an Hand der Photometerkurve. Dies ist um so wesentlicher, als man nicht von vornherein annehmen darf, daß die Verteilung der Netzebenenabstände vom Mittelwert aus nach beiden Seiten gleichmäßig ist.

Noch unentbehrlicher wird die Bestimmung der Interferenzlagen an Hand von Photometerkurven, wenn auch noch Linienverbreiterung durch geringe Größe der Primärteilchen vorliegt[2].

Gitterdehnungen und Gitterschrumpfungen kommen außer bei kalt bearbeiteten Metallen in Frage bei topochemisch entstandenen Stoffen[3], bei aufgewachsenen (Schicht-)Kristallen, bei äußerst kleinen Kristallen[2] und vor allem bei Mischkristallen. Hier hängt der mittlere Netzebenenabstand zum Teil recht einfach mit der Konzentration an Fremdatomen zusammen, nämlich bei Substitutionsmischkristallen mit unregelmäßiger (statistischer) Verteilung der Fremdatome nach der VEGARDschen Linearitätsbeziehung, die aber oft nicht gilt[4].

c) Gitterstörungen infolge von Verbiegungen der Kristallite.

Bei mechanischer Kaltbearbeitung von Metallen und anderen Stoffen sind u. U. gewisse Stauchungen, d. h. Verkrümmungen der Kristallite und damit der Netzebenenscharen zu erwarten.

Im Anschluß an frühere grundlegende Betrachtungen und Untersuchungen von U. DEHLINGER[5], welcher diese Art von Gitterstörungen als „rasch veränderliche Spannungen zweiter Art" bezeichnet, beschäftigte sich in neuester Zeit

---

[1] Zusammenfassende Darstellungen bei R. GLOCKER: Materialprüfung mit Röntgenstrahlen, 2. Aufl. (1936), S. 254ff. sowie bez. der Methode von STRAUMANIS bei M. STRAUMANIS u. A. JEVIŅŠ: Die Präzisionsbestimmung von Gitterkonstanten nach der asymmetrischen Methode. Berlin: Springer, 1940.

[2] Vgl. z. B. U. HOFMANN, D. WILM: Z. Elektrochem. angew. physik. Chem. **42** (1936), 504.

[3] Vgl. z. B. W. BÜSSEM, F. KÖBERICH: Z. physik. Chem., Abt. B **17** (1932), 310. — R. FRICKE, J. LÜKE: Z. Elektrochem. angew. physik. Chem. **41** (1935), 174.

[4] Vgl. z. B. R. GLOCKER: loc. cit., S. 263ff.

[5] U. DEHLINGER: Z. Kristallogr., Mineral., Petrogr. **65** (1927), 615; Z. Metallkunde **23** (1931), 147.

A. KOCHENDÖRFER theoretisch und praktisch eingehend mit diesem Problem[1]. Als wesentlichste Resultate der betreffenden Berechnungen ergaben sich in bester Übereinstimmung mit den Messungen folgende:

Für die Beschreibung der bisher beobachteten Effekte genügt die Annahme nahezu cosinusförmiger Verbiegungen der Kristallite mit einer Periode von der Länge der doppelten Teilchengröße (einfache Verbiegungen). Mit zunehmender Amplitude der Verbiegung erfolgt zunächst eine einfache Verbreiterung der Röntgeninterferenzen, weiterhin eine Aufspaltung in zwei zunächst noch stark konfluierende, symmetrisch rechts und links vom betreffenden BRAGGschen Glanzwinkel liegende Interferenzen, deren Einzelbreite der durch die betreffende Teilchengröße allein bedingten entspricht. Je größer die Amplitude der Verbiegung, um so weiter rücken diese beiden Linien auseinander.

Die Verhältnisse seien durch Abb. 7[2] näher beleuchtet. Hier ist für „lineare" (= von *einer* Koordinate abhängige) Störungen und für eine Periodenlänge $r = 2\,m$ [m = Teilchengröße, gemessen in Atomabständen a auf der Kristallkante (oder Identitätsperioden) als Einheit] für verschiedene „x"-Werte „S^2/m^2" in Abhängigkeit von „p" dargestellt.

Die verschiedenen Symbole haben folgende Bedeutung:

$x = A_h v$, wobei v = Amplitude der Verbiegung und $A_h = \dfrac{4\pi a}{\lambda} \sin \vartheta_H$ (a = Identitätsperiode, λ = Röntgenwellenlänge, ϑ_H = BRAGGscher Glanzwinkel). Für gleiches ϑ_H ist also x ein Maßstab der Verbiegungsgröße.

S = Streuvermögen, bezogen auf den Wert des ungestörten Gitters als Einheit. S^2/m^2 = rel. Einheitsintensität.

$$p = \frac{r}{2\pi} \cdot (A - A_h),\ \text{worin}\ r = \text{Peri-}$$

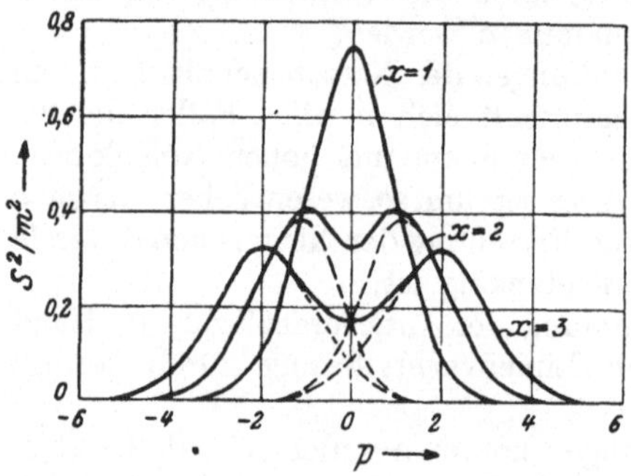

Abb. 7. Verbreiterung und Aufspaltung der Röntgeninterferenzen durch einfache Gitterverbiegungen. (Die gestrichelten Kurvenstücke geben die Aufspaltung der Gesamtlinie in die Einzellinien an; Erklärung im Text.)

odenlänge (für Abb. 7 konstant) und $A = \dfrac{4\pi a}{\lambda} \sin \vartheta$ (ϑ = laufender Reflexionswinkel). Für konstante ϑ_H ist also p eine Maßgröße für den laufenden Glanzwinkel ϑ.

Man erkennt aus der Abbildung, daß zwischen $x = 0$ ($v = 0$, also keine Störung) und $x = 1$ noch keine Aufspaltung der Interferenz auftritt. Diese macht sich erst bei $x > 1$ bemerklich.

Eine Planimetrierung der Flächen unter den Kurven von Abb. 7 ergibt das für uns weiter unten (IV 5) noch wichtig werdende Resultat, daß die Flächen gleich sind, *daß also die integrale Intensität der Interferenzen für verschiedene Störungsamplituden konstant bleibt.*

Ein weiteres wichtiges Resultat der genannten Arbeiten ist die Abhängigkeit der Interferenzbreite vom Glanzwinkel: *Die Breite geht genau so, wie oben unter IV 3a, S. 21 für Schwankungen der Netzebenenabstände („langsam veränderliche*

---

[1] A. KOCHENDÖRFER: Z. Kristallogr., Mineral., Petrogr., Abt. A **101** (1939), 149. — U. DEHLINGER, A. KOCHENDÖRFER: Z. Kristallogr., Mineral., Petrogr., Abt. A **101** (1939), 134. — A. KOCHENDÖRFER: Z. Kristallogr., Mineral., Petrogr., Abt. A **97** (1937), 469.

[2] Entnommen aus A. KOCHENDÖRFER: Z. Kristallogr., Mineral., Petrogr., Abt. A **101** (1939), 149.

Spannungen zweiter Art") geschildert, auch bei den *Kristallitverbiegungen* proportional mit tg ϑ.

Die durch Verbiegungen der Kristallite hervorgerufenen Interferenzverbreiterungen lassen sich also von der durch geringe Teilchengröße hervorgerufenen ebensogut unterscheiden, wie das oben für die durch Schwankungen der Netzebenenabstände entstandenen Interferenzverbreiterungen (IV 3a, S. 21) geschildert ist. D. h. normalerweise äußern sich die durch Verbiegungen der Kristallite hervorgerufenen Interferenzverbreiterungen auch nur bei hohen Ablenkungswinkeln.

Doch ist es auf röntgenographischem Wege nicht möglich, Schwankungen der Netzebenenabstände von Verbiegungen der Kristallite zu unterscheiden. Man muß hier noch andere experimentelle Hilfsmittel zuziehen, wie z. B. magnetische Messungen[1].

Cosinusförmige Gitterstörungen mit Perioden $\ll m$ würden getrennt neben der Hauptlinie liegende Teillinien (,,Gittergeister") zur Folge haben, welche noch nie beobachtet wurden.

Doch gelten die für einfache cosinusförmige Verbiegungen abgeleiteten Gesetzmäßigkeiten auch dann noch, wenn die betreffende Periode (z. B. $= 2\,m$) von kleineren Perioden mit sehr kleiner Amplitude (z. B. bis zu 2,5 %)[2] überlagert ist.

Frühere Arbeiten über Verbiegungen, insbesondere von *Schichtkristallen*, stammen von A. JOHNSEN[3], M. POLANYI[4], J. HENGSTENBERG und H. MARK[5] sowie W. LOTMAR[6]. Eine Diskussion der hier noch nicht ganz geklärten Verhältnisse findet sich bei U. HOFMANN und D. WILM[7]. Bezüglich Gitterstörungen bei Schichtkristallen vgl. in diesem Artikel vor allem unten unter IV 3f, S. 34.

Bezüglich der Methodik der für die oben und unter IV 3a, S. 21 besprochenen Störungen sehr wichtigen Interferenzbreitenbestimmung an Blechen vgl. unter V 2b ε, S. 57.

d) Mischkristalle mit unregelmäßiger und mit regelmäßiger Verteilung der Fremdatome: Überstruktur.

Als eine Art von ,,Störung" kann man auch die statistisch unregelmäßige Verteilung der Fremdatome oder -atomgruppen in Mischkristallen jeder Art auffassen, und zwar nicht nur wegen der oben schon erwähnten Störung der Netzebenenabstände in der Umgebung der Fremdatome, sondern auch ganz einfach wegen der unregelmäßigen Verteilung dieser Fremdatome.

Im Falle von Substitutionsmischkristallen kann man bekanntlich durch Tempern bei nicht zu hohen Temperaturen eine regelmäßige Verteilung der Fremdatome, also einen regelmäßig geordneten Mischkristall bzw. eine sogenannte ,,Überstruktur" erzielen, deren Wesen darin liegt, daß dem normalen Gitter quasi ein regelmäßiges Gitter der Fremdatome eingelagert ist. Röntgenographisch äußert sich diese Überstruktur in dem Auftreten neuer Interferenzen, welche bei niedrigen Ablenkungswinkeln liegen, da die Gitterkonstanten des ,,Überstruktur-

---

[1] U. DEHLINGER, A. KOCHENDÖRFER: loc. cit. — M. KERSTEN: Z. Physik **76** (1932), 505; **82** (1933), 723. — H. BITTEL: Ann. Physik **31** (1938), 219; **32** (1938) 608. — M. KERSTEN: Z. Elektrochem. angew. physik. Chem. **46** (1940), 499.

[2] Näheres vgl. bei A. KOCHENDÖRFER: loc. cit.

[3] A. JOHNSEN: Fortschr. Mineral., Kristallogr., Petrogr. **3** (1913), 93. — E. ERNST: Handw. d. Naturwiss., 2. Aufl. ,,Kristallphysik".

[4] M. POLANYI: Naturwiss. **16** (1928), 285.

[5] J. HENGSTENBERG, H. MARK: Z. Physik **61** (1930), 465.

[6] W. LOTMAR: Z. Kristallogr., Mineral., Petrogr., Abt. A **91** (1935), 187.

[7] U. HOFMANN, D. WILM: loc. cit.

gitters" in allen Fällen größer sind als die des normalen Gitters, oder besser gesagt: es treten neue größere Identitätsperioden auf.

Die Größe dieser Identitätsperioden bzw. die Lage der Überstrukturlinien hängt von der Konzentration des betreffenden Mischkristalls ab.

In sehr interessanten Arbeiten von Rienäcker[1] und später auch von A. Schneider[2] und Mitarbeitern wurden in neuester Zeit Versuche angestellt, welche die Frage klären sollten, ob die katalytische Aktivität und insbesondere die Aktivierungswärme von Gaszerfallsreaktionen (z. B. Zersetzung von dampfförmiger Ameisensäure) an Mischkristallen von deren Ordnungszustand beeinflußt wird. Es ergaben sich deutliche Einflüsse, die aber in bisher noch nicht geklärter Weise von den untersuchten Systemen abhingen. Vielleicht gelingt eine Klärung dieser Widersprüche bei einer gleichzeitigen Berücksichtigung und Bestimmung anderer Störungsarten der Mischkristalle.

Auch die gleichzeitige Untersuchung des magnetischen Verhaltens der Legierungen ist sicher bedeutungsvoll[3].

Betr. zweidimensionaler Überstrukturen vgl. F. Laves[4].

e) Unregelmäßige Gitterstörungen.

α) Allgemeine Ursachen.

Mischkristalle mit einer statistisch unregelmäßigen Verteilung der Fremdatome werden infolge der Veränderung der Netzebenenabstände in der Umgebung der Fremdatome auch mit statistisch unregelmäßigen Störungen der Lagen der Atome des Grundgitters behaftet sein. Diese Störungen müssen ähnliche sein, wie solche, die man erwarten muß, wenn viele Leerstellen im Gitter statistisch unregelmäßig verteilt sind, oder wenn die oben besprochenen Gitterverhakungen und -versetzungen nach Dehlinger im Gitter häufig und unregelmäßig verteilt auftreten. Darüber hinaus würde auch ein Vorhandensein von vielen ungeordneten, also amorphen Bezirken innerhalb eines Kristalles den Ordnungszustand der diesen Bezirken benachbarten Kristallbausteine ungünstig beeinflussen. Auch bei einem Vorhandensein sehr geringer Teilchengrößen mit sehr unregelmäßigen Teilchenformen könnte man sich, wie wir weiter unten unter V 7a, S. 72 noch behandeln werden, so etwas vorstellen.

β) Erste röntgenographische Beobachtungen an aktiven Stoffen.

Die Erfahrung hat nun erwiesen, daß gewisse plastisch bearbeitete, vor allem aber bei tieferer Temperatur auf topochemischem Wege, d. h. unmittelbar aus anderen festen Körpern hergestellte aktive Stoffe [welche einen höheren Wärmeinhalt besitzen, als die inaktiven (normalen) Stoffe] oft röntgenographisch folgenden Effekt ergeben: Die integralen Interferenzintensitäten sind gegenüber den normalen Intensitäten verringert, und zwar um so stärker, je höher der betreffende Ablenkungswinkel ist. Dieser Befund wurde an Hand von streng vergleichbaren Aufnahmen an den aktiven und an den inaktiven (normalen) Stoffen er-

---

[1] G. Rienäcker: Z. anorg. allg. Chem. **227** (1936), 353. — G. Rienäcker, G. Wessing, G. Trautmann: Z. anorg. allg. Chem. **236** (1938), 252. — G. Rienäcker, E. A. Bommer: Z. anorg. allg. Chem. **242** (1939), 302. — G. Rienäcker, R. Burmann: J. prakt. Chem. **158** (1941), 95. — G. Rienäcker: Z. Elektrochem. angew. physik. Chem. **47** (1941), 805 und andere Arbeiten von G. Rienäcker u. Mitarbeitern.

[2] A. Schneider: Z. Eletrochem. angew. physik. Chem. **45** (1939), 727; **46** (1940), 321.

[3] G. Rienäcker, H. Gaubatz: Naturwiss. **28** (1940), 534. — A. Schneider: Z. Elektrochem. angew. physik. Chem. **46** (1940), 321. — E. Vogt: Ann. Physik (5) **14** (1932), 1. — H. J. Seemann: Z. Metallkunde **24** (1932), 299.

[4] F. Laves: Z. Kristallogr., Mineral., Petrogr., Abt. A **90** (1935), 279.

hoben. Bei den betreffenden Pulveraufnahmen war für gleiche Absorption in den betreffenden Stäbchen Sorge getragen. Außerdem handelte es sich um Aufnahmen an Präparaten mit so geringer Korngröße, daß die Einflüsse der Primär- und Sekundärextinktion praktisch wegfielen[1]. (Vgl. IV 2.)

γ) Wärmeschwingungen und Intensität nach Debye-Waller.

Der beobachtete Intensitätseffekt steht in Analogie zu dem Einfluß der Wärmeschwingungen auf die Intensitäten von Röntgeninterferenzen. Nach der Theorie von Debye und Waller[2] und nach den experimentellen Befunden bei Röntgenaufnahmen der gleichen Stoffe bei verschiedenen Temperaturen ist es so, daß die Interferenzintensitäten mit steigender Temperatur abnehmen, und zwar um so stärker, je höher der betreffende Ablenkungswinkel ist[3]. Parallel dazu erfolgt mit steigender Temperatur eine Zunahme der diffusen Streustrahlung.

Die Gleichung für die integrale Intensität einer Interferenz hkl der Debye-Scherrer-Aufnahme eines extinktionsfreien Präparates lautet

$$I_{hkl} = K\,pA\,\frac{1+\cos^2 2\vartheta}{2\sin^2\vartheta\cdot\cos\vartheta}\left|\sum_i S_i\cdot F_i\cdot e^{-M_i}\right|^2. \tag{3}$$

Hierin bedeutet: I die Intensität, K eine für den ganzen Film konstante, von den Belichtungsbedingungen, der Behandlung des Films usw. abhängige Größe, p die Flächenhäufigkeitszahl, A den von der Art des Präparates, von seiner Schüttdichte, vom Stäbchenradius und vom Glanzwinkel abhängigen Absorptionsfaktor, ϑ den betreffenden Glanzwinkel, S die Strukturamplitude, F den Atomformfaktor. Die i sind die verschiedenen in dem Gitter vorkommenden Atomarten.

e^{-M_i} ist der sogenannte Debye-Wallersche Temperaturfaktor. Es ist

$$M_i = B_i\cdot\sin^2\vartheta/\lambda^2,$$

worin λ die Wellenlänge der benutzten Röntgenstrahlung und

$$B_i = 8\,\pi^2\,\overline{u_{x_i}^2}. \tag{4}$$

u ist die Amplitude einer Wärmeschwingung, u_x ihre Komponente senkrecht zur reflektierenden Netzebene, $\overline{u_x^2}$ das Mittel der Quadrate dieser Komponenten. Bei gleichen mittleren Wärmeschwingungen in allen Richtungen ist $\bar{u} = \sqrt{3\,\overline{u_x^2}}$.

$\overline{u_x^2}$ hängt nach Debye für ein *einatomiges kubisches* Gitter mit der Temperatur zusammen nach

$$8\,\pi^2\,\overline{u_x^2} = \frac{6\,h^2}{m\,k\,\Theta}\left(\frac{\varphi(x)}{x} + \frac{1}{4}\right). \tag{5}$$

Hierin bedeutet h das Plancksche Wirkungsquantum, m die Absolutmasse eines Atoms, k die Boltzmannsche Konstante und Θ die „charakteristische Temperatur" des betreffenden festen Stoffes nach der Debyeschen Theorie der spezifischen Wärme, x ist gleich Θ/T ($T =$ abs. Temp.) und

$$\varphi(x) = \frac{1}{x}\int_0^x \frac{\xi\,d\xi}{e^\xi - 1}, \tag{6}$$

---

[1] Zusammenfassung und Literaturstellen bei R. Fricke: Z. angew. Chem. **51** (1938), 863 sowie R. Fricke: Z. Elektrochem. angew. physik. Chem. **46** (1940), 491. — R. Brill, M. Renninger: loc. cit.

[2] Vgl. z. B. H. Ott im Handbuch der Experimentalphysik VII, 2 (1928), 55ff.

[3] Eine diesbezügliche Experimentaluntersuchung vgl. z. B. bei G. W. Brindley: Proc. Leeds philos. lit. Soc., sci. Sect. Vol. III, Part IX (1939), 520.

worin ξ die Integrationsveränderliche. Die Funktion $\varphi(x)$ ist z. B. in den „Internationalen Tabellen zur Bestimmung von Kristallstrukturen"[1] tabuliert.

Der Addend $\frac{1}{4}$ in Gl. (5) berücksichtigt die Nullpunktsbewegung.

δ) Übertragung der Wärmeschwingungstheorie auf die unregelmäßigen Störungen.

Es lag nun nahe anzunehmen, daß die oben besprochenen Intensitätseffekte auf Gitterstörungen zurückzuführen seien, welche so unregelmäßig sind wie Wärmeschwingungen, d. h. also, daß in den betreffenden aktiven Stoffen Schwerpunktverlagerungen der Atome und Atomgruppen vorhanden seien, welche eingefrorenen Wärmeschwingungen vergleichbar waren.

Die ersten derartigen Beobachtungen überhaupt machten Hengstenberg und Mark an plastisch deformiertem KCl und an abgeschrecktem Duralumin, welches das meiste Kupfer noch im Gitter gelöst hatte[2]. R. Brill maß die bei der Kaltbearbeitung des KCl gleichzeitig auftretende Erhöhung der diffusen Streustrahlung[3].

Die ersten diesbezüglichen Beobachtungen an topochemisch hergestellten aktiven Oxyden und später auch Metallen machten R. Fricke und Mitarbeiter[4]. In diesen Fällen wurden Wärmeinhalt und Teilchengrößen mit untersucht.

Die ersten quantitativen Auswertungen der an kalt bearbeiteten Metallen (Cu und Ni) und an einer Cu–Be-Legierung beobachteten Intensitätseffekte auf die mittlere Abweichung der Atome von der Normallage stammen von Brindley und Spiers[5]. Bald darauf folgten quantitative Auswertungen an aktivem und gefeiltem Eisen von R. Brill[6] sowie an aktiven Metallen, Oxyden und Spinellen von R. Fricke und Mitarbeitern[7].

ε) Genaueres Bild der unregelmäßigen Gitterstörungen.

Bevor wir auf nähere Einzelheiten dieser Auswertungen, auf den Vergleich der Resultate mit den Erhöhungen des Wärmeinhalts usw. eingehen, wollen wir noch ganz kurz die Frage erörtern, wie man sich solche unregelmäßigen Gitterstörungen vorstellen soll.

Es ist klar, daß man solche Gitterstörungen nicht z. B. dadurch erzeugen könnte, daß man feste Stoffe einfach hoch erhitzt und dann schnell abkühlt. Denn die Erhitzung bewirkt im wesentlichen nur eine Erhöhung der Schwingungsamplituden und nicht eine Verlagerung der Schwerpunkte der Atome, wie

---

[1] Band 2, S. 574. Berlin: Bornträger, 1935.

[2] J. Hengstenberg: Ergebn. techn. Röntgenkunde II, S. 139. Leipzig: Akad. Verl.-Ges., 1931. — J. Hengstenberg, H. Mark: Z. Physik 61 (1930), 435.

[3] R. Brill: Z. Physik 61 (1930), 454.

[4] Erste Mitteilungen: R. Fricke, P. Ackermann: Z. anorg. allg. Chem. 214 (1933), 177 (ZnO). — Dieselben: Z. Elektrochem. angew. physik. Chem. 40 (1934), 60 (α-Fe$_2$O$_3$). — R. Fricke, J. Lüke: Z. physik. Chem., Abt. B 23 (1933), 319 (BeO). — R. Fricke, L. Klenk: Z. Elektrochem. angew. physik. Chem. 41 (1935), 617 (α-Fe$_2$O$_3$). — R. Fricke, K. Meyring: Z. anorg. allg. Chem. 230 (1937), 366 (ZnO). — Derzeit letzte Mitteilungen: R. Fricke, W. Schweckendiek: Z. Elektrochem. angew. physik. Chem. 46 (1940), 90. — R. Fricke: Z. Elektrochem. angew. physik. Chem. 46 (1940), 491 (44. Mitteilung von R. Fricke und Mitarbeitern über aktive Stoffe).

[5] G. W. Brindley, F. W. Spiers: Philos. Mag. J. Sci. 20 (1935), 882, 893.

[6] R. Brill: Z. Physik 105 (1937), 378.

[7] R. Fricke, O. Lohrmann, W. Wolf: Z. physik. Chem., Abt. B 37 (1937), 60; 39 (1938), 476 (Fe). — R. Fricke, E. Gwinner: Z. physik. Chem., Abt. A 183 (1938), 165 (ZnO u. α-Fe$_2$O$_3$). — R. Fricke, F. R. Meyer: Z. physik. Chem., Abt. A 183 (1938), 177 (Cu). — R. Fricke, W. Dürr: Z. Elektrochem. angew. physik. Chem. 45 (1939), 254 (ZnFeO$_4$). — R. Fricke, W. Schweckendiek: Z. Elektrochem. angew. physik. Chem. 46 (1940), 90 (Ni).

sie bei den oben besprochenen Gitterstörungen vorliegen muß. Man kann sich auch nicht vorstellen, daß eine in größerem Maßstabe vorhandene Schwerpunktverlagerung der Atome in einem normalen, also intakten Gitter irgendwie stabil sein könnte. Doch läßt sich ohne weiteres eine Stabilisierung derartiger unregelmäßiger Gitterstörungen vorstellen, wenn das Gitter in unregelmäßiger Verteilung sehr stark mit den eingangs dieses Unterkapitels erwähnten, bei kalt bearbeiteten oder topochemisch entstandenen Stoffen wahrscheinlichen Fehlern, wie Gitterverhakungen und -versetzungen, Leerstellen, amorphen Stellen usw. versehen ist. Auch bei Mischkristallen mit statistisch unregelmäßiger Verteilung der Fremdatome und bei Einlagerung von Fremdstoffen lassen sich ähnliche Störungen erwarten. Weiteres hierzu vgl. unten unter IV 4, S. 36.

ζ) Messung und quantitative Auswertung unregelmäßiger Gitterstörungen.

Wenn nun das Gitter des „aktiven" Stoffes in einer solchen Weise unregelmäßig gestört ist, daß man die Verschiebungen der Schwerpunkte der Atome wie eingefrorene Wärmeschwingungen betrachten kann, so tritt bei Annahme einer *Unabhängigkeit der Störungen von den tatsächlichen Wärmeschwingungen* zu den M_i von Gl. (3) noch ein entsprechendes zweites Glied, das diese Störungen berücksichtigt. Sind die den tatsächlichen Wärmeschwingungen zuzuordnenden Werte M_i', B_i', u_{x_i}' und die den Gitterstörungen zuzuordnenden Werte M_i'', B_i'', u_{x_i}'', so erhalten wir statt Gl. (3)

$$I_{hkl} = K\, p\, A\, \frac{1+\cos^2 2\vartheta}{2\sin^2\vartheta \cdot \cos\vartheta} \left| \sum S_i F_i\, e^{-(M_i'+M_i'')} \right|^2. \tag{7}$$

Nimmt man weiter an, daß die mittlere Störung für alle Atomarten in erster Näherung dieselbe ist, so daß die verschiedenen M_i'', B_i'' und u_{x_i}'' dieselben, also alle gleich M'', B'' und u_x'' sind, so können wir schreiben:

$$I_{hkl} = K\, p\, A\, \frac{1+\cos^2 2\vartheta}{2\sin^2\vartheta \cdot \cos\vartheta} \left| \sum_i S_i F_i\, e^{-M_i'} \right|^2 e^{-2M''}. \tag{8}$$

Nach dieser Gleichung läßt sich M'' bzw. der mittlere Störungsgrad $\sqrt{\overline{u_x''^2}}$ aus dem Verhältnis der integralen Intensitäten zweier verschiedener Interferenzen derselben DEBYE-SCHERRER-Aufnahme unter der Annahme gleicher $\overline{u_x''^2}$-Werte für beide Interferenzen ermitteln[1]. Bei der Berechnung fällt aber nur K heraus, weil es für den ganzen Film konstant ist. Alle anderen Größen müssen für die betreffenden Interferenzen bekannt sein. Hierdurch kommen leicht Unsicherheiten hinein, und zwar einerseits vom Absorptionsfaktor A, andererseits vom Temperaturfaktor $e^{-M_i'}$ aus. Während aber kleinere Fehler der Absolutwerte von A bei der Berechnung von M'' nicht viel auszumachen brauchen und man außerdem A und seinen evtl. Fehlereinfluß durch Zumischen von Korkmehl zum Präparat sehr klein halten kann (IV 2, S. 17), sind die vom Temperaturfaktor aus gegebenen Unsicherheiten dann außerordentlich groß, wenn es sich um die Untersuchung von Gittern mit mehreren Atomarten handelt, weil hier die zur Berechnung von M_i' notwendigen Voraussetzungen bis auf verschwindende Einzelfälle (z. B. für im NaCl- oder CaF_2-Typ kristallisierende Verbindungen[2])

---

[1] R. BRILL: Z. Physik **105** (1937), 378. — R. FRICKE, O. LOHRMANN, W. WOLF: Z. physik. Chem., Abt. B **37** (1937), 60; **39** (1938), 476.
[2] Vgl. z. B. A. EUCKEN im Handbuch der Experimentalphysik VIII, 1 (1929), 251 ff. (Leipzig: Akad. Verl.-Ges.) oder H. S. RIPNER, E. O. WOLLAN: Physic. Rev. **53** (1938), 972 (MgO).

noch nicht gegeben sind[1]. Im wesentlichen ist das darauf zurückzuführen, daß der Temperaturfaktor gleichzeitig eine Atom- *und* Gittereigenschaft ist, so daß z. B. der M_i'-Wert für das Na-Atom im Natriumchloridgitter ein anderer ist als im Natriumsulfatgitter. Außerdem ist die u. U. aus der Härte der Stoffe abschätzbare, für die Berechnung von M_i' als Konstante erforderliche charakteristische Temperatur Θ eine zum gesamten Gitter gehörige Größe. Man muß also über die Atomarten, bei niedriger symmetrischen Gittern[2] auch über die Kristallrichtungen[3] ausmitteln usw.

Infolgedessen sind Vergleichsmessungen an (ebenfalls extinktionsfreien, also genügend feinteiligen) ungestörten Präparaten, die bei einatomigen Gittern zur Sicherung der Befunde schon dringend erwünscht sind, bei mehratomigen und vor allem niedriger symmetrischen Gittern vollkommen unentbehrlich. Sorgt man weiter dafür, daß die Absorption in den Präparatenstäbchen des gestörten und des ungestörten Gitters gleich ist, indem man Kapillaren von gleichem Innendurchmesser und gleicher Wandstärke[4] verwendet und gleiche Schüttdichte der Präparate in den Capillaren herstellt[5], so vereinfacht sich die Berechnung der Störungen aus den Intensitäten ganz außerordentlich.

Bildet man nach Gl. (8) zunächst den Quotienten der integralen Intensitäten zweier Interferenzen derselben Aufnahme des gestörten Gitters, $Q_{J\,gest.}$, so fällt K heraus. Bildet man nun den gleichen Quotienten für die Vergleichsaufnahme am ungestörten Gitter, $Q_{J\,ungest.}$, und bildet das Verhältnis der beiden Quotienten, so entfallen alle Größen von Gl. (8) bis auf $e^{-2M''}$, welches zudem für das ungestörte Gitter gleich 1 ist ($M'' = 0$).

Bildet man die Quotienten so, daß die Intensität der Interferenz mit dem kleineren Glanzwinkel ϑ_1 durch die Intensität der Interferenz mit dem größeren Glanzwinkel ϑ_2 dividiert wird, und sind die zu ϑ_1 und ϑ_2 gehörigen Störungsfunktionen $e^{-M_1''}$ und $e^{-M_2''}$, so ergibt sich:

$$\frac{Q_{J\,gest.}}{Q_{J\,ungest.}} = e^{2(M_2''-M_1'')},$$

bzw. da $M'' = B'' \cdot \sin^2 \vartheta/\lambda^2$:

$$\frac{Q_{J\,gest.}}{Q_{J\,ungest.}} = e^{2B''(\sin^2 \vartheta_2 - \sin^2 \vartheta_1)/\lambda^2},$$

und da $B'' = 8\,\pi^2\,\overline{u_x''^{\,2}}$ (Gl. 4)

$$\ln \frac{Q_{J\,gest.}}{Q_{J\,ungest.}} = 16\,\pi^2\,\overline{u_x''^{\,2}}\,(\sin^2 \vartheta_2 - \sin^2 \vartheta_1)/\lambda^2,$$

bzw.[6]

$$\overline{u_x''^{\,2}} = \ln \frac{Q_{J\,gest.}}{Q_{J\,ungest.}} \cdot \frac{\lambda^2}{16\,\pi^2\,(\sin^2 \vartheta_2 - \sin^2 \vartheta_1)}. \tag{9}$$

---

[1] Vgl. z. B. R. GLOCKER: Materialprüfung mit Röntgenstrahlen, S. 217 ff. 2. Aufl. 1936.

[2] Vgl. unten.

[3] Vgl. z. B. E. GRÜNEISEN, E. GOENS: Z. Physik **29** (1924), 141. — G. W. BRINDLEY, P. RIDLEY: Proc. physic. Soc. **50** (1938), 757.

[4] Eine Vorschrift zur Herstellung von Capillaren definierten und gleichen Innendurchmessers und gleicher Wandstärke aus Acetylcellulose vgl. bei R. FRICKE, O. LOHRMANN, W. WOLF: loc. cit., S. 67, sowie R. FRICKE, O. LOHRMANN, W. SCHRÖDER: Z. Elektrochem. angew. physik. Chem. **47** (1941), **374**.

[5] Z. B. durch geeignetes Verdünnen mit feinstem Korkmehl (R. GLOCKER: loc. cit., S. 160). Hierbei ist besonders darauf zu achten, daß sich keine Inhomogenitäten der Mischung ausbilden.

Zur Herstellung solcher Vergleichsaufnahmen vgl. weiter O. KRATKY, F. SCHOSSBERGER, A. SEKORA: Z. Elektrochem. angew. physik. Chem. **48** (1942), 409.

[6] Ableitung nach R. FRICKE, E. GWINNER: Z. physik. Chem., Abt. A **183** (1938), 165.

$\overline{u''_x{}^2}$ ist das mittlere Quadrat der Komponenten der Gitterstörungen senkrecht zur betreffenden reflektierenden Netzebene, $\overline{u''_x}$ also die „mittlere Komponente" (nach beiden Richtungen). $\sqrt{3\,\overline{u''_2{}^2}}$ ist gleich der mittleren Absolutstörung $\bar{u}$.

Gl. (9) bedeutet also, daß unter den oben genannten Aufnahme- und Messungsbedingungen das mittlere Quadrat der Störungsamplitude des unregelmäßig gestörten Gitters sich unmittelbar aus den integralen Intensitäten unter alleiniger Zuhilfenahme der betreffenden Ablenkungswinkel und der verwandten Röntgenwellenlänge berechnen läßt. Es ist dann also nicht einmal die Kenntnis der Indices der betreffenden Interferenzen erforderlich. Vgl. hierzu aber unten unter IV 3 e ϑ, S. 33.

η) Calorimetrische Nachprüfung der röntgenographisch gemessenen unregelmäßigen Gitterstörungen.

Gl. (5) (IV 3 e γ, S. 27) gibt nach P. DEBYE den Zusammenhang zwischen dem mittleren Quadrat der x-Komponenten der Amplituden der Wärmeschwingungen der Atome $\overline{u_x^2}$ und der absoluten Temperatur T für ein einatomiges kubisches Gitter wieder. Der Ableitung der Gleichung liegt die Annahme zugrunde, daß bei der Verrückung der Atome aus ihren Ruhelagen im Gitter die potentielle Energie der Atome mit dem Quadrat der Entfernung von der Ruhelage ansteigt.

Für einige aktive Oxyde mit nahezu gleicher Primärteilchengröße wurde nach Gl. (9) $\overline{u''_x{}^2}$ aus den Intensitäten der Röntgeninterferenzen unter der Annahme berechnet, daß die mittlere Störung für beide Atomarten (Metall- und Sauerstoffatome) dieselbe sei. Gleichzeitig wurden die Lösungswärmen der betreffenden Oxyde gemessen. Die Resultate finden sich in Tabelle 1 und 2.

Tabelle 1. Aktive Zinkoxyde[1].

Präparat	$\sqrt{\overline{u''_x{}^2}}$ in Å berechnet aus			Mittel von $\sqrt{\overline{u''_x{}^2}}$	Molekulare Lösungswärme in kcal
	100/121	100/123	110/123		
ZnO 1	0,0	0,0	0,0	0,0	22,3
ZnO 2	0,07	0,08	0,09	0,08	22,45
ZnO 5	0,11	0,10	0,12	0,11	23,0
ZnO 6	0,11	0,12	0,13	0,12	23,6

Man ersieht aus den beiden Tabellen, daß der Wärmeinhalt der Präparate erheblich schneller ansteigt als $\sqrt{\overline{u''_x{}^2}}$*, was im Prinzip zu dem oben genannten Zusammenhang zwischen Verrückung der Atomschwerpunkte und potentieller Energie gut paßt. Mehr als diese halbquantitative Bestätigung kann einmal bei den vorliegenden Meßgenauigkeiten und das andere Mal deshalb nicht erwartet werden, weil es sich um mehratomige hexagonale Gitter handelt, für welche sich $\overline{u''_x{}^2}$ bei genaueren Mes-

Tabelle 2. Aktive α-Fe (III)-Oxyde[2].

Präparat	$\sqrt{\overline{u''_x{}^2}}$ in Å berechnet aus 113/226	Molekulare Lösungswärme in kcal
Oxyd 1	0,0	49,3
Oxyd 2	0,11	50,7
Oxyd 3	0,18	51,5
Oxyd 4	0,21	54,0

---

[1] $\sqrt{\overline{u''_x{}^2}}$ berechnet von R. FRICKE, E. GWINNER: loc. cit.; Messungen von R. FRICKE, P. ACKERMANN: Z. anorg. allg. Chem. **214** (1933), 177.

* Genauer gesagt, daß der Wärmeinhalt mit zunehmender Gitterstörung um so schneller ansteigt, je größer die Gitterstörung bereits ist.

[2] $\sqrt{\overline{u''_x{}^2}}$ berechnet von R. FRICKE, E. GWINNER: loc. cit.; Messungen von R. FRICKE, P. ACKERMANN: Z. Elektrochem. angew. physik. Chem. **40** (1934), 630.

sungen bestimmt als von Kristallrichtung (vgl. unter ϑ) und Atomart abhängig erweisen würde.

Hat man es mit einatomigen kubischen Gittern zu tun, so kann die aus der Größe von $\sqrt{\overline{u_x''^2}}$ folgende Erhöhung des atomaren Wärmeinhaltes zwecks eines eventuellen Vergleiches mit calorimetrisch bestimmten Zahlen nach FRICKE und LOHRMANN[1] im Prinzip nach Gl. (5) berechnet werden, indem an Stelle der Amplitude der Wärmeschwingung diejenige der Gitterstörung tritt. Es entfällt dann aber auch sinngemäß das Glied $\frac{1}{4}$ in Gl. (5), weil die Einführung einer „Nullpunktsbewegung der Gitterstörung", also einer „Nullpunktsbewegung der *Schwerpunkte* der Atomlagen" zunächst nicht notwendig erscheint. Gl. (5) nimmt dann die Gestalt an

$$8\,\pi^2\,\overline{u_x''^2} = \frac{6\,h^2}{m\,k\,\Theta}\,\frac{\varphi(x)}{x}\,,$$

bzw.

$$\frac{\varphi(x)}{x} = \overline{u_x''^2}\,8\,\pi^2\,\frac{m\,k\,\Theta}{6\,h^2}\,. \tag{10}$$

Ist die „charakteristische Temperatur" Θ des betreffenden Körpers bekannt, so läßt sich nach Gl. (10) $\frac{\varphi(x)}{x}$ und daraus [anstatt des T nach Gl. (5); vgl. hierzu oben unter IV 3 $e\,\gamma$, S. 27] ein „T" berechnen, welches eine Art „virtueller Störtemperatur" vorstellt, d. h. die Temperatur, welche notwendig wäre, um $\sqrt{\overline{u_x''^2}}$ als mittlere Störamplitude der Wärmeschwingung zu erhalten.

Man kann nun den zu dieser „Störtemperatur" gehörigen atomaren Wärmeinhalt in folgender Weise bestimmen: Man trägt die atomaren spezifischen Wärmen vom absoluten Nullpunkt bis zu der „Störtemperatur T" auf und ermittelt durch Planimetrieren der unter der betreffenden Kurve gelegenen Fläche den Wärmeinhalt. Als durch die betreffende unregelmäßige Störung bewirkte Erhöhung des Wärmeinhaltes ist nun hiervon nur die Hälfte, nämlich der potentielle Anteil der spezifischen Wärme fester Stoffe anzusetzen[2].

Dies ist deshalb nötig, weil im Falle der durch Temperaturbewegung bewirkten gleichen Störung auch noch der kinetische Anteil des Wärmeinhaltes in die spezifischen Wärmen mit eingeht, bei einer festen Schwerpunktverlagerung der Atome aber natürlich nicht.

Es sei aber nochmals besonders darauf hingewiesen, daß bei dieser Art der Berechnung eine vollkommene Unabhängigkeit der Wärmeschwingungen von den Gitterstörungen angenommen wird. Sind beide doch energetisch gekoppelt, was wahrscheinlich ist, so wird die betreffende Erhöhung des Wärmeinhaltes größer[1]. Die nach obigem vorgenommenen Berechnungen können also nur die richtige Größenordnung liefern.

Auf diese Weise berechneten FRICKE, LOHRMANN und WOLF für unregelmäßig gestörtes Eisen eine Erhöhung der potentiellen Energie der Atome von 1,45 kcal pro Grammatom, während calorimetrisch 1,4 kcal gefunden wurden[1]. Bei aktivem Kupfer[3] und Nickel[4] wurden aus den Gitterstörungen Erhöhungen des Wärmeinhaltes berechnet, welche mit den calorimetrisch gefundenen größen-

[1] R. FRICKE, O. LOHRMANN, W. WOLF: Z. physik. Chem., Abt. B **37** (1937), 60; **39** (1938), 476.

[2] W. BOAS: Z. Kristallogr., Mineral., Petrogr., Abt. A **96** (1937), 214. — R. FRICKE, O. LOHRMANN, W. WOLF: loc. cit.

[3] R. FRICKE, F. R. MEYER: Z. physik. Chem., Abt. A **183** (1938), 177.

[4] R. FRICKE, W. SCHWECKENDIEK: Z. Elektrochem. angew. physik. Chem. **46** (1940), 90.

ordnungsmäßig in Einklang zu bringen waren. Ein genauer Vergleich war hier wegen Adsorptions-, Teilchengrößeneinflüssen u. a. nicht möglich.

Eine etwas andere Berechnungsart der durch unregelmäßige Gitterstörungen hervorgerufenen Erhöhung des Wärmeinhaltes bevorzugen W. Boas[1] sowie R. Brill und M. Renninger[2]. Sie berechnen aus der betreffenden Wärmeschwingungsamplitude $\sqrt{\overline{u_x'^2}}$ und der Störamplitude $\sqrt{\overline{u_x''^2}}$ [Gl. (7)] eine „mittlere" Gesamtamplitude $\bar{u}_x^{Ges.}$ nach

$$\bar{u}_x^{Ges.} = \sqrt{\overline{u_x'^2} + \overline{u_x''^2}}\,.$$

Aus dieser Gesamtamplitude berechnen sie dann nach Gl. (5) die zugehörige, demnach durch die Gitterstörung erhöhte Temperatur $T_{Ges.}$. Die Differenz zwischen dieser und der tatsächlichen Temperatur T, also

$$T_{Ges.} - T = T_{Stör.}\,,$$

fassen sie dann als den Gitterstörungsanteil von $T_{Ges.}$ auf. Sie bestimmen danach den atomaren Zuwachs der Substanz an Wärme zwischen $T_{Ges.}$ und T und betrachten die Hälfte hiervon als die durch die betreffende Gitterstörung hervorgerufene Zunahme des Wärmeinhaltes. Diese Autoren sehen damit die Gitterstörungen als eine Art zusätzliche Erhöhung der Wärmeschwingungen an.

Da auch dies nicht exakt ist, dürften alle beiden geschilderten Rechenwege keine genauen Werte liefern. Zudem liegen die nach beiden Verfahren erhaltenen Werte nahe beieinander.

ϑ) Richtungsabhängigkeit unregelmäßiger Gitterstörungen.

Bei der soeben angegebenen Berechnungsart ist als Voraussetzung angenommen, daß das mittlere Störungsquadrat $\overline{u_x''^2}$ für die benutzten Interferenzen bzw. Netzebenen dasselbe ist. Wenn man es mit kubischen Gittern zu tun hat, wird diese Voraussetzung wohl meist für alle Netzebenen erfüllt sein. In den Fällen aber, in denen bei *kubischen* Gittern unregelmäßige Gitterstörungen richtungsabhängig auftreten, kann man diese Richtungsabhängigkeit aus einem an verschiedenen Ebenensorten angestellten Vergleich des Intensitätsabfalles nach höheren Glanzwinkeln nicht ermitteln. Denn die Intensitätsabfälle mit wachsendem ϑ bleiben auch bei bevorzugter Störung in einer bestimmten Richtung für kubische Kristalle wegen der Koinzidenz der vielen gleichartigen Flächen auf den Debyeogrammen bei allen Ebenenarten gleich[3].

Ganz anders ist das bei nichtkubischen Gittern. Hier ist von vornherein eine Richtungsabhängigkeit unregelmäßiger Gitterstörungen wahrscheinlich, weil hier die Verrückung der Atome bzw. Atomgruppen aus ihrer Normallage je nach der Richtung im Gitter einen verschieden hohen Energieaufwand erfordert.

Dementsprechend fanden auch Wollan und Harvey beim hexagonalen Zink, daß die mittleren Amplituden der Wärmeschwingungen der Zinkatome in Richtung der c-Achse erheblich größer waren als senkrecht dazu, nämlich bei 20° C 0,15 bzw. 0,09 Å[4]. Entsprechende Befunde erhoben Brindley und Ridley an den ebenfalls hexagonalen Gittern des Mg und Cd[5]. Ganz extrem ausgesprochen

---

[1] W. Boas: loc. cit.

[2] R. Brill, M. Renninger: Ergebn. techn. Röntgenkunde VI, 141. Leipzig. Akad. Verl.-Ges., 1938.

[3] W. Boas: Z. Kristallogr., Mineral., Petrogr., Abt. A 96 (1937), 214.

[4] E. O. Wollan, G. G. Harvey: Physic. Rev. (2) 51 (1937), 1054.

[5] G. W. Brindley, P. Ridley: Proc. physic. Soc. 50 (1938), 757; 51 (1939), 73.

ist nach P. A. Thiessen und Mitarbeitern die Richtungsabhängigkeit der Wärmeschwingungen in Seifenkristallen[1].

Die Feststellung dieser verschiedenen Amplituden ist hier durch einen Vergleich des Intensitätsabfalles verschiedener Netzebenenarten (z. B. der Basis- und einer Prismenfläche) mit steigendem Glanzwinkel auf bei verschiedenen Temperaturen hergestellten Aufnahmen möglich, und ganz entsprechend kann auf eine Richtungsabhängigkeit unregelmäßiger Gitterstörungen geprüft werden: Man legt den Berechnungen jeweils ein Interferenzpaar der gleichen Ebenensorte (z. B. Prismen- oder Basis- oder Pyramidenfläche), das heißt also jeweils zwei verschiedene Ordnungen der gleichen Interferenz zugrunde. Bei Vorliegen einer Richtungsabhängigkeit der unregelmäßigen Gitterstörungen müssen je nach der Netzebenenart systematisch verschiedene mittlere Störungsquadrate herauskommen.

Die Genauigkeit der bisher angestellten Messungen reichte nicht aus, um die bestimmt vorhandene Abhängigkeit unregelmäßiger Gitterstörungen von der Kristallrichtung bei niedriger symmetrischen Gittern sicher festzustellen.

f) Spezielle Gitterstörungen bei Schichtengittern.

Ausgesprochene Schichtgitterkristalle treten u. U. senkrecht zur Basisebene (Schichtebene) sehr dünn, im Extremfall nur mit einer Schichtebene auf. Wenn diese zweidimensionalen Kristalle ein ungeordnetes Haufwerk bilden, so fallen die Basis- und Pyramideninterferenzen fort, und lediglich die senkrecht zur Schichtebene stehenden Netzebenenabstände, welche den Prismenflächen entsprechen, liefern Interferenzen. Es herrscht also eine richtungsabhängige Röntgenamorphie (IV 1 f, S. 16). Die noch auftretenden Interferenzen sind Kreuzgitterinterferenzen[2].

Letztere zeichnen sich nach v. Laue[3] dadurch aus, daß ihr Intensitätsabfall nach kleineren Ablenkungswinkeln hin zwar noch scharf ist, nach größeren Ablenkungswinkeln hin aber relativ langsam erfolgt. Außerdem ist hier eine zum Primärstrahl hin stark ansteigende Untergrundschwärzung zu erwarten.

Die differentiale Interferenzintensität I_{hk} einer Kreuzgitterinterferenz eines sehr wenig absorbierenden Präparates hat nach v. Laue einen Verlauf, der durch folgende Gleichung gegeben ist[3]:

$$I_{hk} = C \cdot \frac{1}{\sin \vartheta \ \sqrt{\sin^2 \vartheta - \sin^2 \vartheta_{hk}}}. \tag{11}$$

Hierin bedeutet C eine Konstante, ϑ_{hk} den betreffenden „Braggschen Glanzwinkel" und ϑ den laufenden Reflexionswinkel.

In Abb. 8 ist der nach dieser Gleichung von U. Hofmann und D. Wilm[2] berechnete und durch Messungen bestätigte Verlauf der differentialen Intensität für verschiedene Kreuzgitterinterferenzen des Graphitoxyds wiedergegeben.

Parallel zu den Schichtebenen wurde in diesen Fällen sowohl von U. Hof-

---

[1] P. A. Thiessen, E. Ehrlich: Z. physik. Chem., Abt. B 19 (1932), 299; Z. physik. Chem. Abt. A 165 (1933), 453, 464. — P. A. Thiessen, J. v. Klenk: Z. physik. Chem., Abt. A 174 (1935), 335.

[2] Vgl. diesbezügliche Befunde bei U. Hofmann, D. Wilm: Z. Elektrochem. angew. physik. Chem. 42 (1936), 504 (graphitischer Kohlenstoff) und bei W. Feitknecht: Helv. chim. Acta 21 (1938), 766; Z. angew. Chem. 52, (1939), 202 und a. a. O. (Hydroxyde und bas. Salze im C_6-Typ).

[3] M. v. Laue: Z. Kristallogr., Mineral., Petrogr., Abt. A 82 (1932), 127.

MANN[1] als auch von W. FEITKNECHT und Mitarbeitern[2] stets eine geringe Gitterschrumpfung gefunden[3].

Eine besondere Art von Störungen kann bei ausgesprochenen Schichtengittern nun dadurch zustande kommen, daß parallel zur Schichtebene stärker ausgedehnte, senkrecht dazu aber dünne Kriställchen in größerer Zahl mit den Schichtebenen so aufeinander gelegt sind, daß die Ausrichtung übereinander noch keine ideale ist. Eindimensional sei dies durch Abb. 9 angedeutet, die für Graphit gilt[1].

Dieser zuerst von H. ARNFELT[4] bei hexagonalen Schichtengittern (Schichten senkrecht zur c-Achse) gefundene „Störungsmodus" äußert sich röntgenographisch so, daß nicht nur die Prismeninterferenzen entsprechend der großen Ausdehnung der Kristalle senkrecht zur c-Achse wenig oder nicht verbreitert sind, sondern auch die Basisinterferenzen, weil die einzelnen Kristallplättchen schon mit den richtigen Netzebenenabständen übereinanderliegen. Die Interferenzen der Pyramidenflächen aber sind verbreitert, weil

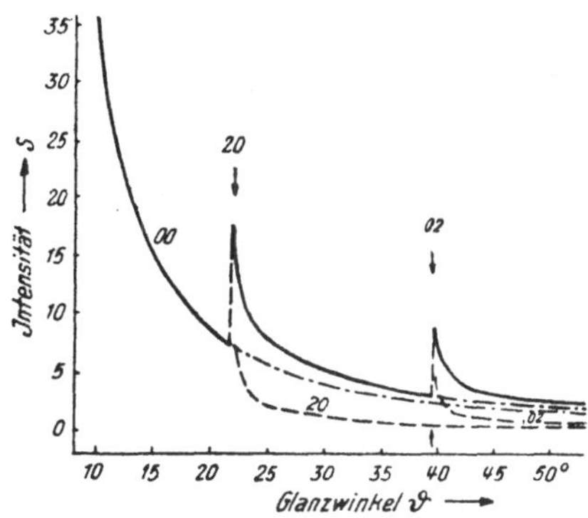

Abb. 8. Intensitätskurve für Kreuzgitterinterferenzen (nach v. LAUE berechnet).

für diese die unregelmäßige Verschiebung und Verdrehung der Kristallplättchen gegeneinander senkrecht zur c-Achse bewirkt, daß hier jedes Kristallplättchen allein als Kohärenzbereich auftritt.

Man kann hier also aus einer evtl. Verbreiterung der $hk0$-Interferenz die mittlere Ausdehnung der Kristallplättchen senkrecht zur c-Achse berechnen und aus einer evtl. Verbreiterung der $00l$-Interferenzen die mittlere Dicke der gesamten Kristallpakete parallel zur c-Achse. Aus je einem Paar Linienbreiten von hkl-Interferenzen aber läßt sich der mittlere Durchmesser und die mittlere Dicke der einzelnen Kristallplättchen ermitteln.

Die Intensitätsverhältnisse der Prismeninterferenzen nähern sich beim ARNFELTschen Störungsmodus dem von Kreuzgitterinterferenzen (vgl. oben sowie bei U. HOFMANN und D. WILM, loc. cit.). Die Intensitäten der Pyramideninterferenzen

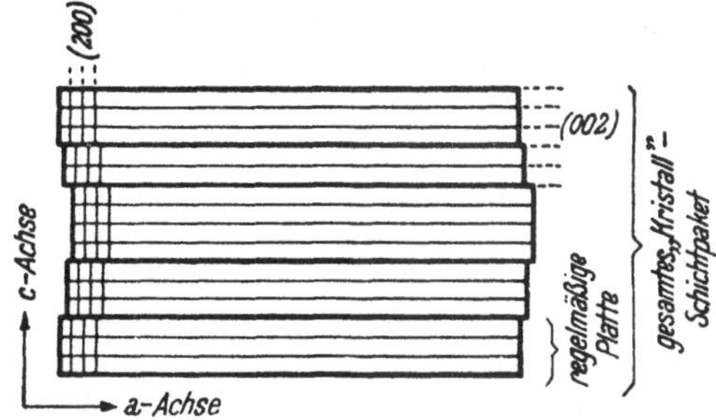

Abb. 9. Auflösung eines Graphitkristalls in ein Schichtpaket bei feinkristallinem Kohlenstoff (nach ARNFELT).

sind nach R. FRICKE[5] sowie W. FEITKNECHT[6] und Mitarbeitern geschwächt.

Nach ARNFELT fanden U. HOFMANN und Mitarbeiter[7] beim graphitischen

---

[1] U. HOFMANN, D. WILM: loc. cit.

[2] W. FEITKNECHT: loc. cit.

[3] Betr. der Röntgenuntersuchung von zweidimensionalen Einkristallen vgl. F. LAVES, W. NIEUWENKAMP: Z. Kristallogr., Mineral., Petrogr., Abt. A 90 (1935), 273 sowie W. NIEUWENKAMP: Z. Kristallogr., Mineral., Petrogr., Abt. A 90 (1935), 377.

[4] H. ARNFELT: Ark. Mat., Astronom. Fysik, Ser. B 23 (1932), 1.

[5] R. FRICKE, R. SCHNABEL. K. BECK: Z. Elektrochem. angew. physik. Chem. 42 (1936), 881.

[6] W. FEITKNECHT: Kolloid-Z. 92 (1940), 257; 93 (1940), 66; Helv. chim. Acta 20 (1937), 177 und frühere Arbeiten.

[7] U. HOFMANN, D. WILM: loc. cit. — U. HOFMANN u. Mitarb.: Liebigs Ann. Chem. 510 (1934), 1; Z. Kristallogr., Mineral., Petrogr., Abt. A 86 (1934), 340; Kolloid-Z. 69 (1934), 351.

Kohlenstoff und beim Graphitoxyd sowie R. FRICKE und Mitarbeiter bei Magnesiumhydroxyd[1] ganz entsprechende Erscheinungen. Auch bei den schönen Arbeiten von W. FEITKNECHT und Mitarbeitern über basische Salze und Hydrooxyde wurden sie gefunden[2].

Diese Autoren fanden aber auch ähnliche Zustände, bei denen abwechselnd kristalline und amorphe Schichtebenen aufeinander folgten. Dort lagen unregelmäßige starke Dehnungen der Identitätsperiode in Richtung der c-Achse vor[3].

Bei einer noch anderen, von W. FEITKNECHT gefundenen, aber theoretisch bisher noch nicht so klaren Störungsart von Schichtengittern sind *alle* Interferenzen scharf und die Pyramideninterferenzen nur geschwächt[2].

4. Ursachen der Stabilisierung von Gitterstörungen, insbesondere von unregelmäßigen. Richtungsabhängigkeit von Gitterstörungen und von „röntgenamorphem Material".

a) Stabilisierungsursachen.

Eine Stabilisierung von z. B. durch Kaltbearbeitung entstandenen Schwankungen der Netzebenenabstände (IV 3a, S. 21) läßt sich auf Grund von gegenseitigen Verklemmungen der Gitterblöckchen vorstellen, wobei evtl. auch noch Zwischenlagerungen von weitergehend zertrümmerten Gitterbereichen (evtl. besonders in der Umgebung von Verunreinigungen) eine wesentliche Rolle mitspielen. Entsprechendes gilt für die Verbiegungen der Kristallite (IV 3c, S. 23).

Bezüglich der Stabilisierung von Gitterdehnungen und Gitterschrumpfungen (Spannungen erster Art) ist oben unter IV 3b, S. 22 schon das Prinzipielle gesagt.

Unregelmäßige Gitterstörungen (IV 3e, S. 26) sind ebenfalls ohne eine zusätzliche Stabilisierung durch irgendwelche Besonderheiten des betreffenden Festkörpers kaum vorstellbar. Denn es ist wohl nicht möglich, ein normales Gitter von einer höheren auf eine tiefere Temperatur so abzuschrecken, daß die bei der höheren Temperatur vorhandenen höheren Schwingungsamplituden der Gitterbausteine nachher bei der tieferen Temperatur als *Schwerpunkt*verlagerungen bestehen bleiben. Vielmehr werden sich bei der Abkühlung nur die Amplituden der Gitterbausteine entsprechend verkleinern. „Einfrieren" könnten lediglich im thermodynamischen Gleichgewicht bei der höheren Temperatur wirklich vorhandene Fehlstellen im Sinne von WAGNER und SCHOTTKY. Deren Menge und noch mehr der Anteil davon, welchen man beim „Einfrieren" als Fehlstellen erhalten kann, ist aber meist so gering, daß er röntgenographisch kaum zu erfassen ist. Zum mindesten ist eine solche Erfassung an abgeschreckten Gittern bis heute nicht gelungen bzw. sind die an aktiven Stoffen bisher röntgenographisch gemessenen unregelmäßigen Gitterstörungen von einer wesentlich höheren Größenordnung.

Als Ursachen bzw. Stabilisatoren unregelmäßiger Gitterstörungen haben wir oben unter 3eα, S. 26 angegeben:

1. Mischkristalle mit statistisch unregelmäßiger Verteilung der Fremdatome.

Weiter mit jeweils unregelmäßiger Verteilung im Gitter:

2. Leerstellen;

3. Verhakungen und Versetzungen nach DEHLINGER (Abb. 3 und 4);

---

[1] R. FRICKE, R. SCHNABEL, K. BECK: Z. Elektrochem. angew. physik. Chem. **42** (1936), 881.

[2] W. FEITKNECHT: Kolloid-Z. **92** (1940), 257; **93** (1940), 66; Helv. chim. Acta **20** (1937), 177 und frühere Arbeiten.

[3] W. FEITKNECHT: Helv. chim. Acta **22** (1939), 1444 und frühere Arbeiten. Siehe auch die Zusammenfassung von W. FEITKNECHT: Z. angew. Chem. **52** (1939), 202.

4. Inseln von flüssigkeitsähnlicher (amorpher) Struktur;

5. Vorhandensein sehr geringer Teilchengrößen mit sehr unregelmäßigen Teilchenformen (V 7a, S. 72).

Es sei hinzugefügt, daß die Stabilisierungsursachen 2÷5 durch irgendwelche nicht echt gelösten Fremdbestandteile bzw. Verunreinigungen des Stoffes selber wieder stabilisiert werden können oder sogar müssen.

Sehen wir von der Frage der Interferenzintensitäten von Mischkristallen, die einer Sonderbehandlung bedarf, zunächst ab, so stellen wir weiter fest, daß die Stabilisierungsursachen 2 und 3 Zustände sind, welche wir oben auch unter IV 1 als Gründe einer Verminderung von Interferenzintensitäten und damit als Ursachen einer partiellen Röntgenamorphie angegeben haben (IV 1c und e, S. 14 und 16). Stabilisierungsursache 4 ist selbst amorphes Material, und Stabilisierungsursache 5 kann sich in zweifacher Beziehung röntgenamorph auswirken, nämlich erstens dann, wenn die Kristallite zum Teil so klein sind, daß die zugehörigen Interferenzen wegen zu großer Breite mit dem diffusen Untergrund verschwimmen (IV 1b, S. 14), und zweitens infolge der sehr starken Erhöhung der Oberfläche und der dadurch bedingten Vermehrung oberflächlicher Netzebenen mit vereinzelten abnormen Netzebenenabständen (IV 1f, S. 16).

Wir kommen also erneut zu dem Resultat, daß die Stabilisierungsursachen unregelmäßiger Gitterstörungen sehr oft zugleich Zustände sind, welche sich in DEBYE-SCHERRER-Diagrammen wie röntgenamorphes Material auswirken, d. h. also in gleicher Weise wie die anderen oben noch angegebenen röntgenamorphen Zustände, nämlich

6. extrem kleine Kristallite (IV 1b, S. 14);

7. vereinzelte abnorme Netzebenenabstände, wie die bei *Schwankungen* der Netzebenenabstände auftretenden (IV 3a, S. 21), die unmittelbar an den Oberflächen liegenden (IV 1f, S. 16) bzw. vereinzelte abnorme Netzebenenabstände gestörter Schichtengitter (IV 3f, S. 34);

8. ein in größeren Partien wirklich amorpher, d. h. flüssigkeitsähnlicher Zustand (IV 1a, S. 13), der, wenn er in genügend großem Maßstabe vorliegt, u. U. röntgenographisch erkennbar wird (vgl. oben).

b) Richtungsabhängigkeit von Gitterstörungen und von Röntgenamorphem.

Sind die genannten Stabilisierungsursachen von Gitterstörungen in niedriger symmetrische Gitter eingebaut, so werden sie auch unsymmetrisch auf ihre Umgebung einwirken und infolgedessen Gitterstörungen verursachen bzw. erhalten, die je nach der Ebenenart verschieden groß sind.

In diesem Zusammenhang sei daran erinnert, daß die oben unter IV 3f, S. 34 besprochenen speziellen Gitterstörungen bei Schichtengittern ja auch richtungsabhängig sind.

Schließlich können die störungsstabilisierenden und anderen röntgenamorphen Zustände in gewissen Fällen auch selbst richtungsabhängig sein. Dies gilt z. B. für die Verhakungen und Versetzungen nach DEHLINGER (Abb. 3 und 4).

Weiterhin können Kristallite nur in bestimmten Richtungen *sehr* dünn werden, so daß also auch nur bestimmte Röntgeninterferenzen so breit werden, daß sie im diffusen Untergrund verschwimmen (Übergänge zum Kreuzgitter, IV 3f, S. 34).

Auch evtl. in größerer Zahl auftretende vereinzelte abnorme Netzebenenabstände, wie z. B. die unmittelbar der Oberfläche benachbarten, können je nach der Form der Kristallite verschieden ausgedehnt sein, so daß bei niedriger symmetrischen Gittern nicht alle Interferenzen dadurch gleich stark in ihrer Intensität verringert werden.

5. Bestimmung von röntgenamorphem Material neben Gitterstörungen.

Es ist nun von Bedeutung zu wissen, daß sich der Anteil an Röntgenamorphem auch neben Gitterstörungen verschiedener Art im Prinzip bestimmen läßt. Hat man nämlich bez. der Intensitäten streng vergleichbare Röntgenaufnahmen des gestörten und eines ungestörten Präparates, bei deren Herstellung das oben unter IV 2 bez. Absorption, Extinktion, Aufnahmetechnik usw. Gesagte beachtet worden ist, so kann man im Falle von Gitterstörungen durch Schwankungen der Netzebenenabstände von Gitterblöckchen zu Gitterblöckchen, d. h. „den langsam veränderlichen periodischen Störungen" oder „langsam veränderlichen Spannungen 2. Art" nach Dehlinger (IV 3a, S. 21) genau so vorgehen, wie oben unter IV 2 für die Bestimmung der Beimengung von röntgenamorphem Material zu ungestörten Gittern geschildert, weil dann die Schwankungen der Netzebenenabstände an sich keine Verringerung der integralen Intensitäten mit sich bringen.

Gleiches gilt für die Bestimmung des röntgenamorphen Anteiles in einem Material mit Gitterdehnungen und Gitterschrumpfungen (IV 3b, S. 22), und weiter auch mit einfachen Verbiegungen der Kristallite („schnell veränderliche Spannungen 2. Art" nach Dehlinger). Denn wir sahen oben, daß die integrale Interferenzintensität von der Stärke der Verbiegung, also von deren Amplitude, unabhängig ist (IV 3c, S. 23).

Anders ist das aber, wenn statistisch unregelmäßige Gitterstörungen (IV 3e, S. 26) vorliegen, weil diese ja selbst auf die Interferenzintensitäten verringernd einwirken. Trotzdem ist auch hier eine quantitative Erfassung des röntgenamorphen Anteiles neben dem gestörten Gitter möglich, wenn unter den in IV 2 geschilderten Bedingungen streng vergleichbare Messungen der integralen Intensitäten des mit amorphem Material vermischten, gestörten und des ungestört rein kristallinen Stoffes ausgeführt worden sind.

Zunächst einmal sei daran erinnert, daß der intensitätsvermindernde Einfluß der unregelmäßigen Gitterstörungen für den Glanzwinkel $\vartheta = 0$ ebenfalls gleich 0 wird, weil hier der Faktor $e^{-2M''}$ [Gl. (8)] $= e^{-2B''\sin^2\vartheta/\lambda^2}$ [s. bei Gl. (9)] gleich 1 wird.

Man kann also so vorgehen, daß man das Verhältnis der integralen Intensitäten für das gestörte und das ungestörte Gitter, also

$$\frac{I_{hkl\ gest.}}{I_{hkl\ ungest.}} = e^{-2B''\sin^2\vartheta/\lambda^2} \tag{12}$$

[vgl. hierzu Gl. (8)] für möglichst viele Interferenzen bestimmt und graphisch auf $\vartheta = 0$ extrapoliert. Findet man für $\vartheta = 0$ ein Intensitätsverhältnis < 1, so ist dies ein direkter Maßstab für die Menge des dem gestörten Gitter beigemengten Röntgenamorphen[1]. Findet man dagegen für $\vartheta = 0$ ein Intensitätsverhältnis 1, so ist dem aktiven Material kein röntgenamorphes beigemengt.

[Findet man für $\vartheta = 0$ ein Intensitätsverhältnis > 1, so heißt das, daß das Stäbchen des ungestörten Vergleichsmaterials entweder eine höhere Absorption hatte als das Stäbchen des aktiven Stoffes, oder daß das inaktive Vergleichsmaterial Primär- und Sekundärextinktion aufwies[2], daß also die für die betreffenden Intensitätsmessungen nach IV 2 erforderlichen Vorbedingungen nicht vorlagen. Meist ist dies einfach schon daran zu erkennen, daß trotz möglichster Beachtung dieser Bedingungen die Intensitäten der Aufnahme am ungestörten Material bei niedrigen Ablenkungswinkeln kleiner sind als beim gestörten[3].]

[1] R. Fricke: Z. Elektrochem. angew. physik. Chem. 44 (1938), 291. — R. Brill, M. Renninger: loc. cit.

[2] In diesem Fall ist der Gang der Intensitätsverhältnisse mit ϑ auch unregelmäßig.

[3] R. Fricke: Z. Elektrochem. angew. physik. Chem. 46 (1940), 496. — R. Fricke, W. Schweckendiek: Z. Elektrochem. angew. physik. Chem. 46 (1940), 90. — R. Fricke, F. Blaschke: Z. Elektrochem. angew. physik. Chem. 46 (1940), 46.

Die besprochene Methode der Bestimmung von röntgenamorphem Material wird gewisse Schwierigkeiten mit sich bringen, wenn die unregelmäßigen Gitterstörungen in nichtkubischen Kristallgittern richtungsabhängig sind (IV 3 e ϑ, S. 33). Für den Intensitätsquotienten [Gl. (12)] wird man hier nämlich glatte Kurven nur für verschiedene Ordnungen der gleichen Interferenz oder allenfalls für Interferenzen gleicher Ebenensorten erhalten.

Entsprechendes gilt dann, wenn die röntgenamorphen Beimengungen sich in nichtkubischen Gittern[1] *richtungsabhängig* bemerklich machen, wie oben unter IV 4 auseinandergesetzt wurde.

Man geht infolgedessen besser so vor[2]: Zunächst bestimmt man aus möglichst vielen Intensitätsverhältnissen an Hand von Gl. (9) das mittlere Störungsquadrat senkrecht zur reflektierenden Netzebene, $\overline{u_x''^2}$. Wenn diese mittlere Störung für alle Kristallrichtungen dieselbe ist, oder wenn wir es mit einer kubischen Kristallart zu tun haben[3], so muß nach Gl. (8) durch Multiplikation jeder Interferenzintensität mit dem zugehörigen $e^{2M''}(= e^{16\pi^2 \overline{u_x''^2} \cdot \sin^2 \vartheta/\lambda^2})$ die betreffende Intensität des ungestörten Gitters herauskommen. Kommt ein kleineres I_{hkl} heraus, so ist das Defizit ein Maßstab für die Beimengung von wirklich röntgenamorphem Material.

Diese Methode hat den großen Vorzug, daß sie mit jeder einzelnen Interferenz ausführbar ist und so eine vielfache Kontrolle der erhaltenen Werte gestattet.

Liegt bei einem niedriger symmetrischen Gitter eine Richtungsabhängigkeit der unregelmäßigen Störungen vor (IV 3 e ϑ, S. 33), so sind zunächst die verschiedenen $\overline{u_x''^2}$-Werte aus den Interferenzintensitätsverhältnissen verschiedener Ebenensorten bzw. verschiedener Ordnungen derselben Interferenzen zu berechnen. Zur Bestimmung der röntgenamorphen Beimengung in der oben angegebenen Weise ist dann für jede Ebenensorte das zugehörige $\overline{u_x''^2}$ einzusetzen.

Findet man hierbei auch eine deutliche Abhängigkeit der Menge des Röntgenamorphen von der Kristallrichtung, so kann das im Sinne des oben am Ende von IV 4 Gesagten ein Hinweis auf das Vorliegen bestimmter Formen von Röntgenamorphie sein, betreffs deren Art (einzelne abnorme Netzebenenabstände, sehr dünne Kristallite, Gitterverhakungen und Gitterversetzungen) die Vorgeschichte des Präparates und die stets parallel vorzunehmende Bestimmung von Teilchengröße und Teilchenform (V) weitere Auskunft zu geben vermag.

Auch neben Gitterdehnungen und -schrumpfungen („Spannungen 1. Art"), neben Schwankungen der Netzebenenabstände („langsam veränderliche Spannungen 2. Art") und neben Kristallverbiegungen („schnell veränderliche Spannungen 2. Art") ist eine Richtungsabhängigkeit von röntgenamorphem Material in niedriger symmetrischen Gittern durchaus denkbar und an Hand der verschiedenartigen Schwächung der zu verschiedenen Netzebenenscharen gehörigen Interferenzen auch prinzipiell erfaßbar.

Beispiele für den Befund von Röntgenamorphem neben unregelmäßigen Gitterstörungen finden sich bei BRINDLEY und SPIERS[4] (Cu–Be-Legierung), R. FRICKE und E. GWINNER[2] (ZnO), R. FRICKE und W. SCHWECKENDIEK[5] (Ni).

---

[1] Betr. kubischer Gitter vgl. unter IV 3 c ϑ, S. 33.
[2] R. FRICKE, E. GWINNER: Z. physik. Chem., Abt. A **183** (1938), 165.
[3] W. BOAS: Z. Kristallogr., Mineral., Petrogr., Abt. A **96** (1937), 214.
[4] G. W. BRINDLEY, F. W. SPIERS: Philos. Mag. J. Sci. (7) **XX** (1935), 893. — Siehe auch R. BRILL, M. RENNINGER: loc. cit.
[5] R. FRICKE, W. SCHWECKENDIEK: loc. cit.

6. Die Untersuchung der Konstitution amorpher aktiver Stoffe.

Viele hochaktive Adsorptionsmittel und Katalysatoren sind „röntgenamorph", so z. B. Kieselgele mit ihren vielseitigen Verwendungen und manche speziell bei tiefen Temperaturen zu gebrauchende, aus Oxydhydraten, insbesondere höherwertiger Metalle[1], bestehende Kontakte. Die rationelle Untersuchung der Struktur dieser Stoffe liegt noch sehr im argen. Durchweg begnügt man sich mit dem empirischen Ausprobieren der Herstellung, der praktischen Erprobung für den in Frage kommenden Zweck und der Feststellung der analytischen Zusammensetzung, soweit diese nicht einfach aus dem präparativen Ansatz und dem Verlauf der Präparatbildung erschlossen wird.

Für die Erprobung der Herstellungsvorschrift läßt man sich von einigen allgemeinen Erfahrungen lenken, deren Beachtung die Ausbildung amorpher und feinteiliger Substanzen befördert, wie z. B. Arbeiten bei tiefer Temperatur und in bestimmtem p_H-Bereich, Fällung von starker Übersättigung aus, Anwesenheit amorpher Fremdsubstanz usw., wobei wiederum das Erfordernis genügender und genügend bequemer Reinigung gewisse Grenzen setzt, die z. B. bei Fällung aus Lösung dadurch gegeben sind, daß nicht aus zu konzentrierter Lösung und nicht bei zu tiefer Temperatur gefällt wird[2].

Die durch letztere Vorsichtsmaßregeln verursachten Strukturänderungen der Fällungen liegen in Richtung eines besseren Ordnungsgrades. Umgekehrt dagegen können sich u. U. die Vorsichtsmaßnahmen auswirken, welche getroffen werden müssen, um die Ausbildung einer kolloiden Lösung während der Reinigung zu verhindern, wie z. B. die Einhaltung einer geeigneten Wasserstoffionenkonzentration oder die Zugabe von bei späterem Erhitzen leicht zu verjagendem Neutralsalz, wie Ammoniumnitrat zum Waschwasser usw., weil manche Substanzen bei feinster Aufteilung in kolloider Lösung anscheinend schneller kristallin (mikrokristallin) werden, als in Gelform.

Bei der praktischen Erprobung der Präparate werden nach Bedarf u. a. auch Adsorptionsisothermen aufgenommen, aus denen Oberflächengrößen sowie Capillarvolumen und Capillarstruktur abgeleitet werden können[3]. Vergleichende Untersuchungen mit chemisch verschiedenartigen Adsorbenden[4] können hier auch Aufschlüsse über den chemischen Charakter der Oberfläche geben (VII 3).

Der strukturelle Aufbau der röntgenamorphen Stoffe (und damit auch die Struktur ihrer Oberfläche) kann aber weder aus ihrer adsorptiven und katalytischen Erprobung, noch aus der analytischen Zusammensetzung, noch aus der Präparationsart ohne weiteres entnommen werden. Vielmehr bedarf es hierzu besonderer Strukturuntersuchungen, welche bisher nur wenig durchgeführt worden sind, weil die betreffenden Methoden entweder nicht genügend beachtet wurden oder aber sehr schwierig sind bzw. noch weiter ausgebaut werden müssen, um ihren Zweck zu erfüllen.

Zunächst wird man auch bei röntgenamorphen Stoffen versuchen müssen, eine Charakterisierung an Hand der Beugung von Röntgenstrahlen vorzunehmen. Daß dies, ebenso wie bei Flüssigkeiten[5], mit modernen experimentellen und theo-

---

[1] Näheres zu den physikalischen Zuständen von Oxydhydraten vgl. bei Fricke-Hüttig: Hydroxyde und Oxydhydrate. Leipzig: Akad. Verl.-Ges., 1937.

[2] Vgl. oben unter II 3 sowie vor allem die Artikel von H. W. Kohlschütter, K. E. Zimens und R. Griffith in diesem Band des Handbuchs.

[3] Vgl. VI 2 sowie vor allem den Artikel von K. E. Zimens in diesem Band des Handbuchs.

[4] Vgl. z. B. G. Bailleul, W. Herbert, E. Reisemann: Aktive Kohle, 2. Aufl. Stuttgart: Ferd. Enke, 1937.

[5] Ältere Arbeiten: G. W. Stewart: Kolloid-Z. 67 (1934), 130. — P. Debye, H. Menke: Ergebn. techn. Röntgenkunde, 1. Leipzig: Akad. Verl.-Ges., 1931.

retischen Hilfsmitteln sehr weitgehend möglich ist, zeigt die oben unter IV 1 besprochene Arbeit von GLOCKER und HENDUS[1].

Wenn aber von neuzeitlichen *röntgenographischen* Untersuchungen amorpher Stoffe auch sicher noch viel erwartet werden darf, so wird diese Methode gerade hier doch immer durch andere ergänzt werden müssen, wenn tiefergehende Einblicke erzielt werden sollen.

Zunächst wird man an andere Möglichkeiten physikalischer Strukturuntersuchungen denken, wie z. B. an Leitfähigkeitsmessungen in Abhängigkeit von Temperatur und Zeit im Sinne R. SUHRMANNS[2] (hierbei ergab sich die Aktivierungswärme des Ordnungsvorganges von Metallen gleich $h\nu_g$, wobei ν_g die charakteristische Grenzfrequenz des Metalles nach DEBYE).

Auch Fluorescenzmessungen an dem mit kleinen Mengen seltener Erden indizierten Material können weiter führen. R. TOMASCHEK gelang so eine scharfe Abgrenzung echtamorpher Gläser gegen den kristallinen und gegen den flüssigen Zustand[3].

Auch magnetische Messungen kommen in Frage[4] und noch andere oben unter IV 2 a genannte Methoden[5].

Weitere Prüfungsmöglichkeiten für amorphe Stoffe ergeben sich nun aber aus deren qualitativem und quantitativem Reaktionsvermögen gegenüber den verschiedenartigsten chemischen Reagentien. Hier lassen sich, wie z. B. HANTZSCH und TORKE am hellblaugrünen und dunkelblaugrünen Chromhydroxyd bewiesen[6], u. U. sehr eindeutige Unterschiede für verschiedenartig hergestellte Gele der gleichen chemischen Zusammensetzung festlegen, deren Erklärung kaum anders als auf Grund verschiedenartiger Struktur (bei HANTZSCH und TORKE in erster Linie Molekularstruktur) möglich ist.

Abbauisothermen bzw. -isobaren, die dann gewonnen werden können, wenn der häufige Fall vorliegt, daß einer der Bestandteile des Stoffes flüchtig ist (H_2O, NH_3 usw.), oder aber, wie $-OH$, $=CO_3$ usw., im Gleichgewicht mit einem in der Hitze auszutreibenden flüchtigen Stoff steht, haben dagegen bei amorphen Körpern nur sehr beschränkten Wert. Wendet man beim Abbau erhöhte Temperaturen an, so kann leicht der Fall eintreten, daß der zu untersuchende Stoff ganz oder teilweise kristallin wird oder sich sonstwie umwandelt. Erhält man aber wirklich Abbaukurven des praktisch unveränderten amorphen Stoffes, wie es z. B. nach Untersuchungen von G. F. HÜTTIG und Mitarbeitern bei den Oxydhydraten vierwertiger Metalle möglich ist[7], so sind diese Kurven meist nicht nur sehr wenig charakteristisch, sondern auch in ihrer Lage und Form von den Versuchsbedingungen abhängig[8] und zudem evtl. noch dadurch kompliziert, daß die Erscheinungen der Capillarkondensation (vgl. oben) mit hineinspielen.

Wesentlich aussichtsreicher sind Versuche, die Struktur amorpher Stoffe aus ihrer Entstehungsgeschichte abzuleiten. Es ist eine technisch schon lange be-

---

[1] R. GLOCKER, H. HENDUS: Z. Elektrochem. angew. physik. Chem. **48** (1942), 327, sowie S. GEILING, R. GLOCKER: Z. Elektrochem. angew. physik. Chem. **49** (1943), 269, und die weiteren auf S. 13 ff. angegebenen Literaturstellen. Diesem Problemkreis nahe stehen auch die Arbeiten von R. HOSEMANN: Z. Elektrochem. angew. physik. Chem. **46** (1940), 535, sowie O. KRATKY, A. SEKORA u. R. TREER, dieselbe Ztschr. **48** (1942), 587.

[2] R. SUHRMANN, H. SCHNACKENBERG: Z. Physik **119** (1942), 287. Vgl. auch R. SUHRMANN, W. BERNDT: Z. Physik **115** (1940), 17 u. frühere Arbeiten von R. SUHRMANN u. Mitarbeitern.

[3] R. TOMASCHEK, O. DEUTSCHBEIN: Glastechn. Ber. **16** (1938), 155 und andere Arbeiten von R. TOMASCHEK u. Mitarbeitern.

[4] M. KERSTEN: Z. Elektrochem. angew. physik. Chem. **46** (1940), 499.

[5] Vgl. auch W. HOLZMÜLLER: Physik. Z. **42** (1941), 273.

[6] A. HANTZSCH, E. TORKE: Z. anorg. allg. Chem. **209** (1932), 60.

[7] FRICKE-HÜTTIG: Hydroxyde und Oxydhydrate, S. 515 ff. Leipzig, 1937.

[8] D. h. vom aktiven Zustand der *abgebauten* festen Phase.

kannte Tatsache, daß das physikalische und chemische Verhalten chemisch gleicher Gele je nach der Darstellungsart und den verwandten Ausgangsstoffen stark wechseln kann. Besonders sinnfällig ist der Einfluß der Art der Ausgangsmaterialien dann, wenn man eines davon, und zwar das zu variierende, wie z. B. ein Salz, in fester Form anwendet, und darauf ein flüssiges Reagens, wie z. B. Lauge, einwirken läßt, wenn man also topochemisch arbeitet (V. Kohlschütter[1]).

Aber auch dann, wenn man ausschließlich Lösungen für die Darstellung der Gele miteinander reagieren läßt, erhält man charakteristische Unterschiede im Verhalten der entstehenden Gele dadurch, daß man die Art der verwendeten Salze wechselt (z. B. Sulfat anstatt Nitrat verwendet usw.), oder wenn man die fällende Lauge variiert (z. B. NH_4OH anstatt $NaOH$ usw.).

Letzteres Beispiel betrifft allerdings, schon ohne weiteres erkennbar, die Darstellungs*art*, weil hierbei die Stärke der Lauge geändert wird, wobei die Verwendung einer schwächeren Base die vorübergehende oder zu einem mehr oder weniger großen Bruchteil auch beständige Bildung basischer Salze begünstigt. Speziell beim Gebrauch von Ammoniak ist außerdem an die Entstehung von Ammoniakaten zu denken.

Starke Einflüsse der Darstellungsart auf die Eigenschaften des entstehenden Gels sind aber nicht nur in der Natur der verwandten Ausgangsstoffe zu suchen, sondern auch in der Präparationstechnik. Man erhält u. U. ganz verschiedene Produkte, wenn man das Fällungsmittel in die Salzlösung oder die Salzlösung in das Fällungsmittel laufen läßt, wenn man schnell oder langsam fällt oder wenn man z. B. durch unvollständige Zugabe des Fällungsmittels zuerst ein definiertes basisches Salz bildet und erst dieses mit der restlich notwendigen Menge des Fällungsmittels umsetzt[2]. Hierzu kommen noch die Einflüsse der Temperatur, der Konzentration, der Reinigung und Weiterverarbeitung, der Dauer der einzelnen Operationen usw.

Es handelt sich bei den Gelen eben um instabile Systeme, welche altern, d. h. zu stabileren Zuständen hinstreben[3], wobei die Wege je nach den Versuchsbedingungen sehr verschiedenartige sein können. Die früher vorherrschende Neigung, die Alterung amorpher Gele lediglich aus verhältnismäßig einfachen, allgemeinen, mehr physikalischen Gesichtspunkten heraus zu verstehen[4], hat sich gegenüber der großen Mannigfaltigkeit der Erscheinungen nicht bewährt. Tiefergehende, neuere Untersuchungen machen es außerordentlich wahrscheinlich, ja beweisen es zum Teil schon, daß die durch die Entstehungsgeschichte bedingten Eigenschaftsunterschiede amorpher Stoffe vielfach strukturell in dem Sinne zu verstehen sind, daß Unterschiede im Molekülbau oder in der Art der Zusammenlagerung bzw. Verkettung der Moleküle oder aber in beidem vorhanden sind[5].

---

[1] Vgl. V. Kohlschütter, G. Walther: Z. Elektrochem. angew. physik. Chem. **25** (1919), 159. — V. Kohlschütter, W. Feitknecht: Helv. chim. Acta **6** (1923), 337. — V. Kohlschütter, T. Labanukrom: Kolloidchem. Beih. **29** (1929), 108. — H. W. Kohlschütter, L. Sprenger, H. Siecke: Z. anorg. allg. Chem. **213** (1933), 189. — H. W. Kohlschütter, H. Siecke: Z. Elektrochem. angew. physik. Chem. **41** (1935), 851. — H. W. Kohlschütter: Angew. Chem. **49** (1936), 865.

[2] W. D. Treadwell, O. T. Lien: Helv. chim. Acta **14** (1931), 473. — W. D. Treadwell, M. Zürcher: Helv. chim. Acta **15** (1932), 980. — W. D. Treadwell, J. E. Boner: Helv. chim. Acta **17** (1934), 774. — H. W. Kohlschütter, E. Kalippke: Z. physik. Chem., Abt. B **42** (1939), 249. — H. W. Kohlschütter: Angew. Chem. **54** (1941), 396. — H. W. Kohlschütter, H. Schifferdecker: Ber. **75** (1942), 1673.   [3] Fricke-Hüttig: loc. cit.

[4] Erich Müller: Z. physik. Chem. **110** (1924), 363. — R. Fricke, O. Windhausen: Z. physik. Chem. **113** (1924), 248.

[5] A. Hantzsch, E. Torke: loc. cit. — H. W. Kohlschütter: loc. cit.

Bei dieser Sachlage muß das Studium der im Laufe der Entstehung der Gele sich bildenden Zwischenprodukte für die Erkennung der Natur der Gele von großem Wert sein.

Ein sehr interessantes *Beispiel* hierzu liefern Untersuchungen von W. D. TREADWELL und Mitarbeitern[1]. Diese fanden, daß man beim Auflösen von mit etwas Quecksilber aktiviertem Aluminium in Salzsäure noch vollkommen klare Lösungen erhält, wenn man auf 1 Al nur 1 HCl verwendet, was der Bildung des basischen Salzes $AlOCl$ bzw. $Al(OH)_2Cl$ entsprechen würde. Das gesamte Chlor konnte elektrometrisch mit Silbernitrat glatt titriert werden, lag also in Ionenform vor, so daß in der Lösung AlO^+ bzw. $Al(OH)_2^+$-Ionen oder Polymere davon anzunehmen sind. Bei der elektrometrischen Titration mit Lauge (NaOH) dagegen ergab sich ein erster deutlicher Potentialsprung schon dann, wenn nur die der Hälfte des Cl entsprechende Laugenmenge zugegeben war, während ein weiterer Potentialsprung nach Zusatz der dem gesamten Cl entsprechenden Alkalimenge auftrat (Hydroxydsprung).

TREADWELL und Mitarbeiter deuten den ersten Potentialsprung als durch Bildung der Verbindung

$$HO-Al\diamondsuit_{O}^{O}Al^+Cl'$$

bedingt. Tatsächlich gelang ihnen auch dafür eine gewisse Bestätigung dadurch, daß sie aus AlOCl-Lösung mit Ammoniumoxalat einen Niederschlag gewinnen konnten, welcher der Zusammensetzung

$$HO-Al\diamondsuit_{O}^{O}Al-C_2O_4-Al\diamondsuit_{O}^{O}Al-OH$$

entsprach.

Im Gegensatz zu den Oxychloridlösungen erhält man bei der elektrometrischen Titration von gewöhnlichen $AlCl_3$-Lösungen mit Lauge nur einen Hydroxydsprung, d. h. einen Potentialsprung erst nach Zugabe des dem gesamten Cl entsprechenden Alkali.

TREADWELL und Mitarbeiter konnten nun weiter elektrometrisch nachweisen, daß das einerseits aus $AlCl_3$ und andererseits aus AlOCl bei der Behandlung mit Lauge entstehende Hydroxyd sich deutlich voneinander unterschieden: Während das aus $AlCl_3$-Lösungen hergestellte Hydroxyd bei der elektrometrischen Weitertitration mit Lauge einen deutlichen „Aluminatsprung" ergab, wenn über die Bildung des freien Hydroxydes hinaus ein NaOH auf ein Al zugegeben war, blieb dieser Aluminatsprung bei der Titration der Oxychloridlösungen vollkommen aus. In Übereinstimmung damit zeigte sich, daß das aus Oxychlorid gebildete Hydroxyd von Lauge wesentlich schwerer angegriffen wurde als das aus $AlCl_3$-Lösungen gefällte.

Nach diesen Befunden läge der Schluß nahe, daß die beiden Hydroxydarten strukturelle Unterschiede in der Weise besitzen, daß die Elementarbausteine des aus Oxychloridlösung gewonnenen Hydroxydes dimere (oder noch weiter verkettete) Moleküle, die Elementarbausteine des aus $AlCl_3$-Lösung gebildeten Hydroxydes dagegen einfache $Al(OH)_3$-Moleküle sind[2].

---

[1] W. D. TREADWELL u. Mitarbeiter: loc. cit. Bezgl. hydratischer Kieselsäure vgl. W. D. TREADWELL, W. KÖNIG: Helv. chim. Acta **16** (1933), 54, sowie H. ZOCHER in FRICKE-HÜTTIG: Hydroxyde und Oxydhydrate, Leipzig 1937, S. 144ff. Dort auch weitere Literatur.

[2] Vgl. hierzu auch V. KOHLSCHÜTTER, W. BEUTLER, L. SPRENGER, M. BERLIN: Helv. chim. Acta **14** (1931), 3. 305.

In einer ganz kürzlich erschienenen Arbeit konnten H. W. Kohlschütter und Mitarbeiter zeigen, daß schon in den Lösungen die von Treadwell und Mitarbeitern gefundenen basischen Al-Salze höher polymerisiert sind, und zwar für die oben formulierten Verbindungen mit dem Faktor 3, wobei außerdem ein größerer Wasserreichtum angenommen wird, also $AlCl_3 \cdot 2\,Al(OH)_3$ statt $AlOCl$ usw.[1]

Diese Ergebnisse von Treadwell sowie H. W. Kohlschütter und Mitarbeitern finden nun eine weitere Basis in bereits etwas früher durchgeführten Untersuchungen von G. Jander und A. Winkel[2] über die Größe der Kationen in einer Aluminiumnitratlösung in Abhängigkeit vom Laugenzusatz (NH_3). Die Ionengröße wurde hierbei an Hand sorgfältiger Messungen der Diffusionsgeschwindigkeit bei Gegenwart eines großen Überschusses des Anions (Zusatz von Ammoniumnitrat) ermittelt. Die Lösungen waren an $Al(NO_3)_3$ 0,1 molar und an NH_4NO_3 1 normal. Die Messungen ergaben, daß bei Alkalizugabe die mittlere Größe der Kationen zunimmt[3], und zwar nach jedem Zusatz bis zu einem nach einiger Zeit konstanten Wert, der um so höher liegt, je größer die Alkalizugabe war. In den Gebieten, wo ein bzw. zwei NH_3 pro $Al(NO_3)_3$ zugegeben waren, machte sich aber, wie aus Abb. 10 zu erkennen ist, jeweils deutlich eine Verringerung der Ionenvergrößerung mit steigendem Laugenzusatz bemerklich.

Auf der Abbildung ist in Richtung der Abszisse die pro Molekül $Al(NO_3)_3$ zugesetzte Menge Ammoniak wiedergegeben (am Abszissenpunkt 0 war die vorher zugegebene überschüssige Salpetersäure neutralisiert) und in Richtung der Ordinate der für die Zähigkeit der betr. Lösung korrigierte Diffusionskoeffizient bei 10° C. Links von der gestrichelten Geraden stieg die p_H-Zahl mit steigender NH_3-Zugabe von höheren Säuerungsgraden bis 4,5. Die bei der gestrichelten Geraden erreichte p_H-Zahl 4,5 blieb rechts von der Geraden, also bei der weiteren Ammoniakzugabe konstant.

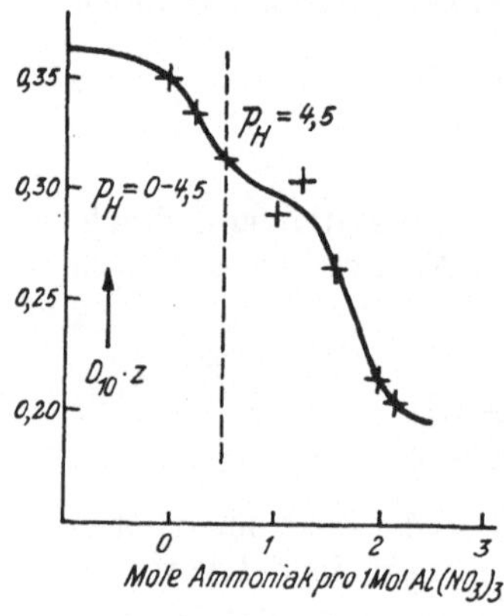

Abb. 10.
Diffusionskoeffizient des Aluminiums in Nitratlösungen nach Ammoniakzugabe.

Die Verringerung des Diffusionskoeffizienten ist gleichbedeutend mit einer Erhöhung des Kationengewichtes (für den vorliegenden Fall nach der Beziehung $D_1/D_2 = \sqrt{M_2}/\sqrt{M_1}$, worin D der Diffusionskoeffizient und M das Ionengewicht).

Man erkennt auf der Abbildung deutlich die oben besprochenen Besonderheiten der Kurve nach der Zugabe von 1 bzw. 2 NH_3 pro $Al(NO_3)_3$, welche darauf hinweisen, daß $AlOH(NO_3)_2$ und $Al(OH)_2NO_3$ (oder $AlONO_3$) tatsächlich in irgendeiner Form definierte Stufen des Umsatzes des Aluminiumnitrates mit Ammoniak sind.

Darüber hinaus läßt sich nun aus dem Diffusionskoeffizienten nach der soeben angegebenen Beziehung die mittlere Größe des Kations abschätzen. Nimmt man an, daß in der auf 0,1 n HNO_3 angesäuerten $Al(NO_3)_3$-Lösung (Abszissenanfang von Abb. 10) hauptsächlich $[Al(H_2O)_6(NO_3)_2]^+$ vorhanden war, so ergibt sich aus dem Diffusionskoeffizienten der Kationen in der Lösung mit dem stärksten NH_3-Zusatz ($\sim$ 2 Mol) ein mittleres Ionengewicht von 840÷850. Dies entspräche

---

[1] H. W. Kohlschütter, P. Hantelmann, K. Diener, H. Schilling: Z. anorg. allg. Chem. **248** (1941), 319.

[2] G. Jander, A. Winkel: Z. physik. Chem., Abt. A **149** (1930), 97; Z. anorg. allg. Chem. **200** (1931), 257.

[3] Es wurde jedesmal Gleichgewichtseinstellung abgewartet.

einer etwas höheren Aggregation als $[[AlO(H_2O)_5]_4(NO_3)_3]^+$ und würde damit
von ganz anderer Seite her die oben besprochenen Polymerisationsbefunde von
W. D. TREADWELL und Mitarbeitern bestätigen.

Bis zum Zusatz von 2 Mol NH_3 pro Al blieb die Lösung im Gleichgewicht
klar, bei weiterem Ammoniakzusatz bildete sich ein Niederschlag. Sehr interessant ist nun der Befund von JANDER und WINKEL, daß bei dieser weiteren
Zugabe von Ammoniak nicht nur das p_H (4,5), sondern auch der Diffusionskoeffizient konstant blieben. Das soeben genannte Molekulargewicht war also
im Gleichgewicht mit dem Niederschlag beständig.

Der aus der Lösung von basischem Aluminiumnitrat durch weitere Ammoniakzugabe gebildete Niederschlag entspricht weitgehend einerseits dem von TREAD-
WELL und Mitarbeitern aus einer Lösung von basischem Aluminiumchlorid gefällten und andererseits dem Alterungsprodukt, welches sich aus einem schnell
aus normalem Aluminiumsalz in der Kälte gefällten amorphen Aluminiumhydroxyd beim Stehenlassen unter der Lösung oder unter Wasser bei Zimmertemperatur schon in Stunden, noch schneller bei schwachem Erwärmen bildet.
Dieses Alterungsprodukt ist röntgenographisch definierbarer *Böhmit* von der
Bruttozusammensetzung (AlOOH) [1].

Da V. KOHLSCHÜTTER und Mitarbeiter nachweisen konnten, daß das frisch
in der Kälte hergestellte lockere und äußerst reaktionsfähige Aluminiumhydroxyd-
gel nach Trocknung mit Aceton recht genau den auf $Al(OH)_3$ passenden Wassergehalt hat [2], so ist es nach den soeben geschilderten Befunden von JANDER und
WINKEL und in Übereinstimmung mit den Resultaten von TREADWELL und Mitarbeitern sehr wahrscheinlich, daß frisch in der Kälte gefälltes Aluminium-
hydroxydgel aus einer Art Haufwerk von $Al(OH)_3$-Molekülen besteht und daß die
Alterung, welche schließlich zum röntgenographisch erkennbaren Böhmit führt,
gleichbedeutend ist mit einer Art Verkettung der Moleküle unter Wasserabgabe.
so daß die Formel des gealterten Geles $(AlOOH)_n$ dann etwa geschrieben werden
könnte:

$$HO—Al—O—Al—O—Al—O\ldots\ldots\ldots Al—OH$$

$$\begin{array}{cccc} | & | & | & | \\ O & O & O & OH \\ H & H & H & \end{array}$$

Die Berechtigung zu dieser Auffassung würde sich einerseits an Hand von
Methoden nachprüfen lassen, wie sie für die Untersuchung des Baues hochmolekularer Stoffe üblich sind und andererseits an Hand einer röntgenographischen Strukturaufklärung des Böhmits, die aber bisher noch nicht durchgeführt
wurde.

Hiermit kommen wir zu einer anderen Möglichkeit der Strukturuntersuchung
amorpher Stoffe, welche die Erforschung aus der Entstehungsgeschichte heraus
stets ergänzen sollte, nämlich die Untersuchung der Struktur der spontan aus
dem amorphen Stoff entstehenden kristallinen Alterungsprodukte mit Hilfe der
röntgenographischen Aufklärung des Kristallbaues.

Dieser Weg wurde bisher noch sehr wenig beschritten. Daß er nötig ist, sei
durch folgendes, ebenfalls der Chemie des Aluminiumhydroxyds entnommenes
Beispiel erläutert:

---

[1] R. FRICKE: Kolloid-Z. **49** (1929), 229. — L. HAVESTADT, R. FRICKE: Z. anorg.
allg. Chem. **188** (1930), 357. — V. KOHLSCHÜTTER u. Mitarb.: loc. cit. — R. FRICKE,
K. MEYRING: Z. anorg. allg. Chem. **214** (1933), 269. — Bez. der verschiedenen kristallinen Hydroxyde des Aluminiums (Böhmit ist γ-AlOOH im Gegensatz zu α-AlOOH,
dem Diaspor) vgl. FRICKE-HÜTTIG: loc. cit., S. 59ff.

[2] V. KOHLSCHÜTTER u. Mitarb.: loc. cit.

Beim Lagern unter Wasser altert der Böhmit (AlOOH) spontan zum Bayerit $(Al(OH)_3)$[1], der wie der Böhmit kristallin ist und deshalb nicht mit frisch gefälltem $Al(OH)_3$-Gel (vgl. oben), aber auch nicht mit der anderen Kristallart des $Al(OH)_3$, dem Hydrargillit, verwechselt werden darf[2]. Die Alterung des Böhmits zum Bayerit kann durch Alkalilauge sehr beschleunigt werden[3]. Unter gewissen Umständen (bei Gegenwart von CO_2 und sehr wenig Alkali) kann die Alterung aber auch direkt vom Gel zum Bayerit führen[4]. Es ist als sicher anzunehmen, daß in diesem Falle die Struktur des amorphen Geles vor der Entstehung des Bayerits eine andere ist als sonst.

Aus den wenigen geschilderten Beispielen kann man schon entnehmen, daß die Strukturuntersuchung amorpher Gele mit den vielfältigsten chemischen Erscheinungen zu rechnen hat und sehr vielseitige und gründliche Arbeit verlangt. Auf weitere Einzelheiten kann im Rahmen dieses Buches deshalb nicht eingegangen werden, weil jedes amorphe System, soweit es überhaupt mit moderneren Methoden bearbeitet wurde, für sich eine umfangreiche Darstellung erfordern würde.

Wegen der außerordentlichen Wichtigkeit eines tieferen Eindringens in dieses Gebiet sollen hier aber noch einige prinzipiell bedeutungsvolle und schon mit Erfolg beschrittene Arbeitsrichtungen herausgehoben werden.

HANTZSCH und TORKE zeigten in eindringlicher Weise, daß die Eigenschaften von Komplexsalzen des Cr(III) beim Übergang zu den betreffenden Hydroxyden weitgehend erhalten bleiben[5].

A. LOTTERMOSER und Mitarbeiter studierten bei den verschiedenartigsten Salzen des Fe, Al und vor allem Cr(III) die Hydrolyse, d. h. die Bildung von basischen Salzen, weiter den Entstehungsmechanismus von deren Polymerisationsprodukten durch „Verolung" im Sinne N. BJERRUMS[6] und schließlich die Bildung von Oxydhydraten, alles in Abhängigkeit vom Bau, insbesondere vom Komplexbau der Salze hauptsächlich an Hand von elektrometrischen und Leitfähigkeitstitrationen[7], nachdem früher A. und E. LOTTERMOSER aus den verschiedensten Salzen und unter den verschiedensten Bedingungen hergestellte und in wechselnder Weise nachbehandelte Oxydhydratgele an Hand der Sedimentationsgeschwindigkeit charakterisiert hatten[8]. Die Autoren konnten so in die Polymerisationsvorgänge der basischen Salze weitgehende Einblicke gewinnen.

H. TH. ST. BRITTON untersuchte an Hand elektrometrischer Titrationen nicht nur die Wasserstoffionenkonzentrationen, bei denen die Fällungen der verschiedensten Oxydhydrate aus den Lösungen verschiedenartiger Salze begannen, sondern auch die Zusammensetzung der Fällungen. Hierbei stellte sich u. a. her-

---

[1] R. FRICKE: Z. anorg. allg. Chem. **175** (1928), 249; **179** (1929), 287. — J. BÖHM: Z. anorg. allg. Chem. **149** (1929), 203.

[2] FRICKE-HÜTTIG: loc. cit.

[3] V. KOHLSCHÜTTER u. Mitarb.: loc. cit. — R. FRICKE, K. MEYRING: loc. cit. — Bzgl. der Alterungsbedingungen sehr junger $Al(OH)_3$-gele vgl. auch H. KRAUT, E. FLAKE, W. SCHMIDT, H. VOLMER: Ber. **75** (1942), 1357.

[4] L. HAVESTADT, R. FRICKE: loc. cit.

[5] A. HANTZSCH, E. TORKE: Z. anorg. allg. Chem. **209** (1932), 60.

[6] „Verolung" $=$ Polymerisation z. B. nach dem Schema:

$$Cl_2\left[(H_2O)_4Cr{\diagup}{^{OH}}{\diagdown}_{H_2O}\right] + \left[{^{H_2O}}{_{HO}}{\diagup}Cr(H_2O)_4\right]Cl_2 \rightarrow \left[(H_2O)_4Cr{\diagup}{^{OH}}{\diagdown}_{OH}{\diagup}Cr(H_2O)_4\right]Cl_4 + 2\,H_2O.$$

Diese Polymerisationsprodukte sind gegen Säure viel unempfindlicher als die monomeren basischen Salze. — N. BJERRUM: Z. physik. Chem. **59** (1907), 336; **73** (1910), 724. — N. BJERRUM, C. FAURHOLT: Z. physik. Chem. **110** (1924), 656; **130** (1927), 584.

[7] A. LOTTERMOSER, R. SCHMIED: Kolloid-Beih. **45** (1937), 211. — A. LOTTERMOSER, R. SCHMIED, PEH-CHUAN-CIIÜ: Kolloid-Z. **92** (1940), 129.

[8] A. LOTTERMOSER, E. LOTTERMOSER: Kolloid-Beih. **38** (1933), 1.

aus, daß manche „Oxydhydrate" bei der Fällung noch den Charakter basischer Salze[1] besaßen.

Besonders hervorgehoben seien die groß angelegten Arbeiten von G. Jander, K. F. Jahr und Mitarbeitern über die Ionenaggregation in Lösung[2], in denen an Hand von Diffusionsmessungen die Ionengrößen vor der Fällung für eine große Zahl von Oxydhydraten und Hydroxyden festgestellt wurden. Ein Beispiel hierzu, die Untersuchungen an Al-Nitrat, haben wir oben schon kennengelernt. Aber auch Salze des Cr(III), Fe(III), der Kiesel-, Molybdän-, Wolframsäure, sowie Mischfällungen usw. wurden in den Kreis der Untersuchungen einbezogen.

Besonders eingehend beschäftigten sich H. W. Kohlschütter und Mitarbeiter mit den Wandlungen der Eigenschaften amorpher Oxydhydrate durch den chemischen Charakter der Ausgangsmaterialien und die Art der Darstellung[3]. Die Ausbildung definierter basischer Salze in der Lösung vor der Fällung bedingt auch nach diesen Autoren ganz andere Charakteristica des Hydroxydes als z. B. eine schnelle Fällung aus „neutraler" Salzlösung, bei der die Bildung basischer Salze „übersprungen" wird.

Hervorragendes Interesse verdienen auch die Arbeiten von H. W. Kohlschütter und Mitarbeitern über topochemisch hergestellte aktive, kompaktdisperse Stoffe[4]. Bei Hydroxyden sind auch hier charakteristische Unterschiede vorhanden, wenn sie topochemisch das eine Mal aus neutralem und das andere Mal aus basischem Salz gewonnen werden.

Besonders eindrucksvoll sind die diesbez. Befunde H. W. Kohlschütters an Fe(III)-, Cr(III)- und Al(III)-Salzen[5].

A. Krause und Mitarbeiter suchten in zahlreichen Arbeiten die Natur der Eisen(III)-oxydhydrate hauptsächlich an Hand ihres verschiedenen Reaktionsvermögens, insbesondere gegenüber Silbernitrat (Bildung von „Silberferrit"), bei der Zersetzung von H_2O_2, bei katalytischen Oxydationen usw., aber auch an Hand der Wasserabgabe, des Alterungsweges usw. aufzuklären. Es gelang ihnen, eine große Zahl von interessanten Einzeltatsachen bez. des katalytischen und Reaktionsvermögens von in sehr verschiedener Weise hergestellten amorphen Eisen(III)-oxydhydraten zu erarbeiten[6].

In diesem Zusammenhang dürfen schließlich auch nicht die zahlreichen Arbeiten von W. Feitknecht und Mitarbeitern vergessen werden, welche sich in der Hauptsache mit der topochemischen Darstellung und der Erforschung der Struktur definierter basischer Salze zweiwertiger Metalle befassen, welche aber gerade im Zusammenhang damit auch zu den interessantesten Resultaten über

---

[1] H. Th. St. Britton: J. chem. Soc. (London) **127** (1925), 2110÷2159; **129** (1927), 147 und andere Arbeiten.

[2] Zusammenfassende Darstellung: G. Jander, K. F. Jahr: Kolloid-Beih. **41** (1934), 1; **41** (1935), 297; **43** (1936), 295. Neuere Literatur bei K. F. Jahr: Naturwiss. **29** (1941), 505, 528.

[3] Letzte Mitteilung: H. W. Kohlschütter: Angew. Chem. **54** (1941), 396; Kolloid-Z. **96** (1941), 237. — S. a. H. W. Kohlschütter, E. Kalippke: loc. cit. sowie H. W. Kohlschütter, P. Hantelmann: Z. anorg. allg. Chem. **248** (1941), 319.

[4] Vgl. z. B. H. W. Kohlschütter: Angew. Chem. **49** (1936), 865; H. W. Kohlschütter, H. Siecke: Z. anorg. allg. Chem. **240** (1939), 232. Weiteres zu den Arbeiten von H. W. Kohlschütter vgl. in dem von ihm verfaßten Artikel in diesem Band des Handbuchs.

[5] H. W. Kohlschütter: Kolloid-Z. **96** (1941), 237.

[6] Einige der letzten Arbeiten: A. Krause, St. Gawrych: Z. anorg. allg. Chem. **238** (1938), 406. — A. Krause, A. Polanski: Ber. **71** (1938), 1763. — A. Krause u. Mitarb.: Ber. **72** (1939), 637.

deren Hydroxyde geführt haben[1]. Trotzdem letztere meist kristallin sind, kann die Art der Durchführung der FEITKNECHTschen Arbeiten als richtungsweisend auch für die Erforschung amorpher Oxydhydrate bezeichnet werden.

V. Teilchengröße und Teilchenform sowie ihre Bestimmung.

1. Prinzipielles zur Teilchengröße. Die verschiedenen Bestimmungsmethoden.

Wenn von einer Teilchengröße aktiver fester Stoffe die Rede ist, so muß man sich zunächst darüber klar sein, was gemeint ist. Haben wir es mit kristallinen Stoffen zu tun, so unterscheiden wir das Primärteilchen (Kohärenzbereich) vom Kriställchen und dieses vom Einzel*korn*. Letzteres *kann* ebenfalls ein einzelnes Kriställchen sein. Es kann aber auch aus einer mehr oder weniger festen Zusammenlagerung, Verklebung oder Verwachsung einer Vielheit von Kriställchen bestehen. Dann ist das „Korn" ein sogenanntes *„Sekundärteilchen"*. Kristall und Primärteilchen sind nur dann identisch, wenn kein „Mosaikkristall" vorliegt. Auch sehr kleine Kriställchen *können* in noch kleinere Kohärenzbereiche unterteilt sein.

Diese Begriffe sind vollkommen klar und methodisch im Prinzip auch erfaßbar für kristallines Material. Für amorphes Material gilt an sich eine ähnliche Einteilung. Doch macht sie hier begrifflich und vor allem methodisch einige Schwierigkeiten (vgl. hierzu auch IV 1).

Sind die Körner und Kristallite bzw. Primärteilchen > 10000 Å, so kann nach geeigneter Vorbehandlung wie Aufschlämmen usw. eine Identifizierung und Ausmessung mit dem gewöhnlichen bzw. dem Polarisationsmikroskop gelingen. Bei den meisten aktiven, festen Stoffen liegen aber vor allem die Kristallgrößen, großenteils auch die Korngrößen, unter 10000 Å.

Eine Methode, welche für kristallines Material auch dann noch die *mittlere* Primärteilchengröße, und nur diese zu bestimmen gestattet, ist die röntgenographische, zu der sich neuerdings noch die Methode der Erzeugung von Kristallinterferenzen vermittels stark beschleunigter Elektronen hinzugesellt. Beide Methoden gestatten auch eine Bestimmung der durchschnittlichen Form der Kohärenzbereiche, bzw. ev. Kristallite.

Alle weiteren Methoden erlauben nur eine Bestimmung der *Korn*größen[2], bzw. Korngrößenverteilung[3]. Nach abnehmender Größe der zu bestimmenden Teilchendimensionen geordnet gehören hierhin noch folgende Verfahren:

1. Korngrößenbestimmung durch Fraktionieren mit Sieben verschiedener Maschenweite.

2. Fraktionieren durch „Windsichtung", wobei durch Luftströme von bekannter Geschwindigkeit aus bestimmten Materialien nur Körner unterhalb einer bestimmten Größe herausgerissen werden.

3. Die Emaniermethode OTTO HAHNS (vgl. hierzu unter VI 2c).

4. Bestimmungen an Hand der Größe der BROWNschen Bewegung (SEDDIG, SIEDENTOPF, SVEDBERG, HENRI, WINKEL, WITZMANN[4]).

5. Ausmessung im Übermikroskop nach BRÜCHE, V. BORRIES, MAHL, RUSKA, BOERSCH und V. ARDENNE.

---

[1] Letzte Mitteilung W. FEITKNECHT: Helv. chim. Acta **24** (1941), 670.

[2] Bez. der Korngrößenbestimmung von Stäuben vgl. auch A. WINKEL: Chem. Apparatur **26** (1939), **265, 281**.

[3] Betr. Korngrößenverteilung vgl. die Monographie von SVEN BERG: Kolloidchem. Beih. **53** (1941), 149.

[4] Vgl. hierzu auch E. M. G. LAGUARTA: Kolloid-Z. **99** (1942), 85.

Weitere Korngrößenmethoden, für welche aber die Bereitung bzw. das Vorhandensein einer Suspension oder kolloiden Lösung Voraussetzung ist, sind folgende:

6. Fraktionierung durch Schlämmen oder „Spülen".

7. Korngrößenbestimmung an Hand der Sedimentationsgeschwindigkeit (WIEGNER und GESSNER).

8. Korngrößenbestimmung an Hand des Sedimentationsgleichgewichts (PERRIN).

9. Auszählen der Teilchenzahlen in Suspensionen oder kolloiden Lösungen bekannten Gehaltes vermittels des Ultramikroskopes (ZSIGMONDY[1]).

10. Fraktionierung mit Ultrafiltern (BECHHOLD-ZSIGMONDY-MANEGOLD).

11. Messung des osmotischen Drucks.

12. Messung der Diffusionsgeschwindigkeit.

13. Messung der Viscosität der betr. Suspension oder kolloiden Lösung.

14. Untersuchung der Sedimentationsgeschwindigkeit und des Sedimentationsgleichgewichtes mit der Ultrazentrifuge nach THE SVEDBERG.

15. Kombination von Bestimmungen der Strömungsdoppelbrechung und der Viscosität bei klaren Solen nach PETERLIN und STUART[2].

Von den Resultaten dieser 15 weiteren Methoden werden diejenigen von 1, 2, 4, 6, 7, 10, 13 und 15 durch die Teilchenform stark beeinflußt, so daß letztere gesondert bestimmt werden muß. Bei Methode 15 geschieht das ausreichend an Hand der Strömungsdoppelbrechung.

Bei Methode 2, 3, 4, 6÷8 und 15 ist außerdem die Kenntnis der Dichte des betr. Stoffes Voraussetzung.

Bei Methode 14 ist das nicht erforderlich, wenn man es mit kugelförmigen Teilchen einheitlicher Größe zu tun hat und die Teilchengröße z. B. getrennt durch das Sedimentationsgleichgewicht und die Sedimentationsgeschwindigkeit bestimmt wird oder aber wenn man außerdem in verschieden starken Zentrifugalfeldern arbeitet (oder evtl. auch in verschiedenen Suspensionsmitteln). Man kann dann für die beiden Unbekannten, Korngröße und Dichte, stets genügend viele Gleichungen aufstellen.

Methode 5 liefert ohne andere Voraussetzungen in direkter Ausmessung *Größe und Form* der *Einzelkörner*. Auch Methode 4 liefert Einzelkorngrößen.

Methode 1, 2, 3 und 6÷13 liefern zunächst *mittlere* Korngrößen. Wie groß der Schwankungsbereich dieser Mittelgrößen ist, hängt von der Güte der Fraktionierung oder von der Vorgeschichte des Präparates ab. Die mit Methode 14 zu erreichende Fraktionierung ist im Bereich sehr kleiner Partikeln eine unübertroffen scharfe.

Wieweit die nach Methode 1÷15 bestimmten Korngrößen Sekundärteilchen- oder direkt Kristallitgrößen vorstellen, läßt sich für gröberes Material oft mikroskopisch bzw. polarisationsmikroskopisch feststellen. Die zuverlässigste und auf die bei aktiven Stoffen besonders interessierenden geringen Teilchengrößen gerade gut anwendbare Methode für diese Nachprüfung ist die röntgen- (bzw. elektronen-) interferometrische, die aber u. U. Bereiche ergibt, die kleiner sind als die Kristallite (vgl. oben). Hier hilft die Kombination mit Methode 5 weiter.

Die Korn- bzw. Kristallgrößenmessungen lassen Rückschlüsse auf die Oberfläche zu. Umgekehrt gibt es Methoden zur Bestimmung der Oberflächen, welche Rückschlüsse auf die Teilchengröße zulassen. Diese Oberflächenbestimmungsmethoden werden wir weiter unten in einem besonderen Kapitel behandeln.

---

[1] S. a. E. G. LAGUARTA: Kolloid-Z. **101** (1942), 165.

[2] A. PETERLIN, H. A. STUART: Z. Physik **112** (1939), 1 u. 129. — W. FEITKNECHT, R. SIGNER, A. BERGER: Kolloid-Z. **101** (1942), 12.

2. Röntgenographische Bestimmung der Primärteilchengröße und Primärteilchenform aktiver Stoffe.

a) Kristallgrößen oberhalb $\sim$ weniger 1000÷10000 Å.

Das Verfahren der röntgenographischen Pulveruntersuchung nach Debye und Scherrer[1] gestattet zunächst einmal eine qualitative Aussage darüber, ob in dem Präparat Primärteilchen von einer Größe oberhalb $\sim$ 10000 Å vorhanden sind. In diesem Falle erhält man nämlich bei ungedrehtem Stäbchen keine glatten Debye-Scherrer-Linien mehr, weil die dazu notwendige große Mannigfaltigkeit der Kristallitlagen dann nicht mehr vorhanden ist. Aus den Linien heben sich dann die Interferenzen einzelner größerer Kristallite als Punkte heraus.

Bei starker Auflösung der Linien in Punkte kann dieser Befund bedeuten, daß *alle* Teilchen $> \sim$ 10000 A sind. Es ist aber auch durchaus möglich, daß 'neben diesen großen Teilchen noch sehr kleine vorhanden sind, die sogar zu einer gut meßbaren Interferenzverbreiterung Veranlassung geben. Z. B. findet man das sehr oft bei elektrisch zerstäubten Metallen[2]. Weiteres hierzu vgl. unter V 2 b η, S. 59.

Sind die Interferenzlinien bei *ungedrehtem* Stäbchen (Drehung erhöht die Mannigfaltigkeit der Kristallagen sehr und wirkt dadurch glättend auf die Linien) ganz glatt, aber nicht meßbar verbreitert, so kann man annehmen, daß die Teilchengrößen etwa zwischen 10000 und wenigen 1000 Å liegen. Die angegebenen Größen gelten für Kristallite mit mittleren Atomabständen.

b) Kristallgrößen unterhalb weniger 1000 Å.

Wenn die Kriställchen und damit auch die kohärent strahlenden Bereiche in einem Pulverpräparat kleiner sind als wenige 1000 oder noch besser als 1000 Å, so beginnen die Röntgeninterferenzen sich meßbar zu verbreitern. Diese Erscheinung, welche zuerst von P. Scherrer[3] quantitativ verfolgt und ausgewertet wurde, hat ähnliche Ursachen wie die Erscheinung, daß ein optisches Gitter sehr scharfe Maxima erst dann liefert, wenn die Zahl seiner Furchen genügend hoch ist. Wird die Zahl der Furchen bei gleichem Furchenabstand und gleicher Wellenlänge vermindert, so werden die Interferenzmaxima unschärfer.

α) Verfahren von P. Scherrer.

Als Zusammenhang zwischen der Linienbreite und der Kantenlänge würfelförmig angenommener Kriställchen des kubischen Systems gab P. Scherrer folgende Formel an:

$$B^* = 2\sqrt{\frac{\ln 2}{\pi} \cdot \frac{\lambda}{\Lambda} \cdot \frac{1}{\cos\vartheta}} + b'. \tag{13}$$

In dieser Gleichung bedeutet B^* die Halbwertsbreite einer Interferenz, d. h. die Breite der Interferenz an der Stelle, wo ihre Intensität gleich der Hälfte ihrer Maximalintensität ist.

Diese Halbwertsbreite läßt sich demnach aus Röntgenaufnahmen einfach und richtig nur dann bestimmen, wenn der Photometerausschlag im ganzen photometrierten Bereich linear mit der Schwärzungsstärke geht und wenn die Schwärzung der Intensität einfach proportional war. Wann diese Bedingungen vorliegen und wie vorzugehen ist, wenn diese Bedingungen nicht erfüllt sind, vgl. oben unter IV 2, S. 19 ff.

---

[1] P. Debye, P. Scherrer: Physik. Z. **17** (1916), 277.

[2] D. Beischer: Z. Elektrochem. angew. physik. Chem. **44** (1938), 375. — R. Fricke, F. R. Meyer: Z. physik. Chem., Abt. A **183** (1938), 177.

[3] P. Scherrer: Göttinger Nachrichten. Sitzg. vom 26. 7. 1918. — P. Scherrer in R. Zsigmondy: Kolloidchemie, S. 387 ff. 4. Aufl. 1922.

λ ist die Wellenlänge der verwandten Röntgenstrahlung, Λ die Kantenlänge der Kristallwürfelchen, ϑ der Glanzwinkel und b' die „wirksame Breite" des Präparatenstäbchens. Bei den betreffenden Röntgenaufnahmen wurde ein Primärstrahlbündel mit weitgehend parallel laufenden Wellenzügen vorausgesetzt.

Da b' von der Absorption im Präparatenstäbchen abhängt, ist bei der Anwendung von Gl. (13) außer Λ auch b' zu bestimmen. Dies geschieht z. B. graphisch in der Weise, daß man B^* für möglichst viele Interferenzen mißt und in Abhängigkeit von $1/\cos\vartheta$ (als Abszisse) aufträgt. Wenn b' eine Konstante ist, so muß sich eine Gerade ergeben, deren Abschnitt auf der B^*-Achse $= b'$ und für welche der Tangens des Neigungswinkels gegen die $1/\cos\vartheta$-Achse $= \sqrt{\dfrac{\ln 2}{\pi}} \cdot \dfrac{\lambda}{\Lambda}$ ist. Daraus läßt sich dann auch Λ berechnen.

Mit dieser Gleichung gelang es SCHERRER[1] an kubisch kristallisierenden Kolloiden Teilchengrößen zu bestimmen, die mit den nach kolloidchemischen Methoden gewonnenen größenordnungsmäßig gut übereinstimmten. In anderen Fällen erwies sich später die SCHERRERsche Gleichung als nicht so gut. Dies liegt vor allem an den bei ihrer Ableitung noch gemachten Vereinfachungen. Denn zunächst ist b' bei merklicher Absorption keine Konstante und außerdem berücksichtigt die Ableitung nicht die Verhältnisse bei niedriger symmetrischen Kristallen.

Nachdem sich N. SELJAKOW auch für nicht kubische Kristalle, die aber in ihrer Form der betr. Elementarzelle ähnlich sein mußten, mit dem Problem des Zusammenhanges zwischen Linienbreite und Kristallgröße beschäftigt hatte[2], veröffentlichte M. v. LAUE eine umfassende theoretische Arbeit, in welcher ganz allgemein, also für jedes Kristallsystem, die Abhängigkeit der Breite der nach dem DEBYE-SCHERRER-Verfahren gewonnenen Interferenzen von der *Teilchengröße* und der *Teilchenform* abgeleitet wurde[3].

β) **Allgemeine Theorie nach M. v. LAUE. Bestimmung der Teilchengröße für den Fall wenig absorbierender Präparatenstäbchen nach v. LAUE und BRILL.**

VON LAUE berechnete in allgemeiner Weise den Zusammenhang einer Maßzahl η einerseits mit den Teilchendimensionen in den verschiedenen Achsenrichtungen und andererseits mit der Interferenzbreite.

Die *Voraussetzungen* für die v. LAUEschen Betrachtungen waren: Zylindrisches Präparatenstäbchen von *sehr geringer Absorption* für die betr. charakteristische Röntgenstrahlung, weiter *divergentes Röntgenlichtbündel* (Präparatenstäbchen natürlich vollständig im Strahl), also *punktförmige Blende*, welche von der Achse des Präparatenstäbchens ebenso weit entfernt ist wie vom Film[4], *Blendendurchmesser* $\ll$ *Stäbchendicke* (z. B. 0,05 oder 0,1 mm Blendendurchmesser bei 0,6 oder 0,8 mm Stäbchendicke) und schließlich, was in den meisten diesbez. Arbeiten nicht erwähnt wird, eine *gleichmäßige Intensitätsverteilung im Primärstrahl*.

Außerdem setzte v. LAUE einheitliche Größe und Form aller Kristallite voraus. Hierauf kommen wir unten unter V 2 b η zurück.

Die betr. allgemeinen Gleichungen v. LAUES lauten:

$$\eta_{(h_1 h_2 h_3)} = \frac{\lambda}{4\pi} \sqrt{\sum \left(\frac{\mathfrak{b}_i\,\mathfrak{G}}{m_i}\right)^2}\,; \quad \left(\mathfrak{G} = \frac{\sum h_i\,\mathfrak{b}_i}{|\sum h_i\,\mathfrak{b}_i|}\right) \tag{14}$$

---

[1] P. SCHERRER: loc. cit.
[2] N. SELJAKOW: Z. Physik **31** (1925), 439; **33** (1925), 648.
[3] M. v. LAUE: Z. Kristallogr., Mineral., Petrogr., Abt. A **64** (1926), 115.
[4] M. v. LAUE: loc. cit., S. 134ff. Entsprechend gebaute Röntgenkameras liefert die Firma Dr. H. Seemann, Freiburg i. Br.

und

$$B = \frac{\dfrac{\pi}{2} \cdot \dfrac{\omega}{\eta} \left(\dfrac{r}{R} \cos^2 \vartheta \right)^2}{\sqrt{1 + \left(\dfrac{\omega\, r}{\eta\, R} \cos^2 \vartheta \right)^2} - 1} . \tag{15}$$

Gl. (15) hat nur einen beschränkten Geltungsbereich (vgl. unten).

In Gl. (14) bedeutet λ die Wellenlänge der verwandten Röntgenstrahlung. Die $\mathfrak{b}_i$ sind die Grundvektoren des reziproken Gitters, die h_i die Indizes der betr. Netzebene und die m_i die Durchmesser der Kriställchen in den betr. Achsen-(Elementarkörperkanten-)richtungen, gemessen mit den betr. Identitätsperioden (a_i) als Einheit.

Man ersieht aus Gl. (14), daß η den Abmessungen der Kriställchen umgekehrt proportional ist. Für Teilchengrößen, welche keine meßbare Linienverbreiterung erzeugen, wird $\eta = 0$. Ermittelt man nach Gl. (15) bzw. den weiter unten angegebenen Formeln (16) und (17) aus den Halbwertsbreiten negative η-Werte, so kann das einerseits bedeuten, daß im Stäbchen doch eine merkliche Absorption stattfindet, oder aber andererseits, daß die Intensitätsverteilung im Primärstrahl keine genügend gleichmäßige war (z. B. ungleichmäßiger Fokus[1]).

In Gl. (15) ist B die Halbwertsbreite der betr. Interferenz im Bogenmaß, also die vermessene Breite geteilt durch den Radius des Filmzylinders R. r ist der *Radius* des Präparatenstäbchens, ϑ der betr. Glanzwinkel und ω eine Konstante vom Wert $1/1{,}8 = 0{,}555$. Gl. (15) gilt, wie erwähnt, für sehr wenig absorbierende Präparate.

Außerdem gilt Gl. (15) [und ebenso die unten folgende Gl. (16)] nur dann, wenn

$$\frac{D}{R} \lessgtr \frac{2{,}3\,\eta}{\cos \vartheta} , \tag{15a}$$

wobei D der Blendendurchmesser, d. h. daß Interferenzen mit zu kleinen Ablenkungswinkeln ($\chi = 2\vartheta$) nicht mehr verwendbar sind. Die Grenze liegt nach (15a) bei um so kleineren Ablenkungswinkeln, je kleiner D/R, bzw. je größer die Interferenzverbreiterung und damit η*.

Nach R. Brill[2], welcher als erster die Ergebnisse der v. Laueschen Arbeit auswertete, kann man statt Gl. (15) schreiben:

$$\eta = \frac{\omega}{2\,\pi} \left(B \cos \vartheta - \frac{1}{B} \left(\pi \frac{r}{R} \right)^2 \cos^3 \vartheta \right)$$

bzw.

$$\eta = \frac{1}{3{,}6\,\pi} \left(\frac{b}{R} \cos \vartheta - \frac{R}{b} \left(\frac{\pi\, r}{R} \right)^2 \cos^3 \vartheta \right), \tag{16}$$

worin b die gemessene und korrigierte (vgl. unten) Halbwertsbreite (bez. der Messung dieser Größe vgl. unter V 2 b α, S. 50) bedeutet, während die anderen Symbole unverändert aus Gl. (15) übernommen sind.

Nach dieser Gleichung läßt sich η auf Grund von in der oben angegebenen

---

[1] Privatmitteilung von Herrn A. Kochendörfer, Stuttgart.

* Man kann aber auch jenseits der durch Gl. (15a) gegebenen Grenze arbeiten, wenn man eine Korrektur für den Einfluß der Blendenbreite vornimmt. Die betr. Gleichung lautet: $b' = \dfrac{\beta}{2} \left(1 + \sqrt{1 - \dfrac{D}{\beta}} \right)$, worin b' die korrigierte, β die gemessene Halbwertsbreite und D der Blendendurchmesser. $\dfrac{D}{\beta}$ muß stets < 1 sein. [U. Dehlinger, A. Kochendörfer: Z. Kristallogr., Mineral., Petrogr., Abt. A **101** (1939), 134]. Der Stäbchenradius sollte bei den üblichen Kameragrößen stets $< 0{,}5$ mm sein.

[2] R. Brill: Z. Kristallogr., Mineral., Petrogr. **68** (1928), 387.

Weise ausgeführten Aufnahmen an sehr wenig absorbierenden Präparaten aus
den Halbwertsbreiten und lauter bekannten anderen Größen leicht berechnen.
Doch ist hierbei zunächst noch folgendes zu berücksichtigen:

Die vermessenen Halbwertsbreiten sind wegen der Zusammensetzung der
meist verwendeten K_α-Strahlungen aus je einer kräftigen α_1- und α_2-Strahlung
nicht ohne weiteres einfache Interferenzbreiten. Vielmehr haben sie noch eine
zusätzliche Verbreiterung entsprechend der Auswirkung dieser beiden Wellenlängen auf scheinbar dieselbe Interferenz. Eine Nichtbeachtung dieser Tatsache
macht zwar wegen des sehr dichten Beieinanderliegens der beiden Wellenlängen
(z. B. Cu–K_α-Strahlung 1,537 und 1,541 Å) bei niedrigeren Ablenkungswinkeln
kaum etwas aus. Bei hohen Ablenkungswinkeln dagegen ist wegen der dort
erheblich stärkeren Dispersion der Einfluß dieser zusätzlichen Verbreiterung u. U.
sehr beträchtlich. Er braucht also nur dann nicht berücksichtigt zu werden,
wenn es sich um Berechnungen von η aus Interferenzbreiten bei niedrigen Ablenkungswinkeln handelt und wenn außerdem mit keiner hohen Meßgenauigkeit
gearbeitet wird. In allen anderen Fällen ist aus der direkt gemessenen Halbwertsbreite die tatsächlich in Gl. (16) zu verwertende zunächst zu berechnen. Nach
R. BRILL geschieht dies an Hand folgender Gleichung[1]:

$$b = \frac{\beta}{2}\left(1 + \sqrt{1 - \frac{4\,\delta}{3\,\beta}}\right). \tag{17}$$

Hierin bedeutet β die direkt gemessene und b die tatsächliche Halbwertsbreite. δ ist der nach der quadratischen Form leicht zu berechnende Abstand
der beiden Maxima für die α_1- und die α_2-Linie. Die Gleichung ist unter der
(z. B. für Fe-K-Strahlung exakt geltenden) Annahme abgeleitet, daß die Intensität der K_{α_1}-Interferenz doppelt so groß ist wie die der K_{α_2}-Interferenz.

Gl. (17) gilt nur dann, wenn δ im Verhältnis zu β nicht zu groß ist. Für den
Fall $\left|\delta > \tfrac{2}{3}\beta\right|$ gilt nach R. BRILL[1] statt Gl. (17):

$$b = \tfrac{2}{3}(\beta - \delta). \tag{18}$$

Die an Hand von (17) bzw. (18) vorzunehmende Korrektur hat um so größere
Bedeutung, als (15a) die Verwendung von Interferenzen mit kleinen Ablenkungswinkeln je nach den Versuchsbedingungen (vgl. oben) mehr oder weniger
stark ausschließt.

Zwecks Berechnung der Teilchendimensionen aus η muß Gl. (14) für das betr.
Kristallsystem ausgewertet werden. Gl. (14) nimmt für die verschiedenen Kristallsysteme folgende Gestalten an:

Für das *kubische System:*
$$\eta = \frac{\lambda}{4\,\pi\,a\,m}, \tag{19}$$

wobei a die betr. Gitterkonstante, m die Dicke (Kantenlänge) der Teilchen,
gemessen mit a als Einheit.

Für das *rhombische System:*
$$\eta = \frac{\lambda}{4\,\pi}\sqrt{\frac{\left(\dfrac{h_1}{m_1 a^2}\right)^2 + \left(\dfrac{h_2}{m_2 b^2}\right)^2 + \left(\dfrac{h_3}{m_3 c^2}\right)^2}{\left(\dfrac{h_1}{a}\right)^2 + \left(\dfrac{h_2}{b}\right)^2 + \left(\dfrac{h_3}{c}\right)^2}}\,*. \tag{20}$$

Hierin sind die h_1, h_2, h_3 die betr. Indizes, die a, b, c die drei Gitterkonstanten
im rhombischen System und die m_1, m_2, m_3 die Teilchendimensionen in den drei
Achsenrichtungen, jeweils gemessen mit den betr. Gitterkonstanten als Einheit.

Gl. (20) gilt sinngemäß auch für das *tetragonale System* mit $a = b$ und $m_1 = m_2$.

[1] R. BRILL: loc. cit.
* R. BRILL: Z. Kristallogr., Mineral., Petrogr., Abt. A 75 (1930), 217.

Für das *monokline System* nimmt Gl. (14) folgende Gestalt an[1]:

$$\eta = \frac{\lambda}{4\pi \sin\beta} \sqrt{\frac{\left(\dfrac{h_1}{a^2} - \dfrac{h_3 \cos\beta}{a \cdot c}\right)^2 \cdot \dfrac{1}{m_1^2} + \left(\dfrac{h_2 \sin^2\beta}{b^2}\right)^2 \cdot \dfrac{1}{m_2^2} + \left(\dfrac{h_3}{c^2} - \dfrac{h_1 \cos\beta}{a \cdot c}\right)^2 \cdot \dfrac{1}{m_3^2}}{\left(\dfrac{h_1}{a}\right)^2 + \left(\dfrac{h_2 \sin\beta}{b}\right)^2 + \left(\dfrac{h_3}{c}\right)^2 - \dfrac{2 h_1 h_3 \cos\beta}{a \cdot c}}} \qquad (21)$$

Für $\beta = 90°$ geht Gl. (21) in Gl. (20) über.

Für das *hexagonale System* ergibt sich[2] unter Verwendung von Bravais-Achsen:

$$\eta = \frac{\lambda}{4\pi} \sqrt{\frac{\left(\dfrac{4}{3 m_1 a^2}\right)^2 \left[(h_1 + h_2)^2 + \dfrac{1}{4}(h_1^2 + h_2^2)\right] + \left(\dfrac{h_3}{m_3 c^2}\right)^2}{\dfrac{4}{3 a^2}(h_1^2 + h_2^2 + h_1 \cdot h_2) + \left(\dfrac{h_3}{c}\right)^2}} \qquad (22)$$

Hierin bedeutet m_1 die Ausdehnung eines mittelgroßen Kriställchens in Richtung einer a-Achse, m_3 die Ausdehnung in Richtung der c-Achse. Als Maßeinheiten dienen hierbei die Identitätsperioden in Richtung der a- bzw. der c-Achse.

γ) Teilchenformbestimmung.

Die in obigen Gleichungen stehenden verschiedenen Maßzahlen für die Dimensionen der nichtkubischen Kriställchen in den verschiedenen Achsenrichtungen geben die unmittelbare Möglichkeit der Bestimmung der Form dieser Kriställchen, wenn die unter den einzelnen m_i zusammengefaßten Dimensionen in den verschiedenen hier möglichen Richtungen praktisch einheitlich sind.

Bei einem tafeligen Eisenglanz, also hexagonalem (rhomboëdrischem) α-Fe$_2$O$_3$ wiesen unter Bezugnahme auf die v. Lauesche Arbeit J. Böhm und F. Ganter an Hand der verschiedenen Interferenzverbreiterungen nach, daß auf der c-Achse senkrechtstehende, dünne Plättchen vorlagen[3]. Hengstenberg und Mark wandten die v. Lauesche Arbeit auf die Form der Kristallite von Cellulose und Kautschuk an[4].

Später wurden wieder bei hexagonalen Kristallen von U. Hofmann und D. Wilm[5], sowie von R. Fricke und Mitarbeitern[6] in einer ganzen Reihe von Fällen Dimensionen gefunden und berechnet, die auf der c-Achse senkrecht stehende Plättchen bedeuteten. Diese Plättchenform konnte in einem Fall unabhängig davon durch einen Orientierungseffekt auf einer planen Unterlage mit Hilfe von Elektronenstrahlaufnahmen bestätigt werden[7].

Bei nichtkubischen aktiven Stoffen anderer Kristallsysteme liegen bisher nur sehr wenig röntgenographische Teilchengrößen- bzw. Teilchenformvermessungen vor[1].

[1] R. Fricke, E. Gwinner, Ch. Feichtner: Ber. dtsch. chem. Ges. **71** (1938), 1744.

[2] Nach R. Brill: Als Grundform ist hier die der einfach primitiven hexagonalen Zelle (= ⅓ des hexagonalen Prismas) gewählt.

[3] J. Böhm, F. Ganter: Z. Kristallogr., Mineral., Petrogr. **69** (1928), 17.

[4] J. Hengstenberg, H. Mark: Z. Kristallogr., Mineral., Petrogr. **69** (1928), 271.

[5] U. Hofmann, D. Wilm: Z. physik. Chem., Abt. B **18** (1932), 401; Kolloid-Z. **70** (1935), 21; Z. Elektrochem. angew. physik. Chem. **42** (1936), 504 (graphitischer Kohlenstoff).

[6] R. Fricke, J. Lüke: Z. physik. Chem., Abt. B **23** (1933), 319 (BeO). — R. Fricke, P. Ackermann: Z. Elektrochem. angew. physik. Chem. **40** (1934), 630. — R. Fricke, L. Klenk: Z. Elektrochem. angew. physik. Chem. **41** (1935), 617 (α-Fe$_2$O$_3$). — R. Fricke, R. Schnabel, K. Beck: Z. Elektrochem. angew. physik. Chem. **42** (1936), 881 (Mg(OH)$_2$). — R. Fricke, K. Meyring: Z. anorg. allg. Chem. **230** (1937), 366 (ZnO).

[7] R. Fricke, J. Lüke: Z. physik. Chem., Abt. B **23** (1933), 330.

Wenn die nach Gl. (19)$\div$(22) unter den einzelnen m_i zusammengefaßten Dimensionen in den verschiedenen hier möglichen Richtungen nicht einheitlich sind, so ergeben die Berechnungen nicht ohne weiteres ein klares Resultat. Dies gilt um so mehr, je höher symmetrisch das betreffende Gitter ist, weil dann infolge der zunehmenden Flächenhäufigkeitszahlen immer mehr Netzebenenscharen verschiedener Richtung an die gleiche Stelle des Debyeogrammes reflektieren, so daß bei bestimmten Kristallformen Überlagerungen verschiedener Interferenzbreiten bei der gleichen Interferenz zustande kommen.

Ganz besonders ausgesprochen ist das beim kubischen System. Andererseits ist hier aber das Vorliegen stark anisodimensionaler Kriställchen besonders leicht daran zu erkennen, daß die nach Gl. (19) zu berechnende einzige Maßzahl $m \cdot a$ (Würfelkantenlänge) je nach der der Berechnung zugrunde gelegten Ebenensorte systematischen Schwankungen unterliegt.

Ein solcher Fall wurde erstmalig von R. Brill eindeutig gefunden und ausgewertet[1]. Dieser Autor fand bei feinteiligem, schwefelhaltigem Nickel für (200) wesentlich höhere η-Werte als z. B. für (111). Die Aufklärung dieser Diskrepanz geschah so, daß bestimmte anisodimensionale Kristallformen angenommen wurden. Es ergeben sich dann für die einzelnen Netzebenenscharen verschieden breite Interferenzen, welche sich je nach der Flächenhäufigkeitszahl der betr. Interferenz in verschiedener Weise überlagern.

Wenn wir die den *einzelnen* Netzebenenscharen zukommenden Interferenzbreiten mit β_i bezeichnen, wobei die i die Zahlen von 1 bis zu der Häufigkeitszahl der betr. Fläche sind, wenn wir weiter mit n die betreffende Flächenhäufigkeitszahl und mit b die der Messung zugängliche resultierende Gesamtbreite der Interferenz bezeichnen, so gilt

$$b = \frac{n}{\sum_i \frac{1}{\beta_i}}. \tag{23}$$

Die resultierenden Interferenzbreiten müssen für wenigstens drei Interferenzen berechnet und mit den tatsächlich gefundenen verglichen werden. Man probiert so lange, bis Übereinstimmung erzielt ist, wobei man zur Erleichterung des Verfahrens graphische Darstellungen des Zusammenhanges zwischen Interferenzbreite und Teilchenform zu Hilfe nehmen kann[1]. Das Resultat der mühevollen Auswertung in dem oben genannten Fall war, daß die betr. Kriställchen als Hauptbegrenzungsflächen die Oktaeder-Ebenen aufwiesen und etwa dreimal so lang wie breit und dick waren. Das Ergebnis war von Bedeutung für die Kenntnis des Vorganges der elektrolytischen Entstehung der betr. Ni-Kriställchen.

Fast die gleichen Dimensionen erhielten allerdings auch D. Beischer und A. Winkel[2] für die Kristallite eines durch schnelle Zersetzung bei 150° aus Nickelcarbonyldampf erhaltenen Nickelaerosols.

δ) Untersuchung stark absorbierender Stoffe nach der Methode für schwach absorbierende und Methode der stark absorbierenden Stäbchen nach R. Brill. — Methode von F. W. Jones.

Wie schon oben unter β) mitgeteilt, setzen die angegebenen Gleichungen für die Berechnung von η aus den Interferenzbreiten [Gl. (15) und (16)] nach v. Laue voraus, daß die betreffenden Präparatenstäbchen sehr wenig absorbie-

---

[1] R. Brill: Z. Kristallogr., Mineral., Petrogr. 75 (1930), 217.
[2] D. Beischer, A. Winkel: Z. physik. Chem., Abt. A 176 (1936), 1; Naturwiss. 25 (1937), 420.

ren. Durch homogenes Zumischen von feinstem Korkmehl nach R. GLOCKER[1] und Verwendung sehr dünnwandiger Capillaren, am besten aus Acetylcellulose[2], läßt sich dieser Fall stets realisieren, wobei allerdings Voraussetzung ist, daß die Einzelkörner des zu untersuchenden Materials so klein sind, daß die Absorption im Einzelkorn vernachlässigt werden kann[3].

Arbeitet man mit Präparatenstäbchen oder Einzelkörnern von größerer Absorption bzw. mit sehr stark absorbierbarer (also z. B. sehr langwelliger) Strahlung, so läßt sich nach R. BRILL und H. PELZER[4] die Maßzahl η am einfachsten für den Grenzfall der *sehr starken* Absorption im Stäbchen ermitteln. Dieser Grenzfall läßt sich nach den gleichen Autoren für alle Präparate künstlich dadurch erreichen, daß man sie mit irgendeinem Bindemittel, z. B. Vaseline, Zaponlack u. a., in dünner Schicht auf einem stark absorbierenden Stäbchen, z. B. aus Bleiglas, anbringt. [Allerdings hat man dann wegen der Schwierigkeit, gleichmäßige Schichten von definierter Dicke und Struktur anzubringen, auch nach Zumischen von Eichsubstanz kaum noch die Möglichkeit einer vergleichenden Intensitätsuntersuchung, IV 2÷5.] Die Ergebnisse der Berechnungen von BRILL und PELZER sind in Abbildung 11 wiedergegeben.

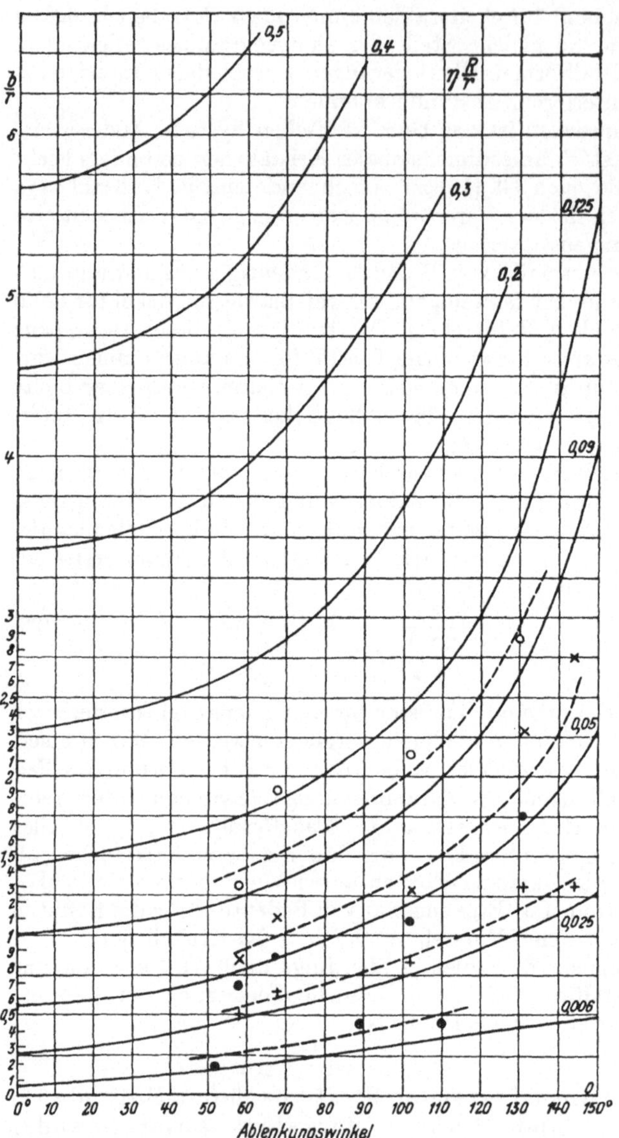

Abb. 11. Abhängigkeit der Linienbreite vom Ablenkungswinkel für verschiedene Teilchengrößen. (Erklärung im Text.) Aus BRILL und PELZER.

---

[1] R. GLOCKER: Materialprüfung mit Röntgenstrahlen, S. 159ff. 2. Aufl. Berlin: Springer, 1936; Z. techn. Physik **15** (1924), 421.

[2] R. FRICKE, O. LOHRMANN, W. WOLF: Z. physik. Chem., Abt. B **37** (1937), 67; insbesondere R. FRICKE, O. LOHRMANN, W. SCHRÖDER: Z. Elektrochem. angew. physik. Chem. **47** (1941), 374.

[3] K. SCHÄFER: Z. Kristallogr., Mineral., Petrogr., Abt. A **99** (1938), 142.

[4] R. BRILL, H. PELZER: Z. Kristallogr., Mineral., Petrogr. **74** (1930), 147.

Auf der Abbildung ist für neun verschiedene Werte von $\eta \cdot \dfrac{R}{r}$ die Abhängigkeit von b/r vom Ablenkungswinkel $\chi = 2\,\vartheta$ (= doppelter Glanzwinkel) wiedergegeben. R bedeutet wieder den Kameraradius und r den Stäbchenradius, b die für α_1, α_2 korrigierte (vgl. oben) Halbwertsbreite. An Hand der Kurvenschar von Abb. 11 läßt sich zu jedem Wertepaar b/r, $2\,\vartheta$ das zugehörige $\eta \cdot \dfrac{R}{r}$ und damit η ermitteln.

Später gab R. BRILL zu dieser Kurvenschar noch eine sehr gute Näherungsgleichung, welche die Bestimmung von η für stark absorbierende Präparatenstäbchen wesentlich vereinfacht[1]. Die Gleichung lautet:

$$\eta = \frac{r}{R} \cdot f\left(\frac{b}{r} - f'\right),$$

worin

$$f = 0{,}004 + 0{,}084 \cos \vartheta \qquad (24)$$

und

$$f' = 0{,}0046\,\vartheta.$$

Bei f' ist ϑ in Graden einzusetzen.

Gl. (24) tritt also für sehr stark absorbierende Stäbchen an Stelle von Gl. (16).

Im übrigen bleibt das oben unter β) und γ) für die Bestimmung von Teilchengröße und Teilchenform Gesagte auch bei den sehr stark absorbierenden Präparaten gültig.

Für sehr kleine η-Werte ist nach BRILL die Benutzung der Kurvenscharen von Abb. 11 derjenigen von Gl. (24) vorzuziehen.

Nach der BRILLschen Methode der stark absorbierenden Stäbchen wurden zahlreiche röntgenographische Teilchengrößenbestimmungen in den Laboratorien von R. BRILL, P. A. THIESSEN, R. FRICKE u. a. ausgeführt.

Eine weitere Methode der praktischen Ausführung der Teilchengrößenbestimmung nach v. LAUE gab neuerdings F. W. JONES[2] an. Dieser mischt dem Präparat eine Eichsubstanz zu, welche glatte, aber unverbreiterte Interferenzen liefert, auf deren Breitenverlauf er für die Auswertung bezieht. Auch bringt er noch eine Korrektur für die Inhomogenität der Strahlung an. Die eingehende Schilderung dieser interessanten Methode würde uns hier zu weit führen.

ε) **Teilchengrößenbestimmung an Blechen. Pulverplattenmethode.**

Anstatt der beim DEBYE-SCHERRER-Verfahren üblichen runden Präparatenstäbchen kann man auch aus dem betr. Pulvermaterial hergestellte glatte Plättchen verwenden, welche in die betr. Kamera drehbar ganz entsprechend einzusetzen sind, wie die Kristalle in einen SIEGBAHN-Spektrographen, d. h. mit der Drehachse in der „spiegelnden" Fläche. Man arbeitet zweckmäßig mit punktförmiger oder schlitzförmiger Blende, d. h. divergentem Röntgenlicht. Die Entfernung der Blende und des Filmes vom Drehpunkt müssen gleich sein. Ferner muß auch der mittlere Anstrahlungswinkel $\varkappa$ gleich dem Glanzwinkel ϑ sein (Fokussierungsbedingung). Die Breite des Spaltschlitzes oder die Weite der Lochblende soll höchstens $^2/_3$ der schmalsten Interferenz betragen. Die Breite des Plättchens soll bei den üblichen Kameraabmessungen nicht wesentlich über 1 mm liegen. Für Interferenzen bei kleineren Ablenkungswinkeln müssen die Halbwertsbreiten wegen der endlichen Blendenweite korrigiert werden[3].

Unter diesen Bedingungen haben eine evtl. Textur des Präparates und eine

---

[1] R. BRILL: Z. Kristallogr., Mineral., Petrogr., Abt. A **95** (1936), 455.

[2] F. W. JONES: Proc. Roy. Soc. (London), Ser. A **166** (1938), 16.

[3] U. DEHLINGER, A. KOCHENDÖRFER: Z. Kristallogr., Mineral., Petrogr., Abt. A **101** (1939), 134.

evtl. unregelmäßige Intensitätsverteilung im Primärstrahl keinen Einfluß auf die Interferenzbreite[1], während das bei den Stäbchenmethoden der Fall ist.

Das Verfahren, welches insbesondere auch für die Bestimmung der Breiten von an *Blechen* entstehenden Interferenzen wichtig ist[2], hat gegen das gewöhnliche Debye-Scherrer-Verfahren den Nachteil der mühseligeren Justierung und der größeren Zahl von Aufnahmen. Allerdings braucht die Justierung bez. der Anstrahlrichtung nicht für jede Interferenz besonders vorgenommen zu werden. Bei eng zusammenliegenden Liniengruppen genügt Einstellung von $\varkappa$ auf die Mitte der Gruppe, also eine Aufnahme für die ganze Gruppe, und zwar geht dies am besten bei hohen Ablenkungswinkeln.

Wenn die Absorption in dem betreffenden Blech oder der betreffenden Pulverplatte sehr groß ist, oder wenn man im Falle schwächerer Absorption nur eine dünne Schicht des Präparates (unter den meist üblichen Aufnahmebedingungen nicht über 0,1 mm dick) auf einer planen Glasplatte verwendet, so gilt nach Kochendörfer unter den oben angegebenen Aufnahmebedingungen[3]

$$b = \frac{3{,}6 \cdot \pi \cdot R}{\cos \vartheta} \eta, \tag{25}$$

worin b die für $\alpha_1 \alpha_2$ und für den Einfluß der Blendenbreite korrigierte (V 2 bβ, S. 53) Halbwertsbreite, ϑ den Glanzwinkel, R den Kameraradius und η die v. Laue-sche Maßzahl (V 2 bβ, S. 52) bedeuten. Die Absorption hat dann keinen Einfluß auf die Interferenzbreite.

<h3 style="text-align:center">ζ) Kontrolle der berechneten Teilchengrößen.</h3>

Wie wir oben unter IV 3a und IV 3c gesehen haben, gibt es auch Arten von Gitterstörungen, welche Interferenzverbreiterungen zur Folge haben („langsam und schnell veränderliche Spannungen zweiter Art"). Eine Interferenzverbreiterung ist also nicht ohne weiteres gleichbedeutend mit geringer Kristallgröße. Es ist deshalb in allen Fällen von röntgenographischen Teilchengrößenbestimmungen erforderlich, daß man nachprüft, ob die benutzten Verbreiterungen wirklich nur auf geringe Kristallgröße zurückzuführen sind. Dies ist auf Grund der oben besprochenen verschiedenen Abhängigkeit der Interferenzbreiten vom Ablenkungswinkel möglich.

Da die Störungsverbreiterungen mit steigendem Glanzwinkel erheblich stärker ansteigen, als die Teilchengrößenverbreiterungen, hat man nur nachzuprüfen, ob man aus Linienbreiten bei niedrigen und hohen Ablenkungswinkeln dieselben Teilchendimensionen erhält. Wegen der Möglichkeit des Vorhandenseins anisodimensionaler Kristallite und ganz allgemein bei nichtkubischen Gittern verwendet man hierbei verschiedene Ordnungen derselben Interferenz oder, wenn das nicht geht, zum mindesten Interferenzen derselben Ebenensorte.

Liegen Störungsverbreiterungen vor, so erhält man aus den Breiten bei hohen Ablenkungswinkeln scheinbar kleinere Teilchendimensionen als aus den Breiten bei niedrigen Ablenkungswinkeln. Liegen keine interferenzverbreiternden Störungen vor, so bekommt man Übereinstimmung der Teilchendimensionen für die verschiedenen Ablenkungswinkel.

Nur in letzterem Falle darf man die Interferenzbreiten bei hohen Ablenkungswinkeln für die Bestimmung der Teilchendimensionen verwenden, was wegen der dort besonders großen Breiten stets ein Vorzug ist.

---

[1] A. Kochendörfer: Z. Kristallogr., Mineral., Petrogr., Abt. A 97 (1937), 263, 469; vgl. auch A. Kochendörfer: Physik. Z. 43 (1942), 313.

[2] A. Kochendörfer: Z. Kristallogr., Mineral., Petrogr., Abt. A 97 (1937), 469.

[3] Loc. cit. sowie U. Dehlinger, A. Kochendörfer: Z. Kristallogr., Mineral., Petrogr., Abt. A 101 (1939), 134.

Liegen dagegen Störungsverbreiterungen vor, so können für die Bestimmung der Kristallitgrößen zunächst nur die Interferenzen bei niedrigen Ablenkungswinkeln benutzt werden. Anschließend kann man aus den Interferenzbreiten bei sehr hohen Ablenkungswinkeln unter Zuhilfenahme der ermittelten Teilchendimensionen die vorliegenden Schwankungen der Netzebenenabstände berechnen. Die Interferenzbreiten bei mittleren Ablenkungswinkeln können schließlich zur Kontrolle der erhaltenen Zahlen dienen[1].

Um den erforderlichen genügend großen Winkelbereich auf Teilchengrößenverbreiterung auswerten zu können, arbeitet man mit möglichst enger Blende und großem Kameradurchmesser [V 2bβ Gl. (15a) S. 52], oder noch besser nach der Pulverplattenmethode von KOCHENDÖRFER (V 2bδ und ε, S. 55 und 57), wobei man für die endliche Blendengröße korrigiert[1]. (Vgl. hierzu S. 52, Anm. 3.)

Es ist wichtig zu wissen, daß z. B. durch Kaltbearbeitung von Metallen entstandene Schwankungen der Netzebenenabstände (langsam veränderliche Spannungen zweiter Art), welche wenige Zehntelprozent überschreiten, bisher noch nicht beobachtet worden sind. Entsprechendes gilt für die Interferenzverbreiterungen durch „schnell veränderliche Spannungen zweiter Art", da diese sich röntgenographisch von den langsam veränderlichen nicht unterscheiden lassen. Damit ist aber natürlich durchaus nicht ausgeschlossen, daß einmal auch größere Störungsverbreiterungen, vor allem bei niedriger symmetrischen Gittern, gefunden werden.

η) Bedeutung der röntgenographisch ermittelt Teilchendimensionen.

Die röntgenographisch ermittelten Kristallitdimensionen werden nur in den seltensten Fällen einheitlich im ganzen Präparat vorhanden sein. Im allgemeinen wird man damit rechnen müssen, daß ein Verteilungszustand der Dimensionen vorliegt. Man bestimmt also meist röntgenographisch eine Art Mittelwert, undzwar keinen ganz richtigen. Denn nach den Gleichungen (13)$\div$(22) ist die Teilchengröße umgekehrt proportional zu η und damit zur Interferenzbreite. Der reziproke Wert des Mittelwertes einer Zahlenreihe ist aber stets kleiner als das Mittel der reziproken Werte dieser Zahlenreihe. Bei Vorliegen verschiedener Kristallitdimensionen nebeneinander wird man also röntgenographisch eine „mittlere" Kristallgröße finden, die etwas kleiner ist als die tatsächliche. In welchem Maße das der Fall ist, hängt von der Form der Größenverteilungskurve ab[2].

Wenn eine Größenverteilung von Kristalliten im Gebiet merklicher Interferenzverbreiterung vorliegt, so kommen die einzelnen Interferenzmaxima durch eine Überlagerung verschieden breiter Interferenzen zustande. Es müßte also im Prinzip möglich sein, aus der *Form* der Interferenzmaxima auf die Größenverteilung Rückschlüsse zu ziehen. Bisher sind diesbezügliche Versuche noch nicht unternommen worden, da die praktische Durchführung nicht einfach ist. Die größte Schwierigkeit dürfte wohl darin zu suchen sein, daß entsprechend den betr. Flächenhäufigkeitszahlen sowieso schon die meisten Interferenzen von höher symmetrischen Gittern Überlagerungen vorstellen, an welchen bei anisodimensionalen Kriställchen verschieden breite Maxima teilhaben.

Schließlich sei nochmals daran erinnert, daß die röntgenographisch ermittelten Kohärenzbereiche (Primärteilchendimensionen) nur dann den Kristalldimensionen entsprechen, wenn „Idealkriställchen" vorliegen. Die Größen von „Mosaikkriställchen" bzw. Sekundärteilchen werden durch die Röntgenstrahlung nicht erfaßt. (Weiteres vgl. unter V 1, S. 48, V 6, S. 71 und unter VI, S. 83.)

---

[1] U. DEHLINGER, A. KOCHENDÖRFER: Z. Kristallogr., Mineral., Petrogr., Abt. A **101** (1939), 134.
[2] J. HENGSTENBERG, H. MARK: Z. Kristallogr., Mineral., Petrogr. **69** (1928), 272.

3. Bestimmung der Primärteilchengröße und Primärteilchenform mit Hilfe von Elektronenstrahlen.

a) Allgemeines.

Einem mit einer Geschwindigkeit c fliegenden Elektron entspricht nach DE BROGLIE ein elektromagnetischer Wellenzug von der Wellenlänge:

$$\lambda = \frac{h}{m \cdot c}, \tag{26}$$

worin bedeutet: h das PLANCKsche Wirkungsquantum und m die Masse des Elektrons. Mit der Relativitätskorrektion für m versehen läßt sich Gl. (26) schreiben[1]:

$$\lambda = \sqrt{\frac{149,1}{V}} \cdot (1 - 0,489 \cdot 10^{-6}\, V), \tag{27}$$

worin λ die Wellenlänge in Å und V die Beschleunigungsspannung des Elektrons in Volt ist. Für die meisten Zwecke genügt:

$$\lambda = \sqrt{\frac{149}{V}} \tag{28}$$

mit denselben Symbolen wie Gl. (27).

Schnell bewegte Elektronen entsprechen Wellenlängen des Röntgengebietes und interferieren mit Kristallgittern wie Röntgenstrahlen[2].

Am einfachsten und zuverlässigsten ist bei der bisherigen Methodik das Arbeiten mit stark beschleunigten Elektronen, z. B. von einer Beschleunigungsspannung $> 10000\, V$. Diese entsprechen aber schon Röntgenwellenlängen $< 0,12$ Å. Bei $V = 50000$ sind es schon nur noch $0,055$ Å.

Trotz dieser geringen Wellenlängen ist aber die Eindringtiefe schneller Elektronen in feste Materie klein, und zwar insbesondere dann, wenn man nur das Stück betrachtet, welches ohne Geschwindigkeitsverlust durchlaufen wird, über welches also allein eine Konstanz der Wellenlänge und damit eine Interferenzfähigkeit erhalten bleibt. Die Gitterbausteine bremsen demnach die Elektronen wesentlich stärker ab, als eine ihnen nach DE BROGLIE in der Wellenlänge entsprechende Röntgenstrahlung, d. h. die Wechselwirkung der Elektronenstrahlen mit den Ladungen des Kristallgitters ist eine wesentlich intensivere als die der Röntgenstrahlen[3].

Aus dem oben Gesagten ergibt sich schon ein sehr wesentliches Characteristicum des Arbeitens mit schnell bewegten Elektronen: Starke Absorption und *geringe Kohärenzlänge*.

Man wird infolgedessen mit Elektronenstrahlen im Durchstrahlungsverfahren nur sehr kleine Kriställchen, im Rückstrahlverfahren nur oberflächliche Bezirke untersuchen können.

Ein weiteres Characteristicum der Wechselwirkung bewegter Elektronen mit einem Kristallgitter ist die *Brechung*, welche die Elektronen infolge des elektrischen Kraftfeldes in den Kristallen[4] erleiden. Diese führt, vor allem bei langsamen Elektronen und bei streifendem Einfall des Elektronenstrahls auf die betr. Kristallfläche, zu gut meßbaren Änderungen des nach DE BROGLIE, v. LAUE

---

[1] TH. SCHOON: Metallwirtsch., Metallwiss., Metalltechn. 17 (1938), 203.

[2] C. J. DAVISSON, L. H. GERMER: Nature 119 (1927), 538. — Vgl. auch die Zusammenstellung von F. KIRCHNER: Ergebn. exakt. Naturwiss. 11 (1932), 64.

[3] Bez. der Mehrfachstreuung vgl. J. HENGSTENBERG, K. WOLF: Jahrbuch d. chem. Physik 6 (1935), 229.

[4] M. v. LAUE: Z. Kristallogr., Mineral., Petrogr., Abt. A 103 (1940), 54.

und Bragg theoretischen Reflexionswinkels[1]. Diese Änderung des Reflexionswinkels ist ein sehr wertvolles Hilfsmittel zur Bestimmung des inneren Potentials in Kristallen bzw. Kristalloberflächen[2].

Bei der *Durch*strahlung dünner Kriställchen mit *schnellen* Elektronenstrahlen, wie sie für Kristallgrößenbestimmungen nur in Frage kommt, spielt diese Brechung praktisch keine Rolle. Wir können deshalb an dieser Stelle von ihrer eingehenderen Besprechung absehen. Vgl. dazu aber unten unter VII 2d, S. 119.

Ein besonderer Vorteil von Elektronenstrahlaufnahmen sind die wegen der sehr intensiven Wechselwirkung auch mit der Photoschicht der Filme sehr kurzen Belichtungszeiten von wenigen Sekunden bis Minuten.

b) Bestimmung der Teilchengrößen.

Aus dem oben Gesagten ergibt sich, daß schnelle Elektronenstrahlen mit Kristallen nicht nur Interferenzen geben, sondern daß diese·Interferenzen beim Vorliegen sehr kleiner Kristalle auch gerade so wie bei der Verwendung von Röntgenstrahlen verbreitert sein müssen.

Da den schnellen Elektronenstrahlen sehr geringe Wellenlängen entsprechen (vgl. oben) und die „Teilchengrößenverbreiterung‘ in erster Näherung einfach proportional der verwandten Wellenlänge ist [Gl. (16) und (19)÷(25)], so treten bei Verwendung schneller Elektronenstrahlen meßbare Interferenzverbreiterungen erst bei entsprechend geringeren Kristallitdimensionen auf.

Die Verbreiterungen sind also geringer als bei Röntgenstrahlen. Hierdurch werden *die Elektronenstrahlen das geeignete Mittel für die Teilchengrößenbestimmung extrem kleiner Kristallite*. Bei einer Untersuchung mit den üblichen Röntgenstrahlungen amorph erscheinende Präparate können bei Untersuchung mit Elektronenstrahlen noch gut vermeßbare Interferenzen liefern, wenn nämlich die Röntgenamorphie auf extrem geringer Kristallitgröße beruht[3]. Andererseits liefern Kristallite $> \sim 100$ Å bei einer Beschleunigung der Elektronen mit 50 000 V schon vollkommen „scharfe“ Elektroneninterferenzen, so daß der Verwendung der Elektronenstrahlen zur Teilchengrößenbestimmung bei Zunahme der Kristallitdimensionen sehr schnell eine Grenze gesetzt ist[4].

Die starke Absorption der Elektronenstrahlen bewirkt, wie schon erwähnt, weiterhin, daß nur sehr kleine Kristalle (eventuell bis ~ 500 Å)[4] durchstrahlt werden können. Bei größeren Kristallen sind die Elektronenstrahlen deshalb ein ausgezeichnetes Mittel zur Untersuchung oberflächlicher Bezirke, worauf wir weiter unten (unter VII 2) zurückkommen werden.

Andererseits bedingt die mit der starken Absorption verknüpfte, besonders intensive Wechselwirkung der Elektronenstrahlen mit den Gitterbausteinen, daß die kleinen durchstrahlten Kristallbereiche sehr lebhaft streuen, so daß man mit äußerst wenig Material schon scharfe Aufnahmen erhält, was für Durchstrahlungsaufnahmen von besonderer Bedeutung ist (vgl. unten).

In welcher Weise schnelle Elektronenstrahlen zu einer Feststellung der Teil-

---

[1] Vgl. die Zusammenstellung von J. Hengstenberg, K. Wolf: Jahrbuch d. chem. Physik **6** (1935), Abschn. Ia, S. 97ff.

[2] R. O. Jenkins: Philos. Mag. J. Sci. **17** (1934), 457. — P. A. Thiessen, A. Schoon: Z. physik. Chem., Abt. B **36** (1937), 195, 216. — P. A. Thiessen, K. Molière: Ann. Physik **34** (1939), 449. — Th. Schoon: Angew. Chem. **52** (1939), 245, 260.

[3] Vgl. z. B. F. Trendelenburg, O. Wieland: Naturwiss. **21** (1933), 173. — Th. Schoon, R. Haul: Z. physik. Chem., Abt. B **44** (1939), 109. — Siehe auch R. Haul, Th. Schoon: Z. Elektrochem. angew. physik. Chem. **45** (1939), 663.

[4] D. Beischer: Z. Elektrochem. angew. physik. Chem. **44** (1938), 375.

chendimensionen kleiner Kristallite herangezogen werden können, wurde zuerst von R. Brill genauer untersucht und abgeleitet[1].

Für eine Durchstrahlungsaufnahme mit einem parallelen Strahlenbündel schneller Elektronen (praktischer Fortfall der Brechung) gilt nach diesem Autor:

$$B'' = B' + b = \frac{6{,}6}{\cos\vartheta} \cdot \frac{\eta}{\omega} + b\,. \tag{29}$$

In dieser Gleichung bedeutet B'' die direkt gemessene Halbwertsbreite, b die Breite des Elektronenstrahls und B' die durch die geringen Teilchendimensionen verursachte Verbreiterung. ϑ ist der Glanzwinkel, ω die v. LAUEsche Konstante $1/1{,}8$ (V $2\,b\beta$) und η die v. LAUEsche Maßzahl, welche nach Gl. (14) bzw. (19)$\div$(22) mit der Wellenlänge λ und den Teilchendimensionen zusammenhängt.

Nach einer Reihe von diesbezüglichen Arbeiten anderer Autoren[2] wurde das Elektronenbeugungsverfahren zur Teilchengrößenbestimmung erstmalig unter Beachtung aller notwendigen Vorsichtsmaßregeln im Laboratorium von P. A. THIESSEN angewandt, nachdem dort eine sehr exakt arbeitende und leicht zu bedienende Apparatur zur Untersuchung von an festen Stoffen zustande kommenden Elektroneninterferenzen entwickelt worden war, welche insbesondere eine Gewähr für sehr weitgehende Einheitlichkeit der Wellenlänge (Geschwindigkeit) des verwandten Elektronenstrahls gibt[3].

Als Träger für die zu durchstrahlenden *sehr* dünnen Präparatschichten kann hierbei eine äußerst feine Membran, z. B. aus Kollodium[4], oder noch besser ein feinmaschiges Platindrahtnetz[5] dienen. Während Membranen durchweg verwaschene eigene Interferenzen liefern, ist das bei einem Platindrahtnetz nicht der Fall, weil die in das Platin eindringenden Elektronen vollkommen absorbiert werden. Aber auch mit in bestimmter Weise hergestellten Trägerfolien aus Al_2O_3, welche ebenso wie Platindrahtnetz hitzebeständig sind, wurden gute Resultate erhalten[5].

TH. SCHOON und R. HAUL[6] zeigten zunächst, daß entsprechend der Einführung von b in Gl. (29) die Interferenzbreite in solchen Fällen, wo eine Teilchengrößenverbreiterung nicht vorliegt, tatsächlich durch die Breite des Elektronenstrahls bedingt wird, indem sie nachwiesen, daß verschieden stark absorbierende Materialien mit verschiedenen Gitterpotentialen (Au und ZnO) unter den gleichen Versuchsbedingungen gleich breite Interferenzen lieferten.

Infolgedessen benutzten sie, in Anlehnung an die für Röntgenstrahlen entwickelte Methode von F. W. JONES[7] (s. S. 57), zur Bestimmung von b Vergleichsaufnahmen an Präparaten, die keine Interferenzverbreiterungen ergaben.

Für verschiedene aus Eisenpentacarbonyl hergestellte sehr feinteilige Präparate des kubischen $\gamma\text{-Fe}_2O_3$ fanden sie Kristallgrößen zwischen 17 und 75 Å.

---

[1] R. BRILL: Z. Kristallogr., Mineral., Petrogr., Abt. A **87** (1934), 275. — Vgl. hierzu auch G. P. THOMSON, N. STUART, C. A. MURISON: Proc. physic. Soc. **45** (1933), 381.

[2] O. EISENHUT, E. KAUPP: Z. Elektrochem. angew. physik. Chem. **37** (1931), 466. — CH. MONGAN: Helv. physica Acta **5** (1932), 341. — F. TRENDELENBURG: Naturwiss. **21** (1933), 173. — F. TRENDELENBURG, E. FRANZ, O. WIELAND: Z. techn. Physik **14** (1933), 489. — G. P. THOMSON, N. STUART, C. A. MURISON: loc. cit. — R. BRILL: Kolloid-Z. **69** (1934), 301. — G. J. FINCH, S. FORDHAM, H. WILMAN: Proc. physic. Soc. **48** (1936), 85.

[3] P. A. THIESSEN, TH. SCHOON: Z. physik. Chem., Abt. B **36** (1937), 195. — Einfachere Apparaturen vgl. bei F. KIRCHNER: Ann. Physik (V) **11** (1931), 741 sowie R. FRICKE, J. LÜKE: Z. physik. Chem., Abt. B **23** (1933), 330.

[4] F. KIRCHNER: loc. cit. — R. FRICKE, J. LÜKE: loc. cit.

[5] G. HAAS, H. KEHLER: Kolloid-Z. **95** (1941), 26.

[6] TH. SCHOON, R. HAUL: loc. cit.

[7] F. W. JONES: Proc. Roy. Soc. (London) **166** (1938), 16.

Für eines dieser Präparate mit der Kristallitgröße 50 Å bestimmten sie gleichzeitig die Teilchengröße auf röntgenographischem Wege und erhielten gute Übereinstimmung, so daß hierdurch die Zuverlässigkeit der Brillschen Formel (29) erwiesen wurde.

Ebenfalls eine, wenn auch nicht ganz so gute Übereinstimmung der nach beiden Verfahren gewonnenen mittleren Teilchengrößen erhielt D. Beischer für ein aus einem Aerosol gewonnenes Nickelsediment von ähnlicher Kristallitgröße[1].

Für ein im Lichtbogen aus Cd-Elektroden entstandenes CdO-Aerosol dagegen fand Beischer mit Röntgenstrahlen 470 Å, mit Elektronenstrahlen 120 Å[2]. Dieser Befund entspricht Beobachtungen von Finch und Mitarbeitern[3], wonach ein ZnO-Präparat röntgenographisch eine Kristallitgröße von rund 1000 Å ergab und mit schnellen Elektronenstrahlen nur eine solche von $100 \div 150$ Å. In beiden Fällen waren die Elektronenstrahlinterferenzen schon recht scharf. Entsprechende Resultate fanden Brill, Herbst und Rieder[4] für grobteiligere Ruße in der Richtung senkrecht zur c-Achse des Graphitgitters.

Im Sinne des oben bereits Gesagten war bei den in den letzten drei Fällen vorliegenden Kristallitgrößen der Anwendungsbereich schneller Elektronenstrahlen für Teilchengrößenbestimmungen schon überschritten, weil die betr. Dimensionen größer waren als die Kohärenzlängen der angewandten Elektronenstrahlen im Gitter (V 3a, S. 60).

Für die mit Elektronenstrahlen ermittelten Teilchengrößen gilt auch das oben unter V 2bη, S. 59 bez. der röntgenographisch bestimmten Teilchengrößen Gesagte.

Ein besonderes Characteristicum der Methode der Durchstrahlung mit schnellen Elektronen ist der oben schon genannte Umstand, daß man jeweils mit außerordentlich wenig Material auskommt. Infolgedessen mitteln bei einer breiteren Größenverteilung die Elektronenstrahlen nicht mehr so gut über die verschiedenen Teilchengrößen aus wie Röntgenstrahlen[5]. Andererseits hat aber diese Eigenart der Elektronenstrahlaufnahmen auch wieder ihre Vorzüge, z. B. wenn es sich darum handelt, durch Sedimentation oder sonstwie gewonnene kleinere Präparatfraktionen zu untersuchen, oder wenn überhaupt nur sehr wenig Material vorliegt usw.

Die Elektronenmikroskope (V 4) sind so eingerichtet, daß man von den Präparaten im gleichen Apparat auch Elektroneninterferenzaufnahmen machen kann. Nach neuester Konstruktion kann man dabei vorher auf bestimmte einzelne Mikrokristalle ausblenden[6].

Ein Nachteil der Interferenzaufnahmen mit Elektronenstrahlen ist der sehr steile Anstieg der Untergrundschwärzung nach $\vartheta = 0$ hin.

c) Bestimmung der Teilchenform mit Hilfe von Elektronenstrahlen.

Hier läßt sich sinngemäß das oben unter V 2bγ (S. 54) für Röntgenstrahlinterferenzen Auseinandergesetzte anwenden. Doch sind bisher Kristallitformen auf Grund von Elektronenstrahlaufnahmen nach v. Laue-Brill noch nicht bestimmt worden.

Wohl aber hat bei solchen Aufnahmen ein anderes Prinzip zum Ziele geführt: Verwendet man als Unterlage der zu untersuchenden Kriställchen dünne Membranen, z. B. aus Kollodium, so werden sich plättchenförmige Kriställchen darauf

[1] D. Beischer: Z. Elektrochem. angew. physik. Chem. **44** (1938), 375. Vgl. auch D. Beischer, A. Winkel: Naturwiss. **25** (1937), 420.
[2] D. Beischer: loc. cit.
[3] G. J. Finch, S. Fordham, H. Wilman: loc. cit.
[4] R. Brill: Z. Elektrochem. angew. physik. Chem. **46** (1940), 500.
[5] R. Fricke, J. Lüke: Z. physik. Chem., Abt. B **23** (1933), 330.
[6] D. Beischer: Kolloid-Z. **96** (1941), 127.

64 R. FRICKE:

so ablagern, daß sie mit der Plättchenfläche auf der Membran liegen. Man erhält dann bei einer Durchstrahlungsaufnahme mit der Membranebene senkrecht zur Strahlrichtung nur bestimmte Interferenzen, z. B. die zu der auf der Plättchenebene senkrecht stehenden Zone gehörigen.

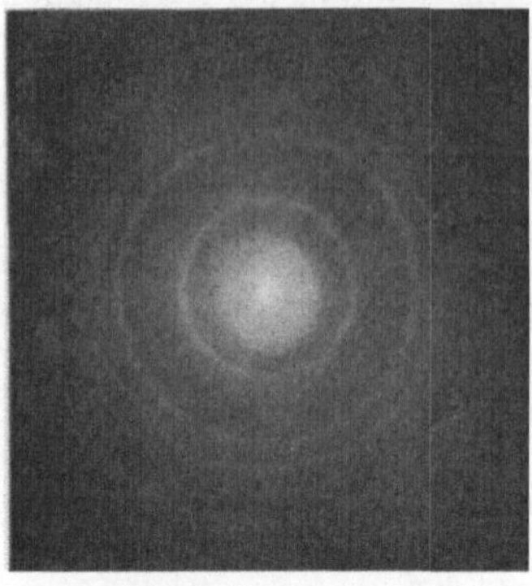

Abb. 12. Elektroneninterferenz-Aufnahme von BeO senkrecht zur Membranebene.

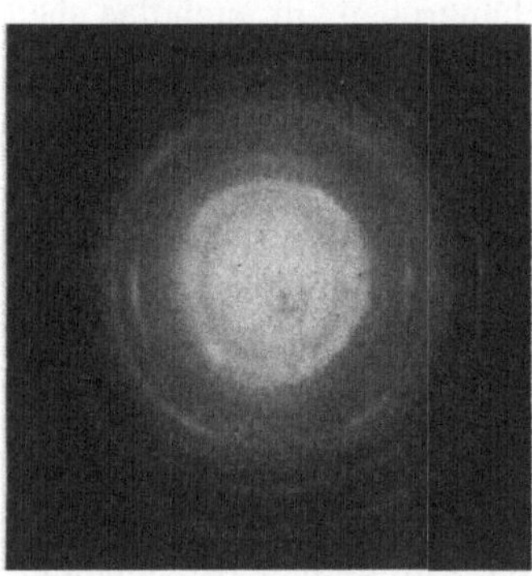

Abb. 13. Elektroneninterferenzaufnahme von BeO unter 30° gegen die Membranebene.

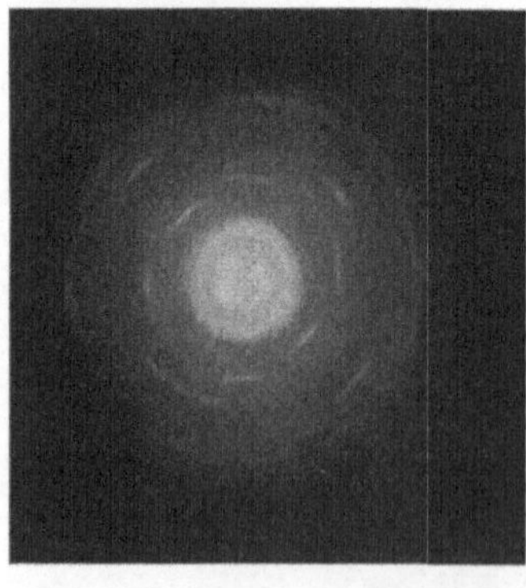

Abb. 14. Elektroneninterferenzaufnahme von BeO unter 45° gegen die Membranebene.

Neigt man die Membran gegen den Strahl, so treten weitere Interferenzen auf, während sich alle Interferenzringe in symmetrische Häufungsbezirke auflösen, wie wir sie von Faserdiagrammen her kennen. Bei dem (praktisch nicht durchführbaren) Fall der Membranebene parallel zum Strahl müßte ein ideales Faserdiagramm auftreten, auf dem die bei der Aufnahme senkrecht zur Strahlrichtung erfaßten Netzebenen nicht mitwirken.

Als Beispiel bringen wir Abb. 12, 13 und 14. Hier handelt es sich um Elektronenstrahlaufnahmen an einem Präparat des hexagonalen BeO, für welches die röntgenographische Untersuchung nach v. LAUE und BRILL ergeben hatte, daß die Primärteilchen auf der c-Achse senkrecht stehende Plättchen mit einem Durchmesser von rund 150 Å und einer Dicke von rund 40 Å vorstellten[1]. Das Präparat wurde, in geringer Menge in einem Wassertröpfchen suspendiert, auf die Membran[2] gebracht, so daß es sich beim Eintrocknen des Tröpfchens dort ablagerte.

Abb. 12 ist eine Aufnahme mit der Membranebene senkrecht zur Strahlrichtung, bei Abb. 13 war die Membranebene zur Strahlrichtung um $\sim 30°$ und bei Abb. 14 um $\sim 45°$ geneigt.

Die Indizes der auf Abb. 12 sichtbaren Interferenzen waren 100, 110, 200, 210 und 300*. Sie gehören also alle der Zone [001] an, wie man es erwarten muß, wenn die Kristallplättchen mit der breiten (Basis-)Fläche auf der Membran aufliegen.

Die auf der zu Abb. 14 gehörigen Aufnahme erkennbaren BeO-Interferenzen waren außer den oben genannten: 101, 102, 112, 202, 203 und 213*.

Durch diesen Orientierungseffekt wurde demnach gezeigt, daß die nach v. LAUE und BRILL bestimmte Kristallitform reell war und daß sehr wahrscheinlich die Kristallite selbständig, d. h. als die Einzelkörner des Präparates auftraten.

Untersuchungen von auf feinen Membranen abgesetzten dünnen Schichten kleiner Kriställ-

---

[1] R. FRICKE, J. LÜKE: Z. physik. Chem., Abt. B 23 (1933), 319 und 330.

[2] Bezüglich der Herstellung dieser äußerst dünnen ($\sim 10^{-6}$ cm), in einen Drahtring eingespannten Kollodiummembranen vgl. F. KIRCHNER: Ann. Physik (V) 11 (1931), 741.

* Indizierung unter Verwendung von Bravais-Achsen.

chen mit schnellen Elektronen können demnach sehr wertvolle Aufschlüsse über die Teilchenform des betr. Materials geben.

Wenn keine Plättchen, sondern z. B. Stäbchen mit einer bestimmten kristallographischen Längsachse vorliegen, so werden sich diese der Länge nach auf die Membran legen, wodurch eine „Ringfaserstruktur"[1] erzeugt wird, deren Characteristicum bei senkrechter Durchstrahlung eine Verstärkung bestimmter Interferenzen in der „Äquatorlinie" des Filmes ist, und zwar derjenigen Interferenzen, die zu der Fläche gehören, welche auf der Stäbchenachse senkrecht steht[2].

Von F. KIRCHNER wurden mit Elektronenstrahlen bestimmte Kristallorientierungen nach dem Aufdampfen der Substanz auf die betreffenden Membranen nachgewiesen[3]. Die Elektronenstrahlmethode kann also u. U. auch Aufschlüsse über die Art des Aufwachsens von Kristallen auf den verschiedensten Unterlagen geben. Allerdings dürfte hier die Durchstrahlungsmethode weniger in Frage kommen, als die Methode der Anstrahlung, auf welche wir weiter unten bei der Besprechung der direkten Oberflächenuntersuchung noch zurückkommen werden.

4. Bestimmung der Teilchengröße und Teilchenform mit Hilfe des Elektronenmikroskops („Übermikroskops").

Die leistungsfähigste und zukunftreichste Methode der Bestimmung der Teilchengröße ist unzweifelhaft die der Verwendung des von BRÜCHE, v. BORRIES, BOERSCH, MAHL, RUSKA, KRAUSE, KNOLL und v. ARDENNE entwickelten Elektronenmikroskops, dessen Prinzip bekanntlich darauf beruht, daß die zu untersuchende Substanz anstatt mit Licht mit sehr schnellen Elektronen (z. B. beschleunigt mit 75 kV) durchstrahlt wird, wobei man den Strahlengang im Mikroskop anstatt mit Linsen mit ringförmigen Magneten oder ringförmigen elektrischen Feldern (magnetischen oder elektrostatischen „Linsen") steuert[4]. Die abgebeugte Strahlung wird dabei weitgehend absorbiert. Das zu untersuchende Präparat kann z. B. in den Maschen eines feinen Platindrahtnetzes aufgehängt sein.

Das Auflösungsvermögen dieses Elektronenmikroskops übertrifft dasjenige aller andern entsprechenden Vorrichtungen bei weitem. Es geht heute schon bis zu 10 Å herunter.

In Abb. 15 und 16 bringen wir zwei elektronenmikroskopische Aufnahmen, die eine (Abb. 15) von einem MgO-, die andere (Abb. 16) von einem ZnO-Rauch (MgO, hergestellt durch Verbrennen eines Magnesiumbandes, und ZnO, hergestellt durch einen Flammenbogen zwischen Zn-Elektroden bei Gegenwart von O_2).

Um die vorliegende Vergrößerung zu verdeutlichen, ist in jedem Bild die Strecke von $1\,\mu$ (10000 Å) eingezeichnet. Durch Vergleich mit diesem Maßstab erkennt man ohne weiteres, daß auf den Bildern so schon Einzelheiten < 100 Å erkennbar sind. Die feinsten Kristallnadeln auf Abb. 16 haben eine Breite von 40 Å.

---

[1] Vgl. z. B. R. GLOCKER: loc. cit.

[2] Siehe z. B. J. BÖHM: Z. Kristallogr., Mineral., Petrogr. **68** (1928), 567. — J. BÖHM, F. GANTER: Z. Kristallogr., Mineral., Petrogr. **69** (1928), 17.

[3] F. KIRCHNER: Ergebn. exakt. Naturwiss. **11** (1932), 64.

[4] Vgl. z. B. B. v. BORRIES, E. RUSKA: Wiss. Veröff. Siemens-Konzern **17** (1938), 99, 107. — D. BEISCHER: Z. Elektrochem. angew. physik. Chem. **44** (1938), 375, ferner die zusammenfassende Darstellung von B. v. BORRIES, E. RUSKA: Ergebn. exakt. Naturwiss. **19** (1940), 237. (Berlin: Springer) und M. v. ARDENNE: Elektronenmikroskopie. Berlin: Springer, 1940.

Das Elektronenmikroskop liefert unmittelbar *Größe und Form* der Einzelteilchen, und zwar um so deutlicher, als es neuerdings auch ohne weiteres möglich ist, Doppelaufnahmen für stereoskopische Betrachtung herzustellen[1]. Weiter liefert es auch die Größenverteilung der Einzelteilchen. Man ist also hier nicht auf die Bestimmung eines Mittelwertes angewiesen wie bei der röntgenographischen Untersuchung.

Man erkennt aus Abb. 15, daß im Falle des MgO-Rauches würfelförmige Kriställchen vorliegen, und zwar mit sehr verschiedenen Größen nebeneinander, also mit sehr breiter Größenverteilung, wie sie mit anderen Hilfsmitteln für elek-

Abb. 15. Elektronenmikroskopische Aufnahme eines MgO-Rauches (nach V. ARDENNE und BEISCHER).

trisch zerstäubte Metalle schon häufiger gefunden wurde[2]. Hier läßt sich aber durch Auszählung verschiedener Aufnahmen auch die Häufigkeitsverteilung der einzelnen Größen ohne weiteres ermitteln. Zur Illustration bringen wir in Abb. 17 die elektronenmikroskopisch bestimmte Größenverteilung eines durch Bogenentladung an Cd-Elektroden gewonnenen CdO-Rauches.

Der Zinkoxydrauch besteht nach Abb. 16 aus feinsten nadelförmigen Kriställchen, welche von gröberen Stücken ausgehen.

---

[1] M. v. ARDENNE, D. BEISCHER: Z. Elektrochem. angew. physik. Chem. **46** (1940), 270. — D. BEISCHER: Kolloid-Z. **96** (1941), 127.

[2] D. BEISCHER: Z. Elektrochem. angew. physik. Chem. **44** (1938), 375. — R. FRICKE, F. R. MEYER: Z. physik. Chem., Abt. A **183** (1938), 177.

Ein Vergleich der mittleren Teilchendimensionen, welche man röntgenographisch erhält, mit den durch das Elektronenmikroskop erfaßten Teilchengrößen und -formen ist bisher erst in rel. wenigen Fällen ausgeführt worden. Seine systematische Durchführung verspricht sehr interessante Resultate.

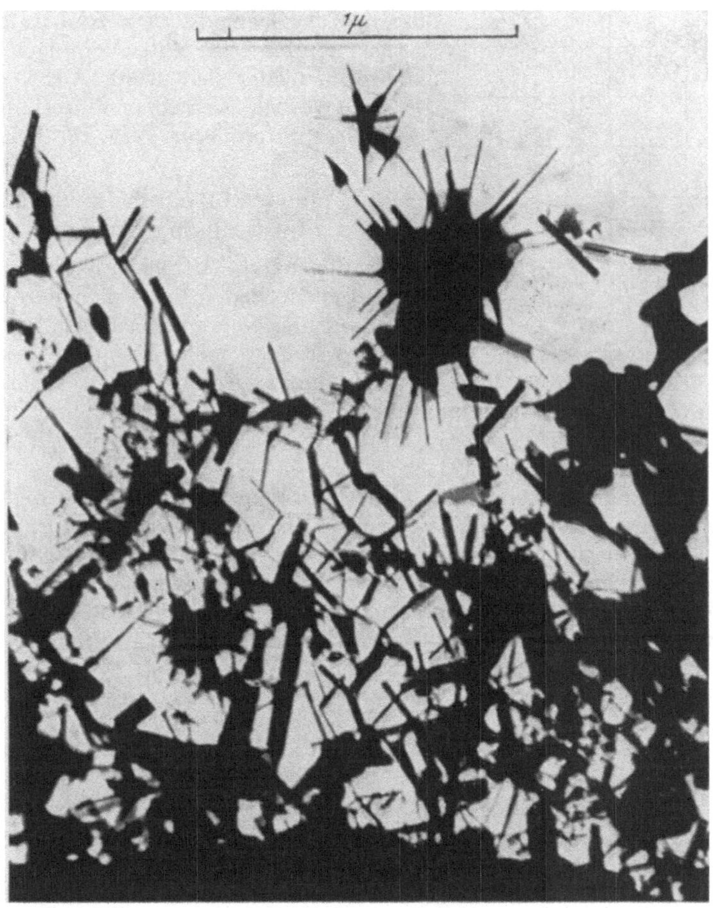

Abb. 16. Elektronenmikroskopische Aufnahme eines ZnO-Rauches (nach V. ARDENNE und BEISCHER).

Eines aber ergeben die bisherigen Untersuchungen schon mit Sicherheit, daß nämlich das elektronenmikroskopische Bild oft nicht ohne weiteres eine Entscheidung zuläßt, ob die hier sichtbar gewordenen Teilchen einzelne Kristallite oder Kristallaggregate sind. Bei Abb. 15 scheint es zwar recht sicher, daß die MgO-Würfelchen Einzelkristalle sind, bei Abb. 16 dagegen läßt sich so ohne weiteres nichts darüber aussagen, ob die gröberen Stücke Aggregate oder Einzelkristalle vorstellen.

In solchen Fällen ist also nach wie vor die röntgenographische Teilchengrößenbestimmung erforderlich, um zu entscheiden, ob im elektronenmikroskopischen Bild Primär- oder Sekundärteilchen vorliegen. Die bisher angestellten hierauf bezüglichen Untersuchungen ergaben vielfach, daß Sekundärteilchen sichtbar gemacht waren[1]. Ja, es konnte in einem Fall sogar gezeigt werden, daß mit dem Elektronenmikroskop sichtbar gemachte Kristallnädelchen von $100 \div 200$ Å Dicke und $1000 \div 2000$ Å Länge nach Ausweis der röntgenographischen Untersuchung aus erheblich kleineren Kohärenzbereichen bestanden[2, 3].

Für die Frage nach der „inneren" und „äußeren" Oberfläche der betr. Präparate sind derartige kombinierte Untersuchungen natürlich von prinzipieller Bedeutung (VII 1).

Weiteres zur Elektronenmikroskopie bringen wir weiter unten unter VII 2dβ, S. 125.

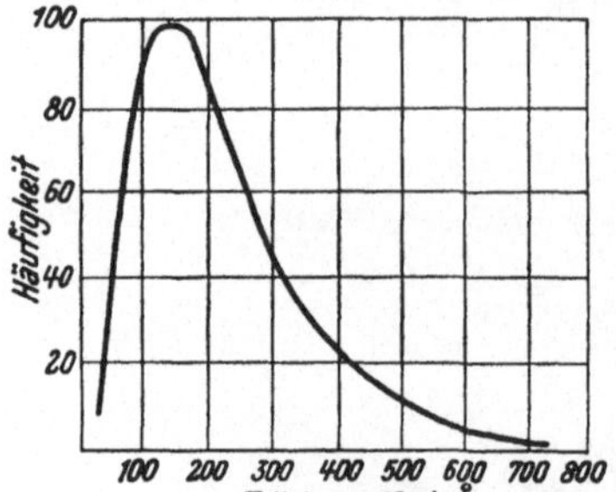

Abb. 17. Größenverteilungskurve (elektronenmikroskopisch) eines CdO-Rauches (nach V. ARDENNE und BEISCHER).

5. Die weiteren Teilchengrößenbestimmungsmethoden.

Zu den 15, S. 48 ff. unter V 1 gesondert aufgezählten Methoden der Teilchengrößenbestimmung sei hier weiter noch folgendes gesagt:

Betr. der Fraktionierung mit Sieben erübrigt sich eine besondere Besprechung.

Bez. der Windsichtung zeigte GONELL, daß sie sich bei richtiger Durchführung nicht nur zur Korngrößenbestimmung, sondern auch zur Bestimmung der Größenverteilung in Stäuben eignet[4]. v. HAHN beschreibt Theorie und Praxis dieser Methode besonders eingehend[5].

Die Teilchengrößenbestimmung an Hand der BROWNschen Bewegung wurde bisher nur wenig angewandt. Wir begnügen uns hier mit einem Literaturhinweis[6].

Die Fraktionierung durch Schlämmen oder Spülen und die Bestimmung der Teilchengrößen an Hand der Sedimentationsgeschwindigkeit sind die wichtigsten Grundlagen der „Schlämmanalyse" nach WIEGNER und GESSNER. Die theoretischen Grundlagen und die praktische Ausführung dieser Methode werden von GESSNER in einem Spezialwerk[7] sehr eingehend geschildert, so daß wir uns hier mit diesem Hinweis begnügen können. Der Verwendungsbereich der Methode liegt etwa zwischen Teilchengrößen von 0,1 mm bis 0,5 μ. Dieser Bereich ist besonders günstig für Zwecke der Bodenuntersuchung sowie der Untersuchung von keramischen Grundstoffen im weitesten Sinne und von Farbpigmenten. Für letzteren Zweck wurde diese Methode insbesondere von WO. OSTWALD, V. HAHN und HEBLER zu einem einfachen technischen Verfahren ausgearbeitet[8].

---

[1] M. V. ARDENNE, D. BEISCHER: loc. cit. -- R. BRILL: Z. Elektrochem. angew. physik. Chem. **46** (1940), 500.

[2] R. FRICKE, TH. SCHOON, W. SCHRÖDER: Z. physik. Chem., Abt. B **50** (1941), 13. Für andere nadelförmige Mikrokristalle fanden Entsprechendes R. FRICKE und G. WEITBRECHT: Z. anorg. allg. Chem. **251** (1943), 424.

[3] W. FEITKNECHT, R. SIGNER, A. BERGER [Kolloid-Z. **101** (1942), 12] fanden dagegen bei $Ni(OH)_2$ in kolloider Lösung wieder Übereinstimmung zwischen röntgenographisch und elektronenoptisch bestimmten Teilchendimensionen. Ein entsprechendes Ergebnis erhielten für feinverteilte Kohlen U. HOFMANN, A. RAGOSS, F. SINKEL: Kolloid-Z. **96** (1941), 231. Eine neueste Zusammenstellung derartiger Paralleluntersuchungen gibt D. BEISCHER: Z. Elektrochem. angew. physik. Chem. **49** (1943).

[4] H. W. GONELL: Z. Ver. dtsch. Ing. **72** (1928), 945.

[5] F. V. V. HAHN: Dispersoidanalyse. Dresden und Leipzig: Th. Steinkopff, 1928.

[6] A. WINKEL, H. WITZMANN: Z. Elektrochem. angew. physik. Chem. **46** (1940), 181. Dort auch weitere Literatur.

[7] H. GESSNER: Die Schlämmanalyse. Leipzig: Akad. Verl.-Ges., 1931.

[8] Vgl. hierzu bei E. STERN in R. LIESEGANGS Kolloidchemischer Technologie, S. 258 ff. 2. Aufl. Dresden und Leipzig: Th. Steinkopff, 1932.

Eine umfangreiche Arbeit, welche die Beobachtung der Sedimentationsgeschwindigkeit zur Charakterisierung alternder Hydroxyde benutzt, stammt von A. und E. Lottermoser[1].

Die Korngrößenbestimmung an Hand des Sedimentationsgleichgewichtes im Schwerefeld der Erde wird selten benutzt. J. Perrin bestimmte bekanntlich auf diesem Wege bei gegebener Teilchengröße und Teilchendichte die Loschmidtsche Zahl.

Das Auszählen der Teilchenzahlen in Suspensionen oder kolloiden Lösungen bekannten Gehaltes vermittels des Ultramikroskopes (R. Zsigmondy und H. Siedentopf) ist schon lange klassischer Besitz der Kolloidchemie[2]. Gleiches gilt für die Methode der Fraktionierung durch Ultrafilter nach Bechhold und vor allem R. Zsigmondy[2]. Dieses Spezialgebiet ist besonders von E. Manegold in neuester Zeit sehr gepflegt worden[3].

Die Verfahren der Messung des osmotischen Druckes und der Diffusionsgeschwindigkeit entsprechen ganz den betr. klassischen Methoden der Chemie molekularer Lösungen, so daß hier ebenfalls eine Veranlassung zu einer eingehenderen Besprechung nicht vorliegt. Das Gebiet ist zum Zweck der Untersuchung hochmolekularer anorganischer Stoffe in neuester Zeit von G. Jander sehr gepflegt worden[4]. H. Brintzinger benutzte bei seinen Versuchen zum gleichen Zweck die Messung der Diffusionsgeschwindigkeit durch weitere Membranporen, also die Dialysegeschwindigkeit[5].

Die Auswertung der Viscosität von Suspensionen und kolloiden Lösungen auf Größe und Form der suspendierten Partikeln hat vor allem im Gebiet hochmolekularer organischer Stoffe Bedeutung erlangt[6]. Für die Untersuchung aktiver fester Stoffe wurde dieses Verfahren bisher ebensowenig benutzt wie die Ultrazentrifuge von The Svedberg. Letztere bietet aber so viele, bisher noch nicht ausgeschöpfte Möglichkeiten, daß ihr hier einige Worte gewidmet seien.

Die *Ultrazentrifuge*[7] benutzt im Prinzip die oben erwähnten Verfahren der Sedimentationsgeschwindigkeit und des Sedimentationsgleichgewichts. Sie gestattet aber eine beliebige Auswahl der Schwere-(Zentrifugal-)feldstärke und damit eine Anpassung an die vorliegenden Teilchengrößen und Teilchendichten in der Weise, daß man jeweils gut meßbare Sedimentationsgeschwindigkeiten und Sedimentationsgleichgewichte erhält.

Durch die mit der Ultrazentrifuge erreichbaren hohen Tourenzahlen lassen sich Schwerefelder bis zum rund 1000000-fachen der Erdschwere erzeugen, so daß auch noch sehr feine kolloide Partikeln mit einem vom Suspensionsmittel nur wenig abweichenden spezifischen Gewicht mit Erfolg untersucht werden können.

Die Konstruktion ist von The Svedberg mit großer Sorgfalt in der Richtung

---

[1] A. u. E. Lottermoser: Kolloid-Beih. **38** (1933), 1. — Vgl. dazu auch bei Fricke-Hüttig: Hydroxyde und Oxydhydrate. Leipzig: Akad. Verl.-Ges., 1937.

[2] R. Zsigmondy: Kolloidchemie, 5. Aufl. Leipzig: Otto Spamer, 1925 und 1927. — Vgl. auch R. Zsigmondy, P. A. Thiessen: Das kolloide Gold. Leipzig: Akad. Verl.-Ges., 1925.

[3] Letzte Mitteilung: E. Manegold, K. Solf, E. Albrecht: Kolloid-Z. **91** (1940), 243; s. a. den Beitrag K. E. Zimens im vorliegenden Band des Handbuchs.

[4] Neueste Mitteilung: G. Jander: Z. physik. Chem., Abt. A **187** (1940), 149.

[5] H. Brintzinger: Z. anorg. allg. Chem. **232** (1937), 415. — Siehe hierzu auch G. Jander, H. Spandau: Z. physik. Chem., Abt. A **187** (1940), 13.

[6] Literatur bei H. Staudinger, F. Reinecke: Ber. **71** (1938), 2521. — Vgl. auch H. Staudinger: Die hochmolekularen organischen Verbindungen Kautschuk und Cellulose. Berlin: Springer, 1932.

[7] Zusammenfassende Berichte: The Svedberg, K. O. Pedersen: Die Ultrazentrifuge. Dresden und Leipzig: Th. Steinkopff, 1940. — Siehe auch The Svedberg: Ber. (A) **67** (1934), 117.

durchgearbeitet worden, daß Erwärmungen des Zentrifugiergutes, welche Konvektionen zur Folge haben würden, nicht auftreten können. Die Messung der Absitzgeschwindigkeit des Sedimentiergutes bzw. des Sedimentationsgleichgewichts geschieht während des Betriebes der Zentrifuge an Hand von photographischen Aufnahmen mit UV-Licht.

Für das Sedimentationsgleichgewicht in der Zentrifuge gilt nach The Svedberg

$$M = \frac{2\,RT\,\ln c_2/c_1}{(1 - V\varrho)\,\omega^2\,(x_2^2 - x_1^2)}. \tag{30}$$

Hierin bedeutet: M das Teilchengewicht, R die Gaskonstante, T die absolute Temperatur, V das partielle spezifische Volum der gelösten Substanz, ϱ die Dichte des Lösungsmittels, ω die Winkelgeschwindigkeit der rotierenden Lösung und c_1 und c_2 die Konzentrationen der kolloiden Lösung in der Entfernung x_1 und x_2 von der Rotationsachse.

Wenn die Teilchengröße nicht einheitlich ist, so erhält man nach Gl. (30) ein verschiedenes M, wenn für die Berechnung verschiedene Wertepaare von x benutzt werden. Bei einheitlicher Teilchengröße erhält man stets das gleiche M.

Für die Bestimmung der Teilchengröße an Hand der Sedimentationsgeschwindigkeit führt Svedberg zunächst die „Sedimentationskonstante" s ein. Diese ist:

$$s = \frac{dx}{dt} \cdot \frac{1}{\omega^2 \cdot x}. \tag{31}$$

Hierin bedeutet s die Sedimentationskonstante und t die Zeit. Die übrigen Zeichen haben dieselbe Bedeutung wie zu Gl. (30). Die Sedimentationskonstante ist also gleich der Sedimentationsgeschwindigkeit, geteilt durch die Zentrifugalkraft pro Maßeinheit.

Die Teilchengröße M ergibt sich dann aus der Sedimentationskonstante nach

$$M = \frac{RT s}{D\,(1 - V\varrho)}, \tag{32}$$

worin D die Diffusionskonstante bedeutet, während die anderen Symbole wieder dieselben sind wie zu Gl. (30) und (31). Für die Benutzung von Gl. (32) muß also die betreffende Diffusionskonstante bekannt sein.

Die somit vorausgesetzte Gleichheit des Reibungskoeffizienten bei der Sedimentation und bei der Diffusion ist dann nicht vorhanden, wenn zwischen den einzelnen Teilchen Anziehungskräfte wirksam sind, also z. B. eine Struktur in Lösung vorliegt, wie bei Gelatinelösungen[1] usw. Dann ist die Diffusion gehemmt, die Sedimentation dagegen kaum, weil beim Sedimentieren der ganze Teilchenschwarm gleichzeitig verschoben wird.

Wenn in der kolloiden Lösung verschiedene Gruppen einheitlicher Teilchengröße vorliegen, bei denen die Größe von Gruppe zu Gruppe größere Unterschiede aufweist, so kann für die einzelnen Gruppen nebeneinander die Sedimentationskonstante s [Gl. (31)] und daraus zumindest schätzungsweise die Teilchengröße je gesondert ermittelt werden. Auch die Häufigkeitsverteilung der verschiedenen Teilchengrößen läßt sich im Prinzip erfassen[2].

Wenn die Teilchen keine kugelförmige Gestalt besitzen, so läßt sich das daran erkennen, daß man nach Gl. (32) andere M-Werte erhält, als nach Gl. (30).

Die Ultrazentrifuge bietet, wie man sieht, eine ungeheure Fülle von Möglichkeiten.

---

[1] Vgl. z. B. R. Fricke, L. Havestadt: Z. anorg. allg. Chem. **196** (1931), 120.
[2] The Svedberg: Ber. **67** (A) (1934), 117.

Die noch sehr junge Methode von PETERLIN und STUART (Methode 15 von
S. 49) liefert Teilchenform und -größe gelöster kolloider Partikeln[1]. Sie hat sich
bisher bei einem Vergleich mit anderen Methoden gut bewährt[2].

Weiteres zum Thema Bestimmung von Korngrößen und Korngrößenverteilung
vgl. in der bereits oben genannten interessanten Monographie von SVEN BERG[3].

6. Entscheidung der Frage Primär- oder Sekundärteilchen. Untersuchung auf Einheitlichkeit der Teilchengröße und des physikalischen Zustandes.

Die Entscheidung, ob die nach den unter 4. und 5. geschilderten Methoden
bestimmten Teilchengrößen Primärteilchen oder Sekundärteilchen, also z. B.
ideale Einzelkristallite oder Agglomerate angeben, läßt sich, wie schon erwähnt,
entscheiden, wenn man gleichzeitig eine Bestimmung der mittleren Teilchengröße
mit Röntgenstrahlen (V 2) vornimmt, weil man auf diesem Wege stets nur die
mittlere Primärteilchengröße erhält. Bei sehr kleinen Kristalliten (< 100 Å) läßt
sich auch die Methode der Aufnahme mit schnellen Elektronenstrahlen (V 3)
verwenden.

Methoden der Prüfung auf Einheitlichkeit der Teilchengröße sind oben
schon verschiedene genannt. Eine in manchen Fällen brauchbare einfache Möglichkeit der Prüfung auf Einheitlichkeit der *Kristallit-* bzw. Korngröße ist
folgende[4]:

Wenn die Kriställchen $< \sim 10000$ Å sind, so ist ihre Löslichkeit gegenüber
derjenigen großer Kristalle erhöht[4] (vgl. dazu auch unter V 7b, S. 73). Wenn
verschiedene Kristallgrößen vorliegen, so besteht das Präparat also aus Anteilen
verschiedener Löslichkeit. Infolgedessen muß bei Löslichkeitsmessungen die Löslichkeit mit der Menge des (überschüssigen) Bodenkörpers ansteigen. Denn beim
Auflösungsprozeß werden zuerst die leichtest löslichen Anteile fortgelöst, so daß
hiervon um so mehr übrig bleiben und zum Lösungsgleichgewicht beitragen können, je mehr Bodenkörper angewandt wird[5].

Voraussetzung für das Gelingen dieser Art der Prüfung auf Uneinheitlichkeit
der Teilchengröße ist zunächst, daß der Bodenkörper durch das Lösungsmittel
chemisch nicht verändert wird, daß man also wirklich auch die Löslichkeit
(*auch* nicht die Lösungsgeschwindigkeit!) des in Frage kommenden Stoffes prüft[6],
und weiterhin, daß während des Löslichkeitsversuches die feineren, leichter löslichen Kriställchen nur in beschränktem Maße in gröbere, schwerer lösliche
Kriställchen umkristallisieren.

Erstere Bedingung läßt sich durch geeignete Wahl des Lösungsmittels ein-
halten, letztere scheint auch häufiger erfüllt zu sein, wie insbesondere Erfahrungen
an feinteiligen kristallinen Hydroxyden gezeigt haben[7]. Andere Erfahrungen
zeigen allerdings, daß sehr kleine Kriställchen (z. B. < 100 Å) mit besonders
hoher Oberflächenenergie, wie z. B. von Metallen, u. U. außerordentlich schnell

---

[1] A. PETERLIN, H. A. STUART: Z. Physik **112** (1939), 1 u. 129.

[2] W. FEITKNECHT, R. SIGNER, A. BERGER: Kolloid-Z. **101** (1942), 12.

[3] SVEN BERG: Kolloidchem. Beih. **53** (1941), 149.

[4] Literatur bei R. FRICKE: Z. angew. Chem. **51** (1938), 863.

[5] R. FRICKE: Z. physik. Chem. **113** (1924), 248. — R. FRICKE: Kolloid-Z. **49** (1929), 229.

[6] Vgl. dazu auch R. FRICKE in FRICKE-HÜTTIG: Hydroxyde und Oxydhydrate, S. 525. Leipzig: Akad. Verl.-Ges., 1937.

[7] R. FRICKE: Z. physik. Chem. **113** (1924), 248. — R. FRICKE: Kolloid-Z. **49** (1929), 229. — R. FRICKE, P. JUCAITIS: Z. anorg. allg. Chem. **191** (1930), 129.

unter Lösungsmitteln zu größeren Kriställchen umkristallisieren[1]. Infolgedessen ist es wahrscheinlich, daß bei den betr. Hydroxyden die Umkristallisation der feineren Kriställchen zu gröberen durch die Art der Sekundärstruktur (VI) erschwert war, und zwar insbesondere deshalb, weil die Auflösungsgeschwindigkeit der Hydroxyde in dem betr. Lösungsmittel (Alkalilauge geeigneter Konzentration) auffallend gering war[2].

Für das nach solchen Löslichkeitsversuchen ebenfalls nicht einheitliche röntgenamorphe Chromhydroxyd[3] nahm ERICH MÜLLER ein Nebeneinander verschieden stark polymerisierter Anteile in fester Lösung an[4].

Selbstverständlich läßt sich die gleiche Löslichkeitsmethode auch ganz allgemein für die Prüfung auf physikalische Einheitlichkeit verwenden, also auch zur Entscheidung, ob gestörtes oder amorphes Material neben normal kristallinem oder ob verschiedene Modifikationen nebeneinander vorliegen usw.[2]. In diesen Fällen kann diese Untersuchungsart eine wertvolle Ergänzung der röntgenographischen sein.

G. F. HÜTTIG benutzt nach einer zu obigem ähnlichen Auffassung die Messung der Lösungs*geschwindigkeit* (bei gleicher Rührung und Temperatur) in Abhängigkeit von der Bodenkörpermenge als Kriterium für die Einheitlichkeit[5]. Die Auswertung der Resultate ist hier nicht so einfach. Man könnte sie z. B. durch einen Vergleich der differentialen Lösungsgeschwindigkeiten bei gleicher Konzentration des Lösungsmittels an dem aufzulösenden Stoff vornehmen: Bei einem physikalisch einheitlichen Bodenkörper müßte diese differentiale Lösungsgeschwindigkeit mit der Bodenkörpermenge linear, bei einem uneinheitlichen Bodenkörper stärker als linear zunehmen.

Bei den genannten Untersuchungen ist in allen Fällen Voraussetzung, daß die Vorgänge nicht durch kolloide Auflösung kompliziert werden, die von minimalsten Verunreinigungen abhängen kann.

7. Eigenschaften sehr kleiner Primärteilchen.
a) Verhalten der Gitterkonstanten.

Oben (unter IV 1, S. 13) wurde bereits darauf hingewiesen, daß die einen Kristall begrenzenden äußersten Netzebenen von den darunterliegenden nicht den normalen Abstand haben können. LENNARD-JONES und DENT[6] berechnen z. B., daß bei der 100-Fläche des Kochsalzes der Abstand zwischen der äußersten und der zweiten Netzebene gegenüber dem normalen um 5% verkleinert ist, beim KCl sogar um 6,9%.

THIESSEN und SCHOON[7] konnten diese Voraussage experimentell qualitativ bestätigen. Sie maßen das innere Potential des KCl an Hand der Lage von Elektronenstrahlinterferenzen, die an glatten Würfelflächen erzeugt wurden. Die durch

[1] Vgl. z. B. P. SCHERRER, H. STAUB: Z. physik. Chem., Abt. A **154** (1931), 309. — J. B. HALEY, K. SÖLLNER, H. TERREY: Trans. Faraday Soc. **32** (1936), 1304, 1312. — R. FRICKE, F. R. MEYER: Z. physik. Chem., Abt. A **181** (1938), 409 (Au). — R. FRICKE, F. R. MEYER: Z. physik. Chem., Abt. A **183** (1938), 177.

[2] R. FRICKE: loc. cit.

[3] R. FRICKE, F. WEVER: Z. anorg. allg. Chem. **136** (1924), 321. — R. FRICKE, C. GOTTFRIED, W. SKALIKS: Z. anorg. allg. Chem. **166** (1927), 244.

[4] ERICH MÜLLER: Z. physik. Chem. **110** (1924), 363.

[5] G. F. HÜTTIG: Kolloid-Beih. **39** (1934), 305ff. — G. F. HÜTTIG, H. SCHREIDER: Kolloid-Z. **65** (1933), 81ff. — G. F. HÜTTIG, K. KOSTERHON: Kolloid-Z. **89** (1939), 202ff.

[6] J. E. LENNARD-JONES, B. M. DENT: Proc. Roy. Soc. (London), Ser. A **121** (1928), 247.

[7] P. A. THIESSEN, TH. SCHOON: Z. physik. Chem., Abt. B **36** (1937), 195.

das innere Kristallpotential bewirkte Brechung des Elektronenstrahls hat nämlich eine Verkleinerung des nach DE BROGLIE und BRAGG zu berechnenden Glanzwinkels zur Folge (V 3). THIESSEN und SCHOON fanden nun bei den beiden niedrigsten Ordnungen der Interferenz scheinbar kleinere Gitterpotentiale, als bei
den höheren Ordnungen. Sie führen das darauf zurück, daß der Elektronenstrahl bei den niedrigeren Interferenzordnungen weniger tief in den Kristall
eindringt und daß dann wegen der dort vorhandenen kleineren Netzebenenabstände etwas größere Ablenkungswinkel zustandekommen.

Hat man es mit sehr kleinen Kristallen, also mit relativ großen Oberflächen
zu tun, so wird der Einfluß der abnormen oberflächlichen Netzebenenabstände
entsprechend größer und muß sich schließlich auf den ganzen Kristall auswirken.
LENNARD-JONES kommt bei seinen Berechnungen[1] zu dem Resultat, daß die
Gitterkonstanten bzw. der spezifische Raumbedarf bei sehr kleinen *Ionenkristallen unter*, bei sehr kleinen *nicht aus Ionen* aufgebauten Kristallen *über*
dem Normalwert liegen müssen.

FINCH und FORDHAM[2] suchten diese Frage experimentell dadurch weiter zu
klären, daß sie die Gitterkonstanten einer großen Zahl von Salzen mit schnellen
Elektronenstrahlen bestimmten. Sie fanden dabei in einer ganzen Reihe von
Fällen etwas *größere* Gitterkonstanten als normal, in anderen aber nicht. Sie
vermuten, daß es sich bei den größeren Gitterkonstanten um die Abnormitäten
der sehr kleinen Kriställchen handelt, welche von den Elektronenstrahlen allein
ohne Geschwindigkeitsverlust durchlaufen werden können. Diese Ergebnisse
waren also recht unklar.

Anders ist das bei Resultaten, welche TRENDELENBURG, FRANZ und WIE
LAND[3] sowie U. HOFMANN und WILM[4] an in Richtung der *c*-Achse sehr dünnen
Graphitkriställchen fanden. Erstere stellten hier mit Elektronenstrahlen eine
deutliche Vergrößerung der Identitätsperiode in Richtung der *c*-Achse fest,
letztere fanden dasselbe mit Hilfe von Röntgenstrahlen, aber zudem auch noch
eine deutliche Gitterschrumpfung senkrecht zur *c*-Achse.

Wenn bei den oberflächlichen Netzebenenabständen bzw. überhaupt bei den
Netzebenen sehr kleiner Kriställchen solche „Abnormitäten" auftreten, so ist zu
erwarten, daß sich das bei sehr unregelmäßig geformten kleinen Kristalliten
etwa auswirkt wie unregelmäßige Gitterstörungen (IV 3eα und IV 4a). Sehr unregelmäßig geformte kleine Kristallite sind aber bestimmt nur haltbar, wenn
beigemengte Fremdsubstanz, amorphe Substanz oder anderes diese unregelmäßigen Formen erzwingt und stabilisiert.

b) Die Instabilität sehr kleiner Teilchen.

α) Anwendungen der ursprünglichen THOMSONschen Gleichung.

Daß sehr kleine Kriställchen gegenüber großen Kristallen einen höheren
Dampfdruck und eine höhere Löslichkeit haben und daß sehr kleine Kriställchen demnach instabil sind, folgt aus den vielen bekannten Erscheinungen der
Sammelkristallisation.

In den meisten Fällen wurde diese Erscheinung an Hand der für kleine Tröpfchen geltenden bekannten Gleichung von W. THOMSON[5] diskutiert:

$$RT \ln \frac{p}{p_s} = \frac{2\,\sigma}{r} \cdot \frac{M}{\varrho}. \tag{33}$$

[1] J. E. LENNARD-JONES: Z. Kristallogr., Mineral., Petrogr. 75 (1930), 215.
[2] G. J. FINCH, S. FORDHAM: Proc. physic. Soc. 48 (1936), 85.
[3] F. TRENDELENBURG, E. FRANZ, O. WIELAND: Z. techn. Physik 14 (1933), 489.
[4] U. HOFMANN, D. WILM: Z. Elektrochem angew. physik. Chem. 42 (1936), 504.
[5] W. THOMSON: Philos. Mag. J. Sci [4] 42 (1871), 448.

In dieser Gleichung bedeutet p_s den Dampfdruck über einer planen Oberfläche, p den Dampfdruck über den Tröpfchen vom Radius r, σ die Oberflächenspannung, M das Molekulargewicht, ϱ die Dichte der Flüssigkeit, R die Gaskonstante und T die absolute Temperatur.

Die Gleichung setzt eine Konstanz von σ und ϱ voraus, die für sehr kleine Tröpfchen aber sicher nicht mehr erfüllt ist[1].

Dieselbe Gleichung läßt sich in derselben Weise wie für Tröpfchen[2] z. B. auch für Würfel ableiten. Sie erhält dann die Form:

$$RT \ln \frac{p}{p_s} = \frac{4\,\sigma}{a} \cdot \frac{M}{\varrho}\,, \tag{34}$$

worin p der Dampfdruck über kleinen Kristallwürfeln mit der Kantenlänge a und p_s der Dampfdruck über sehr großen Kristallwürfeln ist, während die anderen Symbole die entsprechende Bedeutung haben wie zu Gl. (33) (ϱ = Dichte des festen Stoffes).

Wie wir sogleich auf Grund von Überlegungen M. VOLMERS, I. N. STRANSKIS u. a. noch sehen werden, ist eine einfache gedankliche Übertragung der THOMSONschen Gleichung auf Kristalle nicht exakt. Doch ist die Gleichung schon verschiedentlich auf die Erhöhung der Löslichkeit von Kristallen mit abnehmender Kristallgröße angewandt worden, so z. B. im Falle des Gipses von HULETT[2] und im Falle des NH_4Cl von PAPAPETROU[3].

In diesen Fällen sind in die Gleichung an Stelle der Dampfdrucke p und p_s die entsprechenden Löslichkeiten L und L_s einzusetzen, σ bedeutet dann die Oberflächenspannung des betr. festen Körpers gegenüber seiner Lösung.

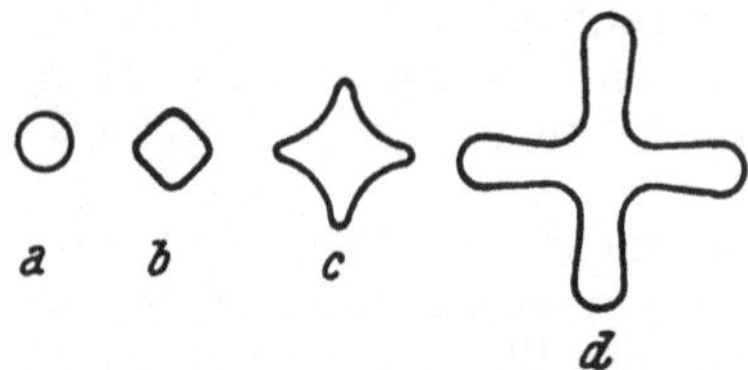

Abb. 18. Entwicklung eines NH_4Cl-Dendriten aus Lösung (PAPAPETROU).

PAPAPETROU fand bei seinen Untersuchungen über dendritisches Wachstum, daß kleine Kristalle beim Wachsen unter ihrer stark übersättigten Mutterlauge keine scharfen Ecken und Kanten besaßen. In Abb. 18 ist das Wachstum eines sehr kleinen Ammoniumchloridkriställchens (Anfangsdurchmesser wenige μ) unter den genannten Bedingungen nach PAPAPETROU wiedergegeben.

An Hand der Auflösungsgeschwindigkeit kleiner Kristalle auf Kosten von größeren bei bekannten Übersättigungsgraden berechnete PAPAPETROU an Hand von Gl. (33) unter bestimmten Annahmen über die Diffusionsverhältnisse für festes NH_4Cl gegenüber seiner wäßrigen Lösung bei $T \approx 300°$ eine Oberflächenspannung von rund 600 dyn/cm.

A. HULETT berechnete aus den Löslichkeitsunterschieden verschieden feinteiliger Präparate nach Gl. (33) für Gips als Oberflächenspannung gegenüber seiner wäßrigen Lösung bei Zimmertemperatur $\sigma \approx 1000$ dyn/cm.

Hierbei ist eine für alle Flächenarten des Kristalles gleiche Oberflächenenergie angenommen. Vgl. hierzu aber unter VII 2c.

β) Gültigkeitsgrenzen der THOMSONschen Formel.

Für eine eingehendere Betrachtung der Verhältnisse, auch evtl. zum Zweck der Anwendung von Gl. (33) und (34) auf Kristalle, muß man sich darüber klar sein, daß diese Gleichungen nur Näherungsgleichungen sind, und zwar auch

[1] Vgl. z. B. A. EUCKEN: Chemische Physik, S. 236ff. Leipzig, 1930.
[2] G. A. HULETT: Z. physik. Chem. 47 (1904), 357.
[3] A. PAPAPETROU: Z. Kristallogr., Mineral., Petrogr., Abt. A 92 (1935), 89.

ganz abgesehen davon, daß für den Dampf die idealen Gasgesetze bzw. für die Lösung die osmotischen Gesetze ideal verdünnter Lösungen vorausgesetzt werden, und daß wegen der thermischen Schwankungen ein wirkliches Gleichgewicht über *sehr* kleinen Tröpfchen kaum realisierbar ist.

Um dies näher zu erläutern, folgen wir einem Gedankengang M. VOLMERS[1]. Um von der Gültigkeit der Gasgesetze unabhängig zu sein, schreibt VOLMER Gl. (33) in der Form:

$$(\mu_r - \mu_\infty) = \frac{2\sigma}{r} v.$$
(35)

Hierin bedeuten μ_r und μ_∞ die molekularen thermodynamischen Potentiale für Tröpfchen vom Radius r bzw. für Flüssigkeit mit planer Oberfläche, σ die Oberflächenspannung und v das Molekularvolumen $\left(\frac{M}{\varrho}\right)$ der flüssigen Phase.

Gl. (35) kann erhalten werden durch Integration der isothermen thermodynamischen Beziehung.

$$d\mu = v\,dp,$$

worin p den Koexistenzdruck der Phasen bedeutet. Wenn p_r und p_∞ die zu μ_r und μ_∞ gehörigen Drucke sind, so ist

$$(\mu_r - \mu_\infty) = \int_{p_\infty}^{p_r} v\,dp.$$

p_r setzt sich zusammen aus dem Dampfdruck über den betr. Tröpfchen p_{rd} und dem Capillardruck $\frac{2\sigma}{r}$, während im Falle p_∞ wegen $r = \infty$ der Capillardruck $= 0$ ist, so daß $p_\infty = p_{\infty\,d}$. Man erhält demnach:

$$(\mu_r - \mu_\infty) = \int_{p_\infty}^{p_{rd}+\frac{2\sigma}{r}} v\,dp.$$

Nimmt man die Flüssigkeit als inkompressibel an, so folgt:

$$(\mu_r - \mu_\infty) = v\left(\frac{2\sigma}{r} + p_{rd} - p_\infty\right).$$

Wenn man schließlich noch $p_{rd} - p_\infty$ neben $\frac{2\sigma}{r}$ vernachlässigt, erhält man hieraus Gl. (35).

γ) Spezielle Betrachtungen und Formeln betr. die Stabilität verschieden großer Kristalle. Stabilität von Ecken, Kanten und Flächen[2].

Ein Kristall ist von Flächen begrenzt, die unter bestimmten Winkeln an einander stoßen.

Wenn man dn_1 Moleküle vom Volumen dV_1 von der Fläche 1 eines unendlich großen Kristalls auf die gleiche Fläche eines kleinen Kristalls reversibel überführt, so gilt nach GIBBS[3]:

$$(\mu_1 - \mu_\infty) = \frac{d\sum(\sigma_i O_i)}{dV_1} v.$$
(36)

[1] M. VOLMER: Kinetik der Phasenbildung, S. 87ff. Dresden und Leipzig: Th. Steinkopff, 1939.

[2] Vgl. hierzu auch den Artikel von M. STRAUMANIS in diesem Bande.

[3] J. W. GIBBS: Thermodynamische Studien, Leipzig, 1892; Amer. J. Sci. and Arts, **16** (1878), 454 u. 455. — Vgl. auch M. VOLMER: loc. cit.

Hierin bedeuten die σ_i die „Oberflächenspannungen" der durch Auflagerung der Molekülmenge vom Volumen dV_1 auf die Fläche 1 des kleinen Kristalls entstehenden neuen Oberflächen O_i. v ist wieder das Molekularvolumen. μ_1 und μ_∞ sind die betr. thermodynamischen Potentiale[1].

Im Gleichgewicht muß der Kristall nach Gibbs für alle Flächen das gleiche thermodynamische Potential besitzen, und zwar so, daß die Summe ein Minimum ist.

Nach G. Wulf[2] kann diese Bedingung in folgender Weise ausgesprochen werden:

Fällt man von einem Punkt im Kristallinneren die Lote auf alle möglichen Begrenzungsflächen, trägt von diesem Punkt aus Strecken ab, die den zugehörigen Oberflächenspannungswerten proportional sind, und legt durch die erhaltenen Endpunkte die Normalebenen, so ist der von diesen begrenzte Körper die Gleichgewichtsform.

Stellt man sich dieses Polyeder als in Pyramiden von der jeweiligen Grundfläche O_i und der Höhe h_i aufgeteilt vor (Abb. 19), wobei alle Pyramidenspitzen im zentralen Punkt des Kristalles zusammenstoßen, so läßt sich leicht ableiten[3], daß

$$(\mu_{h_i} - \mu_\infty) = \frac{2\,\sigma_i}{h_i}\,v\,, \qquad (37)$$

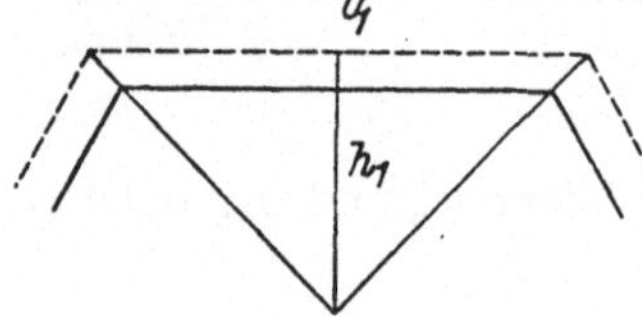

Abb. 19. Pyramide mit einer Fläche der Gleichgewichtsform eines Kristalls als Basis (Volmer).

wobei die h_i die Pyramidenhöhen, die σ_i die zu den betr. Oberflächen O_i gehörigen Oberflächenspannungen und die μ_{h_i} die zu den betr. Pyramiden gehörigen thermodynamischen Potentiale bedeuten. Da nach Gibbs im Gleichgewicht alle μ_{h_i} am Kristall gleich sein müssen, ergibt sich aus (37):

$$\frac{\sigma_1}{h_1} = \frac{\sigma_2}{h_2} = \frac{\sigma_3}{h_3} \cdots,$$

d. h. also der Wulfsche Satz.

Wir können demnach auch schreiben:

$$(\mu_{h_1} - \mu_\infty) = \frac{2\,\sigma_1}{h_1}\,v = \frac{2\,\sigma_2}{h_2}\,v = \frac{2\,\sigma_3}{h_3}\,v \cdots \qquad (38)$$

bzw. bei Gültigkeit der idealen Gasgesetze:

$$RT \ln \frac{p_{h_1}}{p_\infty} = \frac{2\,\sigma_1}{h_1}\,v = \frac{2\,\sigma_2}{h_2}\,v \cdots, \qquad (39)$$

wobei 1, 2, 3 usw. die verschiedenen Ebenen des Kristalls sind. Gl. (38) und (39) können als die Gibbs-Wulfsche Anwendung der Thomsonschen Gl. (33) auf Kristalle bezeichnet werden. Für einen würfelförmigen Kristall ist Gl. (39) mit Gl. (34) identisch, weil dann $a = 2\,h$.

Man ersieht aus den Gleichungen nicht nur, daß der Gehalt der kristallinen Substanz an freier Energie mit abnehmender Kristallgröße wächst, sondern man kann daraus an Hand der in Frage kommenden Werte für σ auch errechnen, daß diese Erhöhungen des Energieinhaltes und damit auch das Bestreben der Kristalle, die Gleichgewichtsform nach Gibbs-Wulf anzunehmen, erst bei sehr kleinen Kriställchen (nach Volmer $< 10^{-4}$ cm) Bedeutung gewinnen.

Über die in Gl. (38) und (39) berücksichtigten freien Oberflächenenergien *einzelner* Kristallflächen war bisher noch nicht viel bekannt. Doch ist σ am gleichen Kristall je nach der betr. Fläche u. U. sehr unterschiedlich. Nach theore-

---

[1] Ableitung nach Volmer, l. c.
[2] G. Wulf: Z. Kristallogr., Mineral., Petrogr. **34** (1901), 449.
[3] M. Volmer: loc. cit. — G. Wulf: loc. cit.

tischen Berechnungen von BORN und STERN[1] sowie YAMADA[2] ist die freie Oberflächenenergie der Würfelfläche des NaCl $\sim$ 150 erg/cm², diejenige der 110-Fläche aber $\sim$ 400 erg/cm² (entsprechend denselben „Oberflächenspannungen" in dyn/cm). Weiter unten (unter VII 2c, S. 108) werden wir eine Reihe von aus den Sublimationswärmen berechneten Oberflächenenergien von Kristallflächen von Metallen und von aus den Gitterenergien berechneten Oberflächenenergien von im Steinsalztyp kristallisierenden Stoffen bringen.

I. N. STRANSKI und R. KAISCHEW[3] folgern aus Gl. (38) und (39), daß mit abnehmender Kristallgröße die Gleichgewichtsform der Kristalle immer flächenärmer werden muß, weil hierbei die Flächen in der Reihenfolge abnehmender Zentraldistanz (h) bzw. Oberflächenenergie σ auf untermolekulares Maß zusammenschrumpfen. Bestimmte, an größeren Kristallen auftretende Flächen werden daher an kleinsten Kristallen durch Kanten und Ecken ersetzt.

Wie wir noch sehen werden, hat diese Überlegung bei Metallkristallen und anderen unpolar gebauten Kristallen große praktische Bedeutung. (Vgl. z. B. den Befund von SCHWAB und RUDOLPH[4], wonach die katalytische Aktivität von Nickelteilchen je Oberflächeneinheit um so mehr zunimmt, je kleiner diese sind, sowie weiteres unter VII 2'b γ.) Dagegen ist die Gleichgewichtsform mancher polaren Kristalle auch bei großen Individuen schon so flächenarm (nach STRANSKI und Mitarbeitern beim NaCl-Typ der Würfel[5] und beim Fluorit-Typ das Oktaeder[6]), daß beim Übergang zu sehr kleinen Kriställchen keine Flächenarten mehr verschwinden können.

STRANSKI und KAISCHEW haben weiterhin die GIBBS-WULFsche Formel in anschaulicher Weise aus den molekularen Aufbauarbeiten idealer Kristalle abgeleitet. Die betr. Gedankengänge, denen solche von W. KOSSEL weitgehend entsprechen, haben prinzipielle Bedeutung und müssen deshalb auch hier gebracht werden.

STRANSKI und KAISCHEW benutzen als Modell für ihre Betrachtungen ein einfaches kubisches Atomgitter mit würfelförmigen Atomen. Diese werden als absolut starr angenommen. Zwischen ihnen sollen nur Anziehungskräfte wirksam sein, die mit zunehmender Entfernung stark abfallen.

In Abb. 20 ist ein solches Atom in der sogenannten „Halbkristallage" nach STRANSKI wiedergegeben. Wenn das Atom eine Kantenlänge r_0 hat, so grenzt es in dieser Lage mit 3 (von 6) Flächen an 3 andere Atome in der Entfernung r_0 (Entfernung der Mittelpunkte), mit 6 (von 12) Kanten an 6 andere Atome in der Entfernung $r_0 \sqrt{2}$ und mit 4 (von 8) Ecken an 4 andere Atome in der Entfernung $r_0 \sqrt{3}$. Bezeichnet man die Ablösungsarbeiten von den drei genannten Arten von Nachbarn mit φ_1, φ_2, φ_3 und die gesamte Ablösungsarbeit des Atoms aus der Halbkristallage mit $\varphi_{1/2}$, so erhält man[7]:

$$\varphi_{1/2} = 3\,\varphi_1 + 6\,\varphi_2 + 4\,\varphi_3. \tag{40}$$

Wir betrachten zunächst nur Auswirkungen von φ_1, also der nächsten Nachbarn, wozu wir um so mehr berechtigt sind, als es STRANSKI neuerdings gelungen

[1] M. BORN, O. STERN bei M. BORN: Atomtheorie des festen Zustandes, 2. Aufl. S. 743. Berlin-Leipzig: Teubner, 1923.

[2] M. YAMADA: Physik. Z. **24** (1923), 364; **25** (1924), 52.

[3] I. N. STRANSKI, R. KAISCHEW: Ann. Physik **23** (1925), 330.

[4] G.-M. SCHWAB, L. RUDOLPH: Z. physik. Chem., Abt. B **12** (1931), 427.

[5] I. N. STRANSKI: Z. physik. Chem. **136** (1928), 259.

[6] G. BRADISTILOV, I. N. STRANSKI: Z. Kristallogr., Mineral, Petrogr., Abt. A **103** (1940), 1.

[7] I. N. STRANSKI: Z. physik. Chem. Abt. B **11** (1931), 342; Ber. A **72** (1939), 141; s. a. W. KOSSEL: Leipziger Vorträge 1928.

ist, zu zeigen, daß bei Cd-Kristallen die Abtrennungsarbeit von den nächsten Nachbarn etwa 99% der gesamten Abtrennungsarbeit beträgt[1].

Durch Abb. 21÷23 soll schematisch der Energiegewinn bei der Anlagerung einer ganzen Würfelnetzebene illustriert werden.

Man erkennt aus den Abbildungen folgendes: Das Aufsetzen eines einzelnen Atomes auf die Kristallfläche (hier eines Eckatomes, Abb. 21) bringt einen Energiegewinn von φ_1 mit sich. Bei der Anlagerung weiterer Atome zu einer Atomreihe (hier Randreihe, Abb. 22) werden Energiegewinne von je $2\,\varphi_1$ erhalten. Nach dem vollständigen Aufbau der beiden Randreihen lassen sich alle übrigen Atome in „Halbkristallage" (Abb. 20), also mit einem Energiegewinn von je $3\,\varphi_1$, anlagern.

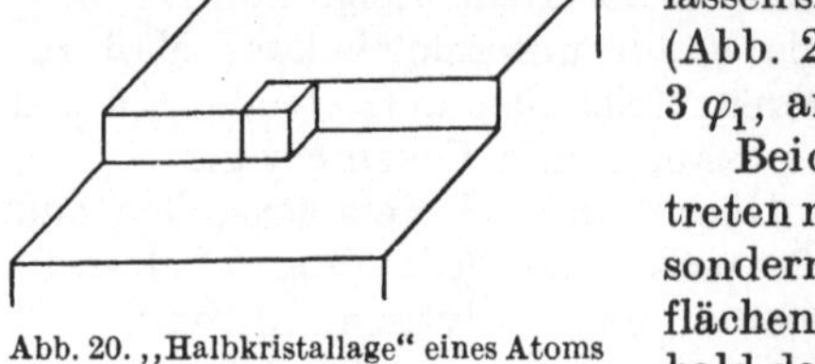

Abb. 20. „Halbkristallage" eines Atoms (Stranski).

Bei der tatsächlichen Bildung einer neuen Fläche treten natürlich nicht etwa zuerst Randreihen auf, sondern irgendwelche zweidimensionalen Oberflächenkeime (Volmer)[2], deren Wachstum aber bald dazu führt, daß die Anlagerung von Atomen in Halbkristallage der häufigste Schritt ist.

Da der geschilderte Vorgang in Umkehrung für die Ablösearbeiten gilt, kann man die Vorstellung vertreten, daß der Dampfdruck über unendlich großen Flächen durch die Ablösearbeit in „Halbkristallage" bestimmt wird und erkennt, daß die Erhöhung des Dampfdruckes beim Übergang zu kleinen Kristallen zunächst dadurch zustande kommt, daß im Verhältnis zu den übrigen mehr Atome in (beim Abbau der einzelnen Atomreihen der Flächen restlicher) Kanten- oder Eckenlage (vgl. hierzu unten) vorhanden sind.

Der Gibbssche Satz, daß im Gleichgewicht die thermodynamischen Potentiale aller Flächen am Kristall gleich sein müssen, läßt sich nach Stranski und

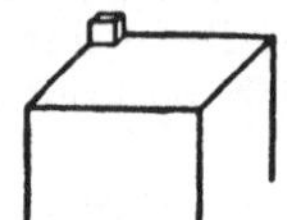

Abb. 21. Eckatom am Kristall (Stranski u. Kaischew).

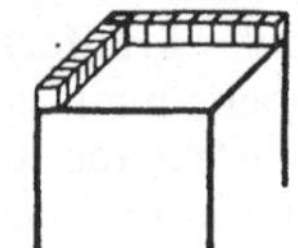

Abb. 22. Randreihe am Kristall (Stranski u. Kaischew).

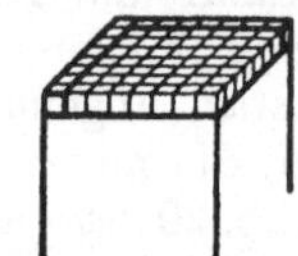

Abb. 23. Vollständig aufgebaute Netzebene auf dem Kristall (Stranski u. Kaischew).

Kaischew[3] so formulieren, daß im Kristallgleichgewicht die *mittleren* Ablösearbeiten der obersten Moleküllagen aller am Kristall befindlichen Flächen dieselben sein müssen[4], also

$$\frac{\overset{n_1}{\underset{1}{\sum}} \dot{\mu}_1}{n_1} = \frac{\overset{n_2}{\underset{2}{\sum}} \dot{\mu}_2}{n_2} \cdots = \overline{\dot{\mu}_1} = \overline{\dot{\mu}_2} \cdots . \tag{41}$$

Hierin bedeutet $\dot{\mu}_1$ das thermodynamische Potential eines einzelnen Atoms aus einer Kristallfläche 1 mit n_1 Oberflächenmolekülen und $\overline{\dot{\mu}_1}$ das betr. mittlere

---

[1] I. N. Stranski u. Mitarb.: Z. physik. Chem., Abt. B **38** (1938), 451; Atti Congr. int. Chim. Roma II (1938), 514; Ber. A **72** (1939), 141.

[2] M. Volmer: loc. cit. — L. Graf: [Z. Elektrochem. angew. physik. Chem. **48** (1942), 181] bringt in allerletzter Zeit ein großes Beobachtungsmaterial, welches auf dreidimensionale Oberflächenkeime beim Wachstum von Metallkristallen hinzudeuten scheint. Siehe aber auch I. N. Stranski: Berichte A **75** (1942), 105.

[3] I. N. Stranski, R. Kaischew: Physik. Z. **36** (1935), 393; Z. physik. Chem., Abt. B **26** (1934), 100, 114, 312.

[4] Hierbei ist bemerkenswert, daß bei der Loslösung solcher Moleküllagen die *Nachbar*flächen verkleinert werden.

thermodynamische Potential. Multipliziert man $\overline{\mu}_1$ mit der LOSCHMIDTschen Zahl, so erhält man μ_{h_1} [Gl. (38)].

STRANSKI und KAISCHEW[1] leiten nun weiterhin aus den Ablösearbeiten für unpolare würfelförmige Kristalle die THOMSON-GIBBSsche Gleichung ganz allgemein ab, d. h. unter Berücksichtigung der Abhängigkeit der Oberflächenenergien von der Kristallgröße, sowie vor allem der Kanten- und Eckenenergien usw.

Betrachtet man das in Abb. 20 dargestellte, in Halbkristallage befindliche Würfelchen nicht als Atom, sondern als Kriställchen, so sind die Ablösearbeiten von Gl. (40) entsprechend Flächen-, Kanten- und Eckenablösearbeiten dieses Kriställchens.

Wenn ein Kristall gespalten wird, so ist die bei der Spaltung reversibel aufzuwendende Arbeit gleich der Oberflächenenergie über der betr. Flächenart, multipliziert mit der Größe *beider* neu entstehenden Flächen.

Wenn wir die Kantenlänge des kleinen Würfelchens in Abb. 20 mit a und die betr. von der Kristallgröße noch abhängende Oberflächenenergie mit σ_a bezeichnen, so ist die aufzuwendende Ablösearbeit von den *nächsten* Nachbarn demnach gleich $6\,a^2\,\sigma_a$.

Bei der Halbkristallage kamen aber weiter noch im Sinne des oben zu Gl. (40) Besprochenen die Ablösearbeiten von den den Kanten und Ecken der „Atome" in den Abständen $r_0\,\sqrt{2}$ und $r_0\,\sqrt{3}$ ($r_0 =$ Atomwürfelkante) benachbarten, zweitnächsten und drittnächsten Atomen hinzu. Bezeichnen wir nun für unseren Fall des Kristallwürfelchens die spezifische Kantenablösearbeit (Oberflächenenergie über der Kante) mit $\varkappa_a$ und die Eckenablösearbeit mit ε_a, so sind die zugehörigen Kristallablösearbeiten im Sinne des soeben zur Flächenablösung und oben zu Gl. (40) Besprochenen $12\,a\,\varkappa_a$ und $8\,\varepsilon_a$.

Die gesamte Ablösearbeit eines würfelförmigen Kriställchens der Kantenlänge a aus der Halbkristallage wäre demnach:

$$\Phi_a = 6\,a^2\sigma_a + 12\,a\,\varkappa_a + 8\,\varepsilon_a. \tag{42}$$

Bezeichnen wir weiter mit W die Masse und mit μ_a das thermodynamische Potential des Kriställchens, so muß sein:

$$\mu_a - \mu_\infty = d\Phi_a/dW,$$

d. h. $\quad \mu_a - \mu_\infty = 12\,\sigma_a\,a\,\dfrac{d\,a}{d\,W} + 6\,a^2\dfrac{d\,\sigma_a}{d\,W} + 12\,a\,\dfrac{d\,\varkappa_a}{d\,W} + 12\,\varkappa_a\,\dfrac{d\,a}{d\,W} + \dfrac{8\,d\,\varepsilon_a}{d\,W} \qquad (43)$

Unter Voraussetzung der Gültigkeit der idealen Gasgesetze ist dann

$$\mu_a - \mu_\infty = RT \ln \frac{p_a}{p_\infty},$$

worin p_a der Dampfdruck über den Kriställchen von der Kantenlänge a und p_∞ der Dampfdruck über einem unendlich großen Kristall ist.

Gl. (43) berücksichtigt in den vier letzten Gliedern der rechten Seite nicht nur die Kanten- und Eckenablösearbeit, sondern auch die Abhängigkeit der Flächen-, Kanten- und Eckenablösearbeit („Oberflächenenergie" über Fläche, Kante und Ecke) von der Kristallgröße.

Da $W = a^3\varrho/M$ und $dW = \dfrac{1}{M}(3\,\varrho\,a^2\,da + a^3\,d\varrho)$, so ergibt sich weiter:

$$RT \ln \frac{p_a}{p_\infty} = 2\,M\,\frac{6\,\sigma_a\,a\,da + 3\,a^2\,d\sigma_a + 6\,a\,d\varkappa_a + 6\,\varkappa_a\,da + 4\,d\varepsilon_a}{3\,\varrho\,a^2\,da + a^3\,d\varrho}. \tag{44}$$

---

[1] I. N. STRANSKI, R. KAISCHEW: Z. physik. Chem., Abt. B **35** (1937), 427.

Diese Gleichung berücksichtigt auch die Abhängigkeit der Dichte von der Kristallgröße. Nimmt man aber ϱ und σ_a als konstant an und vernachlässigt die Kanten- und Eckenablösungsarbeiten, so entfallen in Zähler und Nenner von Gl. (44) alle Glieder bis auf die ersten, und Gl. (44) geht in Gl. (34) über.

Die elementaren Überlegungen von Stranski und Mitarbeitern sind für das ganze Problem der Beständigkeit kleiner Kristalle von grundlegender Bedeutung, weil sie erstmals auch die Frage der *Beständigkeit* von Ecken und Kanten prinzipiell behandeln.

So ersieht man aus Abb. 20÷23 in Verbindung mit dem zu Gl. (40) Gesagten ohne weiteres, daß bei dem betr. Modell ein Atom in der Kante einer intakten Fläche zwar weniger fest gebunden ist, als ein Atom in der Mitte einer intakten Fläche, daß es aber fester gebunden ist, als ein Atom in der Halbkristallage, daß weiter ein Eckatom einer intakten Fläche nicht so fest gebunden ist, wie ein Atom in der Halbkristallage usw.

In der Ausdrucksweise von Gl. (40) sind im folgenden die Ablösearbeiten für verschiedene Atomlagen auf dem Würfelmodell des unpolaren Kristalles (Abb. 20÷25) wiedergegeben, und zwar in der Reihenfolge fallender Ablösearbeit:

1. Im Kristall: $6\,\varphi_1 + 12\,\varphi_2 + 8\,\varphi_3$.
2. In der intakten Fläche: $5\,\varphi_1 + 8\,\varphi_2 + 4\,\varphi_3$.
3. In der *Kante der intakten Fläche:* $4\,\varphi_1 + 5\,\varphi_2 + 2\,\varphi_3$.
4. In der *Halbkristallage:* $3\,\varphi_1 + 6\,\varphi_2 + 4\,\varphi_3$.
5. Randreihe an einer vollen Fläche nach Wegnahme des Eckatoms bei weiterer Wegnahme von der leeren Eckstelle aus beginnend (Abb. 24): $3\,\varphi_1 + 5\,\varphi_2 + 2\,\varphi_3$.
6. Erstes Atom („Eckatom") beim Abbau einer Reihe über die Halbkristallagen: $3\,\varphi_1 + 4\,\varphi_2 + 2\,\varphi_3$.
7. In der Mitte einer restlichen Kantenreihe (Abb. 22): $3\,\varphi_1 + 3\,\varphi_2 + 2\,\varphi_3$.
8. In der *Ecke einer intakten Fläche:* $3\,\varphi_1 + 3\,\varphi_2 + 1\,\varphi_3$.
9. *Gemeinsame Ecke* zweier restlicher Kantenreihen (Abb. 22): $3\,\varphi_1 + 2\,\varphi_2 + 1\,\varphi_3$.
10. *Letztes Atom beim Abbau einer Reihe aus der Halbkristallage:* $2\,\varphi_1 + 4\,\varphi_2 + 2\,\varphi_3$.
11. Restliche Kantenreihe nach Wegnahme des Eckatoms bei weiterer Wegnahme von der leeren Eckstelle aus beginnend: $2\,\varphi_1 + 3\,\varphi_2 + 2\,\varphi_3$.
12. An der Ecke *einer* vollständigen restlichen Kantenreihe: $2\,\varphi_1 + 2\,\varphi_2 + 1\,\varphi_3$.
13. Einzelatom auf Flächenmitte: $1\,\varphi_1 + 4\,\varphi_2 + 4\,\varphi_3$.
14. Einzelatom auf Flächenkante: $1\,\varphi_1 + 3\,\varphi_2 + 2\,\varphi_3$.
15. Einzelatom auf Flächenecke (Abb. 21): $1\,\varphi_1 + 2\,\varphi_2 + 1\,\varphi_3$.

In der Zusammenstellung sind die φ_1 fett gedruckt, um anzudeuten, daß sie dem bei weitem größten Teil der Ablösearbeit entsprechen.

Die Auswertung der Ablösearbeiten auf spezielle Energiegrößen bei bestimmten Stoffen behandeln wir weiter unten unter VII 2c. Hierbei ist zu berücksichtigen, daß die Lösung jeder Bindung durch Aufwand der Energie φ *zwei* Atome (Moleküle) von der Bindung befreit.

Die oben aus thermodynamischen Überlegungen nach Stranski und Kaischew gezogene Folgerung, daß die Kristalle im Eigengleichgewicht um so flächenärmer, je kleiner sie sind, läßt sich auf Grund der soeben angestellten Betrachtungen auch anders verstehen:

Nach Gl. (34), (39) und (44) nimmt der Gleichgewichtsdampfdruck über den Kriställchen zu, wenn die Kristallgröße abnimmt, was nach Stranski und Kaischew auf die Verminderung der *mittleren* Ablösungsarbeiten der einzelnen Flächen [Gl. (41)] zurückzuführen ist, also auf das Auftreten von mehr Fläche, Kanten und Ecken im Verhältnis zur Gesamtmasse des Kriställchens (vgl. hierzu auch

Nr. 5, 6, 8 und 10÷13 der oben gegebenen Zusammenstellung). Je höher der Dampfdruck, in um so stärkerem Maße werden aber auch sonst instabile Atomlagen stabil, also Ecken- und Kantenatome, durch deren Verschwinden bzw. Nichtauftreten ja gerade neue Flächen entstehen, wie es durch Abb. 24 und 25 illustriert wird.

Im Gegensatz zu den oben geschilderten Befunden von PAPAPETROU (7 bα, S. 74, Abb. 18), bei denen die Diffusion (und die Adsorption von Lösungsmittelmolekülen) maßgeblich mit hineinspielt, sind also nach STRANSKI sehr kleine Kristalle im Gleichgewicht keinesfalls rund, sondern, wenn es sich um unpolare Gitter handelt, sogar mit *schärferen* Ecken und Kanten ausgestattet als große Kristalle, während polare Kristalle bei extremer Kleinheit sich entweder gerade so verhalten oder zum mindesten ebenso scharfe Ecken und Kanten besitzen müßten wie größere Gleichgewichtskristalle aus demselben Material. [Letzterer Fall gilt dann, wenn wie beim NaCl-Typ, stets nur *eine* Gleichgewichtsfläche [(001)] vorhanden ist.]

Dies scheint durch elektronenmikroskopische Aufnahmen von kleinen Kristallen immer mehr bestätigt zu werden (Abb. 15 und 16). Doch ist bezüglich der Deutung der so gefundenen Kristallformen folgendes zu bedenken:

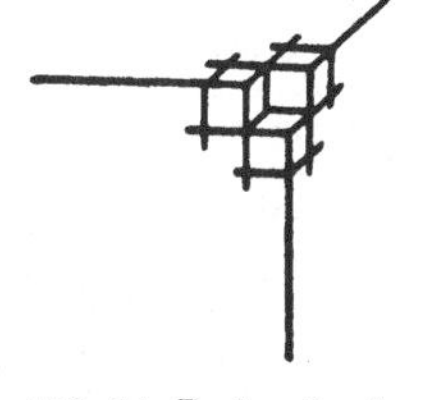

Abb. 24. Beginn der Anlage einer Oktaederfläche durch Abtrennung eines Eckatoms (STRANSKI).

Eine weitere wichtige Folgerung der Überlegungen von STRANSKI und KAISCHEW ist die, daß meist bei Untersättigung der Dampf- oder Lösungsphase (Anätzung) Ecken- und Kantenatome unpolarer Kristalle verschwinden müssen, so daß neue Flächen entstehen [die Ablösung geschieht bei nicht zu starker Untersättigung durchweg von den Ecken aus (1÷15 auf S. 80)], daß sich aber aus übersättigter Dampfphase oder Lösung flächenarme Kristalle mit scharfen Kanten und Ecken ausscheiden, weil diese hier zunächst noch stabil sind.

Diese Folgerungen beziehen sich auf beliebig große Kristalle. Sie wurden durch Versuche über das Wachstum einfacher Metallkristalle unter verschieden stark übersättigten Gasphasen von STRAUMANIS[1] und vor allem von STRANSKI, KAISCHEW[2] und Mitarbeitern aufs beste bestätigt: Je niedriger die Übersättigung, um so flächenreicher der Kristall.

STRANSKI benutzte derartige Versuche, um den Anteil der zweitnächsten Nachbarn (oben

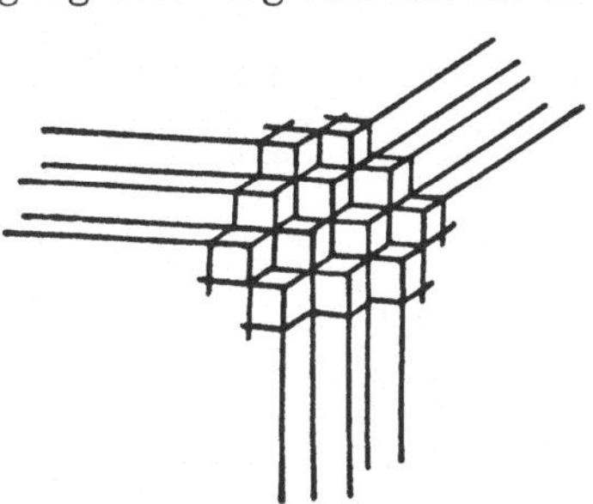

Abb. 25. Bildung von (111) und (110) durch Wegnahme von Ecken- und Kantenatomen (STRANSKI).

Kantennachbarn im Abstand $r_0 \sqrt{2}$) an der Ablösungsarbeit im Verhältnis zum Anteil der nächsten Nachbarn (oben Flächennachbarn im Abstand r_0) für den Fall des hexagonalen Cadmiums zu bestimmen. Er ging dabei von der leicht ableitbaren[3] Tatsache aus, daß der Kristall um so flächenreicher werden muß, je weiter entfernte Nachbarn der Atome für die Flächenbildungsarbeit noch eine Rolle spielen.

$\varphi_{\frac{1}{2}}$, die Ablösearbeit aus der Halbkristallage [welche sich im Prinzip aus der Sublimationswärme ermitteln läßt (vgl. unten)], ist bei der hexagonal dichtesten Kugelpackung des Cd $= 6\,\varphi_1 + 3\,\varphi_2$, wenn man die Trennarbeit von den

---

[1] M. STRAUMANIS: Z. physik. Chem., Abt. B **13** (1931), 317; **19** (1932), 64; **26** (1934), 246 sowie Z. Kristallogr., Mineral., Petrogr. **89** (1934), 487.

[2] I. N. STRANSKI, R. KAISCHEW: Z. physik. Chem., Abt. B **26** (1934), 312. — I. N. STRANSKI: Ber. **72** A (1939), 141 und a. a. O.

[3] I. N. STRANSKI: loc. cit.

nächsten *und* den zweitnächsten Nachbarn betrachtet, und gleich 6 φ_1, wenn nur die Trennarbeit von den nächsten Nachbarn berücksichtigt wird. In letzterem Falle treten am Kristall im Gleichgewicht nur die Flächen $000\bar{1}$, $10\bar{1}1$ und $10\bar{1}0$ auf (Abb. 26), in ersterem außerdem noch $10\bar{1}2$ und $11\bar{2}0$ (Abb. 27), weil hier sonst unbeständige Eckatome vorhanden sind, deren Abtrennarbeit nur $6\varphi_1 + 2\varphi_2$

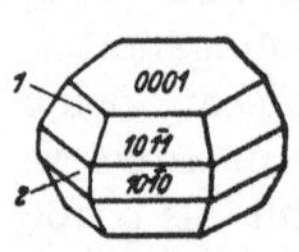

Abb. 26. Gleich-
gewichtsform des
Cadmiums bei
Berücksichti-
gung nur näch-
ster Nachbarn
(Stranski).

ist. Die auf Grund der φ_2 unbeständigere Form von Abb. 26 ist aber bei höheren Dampfdrukken beständig. Nennen wir die Abtrennarbeit der genannten Eckatome φ_p, so gilt, wie nach Obigem leicht verständlich,

$$\varphi_{\frac{1}{2}} - \varphi_p = \varphi_2 = kT \ln \frac{p}{p_\infty}, \qquad (45)$$

worin k die Boltzmannsche Konstante, p_∞ der Gleichgewichtsdruck über einem genügend großen Kristall bei der Temperatur T

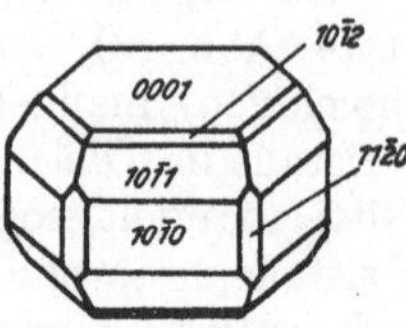

Abb. 27. Gleichgewichts-
form des Cadmiums bei
Berücksichtigung auch
zweitnächster Nachbarn
(Stranski).

und p der (größere) Dampfdruck, bei dem die Eckatome mit der Abtrennungsarbeit φ_p gerade noch stabil sind (p und φ_p hängen nach der Gleichung $\ln p = - \varphi_p/kT + \text{const}$ zusammen).

Da nach einer Näherungsgleichung von Volmer bei höheren Temperaturen gilt[1]:

$$N \cdot \varphi_{\frac{1}{2}} = \lambda_T + \tfrac{1}{2}RT, \qquad (46)$$

worin N die Loschmidtsche Zahl und λ_T die atomare Sublimationswärme bei $T°$ ist, und da nach der Clausius-Clapeyronschen Formel

$$N \cdot \varphi_2 = NkT \ln \frac{p}{p_\infty} = RT \ln \frac{p}{p_\infty} = \frac{\lambda_T \Delta T}{T}, \qquad (47)$$

so ergibt sich für den Anteil der zweitnächsten Nachbarn am $N \cdot \varphi_{\frac{1}{2}}$-Wert ($\varphi_{\frac{1}{2}} = 6\varphi_1 + 3\varphi_2$):

$$A = \frac{3N\varphi_2}{N\varphi_{\frac{1}{2}}} = \frac{3\lambda_T \Delta T}{T} \cdot \frac{1}{\lambda_T + \tfrac{1}{2}RT}. \qquad (48)$$

ΔT ist hierbei [Gl. (47)] die Temperaturerhöhung, welche über T hinaus erforderlich ist, um einen Dampfdruck zu erzeugen, welcher die Eckatome mit der Abtrennarbeit $6\varphi_1 + 2\varphi_2$ bei $T°$ stabil macht.

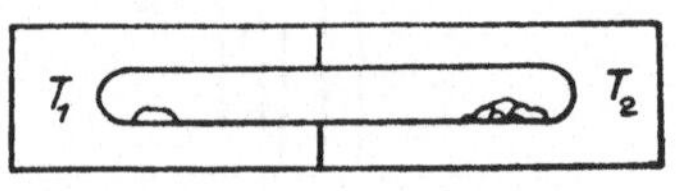

Abb. 28. Vorrichtung zum Wachsenlassen
von Einkristallen in übersättigtem Dampf
(Stranski).

Stranski arbeitete nun mit einer Vorrichtung der in Abb. 28 schematisch wiedergegebenen Form.

Es handelt sich um eine gut evakuierte Glasröhre, in der links durch geeignetes Erstarrenlassen eines Cd-Tropfens ein runder Cd-Einkristall erzeugt wurde. Rechts liegt normales metallisches Cd. Die Röhre liegt in einem zweiteiligen Blockofen, der rechts eine höhere Temperatur hat, als links ($T_2 > T_1$). Es muß also Cd dauernd von rechts nach links destillieren, d. h. der Einkristall wächst, weil er dauernd in einer für T_1 an Cd-Dampf übersättigten Atmosphäre liegt. Stranski bestimmte nun mit dieser Apparatur den Temperaturunterschied $T_2 - T_1 = \Delta T$, bei dem die Flächen auftreten, welche Abb. 27 mehr hat als Abb. 26. Er mußte dazu $\Delta T < 1°$ wählen. Wenn $\Delta T > 1°$ war, so war der flächenarme Typ von Abb. 26 beständig.

Beim Einsetzen der betr. Werte in Gl. (48) ($\Delta T = 1$, $T = 577°$ abs., $\lambda_{577} = 26312$ cal) erhielt er $A = 0,005$, d. h. $= 0,5\%$. Da in $\varphi_{\frac{1}{2}}$ außer $3\varphi_2$ $6\varphi_1$ enthalten sind, bedeutet das

$$\varphi_2 \simeq \varphi_1/100.$$

____

[1] M. Volmer: Kinetik der Phasenbildung, S. 36. Dresden u. Leipzig, 1939.

VI. Einiges über die Sekundärstruktur realer Festkörper.

1. Definition und Allgemeines.

Unter der „Sekundärstruktur" realer Festkörper soll hier die Art der Zusammenlagerung bzw. des Zusammenbaus der Primärteilchen, bzw. der Einzelkristallite zu größeren Teilchen (Körnern oder auch Mosaikkristallen) verstanden werden. Der Name Sekundärstruktur lehnt sich damit an den von der Kolloidchemie her geläufigen Ausdruck „Sekundärteilchen" an.

In einem vor kurzem erschienenen zusammenfassenden Bericht über laminardisperse Hydroxyde und basische Salze führt W. FEITKNECHT den Ausdruck „Sekundärstruktur der Primärteilchen" ein, worunter er die verschiedenen vorkommenden Störungsarten des Gitters, weiterhin aber auch die Primärteilchengröße und Primärteilchenform versteht[1]. Da diese Bezeichnungsart leicht zu Mißverständnissen führen kann, möchten wir uns ihr nicht anschließen.

Das von W. FEITKNECHT so definierte Erscheinungsgebiet möchten wir nach Übereinkunft mit diesem Autor[2] lieber mit den Ausdrücken Primärteilchengröße, Primärteilchenform und „Störungsstruktur der Primärteilchen" bezeichnen.

Die Fragen der Sekundärstruktur decken sich somit vor allem weitgehend mit den von K. E. ZIMENS, großenteils auch mit den von H. W. KOHLSCHÜTTER in diesem Bande behandelten, so daß wir uns hier kurz fassen können. Nur einiges ganz Prinzipielle sei herausgestellt.

Unzweifelhaft handelt es sich bei der Sekundärstruktur um ein für katalytische und Adsorptionsfragen außerordentlich wichtiges Gebiet, welches bisher aber methodisch noch nicht in dem Maße einer exakten Bearbeitung zugänglich ist, wie das Gebiet der Störungsstruktur der Primärteilchen.

2. Methodisches.

a) Die verschiedenen Untersuchungsarten und Allgemeines.

An Methoden zur Beurteilung der Sekundärstruktur stehen uns folgende zur Verfügung:

a) Bestimmung der „Schüttdichte", und zwar sowohl der einfachen, als auch der „Schüttdichte" nach Anwendung verschiedener definierter Drucke (insbesondere auch nach Abpumpen des Gases) (WIEGNER, GESSNER).

b) Mikroskopische und elektronenmikroskopische Untersuchung (BRÜCHE, BOERSCH, v. BORRIES, RUSKA, v. ARDENNE, MAHL, KNOLL, BEISCHER).

c) Vergleich zwischen der röntgenographisch bestimmten mittleren Primärteilchengröße und der nach anderen Methoden, am besten unter Fraktionierung, bestimmten Teilchengröße (Korngröße). Vergleich zwischen elektronenmikroskopischen und röntgenographischen Untersuchungen. Vgl. hierzu unter V 1, 4, 5 und 6 sowie VII 1a.

d) Bestimmung des Capillarvolumens, der Capillarradien und deren Verteilung durch Aufnahme von Adsorptions- bzw. Capillarkondensationsisothermen von Gasen unterhalb deren kritischer Temperatur (THOMSON, ZSIGMONDY, ANDERSON, KUBELKA), am besten vereint mit der Aufnahme reiner Adsorptionskurven der gleichen Gase oberhalb deren kritischer Temperatur (MAGNUS).

e) Pyknometrische Bestimmung der scheinbaren Dichte unter Verwendung verschiedener Pyknometerflüssigkeiten, am besten im Vergleich mit Messungen unter Verwendung von Gas als Pyknometer„flüssigkeit" oder im Vergleich mit

<hr>

[1] W. FEITKNECHT: Kolloid-Z. **92** (1940), 257; **93** (1940), 66.
[2] W. FEITKNECHT, R. FRICKE: Kolloid-Z. **95** (1941), 355.

Messungen unter Verwendung von emanationshaltigem Gas als Pyknometer-„flüssigkeit" (Graue, Riehl).

f) Untersuchungen mit der Emaniermethode Otto Hahns unter Vergleich mit anderweitigen Bestimmungen von Primärteilchen- und Korngröße.

g) Vergleich der Bestimmungen von Primär- und Sekundärteilchengröße mit anderweitigen Bestimmungen der *Oberflächen*größe (vgl. unten unter VII).

h) Bestimmung der Durchlässigkeit für Gase oder Flüssigkeiten (Manegold) im Vergleich mit anderen Verfahren[1].

i) Dilatometrische Gefrieruntersuchungen nach Durchtränkung mit Wasser.

k) Messungen der Wärmeleitfähigkeit[2].

l) Diffusionsmessungen bei verschiedenen Drucken und Temperaturen[3].

Aus obigem Überblick über mögliche Untersuchungsmethoden ergibt sich schon, daß kein Verfahren existiert, welches die Sekundärstruktur ebenso vollkommen erfaßt, wie etwa die röntgenographische Methode Teilchengröße, Teilchenform und Störungsstruktur der Primärteilchen zu messen gestattet. Für eine wirklich rationelle Erfassung der Sekundärstruktur ist man stets auf die Kombination verschiedener Untersuchungsarten angewiesen. Und das ist meist derartig mühsam, daß solche kombinierten Messungen bisher kaum irgendwo durchgeführt wurden, trotzdem eine exakte Erkennung der Sekundärstruktur aktiver Stoffe für das Verständnis von Adsorptions- und katalytischen Fragen von grundlegender Bedeutung ist.

Hierzu an dieser Stelle nur folgende Hinweise: Theoretisch können die röntgenographisch zu ermittelnden Primärteilchengrößen und -formen einerseits zur Beschreibung der Sekundärstruktur vollkommen ausreichend sein, nämlich dann, wenn Primärteilchen und Einzelkörner identisch sind, andererseits können sie aber auch für die Sekundärstruktur weitgehend ohne Bedeutung sein, nämlich dann, wenn die Primärteilchen so fest und kompakt zu größeren Körnern (Kristallen) zusammengewachsen sind, daß im Korn die Grenzflächen zwischen den Einzelkristalliten für von außen herankommende chemische Agenzien ohne Zerstörung des Korns praktisch unerreichbar sind.

Zwischen diesen beiden Extremen liegt die Mannigfaltigkeit der tatsächlich vorkommenden Sekundärstrukturen. Für die Auswirkung eines Adsorptionsstoffes oder festen Katalysators kommt es aber nicht nur auf die Dichtigkeit der Zusammenlagerung der Primärkristallite im Korn, also auf die Weite und Durchmesserverteilung der Poren und Capillaren, auch nicht allein auf die Festigkeit der Verwachsungen der Einzelkristallite zum Korn (Festigkeit des Korns) an, sondern auch auf die Art der Verklebungen und Verwachsungen insofern, als je nach den Kristallbezirken, welche miteinander verwachsen sind, ganz verschiedene aktive Stellen blockiert, aktiviert oder stabilisiert sein können.

So kann die von vielen heterogenen Katalysen her bekannte Tatsache, daß eine Steigerung der Aktivität der aktiven Stellen (Verminderung der Aktivierungswärme) begleitet ist von einer Verkleinerung der Zahl der aktiven Stellen, d. h. einer Verminderung der reagierenden Oberfläche (G.-M. Schwab, W. Jander, G. F. Hüttig, K. Fischbeck u. a.), im Prinzip nicht nur dadurch erklärt werden, daß diese Stellen mit zunehmender Aktivität leichter thermisch zerstört oder vergiftet werden, sondern auch dadurch, daß sie um so stärker an Verwachsungen und Verklebungen beteiligt sind, je höher ihre Aktivität ist.

Unter „aktiven Stellen" verstehen wir hierbei nicht nur direkte Oberflächenbezirke, sondern sind uns darüber klar, daß die Störungsstruktur im Innern der

---

[1] Vgl. hierzu auch H. Witzmann: Chem. Fabrik **12** (1939), 345. Dort auch Literatur.
[2] S. S. Kistler: J. physic. Chem. **46** (1942), 19.
[3] Vgl. die neuen Arbeiten von E. Wicke und Mitarbeitern.

Kristallite in nicht zu großer Entfernung von der Oberfläche unmittelbar oder mittelbar in das Reaktionsgeschehen mit eingreifen kann[1]. Die Stabilisierung von Gitterstörungen hängt aber in ausgedehntestem Maße von der Sekundärstruktur ab (R. FRICKE und Mitarbeiter).

Da wir auf die Frage der aktiven Stellen weiter unten (unter VII 2 und 3) noch zurückkommen müssen, wollen wir uns hier darauf beschränken, nur noch einiges zu bestimmten der oben genannten Untersuchungsverfahren zu sagen.

b) Zur pyknometrischen Untersuchung.

Die Verwendung der *pyknometrischen Dichtemessung* für Zwecke der Bestimmung der Sekundärstruktur ist neuartig. Es ist zwar schon lange bekannt, daß die Pyknometerdichten bei äußerst feinteiligen Stoffen durchweg nicht „normal" ausfallen, und zwar auch dann nicht, wenn man die Substanz im Pyknometer sorgfältig entgast und die Pyknometerflüssigkeit im Hochvakuum auf die Substanz destilliert. Meist wurden hierbei niedrigere Dichten gefunden als bei sichtbar sauber kristallisierten Substanzen. Vielfach wurden diese Befunde früher einfach damit abgetan, daß man für die Stoffe mit scheinbar geringerer Dichte Beimengungen von amorphem Material annahm. Die Substanzen wurden dann durch Tempern so lange gealtert, bis sich die normalen Dichten der betreffenden Kristalle ergaben.

Daß die Verhältnisse hier nicht so einfach sein können, ist nach dem, was wir heute über Teilchengrößen, Gitterstörungen, aktive Stellen usw. wissen, selbstverständlich. Das Verdienst, als erste vergleichende pyknometrische Untersuchungen von diesem modernen Standpunkt aus unternommen zu haben, gebührt G. GRAUE, N. RIEHL und Mitarbeitern[2].

Diese Forscher führten eine neue pyknometrische Methode ein, bei welcher als Pyknometer„flüssigkeit" mit Radiumemanation beladene und dadurch mengenmäßig leicht zu bestimmende Luft verwendet wird (Messung der γ-Aktivität). Der Einfluß einer evtl. Adsorption wurde sorgfältig untersucht. Zur Vermeidung der Adsorption wurde bei erhöhter Temperatur gearbeitet. Die so erhaltenen Resultate und ihr Vergleich mit den unter Anwendung wirklicher Pyknometerflüssigkeiten gewonnenen führten zu interessanten Aufschlüssen. Insbesondere zeigte sich, daß aktive Materialien großenteils so feine Poren enthalten, daß auch beim Arbeiten im Hochvakuum die verwandte tatsächliche Pyknometer*flüssigkeit* (bei GRAUE und Mitarbeitern Xylol) in diese nicht einzudringen imstande war, während Luft und Emanation das sehr wohl vermochten. Infolgedessen wurden mit dem Gasbeladungsverfahren durchweg höhere Dichten erhalten als mit dem Xylolverfahren. In bestimmten Fällen schien allerdings die aus dem Gasbeladungsverfahren sich ergebende Dichte sogar etwas über der normalen Dichte zu liegen, was dafür spräche, daß die Emanation bei den angewandten, mäßig erhöhten Temperaturen (z. B. 250°) schon imstande wäre, bis zu gewissem Grade in das Gitter selbst einzudringen.

Die Methode ist noch zu jung, um hier abschließende Urteile darüber zu fällen. Zumindest aber ist das eine sicher, daß ihre systematische Anwendung auf aktive Stoffe im Verein mit anderen pyknometrischen Untersuchungen, am besten unter Verwendung verschiedenartiger Flüssigkeiten, sehr wertvolle neue Aufschlüsse zu liefern imstande ist.

---

[1] Vgl. hierzu vor allem I. A. HEDVALL und Mitarbeiter: Glastechn. Ber. **20** (1942), 34, sowie Forschungen und Fortschritte **17** (1941), 322.

[2] G. GRAUE, N. RIEHL: Naturwiss. **25** (1937), 423; Z. anorg. allg. Chem. **233** (1937), 365. — G. GRAUE, H. W. KOCH: Ber. dtsch. chem. Ges. **73** (1940), 984.

c) Zur Emaniermethode Otto Hahns.

Die Emaniermethode Otto Hahns[1] beruht bekanntlich auf dem Prinzip, daß man in die zu untersuchende feste Substanz, am besten während ihrer Bildung, eine radioaktive, Emanation liefernde Atomart möglichst gleichmäßig einbaut. Es wird nun elektroskopisch bestimmt, welcher Bruchteil der entstehenden Emanation eine dünne Schicht des Präparates zu verlassen imstande ist. Dieser Bruchteil, welcher als Emaniervermögen (EmV) bezeichnet wird, ist unter gewissen Voraussetzungen ein Maßstab für die Oberflächenentwicklung des Präparats.

Die Hahnsche Methode ist besonders dann sehr wertvoll, wenn man reaktive oder sonstige Änderungen eines festen Stoffes laufend verfolgen will. Sie vermag dann bei richtiger Anwendung und bei paralleler Benutzung anderer Verfahren, wie vor allem sorgfältiger analytischer und röntgenographischer Untersuchungen, Aufschlüsse zu geben, welche auf anderen Wegen kaum erhältlich sind[2].

Dies liegt einerseits daran, daß man mit dem Emanierverfahren die betreffenden Vorgänge nicht nur, wie zur analytischen oder normalen röntgenographischen Untersuchung notwendig, nach Abschrecken der einzelnen Zwischenphasen auf Zimmertemperatur untersuchen kann, sondern auch laufend während der Reaktionen selbst bei höherer Temperatur, und andererseits daran, daß das EmV außerordentlich empfindlich auf Änderungen der Größe und Entwicklungsform der Oberfläche anspricht.

Für speziellere Auswertungen der mit der Emaniermethode erhaltenen Resultate ist zunächst zu beachten, daß die Emanation bei ihrer Entstehung einen Rückstoß erleidet, welcher sie auch durch feste Substanzen mit einer Weglänge von mehreren 100 Å hindurchtreibt[3]. Aus oberflächlichen Bezirken der Körner kann die Emanation also durch Rückstoß entweichen. Diese Tatsache gestattet eine einfache Oberflächenbestimmung (Verhältnis der Oberfläche zum Volumen) auf Grund des EmV, wenn folgende Bedingungen erfüllt sind:

1. Die Rückstoßweglänge der Emanation in dem betreffenden festen Material muß bekannt sein.

2. Der Korndurchmesser des Materials muß größer sein als die Rückstoßweglänge.

3. Die Diffusion der Emanation *in* dem betreffenden festen Material darf praktisch keine Rolle spielen.

4. Die aus den Körnern durch Rückstoß entwichenen Emanationsatome müssen zwischen den Körnern genügend große Zwischenräume vorfinden, um einerseits nicht in Nachbarkörner „hineingeschossen" zu werden und andererseits aus den Zwischenräumen leicht abdiffundieren zu können.

Für Materialien mit sehr lockerer Sekundärstruktur (Bedingung 4, Näheres hierzu vgl. unten) und genügender Korngröße (Bedingung 2) ist die Bedingung 3 dann erfüllt, wenn eine kurzlebige Emanation (Thoron mit einer Halbwertszeit von 54,5 sec oder Aktinon mit einer Halbwertszeit von 3,9 sec) verwandt wird

---

[1] O. Hahn: Naturwiss. **17** (1929), 296. — O. Hahn, V. Senftner: Z. physik. Chem., Abt. A **170** (1934), 191. — O. Hahn: Applied Radiochemistry, Cornell University Press 1936. — K. E. Zimens: Z. physik. Chem., Abt. A **191** (1942), 1, 95 und **192** (1943), 1.

[2] Vgl. z. B. W. Schröder: Z. Elektrochem. angew. physik. Chem. **46** (1940), 680 (Entwässerung von γ-FeOOH, Umwandlung von γ-Fe$_2$O$_3$ in α-Fe$_2$O$_3$, Bildung von Cd-Fe-Spinell); **47** (1941), 196 (Zersetzung von CdCO$_3$ und Bildung von Cd-Fe-Spinell) und weitere Arbeiten über ZnO(CO$_2$) + Fe$_2$O$_3$: W. Schröder u. H. Schmäh: Z. Elektrochem. angew. physik. Chem. **48** (1942), 241 und 301, sowie W. Schröder: Z. Elektrochem. angew. physik. Chem. **49** (1943), 38.

[3] Vgl. z. B. M. Heckter: Glastechn. Ber. **12** (1934), 156. — F. Strassmann: Z. physik. Chem., Abt. B **26** (1934), 353. — S. Flügge, K.-E. Zimens: Z. physik. Chem., Abt. B **42** (1939), 179.

und die Diffusionskonstante der Emanation in dem betreffenden festen Stoff nicht zu groß ist. Nach FLÜGGE und ZIMENS[1] darf, wenn die Diffusion der Emanation im festen Körper bei der Oberflächenbestimmung vernachlässigt werden soll, bei Verwendung von Thoron (Einbau von Radiothor in die betreffende feste Substanz) die Diffusionskonstante der Emanation im festen Körper nicht $> 10^{-16}$ cm^2/sec sein. Diese Bedingung dürfte bei anorganischen festen Stoffen für Zimmertemperatur oft ganz oder nahezu erfüllt sein.

Die Rückstoßweglänge der verschiedenen Emanationsarten in den betr. festen Körpern (Bedingung 1) läßt sich, soweit sie nicht direkt bestimmt ist, meist mit genügender Genauigkeit rechnerisch ermitteln[2].

Bei Gültigkeit der Bedingungen $1 \div 4$ ist nach FLÜGGE und ZIMENS[3] *für größere Körner* (dicker als 10^{-5} cm) mit guter Annäherung:

$$EmV = \frac{1}{4} R \frac{\text{Oberfläche}}{\text{Volumen}}, \tag{49}$$

worin R die Rückstoßweglänge der Emanation in dem betr. festen Körper ist.

Für runde Körner bis zu einem Radius von ca. 10^{-6} cm hinunter gilt genau:

$$EmV = \frac{3}{4} \frac{R}{r} - \frac{1}{16} \left(\frac{R}{r} \right)^3, \tag{50}$$

worin r der Kornradius; $2\,r$ muß hier $\geq R$ sein.

Man erhält also auf diese Weise auch Maßstäbe für die Korngröße, wobei die Körner entweder mit den Einzelkriställchen identisch sind oder aus *sehr* dicht zusammengelagerten Einzelkriställchen bestehen. Sind die Körner lockerer gebaut, so kommt man zu prinzipiell anderen Verhältnissen (vgl. unten).

Wenn die Diffusion im festen Körper für das Entweichen der Emanation eine wesentliche Rolle spielt, wie z. B. bei Verwendung von Radiumemanation (Halbwertszeit 3,823 Tage) und bei größerer Diffusionskonstante im festen Körper (z. B. höherer Temperatur), so wird die Bestimmung der Oberfläche auch unter der Voraussetzung, daß die oben genannten Bedingungen 1, 2 und 4 noch gelten, erheblich umständlicher. In diesem Falle kommt man nach FLÜGGE und ZIMENS dann zum Ziel, wenn man gleichzeitig zwei Emanationsarten (z. B. Radon und Thoron nach Einbau von etwas Radium und Thorium X) verwendet. Diese Methode, bei welcher man neben der Oberflächengröße gleichzeitig auch die Diffusionskonstante der Emanation in dem betr. festen Stoff erhält[1], ist in dem von ZIMENS verfaßten Beitrag zu diesem Band ausführlich geschildert.

Liegen die Körner ganz oder teilweise so dicht zusammen, daß ein durch Rückstoß aus einem Korn herausfliegendes Emanationsatom in ein zweites Korn eindringen kann, so ist eine Bestimmung des Verhältnisses Kornoberfläche/Kornvolumen mit Hilfe der Emaniermethode nur noch schwer möglich[4]. Das EmV hängt jetzt sowohl von der Korngröße als auch von der Packungsart ab.

Sind die Einzelteilchen alle kleiner als die Rückstoßweglänge der Emanation, so daß also alle entstehenden Emanationsatome das betr. Teilchen verlassen, so hängt das EmV nur noch von der Packungsart, also der Sekundärstruktur ab. Dieser Fall wird bei aktiven Stoffen oft erfüllt sein, da diese vielfach mit Primärteilchengrößen < 300 Å auftreten[5].

Daß die Packungsdichte auf das EmV von maßgebendem Einfluß ist, wurde zuerst von R. FRICKE und Mitarbeitern[6], sowie später von FLÜGGE und ZIMENS[1]

---

[1] S. FLÜGGE, K. E. ZIMENS: loc. cit.

[2] S. FLÜGGE, K. E. ZIMENS: loc. cit. — M. HECKTER: loc. cit. — F. STRASSMANN: loc. cit.

[3] Vgl. Fußnote [3] auf S. 86.   [4] K.-E. ZIMENS: loc. cit.

[5] Vgl. z. B. R. MUMBRAUER, R. FRICKE: Z. physik. Chem., Abt. B **36** (1937), 1.

[6] R. FRICKE, O. GLEMSER: Z. physik. Chem., Abt. B **36** (1937), 27. — R. FRICKE, H. J. BÜCKMANN: Ber. dtsch. chem. Ges. **72** (1939), 1199.

gezeigt. Man beobachtete, daß von gewissen Packungsdichten an das EmV mit zunehmender Packungsdichte abfällt, weil wegen der Verringerung der Zwischenräume zwischen den Einzelteilchen offenbar einerseits immer mehr von den in einem Teilchen entstehenden Emanationsatomen nach dem Herausfliegen aus dem Teilchen in ein anderes hineinfliegen und dort steckenbleiben, und weil andererseits die Abdiffusion der Emanation aus den Zwischenräumen mit deren Engerwerden immer mehr erschwert wird.

Der Effekt machte sich um so stärker bemerklich, je feinteiliger das betr. Präparat war, weil bei gleicher Packungsdichte (Gewichtsmenge pro Volumeneinheit) die Zwischenräume zwischen den Körnern um so enger sein müssen, je geringer die Teilchengröße ist.

Eine bezüglich der Vorstellung über „innere Oberflächen" sehr interessante Beobachtung bei diesen an α-FeOOH, aktivem α- und γ-Fe$_2$O$_3$ und an BaCO$_3$ durchgeführten Untersuchungen war ferner die, daß sich der „Packungseffekt" auf das EmV keineswegs dann schon auszuwirken beginnt, wenn die Zwischenräume die Größenordnung der Rückstoßweglänge der betr. Emanation in Luft erreichen, sondern erst dann, wenn die Zwischenräume um einige Zehnerpotenzen enger sind. Nach einer Erklärung von Flügge und Zimens[1] ist das darauf zurückzuführen, daß man sich die Zwischenräume nicht einfach als nur mit Luft gefüllt vorstellen darf, sondern daß darin stets auch etwas kondensierte Substanz in Form von Wasser, „amorphen" Beimengungen, Verunreinigungen usw. vorhanden sein muß, welche die aus den Einzelteilchen durch Rückstoß austretende Emanation auffängt und dadurch am Eindringen in ein anderes Teilchen verhindert, ohne aber die Abdiffusion der Emanation stärker zu stören. Sie berechnen, daß zur Erklärung ihrer an BaCO$_3$ ausgeführten Versuche eine mittlere Dichte von 0,1 g/cm^3 in den Zwischenräumen vollauf genügen würde.

Immerhin müßte diese die Poren zum Teil erfüllende Substanz schon recht homogen (netzartig?) verteilt sein, wenn der beobachtete Effekt durch sie allein erklärt werden soll. Sehr auffallend ist auch, daß diese Substanz offenbar die Abdiffusion der Emanation so wenig behindert. Diese sowie auch andere Beobachtungen bei Untersuchungen mit dem Emanierverfahren deuten darauf hin, daß die Emanation nicht nur im freien Gasraum, sondern auch direkt auf Oberflächen eine hohe Beweglichkeit besitzt, wie sie für andere Fälle von M. Volmer, K. Neumann und Mitarbeitern verschiedentlich nachgewiesen wurde[2,3].

Für die Richtigkeit dieser Auffassungen scheinen folgende Beobachtungen zu sprechen:

Belädt man ein radioaktiv indiziertes aktives Präparat von nicht zu dichter Sekundärstruktur adsorptiv mit Wasserdampf, so nimmt sein EmV zu: Vermehrung der „Bremssubstanz" in den Zwischenräumen unter Erhaltung der Diffusionsmöglichkeit auf Oberflächen. [Außerdem wird allerdings die Sekundärstruktur des Pulvers bei der adsorptiven Aufnahme von Wasserdampf auch sperriger (voluminöser[4]).]

Erteilt man dagegen dem gleichen Präparat durch Pressen eine sehr dichte Sekundärstruktur und belädt nun adsorptiv mit Wasserdampf, so nimmt das EmV durch die Beladung noch weiter ab: Vollkommene Ausfüllung der noch vorhandenen engen Poren mit der „Bremssubstanz" Wasser, keine Abwanderungs-

[1] S. Flügge, K.-E. Zimens: loc. cit.

[2] M. Volmer, G. Adhikari: Z. Physik **35** (1925), 170. — K. Neumann: Z. Elektrochem. angew. physik. Chem. **44** (1938), 474.

[3] Vgl. hierzu auch die neuen Arbeiten von E. Wicke und Mitarbeitern über Oberflächendiffusion und Kapillardiffusion nach Knudsen in porösen Körpern. Letzte Mitteilung: E. Wicke, R. Kallenbach: Kolloid-Z. **97** (1941), 135.

[4] M. Tschapek: Kolloid-Z. **101** (1942), 209.

möglichkeit auf Oberflächen mehr. Eine Auflockerung der Sekundärstruktur bei der adsorptiven Wasseraufnahme ist hier außerdem nicht mehr möglich[1].

Hat man weiter ein radioaktiv indiziertes, nicht zu oberflächenreiches Material und mischt ihm ein sehr viel oberflächenreicheres, aber nicht indiziertes als „Bremssubstanz" zu, so steigt das EmV, bezogen auf die gleiche Menge indizierten Materials. Ist aber das indizierte Material sehr oberflächenreich und die zugemischte, nicht indizierte „Bremssubstanz" oberflächenarm, also sehr grobteilig, so fällt das EmV[2].

Es ist zu hoffen, daß die durch die oben geschilderten Beobachtungen angeschnittene Frage der Verhältnisse in den „Poren" der Sekundäraggregate auch durch elektronenmikroskopische Forschungen weiter geklärt werden wird.

Schließlich sei besonders darauf hingewiesen, daß die Frage der *Reflexion* der aus einem Teilchen herausfliegenden Emanationsatome an der Oberfläche des Nachbarteilchens, die zumindest bei streifendem Einfall eine große Rolle spielen wird, bei obigen Überlegungen noch gar nicht berücksichtigt ist. Die sicher nur schwache Adsorption der Emanation dagegen stört nicht, wenn ihr Gleichgewichtszustand erreicht ist.

FLÜGGE und ZIMENS[3] sowie vor allem ZIMENS[4] diskutieren weiter auch noch die Möglichkeit einer schnellen Rückdiffusion der Emanationsatome aus dem „Einschußkanal".

Bezüglich dieser sehr interessanten Überlegungen und bezüglich der Praxis und Theorie des Emanierverfahrens überhaupt müssen wir hier auf das von ZIMENS verfaßte Kapitel dieses Handbuchbandes und auf eine von dem gleichen Autor verfaßte Monographie verweisen[5].

d) Elektronenmikroskopische Untersuchung, dilatometrische Gefrieruntersuchung und Schlußhinweis.

Ganz besonders aussichtsreich für die Ermittlung der Sekundärstruktur erscheint die Kombination der elektronenmikroskopischen Untersuchung mit der röntgenographischen Ermittlung der Primärteilchengröße[6] (vgl. unter V 2 u. 4, S. 50 u. 65).

Ein ganz besonders interessantes Beispiel hierzu aus neuester Zeit ist eine Untersuchung von SCHOON und BEGER, welche elektronenmikroskopisch zeigen konnten, daß das wegen seiner hervorragenden Eigenschaften als Katalysator und als Träger sehr viel verwandte γ-Al_2O_3 eine äußerst feinwabige Sekundärstruktur besitzt[7], nachdem früher die auch nach Erhitzen auf relativ hohe Temperaturen noch beständige enorme Kleinheit seiner Primärteilchen röntgenographisch festgelegt war[8]).

Bei den feinen Blättchen aktiver Kohle nach (001) vermochten sie zum Teil eine netzartige Struktur zu erkennen[9].

---

[1] R. FRICKE, H. J. BÜCKMANN: loc. cit. — Siehe auch R. MUMBRAUER: Z. physik. Chem., Abt. B **36** (1937), 20.

[2] H. GÖTTE: Z. physik. Chem., Abt. B **40** (1938), 207. — Siehe auch W. SCHRÖDER: loc. cit.

[3] S. FLÜGGE, K. E. ZIMENS: loc. cit.

[4] K.-E. ZIMENS: Z. physik. Chem., Abt. A **191** (1942), 95.

[5] K.-E. ZIMENS: loc. cit., sowie Z. physik. Chem., Abt. A **191** (1942), 1 u. **192** (1943), 1.

[6] M. V. ARDENNE, D. BEISCHER: Z. Elektrochem. angew. physik. Chem. 46 (1940), 270. — R. BRILL: Z. Elektrochem. angew. physik. Chem. **46** (1940), 500.

[7] TH. SCHOON, E. BEGER: Z. physik. Chem., Abt. A **189** (1941), 171.

[8] R. FRICKE, F. NIERMANN, CH. FEICHTNER: Ber. **70** (1937), 2318.

[9] Vgl. hierzu aber auch U. HOFMANN: Angew. Chem. 54 (1941), 395; sowie U. HOFMANN, A. RAGOSS, F. SINKEL: Kolloid-Z. 96 (1941), 231.

In beiden Fällen saß auf den Präparaten abgeschiedenes Pt in Form feinster Kriställchen in den Poren.

Weiter sei hier auch an die oben (am Schlusse von V 4) bereits erwähnte Untersuchung von Fricke, Schoon und Schröder erinnert[1]. Diese fanden weiterhin elektronenmikroskopisch, daß bei der thermischen Umwandlung von γ-FeOOH in γ-Fe$_2$O$_3$ und anschließend in α-Fe$_2$O$_3$ bei Temperaturen bis zu 500° C die ursprüngliche Form und Größe der amikroskopischen Kristallnädelchen des γ-FeOOH dauernd erhalten blieb, während die mit Röntgenstrahlen gefundene mittlere Primärteilchengröße, welche schon beim γ-FeOOH erheblich kleiner war, als die Größe der Nädelchen bei der thermischen Behandlung und insbesondere bei den Umwandlungen sich, begleitet von Formänderungen, stark wandelte, und zwar dauernd in Bereichen erheblich unterhalb der Größe der Nädelchen.

Weiteres zur elektronenmikroskopischen Untersuchung vgl. unter V 4 u. VII 2 d β.

Die oben ebenfalls erwähnte Methode der *dilatometrischen Gefrieruntersuchung nach Durchtränkung mit Wasser* geht von der Vorstellung aus, daß in Capillaren kondensiertes und einfaches Benetzungswasser sich beim Gefrieren normal ausdehnt, daß dagegen adsorptiv fest gebundenes entweder ähnlich wie chemisch gebundenes Wasser gar keine oder nur eine verringerte Dilatation beim Gefrieren zeigt[2]. Die Methode ist neuartig. Ihre exakten Unterlagen müßten noch erarbeitet werden[3].

Bezüglich aller weiteren Einzelheiten betreffend die Untersuchung der Sekundärstruktur und insbesondere auch die Emaniermethode verweisen wir auf das Kapitel von K.-E. Zimens in diesem Band des Handbuchs.

3. Die Sekundärstruktur von einheitlichen und von Mischkörpern.

Unter einheitlichen aktiven Körpern wollen wir solche verstehen, deren Einzelteilchen gleiche oder nur mäßig um einen Mittelwert schwankende chemische Zusammensetzung und eine ebensolche physikalische Struktur (Kristallart, Teilchengröße, Gitterstörung usw.) besitzen. Bezüglich ihrer Sekundärstruktur soll an dieser Stelle dem oben bereits Gesagten nichts mehr hinzugefügt werden.

Mischkörper wären dann solche, in denen chemisch oder auch nur physikalisch durchaus verschiedene Bestandteile nebeneinander vorliegen, wie z. B. ein Körper, der aus kristallinem neben amorphem Material der gleichen chemischen Zusammensetzung besteht, oder ein solcher mit grob kristallinem neben äußerst feinteiligem Material der gleichen Zusammensetzung[4], oder ein Körper, in dem

---

[1] R. Fricke, Th. Schoon, W. Schröder: Z. physik. Chem., Abt. B 50 (1941), 13. Ähnliche Befunde siehe bei R. Fricke, G. Weitbrecht: Z. anorg. allg. Chem. 251 (1943), 424.

[2] R. Fricke in Fricke-Hüttig: Hydroxyde und Oxydhydrate, S. 97. Leipzig: Akad. Verl.-Ges., 1937.

[3] Eine bestimmt auf zu einfachen Vorstellungen beruhende Anwendung der Methode vgl. bei H. W. Foote, B. Saxton: J. Amer. chem. Soc. 39 (1917), 1103.

[4] Die genannten Fälle von *physikalischer* Uneinheitlichkeit, sowie auch andere, wie z. B. das Vorliegen von verschieden starken Gitterstörungen im Präparat, lassen sich u. U. daran erkennen, daß die Löslichkeit in einem den Bodenkörper chemisch nicht verändernden Lösungsmittel in bestimmten Gebieten des Verhältnisses der Menge des Bodenkörpers zu der des Lösungsmittels mit steigender rel. Bodenkörpermenge zunimmt. — R. Fricke: Z. physik. Chem. 113 (1924), 248; Kolloid-Z. 49 (1929), 229. — R. Fricke, P. Jucaitis: Z. anorg. allg. Chem. 191 (1930), 129. Der Nachweis gelingt dann, wenn die Alterungsgeschwindigkeit der aktiven Anteile des Bodenkörpers keine zu große ist.

G. F. Hüttig und Mitarbeiter benutzen zum gleichen Zweck die *Lösungsgeschwindigkeit* („Lösbarkeit") in beliebigen Lösungsmitteln [G. F. Hüttig: Kolloidchem. Beihefte 39 (1934), 305; G. F. Hüttig, K. Kosterhon: Kolloid-Z. 89 (1939), 202 und andere Arbeiten]. Dieses Verfahren spricht hauptsächlich auf Oberflächenunterschiede an. Weiteres hierzu vgl. S. 71 ff.

verschiedene Kristallarten oder schließlich auch chemische Verbindungen nebeneinander vorhanden sind.

Unter „Mischkatalysatoren" (MITTASCH) versteht man durchweg solche, die dem letzten der genannten Fälle entsprechen, welche also verschiedene chemische Verbindungen nebeneinander enthalten.

Durch die Untersuchungen vor allem von G. F. HÜTTIG, W. JANDER und deren Mitarbeitern[1] ist gezeigt worden, daß bei höherer Temperatur miteinander reagierende feste Stoffe schon Hunderte von Graden unterhalb derjenigen Temperatur, bei welcher sich die ersten röntgenographisch nachweisbaren Mengen des Reaktionsproduktes bilden, offenbar mit ihren Oberflächenbezirken reaktiv aufeinander einwirken, wobei sich irgendwie besonders aktive „Oberflächenverbindungen" bilden. Denn die genannten Forscher konnten zeigen, daß bereits in diesen Temperaturgebieten, in Abhängigkeit von der Vorerhitzungstemperatur betrachtet, hohe Maxima der Sorptionsfähigkeit, der Auflösungsgeschwindigkeit und der katalytischen Aktivität auftreten. Die Erhöhung der katalytischen Aktivität scheint nach den bisherigen Untersuchungen von W. JANDER und Mitarbeitern hauptsächlich auf eine starke Vermehrung und später folgende Verringerung der aktiven Stellen mit steigender Vorerhitzungstemperatur zurückzuführen zu sein. Doch sind die betreffenden Verhältnisse bisher noch nicht genügend geklärt. Sicher ist nur, daß hier Effekte von außerordentlicher Wichtigkeit gefunden worden sind, welche bei der Funktion von „Mischkatalysatoren" in ausgedehnter und sehr verschiedener Weise ihre Auswirkung finden[2]. Denn hierbei handelt es sich meist um Stoffe, welche bei den für die Katalyse verwandten Temperaturen noch nicht im normalen Sinne chemisch miteinander reagieren[3].

Steigert man die Erhitzungstemperatur eines Gemenges zweier fester Stoffe aber so weit, daß eine in den Abschreckungsprodukten röntgenographisch nachweisbare Bildung einer oder mehrerer neuer Verbindungen auftritt, so befinden sich deren Kriställchen auch zunächst in aktiven Zuständen (G. F. HÜTTIG, W. JANDER, J. A. HEDVALL), wie sie J. A. HEDVALL zuerst während allotroper Umwandlungen nachgewiesen hat[4]. Diese aktiven Zustände machen sich in einer erhöhten katalytischen und Sorptionsaktivität bemerklich[5]. Es ist ferner möglich, sie an den Abschreckungsprodukten an Hand der Erhöhungen des Wärmeinhaltes, der Art und Größe der Gitterstörungen und der Primärteilchengrößen calorimetrisch und röntgenographisch zu charakterisieren und zu messen[6].

Beim Erhitzen auf noch höhere Temperaturen verschwinden die Gitterstörungen und der erhöhte Wärmeinhalt[7]. Damit gehen auch die katalytische und die Sorptionsaktivität schnell wieder auf kleinere Werte[5].

Die Tatsache, daß bei Reaktionen im festen Zustand bei nicht zu hohen Temperaturen zunächst gestörte Kristalle entstehen, ist nicht verwunderlich, wenn man bedenkt, daß die Ausbildung ungestörter Kristalle in den reagierenden

---

[1] Vgl. z. B. G. F. HÜTTIG u. Mitarb.: Z. anorg. allg. Chem. **237** (1938), 209. — W. JANDER, G. LEUTHNER: Z. anorg. allg. Chem. **241** (1939), 57 und a. a. O.

[2] G.-M. SCHWAB: Katalyse, S. 203 ff. Berlin: Springer, 1931.

[3] Vgl. z. B. F. KRCZIL: Technische Adsorptionsstoffe in der Kontaktkatalyse. Leipzig: Akad. Verl.-Ges., 1938.

[4] Literatur bei J. A. HEDVALL: Reaktionsfähigkeit fester Stoffe. Leipzig: J. A. Barth, 1938.

[5] W. JANDER: loc. cit. — G. F. HÜTTIG: loc. cit.

[6] R. FRICKE, W. DÜRR, E. GWINNER: Z. Elektrochem. angew. physik. Chem. **45** (1939), 254. — R. FRICKE, F. BLASCHKE: Z. anorg. allg. Chem. **251** (1943), 396.

[7] R. FRICKE: Z. angew. Chem. **51** (1938), 863.

festen Konglomeraten durch die Anwesenheit der festen Ausgangsstoffe behindert werden muß[1].

Verwunderlicher ist die Tatsache, in welch hohem Maße Kristallart, Teilchengröße, Teilchenform, Störungsstruktur und Sekundärstruktur der Ausgangsstoffe von Einfluß auf die gleichen Eigenschaften des Reaktionsproduktes im festen Zustande sind[2]. Ganz besonders gilt dies offenbar für die Sekundärstruktur des Reaktionsproduktes, welche für das Reaktions-, Sorptions- und katalytische Verhalten auch in diesen Fällen von erstaunlicher Bedeutung sein kann, so daß die Notwendigkeit ihres eingehenden Studiums auch von dieser Seite aus evident wird[3].

Man wird erwarten können, daß auf diesem Gebiet topochemischen Untersuchungen (V. KOHLSCHÜTTER[4]), welche mit modernen Methoden betrieben werden[5], eine sehr wichtige Rolle zufallen wird. Besonders übersichtliche Resultate liefern solche Untersuchungen dann, wenn sie mit Einzelkristallen durchgeführt werden[6].

VII. Die Oberfläche fester Stoffe.

1. Die Bestimmung der gesamten Oberflächengröße.

a) Aus der Teilchengröße und Teilchenform.

Wenn Teilchengröße und Teilchenform und deren Verteilungszustände bekannt und wenn außerdem die Teilchen miteinander nicht verwachsen oder verklebt sind, wenn also die Primärteilchengröße der Sekundärteilchengröße gleich ist, so läßt sich im Prinzip die Oberflächengröße aus der Teilchengröße und Teilchenform berechnen. Die hierzu notwendigen Voraussetzungen sind also, wie man sieht, für das Gebiet sehr kleiner Teilchen recht anspruchsvoll.

Zunächst wird es schon gewisse Schwierigkeiten machen, die vorliegenden Teilchen*formen* genau zu erfassen. Wenn, wie oben vorausgesetzt, die vorliegenden Teilchen Einzelkristalle sind, so wird, wie wir unter V 7bγ, S. 75 sahen, nach STRANSKI zwar die Gleichgewichtsform der Kristalle im Gebiet kleiner Dimensionen mit abnehmender Größe prinzipiell einfacher. Doch auch diese Formen röntgenographisch exakt zu erfassen, ist, wie wir oben unter V 2bγ, S. 54 sahen, vor allem bei den meist vorliegenden hochsymmetrischen Kristallsystemen nicht einfach, ganz abgesehen davon, daß bei aktiven Stoffen Gleichgewichtsformen absolut nicht vorzuliegen brauchen.

Die röntgenographische Methode ist weiterhin bis heute noch nicht genügend ausgebaut, um Aussagen über den Verteilungszustand der Teilchendimensionen zu gestatten. Die Methode liefert einen „Mittelwert" der Teilchendimensionen, welcher etwas kleiner ist als der tatsächliche (V 2bη, S. 59).

Letzteres ist an sich für Oberflächenberechnungen aus der Teilchengröße günstig. Denn beim Einsetzen des tatsächlichen Mittelwertes für die Oberflächenberechnung erhält man zu kleine Zahlen, weil Schwankungen der Teilchengröße

[1] R. FRICKE, L. KLENK: Z. Elektrochem. angew. physik. Chem. 41 (1935), 617. — R. FRICKE, W. DÜRR, E. GWINNER: loc. cit.

[2] G. F. HÜTTIG: loc. cit. — R. FRICKE, W. ZERRWECK: Z. Elektrochem. angew. physik. Chem. 43 (1937), 52.

[3] R. FRICKE, W. DÜRR, E. GWINNER: loc. cit.

[4] V. KOHLSCHÜTTER u. Mitarbeiter, z. B.: Helv. chim. Acta 14 (1931), 3, 305, 330 und 1215; H. W. KOHLSCHÜTTER, L. SPRENGER: Z. angew. Chem. 52 (1939), 197; vgl. ferner den Beitrag von H. W. KOHLSCHÜTTER zu diesem Band.

[5] W. FEITKNECHT: Z. angew. Chem. 52 (1939), 202. — R. FRICKE, J. LÜKE: Z. Elektrochem. angew. physik. Chem. 41 (1935), 174.

[6] W. BÜSSEM, F. KÖBERICH: Z. angew. physik. Chem., Abt. B 17 (1932), 310.

nach unten die Oberfläche stärker vergrößern als entsprechende Schwankungen nach oben sie verkleinern. Das ersieht man ohne weiteres aus Abb. 29[1].

Diese stellt den Zusammenhang der Gesamtoberfläche eines *Gramm-Moleküles* γ-Fe_2O_3 mit der Teilchengröße unter der Annahme dar, daß alle Teilchen Würfelform besitzen und gleich groß sind. In Richtung der Abszisse ist die Zahl eingetragen, welche angibt, wie oft sich die Gitterkonstante $a = 8,32$ Å längs der Kantenlänge wiederholt (z. B. $m = 10$: Kantenlänge 83,2 Å), und in Richtung der Ordinate die molare Oberfläche in Einheiten von je 1000 qm*. Man erkennt, daß die Oberfläche mit abnehmender Teilchengröße um so schneller ansteigt, je kleiner die Teilchen bereits sind, woraus sich das oben bezüglich des Einflusses von Größen-schwankungen auf die Oberfläche Gesagte ohne weiteres ergibt.

Setzt man demnach bei der Oberflächenberechnung den röntgenographisch gefundenen, etwas zu kleinen Mittelwert ein, so wird dadurch der durch die Größenschwankungen verursachte Berechnungsfehler im Prinzip verringert[2]. Wieweit das allerdings der Fall ist, hängt wieder vom Verteilungszustand der Teilchendimensionen ab.

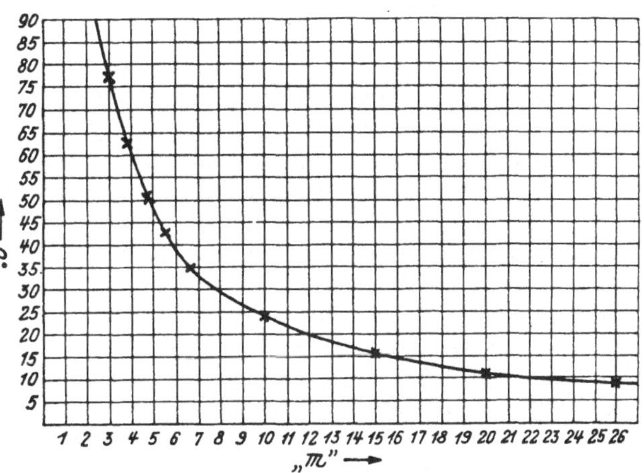

Abb. 29. Zusammenhang zwischen Teilchen- und Oberflächengröße.

Verklebungen oder Verwachsungen zwischen den Einzelteilchen bzw. Kriställchen, welche die tatsächliche Oberfläche verringern, lassen sich röntgenographisch nicht erfassen. Hier bedarf es der Kombination mit anderen Untersuchungsmethoden (VI 2).

Infolgedessen ist es auffallend, daß in einzelnen Fällen Reihen von aktiven Präparaten gefunden werden konnten, bei denen die in der oben geschilderten Weise aus der röntgenographisch gefundenen mittleren Kristallgröße berechnete molekulare Oberfläche linear mit dem Wärmeinhalt ging. Die betr. Stoffe kristallisierten alle im regulären System[3].

Wenn man zu den röntgenographischen Kristallgrößenvermessungen noch elektronenmikroskopische Untersuchungen (V 4) hinzunimmt, werden die Mög-

---

[1] Entnommen aus R. Fricke, W. Zerrweck: loc. cit.

* Dieser Zusammenhang läßt sich leicht berechnen nach $O = \dfrac{6\,M \cdot 10^4}{d \cdot am}$, worin O die molekulare Oberfläche in qm, M das Molekulargewicht, d die Dichte und $a \cdot m$ die Würfelkantenlänge in Å. Nimmt man kugelförmige Teilchen an, so gilt genau dieselbe Gleichung. Nur bedeutet dann $a \cdot m$ den Durchmesser (doppelten Radius) der Kügelchen.

[2] R. Fricke, R. Schnabel, K. Beck: Z. Elektrochem. angew. physik. Chem. **42** (1936), 881.

[3] R. Fricke, W. Zerrweck: Z. Elektrochem. angew. physik. Chem. **43** (1937), 52, Tab. 6, Nr. 23, 24, 26, 28 und 30 (γ-Fe_2O_3). — R. Fricke, F. Niermann, Ch. Feichtner: Ber. **70** (1937), 2318 (γ-Al_2O_3). — R. Fricke, F. R. Meyer: Z. physik. Chem., Abt. A **181** (1938), 409 (Au).

lichkeiten der Oberflächenbestimmung sofort ganz erheblich zuverlässiger. Denn hierbei ergibt sich, ob die Einzelteilchen tatsächlich mit den Einzelkristallen identisch sind oder nicht. Man erkennt also weitgehend die Sekundärstruktur (VI). Außerdem läßt sich elektronenmikroskopisch unmittelbar die Teilchenform und die Größenverteilung der Teilchendimensionen ermitteln (vgl. unter V 4, insbesondere Abb. 15, 16 und 17).

Trotzdem bleiben auch hier noch eine ganze Reihe von Unsicherheiten bezüglich der so bestimmten Oberfläche.

So wird z. B. kaum mit genügender Klarheit auszumachen sein, wie groß der Anteil der „inneren Oberfläche", d. h. der Oberfläche von mit dem Elektronenmikroskop nur unvollkommen sichtbar zu machenden Rissen und Poren ist. Zu deren Ausmessung müßten weiter noch Untersuchungen betr. Capillarkondensation (VI 2a, S. 83) oder pyknometrische Untersuchungen mit verschiedenartigen Pyknometerfüllungen (VI 2b, S. 85) usw. zu Hilfe genommen werden.

Wenn weiterhin das Elektronenmikroskop in Zukunft auch so fein arbeiten sollte, daß es molekulare Oberflächenrauhigkeiten, wie z. B. auf den Prismenflächen gestörter Schichtkristalle (IV 3f, S. 34), zu erkennen gestattet, so wird es sehr schwer sein, derartige feinste Rauhigkeiten in Oberflächengröße umzurechnen.

Die angeführten Unsicherheiten gelten großenteils erst recht für alle anderen Teilchengrößenbestimmungsmethoden (V 1). Oberflächenberechnungen auf Grund von Teilchengrößenmessungen werden demnach meist nur einen summarischen oder relativen (Bezugs-)Wert besitzen.

Man wird sich fragen müssen, wieweit derartige Berechnungen überhaupt praktische Bedeutung besitzen. Es ist ja nicht die Gesamtoberfläche, welche adsorptiv oder katalytisch wirkt, sondern es sind stets nur bestimmte Oberflächenanteile, wie z. B. Ecken und Kanten (Schwab), oder ganz bestimmte Flächenarten (V 7bγ, S. 75), evtl. in unvollständig aufgebautem (loc. cit.) oder auch aufgerauhtem Zustand, wie z. B. die Prismenflächen beim aktiven Kohlenstoff (U. Hofmann)[1], oder evtl. durch Verunreinigungen stabilisierte feinste Poren und Risse usw.

Auch bei der oben erwähnten Bestimmung des Zusammenhanges zwischen Wärmeinhalt und Oberflächenentwicklung kann eine Linearität nur dann erwartet werden, wenn die Vermehrung *aller* in Frage kommenden Flächenarten der Vergrößerung der Gesamtoberfläche proportional ist. Diese Bedingung wird ganz sicher oft nicht erfüllt sein. Und die Unterschiede in der Oberflächenenergie verschiedener Flächen desselben Kristalles sind ganz erhebliche (VII 2c, S. 108).

Aus den genannten Gründen sind direkte Vermessungen der Oberflächengrößen, z. B. mit Adsorptionsmethoden, der Berechnung aus Teilchengröße und Teilchenform für die meisten Zwecke vorzuziehen. Trotzdem man bei solchen direkten Vermessungen je nach der Untersuchungsart etwas ganz Verschiedenes mißt, hat man hier in vielen Fällen die Möglichkeit, gerade den Oberflächenanteil zu bestimmen, der für das betreffende chemische Geschehen von Bedeutung ist, ja u. U. läßt sich so, wie wir im folgenden noch sehen werden, auch tatsächlich die ganze Oberfläche erfassen, welche mit der geometrisch zu vermessenden nie identisch ist.

---

[1] Siehe hierzu auch unter IV 3f, S. 34 und weiter unten.

b) Direkte Bestimmung der gesamten Oberflächengröße durch Adsorptionsmessungen, insbesondere von radioaktiven Stoffen.

Bezüglich der Adsorptionserscheinungen können wir in der Hauptsache auf die betreffenden Kapitel dieses Bandes verweisen. Wir greifen nur einiges heraus, was in unserem Zusammenhang besonders wesentlich erscheint[1].

Für die Fragestellung der Beziehung der Adsorption zur Oberflächengröße interessiert zunächst nur die Adsorption in unimolekularer Schicht, welche für Gase insbesondere von J. LANGMUIR[2] bearbeitet und verifiziert wurde. Hierbei muß der Gasdruck erheblich unter dem Kondensationsdruck liegen, und es dürfen keine Capillaren im Adsorbens vorhanden sein, in denen der Dampfdruck des Kondensats unter dem angewandten Gasdruck liegt, oder aber die Adsorptionstemperatur muß genügend über der kritischen Temperatur des betr. Gases liegen. In letzterem Falle stört die Anwesenheit von Capillaren nicht.

Aber auch unter Einhaltung dieser Bedingungen sind die Verhältnisse bei der normalen Messung der Gasadsorption noch recht kompliziert. Dies liegt nicht nur an der verschiedenen Adsorptionsaktivität verschiedener Flächenarten, sowie von unvollkommen belegten Flächen (V 7bγ, S. 75), Ecken, Kanten, Rissen, Spitzen usw., sondern auch daran, daß bei dieser Art der Adsorptionsuntersuchung die VAN DER WAALSschen Kräfte zwischen den adsorbierten Molekülen mit hineinspielen usw.[3].

Methodisch besonders einfach und exakt und bisher immer noch zu wenig beachtet sind Möglichkeiten der Oberflächenbestimmung, welche sich bei Adsorptionsmessungen unter Verwendung radioaktiver Elemente ergeben. Da sich hier Resultate von prinzipieller Wichtigkeit zu zeigen beginnen, seien diesen Methoden hier einige Zeilen gewidmet.

Die Frage der absoluten Größe von Oberflächen ist nicht nur sehr schwierig, sondern bisher auch nur selten einwandfrei bearbeitet worden. Zur Bestimmung der absoluten Oberflächengröße durch Adsorptionsmessung bedarf man zunächst einmal einer bekannten Oberfläche aus dem gleichen Material als Bezugsgröße. Man bestimmt dann die Adsorption an der bekannten und an der zu bestimmenden Oberfläche unter den gleichen Bedingungen. Wenn dann in beiden Fällen dieselben Flächenarten im gleichen Verteilungszustand zur Wirkung kommen und Capillarkondensation ausgeschlossen ist, so ergibt sich das *Verhältnis* der Oberflächen aus dem Verhältnis der in beiden Fällen adsorbierten Mengen. Dies geht also dann, wenn stets nur dieselben Flächen vorhanden sind, wie z. B. (100) beim Steinsalztyp.

Die Bedingung derselben Flächenverteilung für beide Fälle wird aber sicher meist nicht erfüllt sein. Trotzdem ist auch dann auf dem soeben skizzierten Wege im Prinzip noch eine Bestimmung des Oberflächenverhältnisses möglich, wenn Adsorptionsisothermen aufgenommen werden können, die zu einer unimolekularen Belegung *aller* Flächen führen.

Eine *ziemlich* gleichmäßige Belegung aller Flächen ist, abgesehen von der Adsorption auf wirklich amorphen (flüssigkeitsähnlichen) festen Stoffen oder z. B. auf Steinsalz (vgl. oben), am ehesten noch zu erwarten bei der Adsorption auf einem durch VAN DER WAALSsche Kräfte zusammengehaltenen Gitter hochsymmetrischer Mole-

---

[1] Andere zusammenfassende Darstellungen vgl. bei E. HÜCKEL: Adsorption und Capillarkondensation. Leipzig, 1928. — J. W. McBAIN: The Sorption of Gases by Solids. London, 1932. — H. DOHSE, H. MARK: Die Adsorption von Gasen und Dämpfen an festen Körpern. Leipzig, 1933. — G.-M. SCHWAB: Katalyse. Berlin, 1931. — S. J. GREGG: The Adsorption of Gases by Solids. London, 1934.

[2] J. LANGMUIR: J. Amer. chem. Soc. **38** (1916), 2221; **40** (1918), 1361.

[3] Siehe hierzu z. B. die auf der 43. Versammlung der Deutschen Bunsengesellschaft gehaltenen Referate von P. HARTECK, R. BRILL, K. NEUMANN: Z. Elektrochem. angew. physik. Chem. **44** (1938), 459, 468, 474.

küle oder bei der Adsorption auf gewissen hochsymmetrischen Metallkristallen. In anderen Fällen sind von vornherein sehr große Unterschiede der Adsorption je nach der Flächenart vorauszusehen, und zwar gilt das z. B. für Schichtkristalle.

Weiter unten (unter 2a) werden wir sehen, wie man mit radioaktiven Methoden auch in die verschiedene Adsorptionsaktivität der einzelnen Flächenarten Einblick gewinnen kann.

Hier aber wollen wir zunächst einmal annehmen, daß die oben genannten Voraussetzungen für die Bestimmung des Verhältnisses der Oberfläche zweier fester Stoffe erfüllt seien. Dann ist eine weitere Voraussetzung für die Gewinnung absoluter Zahlen immer noch die, daß die Größe der Bezugsoberfläche tatsächlich bekannt ist. Verwendet man hierzu auch Kristalle mit glatten, gut vermeßbaren Flächen, so ist nämlich noch zu bedenken, daß die vermessene Oberfläche mit der tatsächlichen nicht übereinzustimmen braucht, weil „molekulare Rauhigkeiten" vorhanden sein können. Ganz sicher ist das dann der Fall, wenn man z. B. polierte Metallflächen als Bezugsgrößen verwendet.

Wie nun zuerst O. Erbacher[1] zeigte, kann man mit radioaktiven Methoden die tatsächliche Oberfläche von Metallen bestimmen. Dieser Forscher untersuchte zunächst die Verhältnisse bei der Entladung der Ionen edlerer Metalle durch unedlere Metalle. Er stellte fest, daß eine *makroskopische* Abscheidung des edleren Metalles auf dem unedleren an das Vorhandensein von Lokalelementen mit genügend großer EMK (größer als die Zersetzungsspannung des betr. Elektrolyten) gebunden sei[2]. Diese Lokalelemente konnte er in einer ganzen Reihe von Fällen durch vorheriges Behandeln des unedleren Metalles (verwandt z. B. Ni, Ag und Au) mit Säure in N_2-Atmosphäre beseitigen[3].

Er gab nun der Lösung des Salzes des edleren Metalles ein radioaktives Isotop zu und bestimmte in bekannter Weise radiometrisch die Menge des sich auf dem lokalelementfreien unedleren Metall abscheidenden edleren Metalles nach Ablaufen der Lösung vom Metall. Die am Metall dabei haftenbleibende Lösung wurde mitberücksichtigt[4]. Die „Adsorption" führte jetzt jeweils schnell zu einem Endgleichgewicht. Mit zunehmender Menge der edleren Ionen in Lösung erreichte die „Adsorption" sehr bald einen maximalen Endwert, welcher nach O. Erbacher einer zusammenhängenden einatomaren Belegung entspricht.

Unter der Annahme, daß die „adsorbierten" Atome des edleren Metalles in dichtester Kugelpackung aneinander liegen und unter Einsetzen der entsprechenden Atomradien berechnete O. Erbacher aus seinen Versuchsresultaten, daß die tatsächliche Oberfläche seiner polierten Metalle um den Faktor **1,7** größer war als die vermessene.

Das Resultat änderte sich nicht, als er die Ecken und Kanten seiner Bleche vor der Adsorption mit Wachs bzw. Celluloid abdeckte. Auch konnte er durch Auflegen der mit dem radioaktiv indizierten edleren Metall adsorptiv beladenen Metallbleche auf eine photographische Platte („Radiographie") direkt nachweisen, daß das edlere Metall tatsächlich vollkommen gleichmäßig auf der Oberfläche des unedleren verteilt war. Hierdurch erscheint das von ihm erhobene Resultat weitgehend gesichert.

Wenn er weiterhin die verwandten unedleren Metalle vor dem Versuch abschmirgelte und dann erst der zur Beseitigung der Lokalelemente notwendigen

---

[1] O. Erbacher: Z. physik. Chem., Abt. A **163** (1933), 196, 215.
[2] Vgl. aber auch O. Erbacher: Z. physik. Chem., Abt. A **178** (1936), 15.
[3] Vgl. auch O. Erbacher: Z. physik. Chem., Abt. A **166** (1933), 23.
[4] In anderen Fällen wurde das Metall auch mit dest. Wasser abgewaschen, wenn nämlich besondere Proben ergeben hatten, daß die „adsorbierte" Menge sich dabei nicht änderte.

Vorbehandlung unterwarf, so erhielt er unabhängig von der Grobheit des Schmirgels „Adsorptionen", aus denen sich in entsprechender Weise Oberflächen berechnen ließen, die etwa um den Faktor 2,5 größer waren als die ausgemessenen.

Nach ERBACHER werden auch die Ionen unedlerer Metalle an den Oberflächen edlerer Metalle echt adsorbiert, und zwar auch bis zum Maximum einer uniatomaren Belegung. Bei derartigen Versuchen erhielt er Bestätigungen seiner Resultate mit unedleren Metallen[1].

Im Gegensatz zu den soeben geschilderten Untersuchungen ERBACHERS an Metallen sind entsprechende Messungen unter Verwendung von zu adsorbierenden Farbstoffen wesentlich schwerer zu deuten, auch wenn man zunächst wieder gleiche Adsorptionsaktivität aller in Frage kommenden Flächen annimmt. Bei Farbstoffadsorption ist zunächst das Molekularvolumen nicht so exakt definiert, das Molekül kann weiter je nach der Art der Anlagerung einen sehr verschiedenen Platzbedarf haben[2], es ist möglich, daß die großen Farbstoffmoleküle an Oberflächen, welche nicht einmal besonders enge capillare Räume begrenzen, gar nicht heran können, und schließlich machen sich hier die Einflüsse des Lösungsmittels, die stets bei Adsorptionen aus Lösung mitspielen, leicht in undefinierter Weise bemerklich.

Lediglich ungefähre *Vergleichs*messungen der Oberflächen, z. B. von Mischkatalysatoren und ihren Komponenten, lassen sich vermittelst Farbstoffadsorption befriedigend durchführen[3].

Sehr gut erkennt man z. B. die Kompliziertheit der Vorgänge bei der Farbstoffadsorption aus den umfangreichen Untersuchungen von J. M. KOLTHOFF über das Altern schwerlöslicher Niederschläge[4]. Dieser Autor benutzt gleichzeitig auch den Austausch radioaktiver Metallisotope aus der Lösung in den Niederschlag (z. B. des Pb-Isotops Thorium B bei der Untersuchung der Alterung von $PbSO_4$ usw.), sowie die Fähigkeit der Niederschläge, andere aus der Lösung kommende Ionenarten gegen eigene unter Mischkristallbildung auszutauschen. Die sehr vielseitigen und interessanten Ergebnisse KOLTHOFFS haben manche wichtigen Einzelheiten des Alterungsprozesses enthüllt[5], definierte Vorstellungen bezüglich der absoluten Oberflächengrößen der betr. Niederschläge sind aber aus ihnen nicht abzuleiten.

Besonders hervorgehoben sei, daß aus den Versuchen von KOLTHOFF deutlich hervorgeht, daß z. B. das Thorium B nicht nur adsorptiv mit der *Oberfläche* des schwerlöslichen Bleisalzes in Wechselwirkung tritt[6], sondern auch mit dem Kristallinnern, indem bei längerem Schütteln auch tiefer in den Kriställchen liegende Pb-Atome durch radioaktive ersetzt werden, wobei man zunächst an einen ev. „Mosaik"charakter dieser Kriställchen denkt.

Wenn man von den oben geschilderten Verhältnissen bei der „elektrochemischen Adsorption" von Metallionen an Metalle, die nach ERBACHER auffallend übersichtlich zu sein scheinen, absieht, so wird für Oberflächenbestimmungen die Adsorption aus der Gasphase derjenigen aus Lösungsphase vorzuziehen sein.

---

[1] O. ERBACHER: Z. Elektrochem. angew. physik. Chem. **44** (1938), 594; Z. physik. Chem., Abt. A **182** (1938), 243.

[2] Vgl. hierzu auch A. NEUHAUS: Z. physik. Chem., Abt. A **191** (1943), 359 und frühere Arbeiten dieses Forschers.

[3] G.-M. SCHWAB, H. SCHULTES: Z. angew. Chem. **45** (1932), 341. — G. F. HÜTTIG in vielen Arbeiten, s. seinen Beitrag in Band VI dieses Handbuchs.

[4] Vgl. z. B. J. M. KOLTHOFF und Mitarb.: J. Amer. chem. Soc. **62** (1940), 2125 und frühere Arbeiten.

[5] Vgl. auch die Zusammenstellung von J. M. KOLTHOFF: Österr. Chemiker-Ztg. **1938**, Beitrag Nr. 6.

[6] Vgl. dazu auch F. PANETH, W. VORWERK: Z. physik. Chem. **101** (1922), 445, sowie L. IMRE: Kolloid-Z. **99** (1942), 147.

Auch hier sind Möglichkeiten zur radiometrischen Untersuchung gegeben, wenn man Emanation als zu adsorbierendes Gas verwendet[1].

Da bei den bisherigen Anwendungen dieses Verfahrens gleichzeitig wertvolle Resultate bezüglich der verschiedenen Adsorptionsaktivität verschiedener Kristallflächen, also bezüglich der Oberflächenstruktur gewonnen wurden, gehen wir hierauf erst weiter unten (unter VII 2a) ein.

c) Andere Verfahren zur Bestimmung der gesamten Oberfläche.

Von weiteren Verfahren zur Bestimmung der Gesamtoberfläche sei hier noch ein technisches angegeben, welches evtl. auch wissenschaftlich wertvolle Dienste leisten könnte, nämlich das „Grauwert"- oder „Mischungsverfahren" von M. Witte[2]. Will man die Oberfläche eines stark gefärbten, sehr feinteiligen Pulvers, z. B. von Kohlenstaub, messen, so mischt man es mit der gleichen Gewichtsmenge eines weißen Pulvers von definiertem Verteilungszustand (z. B. Ton, Tonerde, Kalkstaub usw.). Der Farbton der Mischung hängt dann vom Verhältnis der beiden Oberflächengrößen ab und ist um so heller, je geringer die Oberfläche des gefärbten Staubes ist. Der Grauwert der Mischung kann mit einem Photometer genau gemessen werden. Wenn die Oberflächengröße des zugemischten weißen Pulvers bekannt ist, kann die des gefärbten Pulvers aus dem Grauwert berechnet werden.

Bezüglich der Aufstellung von „Feinheitskennzahlen" als technischem Maßstab für die Oberfläche feinverteilter fester Stoffe vgl. auch die Untersuchungen von E. Rammler[3]. Hier werden Sieb-, Windsicht- oder Sedimentationsversuche zugrunde gelegt.

Ein rohes Vergleichsverfahren zur Bestimmung der relativen der Lösungsdiffusion zugänglichen Oberfläche (Diffusionsquerschnitt der adhärierenden Lösungsschicht) ist nach O. Schmidt[4] und Schwab und Rudolph[5] die Lösungsgeschwindigkeit, z. B. von Nickel in Säuren. Trotz mancher Einwände[6] gibt die Methode sicherlich Vergleichszahlen für die „erreichbare Oberfläche" (der Sekundärteilchen), deren Vergleich mit der katalytischen Aktivität[5] zu interessanten Schlüssen führt.

2. Verhalten und Bestimmung spezifischer Oberflächenanteile. Energetik der Oberfläche. Struktur der Oberfläche.

a) Untersuchung der verschiedenen Aktivität verschiedener Flächenarten bzw. verschiedener Oberflächenbezirke durch Adsorptionsmessungen, insbesondere unter Zuhilfenahme radioaktiver Stoffe.

Wenn versucht wird, an Hand von Adsorptionsmessungen die Größe von Oberflächen zu bestimmen, so muß zunächst bekannt sein, wieweit die verschiedenen Flächenarten des betr. Körpers sich an der Adsorption beteiligen. Die sichere experimentelle Beantwortung dieser Frage ist bisher nur in wenigen Fällen geglückt. Besonders einfache Systeme, bei denen eine homogene Adsorption auf allen Flächenarten angenommen werden kann, nannten wir oben unter VII 1b, S. 95. Bei anderen Adsorptionssystemen liegen die Verhältnisse nicht so einfach, so z. B. schon bei der Adsorption durch Kohle.

---

[1] Vgl. z. B. die Zusammenstellung bei H. Käding, N. Riehl: Z. angew. Chem. **47** (1934), 263.

[2] M. Witte: Chem. Fabrik **8** (1935), 285.

[3] E. Rammler: Z. Ver. dtsch. Ing., Beih. Verfahrenstechn. **5** (1940), 150.

[4] O. Schmidt: Z. physik. Chem. **118** (1925), 193.

[5] G.-M. Schwab, L. Rudolph: Z. physik. Chem., Abt. B **12** (1931), 427.

[6] Zu diesen s. G.-M. Schwab, W. Brennecke: Z. physik. Chem., Abt. B **24** (1934), 393.

Durch die Untersuchungen von U. HOFMANN und Mitarbeitern[1] ist nachgewiesen worden, daß auch die *aktive* Kohle Graphitstruktur besitzt. Die Einzelkriställchen sind nur sehr klein. U. U. sind Aufteilungen bis zu einzelnen Basisebenen vorhanden, so daß reine Flächengitterinterferenzen auftreten (vgl. auch oben unter IV 3f, S. 34). Es war nun zu erwarten, daß der Hauptsitz der Adsorptionsaktivität der Kohle in den Prismenflächen lokalisiert sei, weil dort die kräftigen Valenzen frei liegen, welche im Innern des Kristalls den festen Zusammenhalt der Basisflächen bewirken. Die Basisflächen selber dürften dann nur wenig adsorbieren, weil der Zusammenhalt der Graphitkristalle senkrecht zur Basisfläche nur sehr gering ist.

Dies konnte nun direkt bewiesen werden: P. M. WOLF und N. RIEHL[2] brachten einzelne sehr dünne ($\sim 0{,}1$ mm dicke) Graphitflitter in eine Radiumemanation enthaltende Atmosphäre. Um zu verhindern, daß sich die durch den Weiterzerfall der Emanation in der betr. Atmosphäre bildenden radioaktiven Atomarten fester Stoffe als „aktiver Beschlag" auf den Graphitkriställchen absetzten, wurden diese zwischen zwei Papierschichten gelegt und außerdem noch auf positives

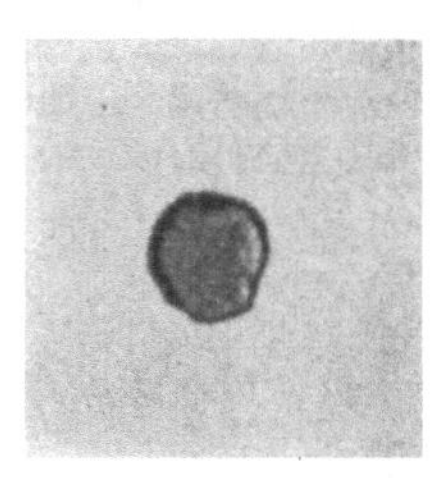

elektrisches Potential gebracht (die Atome des aktiven Niederschlags sind größtenteils positiv geladen). Nach der Beladung mit Emanation wurden die Graphitblättchen auf eine photographische Platte gelegt. Das dabei unter einem solchen Graphitblättchen entstehende „Radiogramm" ist in Abb. 30 wiedergegeben.

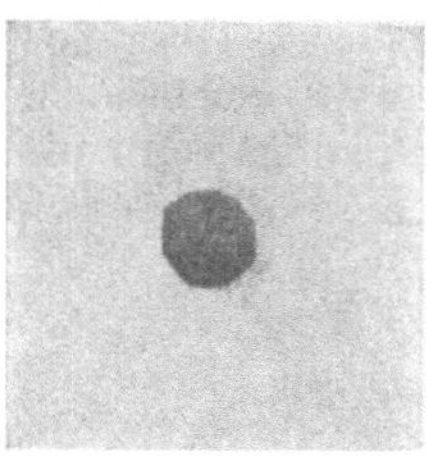

Abb. 30. Radiogramm eines mit Emanation beladenen Graphitblättchens (WOLF u. RIEHL).

Abb. 31. Radiogramm eines mit Emanation beladenen Metallplättchens (WOLF u. RIEHL).

Man erkennt an der Randschwärzung des Radiogrammes deutlich die stark bevorzugte Adsorption an den Prismenflächen. Bei gleichmäßiger Adsorption am ganzen Plättchen würde man ein Radiogramm erhalten, wie es in Abb. 31 wiedergegeben ist. Zu dessen Herstellung wurde ein Metallplättchen von der gleichen Dicke wie das Graphitkriställchen unter denselben Vorsichtsmaßregeln mit Emanation beladen und wieder anschließend auf eine photographische Platte gelegt. Hier ist offenbar die Oberfläche ziemlich gleichmäßig adsorptiv mit Emanation beladen (vgl. dazu auch oben unter VII 1b, S. 95). Eine besondere Randschwärzung ist nicht vorhanden.

Durch einen Vergleich der Adsorption von Methylenblau aus wäßriger Lösung mit den aus den röntgenographisch ermittelten mittleren Kristalldimensionen berechneten Oberflächen kamen U. HOFMANN und Mitarbeiter[1] ebenfalls zu dem Resultat einer bevorzugten Adsorption an den Prismenflächen.

KÄDING und RIEHL[3] ermittelten nun nach dem Verfahren der Beladung mit Emanation die Größe der adsorptiv wirksamen Oberfläche (Prismenflächen) bei Aktivkohlen, indem sie als Bezugsbasis die Adsorption an einer größeren Zahl von direkt vermeßbaren Graphitflittern verwandten. Die so erhaltenen Größen standen in guter Übereinstimmung mit von U. HOFMANN und Mitarbeitern röntgenographisch erhaltenen Zahlen.

Oben (unter VII 1b) haben wir die radiometrischen Untersuchungen von

[1] U. HOFMANN, D. WILM: Z. Elektrochem. angew. physik Chem. 42 (1936), 504. Dort auch frühere Literatur.

[2] P. M. WOLF, N. RIEHL: Z. angew. Chem. 45 (1932), 400.

[3] H. KÄDING, N. RIEHL: Z. angew. Chem. 47 (1934), 263.

O. ERBACHER betr. die tatsächliche Oberfläche von Metallen besprochen. Derselbe Forscher hat nun auch eine Methode ausgearbeitet, um die aktive Oberfläche von Wasserstoffelektroden auszumessen, welche durch Beladen von Pt mit H_2 erzeugt werden[1].

Der in der Pt-Oberfläche chemisch wirksame Wasserstoff muß die Fähigkeit besitzen, Ionen zu entladen, welche unter den betr. Bedingungen edler sind als Wasserstoff. So muß z. B. der aktive Wasserstoff imstande sein, Wismutionen noch aus saurer Lösung, aber z. B. auch Bleiionen aus alkalischer Lösung durch Fortnahme der Ladung abzuscheiden, weil der Wasserstoff um so unedler ist, je geringer die Wasserstoffionenkonzentration der Lösung.

EBACHER benutzte bei seinen Versuchen sowohl die „Adsorption" von Bi aus einer Lösung in 12proz. Salzsäure, als auch die von Pb aus einer Lösung in 3,5proz. Kalilauge. Beide Ionenarten waren mit radioaktiven Isotopen indiziert.

Die Abscheidungsversuche geschahen im übrigen ganz analog wie die oben unter VII 1b, S. 95 geschilderten Versuche zur Bestimmung der tatsächlichen Gesamtoberfläche. Das gleiche gilt für die Auswertungen der radiometrisch gefundenen „adsorbierten" Mengen auf „aktive", d. h. von aktivem Wasserstoff bedeckte Oberfläche. Die Resultate sind in Tabelle 3 wiedergegeben, und zwar der Übersichtlichkeit halber unter den betr. absoluten Oberflächengrößen, die allerdings von anderen Metallen übernommen sind. Doch lieferten hier ganz verschiedene Metalle praktisch gleiche Werte.

Tabelle 3[2].

Adsorptiv bestimmte Größe der absoluten und aktiven Oberfläche von Platinblech,
bezogen auf die ausgemessene Fläche als Einheit.

Zustand der Oberfläche	Poliert	Fein geschmirgelt	Grob geschmirgelt	Platiniert
Gesamte absolute Fläche...............	1,72	2,53	2,49	—
Aktive (mit aktivem H_2 bedeckte) Fläche .	0,72	2,17	2,08	16,9

Man erkennt aus Tabelle 3, daß die aktiven Flächen stets kleiner sind als die Gesamtflächen. Ganz besonders ausgesprochen ist das im Falle des polierten Platins, bei dem nur 72% der ausgemessenen bzw. 41% der absoluten Oberfläche sich als aktiv erwiesen. Beachtenswert ist auch die Größe der Vermehrung der aktiven Oberfläche beim platinierten Platin.

Die von O. ERBACHER so bestimmten aktiven Anteile der Oberflächen haben chemisch einen ganz bestimmten Sinn. Es wird im allgemeinen nicht ohne weiteres erlaubt sein, sie als die „Summe der aktiven Stellen" für irgendwelche am Platin vor sich gehenden katalytischen Reaktionen aufzufassen. Um so bemerkenswerter ist es, daß ERBACHER beim Vergleich der H_2O_2-Zersetzung durch poliertes und geschmirgeltes Platinblech ein Verhältnis der katalytischen Aktivitäten fand, welches dem von ihm gefundenen Verhältnis der aktiven Flächen (Tabelle 3) recht genau entsprach[3]. Die Auswertung seiner Messungen ging von der Voraussetzung aus, daß die Reaktion am Platin nach der ersten Ordnung verlief[4], und daß, weil die Bleche vor der Verwendung ausgeglüht wurden, die Aktivierungswärme in allen Fällen dieselbe sei. In diesem Falle ist die Geschwindigkeits-

---

[1] O. ERBACHER: Z. physik. Chem., Abt. A **163** (1933), 231.

[2] Werte entnommen aus O. ERBACHER: Naturwiss. **20** (1932), 945; Z. physik. Chem., Abt. A **180** (1937), 141.

[3] O. ERBACHER: Z. physik. Chem., Abt. A **180** (1937), 141.

[4] G.-M. SCHWAB: Katalyse, S. 156. Berlin: Springer, 1931.

konstante der Aktionskonstanten proportional und damit ein direktes Maß für die Zahl der aktiven Stellen bzw. die Größe der reaktionsaktiven Fläche des Katalysators (siehe unten unter VII 2b, S. 102). Die Versuche wurden so geführt, daß eine Stauung des entwickelten O_2 am Kontakt nicht möglich war.

Weitere Paralleluntersuchungen an katalytisch aktiven Metallen in der von ERBACHER durchgeführten Art wären sehr erwünscht[1].

In den meisten Fällen wird an einem Adsorptionsmittel eine Mannigfaltigkeit von Oberflächenstellen verschiedener Adsorptionsaktivität vorliegen, an denen die Bindung des Adsorbendums mit verschiedener Festigkeit und verschiedener Wärmetönung erfolgt[2]. Im Falle von echten *Gasadsorptionen* (nicht Capillarkondensationen!) kann man im Bereich geringer Adsorption, wo die gegenseitige Beeinflussung der adsorbierten Moleküle noch keine Rolle spielt, die Qualität der verschiedenen Adsorptionsstellen durch die mit der Adsorption verbundene Wärmetönung charakterisieren, und zwar entweder durch direkte calorimetrische Messung bei portionsmäßiger Beladung des Adsorbens im Calorimeter oder aber nach Aufnahme von Adsorptionsisothermen bei verschiedenen Temperaturen durch Berechnung der differentialen Adsorptionswärmen für verschiedene Beladungen nach

$$\frac{d\ln p}{dT} = \frac{Q}{RT^2}; \tag{51}$$

(p = Gleichgewichtsdruck, Q = differentiale molekulare Adsorptionswärme[3]) an Hand von Gleichgewichtsdrucken bei verschiedener Temperatur, aber jeweils gleicher adsorbierter Menge.

Die adsorptiv verschiedene Qualität verschiedener Stellen der Oberfläche desselben Stoffes, die auch mit „chemischen" Unterschieden einhergeht (VII, 3), ergibt sich weiterhin aus der verschiedentlich beobachteten „verdrängungslosen binären Adsorption"[4].

Da auch die Poren eines aktiven Stoffes, also die „innere Oberfläche", großenteils als adsorptiv bzw. katalytisch spezifischer Oberflächenanteil anzusprechen sind, so seien hier schließlich noch einige technisch bedeutungsvolle Resultate gebracht, welche WOLF und RIEHL[5] mit Hilfe der Adsorption von Emanation an verschiedenen aktiven Kohlesorten erhielten. Es zeigte sich nämlich, daß man die Adsorptionsaktivität solcher Kohlen durch eine bestimmte thermische Nachbehandlung so verbessern kann, daß sie unter vergleichbaren Bedingungen bis zum 10fachen der Emanationsmenge der ursprünglichen Kohle aufnahmen, wenn man das Adsorptionsgleichgewicht sich im Verlauf von Stunden einstellen ließ. Bei kurzzeitiger Einwirkung der mit Emanation beladenen Atmosphäre war aber nur eine geringe Erhöhung der Adsorptionsaktivität festzustellen. Dementsprechend war auch keine wesentliche Verbesserung der Aktivität der Kohle gegenüber Beimischungen schnell durchströmender Gase vorhanden.

KÄDING, WOLF und RIEHL schlossen daraus, daß bei dieser nachbehandelten Kohle nur die Menge der feinsten Poren erhöht sei, an deren Oberfläche die zu adsorbierenden Stoffe hauptsächlich gebunden werden, nicht dagegen die grö-

---

[1] Weiteres zu Obigem vgl. bei O. ERBACHER: Z. physik. Chem., Abt. A **182** (1938), 256.

[2] H. S. TAYLOR: J. physic. Chem. **30** (1926), 145; Proc. Roy. Soc. (London), Ser. A **108** (1925), 105; Z. Elektrochem. angew. physik. Chem. **35** (1929), 542.

[3] D. h. die Wärmemenge, welche frei wird, wenn ein Mol Gas an einer unendlich großen Menge des mit der betr. Vorbeladung versehenen Adsorptionsmittels adsorbiert wird.

[4] G.-M. SCHWAB: loc. cit. S. 146, 193 und a. a. O.

[5] Zitiert bei H. KÄDING, N. RIEHL: loc. cit.

beren Poren, welche die technisch wichtige schnelle Zugänglichkeit der feinen Poren verursachen.

Diese Vorstellung wurde später von E. Wicke bezüglich Sorptionsgeschwinkeit und Sorptionsgröße theoretisch ausgebaut[1] und experimentell erhärtet[2]. Nach Wicke haben die für die Sorptionsgeschwindigkeit wichtigen „Makroporen" bei der Kohle Durchmesser um 10^{-4} cm, und die für die Entwicklung der adsorptiv aktiven Oberfläche hauptsächlich in Frage kommenden „Mikroporen" Durchmesser um 10^{-7} cm. Für Silicagel findet er einen mehr kontinuierlichen Übergang beider Durchmesserdimensionen ineinander.

Das oben einerseits bezüglich der verschiedenen Adsorptionsaktivität der verschiedenen Flächenarten der Kohle und andererseits bezüglich der Bedeutung der „Poren" für die echte Adsorption (nicht Capillarkondensation!) der Kohle Gesagte beleuchtet noch einmal die Bedeutung der Erforschung der Sekundärstruktur aktiver Stoffe (VI).

Bezüglich aller weiteren Einzelheiten betr. Poren und innere Oberfläche sei hier auf den in diesem Band stehenden Beitrag von K. E. Zimens verwiesen. Dort werden auch die neuerdings von Wicke eingehend bearbeiteten verschiedenen Diffusionsarten der Gase in porösen Körpern (normale Diffusion, Oberflächendiffusion und Knudsendiffusion) behandelt.

b) Erkennung und Vermessung spezifischer Oberflächenanteile durch katalytische Untersuchungen im Verein mit Adsorptionsmessungen. Zum Wesen der „aktiven Stellen".

Auch diese Möglichkeit der Untersuchung der Oberflächenstruktur wird eingehender an anderer Stelle dieses Handbuches behandelt (in den Kapiteln über Adsorption dieses Bandes und in Band V: „Heterogene Katalyse II"). Wir wollen uns deshalb hier mit folgenden Hinweisen begnügen:

α) Theoretisches und Allgemeines.

Wenn die Ordnung einer heterogen katalysierten Reaktion ermittelt ist, so daß eine Geschwindigkeitskonstante k_s bei verschiedenen Temperaturen bestimmt werden kann, so gilt für diese die Arrheniussche Gleichung

$$\frac{d \ln k_s}{d T} = \frac{q_s}{RT^2}, \tag{52}$$

worin q_s die scheinbare Aktivierungswärme bedeutet. k_s und q_s haben nicht die Bedeutung der Geschwindigkeitskonstanten und Aktivierungswärme einer homogenen Reaktion, weil bei letzterer die Geschwindigkeitskonstante mit den gemessenen Konzentrationen in der Gas-(oder Lösungs-)phase direkt zusammenhängt, während bei der heterogen durch feste Stoffe katalysierten Reaktion die Geschwindigkeit eine Funktion der Konzentrationen (Mengen) von an bestimmten „aktiven" Oberflächenanteilen *adsorbierten* Molekülen ist, man aber trotzdem den Fortschritt der Reaktion an Hand der Konzentrationen in der Gas- (oder Lösungs-)phase verfolgt. Dies äußert sich kinetisch z. B. dadurch, daß die „scheinbaren" Reaktionsordnungen heterogener Gasreaktionen sich oft mit dem Druckgebiet und mit der Temperatur ändern, und daß sie vor allem meist kleiner sind als die tatsächlichen Reaktionsordnungen.

---

[1] E. Wicke: Z. Elektrochem. angew. physik. Chem. **44** (1938), 587.
[2] E. Wicke: Kolloid-Z. **86** (1939), 167, 295; **93** (1940), 129. — E. Weyde, E. Wicke: Kolloid-Z. **90** (1940), 156.

Um letztere und damit auch die tatsächlichen Geschwindigkeitskonstanten k zu erhalten, benötigt man deshalb die Kenntnis des Zusammenhangs des Gasdrucks mit den adsorbierten Mengen für die verschiedenen Reaktionspartner und Reaktionsprodukte bei den verschiedenen in Frage kommenden Temperaturen, wobei zu berücksichtigen ist, daß bei gleichzeitiger Adsorption der verschiedenen Stoffe die Einzeladsorptionen sich meist gegenseitig beeinflussen[1].

Da die Durchführung besonderer Adsorptionsmessungen zum Zweck der Ermittlung der wahren Reaktionsordnung wegen der inhomogenen Oberflächenstruktur meist untunlich ist, sind heterogene Gaskatalysen im Verein mit den zugehörigen Adsorptionsmessungen bisher noch nicht sehr oft durchgeführt worden[2].

Das gleiche gilt aber auch für die Ermittelung der bei der Katalyse tatsächlich *wirksamen* Adsorption allein aus katalytischen Messungen. Daß dies bei geeigneter Variation der Versuchsbedingungen möglich ist, daß man also lediglich von katalytischen Messungen aus auch in schwierigen Fällen bis zur wahren Aktivierungswärme und zur wahren Aktionskonstanten (vgl. unten) vordringen kann, zeigten kürzlich SCHWAB und DRIKOS[3].

In bestimmten Fällen ist die tatsächliche Reaktionsordnung auch einfacher zu ermitteln[4]. Wenn die Adsorptionen aller Reaktionsteilnehmer nur *sehr* gering sind (lineares Gebiet der Adsorption), so daß der Gasdruck den adsorbierten Mengen proportional ist, so ist die beobachtete Reaktionsordnung der wahren gleich. Die Werte der Geschwindigkeitskonstanten sind aber doch noch unterschiedlich wegen der Temperaturabhängigkeit der Adsorption. Hier gilt $k = k_s \cdot b$, worin b die temperaturabhängige Adsorptions,,konstante" des linearen Gebietes.

Bei Reaktionen 0-ter Ordnung dagegen ist die tatsächliche Reaktionsgeschwindigkeitskonstante k gleich k_s.

Hat man aber k in Abhängigkeit von der Temperatur, so ergibt sich aus

$$\frac{d \ln k}{dT} = \frac{q}{RT^2}$$

die ,,wahre" Aktivierungswärme q der betreffenden Reaktion. Durch Integration ergibt sich:

$$\ln k = -\frac{q}{RT} + c \tag{53}$$

($c =$ Integrationskonstante) bzw.

$$k = C \cdot e^{\frac{-q}{RT}} . \tag{54}$$

Aus Messungen des k bei mehreren Temperaturen können demnach q und C ermittelt werden. q ist bei katalysierten Reaktionen kleiner als bei nicht katalysierten, kann aber je nach dem Druckgebiet[5] verschieden sein und dadurch u. U. Rückschlüsse auf die Verteilung der verschiedenen aktiven Stellen zulassen.

In der Konstanten C steckt zunächst die Zahl der Stellen am Katalysator, an welchen beim Vorliegen einer Mindestenergie q des Adsorbates Reaktion erfolgt. Außerdem kann noch ein sterisch bedingter Faktor < 1 darin enthalten

[1] G.-M. SCHWAB: loc. cit., S. 143.

[2] Ein sehr schönes Beispiel einer solchen Arbeit vgl. bei H. DOHSE, W. KÄLBERER: Z. physik. Chem., Abt. B **5** (1929), 131. — H. DOHSE: Z. physik. Chem., Abt. B **6** (1930), 343. — Siehe auch J. ECKELL: Z. Elektrochem. angew. physik. Chem. **89** (1933), 423, 433, 807 und 855.

[3] G.-M. SCHWAB, G. DRIKOS: Z. physik. Chem., Abt. B **52** (1942), 234.

[4] Vgl. z. B. C. N. HINSHELWOOD: Reaktionskinetik gasförmiger Systeme, S. 148ff. Leipzig: Akad. Verl.-Ges., 1928. — G.-M. SCHWAB: loc. cit., S. 164ff.

[5] Und bei größeren Temperaturunterschieden.

sein. C hat infolgedessen für die Erkennung der Natur eines Kontaktes die gleiche Bedeutung wie q.

Für die technische Praxis gilt dies auch insofern, als eine die Reaktionsgeschwindigkeit vermindernde Erhöhung von q durch eine Vergrößerung von c kompensiert werden kann und tatsächlich auch oft kompensiert[1], ja sogar überkompensiert[2] wird, was man z. B. so verstehen kann, daß höhere Aktivierungswärme bei heterogenen Reaktionen gleichbedeutend ist mit einer „geringeren Qualität" der aktiven Stellen, und daß die aktiven Stellen um so zahlreicher sind, je geringer ihre „Qualität" ist. Nach Schwab ist dabei die Qualität der aktiven Stellen um so größer, je höher die Adsorptionswärme des *aktivierten* Gases[3].

β) Zum Wesen der aktiven Stellen.

Die in C [Gl. (54)] steckende Zahl der für die betr. Reaktion aktiven Stellen ist fast durchweg nur ein kleiner Bruchteil der insgesamt adsorbierenden Stellen. Zudem ist sehr bemerkenswert, daß, im Gegensatz zu der mit zunehmender Belegungsdichte meist abfallenden differentialen Adsorptionswärme, an den aktiven Stellen oft über größere Bereiche hinweg praktisch dieselbe Aktivierungswärme q in Erscheinung tritt, was auf gleiche Struktur dieser Gruppen aktiver Stellen hinweist.

Zur näheren Erläuterung dieser Tatsache bringen wir Abb. 32, welche einer Arbeit von Dohse und Kälberer entnommen ist[4]. Die hier behandelte Reaktion ist die katalytische Dehydratation von Isopropylalkohol zu Propylen an Bauxit, und zwar sind speziell für Abb. 32 die Geschwindigkeiten der Abreaktion verschieden starker einmaliger adsorptiver Belegungen des Kontaktes mit Isopropylalkohol bei verschiedenen Temperaturen untersucht. Die Reaktion verläuft dann, wie zu erwarten, nach der (wahren) ersten Ordnung.

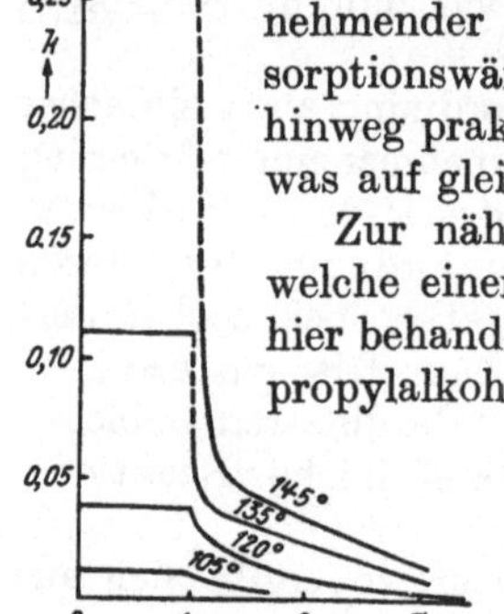

Abb. 32. Verlauf der wahren Geschwindigkeitskonstante mit der Belegungsdichte der Adsorptionsschicht bei verschiedenen Temperaturen.

In Richtung der Abszisse sind die Belegungsdichten und in Richtung der Ordinate die Geschwindigkeitskonstanten eingetragen. Man erkennt, daß bei allen Temperaturen über einen praktisch gleich bleibenden Belegungsbereich hinweg k konstant ist. Das bedeutet, daß hier einerseits C, wie für die erste Reaktionsordnung am Kontakt charakteristisch, der adsorptiven Belegung und der Reaktionsgeschwindigkeit einfach proportional ist, was aber andererseits nur bei einem für die betr. Belegungsbreite konstanten q möglich ist. Erst von höheren Belegungen an beginnt k abzufallen, was darauf hindeutet, daß jetzt zunehmend auch weniger aktive Stellen, an denen eine höhere Aktivierungsenergie erforderlich ist, bei der Reaktion mitwirken.

Bei niedrigeren Adsorptionsbelegungen geht die Katalyse also zunächst an den aktivsten Stellen vor sich, die über eine größere Breite hinweg die „gleiche Qualität" besitzen[5]. Auffallend ist aber weiter, daß nach Überschreiten einer bestimmten Belegungsdichte die Wirksamkeit der aktiven Stellen plötzlich sehr

[1] F. H. Constable: Proc. Cambridge philos. Soc. **23** (1927), 832. — E. Cremer, G.-M. Schwab: Z. physik. Chem., Abt. A **144** (1929), 243. — G.-M. Schwab: Z. physik. Chem., Abt. B **5** (1929), 406 und vor allem E. Cremer: Z. physik. Chem., Abt. A **144** (1929), 231.

[2] G. Rienäcker: Z. Elektrochem. angew. physik. Chem. **46** (1940), 369.

[3] G.-M. Schwab: Katalyse, S. 169.

[4] H. Dohse, W. Kälberer: loc. cit.

[5] Vgl. hierzu auch R. Fricke, G. Wessing: Z. Elektrochem. angew. physik. Chem. **49** (1943), 274.

stark oder zumindest *diskontinuierlich* abzufallen beginnt. Dies kann darauf hindeuten, daß mit dem Einsetzen des Abfalles von k eine prinzipiell andere Art von aktiven Stellen an der Katalyse teilzunehmen anfängt (wenn nämlich nicht die höhere Belegungsdichte an sich Besonderheiten mit sich bringt).

Bei weiteren Versuchen stellte H. Dohse fest, daß C und damit die Zahl der aktiven Stellen an seinem Bauxitpräparat für die katalytische Dehydratation von fünf verschiedenen Alkoholen dieselbe war[1].

Andererseits ist es aber weitgehend sichergestellt, daß z. B. an oxydischen Kontakten die Art der aktiven Stellen für die Dehydratisierung von Alkoholen eine ganz andere ist als für die Dehydrierung. So ließ sich zeigen, daß an Oxyden, an welchen gleichzeitig eine Dehydratisierung und eine Dehydrierung des Äthylalkohols vor sich geht, nicht nur beide Vorgänge mit stark verschiedenen Temperaturkoeffizienten der Geschwindigkeit verlaufen, sondern auch der Vorgang der Dehydratisierung durch „Vergiftung" des Kontakts mit Wasser, Acetaldehyd oder Chloroform unterbrochen werden kann, während die Dehydrierung weitergeht[2].

Es genügt demnach für die Charakterisierung aktiver Oberflächenstellen nicht, daß man sie als adsorptiv oder reaktiv besonders wirksam auffaßt. Vielmehr müssen an ein und demselben Kontakt auch verschiedene Gruppen von aktiven Stellen auftreten können, welche sich ganz spezifisch, also „chemisch", voneinander unterscheiden. Hierauf werden wir weiter unten (VII 3) an Hand unmittelbarer experimenteller Befunde noch zurückkommen.

Im übrigen ist, auch ganz abgesehen von der chemischen Spezifität verschiedener Oberflächenstellen desselben Stoffes, die Frage nach der Natur der aktiven Stellen zur Zeit noch weitgehend ungeklärt.

Die wesentlichsten Grundlagen der Frage der Stabilität verschiedenartiger Ecken, Kanten und Flächen wurden im Anschluß an die Arbeiten von Kossel, Stranski, Kaischew u. a. oben besprochen (V 7 b γ, S. 75). Doch beziehen sich diese Betrachtungen zunächst auf *Gleichgewichtsformen* von Kristallen, während die adsorptiv und katalytisch aktiven Stoffe oft in Formen vorliegen, die nicht nur wegen der starken Oberflächenentwicklung, sondern auch wegen Gitterstörungen und Oberflächenstörungen verschiedenster Art recht weit vom Energieminimum der betr. Kristallarten entfernt sind, worauf unter anderem die im wesentlichen auf Gitterstörungen zurückzuführenden Erhöhungen des Wärmeinhaltes bestimmter aktiver Stoffe hinweisen[3], von denen weiter unten (unter VIII) noch eingehender die Rede sein wird.

Die ursprüngliche Taylorsche Auffassung der aktiven Stellen geht denn auch über die gleichgewichtsmäßig am Kristall vorhandenen Ecken und Kanten und andere energiereiche Bezirke des normalen Kristalls (V 7 b γ) hinaus und nimmt isoliert als Spitzen aus dem Gitterverband herausragende einzelne Atome und ähnliche noch instabilere Oberflächenzustände als die Repräsentanten der besonders aktiven Stellen an.

Ein dieser Vorstellung entsprechendes Taylorsches Katalysatorprofil ist in Abb. 33 wiedergegeben[4].

Hierbei würde es sich also um Stellen mit besonders hohem Energieinhalt und somit besonders hoher Reaktionsbereitschaft handeln. Abgesehen von der weiter unten noch anzuschneidenden Frage, wieweit solche Zustände energetisch

---

[1] H. Dohse: Z. physik. Chem., Abt. B **6** (1930), 343.

[2] G. Hoover, E. K. Rideal: J. Amer. chem. Soc. **49** (1927), 104, 116. Vgl. auch E. Cremer: loc. cit. — H. Adkins u. Mitarb.: J. Amer. chem. Soc. **47** (1925), 807; **48** (1926), 1671; **51** (1929), 2449.

[3] R. Fricke: Ber. **70** (1937), 138.

[4] Entnommen aus G.-M. Schwab: loc. cit., S. 194.

überhaupt möglich sind, ist 'es nach allem, was wir heute über heterogene Katalyse wissen, ganz sicher, daß die durch Abb. 33 gegebene Modellvorstellung nicht nur zu einfach ist, sondern daß auch ihre prinzipielle Richtigkeit erst noch eines besonderen Beweises bedürfte. So ist z. B. nicht ohne weiteres klar, ob für eine Kontaktkatalyse nur aus dem Kontakt herausragende Spitzen, also für chemische Reaktionen im engeren Sinne besonders stark, für Adsorptionen aber besonders wenig aktive Stellen das Ausschlaggebende sind, oder auch gerade umgekehrt reaktiv zunächst weniger, adsorptiv aber sehr stark aktive „atomare" Löcher[1]. Hierbei wäre unter Adsorption wohl schon eine sehr feste spezifische, also nicht VAN DER WAALSsche, aber auch nicht die „aktivierte" Adsorption im üblichen Sinne[2] zu verstehen, weil letztere mit wirklichen chemischen Reaktionen einhergeht und dementsprechend auch manchmal irreversibel ist[3].

Diese Frage wird auch dadurch noch nicht entschieden, daß es verschiedentlich gelungen ist, die besondere Bedeutung der „aktiviert adsorbierenden", d. h. der chemisch besonders reaktiven Stellen (Spitzen? Löcher?) für Kontaktkatalysen sehr wahrscheinlich zu machen. Die Kompliziertheit der Kontaktvorgänge (Adsorption, Aktivierung, Reaktion, Desorption) legt im Verein mit der oben erwähnten außerordentlich hohen chemischen Spezifität der aktiven Stellen vielmehr den Gedanken an eine kompliziertere Struktur dieser Stellen, wie z. B. an ein Nebeneinander von durch „Verunreinigungen" im weitesten Sinne oder durch absichtliche Zusätze stabilisierten (VII 2c und 4) „atomaren" Spitzen und Löchern bzw. „Graten" und Rissen, evtl. kombiniert mit bestimmten Veränderungen der *Atomabstände* usw., sehr nahe[4]. Leider sind wir aber in dieser Beziehung bisher nur auf Vermutungen angewiesen. Vgl. hierzu auch am Schluß des folgenden Kapitels (VII 2c).

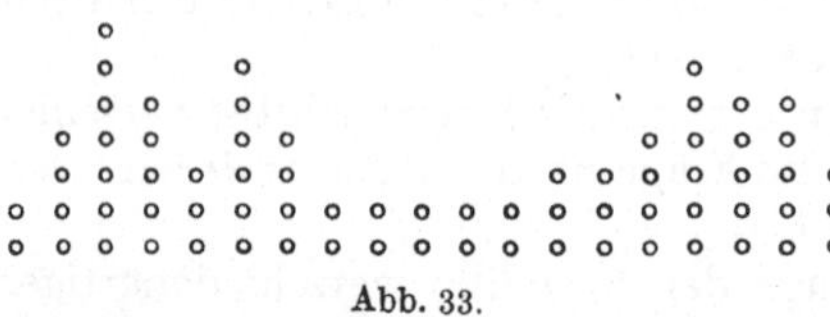

Abb. 33.
Profil einer Katalysatoroberfläche nach TAYLOR.

Unabhängig davon bleibt die vielfach nachgewiesene besondere katalytische Aktivität *chemischer* Phasengrenzen fest/fest[5], wie z. B. Metall/Metalloxyd usw., auf die wir unten (unter VII 4) kurz zurückkommen.

γ) Einige praktische Beispiele.

Zum Schluß bringen wir noch einige interessante Beispiele praktischer Untersuchung von Oberflächenzuständen durch heterogene Katalyse:

J. ECKELL stellte fest, daß die katalytische Wirksamkeit von Nickelblech für die Äthylenhydrierung durch Walzen zunahm, durch Ausglühen abnahm[6]. G. RIENÄCKER fand aber bei eingehender Untersuchung der betr. katalytischen Vorgänge, daß auch die Aktivierungsenergie beim Walzen zunahm und beim

[1] Vgl. auch R. FRICKE: Z. angew. Chem. **51** (1938), 863, sowie E. CREMER, S. FLÜGGE: Z. physik. Chem., Abt. B **41** (1939), 453.

[2] Vgl. z. B. A. EUCKEN, W. HUNSMANN: Z. physik. Chem., Abt. B **44** (1939), 163, sowie H. DOHSE, H. MARK: Hand- u. Jahrbuch der Chem. Physik, Bd. 3, 1. Teil, Abschnitt I.

[3] Vgl. z. B. S. JIJIMA: Rev. physic. Chem. of Japan **14** (1940), 128.

[4] Vgl. hierzu auch die Vorstellungen von R. BURK, J. physic. Chem. **30** (1926), 1134, sowie von A. A. BALANDIN: Z. physik. Chem., Abt. B **2** (1929), 289; **3** (1929), 167.

[5] Literatur bei G.-M. SCHWAB: loc. cit., S. 163, 210 und a. a. O. sowie G.-M. SCHWAB, H. S. TAYLOR, R. SPENCE: Catalysis. New York: D. van Nostrand Comp., 1937. — Vgl. hierzu auch G.-M. SCHWAB, E. PIETSCH: Z. Elektrochem. angew. physik. Chem. **35** (1929), 573 sowie weitere Arbeiten von G.-M. SCHWAB, E. PIETSCH und deren Mitarbeitern.

[6] J. ECKELL: Z. Elektrochem. angew. physik. Chem. **39** (1933), 433.

Ausglühen abnahm. Dadurch wäre erwiesen, daß durch das Walzen die Qualität der aktiven Stellen schlechter wurde, daß also der durch das Walzen verursachte Anstieg der katalytischen Aktivität auf eine Vermehrung der *Zahl* der aktiven Stellen (Erhöhung der Aktionskonstanten) zurückzuführen war[1] An Nickel anderer Herkunft konnten indessen SCHWAB und SCHWAB-AGALLIDIS[2] diese überraschende Abnahme der Aktivierungsenergie beim Ausglühen nicht wiederfinden, so daß hier offenbar weitere Untersuchungen unter eingehenderer Berücksichtigung des Zustandes des Nickels notwendig wären.

In der gleichen Arbeit fand G. RIENÄCKER, daß die Aktivierungsenergie für die Dehydrierung von Ameisensäuredampf an Wismut nach dem mechanischen Zerreiben des Metalls kleiner war als nach dem nachträglichen Tempern bei 250°, was etwa den Befunden der anderen Autoren am Nickel entsprechen würde.

Nach RIENÄCKER ist also die mechanische Zerkleinerung der Wismutkristalle nicht einfach gleichbedeutend mit einer Vermehrung der Oberfläche (Erhöhung der Aktionskonstanten). Vielmehr bilden sich dabei neue aktive Stellen von größerer Wirksamkeit.

Nach V 7 b γ S. 75 sollten intakte Kriställchen um so aktiver sein, je kleiner sie sind, weil relativ zur Oberfläche die Zahl der Ecken und Gesamtlänge der Kanten ansteigt, wenn man zu kleineren Kristalldimensionen übergeht. (Vergrößerung der Aktionskonstanten.) Dazu kommt bei unpolaren Kristallen evtl. noch das gleichgewichtsmäßige Auftreten sonst unbeständiger Ecken und Kanten im Mikrogebiet (vgl. oben), welches eine Verringerung der Aktivierungsenergie bewirken kann.

Es ist deshalb bemerkenswert, daß RUBINSTEIN bei Ni-γ-Al$_2$O$_3$-Katalysatoren eine optimale Teilchengröße nachgewiesen zu haben glaubt, die für Ni (Dehydrierung) bei 70÷80 Å und für γ-Al$_2$O$_3$ (Dehydratisierung) bei > 110 Å läge[3]. Das Substrat war in diesem Falle Isoamylalkohol.

SCHWAB und RUDOLPH[4] dagegen fanden bei Ni-Katalysatoren verschiedenen Verteilungszustandes (bei verschiedenen Temperaturen reduziertes Ni-Carbonat. Vgl. hierzu auch FRICKE und SCHWECKENDIEK[5]) wieder das nach V 7 b γ zu Erwartende: Die Aktivität bei der Hydrierung von Zimtsäureäthylester nahm bei Verkleinerung der Mikrokriställchen erheblich schneller zu, als die Oberfläche.

RIENÄCKER und BURMANN untersuchten die Katalyse der Dehydrierung von Ameisensäuredampf durch die Legierung Cu$_3$Pt ohne und nach Anätzen mit Königswasser. Aus dem Gleichbleiben der Aktivierungsenergie mußten sie den Schluß ziehen, daß eine Anreicherung von Pt-Atomen durch das Anätzen in der Oberfläche entweder nicht eintrat oder sich nicht auswirkte, da an platinreicheren Legierungen wesentlich geringere Aktivierungsenergien gefunden wurden. Die Versuche wurden sowohl an Material mit Überstruktur, als auch mit statistischer Verteilung der Platinatome ausgeführt[6].

Bezüglich der quantitativen Erfassung und Charakterisierung der katalytisch wirksamen Oberfläche vgl. die vorhin unter α) genannte sehr interessante neue Arbeit von SCHWAB und DRIKOS[7].

Weiteres vgl. unter VII 2d bei der Besprechung der Arbeiten SMITH, BEECK und WHEELER, sowie SCHOON und BEGER.

---

[1] G. RIENÄCKER: Z. Elektrochem. angew. physik. Chem. **46** (1940), 369.

[2] G.-M. SCHWAB, E. SCHWAB-AGALLIDIS: Z. physik. Chem. (**1942**), im Druck.

[3] A. M. RUBINSTEIN: Bull. Acad. Sci. URSS. Sér. chim. **1938**, 815; C. B. **1939 II**, 3928.

[4] G.-M. SCHWAB, L. RUDOLPH: Z. physik. Chem., Abt. B **12** (1931), 427.

[5] R. FRICKE, W. SCHWECKENDIEK: Z. Elektrochem. angew. physik. Chem. **46** (1940), 90.

[6] G. RIENÄCKER, R. BURMANN: Z. Metallkunde **32** (1940), 242.

[7] G.-M. SCHWAB, G. DRIKOS: Z. physik. Chem., Abt. B **52** (1942), 234.

c) Zur Energetik des Baues fester Oberflächen. Oberflächenenergie fester Stoffe und Energieinhalt aktiver Stellen.

Zu diesem Thema ist oben unter. V 7 bγ (S. 75) schon einiges gesagt worden. Wir haben dort u. a. Betrachtungen und Untersuchungen von Stranski und Mitarbeitern über die Ablösearbeit einzelner Gitterbausteine aus verschiedenen Lagen am Kristall kennengelernt, also gerade etwas über die Arbeitsgrößen, welche für die Aktivität verschiedener Stellen der Kristalloberfläche von Bedeutung sind.

Diese Ablösearbeiten hängen in klarer Weise einerseits direkt mit der freien Oberflächenenergie („Oberflächenspannung"[1]) zusammen, welche, wie wir oben schon erwähnten, je nach der betr. Flächenart wegen der verschiedenartigen Koordination der Atome und Moleküle sehr unterschiedlich sein kann, und andererseits mit der Sublimationswärme. Man ist also auf Grund der Überlegungen von Kossel und vor allem Stranski und Mitarbeitern prinzipiell imstande, Oberflächenenergien aus Sublimationswärmen zu berechnen und darüber hinaus auch, wie wir weiter unten noch sehen werden, den Energieinhalt jeder definiert gebauten „aktiven Stelle". Der Einfachheit halber beschränken wir unsere Überlegungen zunächst auf Metallkristalle unter einatomarem Dampf.

Die Sublimationsenergie muß hier aufgewandt werden, um die Atome des Kristalls von ihren sämtlichen Bindungen zu lösen. Da aber die Loslösung eines Atoms von einem Nachbaratom stets gleichzeitig auch beim Nachbarn die betreffende Bindung frei macht, so kann die atomare Sublimationsenergie exakt als die *Hälfte* der Arbeit definiert werden, die notwendig ist, um ein Atom aus dem Innern des Kristalls ins Vakuum zu befördern. Dieser Energiebetrag ist gleich der *ganzen* Loslösearbeit des Atoms aus der Halbkristallage (Abb. 20), d. h. der Arbeit $\varphi_{1/2}$ im Sinne von Stranski.

Nach M. Volmer[2] besteht zwischen der Sublimationsenergie und der Sublimationswärme bei einatomigen festen Stoffen folgender Zusammenhang:

$$N \cdot \varphi_{1/2} = \lambda_T - \int_0^T C_{p\,Gas}\, dT + \int_0^T C_{p\,fest}\, dT + {}^3/_2 N h \nu. \tag{55}$$

Hierin bedeuten $\varphi_{1/2}$ die Loslösearbeit eines Atoms aus der Halbkristallage, N die Loschmidtsche Zahl, $C_{p\,Gas}$ und $C_{p\,fest}$ die atomaren spezifischen Wärmen des Gases und des festen Stoffes, T die abs. Temperatur, h das Plancksche Wirkungsquantum und ν die Frequenz der Nullpunktschwingung. Im Gültigkeitsbereich des Gesetzes von Dulong und Petit kann man nach Volmer bei einatomarem Dampf als gute Näherung setzen:

$$N \cdot \varphi_{1/2} = \lambda_T + {}^1/_2 R T \tag{56}$$

und zwar deshalb, weil der Wert der Nullpunktsenergie recht gut dem Defizit von $\int_0^T C_p\, dT$ des festen Körpers gegen $T \cdot {}^6/_2 R$ bei tiefen Temperaturen entspricht.

Nach Gl. (55) und (56) ist, wie man leicht erkennt, $N \cdot \varphi_{1/2} = \lambda_0 + {}^3/_2 N h \nu$, also gleich der Sublimationswärme beim absoluten Nullpunkt plus der Nullpunktsenergie des festen Stoffes. Die Gleichungen erfassen damit den *potentiellen* Anteil der Sublimationsarbeit von den Ideallagen der Atome im Gitter aus bei allen Temperaturen. (Aber nur bei 0° abs. ist dieser potentielle Anteil auch genau gleich der Gesamtarbeit, vgl. unten.)

---

[1] Dieser Ausdruck erscheint für *feste* Stoffe sehr unglücklich, weil seine vorstellungsmäßig klare Ableitung eine gegenseitige Verschieblichkeit der Moleküle (Atome) voraussetzt.

[2] M. Volmer: Kinetik der Phasenbildung, S. 36. Dresden u. Leipzig: Theodor Steinkopff, 1939.

Man erhält also aus den Sublimationswärmen in einfacher Weise $\varphi_{1/2}$, welches sich je nach dem Gitterbau in verschiedener Weise aus den Ablösearbeiten von den nächsten, übernächsten usw. Gitternachbarn, also den φ_1, φ_2, φ_3 usw. zusammensetzt (V 7 bγ, S. 75ff.).

Um den Weg zur Oberflächenenergie zu finden, muß man sich zunächst einerseits diese Zusammensetzung von $\varphi_{1/2}$ für das betreffende Gitter und andererseits die Bindungen überlegen, welche die in der betreffenden Oberfläche sitzenden Atome weniger betätigen als ein im Inneren des Kristalls befindliches, d. h. man überlegt sich, welche Bindungen pro Atom gelöst werden, wenn die betreffende Fläche durch Spaltung des Kristalls neu gebildet wird. In vielen Fällen genügt es, hierbei nur die Atome der obersten Schicht der betreffenden Fläche zu berücksichtigen. Oft muß aber auch noch die darunterliegende Atomschicht mit berücksichtigt werden, wenn diese z. B. nach außen gerichtete zweitnächste Bindungen φ_2 nicht mehr betätigen kann und vielleicht zudem auch noch sehr dicht unter der obersten Atomschicht liegt.

Aus diesen Überlegungen ergibt sich die Arbeit, welche aufgewandt werden muß, um die Atome aus dem Innern des Kristalls in die Oberfläche zu befördern. Auch diese Arbeit ist zu halbieren, weil die Lösung der einzelnen Bindungen jeweils zwei Atome von der betreffenden Bindung befreit.

Einige so ermittelte atomare Oberflächenbildungsarbeiten finden sich unter den betreffenden Werten von $\varphi_{1/2}$ in Tabelle 4[1]. Eine 0 in der dritten Vertikalen der Tabelle bedeutet, daß für die Atome der zweitobersten Schicht Bindungen zu (nächsten und) übernächsten Nachbarn nicht wegfallen.

Tabelle 4.

Flächenart	Oberflächenbildungsarbeit pro Atom unter Berücksichtigung von φ_1 und φ_2		Gesamte atomare Oberflächenbildungsarbeit
	für Atome der obersten Schicht	für Atome der zweitobersten Schicht	

Hexagonal dichteste Kugelpackung. Koordinationszahl: 12.

$$\varphi_{1/2} = 6\,\varphi_1 + 3\,\varphi_2$$

$00\bar{0}1$	$1,5\,\varphi_1 + 1,5\,\varphi_2$	0	$1,5\,\varphi_1 + 1,5\,\varphi_2$
$10\bar{1}0$	$2\,\varphi_1 + 2\,\varphi_2$	0	$2\,\varphi_1 + 2\,\varphi_2$

Kubisch flächenzentriertes Gitter. Koordinationszahl: 12.

$$\varphi_{1/2} = 6\,\varphi_1 + 3\,\varphi_2$$

111	$1,5\,\varphi_1 + 1,5\,\varphi_2$	0	$1,5\,\varphi_1 + 1,5\,\varphi_2$
001	$2\,\varphi_1 + 0,5\,\varphi_2$	$0,5\,\varphi_2$	$2\,\varphi_1 + 1\,\varphi_2$

Kubisch raumzentriertes Gitter. Koordinationszahl: 8.

$$\varphi_{1/2} = 4\,\varphi_1 + 3\,\varphi_2$$

110	$1\,\varphi_1 + 1\,\varphi_2$	0	$1\,\varphi_1 + 1\,\varphi_2$
001	$2\,\varphi_1 + 0,5\,\varphi_2$	$0,5\,\varphi_2$	$2\,\varphi_1 + 1\,\varphi_2$

Man ersieht aus der Tabelle erstens, daß die atomare Oberflächenbildungsarbeit je nach der Kristallfläche bei derselben Kristallart sehr unterschiedlich ist, und daß zweitens die Sublimationswärme durchweg größer, zum Teil sogar sehr viel größer ist als die doppelte Oberflächenbildungsarbeit.

Um aus den Sublimationswärmen, bzw. $\varphi_{1/2}$, die atomaren Oberflächenbildungsarbeiten als definierte Energiegrößen berechnen zu können, benötigt man weiterhin noch das Größenverhältnis von φ_2 zu φ_1 (bzw. bei deren Mitberücksichtigung auch noch von φ_3, φ_4 usw. zu φ_1). Hierzu liegen bisher kaum Unter-

---

[1] Entnommen aus R. Fricke: Kolloid-Z. **96** (1941), 211.

suchungen vor. Doch zeigt die oben am Schluß von V 7 bγ besprochene Untersuchung von Stranski, daß hier φ_2 gegen φ_1 sehr stark abfällt. Die von Stranski gefundene Tatsache, daß im Falle des Cadmiums bei 300° C $\varphi_2 \simeq 0{,}01 \varphi_1$, würde auf einen Abfall der gegenseitigen Anziehungskräfte der Metallatome mit der 13.÷14. Potenz (!) hindeuten. Es ist unwahrscheinlich, daß hier ein bestimmtes, bisher unbekanntes Potenzgesetz der Bindungskräfte vorliegt. Es ist auch kaum anzunehmen, daß zwischen den nächsten Nachbarn im Gitter besonders feste und zwischen den übernächsten Nachbarn dem *Charakter* bzw. der Elektronendichte nach andersartige und sehr viel weniger feste Bindungen vorliegen. Denn Grimm, Brill, Hermann und Peters fanden Fourier-analytisch bei dem ebenso wie Cd kristallisierenden Magnesium hierfür keine Anhaltspunkte[1]. Der bei Cd gefundene starke Abfall des φ_2 gegen φ_1 wird vielmehr einfach seine Ursache darin haben, daß die übernächsten Nachbarn in diesem Gitter nicht nur beachtlich weiter entfernt sind als die nächsten (vgl. dazu weiter unten), sondern daß vor allem die übernächsten Nachbarn durch die nächsten stark abgeschirmt werden. Dies gilt für beide dichtesten Kugelpackungen, also für die hexagonale und für die kubisch flächenzentrierte in gleichem Maße. Das Verhältnis φ_2/φ_1 wird sich aber wahrscheinlich beim gleichen Gittertyp ändern, wenn man zu anderen Atomarten übergeht. Für überschlägige Berechnungen läßt sich aber φ_2 wegen seiner geringen Größe in vielen Fällen entweder vernachlässigen oder nach dem von Stranski gefundenen Potenzabfall näherungsweise berechnen.

Zur Ermittlung der spezifischen freien Oberflächenenergien benötigt man also schließlich nur noch die Zahl der Atome pro 1 cm² der betreffenden Oberfläche, welche sich aus Kristallbau und Gitterdimensionen ohne weiteres ergibt, und vor allem zuverlässige Sublimationswärmen.

In Tabelle 5 bringen wir eine Reihe von spezifischen Oberflächenenergien für Metallkristalle, denen Sublimationswärmen bei der „Standardtemperatur" von 25° C zugrunde liegen, welche K. K. Kelley in sorgfältiger kritischer Weise bestimmt bzw. berechnet hat[2]. $N \cdot \varphi_{1/2}$ wurde zu Tab. 5 nach Gl. (56) berechnet.

Tabelle 5. *Spezifische Oberflächenenergien von Metallkristallen.*

1. Hexagonal dichteste Kugelpackung.

Metall	Atomare Sublimationswärme bei 25° C in kcal	Gitterkonstante in Å	σ_{0001} in erg/cm²
Mg	35,91	3,203	730
Zn.....	31,19	2,659	900
Cd.....	26,75	2,973	620

2. Kubisch flächenzentriertes Gitter.

Metall	Sublimationswärme wie oben	Gitterkonstante in Å	σ_{111} in erg/cm²	σ_{001} in erg/cm²
Al	67,50	4,041	1680	1920
Ni	98,28	3,5168	3220	3700
Cu	81,53	3,608	2540	2910
Ag	69,12	4,078	1680	1930
Pt	124,36	3,915	3283	3770
Au.....	90,49	4,0704	2210	2540
Pb	46,39	4,940	770	890

---

[1] H. G. Grimm, R. Brill, C. Hermann, Cl. Peters: Naturwiss. **26** (1938), 479.
[2] K. K. Kelley: Bull. of the US.-Department of the Interior, Bureau of Mines **1935**, 383.

3. Kubisch raumzentriertes Gitter.

Metall	Sublimationswärme wie oben	Gitterkonstante in Å	σ_{110} in erg/cm²	σ_{001} in erg/cm²
Cr	89,37	2,878	2750	3610
α-Fe ...	96,68	2,861	3010	3980
W	202,66	3,158	5172	6839

Bei den Berechnungen wurde φ_1 und φ_2 berücksichtigt. Da beim hexagonal dichtest gepackten und beim kubisch flächenzentrierten Gitter das Verhältnis der Entfernungen nächster und übernächster Nachbarn dasselbe ist, so wurde für diese beiden Gitter entsprechend den Befunden Stranskis beim Cadmium[1] $\varphi_2 = 0,01\, \varphi_1$ gesetzt, während beim kubisch raumzentrierten Gitter ein Abfall der Bindungskräfte mit der 13. Potenz der Entfernung (vgl. oben) angenommen wurde, wobei sich hier $\varphi_2 = 0,154\, \varphi_1$ ergibt. Natürlich haben die betreffenden φ_2-Werte aus oben schon genannten Gründen mit Ausnahme der Berechnungen zum Cadmium nur größenordnungsmäßige Bedeutung, vor allem für das kubischraumzentrierte Gitter.

Außerdem wäre prinzipiell zu Tabelle 5 noch die Frage kritisch zu prüfen, wieweit es bei *Metall*kristallen erlaubt ist, die zusammenhaltenden Kräfte als von den einzelnen Atomen *zentral* ausgehend den Berechnungen zugrunde zu legen.

Man ersieht aus der Tabelle nicht nur, daß die spezifischen Oberflächenenergien bei einer Reihe von Metallen, so vor allem Kupfer, Platin, Gold, Nickel, Chrom, Eisen und Wolfram erwartungsgemäß sehr hoch sind, sondern man erkennt auch wieder die bereits zu Tabelle 4 besprochenen Unterschiede der Oberflächenenergien verschiedener Flächenarten desselben Kristalls. Hierzu ist allerdings zu erwähnen, daß für das Kristallgleichgewicht (V 7 b γ, S. 75) nicht die spezifische (Tabelle 5), sondern die atomare Oberflächenenergie (Tabelle 4 und 7) maßgebend ist. Bei den drei in Tabelle 5 berücksichtigten Kristallarten sind (der Reihenfolge der Tabelle nach) $(00\bar{1})$, (111) und (110) die bevorzugten Flächen der betr. Raumgitter, weil sie von allen möglichen Flächenarten die geringste atomare Oberflächenenergie besitzen.

Die Werte von Tabelle 5 haben strenggenommen die Bedeutung der freien (und gesamten) Oberflächenenergie bei 0° abs. für je ein cm² bei Zimmertemperatur. Sie erfassen damit bei höheren Temperaturen nur den potentiellen Anteil der Oberflächenbildungsarbeit.

Zu den exakten Werten bei der Temperatur T führt folgende Überlegung[2]: Nach dem dritten Hauptsatz ist:

$$\sigma_T = \sigma_0 + \int_0^T \gamma\, dT - T \cdot \int_0^T \frac{\gamma}{T}\, dT. \qquad (57)$$

Hierin ist γ die Differenz der spez. Wärme einer einatomaren Oberflächenschicht von 1 cm² Größe gegen die spez. Wärme der gleichen Atomzahl im Inneren.

Prinzipiell ist zu Gl. (57) folgendes zu sagen: Wenn man von tiefen Temperaturen aus in das Gebiet des Gesetzes von Dulong und Petit kommt, so muß der Wert von γ auf 0 gehen, weil in diesem Gebiet die spez. Wärme von der Schwingungsfrequenz (Bindungsfestigkeit) unabhängig ist. Im Dulong-Petitschen Gebiet (für Inneres *und* Oberfläche des Kristalles) haben also die Integrale von Gl. (57) konstante Werte, und man kann an Stelle von Gl. (57) schreiben:

$$\sigma_T = \sigma_0 + A - BT, \qquad (58)$$

---

[1] I. N. Stranski: Ber. **72** (A) (1939), 141.

[2] R. Fricke, C. Wagner: Naturwiss. **30** (1942), 544; Z. physik. Chem., Abt. B **52** (1942), 284.

worin A und B Konstanten. Wir haben also im Dulong-Petitschen Gebiet eine konstante Oberflächenentropie B und weiter eine konstante gesamte Oberflächenenergie u_{σ_T}, welche um A größer ist als σ_0 ($u_{\sigma_T} = \sigma_0 + A$). Denn A hat einen positiven Wert, weil der Abfall der spezifischen Wärme der locker gebundenen Oberflächenatome erst bei tieferen Temperaturen beginnt als bei den fester gebundenen Innenatomen, und weil infolgedessen der Wärmeinhalt der Oberfläche nach Erreichen des Dulong-Petitschen Gebietes etwas größer sein muß als der Wärmeinhalt einer gleichen Atomzahl im Inneren.

Um die Werte von A und B zu erfassen, kann man sich den Kristall zunächst als ein System von unabhängig voneinander harmonisch schwingenden Planckschen Oszillatoren mit dem Energieinhalt

$$E = \frac{h\nu}{e^{h\nu/kT} - 1}$$

vorstellen.

γ ist dann gleich der Summe der Differenzen von $\frac{dE_i}{dT}$ gegen $\frac{dE_a}{dT}$ für 3 aufeinander senkrecht stehende Raumrichtungen, wenn E_i den Energieinhalt der inneren und E_a den Energieinhalt der Oberflächenatome bezeichnet. Die Durchführung der Rechnung liefert:

$$\sigma_T = \sigma_0 + n \sum \left(\frac{1}{2} h\nu_i - \frac{1}{2} h\nu_a \right) - T n k \sum \ln \sqrt{\frac{\nu_i}{\nu_a}}, \qquad (59)$$

worin n die Anzahl der Atome in der betreffenden Oberfläche ist, während die Indices i und a an den Frequenzzeichen ν die gleiche Bedeutung haben wie oben zu E. Die Σ-Zeichen sollen andeuten, daß ν richtungsabhängig ist.

Zur Auswertung von (59) für bestimmte Kristallflächen setzen wir ν_i in allen Richtungen gleich der charakteristischen Frequenz im Inneren des Kristalles. Das Verhältnis von ν_a/ν_i ergibt sich für die einzelnen Flächenarten und Richtungen aus sterischen Berechnungen der Beeinflussung der Federkonstante b des einzelnen Atomes durch den Wegfall der betr. nächsten Nachbarn bei Überführung eines Atomes aus dem Inneren in die betr. Oberfläche, wobei

$$b = (2\pi\nu)^2 m \qquad (60)$$

(m = Masse des Atomes).

Man erhält hierbei das Resultat, daß senkrecht zu den meisten Oberflächen gilt[1]

$$\nu_{a_\perp} = \nu_i \sqrt{\frac{1}{2}}, \qquad (61)$$

während in den beiden Schwingungsrichtungen parallel zur Oberfläche je nach Oberflächenart verschiedene und oft auch noch mit der Richtung wechselnde ν_a/ν_i-Werte auftreten.

Man erhält so folgende Formeln[2]:

1. Hexagonal dichteste Kugelpackung. Flächenart (0001)

$$\sigma_{T_{(000\bar{1})}} = \sigma_{0_{(000\bar{1})}} + n \left(\frac{1}{2} h\nu_i \right) \cdot \left(3 - \sqrt{\frac{1}{2}} - \sqrt{\frac{5}{6}} - \sqrt{\frac{7,94}{9,89}} \right) -$$

$$- T n k \left(\ln \sqrt{2} + \ln \sqrt{\frac{6}{5}} + \ln \sqrt{\frac{9,89}{7,94}} \right); \text{ bzw.}$$

$$\sigma_{T_{(000\bar{1})}} = \sigma_{0_{(000\bar{1})}} + n \left(\frac{1}{2} h\nu_i \right) 0{,}484 - T n k \cdot 0{,}748. \qquad (62)$$

---

[1] Vgl. auch W. H. Rodebush: J. chem. Physics 9 (1941), 284.
[2] R. Fricke, C. Wagner: loc. cit.

2. Kubisch flächenzentriertes Gitter.

a) Fläche (001)

$$\sigma_{T_{(001)}} = \sigma_{0_{(001)}} + n\left(\frac{1}{2}h\nu_i\right)\left(3 - \sqrt{\frac{1}{2}} - 2\sqrt{\frac{3}{4}}\right) - Tnk\left(\ln\sqrt{2} + 2\ln\sqrt{\frac{4}{3}}\right);$$

bzw.

$$\sigma_{T_{(001)}} = \sigma_{0_{(001)}} + n\left(\frac{1}{2}h\nu_i\right)0{,}561 - Tnk\cdot0{,}634. \tag{63}$$

b) Fläche (111)

Wie bei 0001 der hexagonal dichtesten Kugelpackung [Gl. (62)].

3. Kubisch raumzentriertes Gitter.

a) Fläche (001)

$$\sigma_{T_{(001)}} = \sigma_{0_{(001)}} + n\left(\frac{1}{2}h\nu_i\right)\left(3 - 3\sqrt{\frac{1}{2}}\right) - Tnk\,3\ln\sqrt{2}\,; \text{ bzw.}$$

$$\sigma_{T_{(001)}} = \sigma_{0_{(001)}} + n\left(\frac{1}{2}h\nu_i\right)0{,}879 - Tnk\cdot1{,}040. \tag{64}$$

b) Fläche (110)

$$\sigma_{T_{(110)}} = \sigma_{0_{(110)}} + n\left(\frac{1}{2}h\nu_i\right)\left(3 - \sqrt{\frac{1}{2}} - \sqrt{\frac{3}{4}} - 1\right) -$$

$$- Tnk\left(\ln\sqrt{2} + \ln\sqrt{\frac{4}{3}} + \ln 1\right); \text{ bzw.}$$

$$\sigma_{T_{(110)}} = \sigma_{0_{(110)}} + n\left(\frac{1}{2}h\nu_i\right)0{,}427 - Tnk\cdot0{,}490. \tag{65}$$

Gl. (62)÷(65) gelten entsprechend unserer Ableitung für das Temperaturgebiet des Gesetzes von DULONG und PETIT, und zwar mit der Einschränkung, daß der Geltungsbereich der Formeln nach hohen Temperaturen hin früher enden wird, als das eigentliche DULONG-PETITsche Gebiet, weil die Oberflächenatome wegen ihrer loseren Bindung schon bei niedrigeren Temperaturen beginnen werden, anharmonische Schwingungen auszuführen, als die Atome im Inneren des Kristalles.

Gl. (62)÷(65) sind weiter deshalb nur erste Näherungen, weil nur die Atomverschiebungen gegenüber nächsten Nachbarn berücksichtigt werden. Im hexagonal dichtest gepackten und im kubisch flächenzentrierten Gitter wird die Nichtberücksichtigung der übernächsten Nachbarn wegen deren geringen Einflusses[1] nur sehr kleine Fehler zur Folge haben. Anders ist das beim kubisch raumzentrierten Gitter, wo sowohl die Entfernung übernächster Nachbarn näher bei der Entfernung nächster Nachbarn liegt[2], als auch die Abschirmung übernächster Nachbarn durch nächste Nachbarn geringer ist (vgl. oben). Die Zuverlässigkeit der Berechnungen für das raumzentrierte Gitter ist deshalb geringer als für die anderen beiden Gitter.

Schließlich sei zur Ableitung der Grundgleichung (59) hervorgehoben, daß diese unter Benutzung der PLANCKschen Funktion durchgeführt ist, welche für unabhängig voneinander schwingende Oszillatoren·gilt, so daß die gegenseitige Koppelung der Schwingungen nicht berücksichtigt ist.

Diese Vernachlässigung dürfte aber deshalb keine großen Folgen haben, weil einerseits für gleiche Θ/T (Θ = charakteristische Temperatur der DEBYEschen Theorie der spez. Wärmen fester Stoffe) der Unterschied in der Entropie der

---

[1] I. N. STRANSKI, E. K. PAPED: Z. physik. Chem, Abt. B **38** (1938), 451. — I. N. STRANSKI: Ber. **72** A (1939), 141.

[2] Im kubisch flächenzentrierten Gitter ist das Verhältnis der Entfernungen 1 : 1,415, im kubisch raumzentrierten Gitter 1 : 1,154.

PLANCK-Funktion und der DEBYE-Funktion kein sehr großer ist[1] und weil andererseits bei der Einsetzung der charakteristischen Frequenzen ν_g nach DEBYE für ν_i in Gl. (62)÷(65) nach

$$k\,\Theta = h\,\nu_g \tag{66}$$

das Verhältnis von Θ_a/Θ_i dem Verhältnis von ν_a/ν_i gleich ist.

Doch sei auch hier an das auf S. 111 bzgl. der Verwendung der Vorstellung atomar zentraler Bindungskräfte in Metallen Gesagte erinnert.

In Tabelle 6 sind nun eine Reihe von Werten für $u_{\sigma_{(T)}}$ und $\sigma_{(T)}$ bei 298° abs. angegeben, welche nach Gl. (62)÷(65) aus σ_0-Werten berechnet wurden, die für Oberflächen mit der Atomzahl von 1 cm² bei 298° abs. gelten (Werte von Tabelle 5). T liegt für alle betrachteten Metalle bereits im Geltungsbereich der Regel von DULONG und PETIT. Für ν_i wurde der sich nach Beziehung (66) aus dem betr. Θ ergebende Wert von ν_g eingesetzt.

Die Oberflächenenergien von Tabelle 6 werden in vielen Fällen praktisch nicht erreicht sein, weil die Oberflächen fast stets mit einer Haut von adsorbierten Molekülen bedeckt sind, welche die Oberflächenenergie heruntersetzen.

Man ersieht aus Tabelle 6, daß weder $u_{\sigma_{(298°)}}$ noch $\sigma_{(298°)}$ sich stark von dem auf 1 cm² bei 298° bezogenen σ_0 unterscheiden. Eine Einsetzung dieses σ_0 an Stelle

Tabelle 6. *Spezifische Oberflächenenergien von Metallkristallen.*

Metall	Θ	Fläche	σ_0 erg/cm²	$u_{\sigma_{(298°)}}$ erg/cm²	$\sigma_{(298°)}$ erg/cm²
Hexagonal dichteste Kugelpackung					
Mg	290°	0001̄	728	739	704
Zn	200°	0001̄	898	909	859
Cd	150°	0001̄	617	624	584
Kubisch flächenzentriertes Gitter					
Al	390°	100	1923	1941	1909
		111	1674	1692	1648
Ni	375°	100	3696	3720	3678
		111	3222	3246	3188
Cu	315°	100	2913	2932	2892
		111	2535	2554	2499
Ag	215°	100	1934	1944	1920
		111	1683	1693	1650
Pt	225°	100	3770	3781	3747
		111	3283	3294	3248
Au	170°	100	2539	2547	2516
		111	2210	2218	2175
Pb	88°	100	889	892	871
		111	771	774	745
Kubisch raumzentriertes Gitter					
Cr	485°	100	3610	3644	3595
		110	2750	2775	2739
α-Fe	420°	100	3980	4010	3959
		110	3010	3032	2996
W	288°	100	6839	6857	6814
		110	5172	5184	5155

[1] LANDOLT-BÖRNSTEIN-ROTH: Phys.-chem. Tabellen, 1. Erg.-Bd. S. 704/705.

von $\sigma_T{}^*$ bedingt keine großen Fehler, solange man im DULONG-PETITschen Gebiet bleibt, in dem der Wert der Entropie konstant ist [Gl. (58)], so daß die Differenz zwischen u_{σ_T} und σ_T (wenn man von der Veränderung der Atomzahl pro cm² mit der Temperatur absieht) mit T linear geht, während u_{σ_T} konstant bleibt.

Die von HAUL[1] aus einem Vergleich mit der Oberflächenentropie der betr. flüssigen Stoffe[2] abgeleiteten Entropiewerte der (111)-Fläche verschiedener kubisch flächenzentrierter Metalle stimmen größenordnungsmäßig mit den oben angegebenen überein $\left(\text{Entropie} = \dfrac{u_{\sigma_T} - \sigma_T}{T}\right)$.

Zum Vergleich mit Tabelle 6 geben wir nachfolgend noch einige σ-Werte für höhere Temperaturen bei gleichem n wie zu Tabelle 6:

Bei 596° abs. erhält man für $\sigma_{(000\bar{1})}$ des Mg 669 und des Zn 809 erg, weiter für σ_{100} und σ_{111} des Al 1877 bzw. 1606 erg/cm². Bei 894° abs. ergibt sich für σ_{100} und σ_{111} des Cu 2812 und 2389 erg/cm².

Auffallend ist ferner der aus Tabelle 6 sich ergebende Befund, daß der Unterschied zwischen σ_0 und u_{σ_T} bei (100) und (111) desselben kubisch flächenzentrierten Stoffes überall praktisch derselbe ist. Dies Resultat ist gleichbedeutend mit einer Konstanz der Differenzen der Wärmeinhalte der beiden Flächenarten (einatomare Schicht) gegenüber jeweils der gleichen Atomzahl im Inneren. Der Befund ist so zu verstehen, daß n, die Atomzahl pro cm² Oberfläche auf den beiden Flächenarten, umgekehrt proportional zu dem Zahlenfaktor des zweiten Gliedes der rechten Seite von Gl. (62)÷(65) ist. Ob diesem Befund eine allgemeine Bedeutung zukommt, kann mit dem bisher durchgerechneten Material nicht entschieden werden. Das andersartige Resultat bei (100) und (110) des kubisch raumzentrierten Gitters (Tabelle 6) hat wegen der Unsicherheit der Berechnung zu diesem Gittertyp (vgl. oben) keine Bedeutung.

In Tabelle 6a geben wir zum Vergleich einige nach STRANSKI[3] berechnete Abtrennungsarbeiten β_0 einer ein Ion dicken Schicht von (100) des Steinsalzgitters, wobei wieder nur die potentielle Energie der Oberflächenbildung erfaßt ist, so daß die Zahlen streng genommen nur für 0° abs. gelten. Hierbei sind die COULOMBschen Kräfte nach MADELUNG und die BORNschen Abstoßungspotentiale berücksichtigt. Die in der Tabelle wiedergegebenen Energien gelten nur für genügend große (streng genommen unendlich große) Flächen. Außerdem haben sie die Bedeutung von unteren Grenzwerten, weil bei ihrer Ableitung angenommen wurde, daß die Ionenabstände in der Oberfläche dieselben sind wie im Inneren der Kristalle. Die für die Gitterenergie benutzten Werte basieren auf der Voraussetzung idealer Ionengitter, was für viele Verbindungen von Tabelle 6a nicht zutrifft.

In der dritten und vierten Vertikalen von Tabelle 6a stehen diese Trennungsenergien bezogen auf ein Gramm-Mol Oberflächenmoleküle, in der sechsten Vertikalen bezogen auf 1 cm² bei Zimmertemperatur.

In der 7. Vertikalen bringt Tabelle 6a die nach BORN[4] berechneten Oberflächenenergien von (100) des Steinsalzgitters. Man erkennt, daß diese Zahlen nahe bei den halben β_0-Werten pro cm² liegen.

---

* R. FRICKE, G. WEITBRECHT: Z. Elektrochem. angew. physik. Chem. **48** (1942), 87. Entsprechendes gilt für die Verwendung der für 0° abs. abgeleiteten Ablösearbeit „vom halben Kristall" ($N \cdot \varphi_{1/2}$) bei höheren Temperaturen. Vgl. I. N. STRANSKI: Ber. **72** A (1939), 141.

[1] R. HAUL: Naturwiss. **29** (1941), 706.

[2] Vgl. hierzu auch K. L. WOLF, R. GRAFE: Kolloid-Z. **98** (1942), 257 und frühere Arbeiten von K. L. WOLF und Mitarb.

[3] I. N. STRANSKI: Z. physik. Chem. **136** (1928), 259.

[4] M. BORN: Atomtheorie des festen Zustandes. Berlin-Leipzig, 1923.

Praktisch werden die in Tabelle 5, 6 und 6a angegebenen Oberflächenenergien wohl nur selten rein zur Auswirkung kommen, weil sie meist durch adsorptive Vorbelastungen der Oberflächen verkleinert werden.

Ganz analog zu den Berechnungen der Oberflächenenergien lassen sich nun auch, wie oben schon erwähnt, die Energieinhalte von Kanten, Ecken und anderen „aktiven Stellen" berechnen, soweit sie nämlich gittermäßig definiert gelagerte Atome (Moleküle) am reinen Kristall sind. Man hat auch hier zunächst zu überlegen, welche nächsten, übernächsten usw. Nachbarn ein an der betr. aktiven Stelle sitzendes Atom weniger hat, als ein im Inneren des Kristalls befindliches, d. h. welche „Bindungen" an dem an der betr. aktiven Stelle sitzenden Atom frei verfügbar sind. Beim Vergleich mit $\varphi_{\frac{1}{2}}$ sind diese freien Bindungen wieder mit ihrer halben Zahl anzusetzen, weil jede Bindung zu zwei Atomen gehört.

Tabelle 6a. *Oberflächenenergien von (100) am Steinsalzgitter.*

Verbindung	Gitterenergie kcal	Mol. $\beta_{0(100)}$ kcal	Mol. $\beta_{0(100)}$ erg	$a/2$ Å	$\beta_{0(100)}$ erg/cm²	$\sigma_{0(100)}$ erg/cm²
LiF	250	9,840	$4{,}119 \cdot 10^{11}$	2,01	846	417
LiJ......	182	7,164	$2{,}998 \cdot 10^{11}$	3,03	271	123
NaF.....	220	7,650	$3{,}202 \cdot 10^{11}$	2,31	498	275
NaCl	183	7,203	$3{,}015 \cdot 10^{11}$	2,814	316	152
NaBr	177	6,967	$2{,}917 \cdot 10^{11}$	2,981	272	128
NaJ	166	6,534	$2{,}735 \cdot 10^{11}$	3,231	218	100
KF	197	7,754	$3{,}246 \cdot 10^{11}$	2,665	378	179
KJ......	154	6,062	$2{,}537 \cdot 10^{11}$	3,526	170	77
RbF	189	7,439	$3{,}114 \cdot 10^{11}$	2,815	326	152
RbJ.....	149	5,865	$2{,}455 \cdot 10^{11}$	3,662	152	69
CsF	181	7,124	$2{,}982 \cdot 10^{11}$	3,005	274	125
MgO.....	940	37,00	$1{,}546 \cdot 10^{12}$	2,102	2908	1459
CaO	830	32,67	$1{,}367 \cdot 10^{12}$	2,401	1970	979
SrO	790	31,16	$1{,}303 \cdot 10^{12}$	2,573	1636	795
BaO	750	29,52	$1{,}236 \cdot 10^{12}$	2,765	1342	641
MgS	790	31,09	$1{,}302 \cdot 10^{12}$	2,595	1606	775
BaS	640	25,19	$1{,}055 \cdot 10^{12}$	3,185	864	419
CdO	915	36,01	$1{,}507 \cdot 10^{12}$	2,35	2278	1044
MnO	920	36,21	$1{,}516 \cdot 10^{12}$	2,215	2374	1247
MnS	810	31,88	$1{,}334 \cdot 10^{12}$	2,605	1632	766
PbS	730	28,73	$1{,}203 \cdot 10^{12}$	2,965	1142	520
AgCl	210	8,266	$3{,}460 \cdot 10^{11}$	2,77	346	159
AgBr	209	8,226	$3{,}444 \cdot 10^{11}$	2,88	344	142

In Tabelle 7 sind die im übrigen analog zu Tabelle 5 ermittelten freien Bindungsenergien von Atomen auf verschiedenen gittermäßig richtigen Plätzen in und auf verschiedenen Flächenarten von Metallkristallen wiedergegeben, und zwar in kcal pro Grammatom. Der höchste an einer aktiven Stelle mögliche atomare Energieinhalt ist der, welcher erreicht wird, wenn das betr. Atom nur noch an einem nächsten Nachbaratom hängt („Taylorsche Spitze"). In diesem Falle ist die freie Bindungsenergie $\varphi_{\frac{1}{2}} - 0{,}5\,\varphi_1$ bzw. $N \cdot (\varphi_{\frac{1}{2}} - 0{,}5\,\varphi_1)$, liegt also dicht bei der Sublimationswärme.

Wie man aus der Tabelle ersieht, ergänzen sich die freien Bindungsenergien eines in und eines auf der gleichen Fläche liegenden Atomes jeweils zu $\varphi_{\frac{1}{2}}$. Die auf Flächen liegenden Atome haben dabei zum Teil die gleiche freie Energie wie bestimmte Eckatome. Die höchsten Energieinhalte aber haben stets die „Taylorschen Spitzen".

Auch wenn man den Energieinhalt aktiver Stellen bei der Temperatur T ge-

Tabelle 7. *Verfügbare Bindungsenergien von Atomen in verschiedenen Lagen am Kristall.*
1. Hexagonal dichteste Kugelpackung. $\varphi_{1/2} = 6\,\varphi_1 + 3\,\varphi_2 \cong 6{,}03\,\varphi_1$.

Metall	$N \cdot \varphi_{1/2}$ in kcal	Freie Bindungsenergie in kcal pro Grammatom für Atome		
		in $(000\bar{1})$ $1{,}5\,\varphi_1 + 1{,}5\,\varphi_2$	*auf* $(000\bar{1})$ $\varphi_{1/2} - (1{,}5\,\varphi_1 + 1{,}5\,\varphi_2)$	an *einem* einzelnen nächsten Nachbarn $\varphi_{1/2} - 0{,}5\,\varphi_1$
Mg	36,2	9,1	27,1	33,2
Zn.....	31,5	7,9	23,6	28,9
Cd.....	27,0	6,8	21,2	24,8

2. Kubisch flächenzentriertes Gitter. $\varphi_{1/2} = 6\,\varphi_1 + 3\,\varphi_2 \cong 6{,}03\,\varphi_1$.

Metall	$N \cdot \varphi_{1/2}$ in kcal	Freie Bindungsenergie in kcal pro Grammatom für Atome				
		in (111) $1{,}5\,\varphi_1 + 1{,}5\,\varphi_2$	*auf* (111) $\varphi_{1/2} - (1{,}5\,\varphi_1 + 1{,}5\,\varphi_2)$ Eckatom des Würfels nach (001)	*in* (001) $2\,\varphi_1 + 0{,}5\,\varphi_2$	*auf* (001) $\varphi_{1/2} - (2\,\varphi_1 + 0{,}5\,\varphi_2)$ Eckatom des Oktaëders	an *einem* einzelnen nächsten Nachbarn $\varphi_{1/2} - 0{,}5\,\varphi_1$
Ni	98,6	24,8	73,8	32,8	65,8	90,4
Cu	81,8	20,5	61,3	27,0	54,8	75,0
Au.....	90,8	22,8	68,0	30,0	60,8	83,3

3. Kubisch raumzentriertes Gitter. $\varphi_{1/2} = 4\,\varphi_1 + 3\,\varphi_2 \cong 4{,}46\,\varphi_1$.

Metall	$N \cdot \varphi_{1/2}$ in kcal	Freie Bindungsenergie in kcal pro Grammatom für Atome					
		in (110) $1\,\varphi_1 + 1\,\varphi_2$	*auf* (110) $\varphi_{1/2} - (1\,\varphi_1 + 1\,\varphi_2)$	*in* (001) $2\,\varphi_1 + 0{,}5\,\varphi_2$	*auf* (001) $\varphi_{1/2} - (2\,\varphi_1 + 0{,}5\,\varphi_2)$	in Ecke des Würfels nach (001). $\varphi_{1/2} - (0{,}5\,\varphi_1 + 1{,}5\,\varphi_2)$	an *einem* einzelnen nächsten Nachbarn $\varphi_{1/2} - 0{,}5\,\varphi_1$
Cr	89,7	23,2	66,5	41,6	48,0	75,1	79,5
α-Fe ...	97,0	25,0	72,0	45,0	52,0	81,2	86,1

nauer berechnen will, ist eine Umrechnung der zunächst für den absoluten Nullpunkt erfaßten Werte auf höhere Temperaturen von der für die Ableitung von Gl. (62)÷(65) benutzten Basis aus möglich. Zwei diesbezügliche Gleichungen seien hier angegeben, und zwar Gl. (67) für den Energieinhalt eines gittermäßig richtig *auf* (nicht in!) (111) des kubisch flächenzentrierten Gitters (sowie auf $(000\bar{1})$ der hexagonal dichtesten Kugelpackung) aufgesetzten Atomes und Gl. (68) für ein entsprechend *auf* (100) des kubisch flächenzentrierten Gitters aufgesetztes. In den Gleichungen bedeutet E^* die freie (nicht abgebundene) Bindungsenergie des betr. Atomes pro Grammatom bezogen auf ein Atom im Inneren des Kristalles (mit der freien Bindungsenergie 0)[1] und N die LOSCHMIDTsche Zahl.

$$E^*_{T\,(111)} = E^*_{0\,(111)} + N\left(\frac{1}{2}\,h\nu_i\right)\left(3 - \sqrt{\frac{1}{2}} - \sqrt{\frac{1}{6}} - \sqrt{\frac{1{,}943}{9{,}886}} - \right.$$
$$\left. - T N k\left(\ln\sqrt{2} + \ln\sqrt{6} + \ln\sqrt{\frac{9{,}886}{1{,}943}}\right)\right); \text{ bzw.}$$

$$E^*_{T\,(111)} = E^*_{0\,(111)} + N\left(\frac{1}{2}\,h\nu_i\right) \cdot 1{,}441 - T N k \cdot 2{,}906; \tag{67}$$

$$E^*_{T\,(100)} = E^*_{0\,(100)} + N\left(\frac{1}{2}\,h\nu_i\right)\left(3 - \sqrt{\frac{1}{2}} - 2\sqrt{\frac{1}{4}}\right) - T N k\left(\ln\sqrt{2} + 2\ln 2\right); \text{ bzw.}$$

$$E^*_{T\,(100)} = E^*_{0\,(100)} + N\left(\frac{1}{2}\,h\nu_i\right) \cdot 1{,}293 - T N k \cdot 1{,}732. \tag{68}$$

---

[1] R. FRICKE: Kolloid-Z. **96** (1941), 211.

Einige mit diesen Gleichungen berechnete Zahlen finden sich in Tabelle 8[1]. Für derart lose gebundene Atome, wie die zu Gl. (67) und (68) gehörigen, steht aber zu erwarten, daß die Wärmeschwingungen schon bei rel. niedrigen Temperaturen anharmonisch werden (vgl. oben).

An Hand von Tabelle 7 und 8 läßt sich auch der Energieinhalt von atomaren Löchern in den Oberflächen diskutieren. Denn die freie Bindungsenergie eines auf einer Fläche aufsitzenden Atomes ist genau gleich der Bindungsenergie, welche frei wird, wenn man ein Atom vollkommen aus der obersten Schicht einer im übrigen intakten Oberfläche herausnimmt, also die restliche Bindungsenergie eines Oberflächenatomes frei macht.

Tabelle 8. *Atomarer Gehalt an ungenutzter freier Bindungsenergie E* und an ungenutzter gesamter Bindungsenergie U_{E*} von gittermäßig richtig auf Flächen aufgesetzten Atomen bei 298° abs. in kcal.*

Metall und Flächenart	Atomare Sublimationswärme des Metalls beim abs. Nullpunkt + Nullpunktenergie in kcal	E_0^*	$U_{E^*_{298°}}$	$E^*_{298°}$	benützte Gleichung
$Mg_{(000\bar{1})}$	36,20	27,10	27,52	25,81	(67)
$Zn_{(000\bar{1})}$	31,48	23,58	23,87	22,16	(67)
$Ni_{(100)}$	98,57	65,81	66,29	65,27	(68)
$Ni_{(111)}$	98,57	73,81	74,34	72,63	(67)
$Cu_{(100)}$	81,82	54,60	55,00	53,98	(68)
$Cu_{(111)}$	81,82	61,25	61,70	59,99	(67)

Während aber die freie Bindungsenergie eines der Fläche aufsitzenden Atomes nur an dem einen Atom haftet, dieses äußerst reaktionsfähig macht, aber außer zur Fläche hin nach allen Richtungen in den Raum hineinstrahlt, verteilt sich die freie Bindungsenergie des Atomloches auf alle Nachbarn des Loches und wird von diesen größtenteils in den engen Raum des Atomloches hinein konzentriert. Man wird also auch von einem Atomloch sehr starke, wenn auch im Prinzip ganz andersartige Wirkungen erwarten können, als z. B. von einer TAYLORschen Spitze. Spitzen- und Eckenatome werden starke Neigung haben zu wirklichen chemischen Reaktionen, bei denen beide Partner tatsächlich abreagieren, während in Atomlöchern fremde Atome oder Atomgruppen, die vielleicht Bestandteile größerer Moleküle sind, gleichwertig in die Kraftfelder einer größeren Zahl von Atomen des betr. Kontaktes gelangen[2], wobei sie u. U. nicht chemisch abreagieren, wohl aber kräftig aktiviert werden können. Vielleicht spielen also auch Atomlöcher, wie oben bereits hervorgehoben, als aktive Stellen an Kontakten eine wesentliche Rolle[3].

Über die Besonderheiten der Oberflächen und aktiven Stellen auf gestörten Kristallen (IV) läßt sich zur Zeit mangels experimentellen Materials und exakter Theorien nur wenig aussagen. Weiter unten (unter VII 3) werden wir noch kurz darauf zurückkommen.

Eine sehr bedeutungsvolle Frage ist die nach der *Beständigkeit* aktiver Stellen. Praktisch weiß man schon lange, daß der aktive Zustand fester Stoffe durch Beimischung von Fremdsubstanzen stabilisiert wird, die entweder in Verunreinigungen oder in Resten des Ausgangsmaterials[4] oder in absichtlich bei der

---

[1] R. FRICKE, C. WAGNER: Z. physik. Chem., Abt. B **52** (1942), 284.

[2] In der Basisfläche der hexagonal dichtesten Kugelpackung oder der Oktaederfläche des kubisch flächenzentrierten Gitters hat ein Atomloch z. B. 9 nächste Nachbarn.

[3] Vgl. hierzu auch unter VII 2b, S. 102ff.

[4] Vgl. z. B. R. FRICKE, J. LÜKE: Z. Elektrochem. angew. physik. Chem. **41** (1935), 174.

Herstellung zugegebenen Fremdsubstanzen[1], sog. „Trägersubstanzen", bestehen, welche oft noch die Wirkungen von „Aktivatoren" oder „Promotoren"[2] der Kontaktsubstanz mit sich bringen (A. Mittasch).

Nach dem oben Dargelegten ist offensichtlich, daß die Gegenwart gitterfremder Substanzen zur Stabilisierung aktiver Stellen um so notwendiger ist, je energiereicher die betr. Stelle ist. Die Stabilisierung durch Fremdsubstanz ist aber zwangsläufig stets verknüpft mit einer Verringerung des Energieinhaltes der betr. Stelle.

Eine Stabilisierung von „Atomlöchern" durch Fremdsubstanz in einer solchen Form, daß die Atomlöcher noch katalytisch aktiv bleiben, ist schwer vorstellbar.

Eine andere Frage ist die, wieweit aktive Stellen verschiedener Art thermisch stabil sein können. Diese Frage kann aber nur für thermodynamisch im inneren Gleichgewicht befindliche Stoffe gestellt werden und ist dort auch exakt zu beantworten (Schottky, C. Wagner, Jost und Seith). Aktive feste Stoffe sind mitsamt ihren aktiven Stellen instabil. Thermische Beeinflussungen werden bei ihnen zunächst nur die aktiven Stellen zum Verschwinden bringen, dagegen schwerlich eine Wanderung der aktiven Stellen unter Erhaltung ihrer Aktivität bewirken[3]. Eine Grundfrage bei ihnen wäre daher die nach der temperaturabhängigen *Geschwindigkeit* ihrer Inaktivierung[4].

d) Die direkte Untersuchung des Baues von Oberflächen.

Die direkte Erkundung des Baues von Oberflächen mit den Ansprüchen, wie sie für die Charakterisierung von Kontakten gestellt werden müssen, ist ein experimentell bisher nur wenig bearbeitetes Gebiet. Die wesentliche Ursache dieser Sachlage ist entweder in den Schwierigkeiten oder aber in der Neuheit der verwendbaren Methoden zu suchen.

Das normale Mikroskop kommt hier nur in sehr untergeordnetem Maße in Frage, trotzdem seine Möglichkeiten auch in dieser Richtung noch nicht ausgeschöpft sind. Sogar Mosaikblockgrenzen können unter günstigen Umständen mit dem normalen Mikroskop sichtbar gemacht werden, wenn nämlich die Mosaikblöckchen, wie bei frei aus dem Schmelzfluß entstandenen Metallen, genügend groß sind[5].

Die beiden Methoden der Wahl für die rationelle Untersuchung des Feinbaues der Oberflächen sind zur Zeit die Anwendung von Elektronenstrahlen zur Erzeugung von Elektronenstrahlinterferenzen und die Verwendung des Elektronenmikroskopes.

α) Die Untersuchung von Oberflächen an Hand von Elektroneninterferenzen[6].

Wie bereits oben (unter V 3) auseinandergesetzt, ist die Wechselwirkung schnell bewegter Elektronen mit fester Materie eine so intensive, daß die Elektronen nicht sehr tief eindringen können, ohne auf dem Wege an Geschwindig-

---

[1] Vgl. z. B. R. Fricke, F. R. Meyer: Z. physik. Chem., Abt. A **183** (1938), 177.

[2] G.-M. Schwab, H. S. Taylor, R. Spence: Catalysis. New York: D. van Nostrand Comp., 1937.

[3] Vgl. hierzu aber auch J. A. Hedvall: Forsch. u. Fortschr. **17** (1941), 322; Glastechn. Ber. **20** (1942), 34.

[4] Siehe hierzu G. F. Hüttig in Band VI dieses Handbuchs.

[5] L. Graf: Referat auf der Arbeitstagung des Kaiser Wilhelm-Institut für Metallforschung, Stuttgart, am 26. März 1941; Z. Elektrochem. angew. physik. Chem. **47** (1942), 181.

[6] Eine kurze zusammenfassende Darstellung des Gebietes der Elektroneninterferometrie vgl. bei Th. Schoon: Angew. Chem. **52** (1939), 245, 260.

keit einzubüßen. Nur Elektronen von gleicher kinetischer Energie können aber zur interferenzfähigen Streuung beitragen [Gl. (27)].

Sollen Oberflächen mit Hilfe von Elektronenstrahlinterferenzen untersucht werden, so kommt die Methode des streifenden Einfalls der Strahlung in Frage. Bei dieser macht sich prinzipiell eine Brechung bemerklich, deren Ursache auf ein im Kristall herrschendes, für jeden Kristall spezifisches, positives Potential in der Größenordnung um 10 V herum zurückzuführen ist[1]. Der Einfluß dieser Brechung auf die Interferenzlage ist um so stärker, je kleiner die Beschleunigungsspannung der Elektronen und je kleiner der Einfallswinkel ist.

Die Verhältnisse seien näher erläutert durch Abb. 34. In dieser bedeutet d den Netzebenenabstand, ϑ den Winkel des auffallenden Strahles mit der Oberfläche und ϑ' den Winkel, den der Strahl im Inneren des Kristalles mit der betr. Netzebenenschar bildet. Wie man aus der Abbildung ersieht, wird die auffallende Strahlung beim Eindringen in den Kristall in Richtung nach dem Kristallinneren zu abgelenkt. Da man ϑ mißt, während ϑ' der für das Zustandekommen der Interferenz maßgebende Winkel (bei der einfachen BRAGGschen Beziehung identisch mit dem „Glanzwinkel") ist, so folgt, daß die Brechung des Strahles eine Verkleinerung des beobachteten Glanzwinkels zur Folge hat. Aus der Differenz des beobachteten und des sich ohne Brechung aus der BRAGGschen Beziehung ergebenden theoretischen Glanzwinkels läßt sich das innere Potential des betr. Kristalles berechnen[2].

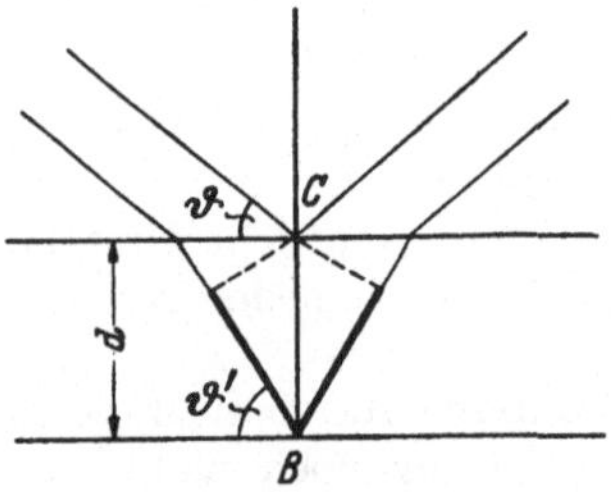

Wenn λ die Wellenlänge des Elektronenstrahls im Vakuum und λ' diejenige im Inneren des Kristalls ist, so ist nach dem SNELLIUSschen Gesetz der Brechungsindex $\mu = \dfrac{\lambda}{\lambda'} = \dfrac{\cos\vartheta}{\cos\vartheta'}$, wobei ϑ und ϑ' die oben angegebene Bedeutung haben. Die BRAGGsche Beziehung lautet dann beim Vorliegen von Brechung

Abb. 34. Einfluß des Brechungsindex auf die BRAGGsche „Reflexion" (HENGSTENBERG und WOLF).

$$2\,d\,\sin\vartheta' = n\,\lambda' = \frac{n\,\lambda}{\mu}. \tag{58}$$

Die einfache DE BROGLIEsche Beziehung [Gl. (26)] $\lambda^2 = \dfrac{h^2}{m^2 v^2}$ (λ = Wellenlänge, h = PLANCKsches Wirkungsquantum, m = Masse und v = Geschwindigkeit der betr. Korpuskel) läßt sich für unseren Fall auch schreiben:

$$\lambda^2 = \frac{h^2}{2\,m\,e\,E} \quad \text{bzw.} \quad \lambda'^2 = \frac{h^2}{2\,m\,e\,(E+V)}, \tag{59}$$

worin m die Masse und e die Ladung des Elektrons, E die Beschleunigungsspannung des Elektrons und V das innere Potential im Kristall. Aus (59) ergibt sich:

$$\mu = \frac{\lambda}{\lambda'} = \sqrt{1 + \frac{V}{E}}. \tag{60}$$

Aus der Definition des Brechungsindex μ, sowie aus (58)÷(60) läßt sich unter Einsetzen der Zahlengrößen für h, m und e leicht ableiten:

$$\sin^2\vartheta = \frac{n^2 \cdot 149{,}1}{4\,d^2} \cdot \frac{1}{E} - \frac{V}{E} \tag{61}$$

bzw.

$$V = \frac{n^2 \cdot 149{,}1}{4\,d^2} - E\sin^2\vartheta, \tag{62}$$

[worin n, wie in (58), die Ordnung der betr. Interferenz].

---

[1] H. BETHE: Naturwiss. 16 (1927), 333. — T. YAMAGUTI: Proc. physico-math. Soc. Japan (3) 16 (1934), 95. — M. v. LAUE: Naturwiss. 28 (1940), 515.
[2] J. HENGSTENBERG, K. WOLF: loc. cit.

Wenn man versucht, Elektroneninterferenzen von Oberflächen unter streifendem Einfall des Elektronenbündels zu beobachten, so erhält man in vielen Fällen, in denen an sich eine Brechung erwartet werden müßte, trotzdem keine Brechung, sondern eine ganz „normale" Lage der Interferenzen. Dies ist darauf zurückzuführen, daß die betreffenden Oberflächen submikroskopische Rauhigkeiten besitzen, welche von den Elektronen *durch*strahlt werden, so daß tatsächlich gar keine Interferenzen mit streifendem Einfallswinkel erhalten werden[1]. Bei hochsymmetrischen Kristallen kann dabei auch die Art der Interferenzen (bzw. der wirksamen Netzebenenabstände) den für wirklich streifenden Einfall in Frage kommenden gleich sein.

Das Auftreten des Brechungseffektes ist also ein wertvolles Kriterium für die Glätte der betr. Oberfläche. Wenn keine Brechung eintritt, so läßt sich bei sehr feinen Rauhigkeiten ($10^{-7} \div 10^{-6}$ cm) deren Größe im Prinzip aus der Schärfe der Interferenzen errechnen[2].

Wenn tatsächlich molekular glatte Oberflächen vorliegen, so wird allerdings ein großer Teil der Elektronen direkt an der Oberfläche reflektiert, ohne so tief in den Kristall einzudringen, wie es zur Erzeugung von Interferenzen erforderlich ist[3]. Die bisher noch nicht sehr zahlreichen, an glatten Oberflächen mit streifendem Einfall durchgeführten Untersuchungen haben aber schon eine Reihe von sehr interessanten Ergebnissen gezeitigt.

So fanden T. YAMAGUTI[4] sowie S. KIKUCHI und S. NAKAGAWA[5] bei Aufnahmen an der Spaltfläche des Molybdänglanzes, daß das aus der Interferenzlage zu berechnende innere Gitterpotential bei niedrigen Interferenzordnungen erheblich kleiner war als bei höheren Ordnungen, wo es einen bei weiterer Erhöhung der Ordnung konstanten Wert erreichte. Entsprechende Befunde erhoben P. A. THIESSEN und TH. SCHOON an frischen Spaltflächen (Würfelflächen) von Kaliumchlorid[6]. Die Befunde dieser Autoren sind in Abb. 35 graphisch dargestellt. Auf der Abbildung ist in Richtung der Abszisse die Ordnung der Interferenzen und in Richtung der Ordinate das innere Potential in Volt dargestellt.

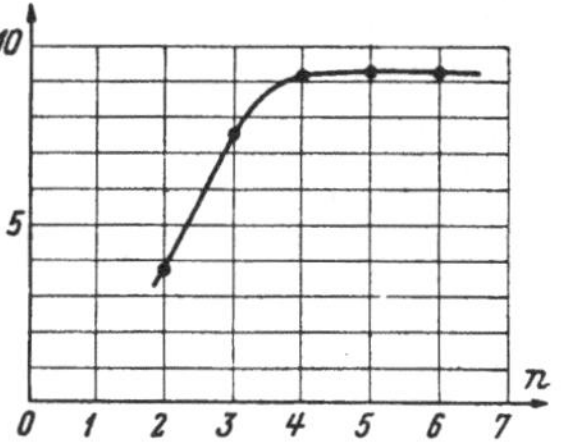

Abb. 35. Abhängigkeit des inneren Potentials von der Ordnung der Interferenzen für KCl.

THIESSEN und SCHOON diskutierten die Frage, ob der Gang des Gitterpotentials nicht einfach dadurch vorgetäuscht sei, daß die obersten Netzebenen (vor allem die zwei obersten Netzebenen) in der Richtung der Oberflächennormalen zu kleine Abstände voneinander haben. In der Tat würden dadurch für die niedrigeren Interferenzordnungen wegen der dort geringeren Eindringungstiefe der Elektronenstrahlung größere Ablenkungswinkel und damit scheinbar zu kleine Brechungseffekte verursacht werden. Nach LENNARD-JONES und DENT ist für

---

[1] K. MOLIÈRE: Z. Elektrochem. angew. physik. Chem. **46** (1940), 514.

[2] M. v. LAUE: Z. Kristallogr., Mineral., Petrogr., Abt. A **84** (1933), 1. Vgl. auch oben unter V 3.

[3] Eine andere, besonders gerne bei Halbleitern auftretende Schwierigkeit ist die, daß sich das zu untersuchende Präparat im Elektronenstrahl auflädt. Die Elektronen werden dann vom Präparat so stark abgelenkt, daß es nicht zur Ausbildung von Interferenzen kommt. Nach P. A. THIESSEN kann man sich dann im Prinzip durch Verschlechterung des Vakuums helfen: Insbesondere auf das Präparat auffallende H_2-Moleküle bewirken eine gute Entladung.

[4] T. YAMAGUTI: Proc. physico-math. Soc. Japan (3) **16** (1934), 95.

[5] S. KIKUCHI, S. NAKAGAWA: Z. Physik **88** (1934), 757.

[6] P. A. THIESSEN, TH. SCHOON: Z. physik. Chem., Abt. B **36** (1937). 195.

die beiden obersten Netzebenen der Würfelfläche des Kochsalzes theoretisch eine Abstandsverringerung von 5% zu erwarten[1].

Wenn diese Ableitung richtig ist, so könnten auch für außerordentlich kleine, z. B. nur aus wenigen Elementarkörpern bestehende Kriställchen Veränderungen der Größe der Gitterkonstanten erwartet werden, welche je nach der Bindungsart im Kristall negativ oder positiv wären[2]. Hierzu wurden von Schoon und Haul bei Durchstrahlungsaufnahmen an äußerst kleinen Kriställchen von γ–Fe_2O_3 aber höchstens Andeutungen (in Richtung einer Gitter*dehnung*) gefunden[3].

Da Kikuchi gezeigt hatte[4], daß der soeben besprochene Gang des inneren Potentials mit der Interferenzordnung im Prinzip auch ohne Annahme eines Einflusses der Absorption des Elektronenstrahles oder aber verschiedener Abstände der oberflächlichen Netzebenen usw. allgemein theoretisch auf Grund der Betheschen Theorie der Elektronenstrahlbrechung[5] erklärt werden könne, beschäftigten sich Thiessen und Molière erneut mit dem Problem und prüften experimentell und theoretisch insbesondere die Frage der Beeinflussung des Brechungseffektes der Elektronenstrahlen durch die *Absorption* im Kristall[6]. Sie finden, daß die Absorption die Reflexe verschmälert und die Intensitätsmaxima nach größeren Ablenkungswinkeln hin verlagert, so daß der besprochene Gang des (dann auch scheinbaren) inneren Potentials mit der Ordnungszahl im Prinzip auch durch die Absorption bedingt sein könnte.

Andere Interferenzversuche an glatten Oberflächen von Makrokristallen scheinen darauf hinzuweisen, daß die oberflächlichen Netzebenen u. U. auch Besonderheiten bezüglich ihrer Struktur aufweisen. So gelang es Thiessen und Schoon zu zeigen, daß bei der instabilen β-Form der Stearinsäure die oberflächliche Molekülschicht eine abweichende Struktur besaß, und zwar offenbar die der stabileren α-Modifikation[7]. Auch auf solche Möglichkeiten wird zukünftig zu achten sein.

Von fast noch größerem Interesse, als der Feinbau der Oberflächen einheitlicher fester Stoffe sind die Strukturen dünner Oberflächenschichten, welche eine andere chemische Zusammensetzung haben als die feste Unterlage. Hierhin gehören die vielen durch Einwirkung von Gasen, Flüssigkeiten oder auch festen Stoffen (VII 4) entstehenden oberflächlichen „Reaktionshäute", weiter auch auf Oberflächen aufgedampfte oder aus der Lösung chemisch oder elektrolytisch niedergeschlagene Schichten von Fremdstoffen und schließlich auch die vielen technisch zur Verwendung kommenden aktiven Stoffe auf Trägersubstanzen.

Auch auf diesem Gebiet liegen schon viele interessante Untersuchungen vor. So konnten z. B. Brill und Rieder an Hand von Durchstrahlungsversuchen (V 3) zeigen, daß aus wäßrigen Lösungen von Natriumstearat (Verdünnung 1 : 1000) an dünne Folien von Nitrocellulose adsorbierte Seifenschichten in Form zweidimensionaler hexagonaler Kristalle auftraten, wobei die adsorbierten Moleküle senkrecht auf der Oberfläche standen[8].

Ausgedehnte Untersuchungen über die bei der chemischen Einwirkung von Gasen auf Metalle auftretenden oberflächlichen *Reaktions*schichten stammen von

[1] J. E. Lennard-Jones, B. M. Dent: Proc. Roy. Soc. (London), Ser. A **121** (1928), 247.

[2] J. E. Lennard-Jones: Z. Kristallogr., Mineral., Petrogr., Abt. A **75** (1930), 215.

[3] Th. Schoon, R. Haul: Z. physik. Chem., Abt. B **44** (1939), 109.

[4] S. Kikuchi: Sci. Pap. Inst. physic. chem. Res. **26** (1935), 225.

[5] H. Bethe: Ann. Physik **87** (1928), 55.

[6] P. A. Thiessen, K. Molière: Ann. Physik **34** (1939), 449. — K. Molière: Ann. Physik **34** (1939), 461.

[7] P. A. Thiessen, Th. Schoon: Z. physik. Chem., Abt. B **36** (1937), 216.

[8] R. Brill, F. Rieder: Z. angew. Chem. **53** (1940), 100.

YAMAGUCHI[1]. Aus diesen Untersuchungen geht u. a. hervor, daß die Beständigkeitsverhältnisse der Kristallarten in dünnen Oberflächenschichten andere sind als bei Vorliegen homogener Kriställchen. So wandelte sich γ–Al_2O_3 auf Al schon zwischen 400 und 500° in α–Al_2O_3 um[2], während sonst für diese Umwandlung auf $>$ 1000° erhitzt werden muß[3].

GERMER konnte in mehreren Fällen zeigen, daß nach dem Aufdampfen (verwandt wurden hierzu Metalle, Salze und Oxyde) auch dann an den Interferenzen als solche erkennbare dreidimensionale Kristalle erhalten wurden, wenn im ganzen nur die zur Ausbildung einer unimolekularen (-atomaren) Schicht ausreichende Menge aufgedampft wurde[4]. Hier überwog also die Gitterenergie der aufgedampften Substanzen die Affinitäten zur Unterlage. Der Befund ist an sich nicht verwunderlich und kann sicher oft erwartet werden. Doch wurde bei der Herstellung von Aufdampfschichten früher an diese Möglichkeit oft nicht gedacht. Wir werden weiter unten (unter β, S. 125) noch einmal auf einen solchen Fall zurückkommen.

W. G. BURGERS und Mitarbeiter[5] sowie andere Autoren[6] konnten nachweisen, daß sich auf strukturlosen oder stark strukturgestörten glatten Unterlagen wie Glas oder polierten Metallen durch langsames Aufdampfen entstehende Kriställchen vorzugsweise mit niedrig indizierten, also dicht mit Atomen besetzten Kristallflächen aufsetzen.

SMITH und BEECK stellten an Hand von Elektronenstrahlinterferenzen fest, daß bei Gegenwart inerter Gase auf Glasplatten aufgedampfte Eisenschichten mit der 111-Fläche aufsaßen, Nickelschichten dagegen mit der 110-Fläche[7]. Im Hochvakuum erhielten sie unorientierte Aufwachsung[8].

BEECK, WHEELER und SMITH fanden im Zusammenhang mit diesen Untersuchungen, daß die orientierten Schichten des Nickels eine vielmal höhere katalytische Aktivität besaßen als die unorientierten. Für beide Filmtypen stiegen wirksame Oberfläche und katalytische Aktivität mit der Filmdicke, was auf Poren, auch in den aufgedampften orientierten Schichten, hinzuweisen scheint[9].

Gerade die Untersuchungen von aufgedampften, elektrolytisch niedergeschlagenen usw. dünnen Fremdstoffschichten mit Elektronenstrahlen haben aber nicht nur interessante Resultate bezüglich des Baues der Fremdstoffschichten (Mikrokristalle, flache Einkristalle, zweidimensionale Kristalle usw.), bezüglich der Art der oft gerichteten Aufwachsung auf kristallinen Unterlagen[10, 11]) und bezüglich der Oberfläche der aufgebrachten Schichten (Art der glatten Oberflächen bzw. Form und Art der Spitzen, Grate oder Wellen bei submikroskopisch

---

[1] Letzte Mitteilung S. YAMAGUCHI: Sci. Pap. Inst. physic. chem. Res. Komagome Hongo, Tokyo **38** (1941), 298.

[2] S. YAMAGUCHI: Sci. Pap. Inst. physic. chem. Res. Komagome Hongo, Tokyo **36** (1939), 463.

[3] R. FRICKE, K. MEYRING: Z. anorg. allg. Chem. **188** (1930), 127. Weitere Literatur bei FRICKE-HÜTTIG: Hydroxyde und Oxydhydrate, S. 58. Leipzig: Akad. Verl.-Ges., 1937.

[4] L. H. GERMER: Physic. Rev. (2) **56** (1939), 58.

[5] W. G. BURGERS, C. J. DIPPEL: Physica 1 (1934), 549. — W. G. BURGERS, J. J. PLOOS VAN AMSTEL: Physica **3** (1936), 1057.

[6] Vgl. z. B. H. DUNHOLTER, H. KERSTEN: J. appl. Physics 10 (1939), 523.

[7] Die Metalle waren also nicht mit den Flächen aufgewachsen, welche die geringste Oberflächenenergie besitzen (bei Fe 110 und bei Ni 111). R. FRICKE: Naturwiss. **29** (1941), 365 und **30** (1942), 544; Kolloid-Z. **96** (1941), 211.

[8] A. E. SMITH, O. BEECK: Physic. Rev. (2) **55** (1939), 602.

[9] O. BEECK, A. WHEELER, A. E. SMITH: Physic. Rev. (2) **55** (1939), 601.

[10] Literatur bei K. MOLIERE: Z. Elektrochem. angew. physik. Chem. **46** (1940), 514.

[11] Siehe auch G.-M. SCHWAB: Z. physik. Chem., Abt. B **51** (1942), 245.

rauhen Oberflächen) erbracht[1], sondern auch besonders eindringlich gezeigt, daß man die Elektronenstrahlen formal auch dann nicht einfach als Röntgenstrahlen der betr. de Broglieschen Wellenlänge betrachten darf, wenn man den Einfluß der oben besprochenen Brechung und die aus der starken Absorption sich ergebende geringe Kohärenzlänge der Strahlung (V 3a, S. 60) berücksichtigt.

Zunächst ist bei Elektronenstrahlen im Prinzip auch die Mehrfachstreuung zu beachten. Weiterhin sind dadurch Besonderheiten gegenüber der Röntgenstrahlung bedingt, daß die auftreffenden Elektronen u. U. die charakteristische Strahlung des betreffenden festen Körpers anregen. Man erhält dadurch beim Vorliegen größerer gut durchgebildeter Kristalle auf dem Film Interferenzerscheinungen in Form von Kegelschnitten, nämlich die nach ihrem ersten Beobachter[2] benannten „Kikuchi-Linien", deren allgemeines Prinzip für beliebige Strahlung aber schon früher von W. Kossel vorausgesagt wurde[3], so daß man die Erscheinung mit der gleichen Berechtigung als Kossel-Effekt[4] bezeichnen kann. Dieses Phänomen, welches später von Kossel auch experimentell eingehend bearbeitet[5] und von M. v. Laue theoretisch exakt geklärt wurde[6], kann auch beim Arbeiten mit Röntgenstrahlen auftreten[7], wirkt sich dort aber praktisch nicht störend aus.

Hierzu kommen bei Verwendung von Elektronenstrahlen nun u. U. noch „verbotene", d. h. bei Verwendung von Röntgenstrahlen nicht auftretende Interferenzen. So können nach der v. Laueschen Theorie des „Kristallformfaktors" bei bestimmten Proportionen der kohärent streuenden Bereiche „irrationale" Nebeninterferenzen auftreten[8], welche auch schon beobachtet wurden[9].

Wenn man weiterhin noch berücksichtigt, daß bei Oberflächen mit „submikroskopischen Rauhigkeiten" die gleichen Flächenarten in verschiedener Lage u. U. gleichzeitig mit und ohne Brechung bzw. mit verschiedener Brechung Interferenzen liefern können[9], und daß schließlich anscheinend auch manchmal noch weitere, bisher schwer erklärbare „irrationale" Interferenzen bei Elektronenstrahlaufnahmen gefunden wurden[10], so erkennt man, daß das Arbeiten mit Elektronenstrahlinterferenzen ein sehr intensives Vertrautsein mit dem ganzen Gebiet zur Voraussetzung hat, wenn zuverlässige Resultate erarbeitet werden sollen[11].

Hinzu kommt noch, daß die Verhältnisse an aufgedampften, elektrolytisch niedergeschlagenen usw. Oberflächen, auch abgesehen von den besonderen Eigenschaften der Elektronenstrahlung, nach den bisherigen Erfahrungen oft nicht einfach sind. So kann z. B. durch bestimmte Arten von Zwillingsbildung oder durch in regelmäßigen Abständen auftretende kleine Störgebiete sich eine Art von „Überstrukturen" ausbilden[12] usw.

Wenn man deshalb die Möglichkeit hat, mit Elektronenstrahlinterferenzen erhaltene Ergebnisse mit dem Übermikroskop (vgl. unten) und röntgenographisch nachzuprüfen, so wird das stets sehr anzuraten sein.

Die Zahl der bisher mit Hilfe von Elektronenstrahlinterferenzen an Ober-

---

[1] J. Hengstenberg, K. Wolf: loc. cit., S. 229. — K. Molière: loc. cit.
[2] S. Kikuchi: Jap. J. Physics 5 (1928), 83.
[3] W. Kossel: Z. Physik 23 (1924), 278.
[4] M. v. Laue: Röntgeninterferenzen, S. 328ff. Leipzig: Akad. Verl.-Ges., 1941.
[5] Zusammenfassung bei W. Kossel: Ergebn. exakt. Naturwiss. 16 (1937), 295.
[6] M. v. Laue: Ann. Physik 23 (1935), 705; 28 (1937), 528.
[7] G. Borrmann: Naturwiss. 23 (1935), 591. — M. v. Laue: loc. cit.
[8] M. v. Laue: Ann. Physik 26 (1936), 55.
[9] S. Miyake: Sci. Pap. Inst. physic. chem. Res. 34 (1938), 565. — M. v. Laue: Ann. Physik 29 (1937), 211. — W. Cochrane: Proc. physic. Soc. 48 (1936), 723.
[10] Einige Beispiele bei K. Molière: loc. cit.
[11] Vgl. hierzu auch P. A. Thiessen, K. Molière: Ann. Physik 34 (1939), 449.
[12] Beispiele bei K. Molière: loc. cit.

flächen erhaltenen Einzelresultate ist so groß, daß wir uns hier damit begnügen müssen, auf einige neuere diesbezügliche Zusammenstellungen hinzuweisen[1].

Bei Interferenzversuchen mit Elektronenstrahlen erfordert die experimentelle Seite besondere Sorgfalt. Wie bereits oben unter V 3 b, S. 61 erwähnt, wurde eine ausnehmend exakt und zuverlässig arbeitende diesbezügliche Apparatur mit sehr weitgehender Homogenisierung der Geschwindigkeit der Elektronen im Strahlbündel von THIESSEN und SCHOON[2] entwickelt. Wir können auch hier auf die betreffende Arbeit verweisen.

Auch bezüglich evtl. notwendiger (hauptsächlich aber für Durchstrahlungsversuche in Frage kommender) Trägerfolien wurde bereits unter V 3 b auf das Wichtigste hingewiesen.

β) Die Untersuchung von Oberflächen mit Hilfe des Übermikroskops (Elektronenmikroskops).

Vom Elektronenmikroskop (Übermikroskop) und seinem hohen Auflösungsvermögen war bereits oben (unter V 4) kurz die Rede. Ohne näher auf die verschiedenen Typen der Übermikroskope, welche hauptsächlich bei den Firmen *AEG, Siemens & Halske*[3], sowie von M. v. ARDENNE entwickelt wurden, und auf die betreffende sehr umfangreiche Literatur einzugehen[4], wollen wir hier nur die Frage behandeln, welche Möglichkeiten das Übermikroskop speziell für die Untersuchung von Oberflächen mit sich bringt.

Wie wir bereits oben unter V 4 besprachen, können kolloide Verteilungen auf „durchsichtigen" Trägerfolien, wie z. B. rund 10^{-5} mm starken, sehr reinen Kollodiumhäutchen[5] oder in feinmaschiges Platindrahtnetz eingestäubt (V 3, b S. 61) direkt durchstrahlt und untersucht werden. So gelang es z. B. v. ARDENNE und BEISCHER für den kolloiden PAALschen Platinkatalysator nach Aufbringen auf eine Trägerfolie durch Aufnahmen mit 75000facher Vergrößerung nicht nur die Einzelteilchen mit einer Größe zwischen 30 und 100 Å sichtbar und vermeßbar zu machen, sondern dabei auch zu zeigen, daß die Teilchen durch die Wirkung des Schutzkolloids zu kurzen Fäden aneinandergereiht waren[5].

Wenn das zu untersuchende Material als Kontaktsubstanz auf einem geeigneten Träger, wie z. B. Asbestfasern, sitzt, so kann man auf eine besondere Trägerfolie oder ein Trägernetz verzichten. In Abb. 36 bringen wir das elektronenmikroskopische Bild von Palladiumasbest. Das Palladium ist auf dem Asbest nicht als zusammenhängende Schicht, sondern ganz ungleichmäßig in Form von kristallinen Teilchen mit Größen zwischen etwa 70 und 1000 Å niedergeschlagen. Der Asbest spaltet zum Teil feinste Fasern mit einer Dicke bis zu $\sim$ 30 Å herunter ab. Nach mehrstündiger Benutzung für die Wasserstoffverbrennung bei 400° erschienen die Asbestfasern stärker zerspalten und aufgerauht[3].

Daß bei solchen Untersuchungen sehr wertvolle Resultate erhalten werden können, zeigt eine Arbeit von SCHOON und BEGER. Diese Autoren untersuchten elektronenmikroskopisch Platinkatalysatoren verschiedener Herstellung auf einer Reihe von Trägersubstanzen, nämlich Asbest, Al_2O_3, Kohle und SiO_2. Gleichzeitig maßen sie die Aktivität der Katalysatoren bei der Hydrierung von Äthylen

---

[1] J. HENGSTENBERG, K. WOLF: loc. cit. — K. MOLIÈRE: loc. cit. sowie vor allem TH. SCHOON: Metallwirtsch., Metallwiss., Metalltechn. **17** (1938), 203.

[2] P. A. THIESSEN, TH. SCHOON: Z. physik. Chem., Abt. B **36** (1937), 195.

[3] Die Namen der bei den Firmen tätigen Forscher vgl. unter V 4.

[4] Zusammenfassende Berichte: Jahrbuch der AEG-Forschung 7 (1940), Sonderheft: Übermikroskop. — B. V. BORRIES, E. RUSKA: Ergebn. exakt. Naturwiss. **19** (1940), 237. — M. v. ARDENNE: Elektronenmikroskopie. Berlin: Springer, 1940. — AEG-Bericht: 10 Jahre Elektronenmikroskopie. Berlin: Springer, 1941.

[5] M. V. ARDENNE, D. BEISCHER: Z. angew. Chem. **53** (1940), 103.

und bei der Dehydrierung von Methan[1]. Sie stellten fest, daß bei guter Hydrierwirkung der Katalysator stets in feinen, gut ausgebildeten Einzelkriställchen auf dem Träger saß. War dagegen die Hydrierwirkung schlecht und die Dehydrierwirkung gut (nach Packendorf oft bei den bei höherer Temperatur gewonnenen Pt-Kontakten[2]), so lagen gröbere Konglomerate des Pt vor.

Weiter konnten Schoon und Beger beim Vergleich der auf den verschiedenen Trägern sitzenden Pt-Kristalle feststellen, daß der Träger Größe und Ausbildung der sich bildenden Kriställchen weitgehend beeinflußt.

Man erkennt also bei solchen Untersuchungen die Größe, die Form und die Größenverteilung[3] der Partikeln des Stoffes, sowie Einzelheiten der Sekundärstruktur. Wie ebenfalls schon unter V 4 besprochen, werden die erhaltenen Zahlen noch zuverlässiger, wenn man Stereoaufnahmen macht[4], vor allem wenn man diese außerdem noch photogrammetrisch auswertet[5]. Man kann dann die Art der Begrenzung der Einzelteilchen erheblich sicherer beurteilen und aus den erhaltenen Daten Größe und Struktur der Oberfläche weitgehend ableiten. Eine Abschätzung der Dicke der Einzelkriställchen an Hand der Stärke der Schwärzung im Positiv des Elektronenphotogrammes ist nicht möglich, weil infolge des Auftretens von Elektroneninterferenzen die Intensität des für das Elektronenmikroskop wesentlichen, ohne Richtungsänderung die Teilchen durchdringenden Primärstrahles bei

Abb. 36. Elektronenmikroskopische Aufnahme von Palladiumasbest (Ardenne u. Beischer[6]).

Änderung der Neigung der Kriställchen gegen die Strahlachse sehr erheblichen Schwankungen unterworfen ist[7].

Die Durchstrahlungsmethode erfaßt die eigentlichen Oberflächen nur indirekt, nämlich in der Hauptsache an Hand der *seitlichen* Begrenzungsflächen der Teilchen.

Wenn Oberflächen kompakter fester Stoffe, wie z. B. von Metallstücken mit bearbeiteten oder unbearbeiteten Flächen, von porösen Körpern usw. untersucht werden sollen, so versagt die Durchstrahlungsmethode. Aber auch für solche Untersuchungen und damit für direkte Oberflächenuntersuchung überhaupt sind bereits elektronenmikroskopische Verfahren entwickelt worden. In der Hauptsache sind hier folgende Möglichkeiten vorhanden:

[1] Th. Schoon, E. Beger: Z. physik. Chem., Abt. A 189 (1941), 171.
[2] K. Packendorf, L. Leder-Packendorf: Ber. 67 (1934), 1388.
[3] W. Eitel, C. Schusterius: Naturwiss. 28 (1940), 300.
[4] M. v. Ardenne, D. Beischer: Z. Elektrochem. angew. physik. Chem. 46 (1940), 270.
[5] W. Eitel, E. Gotthardt: Naturwiss. 28 (1940), 367.
[6] M. v. Ardenne, D. Beischer: Z. angew. Chem. 53 (1940), 103.
[7] B. v. Borries, E. Ruska: Naturwiss. 28 (1940), 366.

1. Man läßt die einfallenden Elektronen von der Oberfläche reflektieren[1]. Hierbei darf die Oberfläche nur um wenige Winkelgrade gegen die Achse des Mikroskops geneigt sein[2]. Die erhaltenen Bilder erscheinen dadurch stark verzerrt.

2. Die betreffende Oberfläche dient selbst als Elektronenquelle[3]. Bei der hierzu notwendigen Anregung (Erhitzung, Bestrahlung usw.) dürften die Oberflächen, und zwar nicht nur die von aktiven Stoffen, u. U. stark verändert werden. Das Verfahren war jedoch für die Begründung und Entwicklung der Elektronenmikroskopie von großer Bedeutung.

3. Von der Oberfläche wird ein sehr dünner, strukturloser „Abdruck" hergestellt, welcher nach vorsichtiger Loslösung von der Unterlage elektronenmikroskopisch vermittels Durchstrahlung untersucht wird[4]. Diese Methode erscheint ganz besonders aussichtsreich.

Als solche „Abdrucke" kommen bei Metallen z. B. in geeigneter Weise elektrolytisch hergestellte dünne Oxydschichten in Frage, welche auf verschiedenen Wegen von der Unterlage losgelöst werden können. So kann man z. B. auf

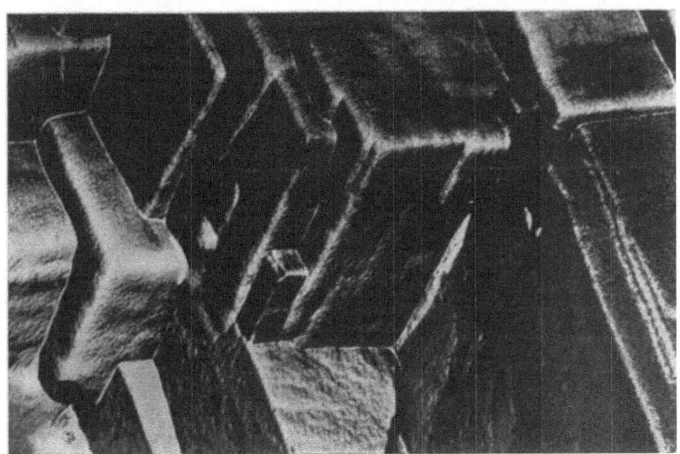

Abb. 37. Elektronenmikroskopische Aufnahme eines Oxydabdrucks von geätztem Hydronalium (MAHL)[5].

Aluminium oder Aluminiumlegierungen aufsitzende Oxydhäute durch Einritzen und Einlegen der Metallstücke in Quecksilberchloridlösung schonend zur Ablösung bringen[6]. Anschließend säubert man von anhaftenden Metallresten durch Einlegen in verdünnte Salzsäure und Waschen mit fettfreiem destilliertem Wasser[7]. In Abb. 37 ist ein auf entsprechende Weise von MAHL gewonnenes elektronenmikroskopisches Bild von geätztem Hydronalium wiedergegeben.

Bei Nickel gelingt die Herstellung des Abdrucks durch Luftoxydation in der

<hr>

[1] E. RUSKA: Z. Physik **83** (1933), 492.

[2] E. RUSKA, H. O. MÜLLER: Z. Physik **116** (1940), 366. — B. v. BORRIES: Z. Physik **116** (1940), 370.

[3] E. BRÜCHE, H. JOHANNSON: Z. techn. Physik **14** (1933), 487. — E. BRÜCHE, W. KNECHT: Z. techn. Physik **15** (1934), 461. — H. MAHL, J. POHL: Z. techn. Physik **16** (1935), 219.

[4] H. MAHL: Z. techn. Physik **21** (1940), 17; Metallwirtsch., Metallwiss., Metalltechn. **19** (1940), 488; Z. techn. Physik **22** (1941), 33.

[5] Entnommen aus „10 Jahre Elektronenmikroskopie". Berlin: Springer, 1941.

[6] U. R. EVANS: Korrosion, Passivität und Oberflächenschutz von Metallen, S. **55** (deutsch v. E. PIETSCH). Berlin: Springer, 1939.

[7] H. MAHL: Z. techn. Physik **22** (1941), 33.

Hitze (Erzeugung der ersten gelben Anlauffarbe). Die Loslösung des Films geht leicht vor sich, wenn das oxydierte Nickel als Anode einer kurzen Elektrolyse in NaCl-Lösung ausgesetzt wird[1].

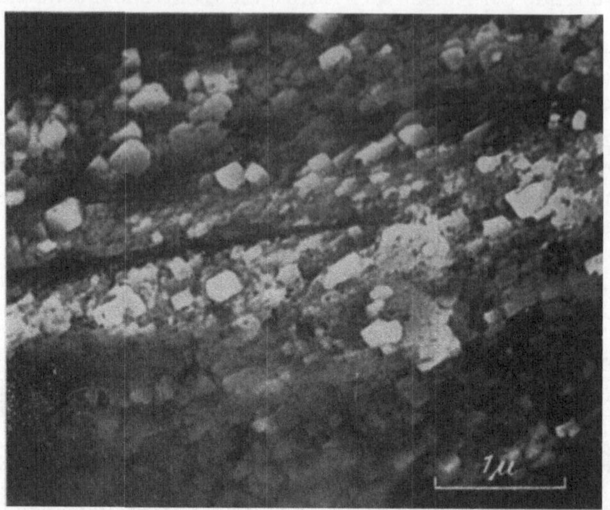

Abb. 38. Trolitullackabdruck von einer geschmirgelten Kochsalz-Einkristalloberfläche (elektronenmikroskopisch 18000 : 1) (MAHL[1]).

Es ist aber vor allem auch möglich, Abdrucke ohne chemische Veränderung der Oberfläche zu erzeugen, z. B. durch Übergießen mit einer sehr verdünnten

Abb. 39. Zaponlackabdruck einer geätzten Kupferoberfläche (elektronenmikroskopisch 10000 : 1) (MAHL[1]).

Lösung von Trolitullack, Zaponlack usw. und Eintrocknenlassen. Abb. 38 bringt das mit einem Trolitullackabdruck erhaltene Bild der geschmirgelten Oberfläche eines Kochsalzkristalles. Die Loslösung des Films geschah durch einfaches Einlegen des Kristalls in Wasser.

---

[1] H. MAHL: Z. techn. Physik **22** (1941), 33.

Abb. 39 bringt das elektronenmikroskopische Bild eines Zaponlackabdrucks von geätztem Kupfer. Die Ablösung des Kupfers erfolgte auf elektrolytischem Wege.

Alle Aufnahmen ergaben sehr plastische und aufschlußreiche Bilder. Die in die Abbildungen eingezeichneten Strecken von je 10000 Å demonstrieren die starke Auflösung. Die Helligkeitsunterschiede sind hier tatsächlich ein Maßstab für die durchstrahlten Massendicken, da die „Abdrucke" für Elektronenstrahlen amorph sind und deshalb die oben besprochenen Störungen in den Helligkeiten durch Elektroneninterferenzen fortfallen.

Neue Möglichkeiten der übermikroskopischen Oberflächenuntersuchung eröffnet eine Arbeit von P. A. THIESSEN, in der gezeigt wird, wie man durch Adsorption von Goldsol an festen Stoffen positiv geladene Partikeln atomaren Ausmaßes auf den verschiedenen Oberflächenanteilen sehr elegant nachweisen und lokalisieren kann[1].

Zum Schluß sei der Vollständigkeit halber noch ein weiteres Verfahren zur unmittelbaren Strukturuntersuchung von Oberflächen genannt, welches allerdings nicht als elektronenmikroskopische Methode bezeichnet werden kann und auch bei weitem keine so hohen Auflösungen liefert. Es ist das von KNOLL entwickelte Verfahren des „Elektronenabtasters"[2]. Dieses beruht darauf, daß die Oberfläche mit einem sehr feinen Elektronenstrahl abgetastet wird und die reflektierten Elektronen oder die emittierten Sekundärelektronen zur Steuerung einer synchron mit der Abtastung laufenden Registriervorrichtung dienen.

3. Der chemische Zustand der Oberfläche. Aktivität und chemische Spezifität der Oberfläche.

Die Erfahrungen der heterogenen Katalyse zeigen ganz allgemein, daß nicht einfach Oberflächen bzw. aktive Stellen mit bestimmten freien Bindungsenergien an sich schon katalytisch wirksam sind, sondern daß die chemische Natur der Oberfläche bzw. der aktiven Stellen für die Kontaktkatalyse das Ausschlaggebende ist. Dies geht schon daraus hervor, daß für bestimmte Katalysen nur bestimmte Arten von festen Stoffen im aktiven Zustand wirksam sind[3], ferner auch aus den Erscheinungen der selektiven Katalyse, bei denen man je nach der chemischen Natur des Kontakts von denselben Ausgangsstoffen zu ganz verschiedenen Reaktionsprodukten gelangt[4].

Die Tatsachen der Kontaktkatalyse fordern aber darüber hinaus, daß an ein und demselben chemisch einheitlichen Katalysator u. U. Stellen mit *qualitativ* verschiedener Kontaktwirkung existieren müssen. So können an bestimmten Oxyden, wie ZnO, TiO_2, ThO_2 und den Oxyden der Lanthaniden Alkohole gleichzeitig sowohl dehydratisiert, als auch dehydriert werden. Das Verhältnis der beiden Reaktionsgeschwindigkeiten hängt von der Vorgeschichte der Präparate, also von ihrem aktiven Zustand ab[5]. Die Aktivierungswärmen der beiden Reaktionen sind voneinander verschieden. Weiter gelang es, die Dehydratisierung

---

[1] P. A. THIESSEN: Z. Elektrochem. angew. physik. Chem. **48** (1942), 675.

[2] M. KNOLL: Z. techn. Physik **16** (1935), 469. — Letzte Arbeit: M. KNOLL: Physik. Z. **42** (1941), 120. Vgl. dazu auch H. TE GUDE: Diss. T. H. Berlin, 1940.

[3] P. SABATIER: Die Katalyse in der organischen Chemie. Leipzig: Akad. Verl.-Ges., 1927.

[4] A. MITTASCH: Ber. **59** (1926), 13. Vgl. den Beitrag ROBERTI und SARTORI in Band VI dieses Handbuchs.

[5] F. BISCHOFF, H. ADKINS: J. Amer. chem. Soc. **47** (1925), 807. — H. ADKINS, W. A. LAZIER: J. Amer. chem. Soc. **48** (1926), 1671. — H. ADKINS, P. E. MILLINGTON: J. Amer. chem. Soc. **51** (1929), 2449. — E. CREMER: Z. physik. Chem., Abt. A **144** (1929), 231.

durch Vergiftung des Kontakts mit Acetaldehyd, Chloroform oder Wasser zu unterbinden, während die Dehydrierung weiterlief[1].

Ganz entsprechende Verhältnisse gelten für den Zerfall von Ameisensäuredampf an Glas, der ebenfalls parallel unter Dehydrierung und Dehydratisierung verläuft. Die Aktivierungswärmen beider Reaktionen sind hier besonders stark voneinander verschieden[2].

Diese Beobachtungen zeigen, daß an den betreffenden Kontakten die beiden Arten der Katalyse weitgehend unabhängig voneinander verlaufen, und zwar jede mit ihrer eigenen Gesetzlichkeit. Das wäre kaum zu verstehen, wenn man nicht annimmt, daß die beiden Arten der Katalyse an zwei qualitativ voneinander verschiedenen Sorten von aktiven Stellen vor sich gehen, die sich spezifischer unterscheiden müssen, als nur durch den Energieinhalt.

Auffällig ist, daß mit Wasserdampf gerade die aktiven Stellen vergiftet werden, an denen die Dehydratisierung vor sich geht. Dies legt den Gedanken nahe, daß nicht nur die Katalyse, sondern auch die Vorstufe dazu, nämlich die aktivierte Adsorption (und evtl. die Desorption der Reaktionsprodukte) an verschiedenen Arten aktiver Stellen desselben Kontaktes prinzipiell unterschiedlich und deshalb selektiv sein kann[3].

Für diese Auffassung spricht auch der Befund, daß es kontaktkatalytische Reaktionen zwischen zwei Gasen gibt, die kinetisch nur so verstanden werden können, daß beide Gase adsorbiert werden, ohne sich gegenseitig zu verdrängen, d. h. also auf (zumindest) zwei verschiedenartigen Anteilen der Oberfläche[4]. Die Reaktion muß dann an Grenzen dieser beiden Oberflächenanteile verlaufen[5].

Schließlich sei an die bekannte Tatsache erinnert, daß der Habitus von aus Lösung wachsenden Kristallen durch in der Lösung vorhandene Fremdstoffe stark beeinflußt werden kann. Eine befriedigende Deutung dieser Erscheinung kann nur auf Grund der Vorstellung gegeben werden, daß verschiedene Arten von Flächen Kanten und Ecken den Fremdstoff sehr verschieden stark adsorbieren, so daß die adsorptiv genügend stark mit dem Fremdstoff beladenen Bezirke für das Kristallwachstum ausfallen.

Man muß sich demnach überlegen, inwiefern verschiedene Arten von Flächen, Kanten, Ecken, aktiven Stellen usw. ein und desselben festen Stoffes überhaupt chemisch unterschiedlich sein können. Sie können das offenbar so weit, als eine verschiedene Lagerung der Kristallbausteine chemische Unterschiede bewirkt. So läßt es sich, um ein ganz grobes Beispiel zu nehmen, ohne weiteres vorstellen, daß bei einem Oxydkristall eine Kristallfläche, welche als oberste Atomschicht Metallatome enthält, bei der Adsorption von Gasen usw. ein ganz anderes Verhalten zeigt, als eine solche, in deren oberster Atomschicht nur Sauerstoffatome vorhanden sind.

Bei Ionenkristallen sind entsprechende Dinge ja schon lange bekannt. Schon im Jahre 1905 veröffentlichte A. Lottermoser[6] die Ergebnisse einer Unter-

---

[1] G. Hoover, E. K. Rideal: J. Amer. chem. Soc. 49 (1927), 104, 116.

[2] C. N. Hinshelwood, H. Hartley, B. Topley: Proc. Roy. Soc. (London), Ser. A 100 (1922), 575.

[3] H. S. Taylor: J. physic. Chem. 30 (1926), 145.

[4] C. N. Hinshelwood, C. R. Prichard: J. chem. Soc. (London) 127 (1925), 1546. — W. K. Hutchinson, C. N. Hinshelwood: J. chem. Soc. (London) 128 (1926), 1556.

[5] G.-M. Schwab: Ergebn. exakt. Naturwiss. 7 (1928), 276. — G.-M. Schwab, E. Pietsch: Z. physik. Chem., Abt. B 1 (1929), 385; Z. Elektrochem. angew. physik. Chem. 35 (1929), 573.

[6] A. Lottermoser: J. prakt. Chem. (2) 72 (1905), 39. — Siehe auch A. Lottermoser: J. prakt. Chem. (2) 73 (1906), 374 sowie A. Lottermoser, A. Rothe: Z. physik. Chem. 62 (1908), 359.

suchung, in der gezeigt wurde, daß ein durch Einlaufenlassen von sehr verdünnter Alkalihalogenidlösung in ebenso verdünnte überschüssige Silbernitratlösung erzeugtes Halogensilbersol (am schönsten zu zeigen mit AgJ) infolge der Adsorption überschüssiger Silberionen positive Ladung trägt, während man beim umgekehrten Vorgehen infolge der Adsorption überschüssiger Halogenionen ein negativ geladenes Sol erhält.

Später zeigten FAJANS und HASSEL[1], daß die beiden Sole infolge ihrer verschiedenen Oberflächenladung sich auch chemisch voneinander unterscheiden: Das positive Sol adsorbierte begierig saure (anionische) Farbstoffe, das negative dagegen hauptsächlich basische (kationische). FAJANS und HASSEL benutzten die Umladung des Halogensilbers durch überschüssige Halogen- bzw. Silberionen zur Ausarbeitung eines Titrationsverfahrens unter Verwendung saurer Farbstoffe. Sie zeigten, daß der vom „Silberkörper" adsorbierte Farbstoff seine Farbe ähnlich veränderte, wie bei der echten Salzbildung.

Durch diese Untersuchungen wurde also erwiesen, daß die Oberfläche der Silberhalogenide nicht nur in der Ladung, sondern auch im chemischen Verhalten Unterschiede zeigt, wenn das eine Mal vorwiegend Silberionen und das andere Mal vorwiegend Halogenionen die oberste „Atom"-schicht der Oberfläche bilden.

Ein Beweis für durch verschiedene Lagerung der Atome (Moleküle) in der Oberfläche bewirkte chemische Unterschiede kann in vielen Fällen auch dann als gegeben betrachtet werden, wenn es gelingt, nachzuweisen, daß verschiedene Kristallarten desselben Stoffes sich im Verhalten ihrer Gesamtoberflächen chemisch voneinander unterscheiden.

Hier sind zunächst die vielen Untersuchungen von J. A. HEDVALL und Mitarbeitern zu nennen[2], bei denen nicht allein gezeigt wurde, daß feste Körper *während* ihrer allotropen Umwandlung aktiver sind („HEDVALL-Effekt"), sondern auch, daß allotrope Modifikationen voneinander abweichende Reaktionsaktivitäten besitzen, bei ihrer Verwendung als Kontakte verschieden starke Änderungen der Reaktionsgeschwindigkeit mit der Temperatur, also voneinander abweichende (scheinbare) Aktivierungswärmen, verursachen usw.[3].

Auch K. FISCHBECK und Mitarbeiter fanden Entsprechendes für das Reaktionsvermögen und die katalytische Wirksamkeit der Oberfläche verschiedener allotroper Kristallarten des Eisens[4]. Immerhin lassen sich derartige Ergebnisse auch noch rein energetisch, also chemisch unspezifisch (?), verstehen und sind bisher auch meist so aufgefaßt worden.

Anders ist es schon bei den bekannten Tatsachen, daß z. B. Silicagel Wasser fester adsorbiert als Kohlenwasserstoffe, während aktive Kohle das umgekehrte Verhalten zeigt[5], oder daß bestimmte Hydroxyde vorzugsweise saure Farbstoffe, andere dagegen basische adsorbieren, wovon man in der qualitativen Analyse z. B. Gebrauch macht, wenn man die Gele der Kieselsäure und des Aluminiumhydroxyds voneinander unterscheiden will: Das Kieselsäuregel adsorbiert das basische Methylenblau sehr fest, während sich aus dem selbst überwiegend

---

[1] K. FAJANS, O. HASSEL: Z. Elektrochem. angew. physik. Chem. **29** (1923), 495.

[2] Literatur bei J. A. HEDVALL: Reaktionsfähigkeit fester Stoffe. Leipzig: J. A. Barth, 1938. Eine der neuesten Arbeiten ist: J. A. HEDVALL, N. BOSTRÖM, B. COLLANDER, A. HAMMARSON: Z. anorg. allg. Chem. **243** (1940), 231.

[3] Siehe auch G.-M. SCHWAB, H. H. MARTIN: Z. Elektrochem. angew. physik. Chem. **43** (1937), 610; **44** (1938), 724.

[4] K. FISCHBECK, L. NEUNDEUBEL, F. SALZER: Z. Elektrochem. angew. physik. Chem. **40** (1934), 517.

[5] G. BAILLEUL, W. HERBERT, E. REISEMANN: Aktive Kohle, 2. Aufl. Stuttgart: Ferd. Enke, 1937.

basischen Aluminiumhydroxyd nach der Anfärbung das Methylenblau leicht auswaschen läßt. Das umgekehrte Verhalten beobachtet man bei der Verwendung eines sauren Farbstoffes, wie z. B. Fluorescein.

Hüttig und Mitarbeitern[1] gelang es bereits nachzuweisen, daß nicht nur Oxyde und Hydroxyde derselben Wertigkeitsstufe des gleichen Metalles, sondern auch verschiedene Kristallarten des gleichen Hydroxyds sich in ihren Adsorptionsaffinitäten zu sauren bzw. basischen Farbstoffen zum Teil stark voneinander unterscheiden. So adsorbierte z. B. der Diaspor (AlOOH) stärker die basischen (Methylviolett, Methylenblau), der Böhmit (AlOOH) dagegen stärker die sauren (Eosin, Bordeauxrot) Farbstoffe. Doch zeigen die von den genannten Forschern mitgeteilten Resultate deutlich, daß bei den Adsorptionen außer dem sauren bzw. basischen Charakter der Farbstoffe erwartungsgemäß auch die übrige Konstitution eine starke Rolle mitspielt und die Ergebnisse beeinflußt[2].

Wesentlich übersichtlicher werden die Verhältnisse dann, wenn man die Frage nach dem mehr sauren oder basischen Charakter der Oberflächen von Oxyden oder Hydroxyden so zu beantworten sucht, daß man feststellt, in welchem *Verhältnis* die betr. Stoffe aus den Lösungen hydrolysierender Salze gleichzeitig Alkali und Säure adsorbieren. Durch Adsorption aus Lösungen von sekundärem Kaliumphosphat (zum Teil auch aus Lösungen von Phosphorsäure bzw. Kalilauge) gelang es nachzuweisen, daß Hydrargillit (Al(OH)$_3$) sehr viel stärker sauren Charakter hat, als Bayerit (Al(OH)$_3$) und dieser wieder einen erheblich stärker sauren Charakter als Böhmit (AlOOH), wobei „stärker sauer" gleichbedeutend ist mit einer stärkeren Alkaliadsorption im Verhältnis zur Adsorption der Phosphorsäure, d. h. also mit einem stärkeren *Überwiegen* der sauren Eigenschaften der Oberfläche gegenüber den basischen[3].

Hiermit war, insbesondere für den Fall der chemisch vollkommen gleich zusammengesetzten Kristallarten Bayerit (hexagonal[4]) und Hydrargillit (monoklin) auf einwandfreiem Wege nachgewiesen, daß die Oberflächen allotroper Kristallarten voneinander abweichende chemische Eigenschaften besitzen.

Die betreffenden Unterschiede können natürlich auch klein sein. So konnte durch Untersuchung der Adsorption von K^+ und PO_4''' aus Lösungen von tertiärem Kaliumphosphat an γ–FeOOH und α–FeOOH kein Unterschied im Verhältnis der Mengen der beiden adsorbierten Ionenarten für die beiden allotropen Formen gefaßt werden[5]. Nach erfolgter Gleichgewichtseinstellung war lediglich die Lösung über dem γ–FeOOH stets ein wenig saurer, was auf etwas stärker sauren Charakter des γ–FeOOH hindeutet. Allerdings stehen sich auch die Gitter der beiden Kristallarten recht nahe[6].

Es wurden nun weiter auch ganz entsprechende Versuche für verschieden aktive Zustände derselben Kristallart durchgeführt. Zunächst wurde aus α–FeOOH durch Entwässern bei verschiedenen Temperaturen hergestelltes α–Fe$_2$O$_3$ untersucht. Die verschiedene Aktivität der Präparate, der Unterschiede im Wärmeinhalt bis zu rund 5 kcal pro Mol entsprachen, beruhte in erster Linie auf unregel-

[1] G. F. Hüttig, A. Peter: Kolloid-Z. **54** (1931), 140. — G. F. Hüttig, W. Neuschul: Z. anorg. allg. Chem. **198** (1931), 228.

[2] Vgl. hierzu auch die neueren Arbeiten von G. Scheibe sowie A. Neuhaus und Mitarbeitern.

[3] R. Fricke, E. v. Rennenkampff: Naturwiss. **24** (1936), 762.

[4] V. Montoro: Ric. sci. Progr. tecn. Econ. naz. **13** (1942), 565.

[5] R. Fricke, F. Blaschke, C. Schmitt: Ber. **71** (1938), 1731.

[6] Fricke-Hüttig: Hydroxyde und Oxydhydrate, S. 504, Tab. 1. Leipzig: Akad. Verl.-Ges., 1937.

mäßigen Gitterstörungen (IV 3e, S. 26), und erst sehr in zweiter Linie auf verschiedener Größe der Primärteilchen[1]. Das Resultat war folgendes[2]:

Beim Übergang des α–FeOOH zu aktivem α–Fe_2O_3 steigt das Verhältnis der adsorbierten Menge K^+ zur adsorbierten Menge PO_4''' zunächst etwas an, um dann um so stärker abzufallen, je mehr man zu weniger aktivem α–Fe_2O_3 kommt. Die Verhältnisse seien näher erläutert durch Tab. 7[2]. Hierin bedeuten die in der ersten Vertikalen hinter „Oxyd" stehenden Zahlen jeweils die Temperaturen der Darstellung des betr. Oxydes aus dem α–FeOOH. (Darstellungszeit stets eine Stunde.)

Tabelle 7. *Adsorptionsspezifität verschieden aktiver* α–Fe_2O_3-*Präparate.*

Präparat	Adsorbierte Menge $K^.$ in mg/2 ccm-Lösung	Adsorbierte Menge PO_4''' in mg/2 ccm-Lösung	Molares Verhältnis der adsorbierten Mengen ($K^./PO_4'''$)
α–FeOOH	5,082	6,004	2,06
Oxyd 240	7,259	7,978	2,21
„ 300	3,901	5,069	1,82
„ 410	2,785	3,887	1,74
„ 600	1,159	2,099	1,34

Die Versuchslösung enthielt pro 2 ccm 14,38 mg $K^.$ und 11,70 mg PO_4'''. Verwandt wurden stets 5 g Adsorbens auf 20 ccm Lösung.

Der Befund, welcher deutlich zeigt, daß die Oberfläche der aktiven α–Fe_2O_3-Sorten stärker *saure* Eigenschaften (im Verhältnis zu den basischen) besitzt, als die Oberfläche der inaktiven, wurde durch weitere Versuche unter Verwendung verschieden konzentrierter Lösungen und unter Bestimmung des p_H der Gleichgewichtslösungen erhärtet[3]. Auch bei Verwendung von Kaliumacetat- an Stelle von Kaliumphosphatlösungen wurde derselbe Befund erhoben[4].

Mit Kaliumacetat als hydrolysierendem Salz wurden weiterhin auch verschieden aktive Zinkoxyde auf das Verhältnis der adsorbierten Menge Alkali zur adsorbierten Menge Säure unter Verwendung verschieden konzentrierter Lösungen geprüft[2]. Die Aktivität der betreffenden Zinkoxyde beruhte in noch überwiegenderem Maße als bei dem soeben besprochenen α–Fe_2O_3 auf unregelmäßigen Gitterstörungen[5]. Hier ergab sich im Gegensatz zum α–Fe_2O_3, daß die Oberflächen der aktiven Präparate stärker *basische* Eigenschaften (im Verhältnis zu den sauren) besaßen als die Oberflächen der inaktiven Präparate[4].

Schließlich wurde auch noch eine Präparatenreihe untersucht, bei der die verschiedene Aktivität im wesentlichen nur auf Teilchengrößenunterschieden beruhte, und zwar verschieden aktive Sorten von γ–Al_2O_3, dargestellt aus demselben Ausgangsmaterial[6]. Als zu adsorbierendes, hydrolysierendes Salz wurde sekundäres Kaliumphosphat in Lösungen verwandt, welche zwischen 10,32 und 2,58 mg $K^.$ pro 2 ccm enthielten, und zwar mit Mengen des Adsorbens von 2,5 g pro 25 ccm Lösung. Die erhaltenen Resultate finden sich in Tabelle 8[7]. Die Tabelle bringt zuerst die Zahlen für das Ausgangsmaterial Böhmit (AlOOH) und anschließend die Zahlen für die verschiedenen Oxyde. Die direkt hinter den Oxyden stehenden Zahlen bedeuten jeweils wieder die Temperatur, bei der das betreffende Oxyd aus dem Böhmit gewonnen wurde. Die ersten beiden Oxyde waren 2 Stunden, das letzte 6 Stunden auf die betreffende Temperatur erhitzt worden. Die röntgenographisch bestimmten *mittleren* Primärteilchengrößen des γ–Al_2O_3 lagen zwischen rund 40 Å (800°) und 20 Å (500°).

---

[1] R. FRICKE, P. ACKERMANN: Z. Elektrochem. angew. physik. Chem. **40** (1934), 630.
[2] R. FRICKE, F. BLASCHKE, C. SCHMITT: Ber. **71** (1938), 1738.
[3] R. FRICKE, F. BLASCHKE, C. SCHMITT: Ber. **71** (1938), 1738.
[4] R. FRICKE, H. KEEFER: Ber. **72** (1939), 1573.
[5] R. FRICKE, K. MEYRING: Z. anorg. allg. Chem. **230** (1937), 366.
[6] R. FRICKE, F. NIERMANN, CH. FEICHTNER: Ber. **70** (1937), 2318.
[7] R. FRICKE, H. DEIFEL: Ber. **72** (1939), 1568.

Tabelle 8. *Adsorptionsspezifität verschieden aktiver $\gamma-Al_2O_3$-Präparate.*

Präparat	Gehalt der Adsorptionslösung in mg $K^\cdot$/2 ccm	Pro 2 ccm adsorbierte Millimole $\times 10^2$ von		Adsorptionsverhältnis $K^\cdot/PO_4'''$	p_H der Gleichgewichtslösung
		$K^\cdot$	PO_4'''		
Böhmit	10,32	5,24	3,33	1,57	6,9
Oxyd 500° ...	10,32	11,80	8,39	1,41	8,4
	5,16	7,68	5,81	1,32	8,0
	2,58	4,58	—	—	6,7
Oxyd 600° ...	10,32	10,78	6,87	1,57	8,2
	5,16	7,34	4,84	1,52	7,7
	2,58	4,525	2,98	1,52	7,0
Oxyd 800° ...	10,32	8,24	4,81	1,71	8,5
	5,16	5,40	2,82	1,90	7,8
	2,58	3,53	1,875	1,88	7,2

Man ersieht aus der Tabelle, daß beim Übergang vom Böhmit zum aktiven $\gamma-Al_2O_3$ die Säureeigenschaften der Oberfläche, bezogen auf die basischen, zunächst abnehmen, um bei fortschreitender Inaktivierung des Oxydes durch stärkere Erhitzung immer mehr anzusteigen.

Während man bei den zuerst besprochenen aktiven Oxyden, deren Aktivität vornehmlich durch unregelmäßige Gitterstörungen (vgl. unter IV 3e) bedingt war, die beobachteten Unterschiede der chemischen Eigenschaften der Oberfläche in der Weise verstehen kann, daß unregelmäßige Gitterstörungen auch unregelmäßige Verlagerungen der Atome in der Oberfläche zur Folge haben müssen, findet der Befund bei den verschieden aktiven $\gamma-Al_2O_3$-Sorten, welche sich vornehmlich nur durch ihre verschiedene Kristallitgröße unterscheiden, zunächst ganz allgemein seine Erklärung darin, daß Kanten und Ecken energiereicher sind als intakte Flächen, und daß beim Übergang von großen zu kleinen Kristallen die Gesamtlänge der Kanten und die Zahl der Ecken im Verhältnis zur Oberfläche ansteigt. Dies gilt zunächst für solche Kristalle, welche wie die des Steinsalz- oder Fluorittypus beim Übergang zu Mikrokristallen ihre Form beibehalten (beim Steinsalz {100} und beim Fluorit {111}. Vgl. unter V 7bγ).

Für andere Kristalle sind die oben unter V 7bγ, S. 75ff. besprochenen Überlegungen von Stranski, Volmer und Mitarbeitern zu berücksichtigen. Da nämlich nach diesen Autoren viele (vor allem die unpolaren) Kristalle im mikrokristallinen Gebiet mit abnehmender Kristallgröße immer flächenärmer werden (was neuerdings durch elektronenmikroskopische Aufnahmen bestätigt zu werden scheint), so wären in diesem Falle bei den kleineren Mikrokristallen diejenigen Flächenarten, welche die größeren Mikrokristalle mehr haben, durch Kanten und Ecken ersetzt, die wiederum in dieser Form bei den größeren Mikrokristallen nicht vorhanden sind. Verschiedene *Arten* von Flächen, Kanten und Ecken haben aber, wie wir oben bereits besprachen, nachgewiesenermaßen voneinander abweichende chemische Eigenschaften.

In neuester Zeit wurde dies wieder von J. A. Hedvall[1] und Mitarbeitern belegt, welche zeigen konnten, daß bei ausgesprochenen Schichtengittern, wie z. B. bei CdJ_2 und $CdBr_2$, nur die Prismenflächen, nicht aber die Basisflächen photochemisch aktiv waren.

Man erkennt demnach, daß die zur Erklärung kontaktkatalytischer Erscheinungen aufgestellte Hypothese von chemisch verschiedenen Oberflächenstellen an chemisch einheitlichen Katalysatoren (vgl. oben) experimentell sichere und

---

[1] J. A. Hedvall, P. Wallgren, S. Månsson: Kolloid-Z. **95** (1941), 33. — Weitere diesbez. Befunde vgl. bei J. A. Hedvall: Chemie **56** (1943), 45.

auch theoretisch gut verständliche Unterlagen hat. Die Bearbeitung dieses Gebietes steckt aber noch ganz in den Anfängen. Ihre systematische Weiterverfolgung verspricht interessante und für die verschiedensten Gebiete der Chemie grundlegend wichtige Ergebnisse.

Als Beispiel für die chemische Untersuchung der Oberfläche eines *amorphen* Stoffes sei eine im Institut von P. A. Thiessen durchgeführte Arbeit von R. Köppen genannt[1], welche sich mit der adsorptiven und katalytischen Aktivität der Oberfläche von Kieselgelen befaßt. Köppen stellte fest, daß diese Funktionen weitgehendst von der Vorbeladung der Kieselgeloberfläche mit anderen Ionen abhängen. Cl'-, SO_4''- und NO_3'-Ionen hemmten die Katalyse der Reduktion von Silberverbindungen (Oxyd und Cyanid) an der Oberfläche mit organischen Reduktionsmitteln, während kleine Mengen von OH-Ionen fördernd wirkten. Merkwürdigerweise erhöhte die Vorbehandlung der Kieselgele mit kleinen Mengen Alkali außerordentlich stark deren adsorptive Wirkung gegenüber basischen Farbstoffen wie Methylenblau, Methylviolett usw. Diese Tatsache, welche zu der sonst üblichen Anschauung der Adsorption basischer Farbstoffe an Kieselgel im Widerspruch steht[2], erklärt Köppen so, daß die an der Oberfläche des Gels adsorbierten Hydroxylionen die basischen Farbstoffe dort aussalzen und schwerlöslich machen. Die von Köppen gezeigte Bedeutung der Vorbeladung der Oberfläche mit Ionen für die Adsorption ist für das amorphe Kieselgel ein Analogon zu den oben besprochenen Befunden von Fajans und Hassel an Halogensilberkristallen.

In sehr eindrucksvollen Versuchen demonstrierten E. Weitz und Mitarbeiter die polarisierende Wirkung von Oberflächen auf das Adsorbendum[3]. Hier wurde gezeigt, daß eine Reihe von Triphenylmethanderivaten aus ihrer farblosen benzolischen Lösung mit zum Teil sehr intensiven Farben an Kieselgel oder Tonerde adsorbiert werden. Die Autoren bewiesen, daß diese Erscheinungen zur Halochromie analog sind.

J. Stauff zeigte, daß die Adsorption von Indicatoren an Seifenmicellen mit einer Veränderung der Dissoziationskonstanten der Indicatoren verbunden ist[4].

In diesem Zusammenhang sei auch an die oben (VII 2dβ) bereits erwähnte elegante übermikroskopische Methode P. A. Thiessens zur Erkennung und Lokalisierung elektrischer Ladungen auf festen Oberflächen erinnert[5].

G.-M. Schwab und A. Issidoridis stellten bei adsorbierten farbigen Ionen charakteristische Spektren fest[6].

R. Juza und R. Langheim maßen die magnetische Suszeptibilität von an Kohle adsorbiertem Sauerstoff[7].

Ausgehend vom Studium unimolekularer Schichten auf Flüssigkeitsoberflächen, dessen Versuchsmethodik von A. Pockels begründet und später vor allem von J. Langmuir und dessen Schülern vervollkommnet und mit den interessantesten Ergebnissen weiterbetrieben wurde[8], gelang es Blodgett, eine

---

[1] R. Köppen: Kolloid-Z. **89** (1939), 219.

[2] Vgl. dazu oben sowie H. Rheinboldt, E. Wedekind: Kolloidchem. Beih. **17** (1923), 115.

[3] E. Weitz, Fritz Schmidt: Ber. **72** (1939), 1740 u. 2099. — E. Weitz, F. Schmidt, J. Singer: Z. Elektrochem. angew. physik. Chem. **46** (1940), 222. — E. Weitz: Z. Elektrochem. angew. physik. Chem. **47** (1941), 65.

[4] J. Stauff: Z. physik. Chem., Abt. A **191** (1942), 69.

[5] P. A. Thiessen: Z. Elektrochem. angew. physik. Chem. **48** (1942), 675.

[6] G.-M. Schwab, A. Issidoridis: Z. physik. Chem., Abt. B **53** (1942), 1.

[7] R. Juza, R. Langheim: Z. Elektrochem. angew. physik. Chem. **45** (1939), 689.

[8] Vgl. die zusammenfassende Darstellung von R. Brill: Z. Elektrochem. angew. physik. Chem. **44** (1938), 458.

Methode zu entwickeln, mit der man unimolekulare Schichten von Flüssigkeits-oberflächen auf feste Oberflächen bringen kann[1]. Durch mehrfache Anwendung des Verfahrens lassen sich auch zahlenmäßig genau definierte polymolekulare Schichten von bestimmter Aufbaufolge erzeugen. In dieser Weise frisch gebildete Oberflächen von Fettsäuren lassen sich, wie Thiessen und Beger[2] zeigten, durch die Adsorption bestimmter Farbstoffe daraufhin untersuchen, ob die polare oder die unpolare Gruppe nach außen liegt. Die verwandten Polymethinfarbstoffe[3] könnten natürlich auch zur „chemischen" Untersuchung anderer Oberflächen dienen.

Ein besonders interessantes Gebiet der Oberflächenchemie stellen die Siloxene und Siloxenderivate H. Kautskys und verwandte Stoffe aus der Klasse der „Permutoide" dar[4].

Schließlich sei im Zusammenhang dieses Kapitels noch hervorgehoben, daß auch die Bestimmung der Adhäsionskräfte von Flüssigkeiten an festen Körpern mit Hilfe von Randwinkelmessungen[5] u. U. wertvolle Beiträge zur Kenntnis des „chemischen" Verhaltens fester Oberflächen liefern kann[6]. Die Methode setzt aber ganz glatte und plane und extrem saubere Oberflächen sowie reinste Flüssig-keiten voraus, wenn sie reproduzierbare Resultate liefern soll. Zudem lassen sich Randwinkelmessungen nur auf einen beschränkten Bereich der Adsorptions-kräfte anwenden, da oberhalb einer bestimmten Benetzungskraft der Rand-winkel 0 ist. Gerade das besonders interessierende Gebiet sehr fester Adsorptionen ist also nicht erfaßbar. Messungen von Randwinkeln auf definierten Flächen fester Körper von bekannter Oberflächenenergie, aus denen man die Oberflächen-energie fest-flüssig ableiten könnte, sind bisher kaum ausgeführt worden[6, 7].

4. Zur Frage der Mischkatalysatoren. Die Zwischenzustände, welche bei Reaktionen fester Stoffe miteinander durchschritten werden.

Besonderes Interesse besitzen die Oberflächenzustände von Mischkatalysa-toren, deren große und mannigfaltige Wirksamkeit zuerst von A. Mittasch er-kannt und daraufhin von diesem und anderen Forschern vielfältig studiert wurde[8]. Trotz dieser vielen katalytischen Arbeiten ist die Zahl der *Struktur-untersuchungen* an Mischkatalysatoren, welche die mit modernen Methoden, und zwar vor allem röntgenographisch gegebenen Möglichkeiten ausschöpfen und zu den katalytischen Befunden in Beziehung setzen, noch verschwindend klein.

Die Definition des „Mischkatalysators" oder „Mehrstoffkatalysators" im Sinne Mittaschs lautet[9]:

„Ein Mehrstoffkatalysator ist ein aus zwei oder mehr Bestandteilen derart zusammengesetzter Körper, daß das während der Katalyse bestehende Mengen-verhältnis dieser Bestandteile von vornherein bei der Herstellung des Katalysators innerhalb gewisser Grenzen *willkürlich bestimmbar* ist."

---

[1] K. Blodgett: J. Amer. chem. Soc. **57** (1935), 1007.

[2] P. A. Thiessen, E. Beger: Kolloid-Z. **89** (1939), 175.

[3] Vgl. hierzu G. Scheibe: Kolloid-Z. **82** (1938), 1.

[4] Zusammenfassung bei H. Kautsky: Kolloid-Z. **102** (1943), 1.

[5] R. Fricke, K. Meyring: Asphalt u. Teer, Straßenbautechn. **13** (1932), 264.

[6] P. A. Thiessen, E. Schoon: Z. Elektrochem. angew. physik. Chem. **46** (1940), 170.

[7] Zu dieser ganzen Fragestellung vgl. auch E. Heymann: Austral. chem. Inst. J. Proc. 7 (1940), 73, sowie N. K. Adam: The Physics and Chemistry of Surfaces, 1930.

[8] Vgl. auch G.-M. Schwab: Katalyse, S. 203ff. Berlin: Springer, 1931, sowie G.-M. Schwab, H. S. Taylor, R. Spence: Catalysis, S. 296ff. New York, 1937.

[9] A. Mittasch: Z. Elektrochem. angew. physik. Chem. **36** (1930), 569.

Diese Definition schließt aus mehreren Atomarten bestehende Einzelverbindungen vom Begriff des Mischkatalysators aus, trotzdem wahrscheinlich gemacht werden konnte, daß bei gewissen, aus einer chemisch und kristallographisch einheitlichen Verbindung bestehenden Katalysatoren, welche gleichzeitig in verschiedener Richtung reaktionsbeschleunigend wirken, die verschiedenen Atomarten der Verbindung jeweils in erster Linie für eine Reaktionsrichtung verantwortlich zu machen sind. So zeigte TAYLOR, daß Wolframoxyd, welches wie manche anderen Oxyde Alkohole sowohl zu dehydrieren als auch zu dehydratisieren vermag (VII 3, S. 129), im anreduzierten Zustand stärker dehydriert und im anoxydierten Zustand stärker dehydratisiert. Er sah diese Beobachtungen als Stütze für seine Auffassung an, daß für die Dehydrierung die Metall- und für die Dehydratisierung die Sauerstoffatome des Katalysators die wesentliche Rolle spielten[1], während allerdings andere Beobachtungen darauf hinweisen, daß diese Auffassung so zumindest zu einfach ist[2].

Wenn wir nun entsprechend der oben wiedergegebenen MITTASCHschen Definition auch stöchiometrische Verbindungen nicht zu den Mischkatalysatoren rechnen, so bleiben neben den Stoffmischungen doch noch die Mischkristalle, auf deren strukturelles und katalytisches Verhalten bereits oben kurz hingewiesen wurde (IV 3d, S. 25). Wir wollen uns hier, abgesehen von einigen kurzen Bemerkungen am Schluß dieses Kapitels, mit diesem Hinweis begnügen[3], und nur solche Mischkatalysatoren betrachten, welche aus mehreren, und zwar insbesondere aus zwei Kristallarten oder Stoffen bestehen.

Einigermaßen klar ist hierbei der Vorgang der „strukturellen Verstärkung"[4]. Hierbei ist nur die Oberfläche des einen Stoffes der Ort der Katalyse, der andere Stoff hat lediglich die Funktion eines Trägers. Er gestattet dadurch zunächst eine sparsame Verwendung des wirksamen Stoffes bei gleicher Güte des Katalysators, weil der wirksame Stoff auf dem Träger in sehr dünnen, und wie wir oben schon sahen (VII 2dβ, S. 125), meist aus einem *Diskontinuum* feinster Kriställchen bestehenden Schichten verwandt werden kann[5].

Um seiner Funktion gewachsen zu sein, muß der Träger zunächst eine große für Gase gut zugängliche innere Oberfläche[6] besitzen und außerdem einen genügend hoch liegenden Schmelzpunkt, damit er bei den für die Katalyse anzuwendenden Temperaturen noch nicht unter Oberflächenverkleinerung sintert. Hierbei ist zu berücksichtigen, daß bei sehr feinteiligem Material wegen dessen erhöhten Energieinhalts die Sammelkristallisation wesentlich unter der halben absoluten Schmelztemperatur, bzw. bei Metallen stark unterhalb eines Drittels dieser Temperatur (TAMMANN), beginnen wird. Dieser Vorgang kann durch den aufsitzenden wirksamen Stoff erschwert werden, wenn dieser genügend homogen auf dem Träger verteilt ist und wenn entweder seine Adsorptionsaffinität zum Träger größer ist als sein Bestreben zur Sammelkristallisation, oder aber wenn die Schmelztemperatur des wirksamen Stoffes so hoch liegt, daß unter den betreffenden Umständen Sammelkristallisation noch nicht möglich ist.

In vielen praktisch bedeutungsvollen Fällen ist das allerdings nicht der Fall, wie z. B. bei katalytisch aktiven Metallen auf hochschmelzenden Oxyden, Asbest

---

[1] H. S. TAYLOR: Z. Elektrochem. angew. physik. Chem. **35** (1929), 542.

[2] H. ADKINS, P. E. MILLINGTON: J. Amer. chem. Soc. **51** (1929), 2449.

[3] Vgl. dazu die oben unter IV 3d, S. 25 bereits zitierten Arbeiten von G. RIENÄCKER sowie A. SCHNEIDER und Mitarbeitern.

[4] G.-M. SCHWAB, H. SCHULTES: Z. physik. Chem., Abt. B 9 (1930), 265.

[5] A. MITTASCH: Ber. **59** (1926), 13.

[6] Vgl. hierzu den in diesem Bande stehenden Artikel von K. E ZIMENS über den porösen Körper.

usw. Hier strebt das Metall infolge seiner hohen Oberflächenenergie[1] sehr stark zur Sammelkristallisation. Der Widerstand des Trägers gegen Sinterung muß dabei in dessen eigenen Eigenschaften begründet sein. Verunreinigungen können je nach ihrer Natur sowohl fördernd, als auch hemmend auf die Sinterung wirken.

Der Träger soll also unter anderem auch eine genügende Adsorptions-(Aufwachs-)affinität zum Katalysator besitzen. Dies bringt nun im Verein mit dem oberflächenreichen aktiven Zustand und dem geringen Sinterungsbestreben eines guten Trägers das mit sich, was man mit „struktureller Verstärkung" im engeren Sinne bezeichnen kann: Der bei tieferer Temperatur in hochaktivem Zustand auf den Träger aufgebrachte wirksame Stoff wird durch den Träger bei den für die Weiterverarbeitung oder für die Katalyse notwendigen höheren Temperaturen nicht nur vor Sammelkristallisation, also vor einem Verlust von Oberfläche geschützt[2], vielmehr wird auch beim Aufbringen auf den Träger die Ausbildung aktiver (gestörter) Stellen des wirksamen Stoffes in hohem Maße gefördert, und weiterhin werden diese Stellen durch den Träger auch bei den höheren Temperaturen der Verarbeitung oder der Katalyse weitgehend stabilisiert[3].

Abgesehen von dieser „strukturellen Verstärkung" oder „Trägerwirkung" im Sinne Mittaschs gibt es nun bei binären Mischkatalysatoren auch unzweifelhaft eine Verstärkung in dem Sinne, daß die katalytische Wirkung des einen Stoffes durch die Gegenwart des anderen in einer solchen Weise erhöht wird, daß dem anderen Stoff auch eine direkte Mitwirkung bei der Katalyse zugeschrieben werden muß. Dabei kann der verstärkende Stoff im reinen Zustande für die betreffende Katalyse sowohl wirksam als auch unwirksam sein. Die katalytische Wirkung des Mischkatalysators ist aber in all diesen Fällen größer, zum Teil ganz erheblich größer, als sich aus der katalytischen Wirkung der Einzelkomponenten additiv erwarten ließe[4].

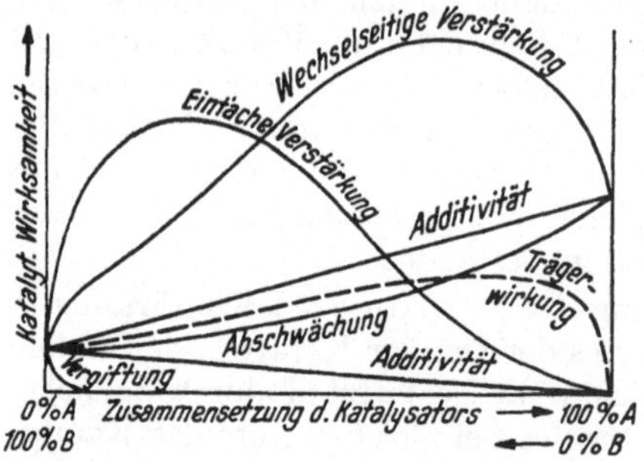

Das eindeutige Kriterium dieser Art von Verstärkung ist nach Schwab und Schultes[2] das Auftreten eines Minimums der Aktivierungswärme bei einem bestimmten Mischungsverhältnis.

Die Herstellung dieser Kontakte kann schon durch einfaches Mischen der reinen Stoffe vorgenommen werden. Noch größere Wirksamkeit erreicht man allerdings meist durch gemeinsames Fällen, durch Zusammensintern im aktiven Zustand oder andere spezielle Präparationsvorgänge.

Zur Illustration der Verhältnisse bei dieser technisch besonders bedeutungsvollen Klasse von Kontakten, deren Verstärkungsmechanismus von G. M. Schwab als „synergetisch"[5] und von A. Mittasch als eigentliche „Verstärkung" bezeichnet wird, bringen wir Abb. 40.

Die soeben besprochenen Grundtatsachen der „echten" oder synergetischen

Abb. 40. Wirksamkeit von Mischkatalysatoren nach Mittasch.

[1] R. Fricke: Naturwiss. 29 (1941), 365; 30 (1942), 544; Kolloid-Z. 96 (1941), 211. — R. Fricke, C. Wagner: Z. physik. Chem., Abt. B 52 (1942), 284.
[2] G.-M. Schwab, H. Schultes: Z. physik. Chem., Abt. B 9 (1930), 265.
[3] W. W. Russel, H. S. Taylor: J. physic. Chem. 29 (1925), 1325.
[4] A. Mittasch: loc. cit.
[5] G.-M. Schwab: Katalyse, loc. cit., S. 211.

Verstärkung scheinen darauf hinzudeuten, daß die betreffenden katalytischen Prozesse nur an den Grenzflächen zwischen den beiden verschiedenartigen Bestandteilen des Mischkatalysators vor sich gehen können, und zwar auch dort wieder an besonders energiereichen aktiven Stellen im Sinne TAYLORS oder „aktiven Linien" im Sinne von SCHWAB und PIETSCH[1], an denen die Aktivierungswärme der Reaktion besonders stark herabgesetzt ist. Trotzdem diese Auffassung sehr viel für sich hat, ist sie doch nicht die einzig mögliche Erklärung der Erscheinungen bei synergetischer Verstärkung. Dies ergibt sich aus folgenden experimentellen Beobachtungen, welche insbesondere von G. F. HÜTTIG, W. JANDER, J. A. HEDVALL und deren Mitarbeitern gemacht wurden:

Erhitzt man ein inniges und feinteiliges Gemenge zweier fester, miteinander reaktionsfähiger Stoffe in einzelnen Portionen jeweils auf verschieden hohe Temperaturen, so zeigen die einzelnen Proben nicht erst dann ein vom Ausgangsgemenge abweichendes adsorptives und katalytisches Verhalten, wenn die neu entstehende Verbindung durch ihre Kristallinterferenzen röntgenographisch nachweisbar wird, sondern schon nach Vorerhitzung auf Temperaturen, die großenteils so stark unterhalb des Temperaturgebietes der eigentlichen Reaktion liegen, daß dort von einer Bildung der neuen Verbindung im normalen Sinne bestimmt noch keine Rede sein kann[2].

Die komplizierten Verhältnisse seien für einen charakteristischen Fall erläutert an Hand der aus einer Arbeit von W. JANDER und G. LEUTHNER[3] entnommenen Abb. 41.

Hierauf sind in Abhängigkeit von der Vorerhitzungstemperatur folgende unter vergleichbaren Bedingungen bestimmte Eigenschaften eines ursprünglich aus $MgO + TiO_2$ bestehenden Pulvergemisches zahlenmäßig wiedergegeben:

Die Adsorption von Beizengelb 3 R aus benzolischer Lösung, die Lösungsgeschwindigkeit des MgO und TiO_2 in $^1/_{10}\,n$ Lösungen von Ammoniumacetat, NH_4Cl und HCl (diese wurden nacheinander angewandt und die in den verschiedenen Lösungsmitteln gelösten Mengen der einzelnen Oxyde zusammenaddiert), die bei stets derselben Temperatur unter Verwendung der verschieden hoch vorerhitzten Pulvergemische als Katalysator bestimmten Geschwindigkeitskonstanten k der CO/O_2-Verbrennung, die unter Variation der Katalysetemperatur ermittelten Werte der scheinbaren Aktivierungsenergie q, die Logarithmen der an Hand der k- und q-Werte erhaltenen Zahlen für die Aktionskonstante C (vgl. hierzu unter VII 2b, S. 102) und schließlich die entsprechenden Größen für die katalytische N_2O-Zersetzung.

Der auf den Abbildungen mit R bezeichnete Pfeil gibt die Vorerhitzungstemperatur an, von der an aufwärts auf den Röntgenogrammen die Interferenzen

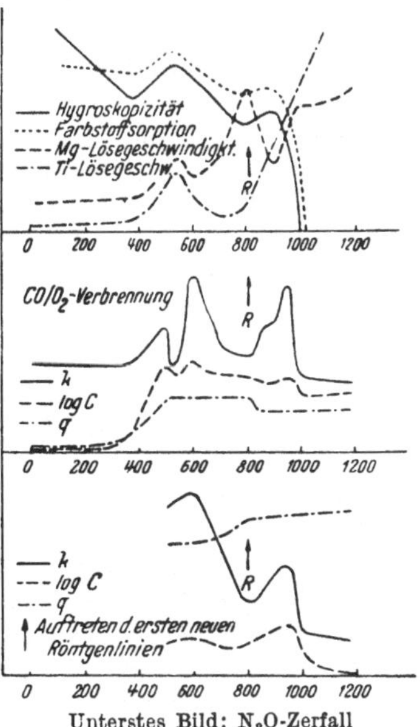

Abb. 41. Zwischenzustände bei der Reaktion $MgO + TiO_2$.

[1] G.-M. SCHWAB, E. PIETSCH: Z. physik. Chem., Abt. B 1 (1928), 385; 2 (1929), 262; Z. Elektrochem. angew. physik. Chem. 35 (1929), 135, 573. — E. PIETSCH, A. KOTOWSKI, G. BEHREND: Z. Elektrochem. angew. physik. Chem. 35 (1929), 582.
[2] Vgl. hierzu und zum folgenden vor allem den Beitrag von G. F. HÜTTIG in Band VI dieses Handbuches.
[3] W. JANDER, G. LEUTHNER: Z. anorg. allg. Chem. 241 (1939), 57.

des bis zu 1200° hinauf sich ausschließlich bildenden Metatitanates[1] sichtbar wurden.

Man erkennt nach Abb. 41, daß bei fast allen untersuchten Eigenschaften der Pulvergemische mehrere Maxima in Abhängigkeit von der Vorerhitzungstemperatur auftreten. Eine Reihe dieser Maxima, davon mehrere besonders starke, liegen wesentlich unterhalb der Temperatur der ersten röntgenographischen Nachweisbarkeit des Reaktionsproduktes.

Dieser Befund ist zunächst schon deshalb für das Problem der Mischkatalysatoren von ganz prinzipieller Bedeutung[2], weil er deutlich zeigt, daß man nicht ohne weiteres annehmen darf, daß bei Katalysetemperaturen, bei denen die Bestandteile eines Mischkatalysators im normalen Sinne chemisch noch nicht miteinander reagieren, bei denen also z. B. auch noch keine Sinterungserscheinungen auftreten, der Katalysator unverändert bleibt. Vielmehr können, wie man aus Abb. 41 ersieht und wie durch viele Arbeiten von G. F. HÜTTIG, W. JANDER sowie J. A. HEDVALL[3] und deren Mitarbeitern an anderen Systemen immer wieder dargetan wurde, je nach der verwandten Katalysetemperatur die Bestandteile eines Mischkatalysators Veränderungen eingehen, durch welche dessen katalytische Aktivität mehr oder weniger stark erhöht wird.

Über die Art dieser röntgenographisch nicht erfaßbaren aktivitäts-erhöhenden bzw. in bestimmten Temperaturzwischengebieten auch aktivitätsvermindernden (Abb. 41) Vorgänge herrschen noch keine einheitlichen Vorstellungen[4]. Nur in dem einen Punkt dürfte kein Zweifel bestehen, daß nämlich die beobachteten aktivitätsändernden Vorgänge unterhalb des Temperaturbereichs röntgenographisch nachweisbarer Reaktion (abgesehen von einer evtl. restlichen Trocknung bzw. Abgabe kleinster Mengen flüchtiger Bestandteile) nur durch Oberflächenreaktionen erklärt werden können.

Nach W. JANDER kommen hier folgende Möglichkeiten in Betracht: Diffusion einzelner Moleküle (oder Atome bzw. Atomgruppen) des einen Bestandteiles in die Oberfläche des anderen unter Aufrauhung beider Oberflächen, Abreaktion der eindiffundierten Fremdmoleküle mit dem Grundmaterial der betr. Oberfläche, weitere Diffusions- und Reaktionsvorgänge, die zur Ausbildung einer vollkommenen Oberflächenhaut des Reaktionsproduktes auf dem anderen Bestandteil führen. Diese Oberflächenhaut kann zunächst eine vom definitiven Reaktionsprodukt vollkommen abweichende Struktur besitzen, welche z. B. durch die Atomanordnung derjenigen Kristallflächen bestimmt werden kann, auf denen die Reaktionshaut aufwächst, welche aber auch flüssigkeitsähnlich amorph sein kann usw. Bei weiterer Verdickung der Reaktionshaut muß diese dann schließlich die dem eigentlichen Reaktionsprodukt unter den betreffenden Bedingungen zukommende Kristallstruktur annehmen.

[1] W. JANDER, K. BUNDE: Z. anorg. allg. Chem. **239** (1938), 418.

[2] G. F. HÜTTIG: Z. Elektrochem. angew. physik. Chem. **44** (1938), 571. — W. JANDER: Österr. Chemiker-Ztg. **1939**, **Nr. 7.**

[3] J. A. HEDVALL, R. HEDIN, S. LJUNGKVIST: Z. Elektrochem. angew. physik. Chem. **40** (1934), 300. — J. A. HEDVALL, O. SANDBERG: Z. anorg. allg. Chem. **240** (1938), 15. — J. A. HEDVALL, G. COHN: Kolloid-Z. **88** (1939), 224. — J. A. HEDVALL: Glastechn. Ber. **20** (1942), 34. — Weitere Literatur bei J. A. HEDVALL: Reaktionsfähigkeit fester Stoffe. Leipzig, 1938.

[4] Siehe den Beitrag von G. F. HÜTTIG in Band VI dieses Handbuchs. Vgl. hierzu W. JANDER: Z. angew. Chem. **47** (1934), 235; Z. anorg. allg. Chem. **241** (1939), 225; Österr. Chemiker-Ztg. **1939**, 7. — W. JANDER, G. LEUTHNER: Z. anorg. allg. Chem. **241** (1939), 57. — G. F. HÜTTIG, H. E. TSCHAKERT, H. KITTEL: Z. anorg. allg. Chem. **223** (1935), 241. — G. F. HÜTTIG: Z. Elektrochem. angew. physik. Chem. **44** (1938), 571; **41** (1935), 527. — G. F. HÜTTIG u. Mitarb.: Z. anorg. allg. Chem. **237** (1938), 209. — G. F. HÜTTIG, H. THEIMER: Z. anorg. allg. Chem. **246** (1941), 51. — J. A. HEDVALL: loc. cit.

Diese Vorgänge bringen in der Tat eine Reihe von Möglichkeiten des Anstieges bzw. Abfalles der katalytischen und Sorptionsaktivität mit sich: Die Aufrauhung der Oberflächen muß die Zahl der aktiven Stellen erhöhen. Die Abreaktion der eindiffundierten einzelnen Moleküle kann u. U. die Aktivierungswärme an ihnen erhöhen, d. h. die Qualität der aktiven Stellen verschlechtern, die Ausbildung einer vollständigen Reaktionshaut von metastabiler Struktur kann wieder eine starke Vermehrung der Zahl der aktiven Stellen (bei evtl. jetzt geringerer Qualität) mit sich bringen usw. Doch sind abgesehen von diesen auch noch weitere Möglichkeiten zu bedenken:

So ist es durchaus vorstellbar, daß sich bei tieferer Temperatur, in günstig gelagerten Fällen evtl. schon bei Zimmertemperatur, mehr oder weniger vollkommene unimolekulare oder auch multimolekulare Adsorptionsschichten des einen Bestandteiles auf dem anderen bilden, welche nur die Vorstufe zur Oberflächenreaktion sind[1]. Weiter läßt sich durchaus der Standpunkt vertreten, daß gerade unvollkommen ausgebildete, also mit (meist wohl an bevorzugten Stellen liegenden) „Löchern" behaftete Oberflächenhäute katalytisch besonders aktiv sind. Denn hier gilt einerseits das oben unter VII 2c, S. 108 bezüglich des hohen Energieinhaltes von „Atomlöchern" Gesagte, während andererseits derartige Löcher in Oberflächenhäuten eines labilen, evtl. sogar nur adsorptiv gebildeten Reaktionsproduktes für die Adsorbentien das mit sich bringen, was für die Funktion eines Mischkatalysators mit synergetischer Verstärkung (vgl. oben) von den meisten Autoren als Voraussetzung angesehen wird, nämlich die gleichzeitige Berührung der Moleküle des reagierenden Systems mit zwei Bestandteilen des Mischkatalysators, wobei allerdings in diesem Falle nur einer dieser beiden Bestandteile mit seiner ursprünglichen Oberfläche mitwirkte, während der andere in Form einer mehr oder weniger stabilen Oberflächenverbindung vorläge.

Aus Obigem ergibt sich außerdem, daß die Funktion eines Mischkatalysators mit echter Verstärkung gar nicht unbedingt an die Mitwirkung von durch Phasengrenzen getrennten, verschiedenartigen kompakten Bestandteilen des Katalysators bei der Katalyse gebunden zu sein braucht. Im Prinzip könnten auch aktive Stellen auf mehr oder weniger homogenen Adsorptions- oder Reaktionshäuten die Träger der Katalyse sein.

In diesem Zusammenhang ist eine Arbeit von SCHWAB und ISSIDORIDIS bedeutungsvoll, in der gezeigt wird, daß photochemische Veränderungen an die Voraussetzung gebunden sein können, daß der betr. Stoff adsorbiert ist[2].

Eine sichere Entscheidung dessen, was bei Mischungen von miteinander reaktionsfähigen festen Stoffen unterhalb der röntgenographisch nachweisbaren Reaktionstemperaturen geschieht und wie die Struktur der wirksamen Bezirke von Mischkatalysatoren ist, wird erst dann möglich sein, wenn es gelingt, die molekulare Feinstruktur der betr. Oberflächen direkt zu untersuchen, wozu, abgesehen von der chemischen Untersuchung (VII 3), die Methoden der Elektroneninterferometrie und der Elektronenmikroskopie zur Zeit die größten Hoffnungen zu machen scheinen (VII 2d, S. 119ff.).

Die aus Abb. 41 zu ersehenden letzten, über dem Temperaturgebiet der röntgenographisch nachweisbaren Reaktion (rechts vom Pfeil R) liegenden Maxima der Hygroskopizität und vor allem der katalytischen Aktivität werden wahrscheinlich ihre Ursache darin haben, daß auch das entstehende wirkliche Reaktionsprodukt zunächst aus Kristallen mit erheblichen Gitterstörungen, also mit

---

[1] Bez. eines experimentellen Beweises der Adsorption als Vorstufe der Reaktion vgl. R. FRICKE, H. J. BÜCKMANN: Ber. **72** (1939), 1199.

[2] G.-M. SCHWAB, A. ISSIDORIDIS: Ber. **75** (1942), 1048.

stark erhöhter Aktivität besteht, was für einige Fälle röntgenographisch in Form von unregelmäßigen Gitterstörungen (IV 3e, S. 26) direkt nachgewiesen werden konnte[1]. Bei noch höherer Erhitzung heilen die Gitterfehler aus, was mit einem Rückgang der Aktivität einhergeht[2].

Weiter ist bei den Maxima rechts von den Pfeilen der Abb. 41 aber auch zu berücksichtigen, daß dort der Reaktionsumsatz bei weitem noch nicht vollständig ist. Neben dem Reaktionsprodukt ist noch viel von den Ausgangsmaterialien (MgO und TiO_2) vorhanden. Man könnte also z. B. auch daran denken, daß hier die Wirkung des Mischkatalysators $MgO + TiO_2$ durch das entstandene Titanat weiter verstärkt würde, was sich durch besondere Versuche mit den betreffenden Mischungen nachprüfen ließe.

Schließlich sei noch darauf hingewiesen, daß die Aktivität, und zwar sowohl Aktionskonstante, als auch Aktivierungswärme von Mischkatalysatoren sehr stark vom Mischungsverhältnis abhängt[3]. Dies gilt natürlich auch dann, wenn die bei höherer Temperatur einsetzende (wirkliche, d. h. röntgenographisch nachweisbare) chemische Reaktion der Komponenten zunächst unabhängig vom Mischungsverhältnis dasselbe Reaktionsprodukt liefert[4].

Auch bei Mischkristallen (IV 3d) sind Aktivierungswärme und Aktionskonstante nicht nur vom Ordnungszustand des Mischkristalles, sondern auch, in je nach Zusammensetzung des Kontaktes und Art der zu katalysierenden Reaktion sehr verschiedener Weise, vom Mengenverhältnis der den Mischkristall aufbauenden Bestandteile abhängig[5]. Beim Vorhandensein von Trägersubstanz (z. B. metallische Mischkristalle auf oxydischen Trägern, wie SiO_2, Al_2O_3 usw.) werden die Erscheinungen noch weiter vervielfältigt[6].

Endlich sei noch die interessante Möglichkeit erwähnt, daß an den Berührungsstellen verschieden konzentrierter Mischkristalle derselben Komponenten synergetische Verstärkung auftreten kann[6, 7].

Sehr bedeutungsvoll für die gesamte Frage der Mischkatalysatoren sind die zahlreichen Arbeiten von R. Schenck und Mitarbeitern über die Beeinflussung der Zersetzungsdrucke von Oxyden und Sulfiden bzw. der „Edelkeit" von Metallen durch mit dem betr. Oxyd, Sulfid oder Metall chemisch reagierende oder auch nur in sorptive Wechselwirkung tretende Bodenkörperbeimengungen, welche zu dem Gasgleichgewicht keine direkten Beziehungen haben[8]. Die aufgefundenen und quantitativ durchuntersuchten Effekte sind zum Teil erstaunlich. Ihre große metallurgische Bedeutung ist evident. Zur Klärung der bestimmt vorhandenen, sehr engen Beziehungen zur Funktion von Kontakten wären katalytische Messungen an den betr. Materialien dringend erwünscht.

---

[1] R. Fricke, W. Dürr, E. Gwinner: Naturwiss. **26** (1938), 500; Z. Elektrochem. angew. physik. Chem. **45** (1939), 254. — W. Jander, H. Pfister: Z. anorg. allg. Chem. **239** (1938), 95. — R. Fricke, F. Blaschke: Z. anorg. allg. Chem. **251** (1943), 396.

[2] R. Fricke: Z. angew. Chem. **51** (1938), 863.

[3] A. Mittasch: loc. cit. — J. Eckell: Z. Elektrochem. angew. physik. Chem. **38** (1932), 918; **39** (1933), 859. — W. Jander, G. Leuthner: loc. cit. — G.-M. Schwab, H. Schultes: loc. cit.

[4] W. Jander, G. Leuthner: loc. cit.

[5] Vgl. hierzu die oben unter IV 3d genannten Arbeiten von G. Rienäcker sowie auch A. Schneider und Mitarbeitern.

[6] G. Rienäcker, R. Burmann: J. prakt. Chem. **158** (1941), 95.

[7] G.-M. Schwab, W. Brennecke: Z. physik. Chem., Abt. B **24** (1934), 393. — G. Wagner, G.-M. Schwab, R. Staeger: Z. physik. Chem., Abt. B **27** (1935), 439.

[8] Letzte Arbeiten: R. Schenck, P. v. d. Forst: Z. anorg. allg. Chem. **249** (1942), 76. — R. Schenck, A. Bathe, H. Keuth, S. Süss: Z. anorg. allg. Chem. **249** (1942), 88.

VIII. Einige spezielle Resultate bezüglich der Eigenschaften aktiver Stoffe und deren Auswirkungen.

1. Erhöhungen des Wärmeinhaltes.

Schon am Anfang unserer Betrachtungen (unter I) hoben wir hervor, daß aktive Stoffe infolge ihres instabilen Zustandes, wie starker Oberflächenentwicklung, schlechter Gitterdurchbildung, Gitterstörungen usw. einen erhöhten Wärmeinhalt besitzen müssen. Diese Vermehrung des Wärmeinhaltes ist, weil sie alle Ursachen der Aktivität umfaßt, ein pauschaler Maßstab des aktiven Zustandes von definierten thermodynamischen Konsequenzen (Erhöhung der Gesamtenergie).

Um einen Überblick über einige bisher festgestellte Erhöhungen und Ursachen der Erhöhungen des Wärmeinhaltes aktiver Stoffe gegenüber dem Normalzustand zu geben, bringen wir Tabelle 9, in welcher Oxyde, ein Hydroxyd und Metalle berücksichtigt sind. Die in der Tabelle stehenden Erhöhungen der Wärmeinhalte wurden alle direkt an Hand von Lösungswärmen bei Zimmertemperatur oder nahe bei Zimmertemperatur (vgl. die Tabelle) ermittelt, und zwar sind die angegebenen Zahlen die maximalen Erhöhungen, die im Rahmen der betr. Arbeit beobachtet wurden. Die Wärmeinhalte der Präparate waren unter vergleichbaren Bedingungen um so höher, bei je tieferer Temperatur und je schneller die Darstellung vorgenommen wurde (II). Anwesenheit oder gleichzeitige Herstellung von geeigneter Trägersubstanz erleichterte hierbei die Erreichung hoher Aktivitätsgrade.

Man erkennt nach der Tabelle, daß bei den untersuchten Stoffklassen sehr beträchtliche Erhöhungen des Wärmeinhaltes beobachtet wurden. Besonders groß sind diese bei den Oxyden des Fe(III), Al und Mg und beim Cu. Für den gegenseitigen Vergleich ist aber zu berücksichtigen, daß die gemessenen Vermehrungen des Wärmeinhaltes in erster Näherung um so mehr bedeuten, je geringer die Atomzahl im Molekül ist, demnach also z. B. bei den Metallen oder auch bei den Oxyden vom Typus MeO mehr als bei Oxyden vom Typus Me_2O_3.

Erhöhungen des Wärmeinhaltes aktiver Oxyde wurden calorimetrisch bereits früher von DE FORCRAND gefunden[1]. Doch vermochte dieser mit den damaligen Methoden keine überzeugende Erklärung für diese Erscheinung zu geben, so daß seine Resultate sehr zu Unrecht kaum beachtet wurden.

Mit einer gewissen Berechtigung läßt sich von einem aktiven Zustand auch dann sprechen, wenn der betreffende Stoff in einer bei den betreffenden Temperatur- und Druckbedingungen instabilen kristallinen *Modifikation* vorliegt. Tabelle 10 bringt einige Unterschiede der Energieinhalte verschiedener allotroper Formen von Hydroxyden und Oxyden. Die Zahlen haben aber nur die Bedeutung ungefähr orientierender Größen, weil auch bei diesen Stoffen aktive Zustände stark mit hineinspielten[2]. In der Tabelle steht links jeweils die energiereichste und rechts die bei Zimmertemperatur und Atmosphärendruck stabile Kristallart. Die angegebenen Wärmetönungen beziehen sich auf je ein Grammolekül.

---

[1] R. DE FORCRAND: Ann. Chim. phys. (7) **27** (1902), 26 und a. a. O.
[2] FRICKE-HÜTTIG: Hydroxyde und Oxydhydrate. Leipzig: Akad. Verl.-Ges., 1937.

Tabelle 9. *Erhöhungen der Wärmeinhalte röntgenographisch definierter aktiver Stoffe.*

Stoffart (Kristallart)	Darstellung	Maximale Erhöhung im Wärmeinhalt gegenüber inaktivem Material pro Mol (bei Metallen pro Grammatom)	Röntgenographisch festgestellte Gründe der Erhöhungen des Wärmeinhaltes	Literaturstelle
		I. Oxyde.		
$\alpha\text{-Fe}_2\text{O}_3$	Entwässerung von $\alpha\text{-FeOOH}$	4,75 kcal (bei 32° C)	Unregelmäßige Gitterstörungen und Oberflächenentwicklung (letzteres rel. schwach)	1
$\alpha\text{-Fe}_2\text{O}_3$	Entwässerung von amorphem Fe(III)-Oxydhydrat	13,0 kcal (bei 32° C)	Beimengung von röntgenamorphem Material, unregelmäßige Gitterstörungen und große Oberflächenentwicklung	2
$\gamma\text{-Fe}_2\text{O}_3$	Entwässerung von $\gamma\text{-FeOOH}$	9,15 kcal (bei 20° C)	Sehr starke Oberflächenentwicklung	3
$\gamma\text{-Al}_2\text{O}_3$	Entwässerung von Böhmit	3,85 kcal (bei 45° C)	Starke Oberflächenentwicklung	4
ZnO	Entwässerung von $\varepsilon\text{-Zn(OH)}_2$	1,3 kcal (bei 18° C)	Vornehmlich unregelmäßige Gitterstörungen	5
ZnO	Entwässerung verschiedener Zinkhydroxydmodifikationen und direkte Fällung	1,0 kcal (bei 18° C)	Vornehmlich unregelmäßige Gitterstörungen	6
BeO	Entwässerung von $\alpha\text{-Be(OH)}_2$	1,4 kcal (bei 30° C)	Unregelmäßige Gitterstörungen und Oberflächenentwicklung	7
MgO	Entwässerung von krist. Mg(OH)_2	2,7 kcal (bei 18° C)	In erster Linie Gitterdehnung, in zweiter Linie unregelmäßige Gitterstörungen, in dritter Linie Oberflächenentwicklung	8
CuO	Durch direkte Fällung aus Lösung bei 35°	1,45 kcal (bei 20° C)	Starke Oberflächenentwicklung und Beimengung von röntgenamorphem Material	9
CdO	Entwässerung von Cd(OH)_2	0,56 kcal (bei 45° C)	Starke Oberflächenentwicklung	10

[1] R. FRICKE, P. ACKERMANN: Z. Elektrochem. angew. physik. Chem. **40** (1934), 630.

[2] R. FRICKE, L. KLENK: Z. Elektrochem. angew. physik. Chem. **41** (1935), 617.

[3] R. FRICKE, W. ZERRWECK, Z. Elektrochem. angew. physik. Chem. **43** (1937), 52.

[4] R. FRICKE, F. NIERMANN, CH. FEICHTNER: Ber. **70** (1937), 2318.

[5] R. FRICKE, P. ACKERMANN: Z. anorg. allg. Chem. **214** (1933), 177.

[6] R. FRICKE, K. MEYRING: Z. anorg. allg. Chem. **230** (1937), 366.

[7] R. FRICKE, J. LÜKE: Z. physik. Chem., Abt. B **23** (1933), 319.

[8] R. FRICKE, J. LÜKE: Z. Elektrochem. angew. physik. Chem. **41** (1935), 174.

[9] R. FRICKE, E. GWINNER, CH. FEICHTNER: Ber. **71** (1938), 1744.

[10] R. FRICKE, F. BLASCHKE: Z. Elektrochem. angew. physik. Chem. **46** (1940), 46.

Tabelle 9. *Erhöhungen der Wärmeinhalte röntgenographisch definierter aktiver Stoffe* (Fortsetzung).

Stoffart (Kristallart)	Darstellung	Maximale Erhöhung im Wärmeinhalt gegenüber inaktivem Material pro Mol (bei Metallen pro Grammatom)	Röntgenographisch festgestellte Gründe der Erhöhungen des Wärmeinhaltes	Literaturstelle
II. Hydroxyde.				
$Mg(OH)_2$	Hydratation von aktivem MgO	0,85 kcal (bei 18° C)	In erster Linie Oberflächenentwicklung, in zweiter unregelmäßige Verschiebung der Schichtebenen übereinander	11
III. Sulfide.				
Sb_2S_3 (orange)	Fällung aus Lösung	7,5 kcal mehr als Grauspießglanzerz (bei 25° C)	Röntgenamorphie und Oberflächenentwicklung	12
IV. Metalle.				
Gold	Reduktion aus Lösung bei Gegenwart von minimalen Mengen Schutzkolloid	1,1 kcal (bei 40° C)	Starke Oberflächenentwicklung	13
Kupfer	Reduktion aus Lösung, Verpuffung von $Cu(N_3)_2$, Reduktion von Cu-Verbindungen mit H_2, z. T. bei Gegenwart von Trägersubstanz	3,15 kcal (bei 40° C)	Große Oberflächenentwicklung und unregelmäßige Gitterstörungen	14
Eisen	Reduktion von amorphem Fe(III)-oxydhydrat mit H_2	1,4 kcal (bei 80° C)	In erster Linie unregelmäßige Gitterstörungen, in zweiter Linie Oberflächenentwicklung	15
Nickel	Reduktion von $Ni(OH)_2$ mit H_2	1,75 kcal (bei 40° C)	Schwächere unregelmäßige Gitterstörungen und Beimengung von Röntgenamorphem, Oberflächenentwicklung	16

[11] R. FRICKE, R. SCHNABEL, K. BECK: Z. Elektrochem. angew. physik. Chem. **42** (1936), 881.

[12] R. FRICKE, E. DÖNGES: Z. anorg. allg. Chem. **250** (1942), 202.

[13] R. FRICKE, F. R. MEYER: Z. physik. Chem., Abt. A **181** (1938), 409.

[14] R. FRICKE, F. R. MEYER: Z. physik. Chem., Abt. A **183** (1938), 177.

[15] R. FRICKE, O. LOHRMANN, W. WOLF: Z. physik. Chem., Abt. B **37** (1937), 60; **39** (1938), 476.

[16] R. FRICKE, W. SCHWECKENDIEK: Z. Elektrochem. angew. physik. Chem. **46** (1940), 90.

Tabelle 10. *Energieunterschiede allotroper Modifikationen.*

	Literatur
Böhmit (AlOOH) $\xrightarrow{3,3\ \text{kcal}}$ Bayerit $\xrightarrow{1,2\ \text{kcal}}$ Hydrargillit	1, 2
$\gamma\text{–Al}_2\text{O}_3 \xrightarrow{7,8\ \text{kcal}} \alpha\text{–Al}_2\text{O}_3$	2
$\gamma\text{–FeOOH} \xrightarrow{\sim 2\ \text{kcal}} \alpha\text{–FeOOH}$	3
$\alpha\text{–Be(OH)}_2 \xrightarrow{0,8\ \text{kcal}} \beta\text{–Be(OH)}_2$	1
Amorphes $\text{Zn(OH)}_2 \xrightarrow{2,7\ \text{kcal}} \alpha\text{–} \xrightarrow{0,1\ \text{kcal}} \beta\text{–}\gamma\text{–}\delta\text{–} \xrightarrow{0,2\ \text{kcal}} \varepsilon\text{–Zn(OH)}_2$	4

Der Nachweis eines Verteilungszustandes der Aktivität von Stoffen mit erhöhtem Wärmeinhalt gelang calorimetrisch im Prinzip ebenfalls, und zwar an Hand der Bestimmung der Lösungswärmen verschiedener Fraktionen[5].

2. Auswirkungen der Erhöhungen des Wärmeinhaltes und der aktiven Strukturen.

a) Theoretisch abzuleitende thermodynamische Konsequenzen des erhöhten Wärmeinhaltes.

Eine Erhöhung des Wärmeinhalts muß von Einfluß auf die Lage aller Gleichgewichte sein, die der betreffende Stoff eingehen kann, ohne seinen aktiven Zustand zu verlieren.

In Tabelle 11 bringen wir eine Reihe von Zersetzungsdrucken, welche nach der Nernstschen Näherungsgleichung in der Form

$$\log p_{(\text{mm})} = \frac{-Q_{(\text{cal})}}{4{,}571\ T} + 1{,}75 \log T + 6{,}48$$

aus der Differenz der Lösungswärmen (Lw) je eines kristallinen Hydroxydes gegen die Lw zweier durch Entwässerung daraus entstandener verschieden aktiver Oxyde berechnet wurden. Trotzdem die Zahlen nur größenordnungsmäßig richtig sein können, zeigen sie doch mit aller wünschenswerten Klarheit, daß ein und dasselbe Hydroxyd je nach dem Aktivitätszustand des Oxyds, mit dem es sich im Gleichgewicht befindet, sehr verschiedene Zersetzungsdrucke besitzen kann. In einer Reihe von Fällen ($\alpha\text{–Be(OH)}_2$, $\alpha\text{–FeOOH}$, $\gamma\text{–FeOOH}$, $\gamma\text{–Zn(OH)}_2$, $\beta\text{–Zn(OH)}_2$) ist es so, daß das kristalline Hydroxyd im Gleichgewicht mit aktivem Oxyd noch als bei 20° C stabil zu bezeichnen ist, im Gleichgewicht mit inaktivem (normalem) Oxyd aber nicht mehr.

Hierzu ist zu bedenken, daß das in einem tatsächlichen Gleichgewicht mit dem Hydroxyd wirksame Oxyd nur das unmittelbar an der Phasengrenze der beiden Stoffe liegende ist, wobei außerdem offenbar nur solche Phasengrenzen Bedeutung haben, in denen die beiden Stoffe als Folge der Bildung des einen

[1] R. Fricke, B. Wullhorst: Z. anorg. allg. Chem. **205** (1932), 127.
[2] W. A. Roth, H. Troitzsch: Angew. Chem. **49** (1936), 198.
[3] R. Fricke, W. Zerrweck: Z. Elektrochem. angew. physik. Chem. **43** (1937), 52 und unveröffentl. Versuche.
[4] R. Fricke, K. Meyring: Z. anorg. allg. Chem. **230** (1937), 359.
[5] R. Fricke, H. Pfau: Kolloid-Z. **100** (1942), 153.

aus dem anderen noch miteinander verwachsen sind[1]. Die Oxyde in diesen Grenzbezirken werden aktiver sein als die weiter von den Phasengrenzen abliegenden. Calorimetrisch wird man die Wärmeinhalte dieser aktivsten Oxyde deshalb nicht fassen können, sondern nur tieferliegende Mittelwerte[2]. Unter Berücksichtigung dieses Umstandes ist anzunehmen, daß von den betreffenden Oxyden noch aktivere Zustände existieren, als zu Tabelle 11 berücksichtigt werden konnten, wodurch die Stabilitätsverhältnisse der Hydroxyde im Gleichgewicht mit diesen Oxyden günstiger werden. Dies würde damit übereinstimmen, daß z. B. $Cu(OH)_2$ bei 20° (Tabelle 11) unter Wasser recht stabil sein kann, trotzdem p_{H_2O} bei 20° nur 17,5 mm beträgt.

Tabelle 11. *Zersetzungsdrucke von Hydroxyden.*

Art des kristallisierten Hydroxydes	Theoretischer Zersetzungsdruck in mm Hg bei 20° C im Gleichgewicht mit		Literaturstelle
	aktivem Oxyd	inaktivem Oxyd	
β–$Be(OH)_2$	2,5	7,7	3
α–$Be(OH)_2$	11,0	126	3, 4
α–FeOOH	3×10^{-2}	95	5
γ–FeOOH	$2,5 \times 10^{-6}$	150	6
$Mg(OH)_2$ (Brucit) .	$1,4 \times 10^{-6}$	$1,5 \times 10^{-4}$	7
ε–$Zn(OH)_2$	2	19	8, 3
γ–$Zn(OH)_2$	3	27	8
β–$Zn(OH)_2$	3,5	32	8
$Cu(OH)_2$	21	280	9
$Cd(OH)_2$	$9,5 \times 10^{-2}$	$2,5 \times 10^{-1}$	10

Die Tatsache der Entstehung hochaktiver Oxydformen aus Hydroxyden bei niederen Temperaturen zeigt eindringlich, daß die Beständigkeit metastabiler Hydroxyde nicht nur eine Angelegenheit der Bildung von Keimen der neuen Phase[11], sondern auch des aktiven Zustandes der neu entstehenden Phase ist.

Als Ergänzung zu Tabelle 11 bringen wir in Tabelle 12 noch einige Daten zu zwei röntgenamorphen Oxydhydraten. Die Berechnung der Zersetzungsdrucke geschah wie zu Tabelle 11.

Man erkennt aus der Tabelle, daß das amorphe Eisen(III)-oxydhydrat im Gleichgewicht mit aktivem (ebenfalls röntgenamorphem[12]) α–Fe(III)-oxyd in Übereinstimmung mit den Erfahrungen des Laboratoriums recht beständig ist, dagegen im Gleichgewicht mit normalem (energiearmem) α–Fe(III)-oxyd, zu dem normalerweise der Alterungsweg des Fe(III)-oxydhydrates hinführt[13], absolut unbeständig.

Amorphes Zinkhydroxyd ist nach Tabelle 12 auch im Gleichgewicht mit energiereichem ZnO vollkommen unbeständig. Daß man es, wenn auch nur in

---

[1] Dies kann man u. a. daraus schließen, daß bei einem Gleichgewicht, an dem entsprechend zu den Fällen von Tabelle 11 zwei feste Stoffe beteiligt sind, die rein mechanische Zumischung des einen Stoffes zum anderen die Gleichgewichtseinstellung erfahrungsgemäß nicht beschleunigt.

[2] Vgl. hierzu die diesbez. Versuche von R. Fricke, P. Ackermann: Z. Elektrochem. angew. physik. Chem. **40** (1934), 630.

[3] R. Fricke, B. Wullhorst: Z. anorg. allg. Chem. **205** (1932), 127.

[4] R. Fricke, J. Lüke: Z. physik. Chem., Abt. B **23** (1933), 319.

[5] R. Fricke, P. Ackermann: Z. Elektrochem. angew. physik. Chem. **40** (1934), 630.

[6] R. Fricke, W. Zerrweck: Z. Elektrochem. angew. physik. Chem. **43** (1937), 52.

[7] R. Fricke, J. Lüke: Z. Elektrochem. angew. physik. Chem. **41** (1935), 174.

[8] R. Fricke, K. Meyring: Z. anorg. allg. Chem. **230** (1937), 357, 366. — R. Fricke, P. Ackermann: Z. anorg. allg. Chem. **214** (1933), 177.

[9] R. Fricke, E. Gwinner, Ch. Feichtner: Ber. **71** (1938), 1744. — R. Fricke, R. Dachs: Ber. **72** (1939), 405.

[10] R. Fricke, F. Blaschke: Z. Elektrochem. angew. physik. Chem. **46** (1940), 46.

[11] M. Volmer: Kinetik der Phasenbildung, Dresden und Leipzig 1939. — R. Fricke, K. Meyring: Z. anorg. allg. Chem. **214** (1933), 269.

[12] R. Fricke, L. Klenk: Z. Elektrochem. angew. physik. Chem. **41** (1935), 617.

[13] Fricke-Hüttig: loc. cit., S. 316ff.

sehr labiler Form, gewinnen kann[1], könnte darauf hindeuten, daß Zinkoxyd auch in noch wesentlich energiereicheren Formen existiert als zu Tabelle 12 gefaßt waren, wenn nicht die Ursache hier einfach in den Schwierigkeiten der Bildung von ZnO-Keimen zu suchen ist.

Tabelle 12. *Lösungswärmen und Zersetzungsdrucke amorpher Oxydhydrate.*

Art des amorphen Hydroxydes	Unterschied der molekularen Lösungswärme des Hydroxyds gegen die molekulare Lösungswärme des		Theoretischer Zersetzungsdruck in mm Hg bei 20° C im Gleichgewicht mit		Literaturstelle für die Lösungswärmen
	aktiven Oxyds	inaktiven Oxyds	aktivem Oxyd $(\alpha\text{-Oxyd})^2$	inaktivem Oxyd $(\alpha\text{-Oxyd})^2$	
Zinkhydroxyd	$-$ 0,34 kcal	$+$ 0,97 kcal	$4,5 \times 10^2$	$4,2 \times 10^3$	2
Eisen(III)-oxydhydrat	$-$ 3,45 kcal	$+$ 9,75 kcal	2,25	$1,6 \times 10^{10}$	3

b) Direkte Beobachtungen der Folgen des erhöhten Wärmeinhaltes.

Nach diesen zwar thermodynamisch sicher fundierten, aber doch noch theoretischen Ableitungen aus dem erhöhten Wärmeinhalt der aktiven Stoffe wenden wir uns einigen direkten experimentellen Befunden zu.

Wenn man versucht, Zersetzungsdrucke von Hydroxyden, Karbonaten, Oxalaten, Oxyden usw. zu messen, so erhält man meist sehr langsame und deshalb bezüglich des Endpunktes recht schlecht definierte Einstellungen auch dann, wenn man bei Temperaturen arbeitet, bei denen schließlich relativ hohe Dampfdrucke (z. B. 10 oder 100 mm) vorhanden sind[4]. Außerdem sind diese Einstellungen irreversibel. Die Erklärung für diese Erscheinung ist darin zu suchen, daß das beim Abbau des betreffenden Stoffes entstehende Oxyd zunächst in energiereicher aktiver Form auftritt, welche sich in die inaktive Normalform um so langsamer umwandelt, bei je tieferer Temperatur man arbeitet[5]. Diese Alterung des Abbauproduktes ist gleichzeitig auch der Grund für die Irreversibilität der Einstellungen, welche um so ausgesprochener ist, je länger man bei der ersten Einstellung zugewartet hat, d. h. je stärker das Abbauprodukt gealtert ist.

Andererseits kann man aus diesen Erscheinungen den Schluß ziehen, daß auch das in der Phasengrenze befindliche, für die Gleichgewichtseinstellungen maßgebende Abbauprodukt den Alterungsprozeß mitmacht. Versuche über die Wärmeinhalte sehr verschieden weit abgebauter Präparate vermochten diese Anschauung zu stützen[6].

Da weiterhin bei jeder Reaktion von festen Stoffen miteinander bei nicht zu hohen Temperaturen mit dem Auftreten aktiver Zwischenstufen zu rechnen ist (VII 4), so kann man ganz allgemein die reversible Einstellung von heterogenen Gleichgewichten, in denen inaktive, d. h. normale feste Stoffe, mitwirken, nur dann erwarten, wenn man bei so hohen Temperaturen arbeitet, daß die Geschwindigkeit der Rekristallisation und Sammelkristallisation für alle am Gleichgewicht teilnehmenden festen Stoffe genügend groß ist[7]. Arbeitet man bei tieferen

---

[1] W. Feitknecht: Helv. chim. Acta **13** (1930), 314.

[2] R. Fricke, K. Meyring: Z. anorg. allg. Chem. **230** (1937), 366.

[3] R. Fricke, L. Klenk: Z. Elektrochem. angew. physik. Chem. **41** (1935), 617.

[4] G. F. Hüttig in Fricke-Hüttig: loc. cit., S. 538ff., 587ff. — R. Fricke, H. Severin: Z. anorg. allg. Chem. **205** (1932), 287.

[5] R. Fricke: Angew. Chem. **51** (1938), 863.

[6] R. Fricke, P. Ackermann: Z. Elektrochem. angew. physik. Chem. **40** (1934), 630.

[7] Bezüglich der Kinetik der Reaktionen $A_{fest} \rightarrow B_{fest} + C_{gasf.}$ vgl. J. Zawadski, A. Ulinska: Bull. int. Acad. polon. Sci. Lettres, Cl. Sci. math. natur., Ser. A **1938**, 62; Chem. Zbl. **1938**, II, 647. — J. Zawadski, S. Bretsznajder: Z. physik. Chem., Abt. B **40** (1938), 158 und andere Arbeiten von J. Zawadski, S. Bretsznajder und Mitarbeitern.

Temperaturen, so mißt man eine kontinuierliche Reihe von Gleichgewichten mit abnehmender Aktivität der bei der Reaktion neu entstehenden festen Phase (bzw. festen Phasen)[1].

Bei noch tieferen Temperaturen oder bei Stabilisierung der aktiven Zustände durch sehr hoch schmelzende und chemisch an den Umsetzungen nicht beteiligte Fremdsubstanzen können in günstig gelagerten Fällen Gleichgewichte mit aktiven festen Phasen tatsächlich gemessen werden.

Als erster wies dies wohl A. MITTASCH exakt nach, indem er bei dem Reaktionssystme

$$Ni + 4\,CO \rightleftharpoons Ni(CO)_4$$

feststellte, daß die Gleichgewichtslage beim Übergang von Nickelblech zu Nickelstaub stark nach rechts verschoben wurde[2].

SCHENCK und Mitarbeiter stellten an Hand des Gleichgewichtes CO_2/CO gegen Fe/FeO (Wüstit) bei $700 \div 850°$ fest, daß in dem System bei Verwendung von „Schwammeisen" merklich niedrigere O_2-Drucke

$$\left(\text{berechnet nach } K = \frac{[CO]^2 \cdot [O_2]}{[CO_2]^2}\right)$$

herrschten als bei Verwendung von kompaktem Eisen[3].

Aber auch bei röntgenographisch weitgehend durchuntersuchten Bodenkörpern wurden neuerdings solche Befunde erhoben.

So gelang es, bei ausreichend tiefen Temperaturen die Verschiebungen des Gleichgewichtes H_2O/H_2 gegen Fe/Fe_3O_4 durch den röntgenographisch definierten aktiven Zustand der festen Reaktionsteilnehmer sicher zu erfassen[4].

Entsprechendes gelang im System CO_2/CO gegen $NiAl_2O_4$*, und zwar hier auch noch bei höheren Temperaturen, weil das bei der Reduktion des Nickelspinells sich bildende γ-Al_2O_3 auch bei hohen Temperaturen noch sehr feinteilig bleibt[5] und die Sammelkristallisation des Nickels stark stört.

An Hand von Gleichgewichtsmessungen über verschieden stark abgebauten Bodenkörpern gelang es weiter nachzuweisen, daß in den aktiven Bodenkörpern bestimmte Verteilungszustände der Aktivität vorlagen[6,7] (vgl. hierzu auch unter VIII 1 S. 145).

In besonders sinnfälliger Weise demonstrierten THIESSEN und SCHÜTZA die Verlagerung der Gleichgewichte über aktiven Stoffen. Durch Reduktion von Goldoxyd mit Wasserstoff bei $350°$ gelang es ihnen, ein sehr feinteiliges Gold zu erhalten, welches bei $450°$ unter Sauerstoff chemisch leicht nachweisbare Mengen Goldoxyd zurückbildete[8].

c) Reaktivität und katalytische Aktivität.

Bez. dieser Eigenschaften aktiver Stoffe liegt in der Literatur zwar ein ungeheures Material vor, doch ist die Zahl derjenigen Arbeiten, welche gleichzeitig

---

[1] R. FRICKE, P. ACKERMANN: loc. cit.; Z. physik. Chem., Abt. A **169** (1934), 152.

[2] A. MITTASCH: Z. physik. Chem. **40** (1902), 39, 46.

[3] R. SCHENCK, TH. DINGMANN, P. H. KIRSCHT, H. WESSELKOCK: Z. anorg. allg. Chem. **182** (1929), 97. Vgl. hierzu auch R. SCHENCK, F. KURZEN: Z. anorg. allg. Chem. **220** (1934), 97.

[4] R. FRICKE, K. WALTER, W. LOHRER: Z. Elektrochem. angew. physik. Chem. **47** (1941), 487.

* R. FRICKE, G. WEITBRECHT: Z. Elektrochem. angew. physik. Chem. **48** (1942), 87.

[5] R. FRICKE, F. NIERMANN, CH. FEICHTNER: Ber. **70** (1937), 2318.

[6] R. FRICKE, G. WEITBRECHT: Z. Elektrochem. angew. physik. Chem. **48** (1942), 87.

[7] R. SCHENCK, P. V. D. FORST: Z. anorg. allg. Chem. **249** (1942), 76, sowie zahlreiche neuere Arbeiten von R. SCHENCK und Mitarbeitern, weiter auch von G. F. HÜTTIG und Mitarbeitern.

[8] P. A. THIESSEN, H. SCHÜTZA: Z. anorg. allg. Chem. **243** (1939), 32.

den betreffenden aktiven Stoff mit modernen Methoden erschöpfend auf seinen aktiven Zustand hin charakterisieren, noch sehr klein. Hier hat die zukünftige Forschung mit aller Kraft einzusetzen, wenn tiefergehende Erkenntnisse über die heterogene Katalyse gewonnen werden sollen.

Um den Rahmen des Buches nicht zu sehr zu überlasten, seien hier nur noch einige wenige Arbeiten erwähnt, aus denen die Fruchtbarkeit einer möglichst erschöpfenden Untersuchung der Art des aktiven Zustandes für das Verständnis seiner reaktiven und katalytischen Funktionen hervorgeht.

Bei den grundlegenden klassischen Arbeiten von A. Mittasch über die katalytische Aktivität von Eisenkatalysatoren hatte sich gezeigt, daß die Pyrophorität mit der Aktivität weitgehend parallel ging, und zwar bei einfachen und bei verstärkten (Misch-)Kontakten.

Untersuchungen über die Darstellung und den Wärmeinhalt aktiver Metalle zeigten, daß die Erscheinung der Pyrophorität nicht unbedingt, wie man früher annahm, an einen *extrem* feinteiligen Zustand gebunden und dadurch allein verursacht ist, sondern daß auch Gitterstörungen, Beimengungen von Röntgenamorphem usw. hier eine wesentliche Rolle mitspielen, so daß Pyrophorität u. U. auch dann vorhanden ist, wenn die Teilchengröße so hoch ist, daß nur schwache Verbreiterungen der Röntgeninterferenzen beobachtet werden[1].

Die besonders stark und auch noch nach Erwärmung pyrophoren Metallpräparate auf Trägersubstanz zeigten nach der Darstellung bei tieferer Temperatur auch besonders große Oberflächenentwicklung und Gitterstörungen[2].

Eine eingehende katalytische Untersuchung von röntgenographisch bezüglich Teilchengröße, Gitterstörungen, Gitterdehnungen usw. definierten Katalysatoren stammt von Schwab und Nakamura[3]. Diese Autoren maßen den Zerfall des N_2O an aktivem MgO und CuO und konnten die über diesen Präparaten gemessenen Aktivierungswärmen und Aktionskonstanten, sowie deren Veränderung bei Hitzeschädigung der Kontakte zu den röntgenographisch festgelegten Ursachen der Aktivität (Tabelle 9) und deren Veränderung beim Erhitzen[4] erstmalig in Beziehung setzen.

Ihre Befunde beim CuO scheinen darauf hinzudeuten, daß am amorphen Kontaktmaterial eine größere Aktivierungswärme herrschte als an feinteiligem kristallinem.

Beim MgO dagegen zeigte sich bei dem mit Gitterstörungen (Gitterdehnungen + evtl. unregelmäßigen Gitterstörungen) behafteten Material erwartungsgemäß eine Verringerung der Aktivierungswärme.

Schließlich sei noch auf die oben unter VII 2dβ, S. 125 geschilderten interessanten katalytischen Resultate an elektronenmikroskopisch definierten Platinkontakten auf Trägersubstanzen von Schoon und Beger, sowie auf die unter VII 2dα, S. 119 besprochenen Ergebnisse einer Kombination von katalytischen und elektroneninterferometrischen Versuchen hingewiesen.

Es steht zu hoffen, daß die großen Erfolge der wenigen in dieser Weise bisher durchgeführten Untersuchungen Keime zu weiteren ergebnisreichen Arbeiten sein werden.

---

[1] R. Fricke, O. Lohrmann, W. Wolf: Z. physik. Chem., Abt. B **37** (1937), 60; **39** (1938), 476 (Fe). — Vgl. dazu auch A. Winkel, R. Haul: Z. Elektrochem. angew. physik. Chem. **44** (1938), 611 (Fe). — R. Fricke, W. Schweckendiek: Z. Elektrochem. angew. physik. Chem. **46** (1940), 90 (Ni).

[2] R. Fricke, F. R. Meyer: Z. physik. Chem., Abt. A **183** (1938), 177 (Cu).

[3] G.-M. Schwab, H. Nakamura: Ber. **71** (1938), 1755.

[4] R. Fricke, J. Lüke: Z. Elektrochem. angew. physik. Chem. **41** (1935), 174 (MgO). — R. Fricke, E. Gwinner, Ch. Feichtner: Ber. **71** (1938), 1744 (CuO).

Kennzeichnung, Herstellung und Eigenschaften poröser Körper.

Von
K.-E. ZIMENS, Darmstadt.

Inhaltsverzeichnis.

Einleitung 153

I. Kennzeichnung und Untersuchungsmethoden des porösen Zustandes 154

1. Dichtebestimmung bei porösen Körpern 155

2. Scheindichte, Schüttdichte, Sedimentvolumen 158

3. Porosität 159
    Das offene und das geschlossene Porenvolumen 161
    Die effektive Porosität 162
    Das Zwischenraumvolumen bei Korn- und Kugelschüttungen 166

4. Porengröße 167
    a) Mikroskopische Porenausmessung 167
    b) Verteilung der Porenradien aus Messungen der Capillarkondensation . 167
    Unstetige Sorptionsisothermen 172
    Problematik des Begriffes Porengröße in atomaren Dimensionen..... 173
    c) Porengröße aus Messungen des Capillardruckes................ 174
    d) Porenradius aus elektrokinetischen Messungen 175
    e) Porenradius und Porenzahl aus der Durchlässigkeit 176
    Porengröße von Schüttungen aus der Korngröße 177
    f) Porengröße aus Diffusionsmessungen 179

5. Korngröße 181
    Darstellung der Korngrößenverteilung 184

6. Oberfläche 185
    a) Kennzeichnung der ermittelten Oberflächengröße 185
    Bestimmung der Rauhigkeit von Oberflächen................... 185
    Problematik des Oberflächenbegriffes in atomaren Dimensionen ... 186
    b) Oberflächenberechnung aus der Korngröße oder der Porengröße 187
    c) Oberflächenbestimmung durch Messung der Adsorptionsisotherme ... 189
    Die Ermittlung der Zahl der Adsorptionszentren................ 192
    Die Ermittlung der Zahl der Oberflächenatome 201
    d) Oberflächenbestimmung durch Messung des Adsorptionsvolumens .. 203
    e) Oberflächenbestimmung durch Messung der Benetzungswärme 204
    f) Oberflächenbestimmung mittels katalytischer Messungen 204
    g) Oberflächenbestimmung durch Messung der Oberflächenreaktion ... 205
    h) Oberflächenbestimmung mittels Austauschadsorption 207
    i) Oberflächenbestimmung nach dem Rückstoßverfahren............. 211

7. Elemente der Struktur und des Gefüges 214

II. Herstellung poröser Körper 216
  1. Erzeugung großer Porosität und Oberfläche 216
    a) Durch chemische Darstellung unter schonenden Bedingungen 217
    b) Durch Herstellung unter Gasabgabe 220
    c) Durch nachträglichen Entzug eines Bestandteils 221
    d) Durch auflockernde Behandlung 223
    e) Durch Quellung 224
    f) Durch Pressen und Sinterung 224
    g) Durch Aufbringung auf poröse Träger 225
    h) Verschiedene Methoden 226
  2. Beeinflussung der Porenweiten 226
III. Eigenschaften poröser Körper im Hinblick auf die heterogene Katalyse .. 228
A. Die Bedeutung der Porenoberfläche für die Aktivität 229
  1. Grundsätzliche Bedeutung von Poren 229
    a) Van der Waalssche und elektrostatische Adsorption 229
    b) Capillarkondensation 232
    c) Katalytische Aktivität 232
  2. Die praktische Bedeutung poröser Ausbildungsform 233
    a) Ursachen und Prüfverfahren 233
    b) Experimentelle Beispiele 235
B. Die Bedeutung der Poren für den Teilchentransport 241
  1. Ultrafilterwirkung 241
  2. Teilchenbewegung in Poren 242
    a) Laminare Schichtenströmung. Spezifische Durchlässigkeit 242
    b) Diffusion durch heterogene Medien. Spezifische Permeabilität 244
    c) Knudsensche Capillardiffusion 250
    d) Volmersche Oberflächendiffusion 253
    e) Die Diffusionskonstante in engen Poren 256
    f) Nichtisotherme Diffusion (Adsorption) 256
  3. Die Ausnutzbarkeit der Poren im Innern von Katalysatorkörnern 257
    a) Das Zusammenwirken von Reaktion und Diffusion 257
    b) Theoretische Behandlung 258
    c) Die Möglichkeiten einer experimentellen Prüfung 262
    d) Bedeutung der Reaktionswärme 267

Durchgehend benutzte Bezeichnungen.

ϱ = Dichte

d = Scheindichte

s = Schüttdichte

V_0 = Volumen der porenfreien Substanz

V_K = Kornvolumen = Volumen der festen Substanz + Poren

$V_P = V_K - V_0$ = Porenvolumen

V_S = Schüttvolumen = Kornvolumen + Kornzwischenraum

$V_H = V_S - V_0$ = Hohlraumvolumen = Porenvolumen + Kornzwischenraum

$V_Z = V_S - V_K$ = Zwischenraumvolumen

$$\vartheta_0 = \frac{V_0}{V_K} = \frac{d}{\varrho} \qquad = \text{Substanzvolumenanteil am Kornvolumen}$$

$$\vartheta_P = \frac{V_P}{V_K} = \left(1 - \frac{d}{\varrho}\right) = \text{Porenvolumenanteil} = \text{Porosität}$$

$$\zeta_0 = \frac{V_0}{V_S} = \frac{s}{\varrho} \qquad = \text{relatives Substanzvolumen (Anteil am Schüttvolumen)}$$

$$\zeta_K = \frac{V_K}{V_s} = \frac{s}{d} \qquad = \text{relatives Kornvolumen}$$

$$\zeta_P = \frac{V_P}{V_s} = \left(\frac{s}{d} - \frac{s}{\varrho}\right) = \text{relatives Porenvolumen}$$

$$\zeta_H = \frac{V_H}{V_s} = \left(1 - \frac{s}{\varrho}\right) = \text{relatives Hohlraumvolumen} = \text{Schüttporosität}$$

$$\zeta_Z = \frac{V_Z}{V_s} = \left(1 - \frac{s}{d}\right) = \text{relatives Zwischenraumvolumen} \ (= \text{Schüttporosität für } d = \varrho)$$

$$\frac{1}{\varrho} = \text{spezifisches Volumen}$$

$$\frac{1}{d} = \text{spezifisches Kornvolumen (scheinbares spez. Volumen)}$$

$$\frac{1}{s} = \text{spezifisches Schüttvolumen}$$

$$\left(\frac{1}{d} - \frac{1}{\varrho}\right) = \text{spezifisches Porenvolumen}$$

$$\left(\frac{1}{s} - \frac{1}{d}\right) = \text{spezifisches Zwischenraumvolumen}$$

$$\left(\frac{1}{s} - \frac{1}{\varrho}\right) = \text{spezifisches Hohlraumvolumen}$$

r = Kornradius
r_P = Porenradius
l = Porenlänge
q = Porenquerschnitt
u = Porenumfang
F = Fläche = Gesamtquerschnitt
L = Schichtdicke
O_s = spezifische Oberfläche
$\mathfrak{D}_s$ = spezifische Durchlässigkeit
D = Diffusionskoeffizient bei Diffusion in homogenen Medien
D_{eff} = effektiver Diffusionskoeffizient bei Diffusion durch heterogene Medien

t = Zeit
p = Druck (P = Gesamtdruck)
v = Volumen
c = Konzentration
η = Viscosität
σ = Oberflächenspannung
w = Geschwindigkeit
$\overline{w}$ = mittlere Molekulargeschwindigkeit
$\varLambda$ = freie Weglänge
M = Molekulargewicht
N_L = LOSCHMIDTsche Zahl
T = Temperatur
R = Gaskonstante

$$\psi = \frac{D_{eff}}{D} = \text{spezifische Permeabilität}$$

Einleitung.

An Oberflächen herrschen besondere energetische und stoffliche Verhältnisse, da die oberflächlich liegenden Bausteine unsymmetrisch gebunden und infolgedessen ihre Bindungskräfte nicht vollständig abgesättigt sind. Da bei porösen Körpern die Ausdehnung der Oberfläche über 1000 m²/g betragen kann, werden bei ihnen die mit diesen besonderen Verhältnissen in Zusammenhang stehenden Erscheinungen der Adsorption und Katalyse in besonderem Maße zutage treten[1]. Ein poröser Körper hat zufolge der Herstellungsbedingungen, die zur Entstehung von Hohlräumen oder zur Zusammenlagerung von Teilchen in einer

---

[1] Die außerordentliche Feinteiligkeit und Oberflächenausdehnung poröser Adsorptionsstoffe mit einer zugänglichen Oberfläche von nahe oder über 1000 m²/g veranschaulicht folgende Überschlagsrechnung: Der Durchmesser beispielsweise eines Kohlenstoffatoms ist 1,5 Å. Nimmt man ein kugelförmiges Atom an, so folgt für dessen „Oberfläche" $7,06 \cdot 10^{-16}$ cm², für die Oberfläche eines Mols somit $42,8 \cdot 10^7$ cm² oder für 1 g Kohle $O_s = 3,6 \cdot 10^7$ cm² = 3600 m².

diskret- oder kompaktdispersen Form[1] führen, eine große Zahl energetisch und strukturell vom Kristallinnern abweichender und damit aktiver Bezirke, welche räumlich oft so gelagert sind, daß sie sich gegenseitig beeinflussen.

Um eine starke Wirksamkeit zu erzielen, ist daher bei fast allen Katalysatoren die Herstellung in poröser Form, bzw. die Aufbringung auf poröse Trägersubstanzen von Interesse, und es ist verständlich, daß die Literatur, in der poröse Katalysatoren behandelt worden sind, außerordentlich umfangreich ist. Wesentlich bedingt ist diese Tatsache allerdings auch durch die Schwierigkeiten einer reproduzierbaren Herstellung und einer exakten und ausreichenden Beschreibung der behandelten Substanzen. Die chemischen Formeln oder auch die Strukturmodelle kristalliner Substanzen liefern nur ein ganz unzureichendes Bild von dem Verhalten insbesondere der porösen Körper. Diese können geradezu definiert werden als solche Substanzen, deren Eigenschaften wesentlich durch die Ausbildungsform der einzelnen Teilchen und die Art ihrer Zusammenlagerung bestimmt werden. Es ist daher notwendig, sich zunächst einmal (Kapitel I) damit zu beschäftigen, mit welchen Bestimmungsgrößen und mit welchen Untersuchungsmethoden der vorliegende poröse Zustand eines Körpers näher gekennzeichnet werden kann. Dies erscheint auch deshalb von Nutzen, weil eine geschlossene Darstellung dieses Themas bisher nicht existiert[2].

In Kapitel II wird unter Verzicht auf Einzelheiten die Herstellung poröser Körper behandelt. Es werden dabei die wichtigsten Methoden zusammengestellt, nach denen nicht nur Adsorptions- und Kontaktstoffe, sondern ganz allgemein Substanzen mit großer Porosität und großer Oberfläche erhalten werden können.

Während im I. Kapitel nur der poröse Zustand an sich betrachtet wird, beschäftigt sich Kapitel III mit einer Reihe von durch den porösen Zustand bedingten Erscheinungen, die bei der Wechselwirkung zwischen porösen Körpern und Gasen oder Flüssigkeiten auftreten. Es wird zunächst die Bedeutung der Porenoberfläche für Adsorption und katalytische Aktivität betrachtet, sodann die Bedeutung der Poren als Diffusionswege, wobei insbesondere versucht wird, die bisherigen Ergebnisse über die Ausnutzbarkeit der Poren für katalytische Wirkungen darzustellen. Am Beginn der Kapitel II (S. 216) und III (S. 228) befindet sich eine genauere Übersicht und Abgrenzung der jeweils behandelten Fragen.

I. Kennzeichnung und Untersuchungsmethoden des porösen Zustandes.

Bei der Beschäftigung mit der Frage, mit welchen Bestimmungsgrößen und mit welchen Untersuchungsmethoden der poröse Zustand näher zu kennzeichnen ist, kann wesentlich unterschieden werden zwischen:

Strukturuntersuchungen,

Gefügeuntersuchungen und

Grenzflächenuntersuchungen.

Dabei wird unter *Struktur* verstanden der vor allem mit Röntgen- und Elektronenstrahlen erfaßbare Aufbau des Körpers, d. h. das Kristallgitter mit der

---

[1] Im Sinne von H. W. Kohlschütter: Kolloid-Z. 77 (1936), 229.

[2] Eine Reihe von Erörterungen dieses Beitrages [S. 155 f., 160, 162 ff. („effektive Porosität" und die damit zusammenhängenden Betrachtungen S. 176, 245 f., 249), 173 f., 186, 189 ff., 214 f., 235 f.], vor allem über die Bestimmung und rationelle Bezeichnung der Gefüge-Kenngrößen, hätten normalerweise zunächst in einer Zeitschrift-Veröffentlichung dargelegt werden müssen, doch war dies aus zeitbedingten Gründen nicht möglich.

Anordnung seiner Bausteine und den Fehlbau- bzw. Fehlordnungszuständen. Unter *Fehlbau* sind dabei zusammengefaßt die irreversiblen Unordnungszustände im Gitter, wie Gitterdehnungen oder Störungen der Netzebenenabstände, unvollständige Gitterausbildungen usw., die bei der Herstellung notwendig auftreten, durch verschiedene Herstellungsart weitgehend beeinflußt und auch durch Verformung u. dgl. hervorgerufen werden können[1]. Aber auch bei Abwesenheit aller irreversiblen Fehlbauzustände sind die röntgenographisch homogenen, kohärent strahlenden Gitterbereiche keine Idealkristalle, sondern besitzen auf Grund der Temperaturbewegung der Bausteine eine — im thermodynamischen Gleichgewicht befindliche — reversible *Fehlordnung* (im Sinne von C. WAGNER), d. h. unbesetzte Leerstellen oder Atome auf Zwischengitterplätzen. Mit *Gefüge* dagegen wird die „Sekundärstruktur" des Körpers bezeichnet, d. h. die insbesondere bei kompakt-dispersen Stoffen für viele Eigenschaften des Körpers maßgebende Zusammenlagerungs- bzw. Verwachsungsart seiner röntgenographisch erfaßbaren „Primärkristallite". Die Ausdehnung der Grenzflächen ist durch das Gefüge bedingt. Dem Charakter der porösen Körper entsprechend, stehen bei ihnen die Gefüge- und Grenzflächenuntersuchungen weitgehend im Vordergrund. Nicht selten sind die porösen Substanzen auch amorph[2], besitzen somit gar keine „Struktur" im oben definierten Sinne.

1. Dichtebestimmung bei porösen Körpern.

Die Dichte (ϱ) ist definiert als die in der Volumeinheit enthaltene Masse des Körpers. Die Dimension der Dichte ist also g/cm^3. Der Kehrwert heißt das spezifische Volumen. Eine zusammenfassende Darstellung der verschiedenen Verfahren zur Ermittlung der Dichte kompakter, fester Stoffe wurde in jüngster Zeit von HARMS[3] gegeben.

Bei Betrachtung der zahlreichen Dichtebestimmungen an porösen oder feindispersen Stoffen stellt man nun fest, daß der experimentell gefundene Wert für ein und dieselbe Substanz häufig alles andere als eine Konstante ist. Die oft auch noch „wahre Dichte" bzw. „wahres spez. Gewicht" genannten Werte erwiesen sich nämlich abhängig:

von der Pyknometerflüssigkeit,

von der Korngröße der untersuchten Substanz,

von der Vorbehandlung vor der Messung (Entgasen usw.) und

von der Einwirkungsdauer des Verdrängungsmediums.

So geben HARKINS und EWING[4] nebenstehende Zahlen über die Abhängigkeit der „Dichte" einer Gasmaskenkohle von der Pyknometerflüssigkeit.

Tabelle 1. *„Dichte" von Kohle in verschiedenen Pyknometerflüssigkeiten.*

Pyknometerflüssigkeit	„Dichte"
Quecksilber	0,865
Wasser	1,843
Propylalkohol	1,960
Chloroform	1,992
Benzol	2,008
p-Xylol.....................	2,018
Petroläther	2,042
Schwefelkohlenstoff	2,057
Aceton	2,112
Äther	2,120
Pentan	2,129

---

[1] Über die Erfassung derartiger Fehlbauzustände mittels Röntgenstrahlen vgl. die eingehende Darstellung von R. FRICKE in diesem Bande des Handbuchs.

[2] Als „amorph" sollen einfach diejenigen Stoffe bezeichnet werden, bei denen auch mit kurzwelligen Röntgen- oder mit Elektronenstrahlen keine gittermäßige Anordnung der Bausteine feststellbar ist, die also flüssigkeitsähnlich sind. Über „Röntgenamorphie" vgl. den Beitrag von R. FRICKE.

[3] H. HARMS: Die Dichte flüssiger und fester Stoffe. Braunschweig, 1941.

[4] W. D. HARKINS, D. T. EWING: J. Amer. chem. Soc. **43** (1921), 1790.

Abb. 1 zeigt nach HOWARD und HULETT[1] die Abhängigkeit der „Dichte" einer Gasmaskenkohle (gemessen mit Helium) von der Einwirkungsdauer des Heliums. Die Abhängigkeit von der Korngröße schließlich zeigt die Tabelle 2 von CUDE und HULETT[2], ebenfalls für Gasmaskenkohle, oder die Erfahrung von NEUMANN und Mitarbeitern[3], nach denen Koks mit zunehmender Vermahlung eine ständig steigende „Dichte" aufweist. Ähnliche Beispiele lassen sich häufen.

Diese Abhängigkeiten sind bei den angewandten Bestimmungsmethoden auch durchaus verständlich. Es wird nämlich, wie bei kompakten Substanzen üblich, die Dichte in der Weise gemessen, daß das Gewicht der Substanz und das Gewicht einer durch sie verdrängten Flüssigkeitsmenge oder das Volumen einer verdrängten Gasmenge bestimmt wird. Zur Verdrängung der Luft aus den Poren wird die Substanz längere Zeit mit der Flüssigkeit in Berührung gelassen oder unter der Bestimmungsflüssigkeit ausgekocht, nur mitunter auch unter Erwärmen durch Evakuieren entgast. Die Fehlermöglichkeiten solcher Bestimmungen sind bei hochdispersen Stoffen groß:

1. Die Luft aus den feinsten Poren kann u. U. nicht vollständig ausgetrieben sein.

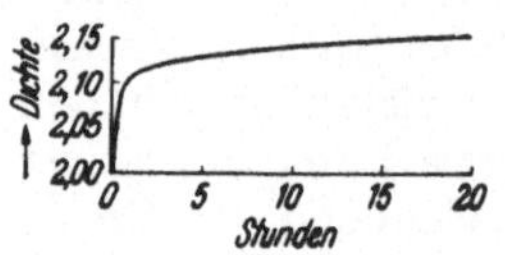
Abb. 1. Abhängigkeit der „Dichte" einer Gasmaskenkohle von der Einwirkungsdauer des Heliums (HOWARD und HULETT).

2. Die Vollständigkeit der Porenfüllung hängt von der Molekülgröße des Verdrängungsmediums ab. Je enger die Poren und je größer das Molekül, desto mehr Poren bleiben ungefüllt (vgl. S. 241). In solchen Fällen wird natürlich die Einwirkungsdauer und die Korngröße von Einfluß sein.

3. Die Füllung enger sackförmiger Poren ist besonders schwierig[4]. Geschlossene Poren im Innern der Substanz werden überhaupt nicht gefüllt.

4. Mit polaren und unpolaren Flüssigkeiten können sich Unterschiede ergeben, ebenso mit gut und schlecht benetzenden[5].

5. In engen Poren wird die Flüssigkeit auf Grund der Adsorptionskräfte komprimiert[6]. Die gefundene Dichte wird damit zu groß und ganz allgemein abhängig von der Kompressibilität der Flüssigkeit[7]. Verschiedene Verfasser[8] machen darauf aufmerksam, daß sich infolge der starken Kompression in der Benetzungsschicht der Assoziationsgrad von Flüssigkeiten verschieben kann.

Um alle diese Schwierigkeiten zu vermeiden, sollte bei porösen Körpern diese Art von „Dichte"bestimmung ganz aufgegeben werden. Es erscheint nicht sinnvoll, bei Messungen an dispersen Systemen jeweils einen

Tabelle 2.
„Dichte" von Kohlen verschiedener Korngröße.

Korngröße in mm	„Dichte" in H_2O (zeitlicher Endwert)
1,95	1,845
0,71	1,854
0,165	1,870
0,001	1,900

[1] H. C. HOWARD, G. A. HULETT: J. physic. Chem. 28 (1924), 1082.

[2] H. E. CUDE, G. A. HULETT: J. Amer. chem. Soc. 42 (1920), 398.

[3] B. NEUMANN, W. GROSS, L. KREMSER, J. SCHMIDT: Brennstoff-Chem. 15 (1934), 161.

[4] Vgl. W. PUKALL: Keramische Abhandlungen. Koburg, 1930.

[5] Vgl. E. COHEN, N. W. ADDINK: Z. physik. Chem., Abt. A 168 (1934), 202. — N. W. TSCHAPEK: Kolloid-Z. 63 (1933), 34; vor allem auch J. C. CULBERTSON, A. DUNBAR: J. Amer. chem. Soc. 60 (1938), 2695; ferner F. WEIBKE: Diss. Hannover, 1930 (ZnO mit Petroleum).

[6] Untersuchungen des Druckes, unter dem Wasser in engen Poren steht, finden sich bei B. H. WILSDON, D. R. G. BONNELL, M. E. NOTTAGE: Trans. Faraday Soc. 31 (1935), 1304; 32 (1936), 570. — Dichteänderungen adsorbierter Luft bei N. W. TSCHAPEK; Kolloid-Z. 67 (1934), 145.

[7] Vgl. W. D. HARKINS, D. T. EWING: J. Amer. chem. Soc. 43 (1921), 1790. — F. GOLDMANN, M. POLANYI: Z. physik. Chem. 132 (1928), 321. — J. C. CULBERTSON, A. DUNBAR: J. Amer. chem. Soc. 59 (1937), 306; 60 (1938), 2695.

[8] Siehe E. LANDT: Kolloid-Beih. 37 (1932), 30.

größeren oder kleineren Teil des Poren- oder Zwischenraumvolumens bei der Volumbestimmung mitzuzählen und die so ermittelten Werte als Dichte zu bezeichnen, da man mit derart willkürlichen und unterschiedlichen Zahlen nichts gewinnt[1]. *Unter der Dichte ist vielmehr die Masse je Volumeneinheit der kompakten, porenfreien und auch fehlbaufreien Substanz zu verstehen.* [Daß auch stärkere Fehlbauzustände zu erhöhten Meßwerten bei der Volumenbestimmung und damit zu niedrigeren „Dichte"werten führen können, zeigen z. B. die Messungen von STACKELBERG und CHUDOBA[2] an verschiedenen Zirkonmineralien ($ZrSiO_4$); auch diese müssen daher ausgeschlossen werden.] Nur so wird man zu eindeutigen und konstanten Werten für die Dichte und damit auch für die Porosität (S. 159) gelangen.

Um die Dichte zu bestimmen, ist es also notwendig, die Substanz vor der Untersuchung in einen zum mindesten grobporigen und von stärkerem Fehlbau freien Zustand zu überführen. Das kann in den meisten Fällen durch geeignete Herstellung oder aber durch feines Pulvern und Erhitzung auf genügend hohe Temperaturen erreicht werden. Es muß natürlich nur vermieden werden, daß die Substanz beim Erhitzen sich zersetzt oder bleibende kristallographische Umwandlungen, d. h. irgendwelche *Struktur*änderungen erleidet.

Mit Vorteil wird bei dispersen Substanzen das volumenometrische Verfahren[3] verwendet, wenngleich häufig die Gefahr einer möglichen Adsorption besteht; oder man destilliert die Pyknometerflüssigkeit im Vakuum auf die Substanz[4]. Sollte, wie es in einzelnen Fällen geschehen kann[5], eine hinreichend porenfreie Substanzform für eine pyknometrische *Präzisions*bestimmung der Dichte nicht zu erhalten sein, so kann man u. U. mit Hilfe von Röntgenmessungen zu einem einwandfreieren Dichtewert kommen. Dazu wird zunächst aus den Gitterkonstanten das Volumen der Elementarzelle berechnet. Aus dem Molekulargewicht, der LOSCHMIDTschen Zahl und der pyknometrisch (angenähert) bestimmten Dichte ergibt sich das Volumen einer Molekel. Erhält man nun bei der Division von Volumen der Elementarzelle durch Molekelvolumen nur angenähert eine ganze Atomzahl im Elementarkörper, so liegt dies zumeist an einem Fehler der pyknometrischen Bestimmung. Unter Annahme einer ganzen Zahl von Atomen in der Elementarzelle errechnet sich dann die „Röntgendichte" aus:

$$\varrho = \frac{\text{Molekelzahl je Elementarzelle} \cdot \text{Molekulargewicht}}{\text{Volumen der Elementarzelle} \cdot \text{LOSCHMIDTsche Zahl}} \cdot \tag{1}$$

Bei dieser Methode ist man vor allem unabhängig von inneren, geschlossenen Poren[6]. Die Voraussetzung einer ganzen Zahl von Atomen im Elementarkörper ist allerdings infolge von Fehlordnungserscheinungen durchaus nicht immer er-

---

[1] Dementsprechend lautet auch nach DIN 1065 die Definition des spez. Gewichtes (der „Wichte"): Das spez. Gewicht eines festen Körpers ist der Quotient aus seinem Gewicht und seinem Rauminhalt bezogen auf den *porenfreien* Stoff.

[2] H. VON STACKELBERG, K. CHUDOBA: Z. Kristallogr., Mineral., Petrogr. **95** (1936), 230; **96** (1937), 252.

[3] Vgl. F. A. HENGLEIN: Z. physik. Chem. **115** (1925), 99. — E. WÜNNENBERG, W. FISCHER, A. SAPPER, W. BILTZ: Z. physik. Chem., Abt. A **151** (1930), 1. — A. SAPPER: Z. anorg. allg. Chem. **203** (1932), 307. — H. HAUPTMANN, G. E. R. SCHULZE: Z. physik. Chem., Abt. A **171** (1934), 36. — Zusammenfassende Beschreibung bei H. EBERT: Die Wärmeausdehnung fester und flüssiger Stoffe. Braunschweig, 1940.

[4] Vgl. E. ZINTL, A. HARDER: Z. Elektrochem. angew. physik. Chem. **41** (1935), 37.

[5] Vgl. z. B. die Dichtebestimmungen an ZnO von G. F. HÜTTIG, K. TOISCHER: Z. anorg. allg. Chem. **207** (1932), 278.

[6] Vgl. die Erfahrungen von F. W. WRIGGE, K. MEISEL, W. BILTZ: Z. anorg. allg. Chem. **203** (1932), 312 bei der Dichtebestimmung an Cu_2O. Siehe auch die Bemerkungen von W. BILTZ in: Raumchemie der festen Stoffe, S. 8÷10. Leipzig, 1934.

füllt[1]. In diesen Fällen ist dann, ebenso wie bei röntgenamorphen Substanzen, eine Korrektur der pyknometrisch bestimmten Dichte aus Röntgendaten nicht möglich. Dies gilt selbst dann, wenn die analytische Zusammensetzung genau ermittelt ist, da außerdem die *Art* der Fehlordnung (Besetzung von Zwischengitterplätzen oder Leerstellen usw.) bekannt sein müßte[2]. Für die Untersuchung und Kennzeichnung poröser Körper ist eine Präzisionsbestimmung der Dichte aber gar nicht erforderlich, und die genannten Voraussetzungen für eine einwandfreie Dichtemessung werden sich daher in hinreichendem Maße zu allermeist erfüllen lassen.

2. Scheindichte, Schüttdichte, Sedimentvolumen.

Das Volumen der Substanz *einschließlich* aller im Einzelkorn vorhandener Poren (aber ohne den Zwischenraum zwischen den einzelnen Körnern) bezeichnen wir als „Kornvolumen" (V_K). Auf die Masseneinheit bezogen erhält man das „scheinbare spez. Volumen" bzw. den Kehrwert, die *Scheindichte* (d)[3]. Diese ist natürlich kleiner, höchstens gleich der Dichte, wobei $d = \varrho$ für den Fall porenfreier Körper gilt.

Die Scheindichte kann im Pyknometer unter Verwendung von Quecksilber bestimmt werden. Geeignete einfache Apparaturen hierzu findet man beschrieben bei HERBST[4] und bei LOTTERMOSER[5, 6]. Ferner kann man die vorhandenen Poren durch eine Wachshaut oder einen Kolloidfilm verschließen und dann die Messung mit einer beliebigen Pyknometerflüssigkeit durchführen[7]. Schließlich kann man, wie bei der sog. „Höganäs-Methode"[8], die Poren einer gewogenen Substanzmenge (Gewicht G) mit Wasser füllen und dann das Gewicht der „wassersatten" Substanz einmal in Wasser (G_1), einmal in einer mit Wasser nicht mischbaren Flüssigkeit — z. B. Tetrachlorkohlenstoff — bestimmen (G_2). Ist V_W das Volumen und G_W das Gewicht der wassersatten Substanz (in Luft), so folgt (Dichte des $H_2O = \varrho_1$, des $CCl_4 = \varrho_2$):

$$G_1 = G_W - V_W \cdot \varrho_1$$

$$G_2 = G_W - V_W \cdot \varrho_2$$

$$V_W = \frac{G_1 - G_2}{\varrho_2 - \varrho_1}.$$

Bezieht man V_W auf ein Gramm trockener Substanz $\left(\dfrac{V_W}{G}\right)$, so erhält man das scheinbare spez. Volumen und somit die Scheindichte.

---

[1] Vgl. hierzu die zusammenfassenden Arbeiten von G. HÄGG: Z. Kristallogr., Mineral., Petrogr. **91** (1935), 114. — L. W. STROCK: ebenda **93** (1936), 285. — C. WAGNER: Ber. dtsch. keram. Ges. **19** (1938), 207. — H. STRUNZ: Naturwiss. **30** (1942), 526. In diesen Arbeiten weitere Literatur.

[2] Vielmehr kann gerade umgekehrt aus dem Vergleich der Röntgendichte und der pyknometrischen Dichte auf die Fehlordnungsart geschlossen werden. Vgl. z. B. C. WAGNER, J. BEYER: Z. physik. Chem., Abt. B **32** (1936), 113.

[3] Der Kürze halber sprechen wir von „Scheindichte" statt „scheinbarer Dichte".

[4] H. HERBST: Kolloid-Beih. **42** (1935), 276.

[5] A. LOTTERMOSER, TU CHUN-YEN: Kolloid-Beih. **46** (1937), 425.

[6] Auch BILTZ beschreibt die Verwendung von Quecksilber als Pyknometerflüssigkeit; z. B. W. BILTZ, F. SPECHT: Z. anorg. allg. Chem. **150** (1926), 10. Dabei wird aber das Pyknometer hoch evakuiert, so daß das Hg nicht nur die Proben einhüllt, sondern auch in Capillaren eindringt.

[7] P. KUBELKA: Diss. Prag, 1925. — H. R. BRANKSTONE, W. B. GEALY, W. O. SMITH: Bull. Amer. Assoc. Petrol. Geologists **16** (1932), 915; C 1932 II 3442.

[8] Vgl. E. TUSCHHOFF, T. WESTBERG, Y. WAHLBERG: Chem. Fabrik **8** (1935), 67.

Außer der Scheindichte wird häufig auch die *Schüttdichte* (s) gemessen. [Bisher „Raumgewicht" oder „Schüttgewicht" bzw. „Rüttelgewicht" genannt. Da es sich um eine Maßzahl mit der Dimension (g/cm^3) handelt, erscheint es besser von Schüttdichte zu sprechen.] Der Kehrwert heißt spezifisches Schüttvolumen (vgl. auch S. 153). Zur Bestimmung wird die Substanz in einen Meßzylinder eingerüttelt, bis keine Volumenverminderung mehr stattfindet, und dann das Gewicht der dieses Volumen einnehmenden Substanz bestimmt. (Manchmal wird noch unterschieden zwischen den beiden extremen Fällen, bei denen die Substanz einmal in das Meßgefäß fest eingerüttelt, das andere Mal nur lose eingelaufen gemessen wird.) Die Reproduzierbarkeit derartiger Messungen hängt natürlich stark von der Gleichmäßigkeit des Arbeitens ab. Vorteilhaft dafür ist es z. B., wenn die Substanz lose in ein kalibriertes Zentrifugenglas gefüllt und dann in stets gleichartiger Weise zentrifugiert wird. Bei ungleichmäßigen Körnern ist die Schüttdichte größer als bei Körnern einheitlicher Größe, da die kleineren Körner die Zwischenräume der größeren ausfüllen. Die Schüttdichte muß natürlich kleiner als die Scheindichte sein, da bei ihrer Bestimmung die Zwischenräume zwischen den einzelnen Körnern noch mitgemessen werden. (Über den Anteil des Zwischenraumvolumens am Schüttvolumen vgl. S. 166.) Praktisch wichtig ist die Bestimmung der Schüttdichte bei technischen Stoffen für die Feststellung ihres Raumbedarfes und der damit zusammenhängenden Fragen (Raumbedarf von Füllstoffen, Fassungsvermögen von Behältern) oder des Hohlraumvolumens zur Feststellung der Durchlässigkeit (z. B. bei Formsand) oder der aufnehmbaren Flüssigkeitsmenge (z. B. von Aceton in SiO_2-Gel). Bei gleicher Kornfeinheit und Kornform entspricht einer geringeren Schüttdichte eine größere Porosität der Körner. Auch bei wissenschaftlichen Untersuchungen stellt die Messung der Schüttdichte eine bequeme Methode für die Verfolgung aller solcher Vorgänge dar, die mit einer Änderung des Raumbedarfes verbunden sind[1].

An Stelle der Schüttdichte bestimmt man bei sehr feinteiligen, leicht zusammenbackenden Pulvern besser das sog. *Sedimentvolumen* nach Aufschlämmung in einer indifferenten Flüssigkeit. Es kann sich nur um relative Vergleiche an ein und demselben Material handeln, wie z. B. bei der technischen Kontrolle der Kornfeinheit des zur Vulkanisation verwendeten Schwefels oder von Pigmenten. Es sei hier nur auf einige Literatur verwiesen[2]. Weder aus dem Schüttvolumen noch aus dem Sedimentvolumen sind eindeutige Aussagen über die Korngröße möglich, dagegen kann umgekehrt beim Vorliegen einer bestimmten Korngrößenverteilung auf die Schüttporosität und damit auf die Schüttdichte geschlossen werden (S. 163, Abb. 2).

3. Porosität.

Die Porosität wird definiert als das Verhältnis des Porenvolumens zum Kornvolumen V_K. Ist V_0 das Volumen der porenfreien Substanz, so gilt also:

$$\vartheta_P = \frac{V_K - V_0}{V_K} = \left(1 - \frac{d}{\varrho}\right). \tag{2}$$

Zumeist wird ϑ_P in Prozenten angegeben. Bei Kornschüttungen wird oft auch

---

[1] Vgl. z. B. G. F. Hüttig: Kolloid-Z. **89** (1939), 202. — W. Jander: Z. anorg. allg. Chem. **248** (1941), 106.

[2] P. Pawlow: Kolloid-Z. **42** (1927), 112. — F. V. von Hahn: Dispersoidanalyse. Berlin, 1928. — F. E. Bartell, O. Gräger: Ind. Engng. Chem. **21** (1929), 1248. — Wo. Ostwald, W. Haller: Kolloid-Beih. **32** (1930), 114. — E. Landt: Kolloid-Beih. **37** (1932), 21. — G. G. Kandilarow: Kolloid-Z. **91** (1940), 56.

der Kornzwischenraum zur Porosität hinzugezählt. In diesem Fall wollen wir von „Schüttporosität" sprechen:

$$\zeta_H = \frac{V_s - V_0}{V_s} = \left(1 - \frac{s}{\varrho}\right).\tag{2a}$$

V_s = Schüttvolumen, d. h. Kornvolumen $+$ Kornzwischenraum. Man kann natürlich noch eine Reihe anderer derartiger dimensionsloser Größen zur Betrachtung heranziehen, etwa das „relative Zwischenraumvolumen" (Anteil am Schüttvolumen) oder die spezifischen, auf die Gewichtseinheit bezogenen Größen wie „spezifisches Porenvolumen" usw. Eine systematische Zusammenstellung gibt die Übersicht auf S. 152÷153, aus der gleichzeitig der jeweilige Zusammenhang mit den drei experimentellen Grundgrößen: der Dichte ϱ, der Scheindichte d und der Schüttdichte s ersichtlich ist. Es wurde dabei auch eine rationelle Bezeichnungsweise eingeführt: Die auf das Kornvolumen V_K bezogenen Größen werden mit dem Buchstaben ϑ bezeichnet, alle auf das Schüttvolumen V_S bezogenen mit dem Buchstaben ζ. Von diesen verschiedenen Größen wird im folgenden noch vielfacher Gebrauch zu machen sein.

Für die typischen porösen Körper wie Kieselgel, aktive Kohle usw. beträgt die Porosität über 50 bis nahe an 100%. Mit der Bestimmung der Dichte, der Scheindichte und der Schüttdichte sind also gleichzeitig die Porosität und alle weiteren verwandten Größen bestimmt. Nur sei nochmals betont, daß die Porosität nur dann eindeutig definiert und eine Konstante ist, wenn die Dichte als eine von Pyknometerflüssigkeit usw. unabhängige Größe bestimmt wurde, was bei einer überaus großen Zahl von Porositätsbestimmungen bisher nicht der Fall war.

Anstatt die Porosität aus ϱ und d, d. h. durch eine Messung des Volumens der porenfreien Substanz (V_0) und des Kornvolumens (V_K) zu bestimmen, kann man natürlich auch so verfahren, daß man einerseits V_K, andererseits aber das Porenvolumen $V_P = V_K - V_0$ mißt. Letzteres kann z. B. auf folgendem Wege gefunden werden: Man bestimmt einmal das Gewicht der zur Gewichtskonstanz getrockneten Substanz und zweitens das Gewicht der wassersatten oder auch mit einer anderen Flüssigkeit getränkten Substanz (z. B. durch Evakuieren eines Exsiccators, in welchem die Substanz unter der Flüssigkeit liegt), nachdem die oberflächlich anhaftende Flüssigkeit entfernt, z. B. abgeschleudert oder abgedunstet wurde[1]. Die Differenz der Gewichte dividiert durch die Dichte der Flüssigkeit ergibt dann das von der Flüssigkeit gefüllte Porenvolumen. Es ist aber ohne weiteres klar, daß diese Bestimmungsart den gleichen Fehlermöglichkeiten ausgesetzt ist, die bei der Dichtebestimmung erörtert wurden, so daß z. B. mit verschiedenen Flüssigkeiten verschiedene „Porositäten" erhalten werden können.

Von Austin[2] wurde als Mittel zur Porositätsbestimmung die Messung der Schwächung von Röntgen- oder γ-Strahlung angegeben. Bei porösen Körpern ist an Stelle der Schichtdicke (L) im Beerschen Gesetz diejenige Substanzdicke einzusetzen, die sich beim Abzug der Poren im Wege des Strahls ergibt, also als Gesamtweg durch das Material ($L - L\vartheta_P$). Somit wird:

$$J = J_0 \cdot e^{-\mu L(1 - \vartheta_P)}.$$

J_0 = Intensität der einfallenden (monochromatischen) Strahlung, J = Intensität an einer von der Oberfläche L cm entfernten Stelle, μ = Absorptions-

---

[1] Vgl. z. B. E. Wicke: Kolloid-Z. **86** (1939), 168.
[2] J. B. Austin: J. Amer. ceram. Soc. **19** (1936), 30.

koeffizient. Kennt man μ nicht, so soll mit mehreren Proben verschiedener und bekannter Porosität die $\vartheta_P - \log J$-Kurve geeicht werden[1]. Eigene gelegentliche Versuche mit Schüttungen von Sand und Aluminiumgrieß unter Verwendung von $ThC + C''$ zeigten aber, daß eine Linearität zwischen der Schüttporosität und der Schwächung der γ-Strahlung, wenn überhaupt, dann nur sehr schwierig zu erreichen ist. Die Gründe liegen in der Streuung der γ-Strahlen und dem Auftreten der Sekundärstrahlung, und die Schwierigkeit besteht in der Auffindung und praktischen Realisierung einer geeigneten Versuchsanordnung.

Von FREY[2] wurde versucht, den Zusammenhang zwischen elektrischer Leitfähigkeit und Porosität theoretisch zu erfassen. Dabei müssen natürlich ganz bestimmte Modellvorstellungen über den Bau des Körpers vorausgesetzt werden. Die abgeleiteten Gleichungen werden daher eher zu einer Korrektur gemessener Leitfähigkeiten poröser Substanzen bei bekannter Porosität[3], als umgekehrt zur Bestimmung der Porosität dienen können[4].

Schließlich sei erwähnt, daß nach KOHLSCHÜTTER[5] der Unterschied in der Geschwindigkeit der katalytischen H_2O_2-Zersetzung, der auftritt, wenn einmal die Poren mit Luft, das andere Mal mit Wasser gefüllt sind, ein qualitatives Maß für die Porosität und ihre Veränderungen bei den betreffenden Katalysatoren abgeben kann.

Über den Zusammenhang der Porosität mit der spez. Oberfläche und der Porenweite vgl. S. 187ff.

Das offene und das geschlossene Porenvolumen.

Das Porenvolumen ist zusammengesetzt aus dem Volumen der allseitig umschlossenen „Blasen“, dem Volumen der einseitig offenen „Säcke“ und dem Volumen der beiderseitig offenen „Kanäle“[6]. Häufig ist eine Aufteilung des gesamten Porenvolumens in das Volumen der Blasen einerseits und das der sack- und kanalförmigen Poren andererseits von Wert, da das Blasenvolumen nicht füll- und entleerbar ist und so für die Adsorption u. dgl. keine Rolle spielt. Man muß zu diesem Zweck zunächst das Kornvolumen V_K (bzw. die Scheindichte) bestimmen, ferner das Volumen der kompakten Substanz (bzw. die Dichte) und drittens das Volumen der sack- und kanalförmigen Poren $V_{füllb.}$, indem man die Substanz, u. U. im Vakuum und bei höherer Temperatur, z. B. mit Wasser sättigt. Das Volumen der geschlossenen Poren $V_{Blas.}$ ergibt sich dann aus:

$$V_{Blas.} = V_K - V_{füllb.} - V_0 .$$

Genauer gesagt bestimmt man so das Volumen der durch die Flüssigkeit nicht füllbaren Poren, also die Blasen zuzüglich enger sack- und kanalförmiger Poren. In der Keramik unterscheidet man dementsprechend noch zwischen „scheinbarer Porosität“ $= V_{füllb.}/V_K$ und wahrer Porosität, je nachdem,

---

[1] Einfacher wäre es, eine γ-Strahlung möglichst einheitlicher Energie, z. B. die des Thor C'' ($h \cdot \nu = 2{,}6$ MeV) zu benutzen und μ zu berechnen. Bei Verwendung von γ-Strahlen mit Energien zwischen 1 und 3 MeV ist die Tatsache besonders günstig, daß sich die μ-Werte für die verschiedenen Elemente nur relativ wenig unterscheiden. So variiert der Massenabsorptionskoeffizient (μ/ϱ) für γ-Strahlen von 2,6 MeV zwischen den Ordnungszahlen 13 (Al) und 82 (Pb) nur von $0{,}037 \div 0{,}041$ cm²/g.

[2] G. S:SON FREY: Z. Elektrochem. angew. physik. Chem. **38** (1932), 260.

[3] Vgl. z. B. G. COHN: Z. Elektrochem. angew. physik. Chem. **41** (1935), 663 für Graphit.

[4] Die Porosität von mit Wasser getränktem Sand bestimmten P. J. POKROWSKI, J. M. WORONZOW: J. techn. Physics 6 (1936), 1084; C. 1937 II 743.

[5] Vgl. z. B. H. W. KOHLSCHÜTTER, H. SIECKE: Z. anorg. allg. Chem. **240** (1939), 232.

[6] Nomenklatur nach E. MANEGOLD: Kolloid-Z. **81** (1937), 19.

ob das füllbare oder das gesamte Porenvolumen betrachtet wird. Eine in der Praxis durchgeführte Bestimmung sowohl der geschlossenen wie zugänglichen Poren auf diesem Wege findet man bei Tuschoff, Westberg und Wahlberg[1], die mit der Höganäs-Methode (vgl. S. 158) die Poren in Schamottkörnern bestimmten.

Die effektive Porosität.

Bei einer Strömung oder Diffusion, allgemein bei Permeation[2] durch ein Porensystem der Gesamtfläche F und der Dicke L wird der freie Permeationsquerschnitt um die in der Fläche F von fester Substanz besetzte Fläche verengt. Für das einfachste Modell eines Porensystems, wie es Abb. 19 (S. 245) darstellt, wäre der Faktor, der dieser Verengerung des freien Permeationsquerschnittes Rechnung trägt — wir wollen ihn kurz „Substanzfaktor" nennen —, einfach gleich dem Anteil des Porenvolumens, d. h. gleich der Porosität ϑ_P. Für reale Systeme ist dieses Modell natürlich unzureichend. Für die Permeation werden nämlich alle blasen- und sackförmigen Poren ausfallen, ferner alle Kanäle, an deren Enden keine Druck- bzw. Konzentrationsdifferenz auftritt. Außerdem wird die je Zeiteinheit permeierende Stoffmenge kleiner sein, wenn die Poren krummlinig und verschlungen verlaufen, also die Porenlänge l größer als die Schichtdicke L ist. Schließlich spielen die Radien- oder Querschnittsvariationen, d. h. die betreffenden Verteilungskurven, eine wichtige Rolle. Zu dem reinen Substanzfaktor kommt also noch ein weiterer hinzu, den man etwa als „Labyrinthfaktor" bezeichnen könnte. Insgesamt spricht man von der bei dem betrachteten Vorgang wirksamen oder effektiven Porosität $\vartheta_{P_{eff}}$ (bzw. effektiven Schüttporosität bei diskretdispersen Systemen). Wesentlich ist noch, daß sich der Labyrinthfaktor (χ) getrennt für sich bestimmen läßt, indem dieser definiert ist durch:

$$\chi = \frac{\vartheta_{P_{eff}}}{\vartheta_P}. \tag{3}$$

Während der Substanzfaktor gewissermaßen trivial ist, kommen im Labyrinthfaktor die Besonderheiten der Gefügeausbildung zum Ausdruck. $\vartheta_{P_{eff}}$ bezeichnen wir auch, da es den *gesamten* „stereometrischen" Einfluß des dispersen Mediums auf den Permeationsvorgang enthält, als „Stereofaktor".

Für einfache Modellsysteme läßt sich die effektive Porosität ohne weiteres angeben. Für das einfachste Gefügemodell mit einem System gerader, parallel verlaufender Poren (Abb. 19) ist natürlich $\vartheta_{P_{eff}} = \vartheta_P$. Bei einer gleichmäßigen Verteilung der Poren auf alle möglichen Lagen im Raum, aber ohne Durchkreuzung, gilt einfach[3]: $\vartheta_{P_{eff}} = \frac{1}{3} \vartheta_P$, d. h. $\chi = 0,33$. Für verschiedene Gefügemodelle sich durchkreuzender Capillarsysteme haben Manegold und Solf[4] die Größe der effektiven Porosität rechnerisch ermittelt. In Abb. 2 sind die Ergebnisse dargestellt. Für die Spalte, zylindrischen Poren (symmetrisch) und Quadrate ist dabei die Anordnung der Kanäle so gedacht, daß sie sich gleichmäßig auf die 3 Raumrichtungen verteilen und sich rechtwinklig durchkreuzen. Bei der von Elford und Ferry errechneten untersten Kurve werden regellos über alle Raumrichtungen verteilte Poren angenommen. — Aus den Messungen von Frey über die elektrische Leitfähigkeit von Glaskugelschüttungen in einer Elektrolyt-

---

[1] E. Tuschoff, T. Westberg, Y. Wahlberg: Chem. Fabrik 8 (1935), 67.
[2] Wir sprechen von „Permeation", wenn im einzelnen zwischen Durchströmung und Diffusion nicht unterschieden werden soll (vgl. S. 246).
[3] N. Bjerrum, E. Manegold: Kolloid-Z. 43 (1927), 5.
[4] E. Manegold, K. Solf: Kolloid-Z. 81 (1937), 36.

lösung (siehe unten) kann man für die effektive Schüttporosität einer dichtesten Kugelpackung ($\zeta_Z = 26\%$ und Porenlänge $l = 1{,}25$ mal Schichtdicke L) einen Wert von etwa $\zeta_{Z_{eff}} = 0{,}15$ entnehmen. Danach wäre dann $\chi = 0{,}58$. Für die reale Schüttung der Glaskugeln mit $\zeta_Z = 40\%$ ergab sich $\zeta_{Z_{eff}} = 0{,}28$.

Für reale kompakt-disperse Systeme können die oben genannten weiteren Faktoren (sackförmige Poren, Windungen, Querschnittsvariationen usw.) zu noch wesentlich anderen effektiven Porositäten führen. Insbesondere werden vielfach sehr viel kleinere Effektivwerte beobachtet werden (vgl. Tabelle 3). Da die Frage nach der effektiven Porosität, wie sich bei unserer weiteren Behandlung poröser Körper mehrfach zeigen wird, von großer Bedeutung ist, wird im folgenden versucht, $\vartheta_{P_{eff}}$ als bei realen porösen Stoffen eindeutige und experimentell bestimmbare Kenngröße zu definieren.

Zunächst liegt es nahe, die effektive Porosität durch die spezifische Durchlässigkeit, die charakteristische Größe bei der Durchströmung disperser Systeme, näher zu kennzeichnen. Wie S. 244 gezeigt wird, tritt aber in der Beziehung zwischen spezifischer Durchlässigkeit und effektiver Porosität auch noch ein „effektiver Porenradius" auf, dessen unabhängige Bestimmung nicht ohne weiteres möglich ist. Dagegen lassen sich Diffusions- und Leitfähigkeitsmessungen zu einer experimentellen Bestimmung von $\vartheta_{P_{eff}}$ bzw. $\zeta_{Z_{eff}}$ heranziehen, wie im folgenden zu zeigen sein wird.

Bei der Diffusion durch kompakt-disperse Systeme sind neben der räumlichen Behinderung des Diffusionsvorganges durch das heterogene Medium (dem „Stereofaktor") noch weitere Einflüsse zu berücksichtigen. Einmal tritt in engen Poren ($< 10^{-5}$ cm) an die Stelle

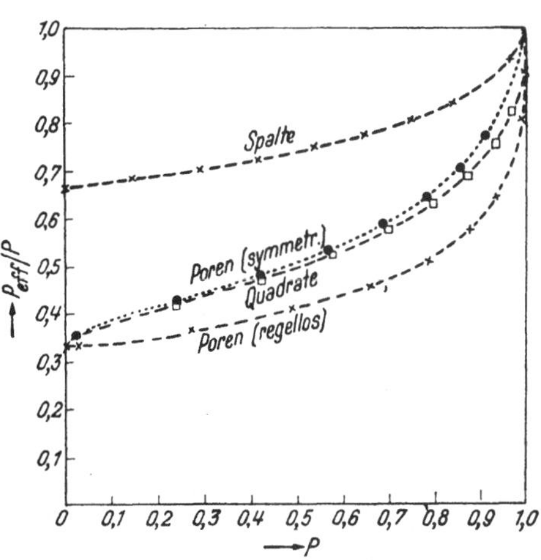

Abb. 2. Zusammenhang zwischen Porosität und effektiver Porosität für verschiedene Gefügemodelle nach MANEGOLD und SOLF. (Die Koordinatenbezeichnungen müssen heißen: $\vartheta_{P_{eff}}/\vartheta_P$ bzw. ϑ_P.)

der normalen Diffusion die sogenannte KNUDSENsche Diffusion (S. 250). Für den Fall, daß die diffundierenden Teilchen von den Porenwänden adsorbiert werden, kann weiterhin in engen Poren die Oberflächendiffusion (VOLMER) für den Stofftransport wesentlich ins Gewicht fallen (S. 253). Es gelingt nun aber in experimentell relativ einfacher Weise, diese Einflüsse von dem reinen Stereofaktor zu trennen und damit die effektive Porosität zu messen. Wie S. 250ff. im einzelnen diskutiert wird, unterscheiden sich nämlich die normale Gasdiffusion und die KNUDSENsche und VOLMERsche Diffusion in charakteristischer Weise in ihrer Abhängigkeit vom Druck: Die gewöhnliche Gasdiffusion ist dem Druck umgekehrt proportional, die KNUDSENsche und VOLMERsche Diffusion (letztere, wenn man den Partialdruck des adsorbierten Stoffes konstant hält) vom Gesamtdruck unabhängig. Von WICKE und KALLENBACH[1] wurde erstmals gezeigt, wie man diese Tatsache benutzen kann zur Feststellung und Bestimmung des Anteils der Oberflächendiffusion in kompakt-dispersen Stoffen. Bei ihren Versuchen wurde die Diffusionsprobe auf das Ende eines Glasrohres

---

[1] E. WICKE, R. KALLENBACH: Kolloid-Z. 97 (1941), 135.

gekittet. Auf der einen Seite der Probe wurde ein Gemisch aus N_2 als Trägergas und CO_2 vorgegeben, wobei der Partialdruck des CO_2 unabhängig vom Gesamtdruck (P) auf 100 mm gehalten wurde. Auf der anderen Seite der Probe wurde ein reiner N_2-Strom vorbeigeführt und der Druck auf beiden Seiten jeweils genau gleich gehalten. Das durch die Probe diffundierende und mit dem N_2-Strom weggeführte CO_2 wurde in einer Wärmeleitfähigkeits-Meßanordnung bestimmt. Die Abb. 3 stellt einen Teil der Ergebnisse, nämlich die Messungen an einer Glasfritte G_3 und zwei verschiedenen Aktivkohlen KA_1 und KM_2 dar. Wir benutzen im folgenden diese Ergebnisse von WICKE und KALLENBACH, um daran die Definition und Bestimmung der effektiven Porosität darzulegen.

Bei niedrigen Drucken sind die Kurven gekrümmt, da hier, zum mindesten in den engeren Poren, bereits KNUDSENsche Diffusion auftritt. Bei hinreichend hohen Drucken werden die Kurven linear mit $1/P$, wie es bei der normalen Diffusion der Fall sein muß. Für den extrapolierten Druck $P = \infty$ muß die mittels gewöhnlicher Diffusion durchdiffundierende Menge gleich null werden. Wie man aus der Abbildung ersieht, ist dies auch bei G_3 und KM_2 der Fall, nicht aber bei KA_1. Letzteres Ergebnis kann, wie WICKE und KALLENBACH überzeugend darlegten, nur so gedeutet werden, daß bei den Kohlen vom Typus der KA_1 ein merklicher Anteil der druckunabhängigen Oberflächendiffusion auftritt. Hieraus ergibt sich, in welcher Weise man vorgehen muß, um den Einfluß der KNUDSENschen und der VOLMERschen Diffusion zu eliminieren und den reinen Stereofaktor, d. h. die effektive Porosität zu erhalten: Der Einfluß der KNUDSENschen Diffusion wird durch Bezugnahme auf unendlich hohen Druck P ausgeschaltet, die Oberflächendiffusion durch Parallelverschiebung der Meßkurve, bis sie, wie bei den Kurven G_3 und KM_2, durch den Nullpunkt geht. Somit ist *die Neigung der bei hinreichend hohen Drucken auftretenden Geraden* das quantitative Maß für den stereometrischen Einfluß des Gefüges, also für die effektive Porosität. In mathematischer Formulierung ergibt dies:

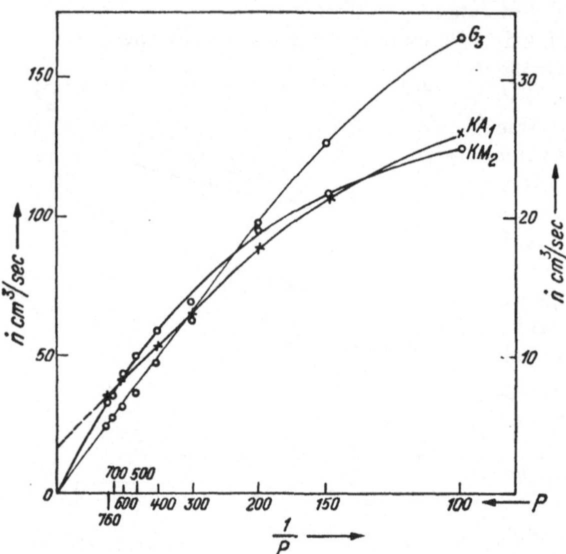

Abb. 3. Druckabhängigkeit der Diffusion durch verschiedene Medien (bei 0° C) nach WICKE und KALLENBACH. G_3: Glasfritte, KM_2: medizinische Kohle, KA_1: technische Aktivkohle. $\dot n$ ist das je Zeiteinheit durchdiffundierende Volumen CO_2 (in 10^{-4} cm³, bezogen auf Normaltemperatur und -druck). Die linke Ordinate gilt für G_3 und KM_2, die rechte für KA_1.

$$\vartheta_{P_{eff}} = \frac{\lim\limits_{P \to \infty} \dfrac{d\dot n}{d\,(1/P)}}{\dot n_g^{\,(P=1)}}. \tag{4}$$

Vgl. auch Gl. (4a) S. 249. Dabei bedeutet $\dot n$ den gemessenen Durchsatz je Zeiteinheit und $\dot n_g^{(P=1)}$ die bei freier, durch das kompakt-disperse Medium nicht behinderter Gasdiffusion durch die gleiche Fläche F je Zeiteinheit und beim

Druck $P = 1$ Atm. durchdiffundierende Stoffmenge. Letztere errechnet sich aus dem Diffusionskoeffizienten bei freier Diffusion in dem die Poren füllenden Medium aus[1]:

$$\dot{n}_g^{(P=1)} = D \cdot F \cdot \frac{\varDelta c}{L}. \tag{5}$$

Für die Diffusion von CO_2 in N_2 bei $0°$ C und 1 Atm. beispielsweise ist $D = 0{,}14\ cm^2/sec$. Da p_{CO_2} immer $= 100$ mm (s. o.), so war die treibende Konzentrationsdifferenz $\varDelta c = 0{,}132$. Ferner wird von WICKE F/L bei KA_1 zu 0,60, bei KM_2 zu 1,98 und bei G_3 zu 2,66 angegeben. Die damit berechneten Werte für $\dot{n}_g^{(P=1)}$ sind in Tabelle 3 Spalte 2 angegeben. Mit ihnen errechnen sich aus den Ergebnissen der Abb. 3 nach Gl. (4) für die effektiven Porositäten die in Spalte 3 angegebenen Werte. Die gesamte Porosität ϑ_P folgt aus WICKES[2] Messungen der Dichte und Scheindichte bei KA_1 zu 70% (bei KM_2 nicht gemessen). Das Jenaer Glasfilter G_3 besitzt eine Porosität von 30%. In der letzten Spalte der Tabelle ist schließlich der Labyrinthfaktor angegeben.

Tabelle 3. *Die Ermittlung der effektiven Porosität $\vartheta_{P_{eff}}$ aus Diffusionsmessungen.*

Substanz	$\dot{n}_g (P=1)$ ccm NTP/sec. [3]	$\vartheta_{P_{eff}}$ in %	ϑ_P in %	$\chi = \dfrac{\vartheta_{P_{eff}}}{\vartheta_P}$
Kohle KA_1	$111 \cdot 10^{-4}$	3,3	70	0,05
Kohle KM_2	$366 \cdot 10^{-4}$	9,4	—	—
Glasfritte G_3	$491 \cdot 10^{-4}$	5,0	30	0,17

Durch Gl. (4) wird also eine vom permeierenden Stoff unabhängige und für das kompakt-disperse System charakteristische Gefügekonstante definiert, die in der geschilderten Weise experimentell zugänglich ist.

Eine andere, experimentell sogar einfachere und besonders für diskret-disperse Systeme anwendbare Methode, um die effektive Porosität zu bestimmen, kann man auf Messungen der elektrischen Leitfähigkeit gründen: Das disperse System wird in ein Rohr mit einer Elektrolytlösung gefüllt und die Leitfähigkeit $\varkappa_{eff}$ mit der des reinen Elektrolyten $\varkappa$ verglichen. Dann ist:

$$\vartheta_{P_{eff}} = \frac{\varkappa_{eff}}{\varkappa}. \tag{4b}$$

[Falls auch der poröse Stoff eine geringe Leitfähigkeit ($\varkappa_0$) besitzt, wäre: $\varkappa_{P_{eff}} = \frac{\varkappa_{eff} - \varkappa_0}{\varkappa}.$] Es könnte etwa eine ähnlich einfache Anordnung benutzt werden, wie sie FREY[4] bei seinen Messungen der Leitfähigkeit binärer Aggregate verwendet hat.

An Hand modellmäßiger Betrachtungen ließe sich der Einfluß der einzelnen, eingangs genannten Faktoren, die die Abweichung des $\vartheta_{P_{eff}}$ vom ϑ_P verursachen, noch näher analysieren. Infolge der unendlichen Vielfalt poröser Gefügeformen erscheint es jedoch zunächst zweckmäßiger, das $\vartheta_{P_{eff}}$ an einer Reihe disperser Systeme experimentell zu bestimmen. Durch Vergleich mit den für bestimmte Modellsysteme berechneten Werten (siehe oben) sind dann möglicherweise noch ins einzelne gehendere Aussagen über den jeweiligen Gefügeaufbau, etwa die mittlere Porenlänge usw., zu gewinnen; u. U. werden sich auch Zusammenhänge mit anderen Kenngrößen, etwa der spezifischen Oberfläche, finden. Wir werden im folgenden von dem Stereofaktor $\vartheta_{P_{eff}}$ noch des öfteren Gebrauch zu machen haben.

[1] Vgl. Gl. (44) S. 245.
[2] E. WICKE: Kolloid-Z. **86** (1939), 170.
[3] NTP: bezogen auf Normaltemperatur und -druck.
[4] G. S: SON FREY: Z. Elektrochem. angew. physik. Chem. **38** (1932), 268, Figur 6.

Das Zwischenraumvolumen bei Korn- und Kugelschüttungen.

Bei kompakten Kugeln gleicher Größe und in dichtester Kugelpackung (jede Kugel berührt 12 andere) ist die Schüttporosität 25,95% und bei lockerer Lagerung, bei der jede Kugel 6 andere berührt, 47,64%[1], wobei die Zahlen unabhängig von der Größe der Teilchen gelten. Das letztgenannte kubische System ist nach HRUBIŠEK (loc. cit.) das geeignetste Modell für zufällig gebildete reale Packungen. Praktisch wird die Schüttporosität auch bei fester Zusammenrüttelung immer größer als der Wert für die dichteste Packung, und zwar — bei einheitlicher Korngröße — um so mehr, je kleiner die Teilchen sind[2]. Um einige Beispiele zu geben für die praktisch gefundenen Werte, die das Zwischenraumvolumen annimmt, werden in der nebenstehenden Tabelle 4 einige Messungen von WICKE[3] an zwei Kohlen (A und B) und zwei Silicagelen (E und W) und von KUBELKA[4] an einer Reihe von Kohlen zusammengestellt. Aus den gemessenen Werten für die Scheindichte und die Schüttdichte errechnet sich

Tabelle 4.
Anteil des Zwischenraumvolumens bei Schüttgütern.

Substanz	Scheindichte	Schüttdichte	Relatives Zwischenraumvolumen
Kohle A.........	0,55	0,36	0,35
Kohle B	0,89	0,53	0,40
Silicagel E	1,10	0,85	0,23
Silicagel W	0,76	0,47	0,38
Kohlen:			
Aussig alt I	0,35	0,24	0,31
Aussig G 1000 ...	0,81	0,53	0,34
Leverkusen	0,48	0,33	0,31
Höchst	0,37	0,25	0,33
BASF	0,50	0,34	0,32
Urbain	0,39	0,28	0,29

der Anteil des Zwischenraumvolumens am Schüttvolumen aus: $1 - \dfrac{s}{d}$ (S. 153).

Das relative Zwischenraumvolumen schwankt also für die Kohlen bemerkenswert wenig um einen Mittelwert von 0,33. Auch bei Schüttungen von Blei- und Glaskugeln und von Sand fanden verschiedene Verfasser (vgl. Tabelle 7, S.178) trotz stark verschiedener Korngröße von $0,5 \div 0,01$ mm nur relativ wenig schwankende Werte von $34 \div 38$% für die Schüttporosität [die für kompaktes Material ($d = \varrho$) natürlich mit dem relativen Zwischenraumvolumen identisch ist]. BERTRAM und LACEY[5] fanden an Sandschüttungen ebenfalls ζ_Z zu $30 \div 37$%. ANDREASEN und ANDERSEN[6] bestimmten experimentell an verschiedenen Siebfraktionen von Flintglas den Zusammenhang zwischen der Korngrößenverteilung und der Schüttporosität. In Abb. 4a sind die gemessenen „Summenkurven" der Korngrößenverteilung

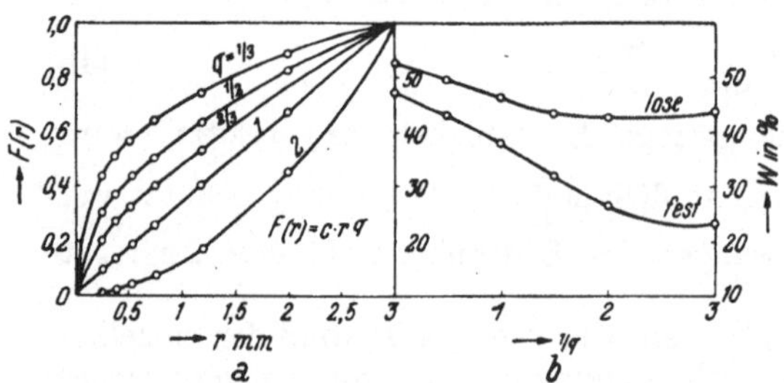

Abb. 4. a Summenkurven bei verschiedener Korngrößenverteilung; b Abhängigkeit der Schüttporosität (ζ_Z in %) vom Exponenten q (ANDREASEN und ANDERSEN).

[1] Für andere Packungen siehe die Zahlen bei E. MANEGOLD: Kolloid-Z. **81** (1937), 19 oder bei J. HRUBIŠEK: Kolloid-Beih. **53** (1941), 385.

[2] Vgl. z. B. die Ergebnisse von A. E. R. WESTMANN, H. R. HUGILL: J. Amer. ceram. Soc. **13** (1930), 767 an Sandkörnern verschiedener Größe.

[3] E. WICKE: Kolloid-Z. **86** (1939), 166.

[4] P. KUBELKA: Kolloid-Z. **55** (1931), 130.

[5] E. A. BERTRAM, W. N. LACEY: Ind. Engng. Chem., ind. Edit. **28** (1936), 316.

[6] A. H. M. ANDREASEN, J. ANDERSEN: Kolloid-Z. **50** (1930), 217.

(vgl. S. 185) gezeichnet, die sich durch

$$F(r) = \text{const } r^q$$

darstellen lassen. Je kleiner q ist, desto kleiner ist die mittlere Korngröße, desto größer der Anteil kleiner Körner. Abb. 4 b gibt dann den Zusammenhang zwischen der Schüttporosität und q einmal bei lose eingelaufener Substanz und einmal bei fester Einrüttelung.

4. Porengröße.

Die Bestimmung der Porosität liefert noch keine Aussage darüber, ob das gefundene Porenvolumen durch wenige große oder durch viele kleine Poren zustande kommt. Gerade die Verteilungskurve, die den Zusammenhang zwischen Größe und relativer Häufigkeit der Poren liefert, ist aber für viele Fragen von ausschlaggebender Wichtigkeit. Viele kleine Poren besitzen bei gleichem Porenvolumen eine wesentlich größere Oberfläche als wenige große; andrerseits sind Mikroporen für bestimmte Substrate nicht mehr zugänglich. Die Erscheinung, daß die zugängliche Oberfläche z. B. für große Farbstoffmoleküle wesentlich kleiner ist als für H_2-Moleküle oder $Pb^{\cdot\cdot}$-Ionen, nannte HERBST[1] „Ultraporositätsabfall".

Eine angenäherte Vorstellung von der Porengröße kann man schon durch genaueres Studium dieser Ultrafilterwirkung erhalten. So wurde z. B. mittels Adsorption von Gasen mit verschiedenem Molvolumen gefunden, daß entwässerter Chabasit eine Porenweite von etwa 4 Å besitzen muß, da größere Moleküle nicht mehr in nennenswertem Maße adsorbiert wurden (vgl. hierzu S. 241). In ähnlicher Weise bestimmt man die relative Porengröße von Filtern mittels verschieden großer Molekeln, vor allem von Farbstoffen[2].

a) Mikroskopische Porenausmessung.

Die Porenweite und -form grobporiger Substanzen, z. B. von zusammengepreßtem, pulverförmigem Carbonyleisen[3], von Koks[4] oder von Beton[5], wurde durch Ausmessung der Porenöffnungen auf einem Anschliff unter dem Mikroskop bestimmt[6]. Bei elektronenmikroskopischer Untersuchung dünner Folien kann auch das Mikroporensystem sichtbar gemacht werden (Abb. 5)[7]. Dieser Weg stellt, wenn auch nur begrenzt anwendbar, eine sehr anschauliche und genaue, die Form der Poren berücksichtigende Methode dar. Durch Bestimmung des Verhältnisses zwischen der Fläche der Porenöffnungen und der restlichen Fläche — möglichst an mehreren Schliffbildern — kann auch das Gesamtporenvolumen auf diese Weise ermittelt werden.

b) Verteilung der Porenradien aus Messungen der Capillarkondensation.

Eine Methode, die es gestattet, die Verteilungskurve der Porengrößen aufzustellen, beruht auf der zuerst von ZSIGMONDY und Mitarbeitern eingehend stu-

[1] H. HERBST: Kolloid-Beih. **42** (1935), 200.

[2] Ausführliche Darstellung bei V. F. VON HAHN: Dispersoidanalyse, S. 135 ff. Dresden, 1928; ferner bei P. GRABER: Cold Spring Harb. Symp. of Quant. Biolog. **6** (1938), 252.

[3] L. SCHLECHT, W. SCHUBARDT, F. DUFTSCHMIDT: Z. Elektrochem. angew. physik. Chem. **37** (1931), 488.

[4] H. KOENIG: Arch. Eisenhüttenwes. **7** (1934), 441.

[5] POGANY: Zement **22** (1937), 585.

[6] Für die praktische Durchführung vgl. auch F. HAUSER: Zeiss-Nachr. **1940**, 3. Folge, 249 und 255.

[7] Aus: M. VON ARDENNE: Elektronen-Übermikroskopie, S. 350, Abb. 340; siehe auch Abb. 344. Berlin, 1940.

dierten Capillarkondensation. Zwischen der Dampfdruckerniedrigung in einer Capillare und deren Radius liefert die Thomson-Helmholtzsche Gleichung[1] folgende Beziehung:

$$r_P = \frac{2 \cdot \sigma \cdot M}{\varrho \cdot R \cdot T} \cdot \frac{1}{\ln p_s/p} \,. \tag{6}$$

Dabei ist p_s der Dampfdruck über ebener Flüssigkeitsoberfläche (dyn/cm²); p der Dampfdruck über der Flüssigkeit in einer kreiszylinderförmigen Capillare

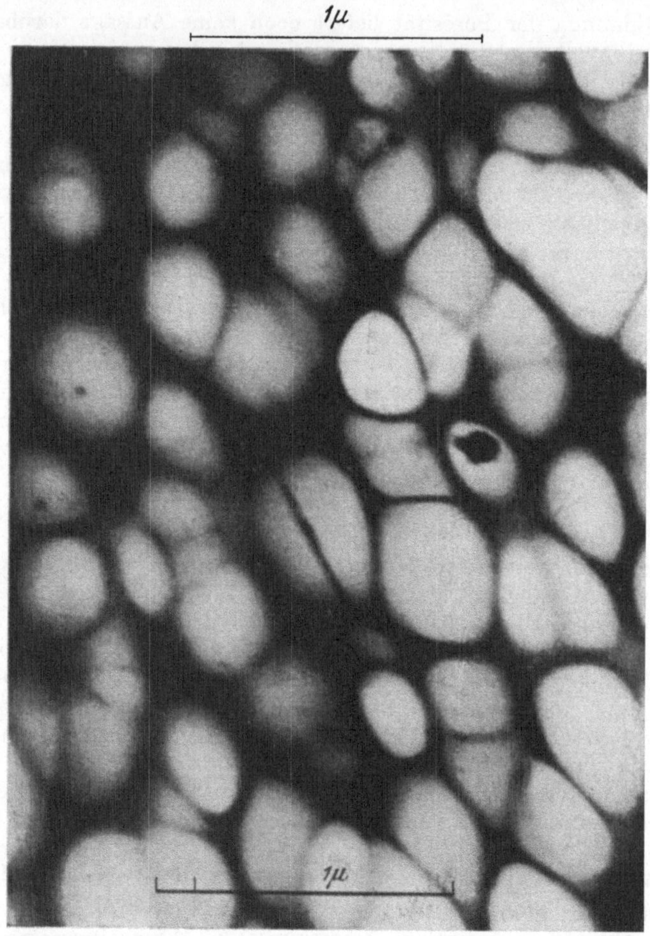

Abb. 5. Elektronenmikroskopische Aufnahme eines Ultrafilters (v. Ardenne).

vom Radius r_P; $M =$ Molekulargewicht; $\sigma =$ Oberflächenspannung (dyn/cm) und $\varrho =$ Dichte der Flüssigkeit; $R =$ Gaskonstante (erg/Grad); $T =$ absolute Temperatur. Für Benzol beispielsweise beträgt p bei einem Radius von 10^{-6} cm etwa 80%, bei einem Radius von 10^{-7} cm rund 10% von p_s.

Bringt man ein Capillarsystem mit Capillaren verschiedenster Weite in einen Raum mit einem bestimmten Dampfdruck p, so werden sich alle die Capillaren mit Kondensat füllen, deren Radius kleiner ist, als der sich aus obiger

---

[1] Vgl. etwa H. Freundlich: Capillarchemie, Bd. I, S. 54. Leipzig, 1930.

Gleichung mit dem betreffenden p errechnende Radius r_P.* Das Volumen der kondensierten Flüssigkeitsmenge gibt also das Volumen aller Poren mit einem Radius $\leqq r_P$ an. Bestimmt man durch Wägung die bei verschiedenen Drucken aufgenommene Flüssigkeitsmenge, so erhält man analog zur Adsorptionsisotherme die „Isotherme der Capillarkondensation", bei der auf der Abszisse der Dampfdruck (oder p/p_s), auf der Ordinate das jeweils aufgenommene Flüssigkeitsvolumen v (oder v/v_s, wobei v_s das bei Sättigung füllbare Capillarvolumen) aufgetragen ist. Die Abszissenwerte p/p_s können dann mit Hilfe von Gl. (6) in Porenradien umgerechnet werden, wodurch man ohne weiteres eine „Summenkurve" (S. 185) der Porenradien erhält (siehe Abb. 6).

Von Arbeiten, in denen auf diese Weise die Porengröße oder die Porenverteilung bestimmt wird, seien genannt die Messungen von ANDERSON[1] an Kieselgelen, von RABINOWITSCH und FORTUNATOW[2] an amorphen Kohlen, Graphit, Kaolin und Porzellan, von KUBELKA[3] an Aktivkohlen und SiO_2, von BROWN[4] an Kohle, von HOLMS und ELDER[5] an SiO_2, von HÜTTIG und Mitarbeitern[6] an ZnO, BeO, Fe_2O_3 und verschiedenen Gemischen dieser Oxyde (vgl. die Abb. 15, 16, 17, S. 237, 238, 240) und von WICKE[7] an Kohlen und SiO_2. Im folgenden wird der Anwendungsbereich dieser Methode besprochen.

1. Die Größe der Oberflächenspannung σ und der Dichte ϱ der kondensierten Flüssigkeit können sich in engen Capillaren infolge des starken Einflusses der Wandkräfte von den normalen Werten wesentlich unterscheiden, was z. B. darin zutage tritt, daß von stärker komprimierbaren Flüssigkeiten mehr aufgenommen wird (S. 156). Die Änderungen von σ (neben denen die der Dichte unwesentlich sind) sind vorläufig einer Messung oder Berechnung nicht zugänglich[8]. Bei unvollständiger Benetzung der Capillaren ist weiterhin nicht mehr, wie in Gl. (6) vorausgesetzt, der Krümmungsradius der Flüssigkeitsoberfläche (r_F) gleich dem Capillarradius, sondern es gilt $r_P = r_F \cdot \cos \varphi$, wobei φ der Randwinkel ist, der bei vollständiger Benetzung gleich Null (somit $\cos \varphi = 1$) wird. Gl. (6) lautet dann:

$$r_P = \frac{2 \cdot \sigma \cdot M \cdot \cos \varphi}{\varrho \cdot RT} \cdot \frac{1}{\ln p_s/p}. \tag{6a}$$

Auch der Benetzungswinkel ist häufig nicht mit Sicherheit bekannt. KUBELKA (loc. cit.) modifizierte daher die THOMSON-HELMHOLTZsche Gleichung, indem er den Faktor

$$\frac{2 \cdot \sigma \cdot M \cdot \cos \varphi}{\varrho \cdot RT} = B$$

als eine empirisch festzustellende Konstante behandelt[9]. Der Porenradius ist dann:

$$r_P = \frac{B}{\ln p_s/p}. \tag{6b}$$

---

* Tabellen über den zu jedem Dampfdruck gehörigen Radius bei verschiedenen Flüssigkeiten für 20° C findet man bei G. F. HÜTTIG, K. TOISCHER: Kolloid-Beih. 31 (1930), 349.

[1] J. S. ANDERSON: Z. physik. Chem. 88 (1914), 191.

[2] E. RABINOWITSCH, N. FORTUNATOW: Angew. Chem. 41 (1928), 1222.

[3] P. KUBELKA: Kolloid-Z. 55 (1931), 129; 58 (1932), 189.

[4] B. E. BROWN: Physic. Rev. 17 (1921), 700; vgl. dazu E. HÜCKEL: Adsorption und Capillarkondensation, S. 284ff. Leipzig, 1928.

[5] H. N. HOLMES, A. L. ELDER: J. physik. Chem. 35 (1931), 90.

[6] G. F. HÜTTIG: Z. anorg. allg. Chem. 237 (1938), 224; Z. Elektrochem. angew. physik. Chem. 44 (1938), 573 u. a.

[7] E. WICKE: Kolloid-Z. 86 (1939), 166.

[8] Siehe z. B. die Diskussion von H. ZOCHER in: Hydroxyde und Oxydhydrate, S. 187ff. von R. FRICKE und G. F. HÜTTIG. Leipzig, 1935, und die S. 172 zitierten Arbeiten von RADULESCU.

[9] KUBELKA setzt $B = \dfrac{2 \cdot \sigma \cdot M}{\varrho \cdot R \cdot T}$ als empirische Konstante, läßt also den Faktor $\cos \varphi$ aus der Konstanten heraus.

Der Wert für B wird von KUBELKA einmal aus den normalen σ- und ϱ-Werten für Benzol errechnet, und dann werden bei den übrigen Dämpfen die Summenkurven so gelegt, daß sie mit der Benzolkurve möglichst übereinstimmen. Benzol wurde gewählt, weil es bei im allgemeinen guter Benetzung eine relativ hohe Oberflächenspannung und einen kleinen Kompressionskoeffizienten besitzt, σ und ϱ also in den Capillaren, wenn überhaupt, so nur relativ wenig geändert sein werden. Zudem wurden die untersuchten Kohlen durch Benzol offenbar vollständig benetzt, so daß $\cos \varphi = 1$ gesetzt werden konnte. Es zeigte sich, daß man auf diese Weise mit den in Tabelle 5 angeführten B-Werten tatsächlich alle mit den verschiedenen Dämpfen aufgenommenen Isothermen an ein und demselben Adsorbens zu einer einzigen Summenkurve[1] vereinen konnte: Abb. 6 (auch für CO_2, also einen Dampf, der bei Zimmertemperatur schon nahe seiner kritischen Temperatur ist);

Tabelle 5. *Vergleich der beobachteten und berechneten Werte für die Größe B [Gl. (6b)].*

	σ bei 20° in dyn/cm	B empir. Wert	$\dfrac{B_{theor.}}{B_{empir.}}$
Chlorpikrin....	36,2	2,40	0,93
Benzol........	29,4	1,87	1,00
CCl_4..........	26,8	1,97	1,06
Aceton	23,7	1,64	1,32
CH_3OH.......	22,6	0,76	1,15
C_2H_5OH......	22,3	1,14	1,21
n-Hexan......	18,4	2,28	1,67
Äthyläther ...	17,0	1,87	1,47
CO_2..........	1,1	1,20	26,7

ferner folgte für jeden Dampf mit Ausnahme von Wasser, welches offenbar sehr verschieden benetzte, bei der Sorption an verschiedenen Kohlen und SiO_2-Gelen der gleiche B-Wert. Die so empirisch ermittelten B-Werte der einzelnen Dämpfe waren (mit Ausnahme von Chlorpikrin) durchweg größer, als die mit den normalen σ- und ϱ-Werten berechneten (vgl. Tabelle 5), woraus KUBELKA auf eine wesentliche Erhöhung der Oberflächenspannung der kondensierten Flüssigkeiten schließt. Dementsprechend werden die mit den normalen σ- und ϱ-Werten berechneten Porenradien zu klein, was auch so beschrieben werden kann, daß infolge der Adsorptionsschicht an den Wänden der wirksame Radius kleiner ist als der wirklich vorhandene.

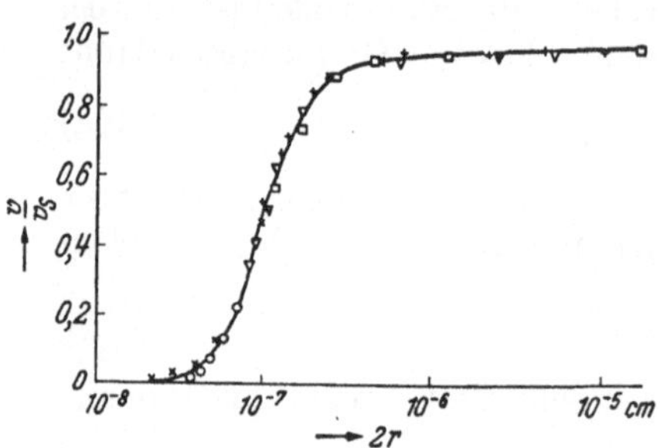

Abb. 6. Summenkurve der Porenverteilung einer Aktivkohle, gemessen mit verschiedenen Dämpfen von KUBELKA. + Benzolisotherme, ▽ Chlorpikrinisotherme, □ Ätherisotherme, ○ Kohlendioxydisotherme, × Wasserisotherme.

Die Tatsache, daß sich in allen Fällen die Summenkurven durch Multiplikation mit einem *konstanten* B-Faktor mit der Benzolkurve zur Deckung bringen ließen, besagt, daß sich σ und ϱ innerhalb der Meßfehler im ganzen Druckbereich in gleicher Weise verändert haben. In Wirklichkeit kann B natürlich keine Konstante sein, sondern muß wie σ und ϱ mit dem Porenradius variieren[2], und es ist anzunehmen, daß mit einem konstanten B-Faktor nicht immer Übereinstimmung zwischen der mit irgendeinem Prüfdampf gemessenen und der Benzolkurve zu erreichen ist[3]. Wäre dies der Fall, so könnte aus der Benzolisotherme und einem einzigen Wert v/v_s bei bestimm-

<hr>

[1] KUBELKA nennt diese Kurven „Strukturkurven".
[2] Vgl. auch P. KUBELKA: Z. Elektrochem. angew. physik. Chem. **37** (1931), 637.
[3] Vgl. hierzu auch E. SPRENGEL: Wiss. Veröff. Siemens-Werke **20** (1941), 151.

tem p/p_s für jeden Dampf die ganze Isotherme der Capillarkondensation gezeichnet werden[1]. Aus der Abweichung von B vom theoretischen Wert kann dementsprechend auch nicht auf die in den Capillaren wirklich vorhandene Oberflächenspannung (bei plausiblen Annahmen über ϱ und $\cos \varphi$) geschlossen werden. Die empirische Feststellung der in B zu sammengefaßten Größen und Ermittlung des Porenradius nach (6b) erscheint aber, jedenfalls für den Fall daß dabei übereinstimmende Isothermen resultieren, als eine bessere Näherung, als die Verwendung der normalen Werte für die Oberflächenspannung und Dichte der kondensierten Dämpfe und Voraussetzung vollständiger Benetzung, also Anwendung der Gl. (6).

2. Bei Messungen der Capillarkondensation werden häufig Hystereseerscheinungen beobachtet: Mißt man die Sorption mit steigendem Druck, so entspricht einem bestimmten p-Wert auch bei sehr langen Wartezeiten eine geringere sorbierte Menge als bei Verminderung des Druckes. ZSIGMONDY erklärte diese Hysterese als Benetzungsverzögerung beim Anfeuchten der Capillarwände, und GARVAK und PATRIK[2], ebenso FRICKE und MARQUARDT[3] konnten zeigen, daß dementsprechend bei vorherigem Evakuieren die Hystereseerscheinungen verschwinden. Bei einer Berechnung von Capillarradien müßte danach also der bei der Druckverminderung (Trocknung) gemessene Kurventeil als Grundlage gewählt werden. Das gleiche gilt, wenn man Capillaren mit stellenweise verengertem Querschnitt als Erklärung für die Hysterese annehmen würde. KUBELKA[4] findet dagegen bei Sorption von Wasser an Kohle, daß nur bei Zugrundelegung der „Auffeuchtungsäste" eine Übereinstimmung der gemessenen Summenkurve mit der an der gleichen Kohle beobachteten von Hystereseerscheinungen freien Sorption anderer Dämpfe zu erzielen ist, und möchte daher als Erklärung der Hysterese eine „Siedeverzögerung bei der Trocknung" annehmen.

Für die Porengrößenbestimmung ergibt sich hieraus, daß man, falls der Grund für die Hysterese nicht eindeutig geklärt werden kann, durch Wahl eines geeigneten Sorptivs die Hystereseerscheinung zu vermeiden suchen muß.

3. Die Methode setzt voraus, daß die durch Adsorption aufgenommene Flüssigkeitsmenge gegenüber der in den Capillaren kondensierten zu vernachlässigen ist. Diese Voraussetzung trifft aber, je enger die Capillaren sind und je niedriger der relative Dampfdruck p/p_s ist, immer weniger zu. Die Gebiete, in denen reine Adsorption und in denen vorwiegend Capillarkondensation vorliegt, lassen sich nicht scharf voneinander trennen, sondern gehen kontinuierlich ineinander über. Man wird daher in einem möglicherweise breiten Zwischengebiet, dessen Lage mit dem untersuchten System weitgehend variieren kann, mit beiden Effekten zu rechnen haben. Einen Versuch, dieses Zwischengebiet theoretisch zu erfassen und durch gleichzeitige Berücksichtigung des Adsorptionspotentials (im Sinne der Theorie von POLANYI) und des „Meniskuspotentials" in der Theorie der Capillarkondensation macht SCHUCHOWITZKI[5]. Der Verfasser zeigt auch, wieweit die Ergebnisse von KUBELKA durch Nichtbeachtung der Adsorption verfälscht sein können, z. B. die von KUBELKA gefundene Gesetzmäßigkeit, daß die Porenverteilung um so gleichmäßiger sein soll, je kleiner die Poren sind. Bei

---

[1] E. SPRENGEL (loc. cit.) weist auf die Tatsache hin, daß die KUBELKAsche Umrechnung des Faktors B auf den empirischen Wert gleichbedeutend ist mit einer Änderung des Neigungswinkels der gefundenen Isotherme der Capillarkondensation (soweit sich diese durch eine Beziehung der Form $a = k \cdot p^n$ bzw. hier $\lg v/v_s = n \cdot \lg p/p_s$ darstellen läßt).

[2] J. McGARVAK, W. A. PATRIK: J. Amer. chem. Soc. 42 (1920), 946.

[3] R. FRICKE, H. MARQUARDT: Kolloid-Z. 60 (1932), 124. Dort weitere Literatur.

[4] P. KUBELKA: Kolloid-Z. 55 (1931), 138.

[5] A. A. SCHUCHOWITZKI: Kolloid-Z. 66 (1934), 139.

den kleinen Poren (Kubelkas Summenkurven gehen bis zu etwa 4 Å herab!) sind sicher die Voraussetzungen für eine Anwendung der Gl. (6) nicht mehr gegeben, denn schließlich ist der Begriff der Oberflächenspannung bei Vorhandensein von nur einigen Molekülen nicht mehr sinnvoll. Auch eine Korrektur der gefundenen Porenradien durch Vergrößerung um einen Moleküldurchmesser entsprechend der Vorstellung einer unimolekularen Adsorptionsschicht an der Porenwand wird nicht hinreichen, um für diese Porenbereiche einwandfreie Radien zu erhalten. Bei den zitierten Versuchen von Hüttig dürfte zwischen 3 und 30 mm Methanoldampfdruck sogar ganz überwiegend Adsorption vorgelegen haben, so daß die Berechnung von diesen Drucken entsprechenden Capillarradien (5÷15 Å) unzulässig erscheint. Die für diesen Druckbereich gefundenen „Capillarvolumina" sind auch besonders groß, was aber wohl nur der Tatsache entspricht, daß es sich um Adsorption handelte, die nicht nur in engen Poren, sondern an der Gesamtoberfläche stattfindet.

Unstetige Sorptionsisothermen.

4. Die Erfassung der Porenstruktur aus Messungen der Capillarkondensation setzt auch voraus, daß der Kondensationsvorgang einheitlich ist und nicht die Porosität selbst beeinflußt. Es erscheint aber möglich, daß diese Voraussetzung nicht immer erfüllt ist. Ein unstetiger, treppenförmiger Verlauf der Sorptionsisotherme ist mehrfach beobachtet worden, und zwar einerseits bei der Sorption kondensierbarer Dämpfe wie z. B. von Cl_2, CCl_4, C_6H_6, $n\text{-}C_5H_{11}OH$, H_2O und CO_2 an Holzkohle und von H_2O an SiO_2*, von $CHCl_3$ an Cr_2O_3**, von H_2O, CCl_4 an SiO_2 und aktiver Kohle und von H_2O und NH_3 an Chabasit[1],

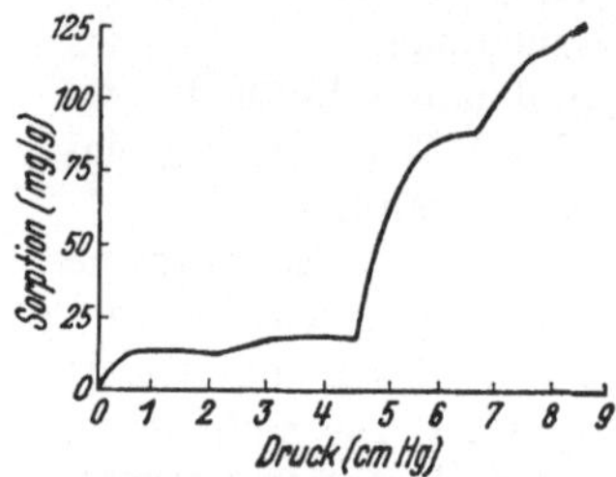

Abb 7. Sorptionsisotherme von Chloroform an Cr_2O_3 (Harbard und King).

andrerseits auch mit permanenten Gasen, wie z. B. bei H_2 an Ni, Cu, Fe bei —190° und von N_2 an Fe bei —79°[2]. In Abb. 7 ist (nach Harbard und King) eine derartige diskontinuierliche Isotherme wiedergegeben. Eine sichere Deutung der unstetigen Kurvenform steht noch aus, und wahrscheinlich werden keine einheitlichen, sondern fallweise verschiedene chemische oder physikalische Ursachen vorliegen. Radulescu und Tilenschi[3] haben darauf hingewiesen, daß der Capillardurchmesser sich diskontinuierlich ändern muß, da sich die Capillaren um mindestens einen Moleküldurchmesser vergrößern müssen, so daß die Thomson-Helmholtzsche Gleichung auf die Form

$$ n \cdot r_M = \frac{2\,\sigma\,M}{\varrho\,R\,T} \cdot \frac{1}{\ln p_s/p} \tag{6c} $$

zu bringen ist, in der r_M der Moleküldurchmesser und n eine ganze Zahl ist. Nach Rechnungen von Radulescu und Tilenschi sollten demnach meßbare Unstetigkeiten auftreten, die auch bei der Sorption von C_6H_6 an aktiver Kohle beobachtet werden konnten. Diese Beobachtungen sind jedoch nicht völlig beweis-

---

* A. J. Allmand, L. J. Burrage: Proc. Roy. Soc. (London), Ser. A **130** (1931), 610.
** E. Harbard, A. King: J. chem. Soc. (London) **1940**, 19. — H. H. Chambers, A. King: J. chem. Soc. (London) **1940**, 156.
[1] H. H. Chambers, A. King: loc. cit.
[2] A. F. Benton, T. A. White: J. Amer. chem. Soc. **53** (1931), 3301.
[3] D. Radulescu, S. Tilenschi: Z. physik. Chem., Abt. A **179** (1937), 210; ferner D. und F. Radulescu: Kolloid-Z. **87** (1939), 241.

kräftig, da die normalen Werte der Oberflächenspannung benutzt wurden, oder mit anderen Worten, da für so kleine Porenradien, bei denen eine Vergrößerung um einen Moleküldurchmesser eine deutliche relative Änderung darstellt [und nur für solche kann ja die Form der Gl. (6c) einen Sinn haben], der Gültigkeitsbereich der Gl. (6) aufhört (s. oben).

Meist handelt es sich um erheblich größere Unstetigkeiten. Im Falle reiner Adsorptionsisothermen wurde als Ursache eine sukzessive, inselförmige Ausbreitung der Adsorptionsschichten infolge von Keimwirkung angenommen[1]. Hingewiesen sei hier auf eine Arbeit von CREMER und FLÜGGE[2], bei der die empirische Adsorptionsisotherme $a = \text{const } c^n$ als eine Überlagerung vieler LANGMUIR-Isothermen an verschiedenen Zentrenarten dargestellt wird, was im Falle einer nur geringen Zahl von sich überlagernden Kurven ebenfalls zu stufenförmigen Isothermen führen sollte.

Im Falle von Capillarkondensation sind derartige Annahmen weniger wahrscheinlich. Wenn es sich um Gleichgewichtskurven handelt, können auch Verzögerungserscheinungen wie langsames Eindringen in schwer zugängliche Hohlräume[3] *nicht* für die Stufen verantwortlich gemacht werden. Eine Erklärung von HARWARD und KING (loc. cit.) für Sorptionsmessungen an Cr_2O_3 ist, daß bei Ausbildung der Poren Gruppen von gleichgroßen Capillaren gebildet werden, indem aus irgendwelchen kristallchemischen Gründen nur gewisse Durchmesser möglich sind. Zu jeder Gruppe würde eine aus LANGMUIRscher Adsorption und aus Capillarkondensation zusammengesetzte Stufe der Isotherme gehören. PIPER[4] hat allgemein angenommen, daß durch die Sorption (auch im Falle permanenter Gase) mit stärkerer Beladung der Oberfläche fortschreitend gruppenweise lockere Bindungen zwischen ungesättigten Oberflächenpartikeln gesprengt und damit neue Oberflächen bloßgelegt und unstetige Isothermen erhalten werden können. Auf Capillarsysteme übertragen würde ein entsprechender Vorgang eine Änderung der Porenweiten bedeuten. CHAMBERS und KING haben diskutiert, inwieweit diese Auffassung in Einklang mit den Beobachtungen steht; besonders schwierig ließen sich reversible Isothermen damit vereinen. Beim Chabasit ist aber eine Zerstörung des ursprünglichen Porensystems unter Ausbildung neuer Oberflächen und Poren von EVANS[5] und von CHAMBERS und KING bei der Sorption von NH_3 direkt beobachtet worden. Sie findet ihre Erklärung in dem fachwerkartigen Gefüge der Zeolithe, die für die Anwesenheit von Wasser in den Kanälen, aber nicht von anderen Molekülen eingerichtet sind[6].

Problematik des Begriffes Porengröße in atomaren Dimensionen.

Trotz der angeführten Einschränkungen — neben den genannten darf natürlich auch keine chemische Bindung, etwa Bildung von Kristallwasser oder eine Absorption z. B. von H_2O unter Quellung stattfinden — kann die Methode der Bestimmung der durch Capillarkondensation aufgenommenen Flüssigkeitsmenge bei vielen porösen Systemen sicher zu einer angenähert richtigen Vorstellung über die Verteilung der Porengrößen im Mikroporensystem führen. Zu großen Poren hin ist die Anwendung der Gl. (6) dadurch begrenzt, daß bei Capillaren mit

---

[1] A. F. BENTON: Trans. Faraday Soc. 28 (1932), 202. — A. J. ALLMAND, L. J. BURRAGE, R. CHAPLIN: Trans. Faraday Soc. 28 (1932), 218.

[2] E. CREMER, S. FLÜGGE: Z. physik. Chem., Abt. B 41 (1939), 453.

[3] die H. ZOCHER in: Hydroxyde und Oxydhydrate, S. 190 von R. FRICKE und G. F. HÜTTIG. Leipzig, 1937. zur Erklärung heranzieht.

[4] G. H. PIPER: Trans. Faraday Soc. 29 (1933), 538.

[5] M. G. EVANS: Proc. Roy. Soc. (London), Ser. A 134 (1931), 97.

[6] H. W. TAYLOR: Proc. Roy. Soc. (London), Ser. A 145 (1934), 80.

einem Radius etwa größer 10^{-5} cm die Dampfdruckerniedrigungen zu klein sind, um meßbare Effekte zu erzielen. Bei Poren atomarer Größenordnung andererseits hören die der Ableitung von Gl. (6) zugrunde liegenden Vorstellungen auf sinnvoll zu sein. Diese Begrenzung zu atomaren Dimensionen hin ist aber ganz allgemein vorhanden, da der Begriff „Porengröße" dann überhaupt problematisch wird. Definiert sind in einem kristallisierten Körper schließlich nur die Abstände zwischen den Atom*schwerpunkten*. In mit diesen Abständen vergleichbaren Dimensionen hängt also die Porenweite davon ab, welcher Bruchteil der Schwerpunktsabstände als „Porenweite" bezeichnet werden soll, d. h. welche Wirkungsbereiche man den Atomen zuschreibt. Deswegen braucht man nicht darauf zu verzichten, zu versuchen, auch Poren atomarer Größenordnung zu bestimmen. Vielmehr kann man von einer konventionellen, mit einer bestimmten Methode ermittelten Porengröße reden und die Ergebnisse zur vergleichenden Kennzeichnung verschiedener, in gleicher Weise untersuchter Systeme heranziehen. Nur darf dann nicht übersehen werden, daß es sich um eine konventionelle Maßzahl handelt und daß für eine wissenschaftliche Beschreibung der Verhältnisse in atomaren Dimensionen genauere Vorstellungen herangezogen werden müssen. Unterhalb etwa 50 Å wird es sich also bei den mittels Capillarkondensation und auch mittels anderer Verfahren bestimmten „Porengrößen" in zunehmendem Maße um solche konventionellen, auf die betreffende Methode bezogenen Größen handeln.

c) Porengröße aus Messungen des Capillardruckes.

Messungen des Capillardruckes können in verschiedener Weise zur Porengrößenbestimmung dienen. Die Bestimmung der Porengröße aus der *capillaren Steighöhe* ist angewendet worden sowohl für zusammenhängende Substanzen (vor allem Filterpapiere) wie für Kornschüttungen. Die Grundlage bildet die Cantorsche Gleichung

$$h_{max} \cdot \varrho = \frac{2 \cdot \sigma}{r_P}. \tag{7}$$

h_{max} ist die Höhe, die eine benetzende Flüssigkeit (σ = Oberflächenspannung in g/cm, ϱ = Dichte) in einer zylinderförmigen Pore vom Radius r_P emporsteigt, bis das Gewicht der Säule mit dem Capillardruck im Gleichgewicht steht. Dumanski und Osstrikow[1] versuchten aus der capillaren Steighöhe auch die Größenverteilung und die Zahl der Poren in den einzelnen Größenklassen zu messen, indem sie die aufgenommene Flüssigkeitsmenge in verschiedenen Höhenschichten bestimmten. Die Methode besitzt vor allem den Nachteil, daß die Zeiten bis zur Erreichung von h_{max} u. U. sehr lang sind und dann eine Verdunstung der Flüssigkeit nicht vermieden werden kann.

Anstatt die maximale Steighöhe zu bestimmen, kann man auch mit einer horizontalen Anordnung die *Eindringtiefe* der Flüssigkeit in Abhängigkeit von der Zeit messen[2], wofür die von Lucas[3] abgeleitete Gleichung gilt:

$$l^2 = \frac{\sigma \cdot r_P \cdot \cos\varphi \cdot t}{2\,\eta}. \tag{8}$$

l = Eindringtiefe in der Zeit t, φ = Randwinkel bei der Benetzung, η = Viscosität. Gl. (8) gilt auch für senkrecht aufsteigende Flüssigkeiten, solange t klein

[1] A. Dumanski, Osstrikow: Colloid J. 2 (1936), 727; C 1937 I 4912.
[2] Z. B. P. Chomikowsky, P. Rehbinder: Acta physicochim. URSS 8 (1938), 292 an verschiedenen Pigmenten.
[3] R. Lucas: Kolloid-Z. 23 (1918), 15 und frühere Arbeiten.

ist. Die in die Capillare eindringende Flüssigkeit darf natürlich nicht zu einer Quellung der Poren führen[1].

Nach der sog. *Blasendruckmethode*[2] wird der kleinste Druck beobachtet, der die Flüssigkeitssäule in der Capillare gerade wieder herausdrückt. Dieser Druck ist gleich dem capillaren Gegendruck $h_{max} \cdot \varrho$. Es kann also wieder nach Gl. (7) der Porenradius bestimmt werden. Die erste durch ein Filter durchtretende Gasblase entspricht der engsten Stelle der weitesten Capillare. Da für kleine Poren die anzuwendenden Drucke z. B. für eindringendes Wasser in mit Luft gefüllte Poren zu groß werden, läßt man eine Flüssigkeit von einer anderen mit besonders kleiner Grenzflächenspannug gegenüber der ersten verdrängen, so z. B. Wasser durch Isobutylalkohol. Die Methode wird in erster Linie zur Bestimmung der Porengröße von Filtern verwendet; zur Untersuchung körniger Substanzen ist sie naturgemäß nicht geeignet. Nach KNOELL (loc cit.) erlaubt die Methode nur relative Porengrößenbestimmungen. In jedem Fall wird der gefundene Porenradius etwas zu klein, da der äußere Druck den Gleichgewichtsdruck um einen endlichen Betrag überschreiten muß. Es sei hier vor allem auf die zusammenfassende und kritische Darstellung der Methode durch MANEGOLD, SOLF und ALBRECHT[3] verwiesen.

Durch Kombination der Blasendruckmethode mit der Messung der spezifischen Durchlässigkeit (S. 162) kann auch die Verteilungskurve der Porengrößen aufgestellt werden[4]. Gegenüber der Kenntnis einer mittleren Porengröße bedeutet der Besitz der Verteilungskurve immer einen wesentlichen Vorteil.

d) Porenradius aus elektrokinetischen Messungen.

Im Falle geradliniger, kanalförmiger Poren läßt sich im Prinzip eine mittlere Porengröße aus elektrokinetischen Messungen erhalten. Eine solche Bestimmungsart ist einwandfreier, als etwa das Verhältnis von Porenquerschnitt und Porenlänge (q/l) aus Leitfähigkeitsmessungen einer die Poren ausfüllenden Flüssigkeit zu ermitteln. Denn gerade in engporigen Substanzen fällt der die Elektrophorese bedingende Oberflächenstrom ins Gewicht. VON SMOLUCHOWSKI[5] hat für das Verhältnis von Oberflächenstrom i_o und elektrolytischem Strom i_g in einer Capillare den Ausdruck

$$\frac{i_o}{i_g} = \frac{u}{q \cdot \eta \cdot \delta \cdot \varkappa} \cdot \left(\frac{\varepsilon \cdot \zeta}{4\,\pi}\right)^2 \tag{9}$$

abgeleitet, welcher mit abnehmendem Porenradius größer wird. u = Porenumfang, δ = Dicke der elektrischen Doppelschicht, $\varkappa$ = spezifische Leitfähigkeit der Flüssigkeit, ε = Dielektrizitätskonstante der Flüssigkeit, ζ = elektrokinetisches Potential zwischen Wand und Flüssigkeit.

Die elektrophoretische Messung kann so ausgeführt werden, daß die zu untersuchende Substanz in einer geeigneten Flüssigkeit als Diaphragma zwischen zwei Elektroden eingeführt wird. Man mißt dann entweder bei einer angelegten äußeren Spannung E das überführte Flüssigkeitsvolumen bzw. den sich einstellenden hydrostatischen Überdruck, der dieser Spannung das Gleichgewicht hält, oder man preßt die Flüssigkeit unter einem bestimmten Druck durch die Poren und

---

[1] Weiteres über den Anwendungsbereich z. B. bei W. WOLKOWA: Kolloid-Z. **67** (1934), 280 und H. WITZMANN: Chem. Fabrik **12** (1939), 348.

[2] Vgl. H. BECHHOLD, A. SCHNURMANN: Z. physik. Chem., Abt. A **142** (1929), 1; ebenso Kolloid-Z. **80** (1937), 149. — G. BARTSCH: Ber. dtsch. keram. Ges. **14** (1933), 519. — H. KNOELL: Kolloid-Z. **86** (1939), 1; **90** (1940), 189. — Variationen der Methode bei A. J. AGAPOW: J. techn. Physics **6** (1935), 1601; C 1938 I 2845.

[3] E. MANEGOLD, K. SOLF, E. ALBRECHT: Kolloid-Z. **91** (1940), 243.

[4] Vgl. H. ERBE: Kolloid-Z. **63** (1933), 277. — E. MANEGOLD, S. KOMAGATA, E. ALBRECHT: Kolloid-Z. **93** (1940), 166.

[5] Vgl. H. FREUNDLICH: Capillarchemie, Bd. I, S. 350. Leipzig, 1930.

mißt die sich ergebende EMK. Von den jeweils anzuwendenden Formeln sei hier die für den sich stationär einstellenden Druck der Flüssigkeitssäule (p_{max}) angegeben[1]:

$$p_{max} = \frac{2 \cdot E \cdot \varepsilon \cdot \zeta}{\pi \cdot r_P^2}. \tag{10}$$

Der hydrostatische Druck bzw. die maximale Steighöhe ist danach umgekehrt proportional dem Quadrat des Porenradius. Die Formel setzt die Gültigkeit des Hagen-Poiseuilleschen Gesetzes in den Poren voraus und ist daher nicht anwendbar bei zu weiten Capillaren (turbulente Strömung) oder wenn die Dicke der elektrischen Doppelschicht nicht mehr gegenüber dem Porenradius zu vernachlässigen ist. Zur Auswertung ist die Kenntnis von ζ erforderlich, das gesondert z. B. durch Elektrophorese des suspendierten festen Stoffes oder an Capillaren mit bekanntem Radius aus dem gleichen Material bestimmt werden muß. Die Formel gilt zunächst für eine zylindrische Capillare oder für ein Bündel gleichweiter zur Oberfläche senkrecht verlaufender Poren. Manegold und Solf[2] haben die entsprechenden Gleichungen für spaltförmige Capillaren abgeleitet, ferner für den Fall, daß die Poren ohne bevorzugte Richtung das Diaphragma durchsetzen, ohne sich aber zu durchkreuzen. Für zylinderförmige Capillaren mit gleichmäßiger Verteilung auf alle Raumrichtungen tritt z. B. ein Faktor 3 in den Nenner der Gl. (10). Auch bezüglich der Frage einer Abhängigkeit von ε und ζ von der Porenweite und für die experimentelle Durchführung der elektrophoretischen Messungen sei auf die Arbeit von Manegold und Solf hingewiesen.

e) Porenradius und Porenzahl aus der Durchlässigkeit.

Für das einfachste Gefügemodell mit einer Anzahl gerader, zylinderförmiger, parallelverlaufender Poren besteht zwischen der spezifischen Durchlässigkeit $\mathfrak{D}_s$ und den Gefügekonstanten des Capillarsystems der Zusammenhang (vgl. S. 242ff.)

$$\mathfrak{D}_s = \tfrac{1}{8} r_P^2 \, \vartheta_P. \tag{11}$$

Zudem ist die Porosität hier zahlenmäßig gleich der Summe der Capillarquerschnitte je cm²: $\vartheta_P = \pi \, r_P^2 \cdot N$ ($N =$ Zahl der Poren je cm²). Bei gleichmäßiger Verteilung der Poren auf alle möglichen Lagen im Raum, aber ohne Durchkreuzungen, gilt dann:

$$\mathfrak{D}_s = \tfrac{1}{24} r_P^2 \cdot \vartheta_P. \tag{11a}$$

Bei Kenntnis der spezifischen Durchlässigkeit und der Porosität kann man hiernach also für derartige Modelle sowohl den Porenradius wie die Porenzahl je Flächeneinheit ermitteln. Für reale Systeme ist in Gl. (11) an Stelle von ϑ_P die effektive Porosität (vgl. S. 162) und an Stelle von r_P ein effektiver Porenradius $r_{P_{eff}}$ (vgl. S. 244) einzuführen:

$$\mathfrak{D}_s = \tfrac{1}{8} r_{P_{eff}}^2 \cdot \vartheta_{P_{eff}}. \tag{11b}$$

Aus der experimentell bestimmten Durchlässigkeit und effektiven Porosität kann hiernach $r_{P_{eff}}$, der für die Strömung durch das poröse Medium wirksame mittlere Porenradius ermittelt werden. Bisher wurden nur die Gl. (11) und (11a) angewendet (siehe S. 178). — Es sei ausdrücklich bemerkt, daß der durch (11b) definierte effektive Porenradius keinesfalls notwendig mit dem nach anderen Methoden ermittelten Porenradius übereinzustimmen braucht, daß vielmehr im allgemeinen gewisse Unterschiede durchaus zu erwarten sind. Die Verteilungsfunk-

---

[1] Vgl. etwa Müller-Pouillets Lehrbuch der Physik IV 4, S. 623. Braunschweig, 1934.

[2] E. Manegold, K. Solf: Kolloid-Z. **55** (1931), 273.

tionen der Porenlängen und Porenquerschnitte sowohl bei den verschiedenen Poren, wie innerhalb der Einzelporen sind in realen Systemen nicht bekannt. Die Mittelung, die bei Messungen der Durchlässigkeit und Berechnung einer Porengröße nach Gl. (11 b) vorgenommen wird, ist aber eine ganz andere als bei anderen Verfahren, beispielsweise bei der „Blasendruckmethode", bei der, wie oben (S. 175) angeführt, die engste Stelle der weitesten Capillare ermittelt wird. Da bei der Strömung durch weitere Capillaren unverhältnismäßig viel mehr durchtritt als durch engere, wird der für die Durchlässigkeit charakteristische Mittelwert $r_{P_{eff}}$ in Gl. (11 b) gegenüber dem „häufigsten Radius" in der Verteilungskurve (siehe S. 181) im allgemeinen zu größeren Radien hin verschoben sein. Sind die verschiedenen Porenquerschnitte nicht parallel, sondern hintereinander geschaltet, wie dies beispielsweise bei einer Schüttung aus annähernd gleich großen Kugeln der Fall ist, so ist nicht etwa $r_{P_{eff}}$ gleich dem „mittleren freien Querschnitt" wie er von MANEGOLD und SOLF[1] berechnet wurde und im folgenden Abschnitt benutzt wird, sondern in diesen Fällen wird der engste Querschnitt in den durchgehenden Kanälen des Kugelhaufwerkes maßgeblich in Erscheinung treten. Natürlich könnte man auch so vorgehen, daß man in Gl. (11 b) als $r_{P_{eff}}$ z. B. diesen „mittleren freien Querschnitt" definiert und dafür die effektive Porosität entsprechend als eine für ein und dasselbe Medium verschiedene, von dem gerade betrachteten Vorgang abhängige Größe ansieht. Es erscheint uns jedoch sinnvoller, die effektive Porosität $\vartheta_{P_{eff}}$ als einheitliche, für alle Permeationsvorgänge charakteristische Gefügekonstante einzuführen, wie es oben (S. 162) geschehen ist.

Porengröße von Schüttungen aus der Korngröße.

MANEGOLD und SOLF[1] haben für verschiedene ideale Kugelpackungen den „mittleren freien Querschnitt" ($\bar{q}$) und den Zusammenhang von $\bar{q}$ mit der Korngröße r und der spez. Durchlässigkeit berechnet. Die Verfasser fanden folgende Beziehung:

$$\mathfrak{D}_s = a \cdot r^2 = b \cdot \bar{q}. \tag{12}$$

Die dimensionslosen Konstanten a und b wurden für eine Reihe von Modell-Kugelpackungen berechnet, indem in die HAGEN-POISEUILLEsche Gl. (40) (S. 244) jeweils der für das betreffende Modell ermittelte $\bar{q}$-Wert eingeführt und damit $\mathfrak{D}_s$ nach Gl. (39) errechnet wurde (Tabelle 6).

Tabelle 6. *Die Schüttporosität und die rechnerisch ermittelten Konstanten a und b [Gl. (12)] für verschiedene Kugelpackungen.*

Kugelpackung	ζ_Z %	$a \cdot 10^3$	$b \cdot 10^3$	a/b
8er Packung	47,64	7,82	11,4	0,684
hexag. dichteste 12er Packung:				
geradlinige Kanäle	25,95	0,995	2,36	0,422
geknickte Kanäle	25,95	2,19	4,18	0,512
kubisch dichteste 12er Packung . . .	25,95	3,06	6,39	0,479
			Mittel:	0,525

Zum Vergleich mit den berechneten a-Werten gibt die Tabelle 7 (Spalte $1 \div 3$) die von MANEGOLD und SOLF zusammengestellten Ergebnisse der experimentellen Arbeiten verschiedener Autoren, bei denen die spez. Durchlässigkeit bei bekann-

---

[1] E. MANEGOLD, K. SOLF: Kolloid-Z. 89 (1939), 36.

178   K.-E. Zimens:

tem Kornradius bestimmt wurde und somit nach Gl. (12) empirische Werte für die Konstante a folgen. Wie man sieht, liegen die experimentell gefundenen Werte im Bereich der für die idealen Packungen berechneten.

Als Mittelwert für a/b resultiert aus Tabelle 6 der Wert 0,525, so daß man auch schreiben kann:

$$\bar{q} = 0{,}525 \cdot r^2 . \tag{13}$$

An Stelle von $\bar{q}$ kann ein „Äquivalentradius" $\bar{r}_P$ eingeführt werden, d. h. der Radius desjenigen Kreises, der die gleiche Fläche wie der mittlere Kanalquerschnitt $\bar{q}$ besitzt:

$$\bar{r}_P = \sqrt{\frac{\bar{q}}{\pi}} \ \text{cm} .$$

Es folgt dann aus (13):

$$\bar{r}_P = \sqrt{\frac{0{,}525}{\pi}} \cdot r = 0{,}4 \cdot r . \tag{13a}$$

Hierdurch kann also ein mittlerer Porenradius aus dem Kornradius r berechnet werden. So erhaltene Werte für die Porenradien an verschiedenen Schüttungen sind in Tabelle 7, Spalte 5, eingetragen. Da gleichzeitig auch die Schüttporositäten (Spalte 4) gemessen wurden, so können die Porenradien auch nach Gl. (11a) aus Porosität und Durchlässigkeit berechnet und mit den Äquivalentradien verglichen werden.

Tabelle 7. *Vergleich von auf verschiedene Weise ermittelten Porenradien in Schüttungen.*

Luft- bzw. H$_2$O-Durchlässigkeit an Schüttungen von:	r (cm)	$\mathfrak{D}_s$ (cm²·10⁶)	$a \cdot 10^2$	ζ_Z %	$\bar{r}_P$ nach Gl. (13a) (cm)	r_P nach Gl. (11a) (cm)	r_P nach Gl. (7) (cm)
	1	2	3	4	5	6	7
Bleikugeln (Luft)	0,050	8,55	3,42	34,5	$2{,}04 \cdot 10^{-2}$	$2{,}44 \cdot 10^{-2}$	—
Glaskugeln (H$_2$O)	0,0469	4,79	2,12	36,35	$1{,}92 \cdot 10^{-2}$	$1{,}80 \cdot 10^{-2}$	—
	0,0249	1,55	2,50	36,1	$1{,}03 \cdot 10^{-2}$	$1{,}02 \cdot 10^{-2}$	—
	0,0125	0,38	2,42	36,6	$0{,}51 \cdot 10^{-2}$	$0{,}50 \cdot 10^{-2}$	—
Glaskugeln (Luft)	0,0469	5,06	2,30	36,35	$1{,}92 \cdot 10^{-2}$	$1{,}83 \cdot 10^{-2}$	—
	0,0249	1,52	2,45	36,1	$1{,}03 \cdot 10^{-2}$	$1{,}02 \cdot 10^{-2}$	—
	0,0125	0,38	2,42	36,6	$0{,}51 \cdot 10^{-2}$	$0{,}50 \cdot 10^{-2}$	—
Sandkörner (H$_2$O)	0,0413	2,07	1,22	34,7	$1{,}68 \cdot 10^{-2}$	$1{,}25 \cdot 10^{-2}$	—
	0,0145	0,30	1,44	34,7	$0{,}55 \cdot 10^{-2}$	$0{,}45 \cdot 11^{-2}$	—
	0,0093	0,13	1,53	37,7	$0{,}38 \cdot 10^{-2}$	$0{,}29 \cdot 10^{-2}$	—
Sandkörner (Luft)	0,0413	2,11	1,24	34,7	$1{,}68 \cdot 10^{-2}$	$1{,}27 \cdot 10^{-2}$	—
	0,0145	0,30	1,44	34,7	$0{,}55 \cdot 10^{-2}$	$0{,}49 \cdot 10^{-2}$	—
	0,0093	0,135	1,56	37,7	$0{,}38 \cdot 10^{-2}$	$0{,}30 \cdot 10^{-2}$	—
Sandkörner (H$_2$O)	0,0354	2,4	1,91	36,7	$1{,}45 \cdot 10^{-2}$	$1{,}25 \cdot 10^{-2}$	$1{,}47 \cdot 10^{-2}$
	0,0249	1,18	1,91	36,7	$1{,}03 \cdot 10^{-2}$	$0{,}89 \cdot 10^{-2}$	$0{,}98 \cdot 10^{-2}$
	0,0118	0,26	1,89	36,7	$0{,}49 \cdot 10^{-2}$	$0{,}42 \cdot 10^{-2}$	$0{,}49 \cdot 10^{-2}$
	0,0890	0,135	1,72	36,7	$0{,}36 \cdot 10^{-2}$	$0{,}30 \cdot 10^{-2}$	—

Man sieht, daß bei den Kugeln die Übereinstimmung sehr gut ist. Bei den Kornschüttungen liegen die $\bar{r}_P$-Werte allgemein (maximal um das 1,5fache) höher, was auf die Abweichung der Kornform von der Kugelgestalt zurückgeführt werden kann. Manegold und Solf geben in diesen Fällen den aus Durchlässigkeit und Porosität bestimmten Porenradien den Vorzug. Wie man in einem Falle (Spalte 7) sieht, ist auch die Übereinstimmung mit den aus der maximalen Steighöhe nach Gl. (7) berechneten Werten gut. Hinzugefügt sei noch, daß Bertram und LACEY[1] an Sandschüttungen experimentell $\bar{q} = 0{,}88 \cdot r^2$ * und damit $\bar{r}_P = 0{,}53 \cdot r$ finden. TRAXLER und BAUM[2] untersuchten den Einfluß der Korngröße auf die Porengröße an verschieden stark zusammengepreßten Pulvern.

f) Porengröße aus Diffusionsmessungen.

Unter der Voraussetzung, daß der Materietransport nur durch gewöhnliche Diffusion und nicht durch KNUDSENsche oder VOLMERsche Diffusion erfolgt, ist die spezifische Permeabilität ψ gleich der effektiven Porosität (vgl. S. 249):

$$\psi = \vartheta_{P_{eff}}. \tag{14}$$

Für das einfachste Modell paralleler, zylindrischer Poren gilt wie bei der Durchlässigkeit (S. 176) $\vartheta_{P_{eff}} = \vartheta_P$, bei gleichmäßiger Verteilung unverzweigter Capillaren im Raum $\vartheta_{P_{eff}} = \tfrac{1}{3}\vartheta_P$ **. Kommt die Capillarweite in die Größenordnung der Moleküldurchmesser, so sind verschiedene weitere Faktoren zu berücksichtigen (vgl. S. 245). FRIEDMANN und KRAEMER[3] haben für diesen Fall eine Beziehung abgeleitet, die eine Bestimmung von r_P gestattet. Sie ermittelten die Diffusionskonstanten von Glucose, Glycerin und anderen Stoffen in Gelatinegelen mit Hilfe der Diffusionsformel (49) (S. 247). Die Diffusionskonstante erwies sich als stark abhängig vom Wassergehalt des Gels[4]. Aus der Diffusionskonstante im Gel (D_{Gel}), der Diffusionskonstante im reinen H_2O (D_{H_2O}) und der Größe der diffundierenden Moleküle r_M kann nach den Verfassern die Porenweite der Gele mit Hilfe folgender Gleichung gefunden werden:

$$D_{H_2O} = D_{Gel}\left(1 + 2{,}4\,\frac{r_P}{r_M}\right) \cdot (1 + \alpha) \cdot \left[1 + \left(\frac{d}{\varrho}\right)^{2/3}\right]. \tag{15}$$

Der Quotient D_{Gel}/D_{H_2O} ist die spez. Permeabilität. Die Diffusion ist im Gel langsamer als im reinen H_2O, und zwar bedeutet $(1 + 2{,}4\,r_P/r_M)$ einen von LADENBURG[5] in die STOKESsche Gleichung (S. 183) eingeführten Korrektionsfaktor für den Einfluß der Wandnähe auf ein diffundierendes Teilchen. Die Berücksichtigung dieses Faktors dürfte allgemein nur dann sinnvoll sein, wenn es sich um die Diffusion von relativ zu den Wassermolekülen sehr großen Molekülen handelt. Der Korrektionsfaktor $(1 + \alpha)$ soll berücksichtigen, daß die Viscosität der Flüssigkeit im Gel eine andere ist als im normalen Zustand. α wird dabei ermittelt aus

$$\alpha = \frac{D_{H_2O}}{D_{Gel,\ extrap.}},$$

wobei der Nenner durch Extrapolation der D_{Gel}-Gelkonzentrationskurve auf die Konzentration 0 erhalten wird. Ob allerdings, wie angenommen wird, die Differenz zwischen D_{H_2O} und $D_{Gel,\ extrap.}$ allein von dem genannten Unterschied der Viscosität herrührt, erscheint fraglich. Der dritte Faktor schließlich soll nach DUMANSKI[6] der Tatsache gerecht werden, daß die Diffusion durch die vorhandene feste Gelmasse behindert wird; $(d/\varrho)^{2/3}$ ist gleich $(V/V_K)^{2/3}$, d. h. der je Querschnittseinheit von fester Substanz besetzten Fläche. Die Tabelle 8 gibt einige Ergebnisse.

[1] E. A. BERTRAM, W. N. LACEY: Ind. Engng. Chem., ind. Edit. **28** (1936), 316.
* Nach den Verfassern: $\bar{q} = 0{,}83 \cdot \zeta_z \cdot \pi r^2$ und ζ_z von $0{,}30 \div 0{,}37$.
[2] R. TRAXLER, L. A. H. BAUM: Physics **7** (1936), 9; C 1936 I 2978.
** E. MANEGOLD: Kolloid-Z. **49** (1929), 384.
[3] L. FRIEDMANN, E. O. KRAEMER: J. Amer. chem. Soc. **52** (1930), 1295.
[4] Über Diffusion in Gelen vgl. auch H. FREUNDLICH: Capillarchemie Bd. II, S. 691. Leipzig, 1930.
[5] R. LADENBURG: Ann. Physik **23** (1907), 447.
[6] A. DUMANSKI: Kolloid-Z. **3** (1908), 210.

KLEMM und FRIEDMANN[1] bestimmten in gleicher Weise den Porenradius von Celluloseacetatgelen, WOLKAWA[2] mittels Diffusion von Glucose die Porenweite von Kieselgelen. Dabei erwies sich die Diffusionskonstante abhängig von Herstellungsweise und Alterungsgrad des SiO_2. Die von WOLKAWA erhaltenen Porenradien ($10 \div 40$ Å) stehen in Übereinstimmung mit den auch sonst für Kieselgel gefundenen.

Auf einem anderen Wege kommt ADZUMI[3] zu einer Bestimmung der Porengröße. Der Verfasser nimmt an, daß sich die Strömung durch ein Capillarsystem immer zusammensetzt aus einer laminaren Strömung und aus KNUDSENscher Molekularströmung. Das je Zeiteinheit bei einem bestimmten Druckgefälle hindurchtretende Volumen $\dfrac{v}{t \, \Delta p}$ bezeichnet ADZUMI mit K_L bzw. bei Molekularströmung mit K_M. Für die laminare Strömung gibt das HAGEN-POISEUILLEsche Gesetz Gl. (41), S. 244, für die Capillarströmung die KNUDSENsche Formel (55), S. 251, den Zusammenhang zwischen dem unter bestimmten Bedingungen durchtretenden Volumen und den Porenabmessungen, so daß also

Tabelle 8. *Porenradius (in Å) von Gelatinegelen aus Diffusionsmessungen.*

Gelkonz. %	Diffundierende Moleküle		
	Glucose	Glycerin	Harnstoff
5	55	57	47
10	14	17	15
15	5	10	8

$$K_L = \frac{\pi \cdot r_P^4 \cdot N \cdot F \cdot \bar{p}}{8 \cdot \eta \cdot L \cdot p}$$

und

$$K_M = \frac{4}{3} \sqrt{2 \pi \frac{R T}{M}} \frac{r_P^3 \cdot N \cdot F}{L \cdot p}$$

wird. Die Gesamtströmung läßt sich dann darstellen durch:

$$K = K_L + \gamma \, K_M , \tag{16}$$

wobei für einen mittleren Druckbereich nach ADZUMI $\gamma \approx$ const $\approx 0{,}9$ gilt. In diesem Bereich wird damit die Gleichung für K linear in $\bar{p}$, da der mittlere Druck nur im Zähler von K_L vorkommt. Aus mehreren Messungen von K bei verschiedenen Drucken $\bar{p}$ erhält man daher eine Gerade, aus der man den Wert K_0 für $\bar{p} = 0$ extrapolieren kann. Aus den zwei Werten K_0 und K_P lassen sich dann die beiden Unbekannten r_P und N errechnen. In die Gleichung für r_P geht sogar weder die Länge L, noch die Fläche F, noch die Porenzahl N ein:

$$r_P = \frac{4{,}8 \sqrt{2 \pi \dfrac{R T}{M}} \cdot \eta \cdot 0{,}9 \left(\dfrac{K_P}{K_o} - 1 \right)}{3 \cdot \pi \cdot \bar{p}} . \tag{16a}$$

Der Wert für K_P soll bei solchem Druck gemessen werden, daß K_P mindestens 1,5 mal so groß ist wie K_0. ADZUMI bestimmte auf dieser Grundlage die Porenweite und die Porenzahlen an verschiedenen keramischen Massen. Der Nachteil der abgeleiteten Beziehung gegenüber z. B. den Gl. (11) bzw. (15) besteht darin, daß sie das einfachste Gefügemodell paralleler, zylinderförmiger Poren voraussetzt. Eine Weiterentwicklung wäre dementsprechend durch Bezugnahme auf das jeweils wirksame „effektive Hohlraumvolumen" möglich (vgl. S. 176).

[1] H. KLEMM, L. FRIEDMANN: J. Amer. chem. Soc. **54** (1932), 2639.
[2] Z. W. WOLKAWA: Kolloid-Z. **66** (1934), 292.
[3] H. ADZUMI: Bull. chem. Soc. Japan **12** (1937), 304. Ausführliches Referat dieser Arbeit bei G. LOCHMANN: Angew. Chem. **53** (1941), 505.

Zusammenfassend kann über die Bestimmung der Porengröße folgendes gesagt werden: Die Größenverteilung der Poren kann vor allem aus der durch Capillarkondensation aufgenommenen Flüssigkeitsmenge mit Hilfe der HELMHOLTZ-THOMSONschen Gleichung gefolgert werden. Dabei wird aber nur das Mikroporensystem unterhalb 10^{-5} cm erfaßt. Für größere Poren wird in erster Linie die Bestimmung der Durchlässigkeit in Frage kommen, daneben bei kompakten porösen Körpern die Blasendruckmethode oder die mikroskopische Untersuchung. Letztere erlaubt, falls anwendbar, besonders die Poren*form* zu erfassen. Bei Kornschüttungen eignet sich neben der Durchlässigkeit die Messung der capillaren Steighöhe für die Bestimmung der Hohlraumweite, ferner ist nach Gl. (13a) eine angenäherte Berechnung aus der Korngröße durchführbar. Die übrigen beschriebenen Methoden haben bisher keine erhebliche Anwendung gefunden. Allgemein sei noch einmal betont, daß hier wie in anderen Fällen (z. B. bei Korngrößenbestimmungen) besonders zu beachten ist, daß die verschiedenen Verfahren in verschiedener Weise über die Porengrößenverteilung mitteln. Für die Ermittlung kleinster Poren atomarer Größenordnung sei nochmals auf das S. 174 über „konventionelle Porengröße" Gesagte hingewiesen.

5. Korngröße.

Die Korn- oder Teilchengröße ist ein nicht immer hinreichend definierter Begriff, und es ist deshalb angebracht, die verwendeten Bezeichnungen näher zu kennzeichnen. Als „Primärteilchengröße" soll die bei der röntgenographischen Teilchengrößenbestimmung erhältliche Maßzahl bezeichnet werden. Dies ist also die Größe der gittermäßig homogenen und infolgedessen kohärent strahlenden Bereiche der Substanz. Die Bestimmung dieser Primärteilchengröße sowohl mit Röntgenwie mit Elektronenstrahlen wird an anderer Stelle des Handbuches von R. FRICKE eingehend behandelt[1]. Eine Vielzahl solcher Primärteilchen in mehr oder weniger fester Zusammenlagerung bildet ein „Sekundärteilchen" oder einfacher „Korn". Die Vielzahl der Zusammenlagerungsmöglichkeiten läßt eine weitere Auf- und Unterteilung des Begriffes Sekundärteilchen müßig erscheinen. Das einzeln abtrennbare Teilchen — z. B. das mikroskopisch sichtbare Kriställchen — wird zumeist ein Sekundärteilchen sein, und zwar im allgemeinen um so wahrscheinlicher, je größer es ist. Bei röntgenamorpher Materie wird natürlich diese Unterscheidung zwischen Primär- und Sekundärteilchen, wie sie eben definiert wurden, hinfällig. Die „Teilchengröße" ist dann eben die Größe des kleinsten einzeln beobachtbaren Teilchens.

Wird als Teilchengröße ein Radius r angegeben, so soll dies bei beliebig geformten Körnern der Radius der mit dem Korn inhaltsgleichen Kugel sein (analog zu der Definition eines „Äquivalentradius", S. 178 und S. 188). ANDREASEN[2], dem die grundlegenden Arbeiten über die Kennzeichnung und Bestimmung von Korngrößen und deren Verteilung zu verdanken sind, definiert als Teilchengröße k die Kantenlänge des mit dem Korn inhaltsgleichen Würfels. Für die Angabe einer *mittleren Korngröße* ist es nicht zweckmäßig, einfach alle Radien bzw. Kantenlängen zu addieren und durch die Anzahl der Körner zu dividieren („häufigste Korngröße"). Man erhält dabei u. U. ganz unbrauchbare — zu kleine — Mittelwerte[3]. Zweckmäßiger berücksichtigt man nach ANDREASEN das Volumen oder Gewicht der einzelnen Teilchen, indem man das arithmetische Mittel der Volumina oder Massen aller gemessenen Teilchen bildet und daraus die Kubikwurzel zieht:

---

[1] Siehe den Beitrag von R. FRICKE in diesem Bande.
[2] A. H. M. ANDREASEN: Kolloid-Beih. **27** (1928), 370.
[3] Vgl. F. V. VON HAHN: Dispersoidanalyse, S. 11. Dresden, 1928.

Ist $\mathfrak{M}$ die Gesamtmasse und $\mathfrak{N}$ die Gesamtzahl der Körner, so ist $\dfrac{\mathfrak{M}}{\mathfrak{N}} = \overline{\mathfrak{M}}$ die mittlere Masse eines Kornes („mittleres Korn"). Die mittlere Korngröße k_m (genauer „die Kantenlänge des mittleren Kornes") ist dann:

$$k_m = \sqrt[3]{\frac{\overline{\mathfrak{M}}}{\varrho}} . \tag{17}$$

Der bei einer Röntgenmessung sich ergebende Mittelwert für die Korngröße ist im allgemeinen etwas kleiner als die „häufigste Korngröße"[1] und kommt damit dem durch Gl. (17) definierten Mittelwert näher.

Die Bestimmung der Korngröße ist bei den hier betrachteten porösen Körpern von geringerer Bedeutung und dient meist nur der rein äußerlichen Kennzeichnung. Alle für die Adsorption und Katalyse wesentlichen Eigenschaften eines porösen Körpers hängen mit der Oberflächenausbildung zusammen, die Gesamtoberfläche eines porösen Materials kann aber aus der Korngröße nicht bestimmt werden. Es werden daher die Methoden der Korngrößenbestimmung hier nur kurz besprochen, um die Oberflächenbestimmung dann um so ausführlicher zu behandeln.

Bei hinreichend grobkörnigem Material (etwa größer als 0,1 mm) läßt sich die Korngröße und Korngrößenverteilung durch eine Siebanalyse bestimmen[2]. Die Menge jeder Siebfraktion ist dabei etwas von der Art des Schüttelns abhängig. Für kleinere Korngrößen ist die Filtration durch Filter geeichter Porengröße geeignet[3].

Korngrößen von etwa 0,5 mm bis herunter zu bestenfalls $0,2\,\mu$ lassen sich *lichtmikroskopisch* bestimmen (Ultraviolettmikroskop bis zu 800 Å, Ultramikroskop[4] bis zu 100 Å unter günstigsten Bedingungen). Das *Elektronenmikroskop* hat in letzter Zeit die Sichtbarkeitsgrenze noch wesentlich hinausgerückt und wird in absehbarer Zeit das beherrschende Instrument zur Teilchengrößen- und Teilchenformbestimmung im Bereiche von 10^{-4} bis 10^{-7} cm sein. Die theoretische Grenze des Auflösungsvermögens liegt bei 2,2 Å*, praktisch erreicht wurde bisher eine Auflösung von etwa $20 \div 25$ Å**. Die Wahrnehmbarkeitsgrenze ist von den Kontrastverhältnissen abhängig. Bisher liegt die Grenze für Metallteilchen etwa bei 10 Å, für organische Substanzen etwa bei 40 Å***. Zur Erkennung der Teilchenform muß nach v. Borries und Kausche[5] der Teilchendurchmesser etwa 5 bis 10 mal so groß sein wie das Auflösungsvermögen. Natürlich kann auch die Größenverteilung elektronenmikroskopisch festgestellt werden. Für Goldkolloide wurde dies durchgeführt von v. Borries und Kausche (l. c.), an verschiedenen Tonen von Eitel und Schusterius[6] und an CdO-Kristallen von v. Ardenne und Beischer[7].

---

[1] Nach J. Hengstenberg, H. Mark: Z. Kristallogr., Mineral., Petrogr., Abt. A **69** (1928), 277. — R. Brill: Kolloid-Z. **69** (1934), 301. Vgl. auch A. L. Patterson: Z. Kristallogr., Mineral., Petrogr., Abt. A **66** (1928), 637.

[2] Vgl. Anm. 3, S. 184.

[3] F. V. von Hahn: Dispersoidanalyse, S. 135ff. Dresden, 1928.

[4] Vgl. z. B. K. E. Stumpf: Kolloid-Z. **86** (1939), 339 und die dort angeführte Literatur; ferner A. Winkel, H. Siebert: Chem.-techn. Untersuchungsmethoden, Erg.-Werk Bd. 1, S. 253. Berlin: Springer, 1939.

* D. Beischer: Angew. Chem. **51** (1938), 331.

** B. von Borries, E. Ruska: Ergebn. exakt. Naturwiss. **19** (1940), 237. — M. von Ardenne: Physik. Z. **42** (1941), 72.

*** M. von Ardenne: Elektronen-Übermikroskopie. Berlin, 1940; Z. physik. Chem., Abt. A **187** (1940), 1.

[5] B. von Borries, G. A. Kausche: Kolloid-Z. **90** (1940), 132.

[6] W. Eitel, C. Schusterius: Naturwiss. **28** (1940), 300; Chem. d. Erde **13** (1940), 322.

[7] M. von Ardenne, D. Beischer: Z. Elektrochem. angew. physik. Chem. **46** (1940), 270.

Mit dem Elektronenmikroskop werden, ebenso wie lichtmikroskopisch, vielfach Sekundärteilchen beobachtet, also Teilchen, die noch aus einer Vielzahl röntgenographischer Primärkristallite bestehen. Die Sekundärteilchen haben häufig kolloide Dimensionen. Natürlich kann aber auch der Fall eintreten, daß die elektronenmikroskopisch bestimmte Teilchengröße mit der röntgenographisch gemessenen übereinstimmt. Die für Primärteilchen disperser Systeme besonders häufig beobachteten Größenordnungen $100 \div 1000$ Å liegen ja durchaus im Bereich des Elektronenmikroskopes. Es fragt sich nur, ob eine leichte Aufteilung der Sekundärteilchen in die Primärkristallite gelingt, diese also nicht zu größeren Aggregaten verwachsen oder fest verbacken sind. So beobachteten z. B. HOFMANN und Mitarbeiter[1] an verschiedenen bei 3000° graphitierten Rußen röntgenographisch wie elektronenmikroskopisch Teilchen von übereinstimmender Größe.

Eine weitere häufig benutzte Methode beruht auf der Messung der *Sedimentationsgeschwindigkeit*. Die Grundlage bildet die STOKESsche Gleichung:

$$w = \frac{2}{9} r^2 \cdot g \cdot \frac{(\varrho - \varrho_F)}{\eta} \cdot \tag{18}$$

$g =$ Gravitationskonstante. Nach dieser Gleichung kann aus der Fallgeschwindigkeit w der Radius r des Teilchens bestimmt werden, wenn seine Dichte ϱ, ferner die Viscosität η und die Dichte ϱ_F der Flüssigkeit, in der es sedimentiert, bekannt sind. Angewandt wurde diese Methode z. B. zur Korngrößenbestimmung von Flintglas, Ton, Kaolin, $BaSO_4$ und anderem von ANDREASEN und Mitarbeitern[2], zur Korngrößenbestimmung von aktiver Kohle, Silicagel und Kieselgur von KRCZIL[3] und in jüngster Zeit von BERG[4]. In diesen Arbeiten finden sich auch die zumeist benutzten Apparaturen beschrieben. Man bestimmt dabei in einer Aufschlämmung nach verschieden langen Zeiten die Menge der in einer bestimmten Tiefe noch vorhandenen Teilchen durch Abpipettieren und Wägen. Je länger man wartet, desto kleinere Teilchen werden dabei erfaßt. Auch diese sog. Pipettenmethode besitzt also den Vorteil, daß man zu Aussagen über die Korngrößenverteilung gelangen kann. Von BERG (l. c.) wurde eine Abwandlung des Verfahrens zur sog. „Tauchwaagenmethode" eingeführt und ausführlich beschrieben. Dabei werden kleine Glaskörper, ähnlich den Aräometern, von bekanntem spez. Gewicht verwendet, die sich innerhalb der Aufschlämmung in eine bestimmte Höhe einstellen.

Die Anwendbarkeit der STOKESschen Formel beruht auf einer Reihe von Voraussetzungen. So darf die Fallgeschwindigkeit gewisse kritische Werte nicht übersteigen, die Teilchen sollen relativ zu den Flüssigkeitsmolekülen groß, außerdem kugelförmig und fest — also auch nicht porös — sein, dürfen nicht zusammenflocken usw. Bei porösen Substanzen sind außerdem Fehler durch abgeschlossene Hohlräume im Innern möglich. Es sind Erweiterungen der STOKESschen Formel vorgeschlagen und verwendet worden, die den Anwendungsbereich sowohl zu größeren Körnern bis etwa 0,1 mm wie zu kleineren Körnern bis etwa 0,1 μ erweitern. ANDREASEN[5], der sich besonders eingehend mit der Sedimentationsanalyse beschäftigte, hat die Gleichung auch bei nichtkugeligen Teil-

---

[1] U. HOFMANN, A. RAGOSS, F. SINKEL: Kolloid-Z. **96** (1941), 236. Ebenso D. BEISCHER: Z. Elektrochem. angew. physik. Chem. **44** (1938), 382 (an Fe aus Fe-Carbonyl).

[2] A. H. M. ANDREASEN, J. J. V. LUNDBERG: Ber. dtsch. keram. Ges. **11** (1930), 1, 249.

[3] F. KRCZIL: Kolloid-Z. **55** (1939), 30, 148.

[4] S. BERG: Kolloid-Beih. **53** (1941), 149.

[5] Vgl. etwa A. H. M. ANDREASEN: Kolloid-Beih. **27** (1928), 349 oder: Die Feinheit fester Stoffe und ihre technologische Bedeutung. Berlin, 1939, VDI-Forschungsheft 399.

chen bestätigt gefunden[1]. Ausführliche Diskussionen der Stokesschen Gleichung und ihrer Erweiterungen und Hinweise auf die jeweils möglichen Fehlergrößen findet man weiterhin bei Madel und Naske[2] und bei Gessner[3]. An Stelle des Schwerefeldes der Erde kann auch die Zentrifugalkraft zur Sedimentation benutzt werden[4]. Eine vergleichende Korngrößenuntersuchung (an Quarz- und Tonpulvern) mit der Siebanalyse, Schlämmanalyse, Sedimentationsanalyse[5] und dem Windsichtverfahren hat Lehmann mit Mitarbeitern[6] durchgeführt.

Bei Teilchen, die in Lösung oder im Gasraum Brownsche Bewegung ausführen, ergibt sich die Möglichkeit, aus der mittleren Verschiebung die Korngrößen und ihre Verteilung zu ermitteln. Die ältere Literatur findet man bei von Hahn[7], eine neuere Anwendung, bei der die Methode der Sedimentationsanalyse überlegen gefunden wird, bei Winkel und Witzmann[8]. Bei Kornschüttungen läßt sich die Teilchengröße angenähert nach Gl. (12), S. 177 aus der spez. Durchlässigkeit errechnen.

Darstellung der Korngrößenverteilung.

Die Darstellung des Ergebnisses einer Korngrößenanalyse mittels Pipettenmethode, Siebanalyse usw. kann in verschiedener Weise erfolgen[9]. Es kann entweder die Verteilung der Korngrößen k oder die der Massen (oder Volumina) oder schließlich die der Oberflächen dargestellt werden. Die gebräuchlichste Form ist die Verteilungskurve der Korngrößen: $f_1(k)\,dk$, bei welcher auf der Ordinate die Anzahl der Körner (in %) für das zugehörige Korngrößenintervall dk aufgetragen wird. Soll statt dessen die Verteilung der Massen oder auch der Oberflächen dargestellt werden, so ist zunächst eine Annahme über die Kornform zu machen. Für würfelförmige Körner (Kantenlänge k) vollzieht sich der Übergang von f_1 zur Verteilungskurve der Massen $f_2(m)\,dm$ (da $m = k^3$, also $dm = 3\,k^2$ ist) nach:

$$f_1(k) = 3\,k^2 \cdot \varrho \cdot f_2(m) \tag{19}$$

[für $f_3(v)$ fällt nur der Faktor ϱ weg], und ebenso zur Verteilungskurve der Oberflächen $f_4(O)\,dO$ nach:

$$f_1(k) = 12\,k \cdot f_4(O). \tag{20}$$

Hat man ursprünglich nicht die Anzahl der Körner, sondern, wie z. B. bei der Pipettenmethode, die Gewichte gemessen, so kann von der Verteilungskurve $f_2(m)\,dm$ umgekehrt auf die übrigen Kurven mit Hilfe dieser Gleichungen übergegangen werden.

---

[1] A. H. M. Andreasen: Kolloid-Z. 48 (1929), 175.

[2] H. Madel, C. Naske in der „Chemie-Ingenieur" Bd. I, 2. Leipzig, 1933.

[3] H. Gessner: Die Schlämmanalyse. Leipzig, 1931. Hierbei auch eine Beschreibung der anderen Schlämmmethoden und ebenso wie bei Madel und Naske eine Darstellung des technischen Windsichtverfahrens und der Siebanalyse.

[4] M. Schlesinger: Kolloid-Z. 67 (1939), 135. — S. W. Martin, N. J. Sayreville: Ind. Engng. Chem. 11 (1939), 471. Vgl. auch bei S. Berg: Kolloid-Beih. 53 (1941), 149. — A. Winkel, H. Siebert: Chem.-techn. Untersuchungsmethoden, Erg.-Werk Bd. 1, S. 256. Berlin: Springer 1939.

[5] Dabei wird auch die Methode der photographischen Registrierung der Sedimentationskurven besprochen. Vgl. dazu ferner R. Lorenz: Angew. Chem. 40 (1927), 1375. — A. Winkel, G. Jander: Schwebstoffe in Gasen. Stuttgart, 1934.

[6] H. Lehmann, R. Stopp, G. Baron, W. Neumann: Sprechsaal 65 (1932), 655, 673, 687.

[7] F. V. von Hahn: Dispersoidanalyse, S. 349ff. Dresden, 1928.

[8] W. Winkel, H. Witzmann: Z. Elektrochem. angew. physik. Chem. 46 (1940), 181.

[9] Die grundlegenden Arbeiten über Korngrößenanalysen stammen von A. H. M. Andreasen: vgl. Anm. 5, S. 183.

Neben diesen differentiellen Verteilungskurven werden häufig auch die integralen „Summenkurven" dargestellt. Diese, auch „Charakteristik" oder „Kennlinie" genannt, ergeben sich ohne weiteres aus: $F_1(k) = \int\limits_0^k f_1(k)\,dk$, und ebenso für die Massen, Volumina oder Oberflächen. Die Ordinate gibt den Anteil aller Teilchen an, deren Radius kleiner oder gleich dem zugehörigen Abszissenwert ist. Die Gesamtoberfläche der vermessenen Körner folgt aus:

$$O_{Gesamt} = 6\,k^2 \cdot f_1(k)\,dk\,. \tag{21}$$

Die mitunter auch zu findende Darstellung, bei der auf der Ordinate Massen, Volumina oder Oberflächen, auf der Abszisse aber nicht die entsprechenden Größen dm, dv oder dO, sondern die Korngröße (dk) aufgetragen ist (vgl. Abb. 6), sollte besser vermieden werden.

6. Oberfläche.

a) Kennzeichnung der ermittelten Oberflächengröße.

Der Begriff Oberfläche bedarf, insbesondere bei porösen Körpern, einer näheren Kennzeichnung. Es ist bekannt, daß selbst bei glatt polierten Metallen oder bei gut ausgebildeten Salzkristallen die äußere, aus den geometrischen Dimensionen bestimmte Oberfläche kleiner ist als die „wahre" oder „absolute" Oberfläche. Die scheinbar glatten Oberflächen zeigen bei genauer Untersuchung feine Streifungen, Schichtungen oder Risse, und die derartig vergrößerte Oberfläche macht sich bei den verschiedensten Untersuchungen bemerkbar.

Bestimmung der Rauhigkeit von Oberflächen[1].

Quantitativ gemessen wurde die Rauhigkeit z. B. von ERBACHER[2] an Edelmetalloberflächen durch elektrochemischen Austausch zwischen den Oberflächenatomen und edleren Ionen in Lösung. ERBACHER zeigte, daß beim Eintauchen eines Metalls in eine Lösung edlerer Metallionen unter bestimmten Bedingungen keine Abscheidung des edleren Metalls in dicker Schicht auf Grund von Lokalelementwirkung erfolgt[3], sondern nur ein Austausch der Oberflächenatome mit den edleren Ionen in Lösung, der bei Sättigung zu einer einatomaren Bedeckung der Oberfläche führt. Die notwendigen Bedingungen für einen solchen Platzwechsel zwischen den edlen Ionen und den Oberflächenatomen sind nach ERBACHER, daß nur eine sehr geringe Konzentration der edlen Ionen in der Lösung vorliegt und daß die Rücklösegeschwindigkeit der edlen Atome größer ist als die Entladungsgeschwindigkeit der edlen Ionen durch Lokalelemente. Mittels radioaktiver Indicatoren wurde die geringe Menge der bei einer einatomaren Bedeckung auf einem Metallblech abgeschiedenen Atome gemessen und aus deren Flächenbedarf wieder die Metalloberfläche errechnet. Es erwies sich, daß 1 cm² einer Platinfolie eine absolute Oberfläche von poliert 1,7 cm² und geschmirgelt 2,4 cm² besitzt. Für die Bestimmung von Metalloberflächen (Platin, Nickel, Silber) haben BOWDEN und RIDEAL[4] eine Methode verwandt, bei der die Wasserstoffmenge gemessen

---

[1] Der Begriff „Rauhigkeiten der Oberfläche" im Gegensatz zu „Poren" ist natürlich nur dann sinnvoll, wenn der Bereich der Rauhigkeiten sehr klein ist gegenüber dem Durchmesser der Teilchen.

[2] O. ERBACHER: Z. physik. Chem., Abt. A **163** (1933), 215.

[3] Vgl. dazu auch G. v. HEVESY, M. BILTZ: Z. physik. Chem., Abt. B **3** (1929), 271.

[4] F. P. BOWDEN, E. K. RIDEAL: Proc. Roy. Soc. (London), Ser. A **120** (1928), 63 und 80; **125** (1929), 446; **128** (1930), 317. Vgl. auch GURNEY: Proc. Roy. Soc. (London), Ser. A **134** (1931), 137.

wird, die elektrolytisch an der zu messenden Oberfläche abgeschieden werden muß, um ein bestimmtes Elektrodenpotential zu erreichen. Dabei wurde gemessen, daß sich durch Schmirgeln die zugängliche Oberfläche verzehnfachen kann. Über die Untersuchung der Rauhigkeit verschieden behandelter fester Oberflächen, vor allem mit optischen Methoden, haben Funk und Steps[1] zusammenfassend berichtet. Finch und Wilmanns[2] sowie Schoon[3] geben eine Übersicht über die Untersuchung des Feinbaus von Oberflächen mittels Elektronenbeugung. In letzter Zeit wurde auf diesem Gebiet auch das Elektronenmikroskop eingesetzt[4]. Vgl. auch S. 189.

Problematik des Oberflächenbegriffes in atomaren Dimensionen.

Betrachten wir nun die *Oberfläche poröser Körper*, so ist bei makroskopischen Poren noch hinreichend klar, was unter der „Oberfläche" des Körpers zu verstehen ist: die direkt sichtbare, geometrisch meßbare äußere Fläche zuzüglich der (im Prinzip) in gleicher Weise ausmeßbaren Fläche der inneren Hohlräume und Kanäle. Die Sachlage kompliziert sich, wenn man immer engere Capillaren betrachtet, da bei porösen Substanzen alle Abstufungen zwischen groben makroskopischen Poren bis zu Poren mit atomaren Dimensionen von einigen Å auftreten. Z. B. ist bei sog. „permutoiden Strukturen" — beispielsweise beim Siloxen: $Si_6O_3H_6$ — jedes einzelne Molekül zugänglich, und bei anderen kristallisierten Verbindungen — z. B. dem hexagonalen ZnS* — sind durch die Atomanordnung atomare Kanäle im Gitter vorgebildet (Zwischengitterraum). Würde man die Oberfläche etwa als „die Gesamtausdehnung der Phasengrenzfläche fest-gasförmig" definieren, so bliebe wieder die Frage offen, wann, d. h. bei wieviel Molekeln man noch von einer Phase sprechen will. Da für die Adsorptions- und katalytischen Eigenschaften eines porösen Körpers nur die *zugängliche* Oberfläche wirksam sein kann, ist man versucht, diese als die wahre Oberfläche zu definieren. Dabei stößt man aber sofort auf die Schwierigkeit, daß für verschieden große Moleküle verschiedene Oberflächen zugänglich sind (vgl. S. 167 und 241). *Als einfachstes Hilfsmittel erscheint es hier, die gefundene Oberfläche durch das verwendete Testverfahren zu kennzeichnen, also z. B. anzugeben „die für Methylenblau zugängliche Oberfläche".* Dabei ist der stationäre Zustand zu betrachten, da u. U. die Testmoleküle in enge Poren erst langsam eindringen.

Von einer „absoluten" Oberfläche sollte man also bei porösen Körpern nicht sprechen; sinnvoll und praktisch von Nutzen wird der Oberflächenbegriff erst dann, wenn man darunter die zugängliche Oberfläche versteht und infolgedessen die jeweilig gesuchte oder gefundene Oberfläche auf ein bestimmtes Testverfahren bezieht. Im Bereiche atomarer Dimensionen wird zudem der Begriff Oberfläche ebenso problematisch, wie der der Porengröße (s. S. 173). Auch in dieser Hinsicht erweist sich die obige Definition als zweckmäßig, indem man mit einem bestimmten Verfahren eine konventionelle Maßzahl erhält, welche relative Vergleiche erlaubt. Anstatt eine Flächengröße anzugeben, kann man häufig sicherer die Zahl der zugänglichen Oberflächenatome je Gramm (oder im Verhältnis zur Gesamtzahl der Atome) angeben (vgl. S. 201 ff.).

---

[1] H. Funk, H. Steps: Kolloid-Z. **70** (1935), 109.

[2] G. J. Finch, H. Wilmanns: Ergebn. exakt. Naturwiss. **16** (1937), 353.

[3] Th. Schoon: Z. Elektrochem. angew. physik. Chem. **44** (1938), 498; Angew. Chem. **52** (1939), 245, 260.

[4] H. Mahl: Z. techn. Physik **22** (1941), 33. — M. von Ardenne: Elektronen-Übermikroskopie, S. 353 ff. Berlin, 1940. — B. v. Borries: Z. Physik **116** (1940), 370. Zur Elektronenbeugung und Elektronenmikroskopie vgl. R. Fricke in diesem Bande.

* Vgl. G. Aminoff, B. Broomé: Z. Kristallogr., Minenal., Petrogr. **80** (1931), 355. — N. Riehl: Ann. Physik **29** (1937), 636.

Die Kenntnis der Oberflächenausdehnung ist natürlich für die Kennzeichnung poröser Körper von großer Bedeutung. Eine der Hauptschwierigkeiten für die Erforschung von Grenzflächenerscheinungen ist die Unkenntnis der jeweils ins Spiel tretenden Oberfläche. Größen wie die Adsorptions- oder die Benetzungswärme müßten sinnvoll auf die Oberflächeneinheit bezogen werden und nicht, wie es notgedrungen und unter der Annahme einer Proportionalität beider Größen geschieht, auf die Gewichtseinheit. Auch für viele Fragen der Technik ist die Kenntnis der Oberflächengröße bzw. der „Feinheit" des Materials von hervorragender Wichtigkeit.

b) Oberflächenberechnung aus der Korngröße oder der Porengröße.

Die Oberfläche läßt sich unter bestimmten vereinfachenden Annahmen über die Kornform aus der experimentell bestimmten Korngröße berechnen. Am besten wird dazu nicht eine mittlere Korngröße, sondern die Verteilungskurve der Korngrößen benutzt. Dabei wirkt sich allerdings sehr nachteilig aus, daß die feinsten Anteile eines Pulvers in der Korncharakteristik am schwierigsten genau zu bestimmen sind, aber gerade von ihnen die Oberflächenausdehnung entscheidend beeinflußt wird. Je nachdem, welchen Wert man als kleinste Korngröße einführt, errechnet man sehr verschiedene Oberflächen[1]. Anstatt mikroskopisch die Teilchen auszumessen, kann man· sie einfacher auch auszählen und wägen[2]. Die Oberfläche beliebig geformter Teilchen läßt sich, wenn diese konvex, d. h. ohne Einbuchtungen sind, aus der etwa mikrophotographisch beobachteten und ausgemessenen Projektionsfläche der Körner bestimmen[3]. Bei einer hinreichend großen Zahl von Körnern, die alle möglichen Lagen im Raum einnehmen, ist die Projektionsfläche gleich der Hälfte der Gesamtfläche. Ferner wird bei einer Projektion immer gerade die Hälfte der Oberfläche verdeckt. Durch Multiplikation der ausgemessenen Projektionsfläche mit dem Faktor 4 kann man also, wenn die genannten Voraussetzungen erfüllt sind, die Gesamtoberfläche erhalten. GEFFCKEN und BERGER[4], ebenso KENRICK[5] beschreiben das gleiche Verfahren bei verschiedener Methodik für die Ausmessung der Projektionsfläche.

Bei porösen Körpern erhält man auf die geschilderte Weise aus der Korngröße natürlich ganz unzureichende Werte für die Oberfläche. Benutzt man, soweit der Körper eine röntgenographisch bestimmbare Teilchengröße von etwa 10 bis zu einigen 100 Å besitzt, für die Rechnung die Primärkristallitgröße (S. 181), so ist folgendes zu bedenken: Die Auswertung der Verbreiterung von Röntgenlinien liefert unmittelbar keine Oberflächengröße, sondern einen Mittelwert für die Größe der gittermäßig einheitlichen Bereiche. Natürlich kann man auch aus dieser Maßzahl eine konventionelle „Oberfläche" errechnen, wieweit diese aber als zugängliche Oberfläche zu rechnen ist (welche Größe ja allein interessiert), das hängt davon ab, ob und wieweit die Primärkristallite zu größeren Sekundäraggregaten zusammengewachsen sind, was zumeist der Fall ist. So erhalten z. B. HOFMANN und WILM[6] für Degea-Kohle als „Oberfläche" der Primärteilchen je Gramm 1940 m^2, dagegen als für Phenol bzw. Methylenblau zugängliche Oberfläche 765 bzw.

---

[1] Vgl. hierzu E. RAMMLER: Z. Ver. dtsch. Ing., Beih. Verfahrenstechn. 2 (1937), 161; 5 (1940), 150.

[2] A. H. M. ANDREASEN: Kolloid-Beih. 27 (1928), 349. — A. SCHLEEDE, M. RICHTER, W. SCHMIDT: Z. anorg. allg. Chem. 223 (1935), 49.

[3] H. KÖNIG: Arch. Eisenhüttenwes. 7 (1934), 441.

[4] W. GEFFCKEN, E. BERGER: Glastechn. Ber. 14 (1936), 447.

[5] F. B. KENRICK: J. Amer. chem. Soc. 62 (1940), 2838.

[6] U. HOFMANN, D. WILM: Z. physik. Chem., Abt. B 18 (1932), 401; vgl. auch Z. Elektrochem. angew. physik. Chem. 42 (1936), 520; Angew. Chem. 47 (1934), 40.

670 m^2. Die Röntgenmethode wird also nur in solchen relativ seltenen Fällen, wo die Primärkristallite nicht zu größeren Sekundärteilchen zusammengewachsen sind[1], Werte einer zugänglichen Oberfläche liefern. Da man von vornherein nicht weiß, ob Sekundärteilchen vorliegen oder nicht, ist neben der Röntgenmessung immer eine zusätzliche Untersuchung, etwa mittels Adsorptionsmessungen oder mittels Elektronenmikroskop, erforderlich.

Sinnvoller als auf die Korngröße kann man eine Berechnung der Oberfläche poröser Substanzen gründen auf die experimentelle Bestimmung des Porenvolumens und der Porenweite. Das Verhältnis von Oberfläche zu Volumen ist für eine Kugel (Radius r) $3/r$, für einen langen Zylinder $2/r'$, für einen Würfel (Kantenlänge a) $6/a$ und für einen quadratischen langen Quader $4/b$. Um zwischen diesen idealisierten Porenformen zu mitteln, also das Verhältnis von Oberfläche zu Volumen durch eine für alle Modelle einheitliche Längengröße ausdrücken zu können, ist es vernünftig, diese Längengröße dadurch zu definieren, daß in jedem Falle der kleinste Querschnitt $q = \pi r_P^2$ sein soll. Wir definieren also wieder (wie S. 178) durch $r_P = \sqrt{\dfrac{q}{\pi}}$ einen „Äquivalentradius" als Maßzahl für die mittlere Porengröße. Daraus folgt für den Kugelradius natürlich: $\dfrac{O}{V} = \dfrac{3}{r_P}$, ebenso für den Zylinder $\dfrac{O}{V} = \dfrac{2}{r_P}$; für den Würfel aber gilt $\left(\text{da } a = \sqrt{\pi} \cdot r_P\right)$ $\dfrac{O}{V} = \dfrac{3,4}{r_P}$ und für den Quader $\dfrac{O}{V} = \dfrac{2,3}{r_P}$. Der Mittelwert dieser Zahlenfaktoren ist 2,7, man erhält damit für die spez. Oberfläche (G = Gewicht der Substanzmenge):

$$O_s = \frac{2{,}7 \cdot V_H}{r_P \cdot G} = \frac{2{,}7}{r_P}\left(\frac{1}{s} - \frac{1}{\varrho}\right). \tag{22}$$

(Dabei ist die äußere Oberfläche gegenüber der inneren vernachlässigt.) In der Praxis wird häufig auch die Oberfläche je 1 cm^3 Schüttvolumen benutzt. Diese ergibt sich aus:

$$O = \frac{2{,}7}{r_P} \cdot \zeta_H = \frac{2{,}7}{r_P}\left(1 - \frac{s}{\varrho}\right). \tag{23}$$

Für die Oberflächenbestimmung stehen somit alle besprochenen Methoden für die Bestimmung von Porenweiten zur Verfügung, beispielsweise kann r_P aus der spezifischen Durchlässigkeit bestimmt werden, wie es Carman[2] und andere tun.

Carman mißt die Durchlässigkeit mittels Flüssigkeiten, Lea und Nurse[3], Gooden und Smith[4], Sullivan[5] u. a. diejenige von Gasen. Die Oberfläche wird nach der sog. „Kozeny-Gleichung"[6] errechnet:

$$O_s \cdot \varrho = \sqrt{\frac{\zeta_H^3}{k \cdot \mathfrak{D}_s \cdot (1 - \zeta_H)^2}} = 0{,}45 \, \frac{\varrho}{s} \sqrt{\frac{\zeta_H^3}{\mathfrak{D}_s}}. \tag{22a}$$

k = aus Versuchen an Kugeln zu 5,0 bestimmte Konstante; $O_s \cdot \varrho$ die Oberfläche der in 1 cm^3 bei porenfreier Packung enthaltenen Substanzmenge. Die spez. Durchlässigkeit $\mathfrak{D}_s$ ist dabei ebenso wie auf S. 243 definiert[7]. Aus den Gl. (11a) und (22) folgt:

[1.] Vgl. die S. 183 Anm. 1 zitierten Beispiele.

[2] P. C. Carman: J. Soc. chem. Ind. **57** (1938), 225.

[3] F. M. Lea, R. W. Nurse: J. Soc. chem. Ind. 58 (1939), 277.

[4] E. L. Gooden, Ch. M. Smith: Ind. Engng. Chem. **12** (1940), 479 (an SiO$_2$-Pulvern).

[5] R. R. Sullivan: J. appl. Physics **12** (1941), 507.

[6] J. J. Kozeny: Wasserkraft und Wasserwirtschaft **22** (1927), 67.

[7] Nur wird die Durchlässigkeit in absoluten Einheiten angegeben, wodurch bei Carman noch der Faktor 981 in die Wurzel hineinkommt, so daß vor der Wurzel $0{,}45 \cdot 31{,}3 = 14$ steht.

$$O_s = \frac{2,7}{\sqrt{24}} \cdot \frac{1}{s} \sqrt{\frac{\zeta_H^3}{\mathfrak{D}_s}} = 0,55 \cdot \frac{1}{s} \sqrt{\frac{\zeta_H^3}{\mathfrak{D}_s}}, \tag{22 b}$$

also eine bis auf den geringfügigen Unterschied im Zahlenfaktor mit der vorangehenden identische Gleichung. Verschiedene Verfasser[1] messen die Durchlässigkeit an faserigem Material und finden die KOZENY-Gleichung durch vergleichende mikroskopische Ausmessung der Faseroberfläche bis zu Faserdicken von 6 μ bei beliebiger Länge anwendbar. CARMAN[2] mißt z. B. die spez. Oberfläche von Zinkstaub und von Portlandzementen und gibt eine Anwendbarkeit der Formel bis herab zu Teilchengrößen von 2 μ an.

Hat man nicht nur einen mittleren Porenradius ermittelt, sondern, etwa aus der Capillarkondensation, die Verteilungskurve der Porengröße gemessen, so kann die zu jeder Porenklasse gehörige Oberfläche berechnet und durch Summation die Gesamtoberfläche der erfaßten Poren viel genauer bestimmt werden. Man mißt auf diese Weise gleichzeitig beide charakteristischen Kenngrößen eines porösen Systems, die Porenweite und die innere Oberfläche der erfaßten Poren.

Die Gl. (22) und (23) gelten natürlich auch (mit anderem Zahlenfaktor), wenn statt des Porenradius der Kornradius eingeführt wird:

$$O_s = \frac{\text{const}}{r} \cdot \left(\frac{1}{s} - \frac{1}{\varrho} \right). \tag{24}$$

Damit ergibt sich die Möglichkeit, aus der etwa mikroskopisch bestimmten Korngröße r und der spezifischen Oberfläche O_s, die z. B. durch Adsorptionsmessungen ermittelt ist, eine Aussage über die Porosität bzw. die Rauhigkeit der Kornoberfläche zu machen. Eine große spezifische Oberfläche kann ja grundsätzlich zustande kommen einerseits durch viele kleine Teilchen mit glatter Oberfläche, andrerseits durch eine poröse Ausbildungsform bzw. eine Aufrauhung der Oberfläche einer geringeren Zahl größerer Teilchen. Beobachtet man relativ große Teilchen und trotzdem eine große spez. Oberfläche, so ist letzteres der Fall.

c) Oberflächenbestimmung durch Messung der Adsorptionsisotherme.

Die bisher am häufigsten verwendeten Bestimmungsmethoden für die Oberfläche pulverförmiger oder poröser Substanzen beruhen auf Adsorptions- oder ähnlichen Messungen[3].

---

[1] E. J. WIGGINS, W. B. CAMPBELL, O. MAAS: Canad. J. Res., Sect. A 17 (1939), 318; C 1940 II 1113. — J. L. FOWLER, K. L. HERTEL: J. appl. Physics 11 (1940), 496. — R. R. SULLIVAN, K. L. HERTEL: J. appl. Physics 11 (1940), 761.

[2] P. C. CARMAN: J. Soc. chem. Ind. 58 (1939), 1.

[3] Einen kurzen Überblick gibt McBAIN in: The Sorption of Gases and Vapours by Solids. London, 1932. — Oberflächenbestimmungen an Kohle von B. GUSTAVER: Kolloid-Beih. 15 (1928), 185. — E. BERL und Mitarbeiter: Angew. Chem. 43 (1930), 330; 34 (1938), 1040. — H. H. LOWRY: J. phys. Chem. 34 (1930), 63. — H. LACHS, S. PARNAS: Z. physik. Chem., Abt. A 160 (1932), 425. — A. LOTTERMOSER, TU CHUN-YEN: Kolloid-Beih. 46 (1937), 425. Ferner die Oberflächenbestimmungen an SiO_2- und TiO_2-Präparaten von W. D. HARKINS, D. M. GANS: J. Amer. chem. Soc. 53 (1931), 2804; an ZnO-Pigmenten von W. W. EWING: J. Amer. chem. Soc. 61 (1939), 1317; an ZnO-Präparaten verschieden aktiver Ausbildungsform von A. SCHLEEDE, M. RICHTER, W. SCHMIDT: Z. anorg. allg. Chem. 223 (1935), 49 (N_2- und O_2-Adsorption); an Glas und anorganischen Salzen von F. DURAU: Z. Physik 37 (1926), 419 und die dort angeführte Literatur. Mittels Farbstoffadsorption bestimmten I. M. KOLTHOFF und Mitarbeiter die Oberflächen von gefälltem $PbSO_4$: J. Amer. chem. Soc. 56 (1934), 1832; $BaSO_4$: J. Amer. chem. Soc. 59 (1937), 1215; AgCl: J. Amer. chem. Soc. 61 (1939), 3409 u. a. Weitere Beispiele werden im Text zitiert.

Es werden im folgenden behandelt die Oberflächenbestimmung durch Messung:

der Adsorptionsisotherme,
des Adsorptionsvolumens,
der Benetzungswärme,
der katalytischen Wirkung,
der Reaktion der Oberfläche und
der Austauschadsorption.

Die Adsorption kann erfolgen aus der Lösung oder aus dem Gasraum. Bei Adsorption aus der Lösung verwendet man häufig Farbstoffe, da sich dann die adsorbierte Menge leicht colorimetrisch bestimmen läßt. Grundsätzlich haftet der Adsorptionsmessung aus der Lösung der Fehler an, daß die Adsorption der Lösungsmittelmolekeln vernachlässigt wird gegenüber derjenigen der gelösten Substanz[1]. Die Adsorption von Gasen wird durch Druck- und Volummessung ermittelt und erfolgt zwecks Oberflächenbestimmung bei möglichst tiefer Temperatur, um reine VAN DER WAALssche Adsorption zu messen. Mitunter wird die adsorbierte Menge einfach aus der Gewichtszunahme des Adsorbens bestimmt[2].

Das unmittelbare Ergebnis der Adsorptionsmessungen ist in jedem Fall die Zahl der adsorbierten Moleküle oder Atome je Gramm Adsorbens (N_a).* Um daraus eine Oberflächengröße zu erhalten, können zwei Wege eingeschlagen werden:

1. Um N_a der Zahl der vorhandenen *Oberflächenatome* gleichzusetzen, muß angenommen werden, daß von jedem Oberflächenatom ein und nur ein Adsorptivmolekül festgehalten wird. Ist das nicht der Fall, so gilt allgemein:

$$z_0 = \frac{N_a}{n_0},$$

wobei $n_0 = $ der Zahl der (im Durchschnitt) von jedem Oberflächenatom festgehaltenen Adsorptivmoleküle und $z_0 = $ der Zahl der vorhandenen Oberflächenatome je Gramm ist. $n_0 = 1/2$ z. B. heißt, daß immer zwei Oberflächenatome notwendig sind, um eine Adsorptivmolekel zu binden. Um von der Zahl der Oberflächenatome z_0 auf eine Flächengröße zu kommen, muß z_0 noch mit dem durchschnittlichen Flächenbedarf q_0 eines Oberflächenbausteins multipliziert werden:

$$O_s = \frac{N_a}{n_0} \cdot q_0 = z_0 \cdot q_0. \tag{25}$$

q_0 ist aus den jeweiligen Atom- bzw. Ionenradien zu entnehmen, wobei der Umstand, daß die „Wirkungsradien" bei oberflächlich liegenden Bausteinen etwas anders als im normalen Gitter sind, neben den experimentellen Versuchsfehlern zu vernachlässigen ist. Natürlich ist es notwendig zu wissen, *welche* Atome an der Oberfläche liegen. Die Schwierigkeit bei dieser Ermittlung von O_s liegt in der Bestimmung von n_0 (vgl. hierzu die Beispiele S. 201ff.). Einfacher kann u. U. der folgende Weg sein:

---

[1] Vgl. Wo. OSTWALD, H. SCHULZE: Kolloid-Z. **36** (1925), 289; siehe auch H. FREUNDLICH: Capillarchemie Bd. I, S. 204ff. Dresden, 1930.

[2] J. W. McBAIN, A. M. BAKR: J. Amer. chem. Soc. **48** (1926), 690. — A. TISELIUS, S. BROHULT: Z. physik. Chem., Abt. A **168** (1934), 248. — H. H. CHAMBERS, A. KING: J. chem. Soc. (London) **1939**, 139. — H. M. BARETT, A. W. BIRNIE, M. COHEN: J. Amer. chem. Soc. **62** (1940), 2839.

* Zur Definition der Zahl der „adsorbierten Moleküle" vgl. A. v. ANTROPOFF: Kolloid-Z. **99** (1942), 35.

2. Anstatt aus N_a die Zahl der Oberflächenbausteine z_0 zu bestimmen, wird nach

$$z = \frac{N_a}{n}$$

die Zahl der *Adsorptionszentren* (z) ermittelt, das soll heißen, die Zahl der sich jeweils bei den gegebenen Versuchsbedingungen (Temperatur usw.) an der Adsorption beteiligenden Oberflächenstellen. Dabei ist also keine Aussage darüber gemacht, ob eine „Adsorptionsstelle" von einem oder mehreren Oberflächenatomen gebildet wird. Die Größe der Adsorptionsstelle ist damit durch die der Adsorptivmolekel definiert. n ist dann gleich der Zahl der (im Durchschnitt) von einer Adsorptionsstelle festgehaltenen Adsorptivmoleküle und kann nur ≥ 1, niemals aber (im Gegensatz zu n_0) kleiner als 1 sein. Für $n = 1$ sei $z = z_s$. Dann ist also z_s die (bei einer gegebenen Temperatur) bei „Sättigung", dies soll heißen bei vollständiger unimolekularer Bedeckung der adsorbierenden Oberfläche wirksame Zahl von Adsorptionsstellen. Um aus z weiter eine Oberflächengröße zu erhalten, muß eine Annahme über den Flächenbedarf einer adsorbierten Molekel gemacht werden, um nach

$$O_a = \frac{N_a}{n} \cdot q_M = z \cdot q_M \tag{26}$$

die jeweils adsorbierende Oberfläche zu erhalten. Der Flächenbedarf errechnet sich für eine einzelne kugelförmige Molekel angenähert aus $\frac{4}{3}\pi r_M^3 = \frac{V_{\text{Mol}}}{N_L}$ zu[1]:

$$q_M = \pi r_M^2 = 1{,}21 \left(\frac{V_{\text{Mol}}}{N_L}\right)^{2/3} \text{cm}^2, \tag{27}$$

wobei $V_{\text{Mol}} = \frac{M}{\varrho}$ das Molvolumen (bzw. Atomvolumen) ist und zumeist die Dichte im verflüssigten Zustand eingesetzt wird. Infolge der Wärmebewegung benötigt ein Molekül oder Atom mehr Fläche als seiner Querschnittsgröße zukommt, worauf VOLMER[2] hinweist. Berechnet man aber V_{Mol} aus der Dichte im verflüssigten Zustand, so wird diese Tatsache bereits in erster Näherung berücksichtigt[3]. Setzt man voraus, daß kugelförmige Moleküle in dichtester Packung die Oberfläche bedecken, so beansprucht jedes Molekül die Fläche eines gleichseitigen Sechseckes, wobei der Radius des einbeschriebenen Kreises gleich dem Molekülradius ist. Die Fläche dieses Sechseckes errechnet sich zu:

$$q_M = 3{,}46\, r_M^2 = 1{,}33 \left(\frac{V_{\text{Mol}}}{N_L}\right)^{2/3} \text{cm}^2. \tag{27a}$$

Die so ermittelte Oberfläche O_a ist die von den Adsorptivmolekülen bei den gegebenen Versuchsbedingungen jeweils bedeckte Oberfläche.

Gleich hier sei betont, daß auch bei „Sättigung", d. h. bei vollständiger unimolekularer Bedeckung der adsorbierenden Oberfläche [also bei Einsetzen von z_s in Gl. (26)] nicht notwendigerweise die so ermittelte Oberflächengröße gleich der insgesamt zugänglichen Oberfläche zu sein braucht (s. unten). Vielmehr ist allgemein anzusetzen:

$$O_a = \alpha \cdot O_s, \tag{28}$$

wobei α also den Bruchteil angibt, den die adsorbierende Oberfläche ausmacht.

Zur Übersicht seien die im vorstehenden benutzten Bezeichnungen noch einmal zusammengestellt:

---

[1] Siehe auch S. 201, Anm. 2.
[2] M. VOLMER: Z. physik. Chem. **115** (1925), 260.
[3] Vgl. E. HÜCKEL: Adsorption und Capillarkondensation, S. 151. Leipzig, 1928.

1. Verfahren:

$$O_s = \frac{N_a}{n_0} \cdot q_0 = z_0 \cdot q_0 \cdot \tag{25}$$

N_a = Zahl der adsorbierten Moleküle je Gramm Adsorbens;

n_0 = Zahl der je Oberflächenbaustein (im Durchschnitt) festgehaltenen Adsorptivmoleküle;

q_0 = Flächenbedarf eines Oberflächenbausteines;

$z_0 = \dfrac{N_a}{q_0}$: Zahl der vorhandenen Oberflächenbausteine je Gramm Adsorbens.

2. Verfahren:

$$O_u = \frac{N_a}{n} \cdot q_M = z \cdot q_M \cdot \tag{26}$$

n = Zahl der je Adsorptionsstelle (im Durchschnitt) festgehaltenen Adsorptivmoleküle;

q_M = Flächenbedarf einer adsorbierten Molekel;

$z = \dfrac{N_a}{n}$: Zahl der Adsorptionszentren je Gramm Adsorbens;

z_s = Zentrenzahl bei Absättigung der adsorbierenden Oberfläche mit einer unimolekularen Schicht ($n = 1$);

$\alpha = \dfrac{O_a}{O_s}$: Der adsorbierende Bruchteil der Oberfläche (von der insgesamt zugänglichen).

Nach diesen für klare Begriffsbildungen notwendigen Vorbemerkungen kann die praktische Durchführung der Oberflächenbestimmung behandelt werden. Es wird zunächst die Auswertung der Gl. (26) und (28), also die Ermittlung der Größen N_a, n und α besprochen, anschließend dann die Auswertung nach Gl. (25) durch Ermittlung von N_a und n_0.

Die Ermittlung der Zahl der Adsorptionszentren.

Es ist nach dem Gesagten ersichtlich, daß die Messung einer bei beliebigem Druck adsorbierten Menge (N_a) zur Bestimmung von O_s nach Gl. (26) nicht ausreicht. Vielmehr muß eine Adsorptionsisotherme aufgenommen werden, worauf dann nach zwei verschiedenen Verfahren ausgewertet werden kann:

1. Man ermittelt *die* Stelle der Isotherme, bei der gerade eine unimolekulare Bedeckung der adsorbierenden Oberfläche erreicht, d. h. $n = 1$ ist. Aus der an dieser Stelle (bei diesem Druck) adsorbierten Menge in Mol (a) und der Loschmidtschen Zahl berechnet sich die Zahl der adsorbierten Moleküle (N_a) oder der Adsorptionszentren (z_s) nach

$$z_s = N_a = a \cdot N_L$$

und dann nach

$$O_a = z_s \cdot q_M$$

die spez. Oberfläche.

2. Man trägt die gemessenen Druck- (bzw. Konzentrations-) Werte und die zugehörigen adsorbierten Mengen in einem der theoretischen Adsorptionsgleichung entsprechenden Diagramm auf und erhält graphisch die Zahl der bei unimolekularer Bedeckung adsorbierenden Zentren (z_s).

1. Verfahren: Die wesentliche Aufgabe bzw. Schwierigkeit bei dem erstgenannten Verfahren besteht darin, den Punkt auf der Isotherme festzulegen, bei dem gerade alle Adsorptionsstellen der Oberfläche von einer Adsorptivmolekel besetzt sind. Erreicht die Isotherme einen deutlichen *Sättigungswert*, so wird dieser zumeist als unimolekulare Bedeckung gedeutet. Die Richtigkeit dieser Annahme wurde häufig experimentell zu prüfen versucht[1]. Langmuir[2] stützte seine Theorie der unimolekularen Bedeckung durch Messungen an Glas- und Glimmerplättchen

---

[1] Vgl. den Beitrag von Nasini in diesem Bande.
[2] J. Langmuir: J. Amer. chem. Soc. **40** (1918), 1368.

ausmeßbarer Oberfläche. PANETH und THIMANN[1] bestimmten die Adsorption an einigen Blei- und Wismutsalzen, deren Oberfläche vorher mikroskopisch und radioaktiv (S. 207) gemessen worden war. Die Tabelle 9 gibt ihre Ergebnisse wieder.

Tabelle 9. *Adsorption von Farbstoffen u. a. an gemessenen Oberflächen.*

Adsorbens	spez. Oberfläche in m²	Adsorptiv	Bedeckte Oberfläche in m²	Prozentuale Bedeckung
$PbSO_4$	0,53	Ponceau 2 R	0,17	32
PbS	1,16	Ponceau 2 R	0,95	82
PbS	0,61	Ponceau 2 R	0,51	84
PbS	4,00	Ponceau 2 R	3,40	85
PbS	4,00	Methylenblau B extra	2,70	68
PbS	3,74	Methylenblau HB	3,71	99
PbS	3,74	Methylengrün	2,35	63
Bi_2S_3	1,38	Ponceau 2 R	0,82	59
$BiPO_4$	2,58	Ponceau 2 R	0,14	5,4
$BiPO_4$	2,58	Naphtholgelb	0,23	8,8
$BaSO_4$	3,06	Ponceau 2 R	0,32	10
$PbSO_4$	0,32	Brucin	0,20	63
PbS	4,00	Aceton	3,80	95
PbS	2,04	Aceton	1,79	88

Offenbar kann sowohl durch die Farbstoffe wie durch Brucin und Aceton bei Annahme nebeneinanderliegender Moleküle die Oberfläche höchstens in einfacher Schicht bedeckt werden.

Diese Versuche, ebenso die Erfahrungen anderer Autoren[2], weisen aber weiter darauf hin, daß die vom Adsorptiv bei „Sättigung" bedeckte Oberfläche durchaus auch nur einen Bruchteil der insgesamt zugänglichen ausmachen, daß also bei den gewählten Versuchsbedingungen $\alpha < 1$ sein kann (noch dazu, wenn man bedenkt, daß die mikroskopische Oberflächenbestimmung nur einen Minimalwert der zugänglichen Oberfläche liefern wird). Vor allem sind die Sättigungswerte auch temperaturabhängig, was schon aus den erwähnten ersten Versuchen von LANGMUIR hervorging[3]. Um nicht nur O_a, sondern O_s zu ermitteln, ist es also notwendig, durch Variation der Temperatur zu prüfen, ob $\alpha = 1$ und damit der beobachtete Sättigungswert der Isotherme tatsächlich einer unimolekularen Bedeckung der insgesamt zugänglichen Oberfläche entspricht. Bei VAN DER WAALSscher Adsorption wird der Faktor α nahezu oder gleich 1 sein, so daß adsorbierende und zugängliche Oberfläche identisch werden, während bei elektrostatischer oder aktivierter Adsorption die Konzentration der adsorbierenden Stellen geringer sein wird (vgl. hierzu S. 229ff.). Um reine VAN DER WAALSsche Adsorption zu messen, wird zumeist die Gasadsorption bei tiefen Temperaturen beobachtet. Mißt man, wie dies KOBOSEV und Mitarbeiter[4] bei reinen und mit Al_2O_3 verstärkten Fe_2O_3-Katalysatoren taten, gleichzeitig die VAN DER WAALSsche Adsorption (O_2 bei tiefer Temperatur) und die aktivierte Adsorption (O_2 bei 400° C), so kann

---

[1] F. PANETH, W. THIMANN: Ber. **57** (1924), 1215.

[2] Vgl. z. B. die neuere Arbeit von A. J. URBANIC, V. R. DAMERELL: J. physic. Chem. **45** (1941), 1245 über die Adsorption von Jod aus der Lösung in CCl_4 an ausgemessenen Glaskugeln, wobei eine 39%ige Bedeckung gemessen wurde.

[3] Vgl. dazu auch E. HÜCKEL: Adsorption und Capillarkondensation, S. 174 und 148ff. Leipzig, 1928 und z. B. die Ergebnisse von F. J. WILKINS, A. F. N. WARD: Z. physik. Chem., Abt. A **144** (1929), 259 (über den Temperaturkoeffizienten der Maximalabsättigung bei Gasadsorption) oder von A. VON ITTERBEEK und W. VEREYCKEN: Z. physik. Chem., Abt. B **48** (1941), 131 (über die Tieftemperaturadsorption verschiedener Gase an Glas).

[4] A. DUBROWSKAJA, N. J. KOBOSEV: Acta physicochim. URSS **4** (1936), 841.

damit die Konzentration der einer aktivierten Adsorption fähigen Zentren festgestellt werden (vgl. hierzu auch S. 229ff.).

Erreicht die Isotherme *keinen Sättigungswert*, so kann dies zunächst rein experimentell in der Versuchsausführung begründet liegen. So kann z. B. bei der Adsorption von Farbstoffen an porösen Substanzen die Schwierigkeit auftreten, daß die großen Farbstoffmolekeln in enge Poren nur langsam eindringen und demzufolge die adsorbierten Mengen mit der Zeit langsam ansteigen[1]. In gleicher Weise macht es sich bemerkbar, wenn die Poren schlecht benetzbar sind[2], oder wenn durch eine geringe Löslichkeit des Adsorbens oder durch starkes Schütteln die Adsorbensoberfläche allmählich vergrößert wird[3]. Auch durch Umkristallisation, besonders bei frisch gefällten Niederschlägen, kann ein derartiger Effekt zustande kommen[4]. Außer diesen Effekten, die die Erreichung eines Sättigungswertes verhindern können, sei von experimentellen Schwierigkeiten noch genannt, daß bei der Adsorption aus wäßriger Lösung eine starke Abhängigkeit vom p_H-Wert der Lösung beobachtet wurde[5]. Die Verwendung von Farbstoffen scheint in dieser Hinsicht günstiger zu sein als die von anorganischen Ionen. Die Schwierigkeit kann auch durch Wahl eines organischen Lösungsmittels umgangen werden[6].

Neben diesen in der Versuchsführung begründeten und häufig vermeidbaren Anlässen für das Nichterreichen eines Sättigungswertes können dafür auch andere Gründe maßgebend sein. So kann ein Übergang von einfacher zu mehrfacher Bedeckung auftreten, was wohl häufig so gedeutet werden kann, daß mehrere qualitativ verschiedene Zentrenarten vorhanden sind, die nacheinander abgesättigt werden, wobei noch vor Absättigung aller Zentren Capillarkondensation einsetzt. Dadurch tritt der schließliche Sättigungswert nicht in Erscheinung, sondern es findet ein verstärktes Ansteigen der Isotherme statt. Doch auch bei gleichartigen Zentren kann das fortgesetzte Ansteigen der Isotherme (u. U. nach einer kurzen horizontalen Strecke) verstanden werden dadurch, daß bei höherem Druck und bei hinreichend tiefer Temperatur die zwischenmolekularen Kräfte so groß werden, daß eine Bedeckung in mehrfacher Schicht erfolgt und so bei porösen Medien ein kontinuierlicher Übergang zur Capillarkondensation stattfindet. In diesen Fällen wird die Festlegung des Druckes, bei dem gerade unimolekulare Bedeckung vorliegt, sehr viel problematischer (vgl. auch S. 199!). Schwab und Schultes[7] z. B. beobachteten bei der Adsorption von Farbstoffen an CuO, ZnO, MgO und Mischungen dieser Oxyde, daß nach einer vorübergehenden Sättigung bei höheren Konzentrationen die adsorbierten Mengen wieder anstiegen[8]. Es wird die problematische Annahme gemacht, daß die adsorbierte Menge bei der vorübergehen-

---

[1] Vgl. bei G.-M. Schwab, H. Schultes: Angew. Chem. **45** (1932), 341 oder bei A. Schleede, M. Richter, W. Schmidt: Z. anorg. allg. Chem. **223** (1935), 49.

[2] F. Müller, F. Freude, P. Kaunert: Gas- und Wasserfach **84** (1941), 65; C 1941 I 1928, Beladung von Aktivkohle mit Leuchtgas und Oberflächenbestimmung mittels Methylenblau und Phenol. Infolge sich abscheidender Harze in den Poren nimmt die Benetzungsfähigkeit stark ab, wodurch eine Abnahme der spez. Oberfläche vorgetäuscht wird.

[3] F. Paneth, A. Radu: Ber. **57** (1924), 1221.

[4] Vgl. I. M. Kolthoff, Ch. Rosenblum: J. Amer. chem. Soc. **56** (1934), 1658.

[5] Vgl. z. B. W. D. Bancroft, C. E. Barnett: Coll. Symp. Monogr. **6** (1928), 73. — H. B. Weiser, E. Porter: J. physic. Chem. **31** (1927), 1704.

[6] Siehe ferner die Erfahrungen von I. M. Kolthoff, F. T. Eggertsen: J. Amer. chem. Soc. **62** (1940), 226.

[7] G.-M. Schwab, H. Schultes: Angew. Chem. **45** (1932), 341.

[8] Gleichartige Ergebnisse z. B. bei J. Terwell: Z. physik. Chem., Abt. A **153** (1931), 52 bei der Adsorption von Farbstoffen an Ag- und Ni-Drähten. Vgl. auch die Versuche von Baly und Mitarbeitern S. 202.

den Sättigung einer unimolekularen Bedeckung entspricht, das weitere Ansteigen einer solchen in mehrfacher Schicht, und die Versuche werden dementsprechend zur Oberflächenbestimmung ausgewertet.

In den meisten Fällen wird aber ein fortgesetzter Anstieg resultieren, ohne daß sich ein eindeutiger, horizontaler Ast ausgebildet hat. Unter diesen Umständen ist dann ein Ablesen von z_s aus der Isotherme nicht mehr möglich.

2. *Verfahren:* Die bekannte von LANGMUIR[1] abgeleitete Adsorptionsgleichung:

$$a = z_s \cdot \frac{p}{\Pi + p} \qquad (29)$$

kann auch in folgender Form geschrieben werden:

$$\frac{p}{a} = \frac{p}{z_s} + \frac{\Pi}{z_s} . \qquad (29\,a)$$

a ist die adsorbierte Menge beim Druck p; Π ist gleich dem Druck, bei dem gerade die Hälfte der Zentren z_s abgesättigt ist. Π, oder richtiger $1/\Pi$, gibt also ein Maß für die Qualität der Adsorptionszentren (und ist temperaturabhängig).

Trägt man also p/a gegen p auf, so kann aus der Neigung der Geraden z_s bestimmt werden. Die LANGMUIRsche Beziehung ist leicht abzuleiten, wenn man voraussetzt, daß die Isotherme einem Sättigungswert (z_s) zustrebt, und daß dieser tatsächlich einer gerade unimolekularen Bedeckung der Adsorptionsstellen auf der Oberfläche entspricht ($n = 1$). Nun hat die Erfahrung gezeigt, daß in vielen Fällen kein Sättigungsast auf der Isotherme auftritt (s. oben). Jedoch kann die der Ableitung der Gl. (29) zugrunde liegende Vorstellung für kleine Drucke als hinreichende Näherung betrachtet werden. Das Verfahren wurde besonders von HÜTTIG und Mitarbeitern benutzt zur Bestimmung der Zahl der Adsorptionszentren an ZnO- und Fe_2O_3-Präparaten und Mischungen von ZnO und BeO mit Fe_2O_3 nach verschiedener Temperaturvorbehandlung[2] an verschiedenen Kaolinpräparaten[3] sowie an vorerhitzten Kupferpulvern[4], immer mittels Methanoldampfadsorption. Wie man aus Abb. 8a (S. 198) erkennt, in der eine Reihe von HÜTTIG gemessener Isothermen dargestellt wurde, ist bei den meisten kein horizontaler Ast, sondern ein fortgesetztes Ansteigen festzustellen. Bei den höchsten Drucken tritt offenbar in allen Fällen Capillarkondensation ein (Sättigungsdruck des Methanols bei 20°: $p_s = 96$ mm). Für derartige S-förmige Isothermen haben nun BRUNAUER, EMMETT und Mitarbeiter[5] eine Theorie entwickelt, die das verstärkte Ansteigen der Isotherme als Adsorption weiterer Schichten und damit als Übergang zur Capillarkondensation deutet. BRUNAUER und EMMETT haben mittels dieser Theorie ihre Messungen der Gasadsorption bei tiefen Temperaturen an verschiedenen Eisenkatalysatoren für die NH_3-Synthese[6] und vielen anderen Katalysatoren[7] zur Oberflächenbestimmung ausgewertet[8]. Die Adsorptions-

---

[1] J. LANGMUIR: J. Amer. chem. Soc. **40** (1918), 1368; zumeist in der Form geschrieben: $a = \dfrac{z_s \cdot b \cdot p}{1 + b\,p}$; wir setzen $\dfrac{1}{b} = \Pi$.

[2] G. F. HÜTTIG und Mitarbeiter: Z. anorg. allg. Chem. **237** (1938), 226, 310.

[3] G. F. HÜTTIG, E. HERRMANN: Kolloid-Z. **92** (1940), 22.

[4] G. F. HÜTTIG und Mitarbeiter: Z. anorg. allg. Chem. **247** (1941), 221.

[5] S. BRUNAUER, P. H. EMMETT, E. TELLER: J. Amer. chem. Soc. **60** (1938), 309 und mit L. S. DENNING und W. S. DENNING: Ebenda **62** (1940), 1723.

[6] S. BRUNAUER, P. H. EMMETT: J. Amer. chem. Soc. **59** (1937), 1553.

[7] P. H. EMMETT, S. BRUNAUER: J. Amer. chem. Soc. **59** (1937), 2682, Oberflächenbestimmung u. a. von NiO, Ni auf Bimsstein, Cr_2O_3, SiO_2, Aktivkohle.

[8] Auch A. VON ITTERBEEK und Mitarbeiter: Z. physik. Chem., Abt. B **48** (1941), 131; **50** (1941), 128 konnten ihre experimentellen Ergebnisse über die Tieftemperaturadsorption verschiedener Gase an Glas und an Nickelplättchen mittels der Gleichungen von BRUNAUER und EMMETT quantitativ deuten.

gleichung von Brunauer, Emmett und Teller lautet in ihrer allgemeinen Form:

$$a = \frac{z_s \cdot c \cdot x}{1 - x} \frac{1 - (n+1)\,x^n + n \cdot x^{n+1}}{1 + (c-1)\,x - c \cdot x^{n+1}}\,, \tag{30}$$

wobei $x = \dfrac{p}{p_s}$ und p_s der Sättigungsdruck ist. Die Größe c ist näherungsweise

gegeben durch $c = e^{\frac{E_A - E_K}{RT}}$, wobei E_A die Adsorptions- und E_K die Kondensationsenergie darstellen. n und z_s haben dieselbe Bedeutung wie oben, nämlich die Zahl der je Adsorptionsstelle adsorbierten Moleküle bzw. die Zahl der Adsorptionsstellen bei unimolekularer Bedeckung der adsorbierenden Oberfläche. Für $p \ll p_s$ und $n = 1$ folgt aus (30)

$$a = z_s \cdot \frac{c \cdot \dfrac{p}{p_s}}{1 + c \cdot \dfrac{p}{p_s}}\,, \tag{30a}$$

also die Langmuirsche Form der Isotherme. Für $n \to \infty$ (wobei für $p \ll p_s$ schon $n = 4$ oder 5 eine gute Näherung darstellt![1]) ergibt sich aus (30):

$$a = \frac{z_s \cdot c \cdot \dfrac{p}{p_s}}{\left(1 - \dfrac{p}{p_s}\right) \cdot \left[1 + (c-1)\dfrac{p}{p_s}\right]}\,. \tag{30b}$$

Zur Ermittlung von z_s gehen Brunauer und Emmett nun in folgender Weise vor: Zeigt die Adsorptionsisotherme einen Sättigungswert, so wird die Gl. (30a) in derselben Weise wie Gl. (29) zu (29a) umgeformt und aus der Neigung der im $p/a - p$-Diagramm erhaltenen Geraden die Größe z_s ermittelt. Für S-förmige Isothermen ohne horizontalen Ast aber, wie sie von den Verfassern mit Ausnahme der Adsorption an Kohle immer gefunden wurden, ist nicht Gl. (30a), sondern (30) zuständig. Da von den drei Größen z_s, c und n zunächst keine bekannt ist, kann die Gleichung nicht ausgewertet werden. Hier muß man notgedrungen so vorgehen, daß zunächst die Ergebnisse nach Gl. (30b) (also unter der Voraussetzung $n = \infty$) aufgetragen werden. Diese Gleichung läßt sich umformen in:

$$\frac{p}{a\,(p_s - p)} = \frac{c-1}{z_s \cdot c} \cdot \frac{p}{p_s} + \frac{1}{z_s \cdot c}\,. \tag{30c}$$

Da für $p \ll p_s$ Gl. (30b) eine hinreichende Näherung für die allgemeine Form (30) darstellt, so wird im Gebiet kleiner Drucke, auch wenn n nicht unendlich groß, sondern begrenzt ist, nach (30c) im $\dfrac{p}{a\,(p_s - p)} - \dfrac{p}{p_s}$-Diagramm eine Gerade entstehen, aus deren Neigung und Ordinatenabschnitt die beiden Unbekannten z_s und c zu ermitteln sind[2]. Wird auf der Ordinate die adsorbierte Menge a in Mol aufgetragen, so ergibt sich nach (30c) die Zahl der Zentren aus:

$$z_s = \frac{6,02 \cdot 10^{23}}{\beta + y}\,, \tag{30d}$$

wobei β der Neigungswinkel und y der Ordinatenabschnitt im $\dfrac{p}{a\,(p_s - p)} - \dfrac{p}{p_s}$-Diagramm ist.

Wie Brunauer und Emmett aus ihrem experimentellen Material schließen, kann der so berechnete z_s-Wert mit ziemlicher Genauigkeit auch aus der Ad-

---

[1] Brunauer, Emmett und Teller (l. c.) deuten n als die durch die Weite der Poren bedingte maximal *mögliche* Schichtdicke der Sorptivmolekeln. Für eine „freie Oberfläche" ist demnach $n = \infty$.

[2] Mit diesen Werten für z_s und c kann dann in die Gl. (30) eingegangen und damit auch n berechnet werden.

sorptionsisotherme direkt abgelesen werden, wenn man nämlich *den* Punkt der Isotherme als Absättigung aller unter den gegebenen Bedingungen wirksamen Zentren betrachtet, bei dem der anfänglich zur Druckachse konkav gekrümmte Anstieg in den mittleren, gradlinigen Teil übergeht[1] (Punkt B, vgl. Abb. 8a).

Es ist zunächst verwunderlich, daß die Theorie von BRUNAUER, EMMETT und Mitarbeitern für kleine Drucke ($p \ll p_s$) nicht zu einer der LANGMUIRschen analogen Gleichung führt, *unabhängig* davon, ob $n = 1$ oder größer ist. Denn die zunächst in erster Schicht adsorbierten Molekeln können doch nicht „wissen", ob schließlich bei höheren Drucken weitere Schichten adsorbiert werden. Solange also noch keine unimolekulare Bedeckung vorliegt, sollte der Verlauf der Adsorptionsisotherme in gleicher Weise zu deuten sein. Bei den S. 195 zitierten Oberflächenbestimmungen von BRUNAUER und EMMETT an Katalysatoren, ebenso bei den Versuchen von ITTERBEEK und VEREYCKEN stimmen die mit den verschiedensten Gasen am gleichen Untersuchungsobjekt erhaltenen Oberflächenwerte befriedigend überein, was für ihre Richtigkeit spricht[2]. Zu einem Vergleich beider geschilderter Verfahren wurde eine Reihe experimentell beobachteter Isothermen auf beiden Wegen ausgewertet, und zwar die von HÜTTIG[3] mit Methanol (bei 20°) gemessenen Isothermen an zwei auf 300° (das eine in Luft, das andere in HCl) vorerhitzten Kaolinpräparaten, sowie an auf 500 bzw. 700° vorerhitzten ZnO- und Fe_2O_3-Präparaten und molaren Gemischen dieser Oxyde, ferner zwei von ITTERBEEK und VEREYCKEN[4] bei 213° K bzw. 295° K gemessene Isothermen von Aceton an Glas. Die in Abb. 8a und 9a dargestellten Isothermen[5] wurden einmal in einem $p_a - p$-Diagramm (Abb. 8b und 9b) entsprechend Gl. (29a) und einmal in einem $\dfrac{p}{a\,(p_s - p)} - \dfrac{p}{p_s}$-Diagramm (Abb. 8c und 9c) entsprechend Gl. (30c) gezeichnet. In Tabelle 10 sind die daraus errechneten z_s-Werte zusammen mit den aus dem Punkte B konstruierten Werten eingetragen. Der Vergleich lehrt folgendes:

1. Die Gl. (30c) liefert in allen Fällen über einen größeren Druckbereich Übereinstimmung der experimentellen Punkte mit einer Geraden als die einfache Gl. (29a). Bei höheren Drucken gibt Gl. (30c) eine weit bessere Annäherung, wenn auch keine Übereinstimmung mit dem Experiment, entsprechend der Tatsache, daß nicht $n = \infty$ ist, wie für (30c) vorausgesetzt wird.

2. Die nach BRUNAUER, EMMET berechneten z_s-Werte liegen immer, z. T. beträchtlich, tiefer als die nach Gl. (29a) ermittelten[6].

---

[1] Andere Auffassungen vertreten R. S. BRADLEY: J. chem. Soc. (London) **1936**, 1467, 1799. — B. M. GOUGUELL, E. RUDERMANN: Acta physicochim. URSS 8 (1938), 808.

[2] Nur bei den engporigen Adsorbentien ist, wie zu erwarten, eine Abhängigkeit der berechneten Oberflächengröße von der Molekülgröße des verwendeten Sorptivs zu beobachten; vgl. S. 241.

[3] Zitiert S. 195.

[4] A. v. ITTERBEEK, W. VEREYCKEN: Z. physik. Chem., Abt. B 48 (1941), 131.

[5] Die Isotherme des ZnO wurde nach den Tabellenzahlen von HÜTTIG: Z. anorg. allg. Chem. **237** (1938), 209, Tabelle 1 gezeichnet, die Fe_2O_3-Isotherme nach Tabelle 2 und die ZnO/Fe_2O_3-Isothermen nach Tabelle 3. [Die in der Abb. 3 (S. 226) bei HÜTTIG gezeichneten Kurven der LANGMUIRschen Konstanten sind an einigen Punkten verzeichnet.]

[6] Die Berechnung der z_s-Werte nach Gl. (29a) erfolgte nicht wie bei HÜTTIG immer aus den adsorbierten Mengen bei 1 und 5 mm Druck, sondern es wurde die bestmögliche Gerade im $p/a - p$-Diagramm (Abb. 8b) durch die Punkte gelegt. Wie man sieht, fallen die a-Werte bei $p = 1$ mm oder die bei 5 mm mitunter stark heraus. — HÜTTIG legt bei Auswertung seiner Experimente noch eine zweite Gerade durch die Punkte bei 20 und 30 mm Druck und errechnet aus deren Neigung die Zahl der „schlechter sorbierenden Zentren". Darauf wird S. 236 noch ausführlich eingegangen werden.

3. Aber auch zwischen den aus Punkt B abgelesenen z_s-Werten und den nach Gl. (30c) errechneten sind, im Gegensatz zu den Ergebnissen von Brunauer und Emmett, z. T. recht bedeutende Unterschiede festzustellen, auch wenn die Iso-

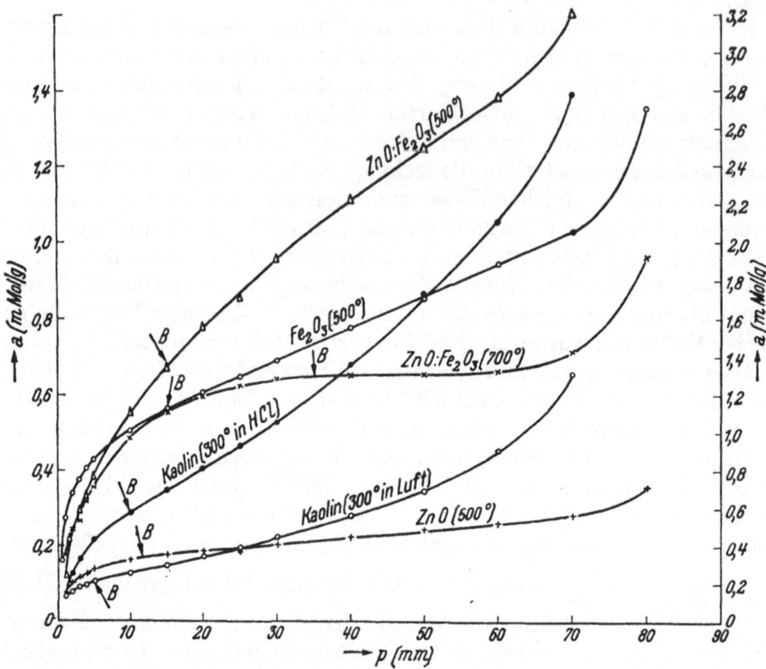

Abb. 8a. Methanol-Adsorptionsisothermen (bei 20° C). Adsorbentien: auf 300° erhitzter Kaolin (einmal in Luft, einmal in HCl vorerhitzt), auf 500 bzw. 700° erhitztes ZnO, Fe_2O_3 und eine molare Mischung von ZnO und Fe_2O_3. Die Isothermen ZnO : Fe_2O_3 (500°) und Fe_2O_3 (500°) wurden in nur halb so großem Maßstab (rechte Ordinate) gezeichnet wie die übrigen.

therme über einen längeren Bereich gradlinig verläuft und so die Konstruktion des Punktes B eindeutig ist [z. B. bei der Fe_2O_3 (500°)-Isotherme]. Besonders interessant ist der Vergleich beim ZnO:Fe_2O_3 (700°) und beim ZnO (500°). Auch hier zeigt sich ein deutlicher Unterschied zwischen den nach Gl. (30c) und den aus

Tabelle 10. *Vergleich der auf verschiedene Weise berechneten Zahl der Adsorptionszentren bei unimolekularer Bedeckung (z_s).*

Adsorptiv, Adsorbens (Vorerhitzungstemp.) und Versuchstemp.	z_s berechnet		
	nach Gl. (29a)	nach Gl. (30c)	aus Punkt B
Methanol bei 20° C an:	je Gramm	je Gramm	je Gramm
Kaolin, 300° in HCl	$2,55 \cdot 10^{20}$	$0,42 \cdot 10^{20}$	$1,7 \cdot 10^{20}$
Kaolin, 300° in Luft..................	0,72	0,39	0,5
Fe_2O_3, 500°	5,97	2,82	6,7
ZnO, 500°	0,96	0,44	1,0
1 ZnO : 1 Fe_2O_3, 500°	9,50	1,39	9
1 ZnO : 1 Fe_2O_3, 700°	3,8	0,7	3,9
Aceton an:	je cm²	je cm²	je cm²:
Glas bei 213,14° K	$2,55 \cdot 10^{14}$	$1,79 \cdot 10^{14}$	$1,8 \cdot 10^{14}$
Glas bei 294,64° K	0,71	0,53	0,7

Punkt B errechneten Zentrenzahlen, während die nach Gl. (29a) und aus B berechneten übereinstimmen, da B hier den horizontalen Sättigungswert darstellt. Als Folgerung der Ansätze und Rechnungen von BRUNAUER und EMMETT ergibt sich hier also, daß selbst bei diesen deutlich horizontalen Sättigungswerten, die üblicherweise ohne Zögern als unimolekulare Bedeckung gedeutet werden würden (vgl. „1. Verfahren"), diese Auffassung nicht richtig ist. Vielmehr soll die unimolekulare Absättigung bereits weit vor Erreichung des horizontalen Astes erfolgt sein.

Nach allem muß die Frage, welche der beiden Gl. (29a) oder (30c) für die

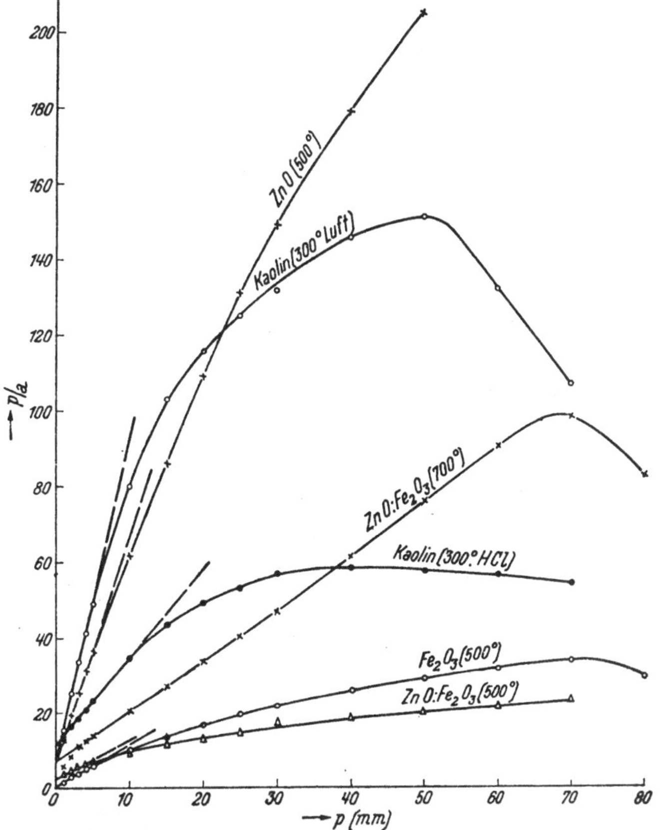

Abb. 8b. Die Isothermen im $p/a - p$-Diagramm entsprechend Gl. (29a).

Auswertung S-förmiger Isothermen zweckmäßiger angewendet wird, wohl zunächst noch offen bleiben. Im Vergleich mit dem erstgeschilderten Verfahren, welches das Auftreten eines eindeutigen Sättigungswertes auf der Isothermen voraussetzt, hat die graphische Auswertung naturgemäß Vorzüge, da sie nur die Gültigkeit der betreffenden Adsorptionsgleichung für den Anfangsteil der Isotherme voraussetzt.

Beide Verfahren liefern keine direkte Aussage über die spez. Oberfläche (im Sinne der Definition S. 186), sondern die Zahl der Adsorptionszentren (z_s) bzw. die adsorbierende Oberfläche (O_a). Wird statt dessen eine spez. Oberfläche angegeben oder diese bei verschiedenen Adsorbentien (oder ein und demselben Adsorbens in verschiedenem Zustand) verglichen, so wird vorausgesetzt, daß $\alpha = 1$

bzw. konstant (also in allen Fällen die Konzentration der Zentren auf der Oberfläche die gleiche) ist. Diese Voraussetzung braucht aber durchaus nicht immer
erfüllt zu sein, wie bereits Tabelle 9 zeigte.

Da dieser Umstand, d. h. der Unterschied zwischen O_a und O_s, bei Oberflächenbestimmungen mittels Adsorption häufig nicht beachtet worden ist, sei noch ein

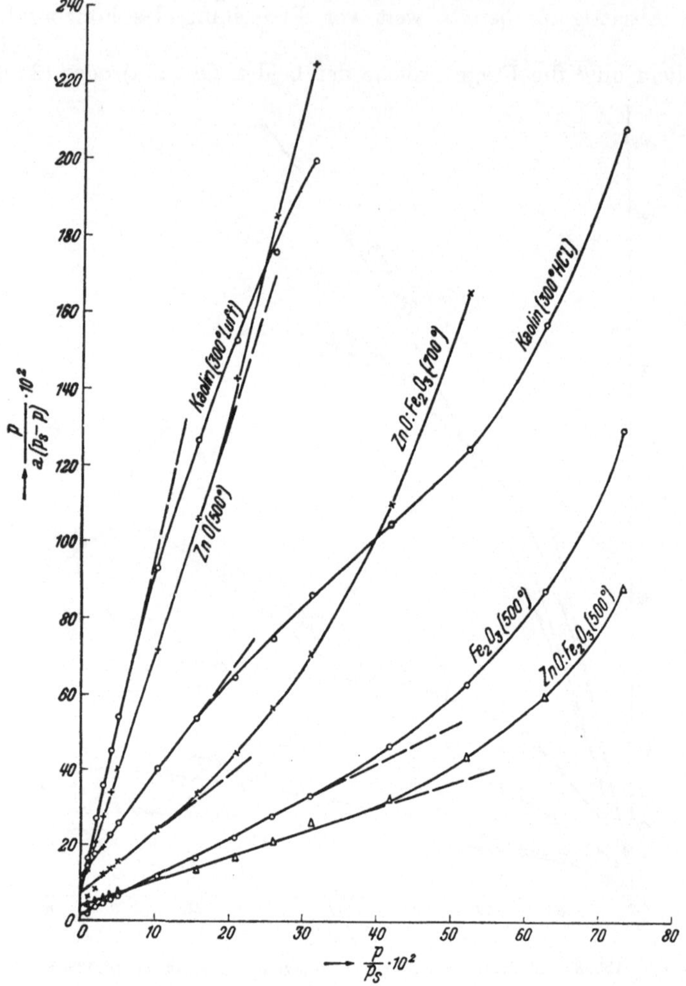

Abb. 8c. Die Isothermen im $p/a(p_s - p)$ — p/p_s-Diagramm entsprechend Gl. (30c).

diesen Unterschied beleuchtendes Beispiel angeführt. Starke[1] untersuchte die
Adsorption von Blei(ThB)nitrat aus methylalkoholischer Lösung an ZnO,
Fe_2O_3, Cr_2O_3 und an Mischungen des zweiwertigen mit den dreiwertigen Oxyden.
Dabei wurde in bestimmten Fällen gefunden, daß die Mischungen sich keineswegs
additiv verhalten, sondern daß die bei Sättigung adsorbierte Menge schon durch
Vermischen der Oxyde bei Zimmertemperatur wesentlich erhöht wird (beim
$ZnO + Fe_2O_3$ etwa auf das 6fache des additiven Wertes). Eine dementsprechende

____

[1] K. Starke: Z. physik. Chem., Abt. B **37** (1937), 81.

Vergrößerung der für die Bleiatome zugänglichen Oberfläche beim bloßen Mischen (ohne Zerreiben) ist schwerlich zu verstehen. Dagegen zeigt das Ergebnis, daß offenbar die Konzentration der adsorptionsfähigen Stellen (ihre Zahl je Flächeneinheit) schon durch das Vermischen bei Zimmertemperatur verändert werden kann. Wertet man einmal die Isothermen nach Gl. (29a) auf die Quantität (z_s) und die Qualität ($1/\Pi$) der Adsorptionsstellen hin aus, so findet man, daß die Qualität der Zentren in der Mischung eher schlechter, ihre Anzahl dagegen wesentlich gestiegen ist[1]. Bei der Mischung liegt also der Faktor in Gl. (28) näher an 1.* — Dies Beispiel zeigt deutlich, wie es offenbar zu ganz falschen Ergebnissen führt, wollte man aus der bei Sättigung adsorbierten Menge und ihrer Änderungen auf entsprechende Änderungen der zugänglichen Oberfläche schließen.

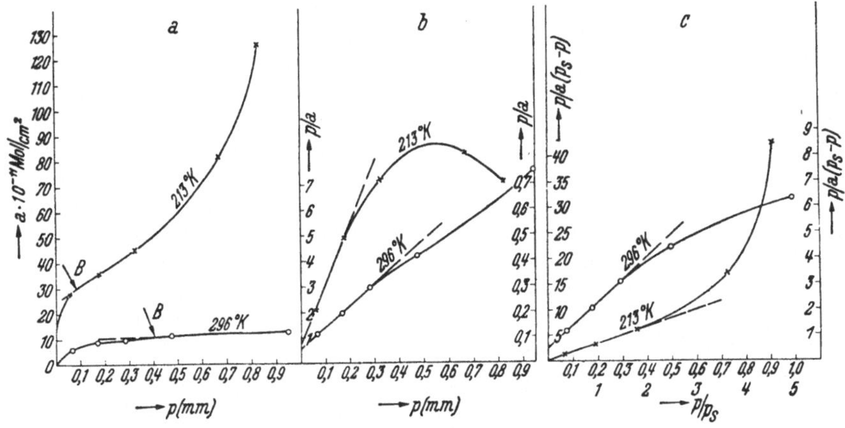

Abb. 9. a) Aceton-Adsorptionsisothermen an Glas bei 213,14° K und bei 294,64° K. b) Die Isothermen im $p/a - p$-Diagramm entsprechend Gl. (29a). c) Die Isothermen im $p/a(p_s - p) - p/p_s$-Diagramm entsprechend Gl. (30c).

Die Ermittlung der Zahl der Oberflächenatome.

Die Unsicherheit bei der Oberflächenbestimmung in bezug auf den Faktor α und auf die Dicke der Adsorptionsschicht (n), die der Adsorptionsmethode normalerweise anhaftet, kann vermieden werden, wenn sich auf einem unabhängigen Wege feststellen läßt, wieviel Adsorptivmoleküle je Oberflächenatom festgehalten werden, mit anderen Worten, wenn sich n_0 bestimmen läßt, so daß O_s nach Gl. (25) zu errechnen ist. Dies ist z. B. der Fall bei den Oberflächenbestimmungen an CaF_2- und $BaCl_2$-Schichten mittels der Alizarin- oder Wasseradsorption von DE BOER und Mitarbeitern[2]. Beim $BaCl_2$ reagiert das adsorbierte Alizarin mit den an der Oberfläche liegenden Cl-Atomen unter Bildung von HCl. Aus der adsorbierten Menge Alizarin und der gebildeten HCl-Menge ergibt sich, daß ein Alizarinmolekül 2 Chloratome der Oberfläche ersetzt (also $n_0 = \frac{1}{2}$ ist). Aus der Zahl der adsorbierten Alizarinmoleküle (N_a) folgt so die Zahl der Chloratome in der Oberfläche (z_0) und aus deren Flächenbedarf (q_0) die Oberfläche selbst nach Gl. (25). Bei der H_2O-Adsorption an CaF_2 wurde gefunden, daß eine bestimmte

---

[1] Die z_s-Werte für 16,9 mg ZnO, 33,1 mg Fe_2O_3 und das Gemisch dieser Mengen (vgl. Abb. 2 bei STARKE) stehen im Verhältnis: 0,29 zu 0,33 zu 2,47!

* Als Ursache dieses Mischeffektes wird neuerdings von STARKE eine oberflächliche Spinellbildung durch Ionenaustausch über die flüssige Phase angesehen (Privatmitteilung).

[2] J. H. DE BOER: Z. physik. Chem., Abt. B 15 (1932), 281, 300. — J. H. DE BOER, C. J. DIPPEL: Z. physik. Chem., Abt. B 25 (1934), 399. Vgl. auch J. H. DE BOER: Elektronenemission und Adsorptionserscheinungen, S. 33 u. 134. Leipzig, 1937.

H_2O-Menge sich selbst im Hochvakuum nicht von der Oberfläche entfernen läßt. Auch beim Erhitzen ließ sich diese nicht austreiben, sondern reagierte mit den Fluoratomen der Oberfläche unter Bildung von HF. Hiernach ist die Annahme gerechtfertigt, daß es sich bei diesem H_2O um die erste Schicht auf der Oberfläche handelt. Die Menge des so adsorbierten H_2O konnte mittels Einwirkung von Cäsiumdampf und Bestimmung des gebildeten Wasserstoffs oder Cs_2O gemessen werden. Man könnte nun aus der Zahl der adsorbierten H_2O-Moleküle und der von einem Molekül beanspruchten Fläche die Oberfläche abschätzen. DE BOER macht aber — wie oben beim $BaCl_2$ — zunächst wahrscheinlich, daß jedes H_2O-Molekül auf einem Fluorion adsorbiert wird, und berechnet dann aus der so festgelegten Zahl von Fluoratomen in der Oberfläche und deren Flächenbedarf die Oberfläche des CaF_2.

Auf einem anderen Wege, der vielseitig anwendbar erscheint, kommen BALY und Mitarbeiter[1] zu einer Bestimmung der Schichtdicke des Adsorptivs. Diese Methode interessiert hier noch besonders deswegen, weil sie an einem hochporösen Körper, nämlich Kieselgur, durchgeführt wurde. Die Verfasser überzogen Kieselgur mit Oxyden wie Al_2O_3, ThO_2, CoO und bestimmten elektrophoretisch die Menge niedergeschlagenen Oxydes, welche die Oberfläche vollständig bedeckt. Das ζ-Potential des Kieselgurs ändert sich mit zunehmender Bedeckung in Richtung des ζ-Potentials des gefällten Oxyds, welches bei vollständiger Bedeckung erreicht wird und von dann ab einen konstanten Wert annehmen sollte. Da das Adsorbat aber zunächst in aktiver Form entsteht, bildet sich ein größeres ζ-Potential aus, das erst bei einer größeren Menge abgeschiedenen Oxyds auf den normalen Wert absinkt, so daß die vollständige Bedeckung des Kieselgurs dem maximalen Potentialwert entspricht. Aus der adsorbierten Menge bei diesem maximalen ζ-Wert kann wieder auf Grund der von einem Adsorptivmolekül bedeckten Fläche[2] die Oberfläche berechnet werden. Beim NiO und CoO finden die Verfasser unter gewissen Bedingungen drei Knicke in der Kurve für das ζ-Potential in Abhängigkeit von der adsorbierten Menge Oxyd, aus denen sie schließen, daß nacheinander drei Moleküllagen des Oxyds adsorbiert werden. Dieser Ansicht entspricht auch der schließliche Wassergehalt des Adsorbats beim Maximum des ζ-Potentials und die Tatsache, daß bei Annahme unimolekularer Bedeckung die adsorbierten NiO- und CoO-Mengen eine rund dreimal so große Oberfläche ergaben wie bei den Versuchen mit ThO_2 und Al_2O_3. Die so ermittelte effektive Oberflächengröße des benutzten Kieselgurpräparates war 287 m²/g, während der auf Grund einer Sedimentationsanalyse aus der Oberflächenverteilungskurve (vgl. S. 184) ermittelte Wert nur 154 m²/g betrug.

Auch durch Vergleich mit den noch zu beschreibenden Oberflächenbestimmungsmethoden, z. B. der Austauschadsorption, wird sich in manchen Fällen die Zahl der je Adsorptivmolekül beanspruchten Oberflächenatome bestimmen und damit die Voraussetzung der Oberflächenberechnung prüfen lassen[3]. Zwecks Ermittlung der zugänglichen Oberfläche haben also die zuletzt beschriebenen Verfahren, die Bestimmung von n_o und die Oberflächenberechnung nach Gl. (25), wesentliche Vorzüge gegenüber der Anwendung von Gl. (26), bei der zunächst immer nur eine Aussage über die adsorbierende Oberfläche O_a möglich ist.

---

[1] E. C. C. BALY, W. P. PEPPER, C. E. VERNON: Trans. Faraday Soc. **35** (1939), 1165 und frühere Veröffentlichungen.

[2] Die Verfasser benutzen zur Berechnung dieser Fläche nicht die Gl. (27) oder (27a), sondern die hier genauere Vorstellung, daß zwei Ni- und zwei O-Atome ein Quadrat mit einer Kantenlänge gleich dem bekannten Abstand zwischen Ni und O im kubischen NiO-Gitter bilden.

[3] Vgl. I. M. KOLTHOFF, F. T. EGGERTSEN: J. Amer. chem. Soc. **62** (1940), 2125.

Als Variante der geschilderten Oberflächenbestimmungen kann erwähnt werden, daß in einer Reihe von Arbeiten versucht wurde, die Oberfläche auf Grund folgender Proportion zu erhalten:

$$\frac{\text{Gesuchte Oberfläche vom Pulver}}{\text{Bekannte Oberfläche vom „Blech"}} = \frac{\text{adsorbierte Menge am Pulver}}{\text{adsorbierte Menge am „Blech"}} \cdot$$

So bestimmten BACHMANN und BRIEGER[1] mittels Methylenblauadsorption die Oberfläche von Cu-Pulvern aus der adsorbierten Menge an ausgemessenen Kupferblechen oder von Kohlepulvern aus der adsorbierten Menge an größeren Graphitkristallen[2]. Nach allen Erfahrungen (vgl. oben) läßt sich aber auf diese Weise die Adsorption an einer glatten Oberfläche mit der an einem porösen Pulver nicht in Beziehung setzen.

d) Oberflächenbestimmung durch Messung des Adsorptionsvolumens.

Anstatt die Oberfläche aus der bei unimolekularer Bedeckung adsorbierten Menge und deren Flächenbedarf zu bestimmen, besteht im Prinzip auch die Möglichkeit, die Oberfläche aus der Temperaturabhängigkeit der Adsorptionsisotherme (oder einer Adsorptionsisotherme und der Adsorptionswärme) zu ermitteln. Aus der molekularen Theorie der Adsorption folgt für den Grenzfall kleiner adsorbierter Mengen die Gleichung[3]

$$\frac{a}{n} = \Delta \cdot O_a \, e^{\varphi/RT} \quad \text{oder} \quad \ln \frac{a}{n} = \frac{\varphi}{RT} + \ln \Delta \cdot O_a. \tag{31}$$

Darin bedeutet a adsorbierte Menge je Gramm Adsorbens, n Zahl der vorhandenen Adsorptivmoleküle, φ Adsorptionsenergie, Δ Dicke des Adsorptionsraumes und O_a die adsorptionsfähige Oberfläche von 1 Gramm Adsorbens[4]. Trotz des stark vereinfachten Bildes, das dieser Näherungsformel zugrunde liegt, findet man doch in vielen Fällen bei VAN DER WAALSscher Adsorption von Gasen und bei kleinen Konzentrationen ein der Gl. (31) entsprechendes Verhalten, also eine Gerade im $\ln a/n - 1/T$-Diagramm. Aus dem Abschnitt dieser Geraden auf der Ordinatenachse folgt der Wert für $\ln \Delta \cdot O_A$, d. h. man hat die Möglichkeit, bei Kenntnis des Wirkungsbereiches der Adsorptionskräfte die Oberfläche O_a zu berechnen. Δ wird von derselben Größenordnung wie die Moleküldurchmesser sein, eine genaue Angabe ist aber zur Zeit nicht möglich; vor allem erweist sich Δ abhängig von der Adsorptionsenergie φ bzw. Adsorptionswärme Q.. Dies zeigt die Tabelle 11 nach KÄLBERER und SCHUSTER[5], die die Oberfläche von SiO_2-Gelen mit Hilfe der Adsorption verschiedener Gase und der obigen Gleichung bestimmten. Mit abnehmender Adsorptionswärme wird das Volumen des Adsorptionsraumes an ein und demselben Kieselgel um etwa den Faktor 70 größer. Rechnet man daher mit immer gleichem Δ-Wert $(1,5 \cdot 10^{-8}$ wird hier angenommen), so resultieren um fast zwei Größenordnungen

Tabelle 11. *Adsorptionsvolumen und daraus errechnete Oberfläche eines Kieselgels.*

Adsorption	Q	$T_{abs.}$	$\Delta \cdot O_a$ (cm³)	O_a (m²)
C_2H_4	7100	273	$0,25 \cdot 10^{-3}$	1,7
CO_2	7200	273	$0,25 \cdot 10^{-3}$	1,6
CO_2	6218	273	$1,35 \cdot 10^{-3}$	8,9
CO_2	5300	348	$4,5 \ \cdot 10^{-3}$	30
N_2	3000	273	$7,24 \cdot 10^{-3}$	48
Ar	2500	273	$17,4 \ \cdot 10^{-3}$	110

[1] W. BACHMANN, C. BRIEGER: Kolloid-Z. **39** (1926), 334; Erg.-Bd. **36** (1925), 142.
[2] Vgl. ferner B. ILJIN: Z. physik. Chem. **116** (1925), 431.
[3] E. HÜCKEL: Adsorption und Capillarkondensation, S. 52ff. Leipzig, 1928.
[4] B. ILJIN: Z. physik. Chem. **116** (1925), 431, leitet zur Oberflächenbestimmung eine Gleichung ab, in der Δ im wesentlichen durch die Oberflächenspannung des Adsorbens ausgedrückt wird.
[5] W. KÄLBERER, C. SCHUSTER: Z. physik. Chem., Abt. A **141** (1929), 270.

verschiedene Oberflächenwerte. (Auf Grund einer näheren Diskussion zeigen die Verfasser, daß der Wert für Argon der wahrscheinlichste ist.) Diese Versuche zeigen, daß aus einem großen Adsorptionsvolumen nicht sicher auf eine große Oberfläche geschlossen werden darf, da sich Δ am gleichen Adsorbens von einem Sorptiv zum anderen verändern kann[1]. Zu bemerken ist ferner, daß sich kleine Fehler in der Bestimmung der Temperaturabhängigkeit der adsorbierten Menge hier, wie in dem gleichartigen Fall einer Auswertung der Arrheniusschen Gleichung, unverhältnismäßig stark auf den Wert für ln ΔO_a auswirken. Das Verfahren erscheint nach allem der zuvor geschilderten Oberflächenbestimmung aus der Adsorptionsisotherme unterlegen.

e) Oberflächenbestimmung durch Messung der Benetzungswärme.

Von einer Reihe von Autoren wird aus Messungen der bei der Berührung einer Flüssigkeit mit der Oberfläche einer porösen Substanz frei werdenden Benetzungswärme die Oberfläche berechnet, d. h. eine direkte Proportionalität zwischen Oberfläche und Benetzungswärme teils experimentell gefunden, teils postuliert[2]. Eine solche Proportionalität besteht jedoch im allgemeinen sicher nicht. Die Benetzungswärme wird ebenso wie die Adsorptionsenergie auch von der Qualität der Oberfläche abhängen, so daß nur energetisch gleichwertige Oberflächen verglichen werden können[3]. Ferner kann die Benetzbarkeit je nach Flüssigkeit und Adsorbens in Abhängigkeit von den Oberflächenspannungen sehr verschieden sein[4]. Hinzu kommt, daß ein Teil der gemessenen Wärmetönung u. U. von der Hydratationswärme an der Oberfläche adsorbierter Ionen herrühren kann[5]. Eine Bestätigung des Gesagten findet man auch in den experimentellen Ergebnissen einer Arbeit von Lottermoser[6]. Aus den dort angegebenen Werten für die mit Methylenblau und Phenol bestimmten Oberflächen von 12 verschiedenen Aktivkohlen und deren mit Benzol gemessenen Benetzungswärmen ersieht man, daß die für Phenol zugängliche Oberfläche immer größer ist als die für Methylenblau zugängliche, was mit den Molekülgrößen übereinstimmt, daß aber weder für Phenol noch für Methylenblau irgendein eindeutiger Zusammenhang mit der Benetzungswärme besteht. Wesentlich ist auch, daß bei feinporigem, also oberflächenreichem Material die Benetzung so langsam vor sich gehen kann, daß die im Calorimeter *meßbare* Wärmetönung mit zunehmender Oberfläche sogar kleiner werden kann[7].

f) Oberflächenbestimmung mittels katalytischer Messungen.

Im Anschluß an die Adsorptionsmessungen sei die damit zusammenhängende Oberflächenbestimmung auf Grund von katalytischen Messungen genannt. Derartige Bestimmungen findet man z. B. bei v. Hahn[8] an Ton, Quarz, Ruß, Bauxit

---

[1] Über eine Erklärung für diese Änderungen von Δ auf Grund des für jedes Gas verschiedenen Potentialgebirges auf der Oberfläche siehe H. Dohse, H. Mark: Adsorption von Gasen und Dämpfen an festen Körpern. Hand- und Jahrbuch der chem. Physik Bd. III, 1, Abschn. 1, S. 59. Leipzig, 1933.

[2] Z. B. G. J. Parks: Philos. Mag. J. Sci. 4 (1902), 240. — W. Bachmann, C. Brieger: Kolloid-Z. 39 (1926), 334. — E. Borchard, W. Wildi: Helv. chim. Acta 13 (1930), 572. — W. A. Patrick, F. V. Grimm: J. Amer. chem. Soc. 43 (1921), 2144. — F. E. Bartell, Y. Fu: Colloid Sympos. Monogr. 7 (1930), 135.

[3] Vgl. E. Landt: Kolloid-Beih. 37 (1932), 1 und die dort angeführte Literatur. — F. Krczil: Kolloid-Z. 67 (1934), 37.

[4] Vgl. E. Landt: loc. cit., S. 17.

[5] A. Dumanski, M. Tschapek: Kolloid-Z. 71 (1935), 279.

[6] A. Lottermoser, Tu Chun-Yen: Kolloid-Beih. 46 (1937), 425.

[7] Vgl. A. E. Dunstan, F. B. Thale, F. G. Dempfry: J. Soc. chem. Ind. 43 (1924), 179. — F. Krczil: Kolloid-Z. 58 (1933), 183; 59 (1934), 54. — B. Iljin, A. Kisselew: Kolloid-Z. 66 (1934), 28.

[8] F. V. von Hahn: Wissensch. u. Ind. 1 (1922), 90.

und Ocker, bei VAN LIEMPT[1] und bei LOTTERMOSER[2] an Wolframpulvern und bei LEVI und HAARDT[3] an Platinschwamm, in allen Fällen mit Hilfe der H_2O_2-Zersetzung. Man erhält aus derartigen Messungen auch beim Arbeiten unter immer gleichen Bedingungen[4] selbstverständlich, nur relative Oberflächenwerte, die auch untereinander nur dann vergleichbar sind, wenn die Oberflächen energetisch gleichwertig sind, was sicher nur selten der Fall ist.

Dagegen lassen sich aus katalytischen Messungen bei Kenntnis der Kinetik Aussagen über den A-Faktor der ARRHENIUSschen Gleichung

$$k = A \cdot e^{-Q/RT}$$

machen, der als Maßzahl für die katalytisch wirksamen adsorbierenden Zentren betrachtet werden kann. So schließt DOHSE[5] aus der Konstanz der A-Werte bei der nach erster Ordnung verlaufenden Zersetzung verschiedener Alkohole an einem Bauxit (bei verschiedenen Aktivierungswärmen), daß die katalytisch wirksame Oberfläche für alle Alkohole die gleiche ist. DOHSE kommt weiterhin auch zu einer absoluten Aussage über die Zahl der aktiven Stellen auf folgendem Wege: An einer bestimmten Menge des Bauxits werden zunehmende Mengen Alkohol adsorbiert und die Halbwertszeit der Alkoholzersetzung gemessen. Die Halbwertszeit ist zunächst konstant, von einer bestimmten Belegungsdichte ab wird die Zersetzung aber sehr viel langsamer. Bei dieser Belegungsdichte geht die Reaktion von der ersten Ordnung in die nullte über. Daraus kann man folgern, daß der Knickpunkt der Kurve die Absättigung der aktiven Zentren in einfacher Bedeckung darstellt. Unter der Annahme, daß jede aktive Stelle eine Alkoholmolekel adsorbiert, findet DOHSE die Zahl der aktiven Zentren zu 2 bis $3 \cdot 10^{19}$ je Gramm seines nicht näher gekennzeichneten Bauxits.

Wie Versuche von KOHLSCHÜTTER und Mitarbeitern[6] über die H_2O_2-Zersetzung an verschiedenen Eisenhydroxyden gezeigt haben, können die katalytischen Messungen vielfach zu einer qualitativen Kennzeichnung des Gefüges, so zur Feststellung des Vorliegens einer kompakt-dispersen Ausbildungsform dienen,

g) Oberflächenbestimmung durch Messung der Oberflächenreaktion.

Zur Oberflächenbestimmung wurde nicht nur die Adsorptionsfähigkeit, sondern auch die Reaktionsfähigkeit der Oberflächenbausteine herangezogen. So bestimmte unter anderen WOLFF[7], ebenso SCHMIDT und DURAU[8] die Oberfläche von Glaspulvern aus der Auflösungsgeschwindigkeit in Natronlauge, SCHAAF[9] die von Kupferplatten mittels Lösung in Benzaldehyd, BACHMANN und BRIEGER[10] die von Kupferpulvern durch Lösung in Salpetersäure, SCHMIDT[11] und ebenso SCHWAB und RUDOLPH[12] die Oberfläche von Nickelpulvern aus der Lösungsgeschwindigkeit in Salzsäure, PALMER und CLARK[13] die Oberfläche von glasiger

---

[1] J. A. M. VAN LIEMPT: Kolloid-Z. **32** (1922), 118.

[2] A. LOTTERMOSER: Z. Elektrochem. angew. physik. Chem. **35** (1929), 612.

[3] G. R. LEVI, R. HAARDT: Gazz. chim. ital. **56** (1926), 424.

[4] Vgl. hier die Erfahrungen von K. SKUMBURDIS: Kolloid-Z. **55** (1931), 156 über den Einfluß verschiedener Faktoren auf die H_2O_2-Zersetzung an Kohlen und Bleicherden.

[5] H. DOHSE: Z. physik. Chem., Abt. B **6** (1929), 343.

[6] H. W. KOHLSCHÜTTER, H. SIECKE: Z. anorg. allg. Chem. **240** (1939), 232, dort frühere Literatur; vor allem Z. Elektrochem. angew. physik. Chem. **41** (1935), 857.

[7] H. WOLFF: Angew. Chem. **35** (1922), 38.

[8] G. C. SCHMIDT, F. DURAU: Z. physik. Chem. **108** (1924), 128. Vergleich mittels Farbstoffadsorption.

[9] F. SCHAAF: Z. anorg. allg. Chem. **126** (1923), 241.

[10] W. BACHMANN, C. BRIEGER: Kolloid-Z. **39** (1926), 334.

[11] O. SCHMIDT: Z. physik. Chem. **118** (1925), 216.

[12] G.-M. SCHWAB, L. RUDOLPH: Z. physik. Chem., Abt. B **12** (1931), 427.

[13] W. G. PALMER, R. E. D. CLARK: Proc. Roy. Soc. (London), Ser. A **149** (1939), 360.

Kieselsäure aus der anfänglichen Lösungsgeschwindigkeit in verdünnter Fluß-
säure (wobei die aufgelöste Menge aus der Änderung der Leitfähigkeit der Lösung
bestimmt wird). Mittels Oxydation der Oberfläche bestimmten Boswell und
Iler[1] die Oberfläche von NiO-Pulvern.

Nach Bestimmung der Lösungsgeschwindigkeit wird die Oberfläche berechnet
aus der Proportion:

$$\frac{\text{Gesuchte Oberfläche}}{\text{Bekannte Oberfläche}} = \frac{\text{Gelöste Menge von der gesuchten Oberfläche}}{\text{Gelöste Menge von der bekannten Oberfläche}}. \tag{32}$$

So wurde z. B. die Oberfläche von Glaspulvern und von Glasplatten verglichen
oder die von Nickelpulvern mit Nickelkugeln ausmeßbarer Oberfläche. Nach den
Gesetzen über die Auflösung fester Körper[2] ist die Auflösungsgeschwindigkeit
der Oberfläche proportional unter der Voraussetzung, daß die Diffusion durch
die an die Oberfläche angrenzende Flüssigkeitsschicht zeitbestimmend ist. Dies
braucht jedoch nicht immer der Fall zu sein, da u. U. auch die chemische Reaktion an der Grenzfläche der langsamste Vorgang sein kann[3]. So können auch, wie
Eckell[4] betont, Induktions- und Passivitätseffekte eine Verzögerung der
Auflösung verursachen. Wird nur ein relativer Vergleich von Oberflächen, z. B.
verschiedener Nickelpulver bezweckt, so fallen diese Einwände zumeist weg[5].
Die Proportionalität der Oberfläche mit der Lösungsgeschwindigkeit betrifft nur,
wie schon Brunner (l. c.) betont hat, ihre „quadratischen Dimensionen", ist
also nicht vorhanden bei aufgerauhten, porösen Oberflächen. Die Lösungsgeschwindigkeit ist bei diesen nicht konstant, sondern anfangs sehr viel größer;
dasselbe gilt, wenn feinste Teilchen vorhanden sind, die schnell weggelöst werden[6].
Zur Oberflächenbestimmung kann in diesem Fall natürlich nur die im ersten
Augenblick gelöste Menge dienen, diese ist aber praktisch nicht zu bestimmen,
so daß man aus dem Mittelwert eines größeren Zeitabschnittes nur relative Vergleichszahlen und keine absoluten Oberflächenwerte erhält, und dies strenggenommen auch nur bei Pulvern mit gleicher Korngrößenverteilung. Bedenkt
man, daß durch den Lösungsvorgang selbst die Oberfläche aufgerauht wird, so
wird man allgemein bestrebt sein müssen, den Lösungsvorgang nur kurzzeitig
verlaufen zu lassen. Experimentell erschwerend wirkt noch, daß die aufgelöste
Menge von der Art der Rührung in der Lösung abhängt. Alles in allem erscheint
die Methode für poröse Körper nicht anwendbar, aber auch für nichtporöse Substanzen nur bedingt brauchbar. Bei den Versuchen von Boswell und Iler (l. c.)
fanden die Verfasser, daß von NiO-Pulvern ein konstanter Bruchteil zu Ni_2O_3
oxydiert wird, wenn das Pulver $1\div2$ Tage in alkalischer NaClO-Lösung in
verschlossener Flasche, ohne Umschütteln, stehengelassen wurde. (Anwendung
von H_2O_2, Dimethylglyoxim und verschiedenen Alkalisulfiden für die Oberflächenreaktion führte zu nicht reproduzierbaren Ergebnissen.) Aus der Anzahl
addierter Sauerstoffatome im Verhältnis zur Gesamtzahl vorhandener Nickel-
atome (x) wird nach $x = \dfrac{6\,a^2}{a^3}$ die Kantenlänge a eines NiO-Teilchens errechnet.

An nicht zu hoch erhitzten Pulvern wird Übereinstimmung mit der röntgenographisch bestimmten Teilchengröße gefunden. Hieraus wird die Richtigkeit der

[1] M. C. Boswell, R. K. Iler: J. Amer. chem. Soc. 58 (1936), 924.

[2] Vgl. etwa W. Nernst, E. Brunner: Z. physik. Chem. 47 (1904), 52, 56.

[3] Vgl. z. B. K. Drucker: Z. physik. Chem. 36 (1901), 173, 693.

[4] J. Eckell: Z. Elektrochem. angew. physik. Chem. 39 (1933), 426.

[5] G.-M. Schwab, W. Brennecke: Z. physik. Chem., Abt. B 24 (1934), 393, Anm. 2.

[6] Über die Abhängigkeit der Löslichkeit (nicht Löslichkeitsgeschwindigkeit) von
der Menge des Bodenkörpers bei aktiven Stoffen vgl. die Arbeiten von R. Fricke
und Mitarbeitern: Z. physik. Chem. 113 (1924), 252; Kolloid-Z. 49 (1929), 230; Z.
anorg. allg. Chem. 191 (1930), 129.

Voraussetzung, daß alle und nur die oberflächlich liegenden NiO-Moleküle oxydiert werden, gefolgert. Eine Erklärung, warum nur NaClO befriedigende Resultate gab, wurde nicht gefunden.

h) Oberflächenbestimmung mittels Austauschadsorption.

Ein von den geschilderten Methoden abweichendes, auf einer „Austauschadsorption"[1] unter Verwendung radioaktiver Isotope beruhendes Verfahren benutzten PANETH und VORWERK[2] erstmalig zur Bestimmung der Oberfläche. Schüttelt man z. B. ein $PbSO_4$-Pulver, dessen Oberfläche bestimmt werden soll, in einer mit Thorium B (Blei-Isotop) indizierten, gesättigten $PbSO_4$-Lösung, so wird ein kinetischer Austausch (Platzwechsel) zwischen den Bleimolekülen der Oberfläche und der Lösung stattfinden und dazu führen, daß sich nach kurzer Zeit die radioaktiven Bleiatome gleichmäßig zwischen den Bleiatomen in der Oberfläche und in der Lösung verteilt haben. Es verhält sich dann:

$$\frac{\text{Th B an Oberfläche}}{\text{Th B in Lösung}} = \frac{\text{Pb an Oberfläche}}{\text{Pb in Lösung}} \cdot \tag{33}$$

Die Verteilung des Th B auf Oberfläche und Lösung läßt sich aus der Abnahme der Aktivität der Lösung gegenüber einer Vergleichslösung mit dem Elektroskop einfach bestimmen, die Bleimenge in der Lösung kann durch Eindampfen und Wägung des Rückstandes ermittelt werden. (Ist bei schwerlöslichen Verbindungen die gelöste Menge und damit die Th B-Menge in Lösung klein gegen die absorbierte, so setzt man eine bekannte Menge eines leicht löslichen Bleisalzes der Lösung zu. Dadurch wird erstens „Pb in Lösung" leichter meßbar und zweitens die Genauigkeit der Elektroskopmessungen größer. Diese ist am größten, wenn die adsorbierte und die gelöste Th B-Menge etwa gleich groß sind.) Damit wird als einzige Unbekannte die Zahl der Bleiatome an der Oberfläche bestimmbar. Zur Feststellung der Oberfläche muß dann nur wieder eine Annahme über den Raumbedarf eines Atoms gemacht werden [Gl. (27a)]. Die Methode war zunächst nur anwendbar zur Bestimmung der Oberfläche solcher Stoffe, von denen verwendbare radioaktive Isotope existieren, also von Blei, Wismut- und Thoriumverbindungen. Es wurde aber versucht, auch solche Substanzen heranzuziehen, bei denen ein isomorpher Ersatz von Oberflächenatomen durch radioaktive Atome erfolgen kann; z. B. nahm man eine Untersuchung von $BaSO_4$ mit einer Th B-haltigen $BaSO_4$-Lösung vor. PANETH modifizierte dabei die obige Gleichung durch Zusatz eines Faktors k:

$$\frac{\text{Th B in Oberfläche}}{\text{Th B in Lösung}} = k \cdot \frac{\text{Ba in Oberfläche}}{\text{Ba in Lösung}}, \tag{33a}$$

der das Verhältnis der Löslichkeiten, in diesem Fall des Th B- und des Bariumsulfates, berücksichtigt[3]. KOLTHOFF, der die Methode von PANETH häufig ver-

---

[1] Eine solche Adsorption, bei der sich ein Oberflächenatom oder -ion mit einem in Lösung befindlichen austauscht, ist nicht nur bei Isotopen möglich [F. PANETH: Physik. Z. **15** (1914), 924], sondern auch zwischen fremden Ionen wie etwa bei den Permutiten. Vgl. hierzu auch I. M. KOLTHOFF: Kolloid-Z. **68** (1934), 190. — I. M. KOLTHOFF, W. VON FISCHER, CH. ROSENBLUM: J. Amer. chem. Soc. **56** (1934), 832.

[2] F. PANETH, W. VORWERK: Z. physik. Chem. **101** (1922), 445; später unter anderen KOLTHOFF und Mitarbeiter (siehe unten), F. DURAU, G. TSCHOEPE: Z. Physik **100** (1936), 145 an $PbCl_2$. — O. HAHN, O. BOBECK: Ann. Chem. **462** (1928), 175 an $Th(C_2O_4)_2$ und $Th(PO_3)_2$.

[3] F. PANETH: Physik. Z. **15** (1914), 924. — F. PANETH, W. THIMANN: Ber. **57** (1924), 1215. Dabei ist die Löslichkeit des radioaktiven Salzes in der gesättigten Salzlösung, nicht in Wasser einzusetzen. Nach PANETH ist für:

$BaSO_4$/Th B $k = 0{,}07$, $SrSO_4$/Th B $k = 15$,
$BaSO_4$/Th X $k = 130$, $SrSO_4$/Th X $k = 8000$.

wendet hat, erhält den Faktor k experimentell, indem er einmal die Verteilung der radioaktiven Komponente zwischen Lösung und gut ausgebildeten, mikroskopisch ausgemessenen Kristallen bestimmt. So findet er[1] z. B. für die Verteilung von Pb(Th B)-Sulfat zwischen wäßriger Lösung und $BaSO_4$ $k = 0,12$, während sich aus der Löslichkeit $k = 0,07$ ergeben würde. Die Frage der Verteilung einer Mikrokomponente zwischen Lösung und der *Gesamt*menge einer Makrokomponente ist der Gegenstand ausgedehnter Untersuchungen gewesen[2]. Imre[3] glaubt, den Verteilungsfaktor aus den Adsorptionswärmen, z. B. der Blei- und Bariumionen an $BaSO_4$, ableiten zu können.

Da heute in sehr vielen Fällen künstlich radioaktive Isotope zur Verfügung stehen[4], kann die Unsicherheit, die bei Einführung von k auftritt, häufig vermieden werden. Ist dies nicht möglich, so sollte man besser auf die Oberflächenbestimmung nach diesem Verfahren verzichten.

Zur Beurteilung dieser radiochemischen Methode wären vor allem drei Fragen zu klären:

1. Stören Adsorptionseffekte? 2. Verläuft der oberflächliche Austausch mit einer hinreichend größeren Geschwindigkeit als das Eindringen in tiefere Gitterschichten, so daß beide Vorgänge experimentell getrennt werden können? 3. Nehmen alle Oberflächenatome am kinetischen Austausch teil? — Zunächst einmal scheint es bei Benutzung einer gesättigten Lösung nicht von Belang für die Oberflächenbestimmung, ob neben einem wirklichen Austausch (Platzwechsel) eine Adsorption an besonders energiereichen Stellen stattfindet, da auch bei letzterer entsprechend viel Atome dafür in Lösung gehen müssen, wenn auch u. U. an einer anderen Oberflächenstelle. Auch die Frage, ob dem Austausch primär eine Adsorption vorangeht[5], ist für den vorliegenden Zweck gleichgültig.

Wieweit ein Übergang der in die erste Schicht eingebauten Bleiionen in tiefere Schichten stattfindet, wird von der Geschwindigkeit dieses Vorganges und der dafür beim Experiment zur Verfügung stehenden Zeit abhängen. Im allgemeinen kann man wohl die Versuchsbedingungen so einrichten, daß der oberflächliche Austausch viel schneller verläuft als die auch tiefer liegende Schichten umfassende Umkristallisation („Mischkristallbildung" mit dem Isotop). So ist bei den Versuchen von Paneth und Vorwerk schon nach einer halben Minute der weitaus größte Teil der Gleichgewichtsmenge ausgetauscht[6]. Bei längerer Versuchsdauer können aber auch tiefere Schichten am Austausch teilnehmen. So fanden Hevesy und Biltz[7] bei Versuchen mit einer in eine Bleisalzlösung tauchenden Bleiplatte innerhalb einer Stunde einen Austausch von etwa 1000 Atomschichten[8]. Bei kleinen, stark fehlgebauten (frisch gefällten) Kristallen kann die Umkristallisation und damit der Einbau der radioaktiven Komponente in tiefere Schichten sogar erstaunlich schnell vor sich gehen. Hier haben besonders Kolt-

---

[1] I. M. Kolthoff, W. M. MacNevin: J. Amer. chem. Soc. **58** (1936), 725.

[2] R. Mumbrauer: Z. physik. Chem., Abt. A **156** (1931), 113. — N. Riehl: Z. physik. Chem., Abt. A **177** (1936), 224. — B. Goldschmidt: Ann. Chim. **13** (1940), 88. In diesen Arbeiten weitere Literatur.

[3] L. Imre: Z. physik. Chem., Abt. A **164** (1933), 364.

[4] I. M. Kolthoff, A. S. O'Brien: J. Amer. chem. Soc. **61** (1939), 3409 bestimmen z. B. die Oberfläche von AgBr durch Schütteln in einer Lösung von radioaktivem Brom, wobei ein schneller Austausch erfolgt.

[5] Vgl. L. Imre: Z. physik. Chem., Abt. A **177** (1936), 409.

[6] Zur schnellen Einstellung eines konstanten Sättigungswertes ist es aber unbedingt erforderlich, ein Zusammenbacken des Pulvers zu vermeiden. Paneth und Vorwerk bewahren daher Präparate, die zum Zusammenbacken neigen, nach der Herstellung bis zur Untersuchung in Wasser suspendiert auf.

[7] G. v. Hevesy, M. Biltz: Z. physik. Chem., Abt. B **3** (1929), 271.

[8] Vgl. auch die Versuche von Rollin: Anm. 6, S. 210.

HOFF und Mitarbeiter[1] die praktischen Möglichkeiten gezeigt, beide Effekte experimentell zu trennen, z. B. durch Verwendung nichtwäßriger Lösungsmittel, Extrapolation der adsorbierten Menge auf die Zeit null, gleichzeitige Adsorption von Farbstoffen usw. Wichtige Versuche, auf Grund einer Analyse des zeitlichen Verlaufs diese verschiedenen Vorgänge: wahre Adsorption, Austauschadsorption und Mischkristallbildung zu trennen, findet man in den Arbeiten von IMRE[2].

Wie bereits PANETH und VORWERK zeigten, kann man die Ausgangsgleichung auch in Form einer Adsorptionsisotherme schreiben. Ist m die ursprüngliche Menge Adsorptiv in der Lösung, a die sorbierte Menge und O_A die Zahl der am Austausch teilnehmenden Oberflächenatome, so folgt aus Gl. (33) unmittelbar:

$$\frac{a}{m-a} = \frac{O_A}{m} \quad \text{oder} \quad \frac{1}{a} = \frac{1}{m} + \frac{1}{O_A} \tag{33 b}$$

Die geforderte Gerade im $\frac{1}{a} - \frac{1}{m}$-Diagramm wurde an den experimentellen Ergebnissen bestätigt gefunden. Gl. (33 b) ergibt Kurven, die für große Konzentrationen (m) einem Werte $a = O_A$ zustreben. Aus dem Ordinatenabschnitt kann also O_A ermittelt werden[3].

Dafür, daß es sich bei reiner Austauschadsorption um einen der wahren Adsorption vergleichbaren Vorgang handelt, spricht auch die Tatsache, daß die Verteilung der radioaktiven Komponente sich in den Versuchen von PANETH und VORWERK als ein von beiden Seiten einstellbares Gleichgewicht erwies.

Von entscheidender Wichtigkeit für die Methode ist nun die dritte Frage, ob der Austausch tatsächlich *alle* oberflächlichen Atome erfaßt. PANETH und THIMANN[4] suchten dies experimentell zu beantworten, indem sie eine Reihe von Substanzen gleichzeitig mikroskopisch untersuchten. Die Ergebnisse gibt die Tabelle 12

Tabelle 12. *Vergleich mikroskopisch und radiochemisch bestimmter Oberflächen.*

| Substanz | mikroskopisch bestimmte | | | radiochemisch best. Oberfl. in dm²/g mit | |
	mittl. Höhe in μ	mittl. Breite in μ	Oberfläche in dm²/g	Th B	Th X
PbSO$_4$	1,8	1,8	55	66	—
PbSO$_4$	22	2,0	33	57	—
PbSO$_4$	28	3,0	21	37	15
PbSO$_4$	49	3,6	19	35	—
PbSO$_4$	54	3,6	18	44	—
PbSO$_4$	17,5	4,4	16	25	8,0
PbSO$_4$	12,6	6,7	12	11	—
PbSO$_4$	57,7	25,1	3,6	4,7	—
PbSO$_4$	91	67	1,3	1,4	—
PbCrO$_4$	1030	139	0,57	0,39	—
PbCrO$_4$	1160	157	0,49	0,45	—
PbCl$_2$	9	2,9	28	30	—
PbCl$_2$	32,5	6,6	12	18	—
PbS	114	84	0,087	0,041	—
PbS	118	91	0,081	0,058	—
PbS	125	89	0,081	0,058	—
PbS	142	106	0,069	0,041	—
PbS	168	122	0,058	0,041	—
PbS	170	128	0,057	0,025	—
BaSO$_4$	0,6	0,6	233	550	217
BaSO$_4$	20	20	7	13	—
SrSO$_4$	8,5	12,6	15	15	14
CaSO$_4$	135	6,7	34	18	33

[1] Vgl. etwa I. M. KOLTHOFF, W. M. MACNEVIN: J. Amer. chem. Soc. 58 (1936), 725. — J. M. KOLTHOFF, A. S. O'BRIEN: J. Amer. chem. Soc. 61 (1939), 3409. — I. M. KOLTHOFF, F. T. EGGERTSEN: J. Amer. chem. Soc. 62 (1940), 2125.

[2] L. IMRE: Kolloid-Z. 91 (1940), 32 und frühere Arbeiten, vor allem Z. physik. Chem., Abt. A 177 (1936), 409 und Trans. Far. Soc. 35 (1939), 753.

[3] Eine wesentliche Weiterentwicklung in experimenteller wie theoretischer Hinsicht stellen die neuesten Arbeiten von L. IMRE dar [vgl. Kolloid-Z. 90 (1942), 147], auf die hier leider nicht mehr eingegangen werden konnte, auf die aber besonders hingewiesen sei.

[4] F. PANETH, W. THIMANN: Ber. 57 (1924), 1215.

wieder[1]. Die mikroskopischen Oberflächen sind, da die Unebenheiten nicht erfaßt werden können, allgemein etwas kleiner, als die aus dem Austausch berechneten[2], stimmen aber größenordnungsmäßig mit letzteren überein. Ausnahmen davon bilden nur das $CaSO_4$ und die Messungen an $PbCrO_4$ sowie PbS. Während dies beim $CaSO_4$ dadurch verständlich wird, daß weder Th X noch Th B sich in $CaSO_4$ isomorph einbauen läßt, die Adsorptiva also für eine Oberflächenbestimmung ungeeignet sind, ist das Ergebnis bei den beiden Bleisalzen auffallend. Weitere Versuche von PANETH und Mitarbeitern[3] mit *natürlichen* Kristallen von $PbCrO_4$ und PbS, ferner von $PbSO_4$, $PbMoO_4$, $PbCO_3$, $BaSO_4$ und $SrSO_4$ ergaben nun folgendes (vgl. Tabelle 13).

Bei allen natürlichen Kristallen tritt zwischen den oberflächlichen Bleiatomen und den Th B-Atomen in Lösung entweder gar kein oder nur teilweiser Austausch ein. Wird der Kristall pulverisiert, so ist im Falle von $PbCrO_4$, $PbMoO_4$ und $PbCO_3$ ein verstärkter Austausch vorhanden, beim $PbSO_4$ bleibt aber selbst dann die Zahl der austauschenden Oberflächenatome sicher kleiner als die Zahl der vorhandenen, und beim PbS ist der Austausch weiterhin fast Null. Auch ein aus stark salpetersaurer Lösung künstlich hergestelltes PbS zeigte das gleiche Verhalten wie die natürlichen Kristalle, d. h. praktisch keinen Austausch[4].

Nach diesen Ergebnissen kann die oben gestellte Frage, ob alle Oberflächenatome am Austausch teilnehmen, im allgemeinen nicht positiv beantwortet werden. Vielmehr sprechen die Versuche

Tabelle 13.

Vergleich der mikroskopisch und der radiochemisch bestimmten Oberfläche an natürlichen Kristallen.

Kristall	Mikrosk. best. Mindestgröße der spez. Oberfl. in dm²	Radiochemisch best. spez. Oberfläche in dm²
Crocoit, $PbCrO_4$	0,079	0,050
Crocoit, $PbCrO_4$	0,083	0,050
Crocoit, $PbCrO_4$	0,104	0,066
Crocoit, $PbCrO_4$ (pulv.)........	0,56	1,43
Crocoit, $PbCrO_4$ (pulv.)	0,69	0,69
Galenit, PbS	0,053	0
Galenit, PbS	0,032	0
Galenit, PbS	0,032	0
Galenit, PbS (pulv.)	0,80	0
Galenit, PbS (pulv.)	3,92	0,05
Anglesit, $PbSO_4$ (pulv.)	0,79	0,51
Wulfenit, $PbMoO_4$ (pulv.)	0,42	3,20
Wulfenit, $PbMoO_4$ (pulv.)	0,93	7,15
Cerussit, $PbCO_3$ (pulv.)........	0,56	3,46
Schwerspat, $BaSO_4$ (pulv.).....	0,69	0

dafür, daß ein Austausch bevorzugt an Kanten, Ecken und Störstellen der Oberfläche stattfindet[5], aber wenig oder zu langsam an relativ fehlerfreien, glatten Oberflächen, wie sie angenähert bei den natürlich gewachsenen Kristallen vorlagen. Da gerade PbS und $PbCrO_4$ die am schwersten löslichen Verbindungen des Bleis und deutlich schwerer löslich als $PbCO_3$, $PbSO_4$ und $PbMoO_4$ sind, so ist man versucht, auch dies in Zusammenhang mit den obigen Resultaten zu bringen. Neuere Erfahrungen mit künstlich radioaktiven Isotopen[6]

---

[1] Bei den Versuchen mit $BaSO_4$ und $SrSO_4$ wurden die S. 207, Anm. 3 angeführten k-Faktoren benutzt.

[2] Wobei eigentlich wundernimmt, wie geringfügig häufig der Unterschied ist.

[3] Vgl. F. PANETH: Radioelements as Indicators, S. 66ff. New York, 1928.

[4] A. EISNER: Über den kinetischen Austausch an der Oberfläche natürlicher und künstlicher Kristalle. Diss. Berlin, 1926.

[5] Vgl. auch G.-M. SCHWAB, E. PIETSCH: Z. physik. Chem., Abt. B 2 (1929), 262.

[6] Z. B. die Versuche von B. V. ROLLIN: J. Amer. chem. Soc. 62 (1940), 86 über den Austausch zwischen Radiosilber enthaltendem Silberblech und Silbernitratlösung und umgekehrt zwischen inaktivem Silberblech und $AgNO_3$-Lösung.

lassen weiterhin erkennen, daß die gestellte Frage keine eindeutige Antwort zuläßt, vielmehr in jedem Einzelfall, wie PANETH selbst an einer Stelle bemerkt[1], mit Sicherheit nur nach spezieller Prüfung des jeweiligen Systems entschieden werden kann. Eine solche Prüfung ist bezüglich der Frage, ob überhaupt ein Austausch stattfindet, natürlich leicht vorzunehmen. Ob aber bei vorhandenem Austausch die Gesamtoberfläche daran beteiligt ist, wird nur durch Zuhilfenahme anderer Oberflächenbestimmungsmethoden festzustellen sein. Von einer eindeutigen Klärung der Austauschadsorptionsprozesse und ihrer Kinetik ist man noch sehr entfernt, obgleich zu hoffen ist, daß mit den neuen Hilfsmitteln der künstlich radioaktiven Isotope wesentliche Fortschritte zu erzielen sein werden. Der Wert der Austauschadsorptionsmethode, deren Anwendungsbereich durch die künstlich radioaktiven Atomarten an sich wesentlich erweitert worden ist, erscheint nach dem bisherigen Stand der Erfahrungen noch problematisch, wenn nicht auf einem unabhängigen Wege die Frage geklärt werden kann, welcher Bruchteil der Oberflächenatome am Austausch teilnimmt[2].

Rückblickend erscheint von den Oberflächenbestimmungen mittels Adsorptions- oder ähnlichen Messungen als sicherste Methode die Auswertung der Adsorptionsisotherme und dabei wieder am vorteilhaftesten die Verfahren, bei denen die Zahl der Oberflächenbausteine (z_0) ermittelt wird (S. 201ff.).

i) Oberflächenbestimmung nach dem Rückstoßverfahren.

Zum Abschluß sei noch ein Verfahren besprochen, das zwar noch kaum Anwendung gefunden hat und dessen Anwendungsbereich auch beschränkt ist, das aber gerade für Oberflächenuntersuchungen an porösen Körpern einige besondere Vorzüge gegenüber anderen Methoden besitzt. Es handelt sich dabei um eine Verwendung des Rückstoßeffektes bei der Entstehung der radioaktiven Emanationen. Zum Verständnis muß kurz auf die HAHNsche Emaniermethode eingegangen werden.

Die von O. HAHN[3] eingeführte Emaniermethode beruht auf folgender Überlegung: Wird eine Substanz — beispielsweise Eisenhydroxyd — ausgefällt bei Anwesenheit einer radioaktiven Atomart, die bei ihrem weiteren Zerfall eine Emanation bildet — z. B. Radiothor —, so muß das ständig aus seiner Muttersubstanz nachgebildete Emanationsgas aus der Substanz entweichen. Der Bruchteil der Emanationsatome, der innerhalb ihrer Lebensdauer aus dem Präparat entweichen kann — das sog. Emaniervermögen (EV) —, wird abhängig sein von der Struktur und der Oberfläche der indizierten Substanz. So wurde z. B. gefunden, daß Radon, dessen Halbwertszeit 3,8 Tage beträgt, aus einem kristallisierten Salz zu einigen Prozenten entweichen kann, während aus Eisenhydroxydgelen schon das viel kürzerlebige Thoron (Halbwertszeit 50 sec) bis zu 90% emaniert. Durch Beobachtung der Emanationsabgabe wurden in der Folgezeit von HAHN und Mitarbeitern, später auch von FRICKE und Mitarbeitern und anderen eine große Zahl von Untersuchungen über die Veränderungen sowohl oberflächenreicher, wie oberflächenarmer Verbindungen bei der Alterung, Trocknung, Wiederbewässerung, Erhitzung, Zersetzung usw. durchgeführt. Natürlich lag es nahe, die Methode auch zu Bestimmungen der Oberflächengröße heranzuziehen.

Von HAHN und BOBECK[4] wurde dazu die Oberfläche verschiedener Thorium-

---

[1] F. PANETH: Radioelements as Indicators, S. 68. New York, 1928.

[2] Die weitere Entwicklung auch dieser Frage findet man in den S. 209 zitierten neuesten Arbeiten von IMRE.

[3] O. HAHN, O. MÜLLER: Z. Elektrochem. angew. physik. Chem. **29** (1923), 189. — O. HAHN: Naturwiss. **17** (1929), 295.

[4] O. HAHN, O. BOBECK: Lieb. Ann. **462** (1928), 174. — O. HAHN: S.-B. Akad. Wiss. Berlin **1929**, 535.

salze mit Hilfe der Indicatormethode von Paneth (S. 207) und gleichzeitig das EV dieser Salze bestimmt, so daß die EV-Oberflächenkurve gewissermaßen geeicht war. Die dabei gemachte Voraussetzung eines eindeutigen Zusammenhanges zwischen EV und Oberfläche trifft aber, wie sich bald zeigte, nicht zu. Das Emaniervermögen setzt sich nämlich aus zwei Anteilen zusammen: Bei der Aussendung des Teilchens erfährt das restliche Emanationsatom einen Rückstoß, der es befähigt, einige hundert Å Substanz zu durchdringen. Der „Rückstoßanteil" ist also die infolge der kinetischen Energie der Emanationsatome aus der Oberflächenschicht des Präparates entweichende Emanationsmenge. Endet das Emanationsatom auf seiner Rückstoßbahn dagegen nicht im umgebenden Gasraum oder in einer Pore, sondern bleibt in fester Substanz stecken, so wird es zu diffundieren anfangen. Dieser durch Diffusion entweichende Anteil am EV wird desto größer sein, je langlebiger die verwendete Emanation ist. Für den Rückstoßanteil konnten nun Heckter und Strassmann[1] eine Beziehung ableiten, die sich schreiben läßt in der Form[2]:

$$\varepsilon_R = \frac{1}{4} \cdot \mathfrak{R} \cdot \frac{\text{Oberfläche}}{\text{Volumen}} \,. \tag{34a}$$

$\varepsilon_R = $ Rückstoßanteil am EV, $\mathfrak{R} = $ Rückstoßreichweite.

Für kugelförmige Teilchen folgt daraus z. B.: $\varepsilon_R = \dfrac{3}{4}\dfrac{\mathfrak{R}}{r}$, wobei r der Kornradius ist, für würfelförmig angenommene Teilchen: $\varepsilon_R = \dfrac{3}{2}\dfrac{\mathfrak{R}}{a}$ ($a = $ Kantenlänge). Die Rückstoßreichweite $\mathfrak{R}$ läßt sich für beliebige Substanzen berechnen aus:

$$\mathfrak{R} = C \cdot \frac{\bar{A}}{\varrho}\,\text{cm}\,, \tag{35}$$

wobei $\bar{A}$ ein unter Berücksichtigung der relativen Bremsvermögen der Atome berechnetes „mittleres Atomgewicht" der Substanz und C eine Konstante ist[2]. Von Heckter wurde auf diesem Wege aus dem beobachteten EV von Glasgrießen deren Oberfläche ermittelt, unter der Voraussetzung, daß der Diffusionsanteil gegenüber dem Oberflächenanteil zu vernachlässigen sei, d. h. daß man das gemessene EV praktisch mit ε_R gleichsetzen kann. — Nach einer mit der Gl. (34a) in der Form für würfelförmige Teilchen inhaltsgleichen Formel bestimmten später Fricke und Mitarbeiter[3] die Oberfläche verschiedener Oxyde, z. B. von Fe_2O_3, Al_2O_3 und anderen, ebenfalls unter der Voraussetzung, daß $\varepsilon = \varepsilon_R$.

In einer der Theorie der Emaniermethode gewidmeten Arbeit von Flügge und Zimens[4] wurden diese Ansätze weiter entwickelt. Gl. (34a) gilt nur näherungsweise (für kleine EV), die vollständige Beziehung zwischen dem Rückstoß-EV, der Korngröße und der Rückstoßreichweite lautet (für kugelförmige Teilchen):

$$\varepsilon_R = \frac{3}{4}x - \frac{1}{16}x^3\,, \quad \text{wobei} \quad x = \frac{\mathfrak{R}}{r}\,. \tag{34}$$

Gl. (34a) ergibt sich hieraus für $x \ll 1$. Aus der allgemeinen Beziehung $O_s = 3/r \cdot \varrho$ folgt mit $r = \mathfrak{R}/x$ und Gl. (35) für die spez. Oberfläche:

$$O_s = 360 \cdot \frac{x}{\bar{A}}\,\text{m}^2/\text{g}\,, \tag{36}$$

[1] M. Heckter: Glastechn. Ber. 12 (1934), 156. — F. Strassmann: Z. physik. Chem., Abt. B 26 (1934), 353.

[2] Vgl. S. Flügge, K.-E. Zimens: Z. physik. Chem., Abt. B 42 (1939), 179.

[3] R. Mumbrauer, R. Fricke: Z. physik. Chem., Abt. B 36 (1937), 1. — R. Fricke, F. Niermann, Ch. Feichtner: Ber. 70 (1937), 2318. — R. Fricke, Ch. Feichtner: Ber. 71 (1938), 131. — R. Fricke, G. Gwinner, Ch. Feichtner: Ber. 71 (1938), 1752.

[4] S. Flügge, K.-E. Zimens: l. c.

wobei der angegebene Zahlenfaktor für Thoron und Actinon gilt, während er für Radonmessungen 530 beträgt. Der Parameter x kann nach Gl. (34) aus dem Rückstoß-EV bestimmt werden. Ein besonderer Vorzug der Oberflächenbestimmung nach Gl. (36) liegt in folgendem: Innerhalb des Gültigkeitsbereiches von Gl. (34a), d. h. solange das zweite Glied in (34) zu vernachlässigen ist, gilt Gl. (36) für *beliebig geformte Teilchen*, da die Ausbildung der Teilchenform in dem experimentell gefundenen Wert für ε_R enthalten ist. Es liegt dies darin begründet, daß die Kornoberfläche, solange die Rückstoßreichweite klein gegen die Unebenheiten ist, für den Rückstoßeffekt als eben betrachtet werden kann. Umgekehrt bedeutet dies, daß die Unebenheiten der Oberfläche bis herab zu solchen der Größenordnung von $\mathfrak{R}$ (10^{-5} bis 10^{-6} cm) bei der Oberflächenbestimmung mit erfaßt werden. Der Vorteil, den diese Tatsachen bieten, ist ohne weiteres ersichtlich.

Der für die Oberflächengröße maßgebende Parameter x wird nach Gl. (34) aus dem Rückstoß-EV ermittelt. Gemessen wird im Versuch aber nicht ε_R, sondern das Gesamt-EV, das sich aus ε_R und dem Diffusionsanteil ε_D je nach Substanz und vorliegenden Bedingungen in verschiedenartiger Weise zusammensetzen kann. In der Arbeit von FLÜGGE und ZIMENS (l. c.) wird einerseits die *Notwendigkeit*, andererseits die *Möglichkeit* einer Aufteilung des summarischen EV in Rückstoß und Diffusionsanteil betont. Eine eingehende Darstellung der vorhandenen Möglichkeiten einer derartigen Analyse des EV wird in einer neueren Arbeit von ZIMENS[1] gegeben. Die Aufteilung gelingt entweder durch Beobachtung des Temperaturverhaltens des EV oder durch Verfolgung des zeitlichen Anstiegs des EV für Radon oder, unter gewissen Voraussetzungen, durch gleichzeitige Messung mit zwei Emanationen verschiedener Halbwertszeit.

Es fragt sich schließlich, in welcher Weise die nach dem „Rückstoßverfahren"[2] ermittelte Oberflächengröße gekennzeichnet ist. Diese Frage wird dadurch zu einem komplizierten Problem, daß bei Poren oder Zwischenräumen, die kleiner als die Rückstoßreichweite in Luft (etwa 10^{-2} cm) sind, die Rückstoßatome, welche aus einem Korn herausfliegen, wieder in ein zweites bzw. die gegenüberliegende Porenwandung hineingeschossen werden. Das Problem der Emanationsabgabe aus dispersen Systemen wurde von ZIMENS[1] ausführlich diskutiert, und das Ergebnis in bezug auf die Oberflächenkennzeichnung ist folgendes: Die Rückstoßatome, die nach Durchkreuzen einer Pore wieder in andere feste Bereiche eindringen, können hinreichend schnell, d. h. in so kurzen Zeiten, daß auf dem Wege kein merklicher Bruchteil von ihnen zerfällt, herausdiffundieren und werden infolgedessen auch im Rückstoß-EV (als „indirekter Rückstoßanteil") gemessen. Infolgedessen wird, trotz des Hineinschießens der Rückstoßatome in weitere feste Bereiche, neben der freien Oberfläche auch *die innere Oberfläche der für die Edelgasatome zugänglichen, offenen Poren* erfaßt. Dabei umfaßt das Verfahren den Bereich zwischen etwa 50 cm²/g ($\varepsilon_R = 0,01\,\%$) und etwa 50 m²/g ($\varepsilon_R = 100\,\%$). Infolge der Streuung der Teilchengrößen[3] wird aber bereits bei kleineren Oberflächenwerten als 50 m²/g keine Proportionalität mehr zwischen dem ε_R und der für Emanationsatome von außen zugänglichen Oberfläche bestehen. Wann diese Abweichung merkbar wird, hängt davon ab, wann ein merk-

---

[1] K.-E. ZIMENS: Z. physik. Chem. **192** (1943), 1.

[2] Im Prinzip ist das Verfahren nicht an eine Emanation gebunden, vielmehr an das Auftreten eines Rückstoßeffektes beim radioaktiven Zerfall. Nur lassen sich die Edelgasatome, nicht aber andere Rückstoßatome, leicht vom Präparat in geeigneter Weise wegführen und messen.

[3] Ein „Teilchen" bedeutet hier also jeweils ein einzelnes kompaktes Korn im Falle rein diskret-disperser Substanzen bzw. einen einzelnen „festen Bereich" im Falle kompakt-disperser Systeme.

licher Bruchteil der Teilchen zu 100% emaniert, also von der Verteilungsfunktion der Teilchengrößen. Bei Oberflächenausdehnungen, die sich 50 m^2/g annähern, und erst recht bei größeren Werten, gibt also die nach dem Rückstoßverfahren ermittelte Oberflächengröße nur einen Minimalwert, d. h. eine konventionelle Maßzahl der für die Emanationsatome von außen zugänglichen Oberfläche. Der Einfluß der Verteilungsfunktion im Falle kleiner Teilchengrößen[1] wurde quantitativ noch nicht entwickelt.

Für solche Systeme, die sich mit einer radioaktiven Atomart indizieren lassen, und in dem eben genannten Bereich von Oberflächengrößen steht mit dem Rückstoßverfahren eine weitere Methode zur Ermittlung der inneren Oberfläche poröser Körper zur Verfügung. Ein besonderer Vorzug des Verfahrens tritt in Erscheinung, wenn Oberflächen*änderungen* mit der Temperatur, der Zeit usw. beobachtet werden sollen, da dies fortlaufend und gleichzeitig während des untersuchten Vorganges geschehen kann. Sein Nachteil ist der relativ große Aufwand, der erforderlich ist, falls nicht schon radioaktive Präparate und Meßinstrumente vorhanden sind. Für alle Einzelheiten sei auf die ausführliche Arbeit von Zimens[2] verwiesen.

7. Elemente der Struktur und des Gefüges.

Zum Abschluß der Betrachtungen über die Kennzeichnungen des porösen Zustandes sollen die Parameter (abgesehen von der chemischen Zusammensetzung, inbegriffen Verunreinigungen), welche die Struktur und das Gefüge poröser Körper charakterisieren, in kurzen Umrissen beschrieben werden[3]. Wir bezeichnen diese Parameter auch als „Elemente" und unterscheiden auf Grund der S. 155 definierten Bezeichnungen zwischen „Strukturelementen" und „Gefügeelementen".

Strukturelemente.

1. *Gitterstruktur des ungestörten Gitters.*

Für die Anordnung der Bausteine im porenfreien Gitter ist neben den kristallographischen Parametern die Dichte eine charakteristische Konstante; sie ist auf das fehlbaufreie, kompakte Material zu beziehen.

2. *Räumliche Ausdehnung der Primärkristallite.*

Die Größe und Form der Primärkristallite wird in erster Linie mit Röntgenstrahlen untersucht. Für eine Häufung von Kristalliten in Pulvern usw. werden mittlere Größenwerte für die linearen Abmessungen oder das Volumen angegeben. Die Verteilungsfunktionen dieser Größen sind im allgemeinen bisher nicht zu erfassen.

3. *Störungsgrad und Störungsart der Primärkristallite.*

Für die Störung ist maßgebend der Fehlordnungs- und Fehlbauzustand (S. 155), gegebenenfalls auch der Gehalt an amorphem, also „strukturlosem" Material. Diese Parameter werden ebenfalls vor allem mit Röntgenstrahlen, für Fehlordnungsbestimmungen kombiniert mit Dichtemessungen[4] erfaßt. (Näheres in dem Beitrag von R. Fricke in diesem Band.)

---

[1] D. h. zum Teil kleiner als $\Re$.

[2] K.-E. Zimens: zitiert S. 213.

[3] Vgl. hierzu Wo. Ostwald: Kolloid-Z. **55** (1931), 257. — W. S. Wesselewski, K. W. Wassiliew: Z. Kristallogr., Mineral., Petrogr. **89** (1934), 156. — E. Manegold: Kolloid-Z. **80** (1937), 253; **81** (1937), 19 und frühere Arbeiten.

[4] Vgl. C. Wagner, J. Beyer: Z. physik. Chem., Abt. B **32** (1936), 113 und die S. 158 unter Anm. 2 zitierte Literatur.

Gefügeelemente.

Für den Gefügeaufbau amorpher und kristalliner poröser Substanzen können folgende Elemente als kennzeichnend gelten:

1. Räumliche Ausdehnung der Körner oder Sekundärteilchen.
2. Porosität.

Das gesamte Hohlraumvolumen ist zusammengesetzt aus dem Kornzwischenraum, dem Raum zwischen den Grenzflächen der Kristallite im Korn (Porenvolumen) und schließlich den durch irreversiblen Fehlbau im Gitter vorhandenen Lücken. Frei von „Poren" ist somit strenggenommen nur ein im Fehlordnungsgleichgewicht befindliches Gitter. Die Bestimmungsmethoden wurden ausführlich behandelt (S. 159f.).

3. Porenweite.

Neben der Porosität ist die Verteilung der Porenweiten von ausschlaggebendem Einfluß für den Charakter des Gefüges und damit für die Eigenschaften. Häufig muß in erster Näherung mit einer mittleren Porenweite gerechnet werden, doch läßt sich auch in verschiedener Weise deren Verteilung bestimmen. Die Bestimmungsmethoden sowohl für das Mikro- wie für das Makroporensystem wurden ausführlich besprochen (S. 167ff.). Mit der Porosität und der Porenweite ist gleichzeitig die Größe der inneren Oberfläche festgelegt [Gl. (22) S. 188].

Diese drei Bestimmungsgrößen erscheinen als die wichtigsten, praktisch meßbaren Gefügeelemente poröser Substanzen. Neben diesen müssen noch eine Reihe anderer genannt werden, um das Gefüge eindeutig zu kennzeichnen. Deren Bestimmung ist jedoch meist sehr viel schwieriger oder sogar undurchführbar.

4. Porenlage im Raum.

Statt der Porenlage im Raum könnte auch die Lage der Kristallite bzw. Kristallitenaggregate zueinander aufgeführt werden (das eine ist das räumliche Abbild des anderen). Doch wird im allgemeinen die Porenlage experimentell leichter zu erfassen sein. Von der Lage und Verteilung der Poren ist das Verhältnis zwischen dem Volumen der geschlossenen, der sack- und der kanalförmigen Poren abhängig, ebenso die Verzweigungsart des Porensystems. Einen näheren Einblick in den räumlichen Aufbau des dispersen Gefüges bietet die Bestimmung des „Stereofaktors" $\vartheta_{P_{eff}}$ aus Permeationsmessungen, wie es S. 162 vorgeschlagen wurde; u. U. ist auch eine unmittelbare mikroskopische Betrachtung möglich (S. 167). Zwei extreme Fälle der Porenverteilung werden dargestellt durch ein Sieb mit nebeneinanderliegenden Löchern oder parallelen, zylinderförmigen Poren (Kanalsystem) und ein schwammartig aufgebautes Gel (Gerüstsystem).

5. Orientierung der Kristallite im Raum.

Auch die Orientierung der einzelnen Kristallite mit ihren Netzebenen zueinander kann den Aufbau und die Eigenschaften des Aggregates beeinflussen, da die verschiedenen Kristallebenen weder kristallographisch noch chemisch gleichwertig sind[1].

---

[1] Vgl. z. B. P. A. Thiessen, E. Schoon: Z. Elektrochem. angew. physik. Chem. 46 (1940), 170. — R. Fricke, H. Deifel: Ber. 72 (1939), 1568. — R. Fricke: Kolloid-Z. 96 (1941), 211. — J. A. Hedvall: Reaktionsfähigkeit fester Stoffe, S. 142ff. Leipzig, 1938 und die dort zitierte Literatur. Näheres in dem Beitrag von R. Fricke in diesem Bande.

6. Bindungsgrad der Kristallite.

Die Stärke der Bindung zwischen den Kristalliten kann sehr verschieden sein, insbesondere wenn man auch organische Systeme mit einbezieht. Ganz grob kann unterschieden werden zwischen den Fällen, daß keine Bindung oder daß elastische Bindung oder daß starre Bindung vorliegt. Über den Zusammenhang zwischen Bindungsgrad und dem Struktur- und Gefügeaufbau vgl. z. B. Houwink[1].

Die modellmäßige, geometrische Rekonstruktion eines porösen Körpers mittels der genannten Parameter kann natürlich immer nur ein recht grobes Bild der Wirklichkeit geben, wenn man die Betrachtung in atomare Dimensionen ausdehnt. Die angeführten meßbaren Kenngrößen können die Vielfältigkeit der atomaren Ausbildungsformen etwa einer „Porenoberfläche" nicht erfassen. Hier muß eine chemische Charakterisierung auf Grund der spezifischen Wirkungen der dispersen Körper und auf Grund der genetischen Verhältnisse (im Sinne V. Kohlschütters) einsetzen. Eine *gleichzeitige* Strukturerforschung (Näheres darüber in dem Beitrag von R. Fricke in diesem Bande), Gefügeuntersuchung (mittels der beschriebenen Kenngrößen und Untersuchungsmethoden) und chemische Kennzeichnung wird am ehesten zu weiteren Erkenntnissen führen und sollte mehr als bisher bei der Untersuchung poröser Körper angestrebt werden.

II. Herstellung poröser Körper.

Es kann hier nicht die Aufgabe sein, die in einer großen Zahl von Veröffentlichungen und Patenten niedergelegten Herstellungsverfahren der technisch wichtigen porösen Adsorptions- und Kontaktstoffe zu behandeln. Über das Gesamtgebiet wie über viele einzelne dieser Stoffe existiert eine Reihe ausführlicher Darstellungen[2], zudem wird das Gebiet speziell von R. H. Griffith in diesem Bande des Handbuches behandelt. (Vgl. auch Kap. II des Beitrages von R. Fricke.) *Hier sollen vielmehr einmal die wichtigsten Methoden zusammengestellt werden, nach denen überhaupt Stoffe in porösem (kompakt- oder diskret-dispersem) Zustand herstellbar sind*[3]. Dabei werden aber nur die allgemeinen Prinzipien der Verfahren, gestützt von einigen Beispielen und unter Hinweis auf die Originalliteratur, dargestellt, nicht die Fülle der verschiedenen Ausführungsformen. Die geschilderten Methoden dienen häufig auch, wie an den betreffenden Stellen erwähnt wird, zur Veredlung (im Sinne katalytischer Verwendbarkeit) natürlich vorkommender poröser Stoffe. Diese Veredlung oder „Aktivierung" von Adsorbentien oder Katalysatoren geschieht durch einfaches Erhitzen an der Luft oder mit Wasserdampf, Kohlensäure oder anderen Gasen (Gasaktivierung), durch Behandlung mit Säuren oder Laugen oder wasserbindenden Mitteln wie $ZnCl_2$ usw. Das Ergebnis derartiger Behandlungen besteht häufig in der Erzeugung einer aktiven Oberfläche, d. h. in einer spezifischen, für die Anwendung des Katalysa-

---

[1] R. Houwink: Elastizität, Plastizität und Struktur der Materie. Dresden, 1938.

[2] Z. B. F. Krczil: Adsorptionsstoffe in der Kontaktkatalyse. Leipzig, 1938. — F. Krczil: Aktive Tonerde, ihre Herstellung und Anwendung. Stuttgart, 1938. — O. Wohryzek: Die aktivierten Entfärbungskohlen. Stuttgart, 1937. — F. Krczil: Kieselgur, ihre Gewinnung, Veredlung und Anwendung. Stuttgart, 1936. — Eine übersichtliche Zusammenstellung der Literatur über Katalysatorherstellung findet man bei A. Farkas, H. W. Melville: Experimental Methods in Gas Reactions, S. 335ff. London, 1939. Über „Neuere Verfahren zur Herstellung von oberflächenaktiven Kontakten und Kontaktträgern" berichtet ein Sammelreferat von F. Kainer (Krczil) in Kolloid-Z. **102** (1943), 106, 210 und 315.

[3] Zu bemerken ist, daß bei der Darstellung katalytisch aktiver Stoffe praktisch immer auch poröse (und dabei stabile) Formen erstrebt und ausgebildet werden, daß aber umgekehrt die Herstellung poröser Körper nicht ohne weiteres gleichbedeutend mit der von Kontaktstoffen ist.

tors vorteilhaften Beeinflussung der Oberfläche, deren Wesen sehr verschieden und häufig nicht sicher bekannt ist (vgl. S. 238). Hier werden die Methoden zur Aktivierung nur soweit erwähnt, wie durch sie eine Vergrößerung der Oberfläche durch „Aufrauhung" oder durch Zerteilung von Sekundärteilchen stattfindet.

1. Erzeugung großer Porosität und Oberfläche.
a) Durch chemische Darstellung unter bestimmten (schonenden) Bedingungen.

Wird ein poröser Körper durch chemische Reaktion, z. B. Fällung oder Reduktion, hergestellt, so gilt für die Erzeugung einer großen Oberfläche ganz allgemein, daß die Behandlung möglichst „schonend" sein soll, d. h. daß insbesondere die Anwendung hoher Temperaturen zu vermeiden ist. Daneben wurden, besonders für die Herstellung oberflächenreicher Hydroxyd- oder Oxydhydratgele durch Fällung, eine Vielzahl von Regeln gefunden, die aber immer nur begrenzte Gültigkeit haben. Für die hier vorliegenden Ergebnisse und Probleme der Stoffbildung in dispersem und porösem Zustand sei hingewiesen vor allem auf die Arbeiten von V. Kohlschütter, Feitknecht, H. W. Kohlschütter, Kolthoff, H. B. Weiser, Fricke, Hüttig, A. Krause und ihren Mitarbeitern[1]. Es erwiesen sich vor allem folgende Faktoren und Bedingungen für die Struktur- und Gefügeausbildung bei Herstellung auf chemischem Wege von Einfluß: 1. Die Natur der Ausgangsstoffe, 2. die Temperatur bei der Fällung oder Herstellung, 3. die Konzentration der Lösungen und deren Wasserstoffionenkonzentration, 4. die Geschwindigkeit der Fällung oder Herstellung, 5. die Fällungsrichtung (ob Fällungsmittel zur Salzlösung oder umgekehrt) und 6. die Anwesenheit von Lösungsgenossen bzw. Verunreinigungen.

Ein gutes Beispiel für den *Einfluß der Ausgangsstoffe* auf die Porosität und Oberflächenausbildung (natürlich auch auf andere Eigenschaften) des entstehenden Produktes stellt das von Kohlschütter[2] untersuchte Chromhydroxyd dar. Es wurden „durchlaufende Strukturbeziehungen" von den gelösten Ausgangssalzen über die Hydroxydniederschläge bis zu den dispersen Entwässerungsprodukten beobachtet. Die aus Sulfat hergestellten Hydroxyde waren immer diskret dispers, die aus Nitrat hergestellten dagegen je nach den Fällungsbedingungen diskret- oder kompakt-dispers und damit in letzterem Fall poröser und oberflächenreicher. — Aus Eisenhydroxydsolen entstehen bei der Fällung mit Ammoniak stets gröber disperse Gele als bei der Fällung aus Lösungen von Eisensalzen. War das Sol schon einmal erhitzt, so ist die Alterungsgeschwindigkeit eines daraus ausgeflockten Gels größer als die des aus frischen oder nicht erhitzten Solen hergestellten Gels[3]. Aus dem Carbonat oder Hydroxyd hergestellte Zinkoxydpräparate erwiesen sich bei den Untersuchungen von Schleede und Mitarbeitern[4] als wesentlich oberflächenreicher als aus Nitrat hergestellte[5].

Auch die topochemische Herstellung von Substanzen in Form von Pseudomorphosen stellt in gewisser Weise eine „schonende" Herstellungsform und ein besonders sinnfälliges Beispiel für den Einfluß des Ausgangsstoffes dar (Bildung

---

[1] Vgl. etwa die zusammenfassenden Darstellungen von W. Feitknecht: Fortschr. Chem., Physik physik. Chem. **21** (1930), 40. — R. Fricke, G. F. Hüttig: Hydroxyde und Oxydhydrate. Leipzig, 1937; ferner die im Text zitierten Arbeiten.

[2] H. W. Kohlschütter: Angew. Chem. **49** (1936), 865.

[3] G. Graue: Kolloid-Beih. **32** (1931), 403.

[4] A. Schleede, M. Richter, W. Schmidt: Z. anorg. allg. Chem. **223** (1935), 49.

[5] Man vergleiche auch die Erfahrungen von J. A. Hedvall: Reaktionsfähigkeit fester Stoffe. Leipzig, 1938, z. B. über die große Verschiedenheit von aus Sulfat und Oxalat hergestelltem Eisenoxyd, ferner die Reihe der Arbeiten von Hüttig und Mitarbeitern über das „Erinnerungsvermögen" fester Körper, z. B. G. F. Hüttig: Z. anorg. allg. Chem. **231** (1937), 104.

„genomorpher Formen" nach V. Kohlschütter). So führt die topochemische Herstellung von Eisenhydroxyd aus kristallisiertem $Fe_2(SO_4)_3$ durch Umsetzung mit Ammoniak[1] zu porösen mikroskopischen Pseudomorphosen, die im Vakuum vorsichtig entwässert ein sehr poröses Fe_2O_3 liefern. Geht man von vornherein von porösen Körpern aus, so kann deren Porosität weitgehend erhalten bleiben. So wird ein hochporöses Kieselgel aus silicathaltigen Schlacken durch topochemische Umsetzung mit Säuren hergestellt[2]. Überhaupt lassen sich durch topochemische Herstellung je nach Ausgangssubstanzen und Versuchsbedingungen Produkte verschiedener Dispersität erhalten[3].

Für den *Einfluß der Herstellungstemperatur* gilt die Regel, daß je höher die Temperatur, desto gröber dispers das Produkt ist. Je feindisperser, oberflächenreicher ein Niederschlag ist, desto weiter ist er von seinem stabilen, energieärmsten Zustand entfernt und mit desto größerer Geschwindigkeit kann er diesem stabilen Endzustand zustreben oder bei desto niedrigerer Temperatur kann dieser Vorgang mit merkbarer Geschwindigkeit ablaufen. So wird die allgemeine Regel einer möglichst schonenden Temperaturbehandlung verständlich. Während dementsprechend zumeist die in der Hitze gefällten Niederschläge gröber kristallin sind als die in der Kälte gefällten, gibt es aber auch Substanzen, die unabhängig von der Fällungsgeschwindigkeit offenbar in gleicher Weise feindispers ausfallen. Es sind dies vor allem vierwertige Hydroxyde, z. B. Thoriumhydroxyd[4], ferner Chromhydroxyd und insbesondere Nb(V)- und Ta(V)-Hydroxyd, die überhaupt bisher unter keinen Bedingungen kristallin erhalten werden konnten[5]. Wie Kohlschütter[6] besonders betont, muß bei der Herstellung oberflächenreicher Gele (Chromhydroxyd-, Silica-, Aluminiumoxydgele) die Entwässerung bei solchen Temperaturen und mit solcher Geschwindigkeit durchgeführt werden, daß eine Verfestigung der Gerüstsubstanz stattfindet, bevor eine Teilchenvergrößerung einsetzt.

Der Temperatureinfluß auf die Oberflächengröße macht sich nicht nur bei Fällungen, sondern in gleicher Weise bei anderen Herstellungsmethoden geltend. Bei je niedrigerer Temperatur z. B. eine Metallcarbonylverbindung zersetzlich ist, desto oberflächenreicher ist im allgemeinen das entstehende Produkt. Aus dem gleichen Grunde verwendet man zur Herstellung von Katalysatoren aus Fe-Ni-Co-Oxyden usw. leicht zersetzliche, organische Salze dieser Metalle, oder man vermeidet überhaupt eine Temperaturbehandlung bei der Herstellung. So ist das durch Reduktion mit Formaldehyd in alkalischer Lösung[7] entstehende Platinmohr aktiver als der aus $(NH_4)_2PtCl_6$ durch Erhitzen im H_2-Strom hergestellte Platinschwamm[8]. Daß dieser Unterschied wirklich auf der verschiedenen Oberflächenausbildung beruht, zeigen sehr anschaulich elektronenmikroskopische Bilder der so hergestellten Katalysatoren[9]. Bei der weiter unten erwähnten Her-

---

[1] H. W. Kohlschütter, H. Siecke: Z. anorg. allg. Chem. **240** (1939), 232.

[2] D.R.P. 585938; C 1934 I 586.

[3] Vgl. V. Kohlschütter und Mitarbeiter: Beim Al(OH)$_3$: Z. anorg. allg. Chem. **105** (1919), 1; Z. Elektrochem. angew. physik. Chem. **29** (1939), 246; Helv. chim. Acta **14** (1931), 3, 305, 330; beim Cu(OH)$_2$: Z. Elektrochem. angew. physik. Chem. **29** (1923), 30.

[4] G. Graue: Kolloid-Beih. **32** (1931), 403.

[5] Vgl. hierzu R. Fricke, G. F. Hüttig: Hydroxyde und Oxydhydrate, S. 515ff. Leipzig, 1937.

[6] H. W. Kohlschütter: Kolloid-Z. **77** (1936), 229.

[7] Siehe auch bei R. Willstätter, E. Walschmidt-Leitz: Ber. **54** (1921), 113.

[8] G. B. Taylor, G. B. Kistiakowski, J. H. Perry: J. physic. Chem. **34** (1930), 748.

[9] Siehe M. v. Ardenne: Elektronen-Übermikroskopie, S. 325/26, Abb. 312 und 313. Berlin, 1940. — M. v. Ardenne, D. Beischer: Angew. Chem. **53** (1940), 103. Vgl. auch die elektronenmikroskopischen Bilder der auf verschiedenen Trägersubstanzen hergestellten Platinkatalysatoren bei Th. Schoon, E. Beger: Z. physik. Chem., Abt. A **189** (1941), 171.

stellung poröser metallischer Körper durch Reduktion der Oxyde wird die Reduktion bei so niedriger Temperatur ausgeführt, daß Sinterungserscheinungen vermieden werden; vgl. Abb. 11, S. 221. (Andererseits ist der porösen Ausbildungsform durch die Forderung einer hinreichenden Stabilität des als Katalysator verwendeten porösen Körpers eine Grenze gesetzt.) Auch die Temperatur, bei der z. B. ein Oxyd aus dem Hydroxyd oder dem Hydrat hergestellt wird, muß so niedrig wie möglich gehalten werden, um oberflächenreiche Körper zu erhalten. Hier können die vielen von FRICKE und Mitarbeitern quantitativ untersuchten Systeme als Beispiel angeführt werden[1]. Diese Beispiele könnten beliebig fortgesetzt werden. Erwähnt sei aber, daß andere Faktoren wie Strukturveränderungen, Abgabe von Bestandteilen oder Verunreinigungen, bei höheren Temperaturen einsetzende chemische Reaktionen usw. auch dazu führen können, daß der Alterungseffekt überdeckt wird und ein auf höhere Temperatur erhitztes Präparat poröser ist, als ein weniger hoch erhitztes, bei dem diese anderen Faktoren noch nicht zur Geltung gekommen sind (vgl. hierzu die Abb. 10 (S. 221) und 12 (S. 222), sowie 15, 16, 17 (S. 237f.).

Für den *Einfluß der Fällungsgeschwindigkeit und der Konzentration* gilt, daß je höher die Anfangskonzentration und je schneller die Fällung, desto oberflächenreicher der Niederschlag wird[2]. Daß auch diese Regel nicht den Kern der Sache erfaßt, sondern nur einen häufig brauchbaren Anhaltspunkt gibt, zeigen die Verhältnisse bei der schon erwähnten Fällung von Chromhydroxyd: Die Porosität und deren Beständigkeit beim Erhitzen ist beim *langsam* gefällten Hydroxyd größer als beim unter sonst gleichen Bedingungen schnell gefällten. KOHLSCHÜTTER[3] konnte diese Verhältnisse, ebenso den Einfluß des p_H-Wertes der Fällungslösung[4] auf die Dispersität und andere Eigenschaften der entstehenden Niederschläge durch Aufdeckung der speziellen, u. U. über die Entstehung basischer Salze führenden Bildungsvorgänge verständlich machen. — Für die Erzielung großer Oberflächenausbildung ist auch die vielfach beobachtete Tatsache zu beachten, daß frisch gefällte Niederschläge sehr rasch unter der Fällungsflüssigkeit umkristallisieren und dadurch ihre Oberfläche wesentlich verkleinern, so daß man möglichst schnell abfiltrieren muß[5].

Um auch Beispiele für den Einfluß der Bildungsgeschwindigkeit in anderen Fällen als bei Fällungsreaktionen zu geben, sei die elektrochemische Darstellung von Aluminiumhydroxyd genannt[6], bei der durch Veränderung der Stromdichte die Dispersität stark beeinflußt werden kann, sowie auf die von DE BOER durch Sublimation gewonnenen porösen Schichten (S. 226) hingewiesen.

Der Einfluß der *Fällungsrichtung* auf die Natur des entstehenden Produktes ist jedem Chemiker, insbesondere jedem Kolloidchemiker geläufig. Abgesehen davon, daß ganz verschiedene Produkte erhalten werden können (etwa beim Einlaufenlassen von Lauge in eine Salzlösung viel, bei umgekehrter Arbeitsweise dagegen kein basisches Salz), wird auch bei chemisch gleicher Zusammensetzung der Produkte ihre physikalische Ausbildungsform und damit die hier interessie-

---

[1] Vgl. den Beitrag von R. FRICKE in diesem Band des Handbuches.

[2] Vgl. z. B. beim PbSO₄: I. M. KOLTHOFF, CH. ROSENBLUM: J. Amer. chem. Soc. 57 (1935), 2577; bei amorphen Eisenhydroxyden: H. W. KOHLSCHÜTTER, E. KALIPPKE: Z. physik. Chem., Abt. B 42 (1939), 249.

[3] H. W. KOHLSCHÜTTER: Angew. Chem. 49 (1936), 865.

[4] Siehe dazu auch S. 227; vgl. ferner R. FRICKE, G. F. HÜTTIG: Hydroxyde und Oxydhydrate, S. 515ff., Leipzig 1937.

[5] Vgl. I. M. KOLTHOFF und Mitarbeiter: J. Amer. chem. Soc. 56 (1934), 1264, 1658; 57 (1935), 597, 607, 2573, 2577; 58 (1936), 116, 171; 61 (1939), 191, 195. Siehe auch H. GÖTTE: Z. physik. Chem., Abt. B 45 (1940), 216.

[6] Siehe bei V. KOHLSCHÜTTER, W. BEUTLER, L. SPRENGER, M. BERLIN: Helv. chim. Acta 14 (1931), 14, 44.

rende Oberflächenentwicklung sehr verschieden sein können. Ein bekanntes Beispiel ist das bereits erwähnte, von KOHLSCHÜTTER[1] untersuchte Chrom(III)-hydroxyd. Für das durch Eintropfen von Chromnitratlösung in überschüssige Ammoniaklösung gewonnene Produkt fand COOK[2] ein Emaniervermögen (S. 211) von 35%, für das durch Zugabe von Ammoniaklösung zur Chromnitratlösung erhaltene dagegen ein solches von 60%. Dieser große Unterschied zeigt sofort (qualitativ) die wesentlich größere Oberflächenausbildung des letzteren Präparates.

Verunreinigungen können sich in verschiedener Weise auf die Porosität auswirken. So war die große Oberflächenausbildung bei gut ausgewaschenen Eisenhydroxyden stabiler als bei schlecht ausgewaschenen (Cl'-haltigen)[3]. Dagegen machte ein Gehalt von SiO_2 derartige Gele widerstandsfähiger beim Erhitzen, so daß die Rekristallisation wesentlich später einsetzte[4].

Schließlich sei erwähnt, daß HABER[5] die angeführten Regeln mit den Begriffen „Ordnungsgeschwindigkeit" und „Häufungsgeschwindigkeit" dem theoretischen Verständnis näher gebracht hat[6]. Doch lassen sich diese Verhältnisse heute schärfer fassen auf Grund der Theorie der Keimbildungs- und Keimwachstumsgesetze[7]. Die Ursachen für die Ausbildung disperser und poröser Formen lassen sich aber, wie das Beispiel des Chromhydroxyds zeigt, häufig nur erkennen, wenn man die individuellen genetischen Verhältnisse berücksichtigt und das Reaktionsverhalten der Stoffe beobachtet.

b) Durch Herstellung unter Gasabgabe.

Ein wirkungsvolles Mittel zur Erzeugung hoher Porosität besteht darin, die Herstellung der Substanz unter gleichzeitiger Gasentwicklung vorzunehmen. Die im Innern des Körpers gebildeten Gasblasen bewirken, solange der Körper formbar ist, eine Auflockerung des ganzen Gefüges und hinterlassen außerdem Hohlräume. Ein derartiger Effekt wurde z. B. bei der Herstellung von Cu_2O mit organischen Reduktionsmitteln beobachtet[8]. Eine Aktivierung von Aktivkohlen wird erzielt durch Tränkung mit Oxalaten, Nitraten usw. und anschließende Erhitzung. Die erhöhte Wirksamkeit derartig aktivierter Kohlen beruht, wenigstens zum Teil, auf dem mechanischen Effekt der Auflockerung des Gefüges. Auch bei der Herstellung poröser Körper durch Zusammenpressung und Sinterung von Metallpulvern (S. 224) setzt man u. U. verflüchtigbare Salze zu[9]. Bei durch Fällung mit Ammoniak hergestellten Gelen wird häufig das entstandene Ammoniumsalz nicht ausgewaschen, sondern durch Erhitzen ausgetrieben. Bei der Herstellung von Cr_2O_3 aus verschiedenen Ausgangsstoffen durch Erhitzen [$(NH_4)_2CrO_4$; $HgCrO_4$; $Cr(OH)_3$ u. a.] wurde eine steigende Porosität mit zunehmender Menge der bei der Zersetzung entweichenden Gase direkt beobachtet[10]. Aus $Th(NO_3)_4$ oder $Th(C_2O_4)_2$ durch vorsichtiges Erhitzen hergestelltes ThO_2 ist besonders feinteilig.

Die Herstellung poröser Produkte der Keramik, z. B. sehr leichter Ziegel, gut wärmeisolierender Steine, Filterkörper usw., geschieht in derselben Weise unter Zusatz sogenannter „Ausbrennstoffe". Je nach dem erstrebten Zweck werden

[1] H. W. KOHLSCHÜTTER: Angew. Chem. **49** (1936), 865.
[2] L. G. COOK: Z. physik. Chem., Abt. B **42** (1939), 221.
[3] G. GRAUE: Kolloid-Beih. **32** (1931), 403.
[4] H. GÖTTE: Z. physik. Chem., Abt. B **45** (1940), 216.
[5] F. HABER: Ber. **55** (1922), 1717.
[6] Vgl. hierzu auch R. FRICKE, G. F. HÜTTIG: Hydroxyde und Oxydhydrate, S. 527ff. Leipzig, 1937.
[7] M. VOLMER: Kinetik der Phasenbildung. Dresden, 1939.
[8] F. W. WRIGGE, K. MEISEL, W. BILTZ: Z. anorg. allg. Chem. **203** (1932), 312.
[9] D.R.P. 583869; C 1933 I 3603.
[10] E. H. HARBARD, A. KING: J. chem. Soc. (London) **1940**, 19.

dazu Kohle, Koks, Teer, Torfmull, Sägemehl, Korkmehl, Stroh usw. gewählt. Je feiner der zugesetzte Ausbrennstoff und je besser seine Verteilung ist, desto feinporiger wird das gebildete Produkt. Interessant ist das in Abb. 10 dargestellte Verhalten eines Tones[1], bei dem, wie man sieht, die Porosität sich merkwürdigerweise oberhalb 1150° stark erhöht. Das beruht darauf, daß erst bei dieser Temperatur ein Teil der Verunreinigungen verbrennt und die entstehenden Gase die Masse aufblähen.

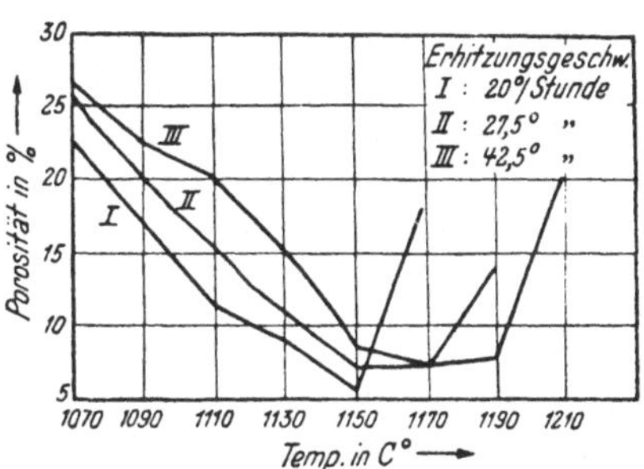

Abb. 10. Porositätsänderungen eines Tones beim Brennen (BROWN u. MURRAY).

c) Durch nachträglichen Entzug eines Bestandteils.

Ein weiterer grundsätzlicher Weg zur Herstellung poröser Körper besteht darin, daß aus einer vorliegenden Substanz ein Bestandteil herausgelöst oder ausgetrieben wird unter gleichzeitiger möglichster Wahrung des ursprünglichen Volumens. Bei Metallkatalysatoren spricht man in diesem Fall von „Skelettkontakten". Diese werden so dargestellt, daß aus einer Legierung (meist Ni oder Co mit Al, Si oder Mg) das Al usw. durch Lauge (u. U. nur teilweise) herausgelöst wird[2]. Man erhält relativ grobporige Katalysatoren (siehe aber S. 227), die besonders stabil gegenüber thermischer Beanspruchung sind. Eine andere Methode, den einen Bestandteil eines Metallgemisches unter Hinterlassung von Poren zu entfernen, besteht in folgendem: NiO wird z. B. mit Eisen- oder Kupferpulver gemischt, zu Kugeln gepreßt und diese bei niedriger Temperatur (nicht vollständig) reduziert. Das entstehende Nickel diffundiert unter Legierungsbildung in das Eisen bzw. Kupfer hinein, ohne daß die entstandenen Leerräume verschwinden[3]. Poröse Metallmembranen wurden von WARRICK und MACK[4] und von KULTASCHEFF und SANTALOW[5] in der Weise hergestellt, daß aus dünn gewalzten Messingplatten das Zink herausdestilliert wurde. Ebenso kann aus Amalgamen das Quecksilber ausgetrieben werden[6]. — Bei der Herstellung von Metallkatalysatoren durch Reduktion

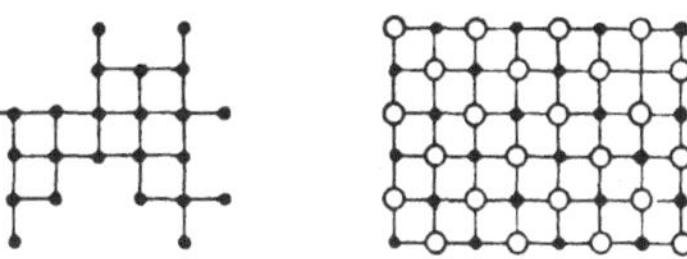
Abb. 11. Schematisches Bild der Entstehung eines porösen Nickelkontaktes durch vorsichtige Reduktion des Oxyds (DOHSE).

werden Sauerstoffatome bei möglichst niedriger Temperatur — beim NiO z. B. bei 200÷300° — wegreduziert. Dabei bildet sich zwar das Nickelgitter mit den entsprechenden Netzebenenabständen, infolge der niedrigen Temperatur bleibt die Oberfläche aber weitgehend zerklüftet und dadurch von großer Ausdehnung und Aktivität (Abb. 11)[7]. Eine Sinterung bei der zur Reduktion notwendigen Tempe-

---

[1] G. H. BROWN, G. A. MURRAY: Techn. Pap. Bur. Stand. Nr. 17, S. 20, zitiert nach H. SALMANG: Die Keramik, S. 93. Berlin, 1933.

[2] Vgl. den Aufsatz von R. SCHRÖTER: Angew. Chem. 54 (1941), 229 über RANEY-Katalysatoren und die dort angeführte Literatur. Ferner O. SCHMIDT: Z. physik. Chem. 118 (1925), 193. — F. FISCHER, K. MEYER: Ber. 67 (1934), 253. — J. INSLEY: J. physic. Chem. 34 (1935), 623. — G.-M. SCHWAB, H. ZORN: Z. physik. Chem., Abt. B 32 (1936), 169. — J. B. RAPOPORT: J. appl. Chem. (USSR) 11 (1938), 1056; C 1940 I 3222.

[3] Am. P. 2136509; C 1939 I 2468.

[4] D. C. WARRICK, E. MACK JUN.: J. Amer. chem. Soc. 55 (1933), 1324.

[5] N. V. KULTASCHEFF, F. A. SANTALOW: Z. anorg. allg. Chem. 223 (1937), 177.

[6] Z. B. bei V. M. LOANE: J. physic. Chem. 37 (1935), 615; Am. P. 1893879; C 1933 I 4002; D.R.P. 529219; C 1932 I 981.

[7] Aus H. DOHSE in „Der Chemie-Ingenieur" III, 1, S. 216. Leipzig, 1937.

ratur kann auch durch die Anwesenheit von „Fremdstoffen" verhindert werden.
So wird bekanntlich der Eisenkatalysator für die NH_3-Synthese in groben,
glatten, doch mikroporösen Körnern gewonnen durch die Reduktion von Eisenoxyd, das Al_2O_3 enthält, welches nicht reduziert wird und offenbar die dichte
Zusammensinterung der entstehenden Eisenteilchen verhindert. Das gleiche gilt
auch für andere technische Mischkatalysatoren oder z. B. auch für die Herstellung
von Silicasteinen. Auch bei diesen bewirkt ein Zusatz oder Gehalt von Al_2O_3
eine Erhöhung der Porosität des beim Brennen entstehenden Scherbens. —
Häufig wird ein Metall oder eine Legierung nur oberflächlich oxydiert und
dann reduziert, so daß eine poröse Oberfläche auf einem kompakten Kern
entsteht[1]. Aus Eisennitrat kann durch geeignete Behandlung ein voluminöses
Eisenoxyd hergestellt werden, das bei der vorsichtigen Reduktion ein hochdis-
perses Eisen liefert[2].

Die Darstellung poröser Produkte durch Entzug eines Bestandteiles ist natürlich nicht auf metallische Systeme beschränkt. So läßt sich z. B. ein poröses Zinkhydroxyd in pseudomorpher Form erhalten
durch Einwirken von Laugen auf basische
Zinksalze, die ein Schichtgitter aus abwechselnden Salz- und Hydroxydschichten bilden[3]. Hierher gehören schließlich auch alle
die Fälle, bei denen durch einfaches Erhitzen auf nicht zu hohe Temperaturen eine
Aktivierung stattfindet. Durch Austreibung
des in den Poren enthaltenen Wassers oder
von flüchtigen Verunreinigungen wird die
zugängliche Oberfläche vergrößert und so
die Aktivität erhöht. Dies gilt sowohl für
künstlich hergestellte Produkte, insbesondere Gele, wie für die Veredlung natürlich
vorkommender poröser Stoffe. Beispielsweise werden wasserhaltige Oxydhydrate,
ohne daß eine Sinterung eintritt, bei mög-

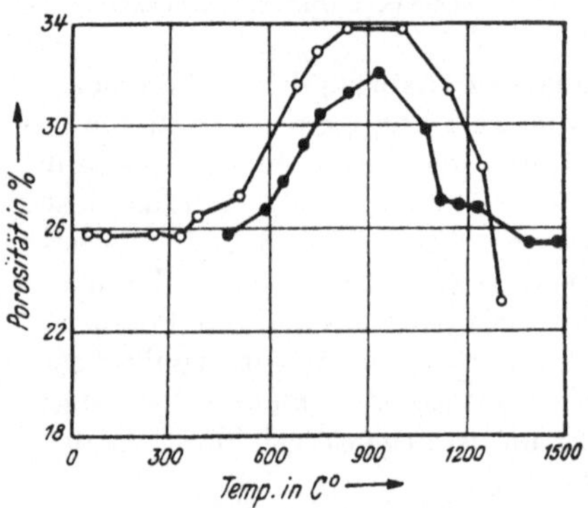

Abb. 12. Änderungen der Porosität beim Brennen. ○ Stourbridge-Ton, ● Schamottstein.
(GREEN und THEOBALD.)

lichst niedriger Temperatur in poröses Oxyd übergeführt. — Die Zeolithe besitzen
bekanntlich in ausgezeichnetem Maße die Fähigkeit, bei Entwässerung ihre
Struktur zu erhalten und hinterbleiben so in hochporösem Zustand. Das gleiche
ist der Fall bei gewissen basischen Metallsalzen. So enthält das basische Kobalt-
sulfat $2\,CoSO_4 \cdot 3\,Co(OH)_2 \cdot 5\,H_2O$ zeolithisch gebundenes Wasser, das, vorsichtig
entfernt, eine poröse Struktur hinterläßt[4]. — Für Ton- und Schamottsteine zeigt
die Abb. 12 die Erhöhung der Porosität durch Brennen (vgl. auch Abb. 10!), bei
dem Wasser und organische Substanzen ausgetrieben werden[5]. Über den Einfluß
der Menge des ursprünglich im Ansatz vorhandenen Wassers auf die Porosität
der gebildeten Silicasteine vgl. LYMANN und REES[6]. — Ein poröses Kieselgel
wird erhalten, wenn man das Gel mit kolloidem Schwefel mischt und diesen nach

[1] Vgl. F. P. BOWDEN, E. R. RIDEAL: Proc. Roy. Soc. (London), Ser. A **120** (1928),
63. (Messung der durch abwechselnde Oxydation und Reduktion erzielten Oberflächenvergrößerung mittels der S. 185 erwähnten Methode.)

[2] TH. W. RICHARDS, G. E. BEHR JUN.: Z. physik. Chem. **58** (1907), 301; ein weiteres Verfahren im Am. P. 1846530; C 1932 I 2993.

[3] W. FEITKNECHT und Mitarbeiter: Z. Kristallogr., Mineral., Petrogr., Abt. A **84**
(1932), 173; **93** (1936), 368.

[4] W. FEITKNECHT, G. FISCHER: Helv. chim. Acta **18** (1934), 52.

[5] A. T. GREEN, L. S. THEOBALD: Trans. ceram. Soc. **24** (1924), 133.

[6] T. R. LYMANN, W. J. REES: Trans. ceram. Soc. **34** (1935), 500.

der Trocknung und Formung durch Erhitzen austreibt[1], oder indem das Gel mit Al_2O_3 oder Aluminiumhydroxyd gemischt und letzteres nach dem Trocknen durch Säure wieder entfernt wird. Dabei kann man einen zusätzlichen Effekt erzielen, indem man das bei der Fällung des Aluminiumhydroxyds entstandene Ammoniumsalz nicht zuvor auswäscht, sondern beim Erhitzen vertreibt[2], also eine Kombination mit der unter b) geschilderten Methode vornimmt. Auch ein einfaches Auswaschen kann, wie z. B. beim TiO_2*, die Porosität durch Herauswaschen löslicher Verunreinigungen günstig beeinflussen. — Bei Herstellung der bekannten Permutite durch Zusammenschmelzen von Quarz, Kaolin und Soda und nachherige Behandlung der glasigen Produkte mit Wasser löst dieses die entstandenen Alkalisilicate heraus und erhöht dadurch die Porosität. — Die natürlichen Bleicherden werden häufig dadurch aktiviert, daß sie mit verdünnten Säuren gewaschen werden, wobei oxydische Beimengungen herausgelöst und somit der zugängliche Porenraum vergrößert wird[3]. Bei Zusatz einer quellfähigen Komponente braucht diese nachträglich nicht entfernt zu werden, sondern es genügt, die ursprünglich in gequollenem Zustand beigemengte Substanz durch Trocknung der Masse zusammenschrumpfen zu lassen. So wird z. B. durch Beimischung von in Wasser gequollenen Algenstengeln zu Zement und Sand beim Trocknen ein grobporöser Beton gewonnen[4]. Besonders wichtig erscheint das in diesem Abschnitt geschilderte Verfahren nach HERBST[5] für die Aktivierung von Holzkohlen. Durch Herauslösen, Herausdestillieren oder durch chemischen Abbau der enthaltenen teerigen Produkte wird die zugängliche Oberfläche und damit die Adsorptionsleistung wesentlich erhöht.

d) Durch auflockernde Behandlung.

Die bei der Aktivierung von Kontaktstoffen angewendeten Mittel und Methoden bewirken eine Oberflächenvergrößerung nicht nur durch Austreibung von Wasser oder Verunreinigungen, wie im vorigen Abschnitt beschrieben, sondern ein wesentlicher Effekt beruht auf ihrer „aufrauhenden" Wirkung auf die Oberfläche. So werden bei der Aktivierung von Kohle durch Einwirkung oxydierender Mittel (Gase oder Lösungen) bei erhöhter Temperatur sowohl die Primärkristallite kleiner, wie das Gefüge durch Herausbrennen eines Teiles der Kohle aufgelockert, was an der Gewichtsabnahme feststellbar ist[6]. Je größer dabei der „Abbrand", desto größer ist die zugängliche Oberfläche des restlichen Produktes[7]. Die porositätserhöhende Wirkung von $ZnCl_2$-Aktivierungen an Kohle haben DUBININ und SAWERINA[8] untersucht. — Versuche von HÜTTIG und Mitarbeitern[9] zeigen, daß durch Anwesenheit eines Fremdgases beim Erhitzen die Porosität wesentlich beeinflußt werden kann. (s. Abb. 16, S. 238). Ein weiteres Beispiel für dieses Prinzip der Oberflächenvergrößerung bildet die bei der Ammoniakoxydation verwendete Platingaze. Diese verbessert in der ersten Zeit ihres Gebrauches ihre Wirksamkeit infolge eines Angriffes der Reaktionsprodukte auf die Ober-

---

[1] E. P. 439237; C 1936 I 2168.
[2] Schweiz. P. 148474; C 1932 II 3757.
* W. A. RUDISILL, C. J. ENGELDER: J. physic. Chem. **30** (1936), 106.
[3] F. KRCZIL: Kolloid-Z. **74** (1936), 376.
[4] E. KOLLE: Zement **30** (1940), 321.
[5] H. HERBST: Kolloid-Beih. **42** (1935), 184.
[6] Vgl. W. LEMKE, U. HOFMANN: Angew. Chem. **47** (1934), 40. — U. HOFMANN, D. WILM: Z. Elektrochem. angew. physik. Chem. **42** (1936), 520.
[7] E. BERL, K. ANDRESS, L. REINHARDT, H. HERBST: Z. physik. Chem., Abt. A **158** (1932), 237. Vgl. auch die Versuche von BRUNS und ZARUBINA S. **126**.
[8] M. DUBININ, J. SAWERINA: J. physic. Chem. **9** (1937), 161; C 1939 I 4720.
[9] Z. B. G. F. HÜTTIG, E. HERRMANN: Kolloid-Z. **92** (1940), 33.

fläche[1]. — Als „auflockernde Behandlung" kann man es schließlich auch bezeichnen, wenn während eines bei der Herstellung notwendigen Glühprozesses das Produkt aufgewirbelt wird, so daß eine Zusammensinterung der Körner vermieden wird.

e) Durch Quellung.

Für die Oberflächenvergrößerung durch Quellung stellen die Versuche von DE BOER und Mitarbeitern an aufgedampften Salzschichten, z. B. von CaF_2, BaF_2, $BaCl_2$, gute Beispiele dar[2]. Diese Schichten sind sehr dünn und blättchenförmig übereinandergelagert, wobei zunächst auch die Oberflächen *zwischen* den Schichten für Adsorbentien, z. B. Joddampf, zugänglich sind (siehe auch S. 226). Schon durch leichtes Erhitzen tritt aber eine Sinterung ein dergestalt, daß Jodatome nicht mehr zwischen die Schichten eindringen können, die zugängliche Oberfläche also stark verkleinert wird. Andere besonders stark adsorbierbare Moleküle oder Atome, wie z. B. H_2O oder Alkaliatome, können dagegen diesen Zusammenhalt der Schichten überwinden und unter Aufweitung hineindringen. Werden sie daraufhin vorsichtig wieder entfernt, so bleibt die Aufweitung bestehen, d. h. die Oberflächenverkleinerung durch die Sinterung ist wieder rückgängig gemacht. Insbesondere quellungsfähig sind Substanzen, bei denen der Zusammenhalt in einer Richtung besonders schwach ist, wie in den aufgedampften Salzschichten oder bei Schichtengittern, z. B. Graphit[3]. Die Aktivierung von Aktivkohle durch Behandlung mit Kalium wird wenigstens teilweise auf die Aufweitung der Schichtgitterebenen durch die Adsorption der Alkaliatome zurückgeführt[4]. Erwähnt mag in diesem Zusammenhang werden, daß MÜLLER[5] bei Aufbewahrung eines Bariumglases in feuchter Luft einen zeitabhängigen, starken Anstieg des Emaniervermögens beobachtete (im Gegensatz zum Verhalten eines widerstandsfähigeren Jenaer Glases), was auf eine Vergrößerung der Oberfläche infolge von Quellung zurückgeführt wird. — Von den natürlichen porösen Körpern ist besonders quellungsfähig der Bentonit (und die meisten anderen Allophanoide), dessen Hauptbestandteil der Montmorillonit $H_2O \cdot 4\,SiO_2 \cdot Al_2O_3 + n\,H_2O$ ist[6]. Auch in diesem Fall handelt es sich um ein Schichtengitter, bei dem die Quellung nur in einer Richtung eine Aufweitung verursacht.

f) Durch Pressen und Sinterung.

Ein weiterer, grundsätzlich anderer Weg, zu porösen Gebilden zu gelangen, besteht darin, Pulver zusammenzupressen, u. U. unter Zufügung eines Bindemittels, und dann diese Preßkörper bei Temperaturen unterhalb des Schmelzpunktes zu sintern. Insbesondere metallische poröse Körper werden auf diese Weise hergestellt, wobei die benötigten feinen Metallpulver häufig durch Zersetzung von Carbonylverbindungen hergestellt werden[7]. Auf diese Weise werden

---

[1] Vgl. etwa J. ZAWADSKI, T. BADZYNSKI: Chem. Abstr. **25** (1931), 3906. — I. J. ADADUROW und Mitarbeiter: J. physik. Chem. **12** (1938), 451 und frühere Arbeiten.

[2] J. H. DE BOER: Elektronenemission und Adsorptionserscheinungen, S. 135. Leipzig, 1937.

[3] Über Quellung von Graphit durch Säuren vgl. U. HOFMANN, A. FRENZEL: Ber. **63** (1930), 1248, und weitere Arbeiten von U. HOFMANN.

[4] Vgl. E. BERL, K. ANDRESS, L. REINHARDT, H. HERBST: Z. physik. Chem., Abt. A **158** (1932), 273.

[5] H. MÜLLER: Z. physik. Chem., Abt. A **149** (1930), 257.

[6] Siehe U. HOFMANN, K. ENDELL, D. WILM: Angew. Chem. **47** (1934), 539. — U. HOFMANN: Z. Elektrochem. angew. physik. Chem. **41** (1935), 469; Die Chemie **55** (1942), 283.

[7] Vgl. F. SKAUPY: Metallkeramik, 3. Auflage. Berlin, 1943. — W. D. JONES: Principles of Powder Metallurgy. London, 1937. — J. F. FAST: Österr. Chemiker-Ztg. **43** (1940), 27.

poröse Katalysatoren aus Platin und Nickel, ebenso aus Oxyden oder Oxydgemischen[1] hergestellt, ferner poröse Elektroden für Akkumulatoren aus Eisen, Nickel, Kobalt und anderen Stoffen. Ein weiteres Beispiel stellen die „öllosen" oder selbstschmierenden Lager dar, die hergestellt werden, indem z. B. aus Kupfer- und Eisenpulver poröse Formstücke gepreßt und gesintert werden und in die Poren dann Öl aufgesaugt wird, oder indem eine Mischung aus Kupfer- und Zinnpulver unter gleichzeitigem Zusatz des Schmiermittels und von wenig Graphit in dieser Weise behandelt wird. Die Porosität derartiger, vor allem in der Automobilindustrie verwendeter Lager beträgt zwischen 30 und 40%. In ähnlicher Weise werden Filter und Diaphragmen hergestellt (vor allem aus Carbonyleisen und -nickel). Außer für poröse Metallkörper wird diese Herstellungsart angewandt z. B. für poröse Kohlefäden in elektrischen Lampen oder für Mischkörper aus Metallen und keramischen Stoffen, die hohen elektrischen Widerstand besitzen. Nach THAU[2] kann zu Kugeln gepreßtes Eisenoxyd in großer Porosität und dabei großer Festigkeit gewonnen werden und für die Entschweflung von Kohlengas mit Vorteil Verwendung finden.

Man kann die Porosität und Oberfläche bei dieser Methode durch Wahl verschiedener Korngrößen und verschiedener Preßdrucke oder Sinterungstemperaturen weitgehend variieren. Durch Anwendung blättchenförmiger oder muldenförmiger Teilchen können besondere Porenformen erzeugt werden. Häufig kombiniert man diese Herstellungsart auch mit der unter b) beschriebenen Methode, setzt also flüchtige, oxydable oder zersetzliche Stoffe zu (Stearinsäure, Graphit, Bindemittel).

g) Durch Aufbringung auf poröse Träger.

Eine in der Kontaktkatalyse und Adsorptionstechnik außerordentlich häufig angewendete Methode, einem Körper eine große Oberflächenausdehnung und poröse Form zu erteilen, besteht darin, ihn auf eine poröse Trägersubstanz aufzubringen. Zumeist werden dabei als Träger die natürlich vorkommenden porösen Substanzen verwendet, von denen die hauptsächlichsten genannt seien:

Bimsstein,	Zeolithe,
Kieselgur,	Bleicherden,
natürliche Silicate aller Art, Asbest,	Ton und Kaolin,
Meerschaum,	Bauxit, Hydrargillit, Diaspor.

Die Aufbringung kann in verschiedenster Form geschehen. Mit die wirkungsvollste ist die, daß die Substanz in Form einer anderen chemischen Verbindung vom Träger adsorbiert oder aufgesaugt und erst dann die eigentlich erstrebte Verbindung durch chemische Umsetzung auf der Oberfläche gebildet wird. Über die Erzeugung einer gleichmäßigen Verteilung des Katalysators innerhalb der Trägermasse und ihre Prüfung findet man allerdings wenig brauchbare Angaben. Der Vorteil der Aufbringung auf einen porösen Träger besteht nicht nur in der großen Aufteilung des Katalysators, sondern zumeist auch in einer Stabilisierung der so erzeugten großen Oberfläche gegenüber Temperatureinflüssen. Die einzelnen getrennten Teilchen des Katalysators können weniger leicht zusammensintern und rekristallisieren, denn das Trägermaterial bildet ein thermisch stabiles Gerüst. Die Zahl der Ausführungsformen ist bei dieser Art der Erzeugung großer Oberflächen besonders groß. Es kann hier auf die S. 216 erwähnte Literatur verwiesen werden, in der diese Herstellungsmethode ausführlich beschrieben wird.

---

[1] P. I. WANNIKOW: J. allg. Chem. (USSR) 9 (1939), 176; C 1937 II 992.
[2] A. THAU: Chemiker-Ztg. 59 (1935), 193.

h) Verschiedene Methoden.

Eine Reihe verschiedener Methoden zur Erzeugung poröser und oberflächenreicher Körper, die sich nicht unter die bisher genannten allgemeinen Prinzipien einordnen, seien noch angeführt. Die S. 224 schon erwähnten, *durch Sublimation* erhaltenen laminaren Salzschichten zeigen, daß auch auf diesem Wege sehr große Oberflächen erhalten werden können. Die Salze werden dabei im Hochvakuum verdampft und das Sublimat auf einer gekühlten Fläche gesammelt. DE BOER[1] konnte so in reproduzierbarer Weise Oberflächen erhalten, die der sublimierten Substanzmenge proportional waren. Vom CaF_2 z. B. wurden unter bestimmten Bedingungen auf Glas oder Quarz 12 Lagen erhalten, jede nur etwa $0,25 \cdot 10^{-6}$ cm dick, mit einer (bei Jodadsorption zugänglichen) Gesamtoberfläche von 240 m^2/g! DE BOER und Mitarbeiter stellten derartig poröse Oberflächen von allen Alkali- und Erdalkalihalogeniden sowie einigen anderen Fluoriden wie PbF_2, K_2ZrF_6 her. Die mittels Adsorption bestimmte Oberfläche war dabei desto größer, je schneller und bei je niedrigerer Temperatur die Sublimation vor sich ging. Wurden dagegen andere Schichten etwa aus Al_2O_3, SiO_2 und anderen Oxyden auf diese Weise hergestellt, so zeigten diese im Gegensatz zu den Salzschichten keine derartige Adsorption von Jod (vgl. S. 231). Die Oxydschichten waren also nicht porös und laminar, sondern kompakt. Führte man dagegen die Sublimation nicht im Hochvakuum, sondern bei geringem Druck eines inerten Gases aus (z. B. 0,2 mm Argon bei Sublimation von SiO_2), so konnten auch poröse Oxydschichten gewonnen werden. Das zugefügte Gas wirkt dabei in gleicher Richtung wie eine schnelle Sublimation, nämlich verhindernd auf die Agglomeration der Teilchen im Gasraum[2]. Daß die porösen Sublimationsschichten leicht zusammensintern, wurde schon erwähnt (S. 224).

Durch *elektrolytische Abscheidung* können bei Einhaltung bestimmter Versuchsbedingungen (Badkonzentration, Stromdichte, Dauer der Ausscheidung usw.) pulverförmige Metalle, z. B. Cr, Fe, Ni, Cu, Ag, Sn, Mo, W, Zn mit schwammigem, porösem Gefüge gewonnen werden[3]. Elektrolytisch, d. h. durch Elektrolyse von Metallsalzlösungen mit Amalgamkathoden, werden auch die Amalgame hergestellt, aus denen dann durch Abdestillation des Quecksilbers poröse Metallkörper entstehen (S. 221; vgl. auch die elektrochemische Herstellung von Hydroxyden S. 219).

In sehr feinteiligem, oberflächenreichem Zustand kann man Substanzen *durch Flockung aus Aerosolen* erhalten. So stellten z. B. BESSALOW und KOBOSEW[4] CuO-Katalysatoren her durch Erzeugung eines CuO-Aerosols mittels elektrischer Zerstäubung und Niederschlagung im elektrischen Feld. Das ausgeflockte Aerosol zeigte röntgenographisch kleinere Kristallgrößen und war katalytisch und adsorptiv wesentlich wirksamer als feines CuO-Pulver. Auch Pigmente werden oft durch Ausflockung aus gasförmiger Phase hergestellt[5].

2. Beeinflussung der Porenweiten.

Zum Schluß seien noch die Methoden erwähnt, nach denen man bisher die Poren*weite* in gewünschter Weise beeinflussen konnte. Gerade die Porenweite oder besser die Größenverteilung der Poren ist ja für katalytische und Adsorptions-

---

[1] Vgl. J. H. DE BOER: Elektronenemission und Adsorptionserscheinungen, S. 133. Leipzig, 1937.

[2] J. H. DE BOER, J. F. H. CUSTERS: Physica 4 (1937), 1019.

[3] Vgl. z. B. J. BILLITER: Prinzipien der Galvanotechnik, Wien: Springer, 1934.

[4] P. BESSALOW, N. KOBOSEW: Acta physicochim. URSS 7 (1937), 649.

[5] Vgl. hierzu auch A. WINKEL, G. JANDER: Schwebstoffe in Gasen. Stuttgart, 1934, und die elektronenmikroskopische Sichtbarmachung der Ausbildungsformen bei M. VON ARDENNE, D. BEISCHER: Z. Elektrochem. angew. physik. Chem. 46 (1940), 270.

prozesse von größter Wichtigkeit (vgl. „Ultrafilterwirkung" S. 241 und „Substratverarmung in Poren" S. 258).

Erwähnt wurde schon (S. 220), daß durch Verwendung verschieden feinkörniger Ausbrennstoffe die Porenweite beeinflußt werden kann. In ähnlicher Weise wird z. B. weitporiges Aluminiumoxydgel hergestellt, indem vor dem Trocknen zu dem feuchten Gel lösliche Metallsalze zugemischt werden, die nach dem Trocknen aus dem Gel wieder herausgelöst werden. Bei der Herstellung von porösen Metallen durch Entzug eines Bestandteiles (etwa Verdampfen von Zink aus einer messingartigen Legierung) wird je nach dem Prozentgehalt der ausgetriebenen Komponente eine größere oder kleinere Zahl von Poren je Raumeinheit entstehen und damit wahrscheinlich auch die Porengröße sich ändern.

Bei der Herstellung von porösen Preß- und Sinterungskörpern aus Pulvern (S. 224) kann durch Variierung der verwendeten Korngröße und Kornform, des Preßdruckes und der Sinterungstemperatur die Porenweite und Porenform in weiten Grenzen verändert werden. Allerdings· betrifft dies hauptsächlich das Makroporensystem. Auch durch Zusammensetzung des Pulvers aus ganz bestimmten Korngrößenfraktionen kann ein Einfluß auf die Porengröße ausgeübt werden. Wird z. B. bei Schamottsteinen eine besonders dichte, wenig oder fein poröse Form gewünscht, so kann dies durch Zusammensetzung des Pulvers aus passend ausgewählten Korngrößenfraktionen erreicht werden, indem die kleinen Körner die Zwischenräume der großen ausfüllen. Doch kann durch Auswahl bestimmter Korngrößen der Effekt nach ANDREASEN[1] nicht vergrößert werden gegenüber einem Pulver, in dem *alle* Korngrößen in gewissen Grenzen vorhanden sind.

Ein Verfahren zur Beeinflussung der Porenweite z. B. von Kieselgelen oder Tonerdegelen besteht in der Einhaltung eines bestimmten p_H-Wertes[2]. So erhält man weitporige Gebilde, wenn man dem Gel eine schwach alkalische Reaktion erteilt. Dazu kann das Gel einfach mit schwacher Ammoniaklösung gewaschen werden. Engporige Gele dagegen entstehen, wenn der p_H-Wert des Gels unter 7 gehalten wird, also z. B. die Waschung mit schwacher Säurelösung erfolgt[3].

Daß die Höhe der Trocknungstemperatur und die Trocknungsgeschwindigkeit auf die Porenweite von Einfluß sein müssen, ist ohne weiteres verständlich. Bei Kieselgelen werden bei sehr schneller Trocknung nach WOLF und PRAETORIUS[4] feinporigere und klarere Gele erhalten als bei langsamer Trocknung, ebenso bei Al_2O_3- und Fe_2O_3-Gelen[5]. Erfolgt die Trocknung möglichst schonend (unter gleichzeitiger Einhaltung eines p_H zwischen 7 und 10), so bilden sich weitporige Gele[6]. Durch langsame Entwässerung unter Verminderung des Capillardruckes der Flüssigkeit in den Poren werden ebenfalls großporige SiO_2-Gele erhalten[7]. Nach POLJAKOW[8] soll die Porenweite von SiO_2-Gelen, die in einer Atmosphäre von organischen Dämpfen (Benzol, Xylol, Toluol) entwässert werden, von dem Molekularvolumen der Dämpfe abhängig sein.

Man sieht, daß dieser Frage bisher mehr von technischer, als von wissenschaftlicher Seite her Beachtung geschenkt wurde.

[1] A. H. M. ANDREASEN, J. ANDERSEN: Kolloid-Z. **50** (1930), 217.

[2] Vgl. dazu K. WOLF, H. PRAETORIUS: Metallbörse **18** (1928), 789; C 1928 II 96.

[3] D.R.P. 561713; C 1932 II 3939/40. — M. O. CHAMADARJAN, W. K. MARKOW: J. chem. Ind. (USSR) **7** (1932), 31; C 1933 I 2591; Physik. Z. Sowjetunion 4 (1933), 172; C 1933 II 3547 untersuchten die Porenweite saurer und alkalischer Gele mittels Benzoladsorption.

[4] K. WOLF, M. PRAETORIUS: Metallbörse **18** (1928), 1293; C 1928 II 1603.

[5] E. P. 255863; C 1926 II 2628.

[6] D.R.P. 523585; C 1931 II 104.

[7] W. S. WESSELOWSKI, I. A. SELAJEW: Kolloid-Z. **72** (1935), 197.

[8] M. POLJAKOW: J. physik. Chem. 2 (1931), 799; C 1931 II 1324.

III. Eigenschaften poröser Körper im Hinblick auf die heterogene Katalyse.

Die besonderen Eigenschaften poröser Systeme beruhen zum wesentlichen Teil auf der Tatsache, daß im porösen Zustand eine große Oberfläche auf kleinem Raum entwickelt wird, die sonst nicht ohne weiteres für adsorptive oder katalytische Wirkungen erhältlich wäre, sei es, daß die Substanz selbst katalysiert oder als Träger dient. Im folgenden braucht diese praktisch sehr wichtige, aber triviale Tatsache nicht näher belegt zu werden. Es erhebt sich dann die Frage: Ruft die Ausbildung in poröser Form Oberflächeneigenschaften hervor, die über die Auswirkungen der vergrößerten Oberfläche hinausgehend spezifische Wirkungen bedingen? Eine genaue Unterscheidung zwischen reinen Effekten der Oberflächengröße und spezifischen Wirkungen ist natürlich, solange die Oberflächengröße nicht einwandfrei bestimmt werden kann, zumeist nicht durchzuführen. Doch wird versucht, das zu behandelnde Material unter diesem Gesichtspunkt auszuwählen.

Man kann noch spezieller fragen, ob in Poren *grundsätzlich* Oberflächeneigenschaften vorhanden sind, die bei ebenen Oberflächen nicht auftreten können. Dementsprechend wird sich der erste Abschnitt zunächst damit befassen, ob und worin sich eine Porenoberfläche allein durch die Überlagerung und das Zusammenwirken von Oberflächenkräften in Hohlräumen von einer ebenen Oberfläche unterscheidet. Weiterhin werden dann diejenigen Auswirkungen besprochen, die zwar nicht grundsätzlicher Natur sind, also im Prinzip auch an einer ebenen Oberfläche auftreten könnten, die aber doch praktisch mit gerade *der* Herstellungsweise des Adsorbens oder Katalysators verknüpft sind, die zugleich ein poröses Gefüge schafft.

Außer durch ihre spezifische Oberflächenaktivität sind die Poren auch in anderer Hinsicht von wesentlichem Einfluß, nämlich für die Teilchen*bewegung* und damit auch für den Umsatz und die Kinetik chemischer Reaktionen. Voraussetzung für die Behandlung aller Fragen, die mit der Substrateindringung in poröse Körper zusammenhängen, ist die Kenntnis der Strömungs- und Diffusionserscheinungen. Insbesondere die Diffusion in engen Poren ist für die Adsorption und den katalytischen Umsatz von Wichtigkeit, weil in diesen die Nachdiffusion des Substrates als langsamster Vorgang geschwindigkeitsbestimmend werden kann. Der zweite Abschnitt dieses Kapitels wird sich daher mit den Gesetzen der Teilchenbewegung in Poren beschäftigen und der dritte dann die durch die Konkurrenz zwischen Reaktions- und Transportgeschwindigkeit gegebene Ausnutzbarkeit der Poren für katalytische Wirkungen behandeln.

Über die Beziehung zwischen Porosität und Porengröße und den katalytischen und sorptiven Fähigkeiten eines festen Stoffes ist nicht viel bekannt, und die experimentellen Befunde hierüber sind meist nur nebenher bei mit anderen Zielen unternommenen Arbeiten erhalten worden; der Querschnitt durch das Gebiet der heterogenen Katalyse unter dieser Fragestellung ist etwas ungewöhnlich, wenngleich sicher von Interesse. Die Behandlung der Porenbedeutung muß daher vielfach auf eine Aufzählung verschiedener Tatsachen beschränkt bleiben. Genauere Aussagen sind bisher allein möglich hinsichtlich der Auswirkung der Poren auf die VAN DER WAALSsche Adsorption und auf die formalen Gesetzmäßigkeiten des Partikeltransportes und damit auch der Kinetik von Reaktionen, die von der betreffenden porösen Substanz katalysiert werden. In letzterem Falle mangelt es noch an experimentellen Bestätigungen der theoretischen Ergebnisse.

A. Die Bedeutung der Porenoberfläche für die Aktivität.

1. Grundsätzliche Bedeutung von Poren.

Bisher konnte nicht nachgewiesen werden, daß die katalytische Aktivität der Porenwandungen grundsätzlich von der der übrigen Oberfläche abweicht. Dagegen können Poren eine spezifische Wirksamkeit für die Adsorption besitzen. Dies haben vor allem, von Vorstellungen von EUCKEN, POLANYI, LONDON und LENNARD-JONES ausgehend, DE BOER und CUSTERS[1] gezeigt, deren Überlegungen wir hier folgen wollen.

a) VAN DER WAALSsche und elektrostatische Adsorption.

Die Adsorption kommt sowohl auf Grund der VAN DER WAALSschen Kräfte zwischen Oberfläche und Sorptiv zustande als auch gegebenenfalls durch elektrostatische Anziehung. Diese tritt auf, wenn das Adsorbens ein heteropolares Gitter oder Ladungen an der Oberfläche (freie Valenzen) besitzt und wenn das Sorptiv entweder ein hinreichend großes Dipolmoment hat oder die Bedingungen für eine starke Polarisation vorliegen. Der wesentliche Unterschied zwischen den VAN DER WAALSschen und den elektrostatischen Kräften ist, daß sich die ersteren superponieren, die letzteren aber sich im Falle einer ebenen Oberfläche in ihrer Wirkung nach außen zufolge des Vorzeichenwechsels entlang der Oberfläche weitgehend aufheben. Bei Adsorption mittels elektrostatischer Kräfte wird das Sorptiv durch Anziehung an ein bestimmtes Oberflächenion unter Mitwirkung der abstoßenden Kräfte der umgebenden, entgegengesetzt geladenen Oberflächenionen ziemlich fest gebunden, so daß die Beweglichkeit im Adsorbat nur gering ist, im Gegensatz zur VAN DER WAALSschen Adsorption.

Im Falle reiner VAN DER WAALSscher Adsorption wird vorausgesetzt, daß die Adsorptionskräfte von der Temperatur und (genügend weit unterhalb der Sättigungsbelegung) von der Anzahl bereits adsorbierter Moleküle unabhängig sind und daß die Kräfte zwischen den adsorbierten Molekülen nicht durch die Adsorptionskräfte verändert werden (wegen der Verdichtung entsprechen die zwischenmolekularen Kräfte im Adsorbat denen der flüssigen oder der festen Phase). Dann läßt sich die Adsorptionsenergie, die an einer ebenen Oberfläche auftritt, durch den Ausdruck darstellen:

$$\varphi_{ads.} = \frac{1}{6}\frac{\pi \cdot N \cdot C}{a^3}. \tag{37}$$

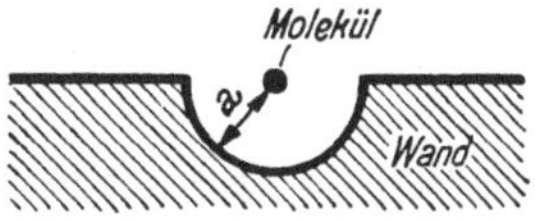

Abb. 13. Schema für die Adsorption in einer Vertiefung.

[Nach DE BOER und CUSTERS ist dieser Ausdruck zwar durch eine unzulässige Integration (statt Summation) über die Wechselwirkungsenergien erhalten worden, er kann aber zu den vorliegenden Vergleichszwecken benutzt werden. Die an einem einfachen Modell durchgeführte korrektere Summierung ergab entsprechende Resultate.] N bedeutet die Anzahl Atome des Adsorbens pro cm³, a den Abstand der adsorbierten Atome von der Wand und C eine Konstante, die näherungsweise aus den Polarisierbarkeiten und aus charakteristischen Energiewerten von Adsorbens und Sorptivmolekülen berechnet werden kann. Der Einfluß der Abstoßungskräfte auf die Adsorptionsenergie wird hier und im folgenden vernachlässigt.

Wenn die Oberfläche nicht eben ist, sondern Vertiefungen der in Abb. 13 dargestellten Form besitzt, erhöht sich die Adsorptionsenergie infolge des additiven

---

[1] J. H. DE BOER, J. F. CUSTERS: Z. physik. Chem., Abt. B **25** (1934), 225.

Charakters der van der Waalsschen Kräfte bereits um das Vierfache:

$$\varphi'_{ads.} = \frac{4}{6}\,\frac{\pi \cdot N \cdot C}{a^3}, \qquad (37\,\text{a})$$

und noch größer wird sie in einer Pore (Abb. 14):

$$\varphi''_{ads.} = \frac{\pi \cdot N \cdot C}{a^3}\left[\frac{2}{3} + \frac{1}{8}\,(\pi - 2\,\psi + \sin 2\,\psi)\right], \qquad (37\,\text{b})$$

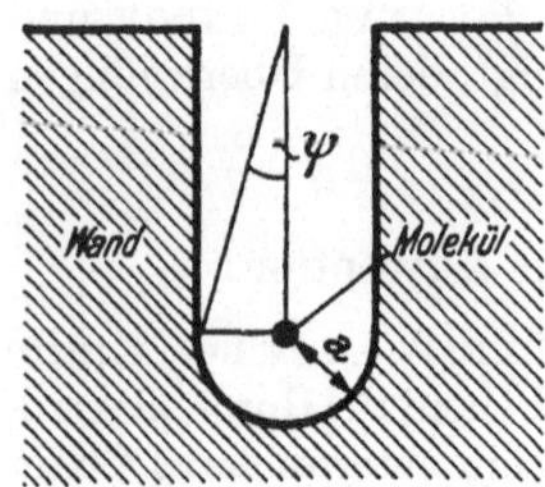

Abb. 14. Schema für die Adsorption in einer Pore.

also bei hinreichend tief in der Pore befindlichem Sorptiv (kleiner Wert des Winkels ψ):

$$\varphi''_{ads.} = 1{,}06\,\frac{\pi \cdot N \cdot C}{a^3}. \qquad (37\,\text{c})$$

Die höchste Adsorptionsenergie würde sich bei allseitiger Umhüllung des adsorbierten Moleküls ergeben:

$$\varphi'''_{ads.} = \frac{4}{3}\,\frac{\pi \cdot N \cdot C}{a^3}, \qquad (37\,\text{d})$$

und daher wird die Bindung der in einer Pore anfänglich adsorbierten Moleküle verfestigt, wenn sich weitere Molekülschichten anlagern oder wenn Capillarkondensation einsetzt. Bei den Berechnungen ist angenommen worden, daß die Porenwände selbst glatt sind.

Das höhere Adsorptionspotential in Poren und Unebenheiten muß eine besonders intensive Adsorption zur Folge haben oder wird u. U. das Zustandekommen van der Waalsscher Adsorption überhaupt erst ermöglichen. Das gute Adsorptionsvermögen von Kohle, Silicagel und anderen porösen Adsorbentien liegt hierin begründet.

Bevor auf experimentelle Befunde über die Adsorptionsverhältnisse in Poren eingegangen wird, müssen kurz die Merkmale des Adsorptionsvorganges beschrieben werden, der stattfindet, wenn zu den van der Waalsschen noch elektrostatische Kräfte hinzukommen. Dies dürfte nämlich häufig bei den hier interessierenden Sorptionsmessungen der Fall sein.

De Boer und Custers[1] haben die möglichen Adsorptionsenergien an einem praktischen Beispiel abgeschätzt, bei dem die verschiedenen Adsorptionsarten vorliegen können. Sie behandeln die Adsorption von Phenol an NaCl und gelangen unter der Annahme, daß der Benzolring mit seiner flachen Seite parallel zur Oberfläche orientiert ist und der gegen den Benzolring gewinkelte OH-Dipol an den Cl-Ionen haftet, zu folgenden Näherungswerten (in kcal/Mol) für die Adsorptionsenergien unter Berücksichtigung der Abstoßungskräfte (die Energie der van der Waalsschen Adsorption ist mit φ_W, die der Dipoladsorption mit φ_μ und die auf Grund von Polarisation mit φ_a bezeichnet):

	φ_W	φ_μ	φ_a
für den OH-Dipol ...	0,22	1,18	0,03
für den Benzolring...	1,5	—	—

In diesem Fall sind van der Waalssche und elektrostatische Adsorptionsenergie von ungefähr gleicher Größenordnung und damit beide Adsorptionsarten bei der Adsorption maßgeblich. Diese Betrachtung gilt aber nur für ebene Oberflächen. In Poren würde der Beitrag der van der Waalsschen Adsorptionsenergie zur Gesamtenergie von überwiegender Bedeutung sein und damit auch die auf Grund van der Waalsscher Kräfte adsorbierte Menge. Andererseits wird die elektrostatische Adsorptionsenergie überwiegen, wenn es auf der Oberfläche heraus-

---

[1] J. H. de Boer, J. F. H. Custers: Z. physik. Chem., Abt. B 25 (1934), 225.

ragende Spitzen und Kanten gibt. Dort entfällt die an der glatten Oberfläche auftretende, von den Nachbarpartikeln hervorgerufene Kompensation der Kräfte, und ein starkes elektrisches Feld resultiert, welches zur Adsorption mit großer Bindungsenergie sowohl von Dipolen als auch von unpolaren Molekülen unter Polarisation des Sorptivs Anlaß geben kann. Im Gegensatz zur VAN DER WAALSschen Adsorption lagern sich nämlich bei der elektrostatischen Adsorption die Sorptivmoleküle in möglichster Entfernung voneinander an, da die gleichgerichteten (u. U. induzierten) Dipole einander abstoßen.

DE BOER und CUSTERS[1] haben sehr beleuchtende Beispiele für das höhere Adsorptionspotential in Poren angegeben. Vakuumsublimierte SiO_2-, Al_2O_3-, ZrO_2-Schichten sind porenfrei, vakuumsublimierte Schichten von Alkali- und Erdalkalihalogeniden sowie von verschiedenen anderen Fluoriden dagegen sehr porös (vgl. S. 226), und nur an diesen porösen Schichten ist die VAN DER WAALSsche Adsorption von Jod- und von Cäsiumdampf möglich. Das Auftreten der Adsorption ist an der Braun- bzw. Blaufärbung erkenntlich, und die Adsorptionsspektren im adsorbierten Zustand sind denen des festen Jods oder Cäsiums analog, wodurch das Vorliegen VAN DER WAALSscher Adsorption bewiesen ist. Durch Sublimation von SiO_2 in einer Argonatmosphäre von 0,02 mm Druck wird keine kompakte, sondern eine poröse Schicht erhalten, die sich nunmehr im Joddampf braun färbt. Auch durch Pulverisieren können die kompakten Schichten sorptionsfähig gemacht werden. Die optische Untersuchung der ungefärbten kompakten Oberflächen in Cäsiumdampf zeigte, daß doch eine geringe Adsorption unter Beteiligung polarer Kräfte vorlag, die das Vorhandensein aktiver Oberflächenbezirke beweist. Auch bei den porösen Schichten fand vor Einsetzen der die ganze Oberfläche bedeckenden VAN DER WAALSschen Adsorption eine andere Adsorption an aktiven Stellen statt, an der elektrostatische Kräfte mitbeteiligt waren. Die Adsorptionsspektren hatten dann natürlich einen anderen Charakter.

Als weiteres Beispiel seien die Resultate von BARRER[2] angeführt. Er fand, daß die Sorptionswärmen von Wasserstoff, Argon und Stickstoff an ACHESON-Graphit mit zunehmender Belegung erst rasch und dann langsamer abnehmen und asymptotisch Endwerten zustreben. Die nebenstehende Tabelle zeigt die gemessenen Sorptionswärmen.

Ein solches Verhalten wird häufig damit erklärt, daß zunächst die aktivsten Oberflächenstellen adsorbieren. Nach dem oben Gesagten

Tabelle 14. *Adsorptionswärmen (kcal/Mol) an* ACHESON-*Graphit.*

Sorptiv	Anfangswert	Endwert
H_2	2,0	1,1
N_2	4,6	2,5
Ar	4,1	2,4

sind diese energiereichsten Stellen im Falle VAN DER WAALSscher Adsorption nicht herausragende Spitzen, Kanten usw., sondern Poren und Vertiefungen. Die Natur der verwendeten Gase und des Adsorbens spricht hier für eine VAN DER WAALSsche Adsorption, die Anfangswerte können daher der Sorption in Poren, die Endwerte einer Adsorption an ebenen Oberflächen zugeschrieben werden. — Einen Anstieg der Adsorptionswärmen im Zusammenhang mit der Ausbildung des porösen Zustandes haben DOWDEN und GARNER[3] bei der Adsorption von Sauerstoff an oberflächlich reduziertem Chrom(III)-oxyd beobachtet.

Mit der erhöhten Adsorptionsfähigkeit von Poren läßt sich möglicherweise auch ein Ergebnis verstehen, das KOHLSCHÜTTER[4] bei der Messung der Adsorption von Stickstoff an pseudomorphem Eisen(III)-hydroxyd erhalten hat. Die bei

---

[1] J. H. DE BOER, J. F. CUSTERS: Physica 4 (1937), 1017.
[2] R. M. BARRER: Proc. Roy. Soc. (London), Ser. A **161** (1937), **476**.
[3] D. A. DOWDEN, W. E. GARNER: J. chem. Soc. (London) **1939**, 893.
[4] H. W. KOHLSCHÜTTER: Z. physik. Chem., Abt. A **170** (1934), 20.

—77° adsorbierte Stickstoffmenge war bei der unversenrten Pseudomorphose rund doppelt so groß wie an der fein gepulverten Pseudomorphose. Die Adsorptionswärme war ebenfalls bei der ursprünglichen Pseudomorphose um 15% größer. Kohlschütter nimmt an, daß die Abnahme des Sorptionsvermögens auf eine strukturelle Änderung des Hydroxyds beim Zerreiben in Richtung einer teilweisen Stabilisierung zurückzuführen ist, und findet auch bei stabilem hochgeglühtem Fe_2O_3 entsprechend ein umgekehrtes Verhalten: das Sorptionsvermögen wird durch Pulverisieren gesteigert. Es erscheint jedoch durchaus möglich, daß die Hydroxydpseudomorphose ein Porensystem mit erhöhtem Adsorptionspotential besaß, das durch Pulverisieren zerstört wurde. Bei dem völlig rekristallisierten Fe_2O_3-Präparat ist in jedem Fall nur eine Zunahme der adsorbierten Menge zufolge der Oberflächenvergrößerung beim Pulverisieren möglich. Auch Versuche von Lamb und West[1] über die Adsorption von N_2O an teilweise entwässerten Hydroxyden und Hydraten, bei denen Adsorptionsmaxima bei $80 \div 95\%$ Dehydratation beobachtet wurden, können u. U. durch erhöhtes Adsorptionspotential in den Poren der entstandenen Pseudomorphosen und nicht allein durch „Zunahme der inneren Oberfläche" verstanden werden.

b) Capillarkondensation.

Eine grundsätzliche Bedeutung für das Sorptionsvermögen besitzen enge Poren auch infolge des Auftretens von Capillarkondensation in der Nähe des Sättigungsdruckes. Zur Erzielung großer Sorptionsfähigkeit wird man möglichst derartige Porenweiten anstreben, in denen eine Kondensation des Sorptivs unter den gegebenen äußeren Bedingungen stattfinden kann. Für die katalytische Wirkung kann dagegen eine eintretende Capillarkondensation nachteilig sein, indem ein Kondensat in den Poren die zugängliche Oberfläche blockiert. Die unterschiedliche Auswirkung der Porenweite auf Adsorptionsfähigkeit und katalytische Aktivität zeigen die Messungen von Bruns und Zarubina[2] über die HBr-Bildung aus H_2 und Br_2 mit Zuckerkohle als Katalysator. Das Maximum der Sorptionsfähigkeit für Brom trat bei einem Abbrand von 35% auf, das Maximum der Aktivität lag dagegen bei 80% Abbrand. Die Verfasser nehmen an, daß das Absinken der Sorptionskapazität mit einer Aufweitung der engen Poren zusammenhängt, so daß bei dem niedrigen Meßdruck keine Capillarkondensation mehr stattfinden konnte[3]. Auch in der Praxis wird feinporige Aktivkohle zur Adsorption von Gasen und Dämpfen, grobporige Kohle zu katalytischen Zwecken verwendet[4].

c) Katalytische Aktivität.

Wie einleitend schon erwähnt, kann man für die katalytische Wirkung der Oberfläche folgern, daß der poröse Zustand an sich keine Verbesserung bedeutet[5]. Die Verstärkung der reinen van der Waalsschen Kräfte führt zu einer Verdichtung des Substrates, d. h. zu einer höheren Konzentration der Reaktionsteilnehmer. Für eine katalytische Leistung ist aber die bloße Konzentrationserhöhung bekanntlich nicht ausreichend, sondern eine weitergehende energe-

[1] A. B. Lamb, C. D. West: J. Amer. chem. Soc. 62 (1940), 3176.

[2] B. Bruns, O. Zarubina: Acta physicochim. USSR 8 (1938), 787.

[3] Zu den sonstigen Ergebnissen vgl. die Kritik bei G.-M. Schwab, F. Lober: Z. physik. Chem., Abt. A 186 (1940), 345.

[4] E. Berl: Trans. Faraday Soc. 34 (1938), 1040.

[5] E. Manegold: Kolloid-Ž. 82 (1938), 35 macht (rein spekulativ) darauf aufmerksam, daß sich u. U. in Capillaren labile Molekülaggregate bilden könnten, die außerhalb der Capillaren unter sonst gleichen Bedingungen nicht beständig sind und die für das katalytische Verhalten von Wichtigkeit sein könnten.

tische Aktivierung des Substrates erforderlich, für welche vor allem das Kraftfeld von Spitzen, Kanten, unsymmetrischen Oberflächenpartikeln in Betracht kommt[1]. Damit ist aber nicht gesagt, daß die Porenoberfläche *weniger* für eine Katalysatorwirkung geeignet ist, denn sie kann ebenso wie die übrige Oberfläche von aktiven Stellen besetzt sein, und die Möglichkeit zur Ausbildung von Unregelmäßigkeiten und Fehlstellen kann durch das Vorliegen in poröser Form sogar erhöht sein. Einen direkten Hinweis für die Existenz aktiver Zentren in porösen Stoffen geben die S. 231 genannten Ergebnisse von DE BOER und CUSTERS. Diese Verhältnisse machen selbstverständlich, daß zwischen Sorptionskapazität und Katalysatorwirkung keinerlei Parallelität zu bestehen braucht, eine Tatsache, die auch häufig beobachtet wurde[2].

2. Die praktische Bedeutung poröser Ausbildungsform.

a) Ursachen und Prüfverfahren.

Die Herstellung poröser Körper erfolgt (vgl. Kapitel II) durch besonders schonende Behandlung, bei niedriger Temperatur usw., was nicht nur für die Ausbildung einer großen, sondern auch einer aktiven, energiereichen Oberfläche durch Entstehung bzw. Erhaltung von Fehlbauzuständen aller Art günstig ist. Die Ursachen der spezifischen katalytischen Wirkungen werden im Feinbau der Oberfläche zu finden sein. Nun liefern die beiden meßbaren Kenngrößen: Porosität und Porenweite gleichzeitig die Oberflächenausdehnung der Poren, doch kann diese Bestimmungsart, wie schon betont, die atomaren Feinheiten der Porenoberfläche nur sehr grob und summarisch erfassen. Der Gefügeaufbau und die durch diesen bedingte Größe der zugänglichen Oberfläche wird für die durch das Kraftfeld ausgezeichneter Oberflächenbezirke bedingten katalytischen Fähigkeiten nur ein unzureichender Maßstab sein können.

Weiter führt hier u. U. eine Untersuchung der Größe und der Gitterstörungen der Primärkristallite. So konnte ECKELL[3] beispielsweise nachweisen, daß die Geschwindigkeitskonstanten der CO-Oxydation mit Fe_2O_3/Al_2O_3-Mischkristallen als Katalysatoren unbeschadet den Änderungen des Porengefüges mit der Feinteiligkeit der Primärkristallite korrespondierten und daß Änderungen der Gitterkonstanten mit Änderungen der Aktivierungsenergie parallel liefen. ECKELL[4] hat die entsprechenden vorliegenden Untersuchungen zusammengestellt und diskutiert, wozu ergänzend vor allem noch die Arbeiten von ADADUROW[5] genannt werden können. Auch die Arbeiten von FRICKE, SCHWAB und Mitarbeitern[6] zeigen den Zusammenhang zwischen Primärteilchengröße, Gitterstörungen und katalytischer Aktivität. Ein solcher Zusammenhang wird verständlich, wenn man bedenkt, daß von den Gitterstörungen der oberflächlich liegenden Kristallite auch das Kraftfeld auf der zugänglichen Kornoberfläche, von der Kristallitgröße

---

[1] Vgl. Kapitel CONSTABLE in Band V des Handbuches. Zur Frage der atomaren „Löcher" als Aktivierungsstellen vgl. u. a. E. CREMER, S. FLÜGGE: Z. physik. Chem., Abt. B **41** (1939), 453 und R. FRICKE: Kolloid-Z. **96** (1941), 211.

[2] Vgl. W. JANDER, K. F. WEITENDORF: Z. Elektrochem. angew. physik. Chem. **41** (1935), 435. — W. W. RUSSELL, L. G. GHERING: J. Amer. chem. Soc. **57** (1935), 2544.

[3] J. ECKELL: Z. Elektrochem. angew. physik. Chem. **38** (1932), 918; **39** (1933), 433, 807, 855.

[4] J. ECKELL: Z. Elektrochem. angew. physik. Chem. **39** (1933), 423.

[5] J. J. ADADUROW, N. M. GRIGOROWITSCH: J. physik. Chem. **9** (1937), 276; C 1939 I 4720 und frühere Arbeiten.

[6] Vgl. R. FRICKE, E. GWINNER, CH. FEICHTNER: Ber. **71** (1938), 1744. — G.-M. SCHWAB, H. NAKAMURA: Ber. **71** (1938), 1755; ferner R. FRICKE, H. WIEDEMANN: Kolloid-Z. **89** (1939), 178.

auch die Anzahl aktiver Kristallkanten auf derselben abhängen wird[1]. Die Strukturelemente der Primärteilchen werden also häufig gerade den Feinbau der Oberfläche bedingen. Doch liefert auch die Strukturanalyse nur grobe Mittelwerte, und oftmals wird allein durch eine zusätzliche chemische Kennzeichnung eine ausreichende Beschreibung der spezifischen Eigenschaften möglich sein (vgl. S. 216).

Wenn im folgenden eine Reihe von Arbeiten über den Zusammenhang von Porenausbildung und Aktivität behandelt wird, so wird man im allgemeinen keine eindeutigen Beziehungen zwischen diesen Größen zu erwarten haben. Eine besondere Aktivität kann bei einer ganz bestimmten Porenausbildung in Erscheinung treten, ohne ursächlich mit ihr verbunden zu sein. Auch wird sich die Bedeutung der verschiedenen Faktoren für die Aktivität nicht im einzelnen trennen lassen. Hüttig[2] betont in einer Arbeit über die Methanolspaltung mit auf verschiedene Weise hergestellten Zinkoxyden, bei der nicht nur quantitative Unterschiede, sondern auch Selektivität je nach der Herstellung gefunden wurde, daß die Fragestellung unfruchtbar ist, ob die betreffende katalytische Eigenart eine Funktion der gerade vorhandenen Gitterbaufehler und des gerade vorliegenden Porensystems ist, oder ob die noch enthaltenen, vom Ausgangsstoff herrührenden Fremdstoffe von wesentlicher Bedeutung sind. Denn diese ,,sind nicht in jeder Form der Beimengung, sondern nur in demjenigen Zustand, in welchem sie der Erhaltung der aktiven Struktur des Oxyds dienen, an dem Zustandekommen der katalytischen Wirksamkeit beteiligt". Eine Entfernung wäre nur durch Erhitzen auf Temperaturen möglich, bei welchen das Oxyd rekristallisiert und desaktiviert wird. Solange jedoch nicht das Reaktionsgeschehen in atomaren Bereichen direkt verfolgt werden kann (etwa durch elektronenmikroskopische Sichtbarmachung der Oberflächenatome und ihres Reaktionsverhaltens), wird man allein so vorgehen können, daß man experimentelles Material darüber sammelt, in welcher Weise sich Katalysatorwirkung und Sorption ändern, wenn ein und derselbe Stoff in verschiedener Porenausbildung vorliegt.

In den meisten Arbeiten hat man sich damit begnügt, den porösen Zustand als eine nutzbringende Oberflächenvergrößerung zu betrachten. Allein aus der Tatsache, daß Katalysatoren in sehr vielen Fällen mit Vorteil in poröser Form benutzt werden, können natürlich noch keine Schlüsse gezogen werden. Die Anführung von Beispielen hierfür erübrigt sich daher (vgl. die zahlreiche Literatur über die Herstellung poröser Katalysatoren im Kapitel II). Nur diejenigen Fälle erscheinen zunächst verwertbar, bei welchen Zusammenhänge zwischen der Aktivität und der Porosität oder Porenweite gemessen oder zum mindesten erkannt worden sind. Dies ist nur in sehr wenigen Arbeiten der Fall. Es wäre sicherlich von Vorteil, wenn auf die Bestimmung der Gefügekonstanten neben derjenigen der Strukturelemente mehr Wert gelegt würde. Man muß nur im Auge behalten, daß bei der Aufstellung und Erörterung eines solchen Materials sich Beziehungen und Vorstellungen ergeben können, die sich später bei genaueren Kenntnissen als belanglos oder zufällig erweisen.

Die Bestimmung der in Betracht kommenden physikalischen Kenngrößen: Porosität, Porenverteilung und Oberfläche wurde im I. Kapitel dargestellt. Hier seien noch einige spezielle Bemerkungen über die Messung der Oberflächenaktivität angefügt.

Aus Adsorptionsmessungen können bei Anwendung geeigneter Sorptive, bei denen Capillarkondensation ausgeschlossen ist, die Zahl der jeweils sorbierenden Zentren und Maßzahlen für ihre Qualität berechnet werden [vgl. Gl. (29a), S. 195].

---

[1] Vgl. hierzu das elektronenmikroskopische Bild eines Ni-Katalysators bei M. v. Ardenne: Elektronen-Übermikroskopie, S. 328, Abb. 316. Berlin, 1940.

[2] G. F. Hüttig, H. Goerk: Z. anorg. allg. Chem 231 (1937), 249.

In vielen Fällen wird die Oberfläche von energetisch ungleichwertigen Sorptionszentren besetzt sein. Man kann dann u. U. eine Näherungsberechnung vornehmen, indem man annimmt, daß nur 2 Zentrensorten sehr verschiedener Qualität vorhanden sind. Bei Gültigkeit der LANGMUIRschen Adsorptionsisotherme ergibt sich im Falle zweier Zentrensorten an Stelle von Gl. (29) die Form:

$$a = z_1 \cdot \frac{p}{p + \Pi_1} + z_2 \cdot \frac{p}{p + \Pi_2}. \tag{38}$$

Zufolge des vorausgesetzten großen Qualitätsunterschiedes der Zentren werden die schlechten (z_2, Π_2) bei niedrigen Drucken sich nicht an der Adsorption beteiligen, sofern ihre Zahl nicht größenordnungsmäßig höher als z_1 ist. In diesem Gebiet lassen sich dann z_1 und Π_1 auf die S. 195 beschriebene Weise berechnen. Bei höheren Drucken werden alle primären Adsorptionszentren abgesättigt, und die Adsorption der sekundären Zentren wird merklich. Man erhält dann als Isotherme:

$$a = z_1 + z_2 \cdot \frac{p}{p + \Pi_2} \tag{38a}$$

und berechnet z_2 und Π_2 am zweckmäßigsten durch Aufstellung eines $(p/a - z_1) - p$-Diagramms nach der der Gl. (29a) entsprechenden Beziehung:

$$\frac{p}{a - z_1} = \frac{p}{z_2} + \frac{\Pi_2}{z_2}. \tag{38b}$$

Maßzahlen für die jeweils vorliegende Zahl und Qualität der *katalytisch* wirksamen Bezirke gewinnt man aus der Untersuchung der Kinetik geeigneter Testreaktionen, wobei Temperaturgebiete zu benutzen sind, bei welchen keine Veränderungen des Katalysators eintreten. Jedoch liegt das Hauptproblem praktisch immer im Auffinden dieser „geeigneten Reaktion".

Einen Anhalt über die Ausbildung der zugänglichen Oberfläche schließlich liefert die durch reine VAN DER WAALSsche Adsorption aufgenommene Menge: die Oberflächenbestimmung mittels Adsorption von Farbstoffen erfaßt wegen der Größe der Moleküle weniger die Feinheiten als vielmehr die gröbere Oberfläche.

b) Experimentelle Beispiele.

HÜTTIG hat mit zahlreichen Mitarbeitern in großem Maßstab die verschiedenen Prüfverfahren, die zur Ermittlung der Oberflächenausbildung und -aktivität zur Verfügung stehen, bei einer Reihe von Systemen miteinander kombiniert. Obwohl der Zweck dieser Untersuchungen in der Hauptsache war, Aufschluß über das Reaktionsgeschehen in den festen Phasen zu erhalten, so können die Ergebnisse doch zu Aussagen über die Porenbedeutung ausgewertet werden, da bei den benutzten Testen auch Maßzahlen der für Farbstoffe zugänglichen Oberfläche, der Porenverteilung aus der Capillarkondensation, der Zahl und Qualität der sorbierenden Zentren und der katalytischen Aktivität in bezug auf verschiedene Substrate ermittelt wurden. Meist sind allerdings Oxydgemische untersucht worden, so daß nach den verschiedenen Vorbehandlungen (Erhitzen auf verschieden hohe Temperaturen) nicht nur der physikalische Zustand, sondern auch die chemische Beschaffenheit zufolge von Reaktionen verändert sein konnte. Die Auswertung für die Frage der Porenbedeutung wird dadurch erheblich erschwert. Überdies genügen die von HÜTTIG untersuchten Systeme nicht den oben genannten Bedingungen.

Die Porenverteilung sowie die Zahl und die Qualität der sorbierenden Zentren sind immer aus der gleichen Adsorptionsisotherme berechnet worden. Die Bestimmung enger Capillaren bei niedrigen Meßdrucken ist daher durch Überlagerung von Adsorption verfälscht (vgl. S. 172). Zahl und Qualität der Zentren wurde in der bereits geschilderten Weise (S. 195ff.) nach Gl. (29a) bestimmt. Bei den nur mit Oxydmischungen ausgeführten katalytischen Messungen konnte infolge der hohen Meßtemperaturen, die z. T. höher lagen als die Temperatur der Vorerhitzung, Alterung oder Reaktion eintreten, so daß allenfalls nur die Anfangsaktivität verglichen, aber keine Aktionskonstanten oder Aktivierungsenergien berechnet werden können.

Hüttig versucht ferner in allen Arbeiten (zitiert S. 195) den flacheren Anstieg der Kurven im $p/a - p$-Diagramm (vgl. Abb. 8b, S. 199) zu einer Berechnung der „schlechter sorbierenden Zentren" auszuwerten. Dabei wird jedoch in Gl. (38) der erste Summand nicht gleich z_1, sondern gleich null gesetzt. Die korrekte Auswertung nach Gl. (38a) zeigt aber fast ausnahmslos, daß $p/a - z_1$ mit steigendem Druck immer mehr abnimmt, so daß eine Darstellung durch eine Gerade ganz unmöglich wird. Der Verlauf der Isothermen erscheint hiernach auch schon im Druckgebiet der „Zentren 2. Art" wesentlich durch Capillarkondensation beeinflußt. S. 197 wurde gezeigt, daß sich die gemessenen Isothermen gerade in dem fraglichen Druckgebiet wesentlich besser durch die Gl. (30c) wiedergeben lassen. Auch dies weist, entsprechend der der Gl. (30) zugrunde liegenden Theorie einer multimolekularen Bedeckung der Adsorptionsstellen auf einen Übergang zur Capillarkondensation hin. Die Berechnung einer Zahl von „Zentren 2. Art" in der geschilderten Weise kann hiernach (auch bei allem Vorbehalt gegenüber den jeweiligen theoretischen Vorstellungen) weder durch die Langmuirsche, noch durch die von Brunauer, Emmett und Teller entwickelte Theorie gerechtfertigt werden. Damit entfallen die diesbezüglichen Schlußfolgerungen[1], insbesondere, daß diese Zentren u. U. eine Kenngröße (Naturkonstante) für die im Gleichgewicht befindliche Oberfläche sind.

Da jedoch der von Hüttig eingeschlagene Weg unter geeigneten Bedingungen für die Aufklärung der Porenbedeutung sicher fruchtbar sein kann, sei das Verfahren an Hand einiger Beispiele erläutert.

Zunächst soll auf Ergebnisse eingegangen werden, die an Eisenoxyden erhalten wurden[2]. Es wurde dabei die Abhängigkeit der Adsorption der Farbstoffe Eosin und Kongorot, der Porengrößen, der Zahl und der Qualität der Adsorptionszentren für Methanoldampf von der thermischen Vorbehandlung der Präparate verfolgt. Um den Vergleich zwischen den gefundenen Sorptionswerten und der Porenverteilung durchführen zu können, soll hier angenommen werden, daß bei der Methanoladsorption bei Drucken bis zu 5 mm nur mit Adsorption zu rechnen ist. Zur Bestimmung der Porengrößen soll, obgleich Capillarkondensation schon bei niedrigeren Drucken einsetzt, nur das Gebiet über 45 mm benutzt werden. Abb. 15 gibt einige ausgewählte und zweckmäßig zusammengestellte Resultate in der Darstellungsweise von Hüttig wieder[3]. Auf der Abszisse sind die jeweiligen Erhitzungstemperaturen aufgetragen, die zugehörigen Ordinaten sind in den einzelnen Feldern:

a) die bei 30° C je Mol Fe_2O_3 adsorbierte Farbstoffmenge in mMol · 10^5,

b) die bei 23° C je Mol Fe_2O_3 sorbierte Menge CH_3OH in mMol bei 2, 20 und 60 mm Druck,

c) die Zahl der Adsorptionszentren (z_s) je Mol Fe_2O_3,

---

[1] G. F. Hüttig: Z. anorg. allg. Chem. **237** (1938), 317.

[2] G. F. Hüttig: Z. anorg. allg. Chem. **237** (1938), 209.

[3] Die benutzten Präparate sind leider nicht streng vergleichbar. Zur Messung der Farbstoffadsorption (Feld a in Abb. 15) wurde ein durch Glühen auf dem Bunsenbrenner aus dem Hydroxyd hergestelltes, danach gepulvertes und durch 9000 Maschen/cm^2 gesiebtes Präparat mit einer Schüttdichte von $s = 2,54$ und einer magnetischen Suszeptibilität $\chi_g = 24,1 \cdot 10^{-6}$ benutzt. Das für die in der linken Hälfte von Abb. 15 (Felder b bis e) aufgetragenen Messungen benutzte Fe_2O_3 war ein Kahlbaum-Präparat, das 6 Stunden auf 800° erhitzt, danach wieder zerrieben und wie oben gesiebt wurde. $s = 3,01$; $\chi_g = 25,8 \cdot 10^{-6}$. Das für die Sorptionsmessungen der rechten Hälfte von Abb. 15 benutzte Fe_2O_3 war ein Kahlbaum-Präparat, das 6 Stunden auf 700° erhitzt, zerrieben und wie oben gesiebt worden war. $s = 3,21$; $\chi_g = 26,0 \cdot 10^{-6}$. Durch das Pulvern wurden die zunächst totgebrannten Präparate wieder aktiviert.

d) die Qualität der Adsorptionszentren $\left(\frac{1}{\Pi}\right)$ je Mol Fe_2O_3,

e) die Maßzahlen des Capillarvolumens, ausgedrückt in mMol aufgenommenen Methanols. Es wurden die in Poren von $25\div35$ Å, $35\div45$ Å und $45\div55$ Å Durchmesser kondensierten Mengen berechnet.

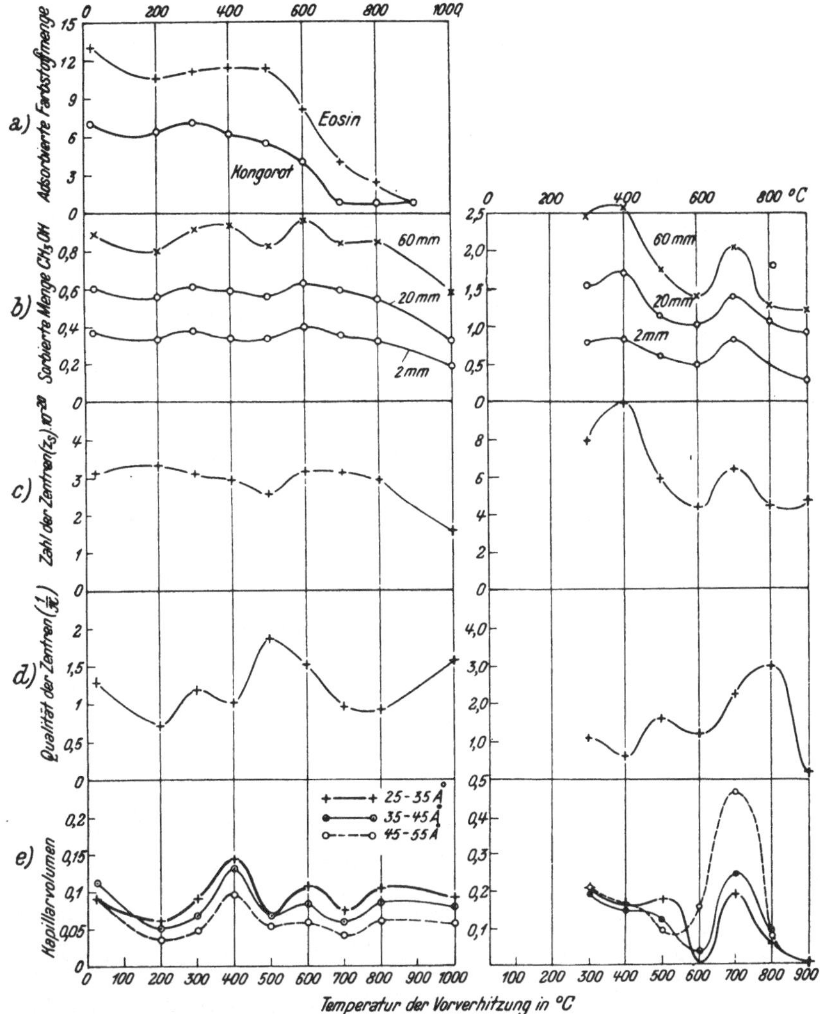

Abb. 15. Verhalten von Fe_2O_3 nach Vorerhitzung auf verschiedene Temperaturen nach Messungen von HÜTTIG und Mitarbeitern.

Die Farbstoffadsorption liefert offensichtlich nur ein rohes Maß und spricht nur wenig auf Feinheiten der Oberflächenausbildung an. Da die Eosinmolekel etwas kleiner ist, wird von Eosin bei den porösen Produkten mehr adsorbiert. Im Felde *b* zeigen die Sorptionskurven bei 2 und 20 mm Druck hauptsächlich die Adsorption an. Die Kurve bei 60 mm Druck ist ein Maß für die adsorbierte zuzüglich der bis zu diesem Druck insgesamt in den Poren kondensierten Methanolmenge. Die Aufteilung des Gesamtporenvolumens auf verschiedene Porenweiten durch Bestimmung der sorbierten Menge zwischen den Druckgrenzen, die dem jeweiligen Porenintervall zuzuordnen sind, wird im Felde e dargestellt. Man sieht, daß sich die aus den beiden verschiedenen Ausgangspräparaten hergestellten Reihen ganz verschieden verhalten. In beiden Reihen erkennt man jedoch deutlich, daß die Qualität der jeweils vorhandenen Sorptionszentren *nicht* mit der Entwicklung der Porengröße oder der durch die Farbstoffadsorption dargestellten Oberfläche parallel, sondern fast stets in entgegengesetzter Richtung läuft. Auch zu der Anzahl der Zentren zeigt die Qualität einen nahezu entgegengesetzten Gang, und die sorbierte Menge entspricht im großen ganzen der Zentrenzahl. Eine weitergehende Auswertung der Kurven ist im Hinblick auf das S. 235/236 Gesagte kaum möglich.

Dieses ebenso wie die folgenden Beispiele zeigen, welche Bestimmungsgrößen etwa miteinander kombiniert werden müssen, um Aufschluß über die Zusammenhänge von Porenausbildung und Oberflächenaktivität zu erlangen. Ein Hinweis hierauf dürfte angebracht sein, da in der Literatur Messungen beschrieben worden sind, die zu Vergleichszwecken ausgeführt wurden, jedoch für den angestrebten Vergleich unzureichend sind. Herbst[1] z. B. hat an verschiedenen Adsorptionskohlen gefunden, daß Porosität und Adsorptionsaktivität einander nicht proportional sind[2], und daraus geschlossen, daß nicht die jeweilige Oberflächenausbildung für die Adsorptionsfähigkeit ausschlaggebend sein kann, sondern spezifische Wirkungen vorhanden sein müssen. Dieser Schluß kann aber nicht allein aus Messungen der Porosität gezogen werden, da die Oberflächenentwicklung auch noch von der Poren*weite* abhängt.

Als ein Beispiel für den Einfluß einer aktivierenden Behandlung (vgl. S. 217) auf die Ausbildung von Porosität und Porengröße sowie der für Farbstoffe zugänglichen Oberfläche und auf die Sorptionseigenschaften sind in Abb. 16 Resultate von Hüttig und Herrmann[3] dargestellt, die den Effekt der Behandlung von Kaolin mit Luft und mit HCl bei verschiedenen Temperaturen betreffen. Wenn auch zufolge der Wasserabgabe und der Zerfallsreaktionen des Kaolins beim Erhitzen bei den verschiedenen Temperaturen nicht mehr die chemisch gleiche Substanz vorgelegen hat, so kann doch bei jeder Temperatur der Unterschied der Erhitzung in HCl gegenüber der Erhitzung in Luft ersehen werden. Die einzelnen Felder der Abbildung bedeuten:

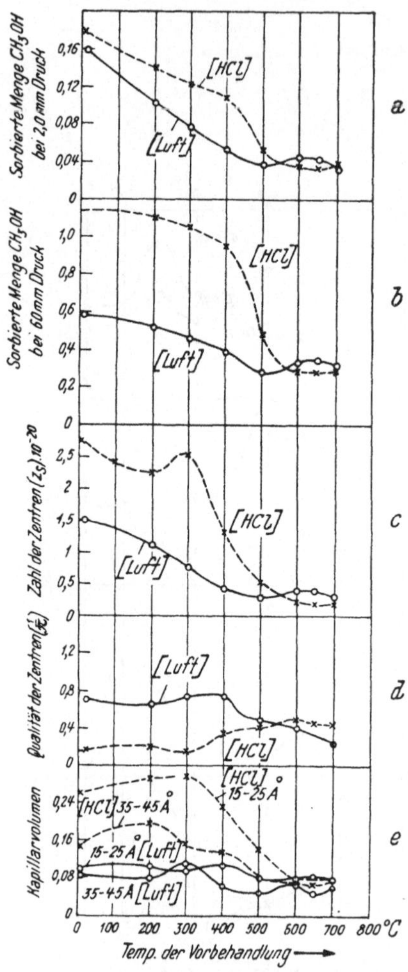

Abb. 16. Verhalten eines Kaolinpräparates nach Vorerhitzung in Luft bzw. HCl auf verschiedene Temperaturen nach Messungen von Hüttig und Herrmann.

[1] H. Herbst: Kolloid-Beih. **42** (1935), 279.
[2] Dieser Befund von Herbst bleibt auch nach einer Korrektur seiner „Porositätswerte" mittels der wahren Dichte von Kohle bestehen.
[3] G. F. Hüttig, E. Herrmann: Kolloid-Z. **92** (1940), 9.

a) die bei 23° C. sorbierten Mengen Methanol in mMol je 1 g glühbeständiger Substanz bei 2,0 mm Druck,

b) wie a), aber bei 60 mm Druck,

c) die Zahl der Adsorptionszentren (z_s) je 1 g glühbeständiger Substanz,

d) die Qualität der Adsorptionszentren $\left(\dfrac{1}{\Pi}\right)$,

e) die Maßzahlen des Capillarvolumens, ausgedrückt in mMol aufgenommenen Methanols je 1 g glühbeständiger Substanz. Es wurden die in Poren von $15 \div 25$ Å Durchmesser kondensierten Mengen berechnet.

Die voll ausgezogenen Kurven beziehen sich in jedem Falle auf die in Luft vorerhitzten, die gestrichelten auf die in HCl vorerhitzten Präparate.

Die Änderungen der Oberflächeneigenschaften durch die aktivierende Behandlung mit HCl sind so weitgehend, daß sämtliche Teste darauf ansprechen. Bei nicht zu hohen Temperaturen wird zufolge der Aktivierung die der Adsorption zugängliche Oberfläche (Feld a) sowie das Gesamtporenvolumen (Feld b) erheblich vergrößert; bei hohen Temperaturen besteht kein nennenswerter Einfluß der Aktivierung. Die die Porenvolumina darstellenden Kurven (Feld e) zeigen, daß vor allem die Poren mit Durchmessern von $15 \div 25$ Å unter der Einwirkung von HCl vermehrt werden. Auffällig ist, daß auch bei diesem Beispiel eine gute Adsorptionsfähigkeit (vor allem der mit HCl behandelten Präparate) durch die starke Erhöhung der Anzahl sorbierenden Zentren bei einer wesentlichen Verschlechterung der Qualität bedingt ist. Den sonstigen Einzelheiten im Gange von Porenverteilung, Quantität und Qualität der Zentren kann vorläufig keine größere Bedeutung beigelegt werden.

Bei chemisch einheitlichen Substanzen sind von Hüttig in diesen Untersuchungsreihen keine katalytischen Messungen ausgeführt worden, sondern nur mit Oxydmischungen. Bei diesen treten gleichzeitig mit den Änderungen der Porenausbildung auch chemische Veränderungen der Oberfläche auf, so daß ihre Aktivität Unterschiede aufweisen muß. In Abb. 17 sind die Verhältnisse dargestellt, die sich beim Erhitzen einer stöchiometrischen Mischung von ZnO und Fe_2O_3 ergeben[1]. Die Felder a bis e haben die gleiche Bedeutung wie bei Abb. 15, beziehen sich aber auf 1 Mol Fe_2O_3 + 1 Mol ZnO. Feld f stellt den Zerfallsgrad von N_2O dar. Die katalytische Zersetzung wurde mit jedem Präparat bei steigender und fallender Temperatur gemessen. Der angegebene Zerfallsgrad ist der bei erstmaligem Passieren von 500° gemessene.

Für eine Erörterung der Befunde gelten ähnliche Gesichtspunkte wie im Falle des reinen Fe_2O_3 (Abb. 15). Die Änderungen der Qualität der sorbierenden Zentren sind stark ausgeprägt, und dem ist es wohl zuzuschreiben, daß in diesem Fall die Adsorption (dargestellt durch die Sorptionskurve bei 2 mm Druck) nicht mehr den der Zahl der Zentren analogen Gang zeigt. Die Unsicherheiten bei den katalytischen Messungen sind beträchtlich (vgl. S. 236), besonders bei den niedrigen Temperaturen. Immerhin erscheint das Maximum der Aktivität bei Vor-

---

[1] G. F. Hüttig und Mitarbeiter: Z. anorg. allg. Chem. **237** (1938), 209. Für die Herstellung der ZnO-Fe_2O_3-Gemische wurde benutzt:

a) bei der Farbstoffadsorption das gleiche Fe_2O_3 wie für die in Abb. 15 dargestellten Farbstoffadsorptionsmessungen und ein Kahlbaum-ZnO (p. a.), das 2 Stunden auf 1000° erhitzt, zerrieben und durch 9000 Maschen/cm² gesiebt worden war;

b) für die katalytischen und die Methanolsorptionsmessungen das gleiche Fe_2O_3 wie das für die in Abb. 15 *rechte* Hälfte dargestellten Messungen benutzte, und ein ZnCO₃ von Merck, das 2 Stunden auf 1000° erhitzt, zerrieben und durch 2500 Maschen/cm² gesiebt worden war. Dichte $\varrho = 5{,}65$; $X_g = -0{,}56 \cdot 10^{-6}$. Die Farbstoffadsorptionsmessungen sind also wieder nicht streng mit den übrigen vergleichbar. Das Pulvern aktiviert die zunächst totgebrannten Präparate.

erhitzung auf 600° reell zu sein. Es tritt zugleich mit einem starken Maximum der Qualität der sorbierenden Zentren auf. Die Porosität, vor allem die Häufigkeit der kleineren Poren hat dagegen ein starkes Maximum bei 500°, gleichzeitig zeigt die Zentrenzahl bei dieser Temperatur eine geringe Zunahme. Bei diesem System ergibt sich demnach eine maximale katalytische Aktivität in Zusammenhang mit einem Maximum der Zentrengüte, aber stark verringerter Porosität, während bei porösester Ausbildungsform die Qualität ein Minimum durchläuft.

In diesem Zusammenhang kann auch eine Untersuchung von JANDER und BUNDE[1] über die Spinellbildung aus einem stöchiometrischen Gemisch von ZnO und Al_2O_3 erwähnt werden. Zur Prüfung der Eigenschaften der einzelnen Bildungsphasen wurden unter anderem die katalytische CO-Oxydation und die Sorption des sauren Azofarbstoffes BeizengelbR gemessen. Die Porositätsverhältnisse sind allerdings nicht untersucht worden. Bei diesem System war aber die scheinbare Aktivierungsenergie der CO-Oxydation in einem größeren Temperaturgebiet konstant (≈ 29 kcal), so daß trotz ihrer chemischen Verschiedenheit die jeweils vorhandenen aktiven Zentren vergleichbar sind. Daß die insgesamt auf einer porösen Oberfläche vorhandenen katalytischen Zentren energetisch gleichwertig sein können, geht auch aus Versuchen von CHWATOW[2] hervor, der die Geschwindigkeit der Methanolbildung aus Acetaldehyd mit Nickel auf Aluminiumoxyd als Katalysator gemessen hat. Die aktiven Bezirke des Nickels wurden zwischen den einzelnen Messungen durch sukzessives Behandeln mit CO unter Carbonylbildung entfernt; entsprechend ging die Aktivität des Katalysators zurück, die Aktivierungsenergie blieb aber praktisch ungeändert. Ein solches Verhalten ist im allgemeinen auch aus statistischen Überlegungen heraus zu erwarten[3]. Abb. 18 zeigt in willkürlichen Einheiten die nach Erhitzen der Reaktionsmischung auf verschieden hohe Temperaturen erhaltenen Werte der Farbstoffadsorption und der aus kinetischen Messungen ermittelten Logarithmen der Aktionskonstanten, die als Maß der Zahl der aktiven Zentren aufzufassen sind. Die bei den einzelnen Temperaturen durchlaufenen Zwischenzustände bzw. unfertig ausgebildeten Reaktionsprodukte weisen deutlich einen Unterschied im Gang des

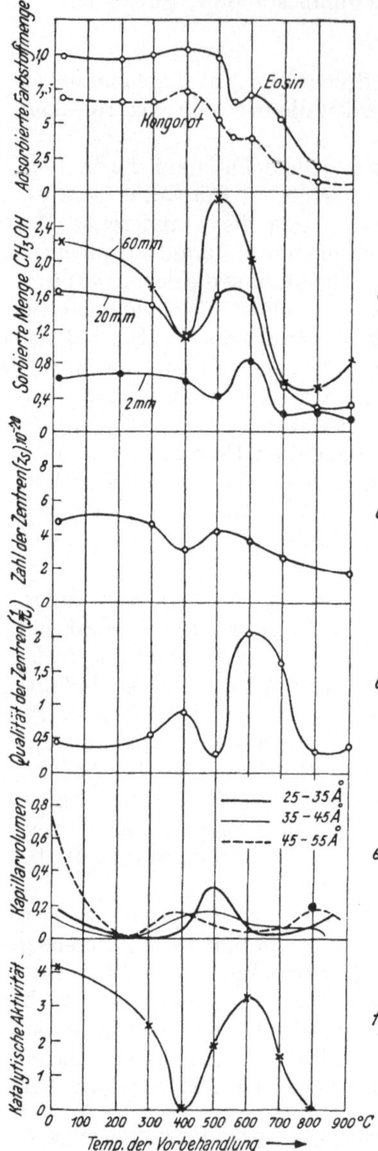

Abb. 17. Verhalten eines stöchiometrischen Gemisches von Fe_2O_3 und ZnO nach Vorerhitzung auf verschiedene Temperaturen (nach HÜTTIG und Mitarbeitern).

[1] W. JANDER, K. BUNDE: Z. anorg. allg. Chem. **231** (1937), 345.
[2] A. D. CHWATOW: J. Chim. gén. 9 (1939), 819; C 1939 II 3360.
[3] Vgl. G.-M. SCHWAB: Katalyse, S. 196ff. Berlin, 1931.

Adsorptionsvermögens und der auf der Oberfläche befindlichen Anzahl aktiver Zentren auf.

Im folgenden sollen noch einige Beispiele angeführt werden, bei denen die Auswirkung verschiedener Porosität auf den katalytischen Effekt gemessen worden sind. TSCHUFAROW und Mitarbeiter haben Platin[1] und Vanadinoxyd[2] auf Silicagel als Katalysatoren der SO_2-Oxydation untersucht. Mit Platin stieg die Ausbeute an SO_3 bei 410° von 42 auf 98%, wenn die Porosität von 20 auf 70% erhöht wurde.

Noch größere Porositäten setzten die Ausbeuten wieder etwas herab. Die scheinbaren Aktivierungsenergien waren bei allen Porositäten annähernd gleich, im Mittel gleich 18 kcal. Mit Vanadinoxyd stieg die Ausbeute von 30 auf 97% bei einer Vergrößerung der Porosität von 20 auf 87%. Die scheinbaren Aktivierungsenergien änderten sich ebenfalls nicht mit der Porosität, bei Temperaturen unterhalb 430° ergaben sich 46 kcal, bei Temperaturen über 430° 21,8 kcal. Eine mögliche Erklärung für dieses Verhalten wird S. 262 gegeben. — Eine Erhöhung der Aktivität bei Vergrößerung der Porosität haben auch ADADUROW und GERNET[3] bei Bariumoxyd enthaltenden Cr_2O_3-SnO_2-Kontakten der SO_2-Oxydation gefunden. Daß andererseits die Porosität u. U. eine Behinderung des Umsatzes verursachen kann, scheint aus Versuchen von KÖNIG[4] über die katalytische HCN-Bildung hervorzugehen. Ein poröserer, aus dem Hydroxyd hergestellter CeO_2-Katalysator ergab bei 600° eine Ausbeute von 3,2 mMol/Stunde, während die gleiche Menge des kompakten, aus dem Metall hergestellten Katalysators 5,3 mMol/Stunde lieferte. In diesem Falle dürften sich die Einflüsse des Teilchentransportes geltend gemacht haben, die in den folgenden Abschnitten behandelt werden.

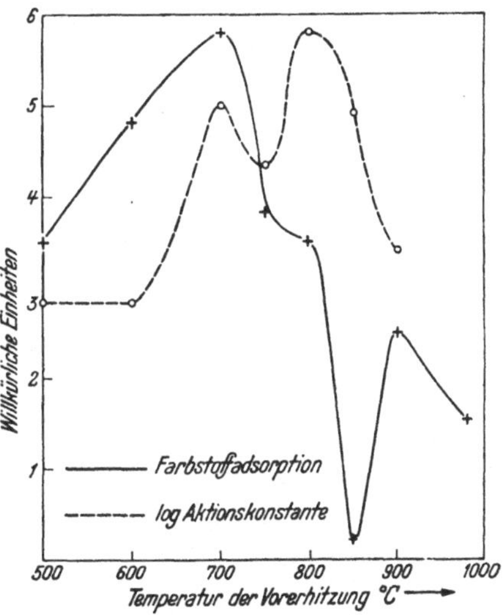

Abb. 18. Verhalten eines stöchiometrischen Gemisches aus ZnO und Al_2O_3 nach Vorerhitzung auf verschiedene Temperaturen (JANDER und BUNDE).

B. Die Bedeutung der Poren für den Teilchentransport.

1. Ultrafilterwirkung.

Wie schon S. 167 erwähnt, wurde bei Adsorptionsmessungen häufig ein „Ultraporositätsabfall" beobachtet. Hierbei wirkt der poröse Körper als Filter, d. h. in bestimmte Teile des Porensystems können nur Moleküle unterhalb einer bestimmten Größe eindringen, größere werden zurückgehalten. So fanden z. B. LANDT und Mitarbeiter[5] bei der Adsorption von Valerian- und Propionsäure an besonders vorbehandelten Zuckerkohlen eine Umkehr der TRAUBEschen Regel, die besagt, daß die Adsorption organischer Substanzen aus wäßriger Lösung mit dem An-

[1] G. I. TSCHUFAROW, N. N. AGAFONOW, J. P. TATIJEWSKAJA, K. I. KULPINA: J. physik. Chem. 5 (1934), 936; C 1935 II 1654.
[2] G. I. TSCHUFAROW, J. P. TATIJEWSKAJA, K. I. KULPINA: J. physik. Chem. 6 (1935), 152; C 1936 II 3050.
[3] J. ADADUROW, O. W. GERNET: J. angew. Chem. 8 (1935), 606; C 1936 II 576.
[4] W. KÖNIG: Z. Elektrochem. angew. physik. Chem. 37 (1931), 1.
[5] E. LANDT, K. KNOP: Z. Elektrochem. angew. physik. Chem. 37 (1931), 645.

steigen in den homologen Reihen regelmäßig zunimmt. Das umgekehrte Verhalten erklären die Verfasser[1] damit, daß die größeren Valeriansäuremoleküle in große Teile des Porensystems nicht mehr eindringen können im Gegensatz zu den kleineren Propionsäuremolekülen. Bei der Adsorption homologer Alkohole an Aktivkohlen beobachtete WOLKOWA[2] den gleichen Effekt. Besonders häufig wurde eine Ultrafilterwirkung bei Verwendung großer Farbstoffmoleküle als Sorptiv gefunden (vgl. S. 204, 237). SCHMIDT[3] beobachtete, daß die Adsorptionsfähigkeit von entwässertem Chabasit von dem Molvolumen der verwendeten Gase oder Dämpfe abhing. Da bei entwässerten Zeolithen Gitterporen sehr einheitlicher Größe vorliegen, trat hier der Effekt besonders scharf zutage: oberhalb eines Molvolumens von 44 (C_2H_4) war die sorbierte Menge wesentlich verringert und schließlich gleich Null. Die Gitterporen haben hiernach die Größe von etwa 4 Å*.

Die durch die Porenweite und die Sorptivmolekülgröße gegebene Zugänglichkeit des Porensystems erweist sich somit als bestimmend für die Adsorptionsfähigkeit. Die „innere Oberfläche" eines Adsorbens wird durch die Bezugnahme auf ein bestimmtes Sorptiv überhaupt erst definiert (vgl. S. 186). Natürlich kann bei nicht im Gleichgewicht ausgeführten Messungen die Zugänglichkeit auch von der für die Adsorption zur Verfügung stehenden Zeit abhängen. So ist für statische Verwendungszwecke eine engporige Kohle günstiger, da bei dieser die, wenn auch u. U. nur durch langsamere Diffusionsprozesse zugängliche Oberfläche bedeutend größer ist, während für dynamische Zwecke, also für die Adsorption aus strömenden Gasen (Gasmaske) eine weitporige Kohle mit unmittelbar zugänglicher innerer Oberfläche allein geeignet ist. Diese zeitabhängigen Diffusionsvorgänge in Poren und ihre Bedeutung werden im folgenden behandelt.

2. Teilchenbewegung in Poren.

In diesem Absatz werden die für den Teilchentransport in Poren wichtigen Gesetzmäßigkeiten zusammengestellt. Es wird jeweils zunächst die Definition der charakteristischen Kenngrößen (bei Strömung: „Durchlässigkeitskoeffizient" und „spezifische Durchlässigkeit", bei Diffusion: „Diffusionskoeffizient" und „spezifische Permeabilität") dargestellt, danach deren experimentelle Bestimmung und schließlich der Zusammenhang zwischen diesen Kenngrößen und dem Gefüge der porösen Körper, soweit er bisher aufgeklärt werden konnte.

a) Laminare Schichtenströmung; spezifische Durchlässigkeit.

Bei der laminaren Schichtenströmung ist die Geschwindigkeit parabolisch über den Querschnitt der Capillare verteilt, wobei an der Wand eine anhaftende, nahezu ruhende Schicht vorhanden ist. Die Schichtenströmung tritt auf, solange der Capillarradius groß gegen die freie Weglänge der Moleküle ist und die innere Reibung die wesentliche Rolle spielt. Da die freie Weglänge in Gasen zwischen 10^{-5} und 10^{-6} cm liegt, so liegt also reine Schichtenströmung in Capillaren mit einem Durchmesser größer als 10^{-5} cm vor[4]. Für die Durchlässigkeit findet man in der Literatur eine Fülle verschiedener Definitionen. Wir schließen uns hier der von MANEGOLD in grundlegenden Arbeiten entwickelten Begriffssystematik an, die als einzige konsequent durchgeführte erscheint.

---

[1] Ebenso andere Autoren, vgl. H. FREUNDLICH: Capillarchemie, Bd. I, S. 300, Anm. 3. Leipzig, 1930.

[2] Z. W. WOLKOWA: J. physik. Chem. 2 (1931), 702; C 1933 I 197.

[3] O. SCHMIDT: Z. physik. Chem. 133 (1928), 279.

* Vgl. ferner die Versuche von BRUNAUER und EMMETT S. 197.

[4] Die Verhältnisse in engen Poren werden S. 250ff. behandelt.

Als Maß für die Durchlässigkeit eines Capillarsystems bei Strömung definiert MANEGOLD[1] die „spezifische Durchlässigkeit" $\mathfrak{D}_s$. Ist V das Gasvolumen, gemessen unter dem Druck p, das durch ein Capillarsystem der Schichtdicke L und der Fläche F unter dem Druckgefälle $p_e - p_a$ in der Zeit t hindurchtritt, und η die Zähigkeit, so gilt:

$$\mathfrak{D}_s = \frac{V \cdot L \cdot \eta}{F \cdot t \cdot (p_e - p_a)} \cdot \frac{p}{\bar{p}} \, \text{cm}^2 \, . \tag{39}$$

Für Flüssigkeiten fällt der Faktor $\dfrac{p}{\bar{p}}$ weg. p_e ist der Eintrittsdruck, p_a der Austrittsdruck und $\bar{p}$ der mittlere Druck in der Apparatur, definiert durch

$$v_e \cdot p_e + v_a \cdot p_a = \bar{p} \, (v_e + v_a) \, . \tag{39a}$$

Für $v_e = v_a$ wird also $\bar{p} = \dfrac{p_e + p_a}{2}$. Alle Größen werden gemessen in cm, g (Gewichtsgramm) und sec. Ein Capillarsystem hat nach dieser Definition die spez. Gasdurchlässigkeit $\mathfrak{D}_s = 1$, wenn für eine Druckdifferenz 1 ein cm³ des Gases der Viscosität 1 durch ein Capillarsystem von der Fläche 1 cm² und der Dicke 1 cm in 1 sec hindurchtritt (das Gasvolumen wird für den mittleren Druck $\dfrac{p_e + p_a}{2}$ angegeben). Die so definierte Einheit der spez. Durchlässigkeit ist sehr groß, die experimentell gefundenen Werte müssen häufig als Vielfaches von 10^{-12} angegeben werden. Die Dimension der Größe $\mathfrak{D}_s$ ist die einer Fläche. Während der Durchlässigkeitskoeffizient $\mathfrak{D}$ allein noch von der Art und Temperatur des Gases abhängt, ist $\mathfrak{D}_s = \mathfrak{D} \cdot \eta$ eine Konstante, die nur noch abhängig ist von dem inneren Gefügeaufbau des untersuchten Capillarsystems.

Die *experimentelle Bestimmung* der spez. Durchlässigkeit für eine Flüssigkeit kann sehr einfach in folgender Weise geschehen: Die Substanz wird in das untere Ende eines senkrecht stehenden kalibrierten Rohres eingepaßt, dann das Rohr bis zu einer bestimmten Höhe mit Flüssigkeit gefüllt und die Fallzeit des Meniskus über eine bestimmte Höhe gemessen[2]. So wurde z. B. für die spez. Durchlässigkeit eines aus Wasserglas und Essigsäure hergestellten Kieselsäuregels mit einer Porosität von 98,5% ein mittlerer Wert von $\mathfrak{D}_s = 10{,}97 \cdot 10^{-12}$ gefunden[3]. Hat man für ein bestimmtes Gas die spez. Durchlässigkeit ermittelt, so folgt ohne weiteres auch das von jedem anderen Gas durch das gleiche Capillarsystem hindurchtretende Volumen. Bei MANEGOLD[4] sind eigene Durchlässigkeitsmessungen und die auf die spez. Durchlässigkeit auswertbaren anderer Autoren, unter anderem die Durchlässigkeit von Kornschüttungen aus Gasmaskenkohle, Aktivkohle, Kieselgur und Kieselgel zusammengestellt (vgl. auch Tabelle 6, S. 177).

Den *Zusammenhang zwischen den Capillardimensionen und der Durchlässigkeit* liefert das HAGEN-POISEUILLEsche Gesetz, nach welchem bei laminarer Strömung durch eine zylinderförmige Capillare vom Radius r_P und der Länge l pro Zeiteinheit das Gasvolumen:

$$\dot{v} = \frac{\pi \, r_P^4 \cdot (p_e - p_a)}{8 \cdot \eta \cdot l} \cdot \frac{\bar{p}}{p} \tag{40}$$

---

[1] E. MANEGOLD: Kolloid-Z. **81** (1937), 164. MANEGOLD bezeichnet die spez. Durchlässigkeit mit $Dd\eta$ (D = „Durchlässigkeit", Dd = „Durchlässigkeitskoeffizient", d. h. Durchlässigkeit mal Schichtdicke und $Dd\eta$ = spez. Durchlässigkeit). Da hier D allgemein die Diffusionskonstante darstellt, wird statt dessen ein Fraktur-$\mathfrak{D}$ verwendet und der Einfachheit halber $Dd\eta$ mit $\mathfrak{D}_s$ bezeichnet.

[2] Vgl. E. MANEGOLD: Kolloid-Z. **78** (1937), 129. — E. MANEGOLD, E. HOFMANN, K. SOLF: Kolloid-Z. **56** (1931), 277. — E. MANEGOLD: Kolloid-Z. **78** (1937), 129.

[3] E. MANEGOLD: Kolloid-Z. **81** (1937), 278.

[4] E. MANEGOLD: Kolloid-Z. **81** (1937), 269.

hindurchtritt[1]. Bei Flüssigkeiten fällt wieder der Faktor $\frac{p}{p}$ weg. Für ein Capillarsystem der Fläche F aus parallel nebeneinanderliegenden zur Oberfläche senkrechten Poren ($l = L$) mit N Poren je cm² ist dann das durchtretende Volumen $V = v \cdot N \cdot F$. Für dieses idealisierte Gefügemodell folgt also aus (39) und (40) sowohl für Flüssigkeiten wie für Gase:

$$\mathfrak{D}_s = \frac{r_P \cdot \pi \, r_P^2 \cdot N}{8} = \frac{r_P^2 \cdot \vartheta_P}{8}. \tag{41}$$

Da $\pi r_P^2 \cdot l$ das Volumen einer Capillare, also $F \cdot N \cdot \pi r_P^2 \cdot l = V_P$ das gesamte Volumen ist, so wird $N \cdot \pi r_P^2$ gleichbedeutend mit dem Porenvolumen je Volumeneinheit, also zahlenmäßig gleich der Porosität ϑ_P.

Für reale Porensysteme kann das genannte einfachste Gefügemodell natürlich nur näherungsweise zutreffen. Wie S. 162 gezeigt wurde, ist bei Permeation durch disperse Systeme allgemein mit einer effektiven Porosität zu rechnen. Nun darf aber nicht einfach in Gl. (41) an Stelle von ϑ_P die früher definierte effektive Porosität $\vartheta_{P_{eff}}$ eingeführt werden, da die spez. Durchlässigkeit stark vom Porenradius, die durchströmende Menge $\dot{V}$ also sehr von den Verteilungskurven der Porenradien bzw. dem in Rechnung gesetzten „mittleren" oder besser effektiven Porenradius abhängt[2]. Man kann aber die effektive Porosität in folgender Weise einführen: Für das gesamte durchtretende Volumen $\dot{V}$ kann man ansetzen:

$$\dot{V} = w_{eff} \cdot F \cdot \vartheta_{P_{eff}}. \tag{42}$$

w_{eff}: die effektive, lineare Strömungsgeschwindigkeit. Nach Hagen-Poiseuille gilt für eine Einzelpore:

$$w = \frac{\dot{v}}{q} = \frac{r_P^2 \cdot \Delta p}{8 \cdot \eta \cdot l}, \tag{40a}$$

für ein beliebiges Porensystem der Dicke L also:

$$w_{eff} = \frac{r_{P_{eff}}^2 \cdot \Delta p}{8 \cdot \eta \cdot L}. \tag{40b}$$

Aus (41) (42) und (40b) folgt dann:

$$D_s = \tfrac{1}{8} \cdot r_{P_{eff}}^2 \cdot \vartheta_{P_{eff}}. \tag{43}$$

Der Wert dieser Gleichung liegt vor allem darin, daß aus den experimentell bestimmbaren Größen D_s und $\vartheta_{P_{eff}}$ der für die Durchströmung wirksame mittlere Porenradius ermittelt werden kann (vgl. auch S. 176).

b) Diffusion durch heterogene Medien. Spezifische Permeabilität.

Bei der Diffusion handelt es sich im Gegensatz zur Strömung um eine molekularkinetische Teilchenbewegung auf Grund von Konzentrationsunterschieden. Die Diffusionsgesetze stellen den Zusammenhang zwischen der zeitlichen Änderung der Konzentration und der räumlichen Konzentrationsverteilung dar. Herrscht in einer Pore an der Stelle x die Konzentration c, an der Stelle $x + dx$

---

[1] Bei quadratischem Querschnitt der Poren steht im Nenner statt einer 8 eine 9, bei dreieckigem Querschnitt (gleichseitig) die Zahl 11.

[2] Natürlich kann man, wie es von andrer Seite auch geschehen ist, formal auch durch Gl. (41) eine effektive Porosität definieren. Diese ist dann aber nicht identisch mit der S. 162 eingeführten Größe $\vartheta_{P_{eff}}$; vor allem hätte sie für Diffusionsmessungen einen anderen Wert als bei Durchströmung des Capillarsystems.

die Konzentration $c + dc$, so gilt das erste Ficksche Gesetz:

$$\frac{dn}{dt} = -D \cdot q \cdot \frac{dc}{dx}. \tag{44}$$

Die in der Zeit dt durch den Querschnitt q diffundierende Anzahl Mole (dn) ist proportional dem Konzentrationsgefälle $\dfrac{dc}{dx}$. Der Proportionalitätsfaktor D hat die Dimension cm²/sec und kann häufig für nicht zu hohe Konzentrationen als von der Konzentration unabhängig angesehen werden[1]. Berechnet man die Differenz der an den Stellen x und $x + dx$ durch den Querschnitt diffundierenden Mengen, so folgt bekanntlich für die eindimensionale Diffusion, die in Poren die Verhältnisse im allgemeinen hinreichend wiedergibt, aus (43) das zweite Ficksche Gesetz:

$$d\left(\frac{dn}{dt}\right) = D \cdot q \frac{\partial^2 c}{\partial x^2} dx \tag{45}$$

oder, da $q \cdot dx$ gleich dem Inhalt des betrachteten Volumenelementes ist:

$$\left(\frac{\partial c}{\partial t}\right)_x = D \left(\frac{\partial^2 c}{\partial x^2}\right)_t. \tag{45a}$$

Durch Integration dieser Gleichung unter Einführung der jeweiligen physikalischen Anfangs- und Randbedingungen kommt man zu einer bestimmten Lösung (Konzentration als explizite Funktion von Ort und Zeit), mit deren Hilfe sich die Diffusionskonstante bestimmen läßt[2].

Wie bereits S. 162 dargestellt wurde, wäre bei der Diffusion durch poröse Medien in die Diffusionsgleichungen sinngemäß die Summe der Querschnitte q (Abb. 19) einzuführen, während praktisch zumeist nur die Gesamtfläche F bekannt ist (siehe aber S. 77/78). Es wurde weiterhin bereits auf die übrigen

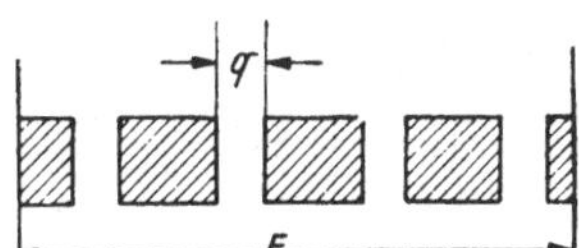

Abb. 19. Schematisches Bild des Porenquerschnittes q und der Gesamtfläche F.

Einflüsse der „Stereometrie" des Gefüges auf den Diffusionsvorgang hingewiesen. Für den Fall, daß die Porenweiten von gleicher Größenordnung wie die freie Weglänge der diffundierenden Teilchen sind, wird zudem die gewöhnliche Diffusion abgelöst von der Knudsenschen Capillardiffusion, u. U. begleitet von einer Oberflächendiffusion. Im Experiment ermittelt man somit im allgemeinen einen „effektiven Diffusionskoeffizienten" D_{eff}, den wir nach dem Vorgehen von Wicke[3] definieren durch:

$$- n = D_{eff} \cdot F \cdot \frac{dc}{dx}. \tag{46}$$

Den Quotienten aus dem effektiven Diffusionskoeffizienten und dem Diffusionskoeffizienten bei freier unbehinderter Diffusion in dem die Poren füllenden Medium nennen wir im Anschluß an Manegold[4] „spezifische Permeabilität" und bezeichnen ihn mit ψ:

$$\psi = \frac{D_{eff}}{D}. \tag{47}$$

---

[1] Über konzentrationsabhängige Diffusionskoeffizienten vgl. z. B. W. Seith: Diffusion in Metallen, S. 55 ff. Berlin: Springer 1939.

[2] Vgl. z. B. Ph. Frank, R. Mises: Die Differential- und Integralgleichungen der Mechanik und Physik. Braunschweig, 1935.

[3] E. Wicke: Kolloid-Z. **93** (1940), 129. Wicke bezeichnet den effektiven Diffusionskoeffizienten mit D_i. Diese Bezeichnung muß hier aber dem „inneren Diffusionskoeffizienten" (S. 250) vorbehalten bleiben.

[4] E. Manegold: Kolloid-Z. **82** (1938), 26.

ψ ist also ein Maß für alle genannten Einflüsse des Mediums auf den Diffusionsvorgang (weiteres S. 249).

Man unterscheidet zweckmäßigerweise außer zwischen der Diffusion im homogenen (einphasigen) System und der Diffusion im heterogenen (mehrphasigen) System noch zwischen homogenen und heterogenen Medien, so wie es Manegold[1] getan hat (Abb. 20).

Manegold spricht allgemein bei heterogenen Medien oder heterogenen Systemen (Abb. 20) statt von Diffusion von Permeation und dementsprechend von einem „Permeationskoeffizienten" (in Manegolds Bezeichnungsweise: $\delta^* d$). Hier sei vorgeschlagen, da die Bezeichnung Diffusion — beispielsweise für den durch Abb. 20c dargestellten Vorgang — allgemein üblich ist, den Begriff Permeation als übergeordneten Sammelbegriff für den Materietransport auf Grund eines Druckgefälles (Strömung) oder Konzentrationsgefälles (Diffusion) oder Potentialgefälles (Leitfähigkeit), und zwar sowohl durch homogene wie heterogene Medien zu verwenden. Das Vorhandensein eines solchen, nicht im einzelnen spezifizierenden Begriffes dürfte oftmals nützlich sein

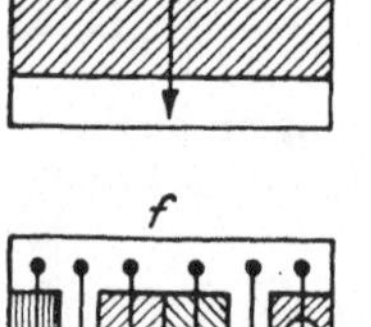

Abb. 20. Schemata für Diffusion (nach Manegold).

a, b Homogenes System (einphasig),
c, d, e Heterogenes Sytem (mehrphasig),
f Gemischtes System,
a, c Homogenes Medium,
b, d, e, f Heterogenes Medium.

(vgl. S. 162), in gleicher Weise, wie dies seit langem bei dem Begriff „Sorption" als Zusammenfassung von Absorption, Adsorption und Capillarkondensation der Fall ist.

Die *experimentelle Bestimmung* des Diffusionskoeffizienten und der spez. Permeabilität kann entsprechend den beiden Fickschen Gleichungen auf zwei grundsätzlich verschiedenen Wegen geschehen. Entweder wird die in bestimmter durch den Querschnitt diffundierende Menge gemessen und mit Hilfe von Gl. (44) ausgewertet. Oder es wird entsprechend Gl. (45a) entweder

c als Funktion von *x* nach einer bestimmten Zeit *t*, oder

c als Funktion von *t* an einer bestimmten Stelle *x*, oder

x als Funktion von *t* für eine bestimmte Konzentration *c* bestimmt.

Es handle sich zunächst immer um Diffusion im homogenen System, also um ein Porensystem, dessen Gerüstsubstanz für die diffundierenden Teilchen undurchlässig ist.

Für den *stationären Fall* gilt nach (45a): $\frac{\partial^2 c}{\partial x^2} = 0$, also $c(x) = A x + B$. Für $x = 0$ sei $c = c_0$, und für $x = L$ sei $c = c_L$. Mit diesen Bedingungen sind die Konstanten A und B festgelegt, und es folgt

$$c(x) = \frac{(c_L - c_0) \cdot x}{L} + c_0 . \tag{48}$$

Für die Substanzmenge S, die durch die Fläche F in t sec hindurchdiffundiert:

$$S = - D \cdot F \cdot \int_0^t \frac{dc}{dx} dt , \tag{48a}$$

---

[1] E. Manegold: Kolloid-Z. **82** (1938), 26.

ergibt sich damit nach (44) (gewissermaßen als Definitionsgleichung für den Diffusionskoeffizienten):

$$D = \frac{S \cdot L}{F \cdot t \cdot (c_0 - c_L)} = \frac{v \cdot p \cdot L}{F \cdot t \cdot (p_0 - p_L)}. \tag{48b}$$

Von den zahlreichen, experimentell realisierbaren Bedingungen angepaßten Lösungen der Gl. (45a) für *nichtstationäre Fälle* seien hier zwei angeführt, die für solche Randbedingungen gelten, wie sie bei der Ein- oder Ausdiffusion in Poren angenommen werden können und die später noch verwendet werden.

1. Als erstes sei betrachtet die Eindiffusion in eine Pore, bei der innerhalb der Versuchszeit keine merkbare Konzentrationsänderung am Ende der Pore auftritt. Für solche Fälle mit in einer Richtung unendlich ausgedehntem Diffusionsraum lautet die allgemeine Lösung der Gl. (45a):

$$c(x, t) = A \cdot \Phi(\beta) + B, \tag{49}$$

worin $\Phi(\beta)$ das GAUSSsche Fehlerintegral bedeutet:

$$\Phi(\beta) = \Phi\left(\frac{x}{2\sqrt{Dt}}\right) = \frac{2}{\sqrt{\pi}} \int_0^\beta e^{-\beta^2} d\beta, \tag{49a}$$

das vielfach tabelliert wurde. Hier genügt es zu wissen, daß für

$$\beta = 0 \text{ das Integral} = 0$$

und für

$$\beta = \pm\infty \text{ das Integral} = \pm 1$$

wird.

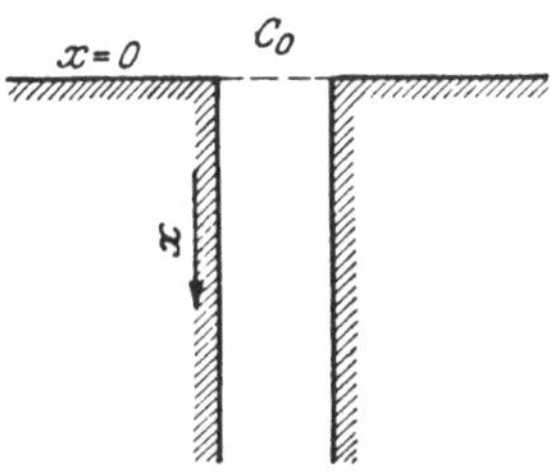

Abb. 21 stelle eine zylindrische Pore dar, an deren Eingang dauernd die Konzentration c_0 herrscht. Für $x = 0$ sei $c = c_0$, und für $x = \infty$ sei $c = 0$. Mit diesen Randbedingungen lautet die Lösung:

$$c(x, t) = c_0\left[1 - \Phi\left(\frac{x}{2\sqrt{Dt}}\right)\right]. \tag{50}$$

Abb. 21. Porenschema.

Aus dem experimentell bestimmten $c(x, t)$, dem bekannten c_0 und einer Tabelle des Fehlerintegrals folgt hieraus der Wert für $\dfrac{x}{2\sqrt{Dt}}$ und damit die Diffusionskonstante. Die Differenzierung von (50) ergibt:

$$\frac{\partial c}{\partial x} = \frac{c_0}{\sqrt{\pi \cdot D \cdot t}} \cdot e^{-x^2/4Dt}. \tag{50a}$$

Für die an der Stelle $x = 0$ durchdiffundierende Substanzmenge S folgt daher aus Gl. (44):

$$S = 2 c_0 \cdot F \cdot \sqrt{\frac{D \cdot t}{\pi}}, \tag{50b}$$

woraus auch wieder D zu bestimmen ist. Gleichung (50b) gilt genau so für die Ausdiffusion aus einer Pore.

Als Beispiel für die experimentelle Anwendung dieser Gleichungen seien die Arbeiten von FRIEDMANN und KRAEMER[1] und die von TISELIUS über die Eindiffusion in Zeolithe genannt[2], ferner die später zu besprechenden Rechnungen von ZELDOWITSCH (S. 258).

2. Aus der allgemeinen Lösung der zweiten FICKschen Gleichung für *endliche* Systeme errechnet man $c(x, t)$ für die zweiseitige Eindiffusion in eine Pore der Länge $2L$ (Abb. 22) unter den Anfangs- und Randbedingungen:

$$c = c_0 \text{ für } x = 0 \quad \text{und} \quad x = 2L \left(\text{d. h. } \frac{\partial c}{\partial x} = 0 \text{ für } x = L\right).$$

---

[1] Zitiert S. 179.   [2] A. TISELIUS: Z. physik. Chem., Abt. A **169** (1934), 425; **174** (1935), 401; J. physic. Chem. **40** (1936), 223.

Es sei hier nur die zumeist benutzte, in gleicher Weise wie (50 b) berechnete Gleichung für die an der Stelle $x = 0$ bzw. $x = 2L$ durchdiffundierende Substanzmenge angeführt, welche lautet[1]:

$$S = c_0 \cdot F \cdot L \cdot \left[1 - \frac{8}{\pi^2} \sum_{n=1,3,\ldots}^{\infty} \frac{1}{n^2} e^{-n^2 \tau} \right] \approx c_0 F L \left(1 - \frac{8}{\pi^2} \cdot e^{-\tau} \right), \qquad (51)$$

wobei

$$\tau = \frac{\pi^2 \cdot D \cdot t}{4 \cdot L^2} \cdot$$

Bei der guten Konvergenz der Reihe kann für größere t-Werte der angegebene Näherungswert benutzt werden, aus dem folgt:

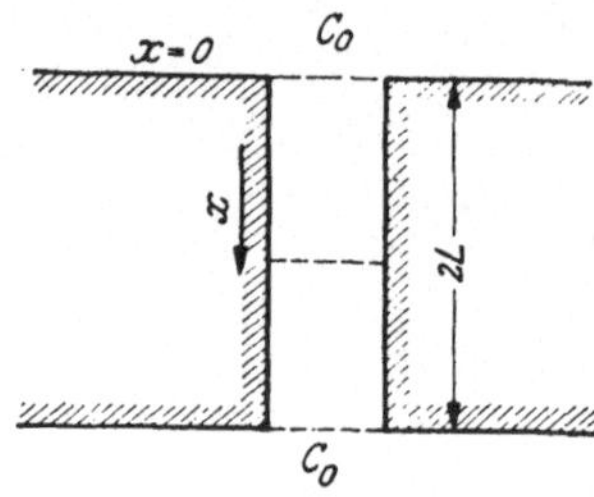

Abb. 22. Porenschema.

$$D = \frac{4 \cdot L^2}{\pi^2 t} \left[\ln \frac{8}{\pi^2} - \ln \left(1 - \frac{S}{c_0 F \cdot L} \right) \right]. \qquad (51\,\mathrm{a})$$

Ist der Radius der Poren nicht konstant, sondern entsprechend kugelförmigen Körnern ein Trichter, so tritt nur an die Stelle von $\frac{8}{\pi^2}$ in dem Näherungsausdruck von (51) und in Gl. (51a), der Wert $\frac{6}{\pi^2}$. Der Quotient $\frac{S}{F \cdot L} = \bar{c}(t)$ ist die mittlere Konzentration im gesamten Porenraum nach der Zeit t. Hat man $\bar{c}(t)$ experimentell bestimmt, so kann D errechnet werden[2]. Mißt man die Diffusion $(\bar{c}(t)/c_0)$ in Abhängigkeit von der Zeit, so kann das Ergebnis mit der theoretischen, die Gl. (51) darstellenden Kurve (siehe Abb. 23)[3] verglichen werden. Bei

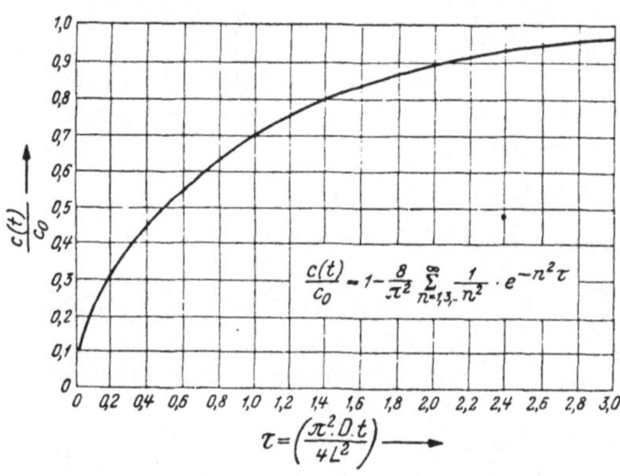

Abb. 23. Eindiffusionsgeschwindigkeit in Poren als Funktion von Zeit, Diffusionskonstante und Porenlänge (DAMKÖHLER).

Übereinstimmung beider Kurven erhält man aus jedem beliebigen Punkt der experimentellen Kurve einen t-Wert und aus dem entsprechenden Punkt der theoretischen Kurve den zugehörigen τ-Wert. Der Quotient D/L^2 ist damit wieder bestimmt.

Bei der Adsorption in engen Poren wird, wie schon erwähnt, die Diffusion geschwindigkeitsbestimmend. Als Beispiel für die Anwendung der angeführten Gleichungen seien daher die Messungen über die Adsorptionsgeschwindigkeit an verschiedenen Aktivkohlen und Silicagelen[4] und an Holzkohle[5] genannt, ferner die später noch zu behandelnden Rechnungen von THIELE (S. 258). Für Gase ist allgemein $v \cdot p$ an die Stelle von S und an Stelle der Konzentration der Gasbzw. Partialdruck zu setzen. Bei Übertragung auf reale kompakt-disperse Systeme, z. B. ein Kieselgel, tritt in alle vorstehenden Diffusionsgleichungen an die Stelle von D der effektive Diffusionskoeffizient D_{eff}. Die experimentelle Bestimmung von D_{ef}

---

[1] M. C. McKAY: Proc. physic. Soc. 42 (1930), 235 hat diese Funktion tabelliert.

[2] Über eine graphische Auswertung siehe H. DÜNWALD, C. WAGNER: Z. physik. Chem., Abt. B 34 (1934), 55.

[3] Aus G. DAMKÖHLER: Z. physik. Chem., Abt. A 174 (1935), 232. Die entsprechende Funktion bei trichterförmigen Poren findet man dargestellt bei E. WICKE: Kolloid-Z. 86 (1939), 178.

[4] Vgl. E. WICKE: Kolloid-Z. 86 (1939), 166.

[5] R. M. BARRER, E. K. RIDEAL: Proc. Roy. Soc. (London), Ser. A 149 (1935), 231

kann etwa in der Anordnung von WICKE und KALLENBACH (s. S. 163), oder bei Nicht-vorhandensein von KNUDSENscher und VOLMERscher Diffusion auch mittels Leitfähig-keitsmessungen [vgl. Gl. (4b) S. 165] vorgenommen werden. In letzterem Fall und ebenso zur Bestimmung der spez. Permeabilität muß nach Gl. (47) jeweils auch der Diffusionskoeffizient in dem die Poren füllenden Medium bekannt sein bzw. gemessen werden. MANEGOLD[1] hat in mehreren Arbeiten eine ganze Anzahl experimenteller Ergebnisse zusammengestellt und auf den Diffusionskoeffizienten und wenn möglich auf die spez. Permeabilität ausgewertet, unter anderem für die Diffusion durch oder in verschiedene Gele, poröse Metalle, Mineralien, keramische Stoffe und Zeolithe.

Die Diffusionskonstante läßt sich auch aus der Zeitdauer, in der ein bestimmter Diffusionsweg (Δx) zurückgelegt wird, berechnen, nach der bekannten Beziehung für das mittlere Verschiebungsquadrat[2]:

$$\overline{\Delta x^2} = 2 \cdot D \cdot t \,. \tag{52}$$

Diese Beziehung kann, obwohl der Faktor 2 nur für bestimmte Grenzbedingungen zutreffend ist, doch für größenordnungsmäßige Abschätzungen bei allen Diffu-sionsvorgängen dienen, etwa zur Abschätzung der Zeitdauer, in der bei be-kanntem D der Konzentrationsausgleich über eine bestimmte Strecke erfolgt, und ist daher von großem Nutzen.

Im folgenden betrachten wir den Zusammenhang zwischen den vorstehend aufgeführten Kenngrößen für die Diffusionsvorgänge und dem Gefüge der hetero-genen Medien. Für den Fall, daß weder KNUDSENsche noch VOLMERsche Diffusion am Stofftransport beteiligt sind, ist, wie nach den Ausführungen über die effek-tive Porosität (S. 162ff.) ohne weiteres verständlich, die spezifische Permeabilität gleich der effektiven Porosität:

$$\psi = \frac{D_{eff}}{D} = \vartheta_{P_{eff}} \quad \text{für} \quad \left\{ \begin{array}{l} D_{eff} \sim \dfrac{1}{P} \quad \text{und} \\[2ex] \dfrac{d\,D_{eff}}{d\,(1/P)} = \dfrac{D_{eff}}{D} \end{array} \right. \,. \tag{53}$$

Treffen diese Voraussetzungen nicht zu, so sind ψ und $\vartheta_{P_{eff}}$ verschieden. ψ wird dabei, je nach dem Einfluß der Oberflächendiffusion, größer oder kleiner als $\vartheta_{P_{eff}}$ sein können. Während somit der „Stereofaktor" $\vartheta_{P_{eff}}$ eine für alle Permeations-vorgänge charakteristische Gefügekonstante ist, unabhängig von der Art der diffundierenden Teilchen, ihrer Konzentration, dem die Poren füllenden Medium und der Versuchstemperatur, gilt dies für die spezifische Permeabilität nur so lange, als die diffundierenden Teilchen nicht energetisch mit der Porenwan-dung in Wechselwirkung treten, solange also die angeführten Voraussetzungen zu Gl. (53) erfüllt sind.

Wird die spez. Permeabilität nicht nur für Atmosphärendruck, sondern D_{eff} als Funktion des Gesamtdrucks P gemessen, so ist damit gleichzeitig auch die effektive Porosität bestimmt (vgl. S. 164). Die Definitions- und Bestimmungs-gleichung (4) für $\vartheta_{P_{eff}}$ kann also auch geschrieben werden:

$$\vartheta_{P_{eff}} = \frac{\lim\limits_{P \to \infty} \dfrac{d\,D_{eff}}{d\,(1/P)}}{D \cdot P} \,. \tag{4a}$$

Die bisherigen Angaben über die Diffusion in Poren gelten für homogene Systeme. Ist die Gerüstsubstanz des porösen Körpers nicht undurchlässig, findet also auch eine Absorption der diffundierenden Teilchen statt, so liegt eine *Diffu-*

---

[1] E. MANEGOLD: Kolloid-Z. **82** (1938), 269; **83** (1939), 146 und 299.
[2] A. EINSTEIN: Ann. Physik **17** (1905), 549.

sion im heterogenen System vor (Abb. 20). Im Falle sehr enger Poren kann ein bei weiten Poren praktisch homogenes System in ein heterogenes übergehen, da der Anteil der absorbierten Substanz am Teilchentransport mit abnehmender Porengröße sehr stark ansteigt. Für heterogene Systeme gelten die vorstehenden Gesetzmäßigkeiten in gleicher Weise, nur erhält der Diffusionskoeffizient dann eine andere Bedeutung. Er gilt weiterhin für den Gesamtvorgang, bestimmt also die durch die Fläche F des Mediums in der Zeit t hindurchtretende Substanzmenge und ist damit für die Praxis die wesentliche Kenngröße. Er ist aber nicht mehr wie bei homogenen Systemen ein Maß für die Geschwindigkeit des Stofftransportes in der homogenen Phase, da für diesen Vorgang nicht die Konzentrationen c_e und c_a maßgebend sind, sondern die Gleichgewichtskonzentrationen in den verschiedenen Phasen. Über die Verteilung der diffundierenden Substanzmenge z. B. auf den Gasraum und die angrenzenden Phasen kann keine allgemeine Vorhersage gemacht werden, die Beziehung zwischen dem „inneren Diffusionskoeffizienten" (D_i) und dem gemessenen Koeffizienten D_{eff} wird in verschiedenen Fällen verschieden sein. Bei Gültigkeit des HENRYschen Gesetzes ($c_{gelöst} = A \cdot c$) gilt:

$$D_{eff} = D_i \cdot A , \tag{54}$$

wobei A der Absorptions- oder Verteilungskoeffizient ist. Mit Gl. (54) erhält MANEGOLD[1] z. B. für die Diffusion von H_2 und O_2 durch Hydrophan (ein wasserhaltiges, zeolithartiges SiO_2-Gel) folgende Werte (Tabelle 15):

Tabelle 15. *Diffusion durch Hydrophan.*

Gas	Temp. ° C	Verteilungskoeffizient	Diffusionskoeffizienten (cm²/sec)	
			D_{eff}	D_i
Wasserstoff	23,1	0,0406	$5,75 \cdot 10^{-2}$	$141,3 \cdot 10^{-2}$
Sauerstoff	21,6	0,860	$1,40 \cdot 10^{-2}$	$1,63 \cdot 10^{-2}$

Ferner ist zu beachten, daß bei gleichzeitiger Diffusion durch die Gerüstsubstanz der Grenzflächenvorgang mit in die experimentelle Bestimmung der Diffusionskonstante eingeht, sofern die Gleichgewichtseinstellung an der Grenzfläche nicht sehr schnell verläuft. Dadurch, daß man das Konzentrationsgefälle so klein wie möglich hält, kann man den Diffusionsstrom und damit die Abweichung vom Gleichgewichtszustand möglichst gering machen.

c) KNUDSENsche Capillardiffusion.

Unter normalem Druck und in nicht zu engen Capillaren liegt bei Gasen wie bei benetzenden Flüssigkeiten Schichtenströmung vor (S. 242). Wird dagegen der Gasdruck hinreichend erniedrigt oder der Porenradius hinreichend klein (siehe Abb. 24)[2], so treten Abweichungen vom HAGEN-POISEUILLEschen Gesetz auf derart, daß die hindurchtretende Gasmenge *größer* wird, als nach dem Gesetz zu erwarten ist. Diese Abweichungen beruhen darauf, daß die bei der Schichtenströmung vorhandene ruhende Wandschicht bei der Molekular„strömung" nicht mehr auftreten kann. Jedes Molekül bewegt sich nahezu unabhängig von den anderen.

Das gleiche gilt für die Diffusion: Die normale Diffusion kann sich nur ausbilden, wenn die freie Weglänge kleiner ist als der Raumdurchmesser. Die freie Weglänge von Gasen bei Normalbedingungen liegt zwischen 10^{-5} und 10^{-6} cm, die Porenweiten vieler Katalysatoren betragen aber 10^{-6} bis 10^{-7} cm. Die Teilchen

---

[1] E. MANEGOLD: Kolloid-Z. **82** (1938), 302.
[2] Aus E. MANEGOLD: Kolloid-Z. **81** (1937), 176.

bewegen sich in diesem Falle unabhängig voneinander in Form KNUDSENscher Diffusion, die sonst nur im Hochvakuum möglich ist. Um bei einer Porenweite von 10^{-6} cm die normale Diffusion zu erzeugen, müßte der Gasdruck etwa 100 Atm. betragen.

Die Diffusionskonstante (D_K) ist wieder durch Gl. (44) oder (48 b) definiert. *Den Zusammenhang mit der Porengröße* liefert die von KNUDSEN[1] auf Grund experimenteller Ergebnisse für die Strömung durch Capillaren aufgestellte Formel, die sowohl hohe wie niedrige Drucke umfaßt[2]. Für reine Molekulardiffusion, also sehr niedrige Drucke, folgt aus KNUDSENs Formel für das durch eine zylinderförmige Pore je Zeiteinheit hindurchtretende Gasvolumen[3]:

$$\dot{v} = \frac{4}{3}\sqrt{2\,\pi} \cdot \sqrt{\frac{R\,T}{M}} \cdot \frac{r_P^3 \cdot (p_e - p_a)}{l \cdot p}. \quad (55)$$

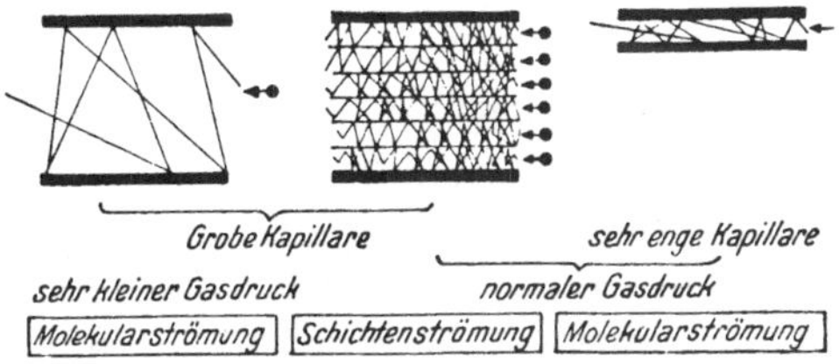

Abb. 24. Strömungsverhältnisse in Poren (MANEGOLD).

$\dot{v}$ ist also nicht mehr wie bei der Schichtenströmung [Gl. (40)] von der inneren Reibung abhängig, sondern vom Molekulargewicht M der diffundierenden Teilchen und außerdem nicht der 4., sondern der 3. Potenz des Porenradius proportional. Aus (48 b) und (55) ergibt sich für den Diffusionskoeffizienten:

$$D_K = 1{,}06 \cdot r_P \cdot \sqrt{\frac{R\,T}{M}} = \frac{2}{3} \cdot r_P \cdot \overline{w}, \quad (56)$$

wobei $\overline{w}$, die mittlere Molekulargeschwindigkeit, durch

$$\frac{M \cdot \overline{w}^2}{2} = \frac{4}{\pi}\,R\,T \quad (57)$$

gegeben ist. Da unter Normalbedingungen $\overline{w} \simeq 10^4$ cm/sec ist, so wird D_K in Poren von 10^{-6} cm Radius von der Größenordnung 10^{-2} cm²/sec, d. h. etwa $^1/_{10}$ des gewöhnlichen Diffusionskoeffizienten.

Aus Gl. (56) entnimmt man, daß

$$D_K = \text{const} \cdot T^{1/2} \quad (56\,a)$$

ist. Die Temperaturabhängigkeit der normalen Gasdiffusion (D_G) ist dagegen komplizierter[4]. Nach dem gaskinetischen Modell ist:

$$D_G = \frac{1}{3}\,\Lambda \cdot \overline{w}. \quad (58)$$

Die mittlere freie Weglänge Λ ist gegeben durch:

$$\Lambda = \frac{R}{\pi \cdot N_L \cdot r_M^2 \cdot p} \cdot \frac{T^2}{T + C}. \quad (59)$$

$C = $ SUTHERLAND-Konstante. Mit (57) folgt daher aus (58) und (59):

$$D_G = \text{const} \cdot \frac{1}{p} \cdot \frac{T^{2,5}}{T + C}. \quad (58\,a)$$

Für N_2 ist z. B. $C = 118°$ K, somit gilt in einem weiten Temperaturgebiet (etwa zwischen $-30°$ und $500°$ C):

$$D_G = \text{const} \cdot \frac{1}{p} \cdot T^{1,45}, \quad (58\,b)$$

---

[1] M. KNUDSEN: Ann. Physik **28** (1909), 75.
[2] Vgl. auch A. C. EGERTON: Proc. Roy. Soc. (London), Ser. A **103** (1923), 469.
[3] M. KNUDSEN: loc. cit. S. 87.
[4] Vgl. z. B. K. F. HERZFELD: Hand- u. Jahrb. chem. Physik III/2, S. 95.

wie man sieht, ein wesentlich anderes Resultat als für die Knudsensche Diffusion [Gl. (56a)].

Aus (56) folgt weiterhin, daß D_K unabhängig vom Druck ist, während der Diffusionskoeffizient bei gewöhnlicher Gasdiffusion nach (58b) umgekehrt proportional dem Druck ist.

Clausing[1] hat die Molekularströmung als Diffusionsproblem nach dem Ansatz:

$$\dot{n}_K = - D_K \cdot q \cdot \frac{dc}{dx} \, , \tag{60}$$

behandelt. Er integrierte die zweite Ficksche Gleichung unter folgenden Anfangs- und Randbedingungen: Für $t = 0$ ist überall $c = 0$; für $t > 0$ und $\begin{cases} x = 0 \text{ ist } c = c_0 \\ x = l \text{ ist } c = 0 \end{cases}$. Diese Bedingungen sind also erfüllt für eine Pore, auf deren Eintrittsseite dauernd die Konzentration c_0 und an deren Austrittsseite während der ganzen Versuchszeit eine neben c_0 zu vernachlässigende Konzentration herrscht. Das Ergebnis für die in der Zeit t durch den Querschnitt q ausdiffundierenden Menge S_a lautet[2]:

$$S_a = \frac{D_K \cdot q \cdot c_0}{l} \left[t + 2 \frac{l^2}{\pi^2 D_K} \sum_1^\infty \frac{(-1)^n}{n^2} \left(1 - e^{-\frac{n^2 t \pi^2 D}{l^2}} \right) \right] \tag{61}$$

Für große Zeiten wird die Summe gleich $-\pi^2/12$, also

$$S_a = \frac{D_K \cdot q \cdot c_0}{l} \cdot \left(t - \frac{l^2}{D_K \cdot 6} \right) . \tag{61a}$$

Setzt man hierin $S_a = 0$, so wird das damit errechnete t die „anfängliche Durchlaufzeit" $\bar{t}_a$. Es folgt:

$$l^2 = 6 D_K \cdot \bar{t}_a \tag{62}$$

und, für D_K den Wert aus (56) eingesetzt[3]:

$$\bar{t}_a = \frac{l^2}{4 \cdot r_P \cdot \bar{w}} , \tag{62a}$$

eine Beziehung, die Clausing bei der Diffusion von Gasen durch Glascapillaren experimentell bestätigt fand. Der Vergleich von (62) und (52) zeigt, daß anfänglich, zu Beginn der Diffusion durch die Capillare, die Zeit kürzer, die Diffusionsgeschwindigkeit also größer ist als im stationären Zustand. Für diesen gilt nach (52): $l^2 = 2 D_K t$, und somit:

$$\bar{t} = \frac{3 \cdot l^2}{4 \cdot r_P \cdot \bar{w}}. \tag{62b}$$

Von Rasmussen[4] ist in neuerer Zeit eine genaue experimentelle Nachprüfung der Knudsenschen Gleichung für verschiedene Capillarmodelle durchgeführt worden, die sie für das Gebiet, in dem die freie Weglänge $\Lambda \approx r_P$ ist, wiederum bestätigt. Für Λ-Werte von $0,1 \div 10$ cm, also beim Übergang zu extrem niedrigen Drucken, nimmt die hindurchtretende Gasmenge wieder etwa auf das Doppelte des Knudsenschen Wertes zu und bleibt dann konstant. Das auf diese Weise auftretende Minimum der durchdiffundierenden Menge für $\Lambda = r_P$ kommt nach Rasmussen dadurch zustande, daß in diesem Gebiet die Teilchen noch Zusammenstöße untereinander erleiden.

---

[1] P. Clausing: Ann. Physik 7 (1930), 559.

[2] Die den Gleichungen (61) und (61a) entsprechenden Formeln für die *eindiffun*dierende Menge siehe bei E. Manegold, K. Solf: Kolloid-Z. 82 (1938), 148.

[3] P. Clausing kommt auf einem etwas anderen Wege zu diesem Ergebnis.

[4] R. E. H. Rasmussen: Ann. Physik 29 (1937), 665.

d) VOLMERsche Oberflächendiffusion.

Werden die durch die Poren diffundierenden Teilchen von der Wand adsorbiert, so findet, wie VOLMER und Mitarbeiter[1] zuerst gezeigt haben, auch eine Teilchenbewegung der adsorbierten Moleküle entlang der Oberfläche statt, die mit kleiner werdenden Poren neben der Teilchenbewegung im Gasraum immer stärker ins Gewicht fällt, da mit abnehmendem Radius das Verhältnis von Umfang zum Querschnitt immer größer wird. Für den Diffusionskoeffizienten entlang einer Fläche (er sei hier mit D_V bezeichnet) liefert die kinetische Gastheorie unter Voraussetzung einer MAXWELLschen Geschwindigkeitsverteilung die Beziehung:

$$D_V = \frac{1}{2}\, \Lambda_a \cdot \overline{w}_a \, , \tag{63}$$

wobei $\overline{w}_a$ gegeben ist durch:

$$\frac{M \cdot \overline{w}_a^2}{2} = \frac{\pi}{4}\, RT . \tag{64}$$

Setzt man zur Abschätzung der Größenordnung von D_V für die freie Weglänge der adsorbierten Teilchen (Λ_a) den Atomabstand auf der Oberfläche, also einige Å ein, so folgt: $D_V \approx 10^{-4}\,\mathrm{cm^2/sec}$. Die Oberflächendiffusion ist hiernach also etwa 10 mal so schnell wie die Diffusion in einer Flüssigkeit, oder rund 1000 mal langsamer als die Gasdiffusion. Eine Zusammenstellung der experimentellen Erfahrungen findet man bei SMEKAL[2] und bei VOLMER[3].

Tabelle 16. *Diffusionskonstanten* (cm^2/sec) *von Cäsium auf Wolfram.*

Temp. °K	Erste Schicht	Zweite Schicht
300	$1,2 \cdot 10^{-11}$	$0,34 \cdot 10^{-3}$
400	$4,3 \cdot 10^{-9}$	$1,3 \cdot 10^{-3}$
500	$1,5 \cdot 10^{-7}$	$2,2 \cdot 10^{-3}$
600	$1,6 \cdot 10^{-6}$	$2,7 \cdot 10^{-3}$
700	$0,8 \cdot 10^{-5}$	$3,2 \cdot 10^{-3}$

Weitere Einblicke in den Diffusionsvorgang entlang der Oberfläche erhält man bei Betrachtung des Temperaturverhaltens. LANGMUIR[4] bestimmte für die Diffusion von Cäsiumatomen auf Oberflächen von Wolframdrähten bei verschiedenen Temperaturen die in Tabelle 16 wiedergegebenen Diffusionskoeffizienten.

Aus diesen Ergebnissen erkennt man folgendes: Nur die in zweiter Schicht adsorbierten Atome besitzen eine Diffusionskonstante der oben abgeschätzten Größenordnung, und ihre Temperaturabhängigkeit ist entsprechend Gl. (63) proportional $T^{1/2}$ (siehe Abb. 25b). Die Diffusionskonstanten der ersten Schicht sind dagegen um viele Größenordnungen kleiner und zeigen eine einer Exponentialfunktion folgende Temperaturabhängigkeit (Abb. 25a). Die Beweglichkeit dieser Teilchen wird offenbar dadurch be-

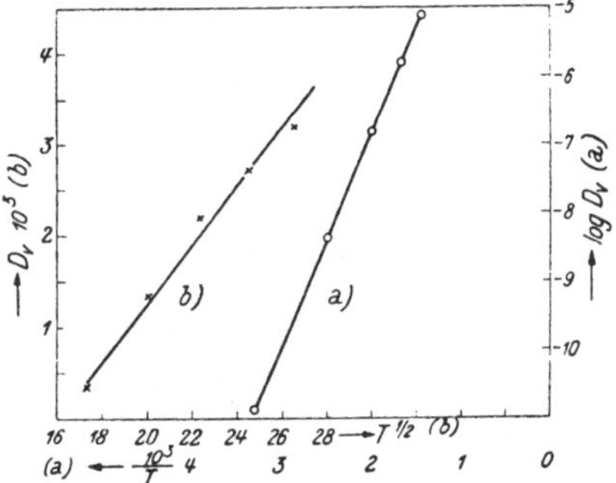

Abb. 25. Temperaturabhängigkeit der Diffusion von Cäsium auf Wolfram. *a* Erste Schicht (rechte Ordinate); *b* zweite Schicht (linke Ordinate).

[1] M. VOLMER, J. ESTERMANN: Z. physik. Chem. 17 (1921), 13.
[2] A. SMEKAL: Handb. d. Physik XXIV/2, S. 866. Berlin, 1933.
[3] M. VOLMER: Trans. Faraday Soc. 28 (1932), 359; Physik. regelmäß. Ber. 1 (1933), 141. — K. NEUMANN: Ebenda 5 (1937), 131.
[4] LANGMUIR: Physic. Rev. 40 (1932), 463. — J. B. TAYLOR, J. LANGMUIR: Physic. Rev. 44 (1933), 423.

hindert, daß beim Zurücklegen jeder freien Weglänge eine Potentialschwelle zu überwinden ist. Diesem Effekt kann man, analog wie bei der Diffusion in festen Stoffen, dadurch Rechnung tragen, daß man Gl. (63) durch einen Faktor δ ergänzt, der den Bruchteil derjenigen adsorbierten Moleküle innerhalb der MAXWELLschen Geschwindigkeitsverteilung angibt, deren Energie größer als die Höhe der Potentialschwelle ist. Für den zweidimensionalen Fall liefert die Integration der MAXWELLschen Gleichung für diesen Faktor (in der Näherung für $E \gg RT$):

$$\delta(E, T) = \frac{3}{2} \cdot e^{-E/RT} . \tag{65}$$

Mit Gl. (64) folgt somit aus (63), wenn man zunächst Λ_a als praktisch temperaturunabhängig ansieht, für die Temperaturabhängigkeit von D_V:

$$D_V = \mathrm{const} \cdot T^{0,5} \cdot e^{-E/RT} . \tag{63a}$$

Dabei bedeutet E die mittlere Höhe der Potentialschwellen, die kleiner sein muß als die Adsorptionswärme, wenn überhaupt eine Oberflächendiffusion stattfinden soll. Die an besonders aktiven Stellen gebundenen Atome werden nicht oder weniger leicht beweglich sein[1], und die auf der Oberfläche diffundierenden Atome werden zu Stellen mit besonders hohem Potential hin, also in Poren und Spalten hineinwandern[2]. Bei hohen Aktivierungsenergien ($E \gg RT$) überwiegt der Einfluß des e-Gliedes bei weitem, so daß man eine reine Exponentialfunktion erhält, wie z. B. in Abb. 25a. Aus der Neigung der Geraden im $\lg D_V - \frac{1}{T}$-Diagramm folgt für die Diffusion der Cäsiumatome auf Wolfram $E = 14$ kcal/Mol. Für den Fall, daß die Aktivierungsenergie von gleicher Größenordnung wie RT wird, wäre auch der Faktor $T^{0,5}$ von Einfluß. Es fragt sich dann allerdings, ob der gegebene Exponent richtig ist, oder ob nicht auch Λ_a von der Temperatur abhängt, was oben zunächst unberücksichtigt blieb. Nach WICKE[3] nimmt Λ_a mit steigender Temperatur zu, „und zwar insbesondere wegen der mit steigender Temperatur infolge der geringeren Belegungsdichte abnehmenden Zahl der Zusammenstöße zwischen adsorbierten Molekülen". Dies erscheint aber nicht sicher, da auch folgendes zu bedenken ist: Ein adsorbiertes Molekül das die nötige Energie erhält, wird aus seiner Potentialmulde heraus in die nächste gelangen. Ob es von dort abermals weiterwandern kann, hängt davon ab, wieviel seiner Energie es beim ersten Schritt an die Unterlage abgibt. Im allgemeinen wird man (im Gegensatz zu der obigen ersten Abschätzung für D_V) zwar annehmen müssen, daß das Teilchen nicht nach einem, sondern erst nach einer ganzen Reihe von Schritten infolge der Wechselwirkung hinreichend Energie abgegeben hat und wieder in einer Potentialmulde verbleibt. Mit zunehmender Temperatur wird aber die Energieabgabe an die Unterlage zunehmen und infolgedessen Λ_a gerade kleiner werden. Welcher Einfluß überwiegt, wird verschieden sein können. Die Zusammenstöße mit anderen adsorbierten Molekülen werden aber wohl nur dann maßgebend sein, wenn die Potentialberge sehr klein sind. In jedem Fall ist der Exponent in Gl. (63a) etwas unsicher.

Von VOLMER und ADHIKARI[4] wurde für die zweidimensionale Diffusion von Benzophenon auf Glas bei 17° C $D_V = 1,6 \cdot 10^{-3}$ cm²/sec gefunden[5]. Das Ergebnis

---

[1] M. G. EVANS: Trans. Faraday Soc. 28 (1932), 364.

[2] J. E. LENNARD-JONES: Trans. Faraday Soc. 28 (1932), 333. Vgl. auch S. 230.

[3] E. WICKE: Kolloid-Z. 97 (1941), 139.

[4] M. VOLMER, G. ADHIKARI: Z. physik. Chem. 119 (1926), 46.

[5] VOLMER (loc. cit.) gibt nicht die Diffusionskonstante an, sondern den „Reibungswiderstand": $K = 1,5 \cdot 10^{13}$ dyn pro Mol. Aus $D = BRT/N_L$ und $B = N_L/K$ folgt der oben genannte Wert für D_V.

kann in verschiedener Weise gedeutet werden: Entweder wurde nur die Diffusion einer zweiten Schicht, ebenso wie beim Cäsium auf Wolfram (Tabelle 16), gemessen, wobei dann für $\varLambda_a$ nach Gl. (63) etwa 10 Atomabstände einzusetzen wären. Oder aber es ist, wie in Gl. (63a), für die Diffusion im Adsorptionsraum der ersten Schicht noch ein Glied mit einer geringen Aktivierungswärme vorhanden; dann müßte aber $\varLambda_a$ eine noch dementsprechend größere Zahl von Atomabständen betragen[1]. Durch Beobachtung der Temperaturabhängigkeit wäre eine Entscheidung möglich.

Bei den bisher angeführten Versuchen (LANGMUIR, VOLMER) wurde die Ausbreitungsgeschwindigkeit einer einmal adsorbierten, konstanten Adsorptivmenge beobachtet. Untersucht man hingegen die Oberflächendiffusion bei konstantem Partialdruck des Adsorptivs im Gasraum, so muß für den gesamten Teilchentransport auf der Oberfläche neben D_V auch die jeweils (bei verschiedenen Temperaturen) adsorbierte Menge maßgebend sein. Aus der Differentialgleichung für den Teilchentransport auf der Oberfläche:

$$\dot{n}_V = -D_V \cdot 2\,\pi\,r_P \cdot \frac{da}{dx}, \tag{66}$$

$a =$ adsorbierte Menge je cm^2 Oberfläche, $x =$ Wegkoordinate in Richtung der Porenachse, erhält CLAUSING[2] für die entlang der Oberfläche durch den Querschnitt diffundierende Menge:

$$S_a = D_V \frac{\pi \cdot r_P \cdot c_0 \cdot \overline{w}_a \cdot \tau_e \cdot t}{2 \cdot l}, \tag{67}$$

wobei c_0 die Konzentration im Gasraum und τ_e die „mittlere Verweilzeit" eines Teilchens an der Oberfläche bedeutet[3]. Dem gegebenen Sachverhalt kann man auch dadurch Rechnung tragen, daß man in Gl. (66) an Stelle der adsorbierten Menge (a) die im Gasraum vorhandene (n), multipliziert mit dem Adsorptionsfaktor (A), einführt: $a = A \cdot n$.* Auch die mittlere Verweilzeit bzw. der Adsorptionsfaktor sind aber temperaturabhängig, so daß für die insgesamt vorhandene Temperaturabhängigkeit des Teilchentransportes neben Gl. (63a) auch dieser Umstand zu berücksichtigen ist. Nach WICKE[4] kann man für die Temperaturabhängigkeit des Adsorptionsfaktors ansetzen:

$$A = f(T) \cdot e^{Q/RT}, \tag{68}$$

über den Faktor $f(T)$ aber aus Messungen der Adsorptionswärme Q nur aussagen, daß er eine kleine positive oder negative Potenz von T darstellt. Insgesamt ist somit nach (63a) und (68) unter den genannten Bedingungen die Temperaturabhängigkeit des Teilchentransportes der Oberfläche gegeben durch einen Ausdruck:

$$A \cdot D_V = \text{const} \cdot F(T) \cdot e^{\frac{Q-E}{RT}}, \tag{69}$$

wobei $F(T)$ eine kleine positive Potenz von T bedeutet. Das Temperaturverhalten der Oberflächendiffusion ist also komplizierter als das der anderen Diffusionsarten und hängt im einzelnen von dem Wert der Größen Q und E und von der Potenz von T ab[5]. Da immer $Q > E$ (andernfalls würde jedes bewegliche Teil-

---

[1] Oder eine höhere Potenz als 0,5 für T gültig sein.

[2] P. CLAUSING: Ann. Physik 7 (1930), 559.

[3] Für die Ableitung muß auf das Original verwiesen werden. CLAUSING bezeichnet in seiner Gl. (75) $S_a/t = K_a$ und $c_0 = n_1$.

* Also geradlinige Adsorptionsisotherme vorausgesetzt.

[4] E. WICKE: Kolloid-Z. 97 (1941), 135.

[5] Da die Differenz $Q - E$ unter Umständen relativ klein ist, so kann auch der Faktor $F(T)$ eine wesentliche Rolle spielen, während sonst, z. B. bei der Diffusion in festen Stoffen, der vor dem Exponentialausdruck stehende Faktor als praktisch temperaturunabhängig angenommen werden kann.

chen desorbiert), nimmt der Teilchentransport durch Oberflächendiffusion entsprechend Gl. (69) mit der Temperatur ab.

Über die Druckabhängigkeit der Oberflächendiffusion andrerseits ist folgendes zu sagen: In dem Maße, wie die Adsorption mit steigendem Druck zunimmt, wird auch der Teilchentransport entlang der Oberfläche zunehmen. Hält man aber den Partialdruck des Adsorptivs konstant, so ist die VOLMERsche Diffusion vom Gesamtdruck unabhängig.

Von WICKE[1] wurde eine Oberflächendiffusion erstmals auch an porösen Adsorbentien nachgewiesen, nämlich die Oberflächendiffusion von CO_2 in verschiedenen Adsorptionskohlen. Und zwar gelang ihm die Unterscheidung zwischen der gewöhnlichen Gasdiffusion in den größeren Poren, der Moleculardiffusion und der Oberflächendiffusion durch Beobachtung der Druck- und Temperaturabhängigkeit der Gesamtdiffusion, in der sich, wie dargestellt, die 3 Diffusionsarten z. T. deutlich verschieden verhalten. Dabei wurde auch die Feststellung gemacht, daß bei dem genannten System unter den gegebenen Bedingungen $Q = 6,5 \div 7,5$ kcal und $E = 4,5 \div 6,5$ kcal betrug, die für die Oberflächendiffusion maßgebende Aktivierungsenergie also einen erheblichen Bruchteil der Adsorptionswärme ausmachte, was WICKE auf alle porösen Adsorbentien verallgemeinern möchte.

e) Die Diffusionskonstante in engen Poren.

In engen Poren ($r_P < 10^{-5}$ cm) hat man nach dem Vorstehenden sowohl die Oberflächen- wie die Volumendiffusion zu berücksichtigen. Über die Zusammensetzung der Diffusionskonstante in den Poren aus D_K und D_V kommt DAMKÖHLER[2] zu folgendem Ergebnis. Die Differentialgleichung für den Teilchentransport in der Pore ist zu schreiben:

$$\frac{\partial (N + N_a)}{\partial t} = D_K \frac{\partial^2 N}{\partial x^2} + D_V^s \frac{\partial^2 N_a}{\partial x^2}. \tag{70}$$

$N = $ Teilchenzahl im Gasraum je cm Porenlänge, $N_a = $ adsorbierte Teilchen je cm Porenlänge. Führt man den Adsorptionsfaktor A entsprechend $N_a = A \cdot N$ ein, so geht (70) über in:

$$\frac{\partial N}{\partial t} = D \cdot \frac{\partial^2 N}{\partial x^2}, \quad \text{wobei} \quad D = \frac{D_K + A \cdot D_V^{'}}{1 + A} \tag{71}$$

ist. Der Adsorptionsfaktor A kann bei guter Adsorption von der Größenordnung 10^3 werden. In diesem Fall wird $D = \frac{D_K}{A} + D_V$, der Teilchentransport also u. U. hauptsächlich durch die Oberflächendiffusion bedingt. Bei den oben genannten Versuchen von WICKE über die Oberflächendiffusion von CO_2 in Aktivkohlen wurde gefunden, daß bei 0° C und 760 mm Druck der Gastransport vor allem durch normale Diffusion in den Poren und durch Oberflächendiffusion besorgt wurde, wobei der Anteil der letzteren am Gesamttransport bis zu 50% ausmachte. Allgemein wird der Anteil der Oberflächendiffusion mit steigender Temperatur und mit wachsendem Porenradius abnehmen.

f) Nichtisotherme Diffusion (Adsorption).

Infolge des Anteils der Adsorption am Diffusionsvorgang besteht bei der Ausführung von Messungen im nichtstationären Zustand die Möglichkeit, daß thermische Effekte einen störenden Einfluß ausüben. Das Auftreten eines nichtiso-

---

[1] E. WICKE: Kolloid-Z. 97 (1941), 135.
[2] G. DAMKÖHLER: Z. physik. Chem., Abt. A 174 (1935), 228. Vgl. hierzu auch die Arbeiten von E. WICKE: Kolloid-Z. 93 (1940), 129; 97 (1941), 135.

thermen Verlaufs der Ad- bzw. Desorption ist von der Adsorptionswärme, der spezifischen Wärme und den Wärmeleitfähigkeiten im System abhängig. Bei der Adsorption an den inneren Oberflächen kann die Wärmeentwicklung zu beträchtlichen Erhitzungen führen, besonders da die Wärmeleitfähigkeit der meisten in Betracht kommenden porösen Körper gering ist (vgl. S. 267). Bei der Desorption ergibt sich eine entsprechende Abkühlung. Um Temperaturunterschiede gegenüber der Umgebung zu vermeiden, muß man die Substratkonzentration hinreichend klein halten. Sonst könnte z. B. ein gemessener Diffusionskoeffizient für eine andere als die Meßtemperatur gelten oder sogar bei variabler Temperatur bestimmt worden sein. Über den Einfluß der Abweichungen vom isothermen Fall liegen noch fast keine Untersuchungen vor. WICKE[1] hat ihn in bezug auf die Adsorptionsgeschwindigkeit von CO_2 an Kohle und Kieselgel, bei der die Diffusion geschwindigkeitsbestimmend ist, untersucht. Bei 100 mm Hg Druck und 0° C wurden Temperaturdifferenzen von maximal 20° C für die Ad- bzw. die Desorption gemessen, und im Innern und an den Randpartien sowohl des einzelnen Korns wie des mit Substanz gefüllten Adsorptionsgefäßes ergab sich ein entsprechender Temperaturgang. Wenn das Adsorbens nach Abpumpen mit dem CO_2 zusammengebracht bzw. nach erfolgter Adsorption wieder evakuiert wird, dann steigt (bzw. fällt) die Temperatur rasch bis zu einem Extremwert, von dem sie dann langsamer wieder auf die Temperatur der Umgebung übergeht. WICKE konnte zeigen, daß kurz nach dem Überschreiten des Temperaturmaximums die adsorbierte CO_2-Menge im Gleichgewicht ist und sich bis zum Erreichen der Außentemperatur stets auf der Isobaren befindet. Die in dieser Periode in jedem Augenblick adsorbierte Menge ist demnach nur eine Funktion der Temperatur und klingt daher wie diese nach einem „NEWTONschen Abkühlungsgesetz" ab. Das Zeitgesetz, nach welchem sich die adsorbierte Menge ändert, ist ebenfalls allein von Adsorptionswärme, spez. Wärme und Wärmeleitfähigkeit bedingt. Es wurde von WICKE aufgestellt und in Übereinstimmung mit den beobachteten Werten gefunden.

3. Die Ausnutzbarkeit der Poren im Innern von Katalysatorkörnern.

a) Das Zusammenwirken von Reaktion und Diffusion.

Bei der heterogenen Katalyse ist die auftretende Umsatzgeschwindigkeit durch die Reaktionsgeschwindigkeit an der Oberfläche und die Transportgeschwindigkeiten der Reaktionsteilnehmer zur bzw. von der Oberfläche bedingt. Während an einer leicht zugänglichen Oberfläche nur ein Vorgang geschwindigkeitsbestimmend ist bzw. sich der Übergang in einem engen Temperaturintervall vollzieht, können bei einem porösen Körper gleichzeitig Reaktions- und Transportgeschwindigkeit eine Rolle spielen: In den weiteren und näher zur Oberfläche liegenden Poren bleibt der chemische Vorgang geschwindigkeitsbestimmend, während in einem Teil der engeren und tieferliegenden Poren die Diffusion der langsamste Vorgang wird. Bei kleinen Partialdrucken des Substrates wird in diese Teile kein Substrat eindringen, die Poren also für die katalytische Wirkung ausfallen. Bei hoher Konzentration kann das Substrat zwar u. U. in die engen Poren eindringen, bevor es abreagiert, dann wird aber die Ausdiffusion des Reaktionsproduktes zu langsam werden, so daß dort der weitere Umsatz durch die Diffusionsgeschwindigkeit bestimmt wird. Zwischen den Extremfällen der völligen Teilnahme oder Nichtteilnahme der Porenoberfläche besteht demnach ein Zwischengebiet, in dem ein Teil der inneren Oberfläche ausfällt.

Maßgebend für das Auftreten des Zwischengebietes, das wir kurz als Gebiet

---

[1] E. WICKE: Kolloid-Z. 86 (1939), 180.

der „Porenausschaltung" oder der „Substratverarmung" bezeichnen wollen, ist das Verhältnis von Reaktions- und Transportgeschwindigkeit. Das Problem ist also mit der im vorangehenden Abschnitt behandelten Teilchenbeweglichkeit in Poren eng verknüpft. Unter im übrigen konstanten Bedingungen werden bei kleineren Korngrößen die Poren über die ganze Länge wirksam sein können. Bei größeren Körnern kommt dann u. U. ein mit der Korngröße (Porenlänge) zunehmender Abschnitt der Poren hinzu, der für eine katalytische Wirkung ausfällt. Die Möglichkeit, das Gebiet der allmählichen Porenausschaltung durch Temperaturvariationen zu erreichen, ist dadurch gegeben, daß die Reaktionsgeschwindigkeit stark temperaturabhängig ist, die Diffusionsgeschwindigkeit in den Poren dagegen wenig (vgl. S. 251).

b) Theoretische Behandlung.

Eine theoretische Behandlung des Zustandekommens und der Bedeutung der Substratverarmung für die Reaktionsgeschwindigkeit erfordert natürlich vereinfachende Annahmen über Porengefüge und Reaktionsbedingungen. Die Ergebnisse sind daher zunächst nur für Modellsysteme gültig. Ihr Wert liegt aber vor allem darin, daß sie den Weg zeigen, auf dem es gelingen wird, den Verarmungseffekt bewußt zu realisieren und damit zu praktisch wichtigen Aussagen darüber zu kommen, ob und wie sich die Ausnutzbarkeit des Inneren eines porösen Kontaktes unter den vorliegenden Bedingungen erhöhen läßt. Die Ergebnisse werden weiterhin zeigen, in welcher Weise das Verhalten poröser Katalysatoren (Aktivierungswärme usw.) durch die Verarmung in den Poren beeinflußt werden kann und damit die Notwendigkeit beweisen, bei der Diskussion von Untersuchungsergebnissen an porösen Kontakten auf diesen Effekt Rücksicht zu nehmen.

Das Problem wurde theoretisch bereits von Zeldowitsch[1] und von Thiele[2] behandelt. Damköhler[3] untersuchte eingehend, wie in durchströmten, schüttgutartigen Kontaktmassen die Ausbeute von Strömungsgeschwindigkeit, Diffusion, Reaktionsgeschwindigkeit und Wärmeleitung abhängt, und gibt dabei auch einige Ansätze für das hier interessierende Reaktionsgeschehen in Poren, in denen allein Diffusion stattfindet[4].

Das im folgenden zugrunde gelegte Katalysatormodell entspricht dem Schema der Abb. 22 (S. 248). Die Pore wird als beiderseitig offener Kanal gedacht, und die Diffusion erfolgt von beiden Öffnungen der Pore her, so daß es genügt, die Verhältnisse in einer Porenhälfte (Länge l) zu erörtern. Es sei erlaubt, mit einem mittleren Querschnitt q und einem mittleren Umfang u der Poren zu rechnen. Das Katalysatorkorn wird von dem gasförmig angenommenen Substrat umspült, dessen Konzentration im Außenraum zeitlich und örtlich konstant $= c_0$ sei. Die Bedingung eines stationären Zustandes kann experimentell durch dynamische Versuchsführung und durch Verwendung einer hinreichend kleinen Katalysatormenge eingehalten werden. Die Forderung der örtlichen Konstanz in den Kornzwischenräumen erfordert gegebenenfalls eine gute Durchmischung mittels turbulenter Strömung. In den Poren soll dagegen nur reine Diffusion (Diffusionskonstante D) und keinerlei Strömung vorliegen. Ferner soll eine ohne Änderung der Molzahl und ohne Hemmungen verlaufende Reaktion der Ordnung ν voraus-

---

[1] J. B. Zeldowitsch: Acta physicochim. URSS **10** (1939), 583.

[2] E. W. Thiele: Ind. Engng. Chem. **31** (1939), 916.

[3] G. Damköhler: in Der Chemie-Ingenieur Bd. III, Teil 1, S. 359ff. Berlin, 1937; Chem. Fabrik **12** (1939), 469.

[4] G. Damköhler: loc. cit. S. 430÷436.

gesetzt werden, wobei der katalytische Umsatz praktisch ausschließlich an den Porenoberflächen (nicht den Kornoberflächen) erfolgt.

Um einen Überblick zu erhalten, unter welchen Bedingungen der Teilchentransport in den Poren nicht mehr zu einer völligen Ausnutzung der aktiven Porenoberfläche ausreicht, hat DAMKÖHLER (l. c.) das Verhältnis von mittlerer Diffusionszeit t_D und mittlerer Reaktionsdauer t_R berechnet. Nur wenn der Quotient $\frac{t_D}{t_R} < 1$ ist, kann eine Pore über die ganze Länge ausgenutzt werden.

Für die mittlere Diffusionszeit der Teilchen über die Strecke l gilt nach Gl. (52) die Beziehung $t_D = \frac{l^2}{2\,D}$. Die mittlere Reaktionszeit ergibt sich durch Division der im Porenraum vorhandenen Mole Substanz durch die in der Zeiteinheit umgesetzte Anzahl Mole. In dem Porenvolumen befinden sich $\bar{c} \cdot q \cdot l \cdot$ Mole Substrat, wobei $\bar{c}$ eine über die ganze Länge l gemittelte mittlere Konzentration bedeutet. In diesem Volumen setzen sich unter der Voraussetzung, daß die aktive Oberfläche der insgesamt vorhandenen proportional ist, in der Zeiteinheit $k \cdot u \cdot l \cdot (\bar{c})^\nu$ Mole um (die Geschwindigkeitskonstante k der Reaktion ist nach dieser Formulierung der Umsatz [Mol/Zeiteinheit] an 1 cm^2 Porenoberfläche bei einer Konzentration von 1 Mol/cm^3 im Gasraum und besitzt die Dimension [cm$\cdot t^{-1} \cdot c^{1-\nu}$]). Die mittlere Reaktionszeit wird also:

$$t_R = \frac{q}{k \cdot u \cdot (\bar{c})^{\nu-1}} \,. \tag{72}$$

Bezeichnen wir allgemein den Quotienten aus Querschnitt und Umfang als „hydraulischen Radius" r_h:

$$\frac{q}{u} = r_h \,,$$

so besteht für die Ausnutzbarkeit der ganzen Pore daher die Bedingung:

$$\frac{t_D}{t_R} = \frac{l^2 \cdot k \cdot (\bar{c})^{\nu-1}}{r_h \cdot 2\,D} \leqq 1 \,. \tag{73}$$

Um zu einer Aussage darüber zu gelangen, in welchem Grade die Verarmung in den Poren die Umsatzgeschwindigkeit herabsetzt, kann man diese Rechnung von DAMKÖHLER noch sehr einfach in folgender Weise weiterführen: Durch $\frac{t_D}{t_R} = 1$ wird eine „Eindringtiefe" l_R der Reaktion definiert[1]. Für eine Reaktion 1. Ordnung ist also nach (73): $l_R = \sqrt{\dfrac{2 \cdot D \cdot r_h}{k}}$ und der Umsatz je Zeiteinheit: $- d\dot{n} = k \cdot u \cdot l_R \cdot \bar{c}$. Da die Substratkonzentration von c_0 am Poreneingang über die Strecke l_R etwa auf $c_0/2$ abfällt, kann man $\bar{c}$ in grober Näherung gleich $\frac{3}{4}\,c_0$ setzen und erhält:

$$- \dot{n} \approx c_0 \sqrt{D \cdot k \cdot q \cdot u} \,. \tag{74}$$

Würde die Reaktion nicht von der Fläche $u \cdot l_R$, sondern von der Fläche $u \cdot l$ katalysiert, also die ganze Pore ausgenutzt, so wäre die Umsatzgeschwindigkeit $k \cdot u \cdot l \cdot c_0$. Der Ausnutzungsgrad η der Poren kann durch das Verhältnis dieser beiden Geschwindigkeiten ausgedrückt werden:

$$\eta = \frac{1}{l \sqrt{\dfrac{k}{D \cdot r_h}}} = \frac{1}{\varphi} \,, \tag{75}$$

---

[1] Bezüglich einer derartigen Betrachtungsweise vgl. C. WAGNER: Arch. Eisenhüttenw. **11** (1938), 451.

wobei also der charakteristische Parameter φ durch

$$\varphi = l \sqrt{\frac{k}{D \cdot r_h}} \tag{76}$$

definiert ist.

Nach Thiele (l. c.) gelangt man folgendermaßen zu einer Aussage über die Substratverarmung. Die durch ein Längenelement dx der Pore hindurchtretende Menge Substrat wird durch die Abreaktion an der Porenwand vermindert. Der Betrag dieser Verminderung, d. h. die reagierende Menge $k \cdot u \cdot dx \cdot c_x$ (für eine Reaktion 1. Ordnung), ist gleich der Differenz zwischen der in ein Längenelement eintretenden und austretenden Menge [Gl. (45), S. 245]. Daraus folgt die Differentialgleichung:

$$\frac{\partial^2 c}{\partial x^2} = \frac{k \cdot c}{D \cdot r_h} \,. \tag{77}$$

Unter den Randbedingungen $c = c_0$ für $x = 0$ und $x = 2\,l$ (so daß in der Porenmitte $\dfrac{\partial c}{\partial x} = 0$) lautet die Lösung:

$$c = c_0 \frac{\mathfrak{Cof}\left(\dfrac{x}{l}\varphi\right)}{\mathfrak{Cof}\,\varphi} \,. \tag{78}$$

Der *gesamte* Umsatz in der Pore muß gleich der durch den Querschnitt eindiffundierenden Menge sein. Aus Gl. (44) folgt mit (78):

$$-\,\dot{n} = c_0 \sqrt{D \cdot k \cdot q \cdot u}\,\mathfrak{Tang}\,\varphi \tag{79}$$

und somit für den Ausnutzungsgrad:

$$\eta = \frac{\mathfrak{Tang}\,\varphi}{\varphi} \,. \tag{80}$$

Bis auf den Faktor $\mathfrak{Tang}\,\varphi$, der die Reaktionsgeschwindigkeit bei kleinen Parameterwerten stärker herabdrückt, erhält man also das gleiche Ergebnis für die

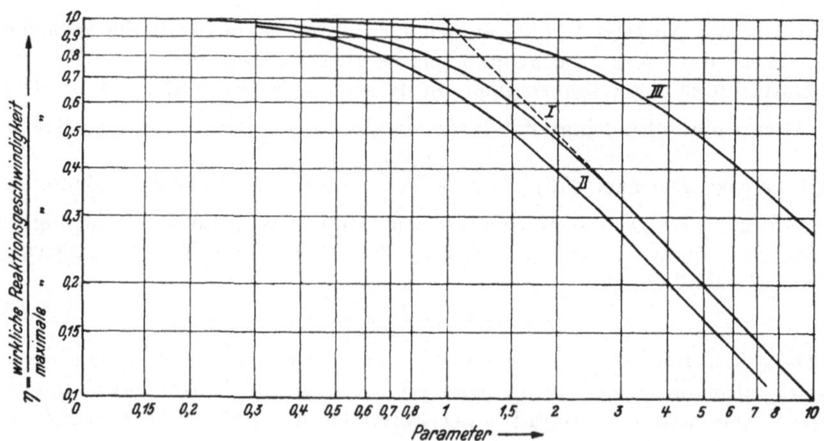

Abb. 26. Ausnutzungsgrad der Poren für katalytische Wirkungen unter verschiedenen Bedingungen.

Reaktionsgeschwindigkeit und den Ausnutzungsgrad wie bei unserer obigen Näherungsbetrachtung. In der Abb. 26 gibt die ausgezogene Kurve I η nach Gl. (80) als Funktion des Parameters φ wieder. Gl. (75) führt zu der gestrichelten Geraden I. Diese stellt auch das Ergebnis von Zeldowitsch (l. c.) für η im Falle einer

Reaktion 1. Ordnung dar. Thiele hat die resultierende Reaktionsgeschwindigkeit auch für eine Reihe anderer Modelle berechnet, zu denen auch nichtraum-
beständige Reaktionen gehören. Wir führen hier noch folgende an: Der mittlere
Porenquerschnitt hat nicht wie beim bisher betrachteten Modell einen konstanten
Wert, sondern variiert, wie dies z. B. bei kugelförmigen Katalysatorkörnern
(Radius r) der Fall ist. Für eine Reaktion 1. Ordnung ergibt sich dann der Ausnutzungsgrad zu:

$$\eta = \frac{3}{\varphi}\left(\frac{1}{\mathfrak{Tang}\,\varphi} - \frac{1}{\varphi}\right). \tag{81}$$

Daß bei diesem Modell, wie man aus Kurve *III* ersieht, die Verarmung erst bei
größeren Parameterwerten auftritt, ist anschaulich leicht einzusehen: Beträgt
die „Eindringtiefe" der Reaktion (siehe oben) etwa $r/2$, so wird bei einem plätt-
chenförmigen Katalysator der Dicke r gerade 50% des Volumens ausgenutzt,
bei kugelförmigen Körnern aber bereits $\frac{8}{9} = 89\%$ des Kornvolumens. — Der
Ausnutzungsgrad für ein Porenmodell entsprechend der Abb. 22 und für eine
Reaktion ohne Änderung der Molzahl, aber nach *zweiter* Ordnung, wird durch die
Kurve *II* wiedergegeben, diesmal als Funktion des Parameters $\varphi\,\sqrt{c_0}$. Allgemein
können folgende Aussagen gemacht werden:

1. Sobald man sich einmal im Gebiet der Substratverarmung befindet, führt
jede Vergrößerung des Parameters φ, z. B. durch Erhöhung der Korngröße oder
der Temperatur (k wächst schneller mit der Temperatur als D) oder durch Verkleinerung des Porenradius r_h, zu einer Verschlechterung der Porenausnutzung.

2. Die Kurven besagen, für größere Parameter quantitativ und für kleinere
Parameter qualitativ, daß bei Verarmung in den Poren die beobachtete Reaktionsgeschwindigkeit der Wurzel aus k, d. h. der Wurzel aus der wirklichen Reaktionsgeschwindigkeit proportional wird, und daß

3. die scheinbare Aktivierungswärme demzufolge gleich der halben Aktivierungswärme wird, die sonst aus dem Temperaturkoeffizienten von k folgen
würde. In dem geradlinigen Gebiet wird beispielsweise
eine Erhöhung der wahren Reaktionsgeschwindigkeit
um das Vierfache die gemessene Geschwindigkeit stets
ungefähr verdoppeln. In den gekrümmten Kurventeilen
sinkt die Aktivierungsenergie kontinuierlich von dem
ursprünglichen Wert auf den halben Betrag.

4. Die Auswirkung der Substratverarmung auf die
Reaktionsordnung ist nicht so einheitlich. Bei Reaktionen
ohne Änderung der Molzahl ergibt sowohl die Berechnung von Thiele wie die von Zeldowitsch die Ordnung
$\frac{1+\nu}{2}$. Im Falle 1. Ordnung tritt also keine Änderung
ein, Ordnungen unter 1 werden vergrößert, Ordnungen
über 2 erniedrigt. Praktisch dürfte dies kaum Bedeutung haben. Bei nichtraumbeständigen Reaktionen ist
die Konzentrationsabhängigkeit nach Thiele sehr kompliziert, doch dürften diese Fälle für die Praxis nicht
von Bedeutung sein, da zumeist mit in bezug auf das
Gesamtvolumen geringen Umsätzen zu rechnen ist.

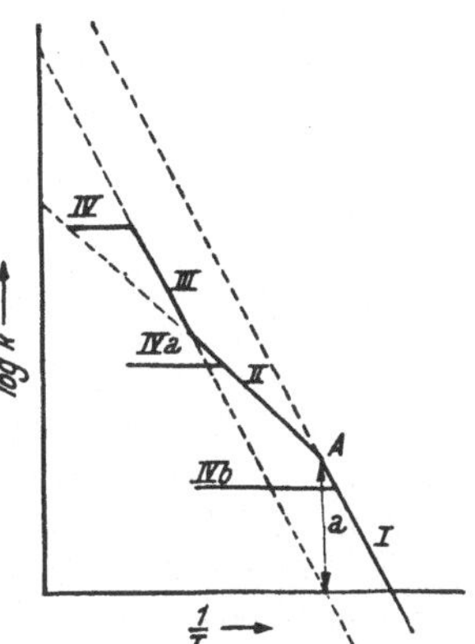

Abb. 27. Änderungen von Aktivierungsenergie und Aktionskonstante bei Substratverarmung in Poren (Zeldowitsch).

Im $\log k - 1/T$-Diagramm sind schematisch folgende
Verhältnisse möglich (Abb. 27)[1]. Bei tiefen Temperaturen ist die Reaktionsgeschwindigkeit noch so gering, daß die gesamte Oberfläche wirksam sein kann und

---

[1] Nach Zeldowitsch: Zitiert S. 258.

keine Substratverarmung auftritt (Zone *I*). Die Aktivierungsenergie der Reaktion ist die üblicherweise gefundene (Brutto-, scheinbare oder wahre Aktivierungsenergie). Bei zunehmender Temperatur wird ein Punkt *A* erreicht, von dem ab die Reaktion so rasch geworden ist, daß die Nachdiffusion in den tieferen Porenabschnitten nicht mehr ausreichend ist. Es kommt zu dem Zwischengebiet *II* mit der halben Aktivierungswärme. Der Punkt *A* ist durch die Bedingung gegeben, daß der Wert für die Eindringtiefe so klein wie der Kornradius geworden ist. Bei noch höherer Temperatur wird der Reaktionsverlauf so schnell, daß in den Poren überhaupt keine Reaktion mehr stattfindet und sie nur noch an der äußeren Oberfläche vor sich geht (Zone *III*). Die Aktivierungsenergie ist daher, vorausgesetzt daß die katalytische Wirksamkeit von innerer und äußerer Oberfläche die gleiche ist, wieder so groß wie im I. Teilgebiet. Bei weiterer Temperatursteigerung schließlich wird die Diffusion zur äußeren Oberfläche hin allein geschwindigkeitsbestimmend und die Reaktion damit praktisch nicht mehr temperaturabhängig (Zone *IV*). In der Zone *I* ist die Aktionskonstante am größten. Durch den Übergang zu einer niedrigeren Aktivierungsenergie bei auftretender Substratverarmung wird sie gleichfalls erniedrigt, um in der Zone *III* endlich wieder einen höheren Wert anzunehmen. (Die konstante Differenz a von $\log k$ in *I* und *III* gibt unter der genannten Voraussetzung das Verhältnis der gesamten zur geometrisch ausmeßbaren äußeren Oberfläche an.) Bei kleinen Diffusionsgeschwindigkeiten können die Regionen *III* und *II* nicht mehr ausgebildet werden, was durch die Linien *IVa* und *b* zum Ausdruck kommt. In Wirklichkeit wird der Kurvenverlauf nicht knickartig, sondern stetig sein.

c) Die Möglichkeiten einer experimentellen Prüfung.

Eine experimentelle Prüfung der theoretischen Überlegungen ist bisher noch nicht erfolgt, und anderweitige Untersuchungen über die Abhängigkeit der Aktivität vom Zustand des Katalysators können nicht mit Sicherheit hierfür ausgewertet werden. Denn es ist unbedingt notwendig, sich davon zu überzeugen, daß gleichzeitig keine anderen Veränderungen eingetreten sind. Stellt man beispielsweise einen Katalysator mit verschiedener Porenbeschaffenheit her, so daß bei der einen Form mit Substratverarmung zu rechnen wäre und bei der anderen nicht, dann können auch gleichzeitig Oberflächen von verschiedener katalytischer Wirksamkeit ausgebildet werden. Auch wenn man denselben Katalysator bei verschiedenen Temperaturen untersucht, um die Knicke im $\log k - 1/T$-Diagramm festzustellen, können sich Aktivitätsänderungen zufolge der thermischen Behandlung überlagern. Außerdem wird man häufig aus meßtechnischen Gründen nicht den ganzen erforderlichen Temperaturbereich erfassen können. In Ermangelung von bewußt im Hinblick auf den Verarmungseffekt ausgeführten Versuchen seien im folgenden einige experimentelle Befunde angeführt, bei welchen *möglicherweise* eine Verarmung in den Poren vorgelegen haben kann, wenngleich dies im einen oder andern Fall nicht sehr wahrscheinlich ist.

Bei den S. 241 genannten Messungen von TSCHUFAROW und Mitarbeitern ergab sich mit auf Silicagel verschiedener Porosität aufgebrachten Vanadinoxydkatalysatoren für die SO_2-Oxydation bei jedem Katalysator unterhalb 430° eine scheinbare Aktivierungsenergie von 46 kcal und oberhalb 430° eine von 21,5 kcal. Die genannten Voraussetzungen für die Feststellung einer Porenausschaltung könnten vorgelegen haben, so daß dieser Unterschied darauf beruhen kann, daß ein Übergang von dem Gebiet *I* zu dem Gebiet *II* des Schemas der Abb. 27 stattgefunden hat.

SCHWAB und ZORN[1] haben die Äthylenhydrierung an Nickelskelettkontakten

---

[1] G.-M. SCHWAB, H. ZORN: Z. physik. Chem., Abt. B **32** (1936), 169.

untersucht. Bei wenig gealterten, aktiveren Katalysatoren ergab sich aus dem geringen Temperaturkoeffizienten, daß (bei nicht zu niedrigen Temperaturen) ein Diffusionsvorgang überwiegend geschwindigkeitsbestimmend sein mußte. Eine Darstellung der kinetischen Messungen auf Grund der Geschwindigkeit des Teilchentransportes aus der Gasphase zur Oberfläche war jedoch nicht möglich, so daß Diffusionsvorgänge im Innern der Poren von wesentlicher Bedeutung gewesen sein müssen. Bei einem Katalysator, bei dem ein günstiges Verhältnis von Reaktions- und Diffusionsgeschwindigkeit vorgelegen hat, ergab sich eine Temperaturabhängigkeit der Reaktionsgeschwindigkeit, nach der entweder der Temperaturübergang I/IVb oder II/IVa des Schemas in Abb. 27 realisiert ist. Dies ist in Abb. 28 dargestellt. Da Skelettkontakte (S. 221) zumeist grobporig sind, kann man vermuten, daß das Gebiet der Substratverarmung übersprungen ist (I/IVb). Hätte der Fall II/IVa vorgelegen, dann wäre die zwischen 0 und 20° berechnete scheinbare Aktivierungswärme von 12 kcal kleiner als der wirkliche Wert. Nach anderweitigen Erfahrungen z. B. mit Nickelblech und nach der sinnvollen Verknüpfung des Wertes mit den Adsorptionswärmen erscheint dies allerdings nicht sehr wahrscheinlich.

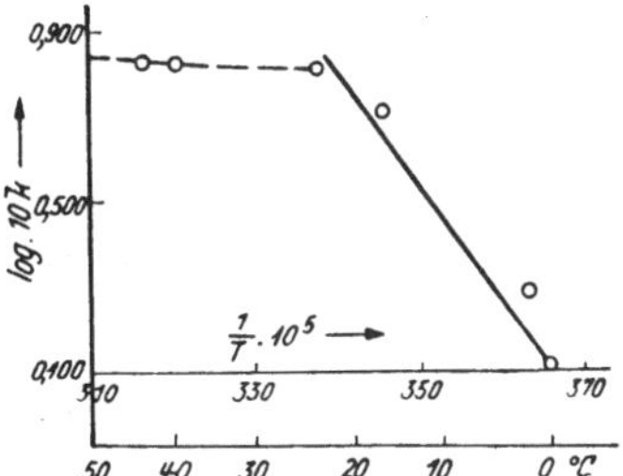

Abb. 28. Die Änderungen des Temperaturkoeffizienten der Äthylenhydrierung an einem Nickelskelettkontakt (SCHWAB und ZORN).

BALANDIN[1] fand bei dynamisch ausgeführten Messungen, daß die Dehydrierung von Cyclohexan über Chromoxyd als Katalysator mit gefälltem Cr_2O_3 eine Aktivierungswärme von 21,4 kcal und mit geglühtem eine solche von 40,7 kcal erforderte. Die Reaktion verlief nach nullter Ordnung, so daß die gefundenen als wahre Aktivierungswärmen aufzufassen wären.

SCHWAB und NAKAMURA[2] haben den Einfluß der Vorbehandlung auf die Aktivität von Magnesium- und Kupferoxyd nach dem von SCHWAB ausgearbeiteten quasistatischen Meßverfahren untersucht. Von den Ergebnissen entnehmen wir nebenstehende Gegenüberstellung. Bei MgO ist die Zunahme der Aktivierungsenergie durch Erhitzen auf 1000° am plausibelsten auf eine Schädigung der aktiven Zentren zurückzuführen. Bei dem umgekehrten Verhalten des CuO

Tabelle 17.

Zerfall von Distickstoffoxyd an Oxyden.

Vorbehandlung		Magnesiumoxyd		Kupferoxyd	
° C	Stunde	Aktivierungswärme (kcal)	log Aktionskonstante	Aktivierungswärme (kcal)	log Aktionskonstante
1000	1	40,0	8,5	—	—
350	2	28	5,4	—	—
600	2	—	—	30,9	8,6
400	2	—	—	39,4	12,3

ist es nicht ausgeschlossen, daß die Kristallisationsvorgänge bei 600° abgesehen von den anderen Veränderungen auch teilweise eine für eine Substratverarmung nötige Ausbildungsform hervorgerufen haben. Als Stütze einer solchen Deutung ließe sich der von FRICKE, GWINNER und FEICHTNER[3] bei einer Paralleluntersuchung am gleichen Kontakt gemachte Befund heranziehen, daß das auf 400° vorerhitzte Präparat größere Mengen röntgenamorphes Material enthielt, das 600°-Präparat dagegen nicht mehr.

[1] A. A. BALANDIN, J. J. DRUSSOW: Z. physik. Chem., Abt. B 34 (1936), 96.
[2] G.-M. SCHWAB, H. NAKAMURA: Ber. 71 (1938), 1755.
[3] R. FRICKE, G. GWINNER, CH. FEICHTNER: Ber. 71 (1938), 1752.

Wenn demnach (in der dem Verf. bekannten Literatur) eine Substratverarmung in Poren noch nicht mit Sicherheit nachgewiesen ist, so ist doch an der Möglichkeit des Effektes nicht zu zweifeln. Die Beobachtung der Aktivierungswärme einer Reaktion und ihrer evtl. Änderungen gibt aber, wie bereits hervorgehoben, keine eindeutige Entscheidung darüber, ob eine Verarmung in den Poren vorliegt oder nicht, selbst wenn bei den Änderungen ein Faktor nahe bei 2 beobachtet wird. Die vorstehend angeführten experimentellen Befunde können daher auch nur mit allem Vorbehalt herangezogen werden. Die für die Praxis wichtigste Frage lautet: Wann und unter welchen Bedingungen gelangt man in das Verarmungsgebiet (Abb. 26)? Ein sehr viel direkterer Weg, diese Frage zu beantworten, wäre der, den Parameter φ aus experimentellen Daten zu ermitteln. Findet man $\varphi \ll 1$ (also $\mathfrak{Tang}\,\varphi \approx \varphi$), so ist nach Abb. 26 und Gl. (80) die Ausnutzung der Poren vollständig; andernfalls ist Verarmung vorhanden.

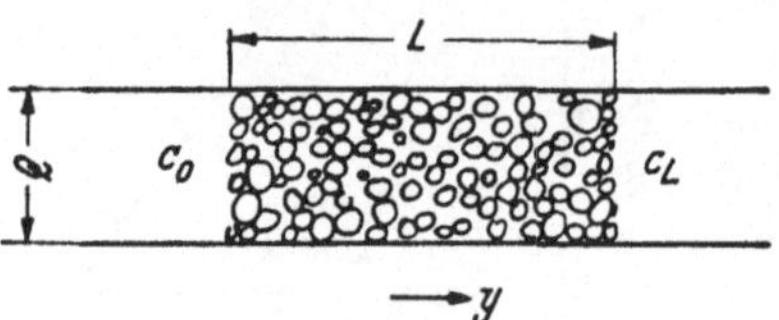

Abb. 29. Modell eines durchströmten körnigen Katalysators.

Von C. WAGNER[1] wurde nun, im Anschluß an das Vorangehende, eine wesentliche Weiterführung der theoretischen Behandlung in dieser Richtung vorgenommen, so daß es möglich ist, aus einer einzigen Messung des katalytischen Umsatzes den Parameter φ zu bestimmen und damit die Frage nach der Porenausschaltung zu entscheiden.

WAGNER legt seinen Überlegungen folgende Modellvorstellung zugrunde (vgl. Abb. 29): Ein Rohr vom Querschnitt Q sei über die Länge L mit Katalysatorkörnern vom Durchmesser a gefüllt. Durch das Rohr strömt (in der y-Richtung) das Substrat, so daß die Konzentration vom Werte c_0 beim Eintritt in das Rohr über die Strecke L auf den Wert c_L abfällt (Abb. 30a). Quer zur Strömung (in der x-Richtung) erfolgt in den einzelnen Katalysatorkörnern die Eindiffusion in die Poren.

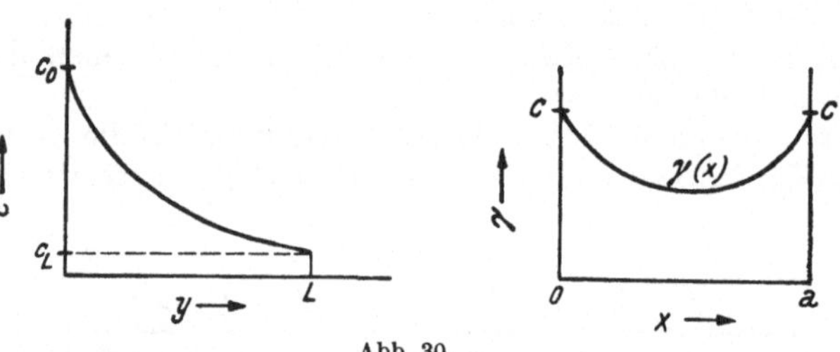

Abb. 30.
a) Konzentrationsverteilung in der Strömungsrichtung (vgl. Abb. 29);
b) Konzentrationsverteilung in den Poren eines Einzelkorns (vgl. Abb. 22).

Für diese wird das gleiche Modell wie bei THIELE (Abb. 22) angenommen ($a = 2\,L$), insbesondere soll wieder die Konzentration an den Poreneingängen örtlich und zeitlich konstant sein. Die Substratkonzentration im Porenraum wird mit γ bezeichnet im Gegensatz zur Konzentration c in den Kornzwischenräumen. Es ist also (vgl. Abb. 30b): $\gamma = c$ für $x = 0$ und $x = a$. Für den Ausnutzungsgrad gilt dann wieder nach Gl. (81):

$$\eta = \frac{\bar{\gamma}}{c} = \frac{3}{\varphi}\left(\frac{1}{\mathfrak{Tang}\,\varphi} - \frac{1}{\varphi}\right),\tag{82}$$

wobei

$$\varphi = r\sqrt{\frac{k'}{D_{eff}}}.\tag{83}$$

Die Geschwindigkeitskonstante k' bezieht sich bei WAGNER also auf einen Umsatz pro Zeiteinheit und Volumeneinheit des Katalysatorkorns für eine Substrat-

[1] C. WAGNER: Z. physik. Chem. (1943) im Erscheinen.

konzentration $\gamma \doteq 1$ im Porenraum. Bei Vergleich mit der oben benutzten Konstante k gilt somit $k' = k/r_h$. Ferner ist durch die Bezugnahme auf den Umsatz je Volumeneinheit des Katalysatorkorns (nicht des Porenraums) statt des Diffusionskoeffizienten im Porenraum der effektive Diffusionskoeffizient D_{eff} eingeführt, der allein praktisch meßbar ist (vgl. S. 249). WAGNER geht nun in folgender Weise vor:

Der gesamte Durchsatz je Zeiteinheit ist

$$n = c \cdot \dot{v} \, , \tag{84}$$

$\dot{v} = $ Strömungsgeschwindigkeit in cm³/sec. Andererseits ist der Umsatz je Zeiteinheit in Rohrvolumen $Q \cdot dy$:

$$- d\dot{n} = Q \cdot dy \cdot \zeta_K \cdot \bar{\gamma} \cdot k' \, . \tag{85}$$

Dabei ist ζ_K der Anteil des Kornvolumens am Schüttvolumen (s. S. 160). Aus (84) und (85) erhält man die relative Konzentrationsänderung im Volumenelement $Q \cdot dy$:

$$- \frac{d\dot{n}}{\dot{n}} = - \frac{dc}{c} = \frac{Q \cdot \zeta_K \cdot k'}{\dot{v}} \cdot \frac{\bar{\gamma}}{c} \, dy \, . \tag{86}$$

Die Integration über die Strecke L (vgl. Abb. 29) liefert:

$$\ln \frac{c_0}{c_L} = \frac{Q \cdot L}{\dot{v}} \cdot k' \cdot \zeta_K \cdot \frac{\bar{\gamma}}{c} \, . \tag{87}$$

WAGNER führt weiterhin den „Katalysatorkoeffizienten"

$$\varkappa = \frac{\dot{v}}{Q \cdot L} \ln \frac{c_0}{c_L} \tag{88}$$

ein. Dieser hat eine sehr anschauliche Bedeutung: Es ist der Reziprokwert der Verweilzeit des strömenden Gases im leergedachten Volumen des Katalysatorraumes $\left(\frac{Q \cdot L}{\dot{v}} \right)$, bei der gerade ein Umsatz auf $1/e$ der Ausgangskonzentration, d. h. eine Konzentrationsabnahme des Substrates um 63% resultiert, *und es wird empfohlen, diese anschauliche Größe allgemein zur Kennzeichnung der Aktivität eines Katalysators heranzuziehen.*

Führt man nun diesen Katalysatorkoeffizienten und für $\frac{\bar{\gamma}}{c}$ den Ausdruck von (82) in die Gl. (87) ein und ersetzt ferner auch k' entsprechend Gl. (83) durch den Parameter φ, so folgt:

$$3 \, \varphi \left(\frac{1}{\mathfrak{Tang} \, \varphi} - \frac{1}{\varphi} \right) = \frac{\varkappa}{\zeta_K} \cdot \frac{r^2}{D_{eff}} \, . \tag{89}$$

Mit Hilfe dieser Beziehung kann nun mittels einfach meßbarer bzw. abschätzbarer Größen eine Aussage sowohl über den Ausnutzungsgrad der Poren wie über die Geschwindigkeitskonstante der Reaktion gemacht werden: Zunächst wird durch eine Umsatzmessung $\frac{c_L}{c_0}$ (bei bekanntem $\dot{v}$, Q und L) ermittelt und damit der Katalysatorkoeffizient berechnet. Nach Bestimmung von ζ_K aus s und d und einer Messung von D_{eff} (vgl. S. 249), ergibt sich nach (89) die Kennzahl φ und damit nach (82) der Ausnutzungsgrad und nach (83) die Geschwindigkeitskonstante k'. WAGNER gibt zur Vereinfachung der Auswertung die in Abb. 31 wiedergegebene Kurve, in der $\eta = \frac{\bar{\gamma}}{c}$ gegen die Meßgrößen [rechte Seite von Gl. (89)] aufgetragen ist, aus der also der jeweilige Ausnutzungsgrad direkt abgelesen werden kann.

Wagner gibt auch eine zahlenmäßige Abschätzung für Experimente unter Laboratoriumsbedingungen: Für $\dot{v} = 2\,\mathrm{cm^3/sec} = 7{,}2\,\mathrm{Ltr./Stunde}$, $Q = 1\,\mathrm{cm^2}$, $L = 1\,\mathrm{cm}$ und $c_L/c_0 = 0{,}37$ (d. h. $\ln c_0/c_L = 1$) wird der Katalysatorkoeffizient $\varkappa = 2\,\mathrm{sec^{-1}}$. Ist nun z. B. die Korngröße $a = 0{,}1\,\mathrm{cm}$, $D_{eff} = 0{,}01\,\mathrm{cm^2/sec}$ * und $\zeta_K = 0{,}5$, so wird

$$\frac{\varkappa}{\zeta_K} \cdot \frac{r^2}{D_{eff}} = 4 \,,$$

d. h. man befindet sich nach Abb. 30 im Gebiet gerade eben erst beginnender Substratverarmung. Für einen einwandfreien Nachweis der Porenausschaltung müßte der Abszissenwert wohl > 5 werden. Da der Wert von 2 für den Katalysatorkoeffizienten bereits sehr groß ist (zumeist wird man schlechtere Katalysatoren haben), so könnte ein stärkerer Effekt als berechnet praktisch nur bei noch kleineren Werten für den effektiven Diffusionskoeffizienten erzielt werden.

Leider sind in keinem der S. 262ff. aufgeführten Beispiele die Voraussetzungen bzw. die nötigen Bestimmungsstücke für eine Auswertung mit Hilfe der Wagnerschen Beziehungen gegeben. Bei künftigen Untersuchungen wird es aber leicht möglich sein, die Versuchsführung so zu gestalten, daß eindeutige Aussagen über den jeweils zeitbestimmenden Vorgang sowie über die Substratverarmung und den Ausnutzungsgrad der Porenoberfläche im Innern von Katalysatorkörnern gemacht werden können. Vor allem wird es mit Hilfe der vorliegenden Grundlagen vielfach auch möglich sein, zu entscheiden, wo bei technischen Reaktionen die Voraussetzungen für das Ausschalten der Poren gegeben sind oder wie weit man noch von diesem kritischen Gebiet entfernt ist. Wagner gibt auch eine Abschätzung für die Verhältnisse bei der technischen Ammoniak-Katalyse und weist dabei besonders darauf hin, daß seine vorstehend wiedergegebenen

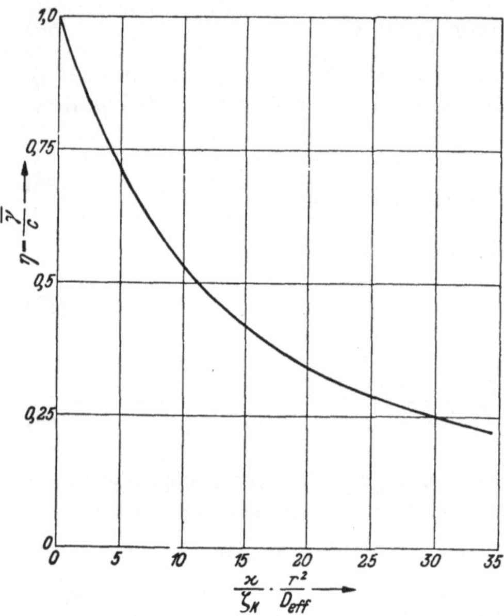

Abb. 31. Der Ausnutzungsgrad bei Substratverarmung in Poren in Abhängigkeit von den Meßgrößen nach C. Wagner (Versuchsanordnung nach Abb. 29).

---

* Werte dieser Größenordnung wurden bei den S. 163 behandelten Versuchen von Wicke und Kallenbach für die Diffusion von CO_2 durch verschiedene Aktivkohlen beobachtet. D_{eff} kann natürlich bei anderen Systemen u. U. auch wesentlich andere Werte besitzen. Von besonderer Wichtigkeit für das Verständnis der D_{eff}-Werte ist folgende Vorstellung von der Diffusion in den Adsorbens-Körnern, die Wicke (Kolloid-Z. 86 (1939), 170; 93 (1940), 134] auf Grund der Einblicke in das Korngefüge seinen Betrachtungen zugrunde legt: Die Körner werden von einem System von Makroporen mit Radien von $10^{-3} \div 10^{-4}$ cm durchzogen. Von diesen ausgehend ist das gesamte Korn von Mikroporen ($< 10^{-6}$ cm) fjordartig durchsetzt. Praktisch die gesamte adsorbierende Oberfläche liegt dann in den Mikroporen. Für die Zudiffusion des Adsorptivs sind dagegen unter diesen Umständen nur die Makroporen verantwortlich, da die Diffusion in den Mikroporen infolge ihrer Kürze im allgemeinen schneller verläuft. Entscheidend für das Zutreffen dieser Annahme ist also, daß die Dicke der zwischen den Makroporen verbleibenden Gerüstbrücken und damit die maximale Länge der Mikroporen sehr klein ist gegen die Korngröße.

Gleichungsentwicklungen nicht auf Reaktionen 1. Ordnung oder pseudomonomolekulare Reaktionen beschränkt sind, sondern sich mit geringfügigen Modifikationen immer dann anwenden lassen, wenn sich die Reaktionsgeschwindigkeit angenähert proportional der Konzentrationsdifferenz eines der Reaktionsteilnehmer gegenüber dem Gleichgewichtszustand erweist, wie es bei der NH_3-Synthese beispielsweise der Fall ist.

Man ersieht aus dem Vorangehenden auch die Notwendigkeit, bei mit pulverförmigen oder kompakt-dispersen Katalysatoren vorgenommenen Untersuchungen über die Abhängigkeit der Aktivierungsenergie und der Aktionskonstanten vom Zustand des Katalysators auf diese Möglichkeit eines Poreneinflusses Rücksicht zu nehmen. Dies wurde bisher noch nicht berücksichtigt[1]. Falls Substratverarmung vorliegt, ergibt sich ohne weiteres, daß eine Abnahme der Aktivierungsenergie mit einer Abnahme des temperaturunabhängigen Faktors der ARRHENIUSschen Gleichung verbunden ist, und Annahmen wie Änderung der Zahl der aktiven Bezirke oder der Reaktionswahrscheinlichkeit, des Adsorptionsvolumens oder der Adsorptionsfähigkeit[2] könnten sich in manchen Fällen erübrigen.

Es sind auch praktische Vorschläge gemacht worden, bei Verwendung wertvollerer Katalysatoren, wie z. B. Platin, die Substratverarmung zu vermeiden und nur kurzporige bzw. möglichst vollausnutzbare Katalysatoren herzustellen. Man überzieht z. B. einen gesinterten, nicht aufsaugfähigen Kern mit einer dünnen porösen Schicht oder zersetzt Calciumsilicatschlacken mit einer nicht ausreichenden Menge Säure, so daß nur außen eine poröse Schicht von SiO_2-Gel entsteht. In anderen Fällen verhindert man bei Trägern ein tieferes Eindringen der Katalysatorsubstanz in die Poren, indem man erst die Poren mit dem Reduktionsmittel füllt, so daß die anschließende Fällung des Metalls lediglich in der Nähe der Porenöffnungen erfolgt, oder indem man vor der Fällung den Träger mit Wasserglas und einer Säure behandelt und dadurch die Poren verkürzt. Das nächstliegendste Mittel, die Zerkleinerung der Katalysatorkörner, ist nicht immer angebracht, da u. U. anderweitige Nachteile damit verbunden sind, indem z. B. der Strömungswiderstand zu groß wird.

d) Bedeutung der Reaktionswärme.

Eine Einschränkung der Ausnutzbarkeit stark poröser, oberflächenentwickelter Katalysatoren kann außer durch nicht hinreichende Transportgeschwindigkeit des Substrates bzw. der Reaktionsprodukte bei exothermen Reaktionen auch durch die Reaktionswärme bedingt sein (ferner natürlich auch dadurch, daß mit zunehmender Porosität die thermische Stabilität abnimmt). Bei einer hohen örtlichen Konzentration aktiver Zentren würde die Abfuhr der zufolge des lebhaften Umsatzes auf kleinem Raum entwickelten Wärme sehr erschwert sein, zumal die poröse Ausbildungsform eine schlechte Wärmeleitung mit sich bringt. Auch die meisten Trägermaterialien: Schlacken, Bimsstein, Asbest, Kieselgur usw. sind schlechte Wärmeleiter (Wärmeleitfähigkeit unter 0,1 kcal/m·h·° C). Die Überhitzung kann die Gleichgewichtslage und die Geschwindigkeit von Nebenreaktionen in ungewünschtem Sinne verändern und auch die aktiven Zen-

---

[1] Vgl. z. B. die Diskussion von G. RIENÄCKER: Z. Elektrochem. angew. physik. Chem. **46** (1940), 369.

[2] Vgl. G.-M. SCHWAB, H. SCHULTES: Z. physik. Chem., Abt. B **25** (1934), 411. — G.-M. SCHWAB, R. STAEGER: Ebenda **25** (1934), 418. — G.-M. SCHWAB, H. S. TAYLOR. R. SPENCE: Catalysis, S. 286. New York, 1938. — H. C. RAINE, C. N. HINSHELWOOD: J. chem. Soc. (London) **1939**, 1378.

tren schädigen. Untersuchungen darüber, inwieweit diese Effekte mit den porösen Kenngrößen zusammenhängen, sind noch kaum durchgeführt. (Die Wärmeleitfähigkeit ist abhängig von Porosität und Porenweite, Wassergehalt und Verkittungsart der Wände und Teilchen). In der Praxis kann man wohl für solche Kontakte ähnliche Gesichtspunkte anwenden, wie in bezug auf die Wärmeverhältnisse in von Reaktionsgasen durchströmten Schüttgütern[1]. Es bestehen folgende Möglichkeiten, eine gegebene Reaktionstemperatur einzuhalten: Verdünnen mit einem indifferenten Fremdstoff, kleine Dimensionen des Katalysatorgefäßes, Niedrighalten der Ausbeute (u. U. in einer Kreislaufapparatur).

---

[1] Vgl. G. Damköhler in: Der Chemie-Ingenieur III, 1, S. 436ff. Berlin, 1937.

Keimbildung, Kristallwachstum und Katalyse.

Von

M. Straumanis, Riga.

Inhaltsverzeichnis.

	Seite
1. Der Katalysator — ein Wachstumskörper?	269
2. Die Keimbildung	273
3. Das Weiterwachsen der entstandenen Keime. Die theoretischen Grundlagen. Das Wachstum heteropolarer Kristalle	279
4. Das Wachstum homöopolarer Kristalle	284
5. Die Ableitung der Form homöopolarer Kristalle	285
6. Prüfung der Kossel-Stranskischen Theorie an heteropolaren Kristallen (NaCl)	287
7. Prüfung der Theorie an homöopolaren Kristallen	288
8. Verschiedene Versuche	293
9. Andere Unstetigkeiten auf den Oberflächen von Kristallen	293
10. Schlußwort	294

1. Der Katalysator — ein Wachstumskörper?

Bei der heterogenen Katalyse sind vor allem 2 Dinge nötig: Stoffe, die zur Reaktion gebracht werden sollen, und Katalysatoren, die die Reaktion beschleunigen. Es befinden sich dabei die reagierenden Stoffe und die Katalysatoren in zwei verschiedenen Phasen; die Reaktion erfolgt an den Phasengrenzflächen. Von den 8 verschiedenen Fällen der heterogenen Katalyse[1] fällt hier nur der Fall ins Gewicht, wo der Katalysator ein fester Stoff ist.

Nach den Untersuchungen von Taylor[2] kann ein fester Katalysator auf zwei Arten wirken, indem sich nämlich bei bestimmten Reaktionen ein jedes Atom der festen Oberfläche betätigt oder indem in anderen Fällen nur ganz kleine Teile der Oberfläche aktiv sind und nur an diesen Stellen die Reaktion beschleunigt wird. Diese Vorstellung besitzt zwar einen sehr hohen Wert, doch erlaubt sie keine strenge Formulierung und quantitative Darstellung des Reaktionsmechanismus, ist somit nur qualitativer Natur. Schwab und Pietsch machten nun einen bedeutsamen weiteren Schritt, indem sie die aktiven Zentren in die *Phasengrenzlinien*, also in Gebiete stark untersättigten Charakters verlegten[3]. Durch quantitative Überlegungen konnten dieselben Autoren weiter zeigen, daß mit dieser Verlegung die kinetischen Gesetze ihre Gültigkeit beibehalten und mit den experimentellen Tatsachen nicht im Widerspruch stehen[4]. Unter Phasengrenzlinien sind dabei nach Schwab und Pietsch die Kristallkanten, die

---

[1] G.-M. Schwab: Die Katalyse, S. 135. Berlin, 1931.
[2] H. S. Taylor: Z. Elektrochem. angew. physik. Chem. **35** (1929), 542.
[3] G.-M. Schwab, E. Pietsch: Z. Elektrochem. angew. physik. Chem. **35** (1929), 135.
[4] G.-M. Schwab, E. Pietsch: Z. physik. Chem., Abt. B **1** (1929), 385; **2** (1929), 262.

Korngrenzen und verschiedene Störungsstellen zu verstehen[1]. Weitere Versuche zeigten, daß auch die Ecken eine ähnliche Rolle bei der heterogenen Katalyse spielen können[2]. Die Entstehung, Entwicklung und Energetik dieser Unstetigkeiten soll in vorliegendem Abschnitt besprochen werden.

Leider sind diese Stellen auf den Katalysatoren ihrer außerordentlichen Feinheit wegen mikroskopisch, höchstwahrscheinlich auch elektronenmikroskopisch nicht feststellbar[3], und man muß zur Diskussion der Frage Prozesse hinzuziehen, wo eine Kanten- und Eckenbildung direkt wahrnehmbar wäre. Es sind das die *Kristallwachstumsprozesse*, die zudem noch mit der Beschaffenheit der festen Katalysatoren in engstem Zusammenhang stehen: die Bildung eines jeden Katalysators ist mit dessen Wachstum aus einzelnen Keimen verbunden. Deshalb ist zu erwarten, daß alle die Unstetigkeiten, die auf den Oberflächen von Kristallen vorkommen und mit dem Wachstum zusammenhängen, auch auf den Katalysatoren vorhanden sein werden. Diese können deshalb als Wachstumskörper betrachtet werden, deren Weiterentwicklung schon im frühen Stadium unterbrochen wurde.

Bekanntlich ist die Aktivität eines Katalysators aufs engste mit seinem Oberflächenaufbau und folglich auch mit seiner Entstehungsgeschichte verbunden. Die aktivsten Katalysatoren der Technik stellen höchst instabile Gebilde dar, meist mit einer großen Oberflächenausdehnung. Letztere ist jedoch nur dann möglich, wenn der Katalysator eine kleine Korngröße besitzt. Diese läßt sich aber ihrerseits dadurch erreichen, daß man die Katalysatorsubstanz bei möglichst niedrigen Temperaturen und möglichst schnell direkt oder aus anderen Verbindungen herstellt[4]. Selbstverständlich bleibt der Aufbau des eben entstandenen Gebildes nicht derselbe, sondern er ändert sich mit der Zeit, indem er sich einem Gleichgewichtszustande, wie im inneren Aufbau, so auch in der Oberflächenstruktur nähert. Diese Änderungen können besonders gut bei hochdispersen Substanzen — Kolloiden — beobachtet werden. So stellte z. B. Gutbier[5] an Solen von SnO_2 und TiO_2 fest, daß frische Präparate keine Debye-Scherrer-Ringe liefern, mit der Zeit sich aber solche ausbilden, die z. B. dem kristallinen SnO_2 angehören. Hier hat man also mit einer ausgesprochenen Alterung des Präparates zu tun, die in einer langsamen Ausbildung und nachfolgendem Wachstum der mikroskopischen Kriställchen besteht. Auch metallische amikroskopische Partikeln können bis zur ultramikroskopischen Sichtbarkeit heranwachsen, wie das die Versuche von Zsigmondy am kolloiden Gold beweisen[6]. Die Untersuchungen von Scherrer zeigten hierbei, daß auch die kleinsten Goldteilchen von nur 1,86 mμ im Durchmesser (4÷5 Elementarbereiche längs einer Würfelkante) dasselbe Raumgitter besitzen wie das kompakte Gold[7]. Es spre-

---

[1] G.-M. Schwab, E. Pietsch: Z. Elektrochem. angew. physik. Chem. **35** (1929), 573. — E. Pietsch, A. Kotowski, G. Behrend: Ebenda **35** (1929), 582.

[2] G.-M. Schwab: Z. Elektrochem. angew. physik. Chem. **37** (1931), 666. — Auch E. Cremer, S. Flügge: Z. physik. Chem., Abt. B **41** (1938), 453.

[3] Über die elektronenmikroskopisch feststellbaren treppenartigen Formen, die sich beim Ätzen von Metallkristallen ausbilden, s. z. B. H. Mahl: Z. Metallkunde **33** (1941), 68, Tafel VII; s. auch „Zehn Jahre Elektronenmikroskopie", ein Selbstbericht des AEG. Forschungs-Instituts, S. 100÷106. Berlin: Springer, 1941; 3. Aufl. 1943, S. 168÷174.

[4] G.-M. Schwab: Die Katalyse, S. 192. — R. Fricke: Ber. **70** (1937), 138. — R. Fricke, F. Niermann, C. Fichter: Ber. **70** (1937), 2319. — Vgl. die Beiträge von Zimens und Griffiths im vorliegenden Bande.

[5] Gutbier: Ber. **59** (1926), 1232; Z. anorg. allg. Chem. **162** (1927), 87. — Fälle, wo keine Alterung stattfindet, haben z. B. A. Krause, St. Gawrych, L. Mizgajski: Ber. **70** (1937), 393 beschrieben.

[6] R. Zsigmondy, P. A. Thiessen: Das kolloide Gold, S. 59. Leipzig, 1925.

[7] Ebenda, S. 100.

chen also triftige Gründe dafür, daß bei der Bildung eines wenn auch noch so fein verteilten Katalysators immer ein Wachstum aus amikroskopischen Keimen zu Gebilden mit regelrechtem Gitteraufbau stattfinden wird. Sogar in den

Fällen, wo eben gebildete Katalysatoren in amorphem Zustande vorliegen könnten, ist dieser Zustand bei höherer Temperatur und in vielen Fällen schon bei Zimmertemperatur nicht mehr möglich, denn nach KRAMER besitzen z. B. die amorphen Metalle eine ausgesprochene Neigung, aus dem ungeordneten (amorphen) in den geordneten (kristallinen) Zustand überzugehen. Sogar während der Untersuchung der Produkte mit Elektronenstrahlen findet dieser Übergang wegen der entwickelten Wärme schon statt[1]. Von den gebildeten kristallinen Zentren aus erfolgt dann die weitere Umwandlung des amorphen Stoffes. Diese ist natürlich mit Wachstumsprozessen gleichbedeutend.

Abb. 1. Wachsender Kristall (Cadmium) 100×.

Der Oberflächenaufbau eines Katalysators müßte also dem eines wachsenden Kristalls ähnlich sein. In der Abb. 1 ist ein wachsender Cd-Kristall ab-

gebildet, und in Abb. 2 sind Verdampfungsfiguren auf der Basisfläche der Kristalle desselben Metalls zu sehen[2]. Man unterscheidet deutlich die scharfen Kanten und Ecken, die durch den Vorgang des Kristallwachstums gebildet worden sind. Nach SCHWAB sind diese als die „aktiven Zentren" anzusehen. Natürlich sind sie auch bei stärksten Vergrößerungen auf den aktiven Katalysatoren nicht zu sehen, müssen aber dort unbedingt aus den schon erwähnten Gründen vorhanden sein.

Die bevorzugte Aktivität dieser scharfen Ecken und Kanten soll nun weiter dadurch belegt werden, daß ihre hervorragende

Abb. 2. Verdampfende Kristallfläche (Cadmium) 200×.

Rolle bei verschiedenen Anlagerungs-, Adsorptions- und hauptsächlich Wachstums- und Auflösungsprozessen gezeigt werden soll. Nach I. N. STRANSKI können

---

[1] J. KRAMER: Z. Physik **106** (1937), 682. — T. FUKUROI: Sci. Pap. Inst. physic. chem. Res. **32** (1937), 196 stellt scharfe untere Temperaturgrenzen für diesen Rekristallisationseffekt fest.

[2] M. STRAUMANIS: Z. physik. Chem., Abt. B **13** (1931), 416.

auch die Vorgänge, bei denen die Kristalle nur als Katalysatoren wirken und wo also nur vorübergehende Anlagerungen der reagierenden Bestandteile stattfinden, als *Wachstumsvorgänge* angesehen werden[1]. Als aktive Stellen (Zentren) müssen dann diejenigen bezeichnet werden, an denen die Adsorptions- oder Wachstumsvorgänge am leichtesten einsetzen können.

Es ist dabei bei homöopolaren Kristallen (und wahrscheinlich auch bei den metallischen) möglich, daß nicht die Ecken und Kanten selbst wirksam sind, sondern Flächen mit erhöhter spezifischer Oberflächenenergie, die als submikroskopische *Abstumpfungen* auf den Kanten und Ecken in nur kleiner Ausdehnung vorhanden sein könnten; hierdurch würde die Aktivität obiger Unstetigkeiten nur als vorgetäuscht erscheinen.

Die konsequente Durchführung des schrittweisen Aufbaues der Kristalle auf Grund der zwischen den Bausteinen wirkenden Kräfte führt nun zu ganz bestimmten Vorstellungen über die zu erwartenden makroskopischen Kristallformen. Hier kann somit durch Vergleich mit den tatsächlich beobachteten Kristallformen über die Richtigkeit der theoretischen Ansätze, über die Wirksamkeit der aktiven Stellen, deren Wesen und Lage durch die Theorie näher angegeben wird, entschieden werden. *Eine Bestätigung dieser Kristallwachstumstheorie ist folglich auch als eine Bestätigung der Theorie der aktiven Zentren bei der heterogenen Katalyse anzusehen.* Es sollen deshalb alle diese Bestätigungsfälle hier besprochen werden.

Ein weiterer Umstand, der zugunsten der Aktivität von Kristallkanten und -ecken entsprechender Katalysatoren spricht, ist der Rückgang der Wirksamkeit, wenn sie vorher zu stark erhitzt worden sind. Offenbar erfolgt hier Rekristallisation der Katalysatorsubstanz, die feinen Stufen und Ecken verschwinden, was durch den einsetzenden thermischen Platzwechsel und die Selbstdiffusion, obwohl weit unter dem Schmelzpunkt, ermöglicht wird: die Oberfläche ist bestrebt, eine stabilere Form anzunehmen. Etwas ganz Ähnliches beobachtet man, rein äußerlich betrachtet, beim Wachstum metallischer Kristalle in ihrem Dampf: je höher die Temperatur, um so gröber fallen die Wachstumskanten aus, die Zahl der aktiven Stellen vermindert sich somit[2]. Weiter können sogar Fälle eintreten, wo bei höheren Temperaturen das Wachstum von Kristallen ohne Ausbildung zahlreicher Wachstumskanten erfolgt. Das läßt sich beim Zn und besonders gut beim Mg beobachten[3]. Durch dieses Verhalten metallischer Kristalle bei ihrem Wachstum kann somit das Fallen der Wirksamkeit vieler Katalysatoren nach ihrem Erhitzen erklärt werden.

Die Bildung derjenigen Katalysatoren, deren Wirksamkeit durch das Vorhandensein aktiver Stellen verständlich wird, kann nur durch das Wachstum aus schon entstandenen Keimen erfolgen. Die *Keimbildung* ist deshalb mit einem jeden Kristallisationsprozeß verbunden und muß hier ebenfalls betrachtet werden, denn sonst lassen sich alle die Prozesse, die mit dem weiteren Wachstum der Keime zusammenhängen, nicht mit genügender Deutlichkeit darstellen.

---

[1] I. N. Stranski: Z. Elektrochem. angew. physik. Chem. **36** (1930), 25.

[2] M. Straumanis: Z. physik. Chem., Abt. B **13** (1931), 319. Über Vergröberungserscheinungen s. weiter: R. Kaischew, L. Keremidtschiew, I. N. Stranski: Z. Metallkunde **34** (1942), 201.

[3] M. Straumanis: Z. Kristallogr., Mineral., Petrogr. **89** (1934), 487; siehe auch I. N. Stranski: Naturwiss. **30** (1942), 425; Z. Physik **119** (1942), 22; K. Lichtenecker: Z. Elektrochem. angew. physik. Chem. **48** (1942), 601.

2. Die Keimbildung[1].

Zahlreiche Versuche, die in den letzten Jahrzehnten durchgeführt worden sind, zeigen, daß die Flüssigkeiten eine Art von Struktur besitzen, die besonders in der Nähe des Erstarrungspunktes der des festen Zustandes ähnlich ist[2]. Während die Vorstellung solcher quasikristalliner Bereiche in Flüssigkeiten an keine bestimmten äußeren Formen geknüpft zu sein braucht, muß bei einsetzender Kristallisation, wenn auch über einen amikroskopischen Keim hinweg, das entstehende Kriställchen schon einen bestimmten Aufbau und infolgedessen eine bestimmte Oberflächenentwicklung besitzen. Nach VOLMER[3] ist unter einem Keim das kleinste Tröpfchen oder Kriställchen zu verstehen, das gerade im Gleichgewicht mit dem *übersättigten* System steht. Wird die entsprechende Übersättigung etwas überschritten, so ist dem Keim die Möglichkeit zum Weiterwachsen gegeben. Indessen kann der Ausgangspunkt einer jeden Kristallisation — der Keim — in der übersättigten Lösung oder unterkühlten Flüssigkeit schon vorher gewesen sein. Als bester Keim zur Bildung makroskopischer Kristalle dient ein, wenn auch noch so kleiner Splitter des Stoffes, dessen Kristallisation erfolgen soll. Der Keim wächst in der nicht zu stark unterkühlten Flüssigkeit schnell und erscheint plötzlich als mit bestimmten Flächen begrenzter Kristall im Gesichtsfeld des Mikroskops. Auch kann die Kristallisation durch Fremdstoffe (heterogene Keimbildung) eingeleitet werden.

Das Kristallisieren rings um den Fremdkeim kann man sich nun folgendermaßen vorstellen: Die quasikristallinen Bereiche in den Flüssigkeiten besitzen bei mäßigen Übersättigungen an und für sich keine ausgesprochene Tendenz sich von selber in das echte Kristallgitter umzulagern. Diese Umlagerung kann jedoch durch Fremdkörper gefördert werden, indem von diesen die Flüssigkeitsbereiche (unter Wärmeabgabe) adsorbiert werden; im selben Moment lagern sie sich ins echte Gitter um. Der nunmehr umgebildete Keim besitzt jetzt alle nötigen Voraussetzungen zum weiteren Wachstum, denn aus dem Fremdkörper ist ein *wachstumsfähiger Keim* entstanden.. Die Tätigkeit jener könnte somit gewissermaßen als eine katalytische betrachtet werden. Daß tatsächlich das Vorhandensein von Fremdteilchen eine so wichtige Rolle bei der Einleitung von Kristallisationsprozessen spielt, wenn diese überhaupt ohne auswärtige Keime möglich sind, zeigen unzählige Versuche vieler Autoren. So finden z. B. MEYER und PFAFF[4], daß die von ihnen untersuchten geschmolzenen Stoffe Salol, Thymol, Benzophenon, *o*- und *m*-Kresol, Acetophenon und Guajacol nach sorgfältigem Filtrieren keine Neigung zur freiwilligen Kristallisation mehr aufweisen. Weiter zeigen sie, daß die Kristallisation durch wesensfremde feste Partikelchen hervorgerufen wird, nach deren Entfernung die Kristallisation dann wieder aussetzt. Dafür, daß solche keimfreie Schmelzen außerordentlich langsam kristallisieren, existieren viele Beispiele. So konnte SCHUBNIKOW[5] ein Jahr lang eine übersättigte Lösung von Alaun in einer Flasche, deren angeschliffener

---

[1] Alle in diesem und viele in den folgenden Abschnitten zu erörternden Fragen sind in größerer Ausführlichkeit und Strenge in dem Buche: M. VOLMER: Kinetik der Phasenbildung, Dresden u. Leipzig 1939, behandelt, worauf hier ausdrücklich verwiesen sei. S. auch I. N. STRANSKI: Wesen der Keimbildung neuer Phasen. Verh. d. Ingen. 1941, 39. Weitere Arbeiten über die Keimbildung: U. DEHLINGER: Physik. Z. 42 (1941), 197. — U. DEHLINGER, E. WERTZ: Ann. Physik 39 (1941), 226. — J. AMSLER, P. SCHERRER: Helv. physica Acta 14 (1941), 318.

[2] G. W. STEWART siehe z. B. in K. HERRMANN: Aufbau der Flüssigkeiten. Physik 4 (1936), H. 2. — W. KAST, H. A. STUART: Z. angew. Chem. 53 (1940), 12.

[3] M. VOLMER, A. WEBER: Z. physik. Chem. 119 (1926), 281.

[4] J. MEYER, W. PFAFF: Z. anorg. allg. Chem. 217 (1934), 257.

[5] A. W. SCHUBNIKOW: Wie wachsen Kristalle?, S. 55. Leningrad, 1935 (russisch).

Glasstopfen mit Vaseline eingeschmiert war, aufbewahren. Die Kristallisation hätte auch dann nicht eingesetzt, wenn man nicht den Stopfen auf einige Sekunden entfernt hätte. N. Gross besaß Salolschmelzen, die im Laufe von mehr als 14 Jahren nicht kristallisierten. Miers konnte zugeschmolzene Röhrchen mit übersättigten Lösungen 18 Jahre lang aufbewahren, ohne daß der Inhalt kristallisierte[1]. Freilich besitzen alle diese Versuchsstoffe einen ziemlich komplizierten Aufbau.

Werden Schmelzen vor dem Abkühlen genügend hoch erhitzt, so beobachtet man oft, daß nunmehr die Kristallisation zu *gröberen* Kristalliten führt: die Zahl der Keime hat sich somit vermindert[2]. Die Erklärung dieser Tatsache bietet gewisse Schwierigkeiten. Die entwickelten theoretischen Ansichten erklären trotz vielfacher Versuche doch nicht alle Beobachtungen restlos. Die Keime, aus denen sich ein Kristall entwickeln kann, sind jedenfalls ziemlich temperaturempfindlich, denn ihre Zahl fällt mit der Überhitzung. Bloch, Brings und Kuhn[3] konnten durch kinetische Betrachtungen in Anlehnung an die Kossel-Stranskische Theorie zeigen, daß kleine Kristalle langsamer schmelzen, obwohl sie thermodynamisch in überhitzten Schmelzen mindestens ebenso instabil sind wie die großen Kristalle bei entsprechender Temperatur. Der Schmelzvorgang wird hierbei als Oberflächenerscheinung aufgefaßt, bei welcher der Abbau einer verletzten Begrenzungsfläche rasch, das Einreißen von Lücken auf unverletzten Begrenzungsflächen aber langsam und mit Aufwendung von Aktivierungsenergie erfolgt. Neuerdings führt Kaischew[4] diese Erscheinungen auf die Bildung von Kriställchen (Unterkeimen) in der Schmelze oberhalb des Schmelzpunktes infolge thermischer Schwankungen zurück. Herzfeld nimmt an, daß die feinsten Kristalle Verunreinigungen in solchem Maße adsorbieren, daß die freie Oberflächenenergie negativ wird. Hierdurch schmilzt der Kristall nur dann, wenn die Temperatur erheblich über die des Schmelzens der Substanz erhöht wird[5].

Experimentell finden Meyer und Pfaff[6] an 10 Minuten lang um etwa 30° überhitzten Salolschmelzen (Schmelzpunkt 42°), daß unter diesen Umständen tatsächlich keine Kristallkeime aus derselben Substanz mehr übrigbleiben. Bei den anderen von ihnen untersuchten Stoffen sollen die Verhältnisse ebenso liegen: wird demnach eine über ihren Schmelzpunkt erhitzte reine Substanz, die dazu noch frei von anderen wesensfremden Teilchen ist, *vollständig* geschmolzen, so zeigt sie nach der Unterkühlung keine Neigung zur freiwilligen Kristallisation. Alle diese Tatsachen lassen sich dadurch erklären, daß die Kristallisation auch durch wesensfremde Partikeln eingeleitet wird und diese, wie schon gesagt, sich zu wachstumsfähigen Keimen umbilden können; Partikeln aus gleicher Substanz wirken natürlich sofort als wachstumsfähige Keime. Hat sich aber die adsorbierte Schicht vom Fremdkörper einmal abgelöst, so ist der Adsorptionsprozeß nicht mehr rückgängig. Um dieses zu erklären, muß angenommen werden, daß die gewissermaßen katalytische Fähigkeit des Fremdteilchens beim Erhitzen aus irgendwelchen Gründen verlorengeht.

Die Meinung von Tammann, daß ein Teil der Moleküle nach dem Aufschmelzen

---

[1] H. Miers: The Growth of Crystals in Supersaturated Liquids. J. Inst. Met. 37 (1927), 331.

[2] P. Othmer: Z. anorg. allg. Chem. 91 (1915), 223.

[3] R. Bloch, Th. Brings, W. Kuhn: Z. physik. Chem., Abt. B 12 (1931), 414.

[4] R. Kaischew: Ann. Physik 30 (1937), 184. — Auch W. J. Danilow, W. J. Neumark: Chem. Zbl. 1938, I, 3432.

[5] K. F. Herzfeld: Colloid Symposium Monograph, Vol. VII (1930), 51.

[6] J. Meyer, W. Pfaff: Z. anorg. allg. Chem. 217 (1934), 270. — Auch Othmer: Ebenda 91 (1915), 223, 241.

in einem Zustand·verbleibt, der ihm später beim Erstarren die Einordnung ins Gitter erleichtert[1], kann deshalb nicht aufrechterhalten werden, weil sich dadurch nicht das Ausbleiben der Kristallisation nach Abfiltrieren der Fremdkörper gemäß den Versuchen von MEYER und PFAFF erklären läßt. Auch sind von RICHARDS Einwände erhoben worden[2].

Geht man jetzt zur Kristallisation *ohne* vorhandene Fremdkörper über, so läßt sich nicht angeben, ob eine solche homogene Keimbildung überhaupt existiert. Experimentell ist es schwierig, hier eine Entscheidung zu treffen, denn eine jede scheinbar spontan einsetzende Kristallisation, z. B. die Bildung eines schwer löslichen Niederschlages, läßt sich auf das Vorhandensein kleinster, auch durch die feinsten Filter durchgehender Keime[3] oder sogar auf geladene Teilchen zurückführen[4]. Infolge der hohen Übersättigung können diese Partikeln als Ansätze zu wachstumsfähigen Keimen dienen. Die Keimbildung würde somit auch in diesen Fällen heterogen erfolgen. Nur solche Vorgänge, wie die Entstehung von Kohlenstoffpartikeln in einer leuchtenden Flamme oder die Bildung von praktisch unlöslichen Verbindungen, wie die Fällung von Ferrihydroxyd, Aluminiumhydroxyd usw., könnten nach VOLMER[5] durch homogene Keimbildung eingeleitet werden.

Wie dem auch sei, es läßt sich der ganze Vorgang der Keimbildung noch von anderer Seite aus betrachten. Homogene Keimbildung vorausgesetzt, kann zunächst einmal die Frage gestellt werden, unter welchen Umständen sich der Keim selbst, der zur Auslösung des Kristallisations- oder Kondensationsvorganges dienen soll, überhaupt bilden könnte. Die Gleichung von W. THOMSON[6] erlaubt die Größe des Dampfdruckes p_r eines Tröpfchens in Abhängigkeit von dessen Halbmesser r zu berechnen:

$$p_r = p_\infty \cdot e^{\frac{2\,\sigma M}{RTrd}}. \tag{1}$$

p_r würde somit dem Druck des übersättigten Dampfes bei einer konstanten Temperatur T entsprechen, mit dem ein Tröpfchen der neugebildeten flüssigen Phase von bestimmtem Halbmesser r im Gleichgewicht steht. p_∞ stellt den Dampfdruck des gesättigten Dampfes, der kleiner ist als p_r, über einer größeren Menge derselben Flüssigkeit vom Molekulargewicht M dar; σ ist die Oberflächenspannung und d die Dichte. Eine einfache Rechnung zeigt, daß man um so höherer Übersättigungen bedarf, je kleiner das zu bildende Tröpfchen (oder Kriställchen) sein soll. Will man sehr kleine Tröpfchen erzeugen, was bei der homogenen Keimbildung nicht zu umgehen ist, so braucht man hierzu außerordentlich starke Übersättigungen, da r in den Nenner des Exponenten der e-Potenz eingeht. Die Bedeutung der Formel (1) für die Keimbildungsprozesse haben nun VOLMER und WEBER in vollem Umfange erkannt[7] und in Anlehnung an Überlegungen von GIBBS eine Keimbildungstheorie entwickelt, deren Richtigkeit man

---

[1] G. TAMMANN, K. RÖTH: Z. anorg. allg. Chem. **189** (1930), 388. — G. TAMMANN, H. ELSNER VON GRONOW: Ebenda **200** (1931), 57, 71. — S. auch P. OTHMER: Z. anorg. allg. Chem. **91** (1915), 223.

[2] W. T. RICHARDS: J. Amer. chem. Soc. **54** (1932), 479.

[3] P. A. THIESSEN: Z. anorg. allg. Chem. **180** (1929), 110 zeigt z. B., daß noch Goldteilchen mit einer Kantenlänge von $2 \div 3$ Gitterbereichen (90 Atome enthaltend) als Keime dienen können. S. auch G. TAMMANN, H, ELSNER VON GRONOW: Z. anorg. allg. Chem. **200** (1931), 68.

[4] Über die Kristallisation im elektrischen Feld siehe z. B. W. RIX: Z. Kristallogr., Mineral., Petrogr. **96** (1937), 175.

[5] M. VOLMER, A. WEBER: Z. physik. Chem. **119** (1926), 291.

[6] W. THOMPSON: Phil. Mag. J. Sci. (4) **42** (1881), 948.

[7] M. VOLMER, A. WEBER: Z. physik. Chem. **119** (1926), 277.

heutzutage als gesichert betrachten kann[1]. Durch die obige Beziehung ist nun die Größe des Keimes bei dem vorliegenden Übersättigungsdruck festgelegt: es ist das nämlich das kleinste Tröpfchen oder Kriställchen, das sich mit der betreffenden übersättigten Phase eben noch im Gleichgewicht befindet und daher gerade noch fähig ist, spontan weiterzuwachsen. Ist der Keim einmal gebildet worden, so kann nämlich das Weiterwachsen schon bei infinitesimaler Übersättigung von selbst erfolgen. Die Arbeit, die zur Erzeugung eines Keimes nötig ist — die *Keimbildungsarbeit* —, wurde zuerst von GIBBS auf thermodynamischem Wege abgeleitet und läßt sich durch den Ausdruck darstellen:

$$W = \tfrac{1}{3}\, \sigma \cdot F. \tag{2}$$

Hier bedeutet $F = 4\,\pi\,r^2$ die Oberfläche des Tröpfchens, wobei r eine Funktion von p_r [Gl. (1)] ist. Wie VOLMER an zwei Beispielen zeigen konnte, geht Formel (2) aus der Differenz der zur Bildung der Oberfläche nötigen Arbeit abzüglich der beim Entstehen des Volumens gewonnenen Arbeit [Gl. (1)] hervor:

$$W = \sigma F - p_\sigma \cdot v. \tag{3}$$

p_σ ist dabei dem Drucke gleichzustellen, der infolge der Kapillarität im Inneren eines chraakteristischen Tröpfchens vom Radius r herrschen würde, falls sich ein solches schon gebildet hätte. Dieser Druck ist

$$p_\sigma = \frac{2\,\sigma}{r}\,,$$

und die entsprechende Arbeit gegen diese Kapillarkräfte ist durch Gleichung (1) gegeben, was an deren logarithmierter Form am besten zu sehen ist:

$$RT \ln \frac{p_r}{p_\infty} = \frac{2\,\sigma}{r} \cdot \frac{M}{d}. \tag{4}$$

Durch die Existenz einer Keimbildungsarbeit, einerlei ob flüssige oder feste Körper entstehen sollen, wird die Möglichkeit übersättigter Gebilde — metastabiler Phasen nach OSTWALD — überhaupt erst verständlich.

Ein jeder Vorgang, der die Keimbildungsarbeit auf irgendeine Weise vermindert, muß eine beschleunigte Kristallisation hervorrufen. Der keimbildenden Wirkung von Fremdkörpern, z. B. Staubteilchen, kommt deshalb eine besondere Bedeutung zu (heterogene Keimbildung). Dadurch, daß ein solches Teilchen schon ein bestimmtes Volumen besitzt, wird die Arbeit W der Keimbildung erheblich erniedrigt, und es kann die Ausbildung des ziemlich großen Teilchens zu einem wachstumsfähigen Keim in der nunmehr übersättigten Phase gelegentlich auch sofort einsetzen. Die Fremdkörper wirken also katalysierend auf den Kristallisationsprozeß, der sich dann autokatalytisch fortsetzt, falls die Wärmeableitung genügend schnell erfolgt. Ähnlich den Katalysatoren wirken nicht alle Keime gleich: am besten wirken, wie schon erwähnt, Kriställchen oder deren Bruchstücke aus demselben Material, das sich bei der Kristallisation bildet. Hier kann nämlich ohne merkliche Keimbildungsarbeit das schon vorhandene Gitter des Keimes fortgesetzt werden, oder das Bruchstück kann bei schneller Wärmeabfuhr als Ausgangspunkt eines Kristallaggregates dienen. Keime mit verwandtem Gitteraufbau (isomorphe Keimbildung) wirken ähnlich. Bei der Kondensation von Flüssigkeiten können alle diejenigen Stoffe, aus denen der Luftstaub besteht, wie z. B. Quarz, Ton, Feldspat, verschiedene Mineralien, Cellulose,

---

[1] Über die Meinungsverschiedenheiten zwischen M. VOLMER und W. KOSSEL siehe Ann. Physik (5) **23** (1935), 44÷50.

lebende und tote Eiweißkörperchen als Keime dienen, denn sie sind alle durch Wasser *benetzbar* und verhalten sich somit in übersättigtem Wasserdampf wie gleichgroße Wassergebilde. Die Arbeit W für die Einleitung des Kondensationsprozesses entfällt hierbei, zumindest teilweise, und die Kondensation kann an einzelnen Stellen sofort einsetzen. Besteht der Staub aber aus nicht benetzbaren Partikeln, z. B. Fetteilchen, so ist beim Wasserdampf nach VOLMER keine Keimbildungserscheinung zu erwarten. Der Keimbildungsarbeit W kommt nach allem die Rolle einer *Aktivierungsarbeit* zu, und ihre Größe kann als Maß für die kinetische Stabilität eines Systems im übersättigten Zustand bezüglich der Entstehung der betreffenden neuen Phase dienen.

Ist die Keimbildungsarbeit eines übersättigten Systems groß und sind keine Keime anwesend, so ist die Wahrscheinlichkeit, daß sich z. B. durch Dichteschwankungen Keime ausbilden könnten, sehr gering. Ein solches System könnte sich sehr lange im Zustande der Übersättigung befinden und würde trotzdem eine beständige Phase nur vortäuschen. In Wirklichkeit wird wohl keine Phase frei von Fremdteilchen sein, die als Keime dienen könnten. Hierdurch wird die Aktivierungswärme herabgesetzt, und die Wahrscheinlichkeit der Keimbildung steigt erheblich. Wendet man sich jetzt der Frage der *Keimbildungsgeschwindigkeit*, d. h. der Zahl der im Mittel sekundlich pro Volumeinheit entstehenden Keime zu, so bedient man sich am besten einer anschaulichen Darstellung von VOLMER[1].

Beim Wasserdampf von $\dfrac{p_r}{p_\infty} = 2$ müssen etwa 250 Moleküle zusammenkommen, um ein Teilchen zu bilden, das spontan weiterwachsen kann. Das sukzessive Zusammentreffen von 250 Molekülen ist aber ein außerordentlich seltener Prozeß, und die Bildung eines solchen Aggregates wird man sich vielmehr durch Zusammentreffen schon kleinerer vorgebildeter Aggregate unter gleichzeitiger Anlagerung von Molekülen erklären müssen. Zieht man in Betracht, daß alles dieses durch gelegentliche Dichteschwankungen erfolgen muß und daß die Wahrscheinlichkeit des Weiterwachsens eines Unterkeims stets viel geringer ist als die des Wiederauflösens, so erhellt daraus die Seltenheit der Bildung eines Keims. Über die Zahl J, d. h. die in einer Volumeinheit vorhandene stationäre Keimzahl, ist nun zum erstenmal von VOLMER und WEBER[2] in Anlehnung an EINSTEINS Überlegungen[3] der Ansatz gemacht worden:

$$J = A \cdot e^{-\frac{W}{kT}} \tag{5}$$

Hier läßt sich W aus (2) und (4) zu

$$W = \frac{16\,\pi\,\sigma^3\,M^2}{3\,R^2\,T^2\,d^2\,\ln^2\dfrac{p_r}{p_\infty}} \tag{6}$$

berechnen und in (5) einsetzen. A ist eine verwickelte Funktion von p_∞, T, σ und d. L. FARKAS[1] hat, gestützt auf einen Ansatz von SZILÁRD, den Übergang von der stationären Keimzahl J zu der kinetischen Größe der Keimbildungshäufigkeit $\dfrac{dJ}{dt} = J'$ vollzogen.

Nimmt man nämlich mit VOLMER an, daß die Zahl der Keime, die pro Sekunde zu sichtbaren Gebilden anwachsen, proportional der stationären Keimzahl ist, so läßt sich nach FARKAS[4] jene Zahl unter Berücksichtigung von (1)

---

[1] M. VOLMER: Z. Elektrochem. angew. physik. Chem. **35** (1929), 555.

[2] M. VOLMER, A. WEBER: Z. physik. Chem. **119** (1926), 277.

[3] A. EINSTEIN: Ann. Physik **33** (1910), 1275.

[4] L. FARKAS: Z. physik. Chem. **125** (1927), 236.

und (2) und des kinetischen Ansatzes von SZILÁRD ableiten. Nach einer Umformung von VOLMER[1] ist in (5)

$$A = C \alpha p_r \frac{M}{2N} \sqrt{\frac{p}{kT}}. \tag{7}$$

C ist eine Stoffkonstante, die noch nicht befriedigend angegeben werden kann, N die LOSCHMIDTsche Zahl und αp_r die mittlere Stoßzahl pro Sekunde auf 1 cm² Tropfenoberfläche nach der kinetischen Gastheorie. Die Keimbildungshäufigkeit J' ist dann auf einfacherem Wege von KAISCHEW und STRANSKI abgeleitet worden[2]. Schließlich haben BECKER und DÖRING J' durch direkte Summation der Bildungsgeschwindigkeiten über alle Keimgrößen erhalten, womit im Prinzip auch der Wert von C, also der Absolutwert von J', gegeben ist[3].

Wendet man sich jetzt der Frage zu, wieweit die Formel (5) durch die Erfahrung bestätigt wird, so sind einige Belege zugunsten der Theorie vorhanden[2]. STRANSKI und TOTOMANOW[4] konnten weiter zeigen, daß sich daraus die OSTWALDsche Stufenregel ableiten läßt. Der von ihnen gebrauchte Ausdruck für die Keimbildungsgeschwindigkeit ist dabei folgender:

$$J' = C \alpha p_r \frac{M}{dN} \sqrt{\frac{\sigma}{kT}} \cdot e^{\frac{4b\sigma^3 M^2}{3N^2 k^3 T^3 d^2 \ln^2 \frac{p_r}{p_\infty}}}. \tag{8}$$

Hier sind alle Größen bekannt, außer b, einem geometrischen Faktor, der gegeben wird durch

$$\frac{\text{Oberfläche des Keims}}{(\text{Halbmesser der eingeschriebenen Kugel})^2}.$$

In derselben Arbeit wird gezeigt, daß die VOLMERsche Theorie auch das richtige Bild für den aus experimentellen Untersuchungen bekannten Temperaturverlauf der Keimzahl bei unterkühlten Schmelzen zu liefern imstande ist. Desgleichen ist die Frage der linearen Kristallisationsgeschwindigkeit unterkühlter Schmelzen und unterkühlter fester Modifikationen von VOLMER und MARDER[5], mit größerem Erfolg aber von KAISCHEW und STRANSKI[6] bearbeitet worden. Wie groß die Wachstumsgeschwindigkeit der verschiedenen Flächen eines Kristalls, der bereits die Endform besitzt, in Abhängigkeit von der Unterkühlung ausfällt, haben VOLMER und SCHULZE[7] experimentell untersucht und die Ergebnisse an Hand der Formel (6) gedeutet.

Zuletzt sei noch erwähnt, daß auch TAMMANN und GRONOW[8] eine Formel für die Keimzahl in Abhängigkeit von der Unterkühlung abgeleitet haben, die in guter Übereinstimmung mit dem Experiment steht. Abschließend kann gesagt werden, daß sich die theoretischen Ansichten zur Zeit mit den praktischen Ergebnissen über Keimbildung und Keimbildungsgeschwindigkeit in ziemlicher Übereinstimmung befinden. Hierfür und für alle Einzelheiten der Theorie sei nochmals auf das Buch von M. VOLMER[9] hingewiesen.

---

[1] M. VOLMER: Z. Elektrochem. angew. physik. Chem. **35** (1929), 557.
[2] R. KAISCHEW, I. N. STRANSKI: Z. physik. Chem., Abt. B **26** (1934), 317—326.
[3] R. BECKER, W. DÖRING: Ann. Physik **24** (1935), 719; **32** (1938), 128.
[4] I. N. STRANSKI, D. TOTOMANOW: Z. physik. Chem., Abt. A **163** (1933), 399.
[5] M. VOLMER, M. MARDER: Z. physik. Chem., Abt. A **154** (1931), 97.
[6] R. KAISCHEW, I. N. STRANSKI: Z. physik. Chem., Abt. A **170** (1934), 295.
[7] M. VOLMER, W. SCHULZE: Z. physik. Chem., Abt. A **156** (1931), 1.
[8] G. TAMMANN, H. ELSNER VON GRONOW: Z. anorg. allg. Chem. **200** (1931), 59.
[9] M. VOLMER: Kinetik der Phasenbildung. Dresden und Leipzig, 1939.

3. Das Weiterwachsen der entstandenen Keime. Die theoretischen Grundlagen. Das Wachstum heteropolarer Kristalle.

Wenn man beim Entstehen vorgebildeter Molekülaggregate, der Unterkeime, noch kein Recht hat, nach deren Form zu fragen, so wird das zu einer Selbstverständlichkeit, wenn man von einem wachstumsfähigen Keim redet. Warum wächst der Keim zu einem schönen innerlich geordnetem Gebilde — dem Kristall — aus, warum erscheinen unter bestimmten Umständen nur bestimmte Flächen, die die äußere Gestalt des Kristalles bedingen? Das sind wohl Grundprobleme, mit denen sich die Kristallographen aller Zeiten beschäftigt haben. Es ist hier nicht die Stelle, die früheren Kristallbildungs- und -wachstumstheorien aufzuzählen[1], sondern es soll sofort mit der heutigen Theorie begonnen werden, die zu experimentell prüfbaren Folgerungen führt und uns so erlaubt, die Bildung einer Kristallform zu verstehen.

1927 haben W. KOSSEL[2] und kurz danach I. N. STRANSKI[3] die Grundzüge einer Theorie des Kristallwachstums aufgestellt, die uns tatsächlich ermöglicht, die Wachstumsformen von Kristallen bei bekanntem Gitteraufbau vorauszusehen oder die Form von Kristallen, die unter bestimmten Umständen entstanden sind, zu erklären. Die Überlegungen gehen von der Voraussetzung aus, daß die Wahrscheinlichkeit eines Wachstumsprozesses an den Stellen der Kristalloberfläche am größten ist, wo die durch Anlagerung eines Bausteins gewonnene Energie am größten wird. Dieser Standpunkt steht zunächst in deutlichem Gegensatz zu dem allgemeinen Prinzip der Reaktionskinetik und aller statistisch fundierten Kinetik, wonach die Wahrscheinlichkeit eines Ereignisses nicht vom Endzustand, also der Energiebilanz, sondern von dem energiereichsten Zwischenzustand, mithin der Aktivierungsenergie abhängt. Dieser auch im vorstehenden für die Keimbildung eingenommene Standpunkt kann logischerweise für das Keimwachstum nicht verlassen werden. VOLMER (Fußnote 9, S. 278) zeigt, wie der Widerspruch zu beheben ist, nämlich etwa so: Die resultierende Wachstumsgeschwindigkeit einer Stelle ist die Differenz zweier sehr viel größerer Geschwindigkeiten, nämlich der Anlagerung aus der mit beweglichen Bausteinen bedeckten Kristalloberfläche und der Wiederabwanderung in diese. Die letztere hat nämlich einen die Geschwindigkeit beeinflussenden Energiebedarf von der Abstufung der erwähnten Anlagerungsarbeiten, und so stufen schließlich doch diese die Wachstumsgeschwindigkeit ab.

KOSSEL und STRANSKI suchen zuerst die Frage zu beantworten, wieviel Energie jedesmal frei wird, wenn beim Aufbau des Kristalls die Ionen, Atome oder Moleküle sich an verschiedenen Stellen des vorhandenen Gitterblocks anlagern. Beide Forscher wählten hierzu das heteropolare NaCl. Je nachdem, wo die Anlagerung des Ions stattfindet, ob an den Ecken des vorhandenen Gitterblocks, an dessen Kanten, in den Flächenmitten usw., wird die Anlagerungsenergie verschieden ausfallen. Baut man einen NaCl-Würfel möglichst gleichmäßig auf, so kann man nach KOSSEL die Anlagerungsenergie in folgende Teile zerlegen: 1. den Anteil der Anlagerung eines Ions an das Ende der geraden

---

[1] Hierzu siehe z. B. K. SPANGENBERG: Wachstum und Auflösung der Kristalle, Naturwiss. **10** (1934), 362÷401.

[2] W. KOSSEL: Nachr. Ges. Wiss. Göttingen, math.-physik. Kl. **1927**, 135÷143; ferner Quantentheorie und Chemie (FALKENHAGEN), S. 1÷46. Leipzig, 1928; Naturwiss. **18** (1930), 901.

[3] I. N. STRANSKI: Jb. Univ. Sofia, physik.-math. Abt. **24** (1927/28), 2, 297; Z. physik. Chem. **136** (1928) 259; Z. physik. Chem., Abt. B **17** (1932), 127.

Ionenkette (Φ', s. Abb. 3); 2. den der gleichzeitigen Anlagerung an die Kante des ebenen Gitters (Φ'') und 3. den der Anlagerung auf die Oberfläche des räumlichen Gitters (Φ''')*. Für die drei Größen erhält man nun bei genügender Ausdehnung des Kristalls gemäß den Rechnungen von Kossel folgende relativen Werte[1]:

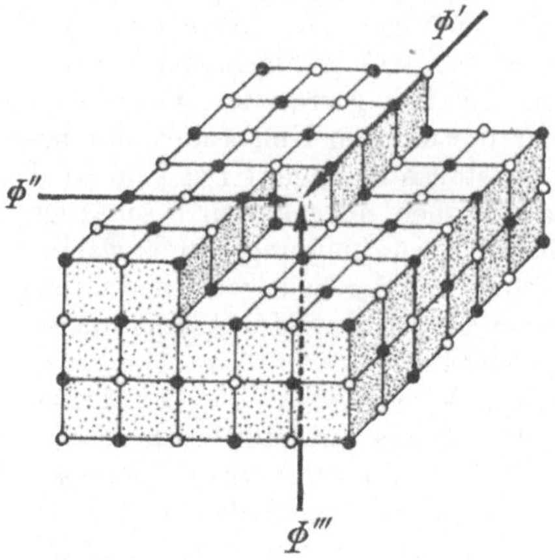

$$\Phi' = 0{,}6932\,,$$

$$\Phi'' = 0{,}1144\,,$$

$$\Phi''' = 0{,}0662\,.$$

Daraus folgt $\Phi_0 = \Phi' + \Phi'' + \Phi''' = 0{,}8738$. In die Formel für die molekulare Anlagerungsenergie

$$u = 2\,\Phi_0 \cdot \frac{e^2}{d} \tag{9}$$

eingesetzt, erhält man die Madelungsche Konstante[2]:

$$u = 1{,}7476\,\frac{e^2}{d}\,.$$

Abb. 3. Anlagerung eines Ions an das Kochsalzgitter nach Kossel.

d ist der Abstand zwischen den Ionen, e deren Ladung. Φ stellt somit die Energie dar, die man gewinnt, wenn sich ein Ion an die angegebene Stelle (Halbkristallage nach Stranski, s. weiter unten) des Gitters anlagert. Der Wert $\Phi_0 = 0{,}8738$ wird grundsätzlich aber erst dann erhalten werden, wenn die Zahl der Ionen in den Richtungen von Φ', Φ'' und Φ''' genügend groß ist, da doch die gewonnene Arbeit von der Anziehungskraft *aller* benachbarten Ionen auf das hinzukommende abhängig ist. (Coulombsche Felder regelmäßig sich wechselnder Ladungsanordnungen fallen nun ziemlich schnell ab, erstrecken sich also praktisch nur auf wenige Atomabstände und nehmen hierdurch den Charakter von „Nahkräften" oder „Molekularkräften" an.) Dem Werte $\Phi_0 = 0{,}8738$ kommt demgemäß eine besondere Bedeutung zu, da er sich schon nach einer nicht großen Anzahl von Atomlagen beim Aufbau des Gitters nach Abb. 3 einstellt. Der Energieverlust, der beim Aufbau der äußersten Schichten eines Kristalls entsteht, fällt somit gegenüber der vollen Energie, die schon nach einigen Atomlagen vom Rande aus beim regelmäßigen Aufbau des Kristalls gewonnen wird, gar nicht ins Gewicht. Darum ist dieser Vorgang, durch welchen so gut wie der ganze Kristall aufgebaut wird, von Kossel als „wiederholbarer Schritt" bezeichnet worden. Die molekulare Gitterenergie U ergibt sich dann zu

$$U = N u = 2 \cdot 0{,}8738\,\frac{e^2}{d}\,N\,.$$

Der Energie des wiederholbaren Schrittes kommt noch eine andere Bedeutung

---

* Stranski operiert mit Abtrennungsarbeiten (φ); darunter wird diejenige Arbeit verstanden, welcher es bedarf, um ein Molekül (Atom, Ion) von seinem Platz an der Oberfläche bis ins Unendliche zu entfernen. Stranski berechnet noch die Abtrennungsarbeit von Komplexen, bestehend aus beliebig vielen Ionen, und kommt zum Ergebnis, daß durchwegs *die kleinste Abtrennungsarbeit stets dem* aus 2 Ionen bestehenden *Molekül zukommt*. Dieser wichtige Schluß veranlaßt ihn, alle Überlegungen auch auf Grund der Anlagerung oder Abtrennung von Molekülen durchzuführen.

[1] W. Kossel in Quantentheorie und Chemie, S. 21. Leipzig, 1928. Als Einheit ist der Wert $\frac{e^2}{r}$ gesetzt, siehe weiter unten.

[2] E. Madelung: Physik. Z. **19** (1918), 524.

zu: Bekanntlich ist jedes Ion in der Mitte des NaCl-Gitters von 26 nächsten Nachbarn umgeben, die sich im Abstande 1, $\sqrt{2}$ und $\sqrt{3}$ von ihm befinden. Die Zahl der Nachbarn des neu hinzugekommenen Ions der Abb. 3, das zur Fortführung des Gitters dient, ist aber 13, nämlich drei im Abstande 1, sechs im Abstande $\sqrt{2}$ und vier im Abstande $\sqrt{3}$. Deshalb stellt 0,8738 noch die Anlagerungs- oder Abtrennungsarbeit vom „halben Kristall" dar[1]. An Hand der Energien Φ', Φ'' und Φ''' haben nun Kossel (und Stranski[2]) die Anlagerungsarbeiten eines Ions an verschiedenen Stellen des Kristalls berechnet (Abb. 4). Aus dieser schematischen Zeichnung ist zu sehen, daß es energetisch bei weitem am vorteilhaftesten für das Ion ist, sich an die Halbkristallage anzulagern, solange natürlich eine solche vorhanden ist. Alle anderen Anlagerungsmöglichkeiten liefern schon wesentlich weniger Energie. Wenn deshalb ein Kristall in einer schwach übersättigten Lösung langsam weiterwachsen soll, so ist der Prozeß der Fortführung und Vollendung schon begonnener Netzebenen bei weitem wahrscheinlicher als die Anlage neuer. Die einmal angefangene Ebene wird deshalb zu Ende geführt, ehe eine neue begonnen worden ist („Autokatalyse" der Netzebenen), und der Kristall wird eine bestimmte Form,

im Falle des NaCl die eines Kubus, annehmen, da die Würfelflächen in tangentialer Richtung alle zu Ende gebaut werden. Immerhin stößt schon das Anlegen einer neuen Reihe längs einer begonnenen Netzebene auf Schwierigkeiten. Das trifft noch mehr für das Wachstum in Richtung der Flächennormale zu, weil nämlich die Anlage neuer Netzebenen energetisch in noch größerem Nachteil steht (Abb. 4); sind aber einmal solche angelegt worden, so verbreiten sie sich schnell mit Hilfe des wiederholbaren Schrittes rings um den zweidimensionalen Keim über die ganze Würfelfläche. Diese Fläche ist nach Stranski als vollständig und wiederholbar anzusprechen[3]. Ihr tangentiales

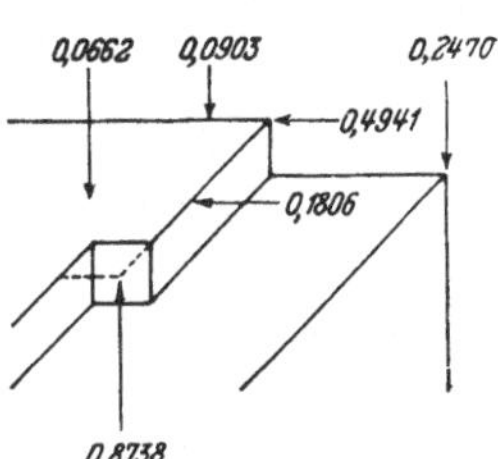

Abb. 4. Anlagerungsenergien an verschiedenen Stellen eines Kochsalzkristalls nach Kossel.

Wachstum oder Auflösen wird nun davon abhängen, ob die Lösung in bezug auf das Ion (Molekül) des wiederholbaren Schrittes über- oder untersättigt ist. Auch ein Gleichgewichtszustand kann zwischen dieser Lage und der Lösung bestehen. Bei unendlich kleiner Übersättigung, also in infinitesimaler Nähe des Gleichgewichts, wird der Aufbau *nur* durch den wiederholbaren Schritt fortgesetzt werden und der resultierende Kristall die „Gleichgewichtsform" darstellen[4]. Diese Form ist beim NaCl der Würfel. Alle übrigen Flächen sind nach Stranski als unvollständig, wenn auch als wiederholbar wachsend anzusehen. So besteht z. B. die 110-Fläche aus langgezogenen Würfelstufen und kann unter bestimmten Umständen wiederholbar wachsen; die vollständige 111-Fläche ist unmöglich, die reale besteht aus „Subindividuen", die von Würfelflächen be-

---

[1] Eine exaktere Definition der Halbkristallage wäre: Ordnet man die Nachbaren eines Atoms im Kristallinneren nach der Entfernung, so erhält man:

$$n_1/n_2/n_3/n_4\ldots$$

Das Atom in der Lage am halben Kristall ist nur durch je die Hälfte aller dieser Atome gebunden, also

$$\frac{n_1}{2}\left|\frac{n_2}{2}\right|\frac{n_3}{2}\left|\frac{n_4}{2}\right.\ldots$$

[2] 27 verschiedene Anlagerungsmöglichkeiten sind in der Arbeit von Stranski zu finden. Z. physik. Chem., Abt. A **136** (1928), 263.

[3] I. N. Stranski: Z. physik. Chem., Abt. B **17** (1932), 127.

[4] I. N. Stranski, R. Kaischew: Ann. Physik (5) **23** (1935), 330.

grenzt sind. Befindet sich nun solch ein Kristall, an dem eine Menge von Flächen vorhanden, z. B. künstlich angeschliffen sind, im langsamen Wachstum, so werden sich die Ionen hauptsächlich nur dort ansetzen, wo größere Energie frei werden wird (s. S. 283), d. h. in den Furchen und Winkeln der unvollständigen Flächen. Das energetisch weniger günstige Ansetzen neuer Netzebenen auf den glatten und vollständigen Würfelflächen wird aber in Gegenwart unvollständiger Flächen zu einem verhältnismäßig noch selteneren Vorgang: das Wachstum der 100-Fläche in Richtung der Normale ist also gering. Am schnellsten werden so die unvollständigen Flächen vorwachsen, und als Begrenzung wird sich die langsamste — die Würfelfläche — ausbilden. Die Endform des NaCl ist deshalb stets der Würfel.

Hat sich diese Endform ausgebildet, so steht man nunmehr vor der Frage, wie das weitere Wachstum der 6 Würfelflächen in Richtung der Normalen erfolgen wird. Da die Anlage einer neuen Netzebene mit einer um so größeren Aktivierungsenergie, je kleiner die Übersättigung, verbunden ist, so bedarf man im allgemeinen einer endlichen Übersättigung, damit der Prozeß mit einer endlichen Geschwindigkeit vor sich gehe. Die lokalen Übersättigungen infolge der Wärmeschwankungen liefern die nötige Aktivierungsenergie. Die Anlagerung eines einzigen Ions oder Moleküls ist zwar ein recht häufiger Vorgang, doch können sich solche angelagerten Aggregate wieder leicht lösen, und zur Anlage einer neuen Netzebene kommt es auf diesem Wege nicht. Nach Volmer braucht man hierzu einen *zweidimensionalen Keim*, dessen Bildung aber denselben Wahrscheinlichkeitsbetrachtungen unterworfen ist wie die des dreidimensionalen Keims. Es ist nun ein Verdienst von Stranski und Kaischew[1], eine Verbindung zwischen der ursprünglichen Kossel-Stranskischen und der Volmerschen Theorie hergestellt zu haben. Durch eine statistische Behandlung der Elementarprozesse gelangen sie zu einer quantitativen Theorie der Kristallwachstums- und Kristallkeimbildungsvorgänge. Hat sich auf der vollständigen Fläche eines Kristalls ein zweidimensionaler Keim gebildet, so ist die Energieschwelle schon überwunden, und die Lösung ist jetzt in bezug auf diesen Keim übersättigt. Es kann bald nach Ausbildung einiger Reihen die Anlagerung an die Lage am halben Kristall (der wiederholbare Schritt) mit dem maximalen Energiegewinn einsetzen. Die Zuführung des Materials (Ionen, Atome, Moleküle) zur Baustelle erfolgt dabei (besonders bei der Kondensation aus dem Dampf) nach Volmer und Estermann nach vorausgehender Adsorption an der Oberfläche durch Oberflächenwanderung[2].

Die zweidimensionalen Keime entstehen dabei nicht regellos auf der ganzen Fläche, sondern es werden gemäß den Rechnungen von Brandes und Volmer[3] ganz bestimmte Stellen der Kristallfläche vorgezogen: die Wahrscheinlichkeit der Bildung der Keime an den Ecken und Kanten der Würfelfläche des NaCl ist größer als die in den Flächenmitten. Es ist das auch sehr gut an Hand der Anlagerungsarbeiten der Ionen nach Kossel (und Stranski) aus Abb. 4 zu sehen. Die neuen Netzebenen werden somit von den Ecken und den Kanten aus angelegt und dann durch den wiederholbaren Schritt in Richtung auf die Flächenmitten hin vollendet. Bei stärkerer Übersättigung wird es aber vorkommen, daß neue Netzebenen angelegt werden, ehe die angefangenen zu Ende geführt worden

---

[1] I. N. Stranski, R. Kaischew: Z. physik. Chem., Abt. B **26** (1934), 100, 312; Physik. Z. **36** (1935), 393. — R. Kaischew, I. N. Stranski: Z. physik. Chem., Abt. B **26** (1934), 114, 317.

[2] M. Volmer, Estermann: Z. Physik **7** (1921), 1. — Estermann: Z. Elektrochem. angew. physik. Chem. **31** (1925), 441. — K. Neumann: Ebenda **44** (1938), 474.

[3] H. Brandes, M. Volmer: Z. physik. Chem., Abt. A **155** (1931), 466.

sind; dieser Prozeß wird um so häufiger einsetzen, je stärker die Übersättigung ist. Nach einiger Zeit wird man einen Wachstumskörper in Form eines zur Flächenmitte treppenartig abgestuften Gebildes erhalten, das den bekannten „Kochsalzschüsselchen, -näpfchen oder -hohlpyramiden" entspricht. In Abb. 5 ist solch ein Wachstumskörper schematisch dargestellt. Der Wachstumskörper ist durch eine große Zahl von Ecken (*1*), Hohlecken (*2*), Kanten (*3*), Hohlkanten (*4*) und Stellen, wo der wiederholbare Schritt einsetzen kann (*5*), gekennzeichnet. Die Identität dieser Stellen mit dem Begriff der „aktiven Zentren" auf einem Katalysator ist nicht zu verkennen[1]. Dabei müssen sich diese Stellen in um so größerer Zahl bilden, je schneller die Kristallisationsprozesse verlaufen (hohe Übersättigung, niedrigere Temperatur), was wieder den Bedingungen der Bildung der aktivsten Katalysatoren entspricht. Die moderne Theorie des Kristallwachstums führt somit direkt zu den Vorstellungen über den Oberflächenaufbau von Katalysatoren, die sich die Erforscher der katalytischen Prozesse

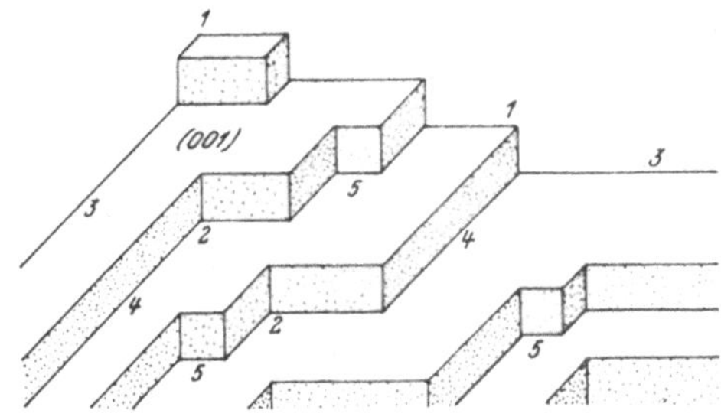

Abb. 5. Schnelles Wachstum der 100-Fläche eines heteropolaren Kristalls vom Typ des NaCl.

darüber gemacht haben. Es sei erwähnt, daß vereinzelte Atome oder Moleküle wohl kaum die aktivsten Stellen eines Katalysators darstellen könnten, weil eben die Wahrscheinlichkeit des Vorhandenseins solcher Gebilde auf der Fläche allzu gering ist: das Atom wird entweder verdampfen oder durch Oberflächenwanderung eine Stelle finden, wo es sich mit Abgabe größerer Energie anlagern kann. Die kleinsten, längere Zeit existenzfähigen Aggregate werden somit die zweidimensionalen Keime darstellen, und die in großer Anzahl auftretenden aktiven Stellen würden den Orten des wiederholbaren Schrittes entsprechen. Es sind aber einzelne andere Stellen auf dem wachsenden Kristall vorhanden, wo bei Anlagerung ebenfalls eine hohe Energie gewonnen werden kann. Aus einer Tabelle von STRANSKI[2] ist ersichtlich, daß diese Stellen z. B. die Hohlecken sind.

$$\text{Hohlkante} \ldots \ldots \ldots 0{,}313 \, \frac{e^2}{d}$$

$$\text{Hohlkantenende} \ldots 0{,}675 \, \frac{e^2}{d}$$

$$\text{Hohlecke} \ldots \ldots \ldots 0{,}807 \, \frac{e^2}{d}$$

$$\text{Fläche} \ldots \ldots \ldots \ldots 0{,}132 \, \frac{e^2}{d}$$

$$\text{Kante} \ldots \ldots \ldots \ldots 0{,}181 \, \frac{e^2}{d}$$

$$\text{Ecke} \ldots \ldots \ldots \ldots 0{,}494 \, \frac{e^2}{d}$$

Nach SCHWAB ist es aber möglich, daß extrem aktive Stellen bei der Katalyse nicht zur Geltung kommen, da sie z. B. durch Reaktionsprodukte dauernd blockert bleiben können[1].

---

[1] G.-M. SCHWAB: Katalyse, S. 202. Berlin, 1931.
[2] I. N. STRANSKI: Z. Elektrochem. angew. physik. Chem. **36** (1930), 26.

4. Das Wachstum homöopolarer Kristalle.

Zur Ableitung des Wachstums homöopolarer Kristalle ist von KOSSEL ein vereinfachtes Verfahren entwickelt worden[1]: Die Anlagerungsarbeit eines einzelnen Teilchens hängt nach Voraussetzung nur von der Anzahl der Nachbarn und deren Entfernung ab. Weiter wird angenommen, daß die Kraft so rasch mit der Entfernung fällt, daß zur Berechnung der Anlagerungsarbeit nur die nächste Nachbarschaft (z. B. im Abstande d, $d\sqrt{2}$ und $d\sqrt{3}$ im einfachen kubischen Gitter) zu berücksichtigen ist (s. S. 281). Hierbei wird eine einfache Symbolik eingeführt, nach der an drei Stellen des Symbols hintereinander die Zahl der Kanten-, Flächen- und Raumdiagonalnachbaren angegeben wird. Dieses primitive Maß der Anlagerungs- oder Abtrennungsarbeit bindet sich an kein bestimmtes Kraftgesetz, erlaubt aber trotzdem anzugeben, wie sich die Energiewerte für verschiedene Lagen abstufen. Nach diesen Voraussetzungen ist z. B. beim einfachen kubischen Gitter:

$$\Phi'_{100} = 1/0/0\,,$$
$$\Phi''_{100} = 1/2/0\,.$$
$$\Phi'''_{100} = 1/4/4\,.$$

Es liefert also die Anlagerung neben die Fläche (Φ'') mehr als die an die Kette (Φ') und die auf den kompakten Block am meisten (Φ'''). Bei so einfacher Kräfteverteilung unter allgemeiner Anziehung wächst die Anlagerungsenergie mit der Anzahl der Nachbarbausteine. Noch mehr als der Fall 3 liefert natürlich die Anlagerung neben eine unvollendete Netzfläche:

$$\Phi'' + \Phi''' = 2/6/4\,,$$

und noch mehr die gleichzeitige Fortführung einer Kette, der wiederholbare Schritt

$$\Phi_0 = \Phi' + \Phi'' + \Phi''' = 3/6/4\,.$$

Φ_0 ist aber zugleich, den allgemeinen Überlegungen entsprechend, die molekulare Gitterenergie, denn es handelt sich hier um die Anlagerung an den halben Kristall.

An Hand dieser Anlagerungsenergien läßt sich die Frage beantworten, wo die Anlage neuer zweidimensionaler Keime auf einer vorhandenen Fläche zum Aufbau neuer Netzebenen stattfinden wird. Rein qualitativ kann vermutet werden, daß die gewonnene Energie am Rande der Fläche geringer sein wird, da die anziehende Nachbarschaft unvollständiger ist als im Inneren. Nach KOSSEL erhält man nun folgende symbolischen Anlagerungsenergien für ein Atom:

$$\text{auf das Innere einer Fläche} \ldots \Phi''' = 1/4/4\,,$$
$$\text{auf den Rand} \ldots \tfrac{1}{2}\,(\Phi'' + \Phi''') = 1/3/2\,,$$
$$\text{auf eine Ecke} \ldots \tfrac{1}{4}\,\Phi' + \tfrac{1}{2}\,\Phi'' + \tfrac{1}{4}\,\Phi''' = 1/2/1\,.$$

Demnach ist es klar, daß im homöopolaren Falle die Wahrscheinlichkeit der Anlagerung eines Atoms und der Ausbildung eines wachstumsfähigen zweidimensionalen Keims im Inneren der Fläche größer ist als am Rande oder gar an einer Ecke. Die Prozesse innen sind denen am Rande überlegen. Das Wachstum dichtest belegter Flächen homöopolarer Kristalle in Richtung der Normale wird somit von den Flächenmitten aus beginnen und sich konzentrisch um den Keim fortsetzen. Diese Fortsetzung folgt zwangsläufig daraus, daß die Anlagerung der Atome neben eine Netzebene im Inneren (Keim) schon größere

---

[1] W. KOSSEL: Leipziger Vorträge 1928, 17. Die theoretische Gleichgewichtsform metallischer Kristalle läßt sich nach der Methode von STRANSKI und KAISCHEW [Physik. Z. 36 (1935), 393; Ann. Physik 23 (1935), 330] ermitteln. S. auch M. VOLMER, Kinetik der Phasenbildung, S. 32.

Energiebeträge $\Phi'' + \Phi''' = 2/4/6$ liefert und der bald darauf einsetzende wiederholbare Schritt $\Phi_0 = 3/4/6$ noch größere. Deshalb wird auch hier das korrekte Weiterbauen schon angelegter Netzebenen der Anlage neuer Netzebenen gegenüber bevorzugt werden. Wie sich jetzt das Wachstum bei stärkerer Übersättigung gestalten wird, ist, an das heteropolare Kristallwachstum anknüpfend, unschwer zu übersehen: nach einiger Zeit erhält man einen Wachstumskörper, bei dem die Flächen gleich der HAUYschen Dekreszenz von den Mitten zum Rande treppenartig abgestuft sind[1]. Die Treppen müssen dabei, je nach Geschwindigkeit des Wachstums, eine Unmenge von aktiven Stellen enthalten, an denen der wiederholbare Schritt einsetzen könnte. Für den Aufbau

der Oberflächen von Katalysatoren ergibt sich somit fast dasselbe Bild, wie im Falle des heteropolaren Kristalls. Nur muß hinzugefügt werden, daß nach STRANSKI an den homöopolaren Kristallen stets Flächen großer spezifischer Oberflächenenergie auftreten, wodurch sich die Gelegenheit sehr fester Anlagerung bietet[2]. Hierdurch sind die homöopolaren Kristalle hinsichtlich ihrer Adsorptionsfähigkeit (bei alleiniger Wirksamkeit der aktiven Zentren) und hinsichtlich ihrer katalytischen Wirksamkeit sicherlich den heteropolaren überlegen.

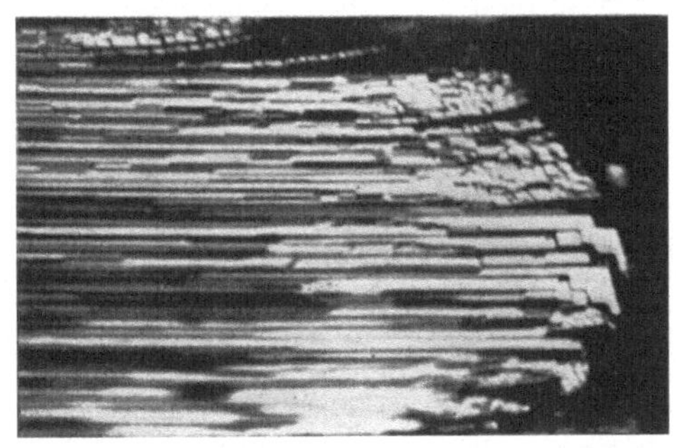

Abb. 6. Seitenansicht eines im Wachstum unterbrochenen Zinkkristalls (600 ×).

Die direkte Beobachtung der aktiven, wachstumsfähigen Stellen wie auf den Katalysatoren, so auf den Kristallen ist nun ihrer Kleinheit wegen leider nicht möglich. Man sieht wohl auf den im Wachstum unterbrochenen Kristallen zahlreiche Treppen und unvollendete Stufen, die an die Lage am Halbkristall erinnern, doch sind das Gebilde, die sehr viele Male größer sind als die theoretischen des Halbkristalls und durch Vergröberung (Abschließen) der einzelnen Netzebenenstufen oder durch Lamellenwachstum nach GRAF[3] entstanden sind (Abb. 6). Deshalb muß nach weiteren der experimentellen Prüfung zugänglichen Folgerungen gesucht werden, um indirekt das Vorhandensein von aktiven, wachstumsfähigen Stellen auf Kristallen (und folglich auch auf den Oberflächen von Katalysatoren) im Sinne der Forderungen der Theorie zu bestätigen. Daß noch feinere Abstufungen, als in Abb. 6 gezeigt, tatsächlich existieren, ist aber schon teilweise durch die elektronenmikroskopischen Beobachtungen an geätzten Metallen bewiesen worden (siehe Fußnote 3 S. 270).

5. Die Ableitung der Form homöopolarer Kristalle.

Eine Prüfung der Frage der äußerst feinen Kanten und Ecken und zugleich auch der ganzen Theorie des Kristallwachstums ermöglichen die von STRANSKI weiter entwickelten KOSSELschen Überlegungen über das homöopolare Kristallwachstum. Diese Prüfung bezieht sich natürlich nicht auf die Theorie selber, sondern auf die Richtigkeit der *Voraussetzungen* der Theorie. Nach einem fundamentalen Satz von STRANSKI ist nämlich *im Gleichgewichtszustand nur eine solche Kristallform möglich, bei welcher alle an der Oberfläche vorhandenen Bausteine*

---

[1] Siehe Abb. 1 und 2 S. 271.

[2] I. N. STRANSKI: Z. physik. Chem., Abt. B **11** (1931), 348.

[3] L. GRAF: Zum Aufbau der Metallkristalle. Z. Elektrochem. angew. physik. Chem. **48** (1942), 181÷210.

mindestens so fest gebunden sind wie am halben Kristall[1]. Auf Grund dieser Aussage ist es möglich anzugeben, welche Flächen an einem homöopolaren Kristall vorhanden sein müssen. Mithin ist es jetzt möglich, bei bekanntem Gitter und unter manchen weiteren vereinfachenden Voraussetzungen (s. S. 287) *die äußere Form eines Kristalls zu berechnen.* Durch den obigen Satz werden jedoch weder die relativen Ausdehnungen der Flächen festgesetzt noch das Auftreten anderer Flächen verboten. Was allein verlangt wird, ist, daß *bestimmte* Flächen an der Gleichgewichtsform, wenn auch nur in kleinster Ausdehnung, auftreten *müssen.* Durch weiteres Wachstum gelangt der Kristall zu einer Endform, an der allerdings *nicht* alle Flächen der Gleichgewichtsform vorhanden sein müssen. Der Weg, wie nun die Gleichgewichtsform abgeleitet werden kann, soll hier in Anlehnung an eine Darstellung von STRANSKI[1] am Beispiel des einfachen kubischen Gitters gezeigt werden.

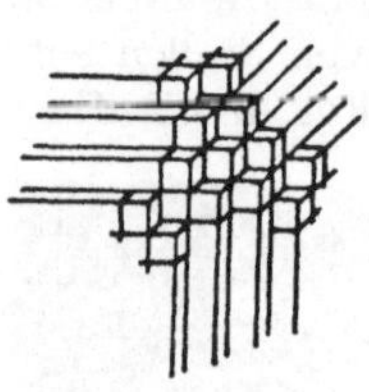

Abb. 7.
Ausbildung der Gleichgewichtsform homöopolarer Kristalle nach STRANSKI. Kleinstmögliche Sekundärflächen.

Die Anzahl der durch die Berechnung erhaltenen verschiedenen Flächen eines Kristalls hängt von der Zahl der berücksichtigten Nachbarn ab. Je größer diese ist, um so flächenreicher wird die Gleichgewichtsform. Beschränkt man sich auf die drei erstnächsten Nachbarn (in diesem Fall ändert der viertnächste nichts am Ergebnis), so ergibt sich, daß das Eckenatom am Würfel, wie schon dargelegt, eine kleinere Abtrennungsarbeit als vom halben Kristall aufweist. Wird dieses Atom abgelöst, so folgen ihm auch die drei Würfelkantenreihen, und der Abbau muß so lange weiter vor sich gehen, bis es zur Ausbildung einer Form kommt, welche außer den Flächen 100 auch die Flächen 110, 111 und 211 aufweist, denn, wie man sich leicht überzeugen kann, sind erst bei dieser Form alle Bausteine mindestens so fest wie am halben Kristall gebunden. In der Abb. 7 ist diese Form abgebildet, wobei außer den Würfelflächen alle anderen mit kleinstmöglichen Dimensionen dargestellt sind. (In den Abb. 7 und 8 sind die Atome als Würfel gezeichnet, was in diesem Fall die anschaulichste Darstellungsweise ist.) Es sei betont, daß allerdings alle Flächen, welche die Kanten und Ecken des Würfels abstumpfen, im Gleichgewicht eine größere Flächenausdehnung besitzen werden, etwa wie in Abb. 8. Denn das Entfernen eines einzigen Atoms von den Atomen der Abb. 7, welche so fest

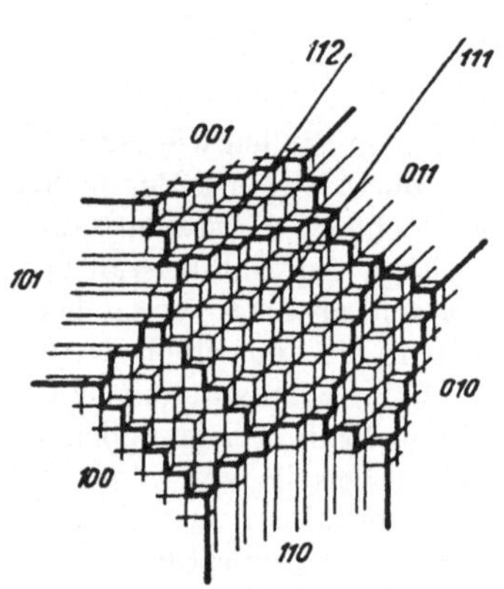

Abb. 8. Ausbildung der Gleichgewichtsform homöopolarer Kristalle nach STRANSKI. Größere Sekundärflächen.

wie am halben Kristall gebunden sind, genügt, damit der Reihe nach alle Atome an der Oberfläche von 111 und 211 abgelöst werden, da sie nunmehr loser als am halben Kristall gebunden sind. Nur wenn die Flächen 211, 111 und 110 größer geworden sind, hört diese zwangsläufige Ablösung auf, weil jetzt, bei der größeren Ausdehnung der Flächen, sich alle Atome mindestens ebenso stark wie am halben Kristall halten. Was den Flächeninhalt betrifft, so ist dieser erst durch die Bedingung genau gegeben, daß die mittlere Abtrennungsarbeit pro Baustein für alle Flächen denselben Wert besitzt[2].

[1] I. N. STRANSKI: Z. physik. Chem., Abt. B **11** (1931), 342. — I. N. STRANSKI, R. KAISCHEW: Z. Kristallogr., Mineral., Petrogr. **78** (1931), 373, 379.
[2] I. N. STRANSKI, R. KAISCHEW: Z. physik. Chem. **26** (1934), 312; Physik. Z. **36** (1935), 313; Ann. Physik **23** (1935), 330.

Auf diese Weise läßt sich die Gleichgewichtsform bestimmen und mit ihr die in praktischen Versuchen erreichte Endform eines Kristalls vergleichen. Bei guter Übereinstimmung mit dem Experiment könnte dann weiter gefolgert werden, daß den Ecken und Kanten tatsächlich der besondere Zustand zukommt, der ihnen durch die Theorie der heterogenen Katalyse zugeschrieben wird. Nun muß aber sofort darauf hingewiesen werden, daß eine vollständige Übereinstimmung zwischen Theorie und Experiment von vornherein nicht zu erwarten ist, denn alle Ableitungen sind unter stark vereinfachten Bedingungen durchgeführt worden: Nach STRANSKI wird vorausgesetzt, daß die Kristalloberfläche nur unwesentlich vom Kristallinneren abweicht, daß der Kristall nur von seinem eigenen (verdünnten) Dampf umgeben ist und sehr wenig vom Gleichgewichtszustand abweicht, und daß alle Anlagerungen bei einer so niedrigen Temperatur erfolgen, daß der Wärmeinhalt des Kristalls und die Wärmebewegung vernachlässigt werden können[1].

Von STRANSKI sind so Gleichgewichtsformen für eine Reihe von Kristallgittern berechnet worden, mit deren Hilfe die Prüfung der Theorie durchgeführt werden kann[2].

6. Prüfung der KOSSEL-STRANSKISchen Theorie an heteropolaren Kristallen (NaCl).

Seine Überlegungen zur Frage des heteropolaren Kristallwachstums konnte KOSSEL zuerst an den Versuchen von SPANGENBERG und NEUHAUS prüfen. Durch den „Kugelwachstumsversuch" kann nämlich festgestellt werden, welche von den auf der Kugeloberfläche in großer Zahl vorhandenen Flächen sich beim langsamen Wachstum weiter entwickeln und ausbilden. Aus dem zu untersuchenden Material werden Kugeln gedreht, leicht angeätzt und dann einem langsamen Wachstum in einer sehr schwach übersättigten Lösung unterworfen. SPANGENBERG und NEUHAUS wählten zu ihren Versuchen Steinsalzkugeln, die sich in einer gesättigten Lösung im Thermostaten befanden[3]. Über die Lösung wurde dann ein sehr langsamer, trockner und filtrierter Luftstrom hinwegbewegt, so daß die auf den Kugeln wachsende Schicht nur einige $10\,\mu$ pro Tag betrug, was etwa einigen Netzebenen pro Sekunde entspricht. Als Resultat dieses langsamen Wachstums ergab sich nach Monaten ein sehr schöner Wachstumskörper, der von den Flächen 110, 210, 111 und 100 begrenzt war. Durch seine Überlegungen konnte KOSSEL das Auftreten der Würfelflächen sehr gut deuten; ebenso die Tatsache, daß das Wachstum dieser Fläche praktisch stillsteht, solange mehrere Nachbarflächen vorhanden sind. Weiter war es dann leicht zu verstehen, warum das Normalen-Wachstum der Würfelfläche mit meßbarer Geschwindigkeit erfolgt, wenn nur noch Oktaederflächen neben ihr stehen, und noch schneller, wenn sie nur von ihresgleichen begrenzt wird[4]. Auf S. 281 sind schon die Gründe dieser Erscheinung dargelegt worden. Weiter gelang es STRANSKI, ohne neue Annahmen einzuführen, einfach durch Einteilung der Kristallflächen in vollständige und unvollständige, gleichförmige und nichtgleichförmige und schließlich in wiederholbare und nichtwiederholbare und durch Präzisierung dieser Begriffe, die von SPANGENBERG und NEUHAUS beobachteten

---

[1] I. N. STRANSKI: Z. physik. Chem. **136** (1928), 261; Trav. Congr. jubil. Mendeleev **II** (1937), 183.

[2] I. N. STRANSKI, R. KAISCHEW: Z. Kristallogr., Mineral., Petrogr. **78** (1931), 373.

[3] K. SPANGENBERG: Neues Jb. Mineral., Geol. Paläont., MÜGGE-Festband A **57** (1928), 1197. — A. NEUHAUS: Z. Kristallogr., Mineral., Petrogr. **68** (1928), 15.

[4] W. KOSSEL: Naturwiss. **18** (1930), 907.

Wachstumserscheinungen an Steinsalzkugeln weitgehend verständlich zu machen[1]. Es war aber nicht möglich, zu erklären, warum außer 001 nur noch 210, 110, 111 und keine anderen Flächen, wenn auch vorübergehend, auftreten. Dessenungeachtet ist der Kossel-Stranskische Erklärungsversuch als sehr erfolgreich anzusehen.

7. Prüfung der Theorie an homöopolaren Kristallen.

Speziell zur Prüfung der Theorie an homöopolaren Kristallen wurden vom Verfasser dieses Beitrages einige Messungsreihen an im Wachstum unterbrochenen hexagonalen Metallkristallen durchgeführt. Nach Stranski können die metallischen Kristalle näherungsweise als homöopolar betrachtet werden, insbesondere, wenn sie durch Anlagerung neutraler Atome heranwachsen, wie etwa beim Sublimieren. Unter diesen Umständen wurden zuerst die Metalle der zweiten Gruppe des periodischen Systems: Be, Mg, Zn und Cd untersucht.

Beryllium konnte zwar destilliert und sublimiert werden, man erhielt aber keine einzelnen Kriställchen, die sich zur goniometrischen Untersuchung geeignet hätten, sondern zusammenhängende, grobkristalline Schichten. Es bleibt hier deshalb nichts anderes übrig, als die Messungen von Brögger an Be-Kriställchen heranzuziehen[2]; sie erwiesen sich für die Theorie als sehr günstig, denn es sind genau diejenigen Flächen gefunden worden, die die Berechnung von Stranski bei Berücksichtigung dreier Nachbararten fordert: 0001, $10\bar{1}0$, $10\bar{1}1$, $11\bar{2}0$ und $10\bar{1}2$ *.

An *Magnesium* gelangen die Kristallwachstumsversuche gut, wenn das Metall auf eine Eisenblecheinlage sublimiert wurde, wo sich die Kriställchen einzeln ansetzten und weiterwuchsen[3]. Das Wachstum der Mg- und auch der übrigen Kristalle erfolgte aus der Dampfphase in schwer schmelzbaren Glasrohren, die mit Wasserstoff unter einem Druck von 0,001÷360 mm Hg gefüllt worden waren. Das Versuchsrohr befand sich in einem Widerstandsofen, in dem die Temperatur so gehalten wurde, daß das verdampfende Metall sich unterhalb des Schmelzpunktes befand (beim Mg 530° C, Schmelzpunkt 650°). Das Mg sublimierte dann und wuchs in Kristallen auf dem erwähnten Eisenblech auf, das sich in den kälteren Teilen des Rohres befand. Die meisten Versuche dauerten 20÷120 Stunden, manche sogar länger. Nach dem Öffnen des Rohres wurde eine größere Zahl der 0,1÷0,5 mm großen Kriställchen mikroskopisch untersucht, um die für die Vermessung unter einem Mikroskop-Goniometer geeigneten zu finden[4]. Die festgestellten Flächen wurden notiert. Auf diese Weise wurde gefunden, daß fast ein jeder Mg-Kristall durch die Flächen 0001, $10\bar{1}0$ und $10\bar{1}1$ begrenzt ist. Dieses Resultat entspricht ebenfalls den Berechnungen von Stranski, wenn hierbei nur die *erstnächsten* Nachbaren berücksichtigt werden. Man muß also ein außerordentlich steiles Abfallen der Kraftfelder um die Gitterpunkte mit der Entfernung annehmen. Es ist deshalb von Stranski der Versuch unternommen worden, aus den beobachteten Wachstumsformen umgekehrt

---

[1] I. N. Stranski: Z. physik. Chem., Abt. B **17** (1932), 127; Naturwiss. **19** (1931), 689.

[2] Brögger, nach P. Groth: Physik. Kristallogr., S. 337. Leipzig, 1885.

* I. N. Stranski: Z. Kristallogr., Mineral., Petrogr. **78** (1931), 382.

[3] M. Straumanis: Z. physik. Chem., Abt. B **26** (1934), 246; Z. Kristallogr., Mineral., Petrogr. **89** (1934), 487.

[4] M. Straumanis: Z. techn. Physik **12** (1931), 576; Z. physik. Chem., Abt. B **19** (1932), 66.

auf die Natur des Kraftgesetzes zu schließen[1]; es ergab sich dabei, da praktisch nur die erstnächsten Nachbarn aufeinander einwirken, daß die Kräfte zwischen den Atomen im Gitter mit einer höheren Potenz des reziproken Abstandes als 7 abnehmen.

Als verhältnismäßig günstig für die Theorie erwiesen sich auch die Messungen an *Zink-* und *Cadmium*-Kriställchen[2]. Beim Zink konnten je nach dem Wasserstoffdruck im Versuchsrohr zweierlei Arten von Kristallen gefunden werden: bei Drucken über etwa 4 mm verhältnismäßig große, sechseckige Plättchen, von der Mitte aus schichtartig gewachsen und durch Pyramidenflächen verschiedner Neigung begrenzt (Abb. 9); bei niedrigerem Druck dagegen schöne Kriställchen mit den Flächen 0001, $10\bar{1}0$, $10\bar{1}1$ und $11\bar{2}0$ (Abb. 10). Während aus den ersteren deutlich die von der Mitte der Fläche aus begonnene Anlage neuer Schichten (gemäß der Theorie) zu sehen ist (s. auch Abb. 1), so erlaubt die letztere Art die gefundene Flächenform mit der geforderten theoretischen zu vergleichen: bei Berücksichtigung von nur erstnächsten Nachbarn liefert das Experiment eine Fläche, nämlich $11\bar{2}0$, zu viel; werden dagegen die Berech-

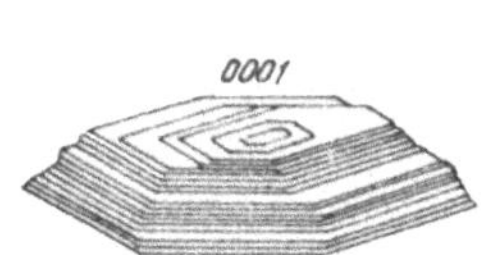

Abb. 9. Zink- oder Cadmiumkristall.

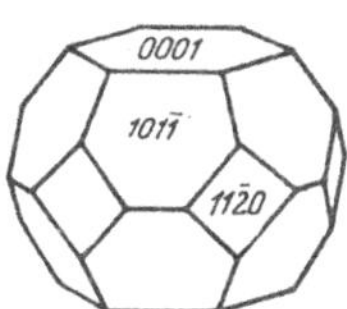

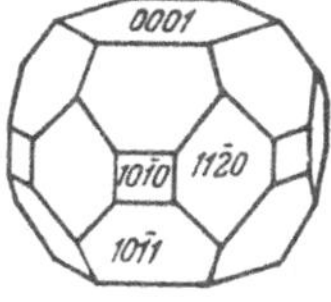

Abb. 10. Zinkkristalle.

nungen mit 2 oder 3 Nachbarn durchgeführt, so findet man theoretisch eine überzählige Fläche, $10\bar{1}2$. Es ist möglich, daß diese kleine Unstimmigkeit mit der Abweichung von der dichtesten Kugelpackung zusammenhängt. Beim Cadmium, wo diese Abweichung noch größer ist, findet man fast nur sechseckige, treppen- und schichtartig gewachsene Kriställchen (Abb. 9). Ganz vereinzelt treten aber Kriställchen auf, deren Form der mit erstnächsten Nachbarn berechneten entspricht (0001, $10\bar{1}0$, $10\bar{1}1$). Ähnliche Versuche wurden am Cadmium auch von ANDERSON unternommen, der im wesentlichen zu denselben Resultaten gelangte[3].

Indessen sind in letzter Zeit von STRANSKI und Mitarbeitern weitere Metallkristallwachstumsversuche mit vervollkommneteren Apparaturen und Methoden durchgeführt worden[4]. Es ist ihnen gelungen, vorher hergestellte, zweckentsprechende kleine Kriställchen (Cd) im Metalldampf zum weiteren Wachstum zu bringen, oder durch punktweise Abkühlung des heißen Wachstumsrohres an einer Stelle innerhalb derselben Keime in notwendiger Orientierung zu erzeugen. Auf diese Weise gelang es ihnen, an den weiter gewachsenen Keimen die bisher nicht festgestellte Fläche $10\bar{1}2$ am Zink nachzuweisen. Dieses Resultat kommt der Theorie natürlich sehr zugute, wenn auch mehrere Beobachtungen, wie z. B. das Erscheinen von Vizinalflächen auf der Zone $10\bar{1}0 \frown 10\bar{1}1$ noch nicht erklärt werden können.

[1] I. N. STRANSKI: Z. physik. Chem., Abt. B **38** (1938), 451; Atti Congr. ital. Chim., Roma 2 (1938), 514; Ber. **72** (1939), 141; Tekn. Samfund. Handl. **1941**, 131; Österr. Chemiker-Ztg. **45** (1942), 145.
[2] M. STRAUMANIS: Z. physik. Chem., Abt. B **13** (1931), 316; **19** (1932), 63.
[3] P. A. ANDERSON: Physic. Rev. **40** (1932), 596.
[4] R. KAISCHEW, L. KEREMIDTSCHIEW, I. N. STRANSKI: Z. Metallkunde **34** (1942), 201.

Schon ungünstiger steht es mit der Theorie, wenn man zu Kristallwachstumsversuchen mit Elementen übergeht, die nicht mehr rein metallische Eigenschaften besitzen und deren Kristalle nicht so einfach gebaut sind, wie die der eben besprochenen Metalle. So läßt sich das *Tellur* in das rhomboedrische System einreihen und besitzt ein Dreipunktschraubengitter. Tellur sublimiert leicht, und die Kristalle haben ein schönes, glänzendes Aussehen, wenn auch ihre Form nicht sehr regelmäßig ist. Die Vermessung ergab fürs Tellur die folgende Kristallform: $10\bar{1}1$ (und $01\bar{1}1$), $10\bar{1}0$, $11\bar{2}0$, $11\bar{2}4$ (Abb. 11). Auch einfachere Formen (ohne $11\bar{2}4$ und seltener ohne $11\bar{2}0$) kamen vor[1]. Die von der Theorie geforderte Gleichgewichtsform setzt sich aber aus folgenden Flächen zusammen[2]: 1. der Basis $\{0001\}$, 2. der positiven Rhomboederfläche $\{10\bar{1}1\}$, 3. der Prismenfläche $\{10\bar{1}0\}$ und 4. der linken Pyramidenfläche $\{01\bar{1}2\}$. Das Experiment zeigt somit, daß die theoretischen Flächen 0001 und $01\bar{1}2$ nicht vorkommen, die beobachtete Fläche $11\bar{2}0$ durch die Theorie nicht gefordert wird, und daß nur bei $10\bar{1}1$ und $10\bar{1}0$ Übereinstimmung herrscht. Dadurch, daß die Theorie das Er

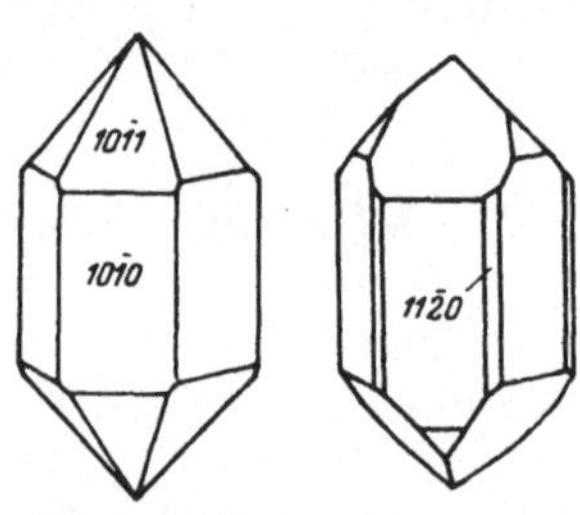

Abb. 11. Kristallform des Tellurs.

scheinen der Basis fordert, wird die theoretische Gleichgewichtsform sehr ähnlich der der hexagonalen Metalle (Be, Mg, Zn, Cd). Tatsächlich unterscheiden sich aber die Te-Kristalle äußerlich stark von diesen gerade durch das Fehlen der Basis. Was die Ursache dieser Unstimmigkeit betrifft, so läßt sich nur folgendes sagen: Die bei den Berechnungen gemachten Annahmen reichen zwar noch eben für die hexagonale dichteste Kugelpackung aus, nicht mehr aber für das rhomboedrische Tellur. Da man die Kräfte, die zwischen den Atomen herrschen, nicht kennt, wurde bei der Ableitung dieser Formen vorausgesetzt, daß die Kräfte kugelsymmetrisch sind, d. h., daß sie nur von der Entfernung, nicht aber vom Winkel abhängen[3]. Diese Voraussetzung trifft wohl am besten bei Gittern mit dichtester Kugelpackung zu und bei anderen um so weniger, je mehr das Gitter von dieser Packung abweicht. Beim Tellur ist eine solche Abweichung nun sicherlich in hohem Maße vorhanden, denn wenn auch hier die Kräfte kugelsymmetrisch wären, würde das Zustandekommen eines solchen Gitters nicht zu verstehen sein.

Indessen konnte beim Tellur eine andere Folgerung der STRANSKIschen Theorie bestätigt werden, nämlich, daß bei kleinerer Übersättigung (langsamerem Wachstum) kompliziertere Gleichgewichtsformen entstehen[4].

Kristalle der metallischen Modifikation des *Selens* gehören in dieselbe Klasse wie die des Tellurs[5]. Sie haben deshalb eine gemeinsame theoretische Gleichgewichtsform. Vakuumsublimierte Selenkristalle sind aber durch folgende Flächen begrenzt: $10\bar{1}0$, $10\bar{1}1$, $11\bar{2}0$, $12\bar{3}0$ und $23\bar{5}0$ (in seltenen Fällen)[6]. Außerdem findet man an manchen Kristallen noch eine Reihe von Vizinalflächen. Vergleicht man diese Form der Selenkristalle mit denen des Tellurs, so fällt eine viel größere Regelmäßigkeit der Formen des letzteren Elementes auf. Das Selen

[1] M. STRAUMANIS: Z. physik. Chem., Abt. B **80** (1935), 132.

[2] I. N. STRANSKI, R. KAISCHEW, L. KRASTANOW: Z. Kristallogr., Mineral., Petrogr. **88** (1934), 328.

[3] I. N. STRANSKI, R. KAISCHEW: Z. physik. Chem., Abt. B **26** (1934), 316.

[4] DIESELBEN: Physik. Z. **36** (1935), 399.

[5] A. J. BRADLEY: Philos. Mag. J. Sci. (6) **48** (1924), 477.

[6] M. STRAUMANIS: Z. Kristallogr., Mineral., Petrogr. **102** (1940), 444.

weicht somit noch mehr von der von STRANSKI theoretisch für dieses Element berechneten Form ab, denn von den berechneten Flächen sind nur $10\bar{1}1$ und $10\bar{1}0$ gegenwärtig. Die übrigen vorhandenen Prismenflächen werden nicht gefordert, es fehlen aber die theoretisch gefundenen Flächen $01\bar{1}2$ und 0001. Ebenso wie beim Tellur fällt das Fehlen der Basis auf.

Auf sehr einfache Weise kann das *elektrolytische* Wachstum von metallischen Kristallen durchgeführt und beobachtet werden[1]. Indessen weichen die Bedingungen des Wachstums schon viel stärker von den theoretischen Voraussetzungen ab als im Falle des Wachstums aus dem Dampf. Nach STRANSKI entsteht beim elektrolytischen Wachstum schon dadurch eine Komplikation, daß freie Ladungen auftreten[2]: die Gitterkräfte, die beim normalen Wachstum wirken, werden noch von Kräften rein elektrostatischer Natur überlagert. Wie sich diese Kräfte auswirken könnten, läßt sich aber unschwer übersehen; der Kristall wird wahrscheinlich leichter an den Ecken als von den Flächenmitten weiterwachsen.

Dessenungeachtet fielen die ersten elektrolytischen Wachstumsversuche, die an *Silber*kristallen durch ERDEY-GRUZ durchgeführt worden sind, für die einfache Theorie ziemlich günstig aus[3]. Zu den Wachstumsversuchen wurden Silbereinkristallkugeln von $5 \div 6$ mm Durchmesser benutzt. Die mit kleinen Stromstärken ($10^{-5} \div 10^{-4}$ Amp) angesetzten Versuche dauerten $3 \div 12$ Wochen. An der ursprünglich flächenlosen Kristallkugel erschienen dann im Laufe der Elektrolyse eine Reihe mehr oder weniger blanker Flächen, etwa ebenso wie im Falle des Steinsalzes. Nach STRANSKI sind nun am homöopolaren flächenzentriert-kubischen Gitter bei Berücksichtigung dreier Nachbararten die folgenden Flächen zu erwarten: 111, 100, 110, 311, 210 und 531. Werden zwei Nachbarn in Betracht gezogen, so müssen am Wachstumskörper die drei erstgenannten Flächen erscheinen[4]. ERDEY-GRUZ fand nun, daß diese drei Flächen tatsächlich beim Wachstum der Kugel in ammoniakalischen AgCl-Lösungen auftreten. Das Anlegen neuer Flächen erfolgt dabei auch hier aus den Flächenmitten, was durch die Adsorption des Ammoniaks an den Ecken und Kanten und die dadurch hervorgerufene Erniedrigung der Anlagerungsenergie erklärt wird (denn die Flächenmitten liefern jetzt beim Weiterbau größere Energien). Dieses schichtartige Wachstum konnte schon früher zusammen mit VOLMER verfolgt und mikrokinematographisch aufgenommen werden[5]. Auch in Cyanidlösungen sind die geforderten Flächen 100, 111 und 110 zu finden. Es erschienen aber außerdem noch verschiedene Flächen der Zone 110.

In den übrigen Silbersalzlösungen liegen die Verhältnisse nicht mehr so einfach: es treten nicht alle von der Theorie geforderten Flächen an demselben Kristall auf, und es erscheinen statt dessen andere, von der Theorie nicht geforderte. Welche Flächen dabei an einem Kristall auftreten, das hängt nach ERDEY-GRUZ von der Art der in der Lösung vorhandenen Ionen oder Moleküle ab, von deren Konzentration und von der Stromdichte (solange diese nicht allzu groß ist). Die Abweichungen von der KOSSEL-STRANSKIschen Theorie lassen sich auf Adsorptionserscheinungen zurückführen. Im großen und ganzen kann aber gesagt werden, daß das elektrolytische Wachstum von Silbereinkristallen aus Komplexsalzlösungen nach den Regeln des homöopolaren Kristallwachstums vor sich geht.

---

[1] Siehe z. B. G. TAMMANN, M. STRAUMANIS: Z. anorg. allg. Chem. 175 (1928), 131.

[2] I. N. STRANSKI: Z. physik. Chem., Abt. B 11 (1931), 436.

[3] T. ERDEY-GRÚZ: Naturwiss. 45 (1933), 799; Z. physik. Chem., Abt. A 172 (1935), 157.

[4] I. N. STRANSKI, R. KAISCHEW: Z. Kristallogr., Mineral., Petrogr. 78 (1931), 382.

[5] T. ERDEY-GRÚZ, M. VOLMER: Z. physik. Chem., Abt. A 157 (1931), 165.

Weiter wurden von Erdey-Grúz und Frankl Versuche an *Kupfer*einkristall-kugeln unternommen[1]. Während in den komplexen Cuprisalzlösungen kein regelmäßiges Wachstum zu beobachten war, entwickelten sich in den Lösungen von CuCl und CuBr (in KCl und KBr) schöne Kristalle. Auch hier traten niemals alle von der Theorie geforderten Flächen auf. Als besonders auffallend war dabei das *vollkommene Fehlen* der Würfelfläche, welche nach Stranski bei freiem Wachstum die zweitausgedehnteste sein sollte. Am häufigsten kam das Tetrakishexaeder (hk0) und Ikositetraeder (*hkl*) in Kombination mit dem Oktaeder und manchmal mit dem Rhombendodekaeder vor. Die Abweichungen von der Theorie sind auch hier auf die Adsorption der Bestandteile der Lösung zurückzuführen. Außerdem schieden sich während der langen Versuchsdauer verschiedene basische Salze (und zwar Cupriverbindungen) auf der Oberfläche der Kristalle ab, die dann den Wachstumsprozeß in unkontrollierbarer Weise störten.

Auch in einer sauren $CuSO_4$-Lösung kann eine Kupfereinkristallkugel sehr schön weiterwachsen, wie das Tammann und der Verfasser zeigen konnten, doch gelangt man hier nur zu einer Endform, dem Oktaeder, was ebenfalls nur gezwungen mit der Theorie in Einklang zu bringen ist[2].

Von Erdey-Grúz und Kardos ist weiter der Versuch gemacht worden, das elektrolytische Wachstum von Metallkristallen in *geschmolzenen* Salzen zur Prüfung der Theorie heranzuziehen[3]. Es wurden Einkristalle aus Silber in geschmolzenen Mischungen von $AgNO_3$ mit KNO_3, AgCl, AgBr und KJ zum Wachstum gebracht. Besonders aus nitrathaltigen Schmelzen entwickelten sich gut ausgebildete Kristalle mit scharfen Ecken und Kanten. An den Kristallen erschienen die Flächen 311, 100 und 111, deren Normalen-Wachstumsgeschwindigkeit in obiger Reihenfolge zunahm. Das stimmt allerdings mit der Stranskischen Theorie nicht überein; außerdem erscheinen nur einige von den theoretisch geforderten Flächen. Die Abweichungen sind aber auch hier verständlich, denn es herrschen in Schmelzen ebenso wie in Lösungen zum Teil unbekannte, jedenfalls ganz andere Verhältnisse als bei den Wachstumsversuchen im Dampf. Die Abweichungen können durch ungleiche Adsorption der Bestandteile der Schmelze an verschiedenen Flächen des Kristalls erklärt werden. In Übereinstimmung mit der Theorie werden auch hier die einzelnen Netzebenen von den Flächenmitten aus aufgebaut, und der gebildete Kristall ist den im Dampf gewachsenen treppen- und schichtartigen sehr ähnlich.

Zur weiteren Prüfung der Voraussetzungen der Theorie sind von Stranski auch Ätzversuche am Aluminium herangezogen worden[4]. Die entstandenen treppenartig abgestuften Gebilde wurden gemeinsam mit Mahl elektronenmikroskopisch untersucht. Es ergab sich hierbei, daß die Ätzfiguren (sowohl an den konkaven, als auch an den konvexen Stellen) durch Würfelflächen mit meist gut ausgebildeten Kanten und Ecken begrenzt waren, während man theoretisch bei Berücksichtigung nur zweitnächster Nachbarn noch die Flächen 011 und 111 erwarten müßte. Von einer Übereinstimmung zwischen Erwartung und Ergebnis kann somit hier überhaupt nicht die Rede sein. Stranski findet nun aus dieser Lage einen interessanten Ausweg: die Ätzfiguren sollen sich nicht durchs Reagieren des Al-Kristalls selbst mit dem Lösungsmittel an seiner Oberfläche bilden, sondern es sollen jene einfach die Lösungsformen des Reaktionsproduktes darstellen. Als Reaktionsprodukt wird hierbei die die Al-Kristalloberfläche be-

---

[1] T. Erdey-Grúz, E. Frankl: Z. physik. Chem., Abt. A **178** (1937), 266.
[2] Siehe z. B. G. Tammann, M. Straumanis: Z. anorg. allg. Chem. **175** (1928), 131.
[3] T. Erdey-Grúz, R. F. Kardos: Z. physik. Chem., Abt. A **178** (1937), 255.
[4] I. N. Stranski: Ber. **75** (1942), 105. — H. Mahl, I. N. Stranski: Z. physik. Chem., Abt. B **51** (1942), 319, **52** (1942), 257; Naturwissensch. **31** (1943), 12.

deckende Oxydschicht besonderer Art angesehen*. Für die Richtigkeit dieser Deutung soll der Umstand sprechen, daß in sauerstofffreier Atmosphäre (Behandeln des Aluminiums mit trockenem HCl bei 300°) die Ätzfiguren noch durch Oktaederflächen begrenzt sind. Dieses Resultat stimmt dann bei Berücksichtigung nur erstnächster Nachbarn mit der Theorie überein.

8. Verschiedene Versuche.

Weiter ist es interessant, festzustellen, daß auch bei *rasch* verlaufenden Kristallisationen aus Lösungen, wie auch aus dem Dampf und der Schmelze einige charakteristische Züge vorhanden sind, die sich mit Hilfe der KOSSEL-STRANSKISchen molekulartheoretischen Überlegungen erklären lassen. Entsprechende Versuche wurden von GYULAI unter dem Mikroskop mit NaCl durchgeführt[1]: ist die wäßrige Lösung schon genügend eingedampft, so beginnen meistens am Rande des Tropfens kleine Kriställchen zu wachsen. An ihnen ist nicht nur das Vorschieben einer Kante zu beobachten, sondern auch zu sehen, wie sich eine dünne Schicht von einer Ecke ausgehend der ganzen Kante entlang bis zur anderen Ecke verbreitet. Dieser Vorgang wiederholt sich sehr oft nacheinander. Auch das Vorschieben mehrerer übereinandergelagerter Schichten, den Vorstellungen von KOSSEL entsprechend, und die Ausbildung von Vicinalpyramiden ist gut zu beobachten. Warum jedoch immer Schichten bestimmter Dicke angelegt werden, darauf schuldet uns die Theorie, ebenso wie im Falle des Wachstums von Cd- und Zn-Kristallen, noch eine Antwort[2].

Beim Wachsen der NaCl-Kristalle aus der Dampfphase bilden sich nach GYULAI, der Theorie entsprechend, gegen die Mitte treppenartig vertiefte, viereckige Schüsselchen.

Eine Untersuchung über das dendritische Wachstum von Kristallen ist etwas später von PAPAPETROU unternommen worden[3]. Er findet, daß die Bildung von Dendriten bei großen Übersättigungen erfolgt und ein ausgesprochener Diffusionseffekt ist, demgegenüber die molekularen Vorgänge vollständig zurückgedrängt werden.

Außer diesen in den letzten Abschnitten angeführten Untersuchungen, die sich direkt mit der Prüfung der KOSSEL-STRANSKISchen Theorie beschäftigen, sind in der Literatur noch eine Menge von Hinweisen auf diese Theorie zu finden. Es würde aber zu weit führen, alles das hier zu wiederholen.

9. Andere Unstetigkeiten auf den Oberflächen von Kristallen.

Die molekulartheoretischen Erwägungen sind an Idealkristallen angestellt worden. Da aber die realen Kristalle als aus Blöckchen mit idealer Struktur aufgebaut zu denken sind, so kann die Theorie auch auf Realkristalle angewandt werden. Nun kann man sich vorstellen, daß außer den bevorzugten Stellen, die bis jetzt besprochen worden sind, auf den Realkristallen auch Unstetigkeiten anderen Ursprungs, als die durch Wachstumserscheinungen entstandenen, vorhanden sind, denen ebenfalls die Rolle der „aktiven Zentren" im obigen Sinne zukommen könnte. Es würden hierher scharfe Korngrenzen von Kristalliten, Gleit- und Bruchstellen, Lockerstellen und verschiedene Fehlordnungserscheinungen

---

* Diese Deutung läßt sich aber nicht mit der sehr verschiedenen Auflösungsgeschwindigkeit des Aluminiums verschiedener Reinheit in Einklang bringen. Näheres s. M. STRAUMANIS, Zur Theorie der Metallauflösung VII, Korrosion und Metallschutz **19** (1943), 157.

[1] Z. GYULAI: Z. Kristallogr., Mineral., Petrogr. **91** (1935), 142.

[2] M. STRAUMANIS: Z. physik. Chem., Abt. B **13** (1931), 335; Z. Kristallogr., Mineral., Petrogr. **83** (1932), 29. — S. auch L. GRAF: Z. Elektrochem. angew. physikal. Chem. **48** (1942), 181.

[3] A. PAPAPETROU: Z. Kristallogr., Mineral., Petrogr. **92** (1935), 89.

gehören. Was die Lockerstellen betrifft, so wurden diese von A. Smekal in die Theorie der Realkristalle einbezogen. Nach dieser Theorie gibt es in allen Fällen zwei verschiedene Arten von Kristallbausteinen[1]: neben den echten Gitteratomen existiert noch eine zweite, viel seltenere Bausteinart, welche mit der ersteren nur in chemischer Hinsicht identisch ist. Diese Atome zeichnen sich durch einen merklich größeren Energieinhalt aus, weil sie lockerer mit den übrigen Kristallbausteinen verbunden sind als die gewöhnlichen Gitteratome untereinander. Nach Smekal sind es Lockeratome, und die Orte, wo sie liegen, „Lockerstellen" des Kristalls. Es gehören hierher außer den Kanten und Ecken noch alle die Stellen, an denen der ideal-regelmäßige Raumgitterbau auf irgendwelche Weise gestört ist: so z. B. durch Fremdatome, Gleitflächen und feinste, nicht unmittelbar feststellbare Hohlräume.

In ihrer Theorie der geordneten Mischphasen besprechen Wagner und Schottky verschiedene Möglichkeiten der Fehlordnung[2]. Diese Fehlordnungen bestehen im Vorliegen von unbesetzten Gitterplätzen oder von Bausteinen im Zwischengitterraum, immer also energiereicherer Gebilde. Sie sind „reversibel", d. h. Gleichgewichtserscheinungen. Insofern man aber[3] reale Katalysatoren wirklich oder doch formal[4] als eingefrorene Fehlordnungsgleichgewichte höherer Temperatur betrachten kann, werden in ihnen die gleichen Arten von aktiven Stellen vorliegen.

Auf alle diese Stellen läßt sich die Kossel-Stranskische Energetik anwenden, und in den katalytischen Prozessen wirken sie, indem die Aktivierungswärme der reagierenden Stoffe an diesen Stellen herabgesetzt wird.

10. Schlußwort.

Aus vorliegender Darstellung folgt, daß die Versuche um so günstiger für die Kossel-Stranskische Theorie ausfallen, je näher die Versuchsbedingungen denen der theoretischen Voraussetzungen stehen[5]: so sind die Wachstumsformen der langsam im Dampf gewachsenen Kristalle dichtester Kugelpackung des Be, Mg, auch des Zn und Cd in bester Übereinstimmung mit der Theorie; dasselbe kann über das NaCl gesagt werden. Schon schlechter steht es mit dem Te, das keine dichteste Kugelpackung aufweist, noch schlechter mit dem Se. Geht man zu den elektrolytischen Wachstumsversuchen über, wo die Aufladung der Elektroden und das Vorhandensein des Lösungsmittels ebenfalls den theoretischen Voraussetzungen nicht entsprechen, so sind hier Abweichungen vorhanden, indem nicht alle von der Theorie geforderten Flächen an demselben Kristall erscheinen, andere aber zusätzlich auftreten. Trotzdem fallen die Wachstumsergebnisse am Silber aus ammoniakalischen Lösungen sehr günstig für die Theorie aus.

Da nun die Theorie die unter den ihr entsprechenden Versuchsbedingungen auftretenden Kristallformen gut zu erklären vermag, so ist weiter zu schließen, daß auch die Voraussetzungen der Theorie annähernd richtig sind. Dadurch gewinnt der durch Taylor in die Katalyse eingeführte Begriff der. „aktiven Zentren", die nach Schwab und Pietsch als Kristallkanten, -ecken, Korngrenzen oder Störungsstellen anzusehen sind, erst seine Begründung, denn alle diese Unstetigkeiten des Oberflächenaufbaues besitzen ja nach dieser Theorie gerade viele der den aktiven Zentren der Katalysatoren zugeschriebenen Eigenschaften.

---

[1] A. Smekal: siehe z. B. Metallwirtsch., Metallwiss., Metalltechn. **7** (1928), 776; **10** (1931), 831; **11** (1932), **551**, 565.

[2] C. Wagner, W. Schottky: Z. physik. Chem., Abt. B **11** (1931), 163. — Siehe auch W. Jost: Diffusion und chemische Reaktion. Dresden, 1939.

[3] E. Cremer, G.-M. Schwab: Z. physik. Chem., Abt. A **144** (1929), 243.

[4] G.-M. Schwab: Katalyse, S. 197. Berlin, 1931.

[5] Siehe auch K. Huber: Z. Kristallogr., Mineral., Petrogr. **99** (1938), 464. — Über die Grenzen der Kossel-Stranskischen Theorie: W. Kleber: Kolloid-Z. **1941**, 39.

Herstellung und Alterung von Katalysatoren.

Von

R. H. GRIFFITH, London.

Inhaltsverzeichnis.

Seite

Einleitung 295

Die Herstellung von Katalysatoren 296
  Herstellung von verstärkten Katalysatoren 300
  Mehrstoffkatalysatoren 303
  Reinigung von Katalysatoren 305
  Größe und Form der Katalysatorteilchen 305
  Träger 309
  Aktivierung von Katalysatoren 314
    Einfluß der festen Phase auf die Aktivierung des Katalysators 317
    Andere Faktoren, die die Aktivierung beeinflussen 319
    Aktivierung durch abwechselnde Oxydation und Reduktion 320
    Nebenreaktionen bei der Aktivierung des Katalysators 322
  Besondere Herstellungsmethoden 322
    A. Metallkatalysatoren 322
    B. Oxyde, Sulfide, Träger- und ähnliche Katalysatoren 324
    Besondere Herstellungsmethoden für Träger 326

Alterung von Katalysatoren 326
  Sinterung 326
  Alterung 334

Schluß 336

Einleitung.

Für wissenschaftliche Forschungen auf dem Gebiet der Reaktionskinetik benötigt man Katalysatoren von verhältnismäßig schwacher Wirkung, und man ergreift daher keine nennenswerten Maßregeln, um eine wirksame Oberfläche zu erzielen. Daher ist mit der Herstellung der für diesen Zweck benötigten Substanzen kein besonderes Interesse verbunden, und die Herstellungsmethoden von Katalysatoren erhalten Wichtigkeit hauptsächlich nur im Zusammenhang mit technischen Verfahren. Indessen gibt es für das theoretische Studium der Verstärkerwirkung, Trägerwirkung, Vergiftung, Sinterung und verwandter Gegenstände viele praktische Gesichtspunkte für die Herstellung von Katalysatoren, die zweckmäßig in diesen Aufsatz einbezogen werden. Für Katalysatoren, die in homogenen Systemen wirken, verwendet man keine besonderen Herstellungsmethoden, da sie meistens einfache Gase oder Flüssigkeiten sind.

Es wird daher ein Überblick gegeben über die Hauptgrundsätze der Herstellung von heterogenen Katalysatoren und deren Aktivierung, der Herstellung von Mehrstoffkatalysatoren, der Auswahl von Trägern und der Aktivierung der katalytischen Grundsubstanz. Da die Einstoffkatalysatoren in der Herstellung und auch in der Untersuchung die einfachsten sind, werden sie zuerst behandelt, und viele der daraus gezogenen Schlüsse können auf die komplizierteren Beispiele angewendet werden, die in den nachstehenden Teilen erörtert werden.

Die Veränderungen, welche in einem Katalysator während des Gebrauches stattfinden, können durch chemische Reaktionen verursacht sein, die auf die Substrate oder ihre Zersetzungsprodukte zurückzuführen sind, oder durch Vergiftung oder durch Änderungen im physikalischen Zustand der Katalysatoroberfläche. Hemmung und Vergiftung werden in diesem Abschnitt nicht behandelt, da sie ausführlich in einem anderen Teile[1] berücksichtigt sind, sondern nur die Ursachen anderer Abschwächungserscheinungen werden hinsichtlich der Methoden in Betracht gezogen, die für ihre Vermeidung verfügbar sind. Die ganze zeitliche Folge, die sich von der Auswahl des Ausgangsstoffes bis zum Verlust der Wirksamkeit durch Alterung entwickelt, wird daher der Reihe nach behandelt.

Die Herstellung von Katalysatoren.

Naturprodukte besitzen selten hohe und dauernde katalytische Wirksamkeit, daher bedingt die Herstellung eines Katalysators die folgenden Stufen: 1. die Auswahl eines Ausgangsmaterials in entsprechender Form, 2. die Aufbringung dieses Materials auf einen Träger oder die Zerkleinerung in Teilchen von passender Größe, 3. die Umwandlung dieses Materials in das Element oder in die Verbindung, woraus der eigentliche Katalysator besteht.

Da es bei der Herstellung von Katalysatoren wünschenswert ist, auf streng kontrollierte Bedingungen zu achten, besonders da die Anwendung von hohen Temperaturen vermieden werden muß, ist ein niedergeschlagenes Material ein sehr passender Ausgangsstoff. Es ist ratsam, eine Verbindung zu wählen, die durch eine chemische Veränderung zu dem wirklichen Katalysator umgesetzt werden muß. Zum Beispiel kann ein Metall in fein verteiltem Zustand durch Reduktion eines Oxyds, Hydroxyds oder Carbonats hergestellt werden; ein Sulfid erhält man, indem man Schwefelkohlenstoff über ein erhitztes Oxyd leitet; und ein saures Oxyd kann durch Erhitzen aus seinem Ammoniumsalz abgetrennt werden. Die Bedingungen, unter denen diese Vorstufe ausgeführt wird, können einen weitgehenden Einfluß auf die Eigenschaften des sich ergebenden Katalysators ausüben, besonders wenn dieser aus mehr als einem Bestandteil besteht. Einige typische Beispiele mögen den durch diese verschiedenen Umstände ausgeübten Einfluß zeigen.

Taylor, Kistiakowsky und Perry[2] haben bei Platinkatalysatoren gefunden, daß die Herstellungsmethode stark die Größe der einzelnen Kristalle beeinflußt. Ein Material, das man durch Erhitzen von Ammoniumplatinchlorid in Wasserstoff bei 200° und darauffolgendes Erhitzen in Stickstoff erhielt, war ein grobkristallines Pulver von sehr schwacher katalytischer Wirksamkeit. Andererseits bestand ein Katalysator, der durch Reduktion des Platinchlorids mit Hydrazin oder Formaldehyd und durch Fällung mit Ätznatronlösung entstanden war, aus winzigen Kristalliten von hoher Wirksamkeit. Ähnlich haben Boswell und Iler[3] gezeigt, daß die Teilchengröße von Nickeloxyd, das man durch Erhitzen des Hydroxyds in Stickstoff herstellt, mit steigender Herstellungstemperatur nach der Gleichung

$$\log D = KT + C,$$

---

[1] Beitrag Baccaredda in Band VI dieses Handbuches.
[2] Taylor, Kistiakowsky, Perry: J. physic. Chem. **34** (1930), 748.
[3] Boswell, Iler: J. Amer. chem. Soc. **58** (1936), 924.

vergrößert wurde, wobei D den Durchmesser der Kristalle, K und C Konstanten und T die Temperatur bedeuten.

Auch die Fällungstemperatur kann auf die Eigenschaften des Niederschlages einwirken. FROHLICH, FENSKE und QUIGGLE[1] haben Kupferkatalysatoren durch Reduktion des aus Kupfernitratlösungen mit Ammoniak erhaltenen Hydroxyds hergestellt und haben gefunden, daß die höchste Wirksamkeit für den Methanolzerfall bei einer Fällungstemperatur von 22° auftrat. Wenn die Ausfällung mit Ätznatronlösung statt Ammoniak durchgeführt wurde, erhöhte sich die Wirksamkeit bei 360° wegen der Wirkung des im Katalysator enthaltenen Ätznatrons erheblich, aber bei höheren Kontakttemperaturen hatte das Alkali dafür eine schädliche Wirkung, und der Katalysator verlor seine Wirksamkeit.

Die Größe und Vollkommenheit der Kristalle des unter verschiedenen Bedingungen niedergeschlagenen Bleisulfats sind von KOLTHOFF und ROSENBLUM[2] untersucht worden. Sie haben gefunden, daß aus einer 0,025 m Lösung eine gröbere feste Masse mit vollkommeneren Kristallen ausfiel als aus einer 0,1 m Lösung. Die letztere wieder ergab bei 100° ein weniger grobes und kristallinisches Material als durch Niederschlagen bei Zimmertemperatur. Zwischen einem frisch gebildeten Niederschlag und der Flüssigkeit, aus welcher er erhalten worden ist, kann ein Austausch vorkommen, dessen Geschwindigkeit vom Rühren der Suspension abhängt. Bei der Herstellung von hochgereinigten Materialien durch Fällung kann es daher notwendig sein, schnell zu filtrieren, um den festen Körper abzuscheiden, oder eine Flüssigkeit zu wählen, in der der Austausch unterdrückt wird. Zum Beispiel haben KOLTHOFF und ROSENBLUM[3] gezeigt, daß das Eindringen von ThB in Bariumsulfat infolge Rekristallisation durch Anwendung von wäßrigem Methanol anstatt Wasser weitgehend unterdrückt wurde.

Über eine ausführliche Untersuchung der betreffenden Umstände bei der Herstellung von wirksamen Chrom(3)hydroxyd-Niederschlägen berichtet KOHLSCHÜTTER[4]. Fällung aus Nitrat- oder Chloridlösungen ergab ähnliche Produkte; durch langsames Zusetzen des Fällungsmittels wurden sie schwammartiger und besaßen eine größere Oberfläche. Dehydratation der gelatinösesten Form in einem Wasserstoffstrom lieferte ein schwarzes Oxyd, das sich bei feinem Mahlen in ein grünes umwandelte. Das ungemahlene Material war amorph und zeigte ein Aufnahmevermögen für Wasserstoff schon bei Temperaturen um 184°, aber das Aufnahmevermögen verringerte sich mit steigender Temperatur der Dehydratation und auch, als der feste Körper zu feinem Pulver gemahlen wurde. Wenn man Chrom*sulfat* zur Herstellung des Hydroxyds benutzte, führte die langsame Fällung zur Bildung basischen Sulfats, und hier hatten die Fällungsbedingungen im allgemeinen geringeren Einfluß auf das Produkt.

Auch können Trocknen oder Mahlen vor dem Gebrauch die chemische Zusammensetzung des Katalysators wirksam verändern. MIDDLETON und WARD[5] haben in Übereinstimmung mit der alten Erfahrung der Analytiker festgestellt, daß gefällte Nickel- und Kobaltsulfide immer mehr Schwefel enthielten, als der Formel MeS entsprach. Wenn die Niederschläge, bevor sie trocken waren, mit Luft in Berührung kamen, enthielten sie Sauerstoff und Wasserstoff in Mengen, die in Atomäquivalenten dem vorhandenen Schwefel nahe kamen, und auch geringe Stickstoffmengen. In vielen Fällen sind Oxydation, Hydratation

---

[1] FROHLICH, FENSKE, QUIGGLE: J. Amer. chem. Soc. **51** (1929), 61, 187.

[2] KOLTHOFF, ROSENBLUM: J. Amer. chem. Soc. **57** (1935), 2577.

[3] KOLTHOFF, ROSENBLUM: J. Amer. chem. Soc. **58** (1936), 116.

[4] KOHLSCHÜTTER: Z. angew. Chem. **49** (1936), 865.

[5] MIDDLETON, WARD: J. chem. Soc. **1935**, 1459.

oder Hydrolyse der Niederschläge zu erwarten, wenn langsame Trocknung bei erhöhten Temperaturen vorgenommen wird.

Bei der Herstellung von Katalysatoren dieser Klasse ist seit langem die Wahl des Ausgangsmaterials, aus dem ein Oxyd zuzubereiten ist, als wichtig erkannt worden. Die Eigenschaften von Nickeloxyd, das aus Nitrat oder aus Carbonat entstand, sind von Prasad und Tendulkar[1] geprüft worden, deren Resultate in Tabelle 1 wiedergegeben sind.

Durch Erhitzen des Nitrats oder Carbonats im Vakuum ergab sich ebenfalls das grüngelbe Oxyd, welches schwarz wurde, wenn man es der Luft aussetzte. Le Blanc und Sachse[2] haben gezeigt, daß diese schwarze Form Nickeloxyd mit überschüssigen Sauerstoffatomen im Gitter ist. Eine Messung der Zerfallsgeschwindigkeit des Wasserstoffperoxyds bei 30° ergab, daß die katalytische Wirkung der oben beschriebenen Produkte in Beziehung zu der Auflösungsgeschwindigkeit in Schwefelsäure stand. Einige typische Angaben werden in Tabelle 2 gegeben, wobei k die Konstante für eine Reaktion erster Ordnung bedeutet.

Tabelle 1. *Eigenschaften von Nickeloxyd.*

An der Luft erhitzt bei	° C	% NiO	Farbe
Aus Nitrat	400	99,15	schwarz
	500	99,61	grau
	800	99,91	graugrün
	900	100	grüngelb
	1000	100	grüngelb
Aus Carbonat ..	400	95,45	schwarz
	600	98,26	grau
	700	98,58	graugrün
	800	98,97	graugrün

Tabelle 2. *Katalytische Wirksamkeit von Nickeloxyd für den Zerfall von H_2O_2.*

	400°	500°	800°	1000°
Herstellungstemperatur	400°	500°	800°	1000°
$k \cdot 10^4$	81	46	16	8
Auflösungsgeschwindigkeit in $n/10\ H_2SO_4$.	96,86	85,7	2,68	0,77
Spezifisches Gewicht	5,668	5,745	6,265	6,310

Zinkoxydkatalysatoren, die Schleede, Richter und Schmidt[3] angewendet haben, variierten ähnlich je nach der Substanz, aus welcher sie hergestellt worden waren. Durch Erhitzen von Zinknitrat bei 360° ergab sich ein unwirksames Oxyd, dagegen war das aus Carbonat oder Hydroxyd hergestellte sehr wirksam. Das letztere war poröser und nicht leuchtend, während die unwirksame Form Zwillingsebenen in der dichten Teilchenmasse enthielt und Luminescenz aufwies.

Rudishill und Engelder[4] haben die Wirksamkeit von Titanoxydkatalysatoren untersucht, die durch Glühen des niedergeschlagenen Hydroxyds erhalten wurden, und haben festgestellt, daß das Produkt um so wirksamer war, je niedriger die Glühtemperatur war. Das Salz, aus dem das Hydroxyd gefällt wurde, übte auch einen gewissen Einfluß aus, und die besten Resultate erzielte man nach gründlichem Waschen des Niederschlags, um lösliche Salze zu entfernen. Ähnliche Beobachtungen sind von Lazier und Vaughen[5] für Chromoxydkatalysatoren bei der Hydrierung von Äthylen und Propylen gemacht worden. Das durch Erhitzen von Ammoniumdichromat im Vakuum zubereitete Oxyd stellte einen guten Katalysator dar, aber Glühen von Chromnitrat oder -oxalat oder Reduktion von Chromsäureanhydrid führte zur Bildung von kristallinen, unwirksamen Produkten.

[1] Prasad, Tendulkar: J. chem. Soc. **1931**, 1403.
[2] Le Blanc, Sachse: Z. Elektrochem. angew. physik. Chem. **32** (1926), 204.
[3] Schleede, Richter, Schmidt: Z. anorg. allg. Chem. **223** (1935), 49.
[4] Rudishill, Engelder: J. physic. Chem. **30** (1926), 106.
[5] Lazier, Vaughen: J. Amer. chem. Soc. **54** (1932), 3080.

Bei der Herstellung von Katalysatoren für die Kohlenoxydoxydation hat
LOANE[1] Fällungsmethoden vermieden und lieber pyrophore Metalle wie Nickel,
Kobalt, Eisen oder Mangan oxydiert, um die Oxyde in einer wirksamen Form zu
erhalten. Zuerst wurden durch Elektrolyse von geeigneten Lösungen mit einer
Quecksilberkathode Amalgame hergestellt und diese unter vermindertem Druck
erhitzt, um das Quecksilber zu entfernen. Der fein verteilte Rückstand wurde
dann vorsichtig oxydiert, um Überhitzung der Masse durch die exotherme
Reaktion zu vermeiden. Weitere Hinweise auf andere Herstellungsmethoden
von Katalysatoren aus Legierungen und Amalgamen werden später gegeben
werden.

Für einen umfangreichen Überblick über die verfügbaren Methoden zur Herstellung von Oxyden und Hydroxyden ist das Werk von FRICKE und HÜTTIG[2],
„Hydroxyde und Oxydhydrate" zu empfehlen.

Der vorstehende Bericht weist darauf hin, daß die Katalysator*struktur* einen
wesentlichen Einfluß auf die erwähnten Eigenschaften hat. Es hat sich durch
die Anwendung von Röntgenstrahlen zur Untersuchung der Katalysatoren
herausgestellt, daß diese fast ohne Ausnahme kristallinen Charakters sind, obgleich diese Angabe nicht die Möglichkeit der gleichzeitigen Gegenwart amorphen
Materials ausschließt. In einem anderen Abschnitt[3] wird die Struktur der Katalysatoren eingehend erörtert, kann aber an dieser Stelle nicht weiter behandelt
werden.

Herstellung aus organischen Derivaten.

Die Anwendung von Salzen wie Formiaten, Oxalaten oder Acetaten als
Quelle von Metalloxyden oder der Metalle selbst ist ziemlich gebräuchlich. Viele
dieser Verbindungen zerfallen bei verhältnismäßig niedrigen Temperaturen, indem der organische Teil der Moleküle in Form von flüchtigen Produkten frei
wird. Man hat auch festgestellt, daß manchmal das verbleibende Metalloxyd
durch das vorhandene organische Material reduziert wird, und so können gewisse
Katalysatoren wie Eisen, Nickel oder Kobalt einfach durch Erhitzen des For-
miats oder Oxalats hergestellt werden.

GRIFFITHS und BROWN[4] haben darauf hingewiesen, daß es auch bei der
Herstellung von gewissen Sulfiden durch Fällung mit Schwefelwasserstoff aus
Lösung vorteilhaft ist, das Salz einer organischen Säure einem Chlorid oder
Sulfat vorzuziehen, da die frei gewordenen Säuren die Sulfide nicht angreifen.
Wenn stärkere Säuren durch die Zersetzung frei werden, muß die Ausfällung
des Sulfids in alkalischer Lösung erfolgen, und dies kann möglicherweise zur
Verunreinigung des Niederschlags mit Hydroxyd führen.

In seltenen Fällen ist eine Metallverbindung erforderlich, die in einem Koh-
lenwasserstoff oder in einer anderen organischen Flüssigkeit löslich ist; unter
diesen Umständen wird die Wahl auf Oleate, Stearate und ähnliche Salze von
Säuren mit langen Ketten beschränkt, auf Koordinationsverbindungen von
Diketonen, wie zum Beispiel Acetylaceton, oder auf Derivate der isocyclischen
Ketosäuren wie

$$\text{—COR}$$
$$\text{—COOH,}$$

---

[1] LOANE: J. physic. Chem. **37** (1933), 615.
[2] Leipzig: Akad. Verl.-Ges., 1937.
[3] R. FRICKE im vorliegenden Band dieses Handbuches.
[4] GRIFFITHS, BROWN: J. physic. Chem. **41** (1937), 477.

die nach der Methode von Bruson und Stein[1] durch Kondensation von Phthalsäureanhydrid mit Kohlenwasserstoffen hergestellt werden.

Die Herstellung von Kolloidkatalysatoren wird in einem späteren Teile beschrieben.

Die Reinheit katalytischer Materialien.

Es ist eine bekannte Tatsache, daß häufig kleine Mengen eines zweiten Bestandteils die Wirksamkeit von Katalysatoren steigern, aber es sind auch einige Fälle beschrieben worden, in denen der Zusatz irgendeiner Unreinigkeit zu einem Katalysator zum Verlust seiner Wirksamkeit geführt hat. Frazer[2] hat gefunden, daß Mangan-, Kobalt- und Nickeloxyde wirksame Katalysatoren für die Verbrennung von Kohlenoxyd bei Zimmertemperatur sind, vorausgesetzt, daß man sie gründlichst gereinigt hat. Es ist auch gezeigt worden[3], daß es bei der Anwendung von Vanadinoxyd als Katalysator für die Reduktion von Phenol zu Benzol wichtig ist, um die höchste Wirksamkeit zu sichern, das Oxyd aus einem sorgfältig umkristallisierten Ammoniumvanadatpräparat herzustellen.

Herstellung von verstärkten Katalysatoren.

In der industriellen Praxis sind seit langem so viele Herstellungsmethoden für verstärkte Katalysatoren benutzt worden, daß eine erschöpfende Beschreibung aller verschiedenen Verfahren nicht möglich ist. Einige Beispiele aus einem älteren Patent der Badischen Anilin- und Soda-Fabrik[4] seien als typische Fälle unter den vielen Produkten angeführt, die seit Jahren anerkannt sind.

a) Nickeloxalat wird mit einer wässerigen Aluminiumnitratlösung befeuchtet, das Gemisch getrocknet und im Wasserstoffstrom bei $300 \div 350°$ reduziert. Der auf diese Weise entstandene Katalysator ist beträchtlich wirksamer als ein aus Nickeloxalat allein erhaltener.

b) Ein Gemisch von Nickel- und Aluminiumnitrat wird in wässeriger Lösung mit Kaliumcarbonat vermengt und der Niederschlag gewaschen, getrocknet und bei $300°$ reduziert. Eisen und Aluminium können auf dieselbe Weise zusammen mit Carbonat niedergeschlagen werden.

c) Man löst Nickel- und Magnesiumhydroxyd oder -carbonat zusammen in Ameisensäure auf, dampft die erhaltene Lösung der Formiate bis zur Trockne ein und behandelt mit Wasserstoff bei $300°$. Ähnlich können ammoniakalische Lösungen, die Nickel und Magnesium enthalten, gemischt, eingedampft und der Rückstand mit Wasserstoff reduziert werden.

d) Gefälltes Nickelcarbonat wird in Calciumnitratlösung suspendiert und dann Ammoniumphosphatlösung zugesetzt. Auch Bor kann in Form von Borsäure oder Ammoniumborat als Verstärker verwendet werden.

Diese Beispiele geben einen ungefähren Begriff von den Mitteln, die angewandt werden, um eine innige Mischung von zwei Niederschlägen oder einen mit einer Lösung befeuchteten festen Körper oder einen Niederschlag zu erzielen, der in der Gegenwart eines suspendierten festen Körpers gebildet worden ist. Die Herstellung von verstärkten Katalysatoren erfordert sogar noch größere Sorgfalt als die von Einstoffkatalysatoren. Obgleich man durch grobe Methoden wirksame Gemische erhalten kann, ist es fast unmöglich, auf diese Weise reproduzierbare Resultate zu sichern. Für eine zufriedenstellende Wirkung des Ver-

---

[1] Bruson, Stein: Ind. Engng. Chem. **26** (1934), 1268.
[2] Frazer: J. physic. Chem. **35** (1931), 405.
[3] Griffith, Bruce: Brit. Pat. 403708 (1933).
[4] Brit. Pat. 2306 (1914).

stärkers ist es notwendig, seine gleichmäßige Verteilung zu erreichen, und da er in viel kleinerer Menge als der Hauptkatalysator vorhanden ist, ist es nicht leicht, diese Bedingung zu erfüllen. Die drei Hauptherstellungsmethoden werden daher ausführlich von diesem Standpunkt betrachtet werden.

1. Bei Zweistoffkatalysatoren hat man in verschiedenen Fällen durch *Fällung gemischter Hydroxyde*, Carbonate usw. befriedigende Resultate bekommen, doch ist es zweifelhaft, ob diese Methode angewendet werden kann, wenn sehr kleine Konzentrationen oder sehr kleine Konzentrationsänderungen des Verstärkers untersucht werden. Nur sehr selten werden die Konzentrationsverhältnisse der Ionen solche sein, daß beide Bestandteile gleichzeitig und in einem konstanten Verhältnis niedergeschlagen werden. Eine anscheinend gleichmäßige und vollständige Fällung kann tatsächlich in Wahrheit ungleichmäßig sein, und immer werden die gewonnenen Produkte zur Prüfung ihrer Zusammensetzung eine genaue Analyse erfordern.

Viele der einander widersprechenden Angaben über das Verhalten von Mischkatalysatoren und verstärkten Katalysatoren sind zweifellos auf mangelnde Gleichmäßigkeit in solchen Produkten zurückzuführen. Diese Schwierigkeit entsteht besonders leicht beim Abscheiden eines Mehrstoffkatalysators auf einem Träger.

KOLTHOFF[1] bemerkt bei einer Erörterung der Theorie der gemeinsamen Fällung, daß drei Fälle möglich sind: a) Bildung von Mischkristallen; b) Einbau von Unreinigkeiten durch einen Niederschlag, was unvollkommene Kristalle ergibt; c) Grenzflächenadsorption durch einen primären Niederschlag. Nur Typ b) wird als echte gemeinsame Fällung angesprochen, aus welcher der zweite Bestandteil nicht durch Waschen entfernt werden kann. KOLTHOFF hat auch gezeigt, daß die Anwesenheit fein verteilter fester Körper, wie pulverisiertes Glas, Siliciumdioxyd, Holzkohle oder Schwefel, eine Niederschlagsbildung fördert, und die Gegenwart eines Trägers während der Katalysatorherstellung kann aus diesem Grunde noch größere Bedeutung haben.

Als eine Illustration der Verschiedenheiten, die bei der Herstellung von Zweistoffkatalysatoren auftreten können, werden einige Beispiele nach FROHLICH, FENSKE und QUIGGLE[2] dienlich sein. Der Methanolzerfall an Kupfer-Zink-Katalysatoren wurde unter normierten Bedingungen untersucht, wobei das benutzte Gemisch von 95 Mol-% Kupferoxyd und 5 Mol-% Zinkoxyd nach fünf verschiedenen Methoden hergestellt wurde. Die relativen Wirksamkeiten werden in Tabelle 3 gegeben.

Tabelle 3. *Vergleich zwischen Kupfer-Zink-Oxyd-Katalysatoren.*

Herstellungsmethode	Relative Wirksamkeit
Hydroxyde gemeinsam gefällt	100
Hydroxydgele gemischt	83
Zink auf suspendiertem Kupferhydroxyd niedergeschlagen	75
Gemischte Nitrate geglüht.......................................	70
Kupfer auf suspendiertem Zinkhydroxyd niedergeschlagen	67

Ein weiteres Beispiel der bei der Bildung von gemischten Niederschlägen entstehenden Schwierigkeiten wird von FEITKNECHT und LOTMAR[3] gegeben. Lösungen, die Mischungen von Zinknitrat mit Nickel- oder Kobaltnitrat ent-

---

[1] KOLTHOFF: J. physic. Chem. **36** (1932), 549, 860.
[2] FROHLICH, FENSKE, QUIGGLE: Ind. Engng. Chem. **20** (1928), 694.
[3] FEITKNECHT, LOTMAR: Helv. chim. Acta **18** (1935), 1369.

hielten, wurden durch einen Überschuß von Natronlauge gefällt. Der Niederschlag bestand aus Hydroxydschichten von unvollkommener kristalliner Form, und beim Verweilen in der Lösung näherte er sich der Struktur des vorherrschenden Bestandteils. Ungefähr 15% des Nickels in $Ni(OH)_2$ konnten durch Zink ersetzt werden, aber Gemische von hohem Zinkgehalt ergaben ein Doppelhydroxyd, welches Schichten von $Ni(OH)_2$ mit unvollständigem Nickelersatz enthielt, wobei die Löcher mit Zinkhydroxyd ausgefüllt waren. Beim Erhitzen unterlagen die Niederschläge weiteren Veränderungen, entweder durch Abscheidung des Zinkoxyds oder durch Ersatz des Nickels durch Zink.

Bei Kobalthydroxydniederschlägen blieb die blaue Form bei gleichzeitiger Gegenwart von Zinkhydroxyd bis zu ungefähr 15% erhalten. Durch Erhitzen auf 100° bildeten sich Mischkristalle, wenn aber mehr als 25% Zinkhydroxyd vorhanden war, erfolgte Ausscheidung des Zinkoxyds.

Die auf dem Gebiet von Mischniederschlägen vorhandenen Kenntnisse deuten darauf hin, daß es ratsam ist, jeden Fall sorgfältig zu prüfen, bevor man über die Struktur des Produkts sicher sein kann.

2. In geringerem Maße beziehen sich die Einwendungen gegen die erste Methode auch auf die zweite, da die *Verdunstung einer gemischten Lösung* gewöhnlich zuerst zur Abtrennung des Hauptbestandteils führt. Infolgedessen befindet sich eine größere Konzentration des verdünnteren Bestandteils in der restlichen Flüssigkeit und in dem daraus entstandenen festen Körper. Weitere Komplikationen entstehen, wenn der so erhaltene feste Körper auf eine höhere Temperatur erhitzt wird, da teilweise eine Auflösung der festen Masse in dem verbliebenen Wasser vorkommen kann. Auch kann sich die Zersetzung eines Bestandteils bei einer viel niedrigeren Temperatur als die des anderen vollziehen. Wenn dies der Fall ist, kann die leichter zersetzbare Substanz in fein verteilten Zustand übergehen, während der andere Bestandteil noch in Form von großen Kristallen vorliegt.

3. Der *Zusatz des Verstärkers in Form einer irreversiblen Kolloidlösung* zum fein verteilten Hauptkatalysator ist sehr empfehlenswert. Die Hauptmasse des Katalysators kann anfänglich in einem hohen Reinheitsgrad und bekannter Zusammensetzung hergestellt werden. Man kann sie genau wägen, ohne daß durch unvollständige Fällung Unsicherheiten eingeführt werden, und es können genaue Mengen des Verstärkers zugesetzt werden. Der pulverisierte Katalysator kann auch in großer Menge mit gleichmäßiger Teilchengröße erhalten werden.

Zur praktischen Anwendung des Prozesses wird eine Lösung des Verstärkers benötigt, die das Katalysatorpulver benetzen kann, um eine Paste zu bilden, und diese Lösung muß ihren dispersen Stoff gleichmäßig und irreversibel auf das Pulver ausfallen lassen. Wenn diese Bedingung nicht erfüllt ist, wird das Produkt ebenso ungleichmäßig sein wie in den beiden vorhergehenden Fällen. Unregelmäßigkeiten im Mengenverhältnis des Wassers und des festen Körpers in der Paste werden zu Änderungen der Konzentration des gelösten Stoffes führen, und wenn die Paste getrocknet wird, wird der gelöste Stoff wahrscheinlich in den letzten wenigen Tropfen eine größere Konzentration haben.

Der ideale Weg, diese Schwierigkeiten zu überwinden, ist der, den Verstärker in kolloider Lösung zu benutzen und das Kolloid zu koagulieren, bevor die Paste trocken ist. Wenn man zum Beispiel Siliciumdioxyd als Verstärker hinzufügen will, erhält man ausgezeichnete Resultate durch Zusetzen einer kolloiden Lösung zu einem Pulver und Erhitzen der entstehenden Paste, bis das Gemisch in eine Gallerte übergeht. Das Ganze kann dann ohne Gefahr einer Dispersitätsänderung des Verstärkers getrocknet werden. Die Kolloidkonzentration muß so gewählt werden, daß eine gute Paste mit dem festen Körper gebildet wird, die Lösung muß nach und nach hinzugefügt werden, und die Bildung einer Schicht von klarer Flüssigkeit über der festen Masse muß vermieden werden.

Falls eine Kolloidlösung nicht anwendbar ist, ist es vorzuziehen, die Ausfällung des Verstärkers durch eine Reaktion in Anwesenheit des Hauptkatalysators zuwege zu bringen; diese Methode ist aber von beschränkter Anwendbarkeit. Ein Beispiel wird durch eine Reihe von Molybdänoxydkatalysatoren gegeben, die GRIFFITH[1] hergestellt hat. Eine Ammoniaklösung wurde zu fein pulverisiertem Molybdänsäureanhydrid so zugefügt, daß gerade genügend Ammoniummolybdat gebildet wurde, um mit einem löslichen Salz des Verstärkerelements zu reagieren. Auf diese Weise wurde ein Molybdat, das beispielsweise Eisen, Chrom, Kupfer, Cer oder Calcium enthielt, mit der Masse des Katalysatoroxyds eng vermischt. Dieser Vorgang unterscheidet sich vom Niederschlagen in der Gegenwart eines suspendierten festen Körpers darin, daß er in einer dicken Paste ausgeführt wird.

APPLEBEY[2] hat die Herstellung von verstärkten Eisenkatalysatoren für die Ammoniaksynthese bearbeitet. Er beobachtete, daß ein aus Fe_3O_4 hergestellter Katalysator wirksamer war als einer aus Fe_2O_3. Das war auf die Tatsache zurückzuführen, daß Aluminiumoxyd, welches als Verstärker verwandt wurde, $Fe(AlO_2)_2$ entstehen ließ, welches mit Fe_3O_4, aber nicht mit Fe_2O_3 isomorph ist. Die Verhältnisse sind daher in dem ersten Falle viel günstiger für die Bildung eines innigen Gemisches. Frühere Versuche von WYCKOFF und CRITTENDEN[3] hatten schon gezeigt, daß die brauchbarsten Verstärker unreduzierbar sind und mit Eisen(2)oxyd Spinelle derselben Raumsymmetrie wie Fe_3O_4 ergeben. Es ist klar, daß man auf diese Umstände achten sollte, wenn eine Suche nach einem zufriedenstellenden Verstärker erstmals unternommen wird.

Mehrstoffkatalysatoren.

Die Herstellung von Katalysatoren, die mehr als ein metallisches Element in verbundener Form enthalten, bedarf in der Regel kaum einer Erläuterung, da man solche Substanzen wie Vanadate, Chromate oder Manganate leicht durch normale Fällungsmethoden erhalten kann. In einigen Fällen hat es sich jedoch als praktisch erwiesen, einen oder mehrere der Reaktionsteilnehmer in fester Form zu benutzen. Zum Beispiel wird basisches Zinkchromat für die Synthese von Methanol aus Kohlenoxyd bereitet, indem man eine starke Chromsäurelösung zu fein pulverisiertem Zinkoxyd gibt und das Gemisch einige Stunden stehen läßt.

Durch gemeinsames Erhitzen von fein verteilten festen Körpern haben HÜTTIG und seine Mitarbeiter[4] Mehrstoffkatalysatoren erhalten, die aus Ferriten und ähnlichen Substanzen bestanden. Sie haben gezeigt, daß die katalytischen Eigenschaften der Produkte von den Temperaturen abhängen, auf die die festen Körper vorher erhitzt wurden. Bei einem Cadmiumoxyd-Ferrioxydgemisch wurde beispielsweise ein aktives Material durch Erhitzen über 450° hergestellt, über 550° fiel dagegen die Wirksamkeit wieder und erreichte den Nullwert bei 800°. Man fand, daß die Verminderung der Wirksamkeit die Folge von ausgedehnter Cadmiumferritbildung war, da der aktive Teil des Katalysators nur die Phasengrenzen zwischen den anwesenden Oxyden und dem Ferrit waren. Obgleich diese

---

[1] GRIFFITH: Trans. Faraday Soc. **33** (1937), 407.

[2] APPLEBEY: Proc. Roy. Soc. (London), Ser. A **127** (1930), 255.

[3] WYCKOFF, CRITTENDEN: J. Amer. chem. Soc. **47** (1925), 2866.

[4] HÜTTIG und Mitarbeiter: Z. anorg. allg. Chem. **217** (1934), 22; Z. Elektrochem. angew. physik. Chem. **40** (1934), 306; Acta physicochim. URSS **2** (1935), 129 und viele andere Abhandlungen.

Beobachtung von größtem Interesse in ihrer Beziehung zur Katalysatorenstruktur ist, ist sie offensichtlich auch für die Herstellungsmethoden von aktiven Oberflächen von Wichtigkeit. Hüttig, Cassirer und Strotzer[1] haben diese Untersuchungen durch das Studium der Bedingungen erweitert, welche die Wechselwirkung zweier fester Körper beeinflussen können. Diese Bedingungen sind folgende: 1. die Teilchengröße, 2. das Mischungsverhältnis, 3. die Gemischverdichtung, 4. Rühren oder Mischen während der Reaktion, 5. die eigene Wirksamkeit der Bestandteile, 6. die Temperatur, welche die chemische Zusammensetzung und die Kristallstruktur des Produkts sowie die Reaktionsgeschwindigkeit beeinflussen kann, 7. äußere Kräfte wie Hochspannungsentladung, 8. die Gegenwart von Verunreinigungen und 9. die Atmosphäre, in welcher die Wechselwirkung stattfindet. Um den letzten Faktor gründlich zu prüfen, wurde die Wechselwirkung von Zinkoxyd mit Chromoxyd in Kontakt mit Argon, Ammoniak, Stickoxydul, Luft, Wasser und Methanoldampf bei Temperaturen zwischen 125° und 500° untersucht. Die Produkte wurden auf hygroskopische Eigenschaften, magnetische Suszeptibilität und Packungsdichte geprüft, und es hat sich herausgestellt, daß die letzte durch die Herstellungsatmosphäre fast unbeeinflußt blieb.

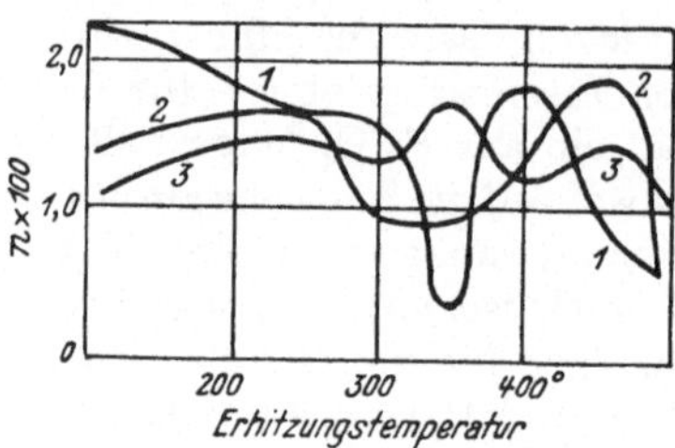

Abb. 1. Beziehung zwischen der Anzahl von H_2O-Molen per Mol $ZnO \cdot Cr_2O_3$ nach 200 Stunden und der Temperatur, auf die der feste Körper vorerhitzt wurde[2].
1 Im Vakuum. *2* In Luft. *3* In Methanol.

Die hygroskopischen Eigenschaften veränderten sich jedoch in jedem einzelnen Falle, wie Abb. 1 zeigt, wo die Anzahl der Mole von Wasser n, die von einem Mol des Oxydgemisches festgehalten werden, gegen die Temperatur aufgetragen ist, auf die der feste Körper erhitzt worden war. Das Wasser wurde durch die beim Erhitzen in einem Gasstrom erhaltenen Produkte schneller aufgenommen, wodurch bewiesen wird, daß die Gegenwart adsorbierter Gase oder Dämpfe die Wechselwirkung zweier fester Körper verzögern kann. Die Größe dieses Effektes hängt von der Stabilität der adsorbierten Schicht bei den verschiedenen Temperaturen ab.

Der Effekt wird am leichtesten in dem Temperaturbereich bemerkbar, wo die festen Teilchen selbst chemisch wirksam werden; der Einfluß von Methanol, das eine reduzierende Wirkung auf die Oxyde ausübt, ist besonders auffällig und zeigt, daß auch chemische Umsetzungen zwischen dem festen Körper und dem Gas ins Spiel kommen. Je wirksamer ein Mischkatalysator gegen ein Gas oder einen Dampf ist, die in Kontakt mit ihm stehen, desto größer wird auch der Einfluß der Atmosphäre in der Unterdrückung oder Hemmung der normalen Verbindungsbildung zwischen den beiden festen Körpern sein.

Zerfall von komplexen Salzen.

Um ein inniges Gemisch von zwei Substanzen, wie zum Beispiel Metalloxyden zu erhalten, steht als eine Methode von etwas beschränkter Anwendung die zur Verfügung, Metallsalze von komplexen Säuren zerfallen zu lassen. Die in Frage kommenden Säuren gehören hauptsächlich Elementen in der fünften, sechsten und siebenten Gruppe des periodischen Systems an, können aber auch eine Anzahl instabiler Verbindungen aus anderen Gruppen einschließen.

[1] Hüttig, Cassirer, Strotzer: Z. Elektrochem. angew. physik. Chem. **42** (1936), 215.
[2] Hüttig: Z. Elektrochem. angew. physik. Chem. **42** (1936), 218.

Beispielsweise zerfallen Chromate, Wolframate, Molybdate, Vanadate oder Manganate gewöhnlich, indem sie gemischte Oxyde ergeben, die oft wertvolle katalytische Eigenschaften besitzen.

Die Herstellung von Kupfer-Chromoxydkatalysatoren, die bei der Hydrierung organischer Verbindungen besonders wirksam sind, wird durch vorsichtige Zersetzung von Kupferammoniumchromat durchgeführt[1].

In einigen Fällen können Salze von Heteropolysäuren gewählt werden, die drei metallische Elemente in direkter Verbindung enthalten, so daß sogar kompliziertere Gemische auf diese Weise hergestellt werden können. Verbindungen der Typen

$$R_n\,[X \cdot (Mo_2O_7)_6] \quad \text{oder} \quad R_n\,[M \cdot (MoO_4)_6]$$

sind zum Beispiel von KINGMAN und RIDEAL[2] angewandt worden, um Katalysatoren für die Hydrierung von Phenol darzustellen. Bei diesen Substanzen bedeutet R ein basisches Element wie Kalium, X ist eines der Gruppen P, As, Si, Sn, und M ist entweder Cr, Ni, Co oder Cu.

Reinigung von Katalysatoren.

Nach der Fällung des Katalysatormaterials ist es meistens angebracht, lösliche Salze durch Dekantieren oder Filtrieren fortzuwaschen. Dies ist ratsam, obgleich jetzt sogar viele Katalysatoren bekannt sind, die gegen alle Art Vergiftungen äußerst widerstandsfähig sind, denn die Verunreinigungen können, von irgendeiner hemmenden Wirkung abgesehen, Anlaß zu unreproduzierbaren Resultaten geben. Wenn man Ammoniak zur Fällung des Niederschlages benutzt hat, ist gründliches Waschen wegen der Flüchtigkeit der Ammoniumsalze nicht so wesentlich, es sei denn, daß die zu katalysierende Reaktion bei oder nahezu bei Zimmertemperatur stattfindet.

Es hat sich herausgestellt, daß manchmal ein Materialverlust während des letzten Waschprozesses infolge der in Abwesenheit koagulierender Elektrolyte auftretenden kolloiden Suspensionen stattfindet. Diese Schwierigkeit kann man durch richtige Wahl des Filtermaterials oder durch unvollständiges Trocknen des Niederschlags überwinden, bevor das Waschen vollendet ist. Bei einem Katalysator auf Träger geht das Waschen und Trocknen einfacher und schneller als bei einem Katalysator, der aus einer gelatinösen Substanz besteht.

Größe und Form der Katalysatorteilchen.

Die Form, in der ein Katalysator angewendet wird, hängt sehr von der betreffenden Reaktion, von dem Maßstabe, in dem sie durchgeführt wird, und von der besonderen Art des Katalysators ab. Die Teilchen können so klein sein, daß das Material als kolloide Suspension vorliegt, obgleich der Gebrauch solcher Katalysatoren heute fast ganz auf Verfahren im kleinen Umfange akademischer Arbeit beschränkt ist. Zum Gebrauch in flüssigen Systemen wird der Katalysator häufig als suspendiertes feines Pulver benutzt oder als eine starre Masse, über die die Reaktionsteilnehmer zirkulieren.

Wenn ein starrer Katalysator eine metallische Grundsubstanz hat, kann er in Form von Gaze, Draht oder Drehspänen gebraucht werden, wo aber ein nicht-

---

[1] Siehe ADKINS: Reactions of hydrogen with organic compounds over copperchromium oxide and nickel catalysts, S. 12. University of Wisconsin Press, 1937.

[2] KINGMAN, RIDEAL: Nature 137 (1936), 529.

metallischer Katalysator oder ein solcher mit Träger zur Verwendung kommt, ist die am häufigsten gewählte Form die zylindrischer, ovaler oder sphärischer Teilchen. Bei zylindrischen Stücken sollte das Verhältnis zwischen Länge und Durchmesser 3:1 nicht überschreiten, sonst werden die Stücke dazu neigen, sich flach aneinanderzulegen. Dies erhöht den Druckabfall längs der Katalysatorschicht und kann auch die wirksame Oberfläche bis zu einem gewissen Grade verringern. Jede Anordnung oder Packung, die zur Bildung von Kanälen oder zur ungleichmäßigen Verteilung der Reaktionsteilnehmer in den Katalysatorschichten führt, ist offensichtlich zu vermeiden.

Die Größe von zu benutzenden Kügelchen hängt von den Betriebsbedingungen ab, aber die am besten passende kann leicht festgestellt werden. ADADUROV und GERNET[1] haben gefunden, daß der Umwandlungsgrad von Schwefeldioxyd in Trioxyd in Kontakt mit Vanadinkatalysatoren von der Form der Stücke und von ihrem Strömungswiderstand für die reagierenden Gase abhing. Wenn die Geschwindigkeit der Diffusion der Reaktionsteilnehmer auf die Katalysatorfläche oder der Umsatz dortselbst der Faktor ist, der die Umwandlungsgeschwindigkeit bestimmt, dann hat die Teilchengröße einen Einfluß auf die Wirksamkeit des Katalysators.

Bei einem exothermen Verfahren wird auch die Wärmeableitung aus der Katalysatorschicht bis zu einem gewissen Grade durch die Größe der Stücke bestimmt, doch die Vorteile, welche man unter solchen Umständen für den Gebrauch metallischer Kerne beansprucht hat, scheinen von zweifelhaftem Werte zu sein. Mit der Ausnahme von massiven Metallkatalysatoren ist das integrale Wärmeleitvermögen der aktiven Masse, was auch für ein Träger gebraucht worden sein mag, sehr schlecht, vorausgesetzt, daß die Aufbringung des Katalysators auf die Oberfläche richtig durchgeführt worden ist. Wenn es erforderlich ist, den Katalysator in Form von kleinen, starren Stücken zu benutzen, so ist es gewöhnlich angebracht, ihn als eine Paste in Fäden von passendem Durchmesser auszudrücken, die getrocknet und danach wie gewünscht abgebrochen werden können. Um dem festen Körper genügende Bindungs- und Befeuchtungseigenschaften zu verleihen, ist es notwendig, ihn als sehr feines Pulver zu verwenden. Darum ist oft mechanisches Mahlen nötig, und man sollte seine Aufmerksamkeit darauf richten, Verunreinigung des Katalysators durch Teilchen aus der Mühle zu vermeiden. Oft ist es möglich, ein gefälltes Material sofort in Pastenform auszudrücken, bevor es vollständig trocken ist, wobei man Zusammenziehung berücksichtigen sollte. Auf diese Weise vermeidet man jede Notwendigkeit zur Herstellung eines Pulvers.

Um das Befeuchten des pulverisierten Materials durch Wasser oder irgendeine andere Flüssigkeit zur Pastenbildung zu vermeiden, hat man vorgeschlagen, Kügelchen in einer Presse zu bereiten, wie sie zur Herstellung von medizinischen Tabletten gebraucht wird. LUFT[2] empfiehlt Zusatz von Stearinsäure zu solchen Pulvern, um ihre Bindungskraft zu erhöhen. Ein anderes Verfahren wird von der I. G. Farbenindustrie A.G. beschrieben[3], wobei ein Pulver durch Zusatz von Wachsen, Leim oder anderen Klebstoffen zu Stücken geformt wird. Es ist aber zweifelhaft, ob Methoden dieser Art jemals Katalysatoren so widerstandsfähiger Form liefern können, wie die durch traditionellere Wege erhaltenen; auch können möglicherweise Zerfallprodukte des Bindemittels entstehen, welche die wirksame Oberfläche teilweise bedecken.

---

[1] ADADUROV, GERNET: J. appl. Chem. URSS **6** (1933), 450.
[2] LUFT: U.S.-Pat. 1896320 (1933).
[3] Brit. Pat. 429410 (1935).

Aerogele und Skelettkatalysatoren.

Es ist auch gelungen, eine Klasse hochporöser Katalysatoren herzustellen, indem man einen Bestandteil eines Gemisches auszieht oder austreibt, nachdem das Formen der aktiven Masse z. B. zu Kügelchen beendet ist. Ein Beispiel dieser Art ist von KISTLER, SWANN und APPEL[1] beschrieben worden. Ein durch Ammoniakzusatz zu einer Nitratlösung erhaltener Thoriumhydroxydniederschlag wurde gewaschen und dann durch Schütteln mit einer schwachen Thoriumnitratlösung bei 90° peptisiert. Durch Dialyse konnte die Lösung so weit konzentriert werden, daß sie 33% ThO_2 erreichte. Das aus dieser Flüssigkeit erhaltene Gel wurde wiederholt mit Aceton behandelt, um Wasser zu entfernen. Ein ähnliches Verdrängen des Acetons durch Methanol mit darauffolgendem Erhitzen unter Druck in einem Autoklaven ergab dann ein sehr poröses Aerogel, das sich beim Trocknen nicht zusammenzog und das in seinen katalytischen Eigenschaften dem Hydrogel oder dem durch Erhitzen des Oxalats hergestellten Thoriumhydroxyd überlegen war.

Die mechanische Widerstandsfähigkeit eines Aerogels ist jedoch sehr gering und genügt vermutlich nicht für technische Prozesse. In einem Überblick über dieses Thema meint KEARBY[2], daß die Vorteile dieser Katalysatorenform gewöhnlich durch ihre Schwächen überwogen werden.

Oxydkatalysatoren können in Form eines Aerosols im elektrischen Lichtbogen hergestellt und durch elektrostatische Wirkung auf einer Oberfläche beliebiger Größe und Form niedergeschlagen werden. BESSALOW und KOBOSEV[3] sind der Auffassung, daß solche Ablagerungen eine wesentlich größere wirksame Oberfläche besitzen als normale Niederschläge.

Eine Art Siliciumdioxydgel mit einer ganz offenen Struktur ist durch Mischen des feuchten Gels mit kolloidem Schwefel hergestellt worden[4], wobei die Stücke nach dem Trocknen und Formen erhitzt wurden, um den Schwefel auszutreiben. Ähnlich hat RIDLER[5] ein Verfahren benutzt, bei welchem ein Erdalkalicarbonat mit einem feuchten Gel vermischt wurde. Nach dem Trocknen wurden die Stücke mit einer Säure behandelt, welche die Carbonatteilchen herauslöste und das Produkt in einer sehr porösen Beschaffenheit zurückließ.

Metallische Skelettkatalysatoren sind von RANEY[6], von COVERT und ADAMS[7] und von FISCHER und MEYER[8] beschrieben worden, wobei aus Kobalt- oder Nickellegierungen mit Aluminium oder Silicium die beiden letzten Elemente durch wäßrige Alkalien aufgelöst werden. Hierbei hinterblieb ein fein verteilter Katalysator in Stücken von offener Struktur, der sich durch gutes Wärmeleitvermögen auszeichnete und für ein stark exothermes Verfahren, wie die Kohlenwasserstoffsynthese aus Kohlenoxyd, besonders geeignet war.

Die Herstellung und Anwendung von Nickelkatalysatoren dieser Art wird auch von ADKINS[9] beschrieben.

Ähnliche Katalysatoren sind auch von FAUCOUNAU[10] dargestellt worden. Legierungen von 50% Al, 45% Cu und 5% Zn wurden von 30% Ätznatronlösung

---

[1] KISTLER, SWANN, APPEL: Ind. Engng. Chem. **26** (1934), 388.

[2] KEARBY: Chem. Age **37** (1937), 427.

[3] BESSALOW, KOBOSEV: Acta physicochim. URSS 7 (1937), 649.

[4] MALAN: Brit. Pat. 439237 (1935).   [5] RIDLER: U.S.-Pat. 2071987 (1937).

[6] RANEY: U.S.-Pat. 1628190 (1927).

[7] COVERT, ADAMS: J. Amer. chem. Soc. **54** (1932), 4116.

[8] FISCHER, MEYER: Brennstoff-Chem. **15** (1934), 84.

[9] ADKINS: Reactions of hydrogen with organic compounds over copper-chromium oxide and nickel catalysts, S. 20. University of Wisconsin Press, 1937.

[10] FAUCOUNAU: Bull. Soc. Chim. 4 (1937), 58, 63.

zersetzt. Bei niedrigen Gehalten an Aluminium war die Angriffsgeschwindigkeit zu gering, und so war es bei der Herstellung eines Kobaltkatalysators zweckmäßig, die Legierung Co_2Al_5 zu verwenden. Jenness[1] hat ein Verfahren ähnlicher Art für die Herstellung hochaktiver Nickelkatalysatoren vorgeschlagen, wie man sie bei der Ölhydrierung benutzt: Nickelaluminat oder Nickelchromat werden unvollständiger Zersetzung durch Ätznatronlösung unterworfen und die geätzten Stücke dann in Wasserstoff reduziert.

Eine andere Herstellungsmethode besteht in der Anwendung eines Amalgams des Katalysatormetalls, aus dem das Quecksilber durch Erhitzen unter niedrigem Druck entfernt wird[2]. In einem eng verwandten Verfahren hat Howard[3] mit Legierungen gearbeitet, die Magnesium, Calcium oder andere leicht oxydierbare Metalle enthielten und die zersetzt wurden, um die entsprechenden Hydroxyde in inniger Mischung mit der zweiten Metallkomponente zu erhalten.

Dieses Prinzip hat Raney[4] auch für die Herstellung von Nickelkatalysatoren auf einem Aluminiumoxyd*träger* benutzt. Eine Legierung der beiden Metalle wurde fein pulverisiert und durch Dampf oder heißes Wasser unter Druck zum Zerfall gebracht, wobei man eine voluminöse Form hydrathaltigen Aluminiumoxyds erhielt. Für die Hydrierung organischer Flüssigkeiten ist die Herstellung von Katalysatoren durch die Oxydation solcher Legierungen von Maxted[5] beschrieben worden, aber in diesem Falle wird die Oxydation an der Anode einer elektrolytischen Zelle ausgeführt und kann bei einer größeren Zahl von Materialien angewendet werden. Zum Beispiel können auf diese Weise Mischungen von Chromoxyd mit Kupferoxyd oder Zinkoxyd hergestellt werden.

Kolloide Katalysatoren.

Für die Verwendung von Katalysatoren in Form von kolloiden Suspensionen bei technischen Verfahren sind nur wenige Beispiele bekannt; trotzdem ist sie oft in besonderen Fällen der organischen Synthese von Nutzen, wenn sie in einem organischen Lösungsmittel dispergiert werden. Platin- und Nickelkatalysatoren können als typische Beispiele angeführt werden. Man erhält kolloides Platin, indem man Platinchloridlösung mit einem Schutzkolloid wie Natriumlysalbinat mischt und das Gemisch mit Hydrazinhydrat reduziert. Das Produkt wird durch Dialyse von Elektrolyten befreit und wird unter vermindertem Druck eingedampft, wobei es einen schwarzen festen Körper gibt, der ein reversibles Kolloid ist und sich bei Wasserzusatz wieder auflöst. Ein anderes brauchbares Schutzkolloid ist Gummi arabicum, das den Vorteil hat, nicht gegen etwa vorhandene Säuren empfindlich zu sein.

Eine besondere Herstellungsmethode ist Skita und Meyer[6] zuzuschreiben, bei der die Reduktion in Gegenwart einer kleinen Menge von vorher hergestelltem Kolloid durchgeführt wird. Dadurch wird die Ausflockung des frisch gebildeten Metalls verhindert. Dieselben Verfasser haben einen kolloiden Platinhydroxydkatalysator durch Kochen einer Platinchloridlösung mit schwacher Natriumcarbonatlösung in Gegenwart von Gummi arabicum und Reinigung durch Dialyse hergestellt.

[1] Jenness: U.S.-Pat. 1937489 (1933).
[2] Bennett, Frazer: U.S.-Pat. 1893879 (1933).
[3] Howard: Brit. Pat. 307743 (1928).
[4] Raney: U.S.-Pat. 1915473 (1933).
[5] Maxted: Brit. Pat. 378943 (1932).
[6] Skita, Meyer: Ber. 45 (1912), 2579, 3589.

Kolloide Nickelkatalysatoren sind durch analoge Methoden von KELBER[1] gewonnen worden. Zum Beispiel wurde Nickelformiat in Glycerin aufgelöst, das Gelatine enthielt, und durch Wasserstoff bei 200° oder durch Hydrazin oder Formaldehyd reduziert.

Zersetzung von Carbonylen.

In der ersten Zeit der Fetthärtungsindustrie hielt man einen durch thermische Zersetzung von Nickelcarbonyl entstandenen, suspendierten Katalysator für sehr günstig. Obgleich diese Methode, hauptsächlich wegen der Schwierigkeit der Abtrennung des Katalysators von den behandelten Fetten, ihre Bedeutung nicht behalten hat, ist der Prozeß interessant, und man kann ihn bei anderen Metallen wie Eisen verwenden, die flüchtige, bei verhältnismäßig niedrigen Temperaturen zersetzbare Carbonyle bilden.

SHUKOFF[2] schlug zuerst vor, Nickelcarbonyl bei 125÷180° zu zersetzen, um einen fein verteilten Katalysator zu gewinnen, und THOMAS[3] hat den auf diese Weise hergestellten Katalysator mit demjenigen verglichen, den er zur Hydrierung von Baumwollsamenöl durch Niederschlagen auf Kieselgur gewonnen hatte. Seine Resultate werden in Tabelle 4 wiedergegeben.

Tabelle 4.

Vergleich von Nickelkatalysatoren (Wasserstoffaufnahme von Öl).

Zeit min	Katalysator aus Carbonyl cm³	Katalysator auf Kieselgur cm³
2	45	58
5	98	149
10	134	149
15	—	339
20	167	385

Die aus dem Carbonyl gewonnene schwarze Suspension ist in Ölen sehr stabil, aber als Katalysator ersichtlich weniger wirksam als ein richtig bereiteter Niederschlag auf einem Träger. LESSING[4] hält es für vorteilhaft, wenn man das Nickelcarbonyl durch einen Strom hydrierenden Gases dem Fett oder Öl zuführt, und es wird empfohlen, das Carbonyl in diesem Falle durch Leiten eines Wasserstoffkohlenoxydgemisches über fein verteiltes Nickel herzustellen. Die Herstellung einer hochaktiven Nickelform für diesen Zweck erfordert aber jedenfalls fast ebensoviel Sorgfalt wie diejenige eines aktiven Katalysators, der zum Gebrauch fertig ist.

Träger.

Der ursprüngliche Zweck von Trägern für Katalysatoren bestand darin, daß man an einem teuren Material wie Platin sparen kann, indem man es auf einer voluminösen festen Substanz ausbreitet, anstatt es selbst in massiver Form zu verwenden. Ein weiterer Vorteil, der durch den Gebrauch eines robusten Trägers entstand, war die Erhaltung eines Katalysators in einer Form, die mechanischer Erschütterung widerstehen könnte und daher nicht durch Zerkrümeln in ein Pulver einen Widerstand im Reaktionsgefäß hervorrufen würde. Die Hauptfaktoren bei der Auswahl eines Trägers waren daher seine physikalischen Eigenschaften und seine Billigkeit, was den Gebrauch von Bimsstein, Ziegelbrocken, Holzkohle, Koks oder ähnlichen Substanzen erklärt. Der Möglichkeit spezifischer Einflüsse des Trägers wurde keine besondere Aufmerksamkeit geschenkt, und Verhaltensverschiedenheiten wurden auf Verteilungsungleichmäßigkeiten des eigentlichen Katalysators zurückgeführt.

---

[1] KELBER: Ber. **50** (1917), 1509. [2] SHUKOFF: D.R.P. 241 823 (1910).
[3] THOMAS: J. Soc. chem. Ind. **42** (1923), 21 T.
[4] LESSING: Brit. Pat. 18998 (1912).

Armstrong[1] hat Kieselgur als Träger für Nickelkatalysatoren benutzt und hat gefunden, daß der Katalysator wirksamer war, wenn auf dem festen Körper zuerst ein anderes Oxyd abgelagert wurde. Er hat vermutet, daß dadurch die inneren Poren des Trägers mit einem unwirksamen Material ausgefüllt werden und nicht imstande sind, den Katalysator in solchen Lagen aufzunehmen, wo er seine Wirksamkeit nicht ausüben könnte. Diese Vorstellung muß aber aus verschiedenen Gründen als unrichtig betrachtet werden, und man muß Fälle von echter Trägerwirkung und von Mischkatalysatorwirkung klar auseinanderhalten.

Sabalitschka und Moses[2] sind der Meinung, daß ein Träger zwei Funktionen ausübe: erstens den engen Kontakt zwischen einer organischen Verbindung und dem Wasserstoff z. B. eines Palladiumkatalysators zu erleichtern, zweitens die Koagulation des fein verteilten Metalles zu verhindern. Die Gegenwart eines Trägers unterdrückt zweifellos in vielen Fällen das Wachsen von Kristallen oder die Neigung einer Oberfläche zur Sinterung, so daß die Lebensdauer des Katalysators sehr verlängert wird. Weitere Hinweise auf solche Katalysatorveränderungen sind bei der Besprechung der Alterung zu finden.

Einige von Baly[3] beschriebene Resultate weisen darauf hin, daß der Zustand eines festen Körpers auf einem Träger beträchtlichen Veränderungen unterliegen kann, die seine katalytische Wirksamkeit beeinflussen. Aluminiumhydroxyd z. B. wurde durch Fällung aus schwachen Aluminiumnitratlösungen auf Kieselgur niedergeschlagen, und das getrocknete Produkt wurde dann in wässeriger Essigsäure suspendiert und sein Oberflächenpotential gemessen. Es stellte sich heraus, daß der Potentialwert linear mit der Menge des abgelagerten Aluminiumhydroxyds bis zu einem Maximum zunahm und dann auf einen konstanten Wert fiel, der mit dem von trägerfreiem Aluminiumhydroxyd identisch war. Die Lage des Maximums entsprach ungefähr einer unimolekularen Aluminiumhydroxydschicht. Es ließ sich zeigen, daß die Unterlage die Eigenschaften der Ablagerung geändert hatte ohne Untersuchung der entsprechenden Veränderungen in der katalytischen Wirksamkeit. Diese Prüfungsmethode erscheint vielversprechend für die Feststellung des Sättigungspunktes eines starren Trägers für eine beliebige Ablagerung oder derjenigen Konzentration eines Katalysators, wo man die Effekte noch mit Sicherheit als unabhängig von dem Einfluß des Trägers betrachten kann. Dagegen kann diese Methode kaum die Änderungen anzeigen, die der Träger in der Wirksamkeit des Katalysators hervorruft.

Der Einfluß der Unterlage auf die Form einer dünnen Haut, besonders bei Abscheidung eines Metalls auf einem anderen, ist wohl bekannt und beeinflußt zweifellos die katalytische Wirksamkeit solcher Präparate[4]. Leider ist wenig Experimentalarbeit auf diesem Gebiete geleistet worden.

Auswahl der Träger.

Als Träger oder Unterlage können natürlich vorkommende Stoffe gewählt werden, wie zum Beispiel Kaolin, Ziegelerde, Bimsstein, Kieselgur und Bauxit, oder künstlich bereitete Substanzen wie Siliciumdioxydgel, Aluminiumoxydgel, gesintertes, gekörntes Aluminiumoxyd, Holzkohle und Koks. Gegen einige der Naturprodukte kann man einwenden, daß die verschiedenen Muster beträchtlich in ihren Eigenschaften variieren, auch können Koks und Holzkohle den verschiedensten Aschegehalt haben, der öfters die katalytischen Eigenschaften

[1] Armstrong: Proc. Roy. Soc. (London), Ser. A **103** (1923), 594.
[2] Sabalitschka, Moses: Ber. **60** (1927), 786.
[3] Baly: J. Soc. chem. Ind. **55** (1935), 9; Nature **136** (1935), 28.
[4] Siehe Schwab, Rudolph, Rost: Kolloid-Z. **68** (1934), 157.

beeinflußt. Man muß einen Unterschied machen zwischen einem echten Träger und einem Verdünnungsmittel. Der erstere ist einfach ein starrer Körper, auf welchem eine Haut des Katalysators abgeschieden wird, während der letztere ein unwirksames Material ist, das mit dem Katalysator gründlich gemischt wird. Als Verdünnungsmittel benutzt man häufig Tonsorten, um die Bindungsfähigkeit eines pulverisierten Katalysators zu erhöhen und so die Bildung einer bearbeitbaren Paste aus schweren Materialien zu erleichtern.

Der vorbildliche Träger muß billig sein, in großen Mengen von einer Normalzusammensetzung erhältlich, widerstandsfähig genug gegen mögliche physikalische oder thermische Beanspruchung, porös genug, um eine gleichmäßig hohe Konzentration des Katalysators auf seiner Oberfläche zu ermöglichen, inert gegen chemischen Angriff seitens des Katalysatormaterials, der Reaktionsteilnehmer und der Reaktionsprodukte und beständig gegen alle Eingriffe, die evtl. zur Wiederbelebung des Katalysators angewendet werden. Die Sorgfalt, die bei der Auswahl eines Trägers nötig ist, wird später an einigen Beispielen von technischen Prozessen mit Trägerkatalysatoren erläutert werden.

Für die Herstellung von Wasserstoff aus Methan und Wasserdampf hat KARZHAVIN[1] die Anwendung von Nickelkatalysatoren auf Trägern erprobt, die er durch Tränkung der Trägerstücke in Nickelnitratlösung hergestellt hatte. Es war hier von großer Wichtigkeit, was für einen Träger man wählte, und der beste war poröser gebrannter Ton. Auch die Temperatur, bei welcher dieser Ton gebrannt wurde, hatte einen nennenswerten Einfluß auf seine Trägereigenschaften. War sie zu hoch, dann war die Porosität des festen Körpers unzureichend, war sie aber zu niedrig, dann war die mechanische Festigkeit des Produktes unbefriedigend. Es wurde auch gefunden, daß der Nickelverbrauch von dem angewendeten Träger abhing.

Nach ADADUROV, TZEITLIN und ORLOVA[2] beeinflußt die Art des Trägers die Widerstandsfähigkeit eines Katalysators gegen Gifte. Auf Berylliumsulfat niedergeschlagenes Platin wurde viel leichter vergiftet als solches auf Magnesiumsulfat als Träger, dagegen auf Bariumsulfat war es wieder empfindlicher. Der Ionenradius und die Ladung des Kations des Trägers scheinen die maßgebenden Faktoren zu sein. Die Sulfate $Sn(SO_4)_2$ und $Zr(SO_4)_2$ mit ihrer großen Ionenladung waren die wirksamsten Träger, während diejenigen von dreiwertigem Aluminium, Eisen und Chrom von mittelmäßiger Wirkung waren. Bei Platinkatalysatoren der Ammoniakoxydation auf einer Reihe von Sulfaten als Trägern haben ADADUROV, RIVLIN und KOVALEV[3] ähnliche Beziehungen beobachtet. Das Verhältnis zwischen Stickoxyd und Stickstoff in den Gasen, die den Katalysator verließen, nahm mit Zuwachs des Atomradius des Trägerelements in der Reihe der Sulfate von Be über Mg, Ca, Sr bis Ba zu. Die genaue Deutung dieser Angaben hat sich noch nicht herausgestellt, aber es ist unbedingt sicher, daß die katalytische Wirksamkeit einer gegebenen Substanz durch den Träger, auf den sie aufgebracht wird, sehr stark beeinflußt werden kann.

Hinsichtlich der Form, in welcher ein Trägerkatalysator gebraucht wird, kann man denselben Grundsätzen wie bei Einstoffkatalysatoren folgen. Man benötigt Trägerstücke von gleichmäßiger Größe und in einem solchen Zustand, daß sie mit dem Katalysator oder lieber mit irgendeiner Substanz behandelt werden können, aus welcher man den Katalysator durch chemische Reaktion herstellen kann. Freiheit von Staub, Verunreinigungen sowie öligen Überzügen ist besonders wichtig.

[1] KARZHAVIN: Chem. Engng. Congress 1936, Paper C 17.
[2] ADADUROV, TZEITLIN, ORLOVA: J. appl. Chem. URSS 9 (1936), 399.
[3] ADADUROV, RIVLIN, KOVALEV: J. physic. Chem. URSS 8 (1936), 147.

                R. H. GRIFFITH:

Aufbringung auf den Träger.

Die gebräuchlichste Methode zur Herstellung eines Trägerkatalysators ist, die Trägerstücke mit einer gelösten Verbindung des Katalysators zu tränken, die dann durch Oxydation, Reduktion, thermische Zersetzung oder irgendeine andere geeignete Maßnahme in den wirksamen Katalysator umgewandelt wird. Eine allgemeine Herstellungsmethode mit einem Träger vom Geltyp wird von der I. G. Farbenindustrie A.G.[1] angegeben, wonach eine Lösung eines irreversiblen Kolloids mit einer passenden löslichen Verbindung des Katalysatorelements gemischt und die Mischung dann koaguliert und getrocknet wird. Zum Beispiel kann man Acetate, Nitrate, Carbonate oder Ammoniumsalze von sauren Oxyden den kolloiden Lösungen von Siliciumdioxyd, Aluminium- oder Ferrihydroxyd zusetzen, die dann koaguliert werden. Die Silica-Gel Corp. verfolgt ein ähnliches Verfahren[2]. Hier wird das getrocknete Gel des Trägers mit dem auch im gelatinösen Zustand befindlichen Katalysator gemischt, und so erhält man das wirksame Material ohne Schwierigkeit in gleichmäßiger Verteilung.

Es ist auch angegeben worden, daß eine Fällungsreaktion mit Erfolg in einem feuchten Gel ausgeführt werden kann. Ein mit Schwefelwasserstoff gesättigtes Siliciumdioxydgel kann man mit einer Lösung eines löslichen Salzes wie Kupfersulfat zur Reaktion bringen, um eine Dispersion des Sulfides durch die ganze Masse zu bewirken. In einem anderen Beispiel dieser Herstellungsart wird Alkali im Gel eingeschlossen und fällt, wenn die Lösung eines geeigneten Salzes zugesetzt wird, aus dieser ein unlösliches Hydroxyd[3].

Der Träger kann aber auch in einer Lösung des Katalysatorsalzes suspendiert werden, der dann ein Fällungsmittel zugesetzt wird, oder eine Suspension des Trägers selbst kann als Fällungsmittel wirken. Zum Beispiel ist fein verteiltes Magnesiumoxyd in heißem Wasser genügend löslich, um ein Hydroxyd aus einem löslichen Salz niederzuschlagen.

Gegen diese Herstellungsmethoden sind verschiedene Einwendungen zu erheben. Die Verdunstung einer durch einen porösen Körper absorbierten Lösung führt häufig zu ungleichmäßiger Ablagerung der gelösten Substanz, sogar wenn man die Bedingungen sorgfältig wählt. Die Fällung in Anwesenheit eines suspendierten Trägers ist gewöhnlich verschwenderisch im Material und ergibt außerdem oft nur eine Mischung der zwei Komponenten. KARMANDARYAN und DAKNYAK[4] haben bei Platinkatalysatoren mit einem Siliciumdioxydgelträger gezeigt, daß die auf denselben Platingehalt berechnete Wirksamkeit bei nachträglicher Aufbringung auf das feste Gel größer ist als bei gemeinsamer Fällung mit dem Siliciumdioxyd. Wegen des großen Bruchteils des wirksamen Stoffes, der notwendig bei gemeinsamer Fällung durch den Träger zugedeckt wird, ist dies leicht verständlich. Genauer gesagt ist dies ein Beispiel für den Zusatz eines unwirksamen Verdünnungsmittels

Das Ablagern eines Katalysators durch Spritzen seiner Lösung auf die Oberfläche des über 100° erhitzten Trägers ist von JAEGER[5] in Vorschlag gebracht worden, aber diese Methode führt meistens nicht zu einem Produkt mit zufriedenstellenden mechanischen Eigenschaften, auch entsteht durch diese Herstellung oft ein großer Materialverlust. ARNOLD und LAZIER[6] schlagen eine andere Möglichkeit vor, nämlich ein Hydroxyd wie Kupferhydroxyd in starkem wässerigem Ammoniak aufzulösen, Stücke des porösen Trägers mit der Lösung zu

---

[1] D.R.P. 601451 (1934).   [2] Brit. Pat. 392954 (1933).
[3] U.S.-Pat. 1935177 (1933).
[4] KARMANDARYAN, DAKNYAK: Ukrain. Khem. Zhur. 8 (1933), 36; Chem. Abstr. 25 (1931), 1069.   [5] JAEGER: U.S.-Pat. 2035606 (1936).
[6] ARNOLD, LAZIER: U.S.-Pat. 2034077 (1936).

tränken und dann das Ammoniak durch Erhitzen auszutreiben, wobei ein unlöslicher Rückstand auf dem Träger hinterbleibt. Dieses Verfahren ist offensichtlich von beschränkter Anwendbarkeit.

Auch die Bildung einer unlöslichen Abscheidung durch Überleiten eines Gases wie Ammoniak, Schwefelwasserstoff oder Kohlendioxyd über Stücke eines mit einer Lösung getränkten Trägers ist meistens nicht zufriedenstellend, da der gebildete Niederschlag nicht am Träger haften bleibt, sondern als ungleichmäßige Kruste auf seiner Oberfläche aufwächst.

Wenn eine Schicht von wirksamem Katalysator auf der Oberfläche eines porösen Trägers benötigt wird, so ist es vorzuziehen, sie durch Fällung statt durch Verdunstung zu erzeugen. Hierbei ist es am besten, ein Salz mit hoher Löslichkeit in Wasser zu verwenden und die Stücke des Trägers mit einer kochenden Lösung dieses Salzes zu sättigen. Während dieses Vorganges werden die in den Poren des festen Körpers festgehaltenen Gase fast ebenso vollständig ausgetrieben, als ob sie bei niedrigem Druck ausgepumpt worden wären. Wenn man dann die heiße Flüssigkeit von dem Träger abfließen läßt, findet man, daß die Flüssigkeit durch die Stücke gleichmäßig verteilt ist; da diese aber noch sehr heiß sind, findet rasche Verdunstung des Lösungsmittels statt. Infolge des Einflusses der gewöhnlichen anorganischen Metallsalze auf die Oberflächenspannung des Wassers kann man durch richtige Wahl der Trockenbedingungen die Verdunstung und gleichzeitige Konzentrierung der Lösung zur Bildung einer Haut der gelösten Substanz führen, die nur eine sehr kurze Strecke in die Masse des Trägers hineinreicht. Dann kann diese Haut durch Eintauchen der getrockneten Kügelchen in eine starke Lösung eines Fällungsmittels in ein unlösliches Derivat umgewandelt werden. Unter diesen Bedingungen findet nämlich eine so schnelle Reaktion statt, daß sich sehr wenig von dem löslichen Salz wieder auflöst, besonders wenn die Flüssigkeit kalt ist.

Hierbei ist die Stärke der niederschlagenden Lösung oft sehr genau zu beachten. Um eine geringere Konzentration des Katalysators auf einem Träger zu sichern, wie es bei einer sehr stark exothermen Reaktion ratsam sein kann, ist es besser, eine fast gesättigte Lösung eines weniger löslichen Salzes zu benutzen, als eine schwache Lösung eines Salzes, das sehr löslich ist. Die letztere würde wahrscheinlich zu einer ungleichmäßigen Bildung von nackten Flecken in Abwechslung mit Stellen hoher Konzentration Anlaß geben.

Bei Versuchen mit einem Träger unbekannter Eigenschaften ist es für die Vorprüfungen vorteilhaft, ein gefärbtes Salz zu benutzen, das auch zu einem gefärbten Niederschlag führt, so daß die Verteilung des Materials leicht ermittelt werden kann. Es ist auch ratsam, sich zu vergewissern, daß nicht eine schnelle Reaktion zwischen dem gewählten Salz und dem Träger zum Zerbröckeln des letzteren führt.

Wenn man Ton als Verdünnungsmittel oder Träger benutzt, werden seine natürlichen Bindungseigenschaften durch darauf gefällte andere Materialien stark beeinflußt, so daß es gewöhnlich unmöglich ist, zusammenhängende Stücke aus solchen Mischungen zu gewinnen. Auch der Versuch, eine Tonmischung mit einem pulverisierten Katalysator durch Brennen bei hoher Temperatur zu härten, führt nicht zu befriedigenden Resultaten. Allerdings wird die Fällung einer unlöslichen Verbindung zusammen mit einer Suspension eines unwirksamen Materials wie Kieselgur in gewissen Fällen angewandt, wo es darauf ankommt, einen fein verteilten, aber leicht filtrierbaren Katalysator herzustellen. Zum Beispiel wird Nickelcarbonat in inniger Mischung mit Kieselgur bei der Fetthärtung verwendet, und hier wird durch die Gegenwart des Trägers die Scheidung von dem behandelten Fett außerordentlich erleichtert.

Elektrolytische Abscheidung.

Durch galvanischen Überzug erhaltene metallische Schichten sind mit Ausnahme von sehr beschränkten Fällen zufriedenstellender Abscheidung auf Kohle gewöhnlich für katalytische Verfahren ungeeignet. Bührer[1] hat die Bedingungen untersucht, die die Eigenschaften von Platinabscheidungen auf Kohleelektroden bestimmen. Er fand, daß die Art der Kohle und ihre vorherige Reinigung von Wichtigkeit waren, und daß die Resultate auch von der Konzentration und der Temperatur der Platinchloridlösung, von der Stromdichte und von der Zeit abhingen. Eine Konzentration von $0,2\ g$ $PtCl_4$ in $100\ cm^3$ Wasser mit einer Stromdichte von 2 Milliampere pro cm^2 bei $95°$ war am günstigsten. Die Konzentration der Lösung ist dabei durch Zusatz von frischem Lösungsmittel während des Prozesses konstant zu halten.

Es zeigte sich, daß die Eigenschaften der auf diese Weise hergestellten Platinabscheidungen ähnlich solchen waren, welche man durch die Methode von Schmid[2] erhält, bei welcher Mischungen von alkoholischen Platinchloridlösungen mit Lavendelöl durch einen porösen festen Körper aufgenommen und durch Erhitzen zu Metall reduziert werden. Diese andere Methode scheint daher von allgemeinerer Anwendung zu sein, als die auf die Elektrolyse angewiesene.

Aktivierung von Katalysatoren.

Daß es vorteilhaft ist, einen Katalysator aus irgendeiner Verbindung herzustellen, die, bevor sie wirksam wird, erst chemische Veränderungen durchmachen muß, ist schon erwähnt worden. Diese Stufe der Herstellung kann man auch als die Aktivierung des Katalysators definieren.

Die am häufigsten in Frage kommenden Reaktionen hierzu sind Dehydratation, Reduktion, Oxydation oder Sulfidbildung. Welches Produkt man wünscht, hängt von dem Vorgang ab, den man damit zu katalysieren beabsichtigt. Es ist klar ersichtlich, daß der Katalysator chemisch stabil gegenüber den Reaktionsteilnehmern und den Reaktionsprodukten sein sollte, sonst wird er weitere Veränderungen erleiden, die zum Verlust seiner katalytischen Eigenschaften führen können. Wenn die zur Bildung der aktiven Oberfläche benutzte Reaktion stark exotherm ist, muß man darauf achten, daß die Konzentration eines ihrer Reaktionsteilnehmer niedrig gehalten wird, besonders während der anfänglichen Stufen der Herstellung, so daß keine Überhitzung des Katalysators stattfindet. Zum Beispiel sollte die Reduktion eines Metalloxyds durch Wasserstoff bei niedriger Temperatur ausgeführt werden, und es ist oft zu empfehlen, das reduzierende Gas mit einem inerten Gas wie Stickstoff zu verdünnen, um zu große Temperatursteigerung zu vermeiden. Diese Vorsichtsmaßregel ist besonders wichtig, wenn eine dicke Katalysatorschicht benutzt wird.

Die Tatsache, daß wirksame Katalysatorflächen selten in fertigem Zustande vorkommen und meist durch Behandlung irgendeiner Verbindung des aktiven Elements erhalten werden müssen, führt eine große Unsicherheit hinsichtlich der chemischen Zusammensetzung des wirksamen Stoffes ein. Diese Aussage bezieht sich besonders auf den Fall, wo Katalysatoren durch die Reduktion eines Metalloxyds entweder zu einem niederen Oxyd oder zum Metall selbst hergestellt werden und gleichzeitig auf das umgekehrte Verfahren der unvollständigen Oxydation eines Metalls oder eines seiner niedrigeren Oxyde.

---

[1] Bührer: Über die Sinterung von Platin in Zusammenhang mit der Änderung seiner katalytischen Aktivität. Basel, 1930.

[2] Schmid: Die Diffusionsgaselektrode. Stuttgart: Enke, 1923.

ARMSTRONG und HILDITCH[1] haben eine Reihe von Nickelkatalysatoren untersucht, denen Aluminiumoxyd und andere Oxyde in verschiedenen Mengen als Verstärker zugesetzt worden waren. Die Wirksamkeiten der Gemische bei der Baumwollsamenölhydrierung wurden dann miteinander verglichen. Man beobachtet eine große Veränderung der katalytischen Wirksamkeit, wenn sich die chemische Zusammensetzung der Nickeloberfläche ändert; zugleich treten Farbverschiedenheiten am Katalysator auf. Bei Nickel-Aluminiumoxyd - Katalysatoren erhielt man zum Beispiel die in Tabelle 5 gegebenen Daten.

Man sieht daraus, daß der Reduktionsgrad des Nickeloxyds, das als Ausgangsmaterial für den Katalysator diente, von wesentlicher Wichtigkeit für die Resultate ist und daß er durch

Tabelle 5. *Zusatz von Aluminiumoxyd zu Nickel.*

Al_2O_3 in %	Farbe des Katalysators	Metallisches Nickel in %	Relative Wirksamkeit
0,5	schwarz	80,7	105,1
1,0	,,	60,9	106,5
1,5	,,	57,7	106,4
2,0	,,	47,0	106,5
2,5	,,	34,3	104,4
5,0	grau-schwarz	4,5	98,3
10,0	grün mit schwarzen Teilchen	0,9	1,7
20,0	grün	Spuren	1,3

die Gegenwart sehr kleiner Mengen eines zweiten Oxyds beeinflußt wird.

SCHMIDT[2] berichtet auch über Farbveränderungen von Nickelkatalysatoren, die durch Reduktion des Oxyds bei verschiedenen *Temperaturen* hergestellt wurden, und ähnliche Verschiedenheiten sind auch beobachtet worden, wenn man umgekehrt den Oxydationsprozeß zur Aktivierung eines Katalysators angewandt hat. PIGGOT[3] hat Mangandioxydkatalysatoren untersucht, die zur Oxydation von Ammoniak zu Stickoxyden dienten. Wenn man von dem Oxyd im reinen Zustand ausging, wurde es während des Gebrauches von schwarz nach hellbraun verändert, war aber auch ein anderes Oxyd, wie z. B. Kupferoxyd oder Silberoxyd, zugegen, so fand nur eine sehr geringe Farbänderung statt, und die Aktivität des Katalysators wurde bedeutend erhöht.

Auch im Falle von Chrom- und Kupferoxyden, welchen ein Verdünnungsmittel in verschiedenen Mengen zugesetzt worden ist, sind von GRIFFITH[4] Verschiedenheiten beobachtet worden. Wenn gefälltes Chromhydroxyd als Katalysator für die Dehydrierung von Dekalin bei 500° benutzt wurde, ging es in das schwarze Oxyd über. Bei Hinzufügen eines inaktiven Verdünnungsmittels in Mengen bis zu ungefähr 90% des gesamten Katalysatorgewichtes blieb die Farbe unverändert, und die katalytische Wirksamkeit blieb dabei auch unbeeinflußt. Wenn das Dekalin dagegen durch Cyclohexan ersetzt wurde, hatte der aus einem frischen Präparat des Hydroxyds erhaltene Katalysator ein vollständig anderes Aussehen und war von dunkelgrüner Farbe. Zusatz eines Verdünnungsmittels zu diesem Material führte zu einer sofortigen Verminderung der Wirksamkeit und der Farbintensität. Wenn das in Kontakt mit Dekalin erhaltene schwarze Oxyd benutzt wurde, um Cyclohexan zu zersetzen, fand man, daß es teilweise inaktiv war und nur ungefähr ein Hundertstel der katalytischen Wirksamkeit des grünen Oxyds besaß.

Hiermit ist der überzeugende Beweis geliefert, daß katalytische Eigenschaften im höchsten Grade spezifisch sind und eher einer ganz bestimmten Verbindung

---

[1] ARMSTRONG, HILDITCH: Proc. Roy. Soc. (London), Ser. A **103** (1923), 586.
[2] SCHMIDT: Z. physik. Chem. **118** (1925), 193.
[3] PIGGOT: J. Amer. chem. Soc. **43** (1921), 2034.
[4] GRIFFITH: Trans. Faraday Soc. **33** (1937), 412.

angehören als nur irgendeinem Derivat von einem bestimmten Element. Derselbe Punkt wird auch für das Beispiel von Kupferkatalysatoren betont, die zur Dehydrierung von Dekalin benutzt wurden. Es wurde gefunden, daß die Wirksamkeit des durch Reduktion des Oxyds hergestellten metallischen Kupfers verschwand, wenn die charakteristische rote Farbe des Metalls hinter der des unreduzierten Oxyds verschwand. Dies fand nämlich statt, wenn hohe Prozentsätze des inerten Verdünnungsmittels mit dem Kupferoxyd vermischt wurden und nun die Farbe des gebrauchten Katalysators schwarz oder dunkelbraun blieb. Eine ähnliche Verminderung der Farbänderung war auch zu bemerken, wenn die Reduktion von Titandioxyd zu dem schwarzen niedrigeren Oxyd durch Zusatz von Alkali- oder Erdalkalisalzen unterdrückt wurde.

Griffith, Hill und Plant[1] haben bei eingehenderer Prüfung der Wirkung von verschiedenen Reduktionsmitteln auf Chromoxyd gezeigt, daß die Behandlung mit Kohlenwasserstoffen zur Entfernung von mehr Sauerstoff aus dem festen Körper führte als die Behandlung mit Wasserstoff. Die Kurven in Abb. 2 zeigen die Geschwindigkeit, mit welcher der Sauerstoff aus 10 g Chromhydroxyd, welches 33,6% Cr enthielt, bei 450° im Kontakt mit Hexan, Cyclohexan, Benzol, Wasserstoff und Stickstoff entfernt wurde. Bei dem letzten bildete sich Wasser einfach durch Dehydratation des Hydroxyds. Die größere Geschwindigkeit und Ausdehnung der Reduktion durch Kohlenwasserstoffe werden hier deutlich, und es ist klar, daß man bei der Aktivierung von Katalysatoren besonders auf solche Umstände achten muß, insbesondere wenn die grundlegenden Eigenschaften des festen Körpers untersucht werden sollen. Zum Beispiel können Resultate, die an einer in Kontakt mit Hexan hergestellten Oberfläche erhalten worden

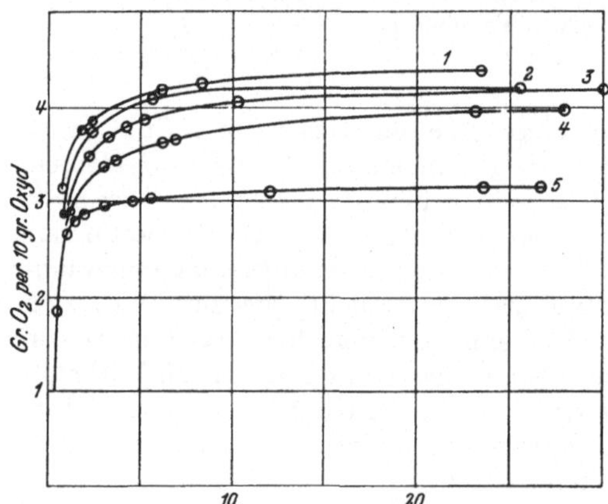

Abb. 2. Geschwindigkeit der Entfernung von Sauerstoff aus Chromoxyd durch verschiedene Reagenzien[2]. 1 Hexan. 2 Cyclohexan. 3 Benzol. 4 Wasserstoff. 5 Stickstoff.

sind, keineswegs auf eine Oberfläche übertragen werden, die sich aus derselben Ursubstanz nach Behandlung mit einer Mischung von Wasserstoff und Phenol, die eine Umwandlung in Benzol und Wasser erfährt, gebildet hat.

Wenn ein Katalysator durch Dehydratation oder Reduktion eines Hydroxyds hergestellt wird, kann man nicht ohne weiteres annehmen, daß das ganze gebundene Wasser aus dem festen Körper entfernt worden ist, da die Umwandlung in anhydrisches Material oft sehr langsam vor sich geht. Boswell und Iler[3] haben die Dehydratationsgeschwindigkeit von Nickelhydroxyd gemessen und haben gefunden, daß die Entwässerung bei 200° nicht vollständig war. Sie wurde äußerst langsam in dem Stadium, wo ungefähr zwei Wassermoleküle für jedes aktive Atom in der Nickeloberfläche zurückblieben, gemessen durch Oxydation mit Natriumhypochlorit. Es lag vermutlich eine Oberflächenhaut von adsorbiertem Wasser vor, welche nur mit Schwierigkeit vom festen Körper zu entfernen ist.

[1] Griffith, Hill, Plant: Trans. Faraday Soc. 33 (1937), 1419.
[2] Griffith: Trans. Faraday Soc. 33 (1937), 1421.
[3] Boswell, Iler: J. Amer. chem. Soc. 58 (1936), 924.

Auch die Bedingungen, unter welchen ein Kohlenwasserstoff in Kontakt mit einem festen Körper gebracht wird, können den Reduktionsgrad beeinflussen. In einem Verfahren des N. V. Bataafsche Petroleum Maats[1]. wird ein fein verteiltes Metall durch Erhitzen einer seiner reduzierbaren Verbindungen mit einer flüchtigen organischen Substanz unter Druck bei einer solchen Temperatur hergestellt, daß der gewünschte Umsetzungsgrad sich einstellt. Zum Beispiel wird ein Nickelkatalysator durch Erhitzen von Nickelformiat mit Isododekan bei $250 \div 350°$ hergestellt. Diese Methode dürfte weitgehend anwendbar sein.

Einfluß der festen Phase auf die Aktivierung des Katalysators.

Schon 1916 nahm LANGMUIR[2] an, daß heterogene Reaktionen, die eine feste Phase auf beiden Seiten des Gleichgewichtes betreffen, hauptsächlich an der Grenzfläche zwischen den zwei festen Körpern stattfinden. In diesem Falle würde die Umsetzung autokatalytisch sein, und ihre Geschwindigkeit würde bis zu einem Maximum steigen, bevor sie schließlich abnimmt und das Ende der Reaktion erreicht. Wenn jedoch der ursprüngliche feste Körper und der daraus gebildete vollständig mischbar wären, würde die Reaktionsgeschwindigkeit von der Oberflächengröße des reagierenden festen Körpers abhängen und würde während der ganzen Umsetzung abfallen.

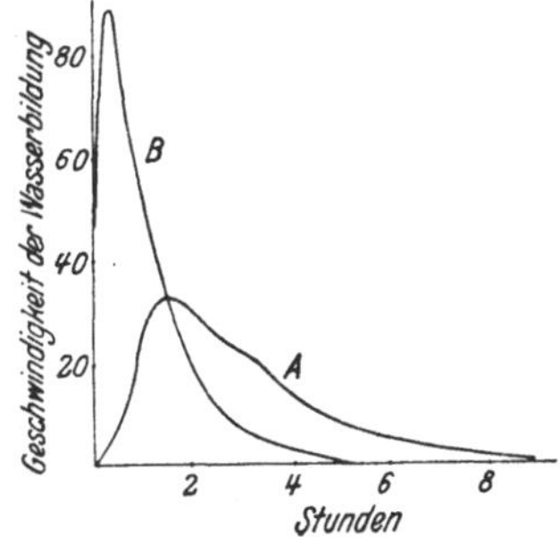

Abb. 3. Reduktion von Nickeloxyd durch Wasserstoff[4]. *A* bei 188°. *B* bei 206°.

BENTON und EMMETT[3] haben diese Möglichkeiten an der Reduktion von Nickeloxyd und Ferrioxyd untersucht. Die Resultate für Nickel sind in Abb. 3 und die für Eisen in Abb. 4 aufgezeichnet. Sie entsprechen den beiden von LANGMUIR erörterten Fällen. Die Theorie wird von den Tatsachen gestützt, daß nach WÖHLER und BALZ[5] durch Reduktion von Nickeloxyd keine festen Lösungen gebildet werden, während SOSMAN und HOSTETTER[6] bewiesen haben, daß feste Lösungen von Fe_2O_3 und Fe_3O_4 existieren. Es ist deshalb durchaus die Möglichkeit zu beachten, daß Verschiedenheiten im Laufe der Reduktion eines Oxyds auftreten können, wenn ein zweites Oxyd anwesend ist.

Eine Nachuntersuchung der Reduktion von Hämatit durch CHUFAROV und TATIJEVSKAJA[7] weist darauf hin, daß die Umsetzung auch beim Eisenoxyd autokatalytisch wird, vorausgesetzt, daß es einen nicht sehr hohen Reinheitsgrad hat. Dies wird durch die Kurven von Abb. 5 erwiesen. Es ist auch interessant zu bemerken, daß die Reduktionsgeschwindigkeit ihr Maximum nicht bei der höchsten angewandten Temperatur erreichte, da die Porosität des festen Körpers bei 900° so weit gefallen war, daß der Temperatureffekt überwogen wurde.

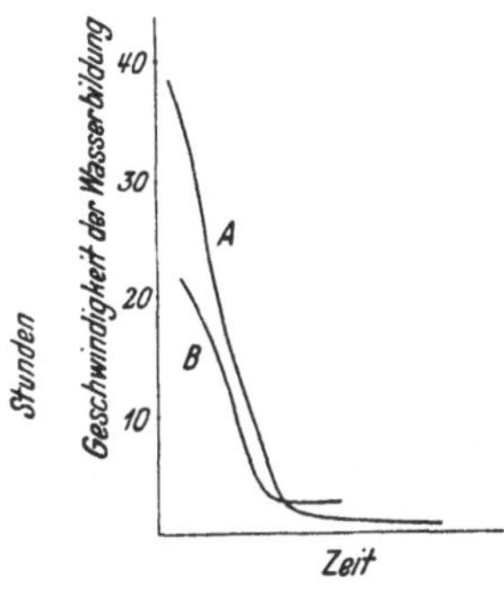

Abb. 4. Reduktion von Ferrioxyd durch Wasserstoff[8]. *A* Niedergeschlagenes Oxyd bei 285°. *B* Oxyd aus Nitrat bei 300°.

[1] F. Pat. 804479 (1936).   [2] LANGMUIR: J. Amer. chem. Soc. **38** (1916), 2263.

[3] BENTON, EMMETT: J. Amer. chem. Soc. **46** (1924), 2728.

[4] BENTON, EMMETT: J. Amer. chem. Soc. **46** (1924), 2731,

[5] WÖHLER, BALZ: Z. Elektrochem. angew. physik. Chem. **27** (1921), 413.

[6] SOSMAN, HOSTETTER: J. Amer. chem. Soc. **38** (1916), 807.

[7] CHUFAROV, TATIJEVSKAJA: Acta physicochim. URSS **3** (1935), 957.

[8] BENTON, EMMETT: J. Amer. chem. Soc. **46** (1924), 2736.

Die Gegenwart eines zweiten Oxyds kann sogar die Herstellung eines Metalls aus seinem Oxyd bei einer Temperatur ermöglichen, bei welcher es im reinen Zustande nicht entstehen würde. Rogers[1] hat gefunden, daß Zinkoxyd in Gegenwart von Kupferoxyd bei Temperaturen in Metall verwandelt wurde, bei denen es im reinen Zustande keine Reduktion erlitt. Ein ähnliches Beispiel findet man in der Beschleunigung der Reduktion von Nickeloxyd durch Kupfer, einer Wirkung, die bei der Herstellung von Katalysatoren für die Fetthärtung von Wichtigkeit ist. In einer umfangreichen Abhandlung über autokatalytische Wirkungen bei der Reduktion von Metalloxyden glaubt Ubbelohde[2] dasselbe bei Kupfer und Blei festgestellt zu haben, ebenso Schwab und Nakamura[3] bei Molybdän und Nickel.

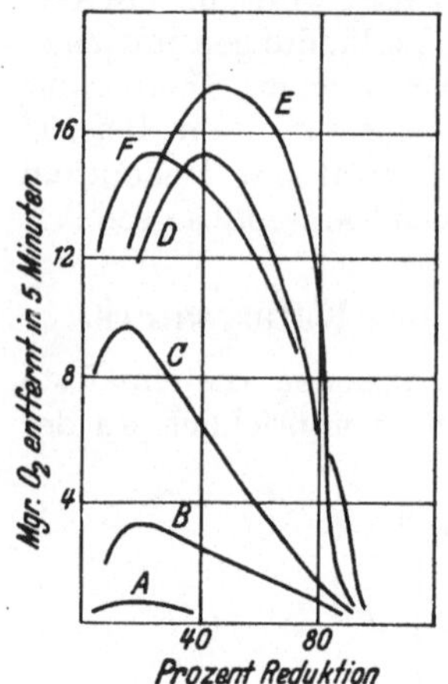

Abb. 5. Geschwindigkeit der Reduktion von Hämatit bei verschiedenen Temperaturen[5].

A bei 400°. B bei 590°. C bei 600°. D bei 900°. E bei 800°. F bei 700°.

Man darf jedoch nicht schließen, daß der Zusatz von fremden Materialien zu einem Oxyd in Kontakt mit reduzierenden Gasen ohne Ausnahme zur beschleunigten Bildung des Metalls führt. Schenck und seine Mitarbeiter[4] haben gefunden, daß Eisenkatalysatoren für die Ammoniaksynthese leichter oxydierbar sind und daß Eisenoxyd schwieriger reduzierbar ist, wenn Substanzen wie Magnesiumoxyd, Siliciumoxyd, Aluminiumoxyd oder Titandioxyd vorhanden sind, die mit dem Eisenoxyd homogene Phasen bilden.

Wenn man versucht, chemische Veränderungen zu verfolgen, die auf solchen Oberflächen während des Gebrauches als Katalysatoren stattfinden, stoßen die gewöhnlichen Analysenmethoden auf gewisse Schwierigkeiten, da die katalytisch wesentliche Wirkung sich auf einen kleinen Bruchteil des gesamten vorhandenen Materials beschränkt. Immerhin haben Messungen der Reduktionsgeschwindigkeit verschiedener Ferrioxydarten von Taylor und Starkweather[6] gezeigt, daß Verschiedenheiten manchmal leicht erkannt werden können. Die Autoren haben nachgewiesen, daß das geglühte Oxyd bei 350° nicht merklich zu Metall reduziert wurde, aber daß das hydrathaltige Gel sich bei dieser Temperatur in Fe_3O_4 verwandelte. Die weitere Reduktion zu metallischem Eisen wurde durch Gegenwart anderer Metalle wie Kupfer, Nickel oder Silber beschleunigt, wurde aber durch die unreduzierbaren Oxyde von Aluminium oder Chrom stark gehemmt, wenn diese durch gemeinsame Fällung beigemischt worden waren. In Abb. 6 werden Ge-

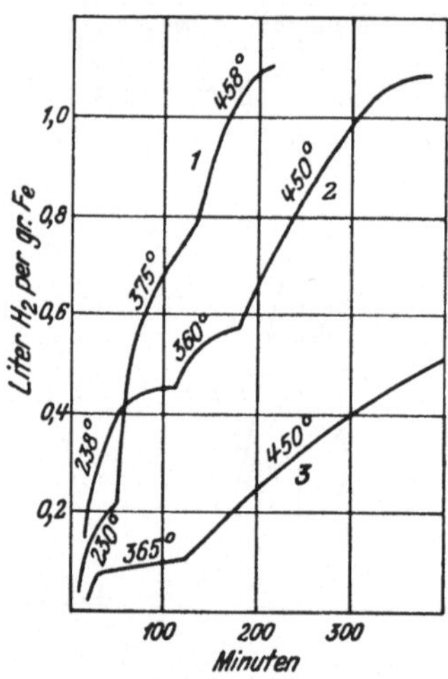

Abb. 6. Geschwindigkeit der Reduktion von Ferrioxyd[7].

1 Fe_2O_3-NiO zusammen niedergeschlagen, reduziert bei 230°, 375°, 458°. 2 Fe_2O_3-NiO trocken gemischt, reduziert bei 238°, 360°, 450°. 3 Fe_2O_3 allein, reduziert bei 365°, 450°.

[1] Rogers: J. Amer. chem. Soc. 49 (1927), 1432.
[2] Ubbelohde: Trans. Faraday Soc. 29 (1933), 532.
[3] Schwab, Nakamura: Z. physik. Chem., Abt. B 41 (1938), 189.
[4] Schenck und Mitarbeiter: Z. anorg. allg. Chem. 184 (1929), 39; 206 (1932), 129, 273.
[5] Chufarov, Tatijevskaja: Acta physicochim. URSS 3 (1935), 961.
[6] Taylor, Starkweather: J. Amer. chem. Soc. 52 (1930), 2314,
[7] Taylor, Starkweather: J. Amer. chem. Soc. 52 (1930), 2320.

schwindigkeitskurven für die Reduktion von verschiedenen Eisenoxydpräparaten bei Temperaturen von $230 \div 458°$ gezeigt. Der Einfluß beigemengten Nickeloxyds ist aus Kurve *2* zu ersehen, während die größere Wirkung, welche die gleichzeitige Fällung der zwei Oxyde hervorruft, aus Kurve *1* hervorgeht. Die einzelnen Stufen in diesen Kurven stellen Punkte dar, wo die Temperatur erhöht wurde, so daß der Hauptcharakter einer Reihe verschiedener Kurven in einem einzelnen Diagramm gezeigt wird.

KOBOSEFF[1] hat die Wirkung von Fremdstoffen untersucht, die als Verstärker den in der Ammoniaksynthese gebrauchten Eisenkatalysatoren hinzugefügt werden, und erhielt dabei die Angaben der Abb. 7 für die Reduktionsgeschwindigkeit. Die Anwesenheit des oxydischen Verstärkers übt offensichtlich einen hemmenden Einfluß auf die Reduktion aus, und diese unmittelbare Beobachtung stimmt mit den Schlüssen überein, zu denen man

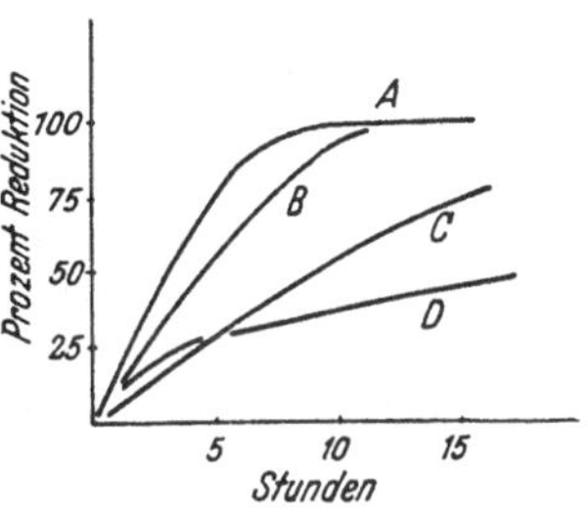

Abb. 7. Geschwindigkeit der Reduktion von Fe_3O_4 *.

A Fe_3O_4 allein. B $Fe_3O_4 + 3\%$ K_2O.
C $Fe_3O_4 + 2\%$ BeO.
D $Fe_3O_4 + 2\%$ $Al_2O_3 + 1\%$ K_2O.

beim Studium der Verstärkerwirkung auf andere Weise gekommen ist. So ist es interessant zu bemerken, daß die entschiedenste Wirkung durch Kaliumaluminat hervorgerufen wurde, welches bekanntlich in Fe_3O_4 löslich ist, während die kleinste Wirkung dem Kaliumoxyd zukommt, das mit jenem Eisenoxyd nicht mischbar ist.

Andere Faktoren, die die Aktivierung beeinflussen.

Nicht nur das Reduktionsmittel und der Prozentgehalt des Trägers oder die Gegenwart eines Verstärkers können die Eigenschaften eines aus einem Oxyd hergestellten Katalysators beeinflussen. Vor allem ist die Temperatur, bei welcher diese Behandlung ausgeführt wird, natürlich auch von großer Wichtigkeit. THOMAS[2] erhielt Katalysatoren durch Reduktion von Nickelhydroxyd, das auf Kieselgur niedergeschlagen war, und bestimmte ihre Wirksamkeiten für die Olivenölhydrierung mit den in Tabelle 6 gezeigten Resultaten.

Der bei der allerniedrigsten Temperatur hergestellte Katalysator ist oft der wirksamste, aber empfindlicher gegen Gifte, während der Zusatz eines Trägers gewöhnlich eine höhere Reduktionstemperatur erfordert als ein reines Oxyd.

Der Grad der Reduktion eines Oxyds zu Metall kann mitunter indirekt die katalytische Wirksamkeit des Produktes beeinflussen, da um so höhere Temperaturen nötig sind, je vollständiger der Sauerstoff entfernt werden soll. Auch andere Reaktionen, die zur

Tabelle 6.
Reduktionstemperatur und Wirksamkeit von Nickelkatalysatoren.

Reduktionstemperatur	Relative Wirksamkeit
250°	1,0
350	1,18
500	1,25
650	0,23
750	0,0

Aktivierung eines Katalysators in Frage kommen, können in ähnlicher Weise verschlechterte Resultate geben, wenn sich die chemischen Veränderungen in dem festen Körper der Vollendung nähern.

Man sollte besonders darauf achten, Selbstüberhitzung bestimmter Materialien mit hohem Sauerstoff- oder Schwefelgehalt in Kontakt mit Wasserstoff zu vermeiden. Eine Substanz wie z. B. Eisenchromat kann explosionsartig reagieren,

[1] KOBOSEFF: Acta physicochim. URSS **4** (1936), 829.
* KOBOSEFF: Acta physicochim. URSS **4** (1936), 830.
[2] THOMAS: J. Soc. chem. Ind. **42** (1923), 21 T.

wenn sie in einem Strom von brennbarem Gas erhitzt wird, und daher muß die Behandlung bei einer möglichst niedrigen Temperatur und mit einer Gasmischung ausgeführt werden, die nur eine kleine Menge Wasserstoff enthält. Ebenso zerfällt Molybdäntrisulfid heftig in Schwefelwasserstoff und Molybdändisulfid, wenn es in Wasserstoff schnell erhitzt wird.

Ganz gleich ob die Aktivierung eines Katalysators Oxydation, Reduktion oder irgendeine andere chemische Veränderung einschließt, ist es immer wichtig, daß ein Überschuß des Reagens gebraucht wird. Wenn dieses nicht beachtet wird, führt der Verbrauch des gasförmigen Reagens zu einer bedeutend niedrigeren Konzentration in dem letzten Teil der Katalysatorschicht. Bei katalytischer Oxydation einer organischen Substanz können sogar die völlig oxydierenden Bedingungen in dem ersten Teil des Katalysators in reduzierende Bedingungen übergehen, wenn der Sauerstoff völlig verbraucht ist.

Die Reduktionsgeschwindigkeit eines in einer Flüssigkeit verwendeten Katalysators wird auch von dem Medium beeinflußt, in dem er suspendiert ist. Kelber[1] hat gezeigt, daß Nickel, als Carbonat auf Kieselgur abgeschieden, am leichtesten in wässeriger Suspension in einen wirksamen Katalysator umgewandelt werden konnte, daß aber auch Essigsäure als Flüssigkeit ziemlich gut verwendbar war. In wasserfreiem Alkohol, Benzol, Aceton, Äther oder Äthylacetat war die Reduktion viel langsamer, konnte aber durch Zusatz von etwas Wasser beschleunigt werden. In Chloroform war es nicht möglich, die Herstellung erfolgreich durchzuführen.

Man kann die Reduktion eines Oxyds unter hohem Wasserstoffdruck ausführen, wenn irgendein Vorteil mit einem solchen Verfahren verbunden ist. Tanaka und Kobayashi[2] haben gefunden, daß eine Nickeloxydsuspension in Benzol durch Wasserstoff unter Druck bei 180° reduziert wurde und dabei einen so aktiven Katalysator gab, daß sich die Flüssigkeit in Cyclohexan umwandelte.

Aktivierung durch abwechselnde Oxydation und Reduktion.

Man hat die Herstellung einer aktiven Oberfläche durch abwechselnde Oxydation eines Metalls und Reduktion des daraus entstehenden Oxyds seit langem gekannt, und die Tatsache, daß dieses Verfahren zu einer Erhöhung der wirksamen Flächengröße führt, ist von Bowden und Rideal[3] durch Vergleich von Nickelkatalysatoren, die man verschiedener Behandlung unterwarf, festgestellt worden. In Tabelle 7 werden die zugänglichen Flächengrößen und die relativen

Tabelle 7. *Flächengröße und Wirksamkeit von Nickeloberflächen.*

Behandlung	Zugängliche Flächengröße je scheinbaren cm²	Entwickelter Wasserstoff je wahren cm², relativ
Poliert, neu	13,3	760
Poliert, alt	9,7	350
Aktiviert, neu	46,0	240
Aktiviert, alt	29,0	290
Ausgeglüht, neu	10,8	330
Ausgeglüht, alt	7,7	230
Galvanoplattiert, neu	12,0	180
Galvanoplattiert, alt	9,5	140
Gewalzt, neu	5,8	610
Gewalzt, alt	3,5	400

[1] Kelber: Ber. **49** (1916), 55.
[2] Tanaka, Kobayashi: J. Soc. chem. Ind. Japan, Suppl. **37** (1934), 559.
[3] Bowden, Rideal: Proc. Roy. Soc. (London), Ser. A **120** (1928), 59, 80.

Wirksamkeiten für die katalytische Entladung von Wasserstoffionen aus schwacher Schwefelsäure gegeben.

Das aktivierte Präparat wurde durch abwechselnde Oxydation und Reduktion des Metalls erzeugt. Die anodische Oxydation hat sich für die Bildung einer Oxydschicht auf einer Metalloberfläche gut bewährt und ist auch bei der Herstellung von Nickelkatalysatoren zur Fetthärtung nach dem BOLTON- und LUSH-Verfahren[1] angewandt worden. Der Katalysator wird von reinen Nickeldrehspänen oder -drähten gebildet, die, an oben und unten von einer zentralen Stabanode getragenen Flanschen befestigt, einen mit Asbest bedeckten Korb bilden. Bei einem Korb von 30 cm Durchmesser und 90 cm Länge, der 45 kg Nickelmetall enthielt, wurde die Oxydation in 8 Stunden mit einer Stromstärke von 180 Amp bei 7 V in 5%iger Natriumcarbonatlösung durchgeführt. Darauffolgende Reduktion der abgelagerten Schicht ergab einen sehr aktiven Katalysator, der von korbförmigem, metallischem Nickel getragen und für Dauerarbeit sehr geeignet war. Die richtige Wahl der Stromstärke, Spannung und Lösung ist wesentlich, um eine Schicht von maximaler Wirksamkeit und Dauerhaftigkeit zu sichern.

Bei der Oxydation von Metallen und auch bei der Reduktion ihrer Oxyde lassen Strukturveränderungen oft auf sich warten, nachdem die Änderung der chemischen Zusammensetzung schon längst eingesetzt hat, und man muß die Entscheidung über die Form, welche nun eigentlich katalytisch wirksam ist, sehr vorsichtig treffen. Zum Beispiel haben LE BLANC und WEHNER[2] gefunden, daß CoO Sauerstoff ohne Strukturveränderungen aufnehmen kann, bis es die scheinbare Zusammensetzung Co_3O_4 erreicht, wogegen Nickeloxyd nur bis $NiO_{1,05}$ kommen kann. Eins der empfindlichsten Kennzeichen solcher Veränderungen ist aber die Farbe des festen Körpers, worauf schon hingewiesen worden ist und wofür ein weiteres Beispiel in den von LE BLANC gefundenen Angaben für die Oxydation von Manganooxyd in Tab. 8 gegeben wird.

Tabelle 8.

Farbveränderung während der Oxydation von MnO.

x in MnO_x	Farbe	Struktur
1,00	trübgrün	MnO
1,03	braun-grün	MnO
1,07	braun	MnO
1,10	kaffeebraun	MnO
1,15	kaffeebraun	MnO + Spuren von Mn_3O_4
1,20	braun-violett	MnO + Mn_3O_4
1,23	hellbraun	MnO + Mn_3O_4
1,29	rostbraun	meistens Mn_3O_4
1,35	grau-violett	Mn_3O_4 + Spuren von MnO
1,36	rot-braun	Mn_3O_4
1,40	schwarz-braun	Mn_3O_4
1,58	schwarz	Mn_3O_4

VAN CLEAVE und RIDEAL[3] haben gefunden, daß der Oxydationszustand eines Kupferkatalysators sein Verhalten gegen eine Mischung von Wasserstoff und Sauerstoff sehr beeinflußt. Wenn eine dicke Schicht schwarzen Oxyds, die ein Gemisch von CuO und Cu_2O enthielt, benutzt wurde, verschwanden die Gase mit gleichmäßiger Geschwindigkeit in dem erwarteten Verhältnis von 2 Volumina Wasserstoff zu 1 Volumen Sauerstoff. Wenn dagegen die Oxydschicht aus dem amorphen roten Oxyd Cu_2O bestand, verschwanden Wasserstoff und Sauerstoff wegen Reaktion zwischen Sauerstoff und dem Katalysator in gleichem Volumen.

Dieses Resultat weist wiederum auf die Wichtigkeit genauer Kenntnisse von der chemischen Zusammensetzung des Katalysators hin.

---

[1] Brit. Pat. 203218 (1922); Chem. Trade J., Mar. 6, 1925.
[2] LE BLANC, WEHNER: Z. physik. Chem., Abt. A **168** (1933), 59.
[3] VAN CLEAVE, RIDEAL: Trans. Faraday Soc. **33** (1937), 635.

Nebenreaktionen bei der Aktivierung des Katalysators.

Während der letzten Stadien der Herstellung eines Katalysators durch Reaktionen wie Reduktion oder Röstreaktion eines Sulfids muß man öfters darauf achten, die gleichzeitige Bildung unerwünschter Produkte zu vermeiden. Sabatier[1] hat z. B. gezeigt, daß eine Abscheidung von Kohlenstoff auf dem festen Körper stattfand, wenn man Kohlenoxyd über einen Nickelkatalysator strömen ließ. Burwell und Taylor[2] haben auch gefunden, daß Zinkoxyd, welches bei 300° in Kontakt mit Kohlenoxyd gewesen war, wegen der Bildung von Kohlenstoff grau wurde, indem die Reaktion

$$2\,CO \rightarrow C + CO_2$$

ohne Reduktion des Oxyds zu metallischem Zink stattfand. Der auf diese Weise abgelagerte Kohlenstoff konnte durch Überleiten von Wasserstoff über den festen Körper entfernt werden, und es ist darum empfehlenswert, einen Zinkoxydkatalysator vorzugsweise mit Wasserstoff zu reduzieren statt in einem Gasstrom von hohem Kohlenoxydgehalt.

Ähnliche Beobachtungen werden von Kawakita[3] mitgeteilt, daß nämlich auch Überleiten von Kohlenoxyd über einen Eisenkatalysator zu derselben oben beschriebenen Reaktion führt.

Es hat sich auch herausgestellt, daß sich Kohlenstoff abscheidet, wenn man Schwefelkohlenstoff zur Bildung metallischer Sulfide über erhitzte Metalle strömen läßt. Auf diese Weise hergestellte Katalysatoren müssen daher mit besonderer Vorsicht geprüft werden, um widersprechende Resultate zu vermeiden, die auf die Gegenwart von Kohlenstoff in einer aktiven Form zurückzuführen sind.

Besondere Herstellungsmethoden.

Die Herstellung einiger wichtiger und interessanter Katalysatoren wird in den folgenden Paragraphen gesondert beschrieben. Sie sind an dieser Stelle getrennt behandelt, um bei der allgemeinen Behandlung des Themas eine zu weitgehende Unterteilung zu vermeiden.

A. Metallkatalysatoren.

Die beiden wichtigsten Katalysatoren, die in metallischer Form gebraucht werden, sind Platin und Nickel, die bei einer großen Anzahl verschiedener Prozesse angewandt werden. Die Herstellungsmethoden für diese zwei Substanzen liefern nützliche Beispiele, die man auf andere Fälle übertragen kann.

Platinschwarz ist eine höchst aktive Form des Metalls, die sich besonders zur Hydrierung organischer Verbindungen eignet, und zwar entweder als Suspension in einer Flüssigkeit, die selbst der chemischen Veränderung unterworfen werden soll, oder in einem inerten Lösungsmittel. Nach der Methode von Adams und Vorhees[4] wird es aus Platinchlorwasserstoffsäure über die folgenden Stufen hergestellt:

$$6\,NaNO_3 + H_2PtCl_6 = 6\,NaCl + Pt(NO_3)_4 + 2\,HNO_3$$

$$Pt(NO_3)_4 \rightarrow PtO_2,$$

[1] Sabatier: Bull. Soc. Chim. 29 (1903) 294; Ann. Chim. phys. 4 (1905), 485.
[2] Burwell, Taylor: J. Amer. chem. Soc. 59 (1937), 697.
[3] Kawakita: Rev. Phys. Chem. Japan 11 (1937), 39.
[4] Adams, Vorhees: J. Amer. chem. Soc. 44 (1922), 1397; 45 (1923), 2171.

worauf das Oxyd dann reduziert wird. Am besten wird die Herstellung nur in kleinen Mengen auf einmal ausgeführt. Zum Beispiel werden 3,5 g Platinchlorwasserstoffsäure in 10 cm³ Wasser gelöst, mit 35 g Natriumnitrat gemischt und bis zur Trockne eingedunstet. Das Gemisch wird dann vorsichtig eine halbe Stunde bei 500÷550° geglüht, wobei diese Temperatur einen wichtigen Einfluß auf die Eigenschaften des Endproduktes hat. Nach der Abkühlung wird die Masse gründlich mit Wasser gewaschen, dann getrocknet und reduziert. Das Produkt ist wirksamer als der Platinschwamm, den man durch Erhitzen von Ammoniumplatinchlorid erhält.

Es ist interessant zu bemerken, daß die Untersuchungen von WILLSTÄTTER und WALDSCHMIDT-LEITZ[1] zeigten, daß metallisches Platin, welches von Sauerstoff vollständig frei war, keinen wirksamen Katalysator für die Hydrierung darstellte. Obgleich diese Tatsache mehr Tragweite für die Wiederbelebung des Katalysators hat und daher augenblicklich in unserem Zusammenhang nicht erörtert werden kann, kann sie doch für die Festlegung der besten Bedingungen für die Katalysatorherstellung wichtig sein.

Es ist behauptet worden, daß eine wirksame Form von Platinschwarz durch Einweichen von Baumwollfäden oder ähnlichem Material in einer Platinchloridlösung hergestellt werden kann, indem man das Material dann glüht, bis die organischen Stoffe bei einer möglichst niedrigen Temperatur aufgezehrt sind.

Oxydationskatalysatoren, die Platin enthalten.

Für die Oxydation von Ammoniak wird Platin in Form von Draht oder Gaze benutzt, wobei die Oberfläche während des Gebrauches narbig und aufgerauht wird. Wenn man jedoch Platin für die Oxydation von Schwefeldioxyd zu Schwefeltrioxyd benötigt, ist ein zufriedenstellendes Material nicht so leicht zu erhalten, und es sind daher eine große Anzahl von Trägern beschrieben worden. Der „Badische" Katalysator besteht aus auf langfaserigem Asbest ($3\,MgO \cdot 2\,SiO_2 \cdot 2\,H_2O$) abgeschiedenem Platin. Der Asbest wird zu einem sehr offenen Gewebe mit der Hand verteilt und in flache Schichten gepackt. Man weicht ihn in einer kochenden, schwachen Lösung von Natriumcarbonat und Natriumacetat ein, trocknet ihn und taucht ihn dann in eine Platinchloridlösung ein, die stark genug ist, um 6÷10% des Metalls in dem fertigen Produkt zu ergeben. Bei sorgfältigem Arbeiten unter Vorsichtsmaßregeln, um Zusammenpressen des voluminösen Katalysators zu vermeiden, soll die Aktivität bis zu 12 oder 15 Jahren vorhalten.

Der GRILLO-SCHROEDER-Katalysator verwendet geglühtes Magnesiumsulfat als Träger[2]. Kristalle des Sulfats werden erhitzt, bis sie nur noch ungefähr 14% Wasser enthalten, dann mit Wasser zu einer dicken Paste gemahlen und diese wieder bis zu ungefähr 10% Wassergehalt dehydratisiert. Das Produkt wird in Stücke von passender Größe gebrochen, auf die man eine Platinchloridlösung spritzt. Die Stärke dieser Lösung wird so gewählt, daß genügend Platin zugeführt worden ist, wenn der Träger beginnt, naß zu erscheinen.

Tieftemperatur-Zündungskatalysatoren.

Für die Zündung von Leuchtgas und ähnlichen brennbaren Substanzen bei Zimmertemperatur werden Platinkatalysatoren benutzt. Diese bestehen oft aus zwei Teilen: a) Platinschwarz eng vermischt mit einem Träger oder auf einem

---

[1] WILLSTÄTTER, WALDSCHMIDT-LEITZ: Ber. **51** (1918), 767; **54** (1921), 113.
[2] MILES: The Manufacture of Sulphuric Acid, S. 184. 1925.

porösen Stützkörper abgeschieden, und b) Platindrähten, die durch den primären Zündungsvorgang erhitzt werden und wahrscheinlich als Kettenauslöser wirken und so zur Zündung der gasförmigen Mischung führen. Man sagt, daß die Zulegierung anderer Metalle wie Rhodium zum Platin Vorteile hat, aber dies kann auch die Vergiftungsempfindlichkeit erhöhen.

Nickelkatalysatoren.

Die Abscheidung von Nickelhydroxyd oder -carbonat auf einem Träger für den Gebrauch bei der Fetthärtung ist eine relativ einfache Angelegenheit, da das inaktive Material selbst in fein verteilter Form vorliegt. Es wird in einer Nickelsalzlösung suspendiert, der man dann ein Fällungsmittel zusetzt. Die genaue Art, in der die Ablagerung stattfindet, scheint unwichtig zu sein, da der Träger hauptsächlich das schließliche Filtrieren des behandelten Öls und das Waschen und Trocknen des ursprünglichen Niederschlages erleichtern soll.

Die Reduktion zu metallischem Nickel kann entweder in trocknem Zustand durch Leiten von Wasserstoff über das Hydroxyd, Carbonat, Acetat oder eine ähnliche Verbindung oder in Suspension in einem flüssigen Medium ausgeführt werden. Die erste Methode wird für die modernen technischen Verfahren der Ölhydrierung wenig benutzt. Die für die gewünschte Reduktionsstufe benötigte Temperatur wird durch die Beimischung kleiner Mengen von fein verteiltem metallischem Kupfer oder einer passenden Kupferverbindung, wie Hydroxyd, wesentlich erniedrigt. Eine Temperatur von 180° genügt unter diesen Umständen für die Herstellung eines Katalysators[1]. In einer Modifikation dieses Verfahrens wird gesagt, daß eine kleine Menge vorher reduzierten Nickels die Herstellung in derselben Weise beschleunigt, und nach Ellis[2] kann das Verfahren in gleicher Weise zur Behandlung von Mischungen der Formiate oder Acetate von Nickel und Kupfer angewendet werden.

Der Gebrauch von Formiaten und Oxalaten als Quelle für Metallkatalysatoren nimmt heute an Wichtigkeit zu; die Salze von komplizierteren organischen Säuren, wie Oleate, haben noch den Vorteil, in Kohlenwasserstoffen und anderen Ölen löslich zu sein. Wegen des stark exothermen Charakters der zur Bildung von Wasser führenden Reaktionen muß die Kontrolle der Reduktionstemperatur im Großen sorgfältig durchgeführt werden. Dies ist besonders wichtig, wenn eine dicke Katalysatorschicht benutzt wird. Die Reduktion eines in Öl suspendierten Materials, das durch Dampfschlangen auf ungefähr $180 \div 190°$ erhitzt wird, kann man einfacher kontrollieren als die eines trockenen Pulvers. Wenn jedoch Trockenreduktion nötig ist, kann sie in einem rotierenden Röhrenofen oder in einer rotierenden Trommel ausgeführt werden, durch die man Wasserstoff strömen läßt, bis kein Wasserdampf mehr in dem Austrittsgas erscheint, worauf das aktivierte Material nach Bedarf umgefüllt wird, ohne mit Luft in Berührung zu kommen.

B. Oxyde, Sulfide, Träger- und ähnliche Katalysatoren.

Eine große Anzahl von in Patenten beschriebenen besonderen Herstellungsmethoden sind von geringem Interesse, da sie nur erfunden sind, um Neuigkeiten anzubieten, und man braucht solche Veröffentlichungen hier nicht zu erwähnen. Doch sind gewisse Beispiele industrieller Prozesse von genügendem Interesse, um eine kurze Beschreibung zu verdienen, obgleich sie für äußerst spezielle Zwecke angewandt werden.

---

[1] Kayser: U.S.-Pat. 1236446 (1917).
[2] Ellis: U.S.-Pat. 1645377 (1927).

Vanadiumkatalysatoren für Schwefeldioxyd-Oxydation.

Obgleich Vanadinpentoxyd allein als Katalysator für dieses Verfahren benutzt werden kann, neigt es zur schnellen Verschlechterung durch Arsenvergiftung, und daher wurde der Entwicklung widerstandsfähigerer Substanzen viel Arbeit gewidmet. Künstliche Zeolithe, die Vanadium enthalten, haben für diesen Zweck zu einem zufriedenstellenden Ergebnis geführt, und einige der für ihre Herstellung angewandten Methoden können leicht auf Mischungen übertragen werden, die andere Elemente enthalten[1], wie die drei folgenden Beispiele zeigen werden.

1. Eine Natriumvanadatlösung wird mit Säure behandelt, bis sie orangefarben wird. Dann wird sie mit einer Natriumsilicatlösung gemischt und bei 65° gerührt, bis sich ein körniger Niederschlag bildet, wobei man die überschüssige Alkalität während des Zusatzes des Silicats durch weitere Chlorwasserstoffsäure abstumpft. Ein inaktiver Träger kann während der Fällung zugesetzt werden.

2. Eine Vanadinpentoxydsuspension in verdünnter Schwefelsäure wird mit Schwefeldioxyd behandelt, bis sie eine blaue Lösung von Vanadylsulfat ergibt. Die Hälfte dieser Lösung wird mit Ätzkalilösung in eine Kaliumvanaditlösung übergeführt, die dann durch einen porösen Träger wie Kieselgur, Siliciumdioxyd-gel oder Bimsstein aufgenommen wird. Die andere Hälfte der Vanadylsulfat-lösung wird der Mischung zugesetzt. Das Produkt besteht dann aus einem Basen austauschkörper, der Kalium und Vanadium enthält, wobei ein Teil des letzteren wie eine Säure und ein anderer Teil wie eine Base wirkt.

3. Nach HOLMES und ELDER[2] ist eine brauchbare allgemeine Herstellungs-methode die, eine Kaliumvanadatlösung mit einem Überschuß von Ferrichlorid-lösung zu mischen, so daß der zuerst gebildete Niederschlag wieder aufgelöst wird, und dann eine Natriumsilicatlösung hinzuzufügen. Der so gebildete Nieder-schlag wird getrocknet, in Stücke von passender Größe gebrochen und bei 200 bis 300° durch Erhitzen in einem Luftstrom aktiviert. Während des praktischen Gebrauches nimmt die katalytische Wirksamkeit in der ersten Zeit beträchtlich zu, und es ist ersichtlich, daß weitere Veränderungen stattfinden, wenn der feste Körper mit der Schwefeldioxyd-Sauerstoff-Mischung in Kontakt kommt. Das in diesem Beispiel angewandte Ferrichlorid kann durch verschiedene andere Salze, wie z. B. von Kupfer, Nickel, Kobalt, Calcium usw., ersetzt werden, um eine größere Auswahl von Mischkatalysatoren zu erzeugen.

Man hat gefunden, daß gewisse Arten von Vanadiumzeolithkatalysatoren unter langsamem Zerfall während des Gebrauches leiden. ADADUROFF[3] hat berichtet, daß ein solches Präparat, das Vanadium, Siliciumdioxyd und Bariumoxyd ent-hielt, während des Gebrauches in V_2O_3 und $VO \cdot SO_4$ umgewandelt wurde. Das Vanadylsulfat verflüchtigte sich und ging verloren, während sich das Bariumoxyd mit dem Siliciumdioxyd verband. Es ist nötig, Kontaktmaterialien zu wählen, in denen die Tendenz für solche Reaktionen ein Minimum ist.

Katalysatoren für die Polymerisation von Olefinkohlenwasserstoffen.

Einige interessante Erscheinungen werden bei Katalysatoren gefunden, die zur Herstellung von flüssigen Kohlenwasserstoffen aus gasförmigen Olefinen ge-braucht werden. DUNSTAN und HOWES[4] haben festgestellt, daß nur Orthophosphor-säure hochwirksam war, weil die Pyro- und Metasäuren und auch Phosphor-pentoxyd zu flüchtig waren, um sie in der Praxis brauchen zu können. Dagegen

---

[1] Siehe FAIRLIE: Sulphuric Acid Manufacture, S. 398. 1936.
[2] HOLMES, ELDER: Ind. Engng. Chem. **22** (1930), 471.
[3] ADADUROFF: Ukrain. Khem. Zhur. **10** (1935), 336.
[4] DUNSTAN, HOWES: J. Instn. Petrol. Technologists **22** (1936), 347.

verschlechterte sich die Orthosäure infolge des Wasserverlustes während des Gebrauches schnell, doch konnte diese Verschlechterung durch Zusatz von Wasserdampf zu den reagierenden Gasen verhindert werden. Was die Träger für die Phosphorsäure anbetrifft, so hatte man ziemliche Schwierigkeiten, eine passende Substanz zu finden. Aktive Kohle oder Koks hatten den Vorteil, gegen Phosphorsäure inert zu sein, aber bei einer großen Anzahl anderer untersuchter Träger fand Phosphatbildung statt und führte zu unwirksamen Produkten.

Besondere Herstellungsmethoden für Träger.

Aktive Kohle wird jetzt im Großen durch Erhitzen von Torf, Holzkohle oder gewissen Steinkohlenarten mit Zinkchlorid, Phosphorsäure oder Alkali oder abwechselnde Behandlung mit Wasserdampf und Kohlendioxyd bei ungefähr 1000° hergestellt. Man findet allgemein, daß die katalytische Wirksamkeit einer auf Kohlenstoffträgern dieser Art abgeschiedenen Substanz sehr mit der angewandten Kohle variiert. Dieser Punkt verdient besondere Aufmerksamkeit, um das beste Material zu wählen und um die Wiederherstellung einmal gegebener Bedingungen zu sichern.

Siliciumdioxydgel ist auch als industrielles Produkt erhältlich, kann aber leicht nach der Methode der Silica-Gel Corporation[1] hergestellt werden: Gleiche Volumina von 10%iger Chlorwasserstoffsäure und Natriumsilicatlösung vom spez. Gew. 1,185 werden durch tüchtiges Rühren bei einer Temperatur von $15 \div 50°$ gemischt. Das gebildete Gel läßt man fest werden, dann bricht man es in Stücke, befreit es durch Waschen von Chlorid und läßt es langsam in einem Luftstrom trocknen. Die Geschwindigkeit des Trocknens und dessen Endtemperatur, die bis auf 300° steigen kann, werden die Eigenschaften des fertigen Materials bestimmen. Bei Herstellung im Laboratorium ist es meistens vorzuziehen, mit verdünnteren Lösungen zu arbeiten als oben beschrieben.

Gele von Ferrihydroxyd, Aluminiumhydroxyd, Chromhydroxyd, Titanhydroxyd und anderen Substanzen von ähnlichem, schwach basischem Charakter werden durch Methoden hergestellt, die jenen für Siliciumdioxyd ähneln, mit der Abweichung, daß die Fällung durch Alkali aus einer passenden Salzlösung ausgeführt wird. Waschen und Trocknen müssen genau kontrolliert werden, um die besten Produkte zum Gebrauch als Katalysatorträger zu erhalten.

Alterung von Katalysatoren.

Abgesehen von Hemmungs- oder Vergiftungsfällen, die getrennt behandelt werden[2], können Veränderungen in der katalytischen Wirksamkeit auf chemische oder physikalische Umwandlung des Katalysators selbst zurückgeführt werden. Der Einfluß der Temperatur ist einer der bedeutendsten, welche zur Verschlechterung von Katalysatoren führen, besonders von denjenigen, die aus Metallen bestehen.

Sinterung.

Das Zusammenschrumpfen, welches beim Erhitzen fein verteilter Metalle stattfindet, ist von WRIGHT und SMITH[3] durch photographische Untersuchung überzogener Drähte gemessen worden. In Tabelle 9 werden Resultate für vier ver-

---

[1] U.S.-Pat. 1297294 (1919).
[2] Siehe BACCAREDDA in Band VI dieses Handbuches.
[3] WRIGHT, SMITH: J. chem. Soc. 119 (1921), 1683.

schiedene Metalle gegeben, worin der Durchmesser des Grunddrahtes in jedem
Falle als Einheit gerechnet wird.

Diese Forscher haben weiter gefunden, daß Platinschwarz bei 300° anfing
seine Farbe zu ändern und bei 900° fast weiß geworden war, während eine Verminderung der katalytischen Wirksam-
keit für den Wasserstoffperoxydzerfall
oberhalb 300° einsetzte. Daraus wurde
geschlossen, daß Sinterung in kristallinen wie auch in amorphen Substanzen
stattfinden könne. Bei den ersteren war
sie auf eine Änderung in der Größe oder
Struktur der Kristalle zurückzuführen,
bei den letzteren auf die Bildung von
Kristallen.

Tabelle 9.
*Zusammenschrumpfen fein verteilter Metalle
beim Erhitzen auf 650 ÷ 850°.*

Metall	Drahtdurchmesser	
	vor dem Erhitzen	nach dem Erhitzen
Pt	1,31	1,15
Ag	1,21	1,11
Fe	2,00	1,41
Cu	1,66	1,36

Der Fortschritt der Desaktivierung
beim Erhitzen wird klar durch Zahlen von Maxted und Moon[1] für einen den
Wasserstoffperoxydzerfall bewirkenden Platinkatalysator illustriert, welche in
Tabelle 10 gegeben werden.

Dies zeigt, daß in den ersten Stadien die Wirkung des Überhitzens sehr
deutlich ist, daß aber vollkommener Wirk-
samkeitsverlust erst bei viel höheren Temperaturen einsetzt.

Tabelle 10.
Sinterung von Platinkatalysatoren.

Sinterungstemperatur	% der anfänglichen Wirksamkeit
ungesintert	100
250°	23
300°	7,8
350°	4,4
400°	2,6

Bei extremer Überhitzung kann es den An-
schein erwecken, als ob der Katalysator bei
einer Temperatur, die beträchtlich unter seinem normalen Schmelzpunkt liegt, vollständigem Schmelzen unterliegt. Als ein Beispiel
dafür kann das Verhalten von Kupfer als Katalysator für die Dehydrierung von Dekalin
betrachtet werden. Wenn der Kupferkataly-
sator durch Reduktion von reinem Kupferoxyd hergestellt wurde, verschwand
die Anfangsaktivität schnell, und nach einigen Stunden fand man, daß sich die
ursprünglichen porösen Kügelchen des Katalysators in harte metallische Klum-
pen verwandelt hatten. Jedoch verhinderte der Zusatz einer kleinen Menge
eines inaktiven Trägers das Sintern des aktiven Materials, und nun fand kein
Verlust der katalytischen Wirkung mehr statt.

Deformation eines kristallinen festen Körpers gibt oft Anlaß zu katalytischer
Wirksamkeit, und diese kann dann allmählich durch atomare Umlagerung verschwinden. Ein Beispiel dieser Veränderungsart wird von Eckell[2] beschrieben,
in welchem Nickelblech für die Hydrierung von Äthylen durch Kaltbearbeitung
aktiviert wurde. Beim Erhitzen dagegen setzte Rekristallisation der Oberfläche
ein, und die katalytische Wirksamkeit fiel ab.

Ähnliche Beobachtungen wurden von Dobytschin und Frost[3] gemacht, die
fanden, daß die Alterung von Palladiumkatalysatoren mit dem Wachstum der
Teilchen in Beziehung steht. Dies stimmt mit den älteren Folgerungen von Levi
und Haardt[4] überein, die Platin als Katalysator für den Wasserstoffperoxydzerfall untersuchten. Die Teilchengröße der Präparate nach Erhitzen auf verschiedene Temperaturen wurde durch Röntgenaufnahmen bestimmt, und es

---

[1] Maxted, Moon: J. chem. Soc. **1935**, 393.
[2] Eckell: Z. Elektrochem. angew. physik. Chem. **39** (1933), 423, 433.
[3] Dobytschin, Frost: Act. physicochim. USSR **1** (1934), 503.
[4] Levi, Haardt: Gazz. chim. ital. **56** (1926), 424.

stellte sich heraus, daß die höchste Behandlungstemperatur die größten Teilchen erzeugte. Die Oberflächengröße nahm natürlich gleichzeitig ab; in einem Beispiel fiel eine Flächengröße von 5588 cm² bei 60° auf 1385 cm² nach 12 Stunden bei 215°. Entsprechend hatte ein bei 215° hergestellter Katalysator auch eine beträchtlich niedrigere Wirksamkeit als ein bei 60° gewonnener.

Der beim Erhitzen verfügbare Veränderungsspielraum wird größer, wenn sich die Aktivität des ursprünglichen Katalysators vergrößcrt. Dies bestätigt sich bei den Nikkelkatalysatoren der Fetthärtung, wo die bei möglichst niedriger Reduktionstemperatur erhaltenen Produkte gegen Überhitzen oder Vergiftung sehr empfindlich sind. E. FAJANS[1] hat auch gefunden, daß Nickelkatalysatoren, die für die Umwandlung von Parawasserstoff in Orthowasserstoff bei Zimmertemperatur angewandt wurden, bei um so niedrigerer Temperatur sinterten, je höher ihre Wirksamkeit anfänglich gewesen war. Abb. 8 stellt dies für drei Präparate mit verschiedenen anfänglichen katalytischen Wirksamkeiten dar, wobei die bei jeder Temperatur entstehenden stationären Endzustände verglichen werden.

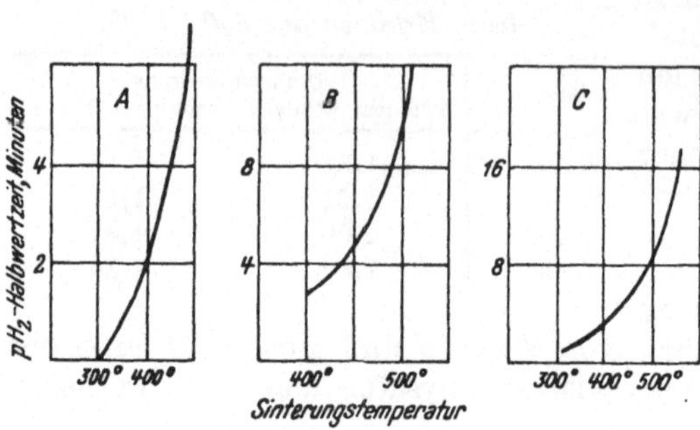

Abb. 8. Veränderung in der reziproken Aktivität von Nickelkatalysatoren für die Umwandlung von Parawasserstoff bei 15°.

Der wirksamste Katalysator *A* wird am schnellsten gesintert, während der am wenigsten wirksame *C* am widerstandsfähigsten ist[²].

Die Sinterung von Nickeloxyd ist von BOSWELL und ILER[3] untersucht worden. Sie benutzten nebeneinander Röntgenstrahlen und Oxydation durch Natriumhypochlorit zur Untersuchung der Produkte. Die beim Erhitzen auf Temperaturen zwischen 330° und 1020° abs. erhaltenen Resultate werden in Abb. 9 gezeigt, wo die Anzahl der Nickelatome, die eine Kante eines einzelnen kristallinen Teilchens bilden, gegen die Erhitzungstemperatur aufgetragen ist. Es hat sich herausgestellt, daß jede stattfindende Sinterung immer nach einer Stunde vollständig war. Es ist interessant, diese Zeit mit den 10 Minuten zu vergleichen, die E. FAJANS bei metallischen Nickelkatalysatoren gefunden hatte. Man sieht, daß die Veränderungen an einer Metalloberfläche im allgemeinen schneller ablaufen, als die in einer oxydischen Oberfläche. Die Berechnung der Teilchengröße aus den Oxydationswerten mit NaOCl führte zu Folgerungen derselben Art, wie die aus Röntgenstrahlenmessungen.

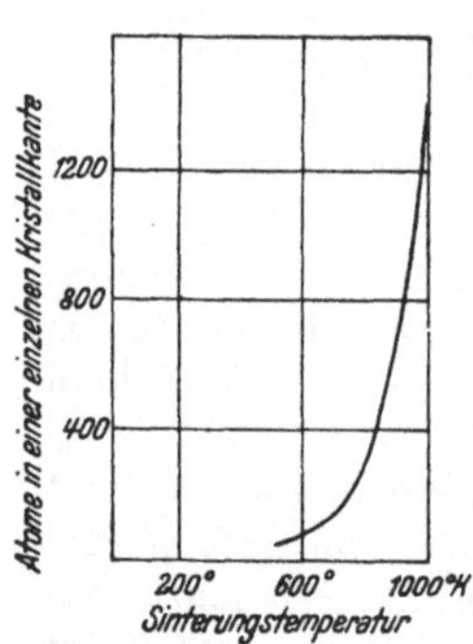

Abb. 9.
Veränderung in der Größe von Nickeloxydkristallen beim Erhitzen auf verschiedene Temperaturen[⁴].

Dieser Rechnung wurde die Annahme zugrunde gelegt, daß sich nur Oberflächenatome mit Sauerstoff verbinden können und daß daher so das Verhältnis zwischen Oberflächenatomen und gesamten Atomen bestimmt werden könne. Der Zusatz kleiner Aluminiumoxydmengen zu dem Nickeloxyd verminderte die Geschwindigkeit des Teilchenwachstums beträcht-

[1] E. FAJANS: Z. physik. Chem., Abt. B **28** (1935), 252.
[2] E. FAJANS: Z. physik. Chem., Abt. B **28** (1935), 255.
[3] BOSWELL, ILER: J. Amer. chem. Soc. **58** (1936), 924.
[4] BOSWELL, ILER: J. Amer. chem. Soc. **58** (1936), 926.

lich. Die direkte Beobachtung bestätigt deswegen die Ansicht, daß eine Funktion eines strukturellen Verstärkers darin besteht, Oberflächenveränderungen im Katalysator zu unterdrücken.

Wenn eine Reaktion auf einer Katalysatoroberfläche stattfindet, kann auch hierbei eine Änderung der Teilchengröße vorkommen. IVANOFF und KOBOSEFF haben die Oxydation von Kohlenoxyd in Kontakt mit Eisenoxyd untersucht[1] und haben gezeigt, daß nach Gebrauch weitgehende Veränderungen in der Katalysatorstruktur stattgefunden hatten. Rhombisches Fe_2O_3 mit einer Teilchengröße von 10^{-6} cm rekristallisierte zu Teilchen von 10^{-4} cm Größe. Erhitzen auf eine Temperatur von 1100° hatte eine ähnliche Wirkung auf die Struktur.

Ein Zusammenhang zwischen dem Verlust der katalytischen Wirksamkeit und dem Verschwinden der pyrophoren Eigenschaften ist von TAMMANN[2] entdeckt worden. Er erhitzte einen metallischen Nickelkatalysator auf verschiedene Temperaturen und prüfte ihn dann für die Umwandlung von Para- in Orthowasserstoff bei 15°. Die Halbwertszeit dieser Reaktion veränderte sich, wie die Kurven von Abb. 10 für zwei verschiedene Präparate zeigen, von denen Nr. *1* anfänglich aktiver als Nr. *2* war. Die Verschlechterung von *1* fing zuerst bei ungefähr 300° an, aber bei *2* erst bei einer ungefähr 100° höheren Temperatur. (Diese Kurven ähneln denen von E. FAJANS in Abb. 8.) Daneben wurde beobachtet, daß pyrophores metallisches Nickel erhalten wurde, wenn Nickeloxalat bei 350° in Wasserstoff erhitzt wurde, daß aber das Produkt nicht mehr pyrophor war, wenn die Herstellung bei 390° ausgeführt wurde. Diese Tatsachen deuten an, daß der beginnende Verlust der katalytischen Wirksamkeit und das Verschwinden der pyrophoren Form in demselben Temperaturgebiet vor sich gehen und daß beide von den Veränderungen abhängen, die in der Metalloberfläche beim Erhitzen auftreten. Pyrophore Eigenschaften eines festen Körpers können aber auch durch Befeuchten mit Wasser oder einer organischen Flüssigkeit oder sogar durch Kühlen mit gewissen Gasen verschwinden, ohne irgendeinen Verlust der katalytischen Wirksamkeit, so daß Vorsicht nötig ist, wenn man die zwei Eigenschaften unter allen Umständen verknüpfen will. Die (pyrophore) Reaktion zwischen einem Gas und einem festen Körper ist jedoch so eng mit der heterogenen Katalyse verwandt, daß eine große Ähnlichkeit zwischen den beiden Fällen nur zu erwarten ist.

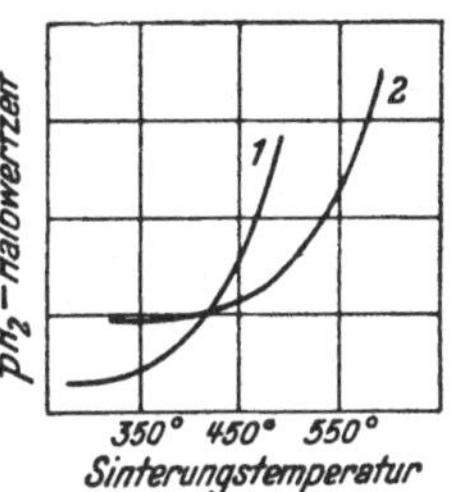

Abb. 10.
Geschwindigkeit der Sinterung von Platinkatalysatoren beim Erhitzen auf verschiedene Temperaturen.
Katalysator *1* anfänglich wirksamer als *2*[*].

Sinterung von Trägerkatalysatoren.

Die Sinterung von auf Elektrodenkohle abgelagertem Platin ist von BÜHRER[3] bearbeitet worden. Er hat gefunden, daß die Farbe des Materials heller wurde, wenn die Erhitzungstemperatur erhöht wurde, daß aber die Veränderungen nicht sehr auffällig waren. Mikroskopische Prüfung ergab keine klaren Unterschiede zwischen den gesinterten und nicht erhitzten Proben. Die Eigenschaften des Materials als Elektrode zeigten zwar nach einstündigem Erhitzen bei 900° Veränderungen, aber die Porosität wurde nicht verändert, bis man eine noch

[1] IVANOFF, KOBOSEFF: J. physik. Chem. URSS **10** (1937), 1.
[2] TAMMANN: Z. anorg. allg. Chem. **224** (1935), 25.
[*] TAMMANN: Z. anorg. allg. Chem. **224** (1935), 26.
[3] BÜHRER: Über die Sinterung von Platin in Zusammenhang mit der Änderung seiner katalytischen Aktivität. Basel, 1930.

höhere Temperatur erreichte. Tabelle 11 zeigt die durch Bestimmung der Diffusionsgeschwindigkeit von Luft durch die Platinschicht erhaltenen Resultate, wobei die Zeiten verglichen werden, die für einen Normaldruckabfall in einem Luftreservoir nötig waren.

Durch verlängertes Erhitzen bei den höheren Temperaturen fanden allerdings auch Veränderungen in dem Kohlenstoffträger statt.

Tabelle 11. *Diffusion von Luft durch auf Kohle niedergeschlagenes Platin.*

Präparat	Zeit für Normaldruckabfall in sec
Kohlenstoff	2420
Kohlenstoff + Pt bei 700° erhitzt	2430
Kohlenstoff + Pt bei 900° erhitzt	2425
Kohlenstoff + Pt bei 1100° erhitzt	2735
Kohlenstoff + Pt bei 1300° erhitzt	5800

Beweglichkeit von festen Schichten.

Alte Versuche von TURNER[1], der eine durchsichtige Goldschicht mikrophotographisch untersuchte, haben gezeigt, daß beim Erhitzen durch die Zerstörung der ununterbrochenen Schicht ein Netzwerk von getrennten Metallfäden gebildet wurde.

ANDRADE[2] hat die Beweglichkeit dünner, durch Zerstäubung abgelagerter Silber- und Goldschichten auf Grund mikroskopischer Untersuchung studiert. Er hat gefunden, daß diese Untersuchungsart in diesem Falle der Elektronenbeugung vorzuziehen ist, da sie unmittelbare Angaben über die Größe der Kristallite ergibt. Die Schichten, die anfänglich ungefähr 50 Atome dick waren, wurden im Vakuum erhitzt. Das erste Zeichen der Kristallisation wurde bei Silber bei 250÷280° und bei Gold bei 400° entdeckt.

Die neu gebildeten Teilchen bestanden aus kleinen Kügelchen, die viel dicker als der Rest der Schicht waren und dadurch anzeigten, daß Wanderung in der Oberfläche stattgefunden haben mußte. Wenn die Temperatur weiter erhöht wurde, nahm die Teilchengröße zu, und es bildete sich eine bestimmte kristalline Form. Gleichzeitig erschienen auf den übrigen Oberflächenteilen Flecke, wo die Metallhaut sehr dünn war. Die Gegenwart von Quecksilberspuren vermehrte die Beweglichkeit der Silber- und Goldatome in solchem Grade, daß man Kristallisation der Schicht bei Zimmertemperatur beobachten konnte.

Der Einfluß einer Atmosphäre, in der eine dünne Schicht erhitzt wird, ist von PRESTON und BIRCUMSHAW[3] an Blattgold bestimmt worden. Wenn man das Gold im Vakuum bei hohen Temperaturen um 700° erhitzte, fand keine Veränderung statt, dagegen trat in der Luft schon bei 400° Rekristallisation auf. Wasserstoff verursachte nur kleine Veränderungen, die auf Verunreinigung durch Sauerstoff oder Wasser zurückgeführt werden konnten. Obgleich Sauerstoff wahrscheinlich das wirkende Agens bei der Beschleunigung der Strukturveränderungen war, konnte man keinen Beweis des Vorhandenseins einer Oxydschicht auf dem Metall finden. Trotzdem kann ein Oxyd von nur vorübergehender Existenz zum beschleunigten Wachsen der Kristalle geführt haben. Jeder Cyclus abwechselnder chemischer Veränderungen einer katalytischen Oberfläche neigt zur Vermehrung der Wachstumsgeschwindigkeit von Kristallen aus einer amorphen Masse oder einer dünnen Schicht.

---

[1] TURNER: Proc. Roy. Soc. (London), Ser. A 81 (1908), 301.
[2] ANDRADE: Trans. Faraday Soc. 31 (1935), 1137.
[3] PRESTON, BIRCUMSHAW: Philos. Mag. J. Sci. 21 (1936), 713.

Eine andere Reihe von Versuchen über Kristallwachstum, die teilweise auf diese Überlegungen Bezug haben, stellen die Arbeiten von KOLTHOFF und seinen Mitarbeitern dar, obwohl die Bedingungen nicht die waren, welche man im allgemeinen bei katalytischen Verfahren antrifft[1]. Die Autoren untersuchten die Strukturveränderungen in gefälltem Bleisulfat, indem sie Oberflächeneffekte nach Art der Sinterung durch die Adsorption von Farbstoffen und inneres Kristallwachstum durch Bestimmung der Verteilung von Thorium B durch den ganzen festen Körper verfolgten. Beim Erhitzen auf $100 \div 200°$ fand eine kleine Oberflächenvermehrung statt, aber oberhalb 300° setzte eine schnelle Verminderung ein. Dagegen fing das Kristallwachstum bei einer beträchtlich niedrigeren Temperatur an; es konnte schon bei 200° bemerkt werden.

Die Gegenwart von Wasser in dem Niederschlag führte zu einem ununterbrochenen Alterungsvorgang, der weniger wirksam war, wenn das Präparat schnell bis auf 305° erhitzt wurde, als wenn man es auf 250° hielt. Anscheinend kommt bei Veränderungen dieser Art mehr als ein Faktor in Frage, und die Geschwindigkeit, mit der ein Katalysator dehydratisiert oder auf seine Reaktionstemperatur gebracht wird, kann einen wichtigen Einfluß auf sein schließliches Verhalten haben.

In neuester Zeit nähern sich diese Verhältnisse ihrer raschen Aufklärung durch die Anwendung der radioaktiven *Emaniermethode*.

Veränderung der katalytischen Wirksamkeit beim Schmelzpunkt. — Schrumpfungserscheinungen.

STEACIE und ELKIN[2] glauben gefunden zu haben, daß die Wirksamkeit metallischen Zinks als Katalysator für den Methanolzerfall beim Schmelzpunkt keine plötzliche Verminderung erfährt und daß auch keine Änderung in der Reaktionsordnung stattfindet. Diese Beobachtungen sind von ADADUROFF und DIDENKO[3] angegriffen worden, die vermuteten, daß die Wirkungen auf eine Zinkoxydschicht zurückzuführen waren. Obgleich STEACIE und ELKIN[4] in einer späteren Abhandlung neue Versuche gebracht haben, die ihre ersteren Schlüsse unterstützen sollen, ist dieses Beispiel aus thermodynamischen Gründen zweifelhaft. SCHWAB und MARTIN[5] haben die Möglichkeit katalytischen Zerfalls durch geschmolzene Metalle bei diesem und noch anderen Fällen erforscht, wo keine Verbindungsbildung stattfinden konnte, konnten aber keine Aktivität entdecken. Zum Beispiel blieb Ammoniak bei Kontakt mit Zink, Antimon oder Cadmium bei ihren Schmelzpunkten unverändert. Eine umfassende Suche nach einer Änderung der katalytischen Wirksamkeit bei einem Umwandlungspunkt der festen Phase zeigte zwar großen Mangel geeigneten Versuchsmaterials, die wenigen geprüften Fälle ergaben aber keinen Einfluß der Gitterumwandlung auf die Oberflächenkatalyse.

Aus unseren bisherigen Angaben über Alterungsvorgänge wird man jedoch bereits erkennen, daß Oberflächenänderungen, die zum Verlust der Wirksamkeit führen, bei Temperaturen weit unter dem normalen Schmelzpunkt des massiven

---

[1] KOLTHOFF und Mitarbeiter: J. Amer. chem. Soc. **57** (1935), 2573 und viele frühere Abhandlungen.

[2] STEACIE, ELKIN: Proc. Roy. Soc. (London), Ser. A **142** (1933), 457; Canad. J. Res. **11** (1934), 47.

[3] ADADUROFF, DIDENKO: J. Amer. chem. Soc. **57** (1935), 2718.

[4] STEACIE, ELKIN: J. Amer. chem. Soc. **58** (1936), 691.

[5] SCHWAB, MARTIN: Z. Elektrochem. angew. physik. Chem. **43** (1937), 610.

Katalysatormaterials einsetzen können und daß daher keine plötzliche Änderung in der katalytischen Wirkung zu erwarten ist.

Die schon Tammann bekannte Tatsache, daß Sinterungstemperaturen viel tiefer als die zugehörigen Schmelzpunkte liegen können, ist von Smith[1] untersucht worden, der z. B. die in Tabelle 12 gezeigten Zahlen angegeben hat.

Tabelle 12. *Sinterungstemperaturen metallischer Katalysatoren.*

Substanz	Temperatur	Schmelzpunkt
Pt-Schwarz	500°	} 1755°
Pt gefällt.......	700°	
Pd-Schwarz	600°	1555°
Cu gefällt	250°	1083°
Ni gefällt.......	700°	1452°
Ag gefällt	180°	961°
Au gefällt	200°	1063°
Co gefällt	200°	} 1480°
Co reduziert	500°	

Der Verlust der Adsorptionsfähigkeit und der katalytischen Wirksamkeit fing aber schon bei tieferen Temperaturen als den oben gegebenen an. Schädigungen können deshalb einsetzen, bevor irgendeine bemerkbare Sinterung auftritt, und das empfindlichste Kennzeichen der beim Erhitzen hervorgerufenen Veränderungen ist meistens gerade das Verhalten der Substanz als Katalysator.

Die Messungen von Bowden und O'Connor[2] über die Oberflächenvergrößerung bei der Erstarrung eines geschmolzenen Metalls oder einer Legierung wiesen ebenfalls darauf hin, daß die Veränderungen an oder nahe bei dem Schmelzpunkt klein waren. Die zugängliche Oberflächengröße einer scheinbaren Oberflächeneinheit des Metalls wurde durch Messung des Wirkungsgrades als Kathode für die Abscheidung von Wasserstoff aus verdünnter Säure untersucht. Alle flüssigen Metalle ergaben dasselbe Resultat, und wenn dieses mit 1 gerechnet wurde, fand man, daß die relative Oberflächengröße erstarrten Galliums 1,7 und die einer Legierung 1,4 war. Diese Vergrößerungen können mit der von 6,3 verglichen werden, die durch das Reiben des Metalls mit Sandpapier und einer von 800 oder 1000, die durch Ätzen mit Salpetersäure entstand.

Bei der Deutung experimenteller Angaben über die Unterdrückung des Teilchenwachstums oder der Sinterung durch die Wirkung von Verstärkern und Trägern ist Vorsicht am Platze. Zum Beispiel wurden für die Dehydrierung von Dekalin mit Chromoxydkatalysatoren die drei in Abb. 11 gezeigten Wirksamkeit-Zeit-Kurven erhalten, die erste mit dem Oxyd allein, die zweite mit Siliciumdioxyd als Verstärker und die dritte mit Magnesiumoxyd als

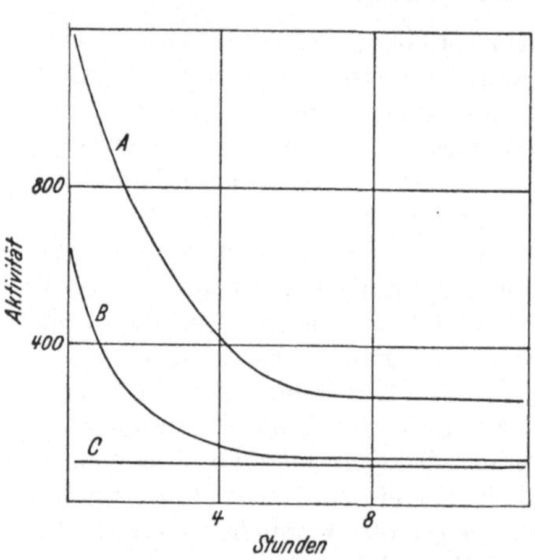

Abb. 11. Veränderung in der Aktivität von Chromoxydkatalysatoren.

A Verstärkter Katalysator. *B* Unverstärkter Katalysator. *C* 10% Oxyd mit 90% Träger.

Verdünnungsmittel[3]. Es ist daraus ersichtlich, daß das letzte eine immer gleichbleibende Wirksamkeit zeigte, auf das schließliche Katalysatorvolumen berechnet, während die beiden anderen Katalysatoren erst nach mehreren Stunden einen konstanten Wert erreichten.

[1] Smith: J. chem. Soc. **123** (1923), 2008.
[2] Bowden, O'Connor: Proc. Roy. Soc. (London), Ser. A **128** (1930), 317.
[3] Griffith: The Mechanism of Contact Catalysis, S. 131. Oxford, 1936.

Diese langsamen Veränderungen sind teilweise allmählicher Reduktion eines höheren Chromoxyds zuzuschreiben, die bei dem Trägerkatalysator schneller vor sich geht, teils aber auch dem Zusammenschrumpfen des festen Körpers. Dieser Faktor ist nicht mit Sinterung oder Rekristallisation identisch, sondern bezieht sich besonders auf das Trocknen gelatinöser Materialien. In den drei oben beschriebenen und in Abb. 11 gezeigten Beispielen fanden tatsächlich auch Veränderungen des Volumens und nicht nur der Wirksamkeit der Katalysatoren statt, wie Tabelle 13 zeigt.

Tabelle 13. *Schrumpfung von Chromoxydkatalysatoren.*

	Oxyd allein	Oxyd mit SiO_2-Verstärker	Oxyd mit 90% MgO-Träger
Anfangsvolumen, cm³	20	10	19
Endvolumen, cm³	7,8	4,8	16,2
Anfangsaktivität	680	1190	99
Anfangsaktivität, korrigiert	265	570	85
Endaktivität.........................	103	271	99

Die „korrigierte Anfangsaktivität" ist auf die Annahme begründet, daß bis zu der Zeit der ersten Bestimmung der katalytischen Wirkung keine Schrumpfung stattgefunden hat.

Es erhellt daraus, daß während der ersten Stadien des Gebrauchs geringe Veränderungen der Wirksamkeit stattfinden, wenn der Katalysator einen hohen Trägergehalt besitzt, daß aber auch der Zusatz eines Verstärkers eine anfängliche Verminderung nicht vermeidet. Veränderungen dieser Art in einem Katalysator sind aber nicht ernst zu nehmen und sind im allgemeinen auf das Vorliegen außergewöhnlich aktiver Präparate zurückzuführen, die noch nicht beständig sind, aber bald beständig werden, ohne dabei einer eigentlichen Sinterung zu unterliegen.

Vorteilhafte Sinterung.

In wenigen Fällen wurde auch behauptet, daß die vorsätzliche Sinterung eines Katalysators zu vorteilhaften Resultaten geführt habe. STORCH und PINKEL[1] haben gefunden, daß man bei schnellem Erhitzen eines Gemisches von Kobaltcarbonat mit $5 \div 25\%$ Kupferoxyd bis auf ungefähr $900 \div 1100°$ in ein paar Minuten eine gesinterte Masse erhält, die in der Struktur Bimsstein ähnelt und die durch Wasserstoff zu einem für die Wassergasreaktion sehr wirksamen Katalysator reduziert wird. Langsameres Erhitzen des Gemisches gibt dagegen ein pulverförmiges Produkt, und darum ist es möglich, daß eine nicht beständige, leicht schmelzbare Zwischenverbindung, vielleicht ein basisches Carbonat, existiert.

Auch CALCOTT und DOUGLASS[2] beschreiben einen Katalysator, der durch Schmelzen hergestellt wurde. Fein gemahlenes Aluminiumoxyd wurde mit Ammoniumvanadatlösung gesättigt, aus der dann durch Behandlung mit Salpetersäure Vanadinsäure in Freiheit gesetzt wurde. Das feste Produkt wurde mit Zucker gemischt, in dünne Stäbe ausgedrückt und auf $675°$ erhitzt, so daß das Vanadinpentoxyd gerade schmolz.

Zu diesen beiden Beispielen ist zu bemerken, daß die Erhitzung dem Aktivierungsstadium *vorhergeht*. Die vorsätzliche Sinterung eines schon *aktivierten*

---

[1] STORCH, PINKEL: Ind. Engng. Chem. **29** (1937), 715.
[2] CALCOTT, DOUGLASS: U.S.-Pat. 2034896 (1936).

Katalysators ist nur nötig, wenn eine Verminderung der katalytischen Wirksamkeit erforderlich ist. Zum Beispiel erzeugt der Gebrauch eines zu aktiven Katalysators bei der Hydrierung von Zimtaldehyd Phenylpropylalkohol, während ein weniger kräftiges Mittel die Umwandlung nur bis zum Zimtalkohol fördert. Sogar in solchen Fällen ist es meistens vorzuziehen, das gewünschte Produkt lieber durch Änderung der Arbeitsweise als durch Verminderung der Wirksamkeit des Katalysators zu erzielen.

Alterung.
Verbesserung der Wirksamkeit durch Alterung.

Einige Fälle sind bekannt, in welchen die Wirksamkeit während des Gebrauches langsam zunimmt. Dies sind meistens Metallkatalysatoren, die in massiver Form angewandt werden und bei denen die Oberfläche während des Gebrauches narbig oder gereinigt wird. Platingaze, die für die Ammoniakoxydation gebraucht wird, erleidet bekanntlich einen allmählichen Oberflächenangriff, der sie wirksamer macht, und Zawadzki und Badzynski[1] haben gefunden, daß ein Gazekatalysator desselben Materials, der für den Stickoxydzerfall angewendet wurde, in den ersten Tagen ebenfalls an Aktivität zunahm. Allerdings führt dieser aktivierende Angriff allmählich zur mechanischen Zerstörung, und dies ist die natürliche Grenze der Lebensdauer der Netze in der industriellen Praxis.

Verlust der Wirksamkeit durch chemische Veränderung.

Die Wichtigkeit der Erhaltung einer bestimmten aktiven chemischen Verbindung in der Katalysatorfläche ist schon bei Erörterung der Aktivierung betont worden. Offensichtlich kann demnach die Verschlechterung eines Katalysators durch noch andere chemische Veränderungen verursacht werden als durch diejenigen, die bei der Vergiftung durch reaktionsfremde Stoffe eintreten. Die Verschlechterung kann einfach durch langsame Reaktion mit einem *Bestandteil* des behandelten Systems hervorgerufen werden. Beispiele solcher Veränderungen können am besten durch Betrachtung der Maßregeln illustriert werden, die man zu ihrer Vermeidung trifft.

Rideal und Taylor[2] fanden, daß verschiedene für den Zerfall von Schwefelkohlenstoff verwendete Oxydkatalysatoren ihre Wirksamkeit verloren, weil sie allmählich zu niedrigeren Oxyden reduziert wurden. Man konnte dies durch Wasserdampfzusatz zu den Gasen verhindern. Ein ähnlicher Fall wird von Kuentzel[3] beschrieben, wo Oxydmischkatalysatoren, die man bei der Oxydation von Kohlenoxyd benutzt, einen langsamen Verlust der Wirksamkeit wegen der Reduktion eines Oxydbestandteils durch Kohlenoxyd erleiden.

Ähnlich haben Dunstan und Howes[4] bei der katalytischen Polymerisation gasförmiger Olefine gefunden, daß Orthophosphorsäure, die für dieses Verfahren wirksam war, sich durch Dehydratation schnell verschlechterte, daß aber diese Schwierigkeit durch Wasserdampfzusatz zu den reagierenden Gasen leicht überwunden werden konnte (s. S. 325f.).

Dasselbe Grundprinzip gilt wahrscheinlich auch für die heute allgemein

---

[1] Zawadzki, Badzynski: Roczniki Chem. 11 (1931), 167; Chem. Abstr. 25 (1931), 3906.
[2] Rideal, Taylor: Brit. Pat. 130654 (1918).
[3] Kuentzel: J. Amer. chem. Soc. 52 (1930), 445.
[4] Dunstan, Howes: J. Instn. Petrol. Technologists 22 (1936), 347.

bekannten und u. a. von VARGA[1] beschriebenen Sulfidkatalysatoren für die Hydrierung von bituminösen oder Kohlenstoffmaterialien unter hohem Druck, wobei das Vorhandensein beträchtlicher Mengen freien Schwefelwasserstoffs in den reagierenden Gasen bekanntlich zur Verbesserung der Wirkung und Lebensdauer des Katalysators führt. Der langsame Zerfall einer Substanz wie Molybdändisulfid, zum Beispiel durch Wasserstoff unter hohem Druck, wird hier durch die Gegenwart freien Schwefelwasserstoffs unterdrückt.

Auch sollte ein chemischer Angriff durch Nebenreaktionen vermieden werden, da er ebenfalls zu Verlusten an wirksamem Katalysatormaterial führen kann. Zum Beispiel enthalten hydrierte Fette, in denen wegen der Gegenwart von Wasser im Reaktionsgefäß Hydrolyse eingetreten ist, freie Säuren, die Nickel auflösen können. Solche Verluste werden durch gründliche Trocknung der Reagenzien verhindert.

Alterung durch Wanderung von Verunreinigungen.

CHAPMAN und REYNOLDS[2] haben gefunden, daß ein Platindraht, der durch Sauerstoffbehandlung und darauffolgendes Evakuieren aktiviert worden war, seine katalytische Wirkung auf die Knallgasreaktion bei Zimmertemperatur verlor, wenn er in Wasserstoff auf 1000° erhitzt wurde. Die Wirksamkeit wurde durch Erhitzen in Sauerstoff nicht wiederhergestellt. Die Forscher haben festgestellt, daß diese Vorgänge auf die Gegenwart einer sehr kleinen Kupfermenge im Platin zurückzuführen waren, und haben Kupfer in Mengen von $0{,}01 \div 0{,}001\%$ nachgewiesen. Solange dieses Kupfer als Oxyd vorlag, blieb es unbeweglich im Innern des Drahtes, aber nach Reduktion durch Wasserstoff zu Metall wurde es frei, um zur Oberfläche zu diffundieren, wo es die katalytische Reaktion hemmte. Bei Wiederoxydation blieb die Verunreinigung noch weiter auf der Oberfläche als Kupferoxyd und konnte nur durch anhaltende abwechselnde Säurebehandlung und Oxydation entfernt werden.

Mechanische Verluste.

Das Abtragen eines Katalysators durch einen schnell bewegten Strom der Reaktionsteilnehmer über seine Oberfläche ist eine offenbare Ursache von Verlusten, gegen die man hinreichend auf der Hut sein muß, da sie ebenfalls zur Verschlechterung der Kontaktmasse führt. FIGUROVSKII[3] hat zum Beispiel gezeigt, daß Salpetersäure, die durch Oxydation von Ammoniak mit einem Platinkatalysator erhalten worden ist, kolloide Platinteilchen von unregelmäßiger Form von ungefähr $0{,}003 \div 0{,}012$ mm Durchmesser enthalten kann. Diese werden durch die abreibende Wirkung der im Strom der reagierenden Gase schwebenden Staubteilchen mitgenommen. Auch wenn der Gasstrom keine suspendierten Teilchen enthält, können kleine Stückchen leicht zerreiblicher Katalysatoren weggeblasen werden, wenn die Strömungsgeschwindigkeit über dem Kontaktmaterial zu hoch ist.

---

[1] VARGA: D.R.P. 639762; Brit. Pat. 313505 (1930).
[2] CHAPMAN, REYNOLDS: Proc. Roy. Soc. (London), Ser. A 156 (1936), 284.
[3] FIGUROVSKII: J. appl. Chem. URSS 9 (1936), 37.

Schluß.

Um einen wirksamen Katalysator herzustellen und ihn während langer Zeit in gutem Zustand zu erhalten, muß man auf die Herstellung des Materials, die Aktivierung, die dem wirklichen katalytischen Prozeß vorhergeht, und die Kontrolle der Temperatur achten. Die richtige Auswahl von Verstärkern und Trägern ist wichtig, da diese nicht nur die eigentliche Wirksamkeit eines Katalysators vergrößern und seine Spezifität beeinflussen, sondern ihn auch widerstandsfähiger gegen Sinterung und Vergiftung machen.

Man sollte auch die Gesichtspunkte berücksichtigen, die mit der Vergiftung von Katalysatoren und der Wiederbelebung des vergifteten Materials zusammenhängen, da diese beiden Dinge schon während der Herstellungsprozesse beachtet werden müssen und mit dem Alterungsverhalten in naher Beziehung stehen[1].

---

[1] Hierüber vgl. Baccaredda in Band VI dieses Handbuches.

Heterogene Katalysen
in anorganischen Stoffsystemen.

Von

H. W. KOHLSCHÜTTER, Darmstadt.

Inhaltsverzeichnis.

	Seite
1. Einleitung	337
2. Beispiel für die Beschreibung heterogener Katalysen: Einstellung des Ammoniakgleichgewichts	339
3. Auswahl katalytischer Vorgänge: Der Begriff Katalyse	342
4. Katalysierte Reaktionen	343
Wasserstoff	343
Sauerstoff	350
Wasser	354
Halogene	357
Schwefel, Selen	361
Stickstoff, Phosphor (Arsen, Antimon)	364
Kohlenstoff	368
Metalle	372
5. Katalysatoren	375
Allgemeine Bemerkungen	375
Die am Aufbau beteiligten Stoffe	377
Aufteilungszustände	391
Bildungsweisen	398
6. Zusammenfassung	403

1. Einleitung.

Die Vielseitigkeit heterogener Katalysen in anorganischen Stoffsystemen[1]
ist durch die große Zahl der insgesamt beteiligten Stoffe verursacht. Sie wird
außerdem dadurch vermehrt, daß in manchen Systemen ein und derselbe Stoff

---

[1] Zusammenfassende Darstellungen, in denen Erfahrungen über heterogene Katalyse (in anorganischen Stoffsystemen) in größerem Umfang, jedoch nach verschiedenen Gesichtspunkten geordnet wurden, enthalten z. B. die folgenden Monographien: P. SABATIER: Die Katalyse in der organischen Chemie, nach der 2. französischen Ausgabe übersetzt von B. FINKELSTEIN. Kapitel II: Über (anorganische) Katalysatoren. Leipzig, 1927. — G. WOKER: Die Katalyse, vgl. Spezieller Teil: Anorganische Katalysatoren. Stuttgart, 1927. — E. K. RIDEAL, H. S. TAYLOR: Catalysis in theory and practice, London, 1926. — E. SAUTER: Heterogene Katalyse, Dresden u. Leipzig, 1930. — W. FRANKENBURGER, F. DÜRR: Katalyse. ULLMANNS Enzyklopädie der techn. Chem. 2. Aufl. 6 (1930). — G.-M. SCHWAB: Katalyse vom Standpunkt der chemischen Kinetik, Berlin, 1931. — T. P. HILDITCH: Die Katalyse in der angewandten Chemie, übersetzt von E. NAUJOKS. Leipzig, 1932. — GMELINS Handbuch der Anorganischen Chemie 8. Aufl. Bd. 2 (Wasserstoff) S. 244. Weitere Einzeltatsachen unter den entsprechenden Systemnummern.

als fester Katalysator in verschiedenen Aufteilungszuständen zur Wirkung
kommen und damit den Ablauf der Reaktionen verschieden beeinflussen kann.
In den folgenden Abschnitten werden mit Hilfe ausgewählter Beispiele die Gesichtspunkte besprochen, nach welchen sich eine Ordnung dieser stofflichen Vielseitigkeit durchführen läßt.

Übersicht über die katalysierten Reaktionen. Ursprünglich waren Katalysen
Sondererscheinungen. Später lehrten alle Beispiele, deren Reaktionsmechanismus aufgeklärt werden konnte, daß Katalysen in die allgemeine Stoff- und
Reaktionslehre einbezogen werden müssen[1]. Wieweit das im einzelnen schon
möglich ist, hängt von der Vollständigkeit ab, mit der die Reaktionen bisher
untersucht worden sind. Je genauer die Reaktionen in der Folgezeit untersucht
werden, um so mehr läßt sich ihre Anordnung und Gruppierung verbessern. Eine
erste Übersicht ergibt sich aus einer Zusammenstellung der katalysierten Reaktionen, ihrer Ausgangs- und Endstoffe.

Übersicht über die Katalysatoren. Die Funktionen der Katalysatoren können nicht getrennt von den Funktionen der an den katalysierten Reaktionen
beteiligten Stoffe betrachtet werden. Trotzdem ist es sinnvoll, parallel zu einer
Übersicht über die katalysierten Reaktionen eine Übersicht über die Katalysatoren zu entwickeln. Dadurch entstehen zwar Wiederholungen; aber nur
dadurch ist es möglich, den Besonderheiten der festen Katalysatoren gerecht
zu werden[2].

Bei heterogenen Katalysen gehören die an den katalysierten Reaktionen und
die am Aufbau der Katalysatoren beteiligten Stoffe verschiedenen Phasen an.
Die Reaktionen verlaufen in Grenzflächenzonen. Neben dem atomaren, molekularen oder kristallchemischen Aufbau der Phasen bestimmen *Grenzflächeneigenschaften* die Funktionen der Stoffe. Die Schwierigkeit, Grenzflächeneigenschaften in einzelnen Stoffsystemen zu erfassen und die an einzelnen Systemen
gewonnenen Erfahrungen für weitere Systeme zu verallgemeinern[3], ist der Grund
dafür, daß die Kenntnisse über den Mechanismus heterogener Katalysen langsamer als die Kenntnisse über den Mechanismus homogener Katalysen fort-
geschritten sind und daß dementsprechend auch die Systematik heterogener Katalysen schlechter ausgebildet ist. Es ist noch nicht möglich, aus den
wichtigsten Eigenschaften fester Katalysatoren, eben den Grenzflächeneigen-

---

[1] Darstellungen der geschichtlichen Entwicklung der Katalyseforschung: Wi.
Ostwald: Über Katalyse. Z. Elektrochem. angew. physik. Chem. 7 (1901), 995. —
G.-M. Schwab: Katalyse vom Standpunkt der chemischen Kinetik, S. 1÷5. Berlin,
1931. — A. Mittasch, E. Theis: Von Davy und Döbereiner bis Deacon, ein halbes
Jahrhundert Grenzflächen-Katalyse, Kap. 15, S. 247: „Es hat sich gezeigt, daß die
Entwicklung der Katalyse in dem von uns betrachteten Zeitraum auf das innigste
mit den Fortschritten der Chemie im allgemeinen zusammenhängt..." — Der
betrachtete Zeitraum erstreckt sich von 1817 (H. Davys Versuche über die Verbrennung von Methan an Platin) bis ungefähr 1868 (H. Deacons Patent über die
Oxydation von Chlorwasserstoff an Metallverbindungen). In Zeittafeln ist die Geschichte der Ammoniaksynthese bis 1905 (S. 203), die Geschichte der Mehrstoffkatalysatoren bis 1914 (S. 236) beschrieben. Berlin, 1932. — A. Mittasch: Über
katalytische Verursachung im biologischen Geschehen, S. 1÷6. Berlin, 1935. —
A. Mittasch: Kurze Geschichte der Katalyse in Praxis und Theorie, Berlin, 1939.

[2] W. Frankenburger: Katalytische Umsetzungen, S. IV: „Dieses Gebiet der
(heterogenen) katalytischen Reaktionen erfordert eine Schilderung *unter verschiedenen Gesichtspunkten,* nämlich zunächst eine Aufzählung der außerordentlich
zahlreichen rein empirischen Befunde über die Arten heterogener Katalysen und
der dabei wirksamen Kontaktstoffe..." (Kursivdruck in diesem Satz von K.).
Leipzig, 1936.

[3] E. Schröer, H. J. Schumacher: Naturwiss. 29 (1941), 411, besonders S. 414,
Abschnitt IV.

schaften, ordnende Gesichtspunkte für eine allgemeine Übersicht abzuleiten. Man ist immer noch gezwungen, bei der Beschreibung fester Katalysatoren von den *groben* Merkmalen, d. h. von der stofflichen Zusammensetzung oder von dem Aufteilungszustand der ganzen Phase auszugehen und summarisch die Beziehungen zur Bildungsweise einerseits, zur Bruttogleichung der von ihnen katalysierten Reaktionen andererseits anzugeben. Dieses Vorgehen entspricht, so unbefriedigend es in einzelnen Fällen sein mag, weitgehend praktischen Bedürfnissen; denn Grenzflächeneigenschaften fester Stoffe werden primär durch die Zusammensetzung und die Bildungsweise der Phase angelegt, sie werden häufig erst durch eine Nachbehandlung der fertig gebildeten Phase für bestimmte Zwecke entwickelt und lassen sich, wenn sie bekannt sind, nachträglich in die Gesamtbeschreibung einbeziehen.

2. Beispiel für die Beschreibung heterogener Katalysen: Die Einstellung des Ammoniakgleichgewichts.

Sowohl die Synthese als auch der Zerfall von Ammoniak sind besonders vielseitig und nach jeder Richtung besonders genau untersuchte Beispiele heterogener Katalysen. Ein Auszug aus dem Inhalt dieser Beispiele kann zur Erläuterung der *Vereinfachungen* dienen, die bei der Beschreibung aller anderen im folgenden angeführten Stoffsysteme angewandt werden. Die Grundlage für diesen Auszug bilden ältere zusammenfassende Darstellungen[1], da der genannte Zweck auch mit z. T. schematischen Angaben erfüllt wird. Neuere Einzelheiten sind den Beiträgen in Band IV und V dieses Handbuchs zu entnehmen.

1. In dem Gleichgewicht

$$N_2 + 3 H_2 \rightleftharpoons 2 NH_3$$

sind bei 200° C und 1 at rd. 15%, bei 400° C und 1 at rd. 0,4%, bei 600° C und 1 at rd. 0,05% NH_3 vorhanden. Die *Einstellung des Gleichgewichts von beiden Seiten* wird durch Metalle aus der Gruppe der Übergangselemente beschleunigt. Dabei verläuft die Ammoniakbildung an der Metalloberfläche [Me] etwa über die Stufen:

$$[Me] + N_2 \rightarrow [Me]N \xrightarrow{+H} [Me]NH \xrightarrow{+H} [Me]NH_2 \xrightarrow{+H} [Me]NH_3 \rightarrow [Me] + NH_3 \, .$$

D. h. Stickstoff wird an ausgezeichneten Stellen der von den Gasen erreichbaren Metalloberfläche adsorbiert und derart angeregt, daß sich zuerst metallnitridähnliche Oberflächenverbindungen bilden. Diese werden durch den ebenfalls am Metall angeregten Wasserstoff hydriert. Es entstehen imid- oder amid-ähnliche Zwischenverbindungen, schließlich Ammoniak, welches wieder von der Metalloberfläche abdiffundiert. Für die Ammoniakspaltung kann ein ähnliches Schema (mit entgegengesetzter Reaktionsrichtung) angenommen werden. Durch diese Formulierung kommt, auch wenn sie im Zuge der weiteren Entwicklung abgeändert werden muß, deutlich zum Ausdruck, daß sich die Gesamtumsetzung aus mehreren Teilvorgängen zusammensetzt.

---

[1] W. FRANKENBURGER: Zum heutigen Stand der Theorie der Ammoniak-Katalyse. Z. Elektrochem. angew. physik. Chem. **39** (1933), 45, 97, 269. — GMELINS Handbuch der Anorganischen Chemie 8. Aufl. Systemnummer 4, S. 326ff. (Literatur berücksichtigt bis 1935).

Nach dem Zustandsdiagramm für das System Eisen + Stickstoff sind bei 400° folgende Phasen möglich[1]:

$$\alpha : 0 \quad \div 0{,}4 \ \% \, N \ \text{(Stickstoff in Eisen gelöst)},$$
$$\gamma' : 5{,}75 \div 6 \quad \% \, N \ (Fe_4N = 5{,}85 \% \, N)*,$$
$$\varepsilon : 8 \quad \div 11{,}25 \% \, N \ (Fe_2N = 11{,}25 \% \, N),$$

$$\alpha + \gamma' : 0{,}4 \div 5{,}75 \% \, N,$$
$$\gamma' + \varepsilon : 6 \quad \div 8 \quad \% \, N.$$

Unter den üblichen Betriebsbedingungen der technischen Ammoniaksynthese ist die Bildung von Fe_2N in analytisch nachweisbarem Umfang nicht möglich. Die Fe_2N-Phase läßt sich dagegen leicht durch Nitrieren von Eisen im Ammoniakstrom herstellen. Sie zersetzt sich bei 400° im Vakuum mit derselben Geschwindigkeit, mit der sich Ammoniak an ihr zersetzt[2]. Dies deutet darauf hin, daß in der Reaktionsfolge für die Ammoniakspaltung an Eisen Eisennitride beteiligt sind. Schematisch:

$$Fe_2N \rightarrow 2\,Fe + N$$
$$\underline{2\,Fe + NH_3 \rightarrow Fe_2N + 3\,H}$$
$$NH_3 \rightarrow N + 3\,H\,.$$

Bei Temperaturen, bei denen sich Fe_2N praktisch noch nicht zersetzt, ist auch die Zersetzung von Ammoniak gering. In der Summengleichung der Teilvorgänge erscheint die Ammoniakzersetzung als Katalyse mit Fe_2N als Katalysator (Seite 366).

2. Die *stoffliche Grundlage wirksamer Katalysatoren* bilden Metalle, die im periodischen System der Elemente an oder in der Nähe der Grenze zwischen den Stickstoff bindenden und Stickstoff nichtbindenden Elementen stehen[3]:

4. Periode	Mn	Fe	Co	Ni
5. „	Mo			Pd
6. „	W		Os	Pt

Voraussetzung für die katalytische Wirksamkeit scheint die Eigenschaft der Metalle zu sein, bei den in Frage kommenden Reaktionstemperaturen Stickstoff schnell und nicht zu fest zu binden. Osmium ist das zuerst angewandte Metall gewesen.

3. Im technischen Verfahren haben *Mehrstoffkatalysatoren* die reinen oder vermeintlich reinen Metalle verdrängt. Bei der Züchtung der Mehrstoffkatalysatoren wurde zunächst die Absicht verfolgt, die Rekristallisation der Metalle durch Zumischung von (katalytisch unwirksamen) Fremdstoffen zu hemmen und damit die spezifische Oberfläche der katalytisch wirksamen Metalle zu vergrößern. Dabei bildete sich die Erfahrung aus, daß dieWirksamkeit der Mehrstoffkatalysatoren wesentlich über die Wirksamkeit ihrer Komponenten gesteigert werden kann[4].

---

[1] O. Eisenhut, E. Kaupp: Das System Eisen-Stickstoff. Z. Elektrochem. angew. physik. Chem. **36** (1930), 392.

* R. Brill: Kristallstruktur von Fe_4N. Naturwiss. **16** (1928), 593; Z. Krist., Mineral., Petrogr. **68** (1928), 379.

[2] A. Mittasch, E. Kuss, O. Emert: Zur Ammoniakzersetzung an Eisen. Z. Elektrochem. angew. physik. Chem. **34** (1928), 829.

[3] Gmelins Handbuch der Anorganischen Chemie 8. Aufl. Systemnummer 4, S. 238 Abb. 10. — Hier sind nur diejenigen Metalle angeführt, die nach Gmelin Systemnummer 4, S. 335 als Einstoffkatalysatoren angewandt wurden (außerdem: U).

[4] A. Mittasch, E. Theis: Von Davy und Döbereiner bis Deacon, ein halbes Jahrhundert Grenzflächen-Katalyse, S. 236: Geschichte der Mehrstoffkatalysatoren. Berlin, 1932.

Der bekannteste Mehrstoffkatalysator für die Ammoniaksynthese ist der auf Eisen-Aluminiumoxyd-Kaliumoxyd-Grundlage aufgebaute Katalysator geworden. Ein Beispiel für seine Zusammensetzung ist

$$\text{Fe} + \text{einige Prozent } Al_2O_3 + \text{einige Zehntelprozent } K_2O.$$

Andere für dieselbe Reaktion brauchbare Katalysatoren beruhen z. B. auf den stofflichen Grundlagen:

Eisen + Molybdän;
Eisen- oder Platinmetalle + nicht reduzierbare Leichtmetalloxyde,
feinteilige Eisen- oder Platinmetalle auf Trägerstoffen (Asbest, Silikagel u. a.).

4. Angaben über die *Struktur der Katalysatoren* beziehen sich u. a. auf:

Form, Festigkeit und mittlere Größe der abgrenzbaren Körner; Schüttvolumen; Hohlraumvolumen zwischen den aufgeschütteten Körnern und in den einzelnen Körnern. — Kristallisierte bzw. amorphe Phasen. Form, Größe und Durchbildung der kristallisierten, bei röntgenographischer Untersuchung kohärent strahlenden Teilchen. — Spezifische Oberfläche, Verhältnis der katalytisch wirksamen Oberfläche zur Gesamtoberfläche Struktur der katalytisch wirksamen Oberfläche.

Nicht nur die zuletzt angeführten Eigenschaften der katalytisch wirksamen Oberfläche, sondern auch die zuerst angeführten makroskopischen Eigenschaften des ganzen Katalysatorpräparates sind für die Anwendbarkeit eines Katalysators entscheidend. Der unter 3 erwähnte Mehrstoffkatalysator auf Eisen-Aluminiumoxyd-Kaliumoxyd-Grundlage wird durch Zusammenschmelzen von Eisenoxyd, Aluminiumoxyd, Kaliumnitrat und durch anschließende Reduktion der erschmolzenen, wieder erkalteten Masse hergestellt[1] (Schmelzkontakt). Er entsteht dabei in Form grober, harter, sehr feinporiger Brocken mit metallisch glänzenden, scheinbar ganz glatten Bruchflächen. Mit diesen Eigenschaften ist er für die Beschickung der Katalysatoröfen sehr geeignet. Beim Einfüllen in die Öfen ist der mechanische Abrieb gering; im Betrieb erreicht der Kontakt hohe Lebensdauer. Für ähnlich zusammengesetzte Zweistoffkatalysatoren, die durch oxydierendes Schmelzen von Carbonyleisen unter Zusatz von 10% Aluminiumoxyd und durch nachfolgende Reduktion hergestellt worden waren und ihre Wirksamkeit für die Ammoniakbildung gezeigt hatten[2], wurde nachgewiesen, daß sie *vor* der Reduktion neben Magnetit Aluminiumoxyd in Form von Aluminiumoxyd-Eisenoxyd-Mischkristallen, *nach* der Reduktion neben α-Eisen sehr feinteiliges Aluminiumoxyd enthielten[3]. Der katalytisch wirksame Bestandteil war das Eisen. Der Aluminiumoxydgehalt schien nur zur Erhaltung der Wirksamkeit des Eisens während der Dauerbeanspruchung beizutragen. Für einen Mehrstoffkatalysator wurde geschätzt, daß größenordnungsmäßig nur jedes 200. Fe-Atom der Oberfläche Bestandteil einer katalytisch wirksamen Stelle ist[4].

Nur wenige heterogene Katalysen können schon so vollständig wie die Ammoniak-Katalyse beschrieben werden. Die Beschreibung der katalysierten Reaktionen im Abschnitt 4 und die Beschreibung der Katalysatoren im Abschnitt 5

---

[1] D.R.P. 249447 und 254437.

[2] A. MITTASCH, E. KEUNECKE: Über die Aktivierung von Eisen durch Aluminiumoxyd bei der Ammoniak-Katalyse. Z. Elektrochem. angew. physik. Chem. **38** (1932), 666.

[3] R. BRILL: Röntgenographische Untersuchungen an Eisenkatalysatoren für die Ammoniak-Synthese. Z. Elektrochem. angew. physik. Chem. **38** (1932), 669.

[4] J. A. ALMQUIST, C. A. BLACK: J. Amer. chem. Soc. **48** (1926), 2814.

dieses Berichtes ist aber auch in Fällen, in denen sie vollständiger möglich wäre, weitgehend vereinfacht worden. Für die katalysierten Reaktionen wird nur die Summengleichung der Umsetzungen und nur die qualitative Zusammensetzung der wichtigsten zugehörigen Katalysatoren angegeben. Angaben über die äußeren Reaktionsbedingungen (Temperatur, Druck), über den Reaktionsmechanismus, über mögliche oder nachgewiesene Zwischenverbindungen fehlen fast ganz. In Systemen mit chemischen Gleichgewichten, in denen derselbe Katalysator die beiden entgegengesetzt verlaufenden Reaktionen beschleunigen kann, wird häufig nur die für präparative Zwecke gewünschte Reaktionsrichtung formuliert. Bei der gesonderten Beschreibung der festen Katalysatoren werden nur die stofflichen und einige präparative Voraussetzungen für den Aufbau der Katalysatorsysteme berücksichtigt. Der Aufteilungszustand der festen Phasen wird nur durch grobe Merkmale gekennzeichnet. Angaben über die Feinstruktur der Phasen und ihrer Oberflächen fehlen. Angaben über die Wirksamkeit der Katalysatoren sind nur qualitativ und summarisch; d. h. die Frage, ob in der Gleichung für die Geschwindigkeitskonstante

$$k = a \cdot e^{-q/RT}$$

vornehmlich die Größe a (Ausdehnung der aktiven Oberfläche, Zahl der aktiven Zentren) oder vornehmlich die Größe q (Aktivierungswärme für die Reaktion) für die beobachtete Erhöhung einer Reaktionsgeschwindigkeit verantwortlich ist, wird nicht berührt.

3. Auswahl katalytischer Vorgänge: Der Begriff Katalyse.

Für die Auswahl der Stoffsysteme ist die Anwendung des Begriffs Katalyse entscheidend.

J. Berzelius hatte mit der Einführung des Begriffs die verschiedenartigsten stofflichen Umsetzungen zusammengefaßt. Er hatte absichtlich noch keine Erklärung für Katalysen gegeben und damit eine zu weitgehende Differenzierung der Erscheinungen vermieden[1]. Nachdem durch Wi. Ostwald die reaktionskinetische Betrachtung der Katalyse eingeleitet worden war[2], trat der Zeitbegriff immer mehr in den Vordergrund: Katalysatoren *beschleunigen* chemische Reaktionen; Messungen der Reaktionsgeschwindigkeit entscheiden darüber, ob eine Katalyse vorliegt oder nicht. Sieht man jedoch die im Laufe der weiteren geschichtlichen Entwicklung der Katalyseforschung entstandenen Variationen des Begriffs genau durch, dann ist in allen das Bestreben zu erkennen, der Mannigfaltigkeit der Erscheinungen gerecht zu werden und Erscheinungen, die auf Grund *stofflicher* Beziehungen zusammengehören, nicht durch zu eng gefaßte Begriffe zu trennen. Durch die Fortschritte in der Aufklärung einzelner katalytischer Vorgänge ist der Begriff Katalyse nicht eindeutiger begründet worden.

---

[1] Berzelius, Jahresberichte 15 (1834/36), 237ff. — A. Mittasch: Katalytische Verursachung im biologischen Geschehen, S. 3: „Mit einem neuen Namen und einer Realdefinition hat so Berzelius als Chemiker und Physiolog in glücklicher Weise eine Anzahl Erscheinungen auf dem Gebiet des Anorganischen und auf dem Gebiet der lebenden Organismen zusammengefaßt … und zwar unter Ablehnung jeder Erklärung, außer der allgemeinen Voraussetzung, daß es sich auch hier nicht um etwas ganz außerhalb der sonstigen Chemie Stehendes handeln kann, sondern um eine besondere Betätigungsweise der gewöhnlichen chemischen Verwandtschaft." Berlin, 1935.

[2] Wi. Ostwald: Z. Elektrochem. angew. physik. Chem. 7 (1901), 995. „Ein Katalysator ist jeder Stoff, der, ohne im Endprodukt einer chemischen Reaktion zu erscheinen, ihre Geschwindigkeit verändert."

Er hat seine formale Bedeutung behalten[1]. Eine für den hier verfolgten Zweck praktische Umschreibung des Begriffs kann in dem folgenden Satz gesehen werden[2]:

Erstes sichtbares Merkmal der Katalyse ist ein scheinbares mengenmäßiges Mißverhältnis von stofflicher Ursache und stofflicher Wirkung.

Mit einer so weiten Fassung des Begriffs wird es möglich, Beispiele idealer Katalysen, bei denen der Katalysator durch die katalysierte Reaktion praktisch nicht verändert wird, mit Beispielen solcher Reaktionsfolgen zu verbinden, die nur in ihrer Summengleichung als Katalysen erscheinen, tatsächlich aber als sich abwechselnde Teilreaktionen durchgeführt werden, bei denen also der sog. Katalysator Ausgangs- bzw. Endstoff in den Teilreaktionen ist. So ergeben sich auch natürliche Übergänge zu Grenzfällen, wie sie z. B. bei gekoppelten Reaktionen vorliegen. Das zweite besonders auffallende Merkmal von Katalysen, der unbegrenzte Stoffumsatz an einer gegebenen Menge des Katalysators, gibt katalytischen Vorgängen zweifellos besonderen Reiz und besondere Bedeutung. Aber die Übergänge zwischen „unbegrenztem" und „stöchiometrischem" Stoffumsatz sind fließend. Infolgedessen kann das zweite Merkmal bei der Stoff-Sammlung in den Abschnitten 4 und 5 zurückgestellt werden. Die Auswahl der Stoffsysteme ist so getroffen, daß einerseits die Leistungsfähigkeit der ordnenden Gesichtspunkte beurteilt werden kann, andrerseits möglichst verschiedenartige Stoffklassen berührt werden.

4. Katalysierte Reaktionen.

Wasserstoff.

Bildung und Rekombination von Wasserstoffatomen[3].

An hocherhitzten Wolframdrähten findet bei niedrigen Gasdrucken Dissoziation von H_2-Molekülen statt[4]:

$$H_2 \rightarrow H + H.$$

Sauerstoffspuren heben die Wirkung des Wolframs auf. Bei Versuchen mit aktivem Wasserstoff sind viele feste Stoffe bekannt geworden, welche die Rekombination der H-Atome

$$H + H \rightarrow H_2$$

beschleunigen. Besonders wirksam sind Metalle. Ihre Wirksamkeit nimmt in der

---

[1] E. Schröer, H. J. Schumacher: Betrachtungen zur „Katalyse". Naturwiss. 29 (1941), 411.

[2] A. Mittasch: Über katalytische Verursachung im biologischen Geschehen, S. 6: „Hat man sich so einerseits von der Vorstellung befreit, daß eine sichtbare Beschleunigung das wesentliche oder erschöpfende Mierkmal stofflicher Katalyse sei, und ist man sich andrerseits bewußt, daß auch verwckelte Reaktionsfolgen katalytisch erregt werden können, so stellt sich als erstes sichtbares Merkmal der Katalyse ein scheinbares quantitatives Mißverhältnis von Ursache und Wirkung dar, indem die Menge der hervorgerufenen Reaktionsprodukte in keinem stöchiometrischen Verhältnis zu der Katalysatormenge steht, sondern diese gewichtsmäßig um das Vieltausendfache übertreffen kann." Berlin, 1935.

[3] Zusammenfassende Darstellungen: Gmelins Handbuch der Anorganischen Chemie 8. Aufl. Systemnummer 2, S. 257. — K. F. Bonhoeffer: Über die Eigenschaften der freien Wasserstoffatome. Ergebn. exakt. Naturwiss. 6 (1927), 201.

[4] J. Langmuir: J. Amer. chem. Soc. 34 (1912), 1310; Z. Elektrochem. angew. physik. Chem. 20 (1914), 498.

Reihenfolge Pt, Pd, W, Fe, Cr, Ag, Cu, Pb, Hg ab[1]. Dieselbe Abstufung gilt für den Einfluß der Metalle auf die kathodische Entwicklung von Wasserstoff aus H^+-haltigen Lösungen (,,Überspannung‘‘)[2]. Außer den Metallen üben viele Metalloxyde ähnliche Wirkungen aus. Auch die Eigenschaften von Mehrstoffkatalysatoren auf der Grundlage Pb—Tl, Pb—KCl sind an dieser Reaktion geprüft worden[3].

Austauschreaktionen der Wasserstoffisotope[4].

Die Einstellung des Gleichgewichts

$$H_2 + D_2 \rightleftarrows 2\,HD$$

erfolgt im homogenen System erst bei hohen Temperaturen mit meßbarer Geschwindigkeit. An Nickel findet sie schon bei 20° schnell statt[5]. Als Katalysatoren für Austauschreaktionen der Wasserstoffisotope werden vorzugsweise solche Metalle benutzt, die als Hydrierungskatalysatoren bekannt sind (Pt, Ni). Hierbei läßt sich für die Wirkung der Metalle dieselbe Abstufung wie für die Wirkung auf die Rekombination der H-Atome feststellen[6]. In Systemen, in denen Nebenreaktionen möglich sind, können Einflüsse des Metalls auf die Reaktionsrichtung beobachtet werden: Kupfer begünstigt neben dem *Austausch* des leichten Wasserstoffs in Äthylen durch schweren Wasserstoff die *Anlagerung* des schweren Wasserstoffs an Äthylen mehr als Platin und Nickel[7]. Wirksame Metalloxyde sind: Cr_2O_3, ZnO, $ZnO—Cr_2O_3$, Al_2O_3*. Der Mehrstoffkatalysator $Fe—Al_2O_3—K_2O$ beschleunigt den Austausch der H- und D-Atome im System $NH_3 + D_2$**.

Ortho-Parawasserstoffumwandlung[8].

Der Mechanismus für die Einstellung des Gleichgewichts

$$p\text{-}H_2 \rightleftarrows o\text{-}H_2$$

ist bei tiefen und bei hohen Temperaturen verschieden. Für die Beschleunigung der Gleichgewichtseinstellung bei tiefen und hohen Temperaturen sind verschiedene Stoffgruppen wirksam[9].

---

[1] K. F. BONHOEFFER: Z. physik. Chem. **113** (1924), 199. — GMELINS Handbuch der Anorganischen Chemie 8. Aufl. Systemnummer 2, S. 262. — L. v. MÜFFLING: Bd. VI dieses Handbuchs S. 94. — R. SUHRMANN, H. CSESCH: Z. physik. Chem., Abt. B **28** (1935), 215.

[2] Vgl. Beitrag von M. STRAUMANIS in Bd. VI dieses Handbuchs.

[3] E. PIETSCH, F. SEUFERLING: Z. Elektrochem. angew. physik. Chem. **37** (1931), 655.

[4] Zusammenfassende Darstellungen: Chemie der Deuteriumverbindungen. Diskussionstagung der Deutschen Bunsen-Gesellschaft 1937. Z. Elektrochem. angew. physik. Chem. **44** (1938), 3÷98. — C. K. INGOLD, C. L. WILSEN: Austauschreaktionen zwischen leichtem und schwerem Wasserstoff. Z. Elektrochem. angew. physik. Chem. **44** (1938), 62, besonders S. 69: Heterogene Austauschreaktionen unter dem Einfluß von Oberflächenkatalysatoren. — K. GEIB: Anwendung von Isotopen bei der Untersuchung heterogener Vorgänge. Dieses Handbuch Bd. VI, S. 36ff.

[5] E. FAJANS: Z. physik. Chem., Abt. B **28** (1935), 239.

[6] K. HIROTA, J. HORIUTI: Sci. Pap. Inst. physic chem. Res. Tokyo **30** (1936), 151; C 1937 I 2084.

[7] A. WHEELER, R. N. PEASE: J. Amer. chem. Soc. **58** (1936), 1665.

* H. S. TAYLOR, H. DIAMOND: J. Amer. chem. Soc. **57** (1935), 1256.

** H. S. TAYLOR, J. C. JUNGERS: J. Amer. chem. Soc. **57** (1935), 660.

[8] Zusammenfassende Darstellungen: L. FARKAS: Über Para- und Orthowasserstoff. Ergebn. exakt. Naturwiss. **12** (1933), 163, besonders S. 207: Heterogene Katalyse der Umwandlung. — E. CREMER: Heterogene Ortho- und Parawasserstoffkatalyse. Dieses Handbuch Bd. VI, S. 1ff.

[9] K. F. BONHOEFFER, P. HARTECK: Z. physik. Chem., Abt. B **4** (1929), 113, besonders S. 130: Tabellarische Zusammenstellung einiger Katalysatoren und ihrer Wirksamkeit.

Für *tiefe* Temperaturen haben sich bewährt: Aktivkohle, Cr-Oxyd, Ce-Oxyd. Als schlechte Katalysatoren erwiesen sich: Zn-, La-, V^{IV}-Oxyd. Die guten Katalysatoren sind paramagnetische Stoffe. Das wenig wirksame diamagnetische V^{IV}-Oxyd wird nach der Reduktion zu paramagnetischen Oxydationsstufen sehr wirksam. Adsorption paramagnetischer O_2-Moleküle an Aktivkohle erhöht die Wirkung der letzteren stark. Sauerstoff-freie Glaswände, Gummidichtungen, Hahnfett und Quecksilber der Vakuumapparaturen sind ohne Einfluß.

Für *hohe* Temperaturen haben sich bewährt: Metalle (Pt*, W, Ni, Fe, Pd**), Salze (NaCl), einige Metalloxyde und Aktivkohle. Die Metalle Cu, Ag, Au sind praktisch inaktiv. In deutlichem Gegensatz zu den Verhältnissen bei tiefen Temperaturen wirken bei hohen Temperaturen Sauerstoff, Schwefelwasserstoff, Hahnfett in kleinsten Mengen als Katalysatorgifte. Eine Ausnahme bildet Platin. Es wird durch Spuren von Sauerstoff aktiviert*. Wolfram und Nickel werden durch Sauerstoff vergiftet[1]. Die Aktivierung des Platins erinnert an die Erfahrung, daß Hydrierungen an Platin Spuren von Sauerstoff erfordern[2]; Seite 379.

Bildung und Zerfall leichtflüchtiger Hydride.

Unter den salzartigen, metallähnlichen und leichtflüchtigen Hydriden[3] haben bisher nur die letzteren Anlaß zu systematischen Beobachtungen über katalytische Bildung oder katalytischen Zerfall gegeben, weil Gasreaktionen leichter als Festkörperreaktionen zu untersuchen sind. Leichtflüchtige Hydride werden gebildet von den Elementen[4] der

3.	4.	5.	6.	7.	Gruppe des periodischen Systems
B	C	N	O	F	
(Al)	Si	P	S	Cl	
Ga	Ge	As	Se	Br	
	Sn	Sb	Te	J	
	Pb	Bi	Po		

Bildung und Zerfall dieser Hydride können mit genügender Vollständigkeit nur im Zusammenhang mit den Eigenschaften ihrer anionenbildenden Verbindungspartner[5] beschrieben werden[6]. Es lassen sich aber schon auf Grund grober Unterschiede des Reaktionsverlaufs zwei Typen heterogener Katalysen herausstellen. Neben der schon besprochenen Ammoniakbildung und -zersetzung sind die Wasserbildung aus Knallgas und die Zersetzung des Antimonwasserstoffs klassische Beispiele geworden.

---

* K. F. BONHOEFFER, A. FARKAS: Z. physik. Chem., Abt. B **12** (1931), 231, besonders S. 233: Wirkung „reiner", „vergifteter", „aktivierter" Platinoberflächen.

** C. WAGNER, K. HAUFFE: Z. Elektrochem. angew. physik. Chem. **45** (1939), 409.

[1] A. FARKAS: Z. physik. Chem., Abt. B **14** (1931), 371. — D. D. ELEY, E. K. RIDEAL: Nature (London) **146** (1940), 401.

[2] R. WILLSTÄTTER, E. WALDSCHMIDT-LEITZ: Berichte **54** (1921), 113.

[3] GMELINS Handbuch der Anorganischen Chemie 8. Aufl. Systemnummer 2, S. 219, 220. — H. J. EMELÉUS, J. S. ANDERSON: Ergebnisse und Probleme der modernen anorganischen Chemie, S. 209. Übersetzt von K. KARBE. Berlin, 1940.

[4] F. PANETH: Berichte **53** (1920), 1710. — O. STECHER, E. WIBERG: Berichte **75** (1943), 2003.

[5] Zur Bezeichnung „anionenbildende" Elemente: E. ZINTL, J. GOUBEAU, W. DULLENKOPF: Z. physik. Chem., Abt. A **154** (1931), 1. — E. ZINTL: Angew. Chem. **52** (1939), 1.

[6] Vgl. die Systematik in GMELINS Handbuch der Anorganischen Chemie 8. Aufl.

Seit dem historischen Versuch von J. W. Döbereiner (1823)[1] haben außerordentlich viele Stoffe als Katalysatoren für die Reaktion

$$2\,H_2 + O_2 \rightarrow 2\,H_2O$$

gedient: Metalle (Pd, Pt, Au, Ag, Ni, Cu), Metalloxyde (NiO, CuO), Quarz, Porzellan usw. Es wurden Stoffe ausgewählt, die für Wasserstoff ein besonderes Aufnahmevermögen besitzen[2], bei denen an der Grenzfläche Metall—Metalloxyd nach dem Schema

$$\frac{\begin{array}{l} O_2 + 2\,Cu \rightarrow 2\,CuO \\ 2\,CuO + 2\,H_2 \rightarrow 2\,Cu + 2\,H_2O \end{array}}{O_2 + 2\,H_2 \rightarrow 2\,H_2O}$$

phasenbildende Zwischenreaktionen möglich sind oder die bei hohen Temperaturen wenig sintern.

Die Reaktion $\qquad 2\,SbH_3 \rightarrow 2\,Sb + 3\,H_2$

erhält dadurch ihre Besonderheit, daß eines der beiden Reaktionsprodukte (Sb) fest ist und sich während der Reaktion mit der immer größer werdenden Grenzfläche Antimon—Antimonwasserstoff als Katalysator einschaltet. Hier ist die Beschreibung der katalysierten Reaktion und des Katalysators noch weniger als bei den bisher angeführten Stoffsystemen zu trennen. Die Reaktion verläuft autokatalytisch[3].

Hydrierung ungesättigter Kohlenwasserstoffe.

Unter den ungezählten Hydrierungsreaktionen ist immer wieder die Hydrierung von Äthylen nach

$$C_2H_4 + H_2 \rightarrow C_2H_6$$

als einfachstes Beispiel ausgewählt und zum Studium typischer Hydrierungskatalysatoren herangezogen worden. Die stoffliche Grundlage der wirksamsten Katalysatoren bilden wieder Übergangselemente, die zur Bildung metallähnlicher Hydride befähigt sind[2]. Die Leistungsfähigkeit der einzelnen Elemente kann durch Strukturänderungen des Kristallgefüges im kompakten Metall auf dem Weg der Kaltbearbeitung[4], durch Änderungen des Aufteilungszustandes auf dem Weg der Herstellung des Metalls[5], durch stoffliche Zusätze zum Metall[6] in weiten Grenzen beeinflußt und damit jeweils den Besonderheiten der zu katalysierenden Reaktionen angepaßt werden. Hydrierungen werden in flüssigen und gasförmigen Phasen durchgeführt[7].

---

[1] A. Mittasch, E. Theis: Ein halbes Jahrhundert Grenzflächen-Katalyse, S. 31 ff. Berlin, 1932.

[2] Gmelins Handbuch der Anorganischen Chemie 8. Aufl. Systemnummer 2, S. 220: Tabellen. — O. Schmidt: Z. physik. Chem. 118 (1925), 193, 215, 218. — A. T. Larson, F. E. Smith: J. Amer. chem. Soc. 47 (1925), 346.

[3] A. Stock, O. Guttmann: Berichte 37 (1904), 901. — A. Stock, M. Bodenstein: Berichte 40 (1907), 570. — A. Stock, E. Echeandia, P. R. Voigt: Berichte 41 (1908), 1309.

[4] J. Eckell: Z. Elektrochem. angew. physik. Chem. 39 (1933), 433.

[5] W. Hückel: Katalyse mit kolloiden Metallen, Leipzig, 1927. — G.-M. Schwab, H. Zorn: Z. physik. Chem., Abt. B 32 (1936), 169.

[6] R. Willstätter, E. Waldschmidt-Leitz: Berichte 54 (1921), 113. — W. Normann: Berichte 55 (1922), 2193. — Gmelins Handbuch der Anorganischen Chemie 8. Aufl. Systemnummer 2, S. 244: Katalytische Hydrierung mit Literaturübersicht S. 245: Aktivatoren (Promotoren). — G. Rienäcker, E. Müller, R. Burmann: Z. anorg. allg. Chem. 251 (1943), 55: Äthylenhydrierung an Mehrstoffkatalysatoren (Cu—Pd, Cu—Pt).

[7] Siehe besonders E. B. Maxted: Hydrierung mit molekularem Wasserstoff. Dieses Handbuch Bd. VII/1, S. 622.

Reduktion von Oxyden durch Wasserstoff.

a) Gasförmige Nichtmetalloxyde.

Reduktionen dieser Art sind vornehmlich zur Beantwortung grundsätzlicher Fragen der Reaktionskinetik oder vornehmlich wegen ihrer technischen Bedeutung mit vielseitiger stofflicher Variation ihrer Katalysatoren untersucht worden; zu den ersteren gehört die Reduktion des Distickstoffmonoxyds, zu den letzteren die Einstellung des Wassergasgleichgewichts.

Die exotherme Reaktion

$$N_2O + H_2 \rightarrow N_2 + H_2O$$

kommt bei tiefen Temperaturen ohne Katalysatoren nicht in Gang. Bei hohen Temperaturen (nach Zündung) ist ihr Verlauf explosiv. Einige Metalle können die Reaktionsgeschwindigkeit schon bei 20° wesentlich steigern (Pt, Pd, Ni). An einigen Metallen ist die Steigerung der Reaktionsgeschwindigkeit erst bei erhöhten Temperaturen beobachtet worden (Cu, Ag, Au). Bei hohen Temperaturen findet die Reaktion der Gase auch an der Oberfläche von Glas- oder Quarzgefäßen statt[1].

In dem Gleichgewicht

$$CO_2 + H_2 \rightleftharpoons CO + H_2O$$

ist die Wasserstoff-liefernde Reaktionsrichtung exotherm und dementsprechend bei tiefen Temperaturen begünstigt; bei tiefen Temperaturen ist jedoch die Reaktionsgeschwindigkeit klein. Die im technischen Verfahren für die Wasserstoffgewinnung unbedingt notwendigen und erprobten Katalysatoren beschleunigen auch die entgegengesetzte Reaktionsrichtung, die Reduktion des Kohlendioxyds. Die ersten Katalysatoren waren wieder Übergangselemente (Fe, Co, Ni). An den reinen Metallen können jedoch unerwünschte Nebenreaktionen, u. a. die Reduktion des Kohlenmonoxyds zu Methan auftreten:

$$CO + 3\,H_2 \rightarrow CH_4 + H_2O\,.$$

Auch den Katalysator passivierende Kohlenstoffabscheidung auf der Katalysatoroberfläche ist möglich:

$$2\,CO \rightarrow C + CO_2\,.$$

Deshalb sind im Verlauf der technischen Entwicklung die reinen Metalle durch Zusätze von Metalloxyden (Cr_2O_3, Al_2O_3, ThO_2, ZnO, Fe_2O_3) aktiviert bzw. durch reine Oxyde ersetzt worden. Das billigste Ausgangsprodukt für die Herstellung technisch geeigneter Katalysatoren stellt „Kiesabbrand" (Fe_2O_3) dar[2].

Unter bestimmten wirtschaftlichen Voraussetzungen kann die Wasserstofferzeugung stufenweise durchgeführt werden, so daß sie erst in der Summen-

---

[1] G.-M. SCHWAB: Katalyse, S. 162. Berlin, 1931. — GMELINS Handbuch der Anorganischen Chemie 8. Aufl. Systemnummer 4, S. 582, 584: Tabellarische Zusammenstellung der Wirksamkeit metallischer Katalysatoren; Literatur bis 1. Mai 1935 berücksichtigt. — C. N. HINSHELWOOD, R. E. BURK: J. chem. Soc. (London) 127 (1925), 2896. — W. K. HUTCHISON, C. N. HINSHELWOOD: J. chem. Soc. (London) 1926, 1556. — A. F. BENTON, C. M. THACKER: J. Amer. chem. Soc. 56 (1934), 1300. — J. K. DIXON, J. E. VANCE: J. Amer. chem. Soc. 57 (1935), 818.

[2] T. P. HILDITCH: Die Katalyse in der angewandten Chemie, S. 71ff. Übersetzt von E. NAUJOKS. Leipzig, 1932. — E. K. RIDEAL, H. S. TAYLOR: Catalysis in theory and practice, S. 228ff. London, 1926. — A. W. SCHMIDT: Die industrielle Chemie in ihrer Bedeutung im Weltbild, S. 182. Berlin u. Leipzig, 1934. — W. FRANKENBURGER F. DÜRR: Katalyse. ULLMANNS Enzyklopädie der technischen Chemie 2. Aufl. 6 (1930), 422: Tabelle.

gleichung der Teilreaktionen als katalytischer Prozeß erscheint:

$$3\,Fe \;\;+ 4\,H_2O \rightarrow Fe_3O_4 + 4\,H_2$$
$$\underline{Fe_3O_4 + 4\,CO \;\;\rightarrow 3\,Fe \;\;+ 4\,CO_2}$$
$$H_2O \;+\; CO \;\rightarrow\; CO_2 +\; H_2$$

Diese Formulierung ist eine vereinfachte Darstellung der dem Lane- und Messerschmidt-Verfahren zugrunde liegenden Reaktionen[1].

Auch in den Reinigungsverfahren für Wasserstoff, die sich an die technische Herstellung Wasserstoff-reicher, Kohlenoxyd-haltiger und Schwefelwasserstoff-haltiger Gasgemische anschließen, sind katalytische Vorgänge enthalten. Sie bestehen in der schon erwähnten Reduktion des Kohlenmonoxyds zu Methan an Nickel[2], in der selektiven Oxydation des Kohlenoxyds durch Sauerstoff an Eisenoxyd oder an Chromoxyd- und Ceroxyd-haltigem Eisenoxyd und an Mangandioxyd-Kupferoxyd-Gemischen (Typ Hopcalit)[3]. Die Wasserstoffverluste durch gleichzeitige Oxydation des Wasserstoffs zu Wasser können dabei gering gehalten werden:

$$CO + 3\,H_2 \rightarrow CH_4 + H_2O \qquad CO + \tfrac{1}{2}O_2 \rightarrow CO_2 \qquad (H_2 + \tfrac{1}{2}O_2 \rightarrow H_2O)\,.$$

Vor allem kann das Wassergasgleichgewicht selbst zur Oxydation des Kohlenmonoxyds unter Mithilfe von Metalloxyden (Fe_2O_3, Cr_2O_3, Al_2O_3) dienen[4]:

$$CO + H_2O \rightarrow CO_2 + H_2\,.$$

Bei der Anwendung metallischer Katalysatoren (Ni) ist die Entfernung des Schwefelwasserstoffs aus den Gasgemischen besonders wichtig. Sie gelingt weitgehend, nicht restlos, durch Absorption bzw. Umsetzung mit Eisenoxydhydrat, aus dem der Schwefel durch Oxydation wiedergewonnen wird:

$$\text{Eisenoxydhydrat} + \text{Schwefelwasserstoff} \rightarrow \text{Eisensulfid} + \text{Wasser}$$
$$\underline{\text{Eisensulfid} + \text{Wasser} + \text{Luft (Sauerstoff)} \rightarrow \text{Eisenoxydhydrat} + \text{Schwefel}}$$
$$\text{Schwefelwasserstoff} \;+ \text{Luft (Sauerstoff)} \rightarrow \text{Wasser} + \text{Schwefel}$$

Es ist nicht möglich, diese Umsetzungen durch einfache stöchiometrische Gleichungen zu beschreiben, weil sich Reduktions-, Oxydations- und Entwässerungsreaktionen am Eisenoxydhydrat in komplizierter Weise überlagern[5]. Bei der Regeneration darf die Absorptionsmasse nicht zu hoch erhitzt werden, weil sie sonst zu weitgehend in wasserfreies, grobteiliges Eisenoxyd umgewandelt wird und dadurch ihre Aufnahmefähigkeit für Schwefelwasserstoff verliert. Durch die Entwicklung der Herstellungsverfahren für Aktivkohlen sind einfachere und bessere Formen dieser katalytischen Oxydation von Schwefelwasserstoff möglich geworden. Das mit der berechneten Menge Luft (Sauerstoff) gemischte Gas scheidet an der Aktivkohle Schwefel ab:

$$H_2S + \tfrac{1}{2}O_2 \rightarrow H_2O + S\,.$$

---

[1] Ullmanns Enzyklopädie der technischen Chemie 2. Aufl. **10**, 397, 399. — B. Neumann: Lehrbuch der chemischen Technologie und Metallurgie Bd. 1, S. 41. Berlin, 1939.

[2] T. P. Hilditch: Die Katalyse in der angewandten Chemie, S. 160÷162. Übersetzt von E. Naujoks. Leipzig, 1932. Mit Hinweisen auf Patente von Harger und Terry, Rideal und Taylor.

[3] Hopcalit und seine Komponenten: G.-M. Schwab, G. Drikos: Z. physik. Chem., Abt. A **185** (1939), 405; Z. physik. Chem., Abt. B **52** (1942), 234. — E. C. Pitzer, J. C. W. Frazer: J. physic. Chem. **45** (1941), 761.

[4] A. W. Schmidt: Die industrielle Chemie, S. 182. Berlin u. Leipzig, 1934.

[5] Gmelins Handbuch der Anorganischen Chemie 8. Aufl. Systemnummer 59, S. 372: Bildung von Eisen(III)-Sulfid (Fe_2S_3) aus Eisenoxyd und -hydroxyd und Schwefelwasserstoff.

Anschließend wird der Schwefel aus der Aktivkohle durch Ammoniumsulfid-lösungen herausgelöst. Für quantitative Oxydation des Schwefelwasserstoffs ist ein geringer Ammoniakgehalt der Gase notwendig[1]. Die Wirkung des Ammoniaks ist aus den bisherigen Angaben noch nicht ganz verständlich. Es kann aber in diesem Zusammenhang daran erinnert werden, daß Spuren von Ammoniak die Unterkühlung bei der Kondensation von Schwefeldampf und bei der Erstarrung von flüssigem Schwefel aufheben[2]. Auch diese Erscheinungen deuten darauf hin, daß Ammoniak in die Schwefel-haltigen Systeme eingreift, zumindest eine Verdichtung des elementaren Schwefels beschleunigt.

b) Feste Metalloxyde.

Bei diesen Reaktionen entstehen im allgemeinen feste Reaktionsprodukte neben Wasserdampf. Ihr Ablauf wird wesentlich durch das Verhältnis beeinflußt, in dem die Phasen der festen Zwischen- oder Endstoffe zu den Phasen der Ausgangsstoffe stehen. In sehr vielen Fällen haben die Reaktionen autokatalytischen Charakter, weil sich die geschwindigkeitsbestimmenden Teilvorgänge an Grenzflächen zwischen nicht mischbaren festen Phasen[3] abspielen und sich diese nach dem Beginn der Reaktionen vergrößern[4]:

$$NiO + H_2 \rightarrow Ni + H_2O \qquad CuO + H_2 \rightarrow Cu + H_2O.$$

Es kommt aber auch vor, daß Autokatalyse zunächst nicht beobachtet wird, obschon das Stoffsystem die Ausbildung solcher katalytisch wirksamen Grenzflächen erwarten läßt[4]:

$$3\,Fe_2O_3 + H_2 \rightarrow 2\,Fe_3O_4 + H_2O$$

(gefälltes, bei 350° entwässertes Fe_2O_3 im H_2-Strom bei 1 at reduziert).

Bei der Reduktion von sehr reinem grobkristallinem Fe_2O_3 (Hämatit) und Fe_3O_4 (Magnetit) unter sehr niedrigen Wasserstoffdrucken tritt die Autokatalyse tatsächlich auf. Die Reduktionsgeschwindigkeit steigt entsprechend der Entwicklung der mikroskopisch sichtbaren Grenzflächen $Fe_2O_3 - Fe_3O_4$ und $Fe_3O_4 - \alpha$-Fe. In den unvollständigen Reduktionsprodukten von Hämatit liegen die Stoffe α-Fe_2O_3, Fe_3O_4, (FeO), α-Fe als selbständige Phasen vor[5].

Wird Aluminiumoxyd(-hydroxyd)-haltiges Eisenoxyd durch Entwässern eines Aluminiumhydroxyd-Eisenhydroxyd-Gemisches hergestellt, dann kann die Geschwindigkeit der Eisenoxydreduktion unter vergleichbaren Bedingungen größer als bei reinem Eisenoxyd sein, weil der Fremdstoff die Sinterung des Eisenoxyds hemmt. Wenn sich dagegen beim Erhitzen des Oxydgemisches in größerem Umfang Mischkristalle bildeten, dann ist die Reduktionsgeschwindigkeit gering[6].

---

[1] A. W. SCHMIDT: Die industrielle Chemie, S. 183: Gasreinigung mittels aktiver Kohle. Berlin u. Leipzig, 1934.

[2] H. W. KOHLSCHÜTTER: Kolloidchem. Beih. 24 (1927), 319 355 (Absatz 4), 360 (Absatz 5).

[3] Metall-Sauerstoff-haltige Stoffsysteme, in denen sich bei der Reduktion keine neuen Phasen bilden, liegen z. B. dann vor, wenn Sauerstoff bis zu nachweisbaren Konzentrationen in Metall gelöst ist.

[4] A. F. BENTON, P. H. EMMETT: J. Amer. chem. Soc. 46 (1924), 2728. — R. N. PEASE, H. S. TAYLOR: J. Amer. chem. Soc. 43 (1921), 2179; 44 (1922), 1637.

[5] W. P. KASANZEV: Herstellung von Eisenschwamm aus Hämatit durch Reduktion mit Gasen. Z. physik. Chem., Abt. A 174 (1935), 370. — G. J. TSCHUFAROFF, B. D. AWERBUCH: Anfangsgeschwindigkeit der Reduktion von Hämatit und Magnetit durch Wasserstoff. Z. physik. Chem., Abt. B 33 (1936), 334.

[6] A. MITTASCH, E. KEUNECKE: Über die Aktivierung von Eisen durch Aluminiumoxyd bei der Ammoniak-Katalyse. Z. Elektrochem. angew. physik. Chem. 38 (1932), 666.

Auflösung von Metallen in Säuren.

Die Auflösung unedler Metalle in verdünnten Säuren erscheint zunächst als Reaktion der Metallatome in der Metalloberfläche mit den Wasserstoffionen der angrenzenden Lösung[1]:

$$Me + H^+ \rightarrow Me^+ + H.$$

Die Reaktion besteht aber nicht in einem unmittelbaren Ladungsaustausch. Sie ist schon an einer chemisch reinen und strukturell einheitlichen Oberfläche in zwei räumlich getrennt zu denkende Teilreaktionen zerlegbar[2], und zwar in

die anodische Auflösung: $Me \rightarrow Me^+ + e^-$

und

die kathodische Entladung: $H^+ + e^- \rightarrow H.$

Wenn das in Lösung gehende Metall (I) unter der Lösung von einem edleren Metall (II) berührt wird, erscheinen die Orte der anodischen Auflösung und der kathodischen Entladung als deutlich abgrenzbare Bezirke, die im Metall durch Elektronenleitung, in der Lösung durch Ionenwanderung verbunden sind. Die Ausbildung von (kurzgeschlossenen) Lokalelementen

$$\text{Metall I} - \text{Lösung} - \text{Metall II}$$

kann die Auflösungsgeschwindigkeit des Metalls I erheblich beschleunigen:

Reines *Zink* löst sich in verdünnter Salzsäure sehr langsam[3], in Berührung mit Platin rasch auf[4]. Die Wirkung der Zusätze hängt von ihrem Verteilungszustand und von ihrer Stoffart ab, in letzterem Falle teilweise in dem Sinn, der durch die Wirkung der Metalle auf die Werte der Abscheidungsspannung erwartet werden kann[5,6]. In handelsüblichen *Aluminium*sorten ist vor allem mit der katalytischen Wirkung der Verunreinigungen Fe und Si zu rechnen[7].

Sauerstoff.

Rekombination von Sauerstoffatomen.

Die Reaktion

$$O + O \rightarrow O_2$$

erfolgt in homogenen Systemen als Dreierstoßreaktion, in heterogenen Systemen an der Oberfläche fester Stoffe. Sie wird ähnlich wie die Rekombination von Wasserstoffatomen besonders durch Metalle beschleunigt[8].

---

[1] Die Auflösungsgeschwindigkeit von Metallen in verdünnten Säuren ist nicht immer vollkommen unabhängig von der Natur der Anionen. — Vgl. M. STRAUMANIS: Katalytische Gesichtspunkte und Vorgänge bei der Korrosion. Dieses Handbuch Bd. VI, S. 177.

[2] C. WAGNER: Handbuch der Metallphysik Bd. 1 Teil 2, S. 165: Reaktionen der Metalle mit wäßrigen Lösungen (allgemeine Grundlagen).

[3] M. CENTNERSZWER: Z. physik. Chem., Abt. A 92 (1917), 563.

[4] C. WAGNER: Handbuch der Metallphysik Bd. 1 Teil 2, S. 166: Abb. 14.

[5] A. COEHN, CASPARI: Z. Elektrochem. angew. physik. Chem. 6 (1899), 37.

[6] GMELINS Handbuch der Anorganischen Chemie 8. Aufl. Systemnummer 32, S. 60: Verhalten von Zink gegen Säuren (Übersicht).

[7] GMELINS Handbuch der Anorganischen Chemie 8. Aufl. Systemnummer 35, S. 388: Verhalten von Aluminium gegen Chlorwasserstoffsäure.

[8] L. v. MÜFFLING: Dieses Handbuch Bd. VI, S. 94. — K. H. GEIB: Atomreaktionen. Ergebn. exakt. Naturwiss. 15 (1936), 44, besonders Seite 80: Sauerstoffatome. — S. S. ROGINSKI, A. B. SCHECHTER: Die Rekombination von Sauerstoffatomen an metallischen Oberflächen C. 1936 I 272.

Austauschreaktionen der Sauerstoffisotope.

Auch die Einstellung des Gleichgewichts

$$^{18}O_2 + H_2{}^{16}O \rightleftharpoons H_2{}^{18}O + {}^{16}O\,{}^{18}O$$

läßt sich durch Metalle beschleunigen[1].

Ozonzerfall.

Bei allen kinetischen Untersuchungen über die Reaktion

$$2\,O_3 \rightarrow 3\,O_2$$

im Gasraum haben sich Einflüsse der Gefäßwände auf die Reaktionsgeschwindigkeit geltend gemacht. Flüssiges und festes Ozon kann durch sehr kleine Mengen zahlreicher Fremdstoffe zu explosionsartigem Zerfall gebracht werden[2].

Bildung und Zerfall von Oxyden.

a) Gasförmige Nichtmetalloxyde.

Der Zerfall von Distickstoffmonoxyd nach

$$2\,N_2O \rightarrow 2\,N_2 + O_2$$

ist ähnlich wie die Äthylenhydrierung Gegenstand zahlreicher reaktionskinetischer Untersuchungen über Gasreaktionen an Einstoff- und Mehrstoffkatalysatoren gewesen[3].

b) Feste Metalloxyde.

Gänzlich verschieden von dem Gesamtbild, welches die Gasreaktionen bieten, ist das Gesamtbild, welches Bildung und Zersetzung fester Oxyde bieten. Bei der Oxydation von festen Metallen durch Sauerstoff werden die Metalle vom Sauerstoff durch die neuen Phasen der Oxydationsprodukte getrennt. Wichtige Teilvorgänge der Umsetzungen sind die Diffusion der miteinander reagierenden Stoffe in der Oxydschicht und die Bildung der neuen Phasen[4]. Wenn die Diffusionsvorgänge die geschwindigkeitsbestimmenden Teilvorgänge sind, wird jeder Eingriff in die Systeme, der eine Auflockerung der Oxydschicht und damit eine Beschleunigung der Diffusionsvorgänge bewirkt, die Gesamtumsetzung beschleunigen. Grobe Effekte dieser Art sind denkbar, wenn sich in einer zusammenhängenden Oxydschicht unter dem Einfluß von Fremdstoffen und als Folge von Rekristallisationserscheinungen Risse bilden[5]. Wenn die Vorgänge der Phasenbildung geschwindig-

<hr>

[1] N. Morita, T. Titani: Bull. chem. Soc. Japan **13** (1938), 357; C 1938 II 1177. — N. Morita: Bull. chem. Soc. Japan **15** (1940), mehrere Mitteilungen; C 1941 I 3, 2351.

[2] E. H. Riesenfeld, G.-M. Schwab: Berichte **55** (1922), 2088.

[3] Gmelins Handbuch der Anorganischen Chemie 8. Aufl. Systemnummer 4, S. 573: Feste Katalysatoren (bis 1935). — G.-M. Schwab: Katalyse, S. 162. Berlin, 1931. — W. K. Hutchison, C. N. Hinshelwood: J. chem. Soc. (London) **1926.** 1556. — G.-M. Schwab, H. Schultes, R. Staeger, H. H. v. Baumbach: Z. physik. Chem., Abt. B **9** (1930), 265; **21** (1933), 65; **25** (1934), 411, 418.

[4] C. Wagner: Chemische Reaktionen der Metalle. Handbuch der Metallphysik Bd. 1 Teil 2, S. 125: Allgemeine Grundlagen und spezielle Systeme.

[5] V. Kohlschütter, E. Krähenbühl: Z. Elektrochem. angew. physik. Chem. **29** (1923), 570: In dünnen Schichten der Reaktionsprodukte, welche sich bei 20° in Halogendampf auf Kupfer bilden, wird die zur Auflockerung führende Rekristallisation durch Wasserdampf beschleunigt. — W. Frankenburger: Z. Elektrochem. angew. physik. Chem. **32** (1926), 481: Bei der Einwirkung von Stickstoff auf Lithium bildet sich zuerst eine passivierende Schicht von Lithiumnitrid. Mit dem Beginn der Rekristallisation in dieser Schicht steigt die Aufnahmegeschwindigkeit des Stickstoffs.

keitsbestimmend sind, wirken alle die Stoffe beschleunigend, welche die Übersättigung der Reaktionsprodukte aufheben. Dem entspricht die verbreitete Erscheinung, daß die Oxydation eines Metalls schneller erfolgt, wenn bereits Keime der Oxydationsprodukte vorliegen, d. h. ein kleiner Gehalt an Oxyd vorgegeben wird. Sie wird praktisch ausgenützt, wenn aus einem schnellen Gasstrom Sauerstoffreste durch Oxydation von Kupfer entfernt werden sollen. Für den umgekehrten Vorgang, die thermische Zersetzung eines Metalloxyds, gelten die entsprechenden Überlegungen. Der Zerfall von Silberoxyd

$$2\,Ag_2O \rightarrow 4\,Ag + O_2$$

verläuft autokatalytisch[1], weil sich auch hier nach dem Beginn des Zerfalls die Grenzfläche Oxyd—Metall vergrößert und Silber an Silberkeime angelagert wird.

Die Oxydation von Metallen kann außer durch reinen Sauerstoff durch den in dem Gleichgewicht

$$2\,CO_2 \rightleftharpoons 2\,CO + O_2$$

auftretenden Sauerstoff erzielt werden[2].

Zersetzung von Wasserstoffperoxyd[3].

Seit der Entdeckung des Wasserstoffperoxyds durch L. J. THÉNARD (1811) ist in Lösung die Reaktion

$$2\,H_2O_2 \rightarrow 2\,H_2O + O_2$$

an einer unübersehbaren Zahl von festen Stoffen beobachtet und an sehr vielen Stoffen messend verfolgt worden. Zu den bekanntesten Beispielen gehört die Zersetzung an Platin, insbesondere an kolloid aufgeteiltem Platin („Anorganische Fermente")[4] oder an Braunstein. Viele feste Katalysatoren werden durch die Zersetzungsreaktion nachweisbar verändert. An Quecksilberoberflächen erfolgt die Zersetzung stoßweise, weil sich eine passivierende Metalloxydhaut bildet, die immer wieder zerreißt[5]. An Silberoxyd findet Reduktion zu Silber statt. Kolloides Silber bildet an der Oberfläche Silberperoxydhydrat, dieses zersetzt sich, gröberteiliges Silber bleibt zurück[6]. Amorphes Eisenhydroxyd, das bei 20° unter Wasser langsam altert, altert unter dem Einfluß des sich zersetzenden Wasserstoffperoxyds schneller[7]. Kupferhydroxyd wird zuerst in Kupferperoxydhydrat übergeführt; bei dessen Zersetzung bildet sich Kupferhydroxyd zurück, das sich anschließend zu Kupferoxyd zersetzt. Diese Reaktionsfolge ist besonders deutlich an solchen Kupferhydroxydpräparaten zu erkennen, die durch Umsetzung *fester* Kupfersalze mit Lauge hergestellt wurden. Sie enthalten die Verbindung in einer gegenüber den aus Kupfersalz*lösungen* gefällten Kupferhydroxydpräparaten stabilisierten Form. Diese Stabilisierung beruht vermutlich auf dem reaktions-

---

[1] G. N. LEWIS: Z. physik. Chem., Abt. A **52** (1905), 310.

[2] C. WAGNER: Handbuch der Metallphysik Bd. 1 Teil 2, S. 126. — R. SCHENCK: Die Kontaktfrage ein Gleichgewichtsproblem? Z. angew. Chem. **49** (1936), 649. — Vgl. Seite 386 dieses Berichtes: R. FRICKE, W. SCHWECKENDIEK: Z. Elektrochem. angew. physik. Chem. **46** (1940), 90.

[3] Zusammenfassende Darstellungen: W. MACHU: Das Wasserstoffperoxyd, S. 55ff. Wien, 1937. — O. KAUSCH: Das Wasserstoffperoxyd, S. 59ff. Halle, 1938 (Tabellarische Zusammenstellung der Katalysatoren für die H_2O_2-Zersetzung).

[4] G. BREDIG, R. MÜLLER v. BERNECK: Z. physik. Chem. **31** (1899), 258. — G. BREDIG, K. IKEDA: Z. physik. Chem. **37** (1901), 1. — G. A. BROSSA: Z. physik. Chem. **66** (1909), 162.

[5] G. BREDIG, AD. STARK: Z. physik. Chem., Abt. B **2** (1929), 282.

[6] E. WIEGEL: Z. physik. Chem., Abt. A **143** (1929), 81.

[7] H. W. KOHLSCHÜTTER, E. SIECKE: Z. Elektrochem. angew. physik. Chem. **41** (1935), 851, 858 Abb. 4.

bedingten Aufteilungs- bzw. Ordnungszustand. Erst nach der Auflockerung durch die Bildung und Wiederzersetzung von Kupferperoxydhydrat schreitet bei 20° die Wasserabspaltung in Kupferhydroxyd schneller fort[1].

Die Wasserstoffperoxydzersetzung ist häufig nicht um ihrer selbst willen, sondern zum Nachweis von Veränderungen an spontan alternden festen Stoffen, sowie zum Vergleich der wirksamen Oberfläche von verschieden hergestellten Präparaten eines und desselben Stoffes untersucht worden. Dabei ist in den vergleichenden Versuchsreihen aus Unterschieden der Zersetzungsgeschwindigkeit auf strukturelle Unterschiede der Katalysatoren geschlossen worden. Die oben angeführten Beispiele zeigen, daß sich die Funktionen der Katalysatoroberfläche während der Katalyse ändern können und daß Rückschlüsse auf primäre Unterschiede der Oberflächen mit Vorsicht gezogen werden müssen.

Autoxydation (als Grenzfall).

In dem System Zink + Wasser + Sauerstoff entsteht bei 20° je g-Atom Zink angenähert 1 Mol Wasserstoffperoxyd (1), wenn das Zink als Amalgam angewandt und die sich an die Bildung des Wasserstoffperoxyds anschließende Umsetzung von Zink mit Wasserstoffperoxyd (2) durch Fällung des Wasserstoffperoxyds als Calciumperoxydhydrat unterdrückt wird[2]:

$$1. \quad Zn + 2\,H_2O + O_2 \rightarrow Zn(OH)_2 + H_2O_2\,,$$
$$2. \quad Zn + \quad H_2O_2 \quad\quad \rightarrow Zn(OH)_2\,.$$

Dieses Schulbeispiel einer Autoxydation in einem heterogenen Stoffsystem ist keine Katalyse. Es fehlt ihm das Merkmal des „mengenmäßigen Mißverhältnisses zwischen stofflicher Ursache und stofflicher Wirkung". Es kann aber als Grenzfall katalytischer Reaktionen aufgefaßt werden. Denn in anderen Stoffsystemen lassen sich mit Hilfe eines und desselben Sauerstoffüberträgers einmal stöchiometrisch definierte Sauerstoffmengen, ein anderes Mal praktisch unbegrenzte Sauerstoffmengen übertragen, je nach der Natur des Sauerstoffempfängers, der ihnen gegenüber steht, d. h. je nach den für das System maßgebenden Redoxpotentialen.

Cer(III)-carbonat [in konzentrierten Kaliumcarbonatlösungen als Doppelcarbonat $Ce_2(CO_3)_3 \cdot K_2CO_3$ farblos gelöst] nimmt molekularen Sauerstoff unter Bildung von orangerotem Cerperoxydhydrat auf. Letzteres wird durch Kaliumarsenit zu gelbem Cer(IV)-carbonat reduziert. Die Summe der Teilvorgänge entspricht einem Autoxydationsvorgang, in welchem je 2 g-Atome Cer je 1 Mol Arsenit oxydiert werden:

$$2\,H^+ + 2\,Ce^{3+} + O_2 + AsO_3^{3-} \rightarrow 2\,Ce^{4+} + AsO_4^{3-} + H_2O\,.$$
$$\text{farblos} \qquad\qquad\qquad \text{gelb}$$

Wird der Sauerstoffempfänger Arsenit durch Glucose ersetzt, dann wird auch diese unter sonst gleichen Bedingungen durch das primär gebildete orangerote Cerperoxydhydrat oxydiert. Die Reduktion der Cerverbindung bleibt aber nicht bei dem gelben Cer(IV)-carbonat stehen, sondern geht bis zum farblosen Cer(III)-carbonat weiter. Letzteres wird wieder durch molekularen Sauerstoff oxydiert, so daß die Reaktion schließlich den Charakter einer katalytischen Oxydation von

---

[1] V. KOHLSCHÜTTER, H. NITSCHMANN: Helv. chim. Acta 14 (1931), 1215.

[2] M. TRAUBE: Berichte 26 (1893), 1471; Formulierung der Umsetzung 1 und 2 nach TRAUBE.

Glucose durch molekularen Sauerstoff mit dem Katalysator Cer(III)-carbonat annimmt:

$$\begin{array}{ll} \mathrm{Ce^{III} + Sauerstoff + Glucose} & \rightarrow \mathrm{Ce^{IV} + oxydierte\ Glucose} \\ \mathrm{Ce^{IV} + Glucose} & \rightarrow \mathrm{Ce^{III} + oxydierte\ Glucose} \\ \hline \mathrm{Sauerstoff + Glucose} & \rightarrow \mathrm{oxydierte\ Glucose} \end{array}$$

(unter Auslassung der Cerperoxydstufe).

Diese seit 1902 viel zitierte Reaktion[1] ist strenggenommen keine heterogene Katalyse. Sie wird hier angeführt, weil durch sie die Beziehungen zwischen Autoxydation und Katalyse begrifflich klar werden und weil sie auch unter Anwendung von ungelöstem Cer(III)-carbonat denkbar ist[2]. Entsprechend ist die Oxydation von Hydrochinon mit Sauerstoff an Mangan(IV)-oxyd zu diskutieren[3].

In manchen Umsetzungen sind neben Autoxydationsreaktionen auch wirkliche katalytische Reaktionen enthalten. Die erwähnte Autoxydation des Zinks wird durch Salze (AlJ_3 gelöst, Kupfervitriol fest) beschleunigt. Die der Autoxydation des Zinks ähnliche Autoxydation des Eisens

$$\begin{array}{lll} 1. & \mathrm{Fe\ + H_2O + O_2} & \rightarrow \ \mathrm{FeO + H_2O_2} \\ 2. & \mathrm{Fe\ + H_2O_2} & \rightarrow \ \mathrm{FeO + H_2O} \\ 3. & \mathrm{2\,FeO + H_2O_2} & \rightarrow \mathrm{2\,FeO\,(OH)} \end{array}$$

wird durch Blausäure beschleunigt, weil der katalytische Zerfall des nach 1. entstehenden Wasserstoffperoxyds an der Oberfläche des Eisens und seiner Oxydationsprodukte durch Blausäure gehemmt und dadurch der Umsatz nach 2. und 3. durch Konzentrationswirkung gefördert wird[4].

Wasser.

Die Beschreibung der Reaktionen des Wasserstoffs und Sauerstoffs findet ihre natürliche Fortsetzung in der Beschreibung der Reaktionen des Wassers.

Auflösung fester Stoffe in Wasser.

Die Auflösung ist ein Grenzflächenvorgang. Steigerung der Auflösungsgeschwindigkeit durch stoffliche Zusätze kann einerseits darauf beruhen, daß vor dem Auflösungsvorgang geringe Mengen von Fremdstoffen in die festen Phasen eingelagert und daß dadurch diese Phasen aufgelockert wurden. Sie kann andrerseits durch die Wirkung von Lösungsgenossen während des Auflösungsvorgangs zustande kommen. Im letzteren Fall ist die Spezifität der stofflichen Wirkung größer als im ersten Fall. Besonders deutlich treten Wirkungen von Lösungsgenossen außer bei der Auflösung von Arsen(III)-oxyd[5] bei einigen wasserfreien Salzen auf, die sich in reinem Wasser auffallend langsamer als ihre Hydrate lösen:

$CrCl_3 \qquad Fe_2(SO_4)_3.$

Die Auflösungsgeschwindigkeit wird bei Chrom(III)-chlorid durch Cr^{++}-Ionen[5], bei Eisen(III)-sulfat durch Fe^{++}-Ionen erhöht[6]. Die 2-wertigen Metallionen

---

[1] A. Job: C. R. hebd. Séances Acad. Sci. **134** (1902), 1052.

[2] Das Doppelcarbonat $Ce_2(CO_3)_3 \cdot K_2CO_3 \cdot 12\,H_2O$ wird sowohl im festen als auch im gelösten Zustand bei Zutritt von Sauerstoff gelb.

[3] Hinweis bei P. Sabatier: Die Katalyse in der organischen Chemie.

[4] H. Wieland, W. Franke: Liebigs Ann. Chem. **469** (1929), 257; Formulierung der Umsetzung 1, 2 und 3 nach Wieland und Franke.

[5] C. Drucker: Z. physik. Chem. **36** (1901), 173.

[6] H. W. Kohlschütter, L. Sprenger, H. Siecke: Z. anorg. allg. Chem. **213** (1933), 189, 195, Abb. 2.

können dem Lösungsmittel zugesetzt oder durch Reduktionsmittel (Zink + Säure) an der Oberfläche der festen Salze erzeugt werden.

Auflösung ist als Teilvorgang in vielen Reaktionen enthalten, für welche das Reaktionsschema

$$A \ (\text{fest}) + B \ (\text{gelöst}) \rightarrow C \ (\text{fest}) + D \ (\text{gelöst})$$

gilt. Wenn die Lösungsgeschwindigkeit von A sehr groß ist, kann sich die Reaktion zwischen A und B im freien Lösungsraum abspielen. Die Ausscheidung von C ist dann mit der Fällung schwer löslicher Stoffe aus Lösungen vergleichbar. Wenn dagegen die Lösungsgeschwindigkeit von A kleiner als die Geschwindigkeit der auf den Lösungsvorgang folgenden Teilvorgänge ist, dann erhält die Gesamtreaktion Züge topochemischer Reaktionen. Die Ausscheidung von C findet dann in einer schmalen Grenzflächenzone von A statt. Dadurch wird der Typus des Aufteilungszustandes von C weitgehend durch den Aufteilungszustand von A mitbestimmt. Es bilden sich Pseudomorphosen von C nach A. Die gelösten Stoffe B und D müssen durch das feste Reaktionsprodukt C hindurchdiffundieren. Fremdstoffe, welche die Lösungsgeschwindigkeit von A erhöhen, üben unter diesen Umständen deutliche Einflüsse auf den Aufteilungszustand von C aus. Wird z. B. wasserfreies Eisen(III)-sulfat in Form mikroskopischer Kristalle in Ammoniaklösung eingetragen, dann bilden sich wegen der geringen Lösungsgeschwindigkeit dieses festen Stoffes sehr scharfe, in sich fest zusammenhängende Pseudomorphosen von Eisen(III)-hydroxyd. Enthält das Eisen(III)-sulfat von seiner Herstellung stammende Verunreinigungen, die seine Lösungsgeschwindigkeit erhöhen [Schwefelsäure, Eisen(II)-sulfat], dann fällt das bei der Umsetzung mit Ammoniak entstehende Eisen(III)-hydroxyd als feinflockiger Niederschlag aus[1]. Es ist möglich, daß durch die Aufklärung topochemischer Reaktionen, die verdeckte Auflösungsvorgänge enthalten, weitere Beispiele für Katalysen der Auflösung bekannt werden[2].

Zerfall fester Salzhydrate.

Viele dieser Reaktionen entsprechen, wie die Bildung und der Zerfall fester Metalloxyde (Seite 351 f.), dem Reaktionsschema

$$AB \ (\text{fest}) \rightleftharpoons A \ (\text{fest}) + B \ (\text{gasförmig}).$$

Beide Reaktionsrichtungen sind mit der Bildung neuer Phasen verbunden. Sofern nicht die Diffusion des Wasserdampfes zu und von den Grenzflächenzonen AB (fest) — A (fest) der geschwindigkeitsbestimmende Vorgang ist, kann auch hier autokatalytischer Reaktionsverlauf beobachtet werden.

Zusätze von wasserfreiem Kupfersulfat beschleunigen die thermische Zersetzung von Kupfervitriol. Die Reaktion

$$CuSO_4 \cdot 5 H_2O \rightarrow CuSO_4 + 5 H_2O \ (\text{gasförmig})$$

setzt zuerst an Kanten, Ecken oder Bruchstellen der Kupfervitriolkristalle ein

---

[1] H. W. Kohlschütter, L. Sprenger, H. Siecke: Z. anorgan. allg. Chem. **213** (1933), 189. — Seite 394 dieses Berichtes.

[2] Die Reaktion $CaSO_4 \cdot \frac{1}{2} H_2O$ fest + Wasser $\rightarrow$ $CaSO_4 \cdot 2 H_2O$ fest + Wasser scheint sich unter den Bedingungen beim Abbinden von Gipsbrei aus den Teilvorgängen: Auflösung des Calciumsulfathalbhydrats — Hydratation des Calciumsulfathalbhydrats in der Lösung — Kristallisation des Calciumsulfatdihydrats zusammenzusetzen. Wirkungen stofflicher Zusätze auf die Abbindungsgeschwindigkeit von Gipsbrei sind bekannt, aber wegen der komplexen Natur des Vorgangs noch nicht deutbar. — W. Feitknecht: Über topochemische Umsetzungen fester Stoffe in Flüssigkeiten. Fortschr. Chem., Physik, physik. Chem., Ser. A **21** Heft 2, S. 20 ff. Berlin, 1930.

und schreitet von diesen aus allmählich durch die einzelnen Kristalle fort[1]. Bei ungehinderter Verdampfung des Wassers (Zersetzung kleinster isoliert liegender Kristalle unter vermindertem Druck) erkennt man in den Zersetzungs*geschwindigkeits*kurven die Hydratstufen $CuSO_4 \cdot 3\,H_2O$ und $CuSO_4 \cdot H_2O$*. Dies alles sind Zeichen dafür, daß die Zersetzungsgeschwindigkeit durch die Entwicklung der Grenzflächen zwischen den festen Phasen der Ausgangs-, Zwischen- und Endprodukte bestimmt wird. Ist die Verdampfung des abgespaltenen Wassers behindert (Zersetzung größerer Stoffmengen in Form dichter Pulverschichten oder in Form großer Kristalle), dann verliert die Grenzfläche zwischen den festen Phasen ihre Bedeutung für die Zersetzungsgeschwindigkeit. Über den festen Phasen stellt sich annähernd der Gleichgewichtsdampfdruck des Wassers ein; neben der Zersetzung findet Rückbildung der Hydrate statt; passivierende Deckschichten bilden sich aus usw.[2].

Der Zusammenhang zwischen der geometrischen Entwicklung der Grenzfläche der festen Phasen und der Zersetzungsgeschwindigkeit eines Salzhydrats kann besonders gut am Calciumcarbonathydrat festgestellt werden. Die Reaktion

$$CaCO_3 \cdot 6\,H_2O \text{ (fest)} \rightarrow CaCO_3 \text{ (fest)} + 6\,H_2O \text{ (flüssig)}$$

spielt sich um 0° unter flüssigem Wasser ab. Sie führt zuerst zu örtlich getrennten $CaCO_3$-Keimen. Das Wachstum dieser Keime und damit die Zersetzung des Hydrats wird durch Adsorption von Farbstoffen gehemmt[3].

Hydratation und Dehydratation organischer Verbindungen.

Die Anlagerung von Wasser an einfache ungesättigte Kohlenwasserstoffe

$$1.\ C_2H_2 + H_2O \rightarrow CH_3COH$$

und die Abspaltung von Wasser aus einfachen organischen Säuren oder Alkoholen

$$2a.\ HCOOH \rightarrow CO + H_2O; \quad 3a.\ C_2H_5OH \rightarrow C_2H_4 + H_2O$$

führt zu einer Gruppe katalytischer Reaktionen, in denen zwar Wasser als wesentlicher Bestandteil beteiligt ist, deren Besonderheit aber so weitgehend durch die Eigenschaften der organischen Bestandteile bestimmt wird, daß sie sinngemäß nur im Zusammenhang mit Katalysen in organischen Stoffsystemen betrachtet werden können. Das Interesse, welches sie im Zusammenhang mit der Beschreibung anorganischer Stoffsysteme beanspruchen, geht von der Zusammensetzung ihrer Katalysatoren aus (S. 381).

Reaktion 1 wird vorwiegend im homogenen System ausgeführt: Umsetzung von gelöstem Acetylen in sauren Lösungen von Quecksilbersalzen. Sie findet (mit schlechterer Ausbeute) auch an Aktivkohle, Eisenoxyd und einigen Mischkatalysatoren (ZnO-Cr_2O_3) statt[4]. Die Reaktionen 2a und 3a sind dadurch ausgezeich-

---

[1] E. Pietsch, A. Kotowski, G. Berend: Z. physik. Chem., Abt. B 5 (1929), 1.

* E. M. Crowther, J. R. H. Coutts: Proc. Roy. Soc. (London), Ser. A 106 (1924), 215.

[2] V. Kohlschütter, H. Nitschmann: Z. physik. Chem., Bodenstein-Festband (1931), S. 494: Zusammenfassende Darstellung der Vorgänge bei der Entwässerung von Kupfervitriol. — G.-M. Schwab, E. Pietsch: Z. Elektrochem. angew. physik. Chem. 35 (1929), 573.

[3] B. Topley, J. Hume: Proc. Roy. Soc. (London), Ser. A 120 (1928), 211.

[4] P. Karrer: Lehrbuch der organischen Chemie, S. 69. Leipzig, 1928. — K. A. Hofmann: Berichte 32 (1899), 870. — B. Neumann, H. Schneider: Z. angew. Chem. 33 (1920), 189.

net, daß Zusammensetzung und Herstellungsart der wirksamen Katalysatoren (Al_2O_3, Cu) Einfluß auf den Umfang der möglichen Nebenreaktionen ausüben[1]:

$$2b.\ HCOOH \rightarrow CO_2 + H_2;\quad 3b.\ C_2H_5OH \rightarrow CH_3COH + H_2.$$

Halogene.
Rekombination von Chloratomen[2].

Cl-Atome entstehen durch thermische, photochemische oder elektrische Spaltung von Cl_2-Molekülen, außerdem als Glieder in Kettenreaktionen. Besonders durch die kinetische Analyse von Kettenreaktionen ist bekannt geworden, daß die Reaktion $Cl + Cl \rightarrow Cl_2$ durch feste Stoffe (Gefäßwände $= M$) beschleunigt werden kann:

$$
\begin{aligned}
Cl_2 + h\nu &\rightarrow 2\,Cl \\
Cl + H_2 &\rightarrow HCl + H \\
H + Cl_2 &\rightarrow HCl + Cl \\
H + H + (M) &\rightarrow H_2 + (M) \\
Cl + Cl + (M) &\rightarrow Cl_2 + (M).
\end{aligned}
$$

Es gelingt hier schwerer als beim aktiven Wasserstoff, die Wirkung der Gefäßwände abzuschirmen. Für die Rekombination von Bromatomen gelten ähnliche Hinweise[3].

Anlagerung von Chlor an Acetylen.

Bei Reaktionen des Chlors mit ungesättigten Kohlenwasserstoffen ist Anlagerung von Chlor und anschließend Substitution von Wasserstoff durch Chlor möglich. Zu den Grundreaktionen gehört die Bildung von Tetrachloräthan über Dichloräthylen und die Bildung von Hexachloräthan aus Äthylen[4]:

$$
\begin{aligned}
C_2H_2 + Cl_2 &\rightarrow C_2H_2Cl_2 \\
C_2H_2Cl_2 + Cl_2 &\rightarrow C_2H_2Cl_4 \\
C_2H_4 + 5\,Cl_2 &\rightarrow C_2Cl_6 + 4\,HCl.
\end{aligned}
$$

Ihre Katalysatoren sind Schwermetallchloride ($FeCl_3$, $SbCl_5$), Schwefelsäure, Aktivkohle u. a. Mit Antimon(V)-chlorid bildet das ungesättigte Acetylen zunächst eine Anlagerungsverbindung. In dieser Verbindung wird das Acetylen mit Chlor abgesättigt. Das mit Chlor gesättigte Acetylen wird als Tetrachloräthan abgespalten[5]:

$$
\begin{aligned}
SbCl_5 + C_2H_2 &\rightarrow SbCl_5 \cdot C_2H_2 \\
SbCl_5 \cdot C_2H_2 + 2\,Cl_2 &\rightarrow SbCl_5 + C_2H_2Cl_4 \\
\hline
C_2H_2 + 2\,Cl_2 &\rightarrow C_2H_2Cl_4
\end{aligned}
$$

Anlagerungsverbindungen des Acetylens sind beispielsweise auch für festes Aluminiumchlorid, Arsen(III)-chlorid, Kupfer(I)-chlorid bekannt[6].

---

[1] S. 381 f. dieses Berichtes.

[2] K. H. Geib: Atomreaktionen. Ergebn. exakt. Naturwiss. 15 (1936), 44, bes. S. 90: Reaktionen der Chloratome. — L. v. Müffling: Handbuch der Katalyse Bd. VI, S. 94.

[3] W. Jost: Z. physik. Chem., Abt. B 3 (1929), 95. — M. Bodenstein: Die Rolle der Gefäßwand bei Gasreaktionen. Z. Elektrochem. angew. physik. Chem. 35 (1929), 535. — G.-M. Schwab: Z. physik. Chem., Abt. B 27 (1934), 452.

[4] P. Karrer: Lehrbuch der organischen Chemie, Leipzig, 1928. — F. Krczil: Adsorptionsstoffe in der Kontaktkatalyse, Leipzig, 1938.

[5] $SbCl_5$ wird in Äthylentetrachlorid gelöst. Die beschriebene Reaktion ist ein Beispiel für Katalysen in homogenen Stoffsystemen. Sie ist hier angeführt, weil sie die Funktion des Katalysators erkennen läßt und Anhaltspunkte für die Funktionen ähnlich zusammengesetzter fester Katalysatoren geben kann. Zusammenfassende Darstellung: F. Ullmann: Enzyklopädie der technischen Chemie 1, 2. Aufl., S. 156.

[6] A. Werner, P. Pfeiffer: Neuere Anschauungen auf dem Gebiete der anorganischen Chemie, S. 173. Braunschweig, 1923.

Bildung und Zerfall von Halogenwasserstoffen.

Der Zerfall des Jodwasserstoffs

$$2\,HJ \rightarrow H_2 + J_2$$

gehört zu den kinetisch am besten untersuchten Beispielen heterogener Gasreaktionen[1]. Zuerst wurde der Einfluß der Gefäßwände (Glas, Quarz) bekannt. Später wurde systematisch die Reaktionsgeschwindigkeit an Edelmetallen (Pt, Au) gemessen. Schon um 1824 beschleunigte E. TURNER (zusammen mit BLUNDELL)[2] die Reaktion von Wasserstoff mit Chlor bzw. Jod durch Platin. Für die präparative Herstellung von Halogenwasserstoffen aus Wasserstoff und Halogen sind in der Folgezeit zahlreiche Kontaktmassen benutzt worden; unter ihnen ist Aktivkohle immer mehr hervorgetreten, besonders für die Herstellung von Bromwasserstoff[3].

Abspaltung und Anlagerung von Chlorwasserstoff.

Die Zersetzung von Monochloräthan oder Äthylchlorid nach

$$C_2H_5Cl \rightarrow C_2H_4 + HCl$$

wird durch feste Metallchloride $(BaCl_2)$* beschleunigt. Dabei läßt sich die Wirkung der Erdalkalichloride durch Bestimmung der Aktivierungsenergie zahlenmäßig abstufen[4]. Für die entgegengesetzte Reaktion, die Anlagerung von Chlorwasserstoff an Äthylen, sind festes Wismut-, Eisen-, Vanadin-, Aluminiumchlorid, für die Anlagerung von Bromwasserstoff entsprechende Bromide benutzt worden. Es liegen Hinweise darauf vor, daß sich an die einfachen Anlagerungsreaktionen Folgereaktionen anschließen können: Wird ein Gemisch von Äthylen und Chlorwasserstoff bei $100°\div200°$ über wasserfreies, auf Trägerstoffen (Glas, Asbest) fein verteiltes Aluminiumchlorid geleitet, dann entsteht praktisch nur Äthylchlorid[5]. Bei Anwendung dichter Schichten von wasserfreiem Aluminiumchlorid ohne Trägerstoffe entsteht bei 20° ein Gemisch mehrerer Verbindungen, in dem auch Aluminium-haltige (metallorganische) Verbindungen enthalten sind[6].

---

[1] C. WAGNER, K. HAUFFE: Z. Elektrochem. angew. physik. Chem. **45** (1939), 409, 410, Tabelle 1: Zusammenstellung heterogener Katalysen mit bekanntem Reaktionsmechanismus. — G.-M. SCHWAB: Katalyse, Berlin, 1931. Zusammenfassende Darstellung und Literaturhinweise.

[2] Zitiert bei A. MITTASCH, E. THEIS: Ein halbes Jahrhundert Grenzflächen-Katalyse, S. 54, 55. Berlin, 1932.

[3] **HF**: M. BODENSTEIN, H. JOCKUSCH: Vereinigung von Wasserstoff mit Fluor. S.-B. preuß. Akad. Wiss. **1934**, 27; C 1934 I 2545 (Bildung von F-Atomen durch Reaktion von Fluor mit dem Gefäßmaterial. Einleitung von Kettenreaktionen durch F-Atome). — **HCl**: B. NEUMANN: Explosionslose Vereinigung von Chlor und Wasserstoff zu Salzsäure mit Hilfe von Kontaktsubstanzen. Z. angew. Chem. **34** (1921), 613. — M. O. CHARMADARJAN, G. W. PRICHODKA: Katalytische Darstellung von Chlor aus Salzsäure. C 1934 I 3902. — **HBr**: N. C. JONES: J. physic. Chem. **33** (1929), 1415. — U. HOFMANN: Z. angew. Chem. **44** (1931), 841, besonders Seite 843. — G.-M. SCHWAB, F. LOBER: Z. physik. Chem., Abt. A **186** (1940), 321 (Einfluß von anorganischen Zusätzen zur Kohle).

* P. SABATIER, A. MAILHE: C. R. hebd. Séances Acad. Sci **141** (1905), 238; **156** (1913), 658.

[4] H. G. GRIMM, E. SCHWAMBERGER: Réunion Intern. de Chim. phys. **1928**, 214. — H. G. GRIMM: Z. Elektrochem. angew. physik. Chem. **35** (1929), 549.

[5] E. BERL, J. BITTER: Berichte **57** (1924), 95.

[6] J. P. WIBAUT: Anlagerung von gasförmigem Chlorwasserstoff an ungesättigte Kohlenwasserstoffe unter dem Einfluß von Kontaktsubstanzen. Z. Elektrochem. angew. physik. Chem. **35** (1929), 602.

Die Anlagerung von Brom- und Jodwasserstoff an Olefine erfolgt leichter als die Anlagerung von Chlorwasserstoff[1].

Bei der FRIEDEL-CRAFTschen Synthese werden durch Aluminiumchlorid die Bestandteile des Chlorwasserstoffs aus verschiedenartigen Molekülen abgespalten:

$$C_6H_6 + ClCH_3 \rightarrow C_6H_5 \cdot CH_3 + HCl.$$

Diese Umsetzungen stellen keine idealen Katalysen dar, weil das Aluminiumchlorid durch Nebenreaktionen allmählich verbraucht wird[2]. Das Verhältnis der eingesetzten $AlCl_3$-Mengen zu den in der Hauptreaktion umgesetzten Stoffmengen ist aber nicht stöchiometrisch bestimmt, so daß die Umsetzungen zumindest als Grenzfälle (homogener oder heterogener) Katalysen angesehen werden dürfen.

Flüssiges Benzol lagert in Gegenwart von Aluminiumchlorid Äthylen an:

$$C_6H_6 + C_2H_4 \rightarrow C_6H_5 \cdot C_2H_5.$$

Es liegt nahe anzunehmen, daß diese Reaktion bei Gegenwart von Salzsäure über die Bildung von C_2H_5Cl erfolgt und daß an Aluminiumchlorid HCl abgespalten wird. Es scheint jedoch auch möglich, daß die Anlagerung von Äthylen an Benzol unmittelbar im Sinn der angegebenen Gleichung stattfindet. Technisches Aluminiumchlorid ist dabei weniger wirksam als reines Aluminiumchlorid. Letzteres überträgt etwas mehr Äthylen als dem Mol-Verhältnis $AlCl_3 : C_2H_4 = 1 : 1$ entspricht. Aber schon kurz nach der Überschreitung dieses Verhältnisses ist der Katalysator erschöpft. Bei den hierfür ins Auge gefaßten Versuchen[3] lag zu Beginn der Reaktion noch festes Aluminiumchlorid, am Ende der Reaktion eine ölige flüssige $AlCl_3$-haltige Phase vor. Dies deutet darauf hin, daß die Reaktion zwischen flüssigem Benzol und dem in ihm gelösten Äthylen auch an der Oberfläche des festen Salzes stattfindet. (Galliumchlorid, das sich leichter in Benzol löst, ist für die gesamte Reaktion ein besserer Katalysator als Aluminiumchlorid. Indiumchlorid ist unwirksam.)

Chlor und Chlorwasserstoff liefernde Verfahren.

Den bekannten Verfahren für die Herstellung von Chlor und Chlorwasserstoff liegen Reaktionen zugrunde, die in ihrer Gesamtheit die Beziehungen bzw. die Unterschiede veranschaulichen, welche zwischen reinen Katalysen, scheinbaren Katalysen und gekoppelten Reaktionen bestehen. Im folgenden werden einige Beispiele herausgegriffen und ohne Rücksicht auf ihre gegenwärtige praktische Bedeutung oder auf ihre wirtschaftliche Verknüpfung beschrieben[4]. Die Zusammenstellung soll nur dem *Vergleich von Reaktionstypen* dienen.

Mit der Reaktion

$$2\,HCl + \tfrac{1}{2}O_2 \rightarrow H_2O + Cl_2$$

an festen Kupfer(II)-Verbindungen, welche die Grundlage des DEACON-Verfahrens bildet, kann die Oxydation von Chlorwasserstoffgas weitgehend kontinuierlich durchgeführt werden. Schematisch lassen sich die Funktionen der Kata-

---

[1] P. KARRER: Lehrbuch der organischen Chemie, S. 56. Leipzig, 1928.

[2] Die oben angeführte Beobachtung bei der Anlagerung von Chlorwasserstoff an Äthylen zeigt dies auch.

[3] H. ULICH, Ä. KEUTMANN, A. GEIERHAAS: Z. Elektrochem. angew. physik. Chem. 49 (1943), 292. — G. KRÄNZLEIN: Aluminiumchlorid in der organischen Chemie, 3. Aufl. Berlin, 1939.

[4] E. K. RIDEAL, H. S. TAYLOR: Catalysis in theory and practice, S. 179ff. London, 1926. — B. NEUMANN: Lehrbuch der chemischen Technologie I. Berlin, 1939. — F. ULLMANN: Enzyklopädie der technischen Chemie 2. Aufl., 3, 212.

lysatoren als Wertigkeitswechsel des Kupfers und als Zwischenbildung basischer Kupfersalze formulieren:

$$2\,CuCl_2 \qquad\qquad \rightarrow 2\,CuCl + Cl_2$$
$$2\,CuCl + \tfrac{1}{2}O_2 \qquad\quad \rightarrow \quad CuO \cdot CuCl_2$$
$$\underline{CuO \cdot CuCl_2 + 2\,HCl \rightarrow 2\,CuCl_2 + H_2O}$$
$$2\,HCl + \tfrac{1}{2}O_2 \qquad\qquad \rightarrow \quad Cl_2 + H_2O\,.$$

Katalysatorverluste treten lediglich durch Verflüchtigung des Kupfer(II)-chlorids auf. Diese Flüchtigkeit ist eine der Ursachen dafür, daß die exotherme Oxydation vorzugsweise mit verdünntem Sauerstoff (Luft) geschieht. Versuche, die Temperaturbeständigkeit des Katalysators zu steigern, führten zur Anwendung von Doppelchloriden ($NaCuCl_3$), Co-haltigen Zeolithen und ähnlichen Stoffen. Weniger bewährte Abwandlungen der Katalysatoren sind basisches Magnesiumchlorid oder Eisenchlorid:

$$MgO \cdot MgCl_2 + \tfrac{1}{2}O_2 \rightarrow 2\,MgO + Cl_2$$
$$\underline{2\,MgO + 2\,HCl \qquad\quad \rightarrow \quad MgO \cdot MgCl_2 + H_2O}$$
$$2\,HCl + \tfrac{1}{2}O_2 \qquad\qquad \rightarrow \quad Cl_2 + H_2O$$

oder

$$a)\ \ 2\,FeCl_3 + \tfrac{3}{2}O_2 \quad \rightarrow \quad Fe_2O_3 + 3\,Cl_2$$
$$\underline{b)\quad Fe_2O_3 + 6\,HCl \rightarrow 2\,FeCl_3 + 3\,H_2O}$$
$$2\,HCl + \tfrac{1}{2}O_2 \qquad\quad \rightarrow \quad Cl_2 + H_2O\,.$$

Die Anwendung des Eisenchlorids zwingt bereits zu einer getrennten Durchführung der Reaktionen a) und b).

Getrennt durchzuführende Teilreaktionen bilden vor allem die Grundlage des Weldon-Prozesses, schematisch:

$$a)\ \ MnO_2 + 4\,HCl \qquad \rightarrow MnCl_4 + 2\,H_2O$$
$$MnCl_4 \qquad\qquad\qquad \rightarrow MnCl_2 + Cl_2$$
$$b)\ \ MnCl_2 + Ca(OH)_2 \rightarrow Mn(OH)_2 + CaCl_2$$
$$\underline{c)\ \ Mn(OH)_2 + \tfrac{1}{2}O_2 \ \rightarrow MnO_2 + H_2O}$$
$$4\,HCl + Ca(OH)_2 + \tfrac{1}{2}O_2 \rightarrow CaCl_2 + Cl_2 + 3\,H_2O$$

(Theoretische Chlorausbeute 50%).

Der Kreisprozeß wird mit einem solchen Überschuß von Calciumhydroxyd durchgeführt, daß das in der Teilreaktion c) zurückgebildete 4-wertige Mangan in Form von Calciummanganiten erscheint und auch wieder in Form von Calciummanganiten in die Teilreaktion a) eingeht. Ein Überschuß von Calciumchlorid beschleunigt die Gesamtumsetzung, weil der in den Teilreaktionen entstehende „Weldon-Schlamm" durch Calciumchlorid peptisiert und dementsprechend schneller oxydiert wird.

Die Grundlage des alten Hargreaves-Verfahrens, welches unter bestimmten wirtschaftlichen Voraussetzungen die für die Chlorgewinnung notwendige Salzsäure lieferte, bildet der als gekoppelte Reaktion zu bezeichnende, bei rund 600° sich abspielende Umsatz:

$$SO_2 + H_2O + 2\,NaCl \quad \rightarrow Na_2SO_3 + 2\,HCl$$
$$\underline{Na_2SO_3 + \tfrac{1}{2}O_2 \qquad\qquad \rightarrow Na_2SO_4}$$
$$H_2SO_3 + 2\,NaCl + \tfrac{1}{2}O_2 \rightarrow Na_2SO_4 + 2\,HCl\,.$$

Er wird nicht stufenweise, sondern in einem Zuge durchgeführt. Alle an ihm beteiligten Stoffe stehen in einem stöchiometrischen Verhältnis. Er ist keine Katalyse. Er kann aber durch Schwermetallsalze (Cu, Fe) beschleunigt werden. Leichtmetallsalze (Mg, Al) sind katalytisch unwirksam[1].

Für die Rückgewinnung von Chlorwasserstoff aus Chlor steht das dem DEACON-Prozeß zugrunde liegende Gleichgewicht

$$Cl_2 + H_2O \rightleftarrows 2\,HCl + \tfrac{1}{2}\,O_2$$

zur Verfügung. Es stellt sich bei rund 400° an festen Kupfer(II)-Verbindungen rasch ein und kann zugunsten der Chlorwasserstoffbildung verschoben werden, wenn der frei werdende Sauerstoff (durch Kohle) gebunden wird. Die Temperatur, bei welcher in einem Chlor-Wasserdampf-Strom bei gegebener Geschwindigkeit praktisch quantitative Umsetzung erreicht wird, läßt sich durch geringe Zusätze von Schwermetallsalzen zu der Kohle erniedrigen[2].

Zersetzung von Hypochlorit und Chlorat.

Besonders zahlreich sind die Erfahrungen über die katalytische Zersetzung der sauerstoffhaltigen Säuren des Chlors und ihrer Salze sowie der entsprechenden Bromverbindungen[3].

In wäßrigen Lösungen der unterchlorigen Säure[4] beschleunigen Metalle (Pt), feste Chloride (AgCl) die Reaktionen

$$2\,HClO \rightarrow 2\,HCl + O_2 \qquad 3\,HClO \rightarrow HClO_3 + 2\,HCl,$$

in neutralen bzw. alkalischen Lösungen des Natriumhypochlorits Metalle (Pt), Metalloxyde (NiO) die Reaktion

$$2\,NaClO \rightarrow 2\,NaCl + O_2.$$

Dabei ist die Wirkung der Metalloxyde abgestuft. Cr^{III}-, Fe^{III}-, Mn^{IV}-Oxyd sind fast wirkungslos. Es können Metalloxyde unterschieden werden, welche lediglich zur Entwicklung von elementarem Sauerstoff führen oder auch sich anschließende Oxydationsreaktionen ermöglichen. Durch die Hypochloritzersetzung an Co^{III}-Oxyd wird Anthrazen nicht oxydiert; an Iridium findet diese Oxydation statt[5]. Auch bei der thermischen Zersetzung von wasserfreiem Kaliumchlorat stuft sich die Wirkung der Metalloxyde deutlich ab. Besonders bekannt ist die Wirkung des Mn^{IV}-Oxyds, dem die Wirkungen von Fe- und Ni-Oxyd folgen; Zn-, Hg-Oxyd sind hierbei schlechte Katalysatoren, Ag-Oxyd ist praktisch wirkungslos.

Schwefel, Selen.

Bildung von Schwefel- und Selenwasserstoff aus den Elementen.

Die Dissoziation von Schwefelwasserstoff nimmt erst bei hohen Temperaturen größeren Umfang an, infolgedessen kann die Reaktion

$$H_2 + S\ (Dampf) \rightarrow H_2S$$

[1] E. K. RIDEAL, H. S. TAYLOR: Catalysis in theory and practice, S. 169. London, 1926.

[2] K. VOGEL VON FALCKENSTEIN: Das Gleichgewicht des DEACON-Prozesses. Z. physik. Chem., Abt. A 59 (1907), 313. — B. NEUMANN: Umsetzung von Chlor mit Wasserdampf. Z. angew. Chem. 39 (1926), 368. — Umsetzung von Brom mit Wasserdampf. Z. angew. Chem. 39 (1926), 374. — M. K. SCHELUDKO: C 1935 II 3275.

[3] GMELINS Handbuch der Anorganischen Chemie 8. Aufl. Systemnummer 6 und 7.

[4] F. FOERSTER, E. MÜLLER: Katalytischer Einfluß des Platinschwarz auf Lösungen von Hypochloriten und von unterchloriger Säure. Z. Elektrochem. angew. physik. Chem. 8 (1902), 521.

[5] K. A. HOFMANN, K. RITTER: Beständigkeit und Oxydationspotential der Hypochlorite. Beiträge zur Katalyse. Berichte 47 (1914), 2233, besonders S. 2238.

bei mittleren Temperaturen (400°) und mittleren Drucken ohne wesentliche Störung durch die Gegenreaktion untersucht werden[1]. Dabei ist der Einfluß der Gefäßwände (Glas) gering. Er tritt nur bei sehr niederen Drucken hervor; neben der homogenen Reaktion im Gasraum finden heterogene, durch das Glas ausgelöste Reaktionen statt[2, 3]. Anders liegen die Verhältnisse bei Selenwasserstoff. Hier kann die Einstellungsgeschwindigkeit des Gleichgewichts

$$H_2 + Se \rightleftarrows H_2Se$$

auch bei mittleren Temperaturen (320°) in beiden Reaktionsrichtungen gemessen werden. Sie ist proportional der Größe der Selenoberfläche. Die Phasengrenze Selen—Gas übt katalytische Wirkungen aus[4].

Die Bildung von Schwefel- und Selenwasserstoff durch Umsetzung von Paraffinen mit elementarem Schwefel bzw. Selen wird durch Aktivkohle beschleunigt[5].

Oxydation von Schwefelwasserstoff.

Die katalytische Oxydation von Schwefelwasserstoff zu Wasser und Schwefel ist bereits im Anschluß an die katalytische Herstellung von Wasserstoff besprochen worden (S. 348). Sie spielt eine noch viel größere Rolle bei der Entschwefelung von Steinkohlengasen, deren Schwefelgehalt zunächst durch katalytische Hydrierung der Kohlenstoff-Schwefel-haltigen Verbindungen an Platin, Nickel (auf Trägerstoffen) oder an Eisenoxyd in Schwefelwasserstoff übergeführt wird. Dementsprechend sind im Rahmen dieser Verfahren zahlreiche wirtschaftlich tragbare Katalysatoren ausprobiert worden: Eisenhydroxyd, Weldon-Schlamm oder frisch gefälltes Manganhydroxyd, Bauxit, Aktivkohle. Aus einer ursprünglich diskontinuierlichen Arbeitsweise hat sich in zunehmendem Maße die kontinuierliche Arbeitsweise entwickelt, bei welcher die für die Reaktion

$$H_2S + \tfrac{1}{2}O_2 \rightarrow H_2O + S$$

berechnete Sauerstoffmenge den Gasen zugemischt und der Katalysator für längere Arbeitsperioden wirksam erhalten wird[6]. Nachteilig bleibt bei diesem Verfahren der Umstand, daß sich die Katalysatoren schließlich doch mit Schwefel sättigen und zur Wiedergewinnung des Schwefels ausgelaugt oder abgeröstet werden müssen.

Die vollständige Oxydation von Schwefelwasserstoff zu Wasser und Schwefeldioxyd in *einem* kontinuierlichen Prozeß ist grundsätzlich an Katalysatoren auf Vanadinoxyd-Grundlage möglich. Die Wirksamkeit dieser Katalysatoren wird durch Wasserdampf nicht wesentlich beeinträchtigt. Aber die Wärmetönung des Gesamtumsatzes

$$\text{a) } H_2S + \tfrac{3}{2}O_2 \rightarrow H_2O + SO_2$$
$$\text{b) } SO_2 + \tfrac{1}{2}O_2 \rightarrow SO_3$$

[1] M. Bodenstein: Z. physik. Chem. 29 (1899), 315.

[2] E. Aynsley, P. L. Robinson: Nature (London) 132 (1933), 894. — E. E. Aynsley, Th. G. Pearson, P. L. Robinson: J. chem. Soc. (London) 1935, 58. — E. E. Aynsley, P. L. Robinson: J. chem. Soc. (London) 1935, 351. — R. P. Cook, P. L. Robinson: J. chem. Soc. (London) 1936, 454.

[3] Ch. S. Bagdassarjan: Bildung von Schwefelwasserstoff an festem Schwefel; C 1938 I 4574.

[4] M. Bodenstein: Z. physik. Chem. 29 (1899), 429.

[5] T. H. Chao, R. E. Lyons: C 1938 II 4192.

[6] Zusammenfassende Darstellungen: T. P. Hilditch: Die Katalyse in der angewandten Chemie, S. 157, 181. Übersetzt von E. Naujoks. Leipzig, 1932. — E. K. Rideal, H. S. Taylor: Catalysis in theory and practice, S. 190. London, 1926. — A. Engelhardt: Z. angew. Chem. 34 (1921), 219.

ist so groß, daß in Großanlagen Schwierigkeiten für die Wärmeabführung bestehen. Infolgedessen werden Schwefelwasserstoff-reiche Gasgemische praktisch auch hier in zwei Reaktionsstufen verarbeitet[1].

Einen Sonderfall der Schwefelwasserstoffoxydation stellt die Reaktion

$$2\,H_2S + SO_2 \rightarrow 2\,H_2O + 3\,S$$

dar. Sie läuft im trockenen Gasgemisch bei 20° langsam an und wird durch Feuchtigkeit oder feste (Feuchtigkeit enthaltende?) Stoffe beschleunigt[2].

Oxydation von Schwefeldioxyd.

Seit dem Patent von P. Philipps (1831)[3], welches das „Kontaktverfahren" zur Erzeugung von Schwefelsäure begründete und Platinschwamm für die Reaktion

$$SO_2 + \tfrac{1}{2}O_2 \rightarrow SO_3$$

benutzte, hat sich die Zusammensetzung der Kontaktmassen in einem weiten Stoffbereich geändert. Bei dem Bestreben, das leicht vergiftbare Platin durch ähnlich wirksame, aber weniger gegen Fremdstoffe empfindliche und zugleich wirtschaftlich tragbare Stoffe zu ersetzen, sind vornehmlich Oxyde solcher Metalle herangezogen worden, bei denen auf Grund eines Wertigkeitswechsels Sauerstoff-übertragende Wirkungen zu erwarten waren. Die Liste erprobter Kontaktmassen enthält Ein- und Mehrstoffkatalysatoren: Oxyde des Eisens, Kupfers, Chroms, Zinns, Titans, Kobalts, Vanadins, Sulfate der seltenen Erden usw.[4]. Besondere Vorzüge bot schließlich der Katalysator auf Vanadinoxyd-Grundlage. Seine Wirkung kann auf das Reaktionsschema

$$V_2O_5 + SO_2 \rightarrow SO_3 + V_2O_4$$
$$V_2O_4 + \tfrac{1}{2}O_2 \rightarrow V_2O_5$$
$$\overline{SO_2 \;\; + \tfrac{1}{2}O_2 \rightarrow SO_3}$$

zurückgeführt werden. Es besteht die Möglichkeit, daß auch Vanadylsulfat als Zwischenstoff auftritt[5]. In reinem Vanadinpentoxyd, das der Einwirkung von Schwefeldioxyd und Sauerstoff ausgesetzt war, konnte es nicht als selbständige Phase nachgewiesen werden[6]. Zur Herstellung des Katalysators wird Vanadinsäure auf Trägerstoffe (Silicagel, Zeolithe) aufgetragen[5]. Bei der Anwendung von Silber- oder Natriummetavanadat werden die Metalle in Sulfate übergeführt. Kohlenmonoxyd, Arsentrioxyd im reagierenden Gasgemisch setzen die katalytische Wirkung herab. Gegen Wasserdampf sind Katalysatoren dieses Typs beständig[6].

---

[1] H. Siegert: Beih. 26 Z. angew. Chem. 1937, 7.

[2] L. Hock, H. Schmidt: Kautschuk 10 (1934), 82; C 1935 I 487.

[3] A. Mittasch, E. Theis: Ein halbes Jahrhundert Grenzflächen-Katalyse, S. 167. Berlin, 1932.

[4] T. P. Hilditch: Die Katalyse in der angewandten Chemie, S. 134. Übersetzt von E. Naujoks. Leipzig, 1932. — E. K. Rideal, H. S. Taylor: Catalysis in theory and practice, S. 162. London, 1926. — F. Ullmann: Enzyklopädie der technischen Chemie 2. Aufl., 6, 5.

[5] B. Neumann: Lehrbuch der chemischen Technologie, I, S. 296. Berlin, 1939. — B. Neumann: Z. Elektrochem. angew. physik. Chem. 41 (1935), 589. — B. Neumann, C. Kröger, R. Iwanowski: Z. Elektrochem. angew. physik. Chem. 41 (1935), 821.

[6] H. Siegert: Beih. 26 Z. angew. Chem. 1937. — Auf mikroskopische Untersuchungen an benutzten Vanadinoxydkatalysatoren ist hingewiesen in C 1940 I 2520; 1941 I 1858.

Chlorierung von Schwefeldioxyd.

Der ursprünglichen Herstellung von Sulfurylchlorid mit Campher lag eine Reaktion gelöster Stoffe im homogenen System zugrunde:

$$SO_2 + Cl_2 \rightarrow SO_2Cl_2.$$

Die beiden Gase Schwefeldioxyd und Chlor vereinigen sich ebenso leicht im heterogenen System an Aktivkohle. Hier besteht außerdem die Möglichkeit, die Konzentration eines der beiden Stoffe sehr hoch zu halten, d. h. Chlor und Schwefeldioxyd in flüssiges Schwefeldioxyd einzuleiten und den Katalysator in der Flüssigkeit zu suspendieren[1].

Reaktionen sauerstoffhaltiger Salze des Schwefels.

Die wichtige Oxydation von gelöstem Natriumsulfit zu Natriumsulfat durch molekularen Sauerstoff ist ein viel beachtetes Beispiel homogener Katalysen. Sie wird besonders durch Kupferionen beschleunigt. Es ist anzunehmen, daß die wesentlichen Teilreaktionen auch dann in der Lösung ablaufen, wenn verkupferte Aktivkohle als Katalysator eingesetzt wird, da diese genügend Kupferionen an die Lösung abgeben kann[2].

Die thermische Zersetzung von geschmolzenem Natriumsulfat wird durch geringe Zusätze von Schwermetalloxyden beschleunigt. Gemessen an dem Zersetzungsgrad des je eine Stunde bei 1200° erhitzten Salzes stuft sich die Wirkung der Oxyde V_2O_5, WO_3, Cr_2O_3, CeO_2, Fe_2O_3 verschieden ab, je nachdem die Oxyde allein oder auf Silicagel als Trägerstoff in das System eingeführt werden[3].

Um 1000° setzt sich Calciumsulfat mit Chlor um. Die Temperaturen des Reaktionsbeginns werden durch Nickelsulfat herabgesetzt[4].

Bei der Herstellung von Peroxyschwefelsäure durch Elektrolyse von mittelkonzentrierter Schwefelsäure an Platinelektroden besteht immer die Möglichkeit, daß an der Anode kleine Mengen feinverteilten Platins in die Lösung gelangen und Sauerstoffentwicklung verursachen. Durch die Überführung des Anions der Peroxyschwefelsäure in kristallisierende Peroxysulfate soll dieses der zersetzenden Wirkung von Katalysatoren entzogen werden. Gute Stromausbeute ist nur möglich, wenn der ganze Prozeß mit reinsten Ausgangsstoffen und reinsten Elektroden durchgeführt wird. Die Empfindlichkeit des Systems gegen gelöste und feste Fremdstoffe entspricht der Empfindlichkeit des gelösten Wasserstoffperoxyds[5].

Stickstoff, Phosphor (Arsen, Antimon).

Bildung von Stickstoff- und Phosphormolekülen.

Stickstoffatome entstehen (neben angeregten Stickstoffmolekülen) unter den Bedingungen der Glimmentladung. Ihre Eigenschaften sind weniger vollständig als die Eigenschaften von Wasserstoff- oder Sauerstoffatomen bekannt. Rekom-

---

[1] H. Danneel: Z. angew. Chem. **39** (1926), 1553. — T. P. Hilditch: Die Katalyse in der angewandten Chemie, S. 228. Übersetzt von E. Naujoks. Leipzig, 1932.

[2] K. Wolkow, D. Strashessko: Die katalytische Oxydation des Natriumsulfits in Gegenwart von verkupferter Kohle. C1937 I 4458.

[3] S. D. Schargorodski: Über den Einfluß von Katalysatoren auf die Zersetzung von Natriumsulfat. C 1939 I 2716.

[4] P. P. Budnikov, E. I. Kreč: Entwicklung von Schwefeloxyden aus Calciumsulfat mittels Chlor in Gegenwart von Katalysatoren und gleichzeitige Darstellung von Salzsäure und Schwefelsäure. C 1937 I 38.

[5] F. Foerster: Elektrochemie wäßriger Lösungen, 3. Aufl., S. 846. Leipzig, 1922. — W. Machu: Das Wasserstoffperoxyd und die Perverbindungen, S. 138. Wien, 1937. — Vgl. Seite 352 dieses Berichtes.

bination zu N_2-Molekülen findet im Dreierstoß oder an den Glasoberflächen der Apparatur statt[1].

In Phosphordampf von niederem Druck dissoziieren die auf die reine Oberfläche von heißen Wolframdrähten treffenden Moleküle. Die Dissoziation ($P_4 \rightarrow 2\,P_2$?) bleibt aus, wenn die Wolframdrähte zuerst mit Sauerstoff bedeckt wurden. Die bei 700° feststellbare Passivierung des Wolframs durch Sauerstoff tritt bei 1800° nicht ein. Der Dissoziationsvorgang scheint durch Teilreaktionen an die feste Oberfläche gebunden zu sein[2].

Zerfall der Hydride.

Der Ammoniakzerfall ist im Zusammenhang mit der Ammoniakbildung im Abschnitt 2 (S. 339) besprochen worden. In naher stofflicher Beziehung zu ihm steht einerseits der Zerfall des Hydrazins, andrerseits der Zerfall des Phosphorwasserstoffs. Jedes dieser beiden Beispiele enthält allerdings mehr Möglichkeiten für Variationen des Reaktionsablaufs.

Hydrazindampf kann in Ammoniak und Stickstoff bzw. Ammoniak, Stickstoff und Wasserstoff zerfallen. Der Reaktionsverlauf hängt von der Zusammensetzung des Katalysators ab[3]:

$$3\,N_2H_4 \rightarrow 4\,NH_3 + N_2 \qquad \text{an Quarz,}$$
$$2\,N_2H_4 \rightarrow 2\,NH_3 + N_2 + H_2 \text{ an Platin.}$$

Der Zerfall des Phosphorwasserstoffs, dessen geschwindigkeitsbestimmende Teilreaktion ursprünglich für eine vollkommen homogene Gasreaktion nach dem Schema

$$PH_3 \rightarrow P + 3\,H$$

angesehen wurde, wird von der Gefäßwand beeinflußt, an der sich Zerfallsprodukte abscheiden. Noch deutlicher tritt diese Erscheinung bei dem Zerfall von Arsen- und Antimonwasserstoff hervor. Der letztere ist auf S. 346 als Beispiel autokatalytischer Reaktionen genannt[4].

Einen Sonderfall unter den Phosphorwasserstoffreaktionen stellt die Umwandlung von gasförmigem zu festem Phosphorwasserstoff dar. Oberflächenreiche feste Stoffe wie Aktivkohle und entwässertes Calciumchlorid überziehen sich in einer Atmosphäre von selbstentzündlichem Phosphorwasserstoff (P_2H_4) mit festem Phosphorwasserstoff ($P_{12}H_6$)*. Diphosphin bildet an Glas oder Quecksilber feste Produkte[5]. Werden Zinn-Kobalt-Legierungen in Zinn- und Kobaltphosphide

---

[1] K. H. Geib: Atomreaktionen. Ergebn. exakt. Naturwiss. 15 (1936), 87: N-Atome. — Gmelins Handbuch der Anorganischen Chemie 8. Aufl. Systemnummer 4, S. 264: Aktiver Stickstoff (Auffassung als atomarer Stickstoff). — L. v. Müffling: Dieses Handbuch Bd. VI, S. 94.

[2] H. W. Melville, S. C. Gray: Die Wirkung von Sauerstoff auf den Zerfall von Phosphordampf durch Wolframdrähte. Trans. Faraday Soc. 32 (1936), 1020, C 1936 II 1482.

[3] Ph. J. Askey: J. Amer. chem. Soc. 52 (1930), 970.

[4] E. Cohen: Studien über den Einfluß des Mediums auf die Reaktionsgeschwindigkeit gasförmiger Systeme (Arsenwasserstoff). Z. physik. Chem. 25 (1898), 483. — A. Stock, E. Echeandia, P. R. Voigt: Über die Zersetzung des Arsenwasserstoffs. Berichte 41 (1908), 1319. — M. Bodenstein: Die Rolle der Gefäßwand bei Gasreaktionen. Z. Elektrochem. angew. physik. Chem. 35 (1929), 535. — K. J. Laidler, S. Glasstone, H. Eyring: Anwendung der Theorie der absoluten Reaktionsgeschwindigkeiten auf heterogene Prozesse. II. Chemische Reaktionen an Oberflächen (Beispiel Zersetzung von PH_3 an Glas). J. chem. Physics 8 (1940), 667; C 1941 I 2497.

* A. Stock, W. Böttcher, W. Lenger: Berichte 42 (1909), 2839.

[5] P. Royen, K. Hill: Z. anorg. allg. Chem. 229 (1936), 97.

übergeführt, anschließend mit konzentrierter Salzsäure zersetzt, dann entsteht zunächst flüchtiger Phosphorwasserstoff, daneben aber scheidet sich viel fester Phosphorwasserstoff in Form hellgelber Blättchen ab. Letzterer bildet sich nur bei Gegenwart von Kobaltphosphid, nicht dagegen bei Gegenwart von Nickel- oder Platinphosphid. Die Reaktion ist spezifisch für Kobalt. Kobaltphosphid kann als Katalysator für die Reaktion

$$\text{Phosphorwasserstoff (Gas)} \rightarrow \text{Phosphorwasserstoff (fest)}$$

angesehen werden[1].

Reaktionen von Stickstoff mit Metallen.

Sehr reines Lithium reagiert schon bei 20° mit molekularem Stickstoff[2]. Das Metall überzieht sich zunächst mit einer zusammenhängenden Nitridschicht, durch welche der Stickstoff zur Metalloberfläche diffundieren muß. Diese Schicht sintert bzw. rekristallisiert, wenn sie größere Dicken erreicht. Dadurch wird sie für Stickstoff leichter durchlässig. Infolgedessen nimmt die Stickstoffaufnahme nach einer gewissen Induktionsperiode plötzlich zu. Im weiteren Verlauf der Umsetzung bleibt die Reaktionsgeschwindigkeit praktisch konstant[3]. — Eisenpulver, das auch bei hohen Temperaturen nicht mit molekularem Stickstoff reagiert, nimmt bei Gegenwart von Lithiumnitrid Stickstoff auf. Ursprünglich schien dieser Vorgang eine Katalyse zu sein. Tatsächlich aber hat die Stickstoff-übertragende Wirkung des Lithiumnitrids keinen katalytischen Charakter; denn das Mengenverhältnis des angewandten Lithiumnitrids zu dem vom Eisen aufgenommenen Stickstoff ist durch die Bildung einer Lithium-, Eisen- und Stickstoff-haltigen Komplexverbindung der Bruttozusammensetzung $Li_3N \cdot FeN$ bestimmt[4].

Reaktionen von Ammoniak mit Metallen.

Viele Metalle, die nicht mit molekularem Stickstoff reagieren, können mit Ammoniak in Nitride übergeführt werden: $2\,Fe + NH_3 \rightarrow Fe_2N + 3\,H$. In dem System Eisen + Ammoniak werden zu Beginn der Umsetzung die Stickstoff-ärmeren Phasen, im weiteren Verlauf der Umsetzung die Stickstoff-reicheren Phasen gebildet: $\alpha \rightarrow \gamma' \rightarrow \varepsilon$ (S. 340). Die Stickstoff-haltigen Phasen spalten beim Erhitzen molekularen Stickstoff ab; sie können sich nur mit Ammoniak zurückbilden. Wenn die eingehaltene Reaktionstemperatur mit der Temperatur zusammenfällt, bei welcher sich die Stickstoff-reicheren Phasen merklich unter Abgabe von molekularem Stickstoff zersetzen, dann findet gleichzeitig *Aufnahme* von Stickstoff aus dem Ammoniak durch die festen Phasen und *Abgabe* von molekularem Stickstoff aus den festen Phasen statt, d. h. dann wird Ammoniak mit einer durch die Bildungs- bzw. Zersetzungsgeschwindigkeit der festen Nitridphasen bestimmten Geschwindigkeit katalytisch zersetzt. Auf diese Vorgänge ist schon im Abschnitt 2 (S. 340) hingewiesen worden, wo es sich darum handelte, die Funktionen des Eisenkatalysators bei der Einstellung des Ammoniakgleichgewichts anschaulich zu machen. Dort aber hatte das Beispiel einen anderen Sinn; dort sollte es nur eine Modellvorstellung für die Vorgänge an den katalytisch wirksamen Stellen der *Eisen*oberfläche liefern, die keine selbständigen Nitrid-

---

[1] J. Mathiesen, F. W. Wrigge, W. Biltz: Z. anorg. allg. Chem. **232** (1937), 284.

[2] Gmelins Handbuch der Anorganischen Chemie 8. Aufl. Systemnummer **4**, S. 238.

[3] W. Frankenburger: Z. Elektrochem. angew. physik. Chem. **32** (1926), 481.

[4] W. Frankenburger, L. Andrussow, F. Dürr: Z. Elektrochem. angew. physik. Chem. **34** (1928), 632.

phasen bilden. Hier wird nun die katalytische Wirkung ausgedehnter Eisennitrid-phasen auf die Ammoniakzersetzung beschrieben.

Auch *flüssiges* Ammoniak kann mit Metallen reagieren. Kalium löst sich mit tief blauer Farbe in wasserfreiem Ammoniak auf. Bei der tiefen Temperatur (Siedepunkt des Ammoniaks — 33°) setzt es sich sehr langsam unter Wasserstoff-entwicklung zu farblosem, ebenfalls in Ammoniak löslichem Kaliumamid um:

$$2\,K + 2\,NH_3 \rightarrow 2\,KNH_2 + H_2 .$$

Geringe Zusätze von Schwermetallen (Pt, Fe) beschleunigen diese Reaktion so stark, daß auf diesem Weg Kaliumamid präparativ hergestellt werden kann[1].

Oxydation von Ammoniak.

Ähnlich wie die Geschichte des Schwefelsäurekontaktverfahrens oder der Ammoniaksynthese gibt die Geschichte der Ammoniakoxydation einen Überblick über eine große Zahl der für die gewünschte Reaktion

$$4\,NH_3 + 5\,O_2 \rightarrow 4\,NO + 6\,H_2O$$

geeigneten Katalysatoren. Die Entwicklung begann mit den Beobachtungen Fr. Kuhlmanns an Platin (1831), wurde durch die Versuche Wi. Ostwalds an Platin-haltigen und Platin-freien Stoffen (um 1900) neu belebt und durch die systematischen Untersuchungen A. Mittaschs an Mehrstoffkatalysatoren (1914) weiter gefördert[2]. Unter den letzteren sind Katalysatoren auf Wismutoxyd-Eisenoxyd-Grundlage besonders hervorgetreten.

Bildung und Zerfall von Stickoxyden.

Bei tiefen Temperaturen (20° bis 100°) sind die Gleichgewichtskonzentrationen

für	in den Gleichgewichten	
N_2O	$2\,N_2 + O_2 \rightleftarrows 2\,N_2O$	praktisch null
NO	$N_2 + O_2 \rightleftarrows 2\,NO$	sehr niedrig
NO_2	$NO + \tfrac{1}{2}O_2 \rightleftarrows NO_2$	hoch
N_2O_5	$2\,NO_2 + \tfrac{1}{2}O_2 \rightleftarrows N_2O_5$ (gasf.)	praktisch null

Dieser qualitative Vergleich erleichtert die Übersicht über die Verteilung der katalytischen Erfahrungen. Denn die Mehrzahl dieser Erfahrungen wird stets in den Stoffsystemen gesammelt, die sich bei tiefen Temperaturen weit entfernt vom Gleichgewichtszustand befinden und diesen infolge der tiefen Temperatur nur langsam erreichen können. Tatsächlich sind die Reaktionen

$$2\,N_2O \rightarrow 2\,N_2 + O_2 ,$$
$$N_2O_5 \rightarrow 2\,NO_2 + \tfrac{1}{2}O_2$$

besonders eingehend auf katalytische Einflüsse fester Fremdstoffe untersucht worden. Für die anderen Reaktionen sind solche Einflüsse in entsprechend ge-ringerem Umfang bekannt geworden[3].

---

[1] E. C. Franklin: Z. anorg. allg. Chem. **46** (1905), 1, besonders Seite 13.

[2] A. Mittasch, E. Theis: Ein halbes Jahrhundert Grenzflächen-Katalyse, S. 237. Berlin, 1932.

[3] Zusammenfassende Darstellung: Gmelins Handbuch der Anorganischen Chemie 8. Aufl. Systemnummer 4.

Reaktionen der Salpetersäure.

Konzentrierte Salpetersäure wird durch molekularen Wasserstoff nicht, bei Gegenwart von Platin nachweisbar reduziert. Die Reduktion von Nitraten in sauren und alkalischen Lösungen durch naszierenden Wasserstoff ist ein für analytische Zwecke oft benutzter Vorgang; dabei wird die Entwicklungsgeschwindigkeit des Wasserstoffs und gleichzeitig die Reduktionsgeschwindigkeit des Nitratstickstoffs mit Zink und Lauge durch Zusätze von Kupfer (Dewardasche Legierung) erhöht[1]. Die Einwirkung von konzentrierter Salpetersäure auf Kupfer setzt bei 20° langsam ein und wird nach kurzer Einwirkungsdauer heftig; dies ist ein Hinweis darauf, daß unter den löslichen Reaktionsprodukten reaktionsbeschleunigende Stoffe entstehen.

Oxydation von Phosphor zu Phosphorsäure.

Während elementarer Stickstoff nur durch scharf gegeneinander abgesetzte Teilprozesse in Salpetersäure übergeführt werden kann, ist die Oxydation von Phosphordampf mit Wasserdampf zu Phosphorsäure

$$P + 4\,H_2O \rightarrow H_3PO_4 + 5\,H$$

an festen Kupfer-haltigen Katalysatoren in einem Zuge möglich[2].

Allerdings bilden sich auch hierbei unvollständig oxydierte Zwischenprodukte, welche die Katalysatoren vergiften können. Die Entwicklung giftfester Katalysatoren ist für diese Verfahren besonders wichtig[3].

Zu den Grundreaktionen der katalytischen Phosphoroxydation gehört die Oxydation von reinem Phosphordampf mit reinem Sauerstoff. Wenn sie unter niederem Druck an Platin oder Wolfram ausgeführt wird, dann beginnt sie an der Oberfläche der Metalle und setzt sich von diesen aus in den Gasraum fort[4].

Kohlenstoff.

Eine besonders große Zahl heterogener Katalysen ist unter den Reaktionen gasförmiger und flüssiger Kohlenstoffverbindungen bekannt geworden. Für viele Beispiele liegen wegen ihrer technischen Bedeutung ausführliche Beschreibungen vor[5]. In diesem Abschnitt werden nur einige Reaktionstypen hervorgehoben.

Bildung und Zerfall von Methan.

Die Einstellung des Methangleichgewichtes

$$C + 2\,H_2 \rightleftarrows CH_4$$

---

[1] Die maßgebende katalytische Teilreaktion ist also den Reaktionen des Wasserstoffs zuzuordnen (S. 350).

[2] A. Schmidt: Die industrielle Chemie, S. 183. Berlin u. Leipzig, 1934.

[3] E. W. Britzke, N. E. Pestow, N. N. Postnikow: Verwertung der bei der Phosphordestillation in den Hochöfen gebildeten Gase. C 1930 I 1020. Ausführliches Referat der russischen Mitteilung mit vielen Hinweisen auf Katalysatoren für die Oxydation von Phosphor mit Wasserdampf.

[4] H. W. Melville, E. B. Ludlam: Oxydation des Phosphordampfes bei niederen Drucken in Gegenwart von Platin und Wolfram. Proc. Roy. Soc. (London), Ser. A 135 (1932), 315; C 1932 II 3356.

[5] F. Ullmann: Enzyklopädie der technischen Chemie 2. Aufl. 6: W. Frankenburger, F. Dürr: Katalyse (Tabellarische Zusammenstellung). — T. P. Hilditch: Die Katalyse in der angewandten Chemie, übersetzt von E. Naujoks. Leipzig, 1932. — E. K. Rideal, H. S. Taylor: Catalysis in theory and practice, London, 1926. — Handbuch der Katalyse Bd. VII.

wird von beiden Seiten durch Metalle (Fe, Co, Ni) beschleunigt. Dabei können bei 250° rd. 99%, bei 850° rd. 1,5% Methan erreicht werden[1]. In Form ihrer Oxyde finden dieselben Metalle Anwendung bei der Reduktion der Kohlenstoffoxyde durch Wasserstoff zu Methan, bzw. bei der Gewinnung von Wasserstoff aus Methan[2]:

$$CO + 3H_2 \rightleftharpoons H_2O + CH_4,$$
$$CO_2 + 4H_2 \rightleftharpoons 2H_2O + CH_4,$$
$$2CO + 2H_2 \rightleftharpoons CO_2 + CH_4.$$

Die stofflich wesentlich vielseitigere Hydrierung von Kohle und flüssigen Kohlederivaten zur Erzeugung flüssiger Kohlenwasserstoffe stellt besondere Anforderungen an die Widerstandsfähigkeit der Katalysatoren gegen Katalysatorgifte, vor allem gegen Schwefel und Schwefelverbindungen. Aus diesem Grund hat sich die Zahl der unter technischen Bedingungen geeigneten Katalysatorsysteme im Lauf der Zeit sehr vermehrt. Unter ihnen haben Molybdän- und Wolframverbindungen Bedeutung erlangt[3]. Die Wirksamkeit von Molybdänoxyd scheint stärker als die Wirksamkeit von Molybdänsulfid von den Herstellungsverfahren abzuhängen[4]. Vielseitig anwendbar ist das Wolframsulfid WS_2*.

Oxydation von Kohlenstoff (Kohle) und Kohlenmonoxyd.

Schon bei 20° wird Sauerstoff an der Oberfläche von Graphit oder Aktivkohle adsorptiv gebunden. Ein Teil dieses Sauerstoffs ist zur Teilnahme an Oxydationsreaktionen befähigt[5]. Deshalb verläuft die Oxydation vieler gelöster Stoffe durch molekularen Sauerstoff bei Gegenwart von Aktivkohle schneller. Die Aktivkohle übt hierbei Funktionen eines Sauerstoffüberträgers aus. Blutkohle (mit einem Aschegehalt von einigen Prozenten) oxydiert in heißen Lösungen Schwefelwasserstoff, Chromit, zahlreiche organische Verbindungen[6].

Bei hohen Temperaturen setzt die Herauslösung der C-Atome aus dem Graphitgitter durch den Sauerstoff ein. Bis etwa 1500° dringt der Sauerstoff zunächst zwischen die Sechseckschichten des Graphitgitters ein; er baut den Graphitkristall parallel diesen Schichten ab[7]; neben Kohlendioxyd entweicht Kohlenmonoxyd. Unter vermindertem Druck entspricht das Verhältnis der beiden Oxyde etwa der Umsetzung

$$4C + 3O_2 \rightarrow 2CO_2 + 2CO.$$

Über 1600° tritt der Abbau des Graphitkristalls an den Kanten bzw. Prismenflächen hervor. Die Reaktion läßt sich jetzt etwa durch die Gleichung

$$3C + 2O_2 \rightarrow CO_2 + 2CO$$

---

[1] M. MAYER, V. ALTMAYER: Berichte **40** (1907), 2134. — H. v. WARTENBERG: Z. physik. Chem., Abt. A **61** (1908), 366.

[2] B. NEUMANN: Lehrbuch der chemischen Technologie, S. 43. Berlin, 1939.

[3] F. ULLMANN: Enzyklopädie der technischen Chemie 2. Aufl., **6**, 651: Zusammenfassende Beschreibung der Katalysatoren. — HUMMEL in Bd. VII/2 dieses Handbuchs.

[4] G. N. MASSLJANSKI, F. S. SCHENDEROWITSCH: Genese von Katalysatoren für die destruktive Hydrierung. C 1941 II 2774.

* Patente der I. G. Farbenindustrie A.G.

[5] E. K. RIDEAL, H. S. TAYLOR: Catalysis in theory and practice, S. 207: Zusammenfassende Darstellung. London, 1926. — H. S. TAYLOR: J. Amer. chem. Soc. **43** (1921), 2055.

[6] F. FEIGL: Z. anorg. allg. Chem. **119** (1921), 305, qualitative Versuche, Hinweise auf frühere Mitteilungen.

[7] U. HOFMANN: Kristallchemische Vorgänge an Kohlenstoff. Berichte **65** (1932), 1821, Abb. 2.

beschreiben. Wenn bei höherem Druck (1 at) die primären Oxydationsprodukte nicht schnell genug von der Graphitoberfläche fortdiffundieren können, kommt auch die Gleichgewichtsreaktion

$$C + CO_2 \rightleftarrows 2\,CO$$

zur Geltung[1]. In technischen Graphitpräparaten (Koks, Holzkohle) üben die Bestandteile der Aschensubstanzen Einflüsse auf die Oxydationsgeschwindigkeit aus. Reaktionsbeschleunigend wirken z. B. Eisen-, Manganoxyd. Es besteht auch die Möglichkeit, daß die Mikroporen der porösen Kohlen durch stoffliche Zusätze verengt oder verschlossen werden, daß dadurch die Diffusion des Sauerstoffs zu der Kohlenstoffoberfläche erschwert und die Reaktionsgeschwindigkeit herabgesetzt wird. Ähnliche katalytische Wirkungen von oxydischen Zusätzen sind bei der Oxydation von Kohle durch Wasserdampf und Kohlendioxyd zu beobachten.

Schon bei der kinetischen Untersuchung der homogenen Gasreaktion

$$CO + \tfrac{1}{2}O_2 \rightarrow CO_2$$

zeigt sich, daß die Gefäßwände Einfluß auf die Reaktionsgeschwindigkeit ausüben. Der Einfluß von Quarzglas ist stärker als der Einfluß von gewöhnlichem Glas oder kristallisiertem Quarz[2]. Durch das praktische Bedürfnis, CO-haltige Gasgemische zu entgiften, sind viele feste Katalysatoren für die CO-Oxydation entwickelt worden. Zu den wirksamsten Systemen gehören Oxydgemische auf MnO_2—CuO-Grundlage (Hopcalit, Seite 348) oder auf MnO_2—Ag_2O-Grundlage[3].

Oberflächenverbrennung.

Der Wunsch, die bei der vollständigen Oxydation von einheitlichen Gasen (Methan) oder von Gasgemischen (Leuchtgas) frei werdende Energie für Heiz- und Leuchtzwecke möglichst gut auszunützen und durch Steigerung der Reaktionsgeschwindigkeit an festen Stoffen ganz an die Oberfläche der Heiz- und Leuchtkörper zu verlegen, hat die Entwicklung vieler Katalysatorsysteme mit besonders wirksamen und zugleich hochtemperaturbeständigen Oberflächen bestimmt. Eine gewisse Krönung haben diese Versuche im „Glühstrumpf" gefunden, dessen stoffliche Grundlage Thoriumoxyd mit rd. 1% Ceroxydgehalt bildet[4].

Weitere Reaktionen gasförmiger Kohlenstoffverbindungen.

Gemische von Schwefelkohlenstoff und Sauerstoff sind leicht entzündlich und explosiv. Bei geringen Schwefelkohlenstoffkonzentrationen läßt sich die Geschwindigkeit der Oxydationsreaktion um 100° als homogene Gasreaktion messen. Geringe Zusätze von Äthylen zum Gasgemisch bewirken, daß die Oxydation teilweise an die Oberfläche fester Stoffe verlegt wird und als heterogene Katalyse (an Nickelsulfid bzw. Nickelsubsulfid) abläuft[5].

---

[1] Zusammenfassende Darstellung: Der Chemie-Ingenieur. Herausgegeben von A. EUCKEN, M. JAKOB, Bd. 3, 1. Teil, S. 251: K. FISCHBECK: Der Elementarvorgang der Kohleverbrennung in Sauerstoff. Leipzig, 1937.

[2] M. BODENSTEIN, F. OHLMER: Katalyse des Kohlenoxydknallgases durch Kieselsäure. Z. physik. Chem., Abt. A 53 (1905), 166.

[3] B. NEUMANN, C. KRÖGER, R. IWANOWSKI: Die Vereinigung von Kohlenoxyd und Sauerstoff an oxydischen Mischkatalysatoren (Ag_2O, MnO_2, Co_3O_4, NiO, CuO). Z. Elektrochem. angew. physik. Chem. 37 (1931), 121. — C. J. ENGELDER, L. E. MILLER: Prüfung einer größeren Zahl von Katalysatoren. J. physic. Chem. 36 (1932), 1345, C 1932 I 166.

[4] E. K. RIDEAL, H. S. TAYLOR: Catalysis in theory and practice, S. 195: Der Einfluß von Katalysatoren auf die Oberflächenverbrennung, S. 199; Abb. 13. London, 1926.

[5] R. H. GRIFFITH, S. G. HILL: J. chem. Soc. (London) 1938, 2037.

Auch bei *einfachen* Ausgangsstoffen kann, wenn Neben- und Folgereaktionen thermodynamisch möglich sind, mit dem Wechsel der äußeren Bedingungen oder der Katalysatoren das Reaktionsbild vielseitig wechseln. Das bekannteste Beispiel hierfür bietet das System Kohlenmonoxyd + Wasserstoff[1]. In dem System Kohlenmonoxyd + Ammoniak entsteht Cyanwasserstoff:

$$CO + NH_3 \rightarrow HCN + H_2O \, .$$

Gleichzeitig stellt sich, für die gewünschte Reaktion störend, an Schwermetallen das Wassergasgleichgewicht

$$CO + H_2O \rightleftharpoons CO_2 + H_2$$

ein. Es hat sich als einfacher erwiesen, zuerst aus Kohlenmonoxyd und Ammoniak Formamid herzustellen und dieses katalytisch an Metallen zu zersetzen[2]:

$$HCONH_2 \rightarrow HCN + H_2O \, .$$

Thermische Zersetzung von Carbonaten.

Der Hauptanteil des in der Erdoberfläche vorkommenden Kohlenstoffs Bogt in Form der Carbonate vor. *Mengenmäßig* beurteilt gehört die thermische Zersetzung von Carbonaten (Brennen von Kalkstein, Dolomit u. a. Beispiele) zu denjenigen Reaktionen, die eine hervortretende technische Bedeutung haben. Sie gehören dem Reaktionstypus

$$A \text{ (fest)} \rightleftharpoons B \text{ (fest)} + C \text{ (gasförmig)}$$

an, bei welchem die Kinetik der Bildung fester Phasen für die Umsetzungsgeschwindigkeit mitbestimmend wird. Sie unterscheiden sich wesentlich von den vorher genannten Gasreaktionen.

Bei rund 400° kann die Geschwindigkeit der Reaktion

$$ZnCO_3 \text{ (als Mineral Smithsonit)} \rightarrow ZnO + CO_2$$

ohne Störung durch die Gegenreaktion gemessen werden. Sie erreicht ihren Höchstwert, wenn die Entwicklung der Phasengrenzfläche $ZnCO_3 - ZnO$ ihren Höchstwert erreicht; die Reaktion hat also auch wieder autokatalytischen Charakter[3]. Immer wieder wird der Einfluß des Reinheitsgrades der Carbonate und auch größerer Zusätze von Fremdstoffen auf die Zersetzungsgeschwindigkeit festgestellt ($NiCO_3 + NiO$, MnO_2, Fe_2O_3 usw.)[4].

Bildung von Kalkstickstoff.

Die Bindung von elementarem Stickstoff an Calciumcarbid

$$CaC_2 + N_2 \rightarrow CaCN_2 + C$$

kann bei der für diesen Bericht absichtlich weitgefaßten Deutung des Begriffs Katalyse im Anschluß an die katalytischen Reaktionen des Kohlenstoffs und seiner Verbindungen genannt werden, weil sie im thermoelektrischen Prozeß durch nicht stöchiometrisch definierte Zusätze von Fremdstoffen (Calciumchlorid, Calciumfluorid) erleichtert wird. In welchen der verschiedenen Teilvorgänge der Hochtemperaturreaktion diese Zusätze eingreifen, ist nicht endgültig geklärt[5].

---

[1] A. Mittasch: Berichte **59** (1926), 13.

[2] A. Schmidt: Die industrielle Chemie, S. 194. Berlin u. Leipzig, 1934.

[3] G. F. Hüttig, A. Meller, E. Lehmann: Z. physik. Chem., Abt. B **19** (1932), 1.

[4] L. Andrussow: Kinetik der Zersetzung von Cadmiumcarbonat. Z. physik. Chem. **115** (1925), 273. — B. Srebow: Kolloid-Z. **71** (1935), 293; **76** (1936), 149.

[5] F. Ullmann: Enzyklopädie der technischen Chemie 2. Aufl. **3**, 16: Zusammenstellung einiger Deutungen. — H. H. Franck, H. Heimann: Z. Elektrochem. angew. physik. Chem. **33** (1927), 469.

Metalle.

Erfahrungsgemäß kann durch Betrachtung der wichtigsten nichtmetallischen Elemente, ihrer Verbindungen oder Reaktionen eine große Zahl stofflicher Erscheinungen erfaßt werden. Für eine vollständige und systematische Ordnung der an heterogenen Katalysen in anorganischen Stoffsystemen beteiligten Stoffe müßte eine Systematik zugrunde gelegt werden, welche z. B. dem im Gmelinschen Handbuch der Anorganischen Chemie erprobten rationellen System der Elemente ähnlich wäre[1]. Im Rahmen dieses Berichtes wird Vollständigkeit nicht angestrebt. Durch die *Auswahl* von Beispielen aus großen und unterschiedlichen Stoffgruppen soll die stoffliche Vielseitigkeit heterogener Katalysen veranschaulicht werden.

In den vorangehenden Abschnitten sind schon viele katalysierte Reaktionen genannt worden, an denen maßgeblich metallische Elemente beteiligt sind: Zersetzung von flüchtigen Metallhydriden; Oxydation von Metallen; Reduktion von Metalloxyden; Reaktionen von Metallen mit Säuren, Stickstoff und Ammoniak; Umsetzungen verschiedenartiger Metallsalze usw. Die Liste der Beispiele könnte durch Aufnahme *ähnlicher* Beispiele erweitert werden. Es würde u. a. nahe liegen, an die Beschreibung der autokatalytischen Zersetzung flüchtiger Metallhydride (Antimonwasserstoff) die Beschreibung der autokatalytischen Zersetzung flüchtiger Metallcarbonyle (Eisenpentacarbonyl[2]) anzuschließen. Von dieser Möglichkeit der Erweiterung wird hier kein Gebrauch gemacht. Die folgenden 5 Systeme sind so ausgewählt, daß unter möglichst einfachen stofflichen Voraussetzungen die Besonderheiten der Reaktionsweise fester Stoffe noch mehr hervortreten.

Bei Umsetzungen fester Stoffe kann sich entweder nur die Phasengrenzzone oder auch (bei hohen Temperaturen) das Phaseninnere beteiligen[3]. Für den ersten Fall wird oft die Bezeichnung ortsgebundene oder topochemische Reaktion, für den zweiten Fall die Bezeichnung Platzwechselreaktion benutzt. Zwischen beiden Reaktionsarten bestehen viele Übergänge. Im ersten Fall greifen katalytisch wirksame Fremdstoffe nur in die Grenzflächenvorgänge ein. Im zweiten Fall sind katalytische Einflüsse auch durch solche Fremdstoffe zu erwarten, welche die festen Phasen auflockern, die Beweglichkeit der reagierenden Bestandteile erhöhen bzw. deren Diffusion zum Reaktionsort erleichtern.

Bildung von Silbertellurid.

Silber (Schmelzpunkt 961°) und Tellur (Schmelzpunkt 455°) reagieren um 200° langsam miteinander. In dem System Silber + Tellur liegt die tiefste eutektische Schmelztemperatur bei 350°. Das Reaktionsprodukt Ag_2Te (Schmelzpunkt 958°) trennt die beiden Ausgangsstoffe. Silber muß nach dem Beginn der Reaktion durch das feste Silbertellurid zum Tellur diffundieren; seine Beweglichkeit in dieser Phase ist bei 200° groß genug, um eine verhältnismäßig schnelle Umsetzung der festen Stoffe zu ermöglichen. Dagegen findet der Übergang von Silber in die Silbertelluridphase nur langsam statt. Der Übergang von Silber aus der Silber- in eine Silber*sulfid*phase erfolgt unter gleichen Bedingungen viel schneller. Die Beweglichkeit des Silbers in Silbersulfid ist praktisch ebenso groß wie im Silbertellurid. Infolgedessen wird die Geschwindigkeit der Reaktion

$$2\,Ag + Te \rightarrow Ag_2Te$$

---

[1] Gmelins Handbuch der Anorganischen Chemie, 8. Aufl. Systemnummer 1: Allgemeine Einleitung.

[2] A. Mittasch: Die Zersetzungsgeschwindigkeit von $Fe(CO)_5$ bei 60° wird durch Eisen erhöht. Z. angew. Chem. 41 (1928), 827.

[3] W. Jost: Diffusion und chemische Reaktion in festen Stoffen, S. 3. Dresden u. Leipzig, 1937.

durch Zwischenschaltung einer Silbersulfidschicht im Sinne

$$Ag - Ag_2S - Ag_2Te - Te$$

erhöht. Hier greift also der Katalysator Silbersulfid in den Diffusionsvorgang eines Reaktionsteilnehmers zum Reaktionsort ein[1].

Umsetzung von Bariumcarbonat mit Siliciumdioxyd.

Um 900° findet in einem innigen Gemisch von pulverförmigem Bariumcarbonat und Siliciumdioxyd eine Reaktion unter Abspaltung von Kohlendioxyd statt:

$$BaCO_3 + SiO_2 \rightarrow BaSiO_3 + CO_2.$$

Bei der Reaktionstemperatur schmelzen die festen Stoffe nicht; Bariumcarbonat allein wird nicht nachweisbar zersetzt. Die Reaktionsgeschwindigkeit, gemessen durch den in je 2 Stunden eintretenden Gewichtsverlust des Pulvergemisches, nimmt bei Gegenwart von Wasserdampf zu. Bariumcarbonat allein wird unter gleichen Bedingungen durch Wasserdampf nicht angegriffen. Es liegt katalytische Wirkung eines Gases auf eine Festkörperreaktion vor („Umkehrung der heterogenen Katalyse einer Gasreaktion durch feste Stoffe")[2]. In welchen der möglichen Teilvorgänge das Gas eingreift, ist noch nicht endgültig zu übersehen.

Aufschluß von Zinndioxyd (Cassiterit).

Mineralisches Zinndioxyd wird von Säuren praktisch nicht gelöst. Auch beim Erhitzen mit Calciumoxyd auf 900° findet nur eine geringe Umsetzung zu säurelöslichem Calciumstannat statt. Der Aufschluß ist nach einstündigem Erhitzen eines Gemisches $SnO_2 + 7\,CaO$ vollständig, wenn in den abgeschlossenen Reaktionsraum rund 0,1 Mol Wasserstoff je Mol Zinndioxyd eingeführt werden. Die beschleunigende Wirkung des Wasserstoffs ist bei einem Molverhältnis

$$SnO_2 : H_2 = 1 : 0{,}02$$

noch stark, bei

$$SnO_2 : H_2 = 1 : 0{,}005$$

noch deutlich. Im Gegensatz zu dem System $BaCO_3 + SiO_2$ (Wasserdampf als Katalysator) läßt sich hier die Wirkung des Gases auf Grund übersichtlicher Versuchsführung durch Unterteilung der Gesamtumsetzung schematisch verständlich machen:

$$
\begin{aligned}
1.\ & SnO_2 + H_2 && \rightarrow SnO + H_2O \\
2.\ & SnO + 2\,CaO + H_2O && \rightarrow SnO_2 \cdot 2\,CaO + H_2 \\
\hline
& SnO_2 + 2\,CaO && \rightarrow SnO_2 \cdot 2\,CaO
\end{aligned}
$$

Wasserstoff reduziert nach 1. zu Zinn(II)-oxyd; dieses ist so flüchtig, daß es bei niederen Drucken zu Calciumoxyd diffundieren kann, selbst wenn die beiden Stoffe räumlich getrennt sind. An Calciumoxyd findet nach 2. durch Wasser Oxydation zu Zinn(IV)-oxyd und Umsetzung des frisch gebildeten (noch sehr feinteiligen und deshalb sehr reaktionsfähigen) Zinn(IV)-oxyds mit Calciumoxyd statt[3].

---

[1] C. TUBANDT, H. REINHOLD: Z. physik. Chem., Abt. B **24** (1934), 22. — Zusammenfassende Darstellung: C. WAGNER: Chemische Reaktionen der Metalle. Handb. d. Metallphysik Bd. 1, Teil 2, S. 154.

[2] W. JANDER, W. STAMM: Z. anorg. allg. Chem. **190** (1930), 65.

[3] S. TAMARU, N. ANDŌ: Z. anorg. allg. Chem. **184** (1929), 385 (ausführliche Beschreibung der Versuche).

Rosten des Eisens.

Dieser Korrosionsvorgang spielt sich bei Temperaturen ab, bei denen eine Beteiligung des Inneren der Eisenphase nicht in Frage kommt. Fremdstoffe, die ihn beschleunigen, liegen in der unmittelbar zugänglichen Oberfläche.

Auf reinem Eisen, das ungleichmäßig mit einer verdünnten neutralen Salzlösung bedeckt ist und von Sauerstoff ungleichmäßig bespült wird, bildet sich als kurzgeschlossenes Lokalelement eine Sauerstoff-Konzentrationskette aus: An den anodischen Stellen gehen Eisenionen in Lösung ($Fe \rightarrow Fe^{++} + 2\,e$). An den kathodischen Stellen werden unter Sauerstoffverbrauch Hydroxylionen gebildet ($\frac{1}{2}\,O_2 + H_2O + 2\,e \rightarrow 2\,OH^-$). Die in die Lösung diffundierenden Eisen- und Hydroxylionen führen zur Fällung von Eisen(II)-hydroxyd, das schließlich durch Sauerstoff weiter zu Eisen(III)-hydroxyd oxydiert wird[1]. Beliebige Fremdstoffe (Reste einer Oxydschicht) können die Ausbildung von Sauerstoff-Konzentrationsketten dadurch vermehren, daß sie die Eisenoberfläche an abgegrenzten Stellen abschirmen, d. h. die Zudiffusion des Sauerstoffs erschweren und die Sauerstoff-Konzentration geringer als an benachbarten Stellen der Eisenoberfläche halten. Sie erhöhen damit die Korrosionsgeschwindigkeit. Das wirksame Lokalelement ist dann zu formulieren als

$$(-)\ \text{Freie Fe-Oberfläche} - \text{Lösung} - \text{abgeschirmte Fe-Oberfläche}\ (+).$$

Es ist nicht notwendig, diesen Einfluß eines Fremdstoffes als Katalyse zu bezeichnen. Die Gesamterscheinung ist jedoch der wirklich katalytischen Beschleunigung der Korrosion durch edlere, in die Oberfläche des Eisens eingebettete Metalle (Kupfer) ähnlich. Hier ist das wirksame Lokalelement:

$$(+)\ \text{Eisen} - \text{Lösung} - \text{Kupfer}\ (-).$$

Vergleiche dazu die Auflösung von Zink in Säure bei Gegenwart von Platin (S. 350).

Entwicklung von Gold- und Silbersolen.

Die Reduktion von Metallionen in wäßrigen Metallsalzlösungen führt zu kristallisiertem Metall. Übersättigung, Keimbildung, Keimwachstum sind Abschnitte des Abscheidungsvorgangs. R. Zsigmondy hat 1906 in klassischen Versuchen gezeigt, daß die Entwicklung roter Goldsole bei der Reduktion kaliumcarbonathaltiger Goldchloridlösungen mit Formaldehyd durch geringe Zusätze von vorgebildetem kolloidem Gold beschleunigt wird. Er mußte dabei besonders prüfen, ob die Nebenbestandteile im Goldsol oder das Gold selbst Ursache der Beschleunigung waren. Tatsächlich erwies sich das Gold als der Katalysator[2]. — Amikroskopisches kristallisiertes Gold erleichtert die Keimbildung bei der Entwicklung sowohl von Gold- als auch von Silbersolen. Die Empfindlichkeit der Reaktion ist sehr groß. Einflüsse von Goldsol auf die Entwicklungsgeschwindigkeit von Silbersol sind noch bei einem Verhältnis $Au:Ag = 1 : < 10^{10}$ erkannt worden[3]. Als Vergleich kann die katalytische Wirkung von kolloidem Platin auf die Zersetzung von Wasserstoffperoxyd dienen. Sie ist noch nachweisbar bei einem Verhältnis $Pt:H_2O_2 = 1 : < 10^6$ [*].

---

[1] U. R. Evans: Korrosion, Passivität und Oberflächenschutz von Metallen. Deutsche Übersetzung von E. Pietsch. Berlin, 1939. — C. Wagner: Chemische Reaktionen der Metalle. Handb. d. Metallphysik Bd. 1, Teil 2, S. 203. — M. Straumanis in Band IV dieses Handbuchs.

[2] R. Zsigmondy: Z. physik. Chem., Abt. A **56** (1906), 65, 77.

[3] P. Krumholz, H. Watzek: Mikrochim. Acta **2** (1937), 80.

[*] G. Bredig, R. Müller v. Berneck: Z. physik. Chem. **31** (1899), 258, bes. S. 276.

Besonders sinnfällig tritt die Keimwirkung von Silber bei der Reduktion von Silberverbindungen im System Silbersulfid (fest) + Wasserstoff hervor. Über 200° setzt die Reaktion

$$Ag_2S + H_2 \rightarrow 2\,Ag + H_2S$$

ein. An der Oberfläche des festen Silbersulfids bilden sich Silberkeime, die aus einem weiten Einzugsbereich alles durch die fortschreitende Reaktion gelieferte Silber aufnehmen und zum eigenen Wachstum verbrauchen. Die Zudiffusion der Silberatome zum Silberkeim ist auf Grund der bei dem Beispiel Silbertellurid schon erwähnten großen Beweglichkeit des Silbers in der Silbersulfid-Phase möglich. Die Wirkung der Silberkeime ist mikroskopisch erkennbar, weil die Keime sehr rasch und in einer für die mikroskopische Analyse günstigen Form wachsen[1].

In diese Gruppe katalytischer Erscheinungen kann die Wirkung der Silberkeime im photographischen Prozeß (Belichtung und Entwicklung) eingeordnet werden[2].

5. Katalysatoren.

Allgemeine Bemerkungen.

Die Übersicht über die katalysierten Reaktionen zeigt, daß fast alle Stoffgruppen Beispiele für heterogene Katalyse bieten können. Es ist durchaus nicht so, daß heterogene Katalysen nur als Gasreaktionen mit festen Katalysatoren:

$$N_2 + 3\,H_2 \rightleftarrows 2\,NH_3 \text{ an Eisen}$$

oder als Reaktionen gelöster Stoffe mit festen Katalysatoren:

$$H_2O_2 \rightarrow H_2O + \tfrac{1}{2}O_2 \text{ an Platin}$$

bestehen. Auch die Umkehrung, die Katalyse von Reaktionen fester Stoffe durch Gase, ist verwirklicht:

$$BaCO_3 + SiO_2 \rightarrow BaSiO_3 + CO_2 \text{ bei Gegenwart von Wasserdampf.}$$

Die Systematik sieht im Hinblick auf die in den reagierenden Stoffsystemen beteiligten Phasen folgende Möglichkeiten vor[3]:

Reagierende Stoffe	Katalysator
gasförmig flüssig fest	fest
gasförmig flüssig fest	flüssig
flüssig fest	gasförmig

Aber die Gasreaktionen und die Reaktionen gelöster Stoffe an festen Oberflächen haben doch die ersten Beispiele katalytischer Erscheinungen in heterogenen Systemen geliefert, und sie werden auch in Zukunft mit zu den wichtigsten Katalysen gehören. Deshalb stehen die festen Katalysatoren im Vordergrund des Interesses.

Die Beschreibung fester Katalysatoren stellt besondere Aufgaben. Sie führt zu der über den speziellen Anlaß hinausgreifenden allgemeinen Frage: Welche

[1] H. W. Kohlschütter: Z. Elektrochem. angew. physik. Chem. 38 (1932), 345.
[2] M. Bodenstein: S.-B. Preuß. Akad. Wiss. 1941, Mat.-naturw. Klasse Nr. 19.
[3] G.-M. Schwab: Katalyse, S. 135. Berlin, 1931.

Probleme entstehen bei der Beschreibung von *Aggregationen fester Stoffe?* Denn
nur in ganz seltenen Fällen kommen Einkristalle mit kristallographisch definierten Flächen als Katalysatoren zur Anwendung, derart, daß sich ihre Oberflächeneigenschaften vollständig aus dem kristallchemischen Aufbau der Stoffe ableiten
lassen. Fast immer, vor allem bei den technischen Verfahren, liegen Aggregationen
vor, deren Aufbau nicht allein stöchiometrischen oder kristallchemischen Grund-
gesetzen entspricht, oder deren Zustand außerhalb des thermodynamischen Gleichgewichts ist. Ihr Aufbau ist mannigfaltiger und weniger streng reproduzierbar als
der Aufbau von Molekülen und Einzelkristallen. Sie bieten deshalb einige Schwierigkeiten, die bei der Beschreibung von Molekül- oder Kristallverbänden noch
nicht bestehen.

Die wichtigste Grundlage jeder Stoffbeschreibung ist der Strukturbegriff.
Ausgehend von diesem Begriff werden die Fragen nach den abgrenzbaren Strukturelementen, nach der Lage der Strukturelemente im Raum und nach den
Kräften gestellt, welche die Strukturelemente miteinander verbinden. Diese
Fragen können grundsätzlich im Bereich molekularer, amikroskopischer, mikroskopischer und makroskopischer Dimensionen gestellt werden. Ihre Ausdehnung auf Aggregationen hat aber nicht in allen Stoffsystemen dieselbe praktische Bedeutung. Sie sind in einer Entwicklungsperiode der Chemie, die heute
oft als klassische Periode bezeichnet wird, fast nur für Molekül- und Kristall-
verbände gestellt worden. Obschon sich in dem Maße, als feste Stoffe zu chemischen Untersuchungen herangezogen wurden, die Beispiele vermehrten, für
welche die Zusammensetzung nicht mehr durch stöchiometrische Mengenverhältnisse angegeben und entsprechend genau reproduziert werden konnte, bestand
lange Zeit eine gewisse Hemmung, Aggregationen als Objekte von chemischer
Bedeutung anzusehen. Die Mannigfaltigkeit ihrer Strukturen war zu groß, die
Reproduzierbarkeit zu gering. Eine Wandlung hat hier die *chemische Formenlehre*
(Morphologie) gebracht. Inhalt dieser Lehre sind alle Beziehungen, welche zwischen Aggregationsformen und ihren Bildungsbedingungen bestehen. Dadurch,
daß diese Beziehungen an geeigneten Objekten systematisch untersucht wurden,
sind Aggregationen fester Stoffe dem Interesse des Chemikers nähergerückt
worden. Dabei haben sich Erfahrungen ergeben, unter denen die allgemeinstgülti-
gen etwa folgendermaßen formuliert werden dürfen:

1. Für die Beschreibung von Aggregationen ist die Einbeziehung der *Bildungsreaktionen* wesentlich.

2. Die bei der Bildung von Aggregationen maßgebenden Einzelfaktoren sind
so zahlreich, daß zunächst die Wirkung größerer Gruppen von Einzelfaktoren
untersucht werden muß. Dadurch entstehen *Typen der Bildungsreaktionen und
der Aggregationsformen.* Reaktionen und Formen, die einem Typus angehören,
weisen bereits so viele gemeinsame Züge auf, daß durch die Angabe der Typen
die Vielzahl der zu beschreibenden Einzelerscheinungen eingeschränkt werden
kann. Außerdem ist der Typus leichter zu reproduzieren als die Einzelerscheinung.

Die Anwendung dieser allgemeinen Erfahrungen auf die speziellen Verhältnisse bei festen Katalysatoren bedeutet, daß auch hier die Beschreibung mit der
Abgrenzung von Typen für den Aufbau und für die Entstehung beginnen muß.
Über die in diesem Abschnitt beabsichtigten Einschränkungen sind in Abschnitt 2 (S. 341) schon einige Bemerkungen gemacht worden. Es sei nochmals
hervorgehoben, daß nur grobe Merkmale der Katalysatoren berücksichtigt werden
sollen, und zwar:

die am Aufbau beteiligten Stoffe,

die Aufteilungszustände,

die Bildungsweisen.

Nicht behandelt werden:

die Reaktionen, welche zu einer nachträglichen Aktivierung der Oberflächen auf den bereits gebildeten Grundmassen führen,

die Feinstruktur der Grundmassen und ihrer Oberflächen.

Die am Aufbau beteiligten Stoffe.

Es ist nicht möglich, die stofflichen Komponenten der Katalysatoren ohne Rücksicht auf ihre Funktionen zu ordnen (Seite 338). Seit den Anfängen katalytischer Forschung hat sich die Ordnung der Stoffe nach den Typen der von ihnen katalysierten Reaktionen bewährt. Zahlreiche Zusammenstellungen dieser Art liegen vor[1]. Wenige Beispiele genügen, um die Grenzen dieses Verfahrens zu kennzeichnen.

Hydrierung und Dehydrierung.

Als Hydrierungskatalysatoren haben sich diejenigen Metalle erwiesen, die Wasserstoff in Form metallähnlicher Hydride mit einem von Druck und Temperatur abhängigen Mengenverhältnis aufnehmen[2]:

$$Fe, Co, Ni, Cu, Pd, Ce, La, Ta, W, Pt.$$

Unter ihnen haben die Elemente der Eisen- und Platingruppe neben Kupfer die größte Bedeutung erlangt. Alle diese Übergangselemente stehen an Tiefpunkten der Atomvolumenkurve. Wesentlich geringere hydrierende Wirkungen werden an einigen Alkali- und Erdalkalimetallen beobachtet, die zur Bildung salzähnlicher Hydride mit stöchiometrischem Mengenverhältnis Metall : Wasserstoff befähigt sind. Einen *qualitativen* Vergleich der Wirksamkeit liefert die Ausbeute bei der Äthylenhydrierung an den feinteiligen Metallen:

Gruppen des per. Systems	Metalle und katalytische Wirksamkeit						
I	Na 0	K 0	Rb 0—1	Cs 2	Cu 3	Ag 0	Au 0
II	Ca 2	Sr 2	Ba 2	Zn 0	Hg 0		
III	Al 0	Tl 0					
IV	C 0	Pb 0					
V	As 0	Bi 0					
VI	Cr 3						
VII	Mn 3	Re 2					
VIII	Fe 2	Co 3	Ni 3	Pd 3	Pt 3		

0 = inaktiv, 1 = schwach, 2 = mittel, 3 = sehr stark aktiv.

---

[1] P. SABATIER: Die Katalyse, übers. von B. FINKELSTEIN. Leipzig, 1927. — F. ULLMANN: Enzyklopädie der technischen Chemie 2. Aufl. 6: W. FRANKENBURGER, F. DÜRR: Katalyse. — G.-M. SCHWAB: Katalyse, S. 135. Berlin, 1931.

[2] O. SCHMIDT: Z. physik. Chem., Abt. A 118 (1925), 193.

Diese Tabelle[1] wird hier angeführt, weil sie ein anschauliches Bild dafür gibt, in welchem Umfang Metalle zur Prüfung herangezogen worden sind. Die zugehörigen Versuche wurden in einem Temperaturbereich zwischen 0° und 200° bei 1 at mit strömenden Gasen ausgeführt. Ein *quantitativer* Vergleich ist auf diese Weise nicht möglich, weil die verschiedenen Metalle nicht mit gleicher Oberflächenentwicklung hergestellt werden können. Die Aktivität der Metalle hängt empfindlich von Änderungen des Aufteilungszustandes ab. Es besteht aber kein Zweifel, daß Nickel zu den wirksamsten Hydrierungskatalysatoren gehört. Nickel kann in so aktiver Form hergestellt werden, daß schon bei — 100° deutliche hydrierende Wirkungen auftreten.

Leichter als der Vergleich der Wirksamkeit verschiedener Metalle ist der Vergleich der Wirksamkeit *eines einzelnen Metallpräparates* nach verschiedener Vorbehandlung (Erhitzung, Zusatz von vergiftenden Fremdstoffen). Dazu kann eine einfache Hydrierungsreaktion wie die Äthylenhydrierung oder die Adsorption von Wasserstoff dienen (H. S. Taylor)[2]. Sehr oft richtet sich die Auswahl eines Hydrierungskatalysators nach seiner Fähigkeit, den Wasserstoff zu adsorbieren, denn sehr oft ist diese Adsorption der für das Gelingen der Hydrierung wesentliche Umstand. Die Bestimmung des Bruttobetrages der adsorbierten Wasserstoffmenge sagt allerdings nichts Endgültiges über die Eignung des Metalls für beliebige Hydrierungsreaktionen aus, aber bei einem Vergleich verschieden adsorbierender Präparate desselben Metalls darf doch näherungsweise eine gewisse Parallelität zwischen Gesamtadsorption und katalytisch wirksamer Adsorption angenommen werden[1]. Genauen Aufschluß gibt die Analyse des Adsorptionsvorgangs in Verbindung mit Bestimmungen der Adsorptionswärme (Van der Waalssche Adsorption, aktivierte Adsorption). Außerdem muß neben der Wasserstoffadsorption die Adsorption der anderen an der zu katalysierenden Reaktion beteiligten Stoffe beachtet werden; sie kann nachteilig oder notwendig sein. Schließlich sind störende Nebenreaktionen möglich.

Beispiele:

1. Zwischen 0° und 20° setzt ein Überschuß von Äthylen die Geschwindigkeit der Äthylenhydrierung an Kupfer herab, weil bei tiefen Temperaturen Äthylen stärker als Wasserstoff adsorbiert wird und der Wasserstoff daher durch Äthylen von der Kupferoberfläche verdrängt wird. Um 200° fehlt diese hemmende Wirkung des Äthylens; denn bei höheren Temperaturen wird nicht nur Wasserstoff, sondern auch Äthylen weniger adsorbiert. Kohlenoxyd, das auch bei 200° noch sehr fest von der Kupferoberfläche festgehalten wird, wirkt bereits in sehr geringen Konzentrationen als Katalysatorgift für die Äthylenhydrierung.

Alle Angaben über die Wirksamkeit von Katalysatoren müssen durch Angaben über die Herstellung der benutzten Präparate ergänzt werden. Für die soeben geschilderten Versuche wurde feinkörniges Kupferoxyd im Wasserstoffstrom bei 200° reduziert. Das dabei entstandene Metall war so wirksam, daß die Hydrierungsgeschwindigkeit zunächst nur bei tiefen Temperaturen gemessen werden konnte. Bei 200° war die Hydrierungsgeschwindigkeit zu groß, so daß das Metall zur Erleichterung der Messungen durch Vorerhitzung auf 500° unwirksamer gemacht werden mußte. Die dabei eintretende Sinterung rief eine Verminderung des Schüttvolumens um 15% hervor[3].

2. Bei der Hydrierung des Stickstoffs in der Ammoniaksynthese ist für die

---

[1] O. Schmidt: Z. physik. Chem. **165** (1933), 209.
[2] H. S. Taylor, G. Kistiakowsky: Z. physik. Chem., Abt. A **125** (1927), 341.
[3] R. N. Pease: J. Amer. chem. Soc. **45** (1923), 1196, 2235.

Wahl des Metalls nicht, oder nicht allein dessen Verhalten zu Wasserstoff, sondern vor allem zu Stickstoff maßgebend (S. 340).

3. Die Hydrierung von Kohlenmonoxyd zu Methan

$$CO + 3\,H_2 \rightarrow CH_4 + H_2O$$

gelingt besonders gut an Nickel. Kupfer ist wegen seiner Vergiftbarkeit durch Kohlenmonoxyd weniger geeignet. Aber an Nickel scheidet sich Kohlenstoff ab, weil das Metall gleichzeitig die Einstellung des Gleichgewichts

$$2\,CO \rightleftharpoons C + CO_2$$

beschleunigt[1]. Da als Ausgangsprodukt für die technische Methanherstellung das Kohlenmonoxyd des Wassergases dient, besteht hier die Möglichkeit, den festen Kohlenstoff mit Wasserdampf stetig von der Nickeloberfläche wieder abzulösen und den Katalysator aktiv zu halten[2]:

$$2\,CO \rightarrow C + CO_2$$
$$C + 2\,H_2O \rightarrow CO_2 + 2\,H_2.$$

Regulierung der Reaktion gelingt auch durch Einführung von Mehrstoffkatalysatoren, die außer Nickel noch Cer-, Thoroxyd und andere Oxyde enthalten.

Es bleibt bemerkenswert, daß die Aufmerksamkeit auf die besondere Wirkungsweise von *Mehrstoffkatalysatoren* gerade durch Hydrierungskatalysen wiedergeweckt wurde, allerdings durch Beispiele, deren Beweiskraft nicht unbestritten war. Die hydrierende Wirkung von Nickel schien an die Anwesenheit von *Sauerstoff* gebunden zu sein[3]. Folgende Beobachtungen standen einander gegenüber:

a) Für die Hydrierung von zimtsaurem Natrium in wässriger Lösung wurden Nickelpräparate benutzt, die durch thermische Zersetzung von Nickeloxalat bei 220° und anschließende unvollständige bzw. vollständige Reduktion des entstandenen Nickeloxyds bei 300° bzw. 350° im Wasserstoffstrom hergestellt worden waren. An den unvollständig reduzierten Präparaten nahm das zimtsaure Natrium Wasserstoff auf, an den vollständig reduzierten Präparaten blieb die Wasserstoffaufnahme unter sonst gleichen Bedingungen aus. Nachträgliche Beladung des unwirksamen Nickels mit Sauerstoff machte das Nickel etwas wirksamer[4].

b) Für die Hydrierung von Azobenzol in Hexanlösung wurden Nickelpräparate benutzt, die durch Reduktion von Nickel(I)-cyanid im Wasserstoffstrom hergestellt und unter Ausschluß von Luft in die Lösung eingeführt worden waren. Auch in diesem Sauerstoff-frei aufgebauten System fand Hydrierung statt[5].

Daß Nickel ohne Mithilfe von Sauerstoff Hydrierungskatalysator sein kann, ist heute auf Grund der Gasreaktionen sicher. Bezeichnend für die besten bekannten Nickelpräparate (RANEY-Nickel) ist nicht ihr Sauerstoff-, sondern ihr Wasserstoffgehalt, der unmittelbar nach der Herstellung beinahe das Mengenverhältnis $Ni:H = 1:2$ erreichen kann[6]. Die hohe Wirksamkeit unvollständig reduzierter Nickeloxydpräparate wird sehr oft auf aktive Zustände des Metalls

---

[1] R. FRICKE, W. SCHWECKENDIEK: Wärmeinhalt und Gitterzustand von aktivem Nickel. Z. Elektrochem. angew. physik. Chem. **46** (1940), 90.

[2] Zusammenfassende Darstellung: E. K. RIDEAL, H. S. TAYLOR: Catalysis in theory and practice, S. 252. London, 1926.

[3] R. WILLSTÄTTER: Naturwiss. **15** (1927), 585.

[4] R. WILLSTÄTTER, E. WALDSCHMIDT-LEITZ: Ber. **54** (1921), 113.

[5] C. KELBER: Ber. **57** (1924), 142.

[6] R. SCHRÖTER: Hydrierungen mit RANEY-Katalysatoren. Angew. Chem. **54** (1941), 229.

zurückzuführen sein, die bei vorsichtiger Reduktion erhalten bleiben[1]. Weitere Bemerkungen über die Herstellung und Eigenschaften von Nickelkatalysatoren S. 402.

Hydrierende Wirkungen sind nicht auf Metalle beschränkt, sie sind auch vielen Metalloxyden eigen. In dem System Kohlenmonoxyd + Wasserstoff tritt mit dem Austausch metallischer gegen nichtmetallische Katalysatoren eine Richtungsänderung der Reaktion ein, indem unter den möglichen Neben- bzw. Folgereaktionen einmal die Methanbildung, das andere Mal die Methanolbildung bevorzugt beschleunigt wird:

$$\text{a) } CO + 3\,H_2 \rightarrow CH_4 + H_2O \text{ an Ni } (+ Al_2O_3),$$
$$\text{b) } CO + 2\,H_2 \rightarrow CH_3OH \qquad \text{an } ZnO - Cr_2O_3.$$

Durch die Entwicklung der Mischkatalysatoren auf Zinkoxyd-Chromoxyd-Grundlage konnte die Reaktion b) so weit hervorgehoben werden, daß sich betriebssichere Verfahren auf sie gründen ließen[2].

In dem System Zinkoxyd + Chromoxyd ist die Möglichkeit für die Bildung von Zinkspinell gegeben:

$$ZnO + Cr_2O_3 \rightarrow ZnO \cdot Cr_2O_3.$$

Wird feinteiliges, durch thermische Zersetzung von Zinkoxalat bei 400° hergestelltes Zinkoxyd mit hochgeglühtem (Chromat-freiem) Chrom(III)-oxyd im Molverhältnis $ZnO : Cr_2O_3 = 1 : 1$ gemischt, dann tritt bei mehrstündigem Erhitzen des Gemischs auf 300° nur in geringem Umfang Reaktion zwischen den beiden festen Stoffen ein. Erst bei 600° wird Spinell in größerem Umfang gebildet, erkennbar an dem Auftreten der röntgenographisch nachweisbaren Spinellphase und an der Farbänderung grün (Cr_2O_3 im Gemisch) → grau (Spinell). Nach Erhitzung des Oxydgemischs auf Temperaturen zwischen 300° und 600° liegen *Zwischenzustände* vor, die sich in vielen Eigenschaften von dem Ausgangs- und Endprodukt der Reaktion unterscheiden. Auch die katalytische Wirksamkeit auf den Methanolzerfall hebt sich dabei heraus. Sie erreicht Höchstwerte, die von der Temperatur und der Dauer der Vorerhitzung des Oxydgemischs, aber auch von der Vorgeschichte der einzelnen Zinkoxyd- bzw. Chromoxydpräparate abhängen[3].

Ebenso wie die hydrierenden Metalle Wasserstoff aufnehmen, haben auch die beiden Bestandteile des Systems Zinkoxyd + Chromoxyd diese Eigenschaft[4, 5].

Zinkoxyd, das durch thermische Zersetzung von Zinkoxalat bei 400° hergestellt und zur vollständigen Zersetzung im Hochvakuum bei 450° ausgeheizt wurde, verbraucht bei 0° nur kleine, bei 184° dagegen größere Mengen Wasserstoff[6]. Die Wasserstoffaufnahme erfolgt mit meßbarer, von der aufgenommenen Menge abhängiger Geschwindigkeit. Um 450° wird der Wasserstoff an laufender Pumpe langsam wieder abgegeben. Die Aufnahmegeschwindigkeit bei konstantem Wasserstoffdruck und bei konstanter Temperatur ist an einem und demselben Präparat nach wiederholter Regenerierung immer wieder gleich. Gröbere strukturelle Veränderungen der Zinkoxydoberfläche können demnach mit der Wasserstoffauf-

---

[1] Siehe Fußnote [1] auf S. 379.

[2] A. Mittasch: Ber. 59 (1926), 13.

[3] G. F, Hüttig, H. Radler, H. Kittel: Naturwiss. 20 (1932), 640; Z. Elektrochem. angew. physik. Chem. 38 (1932), 442. — G. F. Hüttig: in Band VI des Handbuches der Katalyse. — W. Jander, K. F. Weitendorf: Z. Elektrochem. angew. physik. Chem. 41 (1935), 435.

[4] H. S. Taylor, D. V. Sickman: J. Amer. chem. Soc. 54 (1932), 602.

[5] H. W. Kohlschütter: Z. physik. Chem., Abt. A 170 (1934), 300.

[6] H. S. Taylor, C. O. Strother: J. Amer. chem. Soc. 56 (1934), 586.

nahme und -abgabe nicht verbunden sein. Ähnlich sind die Vorgänge an Chromoxyd. Unter denselben Bedingungen nimmt Zinkoxyd auch Kohlenmonoxyd auf. Hier findet jedoch in geringem Umfang eine die Zinkoberfläche allmählich passivierende Nebenreaktion, die Abscheidung von Kohlenstoff, statt[1]:

$$2\,CO \rightarrow C + CO_2 .$$

Nicht nur die Bildung von Methanol aus Kohlenmonoxyd, sondern auch die entgegengesetzte Einstellung des Methanolgleichgewichts, der Methanolzerfall, kann mit verschiedenem Reinheitsgrad der Reaktion ablaufen. Unter sonst gleichen Bedingungen werden an Zinkoxydpräparaten verschiedener Herstellung verschiedene Ausbeuten im Sinn der Gleichung

$$CH_3OH \rightarrow CO + 2\,H_2$$

beobachtet (Tabelle 1).

Tabelle 1. *Methanolzerfall an ZnO.*

(Auszug aus Tabellen von G. F. Hüttig[2].)

Nr.	Katalysator cm³ Schüttvolumen	g	% des nach $CH_3OH \rightarrow CO + 2\,H_2$ umgesetzten Methanols. Insgesamt umgesetztes Methanol (CO, H_2 und Nebenprodukte) = 100 %.
I	28	21,1	40,96
II	20	7,0	82,91
III	15	33,5	44,25
IV	20	42,5	66,52

I: ZnO aus $ZnC_2O_4 \cdot 2\,H_2O$ (A); II: ZnO aus bas. Zn-Carbonat (D_1); III: ZnO aus Smithsonit (C_1); IV: ZnO aus Smithsonit (C_2).

Die Bezeichnung der Katalysatoren in Klammern entspricht der Bezeichnung in der Originalmitteilung. Versuchsbedingungen: Temp. $\sim 300°$. Gleiche Strömungsgeschwindigkeit. Gleiche Meßzeiten. Nebenprodukte: CO_2, $HCOOH$, $HCOOCH_3$.

Wasserabspaltung.

Von den Hydrierungs- und Dehydrierungsreaktionen leiten zahlreiche Katalysen zu Dehydratationsreaktionen über. An den für Hydrierung und Dehydrierung befähigten Metallen (Cu) zerfällt Äthylalkohol bevorzugt in Acetaldehyd und Wasserstoff, an schwer reduzierbaren, zur Anlagerung von Wasser befähigten Metalloxyden (γ-Al_2O_3) dagegen bevorzugt in Äthylen und Wasser:

$$1.\ C_2H_5OH \rightarrow CH_3CHO + H_2 \text{ an Cu,}$$

$$2.\ C_2H_5OH \rightarrow C_2H_4 + H_2O \quad \text{ an } Al_2O_3 .$$

Die Reaktionen 1 und 2 können auch nebeneinander stattfinden. Bereits P. Sabatier hat eine lange Reihe von Oxyden angegeben, an denen das Verhältnis der beiden Reaktionen in weiten Grenzen verschieden ist[3]. Am Anfang seiner Reihe stehen Thoriumoxyd und Aluminiumoxyd, die beide Reaktion 2 sehr stark hervorheben. Am Ende der Reihe stehen Manganoxyd und Magnesiumoxyd, die beide Reaktion 1 sehr stark hervorheben. Zinkoxyd wird zu denjenigen Katalysatoren gerechnet, die Reaktion 1 und 2 beschleunigen können. In der Zusammenstellung von Sabatier ist noch nicht die Erfahrung berücksichtigt, daß das Verhältnis der Reaktionen 1 und 2 an einem und demselben Oxyd von den Herstellungsbedingungen des Oxyds abhängt. Da diese Erfahrungen besonders kenn-

---

[1] H. S. Taylor, R. L. Burwell: J. Amer. chem. Soc. **59** (1937), 697.
[2] G. F. Hüttig, O. Kostelitz: Koll. Beihefte **39** (1934), 316.
[3] P. Sabatier: Die Katalyse. Übersetzt von B. Finkelstein. Leipzig, 1927.

zeichnend für die Chemie fester Katalysatoren sind, werden sie im folgenden durch einige Auszüge aus umfangreicheren Tabellen veranschaulicht. Die Ursachen für den Einfluß der Herstellungsbedingungen des Katalysators auf den Ablauf der katalysierten Reaktionen können sehr verschiedener Art sein. Die Versuchsanordnungen, mit welchen die Einflüsse geprüft wurden, erlauben in der Mehrzahl der Fälle noch keine Entscheidung (Tabelle 2).

Tabelle 2. *Dehydrierung und Dehydratation von Alkoholen an Zinkoxyd verschiedener Herstellung.*

(Auszug aus Tabellen von H. Adkins und W. A. Lazier[1].)

Katalysator	Temperatur	Alkohol	Dehydrierung % rd.	Dehydratation % rd.
I	345°	Isopropyl-	13	87
II			87	13
III			95	5
I	368°	Äthyl-	91	9
II			89	11
III			80	20

I: ZnO aus $ZnSO_4$-Lösung als Hydroxyd gefällt, bei 110° getrocknet; II: ZnO, Handelspräparat; III: ZnO, als Hydroxyd durch Hydrolyse von Zn-Isopropylat gefällt.

Versuchsbedingungen: Über je 1 g der Katalysatoren I ÷ III strömte Alkoholdampf mit einer Geschwindigkeit von 40 g je Stunde.

An Thoriumoxyd, welches Sabatier als den ausgesprochensten Katalysator für die Wasserabspaltung bezeichnete, wird je nach Wahl der äußeren Bedingungen (Temperatur, Druck, Aufteilungszustand des Katalysators) ein verschiedenes Verhältnis der Reaktionen 1 und 2 beobachtet (Tabelle 3).

Tabelle 3. *Dehydrierung und Dehydratation von Äthylalkohol an* ThO_2.

(Auszug aus Tabellen von G. J. Hoover und E. K. Rideal[2].)

Katalysator	Druck	Temperatur	C_2H_4/H_2
I	1 at	326°	1,25
I	6 mm Hg	328°	2
II (auf Trägerstoff)	1 at	328°	14

I: ThO_2 aus $Th(NO_3)_4$-Lösung als Hydroxyd gefällt, auf 400° vorerhitzt; II: 0,5 g ThO_2 auf 1,5 g Bimsstein.

Versuchsbedingungen: Über je 11 g des Katalysators I strömte Alkoholdampf mit einer Geschwindigkeit von je 0,2 g Alkohol je Minute. Der Äthylengehalt der Abgase war durch Reaktion 2 (Dehydratation), der Wasserstoffgehalt durch Reaktion 1 (Dehydrierung) bedingt. Das Verhältnis C_2H_4/H_2 gibt ein Maß für das Verhältnis der beiden Reaktionen. Katalysator II konnte nur zu qualitativem Vergleich herangezogen werden.

Hocherhitzte Oxyde der Ceride üben im großen ganzen ziemlich gleichartige Wirkungen aus, doch wird auch hierzu angegeben, daß an einem und demselben Oxyd verschiedener Herstellung Schwankungen im Verhältnis der Reaktionen 1 und 2 bis zu 100% möglich sind (Tabelle 4).

---

[1] H. Adkins, W. A. Lazier: J. Amer. chem. Soc. **48** (1926), 1671, 1672; s. a. G. Roberti, G. Sartori: Handbuch der Katalyse Bd. VI, S. 198ff.: „Selektivität und Spezifität von Katalysatoren".

[2] G. J. Hoover, E. K. Rideal: J. Amer. chem. Soc. **49** (1927), 104, 116.

Tabelle 4. *Dehydrierung und Dehydratation von Äthylalkohol an Oxyden der Ceride.*
(Auszug aus Tabellen von E. CREMER[1].)

Katalysator:	Ce_2O_3	Pr_2O_3	Nd_2O_3	Sm_2O_3	Gd_2O_3	Dy_2O_3
C_2H_4/H_2:	0,6	1,3	1,9	2,1	0,9	1,5

Versuchsbedingungen: Oxyde bei $600 \div 700°$ vorerhitzt. Über je $0,2 \div 4$ g Katalysator strömten je 250 mm³ Alkoholdampf je Sekunde; Stickstoff als Trägergas. Einzelheiten vgl. Originalmitteilung.

Die bisher angeführten Befunde stammen aus einer Zeit, in der noch nicht die Feinstruktur der benutzten Katalysatoren untersucht wurde. Wenn dies geschieht, differenzieren sich verschieden hergestellte Präparate eines und desselben Oxyds deutlich. Obschon nach der im Abschnitt 2 vorgenommenen Einschränkung die Feinstruktur im Rahmen dieses Berichts nicht behandelt wird, muß an einem einzelnen Beispiel der Übergang von der Beschreibung der Grobstruktur zur Beschreibung der Feinstruktur angedeutet werden, damit schon an dieser Stelle die Möglichkeit experimenteller Untersuchungen über die Verankerung der Wirksamkeit im Herstellungsprozeß eines Katalysators hervortritt.

An Aluminiumoxyd spaltet Isopropylalkohol in monomolekularer Reaktion Wasser ab[2]. Bei Benutzung sehr feinteiliger Präparate von γ-Al_2O_3, die durch Entwässerung heißgefällten Aluminiumhydroxyds bei 600° bzw. 860° hergestellt waren und Primärkriställchen mit einem mittleren Durchmesser von rund 24 bzw. 41 Å enthielten[3], unterschieden sich nicht nur die Reaktionsgeschwindigkeiten k in der auf Seite 342 angeführten Beziehung, sondern auch die Aktivierungsenergien q. Die durch Bestimmung der Lösungswärmen berechneten Unterschiede im Energieinhalt der γ-Al_2O_3-Präparate schienen zunächst nur auf Unterschiede ihrer Primärteilchengröße und damit ihrer Oberflächenausdehnung zu beruhen. Die zahlenmäßig faßbaren Unterschiede ihrer katalytischen Wirksamkeit machten jedoch wahrscheinlich, daß durch die verschieden hohe Vorerhitzung auch (röntgenographisch nicht erfaßte) qualitative Unterschiede in der Feinstruktur der Oberfläche bestanden[4, 5].

Ein sehr anschauliches Beispiel dafür, daß strukturelle Veränderungen eines festen Stoffes Änderungen seiner katalytischen Funktionen verursachen, bietet Wolframoxyd. An partiell reduzierten Wolframtrioxydpräparaten (blauem Wolframoxyd) zersetzt sich Äthylalkohol bei 370° zunächst nach Reaktion 2. Während der Reaktion wird das Wolframoxyd durch den Alkohol weiter reduziert. Mit fortschreitender Reduktion tritt die Zersetzung des Äthylalkohols nach Reaktion 1 immer mehr hervor. An Wolframoxydpräparaten, die vor der Reaktion mit Äthylalkohol bei 1000° stark reduziert wurden erfolgt fast nur Reaktion 1. Erst nach Rückoxydation kommt Reaktion 2 wieder zur Geltung[6].

Elektronenmikroskopische Aufnahmen an verdünnten Hydrierungskatalysatoren (feinteiligem Platin auf Trägerstoffen) geben die Möglichkeit, Zusammenhänge zwischen der Aggregationsform eines Katalysators und seiner Wirkung zu beobachten[7].

---

[1] E. CREMER: Z. physik. Chem., Abt. A **144** (1929), 231.

[2] H. DOHSE, W. KÄLBERER: Z. physik. Chem., Abt. B **5** (1929), 131. — H. DOHSE: Z. physik. Chem., Abt. B **6** (1930), 343.

[3] R. FRICKE, F. NIERMANN, CH. FEICHTNER: Berichte **70** (1937), 2318, besonders S. 2322: Tabelle 2.

[4] R. FRICKE, G. WESSING: Z. Elektrochem. angew. physik. Chem. **49** (1943), 274.

[5] W. N. IPATIEW: Aluminiumoxyd als Katalysator, Leipzig, 1929.

[6] H. S. TAYLOR: Z. Elektrochem. angew. physik. Chem. **35** (1929), 542.

[7] TH. SCHOON, E. BEGER: Einfluß von Trägerstruktur und Herstellungsverfahren auf Pt-Katalysatoren. Z. physik. Chem., Abt. A **189** (1941), 171.

Oxydation.

Da sich die wirksamsten Hydrierungskatalysatoren als Stoffe erwiesen, die Wasserstoff aufzunehmen und leicht wieder abzugeben vermögen, liegt es nahe, Katalysatoren für die Übertragung von Sauerstoff unter solchen Stoffen zu suchen, die Sauerstoff auf Grund präparativer Erfahrungen mit schwacher Bindung aufnehmen. Unter den Metallen kommen in erster Linie die edleren Metalle in Frage. Tatsächlich gehört Platin, dessen aus Lösungen gefällte Oxyde sich schon bei Entfernung des Wassers zersetzen und das sich bei höheren Temperaturen nur mit geringen Sauerstoffmengen belädt, zu den für Oxydationsreaktionen bewährten Katalysatoren (Oxydation von SO_2 und NH_3). Platin ist um 1000° im Sauerstoffstrom etwas flüchtig[1]. Platindrähte, die lange Zeit in einem Kontaktofen für die Ammoniakoxydation eingesetzt waren, sind oberflächlich oder sogar durchgreifend aufgelockert[2]. Alle diese Erscheinungen weisen darauf hin, daß eine Wechselwirkung zwischen dem Metall und Sauerstoff besteht.

Die äußeren Erscheinungen bei der Katalyse der Wasserstoffoxydation an Kupfer können als stetig sich abwechselnde Bildung und Reduktion von Kupferoxyd gedeutet werden. Bei 150° findet an körnigem Kupferoxyd in einem Gemisch von Wasserstoff mit rd. 5% Sauerstoff die Wasserbildung nur sehr langsam, an Kupfer dagegen viel rascher statt. Wird die Einwirkung des Wasserstoff-Sauerstoff-Gemischs auf das Kupfer einige Zeit in Gang gehalten, unmittelbar anschließend die Sauerstoffzufuhr plötzlich unterbrochen, die Wasserstoffzufuhr aber fortgesetzt, dann findet vor dem endgültigen Abschluß der Wasserbildung über eine kurze Zeit nochmals verstärkte Wasserbildung statt. Diese Nachreaktion ist auf den Verbrauch von intermediär an Kupfer gebundenem Sauerstoff zurückzuführen. Während der Katalyse waren also gleichzeitig die Bedingungen für die Bildung und Reduktion von Kupferoxyd gegeben. Die Oxydation des Wasserstoffs findet vermutlich an der Grenzfläche Kupfer—Kupferoxyd statt[3]. Ob es wirklich zu der Ausbildung einer selbständigen Kupferoxydphase kommt, wird unter den Bedingungen dieses Versuches nicht endgültig entschieden. Es ist aber eine bekannte Tatsache, daß Sauerstoffreste aus einem Gasstrom von erhitztem Kupfer dann am schnellsten herausgenommen werden, wenn das Kupfer schon etwas Kupferoxyd enthält und bereits eine Grenzfläche· Kupfer—Kupferoxyd ausgebildet ist.

In anderen Stoffsystemen kann die Bedeutung von Phasengrenzen geringer sein. Nickel(II)-oxyd, ein Katalysator für die Oxydation von Kohlenoxyd, enthält auf 1 g-Atom Nickel etwas mehr als 1 g-Atom Sauerstoff; d. h. seine Zusammensetzung weicht etwas von der Formel NiO ab. Während sich an seiner Oberfläche die Reaktion $CO + \frac{1}{2} O_2 \rightarrow CO_2$ abspielt, ändert sich der Sauerstoffüberschuß in der Nickelphase. Kohlenmonoxyd nimmt Sauerstoff aus dieser Phase auf, verbrauchter Sauerstoff wird aus der Gasphase des molekularen Sauerstoffs nachgeliefert. Wenn die Konzentration des Kohlenmonoxyds so gering gehalten wird, daß keine Reduktion des Nickeloxyds eintreten kann, bilden sich während der Katalyse keine neuen Phasen[4]. Der in das NiO-Gitter eintretende Sauerstoff nimmt von den Kationen (Ni^{++}) Elektronen auf und bildet Sauerstoffionen. Es entstehen Elektronendefektstellen. Diese ermöglichen eine Wanderung ursprünglich gebundener Elektronen von Defektstelle zu Defektstelle und ver-

[1] Gmelins Handbuch der Anorganischen Chemie 8. Aufl. Systemnummer 68, C 1, S. 26: Zusammenfassende Darstellung. — W. Klemm: Angew. Chem. **56** (1943), 1, besonders S. 7 (Flüchtige Subverbindungen).

[2] E. K. Rideal, H. S. Taylor: Catalysis in theory and practice. London, 1926.

[3] R. N. Pease, H. S. Taylor: J. Amer. chem. Soc. **44** (1922), 1637.

[4] C. Wagner, K. Hauffe: Z. Elektrochem. angew. physik. Chem. **44** (1938), 172.

ursachen damit Elektronenleitfähigkeit der Nickeloxydphase. Deshalb können Änderungen des Sauerstoffüberschusses durch Änderungen der Leitfähigkeit der Nickeloxydphase (in dem geschilderten Versuch bei 715°) erkannt werden. Der Vorgang beruht darauf, daß Ni^{++}-Ionen leicht Elektronen abgeben und in höher geladene Kationen übergehen können[1].

Der spezielle Mechanismus der Oxydationskatalysen steht hier nicht zur Diskussion. Die gemeinsamen Züge des Beispiels Kupfer (mit der Annahme einer Phasengrenze Kupfer—Kupferoxyd) und des Beispiels Nickeloxyd (mit der Annahme einer homogenen Nickeloxyd-Sauerstoff-Phase) bestehen in dem *Wertigkeitswechsel* der Metalle. Die große Mehrzahl der erprobten Oxydationskatalysatoren enthält Elemente, die durch die Fähigkeit ausgezeichnet sind, leicht ihre Wertigkeit zu wechseln. Die energetischen Voraussetzungen dafür sind vor allem bei Übergangselementen gegeben. In welcher Form diese Elemente als Katalysatoren praktisch angewandt werden, hängt von den besonderen Bedingungen ab, unter denen Oxydationsreaktionen katalysiert werden sollen. Maßgebend für die Auswahl sind die an den katalysierten Reaktionen beteiligten Stoffe und ihre Verunreinigungen, die zu erwartende thermische und mechanische Beanspruchung sowie der erzielbare Aufteilungszustand der Katalysatoren. Angewandt werden u. a.

Eisen, Kobalt, Nickel als Oxyde,
Chrom, Molybdän, Wolfram als Oxyde, Chromate, Molybdate, Wolframate,
Mangan als Mangan(IV)-oxyd, Manganat,
Vanadin als Oxyd, Vanadat,
Zinn, Blei als Oxyde, Chloride, Stannate, Plumbate,
Cer, Titan als Oxyde,
Kupfer als Metall, Oxyd, Chlorid.

In einigen Fällen können die durch den Wertigkeitswechsel zu erwartenden Zwischenverbindungen als selbständige Phasen erkannt werden, in anderen Fällen gelingt das nicht.

Wenn es für die Übertragung von molekularem Sauerstoff darauf ankommt, den Sauerstoff zunächst an den Katalysator zu binden und ihn anschließend aus diesem von den zu oxydierenden Stoffen aufnehmen zu lassen, dann besteht die Möglichkeit, die Affinität der Reaktion

$$\text{Katalysator} + \text{Sauerstoff} \rightleftharpoons \text{Katalysator} \cdot \text{Sauerstoff}$$

durch die Wahl verschieden edler Metalle, durch verschiedene stoffliche Zusätze und durch die Herstellung verschieden aktiver Zustände der festen Stoffe auf die zu katalysierenden Reaktionen abzustimmen.

Beispiele:

1. Unter angenähert vergleichbaren Bedingungen nimmt die Wirksamkeit der Katalysatoren für die Oxydation von Kohlenmonoxyd etwa in der Reihenfolge

$$Ag_2O \quad MnO_2 \quad Co_3O_4 \quad NiO \quad CuO$$

ab[2]. Die Sauerstofftension über Kupferoxyd wird durch Zusätze von Chromoxyd sehr stark *erhöht*. Sie erreicht bei dem Molverhältnis $2\,CuO : 1\,Cr_2O_3$ schon bei 875° 1 at; bei derselben Temperatur beträgt sie über reinem Kupferoxyd nur etwa

---

[1] C. WAGNER: Z. physik. Chem., Abt. B **22** (1933), 181.
[2] B. NEUMANN, C. KRÖGER, R. IWANOWSKI: Z. Elektrochem. angew. physik. Chem. **37** (1931), 121.

0,03 at. Die darin sich ausdrückende Lockerung des gebundenen Sauerstoffs beruht auf der Ausbildung des von beiden Seiten sich einstellenden Gleichgewichts[1]:

$$2\,CuO + Cr_2O_3 \rightleftarrows Cr_2O_3 \cdot Cu_2O + \tfrac{1}{2}O_2\,.$$

Die damit zusammenhängende Steigerung der katalytischen Wirksamkeit von Kupferoxyd bei Verbrennungsreaktionen wird seit langem für analytische Zwecke ausgenutzt. *Herabsetzung* der Sauerstofftension von Eisen(III)-oxyd tritt nach Zusätzen von γ-Aluminiumoxyd ein, weil sich in dem System Eisenoxyd + Aluminiumoxyd in den Grenzen $0 \div 25$ Mol-% Aluminiumoxyd schwer reduzierbare Mischkristalle $Fe_2O_3 - Al_2O_3$, nach teilweiser Reduktion des Eisenoxyds zu Eisen(II)-oxyd Spinell $FeO \cdot Al_2O_3$ bilden können[2]. Auf die dadurch bedingte Herabsetzung der Reduktions*geschwindigkeit* ist auf S. 349 hingewiesen worden. Die *Gleichgewichtswerte* für die Sauerstofftension lassen sich bei 800° mit Hilfe des Gasgleichgewichts $2\,CO + O_2 \rightleftarrows 2\,CO_2$ bestimmen, weil in dem System Metalloxyd + Sauerstoff + Kohlenmonoxyd + Kohlendioxyd die Beziehung

$$p_{O_2} = \text{konst} \cdot [O_2] = K \cdot \frac{[CO_2]^2}{[CO]^2}$$

besteht. Zusätze, die mit Eisenoxyd nicht reagieren (Berylliumoxyd), üben keinen Einfluß auf die Bindungsfestigkeit des Sauerstoffs aus[3].

2. In dem System Eisen + Sauerstoff ist die Sauerstofftension über sehr feinteiligem Eisen geringer als über grobteiligem Eisen[4]. Außer durch Angaben der Sauerstofftension können aktive Zustände von Metallen und Metalloxyden durch Angaben der Wärmeinhalte thermodynamisch gekennzeichnet werden[5]. Für pyrophores Eisen und pyrophores Kupfer, die bei tiefen Temperaturen durch Reduktion der Oxyde erhalten werden, ergeben sich wesentlich höhere Wärmeinhalte als für die bei höheren Temperaturen gesinterten Metalle. Ähnliches gilt für entsprechend aktive Oxydpräparate[6].

3. Die unter 1 und 2 erwähnten Erscheinungen können gleichzeitig auftreten und sich überlagern. Bei der Reduktion von Nickeloxyd bzw. Nickelspinell durch reduzierende CO-CO_2-Gemische entsteht sehr feinteiliges Nickel bzw. Nickel + γ-Aluminiumoxyd. Die Reaktionsprodukte werden durch oxydierende CO-CO_2-Gemische zurückoxydiert. Aus den Gleichgewichtslagen ergeben sich wieder die Affinitäten für die Reaktionen

$$1.\ Ni + \tfrac{1}{2}O_2 \rightleftarrows NiO\,,$$
$$2.\ Ni + \tfrac{1}{2}O_2 + \gamma\text{-}Al_2O_3 \rightleftarrows NiAl_2O_4\,.$$

Hier sind die Unterschiede der Sauerstofftension über Nickel bedingt durch die *Spinellbildung* und durch den *Aufteilungszustand* des Nickels. Das nach 2 neben γ-Al_2O_3 (als Trägerstoff) entstehende Nickel ist viel feinteiliger als das nach 1 aus Nickeloxyd entstehende reine Nickel. Der Versuch zeigt eine interessante Nebenerscheinung. Entsprechend dem Gleichgewicht $2\,CO \rightleftarrows C + CO_2$ kann sich

[1] L. Wöhler, P. Wöhler: Z. physik. Chem. **62** (1908), 440.

[2] J. Eckell: Z. Elektrochem. angew. physik. Chem. **39** (1933), 855.

[3] R. Schenck, H. Franz, H. Willeke: Z. anorg. allg. Chem. **184** (1929), 1.

[4] R. Schenck, Th. Dingmann, P. H. Kirscht, H. Wesselkock: Z. anorg. allg. Chem. **182** (1929), 97.

[5] R. Fricke: Aktive Zustände der festen Materie und ihre Bedeutung für die anorganische Chemie. Z. angew. Chem. **51** (1938), 863.

[6] **Eisen:** R. Fricke, O. Lohrmann, W. Wolf: Z. physik. Chem., Abt. B **37** (1937), 60. — **Kupfer:** R. Fricke, F. R. Meyer: Z. physik. Chem., Abt. A **183** (1939), 177. — α**-Eisenoxyd:** R. Fricke, P. Ackermann: Z. Elektrochem. angew. physik. Chem. **40** (1934), 630; Z. physik. Chem., Abt. A **169** (1934), 152. — **Kupferoxyd:** R. Fricke, E. Gwinner, Ch. Feichtner: Ber. **71** (1938), 1744.

Kohlenstoff am Nickel abscheiden. Dieser Kohlenstoff wird an dem bei 1 entstehenden Nickel schwerer als an dem nach 2 entstehenden Nickel durch die Reaktion $CO_2 + C \rightarrow 2\,CO$ wieder entfernt. Für die Oxydation des Kohlenstoffs ist das feinteiligere Nickel der bessere Katalysator[1].

Zusammenfassend müssen also die folgenden Eigenschaften Sauerstoffübertragender Katalysatoren beachtet werden: Wertigkeitswechsel unter Erhaltung der Phasen und unter Ausbildung neuer Phasen mit wirksamen Phasengrenzflächen, Bildung von Verbindungen und Mischkristallen mit stofflichen Zusätzen, Ausbildung und Erhaltung aktiver Zustände. Es ist noch nicht bei allen Katalysatoren möglich, zu unterscheiden, welche dieser Eigenschaften besonders hervortritt. Aber diese Grundvorstellungen erleichtern doch das Verständnis für die Wirksamkeit vieler Systeme in einer zumindest qualitativen Weise. Das gilt auch für das viel untersuchte System Kupferoxyd + Manganoxyd, den sog. Hopcalit[2]. Die einfachsten Präparate dieses Katalysatortyps werden durch gemeinsame Fällung von Mangan(IV)-oxydhydrat und Kupferhydroxyd aus Mangan(II)-sulfat- und Kupfersulfatlösungen und (nach dem Auswaschen der Niederschläge) durch Trocknung bei Temperaturen um 100° hergestellt. Sie enthalten ein sehr feinteiliges Gemisch der Oxyde, etwa im Verhältnis 40% Kupferoxyd: 60% Mangan(IV)-oxyd. Ein Vergleich des Verhaltens ihrer Komponenten *einzeln* mit dem Verhalten des *Gemischs* gegenüber Sauerstoff oder Kohlenmonoxyd gibt ein ungefähres Bild für die Oxydation des Kohlenmonoxyds bei 20°. Das Kohlenmonoxyd entnimmt vornehmlich dem Kupferoxyd den Sauerstoff. Die Reduzierbarkeit des aktiven Kupferoxyds wird durch das Manganoxyd erleichtert. Der den festen Oxyden entzogene Sauerstoff wird aus der Gasphase nachgeliefert:

$$CuO + CO \rightarrow Cu + CO_2 \quad \text{(Manganoxyd als Katalysator)}$$
$$\underline{Cu \;\; + \tfrac{1}{2}O_2 \rightarrow CuO}$$
$$CO \;\; + \tfrac{1}{2}O_2 \rightarrow CO_2$$

Mit dieser Formulierung soll nicht der vollständige Reaktionsmechanismus beschrieben, sondern nur die Übersicht über die beteiligten Stoffe erleichtert werden.

Halogenierung.

In der präparativen Chemie fanden schon frühzeitig die folgenden Chlorüberträger Anwendung:

Chlorjod, Schwefelchlorür, Phosphor(III, V)-chlorid,

Chloride von V, Fe, Mo, Sn, Sb, Au, U,

$AlCl_3$, $AlBr_3$,

Aktivkohle.

Einige Chloride (Zn) wurden mit Einschränkungen als wirksame, andere Chloride als schlechte oder wirkungslose Chlorüberträger bezeichnet (Alkali- und Erdalkalimetalle, Ni, Co, Mn, Pb)[3]. Die erprobten Chloride haben die gemeinsame Eigenschaft, Chlor leicht abspalten bzw. Chloratome leicht austauschen zu können. Die Erkennung des Austausches ist mit Hilfe radioaktiv indizierter Halogenatome möglich[4]. Bei vielen Chlorierungskatalysen sind Zwischenverbindungen

---

[1] R. Fricke, G. Weitbrecht: Z. Elektrochem. angew. physik. Chem. **48** (1942), 87, 106.

[2] G.-M. Schwab, G. Drikos: Z. physik. Chem., Abt. A **185** (1939), 405.

[3] P. Sabatier: Die Katalyse. Übersetzt von B. Finkelstein. Leipzig, 1927. — P. Karrer: Lehrbuch der organischen Chemie, S. 222. Leipzig, 1928.

[4] N. Brejneva, S. Roginsky, A. Schilinsky: C 1937 I 4484; II 1506.

denkbar (vgl. die Chlorierung von Acetylen an Antimonpentachlorid, S. 357). Den hervorragendsten Typus eines Halogenierungskatalysators bildet Kohlenstoff (Graphit). Er kann in Form seiner zahlreichen aktiven Präparate den besonderen Bedingungen vieler Reaktionen angepaßt werden. Mit seiner Hilfe hat sich eine umfangreiche Chlorierungsindustrie entwickelt[1]. Seine Wirkung beruht auf seinem spezifischen Verhalten zu Chlor und Brom: Während in einem Gemisch von Kohlenmonoxyd und Wasserstoff, das über erhitzte Aktivkohle streicht, keine Reaktionsprodukte wie Methylalkohol entstehen, bildet sich in einem Gemisch von Kohlenmonoxyd und Chlor Phosgen; dies deutet darauf hin, daß bei der Phosgenreaktion an Aktivkohle nicht das Kohlenmonoxyd, sondern das Chlor durch den Katalysator aktiviert wird[2]. Brom ändert, wenn es an Aktivkohle adsorbiert wird, seine magnetischen Eigenschaften[3]; auch dies ist ein Zeichen für eine über VAN DER WAALSsche Adsorption von Brommolekülen hinausgehende Wechselwirkung zwischen Brom und Aktivkohle.

An definierten Präparaten, die Graphitkriställchen bekannter (röntgenographisch ermittelter) Größen enthalten, kann mit einfachen Reaktionen wie

$$H_2 + Br_2 \rightarrow 2\,HBr$$

gezeigt werden, daß die katalytische Wirksamkeit der zugänglichen Oberfläche parallel geht[4]. Weiterhin läßt sich aus den Erfahrungen über die Umsetzungen von Graphit mit Sauerstoff, Fluor und Alkalimetallen[5] folgern, daß auch für die katalytischen Funktionen des Graphits zwei kristallchemisch ausgezeichnete Bereiche der Graphitoberfläche zu unterscheiden sind, nämlich die Oberfläche der Kohlenstoffsechseckebenen (Basisflächen) und die Randzonen der Graphitkriställchen (Prismenflächen). Auf Grund des Ablaufs der Reaktionen

$$CHCl_3 + Br_2 \rightarrow CBrCl_3 + HBr$$

und

$$H_2 + Br_2 \rightarrow 2\,HBr$$

scheint es möglich, daß Brom zwischen die Sechseckebenen eindringt und von den vierten Valenzen der C-Atome an die Ebenen gebunden wird[6], ähnlich wie dies für die Reaktion zwischen Fluor und Graphit bekannt ist[7].

Die meisten der bei technischen Verfahren benutzten Aktivkohlen enthalten Fremdstoffe als Verunreinigungen oder Zusätze. Diese sind zuweilen für die katalytischen Funktionen mitverantwortlich. Durch Beladung mit Metallen (Fe, Pt) werden Aktivkohlen wirksame Hydrierungskatalysatoren[8].

Autokatalyse, Reaktionslenkung durch Keime.

Bei Autokatalysen sind die als Katalysatoren wirkenden Stoffe gleichzeitig Teilnehmer an den katalysierten Reaktionen (S. 346). Autokatalysen in heterogenen

---

[1] T. P. HILDITCH: Die Katalyse in der angewandten Chemie, S. 223. Übersetzt von E. NAUJOKS. Leipzig, 1932. — F. KRCZIL: Technische Adsorptionsstoffe in der Kontaktkatalyse, Leipzig, 1938.

[2] N. C. JONES: J. phys. Chem. **33** (1929), 1415; C 1929 II 2972.

[3] R. JUZA, R. LANGHEIM, H. HAHN: Z. angew. Chem. **51** (1938), 354.

[4] U. HOFMANN, W. LEMCKE: Kristallstruktur und katalytische Wirksamkeit von Kohlenstoff. Z. anorg. allg. Chem. **208** (1932), 194.

[5] U. HOFMANN: Kristallchemische Vorgänge an Kohlenstoff. Ber. **65** (1932), 1821; Ergebn. exakt. Naturwiss. **18** (1939), 229.

[6] G.-M. SCHWAB, F. LOBER: Über die Halogen übertragende Wirkung der Kohle. Z. physik. Chem., Abt. A **186** (1940), 321.

[7] U. HOFMANN: Graphit und Graphitverbindungen. Ergebn. exakt. Naturwiss. **18** (1939), 229, besonders Seite 232.

[8] R. KLAR: Z. Elektrochem. angew. physik. Chem. **43** (1937), 379.

Stoffsystemen sind mit der Neubildung von Phasen verbunden[1]. Sie entsprechen beispielsweise den Reaktionstypen:

$\text{A (fest)} \rightleftharpoons \text{B (fest)} + \text{C (gasf.)}: \text{Ag}_2\text{O} \rightarrow 2\,\text{Ag} + \tfrac{1}{2}\text{O}_2$,

$\text{A (fest)} + \text{B (gasf.)} \rightleftharpoons \text{C (fest)} + \text{D (gasf.)}: \text{NiO} + \text{H}_2 \rightarrow \text{Ni} + \text{H}_2\text{O}$,

$\text{A (gasf., gelöst, flüssig)} + \text{B (gasf., gelöst, flüssig)} \rightarrow \text{C (fest)}: \text{Hg} + \text{J}_2 \rightarrow \text{HgJ}_2$,

$\text{A (fest)} \rightleftharpoons \text{B (fest)}:$ monokliner Schwefel $\rightleftharpoons$ rhombischer Schwefel.

Das gemeinsame Merkmal aller dieser Reaktionen besteht darin, daß die Bildung der neuen Phasen durch Keime dieser Phasen erleichtert wird. Die Keime können sich zu Beginn und während der Reaktionen bilden oder dem System zugesetzt werden.

Ebenso wie unter Benutzung der im Abschnitt 3 begründeten weiten Fassung des Begriffs Katalyse bei der Beschreibung und Ordnung katalysierter Reaktionen im Abschnitt 4 Beispiele echter Katalysen neben Beispielen für Grenzfälle katalytischer Erscheinungen angeführt werden konnten, müssen auch bei der Beschreibung von Autokatalysen die Übergänge von reinen Fällen zu Grenzfällen autokatalytischer Erscheinungen in die Betrachtung einbezogen werden. Wenn dies geschieht, wird die Ordnung eines sehr großen Tatsachenmaterials möglich. Die Übergänge lassen sich an Hand des folgenden, wieder nur *stoffliche* Beziehungen zwischen Keim und Phase berücksichtigenden Gedankenganges übersehen[2]:

1. Die Keime bestehen aus demselben Stoff, dessen feste Phase durch die Reaktion gebildet wird. Sie wachsen unter Anlagerung arteigenen Stoffes $(\text{Ag}_2\text{O} \rightarrow 2\,\text{Ag} + \tfrac{1}{2}\text{O}_2$ an Silber, S. 352).

2. Die Keime bestehen aus Fremdstoffen, deren Formeltypus, Kristallgeometrie, Raumbeanspruchung und Bindungsart der Kristallbausteine so weitgehend mit den entsprechenden Eigenschaften der bei der Reaktion neugebildeten festen Stoffe übereinstimmen, daß normale Mischkristallbildung bzw. stetige Fortsetzung des Kristallwachstums möglich ist (Entwicklung von Silbersolen an Gold, S. 374).

3. Die Keime sind befähigt, artfremde Stoffe anzulagern; die Beziehungen zwischen Kristallgeometrie oder Bindungsarten in den Keimen einerseits, in dem angelagerten Stoff andrerseits reichen aber nicht zur Ausbildung von normalen, sondern nur von anomalen Mischkristallen oder sogar nur zu orientierter Anlagerung aus[3].

4. Die Keime wandeln sich während der Phasenbildung in andere Stoffe um, ändern ihren Ordnungszustand (altern) u. ä.; die Vorgänge bedingen grobe Unstetigkeiten in der Fortsetzung der Phasenbildung.

Zwei Beispiele sollen die extremen Möglichkeiten veranschaulichen.

Zunächst die wegen ihrer Einfachheit und wegen der dadurch möglichen Klarheit der Versuchsführung viel beachtete Reaktion

$$\text{Hg} + \text{J}_2 \rightarrow \text{HgJ}_2$$

an Quecksilberjodid:

Trifft ein ausgeblendeter Strahl von Joddampf auf die Oberfläche flüssigen Quecksilbers, dann breiten sich die J_2-Moleküle über die Quecksilberoberfläche aus. Wird die Oberfläche mit einem HgJ_2-Kristall berührt, dann wächst dieser rasch. An der Grenzfläche $\text{HgJ}_2 - \text{Hg} - \text{J}_2$ ist die Bildung von HgJ_2-Mole-

---

[1] A. MITTASCH: Chemiker-Ztg. 60 (1936), 793. — G.-M. SCHWAB: Katalyse, S. 221 ff. Berlin, 1931.

[2] Zur Lehre der Keimbildung und des Keimwachstums: M. VOLMER: Kinetik der Phasenbildung, Dresden u. Leipzig, 1939. — P. NIGGLI: Lehrbuch der Mineralogie und der Kristallchemie, Berlin, 1941.

[3] A. NEUHAUS: Anomale Mischkristalle und orientierte Abscheidung. Z. angew. Chem. 54 (1941), 527.

külen oder die Abscheidung von festem HgJ_2 gegenüber den anderen Stellen der Quecksilberoberfläche begünstigt. Kristallisiertes HgJ_2 erscheint als Kataly-sator für die Reaktion $Hg + J_2 \rightarrow HgJ_2$. Wird an Stelle des HgJ_2-Kristalls eine Glasspitze an die mit Jod beladene Quecksilberoberfläche geführt, dann scheidet sich auch an dieser (allerdings viel später als am HgJ_2-Kristall) festes HgJ_2 ab; d. h. in dem System $Hg - J_2 - HgJ_2$ findet gelegentlich auch spontan die Bil-dung fester HgJ_2-Keime statt[1].

Anschließend die Fällung von Eisenhydroxyd durch Oxydation von Eisen(II)-salzlösungen, bei welcher die Kennzeichen einer Autokatalyse schon verdeckt sind:

Bei 60° löst sich metallisches Eisen in einer mit Sauerstoff gesättigten Eisen(II)-sulfatlösung auf; gleichzeitig scheidet sich die äquivalente Menge Eisen(III)-hydroxyd aus. Die Umsetzung ist als Summe von drei Teilreaktionen aufzufassen. Das gelöste Eisen(II)-salz wird durch Sauerstoff oxydiert (1). Das Eisen(III)-salz hydrolysiert (2). Die bei der Hydrolyse entstehende Säure löst Eisen unter Wasser-stoffentwicklung auf (3).

$$
\begin{aligned}
1.\ & 2\,Fe^{++} + 2\,H^+ + \tfrac{1}{2}\,O_2 \rightarrow 2\,Fe^{+++} + H_2O \\
2.\ & 2\,Fe^{+++} + 6\,H_2O \qquad\quad \rightarrow 2\,Fe(OH)_3 + 6\,H^+ \\
3.\ & 2\,Fe \quad\; + 4\,H^+ \qquad\qquad \rightarrow 2\,Fe^{++} + 2\,H_2 \\
\hline
& 2\,Fe \quad + 5\,H_2O + \tfrac{1}{2}\,O_2 \rightarrow 2\,Fe(OH)_3 + 2\,H_2
\end{aligned}
$$

Durch die Reaktionsfolge können mit einer gegebenen Eisen(II)-salzlösung be-liebige Mengen Eisen in Eisen(III)-hydroxyd übergeführt werden. Die Besonder-heit dieser Eisenhydroxydbildung ist darin zu sehen, daß sie in einer Lösung mit gleichbleibender Eisenionenkonzentration erfolgt und daß die Fällungsgeschwin-digkeit durch die Auflösungsgeschwindigkeit des Eisens geregelt wird ("diachrone" Fällung). Während bei raschem Zusatz von Lauge zu Eisen(III)-salzlösungen amorphe gelartige Niederschläge entstehen, ist der Niederschlag unter diesen Bedingungen dicht und körnig. Er enthält feinteiliges γ-FeO(OH) neben etwas α-FeO(OH). Die mikroskopisch abgrenzbaren Einzelteilchen in ihm sind isodia-metrisch. Werden dem beschriebenen Reaktionsgemisch Keime von α-FeO(OH) zugesetzt, die in einem anderen Stoffsystem mit *linearer* Teilchenform gezüchtet werden können, dann wachsen diese Keime bei der Zufuhr von Eisenhydroxyd in der ihnen eigenen *linearen* Form weiter; isodiametrische Körner entstehen dann nicht mehr. Die Keime lenken also die Formung des Niederschlags. Außerdem aber beschleunigen sie die Umwandlung γ-FeO(OH) $\rightarrow$ α-FeO(OH) in ihm. Diese Er-scheinung tritt besonders dann ein, wenn sehr kleine Keime zugesetzt werden. Eine Teilerklärung dafür gibt folgende Beobachtung: γ-FeO(OH) wandelt sich unter Eisen(II)-salzlösung von der Oberfläche aus in der festenPhase in α-FeO(OH) um; die Umwandlung geht (aus unbekannten Gründen) in größeren Teilchen lang-samer als in kleineren Teilchen vor sich. Während kleine Keime von γ-FeO(OH) im Reaktionsgemisch langsam wachsen, kann in ihnen die Umwandlung in α-FeO(OH) schnell fortschreiten. Keime von γ-FeO(OH), die schon vor dem Zu-satz zu dem Reaktionsgemisch größer waren, wachsen unter Anlagerung von frisch gebildetem Eisenhydroxyd über die kritische Größe hinaus, bevor die Um-wandlung in α-FeO(OH) abgelaufen ist[2].

Dieses letzte Beispiel ist hier so ausführlich beschrieben worden, weil es die stofflichen Komplikationen erkennen läßt, mit denen bei der Erfassung auto-katalytischer Reaktionen in Grenzfällen gerechnet werden muß. Nicht nur der

[1] G. Adhikari, J. Felman: Z. physik. Chem., Abt. A **131** (1928), 347.

[2] H. Nitschmann: Reaktionslenkung durch Keime. Helv. chim. Acta **21** (1938), 1609.

Formeltypus und die Kristallstruktur, sondern auch die (u. U. bis in mikroskopische Dimensionen reichende) Form der beteiligten festen Stoffe kann Einfluß auf die Keimwirkung haben. In vereinfachter und verallgemeinerungsfähiger Weise ist das Beispiel auf das Schema zurückzuführen:

Gesamtreaktion

Hydrolyse von Fe^{III}-Salz $\rightarrow$ γ-FeO(OH) $\rightarrow$ α-FeO(OH).

Keimwirkung

a) Abfangen des metastabilen Zwischenproduktes γ·FeO(OH),
b) Beschleunigung der Teilreaktion γ-FeO(OH) $\rightarrow$ α-FeO(OH).

Verhältnis a): b) abhängig von Form und Größe der Keime.

In Einzelheiten verschieden, im Grundsätzlichen aber mit den Verhältnissen bei der diachronen Eisenhydroxydfällung vergleichbar, ist die diachrone Aluminiumhydroxydfällung bei dem Ausrühren von Aluminatlösungen unter Zusatz von kristallisiertem Aluminiumhydroxyd in Form von Hydrargillit oder Bayerit. Es ist nicht üblich, das BAYER-Verfahren unter katalytischen Prozessen zu nennen. Tatsächlich ist aber auch in ihm ein Grenzfall autokatalytischer Reaktionen enthalten. Das zugesetzte Hydroxyd wird oft als „Erreger" bezeichnet.

Aufteilungszustände.

Modellvorstellung.

Die Aufteilung eines lückenlos zusammenhängenden Körpers kann führen

a) zu abgrenzbaren Teilen, die frei gegeneinander beweglich sind,
b) zu abgrenzbaren Teilen, die an einzelnen Stellen ihrer Oberfläche miteinander verbunden bleiben und deren gegenseitige Lage durch diese Verbindung fixiert ist (Abb. 1).

Im Fall a) sind die Eigenschaften einer gegebenen Stoffmenge gleich der Summe der Eigenschaften der abgrenzbaren Teile. Änderungen der Abstände zwischen den Teilen bedeuten nur Änderungen ihrer Zahl je Volumeneinheit, d. h. nur Konzentrationsänderungen (Beispiel: Metallsole).

Im Fall b) sind die Eigenschaften einer gegebenen Stoffmenge nicht mehr gleich der Summe der Eigenschaften der abgrenzbaren Teile. Wenn die Teile

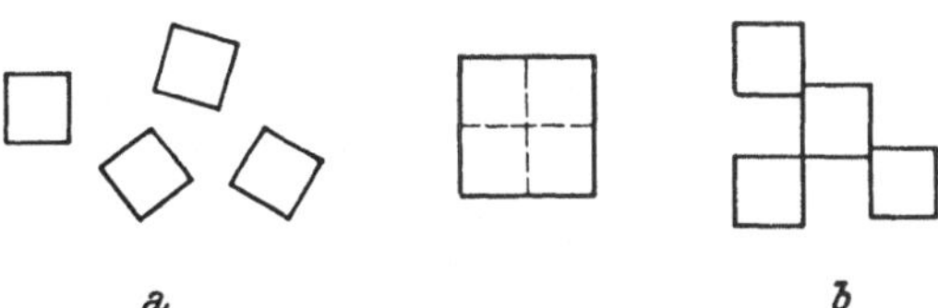

Abb. 1. Aufteilung eines Körpers: *a* zu frei beweglichen, *b* zu zusammenhängenden Teilchen.

sehr klein werden, wird entsprechend der Durchmesser des Hohlraums zwischen ihnen sehr klein. Die Zugänglichkeit der Oberfläche und weitere für den Stoffaustausch an der Oberfläche wichtige Eigenschaften hängen von der Gesamtstruktur der Aggregation ab (Definition des Strukturbegriffs S. 376). Feste Stoffe, die sich in diesem Aufteilungszustand befinden, vereinigen an sich Merkmale zusammenhängender (kompakter) Phasen mit Merkmalen aufgeteilter (disperser) Phasen. Sie können als *kompakt-disperse Stoffe* bezeichnet werden. Dem Fall b) entsprechen viele reale Beispiele: Holzkohle; Fritten von Metallpulvern; zahllose Stoffe, für die Skelett- oder Gerüststruktur angegeben wird[1].

---

[1] H. W. KOHLSCHÜTTER: Die wesentlichen Eigenschaften kompakt-disperser Stoffe. Z. Kolloidchem. **77** (1936), 229.

Es ist zweckmäßig, aus einer so einfachen, an kein absolutes Größenmaß gebundenen Modellvorstellung Unterscheidungsmerkmale für häufig wiederkehrende Typen aufgeteilter fester Stoffe abzuleiten. Es wäre jedoch unzweckmäßig, den Begriff „kompakt-dispers" für Strukturen mit abgrenzbaren Teilen aller möglichen Abmessungen anwenden, den Begriff zu allgemeingültig oder zu speziell definieren zu wollen und etwa die Frage zu stellen: Ist ein fester Stoff, der sich mit Hilfe eines Dispersionsmittels I zu elektronenmikroskopisch abgrenzbaren Teilchen (Größenordnung 10^{-4} cm) dispergieren läßt, dessen Teilchen aber auf Grund röntgenographischer Messungen immer noch aus vielen kohärent reflektierenden Einzelkriställchen (Größenordnung 10^{-6} cm) bestehen, kompakt-dispers? Ist sein Aufteilungszustand grundsätzlich dem Typus b) oder dem Typus a) zuzuordnen? Würde man sich zunächst für den Typus b) entscheiden, anschließend aber ein Dispersionsmittel II finden, welches die Einzelkriställchen trennt, dann würde die erste Entscheidung wieder hinfällig sein. Jede Systematik hat nur soweit Bedeutung, als sie in Beziehung zum Experiment steht. Infolgedessen kann auch die Gegenüberstellung der Aufteilungszustände a) und b) nur relative Bedeutung haben. Sie kann sich immer nur auf die bei *gegebenen Bedingungen besonders hervortretenden* Merkmale des Aufteilungszustandes fester Stoffe beziehen. Da nach den Ausführungen auf Seite 376 nur die groben Merkmale der Katalysatoren beschrieben werden sollen, ist die Benutzung des Begriffs kompakt-dispers in diesem Zusammenhang berechtigt und naheliegend. Im allgemeinen sind die Unterschiede der Aufteilungszustände, die bei der präparativen Herstellung fester Stoffe auftreten, so sinnfällig, daß die Zuordnung zu einem der beiden Typen a) und b) keine Schwierigkeiten macht.

Aus dem Modell (Abb. 1) lassen sich zwei für die Anwendung kompakt-disperser Stoffe als Katalysatoren günstige Eigenschaften folgern.

Erstens: Kompakt-disperse Präparate können grobstückig sein und doch eine große spezifische Oberfläche besitzen. Sie haben dadurch Vorzüge vor feinpulvrigen Präparaten derselben Stoffart mit derselben spezifischen Oberfläche, weil sie beim Einfüllen in Kontaktöfen weniger leicht zerstäuben und durch die über sie strömenden Gase weniger verblasen werden. Allerdings müssen die Diffusionswege für die an der Oberfläche miteinander reagierenden Stoffe besonders beachtet werden.

Zweitens: Rekristallisation und Sinterung nichtflüchtiger Stoffe findet in größerem Umfang im Temperaturbereich ihrer Platzwechselreaktionen statt. Unterhalb dieser Temperaturen ist sie auf diejenigen Stellen in der festen Phase beschränkt, wo sich benachbarte Teile mit energetisch begünstigten Stellen ihrer Oberfläche berühren. Bei dem lockeren Aufbau kompakt-disperser Phasen sind die Berührungsflächen der Teile klein. Da die gegenseitige Lage der Teile definitionsgemäß fixiert ist und sich die Abstände durch geringen Druck nicht vermindern lassen, werden die Stellen, an denen schon bei tieferen Temperaturen die Voraussetzungen für Rekristallisation und Sinterung gegeben sind, weniger zahlreich als in dichten Aggregaten gleichartiger Teile sein, die wegen ihrer Beweglichkeit gegeneinander in engere und ausgedehntere Berührung gebracht werden können. Diese grob mechanische Vorstellung ist behelfsmäßig. Sie kann durch einige Beobachtungen über die Rekristallisation in Metallpulvern[1] begründet, soll hier aber nicht eingehend auf ihre Berechtigung hin untersucht werden. Es genügt in diesem Zusammenhang,

---

[1] G. Tammann: Aggregatzustände. Einfluß der Beweglichkeit von Metallteilchen auf die Rekristallisation, S. 212ff. Leipzig, 1922. — G. Tammann, Q. A. Mansuri: Z. anorg. allg. Chem. **126** (1923), 119. — F. Sauerwald: Z. anorg. allg. Chem. **122** (1922), 277.

daß sich aus ihr Folgerungen für die Temperaturbeständigkeit der Aufteilungszustände a) und b) ziehen lassen und daß diese Folgerungen durch praktische Erfahrungen bestätigt zu werden scheinen: Oft werden feste Katalysatoren, für die
Temperaturbeständigkeit ihrer Oberflächenentwicklung erwünscht ist, absichtlich
in einem Aufteilungszustand vom Typus b) hergestellt und denselben Stoffen
im Aufteilungszustand a) vorgezogen, weil der letztere temperaturempfindlicher
als der erste ist. Die Modellvorstellung gibt dafür nur eine Rahmenerklärung. Im
einzelnen sind die Ursachen stoffbedingt. Weitere Einblicke bietet die Graphitierung von Kohlen und die Rekristallisation von Sesquioxyden bei der Entwässerung der zugehörigen Metallhydroxyde.

Graphit.

Alle als Aktivkohlen bezeichneten Kohlenstoffpräparate enthalten Graphit.
In keinem dieser Präparate liegen die kleinsten Graphitkriställchen als frei gegeneinander bewegliche Einzelteilchen vor. Sie sind Strukturelemente von Aggregationen. In den scheinbar lockersten Präparaten, in dem durch unvollständige
Verbrennung von Acetylen entstandenen Acetylenruß, stellen die durch Zerstäuben mechanisch voneinander trennbaren Teile Flocken dar, die elektronenmikroskopisch in kettenartig aneinander gereihte Teilchen mit einem mittleren
Durchmesser von rund 10^{-4} cm aufgelöst werden können. Jedes dieser Teilchen
ist ein Haufwerk von Graphitkriställchen, die röntgenographisch als kohärent
reflektierende Einzelkriställchen mit einem mittleren Durchmesser von 10^{-7} cm
erkannt werden[1]. Die Ausdehnung der Graphitkriställchen in grobstückiger und
leicht zerbröckelnder Holzkohle oder in grobstückigem und hartem Koks kann
dieselbe Größenordnung wie in Ruß haben. Hier aber sind diese Graphitkriställchen in einen festeren und weiteren, durch die Ausgangsprodukte mitbestimmten
Strukturverband eingefügt. In Holzkohle sind noch Züge der pflanzlichen Gerüststruktur zu erkennen. In Koks, der durch pyrogene Zersetzung nichtflüchtiger,
flüssiger, halbflüssiger oder fester Massen entsteht, überlagern sich schaumartige
Strukturen, pflanzliche Gerüststrukturen und Strukturen dichter Kristallgefüge[2].
Holzkohle und Koks sind Musterbeispiele kompakt-disperser Stoffe. Die Mehrzahl
aller an ihnen ausgeführten Strukturuntersuchungen bezieht sich auf das Verhältnis zwischen dem Gewicht (oder Volumen) der festen Phase und dem Volumen
des Hohlraums, weil sich für viele Anwendungszwecke die Struktur des Hohlraums als mindestens ebenso wichtig wie die Struktur der Gerüstsubstanz erwiesen hat[3].

Zwei Beobachtungen an Ruß und Koks beleuchten den Einfluß des kompakt-
dispersen Aufteilungszustandes auf die Temperaturbeständigkeit der Oberflächenentwicklung:

1. Die Größe der kohärent reflektierenden Graphitkriställchen in Koks hängt
von der Verkokungstemperatur ab. Sie kann nachträglich durch Erhitzen auf
Temperaturen um $2000 \div 3000°$ gesteigert werden. Es ist eine bei den technisch

---

[1] U. HOFMANN, A. RAGOSS, F. SINKEL: Die Struktur der Kolloide des feinkristallinen Kohlenstoffs. Z. Kolloidchem. **96** (1941), 231. Der Beschreibung sind die elektronenmikroskopischen Aufnahmen von Acetylenruß auf S. 235 zugrunde gelegt.

[2] P. RAMDOHR: Arch. Eisenhüttenwes. 1 (1928), 669. — W. S. WESSELOWSKI,
K. W. WASSILIEW: Z. Kristallogr., Mineral., Petrogr., Abt. A 89 (1934), 156, besonders S. 170.

[3] O. KAUSCH: Die aktive Kohle, Halle, 1932. — G. BAILLEUL, W. HERBERT,
E. REISEMANN: Aktive Kohle, Stuttgart, 1937. — F. KRCZIL: Adsorptionsstoffe in der
Kontaktkatalyse, Leipzig, 1938. — K. F. ZIMENS: Handbuch der Katalyse, Bd. IV,
S. 151.

wichtigen Graphitierungsprozessen immer sich wiederholende Erfahrung, daß die durch Rekristallisation oder Sinterung des Graphits erzielbare Verdichtung der kompakt-dispersen Kohlen auch von der Gesamtstruktur der Kohle abhängt. In Koksarten, die auf Grund ihrer Entstehung die Graphitkriställchen in sehr dünnen (starren) Häutchen enthalten, schreitet die Rekristallisation langsamer als in solchen Koksarten fort, welche die Graphitkriställchen von vornherein in einer dichteren Anordnung enthalten[1].

2. Bei dem Erhitzen von Acetylenruß auf 3000° wachsen die kohärent reflektierenden Graphitkriställchen um so leichter zu größeren Kriställchen zusammen, je dichter sie vor dem Erhitzen gepackt waren. Dabei bleibt die Größe der elektronenmikroskopisch abgrenzbaren (Sekundär-) Teilchen und damit der Strukturverband der Rußflocke praktisch unverändert. D. h. der Einzugsbereich, aus dem die Graphitkriställchen die zum Wachsen notwendige Substanz beziehen, ist beschränkt; er ist gleich dem Volumen der elektronenmikroskopisch abgrenzbaren Teilchen. Trotzdem innerhalb dieser Teilchen eine Verdichtung der festen Phase stattfindet, bleibt die für gelöste Stoffe zugängliche Oberfläche des Rußpräparates ungefähr gleich, weil auch vor der Rekristallisation nur die Oberfläche der (Sekundär-) Teilchen zugänglich war[2].

Eisenhydroxyd—Eisenoxyd.

Wird wasserfreies, kristallisiertes Eisen(III)-sulfat in wäßrige Ammoniaklösung eingetragen, dann findet die Umsetzung

$$\text{Fe}_2(\text{SO}_4)_3 + 6\,\text{NH}_4\text{OH} \rightarrow 2\,\text{Fe}(\text{OH})_3 + 3\,(\text{NH}_4)_2\text{SO}_4$$
$$\text{fest} \qquad \text{gelöst} \qquad \text{fest} \qquad \text{gelöst}$$

in der Grenzflächenzone Eisen(III)-sulfat—Lösung statt, weil die Lösungsgeschwindigkeit des wasserfreien Salzes kleiner als die Diffusionsgeschwindigkeit der gelösten Stoffe zur Oberfläche des festen Salzes ist. Das Eisenhydroxyd wird in einer sehr schmalen Reaktionszone diachron (S. 355) gefällt. Die Geschwindigkeit seiner Fällung wird durch die Auflösungsgeschwindigkeit des Eisensalzes geregelt. Es entsteht unter diesen Bedingungen in Form eines starren, für die gelösten Stoffe Ammoniumhydroxyd und Ammoniumsulfat auffallend leicht durchlässigen Hydroxydgerüstes[3] (Abb. 2).

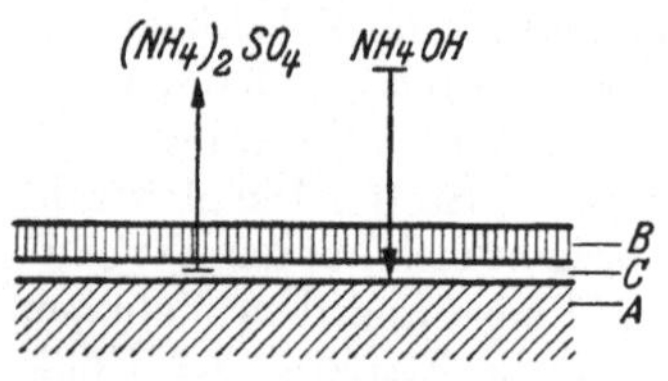

Abb. 2. Entstehung von Eisen(III)-hydroxyd durch diachrone Fällung in der Grenzflächenzone.

A Eisen(III)-sulfat; B Eisen(III)-hydroxyd; C Reaktionszone.

Alle bisher an diesem Eisenhydroxydpräparat durchgeführten Untersuchungen[4] führen zu der Auffassung, daß sich sehr kleine Hydroxydteilchen im Augenblick ihrer Bildung durch diejenigen reaktionsfähigen Gruppen an ihrer Oberfläche miteinander verbinden, die bei der Fällung von Eisenhydroxyd im freien Lösungsraum SO_4^{--}-Ionen festlegen können. Dieses Präparat enthält ausgesprochen kompakt-disperses Eisenhydroxyd. Die Zusammensetzung der amorphen Gerüstsubstanz ist $1 \div 1{,}5\ \text{H}_2\text{O}/\text{Fe}_2\text{O}_3$. Bei der thermischen Entwässerung wird

[1] W. S. Wesselowski, K. W. Wassiliew: Z. Kristallogr., Mineral., Petrogr., Abt. A 89 (1934), 156, besonders S. 170.

[2] U. Hofmann, A. Ragoss, F. Sinkel: Die Struktur der Kolloide des feinkristallinen Kohlenstoffs. Z. Kolloidchem. 96 (1941), 231.

[3] H. W. Kohlschütter, L. Sprenger, H. Siecke: Reaktionen des kristallisierten Eisen(III)-sulfats. Z. anorg. allg. Chem. 213 (1933), 189.

[4] H. W. Kohlschütter, H. Siecke: Z. Elektrochem. angew. physik. Chem. 39 (1933), 617; 41 (1935), 851. — Elektronenmikroskopische Aufnahmen von M. v. Ardenne.

ein großer Teil des gebundenen Wassers abgegeben, bevor das Entwässerungsprodukt als α-Fe_2O_3 auskristallisiert. Werden dagegen Eisenhydroxydpräparate thermisch entwässert, in denen schon vor dem Beginn der Entwässerung eine weitgehende Verdichtung und Ordnung in Richtung der kristallisierten Phase α-FeO(OH) stattgefunden hat, dann schreitet die Kristallisation des Entwässerungsproduktes α-Fe_2O_3 stetig mit der Wasserabgabe fort[1]. Der Kristallisation von α-Fe_2O_3 stehen also in den zwei verschiedenartig aufgeteilten Präparaten verschieden große Widerstände entgegen. Qualitativ lassen sich diese Unterschiede besonders einfach durch thermische Analyse des Entwässerungsvorganges nachweisen, weil die Verdampfung des Wassers aus dem Hydroxyd Wärme verbraucht, die Kristallisation des Entwässerungsproduktes α-Fe_2O_3 Wärme liefert. Bei der Erhitzung der zwei Präparate sind die Teilvorgänge

a) Wasserabspaltung: Hydroxyd → amorphes Entwässerungsprodukt,

b) Kristallisation: amorphes Entwässerungsprodukt → α-Fe_2O_3

verschieden deutlich gegeneinander abgesetzt. Die Erhitzungskurven haben folgenden Charakter[2] (Abb. 3):

Bei *I* ist der Übergang von dem wärmeverbrauchenden Teilvorgang zu dem wärmeliefernden Teilvorgang ziemlich scharf. Bei der Temperatur dieses Übergangs überschreitet die Kristallisationsgeschwindigkeit für α-Fe_2O_3 ihren Schwellenwert („Verglimmtemperatur").

Bei *II* ist der wärmeverbrauchende Teilvorgang schwächer ausgeprägt, weil schon während der Wasserabgabe die wärmeliefernde Kristallisation in größerem Umfang stattfindet. Zu einer deutlichen Überhitzung des Präparates kommt es nicht.

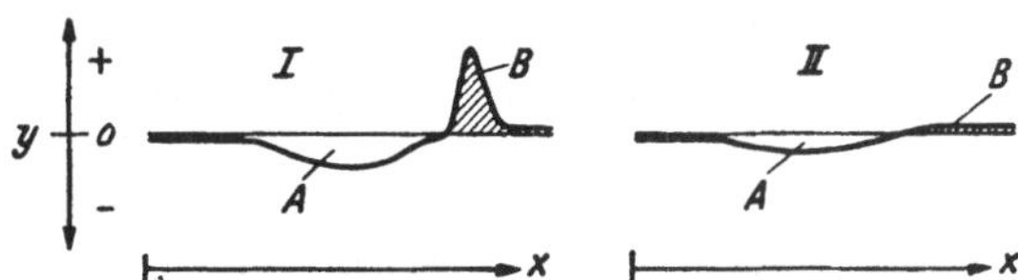

Abb. 3. Entwässerungsverlauf für zwei Eisen(III)-hydroxyde.

I Kompakt-disperses Eisen(III)-hydroxyd
II Dichtes Eisen(III)-hydroxyd als α-FeO(OH) oder als Vorstufe von α-FeO(OH)
A Temperaturbereich der wärmeverbrauchenden Wasserverdampfung
B Temperaturbereich der wärmeliefernden Kristallisation von α-Fe_2O_3
x Ansteigende Ofentemperatur
y Temperaturdifferenz zwischen Ofen und Präparat.

Das beschriebene kompakt-disperse Eisenhydroxydpräparat *I* ist zu der auf S. 352 erwähnten Untersuchung über die katalytische Zersetzung von Wasserstoffperoxyd benutzt worden. Es eignet sich dazu besonders gut, weil das in dem Gerüst fixierte Hydroxyd während der Reaktion nicht in unübersichtlicher Weise ausgeflockt bzw. peptisiert wird. Es läßt sich durch die Umsetzung von kristallisiertem Eisen(III)-sulfat in scharfen Pseudomorphosen herstellen, die bei der Aufschlämmung in Wasser nicht aneinander haften[3].

Chromhydroxyd—Chromoxyd.

Weitere verallgemeinerungsfähige Eigenschaften kompakt-disperser Stoffe veranschaulicht die Reaktion Chromhydroxyd → Chromoxyd.

Wird einer Chromnitratlösung die ganze dem Chromgehalt äquivalente Ammoniakmenge ohne Unterbrechung zugesetzt, dann fällt sofort nach Überschreitung des Löslichkeitsproduktes sehr feinteiliges Chromhydroxyd aus, das wegen seiner Feinteiligkeit sehr langsam sedimentiert, aber schließlich nur ein

[1] H. W. KOHLSCHÜTTER, E. KALIPPKE: Z. physik. Chem., Abt. B **42** (1939), 249.
[2] H. W. KOHLSCHÜTTER, F. SPIESS: Z. anorg. allg. Chem. **236** (1938), 165.
[3] H. W. KOHLSCHÜTTER, H. SIECKE: Z. Elektrochem. angew. physik. Chem. **41** (1935), 851.

geringes spezifisches Sedimentationsvolumen einnimmt. Die Farbe dieses Niederschlags ist hellgrün. Die Reaktion kann formuliert werden:

$$1.\ \ Cr^{+++} + 3\,OH^- \to Cr(OH)_3 .$$

Wird dagegen einer Chromnitratlösung Ammoniaklösung so langsam zugesetzt, daß sich das primär gefällte Chromhydroxyd mit dem noch vorhandenen Chromnitrat immer wieder zu löslichen basischen Chromsalzen umsetzen kann, dann findet die endgültige Fällung von Chromhydroxyd über diese basischen Salze statt. Je höher basisch die Lösung wird, um so größere Teilchen enthält sie[1]. In sehr vereinfachter Weise kann die Reaktionsfolge formuliert werden:

$$2.\ \ Cr^{+++} \qquad + OH^- \to Cr(OH)^{++}$$
$$Cr(OH)^{++} + OH^- \to Cr(OH)_2^+$$
$$Cr(OH)_2^+ \ \ + OH^- \to Cr(OH)_3 .$$

Bei dieser Formulierung ist die vermutlich auf Kondensationsreaktionen zurückzuführende Vergrößerung der gelösten Teilchen nicht berücksichtigt. Der Chromhydroxydniederschlag sedimentiert mit scharfer Trennungslinie Lösung—Niederschlag. Sein spezifisches Sedimentationsvolumen ist groß. Seine Farbe ist dunkelgrün. Er hat in deutlichem Gegensatz zu dem nach 1. gefällten Niederschlag ausgesprochen gelartige Beschaffenheit.

Die Chromhydroxydniederschläge nach 1. und 2. sind amorph. Sie lösen sich unmittelbar nach der Fällung in Säure leicht auf. Dabei entstehen zuerst diejenigen löslichen Salze zurück, die unmittelbar vor der Fällung in der Lösung vorlagen. Das Hydroxyd nach 1. erweist sich als Derivat des neutralen, das Hydroxyd nach 2. als Derivat des höchstbasischen löslichen Chromsalzes. Wenn auf Grund der Teilchengrößenbestimmungen in den Lösungen für die neutralen und basischen Chromsalze verschiedene Ionengewichte angenommen werden dürfen, müssen für die zugehörigen Chromhydroxyde analoge Unterschiede der Molekulargewichte angenommen werden[2].

Die Unterschiede im Aufbau der frisch gefällten Chromhydroxyde übertreffen alle Unterschiede, welche durch verschieden weitgehende Alterung an Chromhydroxydniederschlägen auftreten können. Sie wirken sich weitreichend auf den Verlauf der thermischen Entwässerung der getrockneten Chromhydroxyde aus. Und zwar sind auch hier wieder wie bei der Reaktion Eisenhydroxyd $\to \alpha$-Fe_2O_3 (S. 395) die beiden Teilvorgänge:

die wärmeverbrauchende Verdampfung des Wassers aus dem Hydroxyd,
die wärmeliefernde Kristallisation des Chromoxyds

verschieden deutlich gegeneinander abgesetzt[3]. Die Entwässerung des gelartigen Chromhydroxyds nach 2. kann sehr weit getrieben werden, ohne daß die amorphe Phase zusammenbricht. Die Kristallisationsgeschwindigkeit des Chromoxyds Cr_2O_3 überschreitet erst über 550° ihren Schwellenwert, führt dann zu einer plötzlichen Überhitzung und gleichzeitig zu einer starken Verminderung der Oberfläche des Präparates. Die spezifische Oberfläche des Chromhydroxyds nach 1. ist von vornherein kleiner. Bei der Entwässerung schreitet die Kristallisation des Oxyds stetiger fort.

Der Versuch, diese Erscheinungen zu deuten, muß von den Beobachtungen über die Entstehung der beiden Chromhydroxyde ausgehen. Die Ausbildung der

---

[1] G. Jander, W. Scheele: Z. anorg. allg. Chem. **206** (1932), 241.

[2] H. W. Kohlschütter: Die Fällung und Entwässerung von Chromhydroxyd. Z. angew. Chem. **49** (1936), 865.

[3] H. W. Kohlschütter, E. Gastinger:

weiträumigen Gelstruktur bei Reaktion 2 hängt offensichtlich mit der Ausbildung des höhermolekularen Strukturverbandes in den löslichen basischen Chromsalzen zusammen. Trocknung bei 100° führt die ursprünglich plastische Gelmasse in harte (schwarze) Brocken, in ein sog. Xerogel über. Nach dieser Erhärtung bildet das Chromhydroxyd ähnlich wie Kohlenstoff in Holzkohle ein sehr dünnwandiges, starres Gerüst, d. h. es liegt in einem ausgesprochenen kompakt-dispersen Aufteilungszustand vor. Infolgedessen bestehen nun bei weiterem Erhitzen alle die Widerstände gegen die Sinterung, welche auf Grund der Modellvorstellung für kompakt-disperse Stoffe zu erwarten sind. Daß dabei das Chromhydroxyd noch röntgenographisch amorph, der Kohlenstoff schon fein kristallin ist, bedeutet lediglich quantitative, nicht aber qualitative Unterschiede in bezug auf den Typus des Aufteilungszustandes. Mechanisches Zerreiben des grobstückigen erhärteten Chromhydroxydpräparates zu feinstem Pulver vergrößert nicht, sondern vermindert die für Gase zugängliche Oberfläche; dabei schlägt die Farbe ähnlich wie nach dem Ablauf der Kristallisation von schwarz nach olivgrün um. Das Präparat wird also durch die mechanische Zerkleinerung nicht weiter aufgeteilt, sondern durch den bei der Zerkleinerung wirkenden Druck etwas verdichtet. Wenn das frisch gefällte und von Wasser durchtränkte Gel nicht durch Erhitzen getrocknet, sondern bei tiefer Temperatur durch Aceton und Äther vom eingeschlossenen Wasser befreit wird, fällt ein feinpulvriges Trockenpräparat an, das dieselben Widerstände gegen Sinterung und Kristallisation beim Erhitzen zeigt wie das grobstückig erhärtete Präparat. Die Ursachen für diese Widerstände können also nicht in einer besonderen Aggregationsart grober Strukturelemente, sie müssen in der Feinstruktur des Stoffes liegen. Deshalb fehlen sie auch in dem Chromhydroxyd nach Reaktion 1, das trotz seiner makroskopischen Feinteiligkeit bei gleichartiger Trocknung nicht dieselbe Oberflächenentwicklung erreicht[1].

Das kompakt-disperse, bis etwa 550° erhitzte Chromhydroxyd enthält immer noch kleine Mengen Wasser. Es stellt noch kein reines Chromoxyd dar. Es ist trotzdem ein sehr wirksamer Hydrierungskatalysator. In Tabelle 5 sind einige Methoden für die präparative Herstellung von Chromoxydkatalysatoren und die an diesen unter vergleichbaren Bedingungen erzielten Ausbeuten bei der Hydrierung von Äthylen zusammengestellt. Für die angewandten Präparate ist nicht geprüft worden, wieweit die hergestellten Grundmassen durch Nachbehandlung aktiviert werden können. Die Zusammenstellung zeigt aber, daß die Fällung von Chromhydroxyd aus Chromnitratlösungen und die anschließende Entwässerung dieses Hydroxyds (Nr. 7) auch dann zu wirksamen Präparaten führt, wenn keine besonderen Vorsichtsmaßregeln ergriffen werden. Allerdings ist in dieser Tabelle die Erfahrung über die Bedeutung der Fällungsgeschwindigkeit des Chromhydroxyds noch nicht berücksichtigt. Das unter Nr. 7 genannte Chromhydroxydgel wird nur erhalten, wenn die Fällung nach Reaktion 2 über lösliche basische Chromsalze gelenkt wird. Wie weitgehend die Eignung eines Chromhydroxydpräparates als Ausgangsprodukt für die Herstellung eines wirksamen Chromoxydpräparates durch die Fällungsbedingungen bestimmt werden kann, wird auf S. 399 im Zusammenhang einer allgemeinen Besprechung der Fällungsreaktionen noch einmal hervorgehoben.

[1] H. W. KOHLSCHÜTTER: Z. angew. Chem. 49 (1936), 870, Abb. 8. — Über aktives Chromoxyd. Z. anorg. allg. Chem. 220 (1934), 370. — Die Adsorptionsgeschwindigkeit von Wasserstoff und Deuterium an Chromoxyd. Z. physik. Chem., Abt. A 170 (1934), 300.

Tabelle 5. *Hydrierung von Äthylen an Chromoxyd.*
(Auszug aus einer Tabelle von W. A. Lazier und I. V. Vaughen[1].)

Herstellung des Chromoxyds	Hydrierung des Äthylens in Prozenten des angewandten Äthylens
1. Thermische Zersetzung von $(NH_4)_2Cr_2O_7$ über freier Flamme	
a) in dicker Schicht	2
b) in dünner Schicht	80
2. Thermische Zersetzung von $(NH_4)_2Cr_2O_7$ im Vakuum	
a) bei 245°	25
b) bei 500°	3
3. Thermische Zersetzung von Cr-Oxalat	0
4. Thermische Zersetzung von Cr-Nitrat	0
5. Reduktion von Chromat in salzsaurer Lösung, Fällung und Entwässerung von Cr-Hydroxyd	74
6. Reduktion von Chromat in schwefelsaurer Lösung, Fällung und Entwässerung von Cr-Hydroxyd	80
7. Fällung von Cr-Hydroxyd-Gel mit Ammoniak aus Cr-Nitrat-Lösung, Entwässerung des Hydroxyds	86
8. Fällung von Cr-Hydroxyd-Gel mit Ammoniak aus Cr-Chlorid-Lösung, Entwässerung des Hydroxyds	76
9. Wie bei 7 und 8, Fällung des Hydroxyds mit KOH	30

Bedingungen: Je 20 cm³ Katalysator; Temperatur 400°; umgesetzt je 7 l eines äquimolaren Gemisches von Wasserstoff und Äthylen.

Kompakt-disperse Stoffe als Trägerstoffe.

Der kompakt-disperse Aufteilungszustand ist für alle festen Stoffe denkbar. Er läßt sich aber nicht für alle Stoffe mit derselben Einfachheit herstellen. Seine Entstehung beruht in vielen Fällen, wie das Beispiel Chromhydroxyd—Chromoxyd zeigte, auf einem sehr speziellen Reaktionsmechanismus. Aus diesem Grund werden häufig solche Stoffe, deren kompakt-disperser Aufteilungszustand leicht verwirklicht werden kann, die aber selbst nicht katalytisch wirksam sind, als Trägerstoffe für katalytisch wirksame Stoffe benutzt. Auf Aktivkohle[2], Silica-Gel[3], aktive Tonerde[4] werden Metalle, Salze u. a. aufgetragen[5]. Dadurch erhalten die Katalysatorpräparate die beschriebenen Vorzüge kompakt-disperser Stoffe.

Bildungsweisen.

Die Frage nach den Bildungsweisen fester Katalysatoren kann verschieden gestellt werden: Welche allgemeinen Reaktionstypen liegen der Herstellung von Katalysatoren zugrunde? Welche Vorschriften haben sich für die Herstellung spezieller Katalysatorsysteme bewährt? Die Bedeutung rezeptmäßig abgefaßter Vorschriften übertrifft gegenwärtig noch die Bedeutung theoretischer Grundlagen für die präparative Chemie der Katalysatoren. Durch die weitere Entwicklung wird in zunehmendem Maße der Inhalt erprobter Vorschriften zu systematischen Untersuchungen über die Bildung fester Phasen und ihrer Aggregations-

[1] W. A. Lazier, J. V. Vaughen: J. Amer. chem. Soc. **54** (1932), 3080.

[2] Th. Schoon, H. Klette: Naturwiss. **29** (1941), 652.

[3] F. Krczil: Untersuchung und Bewertung technischer Adsorptionsstoffe, Leipzig, 1938.

[4] F. Krczil: Aktive Tonerde, Stuttgart, 1938.

[5] M. v. Ardenne, D. Beischer: Z. angew. Chem. **53** (1940), 103. Elektronenmikroskopische Aufnahmen von Katalysatoren auf Trägerstoffen (Palladiumasbest).

formen in Beziehung gebracht werden. Es ist bezeichnend, daß schon bei der Beschreibung der Stoffe (S. 377) und bei der Beschreibung der Aufteilungszustände (S. 391) Bemerkungen über die Entstehung unerläßlich waren. Die Funktionen der Stoffe lassen sich nicht getrennt von den Aufteilungszuständen und Bildungsweisen betrachten. Abschließend sollen die angeführten Fragestellungen nochmals durch einige Angaben über Reaktionstypen und Herstellungsvorschriften veranschaulicht werden.

Fällungsreaktionen im freien Raum.

Bariumsulfat scheidet sich bei der Umsetzung von gelöstem Magnesiumsulfat mit gelöstem Bariumrhodanid in Wasser-Alkohol-Gemischen mit verschiedener Teilchengröße aus, wenn das Mischungsverhältnis Wasser : Alkohol und damit die Löslichkeit des Bariumsulfats variiert wird. Die aus gleichkonzentrierten Ausgangslösungen entstehenden Teilchen werden kleiner, wenn die Löslichkeit des Bariumsulfats kleiner wird. Diese Beobachtung kann halbquantitativ durch die aus der Theorie der Keimbildung sich ergebende Beziehung beschrieben werden[1]:

$$\overline{V} \approx K_1 \cdot e^{\left(\frac{-\frac{K_2}{\ln \cdot \frac{C_1}{C_s}}}\right)^{6/5}}$$

$\overline{V}$ = mittleres Teilchenvolumen,
K_1, K_2 = Konstanten,
C_1 = Konzentration der Lösung zu Beginn der Reaktion,
C_s = Konzentration der über dem Niederschlag stehenden Lösung.

Bei vielen Umsetzungen, die ebenso einfach wie die Reaktion

$$Ba^{++} + SO_4^{--} \rightarrow BaSO_4$$

scheinen, ist die Fällung nur eine Teilreaktion, der mehrere Reaktionen in der Lösung vorgelagert sind. Dadurch wird der Zusammenhang zwischen den Bildungsbedingungen und den Eigenschaften der Niederschläge komplizierter. Dies zeigte bereits das Beispiel Chromhydroxyd. Hier macht sich außer der Fällungsgeschwindigkeit auch der Einfluß der Anionen der Chrom(III)-salze auf den Ablauf der Umsetzung

$$Cr^{+++} + 3\,OH^- \rightarrow Cr(OH)_3$$

geltend und zwar besonders dann, wenn die Bildung schwer löslicher basischer Salze möglich ist. Bei Gegenwart von ClO_4^--, NO_3^-- und Cl^--Ionen lassen sich bei langsam fortschreitendem Laugezusatz die basischen Salze in Lösung halten und damit höhermolekulare Zwischenprodukte herstellen, aus denen sich erst kurz vor dem Äquivalenzpunkt $Cr^{3+} : OH^- = 1 : 3$ das gelartige Hydroxyd bildet (S. 396). Bei Gegenwart von SO_4^{--}-Ionen fallen dagegen schon bei dem Verhältnis $Cr^{3+} : OH^- = 1 : 1$ dichte SO_4-haltige Niederschläge aus. Diese setzen sich mit Lauge langsam im festen Zustand zu Hydroxyd um, dessen Struktur mit der Struktur des gelartigen Hydroxyds nicht mehr zu vergleichen ist, das sich dementsprechend auch bei der thermischen Entwässerung ganz anders verhält und katalytisch schlechter wirksame Oxydpräparate liefert. Die Eigenschaften der über die Reaktionsfolge

$$\text{Chromsalzlösung} \xrightarrow{\text{Fällung}} \text{Chromhydroxyd} \xrightarrow{\text{Entwässerung}} \text{Chromoxyd}$$

---

[1] M. Volmer: Kinetik der Phasenbildung, S. 212 u. 213 (Versuche von K. Wolff). Dresden u. Leipzig, 1939.

entstehenden Präparate werden schon im ersten Teil bei der Fällung des Hydroxyds angelegt und können nach ungeeigneter Wahl der Ausgangsprodukte nachträglich nicht oder nur schwer korrigiert werden.

Topochemische Reaktionen.

Umsetzungen fester Stoffe, die zu festen Stoffen führen, können über ausgedehnte flüssige Phasen bzw. über Gasphasen oder *in schmalen Grenzflächenzonen* der Ausgangsphase verlaufen. Im ersten Fall ist die Bildung der festen Reaktionsprodukte eine Fällungsreaktion im freien Raum, für welche die soeben erwähnten Überlegungen gelten. Im zweiten Fall kommen neue Momente hinzu. Die Keime der sich bildenden festen Phase können orientierenden Kräften unterliegen, sich gegenseitig in ihrem Wachstum behindern, Stoffzufuhr einseitig erhalten usw. Es ist nicht möglich, die Wirkung aller solcher Einzelfaktoren voraus abzuschätzen, es ist aber eine geläufige Erfahrung, daß die Reaktionsbedingungen in Grenzflächenzonen in ihrer Gesamtheit ausgesprochene Effekte in bezug auf den Aufteilungszustand fester Stoffe bewirken. Infolgedessen hat der Reaktionstypus

$$A \text{ (fest)} \rightarrow B \text{ (fest)}$$

in der Grenzflächenzone von A

praktische Bedeutung für die Herstellung aufgeteilter fester Stoffe erlangt. Zwei Anwendungen, deren Grundzüge verhältnismäßig leicht zu übersehen sind, können herausgestellt werden.

a) Angenäherte *Übertragung des Dispersitätsgrades* eines pulverförmigen Ausgangsproduktes auf das Reaktionsprodukt: Bei der thermischen Entwässerung feinpulvriger γ-FeO(OH)-Präparate um 300° entstehen feinpulvrige γ-Fe$_2$O$_3$-Präparate. Der röntgenographisch ermittelte Durchmesser der kohärent reflektierenden γ-Fe$_2$O$_3$-Teilchen (Primärteilchen) ist um so größer, je größer der Teilchendurchmesser in den zugehörigen γ-FeO(OH)-Präparaten war[1]. Für jedes entstehende γ-Fe$_2$O$_3$-Teilchen ist der Einzugsbereich, aus dem es Substanz zum Aufbau bezieht, gleich dem Volumen eines γ-FeO(OH)-Teilchens. Bei der thermischen Zersetzung von Calciumcarbonat entsteht ein lockeres Haufwerk von Calciumoxydkörnern. Jedes einzelne Korn enthält ein dichtes Gefüge von Calciumoxydkriställchen. Unter Wasserdampf bei 20° setzen sich die pulvrigen Calciumoxydpräparate zu ebenso pulvrigen Calciumhydroxydpräparaten um. Dabei bleibt der Zusammenhalt der mikroskopisch abgrenzbaren Körner erhalten. Die Wasseraufnahme bedingt lediglich eine geringe Quellung der Körner[2]. Durch die Unterteilung der Umsetzung fester Stoffe auf submikroskopische oder mikroskopische Reaktionsräume wird der Typus des Aufteilungszustandes aufrecht erhalten. Ein anschauliches Beispiel dafür gab bereits die Graphitierung von Ruß (S. 394).

b) Entstehung und Erhaltung des *kompakt-dispersen* Aufteilungszustandes: Die Bildung fester Phasen in schmalen Reaktionszonen an Grenzflächen fester Stoffe kann oberflächliche Verwachsung submikroskopischer Teilchen und damit die Entstehung kompakt-disperser Stoffe begünstigen. Dieser Fall ist bei der auf S. 394 besprochenen Umsetzung von Eisensulfat zu Eisenhydroxyd verwirklicht. Das unmittelbar sichtbare Kennzeichen dafür, daß diese Umsetzung in einer sehr schmalen Reaktionszone abläuft, ist die große Schärfe der aus den Eisensulfatkristallen gebildeten Eisenhydroxydpseudomorphosen. Ein ähnliches Beispiel

---

[1] R. FRICKE: Über die Struktur aktiver Stoffe. Ber. **70** (1937), 138. — R. FRICKE, W. ZERRWECK: Z. Elektrochem. angew. physik. Chem. **43** (1937), 52.

[2] V. KOHLSCHÜTTER, W. FEITKNECHT: Über das Verhalten von Calciumoxyd zu Wasser. Helv. chim. Acta **6** (1923), 337, besonders S. 352.

scheint in der Umsetzung von festen Aluminiumsalzen mit festem Ammonium-bicarbonat vorzuliegen. In einem Gemisch der beiden Salze $Al(NO_3)_3 \cdot 9\,H_2O$ und NH_4HCO_3 findet bei 20° die Reaktion

$$Al(NO_3)_3 + 3\,NH_4HCO_3 + (3\,H_2O) \rightarrow Al(OH)_3 + 3\,NH_4NO_3 + 3\,CO_2 + (3\,H_2O)$$

statt[1]. Das zur Einleitung der Reaktion notwendige Wasser steht im Hydrat-wasser zur Verfügung. Das Aluminiumsalz löst sich vor der Reaktion nicht voll-ständig auf. Das Aluminiumhydroxyd wird auch wieder an der Oberfläche des Salzes gefällt. Allerdings sind die dadurch entstehenden Hydroxydpseudo-morphosen der Salzkristalle nicht sehr scharf und dementsprechend die Reak-tionszonen nicht so schmal wie bei der Reaktion Eisensulfat $\rightarrow$ Eisenhydroxyd.

Bei der thermischen Entwässerung kompakt-disperser Hydroxyde entstehen kompakt-disperse Oxyde, weil durch die Unterteilung der Reaktion Hydroxyd $\rightarrow$ Oxyd $+$ Wasser in kleine Reaktionsräume nach den unter a) erwähnten Be-obachtungen der Typus des Aufteilungszustandes erhalten bleiben kann.

Anwendung der Bezeichnung „topochemische Reaktion".

Dem Wortlaut nach werden durch diese Bezeichnung alle ortsgebundenen Reaktionen zusammengefaßt. Es muß deshalb auch im Rahmen dieser Darstellung der heterogenen Katalyse geklärt werden, in welchem besonderen Sinn die Be-zeichnung benutzt werden soll. Dies kann im Anschluß an die Bemerkungen über die Bildungsweisen fester Katalysatoren geschehen, denn die Bezeichnung ist auf Grund der Beobachtungen über die Bildungsweisen fester Stoffe und ihrer Aggregationsformen entstanden[2].

Topochemische Reaktionen bestehen in der Bildung fester Stoffe in Grenz-flächenzonen fester Stoffe. Sie werden zuweilen gegen diejenigen Reaktionen fester Stoffe abgegrenzt, an denen sich das Innere der festen Phasen wesent-lich mitbeteiligt[3].

Daraus geht deutlich hervor, daß eine Gasreaktion, die an der Oberfläche eines festen Katalysators abläuft und nur in bezug auf den Reaktionsakt, nicht aber auf die Reaktionsprodukte ortsgebunden ist, keine topochemische Reaktion dar-stellt. Es ist allerdings sinnvoll, von einer Topochemie der Kontaktkatalyse zu sprechen, wenn die Feinstruktur der festen Oberfläche und die Ortsgebundenheit ihrer Funktionen betrachtet wird[4]. Bei der Einführung der Bezeichnung hat es sich nicht in erster Linie um eine Frage der Systematik, sondern um eine Frage der präparativen Beherrschung chemischer Reaktionen mit festen Reaktionsproduk-ten gehandelt. Weil es nicht immer möglich ist, alle Einzelfaktoren zu übersehen, die in Grenzflächenzonen fester Stoffe wirken, muß zunächst der ganze Komplex dieser Einzelfaktoren erfaßt und damit der Typus dieser Reaktion abgesondert werden. Bei einem Überblick über die bestehenden Vorschriften zur Herstellung fester Katalysatoren fällt sofort auf, daß dem topochemischen Reaktionsprinzip eine hervorragende praktische Bedeutung zukommt.

---

[1] F. P. 785459, I. G. Farben-Industrie, 1935: Gewinnung von Aluminium-hydroxyd.

[2] H. W. Kohlschütter, L. Sprenger: Über die Entwicklung der Topochemie. Z. angew. Chem. **52** (1939), 197.

[3] W. Jost: Diffusion und chemische Reaktion in festen Stoffen, S. 3. Dresden u. Leipzig, 1937.

[4] G.-M. Schwab, E. Pietsch: Zur Topochemie der Kontakt-Katalyse. Z. Elektro-chem. angew. physik. Chem. **35** (1929), 135.

Herstellung von feinteiligen Nickelpräparaten.

Die Mannigfaltigkeit der präparativen Möglichkeiten für die Herstellung fester Katalysatoren kommt sehr gut in den für die Herstellung feinteiliger Nickelpräparate benutzten Verfahren zum Ausdruck. Diese sind wegen der Bedeutung des Nickels als Hydrierungskatalysator besonders zahlreich[1].

a) Nickel-Aerosol: Gasförmiges, durch Stickstoff verdünntes Nickeltetracarbonyl zersetzt sich um 100° unter Ausscheidung von Nickel. Die Nickelkeime wachsen schnell zu röntgenographisch vermeßbaren Kriställchen an. Als Niederschlag erscheinen sehr lockere Haufwerke, die sich elektronenmikroskopisch in lineare Aggregate auflösen lassen[2].

b) Pyrophores Nickel: Nickelhydroxyd, das aus einer 10%igen Nickelnitratlösung mit einem Überschuß von 25%iger Natronlauge gefällt, ausgewaschen und bei 85° an der Luft getrocknet wird, läßt sich schon bei 155° mit Wasserstoff sehr gut reduzieren. Dabei entsteht ein stark pyrophores Präparat. Die pyrophoren Eigenschaften hängen empfindlich von der Reduktionstemperatur und vom Ausgangsmaterial ab. An Stelle des gefällten und getrockneten Nickelhydroxyds kann basisches Nickelcarbonat oder Nickeloxalat eingesetzt werden, das vorerst durch thermische Zersetzung in Oxyd übergeführt, anschließend reduziert wird. Die Temperaturempfindlichkeit der auf diesem Wege aus basischem Nickelcarbonat erhaltenen Nickelpräparate wird als geringer angegeben. Die pyrophoren Präparate enthalten neben Nickelkriställchen mit einem mittleren Durchmesser von rund 150 Å Reste von Nickeloxyd. Reduktion um 450° führt zu nichtpyrophoren Nickelpräparaten. Mit Alkohol benetzte, an der Luft trocknende pyrophore Präparate werden durch oberflächliche Oxydation passiviert; sie verbrennen erst nach Erwärmung[3].

c) Raney-Nickel: Einen besonderen Typus pyrophorer Nickelpräparate stellt das durch Auslaugen von Nickel-Aluminium-Legierungen hergestellte Nickel dar. Auf Grund seiner Bildungsweise wird es häufig als „Skelettkontakt"[4] bezeichnet. Es ist ein Beispiel kompakt-disperser Stoffe. In flüssiges Aluminium (400 g) wird bei 1200° Nickel (300 g) eingetragen. Das Nickel löst sich unter Wärmeentwicklung auf. Die erstarrte Legierung[5] wird pulvrisiert. Kleine Anteile des Pulvers werden in 25%iger Natronlauge bei 0° verrührt (insgesamt 250 g je Liter). Die Auflösung des Aluminiums erfolgt unter Wasserstoffentwicklung; sie wird bei 100° zu Ende geführt. Der Nickel-haltige Rückstand wird zuerst mit Lauge, dann mit Wasser bis zur neutralen Reaktion nachgewaschen. Das Wasser wird durch Alkohol verdrängt. Diese Präparate enthalten neben Nickel einige Prozente Aluminium, Spuren von Schwermetallen und Alkali. Für die Kristallgröße des Nickels werden Durchmesser von 40÷80 Å angegeben. Diese Werte liegen noch tiefer als die Werte für das durch Reduktion aus Nickeloxyd hergestellte pyrophore Nickel[6].

d) Nickel auf Kieselgur: Nickelnitrat, Kieselgur und Wasser werden zu einem schwer fließenden Brei verrieben [58 g $Ni(NO_3)_2 \cdot 6 H_2O$, 80 cm³ Wasser, 50 g Kiesel-

---

[1] Die folgenden Angaben sind teilweise gekürzt, teilweise wörtlich den Originalmitteilungen entnommen.

[2] D. BEISCHER: Z. Elektrochem. angew. physik. Chem. **44** (1938), 375, besonders S. 381, Abb. 8.

[3] R. FRICKE, W. SCHWECKENDIEK: Z. Elektrochem. angew. physik. Chem. **46** (1940), 90.

[4] G.-M. SCHWAB, H. ZORN: Z. physik. Chem., Abt. B **32** (1936), 169.

[5] M. HANSEN: Der Aufbau der Zweistofflegierungen, S. 137: System Al-Ni. Berlin, 1936.

[6] R. SCHRÖTER: Hydrierung mit Raney-Katalysatoren. Angew. Chem. **54** (1941), 229 (Zusammenfassende Darstellung). — L. W. COVERT, H. ADKINS: J. Amer. chem. Soc. **54** (1932), 4116 (Einzelvorschrift).

gur]. Dieser Brei wird in kleinen Teilen in eine konzentrierte Lösung von Ammoniumcarbonat eingetragen [34 g $(NH_4)_2CO_3 \cdot H_2O$ je 200 cm^3 Wasser]. Das feste Reaktionsprodukt wird abgesaugt, ausgewaschen, bei 110° getrocknet, in kleinen Teilen bei 450° je eine Stunde im Wasserstoffstrom reduziert. Reduktionstemperatur und -zeit haben Einfluß auf die katalytische Wirksamkeit. Durch geringe Zusätze von weiteren Schwermetallen kann die Wirksamkeit erhöht werden. Der Nickelgehalt dieser Präparate erreicht etwa 5÷10%[1].

Für alle Verfahren, die zur Herstellung feinteiliger Nickelpräparate die Reaktionsfolge

$$\text{Nickelsalz} \xrightarrow{\text{Fällung}} \text{Hydroxyd} \xrightarrow{\text{Trocknung}} \text{Oxyd} \xrightarrow{\text{Reduktion}} \text{Nickel}$$

benutzen, besteht die Erfahrung, daß die Eigenschaften der Endprodukte nicht allein durch die letzte Teilreaktion bestimmt, sondern auch in den ersten Teilreaktionen mitangelegt werden. Schon der Wechsel des Fällungsmittels (NaOH, Na_2CO_3, NH_4HCO_3) kann sich praktisch auswirken[2]. Da Hydrierungsreaktionen in großem Umfang ausgeführt werden und da ihr Verlauf leicht quantitativ verfolgt werden kann, enthalten viele präparative Erfahrungen Hinweise auf Unterschiede in der Feinstruktur verschieden hergestellter Katalysatoren.

6. Zusammenfassung.

1. In diesem Bericht werden Richtlinien besprochen, nach denen sich eine *Übersicht über die stoffliche Vielseitigkeit heterogener Katalysen in anorganischen Stoffsystemen* gewinnen läßt. Dabei wird, nach besonderer Begründung (Abschnitt 3, S. 342), der Begriff Katalyse weit gefaßt: Erstes sichtbares Merkmal der Katalyse ist ein scheinbares quantitatives Mißverhältnis zwischen stofflicher Ursache und stofflicher Wirkung. Mit dieser zweckgebundenen Definition wird bei der Sammlung der in Frage kommenden Erscheinungen eine vorzeitige Trennung zwischen Katalysen und ihren Grenzfällen vermieden und eine von der Aufklärung der Elementarvorgänge unabhängige Ordnung der Stoffe ermöglicht. Sie führt zu einem Bild, das nicht die Tiefe, sondern vorerst nur die Breite des Gebietes erkennen läßt, aber auch praktischen Bedürfnissen gerecht werden kann. Denn oft geht die praktische Ausnützung katalytischer Möglichkeiten nicht allein auf Kenntnisse der Elementarvorgänge, sondern auf vergleichende Betrachtungen zurück, wie sie im Rahmen der allgemeinen Stofflehre auf erster Stufe üblich sind.

2. Aus 1. ergibt sich die *Kritik, mit welcher die angeführten Beispiele ausgewählt worden sind.* Neben Reaktionen, deren Katalysatoren tatsächlich kaum nachweisbare Veränderungen erleiden, erscheinen Reaktionen, deren Katalysatoren Ausgangs- und Endprodukte in sich abwechselnden Teilreaktionen sind, die also erst in ihrer Summengleichung den Charakter einer Katalyse annehmen. Es erscheinen sogar solche Reaktionen, deren Katalysatoren fortlaufend in den Reaktionsprodukten untergehen und nicht mehr zurückgebildet werden. Der Beschreibung einzelner Beispiele liegen sichergestellte Angaben zugrunde, die ausführlichen Originalmitteilungen über klare experimentelle Untersuchungen entnommen werden konnten. Bei anderen Beispielen stützt sich die Beschreibung auf Andeutungen, die in vorläufigen, manchmal nur referierenden Mitteilungen über nicht ab-

---

[1] L. W. COVERT, R. CONNOR, H. ADKINS: J. Amer. chem. Soc. 54 (1932), 1651.

[2] F. ULLMANN: Enzyklopädie der technischen Chemie V, 171. — W. NORMANN: Fette u. Seifen 43 (1936), 133. — L. W. COVERT, H. ADKINS: J. Amer. chem. Soz. 54 (1932), 4116.

geschlossene Versuche enthalten sind. Die gleichzeitige Berücksichtigung ungleichwertiger Erfahrungen findet ihre Berechtigung in der Absicht, möglichst viele und verschiedenartige Stoffsysteme zu berühren und dadurch neue Versuche anzuregen. Der Zeitpunkt, in welchem die Erfahrungen erstmalig gemacht worden sind, war für die Auswahl nicht maßgebend. Die erwähnten Beispiele verteilen sich über die ganze bisherige Entwicklungsperiode katalytischer Forschung. Im Zuge der weiteren Entwicklung wird sich ein natürlicher Läuterungsprozeß abspielen. Entweder wird durch die fortschreitende Aufklärung der entscheidenden Elementarvorgänge eine durch die besondere Art des Reaktionsmechanismus begründete Präzisierung des Begriffs Katalyse und damit die Abgrenzung katalytischer Reaktionen als wirkliche Sonderfälle chemischer Reaktionen erleichtert werden. Oder es werden in zunehmendem Maße Übergänge zwischen Katalysen und sogenannten gewöhnlichen Reaktionen hervortreten und damit beide Erscheinungen von Anfang an gleichmäßiger im Rahmen der allgemeinen Stofflehre zu behandeln sein.

3. Die an den katalysierten Reaktionen beteiligten Stoffe können nicht unabhängig von den am Aufbau der zugehörigen Katalysatoren beteiligten Stoffen betrachtet werden. Es ist jedoch zweckmäßig, zuerst die katalysierten Reaktionen in den Vordergrund der Betrachtung zu stellen (Abschnitt 4, S. 343) und anschließend, ohne Rücksicht auf Wiederholungen, noch einmal die Katalysatoren zu überblicken (Abschnitt 5, S. 375÷403). Die Ordnung der katalysierten Reaktionen kann nach freier Wahl geschehen. Die Ordnung der Katalysatoren wird zwangsläufig durch ihre Funktionen bestimmt.

Besondere Aufgaben stellt die *Beschreibung fester Katalysatoren*. Dabei sind zwei Abschnitte zu unterscheiden: Die Beschreibung der Grundmasse und die Beschreibung der Grenzflächenzone, d. h. der Oberfläche. Immer ist die Beschreibung der Grundmasse der erste Schritt. Er führt zu denselben Fragen, die allgemein durch Aggregationen fester Stoffe aufgeworfen werden und sich in ihrer ursprünglichsten Form etwa folgendermaßen aussprechen lassen: Wie kann die Aufzählung aller beobachteten Erscheinungen eingeschränkt und die Reproduzierbarkeit der Einzelerscheinungen erhöht werden? Die Beantwortung dieser Fragen ist durch die Erfahrungen der chemischen Formenlehre vorbereitet. Zusammensetzung und Aufteilungszustand fester Stoffe werden in ihren Bildungsreaktionen angelegt. Die Analyse der Bildungsreaktionen wird deshalb zu einem ·wesentlichen Bestandteil der Beschreibung von Aggregationen. Da, von wenigen einfachen Fällen abgesehen, nicht alle verantwortlichen Faktoren einzeln erfaßt werden können und die hervortretenden Züge der Aggregationen nicht durch additives, vielmehr durch ein wechselseitig sich bedingendes Zusammenwirken vieler Faktoren zustande kommen, bedeutet es nicht immer nur einen Behelf, sondern häufig ein geradezu naturgemäßes Verfahren, wenn für präparative Zwecke ganze Gruppen solcher Einzelfaktoren als scheinbar einheitliche Bedingungen herausgestellt werden. Auf diese Weise kann aus praktisch reproduzierbaren Bedingungen eine übersehbare Zahl von *Typen* fester Katalysatorpräparate abgeleitet werden.

Die Beschreibung der Grundmasse fester Katalysatoren im Abschnitt 5 bezieht sich nur auf gröbere Kennzeichen der Zusammensetzung, des Aufteilungszustandes und der Bildungsweise, nicht auf die Feinstruktur. Infolgedessen ist der weitere Schritt zur Beschreibung der katalytisch wirksamen Grenzflächenzonen, für den die Kenntnis der Feinstruktur der Grundmasse Voraussetzung ist, im Rahmen dieses Berichtes nicht verfolgt worden.

Aktivierte Adsorption.

Von

W. Hunsmann, Marl-Hüls, Kreis Recklinghausen.

Inhaltsverzeichnis.

		Seite
A.	Einleitung	405
B.	Allgemeiner Teil. Die Gesetzmäßigkeiten bei der aktivierten Adsorption	413
	1. Experimentelles	413
	2. Theorie der Bindung bei der aktivierten Adsorption	418
	3. Existenz und Stabilität von Oberflächenverbindungen	419
	4. Adsorptionsisothermen	422
	5. Die Kinetik der aktivierten Adsorption	424
	6. Aktive Zentren und aktivierte Adsorption	432
	7. Aktivierungsenergie	435
	8. Die Adsorption an vergifteten Oberflächen (Adsorption mehrerer Gase)	442
	9. Adsorption an Mischkatalysatoren	445
C.	Spezieller Teil. Einzelne Systeme Gas—Festkörper	455
	1. Elementare Adsorbentien	455
	Kupfer — Silber — Gold — Wolfram — Kohlenstoff — Eisen — Nickel — Platinmetalle — Platin.	
	2. Oxydische Adsorbentien und Salze	468

A. Einleitung.

Die Wirkung eines Katalysators auf ein reaktionsfähiges Gasgemisch beruht darauf, daß die Reaktionspartner vom Katalysator adsorbiert werden und im adsorbierten Zustande miteinander reagieren. Die Reaktionsprodukte werden dann vom Kontakt wieder desorbiert. In den Fällen, in denen der Katalysator ein Stoff mit extrem großer Oberfläche ist, wie z. B. aktive Kohle, kann die Reaktionsbeschleunigung einfach dadurch zustande kommen, daß die Konzentrationen der Reaktionspartner auf der Oberfläche gegenüber denen im Gaszustande stark vergrößert sind. In der Mehrzahl der Fälle reicht jedoch diese Erklärung der beschleunigenden Wirkung nicht aus. Es ist vielmehr erforderlich, eine spezifisch aktivierende Wirkung der Oberfläche auf wenigstens einen der Reaktionspartner anzunehmen, um die Erhöhung der Reaktionsgeschwindigkeit und vor allem die reaktionslenkende Wirkung des Katalysators verständlich zu machen.

In der Tat gelingt es leicht, das Vorhandensein derartiger spezifischer Adsorptionskräfte nachzuweisen, wenn man die Adsorption eines Gases an einem Katalysator, der die Reaktionsfähigkeit dieses Gases erhöht, einmal in einem größeren Temperaturbereich studiert. Als Beispiel wollen wir das Verhalten von Wasserstoff an einem Hydrierkatalysator betrachten. Dabei bietet sich folgendes Bild: Bei tiefer Temperatur wird das Gas zunächst VAN DER WAALSsch adsorbiert. Das Gleichgewicht stellt sich praktisch momentan ein; die Adsorptionswärme ist etwa von der Größenordnung der Verdampfungswärme des Gases, und der Vorgang ist reversibel. Der Druck über dem Adsorbens nimmt bei konstant gehaltener adsorbierter Menge mit der Temperatur nach einem Exponentialgesetz zu, und wir können aus dieser Zunahme die Adsorptionswärme auf Grund des zweiten Hauptsatzes der Thermodynamik berechnen[1]. Steigern wir nun bei konstanter adsorbierter Menge die Temperatur über einen gewissen Bereich hinaus, so steigt der Druck zunächst langsamer an, als nach dem Exponentialgesetz zu erwarten wäre; schließlich bleibt er konstant und fällt dann wieder bis zu sehr kleinen Werten ab.

Halten wir im Gebiet des abfallenden Druckes die Temperatur konstant, so bleibt der Druck nicht konstant, sondern fällt langsam weiter. Versuchen wir es, die *Isotherme* an einer frischen Katalysatorprobe zu messen, so erhalten wir keine Gleichgewichtseinstellung, vielmehr findet zunächst eine rasche Adsorption statt, an die sich mehr oder weniger ausgeprägt ein langsamer Druckabfall anschließt. In manchen Fällen scheint es so, als ob sich nach längerer Zeit ein Gleichgewicht einstellen würde, in anderen, wohl den meisten Fällen, kommt man selbst nach tagelangem Warten zu keinem Endwert. Der Endzustand, der sich schließlich einstellt, ist nur von einer Seite erreichbar; die Isotherme zeigt eine Hysterese.

Steigert man die Temperatur, jetzt wieder bei konstant gehaltener adsorbierter Menge, noch weiter, so steigt der Gasdruck wieder an. Dieser Anstieg läßt sich wieder durch ein Exponentialgesetz darstellen. Aus diesem ergibt sich die Adsorptionswärme der zweiten Adsorptionsstufe, die in vielen Fällen auch einer direkten Messung zugänglich ist[2]. In diesem Temperaturgebiet ist die Adsorption ebenfalls wieder reversibel.

Läßt man die Temperatur wieder abfallen, wenn der Gleichgewichtszustand erreicht ist, so nimmt der Druck ab, und zwar auch in dem Temperaturgebiet, in dem vorher der Druck beim Erwärmen abgefallen war. Die adsorbierte Menge nimmt also weiter zu, und auf der bei höherer Temperatur gebildeten Adsorptionsschicht kann sich durch die van der Waalsschen Kräfte noch eine zweite ausbilden.

Bei noch weiterem Temperaturanstieg können sich die einzelnen Systeme sehr verschieden verhalten. Es kommt vor, daß sich das ganze Spiel nochmals wiederholt. In anderen Fällen reagiert das Gas mit dem Adsorbens und kann nicht wieder unverändert zurückgewonnen werden. Jedenfalls ist der Druckverlauf in dem höchsten Temperaturgebiet weniger charakteristisch für die Erscheinung, auf die es hier ankommt.

Bei der Darstellung der Versuchsergebnisse findet man nun in der Adsorptionsliteratur verhältnismäßig selten eine Isostere[3], obwohl gerade diese Darstellungsweise den Vorzug hätte, daß immer etwa der gleiche Teil der Oberfläche besetzt wäre. Der Grund dafür ist darin zu suchen, daß man ein außerordentlich großes Druckgebiet durchmessen muß oder nur recht kleine Temperaturintervalle erfassen kann. Man bevorzugt daher Isobaren, die die auf Abb. 1 dargestellte Form haben. Sie werden meist aus den Isothermen konstruiert. Die Drucke bewegen

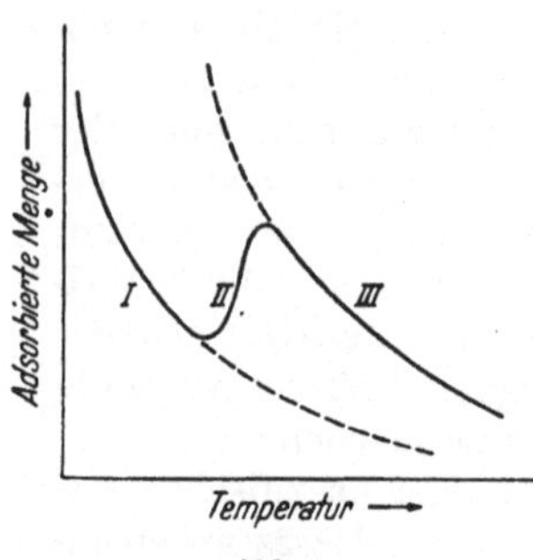

Abb. 1.
Adsorptionsisobare, schematisch.

---

[1] Siehe z. B. A. Eucken: Grundriß der physikalischen Chemie 5. Aufl. Leipzig: Akad. Verl.-Ges., 1942.
[2] Siehe den Artikel von R. A. Beebe: Heats of Adsorption on Catalytic Materials, in diesem Handbuch, Bd. IV, S. 473.
[3] Kurve konstanter adsorbierter Menge.

sich dabei zwischen 10^{-4} und 760 mm Hg. Der Kurventeil *I* stellt das Gebiet der reversiblen VAN DER WAALSschen Adsorption dar, der Kurventeil *III* das der reversiblen Adsorption des zweiten Typs. Teil *II*, bei dem sich naturgemäß keine genaueren Werte für die Kurve angeben lassen, ist das Übergangsgebiet, in dem die beschriebenen Hysteresen in den Isothermen auftreten. Das vorstehende Erscheinungsbild ergab sich aus

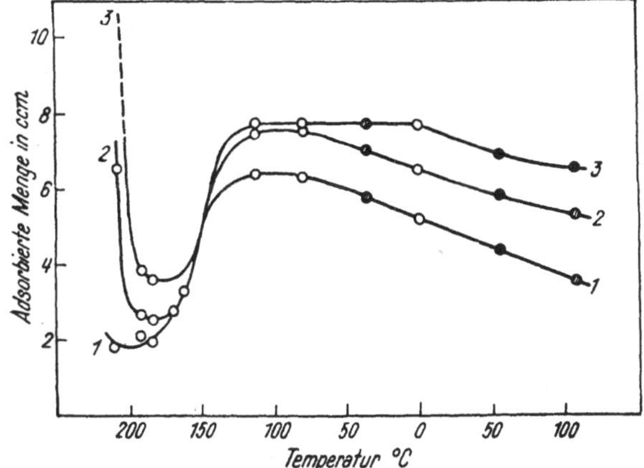

Abb. 2. Adsorptionsisobaren für Wasserstoff an Nickel bei verschiedenen Drucken.
Kurve *1*: 25 mm Hg; Kurve *2*: 200 mm Hg; Kurve *3*: 600 mm Hg.
Nickelmenge: 23 g (nach BENTON und WHITE).

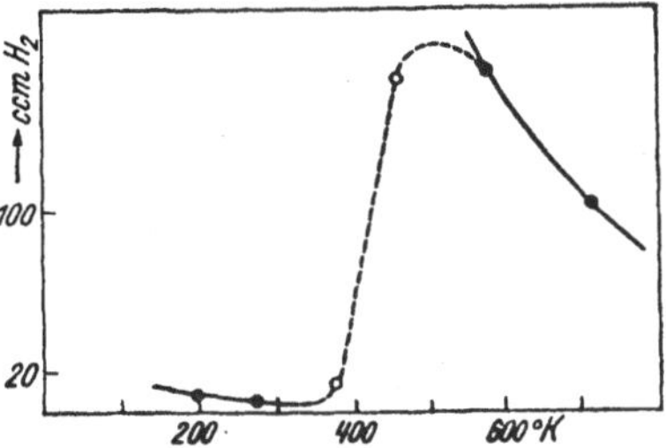

Abb. 3. Adsorptionsisobare von Wasserstoff an Chrom-Manganoxyd.
Druck: 165 mm Hg; Adsorbensmenge 46,5 g (nach TAYLOR und WILLIAMSON).

einer größeren Anzahl von Untersuchungen an verschiedenen Systemen im Laufe des letzten Jahrzehntes. Aus dem umfangreichen Tatsachenmaterial seien hier als Beispiele einige typische Fälle von Adsorptionsisobaren wiedergegeben. Abb. 2

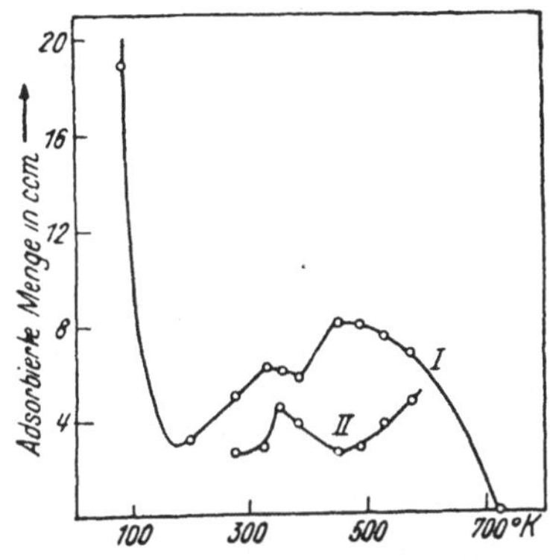

Abb. 4. Isobare von Wasserstoff an Zinkoxyd nach TAYLOR und STROTHER.
Druck: 760 mm Hg; 26,38 g ZnO.
Kurve *I* nach 1000 Minuten, Kurve *II* nach 5 Minuten.

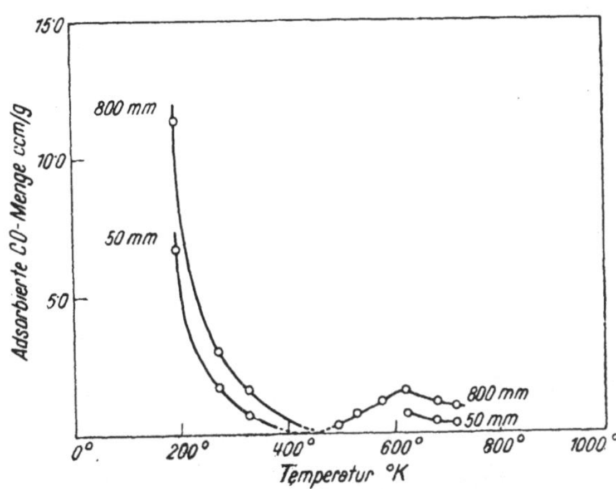

Abb. 5. Adsorptionsisobaren von Kohlenmonoxyd an Zink-Molybdänoxyd nach TAYLOR und OGDEN.

zeigt die Isobaren von BENTON und WHITE[1] für Wasserstoff an Nickel bei verschiedenen Drucken. Abb. 3 enthält die Ergebnisse für das System Wasserstoff-Chrommanganoxyd (TAYLOR und WILLIAMSON[2]), Abb. 4 die für Wasserstoff-Zinkoxyd (TAYLOR und STROTHER[3]), Abb. 5 die für Kohlenmonoxyd-Zink-Molyb-

[1] A. F. BENTON, T. A. WHITE: J. Amer. chem. Soc. **52** (1930), 2325.
[2] H. S. TAYLOR, A. T. WILLIAMSON: J. Amer. chem. Soc. **53** (1931), 2168.
[3] H. S. TAYLOR, C. O. STROTHER: J. Amer. chem. Soc. **56** (1934), 586.

dänoxyd (Taylor und Ogden[1]), Abb. 6 die für Wasserstoff-Eisen (Morozow[2]), Abb. 7 die für Wasserstoff/Eisen-Aluminiumoxyd-Kaliumoxyd-Katalysator (Emmett und Harkness[3]), Abb. 8 die für Sauerstoff-Aktivkohle (Lendle[4]) und Abb. 9 die für Methan-Nickel (Kubokawa[5]).

Den ersten glücklichen Versuch einer Deutung machte H. S. Taylor[6]). Er postulierte, daß die adsorptive Bindung des zweiten, nicht durch van der

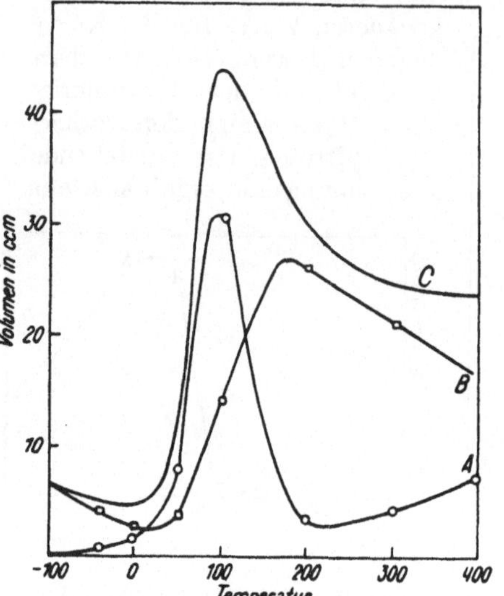

Abb. 6.
Isobaren für die Wasserstoffadsorption an Eisen nach Morozow. Druck: 10 mm Hg; Menge 24 g Fe. Kurve A: Langsame Adsorption (1 Stunde Einstellzeit); Kurve B: Schnelle Adsorption (1 Minute Einstellzeit); Kurve C: Gesamtadsorption.

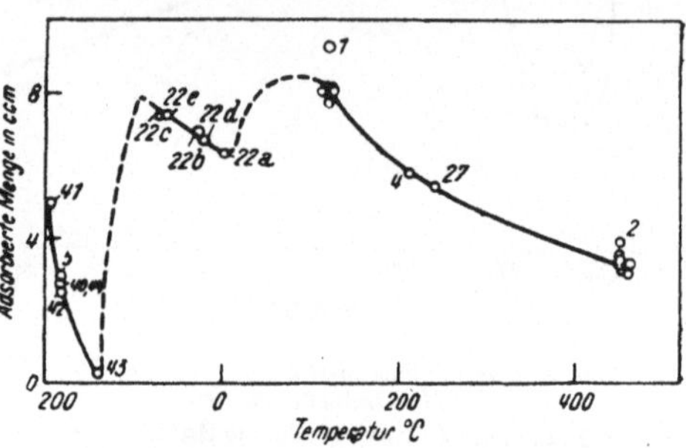

Abb. 7. Isobare der Wasserstoffadsorption an einem Eisen-Aluminiumoxyd-Kaliumoxyd-Katalysator nach Emmett und Harkness. Druck: 760 mm Hg; Kontaktmenge: 10 cm³ entspr. $\approx$ 50 g Oxyde.

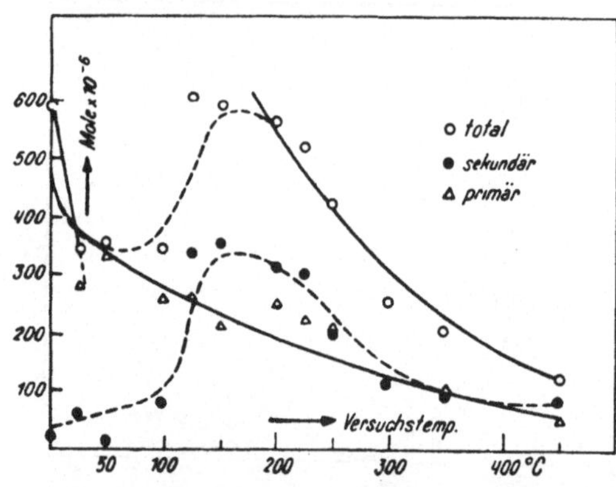

Abb. 8. Sauerstoffisobare an Aktivkohle nach Lendle. Druck 35 mm Hg; 9,5 g Kohle. Die für die primäre Adsorption angegebenen Zahlen wurden durch Extrapolation auf die Zeit Null gewonnen.
O Gesamtreaktion; △ Primärreaktion; ● Sekundärreaktion.

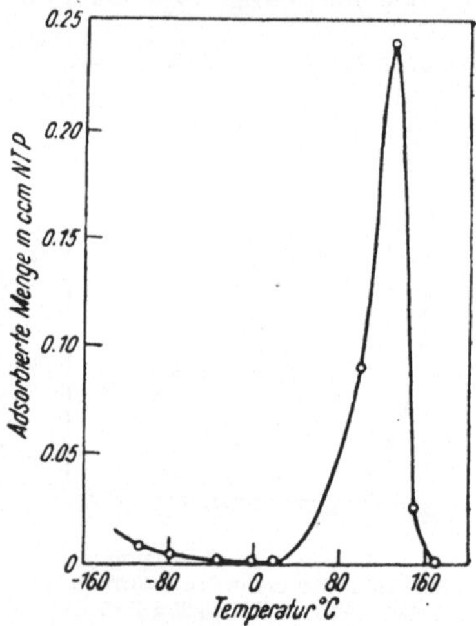

Abb. 9. Isobare von Methan an bei 350° reduziertem Nickel nach Kubokawa. Druck: 0,1 mm Hg; Nickelmenge aus 15 g NiO; Einstellzeit 24 Stunden.

[1] H. S. Taylor, G. Ogden: Trans. Faraday Soc. 30 (1934), 1178.
[2] N. M. Morozow: Trans. Faraday Soc. 31 (1935), 659.
[3] P. H. Emmett, R. W. Harkness: J. Amer. chem. Soc. 57 (1935), 1624.
[4] A. Lendle: Z. physik. Chem., Abt. A 172 (1935), 77.
[5] M. Kubokawa: Proc. Imp. Acad. (Tokyo) 14 (1938), 61; Rev. physic. Chem. Japan 12 (1938), 157.
[6] H. S. Taylor: J. Amer. chem. Soc. 53 (1931), 578; Trans. Faraday Soc. 28 (1932), 137.

Waalssche Kräfte hervorgerufenen Adsorptionstyps eine Art chemischer Bindung des Moleküls an die Oberfläche sei, deren Zustandekommen eine *Aktivierungsenergie* erfordere. Er nannte demgemäß den neuen Adsorptionstyp *aktivierte Adsorption*, eine Bezeichnung, die sich trotz ihrer sprachlichen Umständlichkeit durchgesetzt hat. Daneben wurden noch die Ausdrücke Chemisorption, aktive Adsorption, primäre Adsorption angewandt.

In der Literatur ist der Inhalt des Begriffes aktivierte Adsorption nicht sehr scharf definiert. So kennt man Systeme Gas—Festkörper, bei denen bereits bei tiefer Temperatur eine Sorption stattfindet, die einige charakteristische Merkmale einer aktivierten Adsorption, wie man sie sonst bei höherer Temperatur findet, aufweist, z. B. von einer erheblich höheren Wärmetönung als die van der Waalssche Adsorption begleitet wird. Der Sorptionsvorgang verläuft aber so schnell, daß es nicht gelingt, die Temperaturabhängigkeit seiner Geschwindigkeit und damit die Aktivierungsenergie zu ermitteln[1, 2, 3]. In einem solchen Falle spricht man natürlich auch oft von aktivierter Adsorption.

Wir wollen die Ausdrücke, die das Wort Adsorption enthalten, also „aktivierte Adsorption" oder „aktive Adsorption" für alle die Sorptionserscheinungen verwenden, bei denen sichergestellt ist, daß sie 1. nicht dem van der Waalsschen Typ angehören und 2. sich an der Grenzfläche abspielen und sich im wesentlichen auf diese beschränken. Das Wort „Chemisorption" kann sowohl für Ad- als auch für Absorptionsvorgänge verwendet werden.

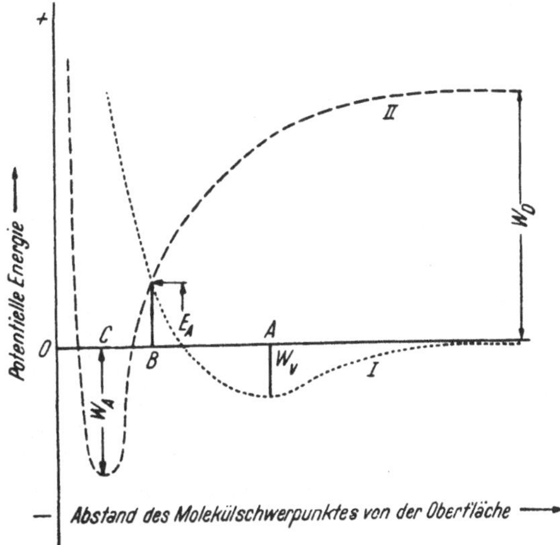

Abb. 10. Potentialkurvenschema für die aktivierte Adsorption.
W_A = Adsorptionswärme des aktivierten Prozesses;
W_v = Adsorptionswärme der van der Waalsschen Adsorption;
W_D = Dissoziationswärme der Molekel im Gaszustand;
E_A = Aktivierungswärme für die Adsorption.

Eine genauere Formulierung erhielten Taylors Gedanken durch J. E. Lennard-Jones[4]. Er betrachtete die Änderung der potentiellen Energie, die eine Molekel erfährt, wenn sie sich senkrecht zu einer Oberfläche bewegt. In großer Entfernung von dieser möge die Energie E_p den Wert 0 haben. Bei Annäherung an die Oberfläche wird die Molekel die Potentialmulde der van der Waalsschen Anziehung durchlaufen, die im Punkte A ihr Minimum besitzen möge (Abb. 10). Bei weiterer Annäherung des Molekelschwerpunktes an die Oberfläche machen sich dann die Abstoßungskräfte bemerkbar, die den links vom Minimum liegenden Ast der Kurve I darstellen. Schwingt die Molekel um den Punkt A, so ist sie im adsorbierten Zustande. Um aus dem Gasraum in diesen zu gelangen, brauchen keine Potentialschwellen überschritten zu werden. Die van der Waalssche Adsorption besitzt nach unseren bisherigen Erfahrungen keine Aktivierungsenergie. Nun denken wir uns die Molekel im Gasraum in zwei Atome gespalten, wobei die Dissoziationsenergie W_D aufzuwenden

[1] A. F. Benton, T. A. White: J. Amer. chem. Soc. **52** (1930), 2325.
[2] J. K. Roberts: Proc. Roy. Soc. (London), Ser. A **152** (1935), 445.
[3] W. Frankenburger, A. Hodler: Naturwiss. **23** (1935), 609.
[4] J. E. Lennard-Jones: Trans. Faraday Soc. **28** (1932), 341.

ist, und lassen die Atome mit der Oberfläche in Wechselwirkung treten, indem wir sie näher an diese heranbringen. Sie mögen dort erheblich fester gebunden werden als die Molekel und eine chemische Verbindung mit einem oder mehreren Oberflächenatomen eingehen. Die Kurve der potentiellen Energie wird dabei den Verlauf II nehmen, da die Atomreaktionen im allgemeinen keine oder nur sehr geringe Aktivierungsenergien benötigen. Ihr Minimum liegt im Punkte C. Die beiden Kurven I und II schneiden einander im Punkte B. Um nun vom gasförmigen Zustand mit $E = 0$ aus in den Zustand der atomaren oder aktiven Adsorption C zu gelangen, muß der Punkt B überschritten werden. Dazu ist aber die Energie E_A notwendig, die die Aktivierungsenergie für die Adsorption der Molekel darstellt. Man sieht aus diesem Schema, daß die Energie für die Aufspaltung der Molekel an der Oberfläche gegenüber dem Gaszustand sehr stark herabgesetzt sein kann. Die Desorption aus dem Zustande II stellt ein Analogon zur Prädissoziation dar, und ihr Zustandekommen ist ähnlichen Auswahlregeln unterworfen wie diese[1, 2].

Die Gültigkeit des Potentialmuldenschemas bleibt auch dann erhalten, wenn die Molekeln an der Oberfläche nicht in zwei vollständig getrennte Bruchstücke aufspalten, sondern wenn lediglich eine Dehnung oder Aufrichtung von Valenzen, wie z. B. der Doppelbindung in ungesättigten Kohlenwasserstoffen und der mehrfachen Bindung im CO stattfindet[3]. Die Kurve II stellt dann die Potentialkurve für die angeregte Molekel dar.

Mit der Annahme einer Aktivierungsenergie lassen sich nun qualitativ die besprochenen Erscheinungen verstehen. Im Teil I der Isobare (Abb. 1) reicht die thermische Energie der Molekeln zur Überwindung der Energieschwelle E_A nicht aus. Im Teil II dagegen besitzt eine mit fortschreitender Erwärmung steigende Anzahl von Molekeln die Aktivierungsenergie und kann sich mit der Oberfläche verbinden, ohne daß ein Gleichgewichtszustand erreicht wird. Im Teil III dagegen stellt sich das Gleichgewicht der aktiven Adsorption in endlichen Zeiten ein, da die Molekeln nunmehr die zur Aktivierung notwendige thermische Energie in ausreichendem Maße besitzen. Aus der Temperaturabhängigkeit der Adsorptionsgeschwindigkeit läßt sich die Aktivierungsenergie bestimmen[4].

Die Lage des Minimums und Maximums sowie die Tiefe des Minimums der Isobaren hängt nun in erster Linie vom Verhältnis der Aktivierungswärme zur Adsorptionswärme der VAN DER WAALSschen Adsorption ab. Ist erstere relativ groß, letztere dagegen klein, wie bei Wasserstoff an Metalloxyden (z. B. MnO: $E_A = 12 \div 20$ kcal; $W_A \cong 2$ kcal), so läßt sich die aktivierte Adsorption leicht getrennt von der VAN DER WAALSschen nachweisen, da beide in verschiedenen Temperaturgebieten meßbar sind; die im Minimum adsorbierte Gasmenge ist sehr klein. Sind dagegen beide Größen nicht sehr voneinander verschieden, so gibt es beim Übergang von einem Adsorptionstyp zum anderen ein Zwischengebiet, in welchem sie sich überlagern. Es kann sogar sein, daß das Minimum ganz verschwindet.

Bei den Isobaren von Wasserstoff an Zinkoxyd (Abb. 4) und an einem Eisen-Aluminium-Kaliumoxyd-Kontakt (Abb. 7) werden je zwei Maxima und Minima beobachtet. Dem entsprechen zwei Typen der aktivierten Adsorption. Da sichergestellt werden konnte, daß beide auf Oberflächenwirkung zurückzuführen sind, muß man schließen, daß eine Molekel- oder Atomart mehrere Verbindungen mit der Grenzfläche bilden kann.

[1] J. E. LENNARD-JONES: Trans. Faraday Soc. **28** (1932), 341.
[2] Siehe z. B. A. EUCKEN: Lehrbuch d. chemischen Physik 2. Aufl. Bd. I (1938), S. 489.
[3] E. K. RIDEAL, G. H. TWIGG: Trans. Faraday Soc. **36** (1940), 533.
[4] Näheres siehe Teil B, Abschnitt 7, S. 435.

Die hier skizzierten Gedanken wurden in den Jahren 1930÷1932 von
H. S. Taylor entwickelt und von anderen Autoren, wie Lennard-Jones[1] und
Sherman und Eyring[2] erweitert und führten zur Auffindung des umfangreichen
Tatsachenmaterials, das wir bereits bei der Betrachtung der Abb. 2÷9 streiften
und mit dem wir uns im folgenden noch eingehend beschäftigen werden. Die Tatsache, daß es außer der van der Waalsschen Adsorption noch eine solche von
spezifischem Charakter gibt, ist jedoch schon länger bekannt. Es sei nur daran
erinnert, daß bereits Dewar[3] die irreversible Adsorption von Sauerstoff an Kohle
kannte und daß Langmuir[4] schon 1918 klar zwischen der Tieftemperatur- und
der Hochtemperaturadsorption von Kohlenoxyd an Platin unterschied und im
Zwischengebiet ein starkes Absinken der adsorbierten Menge festgestellt hat.
Seine Ergebnisse sind auf der kleinen Tabelle 10, S. 467 wiedergegeben. In der
Folgezeit stellten verschiedene Autoren die Existenz spezifischer Adsorptions
kräfte zwischen katalytisch wirksamen Adsorbentien und reaktionsfähigen Gasen
fest und führten Adsorptionsmessungen an solchen Systemen durch. Als Beispiele
seien hier nur erwähnt: Die Versuche von Taylor und Burns[5] sowie Taylor
und Gauger[6] über die Adsorption von Wasserstoff, Kohlenoxyd, Kohlendioxyd
und Äthylen an fein verteilten Metallen mit und ohne Trägersubstanzen; die
Adsorptionsmessungen von O. Schmidt[7], der insbesondere das System Wasser-
stoff-Nickel eingehend untersuchte (s. a. S. 463); die Untersuchungen von Pease
über die Parallelität von katalytischer und Adsorptionsaktivität mit verschiedenen Gasen an Kupfer[8] sowie die Versuche von Benton und Elgin[9] über
die Wasserbildung an Silber und Gold, bei denen eine starke Sauerstoffadsorption an diesen Metallen gefunden wurde. Außer diesen hat sich noch
eine ganze Reihe von Autoren mit der Erforschung des Zusammenhanges
zwischen Adsorption und katalytischer Aktivität beschäftigt. Eine Besprechung
der Literatur findet man in der Monographie von G.-M. Schwab[10]. Jedoch
wird in diesen älteren Arbeiten fast immer schlechthin von Adsorption ge-
sprochen und zwischen einer van der Waalsschen und einer spezifischen Adsorption kaum unterschieden. Die eben erwähnten langsamen Prozesse und die
Hysteresen in den Isothermen werden auf Lösung des Gases im festen Körper
zurückgeführt. In keinem Falle wurde die Temperaturabhängigkeit der adsorbierten Menge über ein großes Temperaturintervall, welches sowohl die tiefen
Temperaturen (−190°) als auch die höheren (0 ÷ 200°) umfaßt, wirklich ein
gehend studiert. Dieses geschah erstmals durch Benton und White[11], deren Ergebnisse wir auf Abb. 2 dargestellt haben. Erst Taylors Theorie gab den Anstoß
zu einer eingehenderen Untersuchung aller mit der spezifischen Adsorption zusammenhängenden Phänomene. Wir wollen uns daher im folgenden überwiegend
mit der neuesten Entwicklung unseres Gebietes befassen.

Die Taylorschen Gedankengänge sind nicht sofort von allen Autoren an-

---

[1] J. E. Lennard-Jones: Trans. Faraday Soc. **28** (1932), 341.

[2] A. Sherman, H. Eyring: J. Amer. chem. Soc. **54** (1932), 2661.

[3] J. Dewar: Proc. Roy. Soc. (London), Ser. A **74** (1904), 126; Proc. Roy. Instn.
Great Britain **18** (1905), 184.

[4] I. Langmuir: J. Amer. chem. Soc. **40** (1918), 1361.

[5] H. S. Taylor, R. M. Burns: J. Amer. chem. Soc. **43** (1921), 1273.

[6] H. S. Taylor, A. W. Gauger: J. Amer. chem. Soc. **45** (1923), 920.

[7] O. Schmidt: Z. physik. Chem. **118** (1925), 211.

[8] R. Pease: J. Amer. chem. Soc. **45** (1923), 2296.

[9] F. A. Benton, J. C. Elgin: J. Amer. chem. Soc. **48** (1926), 3027; **49** (1927),
2426; **51** (1929), 7.

[10] G.-M. Schwab: Katalyse vom Standpunkt der chemischen Kinetik. Berlin:
Springer, 1931.

[11] F. A. Benton, T. A. White: J. Amer. chem. Soc. **52** (1930), 2325.

erkannt worden. So bestritten z. B. Ward[1], Steacie[2], Burrage[3], Allmand und Chaplin[4] u: a. die Existenz der aktivierten Adsorption, oder sie glaubten wenigstens, die beschriebenen Beobachtungen anders deuten zu können. Einmal wurde angenommen, daß der langsame Vorgang die Bildung einer homogenen Lösung des Gases in der festen Phase darstelle (Steacie[2]). Zum anderen wurde vorgeschlagen, ihn als aktivierten Diffusionsvorgang von der äußeren Oberfläche in Fehlstellen des Gitters hinein zu deuten (Ward[5]). Schließlich wurde vorgeschlagen, die langsamen Prozesse als Reaktion der zu adsorbierenden Gase mit Verunreinigungen auf der Oberfläche, die durch die Reaktion langsam aufgebraucht würden, zu deuten (Allmand[4], Burrage[3]). Alle diese Möglichkeiten wurden auf der Tagung der Faraday Society im Jahre 1932 eingehend diskutiert und mit mehr oder weniger überzeugenden Argumenten vertreten[6]. Jedoch konnte auf Grund des damals bekannten Tatsachenmaterials keine Einigung erzielt werden. Inzwischen ist aber durch zahlreiche Experimentalarbeiten die Existenz der aktivierten Adsorption sichergestellt worden, d. h. es konnte erstens für die Mehrzahl der mit diesem Namen belegten Erscheinungen bewiesen werden, daß es sich um echte Oberflächenerscheinungen handelt, die sich vor allem an gut definierten und nicht an verunreinigten Grenzflächen abspielen. Zweitens konnte durch Messung der Temperaturabhängigkeit der Adsorptionsgeschwindigkeit und Auftragen der Geschwindigkeitskonstanten gegen die reziproke absolute Temperatur bewiesen werden, daß für den Prozeß eine definierte Aktivierungsenergie erforderlich ist[7].

Zum Beweise dafür, daß die aktiviert adsorbierten Partikeln tatsächlich auf der Oberfläche festgehalten werden, dienen folgende Beobachtungen: Aktiv adsorbierter Wasserstoff übt einen großen Einfluß auf die Parawasserstoffumwandlung aus[8, 9], was nicht möglich wäre, wenn das Gas im Katalysator gelöst wäre. Ferner bewirkt die aktiviert adsorbierte Schicht eine Herabsetzung der van der Waalsschen Adsorption bei tiefen Temperaturen[10, 11]. Außerdem werden Molekeln, die so groß sind, daß ihre Auflösung im festen Körper als unmöglich angesehen werden muß, von manchen Katalysatoren aktiv adsorbiert, z. B. Äthylen[12], Äthan und höhere Kohlenwasserstoffe von Metallen wie Nickel. Schließlich haben Löslichkeitsmessungen an Gasen in Metallen[13] gezeigt, daß 1. die gelösten Gasmengen im Gleichgewicht viel geringer sind als die adsorbierten Gasmengen, und 2. daß die Löslichkeit einen positiven, die aktivierte Adsorption dagegen bei allen bisher bekannt gewordenen Beispielen einen negativen Temperaturkoeffizienten besitzt. Dies bedeutet, daß die Lösungswärme negativ, die Adsorptionswärme dagegen positiv ist. Die Vorgänge sind also voneinander verschieden.

---

[1] A. F. H. Ward: Proc. Roy. Soc. (London), Ser. A 133 (1931), 506, 522; Trans. Faraday Soc. 28 (1932), 399.

[2] E. W. Steacie: Trans. Faraday Soc. 28 (1932), 617.

[3] L. J. Burrage: Trans. Faraday Soc. 28 (1932), 192; 29 (1933), 677.

[4] A. J. Allmand, R. Chaplin: Trans. Faraday Soc. 28 (1932), 223.

[5] A. F. H. Ward: Trans. Faraday Soc. 28 (1932), 399.

[6] Trans. Faraday Soc. 28 (1932), General discussion.

[7] Näheres s. Allgemeiner Teil, Abschnitt 7, S. 435.

[8] P. H. Emmett, R. W. Harkness: J. Amer. chem. Soc. 55 (1933), 3496; 56 (1934), 490; 57 (1935), 1624; 57 (1935), 1631.

[9] Siehe Artikel E. Cremer: Heterogene Ortho- und Parawasserstoffkatalyse. Dieses Handbuch, Bd. VI, 1.

[10] P. H. Emmett, R. W. Harkness: J. Amer. chem. Soc. 57 (1935), 1631.

[11] J. Howard: Trans. Faraday Soc. 30 (1934), 278.

[12] E. W. Steacie, H. V. Stovel: J. chem. Physics 2 (1934), 581.

[13] Eine zusammenfassende Darstellung über Löslichkeit von Gasen in Metallen s. O. Kubaschewsky: Z. Elektrochem. angew. physik. Chem. 44 (1938), 152.

Schon die kurzen Hinweise auf S. 411 zeigen, daß wir es beim System Gas—Festkörper mit verhältnismäßig komplizierten Vorgängen zu tun haben. Betrachten wir nun das System *Lösung*—Festkörper, so tritt durch den Einfluß des Lösungsmittels noch eine weitere, sehr erhebliche Komplikation auf, und es dürfte wohl kaum mehr möglich sein, von einem Adsorptionsvorgange, der aus der Lösung heraus stattfindet, zu sagen, welchem der beiden hier besprochenen Adsorptionstypen er angehört. So kann man z. B. die Frage, ob ein Farbstoff an einem festen Adsorbens „VAN DER WAALSsch" oder „aktiviert" adsorbiert wird, kaum entscheiden. Ähnlich liegen in der Regel die Verhältnisse bei der Adsorption gelöster reaktionsfähiger Stoffe an kolloidalen Katalysatoren. Diese Gebiete werden daher im vorliegenden Artikel nicht behandelt.

Auch ein anderes großes Gebiet, das sicherlich für die Katalyse nicht unbedeutend ist, soll hier übergangen werden: Diejenigen Ad- und Desorptionserscheinungen, die mit *Quellungs*vorgängen in Verbindung stehen, wie z. B. die Beladung von Kieselgel mit Wasser. Hier sind sicherlich chemische Kräfte und Reaktionen, die eine Aktivierungsenergie besitzen, mit im Spiele. Jedoch gehören diese Erscheinungen mehr in das Gebiet der Kolloidchemie.

B. Allgemeiner Teil.
Die Gesetzmäßigkeiten bei der aktivierten Adsorption.

1. Experimentelles.

Die aktivierte Adsorption läßt sich ähnlich wie die VAN DER WAALSsche Adsorption messen, doch stehen bei jener noch einige andere Methoden zur Verfügung, die sich bei dieser nicht anwenden lassen. Der vorliegende Abschnitt bringt darüber einen kurzen Überblick.

Die am häufigsten benutzte Versuchsanordnung entspricht der bei Adsorptionsmessungen an Gasen üblichen. Der Apparat besteht aus dem Meßgefäß mit dem Katalysator, einer Gasbürette, einem Manometer sowie einem Pumpenaggregat. In der hier angeführten Literatur findet man zahlreiche Beschreibungen solcher Apparate. Gemessen wird meist der Druckabfall über dem Adsorbens. Bei Messungen der Adsorptionsgeschwindigkeit empfiehlt es sich jedoch, den Druck konstant zu halten. Eine Einrichtung dafür, die bei höheren Drucken arbeitet, ist bei TAYLOR und STROTHER[1] sowie eine solche für kleine Drucke bei BEEBE, SOLLER und GOLDWASSER[2] beschrieben. Der TAYLORsche Apparat ist auf Abb. 11 dargestellt. Der in M bei fallendem Druck ansteigende Quecksilbermeniskus schließt einen Gleichstrom, der Knallgas in der Elektrolytzelle EC entwickelt. Dieses drückt das Quecksilber aus R_1 in die Bürette B, wodurch das Manometer wieder auf den alten Stand zurückgeht und der Strom unterbrochen wird.

Bei den Versuchen müssen noch einige Maßnahmen beachtet werden, die notwendig sind, um die Reproduzierbarkeit zu gewährleisten: Vor Beginn der Versuche muß der Kontakt in einen solchen Zustand gebracht werden, daß er während der Messungen stabil ist und daß sich seine Oberfläche durch Sintern nicht verringert. Dieses geschieht durch Erhitzen auf eine 50° oberhalb der höchsten Versuchstemperatur gelegene Temperatur, meist in einem geeigneten Gasstrom, und anschließendes sorgfältiges Entgasen im Hochvakuum. Vor Fett-

---

[1] H. S. TAYLOR, C. O. STROTHER: J. Amer. chem. Soc. **56** (1934), 586.
[2] R. A. BEEBE, T. SOLLER, S. GOLDWASSER: J. Amer. chem. Soc. **58** (1936), 1703.

und Quecksilberdämpfen wird er durch tiefgekühlte Ausfriertaschen geschützt. Metallkatalysatoren müssen vor der Entgasung lange Zeit im Wasserstoffstrom reduziert werden, da geringe Mengen von Oxyden die statischen Messungen sehr stören können.

Außer dem *Druck* über dem Adsorbens kann man natürlich auch noch andere mit der Beladung des Adsorbens veränderliche Eigenschaften zu einer Messung der adsorbierten Menge und der Kinetik der Adsorption benutzen. Es kommen dabei folgende Größen in Betracht: Gewicht, magnetische Suszeptibilität, Akkommodationskoeffizient, Elektronenemission, Wärmeentwicklung und Isotopenaustausch.

Das Meßprinzip, den Fortgang der Adsorption durch die Änderung des *Gewichts* zu verfolgen, ist gelegentlich angewandt worden, so z. B. von J. Giesen[1]. Zur Messung der aktivierten Adsorption ist es jedoch in neuerer Zeit nur von R. S. Bradley[2] benutzt worden. Er bestimmte die Geschwindigkeit der Adsorption von HCl an KCl-Pulver. Bei seiner

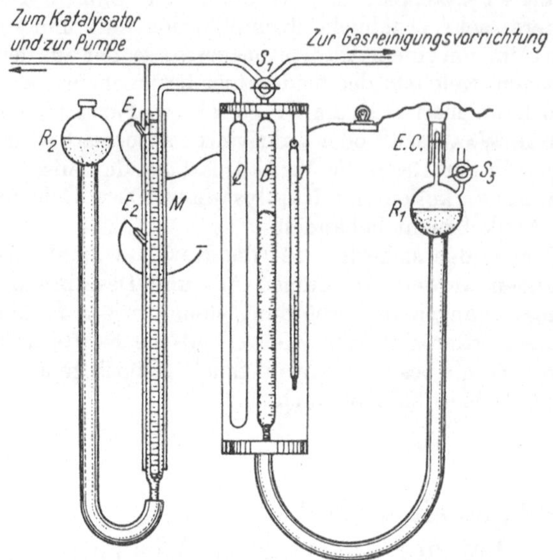

Abb. 11. Apparatur zur Messung der Adsorptionsgeschwindigkeit bei konstantem Druck nach Taylor und Strother.

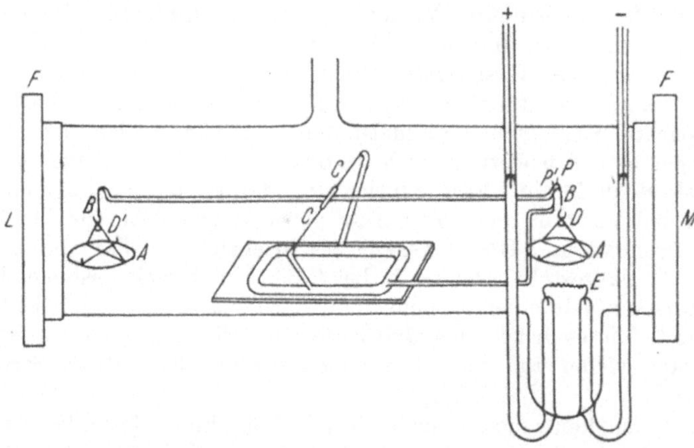

Abb. 12. Mikrotorsionswaage zur Messung der aktivierten Adsorption von Chlorwasserstoff an Kaliumchlorid nach R. S. Bradley.

Versuchsanordnung, die auf Abb. 12 dargestellt ist, befand sich das KCl-Pulver im Wiegeschälchen A einer Mikrotorsionswaage, die sich in einem evakuierten Gefäß befand, welches während der Messung mit HCl-Gas gefüllt werden konnte.

[1] J. Giesen: Ann. Physik 10 (1903), 830.
[2] R. S. Bradley: Trans. Faraday Soc. 30 (1934), 587.

Am Waagebalken befand sich ein Zeiger P, dessen Abstand von einem feststehenden Zeiger P' durch ein planparalleles Fenster F mit einem bei M befindlichen Ablesemikroskop beobachtet werden konnte. Bei L befand sich eine Lichtquelle. Die Glaskugeln D und D' dienten zum Ausbalancieren. So konnte die Gewichtszunahme des KCl-Pulvers infolge Adsorption laufend gemessen werden. Die Ausheizung erfolgte im Vakuum durch einen unter dem Schälchen befindlichen Platindraht E, der elektrisch zum Glühen gebracht werden konnte.

Dieses schöne Verfahren ist naturgemäß auf relativ schwere Gase beschränkt.

Die zweite der oben angeführten Methoden, die *magnetische*, ist auf die wenigen bekannten paramagnetischen Gase beschränkt. Sie hat aber den großen Vorzug, daß sie gestattet, den VAN DER WAALSsch adsorbierten Zustand von dem aktiv adsorbierten zu unterscheiden und auch den Übergang vom ersten zum zweiten Zustand (nach Abb. 10) in der adsorbierten Phase selbst zu verfolgen, da die Gasmolekeln ihren Paramagnetismus behalten, wenn sie nur VAN DER WAALSsch adsorbiert werden, ihn aber bei der Bildung der Oberflächenverbindung verlieren. Die Methode wurde von JUZA und LANGHEIM[1] zur Messung der Adsorption von Sauerstoff an Kohle angewandt. Die Autoren benutzten eine magnetische Waage nach GOUY und führten Versuche bei $18 \div 200°$ C, ferner bei $-180°$ durch. Ein mit Kohle gefülltes Meßröhrchen aus Quarz wurde magnetisch gewogen, dann mit einer bestimmten Sauerstoffmenge gefüllt, abgeschmolzen und erneut gewogen. Die Messungen selbst wurden bei Zimmertemperatur ausgeführt; in der Zwischenzeit befand sich das Röhrchen in einem Thermostaten auf der erhöhten Tem-

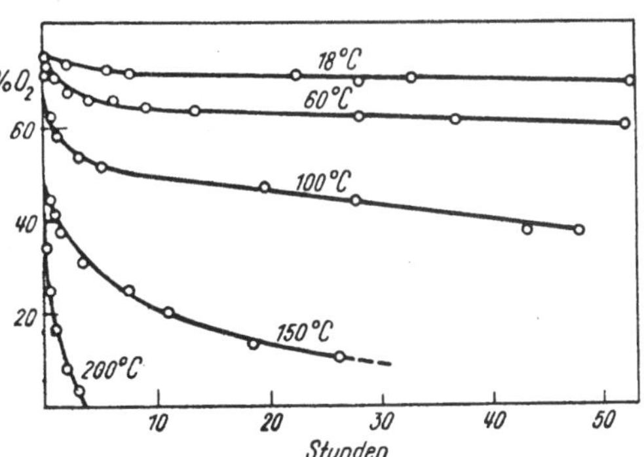

Abb. 13. Abnahme des an Kohle molekular adsorbierten Sauerstoffs mit der Zeit bei verschiedenen Temperaturen nach JUZA und LANGHEIM.

peratur, bei der die Reaktion verfolgt werden sollte. Abb. 13 gibt die auf diese Weise gemessene Abnahme der Menge des molekular adsorbierten Sauerstoffs in Prozenten des insgesamt adsorbierten als Funktion von Temperatur und Zeit wieder. Die Kurven zeigen einen für die aktivierte Adsorption typischen Verlauf.

Bei den Versuchen in flüssigem Sauerstoff bedienten sich die Verfasser einer besonderen Meßanordnung, die auf Abb. 14 wiedergegeben ist. Bei dieser Temperatur konnte jedoch ein Übergang vom Zustand I in den Zustand II nicht nachgewiesen werden.

Die von JUZA und LANGHEIM beschriebene Methode ist trotz ihrer bisher seltenen Verwendung als äußerst wertvolles Hilfsmittel anzusehen und kann sicher auch noch für Messungen an einer Reihe anderer Systeme angewandt werden.

Der Nachweis von aktiv adsorbierten Schichten durch Messung der Änderung der *Akkommodationskoeffizienten* ist möglich, wenn die molekulare Wärmeableitung von der adsorbierenden Oberfläche gemessen werden kann[2]. Diese muß glatt

---

[1] R. JUZA, R. LANGHEIM: Z. Elektrochem. angew. physik. Chem. 45 (1939), 689.

[2] Siehe K. F. HERZFELD: Hand- und Jahrbuch der chemischen Physik, herausgeg. von A. EUCKEN u. K. L. WOLF: Bd. 3/IV; Freie Weglänge und Transporterscheinungen in Gasen. Leipzig, 1939. Unter dem (thermischen) Akkommodationskoeffizienten versteht man den Quotienten aus der von einer Oberfläche durch ein Gas abgeführten Wärmemenge und derjenigen Wärmemenge, die bei vollständigem Energieaustausch zwischen aufprallenden Gasmolekeln und Oberfläche abgeführt worden wäre. Er ist also ein Maß für die Vollständigkeit des Energieaustausches zwischen Gas und Oberfläche

sein und eine einfache geometrische Gestalt besitzen. Man benutzt die Oberfläche eines in einem zylindrischen Gefäß axial ausgespannten, möglichst dünnen Drahtes, der durch einen elektrischen Strom etwas über die Temperatur der Umgebung erwärmt wird, und bringt ihn in eine Atmosphäre von Helium, Neon oder einem anderen inerten Gas mit relativ kleinem Akkommodationskoeffizienten. Der Wärmeaustausch dieser Molekeln an der Oberfläche hängt von deren Beschaffenheit ab und wird durch adsorbierte Schichten meist beträchtlich erhöht. Es ist notwendig, daß das Testgas, also Helium oder Neon, unter einem so kleinen Druck steht, daß seine mittlere freie Weglänge groß gegen den Durchmesser des Hitzdrahtes ist, damit der Temperatursprung an der Wand so groß wird, daß man den molekularen Wärmeaustausch erfassen kann. Ferner muß das Testgas restlos von solchen Gasen befreit werden, die mit der Oberfläche reagieren können, da naturgemäß schon sehr kleine Mengen dieser Verunreinigungen die kleine Drahtoberfläche besetzen. J. K. Roberts[1], der diese Methode entwickelt hat, untersuchte die Adsorption von Sauerstoff an einem dünnen Wolframdraht, der sich in einer Atmosphäre von Neon unter etwa 0,05 mm Hg Druck befand. Der Draht wurde darin zunächst auf 2000° abs. erhitzt, so daß alle Verunreinigungen verdampften. Das Neon wurde vermittels einer Quecksilberpumpe, die über zwei mit flüssiger Luft gekühlte und mit gut entgaster Aktivkohle beschickte Fallen mit dem Zu- und Ableitungsrohr des Hitzdrahtgefäßes verbunden war, im Kreise herumgepumpt. Unmittelbar nach dem Erhitzen wurde ein schwacher Strom durch den Wolframdraht geschickt und dessen Widerstand und damit seine Temperatur sowie die Wärmeableitung durch das umgebende Neongas gemessen. Kurz darauf wurden unter fortlaufender Messung des Widerstandes äußerst geringe Sauerstoffmengen in den Gaskreislauf

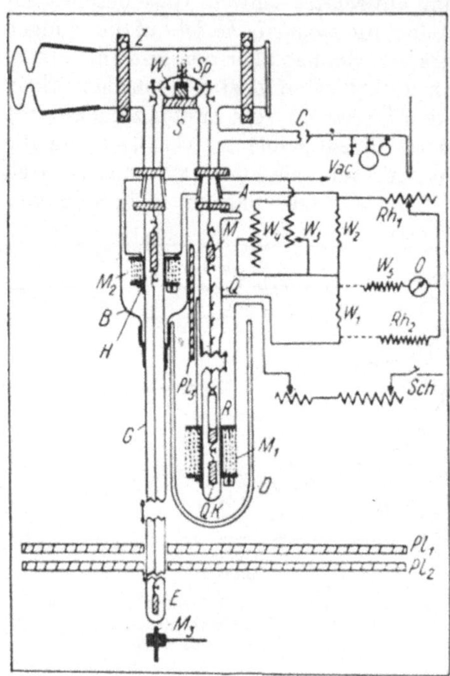

Abb. 14. Apparatur zur Messung der Suszeptibilität von sorbierten Gasen bei tiefen Temperaturen nach Juza und Langheim.

W = Waagebalken; Sp = Spiegel für Lichtzeiger; Q = Quarzrohr; R = offenes Quarzröhrchen für das Adsorbens; D = Dewar-Gefäß; G = Glasrohr; H = paramagnetische Hilfssubstanz $(MnSO_4)$; M_1, M_2 = Magnetspulen; E = Eisenstäbchen; M_3 = Stabmagnet zur Nullstellung des Lichtzeigers; M = Messingschälchen für Ausgleichgewicht e; $Rh_{1÷2}$, W_5 = Apparatur für Stromstärkenmessung; $W_{1÷4}$ = Widerstände für Einstellung der Stromstärken in M_1 und M_2; $Pl_{1÷2}$ = Eisenplatten zur Abschirmung des Stabmagneten.

gebracht. Der aus der Wärmeableitung berechnete Akkommodationskoeffizient steigt bei jeder neuen O_2-Zugabe sprunghaft an, bis er endlich einen Grenzwert, der der Oberflächenabsättigung entspricht, erreicht. Abb. 15 zeigt Ergebnisse dieser Versuche. Außer mit Sauerstoff wurden derartige Messungen mit Wasserstoff durchgeführt. Da die Oberfläche des Drahtes einigermaßen genau bekannt ist, konnte Roberts berechnen, wie viele Atome bei der Sättigung auf der Oberflächeneinheit sitzen. Er findet 1,1 H-Atome je W-Atom.

---

[1] J. K. Roberts: Proc. Roy. Soc. (London), Ser. A **152** (1935), **445**.

Versuche von Bonhoeffer und Rowley[1] sowie Bonhoeffer und Farkas[2] wurden nicht so quantitativ durchgeführt, sie zeigten lediglich, daß der Akkommodationskoeffizient von Wasserstoff an erhitzten Wolfram-, Nickel- und Platinoberflächen von der Vorbehandlung des Drahtes abhängt. Langmuir und Blodgett[3] wiesen ebenfalls eine derartige Abhängigkeit an einer Wolframdrahtoberfläche nach und stellten fest, daß sowohl der Zahlenwert als auch die Temperaturveränderlichkeit des Akkommodationskoeffizienten sehr verschieden sein kann, je nachdem der Wolframdraht mit einer H- oder O-Schicht bedeckt ist. Ihre Messungen erstrecken sich auf ein Temperaturgebiet von $400 \div 1600°$ abs.

Bezüglich der Beeinflussung der *Elektronenemission* durch die Adsorption sei hier nur auf das Buch von J. H. de Boer[4] verwiesen.

Die Verfolgung des Adsorptionsprozesses durch Messung der entwickelten *Wärme* findet im nächsten Beitrag von R. A. Beebe über Adsorptionswärmen eingehende Berücksichtigung.

Außer diesen Methoden läßt sich noch sehr vorteilhaft der *Isotopenaustausch*[5] an Grenzflächen zum Nachweis der aktivierten Adsorption verwenden. So konnten Taylor, Gould und Bleakney[6] zeigen, daß an van der Waalssch adsorbierenden Oberflächen, wie Aktivkohle, bei tiefer Temperatur die Reaktion $H_2 + D_2 = 2 HD$ nicht stattfindet, während er an aktiv adsorbierenden, wie Chromoxyd oder Nickel, erfolgt. Sie konnten dabei dadurch die interessante Feststellung machen, daß die Adsorption von Wasserstoff an Chromoxyd bei tiefen Temperaturen (flüssige Luft) noch teilweise dem aktiven Typ angehört. Der Isotopenaustausch gestattet hier, wie die magnetische und auch die calorimetrische Methode, einen getrennten Nachweis der aktiven neben der van der Waalsschen Adsorption.

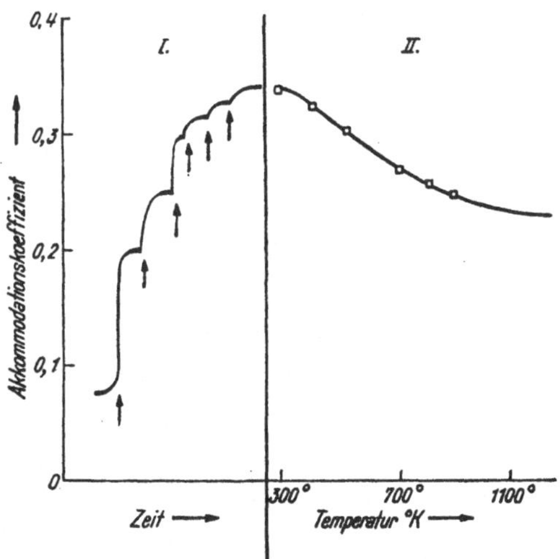

Abb. 15. Änderung des Akkommodationskoeffizienten von Neon an einem Wolframdraht durch Ausbildung einer adsorbierten Sauerstoffschicht auf der Wolframoberfläche bei 0° C nach Roberts.
Kurve *I*: Anstieg durch Zusätze von Sauerstoff. Die Pfeile deuten den Zeitpunkt des Zusatzes an. Kurve *II*: Erniedrigung durch Desorption von Sauerstoff beim Erwärmen auf die aufgetragene höhere Temperatur.

Ein Nachteil dieser Methode liegt in der Schwierigkeit einer einwandfreien quantitativen Bestimmung der verschiedenen Molekelarten nebeneinander. Taylor, Gould und Bleakney bedienten sich bei ihren Untersuchungen eines Massenspektrographen. Werden Gase untersucht, die ein ultrarotes Absorptionsspektrum zeigen, so kann man auch die Verschiebung der Absorptionsbanden bzw. die Änderung ihrer Intensität infolge des Einbaus von Isotopen in das Molekül zur Messung des Austausches benutzen (Rideal und Twigg[7], Morikawa, Benedict

---

[1] K. F. Bonhoeffer, H. H. Rowley: Z. physik. Chem., Abt. B **21** (1933), 84.
[2] K. F. Bonhoeffer, A. Farkas: Trans. Faraday Soc. **28** (1932), 242, 561.
[3] J. Langmuir, K. Blodgett: Physic. Rev. (2) **40** (1932), 78.
[4] J. H. de Boer: Elektronenemission- und Adsorptionserscheinungen. Leipzig, 1937. Das äußerst umfangreiche Tatsachenmaterial kann hier nicht besprochen werden, da es mit der Katalyse nicht in unmittelbarem Zusammenhang steht.
[5] Siehe K. H. Geib: Dieses Handbuch, Bd. VI, S. 36.
[6] H. S. Taylor, A. J. Gould, W. Bleakney: J. chem. Physics **2** (1934), 578.
[7] E. K. Rideal, G. H. Twigg: Trans. Faraday Soc. **36** (1940), 533.

und Taylor[1,2]). Trotz der großen Schwierigkeit bei der Analyse ist gerade diese Methode wohl eine der aussichtsreichsten, da ja durch die Erfindung des Trennrohres von Clusius und Dickel[3] reine Isotope bald in ausreichender Menge zur Verfügung stehen werden. Außer mit Wasserstoff wurden derartige Versuche bisher mit Stickstoff[4,5] und niederen Kohlenwasserstoffen durchgeführt[1,2].

2. Theorie der Bindung bei der aktivierten Adsorption.

Wir sahen in der Einleitung, daß wir es bei der aktivierten Adsorption mit einer chemischen Bindung der Gasmolekeln an die Oberflächenatome des festen Stoffes zu tun haben. Es liegt daher nahe, die quantenmechanischen Überlegungen, die zur Deutung und Berechnung der chemischen Bindung führten, sinngemäß auf die Adsorption zu übertragen.

Das skizzierte Potentialkurvenschema (Abb. 10) hat qualitativ bei jeder echten aktivierten Adsorption seine Gültigkeit. Es liefert aber keine Erklärung für die Bindungsenergie. Zu einer solchen kommt Lennard-Jones[6] auf Grund der Metallelektronentheorie von Sommerfeld und Bloch. Er zeigt, daß bei der Annäherung eines Atoms an die Metalloberfläche neue Energiebänder im Metall mit lokalisierten Wellenfunktionen entstehen, deren Elektronen dann mit den Valenzelektronen des Gasatoms in Wechselwirkung treten und die für die Bindung notwendige Austauschenergie hervorrufen können. Er zeigt ferner, daß bei höherer Temperatur noch eine Wechselwirkung zwischen den niedrigeren Energiebändern, die ihre Elektronen an die höheren Bänder abgegeben haben, stattfinden kann. Dadurch wird die Aktivierungsenergie, aber auch die Bindungsfestigkeit erhöht. Experimentell wurden verschiedentlich mehrere Stufen der aktivierten Adsorption mit Sicherheit festgestellt (S. 410). Die Lennard-Jonessche Theorie liefert dafür vielleicht eine Erklärung. Zum Schluß der Arbeit wird noch darauf hingewiesen, daß die Aktivierungsenergie an verschiedenen Punkten der Oberfläche verschiedene Werte besitzen muß. Die Verhältnisse werden durch ein Äquipotentialkurvenrelief der Oberfläche anschaulich dargestellt. Auf eine genaue Darstellung der gesamten Theorie muß hier verzichtet werden.

In ähnlicher Weise wie Lennard-Jones versuchte neuerdings Pollard[7] eine Theorie der aktivierten Adsorption an Metallen zu geben. Er berechnete quantitativ die Adsorptionswärme von Wasserstoff an Metallen. Seine Resultate stimmen jedoch nicht befriedigend mit den Messungen überein.

Mit dem Mechanismus der Adsorption von Wasserstoff an Kohle befaßten sich Sherman und Eyring[8]. Sie faßten den Vorgang als eine Reaktion zwischen zwei C-Atomen der Oberfläche und einer Wasserstoffmolekel auf und rechneten das Schema:

$$\begin{array}{ccc} H-H & & H \quad H \\ & \rightarrow & | \quad | \\ C-C & & C-C \end{array}$$

nach der Methode von Polanyi und Eyring[9] unter folgenden Annahmen durch:

---

[1] M. Morikawa, W. S. Benedict, H. S. Taylor: J. Amer. chem. Soc. 57 (1935). 592; 57 (1935), 2735; 58 (1936), 1445, 1795.
[2] M. Morikawa, M. Trenner, H. S. Taylor: J. Amer. chem. Soc. 59 (1937), 1103.
[3] K. Clusius, G. Dickel: Z. physik. Chem., Abt. B 44 (1939), 397, 451.
[4] J. C. Jungers, H. S. Taylor: J. chem. Physics 7 (1939), 893.
[5] W. R. F. Guyer, H. S. Taylor, G. G. Joris: J. chem. Physics 9 (1941), 287.
[6] J. E. Lennard-Jones: Trans. Faraday Soc. 28 (1932), 341.
[7] W. G. Pollard: Physic. Rev. 56 (1939), 324.
[8] A. Sherman, H. Eyring: J. Amer. chem. Soc. 54 (1932), 2661.
[9] M. Polanyi, H. Eyring: Z. physik. Chem., Abt. B 12 (1931), 279.

1. die vier beteiligten Atome liegen in einer Ebene,
2. die H—H-Verbindungslinie bleibt der C—C-Verbindungslinie parallel,
3. die Abstände beider H-Atome von den beiden C-Atomen bleiben untereinander gleich (siehe Schema, Abb. 16).

Außerdem werden noch Annahmen bezüglich der Bindungsenergie der beiden C-Atome gemacht. Nach den Erfahrungen mit der o-p-Umwandlung an Aktivkohle legten sie einmal Bindungsenergien zugrunde, die für die Wärmetönung der aktivierten Adsorption einen Wert von 2 kcal/Mol ergaben. Dieser soll dadurch zustandekommen, daß eine H—H-Bindung mit 101,6 kcal durch zwei C—H-Bindungen zu je 51,8 kcal ersetzt wird. In einem zweiten Beispiel wurde die C—H-Bindung mit 96 kcal, die H—H-Bindung mit 102 kcal eingesetzt. Daraus resultiert für die Adsorptionswärme ein wesentlich größerer Wert. Das Ergebnis wird in Form von zwei Kurven wiedergegeben, die die Aktivierungsenergie als Funktion des C—C-Abstandes darstellen. Beide Kurven zeigen ein Minimum in der Nähe von 3,6 Å, woraus man ersieht,

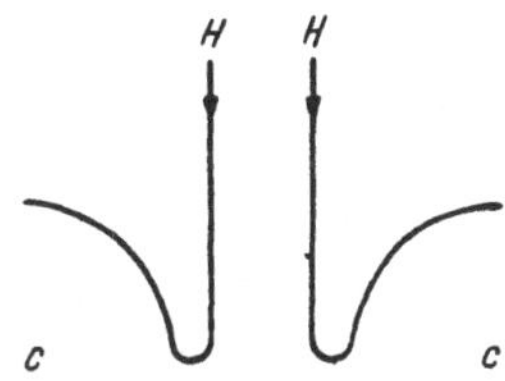

Abb. 16. Schema für den Weg einer Wasserstoffmolekel bei ihrer Adsorption an Aktivkohle nach SHERMAN und EYRING.

daß dessen Lage von den angenommenen Bindungsenergien weitgehend unabhängig ist. Auf Abb. 17 ist die Projektion eines Potentialreliefs wiedergegeben, das für den optimalen C—C-Abstand von 3,6 Å gilt. Als Ordinate ist der H—H-Abstand, als Abszisse der Abstand zwischen dem Schwerpunkt des H_2-Moleküls und dem Mittelpunkt der C—C-Verbindungslinie aufgetragen. Die Linie der minimalen potentiellen Energie wird durch die Pfeile bezeichnet. Man erkennt, daß sich die H-Atome erst zwischen die beiden C-Atome hineinschieben, ehe sie voneinander getrennt werden. Daraus folgt, daß keineswegs dann die Verhältnisse für das Zustandekommen der aktivierten Adsorption am günstigsten liegen, wenn die Atomkerne des festen Körpers den gleichen Abstand haben wie die Atomkerne in der zu adsorbierenden Molekel. Außerdem sieht man, daß der Gitterabstand eines Katalysators von hervorragender Bedeutung für seine Aktivität sein muß.

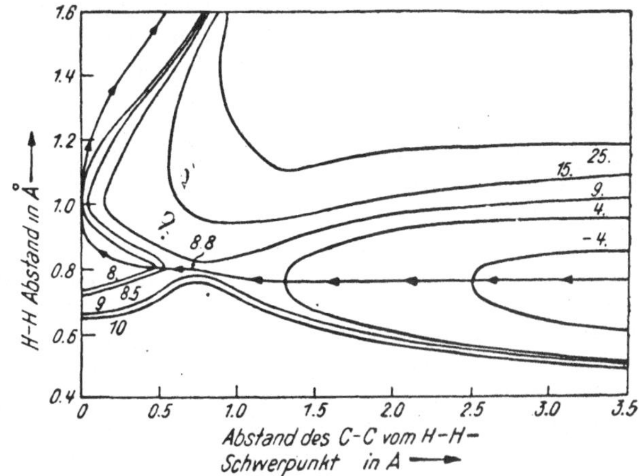

Abb. 17. Projektion eines Potentialkurvenreliefs für den Vorgang der aktivierten Adsorption einer Wasserstoffmolekel an zwei Kohlenstoffatomen der Oberfläche nach SHERMAN und EYRING.

Bedauerlicherweise sind die Annahmen bezüglich der Energie nicht zutreffend, so daß das quantitative Ergebnis, nämlich eine Aktivierungsenergie von 8,8 kcal/Mol nicht entfernt mit dem später von BARRER (S. 437) gefundenen Wert von 35 kcal/Mol übereinstimmt.

3. Existenz und Stabilität von Oberflächenverbindungen.

Wir sehen also, daß die aktivierte Adsorption als Bildung einer Oberflächenverbindung anzusprechen ist und daß eine solche vom Standpunkt der modernen

Theorie der chemischen Bindung aus sehr wohl existenzfähig ist, obgleich die entsprechende Verbindung im homogenen, „dreidimensionalen" Zustand unbekannt oder instabil ist. Es ist jedoch keineswegs erforderlich, die Theorie zur Erklärnng dieser auf den ersten Augenblick vielleicht überraschend erscheinenden Tatsache heranzuziehen. Vielmehr genügt es, sich klarzumachen, daß die Atome an der Oberfläche denen im Innern eines Kristallgitters nicht gleichwertig sind, da sie ja nur auf einer Seite von Nachbaratomen umgeben sind. Sie besitzen noch Valenzkräfte, die einer Absättigung zustreben. Sie können daher oft überraschend leicht mit Gasmolekeln in Reaktion treten, und die Zahl der möglichen Verbindungen ist recht groß. So kennen wir z. B. von fast allen Metallen Oberflächenhydride.

Auch können zahlreiche Metalloxyde Wasserstoff an ihrer Oberfläche binden, und zwar bei Temperaturen, bei denen ihr Sauerstoffpartialdruck noch so klein ist, daß sie im Wasserstoffstrom nicht reduzierbar sind. Der Sauerstoff bildet fest haftende Oberflächenoxyde, und zwar nicht nur mit unedlen Metallen, sondern auch mit edlen, wie Gold und Platin oder auch mit Silber bei Temperaturen, die weit oberhalb der Zersetzungstemperaturen der betreffenden kompakten Metalloxyde liegen. Der Unterschied zwischen den Oxydschichten auf edlen und unedlen Metallen besteht demnach darin, daß diese eine Schicht von mehreren Molekeln Dicke bilden, während jene nur Oxydhäute von der Dicke eines Atomdurchmessers tragen. Das als reaktionsträge bekannte Kohlenoxyd bildet mit zahlreichen Metallen wie auch Metalloxyden Oberflächenverbindungen, und zwar auch mit solchen Metallen, von denen kein stabiles Carbonyl bekannt ist, wie z. B. Kupfer[1, 2]. Der reaktionsträge Stickstoff wird von Eisen-[3] oder Wolfram-[4] oder sogar von Chromoxydoberflächen[5] gebunden. Dabei können sich die Oberflächennitride des Eisens durch Einwirkung von N_2 bei $300° \div 400°$ C auf metallisches Eisen bilden, während die, übrigens erst bei erheblich höherer Temperatur erhältlichen Nitride nur durch Einwirkung von gebundenem Stickstoff, z. B. NH_3, gewonnen werden können. Die ungesättigten Kohlenwasserstoffe können aktiv adsorbiert werden, wobei die Doppelbindung aufgerichtet wird und mit den Oberflächenatomen reagiert (Rideal und Twigg[6]). Auch die gesättigten Kohlenwasserstoffe werden an einigen Metalloberflächen unter Dissoziation adsorbiert, wie Austauschreaktionen mit Wasserstoff und Deuterium gezeigt haben. Selbst das äußerst stabile Methan wird an Nickel aktiviert absorbiert und kann beim Erwärmen unter Zersetzung eines kleinen Teils zurückgewonnen werden.

Die Oberflächenverbindungen stehen in Analogie zu den einfachen chemischen Verbindungen, die zwar bei gewöhnlicher Temperatur nicht stabil sind, die aber unter besonderen Bedingungen sehr wohl auftreten und nachgewiesen werden können. Wir erinnern an die Existenz von AlH, CuH oder He_2, die sich beim Durchgang elektrischer Entladungen aus den angeregten Atomen bilden und durch ihr Spektrum identifiziert werden können[7].

Als besonders charakteristisches Beispiel sei das System Sauerstoff—Silber ein wenig eingehender besprochen, da hier alle zur Diskussion stehenden Vorgänge, nämlich die van der Waalssche Adsorption, die aktivierte Adsorption, die Bildung und Zersetzung des Silberoxyds bei der Einwirkung von Sauerstoff auf

[1] A. F. Benton, T. A. White: J. Amer. chem. Soc. 54 (1932), 1373.

[2] A. F. Benton: Trans. Faraday Soc. 28 (1932), 202.

[3] J. C. Jungers, H. S. Taylor: J. chem. Physics 7 (1939), 893. Siehe ferner S. 462.

[4] W. Frankenburger, G. Messner: Z. physik. Chem., Bodenstein-Festband (1931), 593.

[5] R. A. Beebe, D. A. Dowden: J. Amer. chem. Soc. 60 (1938), 2912.

[6] E. K. Rideal, G. H. Twigg: Trans. Faraday Soc. 36 (1940), 533.

[7] Siehe z. B. H. Sponer: Molekülspektren. Berlin, 1930.

festes Silber und schließlich die Lösung des Sauerstoffs (in flüssigem Silber) getrennt beobachtbar sind. BENTON und DRAKE[1] studierten die Einwirkung von Sauerstoff auf fein verteiltes, durch Reduktion des Oxyds im Wasserstoffstrom gewonnenes Silber und fanden bei —183° C eine starke, reversible Adsorption. Die Isotherme an einem 39,4 g Ag enthaltenden Präparat ist neben den für andere Temperaturen geltenden Kurven auf Abb. 18 wiedergegeben. Bei —78,5° ist die adsorbierte Menge bis auf einen geringfügigen Rest verschwunden (Abb. 18). Von 0° C an aufwärts setzt die aktivierte Adsorption ein. In Tabelle 1 sind die bei verschiedenen Temperaturen aufgenommenen Sauerstoffmengen, die zugehörigen Zeiten und die Enddrucke wiedergegeben.

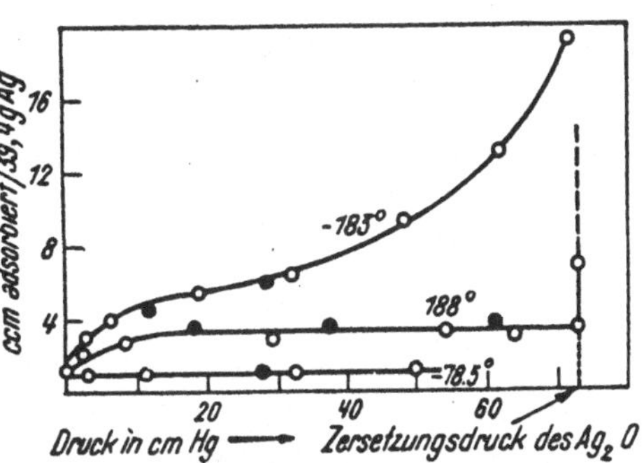

Abb. 18. Adsorptionsisothermen von Sauerstoff an Silber nach BENTON und DRAKE.

Tabelle 1. *Aktivierte Adsorption von Sauerstoff an Silber.*

Temperatur °C	Adsorbierte Menge cm³ O₂/39,4 g	Enddruck mm Hg	Zeit Stunden
0	1,86	566	96
100	2,99	506	14
139	3,46	87	15
179	3,63	417	4

Im Bereiche von 150÷200° C stellte sich ein Sättigungswert für die Adsorption von 3,5 cm³ O₂/39,4 g Ag ein, der vom Druck nur wenig abhängt. Auf Abb. 18 findet man die Isotherme für 188° C und den zu dieser Temperatur gehörigen Zersetzungsdruck des Silberoxyds.

Aus der Temperaturabhängigkeit der Adsorptionsgeschwindigkeit läßt sich eine Aktivierungsenergie von 12,7 kcal/Mol O₂ für den Adsorptionsprozeß berechnen (Näheres s. S. 435 ff.). Die Aktivierungswärme der Desorption beträgt 28,4 kcal, somit beträgt die Adsorptionswärme 15,7 kcal pro Mol Sauerstoff. Der Sättigungswert der aktivierten Adsorption liegt bei etwa 0,09 cm³ Sauerstoff pro Gramm Silber und damit in der gleichen Größenordnung wie die entsprechenden Werte bei anderen Gasen an hochdispersen Metallen. Lösungen des Sauerstoffs in festem Silber spielen bei diesen Temperaturen nur eine untergeordnete Rolle.

Die oberhalb des Zersetzungsdruckes stattfindende Bildung von Silberoxyd beginnt bei 160° C und erfordert eine Aktivierungswärme von 22 kcal; die Zersetzung erfordert eine Aktivierungsenergie von 35,6 kcal. Die Adsorption zeichnet sich also vor der Oxydation durch eine kleinere Aktivierungsenergie und eine um 1÷2 kcal größere Wärmetönung aus. Zwischen 200 und 250° gibt das Silberoxyd seinen Sauerstoff wieder ab, jedoch lassen sich durch bloßes Erhitzen und Abpumpen die letzten Reste selbst bei 300° noch nicht entfernen. Hier handelt es sich offenbar um adsorbierte Gasreste. Oberhalb seines Schmelzpunktes endlich löst Silber Sauerstoff auf. Er ist darin in atomarer Form, also wahrscheinlich als Ag₂O gelöst, wie GERASSIMOFF[2] aus Messungen der Oberflächenspannung von unter Sauerstoff geschmolzenem Silber schließen konnte.

[1] A. F. BENTON, L. C. DRAKE: J. Amer. chem. Soc. 54 (1932), 2186; 56 (1934), 255; 56 (1934), 506.
[2] A. GERASSIMOFF: Z. Elektrochem. angew. physik. Chem. 44 (1938), 709.

Da die Oberflächengröße der aktiven Präparate, an denen die Adsorptionsversuche ausgeführt werden können, meist nur sehr ungenau bekannt ist, kann man keine Aussagen über die Zahl der Atome machen, die pro Oberflächenatom gebunden werden. Auch an ausmeßbaren Oberflächen läßt sich diese Zahl wegen der unbekannten submikroskopischen Rauhigkeit nur ungenau angeben. Es ist daher über das stöchiometrische Verhältnis, in welchem die Elemente in der Oberflächenverbindung stehen, sehr wenig bekannt. Nur in einzelnen Fällen findet man in der Literatur Angaben darüber (siehe J. K. ROBERTS, S. 416, EMMETT und BRUNAUER, S. 453), wobei sich zeigt, daß die Elemente in der adsorbierten Schicht andere Wertigkeiten haben können als in der homogenen Phase.

4. Adsorptionsisothermen.

Bei der VAN DER WAALSschen Adsorption hat man große Mühe darauf verwandt, exakte und physikalisch sinnvolle Gleichungen für die Isothermen zu bilden[1]. Es sind zahlreiche Vorschläge gemacht worden, deren theoretisch einfachsten die LANGMUIRsche Formel

$$N = N_\infty \frac{p}{b+p} \tag{1}$$

$N \equiv$ adsorbierte Menge; $p \equiv$ Gasdruck

$N_\infty \equiv$ Sättigungswert; $b \equiv$ Konstante

und deren brauchbarsten wohl die zuerst von BOEDECKER aufgestellte, im allgemeinen als FREUNDLICHsche Gleichung bezeichnete, empirische Formel:

$$N = k p^n \tag{2}$$

darstellt, in der k und n Konstanten bedeuten.

Im Prinzip sollten diese Gleichungen auch für die Isothermen der aktivierten Adsorption gelten, da Gleichung (2) zunächst rein empirischer Natur war, und die Vorstellungen, die LANGMUIR zur Ableitung der Gleichung (1) führten — schachbrettartige Struktur der Oberfläche mit einer bestimmten Zahl von Stellen gleichen Adsorptionspotentials, deren Besetzung mit steigendem Gasdruck ansteigt — auch auf die aktivierte Adsorption anwendbar sein sollte. In der Tat ist dieser Schluß zutreffend, wenngleich bisher nur wenige Arbeiten veröffentlicht worden sind, in denen der Versuch einer Anwendung dieser Gleichungen gemacht wurde. Dies hat wohl seinen Grund darin, daß in den meisten Fällen die Einstellung des Gleichgewichtes kaum abgewartet werden kann. In anderen Fällen, in denen eine reversible Adsorption beobachtet wurde, ist die Isotherme in einem zu beschränkten Druckbereich durchgemessen worden, als daß die Anwendung der erwähnten Gleichungen auf die vorliegenden Meßergebnisse einen Sinn hätte. Häufig tritt auch der Fall ein, daß in dem Gebiet der reversiblen aktivierten Adsorption die zeitliche Veränderung des Adsorbens, z. B. infolge Rekristallisation, so groß ist, daß eine genaue Messung der Isotherme nicht möglich ist. Einer der seltenen Ausnahmefälle ist die Adsorption von Wasserstoff an Kupfer. Hier gelang es L. CLARKE[2], eine der LANGMUIRschen analog gebildete Gleichung aufzustellen und zu bestätigen. Er nimmt an, daß der Wasserstoff atomar adsorbiert

---

[1] Siehe z. B. EUCKEN-WOLF: Hand- und Jahrbuch der chemischen Physik Bd. III, 1. Artikel DOHSE-MARK: Die Adsorption von Gasen und Dämpfen an festen Körpern. Leipzig, 1933. Eine kurzgefaßte, systematische Darstellung, die dem heutigen Stande unserer Erkenntnis entspricht, siehe A. EUCKEN: Lehrbuch der chemischen Physik 2. Aufl. Bd. II, 2, S. 1200ff. (erscheint in Kürze).

[2] L. CLARKE: J. Amer. chem. Soc. **59** (1937), 1389.

wird. Dadurch tritt an Stelle von p in der oben erwähnten LANGMUIRschen Gleichung der Ausdruck: $\sqrt{p}$, und man erhält

$$N = N_\infty \frac{\sqrt{p}}{\sqrt{b} + \sqrt{p}}. \tag{3}$$

Die Anwendung dieser Formel auf die Messungen von BEEBE, LOW, WILDNER und GOLDWASSER[1] zeigt ihre Gültigkeit, wie aus Abb. 19 zu ersehen ist.

Ein anderes Beispiel ist die Wasserstoffadsorption an aktiver Zuckerkohle bei etwa 400° C. Hier fand R. M. BARRER[2] die Gültigkeit der LANGMUIRschen Gleichung (1). Der Sättigungswert beträgt 9,4 cm³ pro Gramm Kohle. Der Sättigungswert der VAN DER WAALSschen Adsorption bei —180° liegt wesentlich höher (39 cm³ pro Gramm Kohle).

Die FREUNDLICHsche Formel konnte ebenfalls gelegentlich mit Erfolg angewandt werden. Besonders schön zeigten dieses CREMER und FLÜGGE[3], die die Isothermen von Isopropylalkohol an Oxyden der seltenen Erden maßen. Sie brachten eine vollständige Theorie des Adsorptionsgleichgewichts, und es gelang ihnen, den Adsorptionsexponenten n der Gl. (2) physikalisch zu deuten. Wir kommen darauf noch in dem Abschnitt über aktive Zentren zu sprechen.

Wenn auch die LANGMUIRsche Adsorptionsgleichung auf Adsorptionsmessungen nur selten angewandt werden konnte, so gelang es doch, ihre Gültigkeit durch kinetische Messungen an heterogenen katalytischen Reaktionen zu bestätigen. Wie HINSHELWOOD[4] und SCHWAB[5] in ihren Monographien näher ausführten, hängt die Reaktionsgeschwindigkeit am Kontakt entscheidend davon ab, wie stark die reagierenden Molekeln adsorbiert werden. So konnte z. B. SCHWAB[6] die hemmende Wirkung des Äthylens, dessen Hydrie-

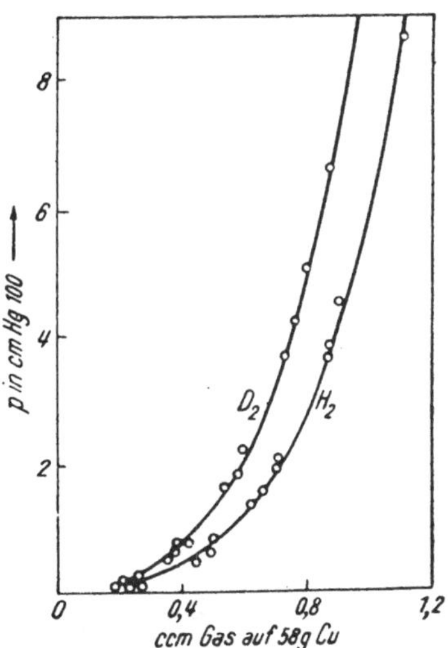

Abb. 19. Isothermen für Wasserstoff und Deuterium an Kupfer bei 0° C. Meßpunkte von BEEBE, LOW, WILDNER und GOLDWASSER; ausgezogene Linien: Isothermengleichung (3) nach CLARKE.

rungskinetik an einem erhitzten Nickelband von ZUR STRASSEN[7] gemessen wurde, damit erklären, daß Äthylen durch seine starke Affinität zu den aktiven Zentren des Nickels diese blockiert. Die Auswertung der Messungen von ZUR STRASSEN lieferte Adsorptionsisothermen für Äthylen, die genau der LANGMUIRschen Gleichung folgten. SCHWAB erklärte den unterschiedlichen Verlauf der Isothermen bei der Adsorption und der Katalyse mit dem Hinweis, daß die Zahl der Adsorptionsstellen auf einem Katalysator viel größer ist als die der katalytisch aktiven Zentren. Der Grund für die mangelnde Gültigkeit der LANGMUIRschen Gleichung liegt nun darin, daß bei ihrer Ableitung die Gleichheit des Adsorptionspotentials an allen Stellen der Oberfläche vorausgesetzt wurde. Letztere Bedingung kann für die katalytisch aktiven Zentren, die eine Auslese der aktivsten

[1] R. A. BEEBE, G. W. LOW, E. L. WILDNER, S. GOLDWASSER: J. Amer. chem. Soc. **57** (1935), 2527.

[2] R. M. BARRER: Proc. Roy. Soc. (Londen), Ser. A **149** (1935), 253.

[3] E. CREMER, S. FLÜGGE: Z. physik. Chem., Abt. B **41** (1939), 453.

[4] C. N. HINSHELWOOD: Reaktionskinetik. Deutsch von E. PIETSCH. Leipzig, 1927.

[5] G.-M. SCHWAB: loc. cit., siehe auch in Band V dieses Handbuches.

[6] G.-M. SCHWAB: Z. physik. Chem., Abt. A **171** (1934), 421.

[7] H. ZUR STRASSEN: Z. physik. Chem., Abt. A **169** (1934), 81.

Stellen der Oberfläche darstellen, als erfüllt angesehen werden. Bei den Adsorptionsversuchen (Messung der Isothermen oder der differentialen Wärmetönung) dagegen ist das nicht mehr der Fall. Auf diesen Punkt wird ebenfalls in Abschnitt 6 über aktive Zentren näher eingegangen werden.

5. Die Kinetik der aktivierten Adsorption.

Bei dem Versuch, den zeitlichen Verlauf der aktivierten Adsorption durch eine physikalisch sinnvolle Gleichung wiederzugeben, trifft man auf ähnliche Schwierigkeiten, wie bei der Darstellung der Isotherme. Es ist eine Reihe von Versuchen gemacht worden mit dem Ziel, eine einfache Gleichung für die zeitliche Veränderung der adsorbierten Gasmenge zu finden. Aber nur in relativ wenig Fällen ist das gelungen. Am einfachsten liegen die Verhältnisse, wenn man bei so kleinen Drucken arbeitet, daß nur ein verschwindend geringer Bruchteil der Oberfläche besetzt werden kann und der Sättigungsdruck sehr klein ist. Dann läßt sich der Ansatz

$$\frac{dN}{dt} = k_1 p (1 - \sigma) - k_2 \sigma, \quad (1)$$

$N \equiv$ adsorbierte Menge;

$t \equiv$ Zeit;

$\sigma \equiv$ Bruchteil der besetzten Oberfläcne;

k_1 und $k_2 \equiv$ Konstanten,

von Langmuir anwenden. Man vernachlässigt σ gegen 1 im ersten Gliede der rechten Seite und erhält mit $p = p_o$ (Gleichgewichtsdruck) für $dN/dt = 0$

$$\frac{dN}{dt} = k_1 (p - p_o) \quad (2)$$

oder integriert mit

$$\frac{dN}{dt} \sim -\frac{dp}{dt} \quad \log \frac{p - p_o}{p_0 - p_o} = k t.$$

$$(2a)$$

Die Gültigkeit dieser Gleichung wurde bei der Adsorption von

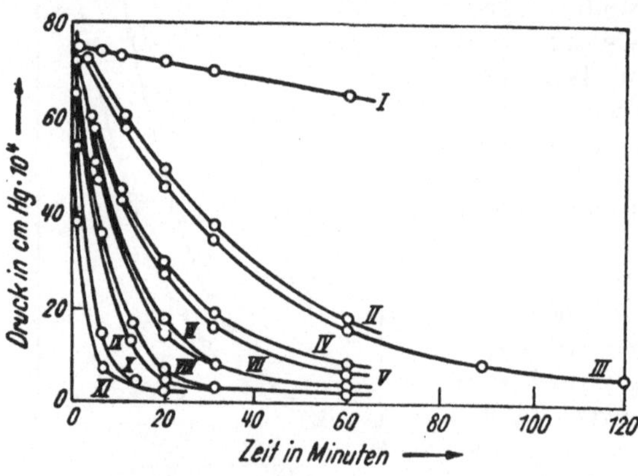

Abb. 20. Zeitlicher Verlauf der aktivierten Adsorption von Methan an Nickel nach Kubokawa.

I	Versuch	bei	40° C,	$p_0 =$ 0,00897 cm Hg
II	,,	,,	80° C,	0,00930 cm Hg
III	,,	,,	80° C,	0,00902 cm Hg
IV	,,	,,	100° C,	0,00909 cm Hg
V	,,	,,	100° C,	0,00900 cm Hg
VI	,,	,,	120° C,	0,00915 cm Hg
VII	,,	,,	120° C,	0,00873 cm Hg
VIII	,,	,,	150° C,	0,00910 cm Hg
IX	,,	,,	170° C,	0,00913 cm Hg
X	,,	,,	200° C,	0,00913 cm Hg
XI	,,	,,	250° C,	0,00911 cm Hg

Methan an hochaktivem Nickel bei 100÷150° C durch Messungen von M. Kubokawa[1] bestätigt, wie Abb. 20 und Abb. 21 zeigen. In Abb. 20 ist der Druck über dem Adsorbens gegen die Zeit aufgetragen. Die zu den einzelnen Kurven gehörigen Temperaturen und Anfangsdrucke ($t = 0$) sind dort ebenfalls verzeichnet. In Abb. 21 sind die Ergebnisse einer anderen Meßreihe mit etwas kleinerem Anfangsdruck nach Gl. (2a) ausgewertet und log $(p - p_o)$ gegen die Zeit aufgetragen. Man erkennt, daß die Beziehung (2a) sehr befriedigend erfüllt wird. Zum gleichen Ergebnis gelangte R. M. Barrer[2] für die Systeme Wasserstoff—Graphit und Wasserstoff—Diamant. Kingman[3] erhielt unter Bedingungen, bei denen die Rückreaktion vernachlässigt werden kann ($k_2 = 0$), indem er in

---

[1] M. Kubokawa: Rev. physik. Chem. Japan 12 (1938), 157.
[2] R. M. Barrer: J. chem. Soc. (London) 1936, 1256, 1261.
[3] F. E. T. Kingman: Trans. Faraday Soc. 28 (1932), 269.

Gl. (1) $\sigma \sim N \sim p_0 - p$ ($p_0 \equiv$ Anfangsdruck) setzt: $dN/dt = kp\,(A + p)$ und fand diesen Ausdruck beim System Wasserstoff—Kohle für kleine p_0 gut bestätigt. Bei höheren Drucken, also von einigen Zentimeter Hg an aufwärts, liegen die Verhältnisse wesentlicher komplizierter. Die hier angewendeten Formeln haben nur einen relativ kleinen Geltungsbereich. Sie sind außerdem ausschließlich empirischer Art, und die physikalische Bedeutung der einzelnen Größen ist nicht klar. Zu einer Gleichung, die sich relativ leicht an die Versuche anpaßt, gelangten MAXTED und MOON[1] bei ihren Messungen an Platin. Sie lautet:

$$\frac{dN}{dt} = n\,k\,(a - N)\,t^{n-1} \tag{3a}$$

oder integriert

$$\log a/(a - N) = k\,t^n \quad (k,\ a \text{ und } n \text{ Konstanten}), \tag{3b}$$

wobei n eine Zahl ist, die bei Wasserstoff und Deuterium an Platin den Wert 0,33 hat und die nur wenig von der Temperatur abhängt. Die Gleichung ist gültig bis zu etwa $^1/_3$ des Sättigungswertes (der hier größer ist als a). Später verläuft dann die Adsorption schneller und überschreitet den Sättigungswert der Gleichung.

Neben anderen Autoren (s. S. 463) beschäftigte sich IIJIMA mit der Messung der Adsorptionsgeschwindigkeit von Wasserstoff[2] und Deuterium[3] sowie Äthylen[4] an reduziertem Nickel. Bei der formalen Darstellung seiner Versuchsergebnisse, die bei angenähert konstantem Volumen erhalten wurden, geht er ebenfalls von dem Ansatz (1) (S. 424) nach LANGMUIR aus und vernachlässigt zuerst das zweite Glied, indem er k_2, die Konstante der Desorption, als verschwindend klein im Vergleich zur Konstanten der Adsorption annimmt, was in Bereichen relativ großer Beladung natürlich nicht mehr statthaft ist, und kommt nach einigen Umformungen zur Formel

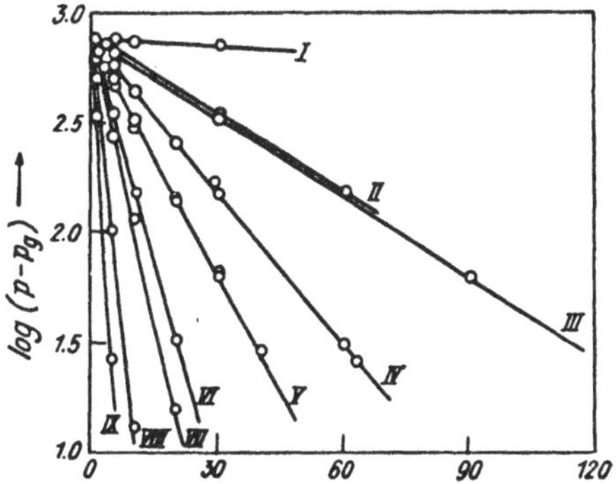

Abb. 21. Geschwindigkeit der aktivierten Adsorption von CH_4 an Ni, ausgewertet nach Gleichung (2a).

I	Versuch	bei	40° C, $p_0 =$	0,00768 cm Hg
II	,,	,,	60° C,	0,00801 cm Hg
III	,,	,,	80° C,	0,00777 cm Hg
IV	,,	,,	100° C,	0,00784 cm Hg
V	,,	,,	120° C,	0,00791 cm Hg
VI	,,	,,	150° C,	0,00790 cm Hg
VII	,,	,,	170° C,	0,00794 cm Hg
VIII	,,	,,	200° C,	0.00796 cm Hg
IX	,,	,,	250° C,	0,00797 cm Hg

$$\frac{dp}{dt} = k_1 \frac{p - p_\sigma}{N_0 - N_\sigma} \tag{4}$$

oder integriert

$$\log \frac{p}{p - p_\sigma} = K\,t + c.$$

Diese Gleichung ist nun anwendbar, wenn man die konstanten Größen K, c und p_σ aus den gemessenen Punkten bestimmt. Doch gelingt es keineswegs, den gesamten Verlauf der Adsorption durch diese Formel darzustellen. Es sind für eine einzige Reaktionsisotherme mehrere derartige Ausdrücke mit etwas abgeänderten Konstanten, die jeweils für einen bestimmten Bezirk gelten, erforderlich. Abb. 22 gibt die Originalmessungen und Abb. 23a—c die nach Gleichung (4) umgerech-

[1] E. B. MAXTED, C. H. MOON: J. Chem. Soc. (London) **1936**, 1542; **1938**, 1228.
[2] S. I. IIJIMA: Rev. physic. Chem. Japan **12** (1938), 1; **12** (1938), 148.
[3] S. I. IIJIMA: Rev. physic. Chem. Japan **12** (1938), 83.
[4] S. I. IIJIMA: Rev. physic. Chem. Japan **14** (1940), 68.

neten Ergebnisse bei $-78°$ wieder. Bei Abb. 22, in der wieder der Druck in cm Hg gegen die Zeit in Minuten aufgetragen ist, muß man beachten, daß der Punkt auf der Ordinate bei 23,4 cm Hg für den Fall, daß keine Adsorption stattfindet, berechnet worden ist. Die ersten Anteile werden also außerordentlich rasch aufgenommen[1]. Ein Gleichgewicht wird selbst nach 22000 Minuten = 15,2 Tagen nicht erreicht. Auf Abb. 23a—c ist $\log \dfrac{p}{p-p_s}$ gegen t aufgetragen. Es sind zur Darstellung dieser einzigen Reaktionsisothermen 4 solcher Ansätze notwendig! Dabei fallen die

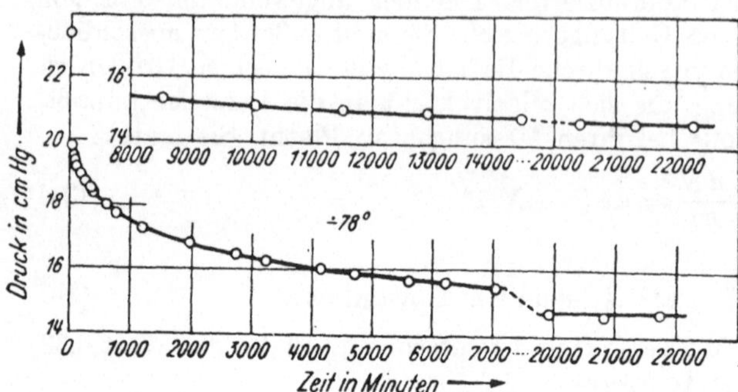

Abb. 22. Druckabfall während der Adsorption von Wasserstoff an Nickel bei $-78°$ C nach Iijima.

Punkte an den Übergangsgebieten nicht auf die Geraden. Dieser Darstellungsweise liegt der Gedanke zugrunde, daß auf der Oberfläche des Nickels verschiedene Arten von Adsorptionsstellen mit jeweils verschiedenen Aktivierungswärmen der Reihe nach besetzt

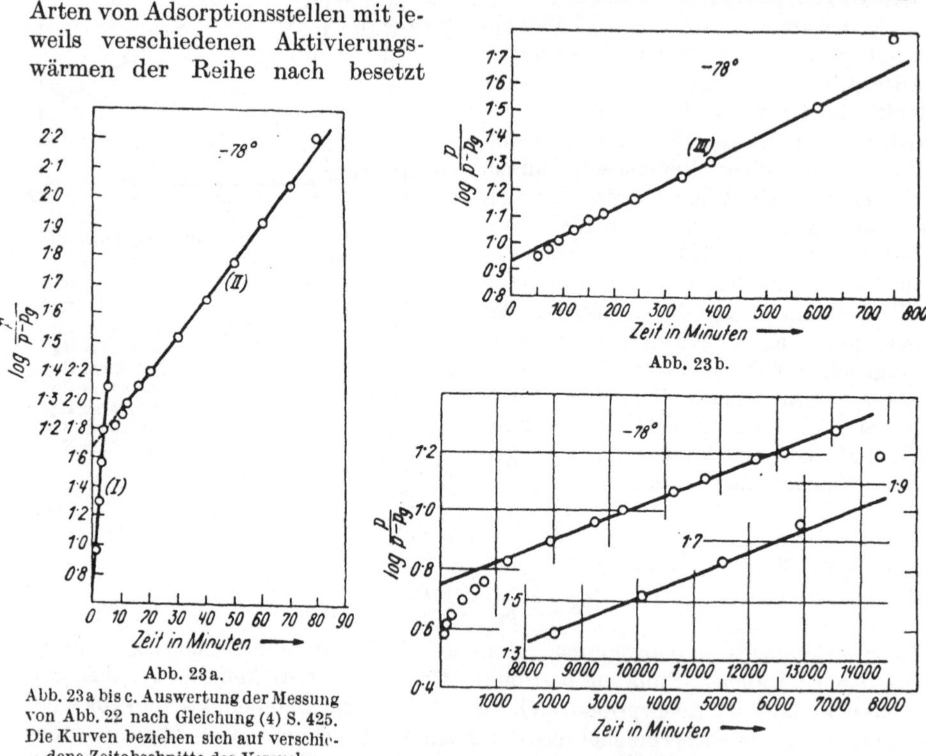

Abb. 23a.

Abb. 23b.

Abb. 23c.

Abb. 23a bis c. Auswertung der Messung von Abb. 22 nach Gleichung (4) S. 425. Die Kurven beziehen sich auf verschiedene Zeitabschnitte des Versuchs.

werden. Wenn diese Annahme einen physikalischen Sinn hätte, müßten sich aus den verschiedenen Konstanten rationell deutbare Sättigungswerte ergeben, ent-

---

[1] Dabei handelt es sich mit Sicherheit um eine aktivierte Adsorption und nicht etwa um eine van der Waalssche, wie aus kalorimetrischen Messungen von Eucken u. Hunsmann hervorgeht (Abb. 33).

sprechend einer Besetzung verschiedenartiger Stellen an der Oberfläche des Nickelgitters oder dergleichen. Solche Beziehungen wurden offenbar nicht gefunden. Im Sinne der im folgenden Kapitel zu besprechenden Verteilung der aktiven Zentren erscheint die Deutung und Auswertung der Meßergebnisse von IIJIMA ziemlich gezwungen. Immerhin hat sie den Vorteil, daß es gelingt, für verschiedene Temperaturen den Beladungsvorgang für angenähert gleiche Oberflächenbesetzung darzustellen und so zur Temperaturabhängigkeit der Adsorptionsgeschwindigkeit und damit zu einer einigermaßen genauen Bestimmung der Aktivierungsenergie zu gelangen.

Einen beachtenswerten Versuch zur analytischen Darstellung der Reaktionsisothermen unternahm WARD[1] im Anschluß an seine Messungen der Sorption von Wasserstoff an einem hochdispersen, bei 150° reduzierten Kupferpräparat. Er nimmt an, daß die Adsorption an der für das Gas zugänglichen Oberfläche so rasch verläuft, daß die Geschwindigkeit nicht mehr meßbar ist. Der nachfolgende langsame Teil der Adsorption, der durch eine Wanderung der Wasserstoffatome in Risse und feine Spalten des Adsorbens in die innere Oberfläche hinein zustandekommen soll, wird als Diffusionsprozeß behandelt. Für die Anfangsgeschwindigkeit ergibt sich dabei die Gleichung:

$$N = 2\,a\,c_0\,\sqrt{Dt/\pi}, \qquad (5)$$

in der N die insgesamt aufgenommene Gasmenge, a die Oberflächengröße, c_0 die im stationären Zustand als konstant angesehene Oberflächenkonzentration der Wasserstoffatome auf der zugänglichen Oberfläche, D den Diffusionskoeffizienten und t die Zeit bedeuten. Abb. 24 zeigt, daß diese Beziehung zu Anfang des Vorganges befriedigend erfüllt ist. Auch ist die Anfangsneigung der Kurven N gegen $\sqrt{t}$ der im Gleichgewicht adsorbierten Menge c_0, die aus Isothermenmessungen für die rasch verlaufende Adsorption gewonnen wird, proportional, wie es Gleichung (5) verlangt. Eine Auswertung der Versuche von BEEBE, SOLLER und GOLDWASSER[2], die bei sorgfältig konstant gehaltenem Druck vorgenommen wurden, führt ebenfalls zu einem $\sqrt{t}$-Gesetz.

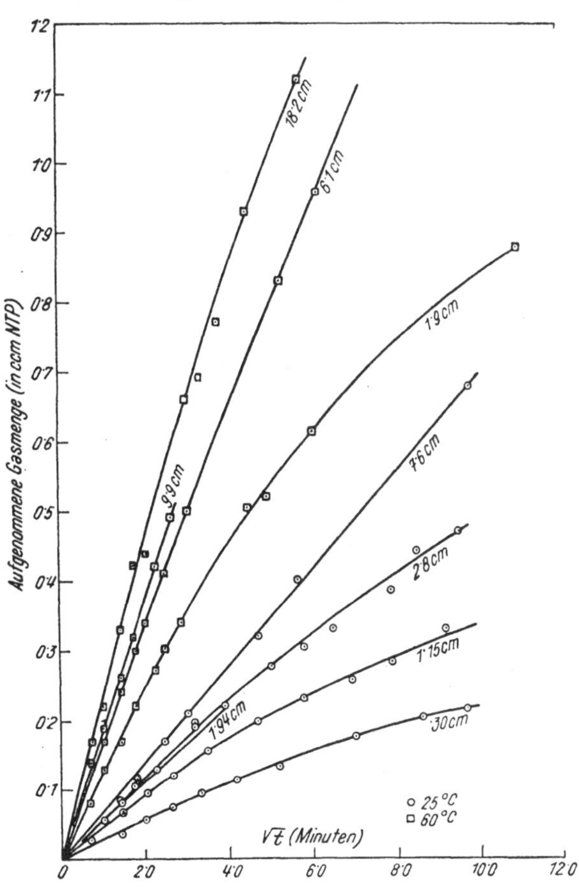

Abb. 24. Wasserstoffaufnahme durch Kupfer nach WARD; Gl. (5). $T = 60°$ C.

[1] A. F. H. WARD: Proc. Roy. Soc. (London), Ser. A **133** (1931), 506, 522.
[2] R. A. BEEBE, T. SOLLER, S. GOLDWASSER: J. Amer. chem. Soc. **58** (1936), 1703.

Für längere Adsorptionszeiten reicht Gleichung (5) nicht mehr aus. Um auch hierfür eine mathematische Darstellung zu gewinnen, geht Ward von einer allgemeinen Lösung der Diffusionsgleichung aus. Er nimmt die Kupferteilchen in erster Näherung als kugelförmig an (Radius R). Ferner wird angenommen, daß die Konzentration auf der Oberfläche gleichbleibend c_0 sei. Dann ergibt sich die Gleichung:

$$N = c_0\left[\frac{4}{3}\pi R^3 - \frac{8\,R^3}{\pi}\sum_1^\infty \frac{1}{n^2}\,e^{-K\,n^2\,\pi t/R^2}\right]. \tag{6}$$

Diese Gleichung gilt in der Tat für ein größeres Zeitintervall, wie Abb. 25 zeigt. Die ausgezogenen Kurven sind berechnet.

Es läge nun nahe, zu versuchen, ob sich diese Formel auch auf andere Systeme anwenden ließe, da, wie bereits betont, die analytische Darstellung der Adsorptionszeitkurve Schwierigkeiten bereitet. Vielleicht ließen sich auch die Ergebnisse Iijimas auf diese Weise einheitlich wiedergeben. R. S. Bradley[1] fand bei seinen Messungen von HCl auf KCl-Kristallen ähnliche Ergebnisse. Vor allem nimmt auch hier im Anfang die adsorbierte Menge proportional $\sqrt{t}$ zu, während sich das Ende des Vorganges annähernd durch eine e-Funktion darstellen läßt. Der Grund, weshalb diese Gleichung so wenig beachtet wurde, ist wohl darin zu suchen, daß ihre physikalische Bedeutung für den Fall der aktivierten Adsorption wenig klar ist. Zwar ist ein ähnlicher

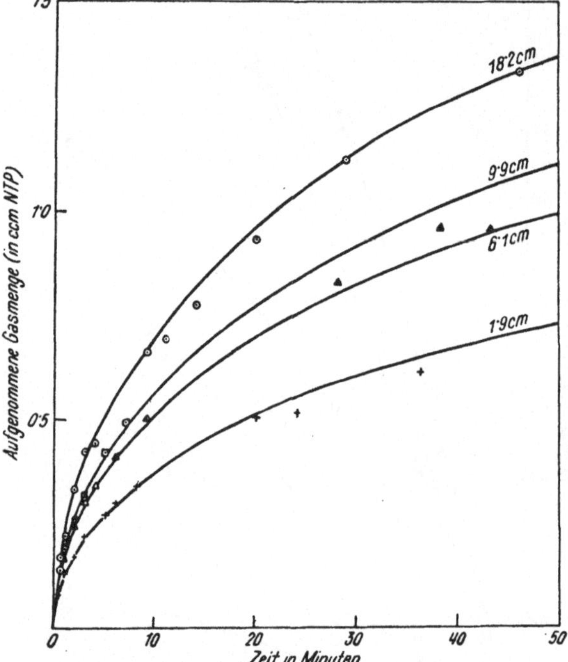

Abb. 25. Wasserstoffaufnahme durch Kupfer nach Ward. Die Punkte sind Meßergebnisse, die ausgezogenen Kurven wurden nach Gl. (6) berechnet. $T = 60°$ C.

Ausdruck mit gutem Erfolge bei der van der Waalsschen Adsorption an porösen Adsorbentien von G. Damköhler[2] und insbesondere von E. Wicke[3] zur Wiedergabe der Geschwindigkeitsmessungen bei kleinen Gasdrucken angewandt worden, jedoch ist bei porösen Adsorbentien eine Zeit beanspruchende Diffusion in das Innere des Adsorbens hinein ohne weiteres verständlich, während die Deutung in vorliegendem Falle Schwierigkeiten bereitet.

Ward selbst bezeichnet den von ihm untersuchten Adsorptionsvorgang als Lösung. Er denkt jedoch mehr an ein Eindringen des Gases in Risse, feine Spalten und andere Fehlstellen der Kristalle, über deren Existenz bei hochdispersen Metallpräparaten allerdings bisher recht wenig bekannt geworden ist[4]. Lösung kann nicht vorliegen, weil diese einen positiven Temperaturkoeffizienten besitzt.

[1] R. S. Bradley: Trans. Faraday Soc. **30** (1934), 587.
[2] G. Damköhler: Z. physik. Chem., Abt. A **174** (1935), 222.
[3] E. Wicke: Kolloid-Z. **86** (1939), 167, 296.   [4] Vgl. auch S. 472.

Die Auffassung WARDS wurde lebhaft diskutiert. Sie wird heute von der Mehrzahl der Forscher abgelehnt.

Die von TAYLOR[1] bereits 1932 vertretene Ansicht, daß es sich hier um einen typischen Fall der aktivierten Adsorption handelt, wird allgemein angenommen. Die WARDschen Messungen stimmen qualitativ mit denen von BEEBE und Mitarbeitern[2] überein, für die CLARKE die im vorigen Abschnitt erwähnte Isothermengleichung ableitete. Im Hinblick auf die Kompliziertheit der von WARD eingehend beschriebenen Beobachtungen muß eben auch in diesem gut untersuchten Falle die Kinetik des Adsorptionsvorganges im einzelnen als ungeklärt bezeichnet werden.

Das deutliche Auftreten von zwei verschiedenen aufeinanderfolgenden Adsorptionsprozessen könnte z. B. wie folgt gedeutet werden: Der Übertritt der Moleküle vom Gasraum in die Oberfläche kann nur an ganz bestimmten, besonders aktiven Zentren erfolgen. Von diesen aus können die adsorbierten Atome nach den übrigen Stellen der Oberfläche hin abwandern. Ein solcher Fall liegt mit einiger Sicherheit beim System Wasserstoff—Platin vor, wie MAXTED und Mitarbeiter[3] durch Vergleich der katalytischen und Adsorptionsaktivität an reinen und partiell vergifteten Kontakten feststellen konnten. Ihre Untersuchungen werden auf Seite 444 ausführlich beschrieben.

Dem Gedanken, daß sich an dem aktiven Adsorptionsprozeß zwei Arten von Zentren beteiligen, von denen nur die eine Art Molekeln aus dem Gasraum aufnehmen kann und die andere Art durch Weitergabe der adsorbierten Partikeln, von den Zentren erster Art ausgehend, abgesättigt wird, begegnen wir außer bei WARD und MAXTED auch in einer Arbeit von CLARKE, CASSEL und STORCH[4]. Diese Autoren machen den Versuch, die ziemlich sorgfältig durchgeführten Messungen TAYLORS und BURWELLS[5] über die Adsorptionsgeschwindigkeit von Wasserstoff an Chromoxydgelen kinetisch auszuwerten. Sie beschränken sich dabei auf eine Analyse des mittleren Teils der Reaktionsisotherme, der sog. korrigierten Kurve, der durch Weglassen des steileren Anfangsteils erhalten wird, was naturgemäß den Wert ihrer Überlegungen beeinträchtigt. Sie bezeichnen die Zahl der Zentren erster Art, also derjenigen, die mit dem Gase unmittelbar in Austausch stehen, mit n, und Θ ist der zur Zeit t besetzte Bruchteil von ihnen. Die Zahl der Zentren zweiter Art sei ν und α der zur Zeit t besetzte Bruchteil von ihnen. Dann ergeben sich folgende vier Einzelreaktionen, deren Geschwindigkeit durch den beigefügten Ausdruck bestimmt wird:

1. Adsorption des Gases an den Zentren erster Art: $n p k_1 (1 - \Theta)$,

2. Übergang von den Zentren erster zu denen zweiter Art: $n \nu k_2 \Theta (1 - \alpha)(1 + R\alpha)^{-1}$,

3. Rückreaktion von 2.: $n \nu k_3 \alpha (1 - \Theta)(1 + R\alpha)^{-1}$,

4. Rückreaktion von 1.: $n k_4 \Theta$.

Der Faktor $(1 + R\alpha)^{-1}$ soll dem Übergang der adsorbierten Molekeln von Zentren erster Art zu nicht angrenzenden Zentren zweiter Art Rechnung tragen.

Durch Addition dieser 4 Gleichungen erhalten sie ihre Ausgangsdifferentialgleichung. Dann machen sie die Annahme, daß $n \ll \nu$, so daß sich für den stationären Zustand $\frac{d\Theta}{dt} = 0$ ergibt, und setzen $\frac{d\alpha}{dt} = f(\alpha)$ als Potenzreihe an. Diese wird

---

[1] Trans. Faraday Soc. 28 (1932), General discussion.

[2] R. A. BEEBE, G. W. LOW, E. L. WILDNER, S. GOLDWASSER: J. Amer. chem. Soc. 57 (1935), 2527.

[3] E. B. MAXTED, H. C. EVANS: J. chem. Soc. (London) 1939, 1750.

[4] L. CLARKE, L. CASSEL, H. H. STORCH: J. Amer. chem. Soc. 59 (1937), 736.

[5] H. S. TAYLOR, R. L. BURWELL: J. Amer. chem. Soc. 58 (1936), 697, siehe ferner S. 440f.

nach dem zweiten Gliede abgebrochen, und sie erhalten nach einer Reihe von
Umformungen als Endgleichung

$$p \cdot t = (B_1 + B_2 p)\, N + (c_1 + c_2 p)\, N^2,$$

worin N die insgesamt adsorbierte Menge bedeutet und die Konstanten B_1, B_2,
c_1 und c_2 einfache Funktionen der Konstanten n, ν, $k_1 \div k_4$ und R der Ausgangsdifferentialgleichung sind. Diese Gleichung gibt die Meßergebnisse von Taylor
und Burwell in einem mittleren Konzentrationsbereich einigermaßen befriedigend wieder, wenn man nur die Messungen in höheren Temperaturen ($110 \div 220°$)
in Betracht zieht.

In anderen Fällen, in denen die vorgegebene Gasmenge nicht zur Bedeckung
der Oberfläche ausreicht, findet man gelegentlich eine einfache empirische Beziehung für den Adsorptionsvorgang. So stellten z. B. Maxted und Hassid[1] fest,
daß bei einer Adsorption von Sauerstoff an Platin die Gleichung

$$\frac{dN}{dt} = k\, p\, t^m$$

in einem Gebiet kleiner Beladungsdichte von $10 \div 20\%$ des Sättigungswerts
ziemlich exakt erfüllt ist. Bei größeren Beladungen dagegen finden sie $N = k\, t^n$,
also Unabhängigkeit der Sorptionsgeschwindigkeit vom Druck.

Einen bemerkenswerten Versuch zur Deutung der Kinetik unternahm in
jüngster Zeit I. Langmuir[2]. Wie wir sahen, gilt bei sehr kleinen Drucken das von
ihm aufgestellte Zeitgesetz, das zur Ableitung der bekannten hyperbolischen Adsorptionsisotherme führt. Bei hohen Drucken dagegen erfolgt die Aufnahme des
Gases anfänglich schnell, später aber außerordentlich langsam. Wir sahen ferner,
daß einige Autoren, wie Ward, Benton oder auch Iijima, diesen langsamen Teil
der Adsorption als einen zweiten aktivierten Prozeß ansehen, den sie, wohl um ihn
als selbständigen Prozeß zu charakterisieren, als Lösung bezeichnen. Langmuir
deutete diesen zweiten Prozeß als eine Fortsetzung des ersten im Sinne seiner bereits früher entwickelten Vorstellungen von der schachbrettartigen Struktur der
Oberfläche. Auf dieser befinden sich in regelmäßiger Anordnung, die durch das
Kristallgitter des Adsorbens bestimmt wird, die Adsorptionszentren. Ist nun der
Durchmesser der zu adsorbierenden Molekeln oder Atome kleiner als der kleinste
Abstand zwischen zwei Adsorptionsplätzen des zweidimensionalen Gitters, so
kann sich die unimolekulare Schicht vollständig ausbilden. Wenn keine starken
Kräfte zwischen den adsorbierten Teilchen vorhanden sind, erfolgt die Ausbildung
nach einem Zeitgesetz, bei dem die Geschwindigkeit proportional der Zahl der
noch vorhandenen freien Plätze ist, wenn der Gasdruck konstant gehalten wird.
Ganz anders liegen die Verhältnisse, wenn der Durchmesser der Molekeln d den
Abstand der Gitterpunkte a übertrifft. Dann kann nämlich nur ein bestimmter
Bruchteil der Fläche besetzt werden. Der Fall, daß $a < d < a\sqrt{2}$, ist für ein qua-
dratisches Gitter auf Abb. 26 dargestellt. Man erkennt, daß maximal nur die Hälfte
der Gitterpunkte besetzt werden kann. Die schwarzen Punkte stellen die Gitter-
plätze, die schraffierten Kreise die adsorbierten Molekeln oder Atome dar.

Wir denken uns nun die Besetzung eines solchen Gitters in der Weise vorgenommen, daß ein Punkt nach dem andern in ganz beliebiger Reihenfolge mit
einem Molekül versehen wird. Bei einem derartigen Vorgehen erhalten wir nun
keineswegs die dichteste Besetzung, vielmehr zerfällt die Oberfläche in eine Anzahl
von kleinen Bezirken mit dieser dichtesten Besetzung, und zwar bilden sich zwei
Phasen aus, deren eine von den Punkten gerader, deren andere von den Punkten

[1] E. B. Maxted, N. J. Hassid: Trans. Faraday Soc. **29** (1933), 698.
[2] I. Langmuir: J. chem. Soc. (London) **1940**, 501.

ungerader Koordinatensumme gebildet wird (siehe Abb. 26). Lassen wir die eine der Phasen auf Kosten der anderen verschwinden, so muß sich eine große Anzahl neuer freier Plätze bilden, wobei die Grenzen (gestrichelte Linie in Abb. 26) zwischen den Phasen sich zunächst verkürzen und dann ganz verschwinden würden. Wie LANGMUIR für den vorliegenden Fall des quadratischen Gitters und der Molekel mit kreisförmigem Querschnitt statistisch berechnete, würden durch willkürliche Auswahl der Punkte nur 73% der Stellen besetzt werden. Bei einem anderen Gittertyp und anderen Verhältnissen von $\dfrac{d}{a}$ kann naturgemäß dieser Prozentsatz ein anderer sein.

Der Mechanismus, der zur allmählichen Verkürzung der Grenzen und zur Vergrößerung der Bezirke führt, ist nun folgender: Wir denken uns nach und nach ein Atom nach dem anderen aus der Grenzschicht entfernt. Da der Druck genügend hoch sein soll, um ständig denselben Zustand aufrecht zu erhalten, wird jeder frei gewordene Platz sofort wieder vom Gasraum her besetzt. Verdampft ein Atom aus dem Inneren oder von einer Grenzlinie oder einer inneren Ecke der zweidimensionalen Phase, so entsteht nur eine einzige Lücke, bei deren Ausfüllung sich nichts ändert. Verdampft aber ein Atom der äußeren Ecke einer Phase, so entstehen, wie man sich an Hand der Abbildung leicht überzeugt, zwei nebeneinanderliegende freie Plätze, deren einer der eben frei gewordene alte Eckplatz ist, deren zweiter aber zur anderen Phase gehört und kein äußerer Eckplatz zu sein braucht. Da nun jeder Bezirk 4 äußere Ecken mehr als innere Ecken besitzt, besteht die dauernde Tendenz, die Zahl der äußeren Ekken herabzusetzen und die Grenzen zu verkürzen.

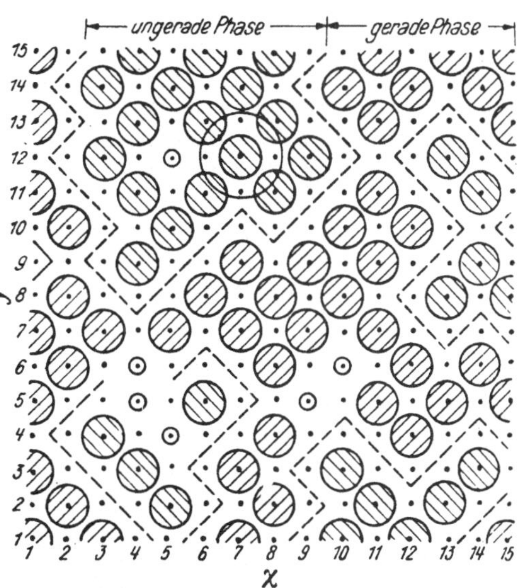

Abb. 26. Schema eines teilweise mit adsorbierten Atomen bedeckten quadratischen Gitters für den Fall $a < d < a\sqrt{2}$. Die Punkte stellen die Oberflächenatome, die großen Kreise die adsorbierten Atome und die kleinen Kreise freie Plätze dar. Die gestrichelte Linie bedeutet die „Phasengrenze" (nach LANGMUIR).

Die mathematische Formulierung, die LANGMUIR in seiner Arbeit nur sehr knapp andeutet, führt zu Gleichungen der Form:

$$\frac{1}{(k_1 - N)^2} = k_2 + k_3 \cdot t,$$

welche bei der Anwendung auf die Messungen von MAXTED und MOON[1] und TAYLOR und STROTHER[2] gute Ergebnisse gezeitigt hat, obgleich diese an hochaktiven Pulvern gemacht wurden, während die Theorie nur für glatte Oberflächen gilt. Im ganzen ist die Theorie wohl noch nicht so weit ausgebaut, daß man entscheiden kann, ob sie einen größeren Geltungsbereich hat. Vor allem besteht noch kein Versuch, mit ihrer Hilfe die Temperaturabhängigkeit der Geschwindigkeit zu berechnen, obgleich eine Deutung des Beobachtungsmaterials auf Grund der LANGMUIRschen Vorstellungen als nicht aussichtslos bezeichnet werden muß.

[1] E. B. MAXTED, C. H. MOON: J. chem. Soc. (London) **1936**, 1542; **1938**, 1228.
[2] H. S. TAYLOR, C. O. STROTHER: J. Amer. chem. Soc. **56** (1934), 586.

Ähnliche Überlegungen wie Langmuir stellte bereits früher J. K. Roberts[1] anläßlich seiner Versuche über die Adsorption von Sauerstoff an einer Wolframoberfläche an, deren Ergebnisse bereits auf S. 417, Abb. 15 dargestellt wurden. Er nimmt an, daß die Sauerstoffmolekeln so adsorbiert werden, daß ihre Atome zwei benachbarte Plätze der Oberfläche besetzen. Da nun der Sauerstoffilm unbeweglich ist, muß bei der Absättigung der Oberfläche in willkürlicher Reihenfolge eine gewisse Anzahl von Plätzen, die keine Nachbarn haben, unbesetzt bleiben. Diese Plätze, deren Anteil etwa 8% ausmachen soll, sind nun nach Roberts befähigt, weitere Sauerstoffmolekeln, wenn auch weniger fest, zu adsorbieren. Beim Erwärmen verdampft dieser Teil des Films zuerst. So erklärt sich die im zweiten Teil der Abb. 15 dargestellte Abnahme des bei 0° C gemessenen Akkommodationskoeffizienten mit steigender Erhitzungstemperatur. Für den Fall eines nicht ganz unbeweglichen Filmes weist Roberts[2] darauf hin, daß ein Unbesetztbleiben gewisser Stellen eine ähnliche Wirkung haben könnte wie eine Aktivierungsenergie des Adsorptionsprozesses. Die Robertsschen Arbeiten werden, soweit sie sich auf das Problem der Adsorptionswärme beziehen, im folgenden Artikel von R. A. Beebe noch ausführlich besprochen.

Bei der Anwendung der Theorie muß man allerdings berücksichtigen, daß ihr infolge der darin enthaltenen stark schematischen Annahmen über die Struktur der aktiven Oberfläche wahrscheinlich ziemlich enge Grenzen gesetzt sind. Damit wollen wir uns im folgenden Abschnitt beschäftigen.

6. Aktive Zentren und aktivierte Adsorption.

Wir sahen, daß die Langmuirsche Isothermengleichung sich nur in Ausnahmefällen anwenden läßt und daß wir in zahlreichen Fällen besser mit der einfachen Potenzgleichung, deren physikalischer Sinn zunächst unklar ist, durchkommen. Offenbar liegt das daran, daß einige der Voraussetzungen, die zur Ableitung der ersten Gleichung gemacht werden müssen, nur selten zutreffen. Diejenige Voraussetzung, die wohl am stärksten die tatsächlich vorliegenden Verhältnisse vereinfacht, ist die, daß alle zur Adsorption befähigten Stellen der Oberfläche das gleiche Adsorptionspotential besitzen. Sie ist, wie das umfangreiche Tatsachenmaterial auf dem Gebiet der Adsorptionswärmen lehrt, über das in dem Artikel von Beebe im Zusammenhang berichtet wird, nicht entfernt zutreffend. Eine Ausnahme bildet hier vielleicht das System Wasserstoff—Kupfer, das von Ward und von Beebe untersucht wurde[3]. Für diesen Fall konnte ja auch Clarke eine Isotherme nach dem Verfahren von Langmuir ableiten, die in einem größeren Bereich mit den experimentellen Werten übereinstimmt. Ein zweites Beispiel für eine in einem großen Beladungsbereich konstante Wärmetönung bilden die Versuche von R. M. Barrer[4] über das System Wasserstoff—Aktivkohle. Barrer fand aus den Isothermen der aktiven Wasserstoffadsorption bei etwa 500° C eine Adsorptionswärme von 50 kcal/Mol, die sich mit steigender Beladung kaum änderte. Es ist jedoch die Regel, daß die Adsorptionswärme mit steigender Beladung um etwa 30÷50% ihres Anfangswertes abnimmt, bevor sie sich einem konstanten Werte nähert. In Anbetracht dieser Tatsache kann das unübersichtliche Verhalten der Isothermen nicht mehr überraschen.

[1] J. K. Roberts: Proc. Roy. Soc. (London), Ser. A **152** (1935), 445; **161** (1937), 141; Nature (London) **135** (1934), 1037.

[2] J. K. Roberts: Nature (London) **135** (1934), 1037; Ann. Rep. Progr. Chem. **35** (1939), 52.

[3] Vgl. R. A. Beebe: dieses Handbuch S. 473. Ward fand eine von der Beladung unabhängige differentiale Adsorptionswärme.

[4] R. M. Barrer: Proc. Roy. Soc. (London), Ser. A **149** (1935), 253.

Trotzdem die Entwicklung einer Theorie zunächst wenig aussichtsreich zu sein schien, gelang es in neuerer Zeit CREMER und FLÜGGE[1] unter gewissen plausiblen Annahmen die vielfach bewährte Potenzformel theoretisch abzuleiten und die in ihr enthaltenen Konstanten physikalisch zu deuten.

Sie gehen von dem Gedanken aus, daß auf einer adsorbierenden Oberfläche eine große Anzahl von Zentren mit den verschiedensten Adsorptionspotentialen existiert. Für eine Zentrenart, die durch eine bestimmte Adsorptionswärme W gekennzeichnet ist, gilt die LANGMUIR-Gleichung

$$N = \frac{zbc}{1+bc}, \qquad (1)$$

in welcher N die Zahl der adsorbierten Molekeln, b eine Größe $b = w\,v\,e^{W/RT}$, c die Konzentration im Gasraum $(\sim p)$ und z die Zahl der Plätze dieser Art bedeutet; w ist hier die a-priori-Wahrscheinlichkeit dafür, daß eine Molekel an dieser Stelle anzutreffen ist im Sinne der physikalischen Statistik, v das Adsorptionsvolumen eines Zentrums und T die absolute Temperatur.

Im Gebiete $bc \ll 1$ sollte nun Proportionalität zwischen c und N bestehen. Bei doppelt logarithmischer Auftragung sollte sich also eine der gestrichelten Kurven der Abb. 27 ergeben, die eine Anfangsneigung von 45° besitzt. Sind mehrere Zentrenarten vorhanden, so überlagern sich die verschiedenen Kurven, und es resultiert, wie Abb. 27 schematisch zeigt, eine Linie, die eine andere Neigung besitzt und sich der Form

$$\log N = n \log c + \log k \qquad (2)$$

nähert. k bedeutet eine Konstante. Für beliebig viele Zentrenarten ergibt sich an Stelle von Gleichung (1) für die adsorbierte Menge

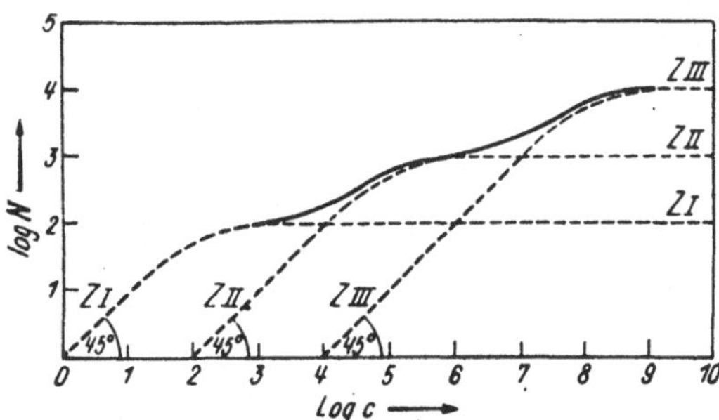

Abb. 27. Adsorption an drei Zentrenarten (z_I, z_{II}, z_{III}) verschiedener Aktivität.

- - - - - LANGMUIR-Isotherme der einzelnen Zentren, ——— resultierende Isotherme im Überlagerungsgebiet (in logarithmischer Auftragung).

$$N = \sum_i \frac{z_i\,b_i\,c}{1+b_i\,c}, \qquad (3)$$

worin z_i die Zahl der Stellen der Art i mit der Adsorptionswärme W_i und

$$b_i = w_i v_i e^{W_i/RT}$$

ist. Nehmen wir nun an, daß w_i ungefähr gleich 1 und v_i für alle Zentrenarten gleich ist und daß W_i jeden beliebigen Wert zwischen einem Minimalwert W_0 für die glatte Oberfläche und einem sehr großen Maximalwert besitzen kann, so brauchen wir nur zu wissen, wie z_i von W_i abhängt, um den Summenausdruck auswerten und die Isotherme angeben zu können.

Um zu diesem Zusammenhange zu gelangen, vergegenwärtigen wir uns, daß es im Sinne der Statistik nur am absoluten Nullpunkt wirklich ideal ausgebildete Kristalle ohne Fehlstellen geben kann. In jedem Realkristall und somit auch an dessen Oberfläche gibt es Fehlstellen und Störungen, deren Anzahl von der Störungsenergie abhängt und nach BOLTZMANN gegeben ist durch

$$z = C e^{-E/RT}, \qquad (5)$$

---

[1] E. CREMER, S. FLÜGGE: Z. physik. Chem., Abt. B **41** (1939), 453.

wobei E die Fehlordnungsenergie bedeutet[1]. Ist dieser Kristall vorher auf eine höhere Temperatur erhitzt worden, wie es ja zunächst bei der Herstellung der Adsorbentien geschieht, so stellt sich bei der Abkühlung nicht die Fehlordnung ein, die zur Arbeitstemperatur gehört, sondern das Fehlordnungsgleichgewicht friert bei höherer Temperatur $\mathfrak{T}$ ein, und wir erhalten[2]

$$z = C e^{-E/R\mathfrak{T}}. \tag{6}$$

Nun entsteht aber nicht nur eine bestimmte Zentrenart, sondern eine große Anzahl, deren jeweilige Häufigkeit gegeben ist durch

$$dz_i = C e^{-E/R\mathfrak{T}} dE. \tag{7}$$

Cremer und Flügge setzten nun die Adsorptionswärme $W_i = \beta E \pm \gamma$ und vernachlässigen zunächst der Einfachheit halber β und γ, d. h., die Adsorptionswärme wird als eine lineare Funktion der Fehlordnungsenergie angesehen und dieser in erster Näherung gleich gesetzt. Die Berechtigung eines solchen Vorgehens ergibt sich aus der schon von Schwab l. c. angestellten Überlegung, daß die Fehlordnungsenergie die Kondensationswärme eines artgleichen Gitterbausteines, die Adsorptionsenergie die eines artverschiedenen Gitterbausteines darstellt.

Unter diesen Annahmen stellt die Gleichung

$$dz_i = C e^{-W_i/R\mathfrak{T}} dW \tag{8}$$

die gesuchte Beziehung zwischen z_i und W_i dar. Aus der Gesamtzahl der adsorbierenden Stellen A ergibt sich die Konstante C:

$$C \int_{W_0}^{\infty} e^{-W_i/R\mathfrak{T}} dW = A = \sum z_i.$$

Setzen wir nun den daraus berechneten Ausdruck für C in die Gl. (8) ein und vereinigen Gl. (8) mit Gl. (3), wobei wir die Summe durch das Integral ersetzen, so resultiert als vollständige Adsorptionsformel

$$N = \frac{A}{R\mathfrak{T}} e^{W_0/R\mathfrak{T}} \int_{W_s}^{\infty} dW\, e^{-W/R\mathfrak{T}} \frac{v c\, e^{W/RT}}{1 + v \cdot c \cdot e^{W/RT}}. \tag{9}$$

Dabei liefert die Auswertung des Integrals mit $n = \dfrac{T}{\mathfrak{T}}$ für genügend kleine c-Werte

$$N = A e^{W_0/R\mathfrak{T}} n f(n) (v \cdot c)^n \tag{10}$$

oder

$$N = K c^n \quad (n < 1). \tag{11}$$

Dabei ist $f(n)$ zwischen $n = 0{,}4$ und $n = 0{,}6$ unabhängig von der Temperatur. Damit wäre die Freundlichsche Isothermengleichung (2) Seite 422 theoretisch abgeleitet. Ihre Konstante K läßt sich gemäß Gl. (10) weiter zerlegen, wenn man sie für verschiedene Temperaturen empirisch ermittelt. Sie erlaubt dann eine Bestimmung der Gesamtzahl der adsorbierenden Stellen, der Größe der adsorbierenden Oberfläche sowie der Adsorptionsnorm W_0.

Besonders einfach ist aber die physikalische Bedeutung des Adsorptionsexponenten n, der dem Quotienten Versuchstemperatur/Herstellungstemperatur des Katalysators gleichzusetzen ist. Diese bei verschiedenen Temperaturen bestimmten Exponenten sollten sich verhalten wie die absoluten Temperaturen

---

[1] Siehe z. B. W. Schottky: Z. Elektrochem. angew. physik. Chem. **45** (1939), 33.
[2] E. Cremer, G.-M. Schwab: Z. physik. Chem., Abt. A **144** (1929), 243. — G.-M. Schwab: Z. physik. Chem., Abt. B **5** (1929), 406.

selbst. Letzteres ist in der Tat bei verschiedenen Systemen der Fall, wie CREMER und FLÜGGE zeigen konnten. Die Autoren stellten ferner selbst einige vorläufige Versuche an, um zu prüfen, ob ihre Beziehung erfüllt ist. Sie nahmen Isothermen von Alkoholdampf an Neodymoxydproben, die auf verschiedene Temperaturen vorerhitzt und dann abgeschreckt wurden, auf und erhielten folgende Ergebnisse (Tabelle 2):

Die Übereinstimmung muß als sehr gut bezeichnet werden (Sehr wahrscheinlich ist die Adsorption von Alkohol an Neodymoxyd aktiviert. Die Einstellung des Gleichgewichts erfolgt erst bei 184° C mit ausreichender Geschwindigkeit. Die Aktivierungsenergie ist vermutlich klein.)

Tabelle 2. *Adsorptionsexponent der* FREUNDLICH*schen Isotherme.*

Präparat	Herstellungs-temperatur ° abs.	n theoretisch	gemessen
1	699	0,66	0,68
2	793	0,58	0,59
3	926	0,50	0,49

Die Bedeutung der vorstehend ausführlich beschriebenen Überlegungen besteht wohl nicht so sehr in der genauen Übereinstimmung der gemessenen und berechneten Werte für n. Diese können leicht voneinander abweichen, da die porösen, bei Adsorptionsmessungen angewandten Stoffe sich bei der Herstellungstemperatur durchaus nicht in einem Fehlordnungsgleichgewicht zu befinden brauchen[1]. Außerdem müßte die Fehlordnungsenergie stets gleich dem Adsorptionspotential sein, damit der berechnete und der gemessene Adsorptionsexponent miteinander übereinstimmen. Sie liegt vielmehr darin, daß überhaupt eine physikalisch begründete Beziehung zwischen den Adsorptionseigenschaften und der Herstellungstemperatur eines Katalysators abgeleitet werden konnte. So darf man denn wohl von einer eingehenderen Prüfung der Gl. (10) neue interessante Aufschlüsse und quantitative Zusammenhänge auf dem Gebiete der aktivierten Adsorption erwarten.

7. Aktivierungsenergie.

Wie bereits im Anfang erwähnt, gelang H. S. TAYLOR die quantitative Deutung des Auftretens mehrerer Adsorptionstypen mit Hilfe der Annahme, daß die Hochtemperaturadsorption, ähnlich wie eine chemische Reaktion, nur dann erfolgen kann, wenn sich am aktiven Zentrum eine Überschußenergie, die Aktivierungsenergie E_A, in einem geeigneten Moment anhäuft, so daß die Potentialschwelle zwischen der VAN DER WAALSschen und der aktivierten Adsorption überwunden werden kann. Man bestimmt Aktivierungsenergien aus der Temperaturabhängigkeit der Geschwindigkeit. In der chemischen Kinetik geht man dabei bekanntlich so vor, daß man die Reaktionsisotherme durch eine Gleichung mit einer oder mehreren charakteristischen Konstanten wiederzugeben versucht. Die logarithmische Auftragung der Konstanten gegen $1/T$ liefert dann eine gerade Linie, deren Neigung proportional der Aktivierungswärme ist (ARRHENIUSsche Gleichung). Ist die Reaktionsisotherme weniger genau untersucht, so begnügt man sich mit einer Darstellung der Temperaturabhängigkeit der Anfangsgeschwindigkeit oder der Halbwertszeit. Diese letzteren Verfahren liefern aber nur die

---

[1] Längeres Erhitzen auf die Herstellungstemperatur z. B. bei durch Reduktion gewonnenen Metallkatalysatoren setzt bekanntlich die Adsorptions- wie auch die katalytische Aktivität herab. Der Katalysator befindet sich also ursprünglich nicht in dem zu seiner Herstellungstemperatur gehörigen Fehlordnungsgleichgewicht. Diesem Umstand könnte man durch Wahl eines anderen Wertes von $\mathfrak{T}$ Rechnung tragen, welcher dann, wie CREMER und FLÜGGE formulieren, als „charakteristische Temperatur des Katalysators" bezeichnet werden kann.

Brutto- oder allenfalls scheinbare Aktivierungsenergie des Gesamtprozesses, der kein bestimmter Elementarprozeß zugeordnet werden kann.

Etwas anders liegen die Verhältnisse bei der aktivierten Adsorption, d. h. der Reaktion von Oberflächenatomkomplexen mit Gasmolekeln. Wie wir schon in dem Abschnitt über Kinetik sahen, gelingt es nur in den seltensten Fällen, eine einfache mathematische Darstellung für die Geschwindigkeit des Adsorptionsvorganges zu finden. Diese besitzt noch dazu ausnahmslos nur einen sehr beschränkten Geltungsbereich, und die Konstanten haben keine einfache rationelle Bedeutung.

Gelingt es nun, die gleiche kinetische Formel in einem ungefähr gleichen Bereich der Beladung anzuwenden, so kann man aus der Temperaturabhängigkeit der Konstanten dieser Formel die Aktivierungsenergie für den betreffenden Bereich aktiver Stellen ermitteln. Nach diesem Verfahren wurden die Werte für Wasserstoff und Deuterium an Nickel (Iijima), Methan an Nickel (Kubokawa), Wasserstoff an Kupfer (Ward) und Wasserstoff an Aktivkohle (Kingman, Barrer) ermittelt. In der Tabelle 3, in der eine große Anzahl der bisher ermittelten Aktivierungswärmen für die verschiedensten Systeme zusammengestellt ist, sind sie in der Spalte 7 mit A gekennzeichnet.

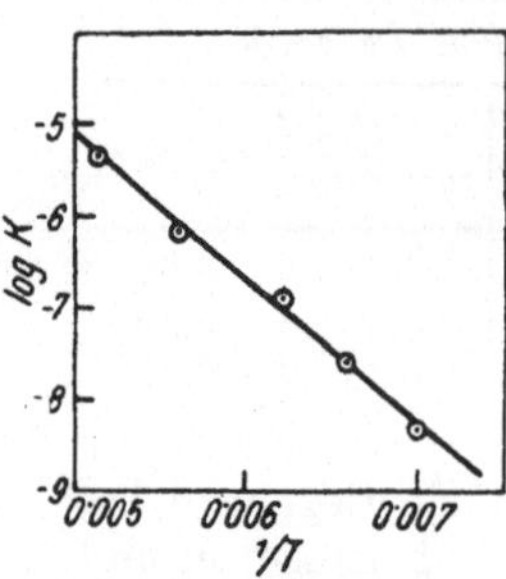

Abb. 28. Temperaturabhängigkeit der Geschwindigkeitskonstanten der Wasserstoffadsorption an Nickel nach Iijima. Als Ordinate ist der Logarithmus der Konstanten K der Gl. (4), Abschn. B 5, S. 425 aufgetragen.

Da wir erst in der Anwendbarkeit der Arrheniusschen Gleichung (in integrierter Form)

$$\log k = \frac{-E_A}{R \cdot T} + C \tag{1}$$

auf Adsorptionsvorgänge einen strengen experimentellen Beweis dafür erblicken können, daß für diese eine Aktivierungsenergie erforderlich ist, seien hier als Beispiele die Ergebnisse von Iijima[1] (Abb. 28), Kubokawa[2] (Abb. 29) und Ward[3] (Abb. 30) graphisch dargestellt. Die kinetischen Untersuchungen, die zur Ermittlung der Konstanten k_1, K bzw. D führten, wurden bereits im Abschnitt B5 eingehend besprochen.

Die meisten Werte der Tabelle 3 wurden nach weniger zuverlässigem Verfahren gewonnen. Die mit B bezeichneten Daten wurden nach der Gleichung

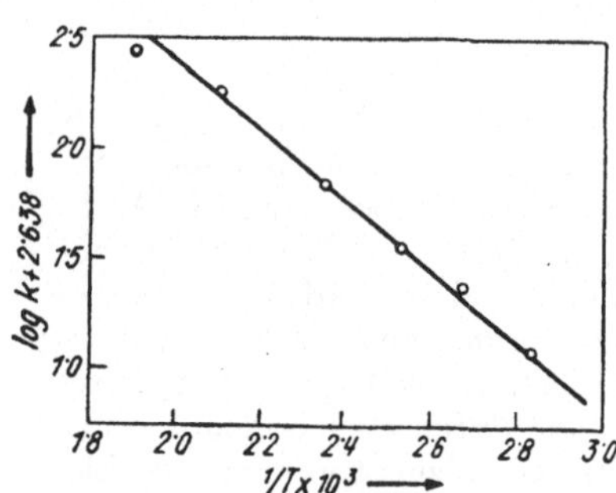

Abb. 29. Temperaturabhängigkeit der Geschwindigkeitskonstanten der Methanadsorption an Nickel nach Kubokawa. Die Konstanten wurden nach Gl. (2), Abschn. B 5, S. 424 berechnet.

$$\log \frac{v_1}{v_2} = \frac{E_A}{4,57} \left(\frac{1}{T_2} - \frac{1}{T_1} \right) \tag{2}$$

$(E_A \equiv$ Aktivierungsenergie; $T_{1,2} \equiv$ absolute Temperaturen)

erhalten; für v_1 und v_2 wurden die Neigungen der Mengen-Zeit-Kurven gegen die Zeitachse für verschiedene Temperaturen und gleiche Beladung eingesetzt. Noch

[1] S. I. Iijima: Rev. physic. Chem. Japan 12 (1938), 1.

[2] M. Kubokawa: Rev. physic. Chem. Japan 12 (1938), 157.

[3] A. F. H. Ward: Proc. Roy. Soc. (London), Ser. A 133 (1931); 506, 522.

ungenauere Werte erhält man, wenn man an Stelle der Geschwindigkeiten die zur Erreichung einer bestimmten Beladung notwendigen Zeiten in die logarithmische Gleichung einsetzt. Die nach dieser Methode gewonnenen E_A-Werte

tragen die Bezeichnung C. Schließlich wurden bei einer vierten Gruppe von Werten, mit D bezeichnet, die Aktivierungsenergien ganz roh abgeschätzt, so daß ihnen höchstens größenordnungsmäßige Richtigkeit zugesprochen werden kann.

Ein Blick auf die Tabelle lehrt, daß die Aktivierungsenergien, die ein und derselben Arbeit entstammen, außerordentlich starke Schwankungen aufweisen. Im allgemeinen steigt die nach der Methode B oder C berechnete Aktivierungsenergie mit steigender Beladung stark an. Als Beispiele seien die Messungsergebnisse von R. M. Barrer[1] sowie von Taylor und Strother[2] angeführt. Die Abb. 31 (Wasserstoff an Zuckerkohle) zeigt in ihrem Anfangsteil einen steilen Anstieg, der bei 10 kcal beginnt, bald umbiegt und gegen Schluß einem Grenzwert von $30 \div 35$ kcal zustrebt. Wenn auch die Zahlenangaben unter den eben bereits skizzierten Mängeln leiden, so gibt die Kurve uns doch ein Bild von der Häufigkeitsverteilung der Zentren verschiedener Aktivität auf der Oberfläche. Die Stellen kleiner Aktivierungswärme, d. h. hoher Aktivität sind verhältnismäßig selten. Mit fallender Aktivität der Stellen nimmt deren Zahl zu.

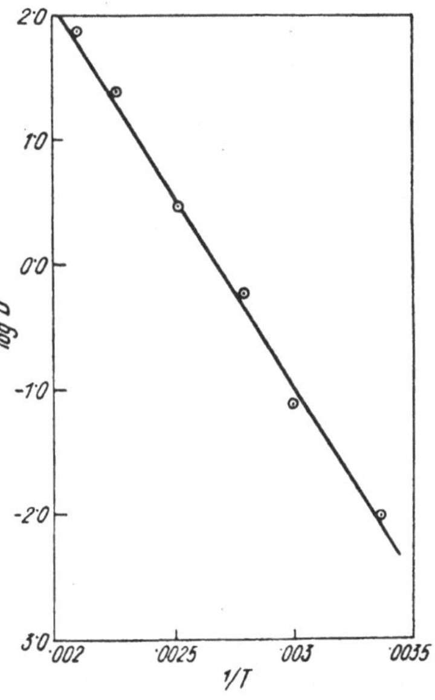

Abb. 30. Temperaturabhängigkeit der Geschwindigkeitskonstanten D Gl. (5), Abschnitt B 5, S. 427 nach Ward, Wasserstoff an Kupfer.

Der konstante, zuletzt erreichte Grenzwert entspricht den Oberflächenstellen in nicht besonders ausgezeichneter Lage. Auf der Abszissenachse ist die Oberflächenkonzentration in Prozenten des Sättigungswertes der aktivierten Adsorption aufgetragen, der sich in diesem Falle gut angeben läßt (s. Seite 423).

Auf Grund der großen Verschiedenheit der Aktivierungsenergien an einer Oberfläche ist nunmehr ohne weiteres verständlich, warum es nicht gelingt, eine einfache kinetische Gleichung, die im gesamten Bereich des Druckes gilt, aufzustellen. Es läge nun nahe, zu versuchen, auf einem ähnlichen Wege wie Cremer und Flügge bei der Ableitung der Adsorptionsisotherme,

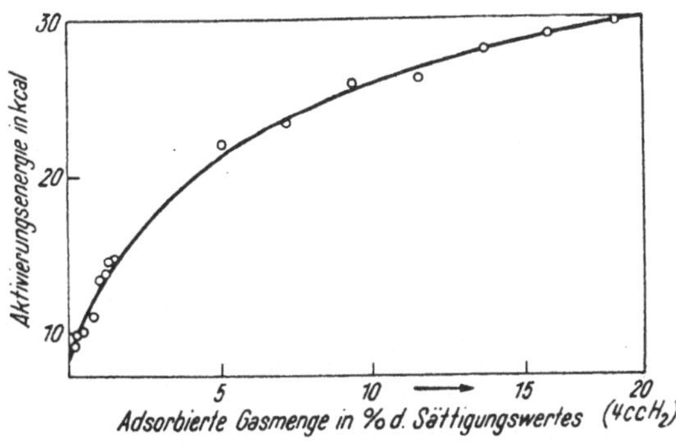

Abb. 31. Die Abhängigkeit der Aktivierungsenergie von der adsorbierten Gasmenge; Gas: Wasserstoff; Adsorbens: Aktivkohle. Nach Messungen von Barrer.

mit einer bestimmten Verteilungsfunktion für die Aktivierungsenergien auch die Adsorptionsgeschwindigkeit zu berechnen. Nach der Form der Kurve in Abb. 31 kann man vermuten, daß die Verteilungsfunktion dabei speziell in diesem Falle

[1] R. M. Barrer: Proc. Roy. Soc. (London), Ser. A 149 (1935), 253.
[2] H. S. Taylor, C. O. Strother: J. Amer. chem. Soc. 56 (1934), 586.

Tabelle 3. *Aktivierungswärmen. Zusammenstellung von Literaturwerten.*

Nr.	Gas	Adsorbens	Temperatur °C	Aktivierungs-energie kcal/Mol	Autor	Berech-nungs-art
1	H_2	Diamant	$450 \div 615$	$14,5 \div 22$	Barrer[1]	B
2	H_2	Graphit	> 400	$22 \div 33$	Barrer[1]	B
3	H_2	Aktivkohle	> 400	$15 \div 30$	Barrer[1]	A
4	H_2	Aktivkohle		30	Kingman[2]	A
5	H_2	Aktivkohle	$800 \div 950$	$9 \div 30$	Barrer[3]	B
6	H_2	Aktivkohle	$230 \div 630$	15	Barrer[4]	B
7	D_2	Aktivkohle	$230 \div 630$	15,8	Barrer[4]	B
8	H_2	Nickel	$-130 \div -78$	7,1	Jijima[5]	A
9	D_2	Nickel	$-112 \div -45$	7,1	Jijima[6]	A
10	H_2	Kupfer	$25 \div 201$	14,1	Ward[7]	A
11	H_2	Kupfer	$56 \div 100$	7,2	Taylor, Lewis[8]	C
	H_2	Kupfer	$218 \div 254$	11,5	Taylor, Lewis[8]	C
12	H_2	Cu–MgO	$0 \div 100$	2	Lewis[8]	C
13	H_2	Fe	$50 \div 148$	≈ 20	Morozow[9]	C
14	H_2	$Fe–Al_2O_3–K_2O$	$-100 \div 0$	$10 \div 11$	Emmett, Harkness[10]	C
15	H_2	Cr_2O_3	$110 \div 220$	21,7	Taylor, Burwell[11]	A
16	H_2	Cr_2O_3	$100 \div 182$	$14 \div 27$	Taylor, Howard[12]	C
17	H_2	ZnO	$0 \div 56$	$3,6 \div 6,4$	Taylor, Strother[13]	C
	H_2	ZnO	$80 \div 218$	$7,7 \div 15,3$	Taylor, Strother[14]	
18	H_2	ZnO	$110 \div 132$	$3,8 \div 15,9$	Taylor, Sickman	C
	H_2	ZnO	$132 \div 306$	12		B
19	H_2	$ZnO–Cr_2O_3$	$80 \div 218$	$1,4 \div 13,5$	Taylor, Strother[13]	B
20	H_2	MnO	$184 \div 218$	$12,4 \div 20,8$	Taylor, Williamson[15]	C
21	H_2	$MnO–Cr_2O_3$	$100 \div 132$	$5,9 \div 10,4$	Taylor, Williamson[15]	C
22	H_2	$MnO–Cr_2O_3$	$100 \div 130$	$4,6 \div 12,6$	P. V. McKinney[16]	C
23	H_2	Al_2O_3	350	27,5	Taylor, Gould[17]	D
24	H_2	MgO	$230 \div 370$	34	Taylor, Lewis[8]	D
25	H_2	Molybdänoxyd	$400 \div 450$	29	Griffith, Bruce[18]	D
26	H_2	Mo-Oxyd + 3 Atom-% SiO_2	$400 \div 450$	23,9	Griffith, Bruce[18]	D
27	H_2	Mo-Oxyd + 4,4 Atom-% SiO_2	$400 \div 450$	23,5	Griffith, Bruce[18]	D
28	H_2	Mo-Oxyd + 5,5 Atom-% SiO_2	$400 \div 450$	17,6	Griffith, Bruce[18]	D
29	H_2	Mo-Oxyd + 10 Atom-% SiO_2	$400 \div 450$	16,9	Griffith, Bruce[18]	D
30	H_2	ZnO–Mo-Oxyd	$200 \div 400$	$17,2 \div 33,9$	Taylor, Strother[13]	C
31	H_2	ZnO–Mo-Oxyd	$218 \div 351$	$16 \div 26$	Taylor, Ogden[19]	B
32	O_2	Diamant	$0 \div 144$	$4,3 \div 20$	Barrer[20]	D
33	O_2	Ag	$0 \div 200$	12,7	Benton, Drake[21]	B
34	O_2	Pt	$0 \div 100$	$4 \div 5$	Maxted, Hassid[22]	D
35	N_2	$Fe–Al_2O_3–K_2O$	$273 \div 450$	16	Emmett, Brunauer[23]	B
36	N_2	$Fe–Al_2O_3–K_2O$		50 (E-Des)	Taylor, Jungers[24]	*
37	N_2	Os	200	21,8 (E-Des)	Guyer, Jorris, Taylor[25]	*

* Die mit E-Des bezeichneten Werte sind Aktivierungsenergien der Desorption. Die Zahlen der Reihe 36 und 37 wurden aus Messungen der Isotopenaustauschgeschwindigkeit berechnet.

Tabelle 3. *Aktivierungswärmen* (Fortsetzung).

Nr.	Gas	Adsorbens	Temperatur °C	Aktivierungs- energie kcal/Mol	Autor	Berech- nungs- art
38	CO	Pd	$0 \div 250$	9	TAYLOR, MCKINNEY[26]	D
39	CO	ZnO–MoOxyd	$254 \div 351$	16	TAYLOR, OGDEN[19]	B
40	CH_4	Ni	$40 \div 250$	7	KUBOKAWA[27]	A
41	CH_4	Ni	218	19 (E-Des)	MORIKAWA, BENEDICT, TAYLOR[28]	D
42	CH_4	Aktivkohle	$500 \div 900$	30	BARRER[3]	B
43	C_2H_6	Ni	$100 \div 130$	15 (H–C- Spaltung)	MORIKAWA, BENEDICT, TAYLOR[29]	D
44	C_2H_6	Ni	$160 \div 300$	19 (C–C- Spaltung)	MORIKAWA, BENEDICT, TAYLOR[29]	D
45	C_2H_4	Cr_2O_3	$80 \div 110$	14,7	TAYLOR, HOWARD[12]	C
46	H_2O	ZnO	$250 \div 270$	15	TAYLOR, SICKMAN[14]	D
47	CO_2	AgO	$0 \div 200$	$4 \div 5$	BENTON, DRAKE[30]	D
48	SO_2	V_2O_5	425	10	BORESKOW, RUDER- MANN[31]	D
49	O_2	CuO–Cr_2O_3	$100 \div 200$	$10 \div 19$	FRAZER, ALBERT[32]	C
50	H_2	Pt	$-78 \div -50$	2,5	MAXTED, MOON[33]	A

[1] R. M. BARRER: J. chem. Soc. (London) **1936**, 1256.
[2] F. E. T. KINGMAN: Trans. Faraday Soc. **28** (1932), 269.
[3] R. M. BARRER: Proc. Roy. Soc. (London), Ser. A **149** (1935), 253.
[4] R. M. BARRER: Trans. Faraday Soc. **32** (1936), 481.
[5] S. I. IIJIMA: Rev. physic. Chem. Japan **12** (1938), 1.
[6] S. I. IIJIMA: Rev. physic. Chem. Japan **12** (1938), 83.
[7] A. F. H. WARD: Proc. Roy. Soc. (London), Ser. A. **133** (1931), 506, 522.
[8] H. S. TAYLOR, J. R. LEWIS: J. Amer. chem. Soc. **60** (1938), 877.
[9] N. M. MOROZOW: Trans. Faraday Soc. **31** (1935), 659.
[10] P. H. EMMETT, R. W. HARKNESS: J. Amer. chem. Soc. **57** (1935), 1624.
[11] H. S. TAYLOR, R. L. BURWELL: J. Amer. chem. Soc. **58** (1936), 698.
[12] H. S. TAYLOR, J. HOWARD: J. Amer. chem. Soc. **56** (1934), 2259.
[13] H. S. TAYLOR, C. O. STROTHER: J. Amer. chem. Soc. **56** (1934), 586.
[14] H. S. TAYLOR, D. V. SICKMAN: J. Amer. chem. Soc. **54** (1932), 602.
[15] H. S. TAYLOR, A. T. WILLIAMSON: J. Amer. chem. Soc. **53** (1931), 2168.
[16] P. V. MCKINNEY: J. physic. Chem. **55** (1933), 3626.
[17] H. S. TAYLOR, A. J. GOULD: J. Amer. chem. Soc. **56** (1934), 1685.
[18] R. H. GRIFFITH, R. N. B. D. BRUCE: Proc. Roy. Soc. (London), Ser. A **148** (1935), 186.
[19] H. S. TAYLOR, G. OGDEN: Trans. Faraday Soc. **30** (1934), 1178.
[20] R. M. BARRER: J. chem. Soc. (London) **1936**, 1261.
[21] F. A. BENTON, L. C. DRAKE: J. Amer. Chem. Soc. **56** (1934), 255.
[22] E. B. MAXTED, N. J. HASSID: Trans. Faraday Soc. **29** (1933), 698.
[23] P. H. EMMETT, S. BRUNAUER: J. Amer. chem. Soc. **56** (1934), 35.
[24] J. C. JUNGERS, H. S. TAYLOR: J. chem. Physics **7** (1939), 893.
[25] W. R. F. GUYER, H. S. TAYLOR, G. G. JORRIS: J. chem. Physics **9** (1941), 287.
[26] H. S. TAYLOR, P. V. MCKINNEY: J. Amer. chem. Soc. **53** (1931), 3604.
[27] M. KUBOKAWA: Rev. physic. Chem. Japan **12** (1938), 157.
[28] M. MORIKAWA, W. S. BENEDICT, H. S. TAYLOR: J. Amer. chem. Soc. **58** (1936), 1445.
[29] M. MORIKAWA, W. S. BENEDICT, H. S. TAYLOR: J. Amer. chem. Soc. **58** (1936), 1795.
[30] A. F. BENTON, L. C. DRAKE: J. Amer. chem. Soc. **56** (1934), 506.
[31] G. K. BORESSKOW, E. E. RUDERMANN: J. physik. Chem. (Moskau) **14** (1940), 161.
[32] J. C. W. FRAZER, C. G. ALBERT: J. physic. Chem. **40** (1936), 101.
[33] E. B. MAXTED, C. H. MOON: J. chem. Soc. (London) **1936**, 1542.

einen ähnlichen Charakter besitzt, wie es CREMER und FLÜGGE für die Adsorptionswärme annahmen.

Man kann jedoch keineswegs erwarten, daß ein solcher Ansatz in allen Fällen zum Ziele führt; vielmehr muß man wohl mit dem Auftreten anderer Typen von Verteilungsfunktionen rechnen. So lehrt die als zweites Beispiel für die Ungleichmäßigkeit der Aktivierungswärme wiedergegebene Abb. 32, die nach Tabellen der Arbeit von Taylor und Strother[1] gezeichnet wurde, daß sich die Werte keineswegs einem Grenzwert zu nähern brauchen. Gleichzeitig gibt die Abbildung einen Begriff davon, wie die Zahlenangaben der Tabelle 3 zu bewerten sind. Die aus Geschwindigkeitsmessungen bei einem Druck von 0,5 at für verschiedene Temperaturintervalle (80÷110° und 110÷184° C) berechneten Aktivierungsenergien des Systems $H_2/ZnO-Cr_2O_3$ stimmen einigermaßen überein und schließen sich an die bei höherem Druck (1 at) und höherer Beladung erhaltenen Werte an, wie die verbindene Kurve II zeigt. Doch ist ihr Anwachsen mit steigender Beladung sehr stark und das plötzliche Einsetzen des Anstieges bei einer adsorbierten Menge von 5 cm³ kaum verständlich. Beim Zinkoxyd erhält man im Temperaturbereich von 0÷56° (Kurve Ia) völlig andere Werte als im Bereich von 184÷218° C (Kurve Ib). Dieses steht wohl mit der Existenz zweier Typen der aktivierten Adsorption, wie aus Abb. 4 bereits hervorging, in Zusammenhang. Der Anstieg von E_A mit der Beladung ist auch hier außerordentlich stark. Im ganzen gewinnt man aus Abb. 32 den Eindruck, daß das Bild, welches wir von dem Zusammenhang zwischen Beladung und Aktivierungsenergie besitzen, wenig geschlossen ist. Der Grund hierfür ist wohl in erster Linie darin zu suchen, daß die Berechnung von E_A nach Gl. (2) ziemlich willkürlich ist. Man muß daher sehr vorsichtig sein, wenn man aus derartigen Berechnungen Aufschluß über die Verteilung der Zentren mit verschiedener Aktivierungsenergie

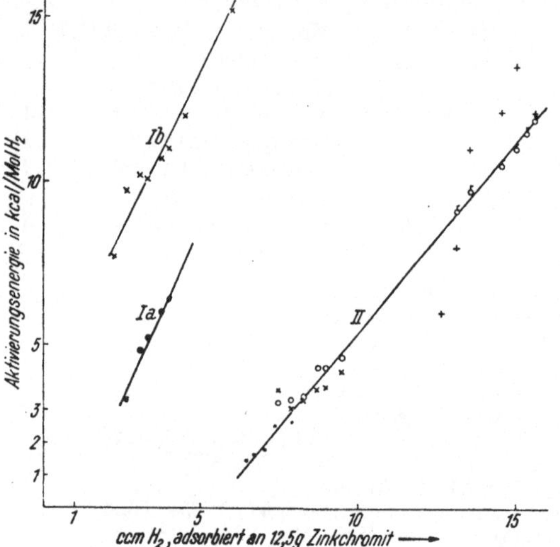

Abb. 32. Abhängigkeit der Aktivierungsenergie von der Beladung. Nach Messungen von Taylor und Strother (¹) mit Wasserstoff an Zinkoxyd und an Zinkchromit.
Kurve I, ZnO: Ib 184÷218°; Ia 0÷56° C.
Kurve II, ZnO·Cr₂O₃: ● 80÷218°, Druck 0,25 at
× 80÷110° } Druck 0,50 at
○ 110÷184° }
+ 80÷110° } Druck 1,0 at
◌ 110÷184° }

über die Oberfläche gewinnen will. Die hier besprochenen Mängel haften fast allen in Tabelle 3 angegebenen Werten für die Aktivierungsenergie an. Immerhin kann man versuchen, eine Erklärung für den aufgefundenen Sachverhalt anzugeben, wie es z. B. Taylor tut. Nach ihm hat das Anwachsen der Aktivierungsenergie seinen Grund darin, daß bei tiefen Temperaturen ausschließlich die Stellen mit kleiner Aktivierungsenergie adsorbieren, während bei höherer Temperatur die zahlenmäßig sehr stark überwiegenden Stellen mit größerer Aktivierungswärme den Hauptanteil am Adsorptionsprozeß haben.

Taylor und Burwell[2] haben daher bei der Auswertung ihrer Messungen am System Wasserstoff—Chromoxyd versucht, den Einfluß der Stellen kleiner E_A-Werte dadurch auszuschalten, daß sie nur solche Teile der Reaktionskurven (bei konstantem Druck gewonnene Mengen-Zeit-Kurven) zur Berechnung heranziehen, die sich durch lineare Streckung der Zeitmaßstäbe zur Deckung bringen

[1] H. S. Taylor, C. O. Strother: J. Amer. chem. Soc. 56 (1934), 586.
[2] H. S. Taylor, R. L. Burwell: J. Amer. chem. Soc. 58 (1936), 698.

lassen. Der Faktor f, mit dem die Überführung zweier bei den Temperaturen T_1 und T_2 gewonnenen Kurven möglich ist, liefert dann die Aktivierungsenergie nach der Gleichung

$$\log f = \frac{E_A (T_2 - T_1)}{R\, T_2 \cdot T_1}.$$

Allerdings lassen sich nur die bei hohen Temperaturen gewonnenen Kurven ohne weiteres zur Deckung bringen. Bei tieferen Temperaturen ist der Faktor f nicht konstant, sondern er nimmt mit steigender Beladung zu. Um die Deckung trotzdem zu ermöglichen, lassen TAYLOR und BURWELL einfach den unteren Teil der Kurve weg. Auf diese Weise erhalten sie einen über große Teile der Oberfläche konstanten Wert für E_A von 21,7 kcal, den man trotz der etwas willkürlichen Berechnungsart als annähernd zuverlässig ansehen kann. Man kann aus dieser Arbeit schließen, daß die Verteilung der aktiven Zentren am Chromoxyd ähnlich ist wie an Aktivkohle.

Eine etwas andere Art der Verteilung aktiver Zentren ergab sich aus den Versuchen von EUCKEN und HUNSMANN[1]. Diese Autoren maßen die Adsorptionswärme von Wasserstoff an Nickel bei $-250°$, $-183°$ $-78°$ und $0°$ C. Ferner nahmen sie Desorptionskurven von bei den gleichen Temperaturen an Nickel adsorbiertem Wasserstoff auf. Durch eine konsequente und erschöpfende Auswertung aller Beobachtungen gelang es ihnen, ein ziemlich detailliertes Bild von der Verteilung der Aktivierungsenergie der Desorption

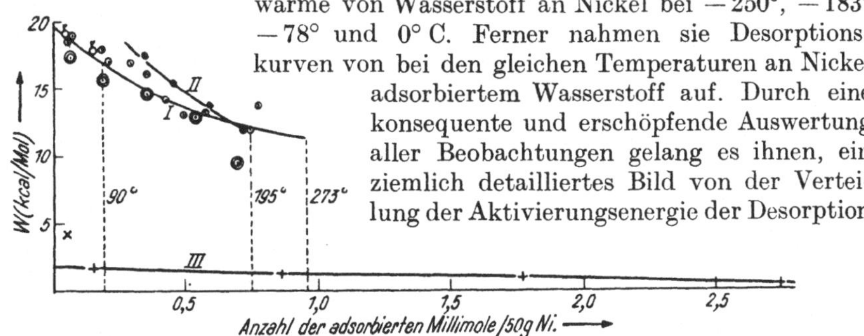

Abb. 33. Differentiale Adsorptionswärmen des H_2 an Ni. (Die punktierten senkrechten Geraden geben an, wie viele Millimole insgesamt bei der betreffenden Temperatur adsorbiert wurden.) (EUCKEN u. HUNSMANN,)

⊙ Meßtemperatur 273° K, freie Oberfl. (Kurve I),   × Meßtemperatur 55° K,
●   ,,   273° K, Vorbeladung bei 50° mit 0,29 Millimol (Kurve II),   ♂   ,,   90° K,
+   ,,   20° K, (Kurve III),   ◎   ,,   195° K.

und der Adsorptionswärme und damit auch der Aktivierungsenergie zu entwerfen. Die Beobachtungen, die sie ihren Überlegungen zugrunde legen und deren calorimetrischer Teil auf Abb. 33 wiedergegeben ist, sind folgende:

1. Sie ließen Wasserstoff bei $-78°$ C an Nickel adsorbieren und maßen die Temperatur, bei der im Vakuum Desorption stattfindet. Sie fanden dabei Desorption in zwei scharf voneinander getrennten Stufen, deren erste unterhalb 0° C stattfindende 14%, deren zweite oberhalb von 50° C 86% der gesamten adsorbierten Menge umfaßte.

2. Die Adsorptionswärme zeigte mit steigender Beladung einen Abfall (Abb. 33). Dieser war bei $-78°$ C stärker als bei 0° C. Bei 0° C war die Wärmeentwicklung nach Beendigung der Adsorption noch nicht zu Ende, sondern es trat eine dauernde Wärmeabgabe an das Calorimeter ein, die sich über einige Stunden verfolgen ließ und etwa 5÷10% der Gesamtwärme ausmachte. Diese Wärmeabgabe wurde geringer, wenn teilweise Absättigung der Oberfläche bei 50° stattgefunden hatte (Kurve II, Abb. 33).

3. Die innerhalb einiger Stunden aktiviert adsorbierte Menge war bei 0° C größer als bei $-78°$ C. Auch bei $-183°$ C fand noch eine calorimetrisch gut meßbare aktivierte Adsorption statt, deren Betrag aber wiederum erheblich kleiner

---

[1] A. EUCKEN, W. HUNSMANN: Z. physik. Chem., Abt. B 64 (1939), 163.

war als der bei — 78° C. Die bei diesen Temperaturen insgesamt aktiv adsorbierten Wasserstoffmengen sind durch die senkrechten, gestrichelten Linien der Abb. 33 bezeichnet.

Auf Grund dieser Ergebnisse konstruierten die Autoren nun das Diagramm Abb. 34. Auf der Ordinate ist die Desaktivierungsenergie E_D, d. i. die Aktivierungsenergie der Desorption, auf der Abszisse die Häufigkeit der Zentren mit einer bestimmten Desaktivierungsenergie nach steigenden Werten geordnet aufgetragen. Trägt man nun die zugehörigen Adsorptionswärmen ein, so ordnen sich diese etwa linear in einem nicht allzu breiten Bande an. Die Differenzen der Ordinatenwerte dieser beiden Kurven bedeuten die Aktivierungsenergien.

Beim Auftreffen des Wasserstoffs auf die entgaste Oberfläche werden nun die Zentren zunächst in der Reihenfolge der steigenden Aktivierungsenergie besetzt.

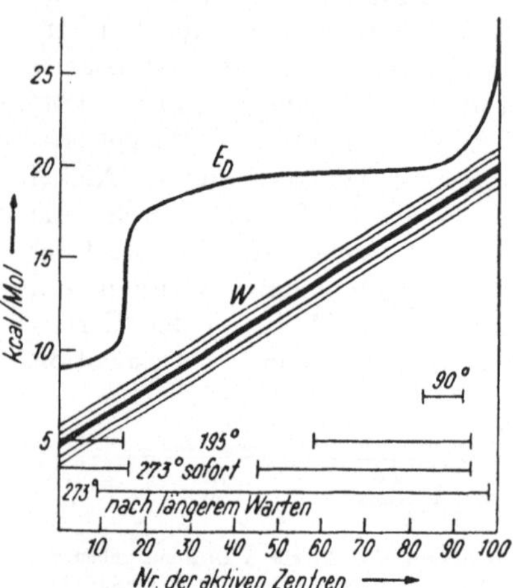

Abb. 34. Verteilung von Desaktivierungsenergie (E_D) und Adsorptionswärme (W) über die aktiven Stellen. (Die waagerechten Linien geben die Gebiete an, die bei den betreffenden Temperaturen belegt werden.) (Eucken u. Hunsmann.)

Je höher die Temperaturen, desto größer ist der Bereich der zugänglichen Stellen. Auf der Abb. 34 ist dargestellt, welche Bezirke bei jeder Temperatur besetzt werden. Man versteht auf Grund dieser Darstellung die Desorption des bei — 78° C aktiv adsorbierten Wasserstoffs unterhalb von 0° C, ferner den steileren Abfall der entsprechenden Adsorptionswärme, denn bei jener Temperatur werden die Stellen des Bereichs 0÷14 des Abszissenmaßstabes besetzt, die eine so kleine Desaktivierungsenergie besitzen, daß sie im Vakuum unterhalb 0° C wieder verdampfen können. Die thermischen Nachwirkungen kommen dadurch zustande, daß Wasserstoff, der zunächst an Stellen kleiner Aktivierungsenergie (hier im Bereiche 0÷14 gelegen) adsorbiert war, langsam nach Stellen höherer Adsorptionswärme, die gleichzeitig auch eine höhere Aktivierungsenergie besitzen, abwandert. Solche liegen im Bereiche oberhalb von 90 und zwischen 20 und 40. Eine Vorbeladung bei 50° C sorgt dafür, daß die Zentren oberhalb von 90 abgesättigt werden und der thermische Nachwirkungseffekt nur durch das Wandern des Wasserstoffs von Stellen der Art 0÷10 nach solchen zwischen 20 und 40 stattfinden kann. Dabei ist der thermische Effekt naturgemäß kleiner.

Die hier ausführlich besprochenen Ergebnisse von Eucken und Hunsmann sind zwar nicht ohne weiteres auf andere Systeme übertragbar, allein die Arbeit stellt einen Versuch dar, durch Heranziehung möglichst vielseitiger Meßmethoden und Deutung aller Ergebnisse nach einheitlichen theoretischen Gesichtspunkten zu detaillierteren Angaben über die Struktur der Grenzfläche zu gelangen, als es auf Grund eines einzigen experimentellen Verfahrens, also etwa nur durch Messung der Adsorptionsgeschwindigkeit möglich ist.

8. Die Adsorption an vergifteten Metalloberflächen.
(Adsorption mehrerer Gase.)

Bisher haben wir uns ausschließlich mit der Adsorption eines einzigen Gases an einem einheitlichen Stoff beschäftigt. Bei den beschriebenen Versuchen war stets dafür Sorge getragen, daß möglichst reine Gase mit gasfreien Oberflächen in Berührung kamen. Für die Katalyse sind aber jene Fälle nicht minder bedeutsam, bei denen kleine Mengen eines Fremdgases anwesend sind. Es ist bekannt, daß diese manchmal eine außerordentlich stark hemmende Wirkung auf eine gewünschte Reaktion ausüben können. Man pflegt dann von einem vergifteten Kontakt zu sprechen[1]. Der Einfluß von Kontaktgiften auf die Adsorption reakionsfähiger Gase an aktiven Metallen verdient daher Interesse Versuche in dieser Richtung wurden bisher u. a. von C. W. GRIFFIN und von MAXTED und Mitarbeitern angestellt.

GRIFFIN untersuchte den Einfluß von Kohlenmonoxyd und Dicyan auf die Wasserstoffadsorption an Kupfer[2] und die Wirkung von Kohlenmonoxyd auf die Wasserstoffadsorption an Nickel[3]. Die Metalle waren dabei auf Diatomit aufgetragen; das Kupfer wurde auch in Drahtform angewandt. Er nahm an diesen Präparaten Wasserstoffisothermen bei 0° C auf. Dann brachte er eine kleine Menge Kohlenoxyd oder Dicyan auf die Oberfläche und wiederholte die Isothermenmessung. Dabei fand er, daß kleine Mengen Kohlenoxyd das Adsorptionsvermögen von Nickel bei allen Wasserstoffdrucken etwas erhöhen, das von Kupfer dagegen bei hohen Wasserstoffdrucken um einen geringen Betrag herabsetzen. Größere Mengen Kohlenoxyd setzen den Sättigungswert bei beiden Metallen herab. Dabei bleibt die Gesamtmenge von adsorbiertem Kohlenoxyd und Wasserstoff fast gleich. Im Anfangsteil der Isothermen, also bei kleinen Wasserstoffdrucken, fördert dagegen das Kohlenoxyd sowohl bei Kupfer als auch bei Nickel stets auf die Wasserstoffaufnahme. Abb. 35 gibt einige Ergebnisse an Kupfer wieder. Die Kurven *1* und *9* sind die H_2-Isothermen an der reinen Oberfläche; bei Versuch *6, 7* und *8* wurde diese mit steigenden Mengen CO vorbehandelt. Kurve *4* ist die CO-Isotherme. Aus diesen Versuchen wird geschlossen, daß auf der Oberfläche eine bestimmte, in geringer Menge vorhandene Art von Stellen existiert, die Kohlenoxyd und Wasserstoff zusammen adsorbieren kann. Wasserstoff wird in Gegenwart von Kohlenoxyd besonders stark festgehalten. Die übrigen Stellen können entweder Kohlenoxyd oder Wasserstoff aufnehmen. Das Kohlenoxyd blockiert sie für die Wasserstoffaufnahme.

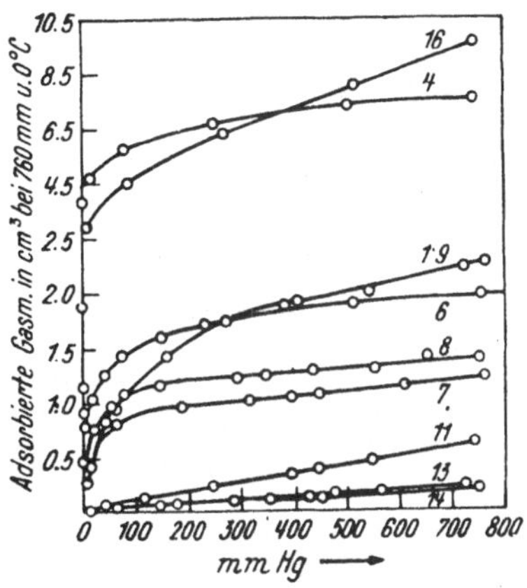

Abb. 35.
Adsorption von Wasserstoff an einem mit Kohlenmonoxyd und Dicyan vergifteten Kupferkatalysator. 117,4 g Cu, reduziert bei 200°. (Maßstabänderung bei 2,5 cm³.) Kurve *1* und *9*: H_2 ohne Gift; Kurve *4*: reines CO; Kurve *16*: reines Dicyan; Kurve *11*: H_2 mit 0,043 cm³ C_2N_2; Kurve *13*: H_2 mit 0,34 cm³ C_2N_2; Kurve *14*: H_2 mit 0,88 cm³ C_2N_2; Kurve *6*: H_2 mit 0,043 cm³ CO; Kurve *8*: H_2 mit 0,31 cm³ CO; Kurve *7*: H_2 mit 0,91 cm³ CO. (Nach C. W. GRIFFIN.)

Ganz anders dagegen verhält sich Dicyan an Kupfer, wie man der Abbildung weiter entnimmt. Schon kleine Mengen, wie sie beim Kohlenoxyd die Wasserstoffadsorption noch fördern, erniedrigen diese bereits um ein Vielfaches des Anfangswertes (Kurve *11*). Etwas größere Mengen, z. B. 0,34 cm³ (Kurve *13*) drücken die Wasserstoffadsorption von 2,4 auf 0,25 cm³, also um fast·[9]/[10] herab, während etwa die gleiche CO-Menge sie nur auf etwa ³/₄ des Anfangswertes erniedrigt.

Ähnliche Verhältnisse wie GRIFFIN für Wasserstoff und Kohlenoxyd an

---

[1] Siehe M. BACCAREDDA: Vergiftung von Kontakten in Band VI dieses Handbuchs.

[2] C. W. GRIFFIN: J. Amer. chem. Soc. **49** (1927), 2136; **56** (1934), 845; **57** (1935), 1206.

[3] C. W. GRIFFIN: J. Amer. chem. Soc. **59** (1937), 2431.

Kupfer fanden MAXTED und MOON[1] und MAXTED und EVANS[2] bei ihren Versuchen an Platinschwarz. Als Kontaktgift verwandten sie Schwefelwasserstoffgas. Das Ziel ihrer Untersuchungen war es, zu prüfen, ob ein Zusammenhang zwischen Adsorptionsgeschwindigkeit und katalytischer Aktivität besteht. Als Maß für die letztere dient bei ihnen die Geschwindigkeit der Crotonsäurehydrierung bei 40° C. Als Maß für die Adsorptionsgeschwindigkeit verwenden sie das Produkt der Konstanten, $n \cdot k$ der auf S. 425 erwähnten Gleichung (3b). Trägt man nach dem Einsetzen der N- und t-Werte die rechte gegen die linke Gleichungsseite in doppelt logarithmischem Maßstabe auf, so erhält man zwei Geraden, deren erste den schnellen Anfangsteil, deren zweite den langsamen Folgeprozeß des Adsorptionsvorganges wiedergibt und aus denen sich die Konstanten n und k ermitteln lassen. Der Versuch wird mit der unvergifteten und der mit verschiedenen Giftmengen beladenen Oberfläche ausgeführt. Die Konstanten beider Prozesse werden dann in relativem Maßstabe (für die reine Oberfläche $k \cdot n = 100$) gegen die Giftmenge je Gramm Platin aufgetragen. I bezieht sich auf die Konstanten des Anfangsprozesses, II auf die des Folgeprozesses. Die Ergebnisse sind auf Abb. 36 dargestellt. Man sieht, daß beide Kurven den gleichen Gang haben. Die dritte Kurve gibt die Geschwindigkeit der Crotonsäurehydrierung wieder. Sie wurde dadurch erhalten, daß man nach Beendigung des Adsorptionsversuchs eine kleine Menge des Platinkontakts aus dem Meßgefäß herausnahm und in eine Crotonsäurelösung brachte. Auf diese wurde bei 35° Wasserstoff einwirken gelassen und die Geschwindigkeit der Wasserstoffaufnahme gemessen. Auch sie zeigt den gleichen Verlauf. Aus diesen Versuchen läßt sich nun folgende interessante Schlußfolgerung ziehen: Der geschwindigkeitsbestimmende Schritt sowohl bei der Hydrierung als auch bei der Adsorption ist die Aktivierung des Wasserstoffs. Diese erfolgt an ganz bestimmten Zentren. Der übrige, katalytisch inaktive Teil der Oberfläche spielt lediglich die Rolle des Acceptors, den bei der Hydrierung die Crotonsäure übernimmt. Um eine Vorstellung vom Grade der Vergiftung bei größeren Giftmengen zu geben, fügen wir noch folgende, der ersten Arbeit von MAXTED und MOON[3] entnommene Tabelle 4 bei.

Man entnimmt der Tabelle, daß die Giftmengen

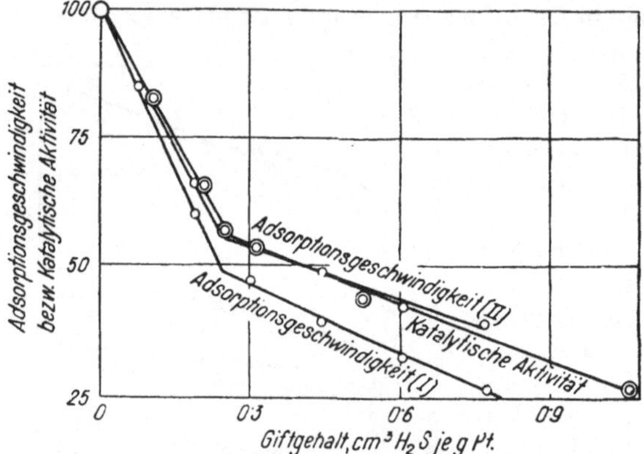

Abb. 36. Die Wirkung von Schwefelwasserstoffgas auf die Geschwindigkeiten der Hydrierung und der Wasserstoffadsorption an einem Platinkatalysator nach MAXTED und EVANS.

Tabelle 4. *Die Wirkung von H_2S auf die Aktivität eines Platinschwarzkatalysators.*

cm³ H₂S NTP/g Pt	adsorbierte Wasserstoffmenge nach Min.			Hydrierungsaktivität cm³ H₂/Min.
	1	5	10	
0	0,820	0,913	0,953	19
0,043	0,730	0,870	0,903	16
0,082	0,642	0,793	0,843	11,6
0,134	0,535	0,719	0,719	6,4
0,181	0,405	0,621	0,686	3,4

[1] E. B. MAXTED, C. H. MOON: J. chem. Soc. (London) **1936**, 1542; **1938**, 1228.
[2] E. B. MAXTED, H. C. EVANS: J. chem. Soc. (London) **1939**, 1750.
[3] E. B. MAXTED, C. H. MOON: J. chem. Soc. (London) **1938**, 1228.

zwar im Vergleich zu den bei der Hydrierung umgesetzten Mengen in der Tat recht geringfügig sind, daß sie aber doch einen erheblichen Anteil der adsorbierenden Zentren abdecken, so daß die Zahl der im Sinne der oben entwickelten Vorstellung als Acceptor wirkenden Oberflächenstellen etwa von der gleichen Größenordnung ist wie die der übertragenden Stellen.

Außer GRIFFIN befaßte sich noch IIJIMA[1] mit dem Einfluß der Dicyanadsorption auf die Geschwindigkeit und den Betrag der Wasserstoffaufnahme durch reduziertes Nickel. Die Versuche erfolgten im Anschluß an die Adsorptionsgeschwindigkeitsmessungen dieses Autors, die bereits auf S. 426 ausführlich besprochen wurden. Er zerlegte den Gesamtprozeß in eine Reihe von Stufen, deren jede sich durch das Gesetz der Reaktion I. Ordnung darstellen ließ. Das gleiche Gesetz konnte er auch anwenden, wenn er das Nickel mit steigenden Mengen Dicyan vorbehandelte. Die Geschwindigkeitskonstanten wurden dabei beträchtlich vermindert. Er fand empirisch zwischen Giftmenge und Geschwindigkeitskonstante K den Zusammenhang

$$\log K = \alpha - \beta x,$$

in der α und β Konstanten darstellen und x die Giftmenge bedeutet.

Zum Schluß seiner Arbeit gibt der Autor noch eine Tabelle an, die eine Gegenüberstellung von Giftmenge und der im ersten Augenblick aufgenommenen Wasserstoffmenge enthält, und die wir hier im Auszug wiedergeben (Tabelle 5).

Hier zeigen sich ähnliche Verhältnisse, wie sie GRIFFIN bei H_2 und CO an Cu vorfand. Das Dicyan scheint demnach auf Nickel nicht so stark vergiftend zu wirken wie auf Kupfer.

Das wesentliche Ergebnis dieser Untersuchung ist kurz folgendes:

Eine kleine Giftmenge verbindet sich mit den Stellen der Nickeloberfläche, an denen die Wasserstoffadsorption am schnellsten erfolgt; mit steigender Giftmenge werden dann die anderen Stellen in der Reihenfolge ihrer Aktivität für die H_2-Adsorption besetzt. Die Reihenfolge der Aktivität ist also für Gift und Adsorbat die gleiche.

Tabelle 5. *Der Einfluß der Vergiftung mit Dicyan auf die in der ersten Minute erfolgende H_2-Aufnahme von Ni bei $-78°$.*

cm³ C_2N_2	cm³ H_2	cm³ $H_2 + C_2N_2$
0,00	3,15	3,15
0,12	2,88	3,00
0,49	2,42	2,91
1,09	1,68	2,77
1,70	1,16	2,86
2,29	1,11	3,40
3,89	0,62	4,51

9. Adsorption an Mischkatalysatoren.

Im Anschluß an unsere Ausführungen über aktivierte Adsorption an einheitlichen Festkörpern seien nun noch die Ergebnisse einiger Untersuchungen mitgeteilt, die sich mit der Adsorption an Mischkatalysatoren befassen. Diese Untersuchungen sind nicht nur deshalb von allgemeinerer Bedeutung, weil sie eine Beziehung zwischen katalytischer Aktivität und Adsorptionsaktivität in Abhängigkeit vom Aktivatorgehalt aufdecken können und damit den Mechanismus der Reaktion genauer zu erforschen erlauben, sondern vor allem deshalb, weil man mit ihrer Hilfe eingehende Aufschlüsse über den Aufbau der Oberfläche und den Sitz der Aktivatormolekeln und somit auch deren Rolle im Verstärkungsmechanismus erhalten kann. Gerade letzteres ist besonders wichtig, weil die meisten anderen Methoden der Oberflächenuntersuchung, wie z. B. Elektronenbeugung, Elektronemission und Akkommodation bei porösen Körpern versagen.

---

[1] S. I. IIJIMA: Rev. physic. Chem. Japan **12** (1938), 148.

Es gelang Emmett und Brunauer[1] sowie Emmett und Harkness[2] und Emmett und Hansford[3] in einer Reihe von mustergültigen und umfassenden Experimentaluntersuchungen die Struktur der Oberfläche von Eisenkatalysatoren für die Ammoniaksynthese, die teils mit Aluminiumoxyd, teils mit Kaliumoxyd, teils mit beiden Zusätzen aktiviert waren, zu klären. Die benützten Katalysatoren wurden durch oxydierendes Schmelzen von Eisen in Sauerstoffstrom und nachfolgendes Reduzieren gewonnen. Derartige Katalysatoren wurden von der Badischen Anilin- und Sodafabrik, Ludwigshafen, entwickelt und die Erfahrungen in Patenten niedergelegt[4]. Eine genaue Beschreibung ihrer Herstellung findet man bei Almquist und Crittenden[5].

Als erste Aufgabe nahmen sie die Bestimmung der relativen und absoluten Oberflächengröße vermittels der physikalischen Adsorption in Angriff[6]. Sie maßen die Isothermen von Stickstoff bei −183 und −195°, von Argon und Sauerstoff bei −183°, von Kohlenoxyd bei −183 und −78° C, von Methan bei −140°, von Stickoxyd bei −140°, von Kohlendioxyd und Stickoxydul bei −78°, von Ammoniak bei −30° und von Butan bei 0° C. Dabei erhielten sie die auf Abb. 37 für einen reinen Eisenkatalysator wiedergegebenen Kurven. Als Abszisse ist wieder der Druck in mm Hg, als Ordinate die adsorbierte Gasmenge in ccm aufgetragen.

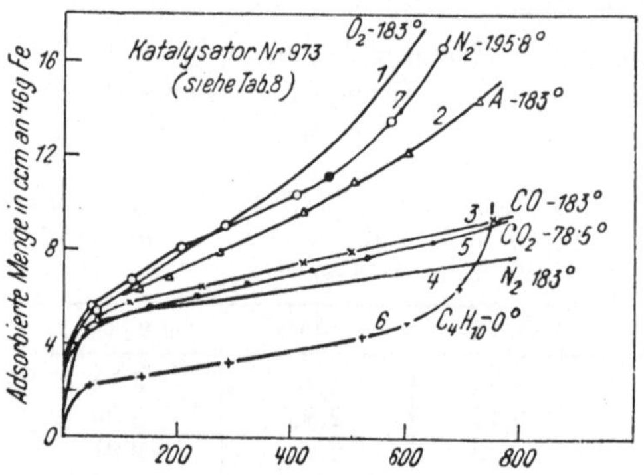

Abb. 37. Adsorptionsisothermen für verschiedene Gase bei tiefen Temperaturen an einem Eisenkatalysator nach Emmett und Brunauer.

Der Verlauf dieser Kurven entspricht ganz den Beobachtungen an anderen porösen Adsorbentien in der Nähe des Siedepunktes des Adsorbats. Nach einem anfänglich steilen Anstieg biegt die Kurve um und steigt ungefähr linear weiter, um dann bei höheren Drucken nochmals scharf anzusteigen. Dieser letzte Anstieg zeigt das Einsetzen der Capillarkondensation an. Der erste, sehr steile Anstieg der S-förmigen Kurve gibt die Absättigung der gasfreien Oberfläche wieder, der mittlere, lineare Teil dagegen läßt sich wahrscheinlich als Bildung einer zweiten adsorbierten Schicht über der ersten auffassen. Es galt nun die Frage zu klären, in welchem Punkt die Bildung einer unimolekularen Schicht beendet ist und welche adsorbierten Gasmengen somit zur Berechnung der Oberflächengröße herangezogen werden müssen. Emmett und Brunauer gingen dabei wie folgt vor: Sie griffen zunächst mehrere charakteristische Punkte des geraden Teils der Isotherme heraus (siehe Abb. 38, bei der der Druck in Bruchteilen des Sättigungsdrucks angegeben ist), und zwar A, den Schnittpunkt des verlängerten, geradlinigen Teiles mit der Ordinate $p = 0$, B den Punkt des Überganges der Isotherme in den geraden Teil, C den Wendepunkt der S-Kurve, D den Punkt des Übergangs zur Capillarkondensation und E den Schnittpunkt der verlängerten Geraden mit der Ordi-

[1] P. H. Emmett, S. Brunauer: J. Amer. chem. Soc. 55 (1933), 1738; 56 (1934), 35; 57 (1935), 1754; 59 (1937), 310, 1533, 2682; 62 (1940), 1732.
[2] P. H. Emmett, R. W. Harkness: J. Amer. chem. Soc. 55 (1933), 3496; 56 (1934), 490; 57 (1935), 1624, 1631.
[3] P. H. Emmett, R. C. Hansford: Amer. chem. Soc. 60 (1938), 1185.
[4] D.R.P. 249447, 254437.
[5] J. A. Almquist, E. D. Crittenden: Ind. Engng. Chem. 18 (1926), 1307.
[6] P. H. Emmett, S. Brunauer: J. Amer. chem. Soc. 59 (1937), 1533.

nate $p = p_s$, dem Sättigungsdruck des Adsorbats. Dann berechneten sie aus der diesen Punkten entsprechenden Gasmenge und der Dichte des betreffenden Gases im verfestigten und verflüssigten Zustand die Fläche, die diese Gasmenge bei dichtester Packung bedecken kann. Die Ergebnisse für einen nicht aktivierten Eisenkontakt zeigt Tabelle 6.

Man sieht, daß die für verschiedene Gase berechneten Flächen annähernd übereinstimmen. Am besten ist die Übereinstimmung im Punkte B, bei dem die Abweichung vom Mittelwert ungünstigstenfalls 12% beträgt, wenn man die Dichte des verfestigten Gases zugrunde legt. Es erscheint daher berechtigt, diesen Punkt als denjenigen anzusehen, bei dem die Bildung des unimolekularen Films beendet ist. Um dieser Ansicht eine weitere Stütze zu geben,

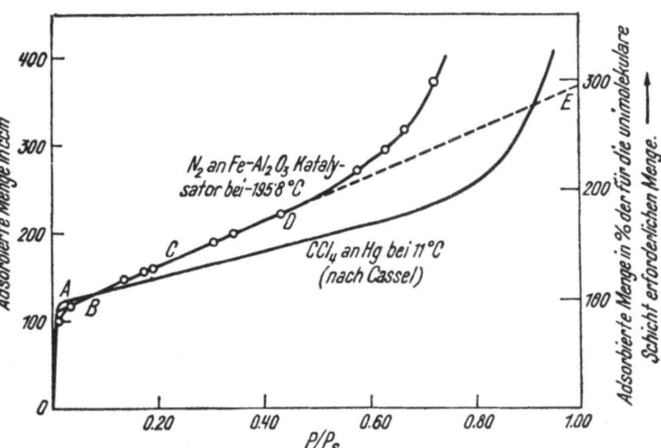

Abb. 38. Vergleich zwischen der Adsorptionsisotherme von Stickstoff bei — 195,8° C an einem Eisen-Aluminium-Katalysator und einer Adsorptionsisotherme von Tetrachlorkohlenstoff, die CASSEL aus Messungen der Oberflächenspannung von mit CCl₄ beladenen Quecksilberoberflächen berechnete. Die linke Ordinatenteilung bezieht sich auf den Eisenkatalysator, die rechte auf die Hg-Oberfläche (nach EMMETT u. BRUNAUER).

führten die Verfasser Messungen der Adsorptionswärme von Stickstoff und Argon an ihren Katalysatoren aus und fanden in der Nähe des Punktes B einen besonders starken Abfall der Adsorptionswärme. Weiter verglichen sie ihre Isothermen mit denen von CASSEL[1], der die Adsorption von Tetrachlorkohlenstoff an Quecksilberoberflächen genau bekannter Größe untersucht hat und dessen Ergebnisse mit in Abb. 38 aufgenommen wurden. Die Ähnlichkeit des Kurvenverlaufs ist durchaus überzeugend. Auch an der glatten Quecksilberoberfläche zeigt die Isotherme im Punkte der vollständigen unimolekularen Schicht den Übergang in einen langsam ansteigenden linearen Teil. Aus alledem

Tabelle 6. *Adsorbierte Gasvolumina und äquivalente Oberflächengrößen für die Punkte A, B, C, D und E der Isothermen von Abb. 37.* (Für die Berechnung der Oberflächengröße wurde die Dichte des Adsorptivs in festem Zustande zugrunde gelegt.)

Gas	Temp. °C	Flächen in m², bezogen auf 46,2 g Fe				
		A	B	C	D	E
N_2	— 195,8	17,9	20,5	25,8	31,0	63,8
N_2	— 183	18,5	20,5	—	—	56,4
Ar	— 183	17,0	20,1	26,1	32,2	55,8
CO	— 183	18,9	21,1	—	—	57,0
CO_2	— 78	18,5	22,7	27,5	32,0	47,6
C_4H_{10}	0	17,3	19,0	26,8	34,6	45,8
O_2	— 183	14,7	18,0	25,4	32,7	55,4

kann man ersehen, daß die Methode der Oberflächenbestimmung vermittels der VAN DER WAALSschen Adsorption als zuverlässig angesehen werden kann. Sie liefert Absolutwerte mit einer Genauigkeit von $\pm$ 25%. Die Relativwerte bei ähnlich aufgebauten Adsorbentien sind jedoch erheblich genauer.

Auf Grund dieser Ergebnisse ziehen die Verfasser immer die Stickstoffadsorption bei —183 und —195° zur Bestimmung der Oberflächengröße ihrer Eisenkatalysatoren heran.

<hr>

[1] H. CASSEL: Trans. Faraday Soc. **28** (1932), 177.

Mit dieser Methode ausgerüstet, untersuchten Emmett und Brunauer nun die aktivierte Adsorption von Sauerstoff, Wasserstoff, Stickstoff, Kohlenmonoxyd und Kohlendioxyd an den gleichen Eisenkatalysatoren[1]. Sie konnten sich dabei auf einige frühere Arbeiten stützen, die folgende Resultate hatten:

1. Stickstoff wird oberhalb von 350° C aktiv adsorbiert.

2. Wasserstoff wird bei tiefen Temperaturen, unterhalb von −100° C van der Waalssch adsorbiert; oberhalb von −100° findet eine erste (Typ A), bei +100° und darüber eine zweite Art (Typ B) der aktiven Adsorption statt. Die Isobare wurde bereits auf S. 408, Abb. 7 wiedergegeben. Die Ergebnisse sind mit denen von Morozow[2] im Einklang, soweit die Resultate dieses Autors mit den hier besprochenen vergleichbar sind.

3. Bei der Untersuchung der Adsorption von Kohlensäure und Kohlenmonoxyd an Katalysatoren mit und ohne Alkali wurde gefunden, daß die alkalihaltigen Kontakte das Kohlendioxyd, die alkalifreien Kontakte dagegen das Kohlenmonoxyd bevorzugt aufnehmen.

Diese Ergebnisse wurden nun in neuester Zeit nochmals eingehend überprüft und erweitert. Die adsorbierten Mengen wurden mit der Oberflächengröße in Beziehung gebracht. Die Auswertung des Materials wurde soweit wie irgend möglich durchgeführt. Ein Ausschnitt aus den Ergebnissen ist in den Tabellen 7 und 8 wiedergegeben. Dazu ist noch folgendes zu bemerken: Die erste Spalte der Tabelle 7 enthält die Nummer des Katalysators und die zweite den Aktivatorgehalt in Prozenten der Eisenmenge. Die anderen Spalten enthalten die Verhältnisse der aktiv adsorbierten Gasvolumina untereinander oder im Vergleich zur van der Waalssch adsorbierten Stickstoffmenge — mit (N_2) bezeichnet —, die zur Bildung der unimolekularen Oberflächenschicht erforderlich ist. Neben diesen Verhältnissen ist die Meßtemperatur angegeben. Die verschiedenen Zahlen sind die Ergebnisse aufeinanderfolgender Versuche: ihre Änderung in einer Richtung ist in der Regel auf ein Sintern des Kontakts zurückzuführen, da dieser vor Beginn jeder Versuchsreihe bei seiner Reduktionstemperatur mit Wasserstoff behandelt und daraufhin im Hochvakuum entgast worden war. Die in der Originalarbeit angegebenen Zeiten, in denen der Adsorptionsgrad, der in der Tabelle verzeichnet ist, erreicht wurde, sind weggelassen. Sie spielen bei der Mehrzahl der Versuche keine bedeutende Rolle, da diese in einem solchen Temperaturgebiet ausgeführt wurden, in dem sich der größte Teil der aktiven Sorption in sehr kurzer Zeit abspielte. Nur beim Wasserstoff spielt die Zeit eine gewisse Rolle, wie in Tabelle 7 angedeutet ist.

Tabelle 8 bringt einen Auszug aus den Ergebnissen der Versuche über den Einfluß, den eine bestimmte bereits aktiv adsorbierte Gasmenge (hier mit Fremdgas bezeichnet) auf die Sorption eines zweiten Gases (hier Meßgas genannt) ausübt. In der ersten Spalte ist eine laufende Nummer, in der zweiten die Nummer des Kontakts, dessen Zusammensetzung bereits in Tabelle 7 zu finden ist, angegeben. Die Spalten 3 und 4 enthalten Angaben über die benutzten Gase und die Spalte 5 die Versuchstemperatur, bei der das Meßgas adsorbiert wurde. In Spalte 6 findet man die Menge des Meßgases, welche von der frischen Oberfläche aufgenommen werden kann. Spalte 7 gibt die adsorbierte Fremdgasmenge an, die entweder bei der Meßtemperatur oder bei einer geeigneten höheren Temperatur aufgenommen wurde. Spalte 8 enthält die an der mit Fremdgas bedeckten Oberfläche aufgenommene Menge des Meßgases. Spalte 9 endlich enthält Angaben über die Zeit, in welcher die Adsorption erfolgte. Die bei den Versuchen benutzten Katalysatormengen betragen 25 cm³, entsprechend 61÷72 g der unreduzierten Oxyde.

---

[1] P. H. Emmett, S. Brunauer: J. Amer. chem. Soc. **62** (1940), 1732.

[2] N. M. Morozow: Trans. Faraday Soc. **31** (1935), 659.

Tabelle 7. *Verhältnisse der adsorbierten Mengen einiger Gase an verschiedenen Eisenkatalysatoren.*

Kontakt Nr.	Aktivator-gehalt in %	$CO/(N_2)$ Temperatur °C	$CO/(N_2)$ Verhältnis d. adsorb. Mengen	$CO_2/(N_2)$ Temperatur °C	$CO_2/(N_2)$ Verhältnis d. adsorb. Mengen	H_2/CO Temperatur °C	H_2/CO Verhältnis d. adsorb. Mengen	$H_2(A)/H_2(B)$ Verhältnis d. adsorb. Mengen	N_2/CO Temperatur °C	N_2/CO Verhältnis d. adsorb. Mengen	$N_2/(N_2)$ Temperatur °C	$N_2/(N_2)$ Verhältnis d. adsorb. Mengen	O_2/CO Temperatur °C	O_2/CO Verhältnis d. adsorb. Mengen	$O_2/(N_2)$ Temperatur °C	$O_2/(N_2)$ Verhältnis d. adsorb. Mengen
424	$1,03\ Al_2O_3$ $0,19\ ZrO_2$	—183	0.65	—78	0.08											
930	$1,07\ K_2O$			—78	0,74											
931	$1,3\ Al_2O_3$ $1,59\ K_2O$	— 78 —183	0,51 0,49 0,49 0,44 0,43	—78	0,66 0,63 0,58 0,56	— 78 +100	0,94 0,94 0,99 0,96 0,88 0,99	0,99 1,07 0,99	392	0,49 0,49 0,51	392	0,26 0,25 0,27	— 78 —183	7,0 6,9 7,7 3,6 4,1	— 78 —183	3,5 3,4 3,7 1,8 2,0
954	$10,2\ Al_2O_3$	— 78 —183	0,48 0,49 0,50 0,41 0,43 0,43	—78	0,05	— 78 +100	0,52 0,52 0,60 0,61 0,62 0,59 0,44 0,60 0,66 0,92	0,88 1,18 1,00 0,92 0,67	440 391	0,26 0,34	440 391	0,13 0,17	— 78	11,3 8,5 7,3 5,8 7,7	— 78	5,4 4,0 3,5 2,9 3,9
958	$0,35\ Al_2O_3$ $0,08\ K_2O$	— 78 —183	0,72 0,62	—78	0,27	— 78	0,50									
973	$0,15\ Al_2O_3$	— 78 —183	1,25 1,30 1,25 1,10 1,13 1,18	—78	0,13	— 78 —100	0,38 0,40 0,43 0,60 0,56 0,65 0,39 0,38 0,39 0,43 0,46 0,53	0,98 1,04 1,02 1,24 1,24 1,43 1,62	395	0,22 0,25 0,25	395	0,28 0,31 0,33 0,50	—183 — 78	4,2 7,7	—183 — 78	4,5 8,4

450 W. HUNSMANN:

Tabelle 8. *Aktivierte Adsorption einiger Gase an gasbedeckten Oberflächen verschiedener Eisenkatalysatoren.*

Kata-lysator Nr.	Gase		Tem-peratur °C	Menge des Meßgases an der frischen Oberfläche cm³	Fremdgas-menge zur Vorbela-dung cm³	Adsorb. Menge des Meßgases an der fremdgas-bedeckten Oberfläche cm³	Zeit
	Fremdgas	Meßgas					
1	931	O_2	CO_2	− 78	42,8	104,3	42,8	[1]
2	954	CO	H_2 (A)	− 78	25,6	52	0,4	3 Min.
							0,5	23 Min.
3	973	N_2	H_2 (A)	− 78	3,0	2,1	0.4	1 Std.
							0,9	3 Std. [2]
4	973	O_2	H_2 (A)	− 78	3,4	42	0,17	30 Min.
5	958	CO_2	H_2 (A)	− 78	10,5	8,0	6,5	12 Min.
							9,6	18 Std.
6	954	H_2 (A)	CO	− 78	41,7	21,1	39,3	
7	954	H_2 (B)	CO	− 78	41,7	26,5	38,7	
8	931	H_2 (A)	CO_2	− 78	18,0	11,5	17,7	
9	973	N_2	CO	−183	24,6	3,6	24,4	[3]
10	931	N_2	CO_2	− 78	17,0	7,8	15,9	
11	931	O_2	CO	− 78	14,3	105,7	7,4	1,25 Std.
							7,8	2,25 Std.
							9,0	5,5 Std.
							12,3	23,5 Std.
12	931	O_2	CO	−183	12,1	97,0	1,0	2,0 Std.
13	931	CO_2	CO	−183	13,8	17,7	3,7	2,5 Std.
14	931	CO	CO_2	− 78	16,8	13,6	9,9	2 Std.
15	931	CO_2	H_2	− 78	12,2	19,0	0,8	3 Min.
							3,8	50 Min.
							12,2	16 Std.
16	954	N_2	H_2	+100	37,0	14,5	41,8	je 18 Std.
17	931	N_2	H_2	+100	14,7	8,0	7,9	je 1 Std.

[1] CO_2-Gesamtadsorption.   [2] Verdrängung im Verhältnis 1 : 1.
[3] Kohlenoxydgesamtadsorption.

Anmerkung: Die in Spalte 4 angegebenen Temperaturen beziehen sich auf die Sorption des Meßgases; das Fremdgas wurde bei der gleichen oder einer anderen, jeweils passenden Temperatur mit dem Kontakt in Berührung gebracht.

In der Diskussion verwenden die Verfasser ihr Material zur Klärung folgender 6 Fragen:

1. An welchen Teilen der Oberfläche findet die Chemisorption statt?

2. Wie sind die adsorbierten Partikeln gebunden?

3. In welchem Maße sind die Aktivatoren auf der Oberfläche angereichert, und wie sind sie verteilt?

4. Wie ist die Existenz mehrerer Typen der aktivierten Adsorption zu verstehen?

5. Können adsorbierte Atome in das Innere des Kristalls eindringen?

6. Welche chemischen und katalytischen Wirkungen üben die Aktivatoren aus?

Auf Grund des Studiums der Chemisorption der genannten Gase sowie deren gegenseitiger Beeinflussung gelangen sie zu folgenden Ergebnissen, zu deren Erläuterung jeweils ein charakteristisches Beispiel in der Tabelle angegeben ist.

Zu Frage 1. Kohlendioxyd wird durch Kaliumoxyd an der Oberfläche aufgenommen, denn die Kohlendioxydadsorption wird durch Sauerstoff, Wasserstoff und Stickstoff nur unerheblich beeinflußt (Reihe 1, 8 und 10, Tabelle 8). Es wird außerdem nur von den alkalihaltigen Katalysatoren in beträchtlicher Menge aufgenommen (Spalte 4, Tabelle 7). Das Aluminiumoxyd sorbiert kein CO_2. Die anderen Gase werden nur an der Eisenoberfläche festgehalten, denn sie drängen sich gegenseitig von der Oberfläche ab. Zum Beispiel wird die Aufnahmefähigkeit für Wasserstoff durch Stickstoff im Verhältnis 1:1 vermindert (Reihe 3, Tabelle 8). Stickstoff und Wasserstoff werden also an den gleichen Stellen adsorbiert. Die ähnliche Wirkung beider Typen der aktivierten Wasserstoffadsorption auf die Adsorption des Kohlenoxyds zeigt, daß sie beide echte Oberflächenerscheinungen sind (Tabelle 8, Reihe 6 und 7).

Zu 2. Auf die *zweite Frage* nach der *Natur der adsorptiven Bindung* geben die Versuche folgende Antwort: Kohlenoxyd wird als Molekül adsorbiert, denn die vom reinen Eisenkatalysator 973 aufgenommene Menge ist erheblich größer als die entsprechende Wasserstoff- oder Stickstoffmenge (Tabelle 7, Spalte 5 und 7, Reihe 6); sie ist sogar größer als die für die unimolekulare Schicht erforderliche Stickstoffmenge (Spalte 3, Reihe 6). Die Kohlenoxydbeladung setzt die Aufnahmefähigkeit für Kohlendioxyd herab, was dadurch zu erklären ist, daß die großen Kohlenoxydmolekeln die mit Kaliumoxyd besetzten Stellen überlappen (Tabelle 8, Reihe 14). Kohlenoxyd bildet mit dem Eisen einen Oberflächencarbonyl, denn beim Ausheizen verdampfen geringe Mengen flüchtiger Eisenverbindungen, die an den heißesten Teilen der Gefäßwand einen Eisenspiegel bilden. Auch das Kohlendioxyd wird molekular festgehalten, denn wenn das nicht der Fall wäre, müßten seine Dissoziationsprodukte, nämlich Kohlenstoff, Kohlenoxyd und Sauerstoff an den aus *Eisen* gebildeten Oberflächenteilen festgehalten werden. Die Kohlendioxydsorption dürfte also nicht mit steigendem Gehalt der Oberfläche an Eisenatomen abnehmen (Tabelle 7, Spalte 4). Außerdem drückt das Kohlendioxyd die Sorption des Kohlenoxyds und die Sorptionsgeschwindigkeit für Wasserstoff stark herab (Tabelle 8, Reihe 13 und 15), was auf ein Hinübergreifen der durch das Kaliumoxyd festgehaltenen großen Kohlendioxydmolekeln auf die benachbarten Teile der freien Eisenoberfläche zurückzuführen ist. Wasserstoff und Stickstoff (bei 400°) werden atomar adsorbiert, denn sie beeinflussen die Kohlendioxydadsorption nur sehr wenig (Tabelle 8, Reihe 8 und 10). Die kleinen Atome können die Alkalimolekeln nicht überdecken. Die Geringfügigkeit des Einflusses auf die Gesamtadsorption des Kohlenoxyds (Tabelle 8, Reihe 9) spricht nach Ansicht von EMMETT und BRUNAUER ebenfalls für atomare Sorption von Wasserstoff und Stickstoff. Dieser Sachverhalt ist jedoch nur verständlich, wenn man annimmt, daß die kleinen N- und H-Atome so tief in der Oberfläche liegen, daß fast alle Eisenatome für die CO-Sorption zugänglich bleiben. Deutlicher als die von EMMETT und BRUNAUER angeführten Tatsachen spricht wohl der Umstand, daß das Verhältnis H_2/CO bzw. N_2/CO erheblich kleiner als Eins ist, für atomare Sorption (Tabelle 7, Spalten 5 und 7).

Der Sauerstoff nimmt eine Sonderstellung ein (Tabelle 7, Spalte 10). Vergleicht man die sorbierte Sauerstoffmenge mit der entsprechenden Kohlenoxyd oder Stickstoffmenge, so sieht man, daß er nicht nur eine unimolekulare Oxydschicht bildet, sondern tiefer in das Eisengitter eindringt und die obersten $7 \div 8$ Schichten oxydiert. Dieses Ergebnis steht im Einklang mit dem von BEEBE und STEVENS bei der Messung der Sorptionswärme von Sauerstoff bei $-183°$ C an den gleichen Kontakten[1] gefundenen Verhalten. Diese Autoren fanden 110 kcal/Mol O_2, was mit der Bildungswärme der Eisenoxyde (FeO 130 kcal/O_2, Fe_2O_3 97 kcal/O_2) annähernd übereinstimmt. Es bildet sich wahr-

---

[1] R. A. BEEBE, N. P. STEVENS: J. Amer. chem. Soc. **62** (1940), 2134.

scheinlich FeO, in dem der Sauerstoff als Ion vorliegt. Eine Sauerstoffbeladung macht die Chemisorption von Wasserstoff und Stickstoff fast unmöglich (Tabelle 8, Reihe 4), beeinflußt aber die Kohlendioxydadsorption nicht (Tabelle 8, Reihe 1). Eigenartig ist das Verhalten von CO auf einer sauerstoffbeladenen Eisenoberfläche (Tabelle 8, Reihe 11). Bei $-78°$ ist die unmittelbar nach der Sauerstoffaufnahme am Kontakt Nr. 931 sorbierte CO-Menge gering. Sie nimmt aber im Laufe der Zeit erheblich zu und erreicht nach 24 Stunden etwa 83% des Wertes an der frischen Oberfläche. Nach Ansicht der Verfasser kommt diese Zunahme dadurch zustande, daß Sauerstoffionen in das Innere des Eisens abwandern und Oberflächenatome frei werden.

Zu 3. Über die *Verteilung und Anreicherung der Aktivatoren* auf der Katalysatoroberfläche geben die vorliegenden Adsorptionsmessungen sehr genauen Aufschluß. Aus einem Vergleich der adsorbierten Mengen von Kohlenoxyd und Kohlendioxyd (Tabelle 7, Spalte 3 und 4) und aus der absoluten Größe der Kohlendioxydsorption konnte zunächst einmal ermittelt werden, daß bei den Kontakten Nr. 931, 930 und 958 das vorhandene Alkali sehr stark an der Oberfläche angereichert ist. Darüber hinaus gelingt es, quantitative Angaben über die Zusammensetzung der Gesamtoberfläche zu machen. So ergibt sich z. B. aus einem Vergleich der Verhältnisse $CO/(N_2)$ (Tabelle 7, Spalte 3) für die einfach aktivierten Katalysatoren Nr. 954 (10,2% Al_2O_3), 424 (1,03% Al_2O_3) und den reinen Eisenkatalysator Nr. 973, daß die Oberfläche des ersten zu 55%, die des zweiten zu 35% von Aluminiumoxyd gebildet wird. In dem doppelt aktivierten Kontakt 931 (1,3% Al_2O_3, 1,59% K_2O) ist das Alkali als Kaliumaluminat an das Aluminiumoxyd gebunden, was aus einem Vergleich der insgesamt adsorbierten $(CO + CO_2)$-Menge mit der zur Bildung der unimolekularen Schicht erforderlichen Stickstoffmenge hervorgeht [Tabelle 7, Reihe 3; die Summe der adsorbierten CO- und CO_2-Mengen ist größer als die (N_2)-Menge]. Der weniger Alkali enthaltende Kontakt Nr. 958 dagegen enthält an seiner Oberfläche noch Stellen, die weder Kohlenoxyd noch Kohlendioxyd aufnehmen, also aus freiem Aluminiumoxyd bestehen müssen (siehe Tabelle 7, Spalten 3 und 4, Reihe 3 und 5).

Wie bereits ausgeführt, kann man die Herabsetzung der Kohlendioxydadsorption durch Kohlenoxyd und umgekehrt die der Wasserstoff- und Kohlenoxydadsorption durch Kohlendioxyd durch die Vorstellung deuten, daß die großen Kohlendioxydmolekeln einen Teil der zur Wasserstoff- und Kohlenoxydaufnahme befähigten Eisenatome überdecken und umgekehrt, daß die Kohlenoxydmolekeln einen Teil des Oberflächenalkalis abdecken. Wertet man auf Grund dieser Vorstellung das Zahlenmaterial, von dem einige Proben in der Tabelle 8 (Reihe 13 und 14) wiedergegeben sind, aus, so ergibt sich, daß die Kaliumaluminatmolekeln nicht zusammenhängende größere Bezirke bilden, sondern daß von den 40% der Oberfläche, die von Eisenatomen gebildet wird, 73% all dieser Atome Aluminatmolekeln als Nachbarn haben, während nur 27% von Eisen umgeben sind. Im Einklang damit ist die Tatsache, daß das an dem weniger stark alkalisierten Kontakt Nr. 958 adsorbierte Kohlendioxyd eine um 13% größere Herabsetzung der Kohlenoxydchemisorption bewirkt, als das am alkalireichen Kontakt 931 sorbierte. Noch stärker als die CO-Sorption wird die Wasserstoffsorption vom Typ A im Anfang herabgesetzt. Während einer längeren Versuchsdauer findet jedoch eine erhebliche Wasserstoffaufnahme statt (Tabelle 8, Reihe 5). Dieses deuten Emmett und Brunauer durch die Hypothese, daß an jedem Eisenatom nur 1 Wasserstoffatom festgehalten werden kann und daß zur Sorption einer Wasserstoffmolekel 2 benachbarte freie Eisenatome nötig sind. Diese sind an einer schon teilweise besetzten Oberfläche naturgemäß relativ selten. Im Laufe der Zeit findet jedoch eine Oberflächendiffusion statt, und die Wasserstoffatome wandern zu den freien Eisenatomen hin, wodurch die Stellen mit benachbarten Eisenatomen wieder für die Aufnahme neuer Molekeln frei werden. Das Ergebnis liefert somit eine Stütze für die Vorstellungen von LANGMUIR u. ROBERTS, S. 430 ff.

Zu 4. Das *Vorhandensein zweier Typen* der aktivierten Wasserstoffadsorption sowie die Verschiebung des Verhältnisses $H_2 (A)/(N_2)$ und der anderen Sorptionsverhältnisse am reinen Eisenkontakt beim Sintern erfordert eine Erklärung (Tabelle 7, Reihe 6, Spalte 6). Diese gelingt einigermaßen befriedigend und widerspruchsfrei durch eine die Ungleichförmigkeit der Eisenoberfläche betreffende Hypothese. Es wird angenommen, daß die Oberfläche zunächst von verschiedenartigen Ebenen des Eisengitters gebildet wird. Diese sind nun verschieden dicht mit Eisenatomen besetzt. So hat z. B. die (110)-Ebene die dichteste Besetzung. Sie ist daher energieärmer als die (111)- oder die (100)-Ebene, die eine offenere Struktur besitzen und bei denen die in der obersten Schicht vorhandenen Eisenatome mehr aus dem Kristall herausragen als diejenigen der geschlosseneren (110)-Ebene. Als Arbeitshypothese wird nun angenommen, daß die Wasserstoffadsorption vom Typ A an den Eisenatomen der obersten Schicht, die vom Typ B an den tiefer gelegenen Eisenatomen stattfindet. Beim Sintern der Kristalle werden nun wahrscheinlich die (110)-Ebenen auf Kosten der energiereicheren Ebenen mit offener Struktur wachsen. Die Folge müßte dann eine Zunahme der Sorption vom Typ A gegenüber der vom Typ B sein.

Diese wird in der Tat beobachtet. In der gleichen Richtung verschiebt sich auch das Verhältnis $H_2 (A) : CO$ (Tabelle 7, Reihe 6, Spalte 5), was entsprechend dadurch gedeutet wird, daß bei der dichten Packung der Eisenatome in der (110)-Ebene nicht mehr jedes Atom ein Kohlenoxydmolekül adsorbieren kann. In Einklang mit diesen Vorstellungen befindet sich außerdem die Beobachtung, daß die Typ B-Sorption die *o-p*-Wasserstoffumwandlung am Eisen weit stärker hemmt als die Typ A-Sorption[1]. Die in stark inhomogenen Magnetfeldern begünstigte Umwandlung findet in den Lücken der Ebenen mit offener Struktur statt. Sind diese durch Wasserstoffatome besetzt, so wird die Umwandlung stark gehemmt.

Zu 5. Die Frage, ob die adsorbierten Partikeln *ins Innere des Eisengitters eindringen* können, läßt sich ebenfalls auf Grund des vorliegenden Versuchsmaterials einigermaßen eindeutig beantworten. Ein solches Eindringen ist nur beim Sauerstoff sicher festzustellen, der, wie wir sahen, bei $-183°$ in der 7- bis 8fachen, bei $-78°$ sogar in der 15fachen Menge adsorbiert werden kann als Kohlenoxyd oder Stickstoff. Daß große Molekeln- wie Kohlenoxyd oder Kohlendioxyd in das Kristallgitter einzudringen vermögen, ist sehr unwahrscheinlich. Ein Vergleich der physikalisch adsorbierten Stickstoff- und der aktiv aufgenommenen Kohlenoxyd- und Kohlendioxydmengen spricht eindeutig gegen eine Lösung dieser Gase im Metall. Dagegen muß man bei H- und N-Atomen von vornherein mit dieser Möglichkeit rechnen. Da aber die am reinen Eisenkontakt Nr. 973 adsorbierte N_2-Menge nur etwa $^1/_4$ der entsprechenden CO-Menge, die man als ungefähres Maß für die Zahl der freien Eisenatome in der Oberfläche ansehen kann, beträgt, erscheint es ausgeschlossen, daß ein erheblicher Bruchteil der adsorbierten Stickstoffatome ins Innere des Kristalles eindringt. Die Zahl $^1/_4$ legt die Vermutung nahe, daß das Oberflächennitrid die Formel Fe_2N besitzt. Auch Wasserstoff scheint am reinen Eisenkatalysator nicht ins Innere einzudringen, da er in geringerem Maße aufgenommen wird als Kohlenoxyd. Daß sich die Mengenverhältnisse N_2/CO und H_2/CO an den Mischkatalysatoren zugunsten von Stickstoff und Wasserstoff verschieben, scheint darauf hinzudeuten, daß die Atome in der Lage sind, zwischen die Aktivatormolekel und die Eisenoberfläche

---

[1] P. H. EMMETT, R. W. HARKNESS: J. Amer. chem. Soc. **57** (1935), 1631.

einzudringen. Die Tatsache, daß die Typ B-Adsorption die o-p-Wasserstoff-umwandlung hemmt, spricht eindeutig dafür, daß sie eine echte Adsorption und keine Lösung ist.

Zu 6. Während schon seit längerem bekannt ist, daß die physikalische Wirkung des Aluminiumoxyds darin besteht, die Oberfläche des Kontakts zu vergrößern und zu stabilisieren (Wyckhoff und Crittenden[1], Brill[2]. Mittasch und Keunecke[3]), zeigen die bisher besprochenen Versuche auch eine *chemische Wirkung dieses Aktivators.* Wie Tabelle 8, Reihe 16 zeigt, wird die Adsorbierbarkeit von H_2(B) durch chemisorbierten Stickstoff vergrößert. Es ist dieses der einzige Fall, bei dem an den hier benutzten Eisenkatalysatoren eine Vergrößerung der Chemisorption durch ein adsorbiertes Fremdgas beobachtet wurde. Ähnliche Effekte fand, wie wir bereits gesehen haben (S. 443), C. W. Griffin bei seinen Messungen mit Wasserstoff und Kohlenoxyd an Kupfer und Nickel auf Kieselgur. Die Wirkung des Promotors besteht hier anscheinend in einer Begünstigung der Bildung des NH- oder NH_2-Komplexes. Die bessere Wirksamkeit des alkalisierten Katalysators bei hohen Drucken läßt sich jedoch zur Zeit noch nicht befriedigend erklären.

Wenn auch die vorliegenden Ergebnisse nicht frei von Hypothesen sind, so stellen sie doch einen Fortschritt auf dem Gebiete der Oberflächenchemie dar, denn in der hier ausführlich besprochenen Arbeit wird zum ersten Male ein außerordentlich umfangreiches Tatsachenmaterial wirklich in allen Einzelheiten bis zur Grenze des physikalisch Sinnvollen ausgewertet, und es wird versucht, die Verbindung zwischen Kristallstruktur, Oberflächenstruktur, Adsorptionserscheinungen und kontaktchemischen Beobachtungen herzustellen. Wenn sich auch hierbei wieder gezeigt hat, daß gerade das katalytische Geschehen ohne besondere katalytische Beobachtungen am schwierigsten aufzuklären ist, so ist man doch durch das Studium der Adsorptionserscheinungen in der Kenntnis der Struktur des Katalysators und seiner Oberfläche einen Schritt weiter gekommen.

Tabelle 9.

Herabsetzung der Aktivierungsenergie der Adsorption von Wasserstoff durch Zusätze zum Adsorbens.

Adsorbens	VAN DER WAALSsch adsorbierte Menge bei 194° K je g	Aktivierungsenergie in kcal/Mol H_2 (Beladung 0,2 cm³/g)
ZnO	0,2	11
Cr_2O_3	0,7	19
ZnO–Cr_2O_3	0,6	1
MnO	0,1	20
MnO–Cr_2O_3	0,5	6

Nicht nur die adsorbierte Menge, sondern auch die *Aktivierungsenergie* der Adsorption wird sehr erheblich beeinflußt, wenn man an Stelle von reinen Stoffen Gemische als Adsorbentien verwendet. Taylor stellte aus einer Reihe von Untersuchungen, die im nachfolgenden speziellen Teil im einzelnen behandelt werden sollen, die nebenstehende Tabelle 9 zusammen. Aus ihr geht hervor, daß die Aktivierungsenergie der Wasserstoffadsorption an Oxydgemischen oder Verbindungen bedeutend kleiner sein kann als an den reinen Oxyden (Taylor und Howard[4]).

Ferner sei noch auf die in Tabelle 3 bereits ausführlich mitgeteilten Ergebnisse von Griffith und Bruce hingewiesen, die ein Absinken der Aktivierungsenergie der Wasserstoffadsorption an Molybdänoxyd beobachteten, wenn diesem steigende Mengen SiO_2 als Aktivator zugegeben wurden[5].

---

[1] R. W. G. Wyckhoff, E. D. Crittenden: J. Amer. chem. Soc. 47 (1925), 2866.
[2] R. Brill: Z. Elektrochem. angew. physik. Chem. 38 (1932), 669.
[3] A. Mittasch, E. Keunecke: Z. Elektrochem. angew. physik. Chem. 38 (1932), 666.
[4] H. S. Taylor, J. Howard: J. Amer. chem. Soc. 56 (1934), 2259.
[5] Siehe auch R. H. Griffith: Contact Catalysis. London, 1936.

C. Spezieller Teil. Einzelne Systeme Gas—Festkörper.

Nachdem im vorangegangenen allgemeinen Teil alle jene Arbeiten ausführlich besprochen wurden, die nicht nur einzelne Systeme Gas—Festkörper betreffen, sondern die darüber hinaus Erkenntnisse allgemeinerer Natur vermitteln, wenden wir uns nun systematisch denjenigen Abhandlungen zu, bei denen hauptsächlich das einzelne Versuchsergebnis interessiert. Der Leser soll sich an Hand der folgenden Aufstellung kurz orientieren können, ob und inwieweit ein einzelnes, gerade interessierendes System bisher untersucht worden ist. Dabei finden nur solche Arbeiten Berücksichtigung, in denen tatsächlich Adsorptionsmessungen beschrieben werden, und nicht etwa solche, in denen nur aus anderen Ergebnissen, z. B. katalytischen Messungen[1], Rückschlüsse auf die Adsorption gezogen worden sind. Ebenso bleiben alle jene Arbeiten unberücksichtigt, die ihrem Inhalt entsprechend in dem nachfolgenden Artikel über Adsorptionswärme von R. A. BEEBE besprochen werden müssen. Soweit Zahlenangaben oder Kurven aus diesen Arbeiten bereits im allgemeinen Teil aufgeführt wurden, wird darauf verwiesen. Die Aktivierungswärmen wurden bereits in Tabelle 3 zusammengestellt.

Da der Begriff aktivierte Adsorption erst seit dem Jahre 1930 benutzt wird, ist es bei zahlreichen vor dieser Zeit erschienenen Arbeiten schwierig, zu sagen, ob eine VAN DER WAALSsche oder eine aktivierte Adsorption untersucht wurde. Auf die Besprechung derartiger Untersuchungen soll daher weniger Gewicht gelegt werden.

In der folgenden Aufzählung werden zunächst die elementaren, dann die aus Verbindungen, vorzugsweise Metalloxyden bestehenden Adsorbentien besprochen.

Reihenfolge: Cu, Ag, Au, W, C, Fe, Ni, Rh, Ru, Pd, Os, Ir, Pt, ZnO, MnO, MgO, CdO, Al_2O_3, Cr_2O_3, Chromite, Vanadinoxyd, Molybdänoxyd, Salze.

1. Elementare Adsorbentien.

Kupfer.

Die aktivierte Adsorption von *Wasserstoff* an Kupfer gehört zu den am besten untersuchten Beispielen dieses Gebietes. Bereits TAYLOR und BURNS[2] stellten fest, daß diese Adsorption auf einer ganz spezifischen Affinität des Wasserstoffs zum Kupfer beruht und daß sie irreversibel ist. PEASE[3] maß Adsorptionsisothermen von Wasserstoff, Kohlenoxyd, Äthylen und Äthan an Kupfer; seine Kurven (Abb. 39) zeigen ebenfalls einen grundsätzlichen Unterschied zwischen der Sorption der erstgenannten Gase gegenüber Äthan; erstere werden bei kleinen Drucken viel stärker festgehalten. C. W. GRIFFIN[4] führte dann Adsorptionsversuche an einem mit Kohlenoxyd vergifteten Kupferkatalysator durch, deren Ergebnisse bereits auf S. 443 erwähnt wurden. In der Folgezeit beschäftigten sich dann im Zusammenhang mit TAYLORS Theorie der Aktivierungswärme bei der Adsorption BENTON und WHITE[5], sowie WARD[6] mit dem System Wasserstoff—Kupfer. BENTON und WHITE fanden bei —183° C bereits eine teilweise irreversible Adsorption, die sie als aktivierte mit überlagerter VAN DER WAALSscher Adsorption ansprechen. Bei —78° C und 0° C fanden sie eine starke irreversible Wasserstoffaufnahme, die in einen raschen und einen langsamen Prozeß zerfällt. Den langsamen Prozeß bezeichnen sie versuchsweise als Lösung. Dafür, daß es sich hier

---

[1] Hierüber vgl. Band V des vorliegenden Handbuchs.
[2] H. S. TAYLOR, R. M. BURNS: J. Amer. chem. Soc. **43** (1921), 1273.
[3] R. PEASE: J. Amer. chem. Soc. **45** (1923), 2296.
[4] C. W. GRIFFIN: J. Amer. chem. Soc. **56** (1934), 845; **57** (1935), 1206.
[5] A. F. BENTON, T. A. WHITE: J. Amer. chem. Soc. **54** (1932), 1373.
[6] A. F. H. WARD: Proc. Roy. Soc. (London), Ser. A **133** (1931), 506, 522.

458 W. Hunsmann:

tatsächlich um einen dritten Prozeß handelt, spricht folgender Versuch: Eine
Probe, die bei — 78° mit Wasserstoff gesättigt war, wurde plötzlich auf 0° erwärmt. Dabei tritt teilweise Desorption ein. Die desorbierte Menge ist erheblich
größer, als die bei —78° durch VAN DER WAALSsche Kräfte festgehaltene überhaupt sein kann. Sie entstammt also mindestens teilweise dem bei — 78° aktiviert
aufgenommenen Anteil. Auf die rasche Desorption hin setzt wieder eine langsame
Adsorption ein. Diese Beobachtung wurde auch beim System Wasserstoff—
Nickel gemacht (s. S. 463). WARD führte eine genaue kinetische Analyse der
beiden Vorgänge, insbesondere des langsamen, durch und deutet diesen als Aufnahme des Wasserstoffs in die innere Oberfläche des Kupfers. Seine Ergebnisse wurden bereits auf S. 427 f. ausführlich besprochen. Mit der Sorption des schweren und leichten Wasserstoffisotops befaßten sich BEEBE und Mitarbeiter[1, 2], ferner RIDEAL und MELVILLE[3]. BEEBE fand, daß Wasserstoff bei Temperaturen unter — 50° stärker, Deuterium dagegen bei 100° C stärker aufgenommen wird. In der zweiten Arbeit wurden dann die Geschwindigkeitsmessungen in einem Manostaten bei 2,63 mm Hg sehr sorgfältig wiederholt. Das Verhältnis der Geschwindigkeiten der Adsorption von Wasserstoff und Deuterium beträgt 5,5 bei 0° C.

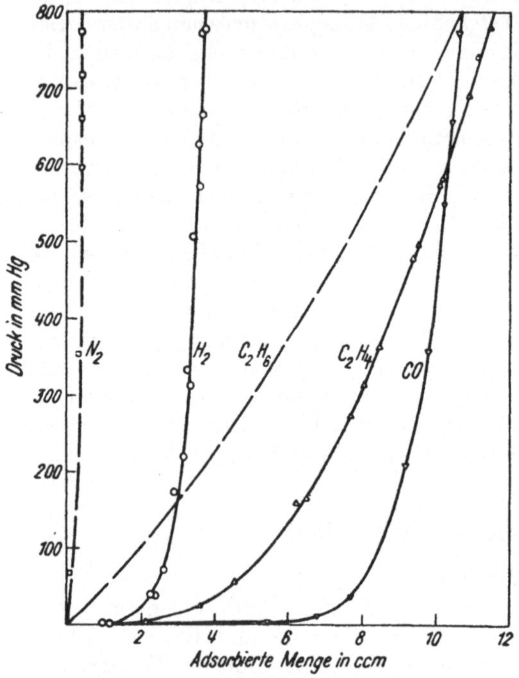

TAYLOR und LEWIS[4] untersuchten die Wasserstoffadsorption an in der 4fach molaren Menge von MgO dispergiertem Kupfer und fanden, daß im Gebiet zwischen 0 und 100° C die 10fache Gasmenge aufgenommen wurde als an reinem,

Abb. 39. Adsorptionsisothermen von CO, N$_2$, H$_2$, C$_2$H$_6$ und
C$_2$H$_4$ an Kupfer nach PEASE; Temperatur 0° C, Kupfermenge 117 g. Adsorbierte Gasmenge in cm³.

durch Reduktion des gefällten Oxyds hergestelltem Kupfer. Die Aktivierungsenergie wird auf 1÷4 kcal/Mol herabgesetzt (reines Kupfer: 7,2 kcal, siehe Tabelle 3).
Die analogen Untersuchungen an einem in Calciumoxyd dispergierten Kupferkontakt führten LEWIS, HOFER und WHITEHEAD[5] durch, wobei sich zeigte, daß auch
CaO als Träger für Kupfer sehr geeignet ist. Mit der Adsorption von Wasserstoff
an durch Aufdampfen hergestellten Cu-Schichten beschäftigte sich LEIPUNSKY[6].

Die Isobare für *Kohlenoxyd* an Kupfer wurde von BENTON und WHITE gemessen[7, 8]; sie ist auf Abb. 40 wiedergegeben. Nach BENTON und WHITE lassen

[1] R. A. BEEBE, F. SOLLER, S. GOLDWASSER: J. Amer. chem. Soc. 58 (1936), 1703.
[2] R. A. BEEBE, G. W. LOW, E. L. WILDNER, S. GOLDWASSER: J. Amer. chem. Soc. 57 (1935), 2527.
[3] F. K. RIDEAL, H. MELVILLE: Proc. Roy. Soc. (London), Ser. A 153 (1936), 77.
[4] H. S. TAYLOR, J. R. LEWIS: J. Amer. chem. Soc. 60 (1938), 877.
[5] J. R. LEWIS, J. E. HOFER, H. WHITEHEAD: J. Amer. chem. Soc. 61 (1939), 3580.
[6] O. J. LEIPUNSKY: Acta physicochim. URSS. 2 (1935), 745.
[7] A. F. BENTON, T. A. WHITE: J. Amer. chem. Soc. 54 (1932), 1373.
[8] A. F. BENTON: Trans. Faraday Soc. 28 (1932), 202.

sich hier wie beim Wasserstoff drei Prozesse unterscheiden. Die erste aktivierte Adsorption findet bereits bei Temperaturen um − 180° statt. Die beiden Adsorptionstypen lassen sich kaum voneinander trennen. Der bei Zimmertemperatur einsetzende dritte Prozeß wird vorläufig Lösung genannt. Ein Eindringen der großen Kohlenoxydmolekeln in das Innere des Kupfers muß jedoch vom Standpunkt unserer heutigen Ansichten als unwahrscheinlich angesehen werden.

Mit der Sorption von *Kohlenwasserstoffen* beschäftigten sich TAYLOR und TURKEVICH[1] und fanden bei 0° und 56° C an einem bei 200° reduzierten Kupferpräparat aktivierte Adsorption von Äthylen und in geringerem Umfange auch von Äthan.

Silber.

Über die aktivierte Adsorption an fein verteiltem Silber liegen einige Arbeiten insbesondere von BENTON und Mitarbeitern[2,3,4] vor. Am eingehendsten wurde das

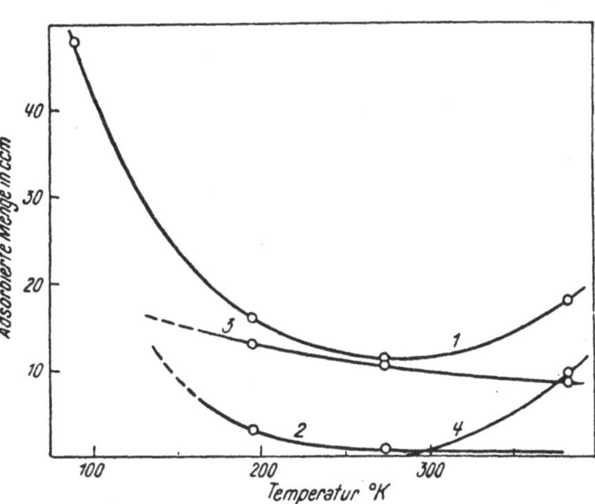

Abb. 40. Adsorptionsisobare von Kohlenoxyd an Kupfer bei 300 mm Hg nach BENTON und WHITE.

System Sauerstoff—Silber untersucht. Ein Teil der Ergebnisse wurde bereits im allgemeinen Abschnitt besprochen. Wie die auf Abb. 18 (siehe S. 421) dargestellten Isothermen erkennen lassen, liegt hier das Minimum der Isobaren etwa zwischen − 78 und 0° C.

Im Gegensatz zum Kupfer ist beim Silber die Wasserstoffadsorption recht geringfügig (BENTON und ELGIN[5]) und setzt erst oberhalb 200° C ein (BENTON und DRAKE[6]). Kohlenoxyd wird wahrscheinlich bei 140° in geringer Menge aktiv gebunden (BENTON und BELL[4]). Kohlendioxyd wird an Silber nur VAN DER WAALSsch adsorbiert, jedoch läßt sich an Silberoxyd und einer mit Sauerstoff bedeckten Silberoberfläche oberhalb von 56° C eine aktivierte Adsorption messend verfolgen. Die Aktivierungsenergie beträgt 4÷5 kcal/Mol. Der erste Schritt der Carbonatbildung ist also auch hier ein Adsorptionsprozeß[6].

Außer BENTON befaßten sich noch REYERSON und SWEARINGEN[7] im Rahmen einer Untersuchung über metallimprägnierte Kieselgele mit dem System Silber—Kieselsäure und dessen Adsorptionseigenschaften.

Gold.

Beim Versuch, eine Oxydschicht auf Gold nachzuweisen, beobachteten THIESSEN und SCHÜTZA[8] bei 450° eine starke Aufnahme von Sauerstoff. BENTON und ELGIN[9] fanden, daß Sauerstoff an Gold stark adsorbiert wird.

[1] H. S. TAYLOR, J. TURKEVICH: J. Amer. chem. Soc. 56 (1934), 2254.
[2] A. F. BENTON, J. C. ELGIN: J. Amer. chem. Soc. 48 (1926), 3027; 49 (1927), 2426; 51 (1929), 7.
[3] A. F. BENTON, L. C. DRAKE: J. Amer. chem. Soc. 54 (1932), 2186; 56 (1934), 255; 506.
[4] A. F. BENTON, R. T. BELL: J. Amer. chem. Soc. 56 (1934), 501.
[5] A. F. BENTON, J. C. ELGIN: J. Amer. chem. Soc. 51 (1929), 7.
[6] A. F. BENTON, L. C. DRAKE: J. Amer. chem. Soc. 56 (1934), 506.
[7] L. H. REYERSON, L. E. SWEARINGEN: J. physic. Chem. 31 (1927), 88.
[8] P. A. THIESSEN, H. SCHÜTZA: Z. anorg. allg. Chem. 243 (1939), 32.
[9] A. F. BENTON, J. C. ELGIN: J. Amer. chem. Soc. 49 (1927), 2426.

Wolfram.

Wasserstoff wird an Wolfram, welches bei sehr hohen Temperaturen entgast wurde (2000° K), bereits bei — 180° C mit großer Geschwindigkeit adsorbiert, wie Roberts[1] durch Messung des Akkommodationskoeffizienten von Neon, dem eine geringe Menge Wasserstoff zugesetzt worden war, an einem Wolframdraht (siehe Abschn. B 1, S. 417) und Frankenburger und Hodler[2] an Wolframpulver feststellten. Nach diesen Autoren machen sich erst bei noch tieferen Temperaturen Anzeichen einer aktivierten Adsorption bemerkbar. Bei höherer Temperatur fällt die aufgenommene Wasserstoffmenge mit steigender Temperatur stetig ab (Frankenburger und Messner[3]).

Die aktive *Stickstoff*adsorption wurde von Frankenburger und Messner[3] sowie von Roberts[4] untersucht. Nach Roberts wird N_2 bei Zimmertemperatur momentan von einer gut entgasten Wolframdrahtoberfläche aufgenommen. Frankenburger und Messner finden dagegen, daß die Aufnahme an Wolframpulver träge verläuft und daß die adsorbierte Menge bei 500° ein Maximum erreicht. Daß die schnelle Stickstoffadsorption an Wolframpulver nicht gefunden wurde, erklärt Roberts damit, daß das Metall nicht genügend ausgegast war. Taylor und Jungers[5] fanden bei höherer Temperatur einen Austausch der Stick-stoffisotope nach der Gleichung

$$N_2^{30} + N_2^{28} \rightarrow 2\,N_2^{29}.$$

Kohlenstoff.

Die aktivierte *Wasserstoff*adsorption an Kohlenstoff ist Gegenstand verschiedener eingehender Studien gewesen. Kingman[6] fand an Noritkohle, daß der aktivierte Prozeß oberhalb von 200° beginnt und daß die adsorbierte Menge mit steigender Temperatur ansteigt. Seine kinetischen Untersuchungen bei sehr kleinen Drucken wurden schon auf S. 424 erwähnt. Er berechnete aus seinen Messungen eine Aktivierungswärme von 30 kcal/Mol. Da sich der Wasserstoff wieder desorbieren läßt, hielt er dessen Bindung an der C-Oberfläche zunächst für einen Zwischenzustand zwischen der Chemisorption und der van der Waalsschen Bindung.

Einige Jahre später veröffentlichte R. M. Barrer[7] einige sehr genaue Untersuchungen über den gleichen Gegenstand. Seine Ergebnisse hinsichtlich der Verteilung der Aktivierungswärme über verschiedene Zentrenarten und seine Geschwindigkeitsmessungen wurden bereits auf S. 437 und S. 424 besprochen. Die Isobaren im Bereich von 10^{-4} bis 100 mm Hg sind auf Abb. 41 wiedergegeben. Der aus der Isothermen bei 956° K berechnete Sättigungswert ist 5,8mal kleiner als aus der van der Waalsschen Adsorption bei —180° berechnete. Die daraus berechnete Oberflächengröße dürfte ihrerseits hier 5÷10mal zu klein sein, wie man aus einer Abschätzung der Teilchengröße der Graphitkristalle (Barrer und Rideal[8]) entnehmen kann[9]. Es ist also nur ein sehr kleiner Bruchteil

---

[1] J. K. Roberts: Proc. Roy. Soc. (London), Ser. A **152** (1935), **445**.

[2] W. Frankenburger, A. Hodler: Naturwiss. **23** (1935), 609.

[3] W. Frankenburger, G. Messner: Z. physik. Chem., Bodenstein-Festbd. (1931), 593.

[4] J. K. Roberts: Proc. Roy. Soc. (London), Ser. A **161** (1937), 141.

[5] J. C. Jungers, H. S. Taylor: J. chem. Physics 7 (1939), 893.

[6] F. E. T. Kingman: Trans. Faraday Soc. **28** (1932), 269.

[7] R. M. Barrer: Proc. Roy. Soc. (London), Ser. A **149** (1935), 253.

[8] R. M. Barrer, E. K. Rideal: Proc. Roy. Soc. (London), Ser. A **149** (1935), 231.

[9] Die richtige Oberflächengröße würde man nach Emmett und Brunauer (S. 446) aus der Isotherme bei — 250° erhalten.

der Oberfläche in der Lage, Wasserstoff aktiv zu adsorbieren. Man beobachtet eine starke Temperaturabhängigkeit der Adsorptionsgeschwindigkeit im Bereich von 500÷900° K. Ober-halb von 900° K nimmt die Geschwindigkeitskon-stante ungefähr mit $\sqrt{T}$ zu (Abb. 42). Diese Beobach-tung ist sehr schwer zu verstehen; BARRER selbst spricht von Diffusions-prozessen, jedoch dürfte aller Wahrscheinlichkeit nach die Abhängigkeit der E_A von der Beladung die Ursache für dieses Ver-halten sein.

Die Wasserstoffsorp-tion an Kohle bei höheren Temperaturen ist eine Vorstufe der Methanbil-dung. Nach längerem Warten läßt sich die dem H_2/CH_4-Gleich-gewicht entsprechende Methanmenge im Reaktionsraum nachweisen. Im Anschluß an die Wasserstoffmessungen untersuchte BARRER die Methanzersetzung an Kohle und fand, daß diese Reaktion am unbelade-nen Adsorbens nach I. Ordnung verläuft, durch adsorbierten Wasserstoff verzögert wird und eine Aktivierungsenergie von 53,4 kcal aufweist[1]. Zum Schluß stellt er folgendes Reaktionsschema für das System Wasserstoff—Kohle auf:

$$H_2 + C_{fest}$$
$$CH_4 \rightleftarrows C—H_{(adsorbiert)}$$

Für die einzelnen Stufen dieses Kreis-prozesses erhält man dabei folgende Ener-giebeträge:

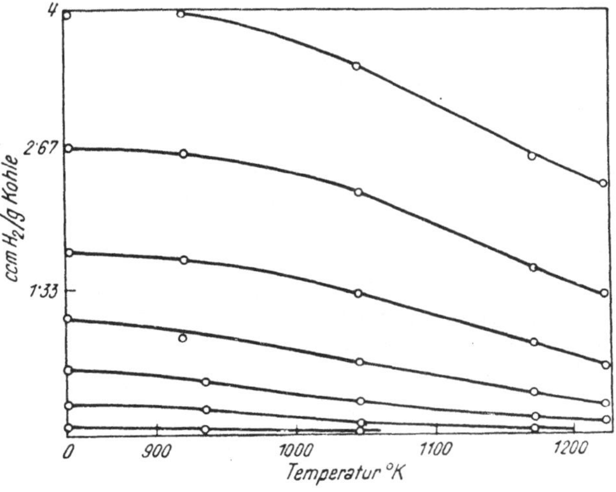

Abb. 41. Isobarenschar der aktivierten Wasserstoffadsorption an Aktivkohle nach R. M. BARRER.

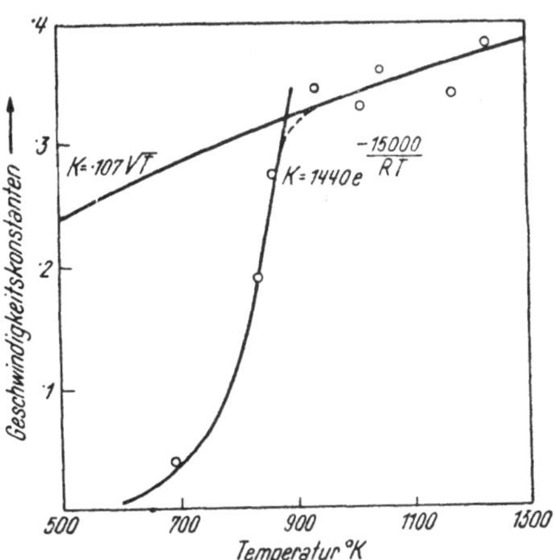

Abb. 42. Temperaturabhängigkeit der Geschwin-digkeitskonstanten für die Wasserstoffadsorption an Aktivkohle nach R. M. BARRER.

$CH_4 + 3\,C \rightarrow 4\,CH$ (Oberfl.)	$W = 82$ kcal, $E_A = 54$ kcal
$2\,H_2 + C \rightarrow CH_4$	$W = 18$ kcal
$H_2 + 2\,C \rightarrow 2\,CH$ (Oberfl.)	$W = 50$ kcal, $E_A = 10÷30$ kcal.

In einer weiteren Arbeit[2] vergleicht BARRER die Adsorptionsgeschwindigkeiten und Aktivierungsenergien der Wasserstoff- und Deuteriumadsorption an Kohle und findet in der Aktivierungsenergie einen Unterschied von 0,77 kcal, der durch die verschiedene Größe der Nullpunktsenergien erklärt werden kann. Einen

[1] Siehe G.-M. SCHWAB, E. PIETSCH: Z. physik. Chem. 121 (1926), 189.
[2] R. M. BARRER: Trans. Faraday Soc. 32 (1936), 481.

Abfall der Aktivierungsenergien oder eine Zunahme der Differenz dieser Größen mit sinkender Temperatur, welche auf einen Tunneleffekt (siehe auch S. 464) hingedeutet hätte, konnte nicht beobachtet werden.

Auch die beiden grobkristallinen Formen des Kohlenstoffs, Diamant und Graphit, adsorbieren Wasserstoff (Barrer[1]). Bei Graphit scheinen ähnliche Verhältnisse vorzuliegen wie bei der Aktivkohle. Insbesondere zeigen die Aktivierungswärmen die gleiche Größe und Abhängigkeit von der Beladung. Am Diamantpulver dagegen ist sie um 10 kcal kleiner. Die Adsorptionswärme scheint am Diamant $5 \div 10$ kcal größer zu sein als an Graphit oder Aktivkohle.

Imprägniert man Aktivkohle mit einem Metall wie Platin, so wird die Adsorptionsgeschwindigkeit von Wasserstoff bei Zimmertemperatur erheblich vergrößert (Burstein und Frumkin[2], Schuster[3]).

Bereits Dewar[4] beobachtete, daß *Sauerstoff* an Kohle bei den Temperaturen der flüssigen Luft mit einer erheblich kleineren Wärmetönung aufgenommen wird als bei Zimmertemperatur. Seine Untersuchungen wurden später von mehreren Forschern wiederholt und erweitert. Dabei zeigte sich, daß der aktiv

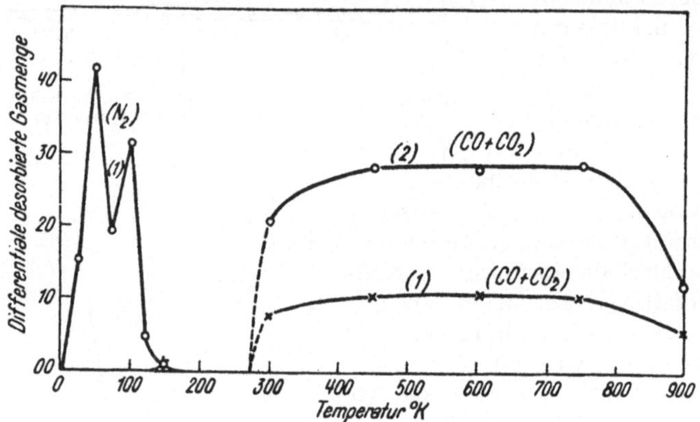

Abb. 43. Desorptionskurven für Stickoxyd und Sauerstoff, die bei 0° C an Kohle adsorbiert wurden (nach Shah). Kurve *1* NO; Kurve *2* O₂.

aufgenommene Sauerstoff nicht als O_2 wieder von der Kohlenoberfläche entfernt werden kann, sondern daß sich nur Oxydationsprodukte des Kohlenstoffs desorbieren lassen. So entspricht z. B. der fallende Ast der Isobare, die Lendle[5] aufgenommen hat (Abb. 8), bereits einer langsamen Oxydation des Kohlenstoffs. Man kann dieser Kurve entnehmen, daß die aktivierte Adsorption des Sauerstoffs in der Nähe von 0° C einsetzt, die Desorption der Reaktionsprodukte aber erst oberhalb von 200° C beginnt. Ein Teil der Kohlenoxyde wird äußerst hartnäckig festgehalten, wie Rhead und Wheeler (1913)[6] feststellten. Genauer untersucht wurde die Desorption, welche sich an die Sauerstoffadsorption anschließt, von Shah[7], der die desorbierten Gase analysierte und ihre Menge feststellte. Ein Teil seiner Ergebnisse ist auf Abb. 43 wiedergegeben. Darin stellt die Ordinate

---

[1] R. M. Barrer: J. chem. Soc. (London) **1936**, 1256.

[2] R. Burstein, A. Frumkin: Trans. Faraday Soc. **28** (1932), 273.

[3] C. Schuster: Z. physik. Chem., Abt. B **14** (1931), 253.

[4] J. Dewar: Proc. Roy. Soc. (London), Ser. A **74** (1904), 126; Proc. Roy. Instn. Great Britain **18** (1905), 184.

[5] A. Lendle: Z. physik. Chem., Abt. A **172** (1935), 77.

[6] T. F. E. Rhead, R. V. Wheeler: J. chem. Soc. (London) **103** (1913), 461.

[7] M. S. Shah: J. chem. Soc. (London) **1929**, 2261.

der Kurve *2* die differentiale Gasabgabe einer Kohleprobe von 5 g dar, die bei 0° mit Sauerstoff beladen und dann langsam auf die als Abszisse eingetragene Temperatur erhitzt wurde.

An Diamantpulver liegen nach Versuchen von BARRER die Verhältnisse ähnlich. Auch bei Temperaturen oberhalb von 200° haften die Oxyde noch sehr fest an der Oberfläche; sie hemmen die weitere Reaktion des Kohlenstoffs z. B. mit Kohlendioxyd und verhindern die aktivierte Wasserstoffadsorption fast vollständig. Die Zusammensetzung des desorbierten Gases entspricht nicht dem thermodynamischen Gleichgewicht[1].

Kohlenmonoxyd reagiert erst bei 830° sehr langsam mit Diamant.

Zahlreiche Arbeiten, die sich mit der Kohleverbrennung befassen, berühren das Thema der aktiven Sauerstoffadsorption an Kohlenstoff. Es würde den Rahmen dieser Zusammenfassung überschreiten, wenn man sie hier besprechen würde. Es sei daher auf andere zusammenfassende Darstellungen verwiesen[2].

SHAH[3] untersuchte außer Sauerstoff noch das Verhalten von *Stickoxydul, Stickoxyd, Kohlenoxyd* und *Kohlendioxyd* gegenüber aktivierter Zuckerkohle. Bei 0° wird dieses Präparat außer von Sauerstoff nur noch von Stickoxyd angegriffen. Dabei tritt sofort Zersetzung ein, und bei etwas erhöhter Temperatur läßt sich neben NO auch Stickstoff in großer Menge abpumpen. Oberhalb von 280°, also bei Temperaturen, bei denen auch die mit Sauerstoff gebildeten Oberflächenoxyde sich zersetzen, erfolgt die Abgabe von Kohlenoxyd und Kohlendioxyd. Die Kurve *1* der Abb. 43 zeigt die differentiale desorbierte Gasmenge in Abhängigkeit von der Erhitzungstemperatur.

Die der Zersetzung vorangehende aktivierte Adsorption von Stickoxydul an Kohle konnte nicht für sich allein beobachtet werden. Bei 470° C beginnt die Verbrennung der Kohle durch Stickoxydul.

MEYER[4] beobachtete an einem anderen Kohlepräparat schon unterhalb von 0° eine Reaktion zwischen Kohle und Stickoxydul, bei der sofort Stickstoff abgespalten wird.

Eisen.

Die bei weitem wichtigsten Arbeiten auf diesem Gebiete wurden bereits im Kapitel B 9 über Adsorption an Mischkatalysatoren ausführlich besprochen. Es sind deshalb hier nur einige ergänzende Arbeiten zu behandeln.

Die Existenz zweier Typen der aktivierten *Wasserstoff*adsorption an Eisen, die von EMMETT und HARKNESS[5] entdeckt wurde und auf der von ihnen angegebenen Isobare bei 1 at von $-200°$ bis $+460°$ C klar zu erkennen ist, wurde bereits erwähnt (Abb. 7, S. 408). Gleichzeitig veröffentlichte MOROZOW[6] eine Untersuchung über das System Eisen—Wasserstoff mit dem Ziele, einen Beitrag zur Klärung der Frage zu liefern, ob die beobachteten langsamen Sorptionsprozesse auf Adsorption oder auf Diffusion ins Innere des Eisens hinein zurückzuführen sind. Er fand, daß oberhalb von 300° die Wasserstoffaufnahme mit $\sqrt{p}$ fortschreitet, woraus er den Schluß zieht, daß der Wasserstoff ins Eisen hineindiffundiert. Seine Isobare samt deren Auflösung in einzelne Teilprozesse wurde bereits auf S. 408 wiedergegeben (Abb. 6). Man erkennt aus der Figur, daß MOROZOW in Übereinstimmung mit EMMETT und HARKNESS bei 100° C ein

[1] R. M. BARRER: J. chem. Soc. (London) **1936,** 1261.
[2] Siehe z. B. K. FISCHBECK: Reaktiongeschwindigkeit in heterogenen Systemen, in: „Der Chemieingenieur" Bd. III, 1, herausgegeben von A. EUCKEN, Leipzig 1937.
[3] M. S. SHAH: J. chem. Soc. (London) **1929,** 2261.
[4] L. MEYER: Naturwiss. 20 (1932), 791.
[5] P. H. EMMETT, R. W. HARKNESS: J. Amer. chem. Soc. **57** (1935), 1624.
[6] N. M. MOROZOW: Trans. Faraday Soc. **31** (1935), 659.

Maximum beobachtete (Typ B). Im Bereiche von $-100°$ zeigt sich bei seinen Messungen ebenfalls nach tiefen Temperaturen zu ein Ansteigen, das zwar von ihm auf VAN DER WAALSsche Adsorption zurückgeführt wird, aber wohl mit dem Typ A der aktivierten Adsorption identisch ist. Die Verschiedenheit der Isobaren kann in Anbetracht der verschiedenen Versuchsbedingungen nicht überraschen (EMMETT und HARKNESS: Schmelzkontakte, $p = 760$ mm Hg; MOROZOW: Kontakt durch Fällen von Eisenhydroxyd und Reduktion mit Wasserstoff hergestellt, $p = 10$ mm Hg). Angaben über die Aktivierungsenergie finden sich in Tabelle 3.

Die aktivierte Adsorption von *Stickstoff* ist im Gebiet von $300 \div 500°$ C beobachtbar. Sie wurde von EMMETT und BRUNAUER mit Hilfe von Adsorptionsmessungen[1] und von TAYLOR und JUNGERS[2] durch das Studium der Reaktion

$$N_2^{28} + N_2^{30} \rightarrow 2\,N_2^{29}$$

untersucht. EMMETT und BRUNAUER fanden, wie erwähnt, eine Aktivierungsenergie von 16 kcal und eine Adsorptionswärme von 35 kcal/Mol. Diese Zahlen sind in guter Übereinstimmung mit den Ergebnissen von TAYLOR und JUNGERS, die als Aktivierungsenergie des Isotopenaustausches 50 kcal/Mol fanden. Diese muß gleich der Aktivierungsenergie der Desorption des aktiv adsorbierten Stickstoffs sein, dessen Desorption der geschwindigkeitsbestimmende Schritt der Austauschreaktion ist. Der Stickstoff haftet also außergewöhnlich fest an der Eisenoberfläche, und seine Sorption ist der geschwindigkeitsbestimmende Schritt der Ammoniaksynthese, wie bereits FRANKENBURGER[3] aus reaktionskinetischen Messungen schließen konnte und EMMETT und BRUNAUER durch direkten Vergleich der Adsorptionsgeschwindigkeit des Stickstoffs und der Geschwindigkeit der Reaktion

$$3\,H_2 + N_2 = 2\,NH_3$$

zeigten.

Mit der Adsorption von *Äthylen* beschäftigten sich EMMETT und HANSFORD[4] sowie R. KLAR[5]. Erstere fanden, daß bei $-50°$ und $0°$ eine geringfügige aktivierte Adsorption stattfindet, die aber für die Hydrierung des Äthylens nicht notwendig ist. KLAR studierte die Abhängigkeit der Adsorption von der Vorbehandlung des Eisens.

Nickel.

Das Nickel, insbesondere das als Hydrierungskatalysator so oft verwendete fein verteilte oder auf einem Träger niedergeschlagene Metall, ist sehr häufig zu Adsorptionsversuchen herangezogen worden. Das Ziel der Arbeiten bestand vor allem darin, Einblick in den Vorgang der für die Hydrierung notwendigen Aktivierung des Wasserstoffs und der anderen Reaktionspartner zu gewinnen. Daß diese Aktivierung mit einem Adsorptionsvorgang verbunden ist und daß diese Adsorption nicht durch die VAN DER WAALSschen Kräfte, sondern durch stärkere, ganz spezifische Kräfte zwischen Metalloberfläche und Adsorptiv hervorgerufen wird, wurde bereits von TAYLOR und seinen Mitarbeitern (TAYLOR und BURNS[6]; TAYLOR und GAUGER[7]) klar ausgesprochen. Diese Autoren beschäftigen sich mit der Adsorption von Wasserstoff, Kohlenoxyd, Kohlendioxyd und Äthylen an Nickel, Kobalt, Eisen, Kupfer, Palladium und Platin bei Temperaturen, bei denen

---

[1] P. H. EMMETT, S. BRUNAUER: J. Amer. chem. Soc. **56** (1934), 35.

[2] J. C. JUNGERS, H. S. TAYLOR: J. chem. Physics **7** (1939), 893.

[3] W. FRANKENBURGER: Z. Elektrochem. angew. physik. Chem. **39** (1933), 45, 97, 269.

[4] P. H. EMMETT, R. C. HANSFORD: J. Amer. chem. Soc. **60** (1938), 1185.

[5] R. KLAR: Z. physik. Chem., Abt. A **166** (1933), 273.

[6] H. S. TAYLOR, R. M. BURNS: J. Amer. chem. Soc. **43** (1921), 1273.

[7] H. S. TAYLOR, A. W. GAUGER: J. Amer. chem. Soc. **45** (1923), 920.

die Gase chemisch auf einander einwirken; ferner prüften sie den Einfluß des Drucks auf die Adsorption und stellten außerdem fest, daß ein Träger die Adsorptionsfähigkeit des Metalls wesentlich erhöht. Weiter betaßte sich OTTO SCHMIDT[1] sehr eingehend mit der Wasserstoffadsorption an Nickel und nahm eine Isobarenschar zwischen 20 und 400° C auf. Er fand dabei, daß die adsorbierte Menge proportional mit der Wurzel aus dem Druck ansteigt. Außerdem fand er Parallelen zwischen der „Oberflächengröße", die er durch Messung der Auflösungsgeschwindigkeit seines Nickelpräparats in verdünnter Salzsäure ermittelte, und der Adsorption. Später untersuchte er noch eine große Anzahl von Adsorptionssystemen und nahm eine Reihe von Isothermen für verschiedene Gase an Nickel auf[2]. Jedoch schenkte er, ebenso wie die meisten anderen Autoren jener älteren Arbeiten, den langsamen Vorgängen wenig Beachtung.

In neuerer Zeit wurden unsere Kenntnisse der Adsorptionserscheinungen an Nickel sehr erweitert. Ein großer Teil des im allgemeinen Abschnitt dieses Artikels ausgewerteten Materials entstammt diesen Arbeiten. Der andere dort nicht berücksichtigte Teil wird nun im einzelnen kurz durchgesprochen.

1. Wasserstoff.

Die Erkenntnis von TAYLOR, daß die Adsorption von Wasserstoff an Nickel bei gewöhnlicher Temperatur nicht durch VAN DER WAALSsche Kräfte hervorgerufen wird, erhielt durch die Ausdehnung des Meßbereichs nach tiefen Temperaturen hin eine starke Stütze. BENTON und WHITE[3] nahmen Adsorptionsisothermen im gesamten Gebiet zwischen $-190°$ und $+110°$ C auf und konstruierten daraus die Isobaren für 25, 200 und 600 mm Hg, die bereits auf Abb. 2 wiedergegeben wurden. Aus diesen Messungen ersieht man nun, daß die adsorbierte Menge unterhalb von $-100°$ stark abfällt und daß erst bei $-180°$ eine erneute Adsorption in Erscheinung tritt, die als VAN DER WAALSsche gedeutet werden muß. Indessen stellten diese Autoren bereits fest, daß auch bei $-200°$ die Chemisorption eine Rolle spielt. In neuerer Zeit konnten EUCKEN und HUNSMANN[4] diesen Sachverhalt aufs beste durch kalorimetrische Versuche bestätigen und feststellen, daß zwar bei $-250°$ ausschließlich VAN DER WAALSsche Adsorption stattfindet, daß aber schon bei $-215°$ ein Teil des Gases aktiv adsorbiert wird. Auch die Austauschreaktion

$$H_2 + D_2 = 2\,HD$$

findet bei $-190°$ noch mit gut meßbarer Geschwindigkeit statt (TAYLOR und PACE[5]). BENTON und WHITE sowie MAXTED und HASSID[6] fanden weiter, daß das Minimum der Isobaren nur dann durchlaufen wird, wenn man von tieferen zu höheren Temperaturen übergeht. Beginnt man bei hohen Temperaturen, so nimmt die Adsorption ständig zu, und auf der aktiviert aufgenommenen Schicht bildet sich eine zweite, die von VAN DER WAALSschen Kräften gehalten wird.

MAGNUS und SARTORI[7] versuchten durch Kombination von Wärmetönungs- und Geschwindigkeitsmessungen einen genaueren Einblick in die bei der Adsorption stattfindenden Vorgänge zu bekommen. Sie führten mit Wasserstoff und Deuterium Versuche bei 0° und 25° C und Drucken von $0,25 \div 1,25$ mm Hg durch und fanden zwei sich überlagernde Vorgänge, von

[1] O. SCHMIDT: Z. physik. Chem. **118** (1925), 211.
[2] O. SCHMIDT: Z. physik. Chem. **133** (1928), 263.
[3] F. A. BENTON, A. T. WHITE: J. Amer. chem. Soc. **52** (1930), 2325.
[4] A. EUCKEN, W. HUNSMANN: Z. physik. Chem., Abt. B **64** (1939), 163.
[5] H. S. TAYLOR, J. PACE: J. chem. Physics 8 (1934), 578.
[6] E. B. MAXTED, N. J. HASSID: Trans. Faraday Soc. **28** (1932), 253.
[7] A. MAGNUS, G. SARTORI: Z. physik. Chem., Abt. A **175** (1936), 329.

denen nur der schnellere kalorimetrisch erfaßbar war und sich durch eine *e*-Funktion darstellen ließ. Durch Addition einer zweiten *e*-Funktion gelang ihnen eine formelmäßige Wiedergabe ihrer Beobachtungen, die übrigens denen von Eucken und Hunsmann in etwa entsprechen.

Das Zustandekommen der Chemisorption bei Temperaturen von $-200°$ C ist auf eine sehr geringe Aktivierungsenergie zurückzuführen. Je kleiner nun die Aktivierungsenergie und je kleiner die Masse der reagierenden Teilchen ist, desto größer ist die Wahrscheinlichkeit dafür, daß diese die Potentialschwellen nicht nur *über*schreiten, sondern auch *durch*schreiten können (Born[1]). Man vermutete deshalb, daß gerade die aktivierte Adsorption von Wasserstoff an Nickel oder Kohle besonders geeignet zum Nachweis dieses Effektes, des sog. *Tunneleffektes*, sein müßte. Das Durchschreiten der Potentialschwelle sollte sich äußern 1. in einem Zustandekommen der Chemisorption bei den tiefsten erreichbaren Temperaturen und 2. in einem großen Unterschied der Sorptionsgeschwindigkeit von Wasserstoff und Deuterium. Der erste Effekt wurde von Eucken und Hunsmann gesucht. Die Versuche waren jedoch eindeutig negativ. Das Verhältnis der Sorptionsgeschwindigkeiten von Wasserstoff und Deuterium untersuchte Iijima[2]; nach seinen Messungen wird Wasserstoff bei $-112°$ C entsprechend dem Unterschied der Molekulargeschwindigkeiten $\sqrt{2}$ mal schneller adsorbiert als Deuterium. Der Unterschied in der Aktivierungsenergie liegt innerhalb der Fehlergrenzen. Diese Versuche sprechen also auch eindeutig *gegen die Existenz des Tunneleffektes*. Der Unterschied in den Geschwindigkeiten wird bei höheren Temperaturen geringer. Nach Magnus und Sartori entspricht er bei 0° C bzw. 25° C dem Faktor 1,36 bzw. 1,22. Dieses Ergebnis steht im Einklang mit den Messungen von Taylor und Pace, die bei $+110°$ C fast gleiche Adsorptionsgeschwindigkeiten für beide Isotope fanden.

Die pro Gramm Nickel aufgenommene Wasserstoffmenge kann von Präparat zu Präparat sehr verschieden sein. Sie fällt mit steigender Reaktionstemperatur stark ab. Eine bei 280° aus dem Oxyd durch Behandlung mit Wasserstoff hergestellte Probe adsorbierte bei $+20°$ etwa dreimal so viel als eine bei 460° hergestellte (Iijima[3]). Bei der gebräuchlichen Reduktionstemperatur von 300° C kann man mit einem Adsorptionsvermögen von 0,3÷1 cm³ Wasserstoff je Gramm Nickel rechnen. Trägt man das Nickel auf Kieselgur im Verhältnis 1 : 8 auf, so kann es unter ähnlichen Bedingungen 1,2 cm³ pro Gramm aufnehmen (Griffin[4]).

2. Kohlenwasserstoffe.

Wie wir sahen, wirkt der Nickelkatalysator schon bei sehr tiefen Temperaturen auf die H—H-Bindung ein und setzt ihre Dissoziationsenergie stark herab. Aber nicht nur die H—H-, sondern auch die C—H- und die C—C-Bindungen werden von ihm angegriffen, wenn auch die Temperatur, bei der dieser Angriff sich bemerkbar macht, erheblich höher liegt. Die C—C-Doppelbindung tritt ebenfalls mit einer Nickeloberfläche in Wechselwirkung. All diese Reaktionen lassen sich durch eine Untersuchung der aktivierten Adsorption studieren.

Am genauesten wurde wohl das System Methan—Nickel von Kubokawa[5] untersucht. Die kinetischen Messungen dieses Autors wurden bereits auf S. 424

---

[1] M. Born, V. Weisskopf: Z. physik. Chem., Abt. B 12 (1931), 206. Die Theorie des Tunneleffektes ist ausführlich in Bd. I dieses Handbuchs dargestellt.

[2] S. I. Iijima: Rev. physic. Chem. Japan 12 (1938), 83.

[3] S. I. Iijima: Rev. physic. Chem. Japan 14 (1940), 128.

[4] C. W. Griffin: J. Amer. chem. Soc. 59 (1937), 2431.

[5] M. Kubokawa: Proc. Imp. Acad. (Tokyo) 14 (1938), 61; Rev. physic. Chem. Japan 12 (1938), 157.

besprochen, und seine Isobare ist auf Abb. 10 dargestellt. Man erkennt aus dieser Kurve, daß an dem bei 250° reduzierten Präparat sich bereits bei 40° C die aktivierte Adsorption bemerkbar macht. Nach längerer Berührung mit der Oberfläche bei 150°, also im Maximum der Isobaren, findet man im desorbierten Gase Wasserstoff. Es tritt also bei der Adsorption eine Aufspaltung der CH-Bindung ein. Diese Versuche bestätigten erneut die Anschauungen, die TAYLOR und Mitarbeiter[1,2] bereits auf Grund ihrer Untersuchungen an den Austauschreaktionen

$$1.\ CH_4 + CD_4 = 2\,CH_2D_2\,,$$
$$2.\ CH_4 + D_2\ \ = CH_3D + HD\,,$$
$$3.\ CH_4 + D_2O = CH_3D + HDO$$

entwickelten. Diese Reaktionen müssen naturgemäß über adsorbierte CH_3-Reste verlaufen. Die Aktivierungsenergie der Reaktion 2 beträgt 28, die der Reaktion 1 19 kcal/Mol und ist identisch mit der Desorptionswärme von CH_4. Es ergibt sich daraus mit der Aktivierungswärme der Adsorption von 7 kcal eine Adsorptionswärme von 12 kcal.

Am Äthan wurde die der zweiten Gleichung entsprechende Reaktion durchgemessen. Während bei 100 bis 130° H gegen D ausgetauscht wird, findet im Gebiet von 160÷300° Methanbildung, also Aufspaltung der C—C-Bindung statt. In einer weiteren Arbeit dehnen TAYLOR und Mitarbeiter[2] ihre Messungen noch auf das Propan aus und finden bei diesem Kohlenwasserstoff ebenfalls Spaltung der CH- und CC-Bindung. Es zeigt sich, daß die Temperatur, bei der der Austausch in vergleichbaren Zeiten vor sich geht, um so tiefer liegt, je größer die C-Zahl ist. So findet der Austausch mit C_3H_8 schon bei 60° C statt (Kurve 6, Abb. 44). Die Abb. 44 gibt einen

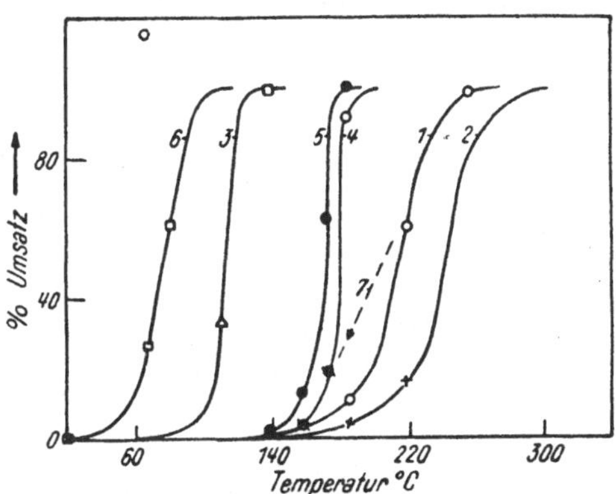

Abb. 44. Austauschreaktionen einfacher Kohlenwasserstoffe an einem Nickel-Kieselgur-Kontakt nach TAYLOR, MORIKAWA und TRENNER.

Kurve Nr.	Reaktion	Reaktionszeit in Std.
1	$CH_4 + CD_4$ (Aust.)	1
2	$CH_4 + D_2$ (Aust.)	1
3	$C_2H_6 + D_2$ (Aust.)	2,5
4	$C_2H_6 + H_2 = 2\,CH_4$	1
5	$C_3H_8 + H_2 = 3\,CH_4$	1
6	$C_3H_8 + D_2$ (Aust.)	1
7	$CH_4 + D_2O$ (Aust.)	11

kurzen Überblick über die Geschwindigkeit der Reaktionen. Auf der Ordinate ist der Umsatz in Prozenten der Ausgangsmenge, der innerhalb einer bestimmten Zeit, hier meist einer Stunde, erreicht wird, auf der Abszisse die Temperatur aufgetragen. Am leichtesten erfolgt nach diesen Ergebnissen der H—D-Austausch im Propan, dann im Äthan (Kurve 3), während die spaltende Hydrierung bei beiden Kohlenwasserstoffen (Kurve 5, C_3H_8, Kurve 4 C_2H_6) in etwa dem gleichen Temperaturgebiet erfolgt. Am schlechtesten gehen die Austauschreaktionen beim Methan vor sich.

Bei der Adsorption ungesättigter Kohlenwasserstoffe kommt als neue Reaktionsmöglichkeit die Adsorption unter Aufrichtung der Doppelbindung hinzu.

[1] M. MORIKAWA, W. S. BENEDICT, H. S. TAYLOR: J. Amer. chem. Soc. 57 (1935), 592; 57 (1935), 2735; 58 (1936), 1445, 1795.
[2] M. MORIKAWA, N. R. TRENNER, H. S. TAYLOR: J. Amer. chem. Soc. 59 (1937), 1103.

Diese geht, wie Beobachtungen am Äthylen zeigten, leichter vor sich als die Spaltung einer einfachen Bindung. So fanden Klar[1] und Steacie und Stovel[2], daß dicht oberhalb von 0° ein Prozeß mit langsamer Gleichgewichtseinstellung einsetzt. Bei 150° C findet die stärkste Adsorption statt. Geht man über diese Temperatur hinaus, so setzt wieder eine Desorption ein, die bald von lebhafter Zersetzung begleitet ist. In jüngster Zeit wurden diese Untersuchungen von Iijima[3] wiederholt, dessen Mengen-Zeit-Kurven auf Abb. 45 wiedergegeben sind. Man erkennt aus der Neigung der Kurven, daß die aktivierte Adsorption bei −23° meßbar wird. Auf Grund dieser Versuche ließe sich der Verlauf der Isobaren angeben, deren Minimum bei 100° C und deren Maximum in Übereinstimmung mit Klar und Steacie und Stovel bei etwa 150° liegen würde.

Interessant ist nun die Feststellung, daß die Hydrierung des Äthylens an Nickel bereits bei −80°C, also in einem Temperaturgebiet stattfindet, in dem dieses Gas noch rein van der Waalssch adsorbiert wird. Demnach ist die aktivierte Adsorption meßbarer Mengen beider Partner für die Katalyse nicht erforderlich.

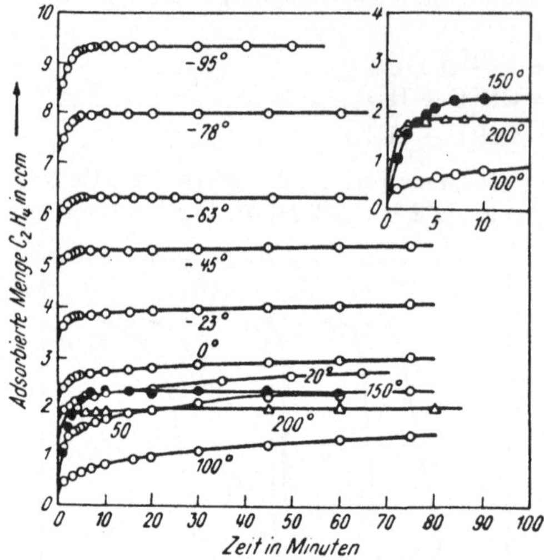

Abb. 45. Adsorption von Äthylen an Nickel (Mengen-Zeit-Kurven) nach Iijima.

Platinmetalle.

Taylor und McKinney[4] untersuchten die Adsorption von Kohlenmonoxyd an *Palladium*. Bei −78° C liegt das Minimum, bei 0° das Maximum ihrer Isobaren an einem bei 110° reduzierten Kontakt. Bei einem gesinterten Kontakt verschiebt sich das Maximum ein wenig nach höheren Temperaturen. $E_A = 9$ kcal.

Die Messung der Wasserstoffadsorption läßt sich wegen der starken Löslichkeit nur bei sehr tiefen Temperaturen von der Lösung getrennt messen (zusammenfassende Darstellung über Löslichkeit siehe Müller und Schwabe[5]).

Rhodium, Iridium, Ruthenium, Osmium. Belkewitsch[6] untersuchte die Wasserstoffadsorption an diesen Metallen und fand bei Rh, Ir und Ru ähnliche Sorptionskurven wie am Pd. An Os verhielt sich der Wasserstoff ähnlich wie am Platin. Die Messungen wurden bei 20÷50° C ausgeführt. Die Adsorption fällt mit steigender Temperatur. Im Gegensatz dazu stehen die Ergebnisse von Gutbier und Schieferdecker[7], die ausdrücklich den Unterschied der Adsorption von H_2 an Ru und Ir gegenüber der durch Pd betonen. An Ir und Ru ist die aufgenommene Wasserstoffmenge bedeutend kleiner als an Pd, von der gleichen Größenordnung wie an Pt oder Ni und außerdem von der Vorbehandlung, also der

[1] R. Klar: Z. physik. Chem., Abt. A 168 (1934), 215; 170 (1934), 273.
[2] W. R. Steacie, H. V. Stovel: J. chem. Physics 2 (1934), 581.
[3] S. I. Iijima: Rev. physic. Chem. Japan 14 (1940), 68.
[4] H. S. Taylor, P. V. McKinney: J. Amer. chem. Soc. 53 (1931), 3604.
[5] E. Müller, K. Schwabe: Z. Elektrochem. angew. physik. Chem. 35 (1929), 165.
[6] P. J. Belkewitsch: J. Chim. gén. 9 (1939), 944, 955.
[7] A. Gutbier, W. Schieferdecker: Z. anorg. allg. Chem. 184 (1929), 305.

Oberflächengröße abhängig. Die Isobare fällt von Zimmertemperatur an mit steigender Temperatur gleichmäßig ab.

Die Isobare von Kohlenmonoxyd an Ir zeigt das typische Bild einer aktivierten Adsorption mit einem flachen Maximum in der Nähe von 100° C.

In neuester Zeit untersuchten H. S. TAYLOR und Mitarbeiter[1] die Adsorption von Wasserstoff und Stickstoff an einem durch Reduktion bei 300° hergestellten Osmiumkatalysator. Bei Wasserstoff fanden sie im ganzen untersuchten Temperaturgebiet von 80÷537° K aktivierte Adsorption. Auch der Stickstoff wird bereits bei — im Vergleich zum Eisen — recht tiefen Temperaturen aktiv adsorbiert. Wie Abb. 46 zeigt, liegt das Minimum der Isobaren bei etwa 70° C und das Maximum bei 150° C. Die im Maximum aufgenommene Stickstoffmenge ist auffallend klein im Vergleich zu der bei — 119° adsorbierten. TAYLOR führte dies darauf zurück, daß die aktiven Stellen ziemlich selten sind. Es kann aber auch sein, daß die Adsorptionswärme in diesem Falle sehr klein ist, so daß der aktiv adsorbierte Stickstoff schon bei 150° C einen sehr erheblichen Partialdruck besitzt. Aus dem gleichfalls untersuchten Isotopenaustausch, der erst bei 200° C meßbar wird, ergibt sich nämlich eine Aktivierungswärme der Desorption von nur 21 kcal/Mol.

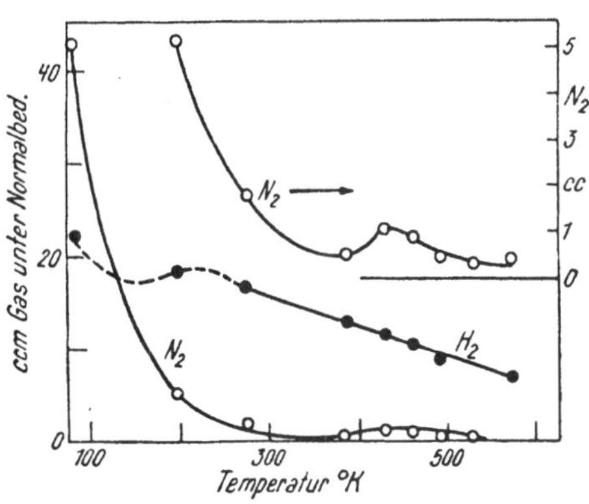

Abb. 46.
Adsorptionsisobaren von Stickstoff und Wasserstoff an Osmium (nach TAYLOR, GUYER u. JORIS).
● Wasserstoff; ○ Stickstoff. $p = 760$ mm Hg.

Platin.

Die Adsorption an einer Platinoberfläche ist eines der ersten Beispiele, durch die man die VAN DER WAALSsche und die durch Valenzkräfte der Oberfläche bedingte Adsorption unterscheiden lernte. So konnte schon LANGMUIR in seiner häufig zitierten Arbeit[2] zeigen, daß die Adsorption des Kohlenoxyds ein Minimum durchlaufen muß. Er fand nämlich bei 16 mm Hg folgende adsorbierten Mengen (Tabelle 10).

Beim Sauerstoff fand er eine Adsorption der gleichen Größenordnung, die aber mit steigender Temperatur ständig zunimmt.

Tabelle 10.
Adsorbierte Kohlenoxydmengen an einer glatten Platinfolie (LANGMUIR).

Temperatur	Molekeln pro cm²
flüssige Luft	$3{,}9 \cdot 10^{14}$
20° C	$1{,}4 \cdot 10^{14}$
360° C	$4{,}8 \cdot 10^{14}$

Die bei 760 mm adsorbierte Wasserstoffmenge fällt von — 75° an langsam mit steigender Temperatur, wie MAXTED und HASSID[3] bei ihren Messungen an Platinschwarz feststellten. Die gleichen Autoren untersuchten, wie bereits erwähnt (Seite 430, ferner MAXTED und MOON[4]), auch die Sauerstoffadsorption sowie deren Kinetik. Die Gleichgewichtseinstellung wurde über einen sehr langen Zeitraum, z. B. bis zu 105 Tagen, verfolgt. Die größte adsorbierte Sauerstoffmenge betrug 2,17 cm³/g Platin. Unter ähnlichen Bedingungen betrug der Sättigungswert für Wasserstoff 1,5 cm³/g Platin. Das Verhältnis der Adsorptions-

[1] W. R. F. GUYER, H. S. TAYLOR, G. G. JORIS: J. chem. Physics 9 (1941), 287.
[2] I. LANGMUIR: J. Amer. chem. Soc. 40 (1918), 1361.
[3] E. B. MAXTED, N. J. HASSID: Trans. Faraday Soc. 28 (1932), 253.
[4] E. B. MAXTED, C. H. MOON: J. chem. Soc. (London) 1936, 1542; 1938, 1228.

geschwindigkeiten von H_2 und D_2 beträgt $\sqrt{2}$. Bei ihren Versuchen mit Äthylen[1] finden die Autoren bei Zimmertemperatur einen langsamen Adsorptionsvorgang.

Über die Untersuchungen Maxteds und seiner Mitarbeiter, die sich mit der Kinetik der aktivierten Adsorption an vergifteten Platinoberflächen sowie deren Zusammenhang mit der Hydrierungskatalyse beschäftigen, ist bereits in einem anderen Zusammenhange berichtet worden (S. 444).

Über das System *Schwefeldioxyd*—Platinschwarz berichten Neumann und Goebel[2]. Sie stellen fest, daß das Gleichgewicht sich sehr langsam einstellt und die adsorbierte Menge oberhalb von 0° mit steigender Temperatur stark abfällt. Die aus dem Abfall berechnete Adsorptionswärme stimmt jedoch mit der von Taylor, Kistiakowsky und Perry[3] gemessenen so schlecht überein, daß man annehmen muß, die Autoren haben Störungen infolge aktivierter Adsorption übersehen. Bei 20° C und 730 mm Hg werden 3,2 cm³/g Platin aufgenommen. Bei 400° C tritt Zersetzung des SO_2 unter Sulfidbildung ein.

2. Oxydische Adsorbentien und Salze.

Die aktivierte Adsorption insbesondere von Wasserstoff und Kohlenoxyd an verschiedenen Oxyden und Oxydgemischen war Gegenstand mehrerer Untersuchungen von H. S. Taylor und Mitarbeitern. Sie sind einmal deshalb von Interesse, weil die Aktivierungsenergie hierbei häufig so groß ist, daß sich die beiden Adsorptionstypen nicht überlagern und zum andern deshalb, weil einige Oxyde große Bedeutung als Katalysatoren bei dem von der I. G. Farbenindustrie A.G. entwickelten Verfahren der Kohlenoxydhydrierung zu Methanol besitzen. Wir geben im folgenden einen kurzen Überblick über das bisher veröffentlichte Versuchsmaterial.

An **Magnesiumoxyd** wird Wasserstoff oberhalb von 300° C aktiv adsorbiert (Taylor und Lewis[4]), Wasserdampf wird schon bei Zimmertemperatur aufgenommen (Ishikawa und Sano[5]); seine Adsorption ist als Vorstufe der Hydratation anzusehen.

Manganoxyd war das erste Adsorbens, an dem Taylor (Taylor und Williamson[6]) seine Theorie der aktivierten Adsorption prüfte, Aktivierungsenergien bestimmte und eine Isobare aufnahm (Abb. 3). Als Gase gelangten Kohlenoxyd und Wasserstoff zur Anwendung (Williamson[7]). Die Wasserstoffisobare hat ihr Maximum dicht oberhalb von 300° C. Je Gramm des aus Oxalat hergestellten Oxyds werden bei 305° und 567 mm Hg 0,42 cm³ Wasserstoff aufgenommen. Die aktivierte Adsorption des CO beginnt bereits dicht oberhalb von 0° C. Im Gegensatz zu Wasserstoff reduziert Kohlenoxyd das Manganoxyd. Die als Vorstufe der Reduktion zu betrachtende Kohlenoxydadsorption verläuft jedoch schneller als die Reduktion.

An **Mangandioxyd** werden Kohlenoxyd und Wasserdampf irreversibel adsorbiert (Foote und Dixon[8]). Die Kinetik der CO-Sorption studierte Zeldowitsch[9].

Die Adsorptionserscheinungen an **Zinkoxyd** wurden eingehend von Garner, vor allem aber von H. S. Taylor und ihren Mitarbeitern untersucht. *Wasserstoff*

[1] E. B. Maxted, C. H. Moon: Trans. Faraday Soc. **32** (1936), 1375.

[2] B. Neumann, E. Goebel: Z. Elektrochem. angew. physik. Chem. **39** (1933), 672; **40** (1934), 754.

[3] H. S. Taylor, G. B. Kistiakowsky, J. H. Perry: J. physic. Chem. **34** (1930), 799.

[4] H. S. Taylor, J. R. Lewis: J. Amer. chem. Soc. **60** (1938), 877.

[5] F. Ishikawa, K. Sano: Sci. Rep. Tôhoku Imp. Univ. **23** (1934), 129.

[6] H. S. Taylor, A. T. Williamson: J. Amer. chem. Soc. **53** (1931), 2168.

[7] A. T. Williamson: J. Amer. chem. Soc. **54** (1932), 3159.

[8] H. W. Foote, J. K. Dixon: J. Amer. chem. Soc. **53** (1931), 55.

[9] J. Zeldowitsch: Acta physicochim. URSS **1** (1934), 449.

kann, wie TAYLOR und STROTHER[1] feststellten, ähnlich wie an Eisenkatalysatoren in drei verschiedenen Weisen, und zwar VAN DER WAALSsch sowie auf zweifache Art aktiv adsorbiert werden. Abb. 4, S. 407 gibt zwei Isobaren wieder, auf denen die nach 5 bzw. 1000 Minuten bei 760 mm Hg an 26,38 g ZnO aufgenommene Wasserstoffmenge in Abhängigkeit von der absoluten Temperatur dargestellt ist. Die Messungen wurden in einem Manostaten ausgeführt. Man erkennt das Einsetzen des ersten aktivierten Vorganges bei $-100°$, das des zweiten bei $+100°$ C. Wie man aus der starken Zunahme der adsorbierten Menge mit der Zeit ersehen kann, sind diese Isobaren keine Gleichgewichtskurven. Dem bei $-100°$ einsetzenden Vorgang kommt eine Aktivierungswärme von 5 kcal, dem bei $+100°$ C einsetzenden eine von 12 kcal zu. Diese ist jedoch gerade beim Zinkoxyd sehr stark von der Konzentration auf der Oberfläche abhängig, wie aus Abb. 32 hervorgeht.

Die von ZnO beschleunigte Parawasserstoffumwandlung besitzt nach TAYLOR und SHERMAN[2] eine Aktivierungsenergie von 15 kcal, sie erfolgt also über eine Adsorption des zweiten aktivierten Typs. Oberhalb von 200° wirkt Wasserstoff reduzierend auf Zinkoxyd ein. Das Präparat wird grau, und an den kalten Stellen des Gefäßes bildet sich ein Zinkbeschlag (TAYLOR und BURWELL[3]). Wasserdampf sowie niedere Alkohole werden an ZnO bei etwa 200° sehr stark adsorbiert. Isopropylalkohol wird dabei dehydriert (TAYLOR und SICKMAN[4]). Wasserdampf drückt die Wasserstoffadsorption sehr stark herab. An Zinkchromit wurde nur *ein* Typ der aktiven Wasserstoffadsorption gefunden.

Kohlenoxyd wird an ZnO ebenfalls chemisorbiert, wie die von GARNER und VEAL[5] gemessene große Adsorptionswärme von $18 \div 12$ kcal beweist. Die Aktivierungsenergie dieser Reaktion ist jedoch sehr klein, denn die Isobare fällt mit steigender Temperatur zwischen 100 und 300° K stetig ab, ohne ein Maximum oder Minimum zu durchlaufen (GARNER und MAGGS[6]). Bei Temperaturen oberhalb von 184° C zersetzt sich CO im Sinne der Gleichung

$$2\,CO = C + CO_2$$

(TAYLOR und BURWELL[3]). GARNER und VEAL[5] schlagen eine Deutung für die CO-Adsorption an oxydischen Kontakten vor, die sie wie folgt formulieren:

$$Zn \cdot Zn \cdot Zn \cdot Zn + CO = Zn \cdot Zn \cdot Zn \cdot Zn = Zn \cdot Zn \cdot Zn \cdot Zn\,.$$

$$\begin{matrix} \| & \| & \| & \| & & \| & | & | & | & & \| & \| & & \| \\ O & O & O & O & & O & O & O & O & & O & CO_3 & & O \end{matrix}$$

$$\begin{matrix} \diagdown\!\!\diagup \\ C \\ | \\ O \end{matrix}$$

Das desorbierte Gas ist dann die $CO-CO_2$-Gleichgewichtsmischung. Die günstige Wirkung des ZnO als Hydrierungskontakt für CO beruht demnach auf der Affinität des CO zum Zinkoxyd.

Das als Hydrierungskatalysator hochwirksame **Chromoxyd** ist teils allein, teils in Mischung mit anderen Oxyden oft zum Studium der aktivierten Adsorption herangezogen worden. Es ist als Adsorbens besonders geeignet, da es unter Einhaltung gewisser Bedingungen in einen hochdispersen Zustand gebracht wer-

[1] H. S. TAYLOR, C. O. STROTHER: J. Amer. chem. Soc. **56** (1934), 586.
[2] H. S. TAYLOR, A. SHERMAN: Trans. Faraday Soc. **28** (1932), 247.
[3] H. S. TAYLOR, R. L. BURWELL: J. Amer. chem. Soc. **58** (1936), 1753; **59** (1937), 697.
[4] H. S. TAYLOR, D. V. SICKMAN: J. Amer. chem. Soc. **54** (1932), 602.
[5] W. E. GARNER, F. J. VEAL: J. chem. Soc. (London) **1935**, 1487.
[6] W. E. GARNER, J. MAGGS: Trans. Faraday Soc. **32** (1932), 1774.

den kann. Trocknet man ein vorsichtig aus einer Cr(III)-Salzlösung gefälltes Hydroxyd unterhalb von 375°, so erhält man ein Gel, dessen Oberfläche bezogen auf ein Gramm Substanz nur etwa 5÷10 mal kleiner ist als die einer guten Aktivkohle, wie Howard und Taylor[1] feststellten. Diese Autoren untersuchten die Adsorption von He, N_2, H_2, C_2H_4 und C_2H_6 an verschiedenen Cr_2O_3-Präparaten und fanden aktivierte Prozesse bei H_2, C_2H_4 und C_2H_6. Beim Wasserstoff ist dieser zwischen 100 und 200° C bequem meßbar. Es ist jedoch denkbar, daß es sich hier um einen zweiten Typ der aktivierten Wasserstoffadsorption handelt, denn Beebe und Dowden[2] fanden schon bei der Temperatur der flüssigen Luft eine Adsorptionswärme von 5 kcal, die wohl kaum der van der Waalsschen Adsorption entsprechen kann.

Taylor und Pace[3] verglichen die Sorptionsgeschwindigkeit von *Deuterium* und Wasserstoff an Chromoxydgel und an Zinkchromit und fanden bei 110 und 184° C ähnlich wie an Nickel keinen merklichen Unterschied. H. W. Kohlschütter[4] konnte dieses Ergebnis bestätigen. Er wies außerdem durch Analyse des desorbierten Gases nach, daß sich das adsorbierte Deuterium rasch mit dem Wasserstoff des noch im Gel vorhandenen Wassers umsetzt. Howard[5] zeigte, daß die aktivierte Adsorption die van der Waalssche zurückdrängt und bewies so, daß erstere ein Oberflächenphänomen darstellt (s. S. 412).

Äthan wird oberhalb von 300° C an einer Chromoxydoberfläche aktiviert und sehr langsam aufgenommen (Taylor und Howard[6]). Dagegen beginnt die aktivierte Äthylenadsorption schon bei etwa 80° C. Bei 220° schließt sich an diesen Prozeß eine Zersetzung an, bei der als Spaltprodukte Methan und Äthan auftreten. Ein Rest des Gases läßt sich erst bei 370° entfernen. Dabei entsteht CO_2. Das Chromoxyd wird also reduziert.

Neumann und Goebel[7] untersuchten die Adsorption von *Schwefeldioxyd* an einem durch Calcinieren des Chromnitrats im Wasserstoffstrom erhaltenen Präparat. Sie fanden eine mit steigender Temperatur fallende Adsorption. Das Gleichgewicht stellt sich erst nach 12 Stunden ein. Bei 0° und 760 mm Hg werden etwa 8 cm³ SO_2/g Cr_2O_3 aufgenommen. Der Vorgang ist reversibel, und eine Reaktion tritt bei höherer Temperatur nicht ein. Die Adsorptionswärme wird mit 40÷20 kcal/Mol angegeben. Hier liegt ein Beispiel dafür vor, daß aktivierte und van der Waalssche Adsorption sich überlappen.

An **Eisenoxyd** fanden Neumann und Goebel[7] ähnliche Verhältnisse wie an Chromoxyd. Oberhalb von 200° tritt in diesem Falle jedoch Reduktion ein unter Bildung von $FeSO_4$. Die adsorbierte Menge beträgt bei 20° C und Atmosphärendruck 3,4 cm³ SO_2/g Fe_2O_3.

Von den Untersuchungen an Oxydgemischen oder Verbindungen seien noch diejenigen von Taylor und Mitarbeitern an **Chrommanganoxyd** und an **Chrommolybdänoxyd** erwähnt. Oberhalb von 0° findet an Manganchromit Wasserstoffadsorption statt. Oberhalb von 300° C ist dieser Prozeß reversibel. Der Sättigungswert beträgt bei 305° etwa 3,8 cm³/g $MnO \cdot Cr_2O_3$ (Taylor und Williamson[8]). Durch Kohlenoxyd, das ebenfalls adsorbiert wird, tritt teilweise Reduktion des Präparates ein. Diese verläuft jedoch erheblich langsamer als die aktivierte Adsorption. Bei 450° C können 90% des aufgenommenen Gases durch Abpumpen

[1] H. S. Taylor, J. Howard: J. Amer. chem. Soc. **56** (1934), 2259.
[2] R. A. Beebe, D. A. Dowden: J. Amer. chem. Soc. **60** (1938), 2912
[3] H. S. Taylor, J. Pace: J. chem. Physics **8** (1934), 578.
[4] H. W. Kohlschütter: Z. physik. Chem., Abt. A **170** (1934), 300.
[5] J. Howard: Trans. Faraday Soc. **30** (1934), 278.
[6] H. S. Taylor, J. Howard: J. Amer. chem. Soc. **56** (1934), 2259.
[7] B. Neumann, E. Goebel: Z. Elektrochem. angew. physik. Chem. **39** (1933), 672; **40** (1934), 754.
[8] H. S. Taylor, A. T. Williamson: J. Amer. chem. Soc. **53** (1931), 2168.

wiedergewonnen werden (WILLIAMSON[1]). TAYLOR und TURKEVICH[2] verglichen die Adsorption von Wasserstoff, Äthylen, Methan, Äthan und Propan an einem Chrommanganoxydpräparat mit der an einem Kupferpräparat. Sie stellten fest, daß am Oxydpräparat die gesättigten Kohlenwasserstoffe erst bei 300° adsorbiert werden, daß Äthylen dagegen schon bei 110° aufgenommen wird. Bei der Desorption tritt teilweise Dehydrierung ein. Für den Kupferkontakt liegen die entsprechenden Temperaturen um rund 100° tiefer.

TAYLOR und OGDEN[3] führten Messungen an **Zinkmolybdänoxyd** aus. Sie bestimmten die Aktivierungsenergien und die Isobaren der Wasserstoff- und der Kohlenoxydadsorption. Das Ergebnis für CO ist auf Abb. 5 und das für Wasserstoff auf Abb. 47 zusammengestellt. Beide Abbildungen haben gleiche Achsenteilung. Die Gegenüberstellung ist deshalb bemerkenswert, weil daraus der spezifische Charakter der aktivierten Adsorption besonders deutlich hervorgeht. Es steht in Einklang mit den Abschätzungen, die die Autoren bezüglich der Wärmetönung machen (W_A für CO $\sim$ 15 kcal, für $H_2 \sim$ 23 kcal). Die Aktivierungsenergien unterscheiden sich mit 15÷20 kcal für CO und 19÷22 kcal für H_2 nicht so erheblich voneinander.

Das als Dehydratisierungskatalysator viel benutzte **Aluminiumoxyd** wurde wiederholt auf seine Adsorptionseigenschaften hin untersucht. TAYLOR[4] vergleicht die Adsorptionsfähigkeit dieses Oxyds

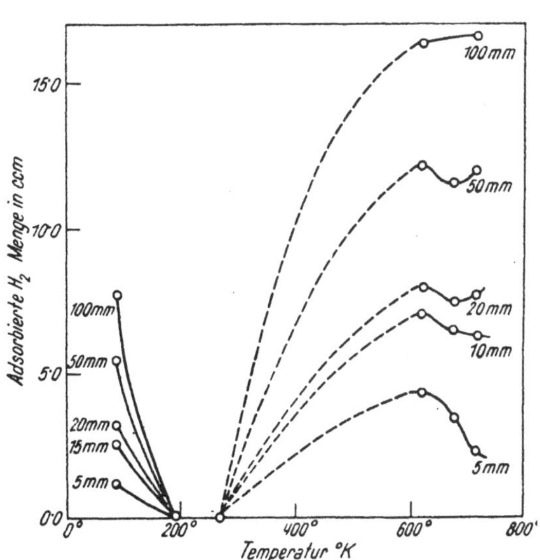

Abb. 47. Adsorptionsisobaren von Wasserstoff an Zinkmolybdänoxyd (nach TAYLOR u. OGDEN).

für *Wasserdampf* (TAYLOR und GOULD[5]) mit der für *Wasserstoff*; er findet oberhalb von 300° C Parawasserstoff-Umwandlung und oberhalb von 400° eine aktivierte Adsorption an einem durch Ausfällen mit Ammoniak und Trocknen bei 480° C dargestellten Oxyd. Die Aktivierungswärme ist sehr hoch (27,5 kcal/Mol); auch die Adsorptionswärme soll 30 kcal betragen. Demgegenüber ist die aktivierte Wasserdampfadsorption außerordentlich begünstigt. Sie findet bereits bei gewöhnlicher Temperatur statt. Die adsorbierte Menge übertrifft die aufgenommene Wasserstoffmenge um mehrere Größenordnungen. Die Adsorptionswärme wird auf 14÷18 kcal geschätzt. Der starke Vorzug, den die Wasseraufnahme gegenüber der von Wasserstoff hat, macht es verständlich, daß Aluminiumoxyd ausschließlich die Dehydratisierung katalysiert. Ob es sich allerdings bei der Wasserdampfadsorption um eine reine Oberflächenerscheinung handelt, mag zweifelhaft erscheinen. Es kann sich ebensogut um eine langsam ins Innere hinein fortschreitende Rückbildung des Hydroxyds oder um einen Vorgang handeln, der der Wasseraufnahme durch Kieselgel entspricht[6].

[1] A. T. WILLIAMSON: J. Amer. chem. Soc. **54** (1932), 3159.
[2] H. S. TAYLOR, J. TURKEVICH: J. Amer. chem. Soc. **56** (1934), 2254.
[3] H. S. TAYLOR, G. OGDEN: Trans. Faraday Soc. **30** (1934), 1178.
[4] H. S. TAYLOR: Z. physik. Chem., Bodenstein-Festband (1931), 475.
[5] H. S. TAYLOR: A. J. GOULD: J. Amer. chem. Soc. **56** (1934), 1685.
[6] Siehe R. ZSIGMONDY: Kolloidchemie **1927**.

Morozow[1] untersuchte die Kohlenoxydadsorption an einem ähnlich dargestellten Präparat. Er fand zwei Adsorptionsvorgänge, deren erster von $-50 \div 0°$, deren zweiter von $293 \div 425°$ nachweisbar war. Für den zweiten Vorgang gibt der Autor eine Aktivierungsenergie von 19 kcal an.

Herbert[2] studierte den zeitlichen Verlauf der *Ammoniak-* und *Schwefeldioxyd*adsorption an Saphir und fand sehr langsame Gleichgewichtseinstellung und Hysteresen in den Isothermen.

Griffith und Hill[3] bestimmten die aktivierte Adsorption von Wasserstoff und Cyclohexan an **Molybdänoxyd** mit verschiedenen Zusätzen von Siliciumdioxyd und fanden, daß die aufgenommene Wasserstoffmenge stark mit steigender SiO_2-Menge ansteigt, daß dagegen die Cyclohexanadsorption bei einem Zusatz von 4,4 Mol SiO_2 auf 100 Mol Mo ein scharfes Maximum besitzt. Die Wasserstoffadsorption nimmt im gleichen Bereich stetig zu (Griffith und Bruce[4]).

Abschließend geben wir noch eine Tabelle mit Zahlenmaterial über die Adsorption von Wasserstoff an einigen Oxyden wieder, die wir dem Buche von Schwab, Taylor und Spence[5] entnehmen.

Tabelle 11. *Wasserstoffadsorption an Metalloxyden.*

Adsorbens	Druck mm Hg	Adsorbierte H_2-Menge in cm³/100 g Oxyd bei Temperaturen in °C						
		−185	−78	0	110	184	305	444
MnO	506					24	39	20
MnO·Cr_2O_3	165		23	15		345	364	217
ZnO	400	105	13,1	13	33	68	39	
ZnO·Cr_2O_3	760	228	52	112	137	160	130	
Cr_2O_3	700	1350	91	22	200	200		
ZnO·Mo_2O_3	100	8	0	0	0	5	13,5	16
NiO·Mo_2O_3	760	59,2	0	0	2,5	36,5	58,3	
CuO·Cr_2O_3	760	40	3	1		8	16	
V_2O_3	650			0		10	24,2	22,8
Al_2O_3	650			0	0	0	0	6,7

Im Gegensatz zu den hochdispersen Metallpulvern, über deren Feinbau man z. Z. nicht viel weiß, kennt man die Struktur von **Salzen** ziemlich gut. Hier läßt sich nachweisen, daß Einkristalle von einem System von Spalten durchzogen sind. Dieses konnte Rexer[6] an NaCl durch Einlagerung von Na ultramikroskopisch sichtbar machen. Daß dieses Spaltensystem für Gase von außen her zugänglich ist, zeigte Burgmüller[7], der die Zerreißfestigkeit von NaCl-Einkristallen in Luft und im Vakuum bestimmte und einen starken Einfluß des an der inneren Oberfläche adsorbierten Gases fand. Das Adsorptionsgleichgewicht stellt sich in etwa einer Stunde ein. Es handelt sich hier jedoch um van der Waalssche Adsorption. Liegt aktivierte Adsorption vor, wie Bradley[8] für HCl an KCl und Tompkins[9] für NH_3 an NaCl ($E_a = 6$ kcal) nachwiesen, so sind die Einstellzeiten erheblich länger. Bei der Darstellung der Kinetik hatten also hier die Ansätze (5) und (6) S. 427 einen physikalischen Sinn.

[1] N. M. Morozow: Trans. Faraday Soc. **31** (1935), 659.
[2] J. B. M. Herbert: Trans. Faraday Soc. **26** (1930), 118.
[3] R. H. Griffith, S. G. Hill: Proc. Roy. Soc. (London), Ser. A 148 (1935), 194.
[4] R. H. Griffith, R. N. B. D. Bruce: Proc. Roy. Soc. (London), Ser. A 148 (1935), 186.
[5] G.-M. Schwab, H. S. Taylor, R. Spence: Catalysis from the Standpoint of Chemical Kinetics. New York, 1937.
[6] E. Rexer: Z. Physik **76** (1932), 735.
[7] W. Burgmüller: Z. Physik **103** (1936), 655.
[8] R. S. Bradley: Trans. Faraday Soc. **30** (1934), 587.
[9] Tompkins: Trans. Faraday Soc. **32** (1936), 643; **34** (1938), 1469.

Heats of Adsorption on Catalytic Materials.

By

RALPH A. BEEBE, Amherst, Mass.

Inhaltsverzeichnis.

Adsorptionswärmen an katalytisch wirkenden Stoffen (Heats of Adsorption on Catalytic Materials).

Einleitung ... 473
  Methoden der Wärmemessung ... 474
  Berechnung der Adsorptionswärmen aus den Isosteren ... 476
Adsorptions-Calorimetrie ... 477
  Allgemeine Technik ... 477
  Das Eiscalorimeter ... 478
  Das Calorimeter mit flüssigem Sauerstoff ... 479
  Adsorptionsgefäß in einer Calorimeterflüssigkeit ... 479
  Vakuumcalorimeter ... 479
    Experimentelle Schwierigkeiten bei Vakuumcalorimetern ... 481
    Korrektur für Temperaturgefälle in Vakuumcalorimetern ... 484
    Zuverlässigkeitsprüfung von Vakuumcalorimetern ... 485
    Abschätzung der Verläßlichkeit der Calorimeter $A-J$ ... 486
    Wirkung der unselektiven Adsorption bei allen Formen von Vakuumcalorimetern ... 488
  Anomale anfängliche Adsorptionswärmen ... 489
  Werte der Adsorptionswärmen an Metall- und Oxydkatalysatoren ... 490
  Verschiedene, die Werte beeinflussende Faktoren ... 493
  Werte der Adsorptionswärmen an Aktivkohle und an nichtkatalytischen Stoffen 495
  Vergleich der für denselben Vorgang auf direktem und indirektem Wege erhaltenen Adsorptionswärmen ... 497
  Wärmetönung der Chemisorption ... 498
  Wärmetönung der VAN-DER WAALSschen Adsorption ... 499
  Die Versuche von ROBERTS ... 501
  Adsorptionswärme und die Stabilität der Adsorptionsschicht ... 503
  Abhängigkeit der Wärmetönung vom bedeckten Flächenanteil ... 505
  Adsorptionswärme und katalytische Aktivität ... 508
  Adsorptionswärme und Verstärkerwirkung ... 511
  Temperaturkoeffizient der Adsorptionswärme ... 512
  Wärmetönung langsamer Adsorptionsvorgänge ... 515
  Differentielle Adsorptionswärmen der unselektiven Adsorption; Beziehung zu Vergiftungsversuchen ... 519
  Wärmetönung zusammengesetzter Adsorptionsvorgänge ... 521

Introduction.

All adsorption processes are attended by energy changes the net effect of which can be measured experimentally. Although the interpretation of the experimental data does not always lead to unequivocal deductions, we shall see that the heat measurements are useful in answering a number of questions related to adsorption, especially when considered along with other kinds of experimental evidence. Because of their significance and importance in the theory of contact catalysis, the heats of adsorption of gases on catalytically active surfaces, especially surfaces of the metals and metallic oxides, demand our special attention.

If a sample of gas is admitted to an adsorbent surface from which all possible adsorbed material has been removed by previous outgassing usually at elevated temperature, the integral heat of adsorption is liberated and may be measured in a suitable calorimeter; this integral value, conveniently expressed in kilocalories per mole of gas, represents the average heat for the gas sample used. Frequently, however, it is desirable to know the amounts of energy liberated when successive small increments are added, each of which covers only a small

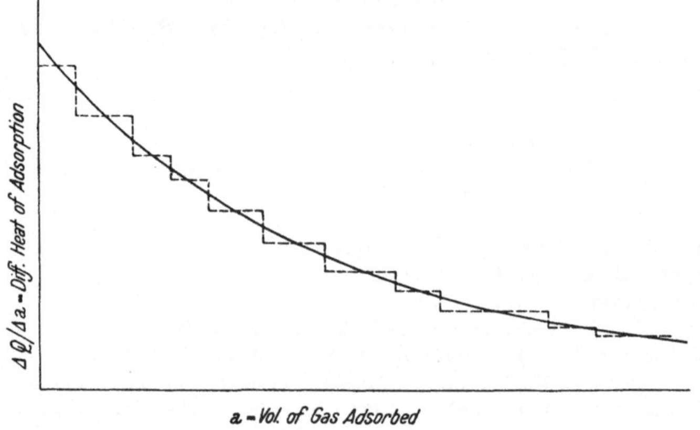

Fig. 1. Determination of the differential heat of adsorption from finite adsorption steps.

fraction of the total available surface. These are commonly called differential heats although true differential heats would be found only by using infinitesimally small increments of the substrate.

In the measurement of differential heats, we determine the heat energy ΔQ, which is liberated by a known increment of gas Δa. We can then draw graphically $\Delta Q/\Delta a$ (the heat evolved per mole of gas adsorbed) against a, producing a stepped figure (Fig. 1). From this figure, it is possible to estimate the real dependence of the differential heat of adsorption on a by drawing a smooth curve in such a way that, if perpendiculars are drawn to each horizontal step at its extremities, the area enclosed underneath the smooth curve is equal to that underneath the step. It is obvious that, with very small steps, we may approach very close to the true differential heat dQ/da. For convenience the term λ will be substituted for dQ/da.

Methods of Heat Measurement.

In actual practice, two methods are commonly used for determining heats of adsorption:[1] (1) calculation from the adsorption isosteres by means of the Clausius-Clapeyron equation, and (2) direct calorimetric measurement. Al-

---

[1] Occasionally other indirect methods have been used; however, an examination of these methods will show that none of them is generally applicable. We may cite the following examples.

(1) It has already been shown (page 433) that with certain simplifying assumptions,

though both methods have been widely used, the second yields more detailed information especially in the study of differential heats for successive small increments.

Both the above methods present experimental difficulties and potential sources of error which unfortunately were not generally recognized during the period of the earlier investigations in this field (roughly 1923÷1928). Consequently we find, in the literature, data on heats of adsorption determined by unreliable methods, and in certain cases greatly in error. As a result of the work of several investigators, the factors which may contribute to these errors, es-

---

the heat of adsorption, λ, is given by the steepness of the temperature decrease of the adsorption coefficient, b, according to the equations

$$b = \frac{k_1}{k_0} \cdot e^{\lambda/RT} \quad \text{or} \quad \frac{d \ln b}{d(1/T)} = \frac{\lambda}{R}.$$

These equations offer a possibility for the determination of λ based on suitable adsorption measurements at different temperatures. Actually, however, the above relationship will hold only as long as b is a constant at each temperature, independent of the pressure or the fraction of the surface covered. The application of the method is illustrated by the work of SCHWAB and ZORN.[1] These authors determined the adsorption coefficients for both hydrogen and ethylene on a skeleton contact nickel adsorbent, making use of the LANGMUIR-HINSHELWOOD equation applied to their experimental data on the rate of hydrogenation of ethylene. The heats of adsorption of both gases calculated from the adsorption coefficients were in good agreement with the results obtained by more direct methods. Unfortunately this method frequently is not applicable because, with increasing covering, progressively less active portions of the surface, with falling values of b, become involved.

(2) LANGMUIR and VILLARS[2] calculated the heat of adsorption of oxygen on a smooth tungsten surface from the rate of loss of this gas from the adsorbed film, this rate of loss being determined experimentally by the change in electron emission of the tungsten filament sensitized by the presence of minute traces of cesium vapor.

(3) TAYLOR and SICKMAN[3] have derived an expression which enables them to calculate, from their rate measurements of the slow adsorption of hydrogen on zinc oxide, the value V_0, which is the quantity of gas adsorbed at equilibrium. Substituting this value into the exponential relationship, derived by them, between V_0 and λ, the heat of adsorption, the value of the latter was obtained.

(4) To account for the reversal, with temperature, in the sign of the temperature coefficient of the catalytic hydrogenation of ethylene on active nickel, ZUR STRASSEN[4] and also SCHWAB[5] have developed the following equation

$$k = a\,e^{-\left[(E - \lambda_{H_2}) - \lambda_{C_2H_4}\right]/RT},$$

in which E is the activation energy of the hydrogenation reaction and λ_{H_2} and $\lambda_{C_2H_4}$ are the heats of adsorption of hydrogen and ethylene. It is assumed that the factor $\lambda_{C_2H_4}$ becomes effective only above the maximum in the temperature $vs.$ reaction velocity curve. If this view is correct, $\lambda_{C_2H_4}$ is obtainable from the difference in the slopes of the ascending and descending branches of the curve obtained by plotting $\log k$ against $1/T$. SCHWAB found, for $\lambda_{C_2H_4}$, 16 kcal. which seems a reasonable value.

(5) RIDEAL[6] calculated the heat of adsorption of hydrogen on active nickel making use of his experimental data on the rate of hydrogenation of oxygen on the nickel surface. This calculation is of interest because RIDEAL's heat value was among the first to be obtained on an active catalytic surface and was soon to be confirmed by the direct measurements of FORESTI[7] and of BEEBE and TAYLOR[8].

[1] SCHWAB, ZORN: Z. physik. Chem., Abt. B **32** (1936), 169.
[2] LANGMUIR, VILLARS: J. Amer. chem. Soc. **53** (1931), 486.
[3] TAYLOR, SICKMAN: J. Amer. chem. Soc. **54** (1932), 602.
[4] ZUR STRASSEN: Z. physik. Chem., Abt. A **169** (1934), 81.
[5] SCHWAB: Z. physik. Chem., Abt. A **171** (1934), 421.
[6] RIDEAL: J. chem. Soc. (London) **121** (1922), 309.
[7] FORESTI: Gazz. chim. ital. **53** (1923), 487; **54** (1924), 132; **55** (1925), 185.
[8] BEEBE, TAYLOR: J. Amer. chem. Soc. **46** (1924), 43.

pecially in adsorption calorimetry, now appear to be well understood. With this information at hand it has been possible to design calorimeters which are reliable, or at least, in which the limitations are known. Moreover, we are now in a position with some assurance to evaluate the reliability of the calorimetric methods reported in the literature, and consequently to estimate the validity of the data on heats of adsorption. Such an estimation of validity is difficult for readers who have not access to the detailed experimental data and as a consequence one finds data, based on unreliable measurements, quoted in various reviews and texts on catalysis and surface reactions, in one instance even as recently as 1938.

For the above reasons the writer feels that a definite service will be rendered in the present chapter by attempting to evaluate the trustworthiness of all the existing data of adsorption calorimetry. In doing this it seems better to place all the evidence at the disposal of the reader. For that reason a section of this chapter which might otherwise seem disproportionately large, will be devoted to the experimental methods.

Calculation of Heats of Adsorption from the Isosteres.

In a manner analogous to the calculation, by means of the Clausius-Clapeyron equation, of the heat of vaporization of a pure liquid from the vapor pressures at two temperatures, it is possible in favorable cases to calculate heats of adsorption from the adsorption isosteres, i. e. from the equilibrium pressures, p_1 and p_2, when equal amounts of gas are adsorbed at the absolute temperatures T_1 and T_2. In the determination of heats in adsorption processes which are of the chemisorption type, this calculation may be compared to the calculation of heats of reaction by means of the van't Hoff isochore which, in this case where a single equilibrium gas pressure is involved, would have the same form as the Clausius-Clapeyron equation.

The method of calculation may be illustrated by the work of Taylor and Williamson[1] on the adsorption of hydrogen on manganous-chromic oxide. For 100 cc. of adsorbed gas on 46.5 g. of adsorbent, the pressures at 305 and 414° C. (578 and 717° Abs.) were 5 mm. and 140 mm. respectively. Substituting these data in the integrated form of the Clausius-Clapeyron equation

$$\ln \frac{p_2}{p_1} = \frac{\lambda}{4.58} \left(\frac{1}{T_1} - \frac{1}{T_2} \right)$$

λ, the heat of the high temperature adsorption is found:

$$\lambda = 4.58 \log \frac{140}{5} \left(\frac{1}{578} - \frac{1}{717} \right) = 20 \text{ kcal./mole} .$$

In the low temperature region the equilibrium pressures with 7 cc. adsorbed were 40 and 165 mm. at −78.5° and 0° C. respectively. Substituting these data in the above equation, we find 1.9 kcal. as the heat of the low temperature adsorption.

The above method of calculation has certain obvious limitations. Because the pressures p_1 and p_2 must be equilibrium pressures it is easily seen that the method is not applicable to irreversible adsorption. Moreover one frequently encounters processes, especially in chemisorption, in which a considerable volume of gas is

---

[1] Taylor, Williamson: J. Amer. chem. Soc. **53** (1931), 2168.

adsorbed at "zero" pressure. It is apparent that the Clausius-Clapeyron equation cannot be used in such cases. Obviously, also, although the determination of the equilibrium pressures necessary for the calculation, is relatively easy with adsorption processes which are rapid, yet their measurement becomes a tedious matter in adsorptions which are entirely, or in part, slow processes.

In applying the Clausius-Clapeyron equation to adsorption reactions one makes certain assumptions, usually tacit, concerning the effective simplicity of the process under consideration. For the rigid application of the equation it is necessary to assume: (1) that the same part of the surface is covered at temperatures T_1 and T_2, and (2) that the nature of the forces binding the substrate to the surface is essentially the same at the two temperatures. Neither of these assumptions appears to be universally justifiable. There is abundant evidence from a number of sources that many adsorbent surfaces are far from uniform energetically. If, in such cases, different parts of the surface were covered at T_1 and T_2, even though the amount of gas adsorbed was the same, the simple calculation from the isosteric data would not be allowable. It is also definitely established that certain adsorption processes are composites of more than one type of adsorption, e. g. van der Waals and chemisorption. In such cases, with a probable difference in the ratio of the amounts of van der Waals adsorption and chemisorption at T_1 and T_2, the phenomena would again be too complex for the application of the Clausius-Clapeyron equation. To cite an extreme case, it would obviously be incorrect to calculate the heat of adsorption of hydrogen on manganous-chromic oxide already discussed by substituting in the equation the temperatures -78.5 and $414°$ C. with the corresponding equilibrium pressures for equal volumes of gas adsorbed. To insure as nearly as possible that the process shall possess the same characteristics at T_1 and T_2, it is preferable that these temperatures be only a few degrees apart.

Unfortunately it is often a difficult matter to estimate the effect of the above limiting factors in the application of the Clausius-Clapeyron equation to any specific case. As a result it is fair to say that one should place qualitative rather than exact quantitative significance upon heat data found by this method. In practically all cases reported in the literature, however, there seems to be small room for reasonable doubt that the order of magnitude of these data is correct. For instance, in Taylor and Williamson's work, it seems highly probable, regardless of any disturbing factors which may have minor effects on the calculations, that we are dealing with two different types of adsorption in the two temperature ranges, the heat of the high temperature adsorption being roughly ten times as great as that of the low temperature process.

Adsorption Calorimetry.

General Technique.

With the exception of the calorimeter proper, the general assembly of apparatus for adsorption calorimetry is in no way different from that used in any adsorption measurements (see p. 413 f.). For work at lower pressures a McLeod gauge or another suitable low pressure gauge is substituted for the simple mercury manometer, and a different type gas buret is used. As in any adsorption measurement, it is necessary to determine (1) the gas volume admitted, reduced to N.T.P. (2) the pressure increase (due to unadsorbed gas) (3) the dead space in the system used in calculation of the unadsorbed volume. The uncertainty of the correction for unadsorbed gas becomes increasingly important with increasing residual pressure when the ratio of unadsorbed gas to adsorbed gas becomes great.[1]

Of course in adsorption calorimetry, in addition to the above data, one must determine the amount of heat energy liberated. The types of calorimeter which have been used for heats of adsorption measurements fall into two classes: (1) those in which the heat evolved produces a physical change and, (2) those in which a temperature rise is produced. In the former class are found: (a) the Bunsen ice calorimeter and, (b) the liquid oxygen calorimeter of Dewar. In the latter class: (a) the adsorption tube may be immersed in a suitable calorimetric liquid, or (b) it may be vacuum jacketed. Because of its greater sensitivity owing to its relatively low heat capacity and because, unlike the other types of calorimeter, its use can be extended over a greater temperature range, the vacuum calorimeter, correctly constructed, seems to offer the greatest promise and has been used especially in the study of differential heats on catalytic materials, the adsorptive capacity of which is frequently small. All the above types have been used, however, in the study of heats of adsorption on catalytically active surfaces; and therefore they will be described.

The Ice Calorimeter.

The details of operation of the ice calorimeter are so commonly known that they will not be given here. This instrument is, of course, limited to measurements at $0°$,[2] and it is not practicable to use it for measuring quantities of heat much less than 1 cal., for example the heat liberated by 2.24 cc. of a gas with a heat of adsorption of 10 kcal. It is therefore better adapted for integral heats than for differential heats, especially with rather poor adsorbents.[3] The ice calorimeter has been used successfully by a number of workers especially for adsorption on charcoal which has high adsorptive capacity; and it has been used in a limited number of heat investigations on metal surfaces.

---

[1] In blank experiments, using hydrogen and nitrogen with no active adsorbent in the calorimeter tube, Ward[4] found an evolution of 0.000321 cal. per cc. of gas entering the tube, for a pressure increase of one cm. On decreasing the pressure and removing the gas, exactly the reverse process occurred with an absorption of heat. Ward explained his observations by assuming that the gas is compressed adiabatically by the incoming stream of gas behind it, and gave a simple thermodynamic derivation of an expression for the linear relationship between the pressure increase and the heat evolved. The heats liberated, calculated from this expression, were in good agreement with the values determined by the blank experiments. Ward points out that the correction for compression is relatively unimportant at low pressures when only a small fraction of the gas admitted remains unadsorbed, but that, at higher pressures, when the slope of the adsorption isotherm is not so great, it is very important. This would be especially true with an adsorbent of rather low adsorptive capacity, such as the copper sample studied by Ward.

[2] Gregg[5] has used a phenol calorimeter for measurements on charcoal at 40° C.; this instrument, which operated on the same principle as the ice calorimeter, gave some difficulty and the author reports that results are less reliable than those with the ice calorimeter.

[3] Maxted and Hassid[6] tried to use the ice calorimeter for studying the differential heats of hydrogen on platinum but found it insufficiently sensitive.

[4] Ward: Proc. Roy. Soc. (London), Ser. A **133** (1931), 506.

[5] Gregg: J. chem. Soc. (London) **1927**, 1494.

[6] Maxted, Hassid: J. chem. Soc. (London) **1931**, 3313.

The Liquid Oxygen Calorimeter.

This instrument was first used by DEWAR[1] for the measurement of heats of adsorption of several gases on charcoal at $-183°$. The apparatus is so arranged that it is possible to collect and measure the volume of oxygen gas evaporated from a body of liquid oxygen in which the adsorption tube is immersed and which therefore absorbs the heat liberated during adsorption. From the known heat of vaporization of oxygen, and the measured volume of oxygen evaporated it is possible to calculate the number of calories of heat liberated during the adsorption. BEEBE and ORFIELD[2] failed to obtain consistent data with this calorimeter in an investigation of the heat of adsorption of hydrogen on chromic oxide at $-183°$ C. However, LE POINTE[3], who applied the method to heat measurements in the system hydrogen-charcoal at $-183°$ C., reported no difficulty, although his data likewise were not in good agreement for successive series, a fact which he attributed to variations in the state of activity of the carbon surface. Pending further experimental evidence it seems advisable to accept the results obtained by means of the DEWAR calorimeter as having qualitative significance only.

The Adsorption Tube Immersed in a Calorimetric Liquid.

This method has been applied in several heat measurements on charcoal, and in the determination of heats of wetting on silica gel[4]. A simple glass tube containing the adsorbent is immersed in a suitable calorimetric liquid, and the temperature change in the liquid is measured. This type of instrument is in such common use for general calorimetric work that a further description of its operation is not warranted. Most of the work has been at room temperature using water as the calorimetric fluid. MAGNUS and BRANER[5], however, made measurements at $27°$ and $37°$, still using water. PEARCE and McKINLEY[6] made some measurements at $40°$ using a light oil as the calorimetric liquid.

The method has the advantage that the problem of heat distribution within the adsorbent tube is of secondary importance so long as the liberated heat finds its way out into the calorimetric fluid. A disadvantage of the method is its lack of sensitivity, relatively small temperature rises resulting from the evolution of heat in the adsorbent tube because of the large thermal capacity of the calorimeter.

Vacuum Calorimeters.

In surveying the use of the vacuum calorimeter for heat of adsorption measurements, one finds that the number of different designs is almost as great as the number of published papers in this field. This observation *per se* bespeaks the dissatisfaction of the various investigators with the earlier modifications of the instrument.

In Fig. 2 are shown the various types of vacuum jacketed calorimeter which have been used by different workers.

---

[1] DEWAR: Proc. Roy. Soc. (London) **74** (1904), 122.

[2] BEEBE, ORFIELD: J. Amer. chem. Soc. **59** (1937), 1627.

[3] LE POINTE: J. Physique Radium **7** (1936), 469.

[4] EWING, BAUER: J. Amer. chem. Soc. **59** (1937), 1548. — H. G. GRIMM, W. RAU-DENBUSCH, H. WOLFF: Z. angew. Chem. **41** (1928), 103.

[5] MAGNUS, BRANER: Z. anorg. allg. Chem. **151** (1926), 140.

[6] PEARCE, McKINLEY: J. physic. Chem. **32** (1928), 360.

The following generalizations can be made concerning the calorimeters. (1) All the calorimeters are so constructed that they can be surrounded by an electric furnace for degassing at high temperature, and immersed in a suitable constant temperature bath during the heat measurements. (2) In all except calorimeters H, I, and J, the inner tube, containing the adsorbent material, and the outer vacuum space can be evacuated independently. (3) With the exception of the thermometers and calibrating coils, calorimeters A, B, C and D are constructed entirely of glass. In the others except E, the compartment containing the adsorbent is made entirely of metal.

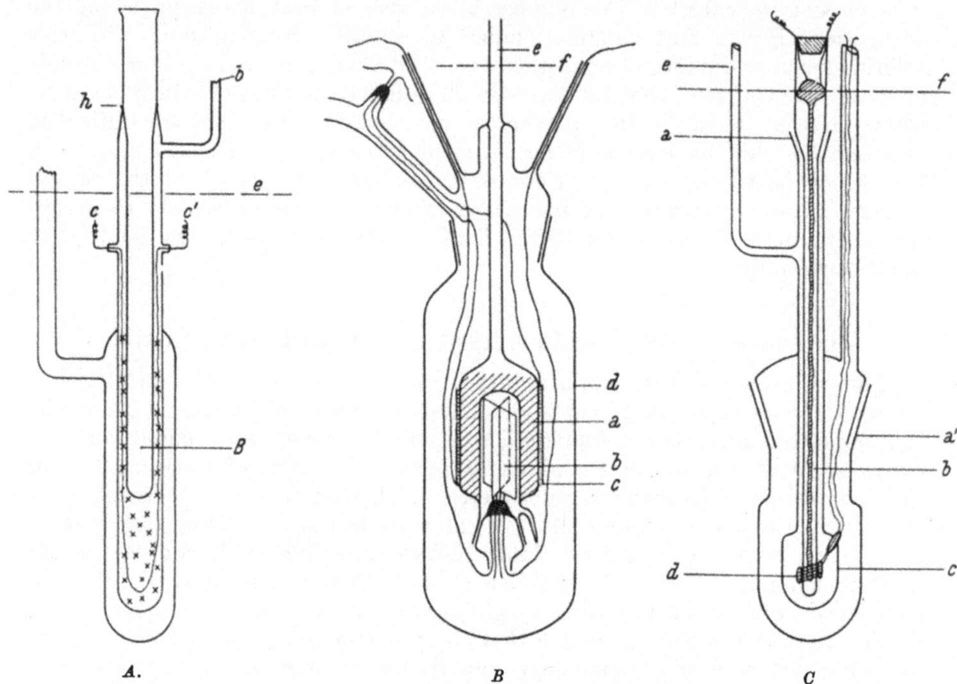

Fig. 2. Different types of Vacuum Calorimeter.

Calorimeter A (BEEBE and TAYLOR).[1] 0°. Tube B carries BECKMANN Thermometer, ($\times\times$) Nickel Catalyst; (b) Gas Inlet; (c, c') Leads for Heating Coil; (h) Vacuum Tight Cement Seal; (e) Ice-Water Bath Level.

Calorimeter B (TAYLOR and KISTIAKOWSKY).[2] 0°. (a) Adsorbent, (b) Platinum Resistance Thermometer, (c) Heating Coil, (d) Vacuum Jacket, (e) Gas Inlet, (f) Ice Level.

Calorimeter C (FLOSDORF and KISTIAKOWSKY).[3] 0°. (a, a') Ground Glass Joints, (b) Multiple Junction Thermocouple, (c) Chamber for Catalyst, (d) Electric Heater, (e) Gas Inlet, (f) Level of Ice-Water Bath.

(4) The heat capacity of calorimeters A, B, C and G is determined by means of an electrical resistance heating unit. In the other calorimeters the heat capacity is calculated from the known weights and specific heats of the constituent materials. With calorimeters D, E and F, the arrows s are assumed to mark the upper limit of the calorimeter in the above calculation. (5) In the calorimeters D, E, F, H, I and J, employing a single-junction thermocouple and sensitive galvanometer, the time-temperature curves were recorded photographically. (6) Calorimeters E, F and J have in common the feature that the gas is introduced into the center of the adsorbent mass and then diffuses outward.

[1] BEEBE, TAYLOR: J. Amer. chem. Soc. **46** (1924), 43.
[2] TAYLOR, KISTIAKOWSKY: Z. physik. Chem. **125** (1927), 341.
[3] FLOSDORF, KISTIAKOWSKY: J. phys. Chem. **34** (1930), 1907.

Experimental Difficulties in Vacuum Calorimeters.

In any calorimetric work involving a temperature change it is necessary to deduce the "true" temperature change by an analysis of the time-temperature record. SCHWAB and BRENNECKE,[1] in an effort to elucidate the most curious maxima in the heat of adsorption curves found by earlier investigators, first directed attention to certain experimental sources of error in adsorption calorimetry. They showed that the poor heat transfer within powderous substances at

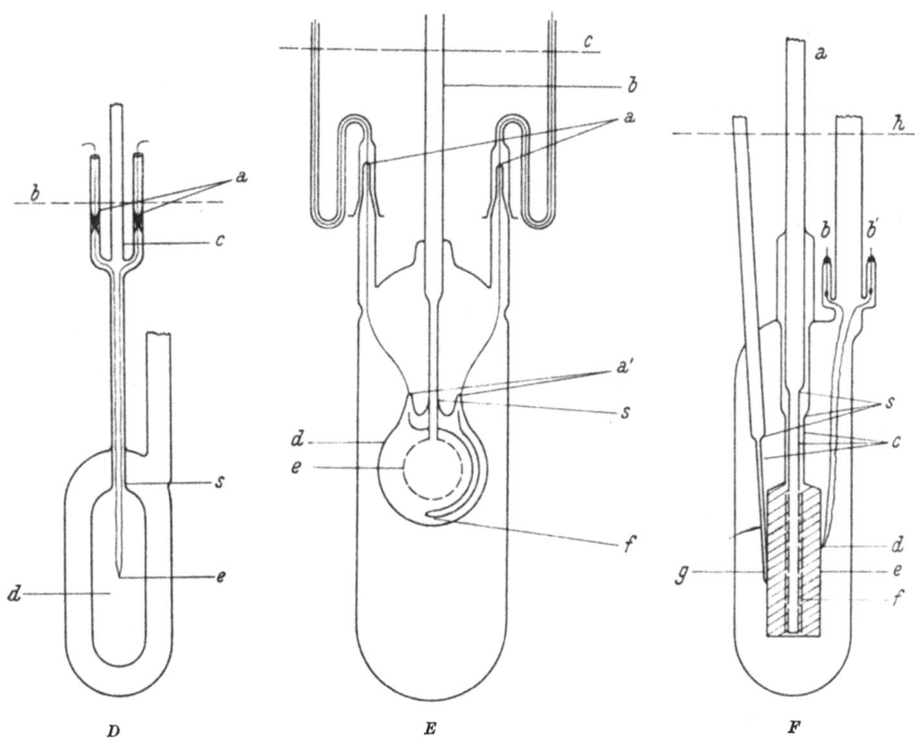

Fig. 2 *D ÷ F*.

Calorimeter *D* (BEEBE).[2] 0°. (*a*) Cement, (*b*) Ice Level, (*c*) Gas Inlet, (*d*) Catalyst Chamber, (*e*) Single Junction Thermocouple.

Calorimeter *E* (GARNER and VEAL).[3] 20°. (*a, a'*) Platinum, Platinum-Rhodium Thermocouple Wires sealed through Glass, (*b*) Gas Inlet, (*c*) Constant Temperature Level, (*d*) Thin Walled Glass Bulb, (*e*) Platinum Gauze hollow Sphere, (*f*) Thermocouple Junction.

Calorimeter *F* (BEEBE and ORFIELD).[4] 0°, −78°, −183°. (*a*) Gas Inlet, (*b, b'*) Tungsten Leads, (*c*) Metal Tubes, (*d*) Single Junction Copper-Constantan Thermocouple, (*e*) Metal Calorimeter, (*f*) Chromic Oxide Catalyst, (*g*) Metal Tube Soldered to Calorimeter for Auxiliary Thermocouple, (*h*) Bath Level, (*s*) Glass to Metal Seals.

low pressures, combined with heat production or heat conduction in the thermometer used, can gravely falsify or even overcompensate the true adsorption effects. The maxima mentioned above indeed are produced merely by such phenomena. Beginning with this work, a more critical consideration of the various

[1] SCHWAB, BRENNECKE: Z. physik. Chem., BODENSTEIN-Vol. (1931), 907; Z. physik. Chem., Abt. B **16** (1932), 19.
[2] BEEBE: Trans. Faraday Soc. **28** (1932), 761.
[3] GARNER, VEAL: J. chem. Soc. (London) **1935**, 1436.
[4] BEEBE, ORFIELD: J. Amer. chem. Soc. **59** (1937), 1627.

methods set in, and studies by several investigators[1, 2] have revealed the experimental difficulties which must be overcome in the vacuum calorimeter before the data obtained by the deduction process can be accepted with confidence. A very adequate discussion of this problem is found in a paper by GARNER and VEAL.[1]

The main difficulty is to insure that the temperature measured by the thermometer (usually a thermo-

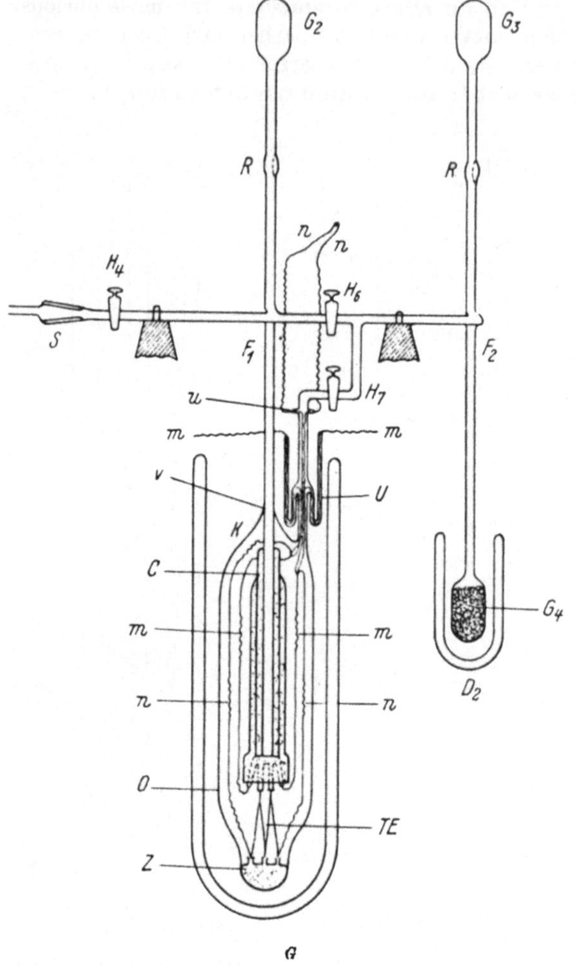

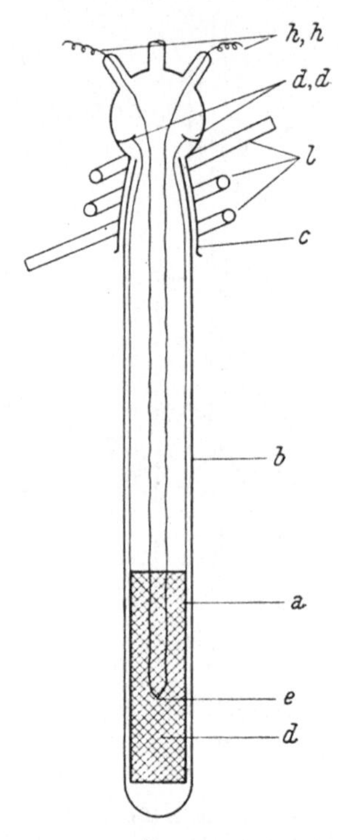

Fig. 2 G and H.

Calorimeter G (MAGNUS and KÄLBERER).[3] 0° and 20°. (K) Copper Vacuum Calorimeter, (C) Copper Block, (m, m) Heating Coil, (n, n) Thermocouple Leads, (O) Glass Mantle, (TE) Ten-Junction Thermocouple, (Z) Low Melting Metal Block, (D_1, D_2) DEWAR Flasks, (v) Glass Seal, (U, u) Cement Seals, (H_4, H_6, H_7) Glass Taps, (F_1, F_2) T Joints, (G_2, G_3) High Melting Glass Bulbs, (G_4) Glass Bulb, (R, R) Graded Glass Seals, (S) Ground Glass Joint. The adsorbent material is held in the central copper tube which is sealed to the glass inlet tube by means of a ring of nickel alloy at the level of the top of the copper block. Because of the low melting cement used in the assembly of the copper calorimeter which contains concentric copper sleeves holding the heating coil, it is impossible to raise the temperature of the adsorbent material for outgassing in situ. To circumvent this difficulty, the whole unit is rotated at the ground glass joint S, the adsorbent dropping into the hard-glass bulb G_2 which can be raised to the desired temperature. After the outgassing is complete, the apparatus is returned to its original position and the adsorbent falls again into the calorimeter.

Calorimeter H (BLENCH and GARNER).[4] 20°÷450°. (h, h) Thermocouple Leads, (d, d) Glass Hooks, (c) Ground Glass Joint, (l) Lead Coil for Water Cooling of c, (e) Single Junction Thermocouple, (a) Platinum Gauze Cylinder, (d) Charcoal Granules, (b) Silica Mantle.

[1] GARNER, VEAL: J. chem. Soc. (London) **1935**, 1487.
[2] RUSSELL, GHERING: J. Amer. chem. Soc. **57** (1935), 2544.
[3] MAGNUS, KÄLBERER: Z. anorg. allg. Chem. **164** (1927), 163.
[4] BLENCH, GARNER: J. chem. Soc. (London) **125** (1924), 1288.

couple) is the true measure of the average temperature rise of the whole calorimeter. Unfortunately this is not always the case unless special precautions are taken, for temperature gradients are frequently set up inside the calorimeter. As pointed out by GARNER and VEAL, these gradients may result from three causes: (1) the loss of heat from the external surface of the calorimeter, (2) the slow rate of distribution of the energy, liberated during the adsorption, to the various parts of the calorimeter, and (3) the unequal distribution of the adsorbed gas throughout the mass of the adsorbent, the gas being adsorbed on those areas of the adsorbent surface with which it first comes into contact (non-selective adsorption[1]). It is especially important that the heat shall be uniformly distributed throughout the calorimeter before any appreciable amount has been lost from the external surface. Obviously a combination[2] of causes (2) and (3) would result in very poor distribution of heat; i. e. if the heat were liberated in a restricted region of the adsorbent mass and were then distributed only very slowly to other parts of the calorimeter, then the temperature registered by the thermocouple would depend very largely on its position relative to the locus of adsorption of the gas.

GARNER and VEAL have shown that the loss of heat in calorimeters such as Calorimeter D is to be attributed largely to radiation, the amount lost by conduction along the thermocouple lead wires and the exit tube being relatively unimportant.

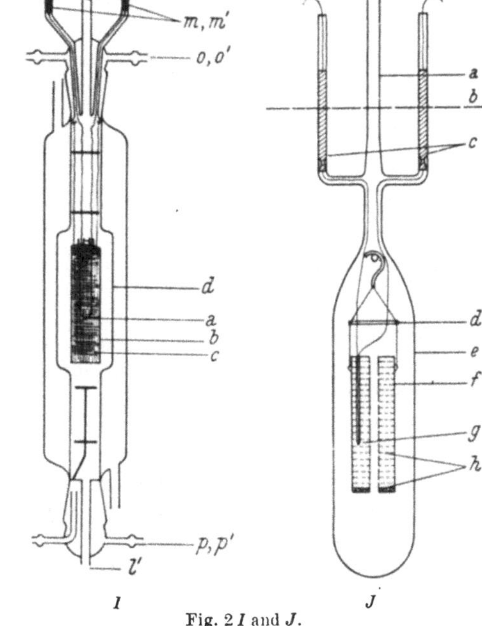

Fig. 2 I and J.

Calorimeter I (GARNER et al.)[3,4]. $20 \div 200°$. (a) Single Junction Thermocouple, (b) Platinum Gauze Cylinder, (c) Adsorbent Material, (d) Water Jacket, (m, m') Cement Seals, (l, l') Gas Inlets, Water at constant temperature is circulated through o, o' and p, p'.

Calorimeter J (BEEBE and WILDNER,[5] adapted from GARNER et al). $0°$. (a) Gas Inlet, (b) Ice Level, (c) Cement, (d) Glass Spreader, (e) Pyrex Glass Mantle, (f) Copper Calorimeter, (g) Single Junction Thermocouple, (h) Catalyst Granules[6].

---

[1] The term "non-uniform" adsorption has been used by BEEBE,[7] but the process is more accurately described by the term "non-selective" introduced by RUSSELL and GHERING.[8]

[2] GARNER and VEAL, using calorimeter E in heat measurements with carbon monoxide on zinc oxide, have shown that there is little difficulty from temperature gradients when the factor of non-selective adsorption is eliminated, even with a hard vacuum inside the calorimeter. This was demonstrated by the agreement between the heats of adsorption and desorption, the latter being measured with the vacuum pumps full on, but with even distribution of the endothermic desorption process throughout the catalyst mass.

[3] GARNER, KINGMAN: Trans. Faraday Soc. 27 (1931), 322.

[4] BULL, HALL, GARNER: J. chem. Soc. (London) 1931, 837.

[5] BEEBE, WILDNER: J. Amer. chem. Soc. 56 (1934), 642.

[6] The idea of introducing the gas into the center of the catalyst mass was first used by BULL, HALL and GARNER in a modification of calorimeter I.

[7] BEEBE: Trans. Faraday Soc. 28 (1932), 761.

[8] RUSSELL, GHERING: J. Amer. chem. Soc. 57 (1935), 2544.

They have traced the cause of the slow distribution of heat to slow heat transmission from grain to grain of the adsorbent, with a comparatively small time required for the heat to penetrate the grains and to be conducted across the Pyrex walls of the containing tube. The difficulty with transmission of heat from grain to grain is of course much more serious when the intergranular space remains highly evacuated.

The presence of non-selective adsorption has been demonstrated in a number of cases and the possibility of its occurrence would seem to be present in any rapid, irreversible adsorption process resulting in a high vacuum. The case of the copper-carbon monoxide system may be used to illustrate. Using calorimeter D, BEEBE[1] found that the form of the time-temperature curve, for the first small increment of gas admitted to the catalyst, was dependent upon the

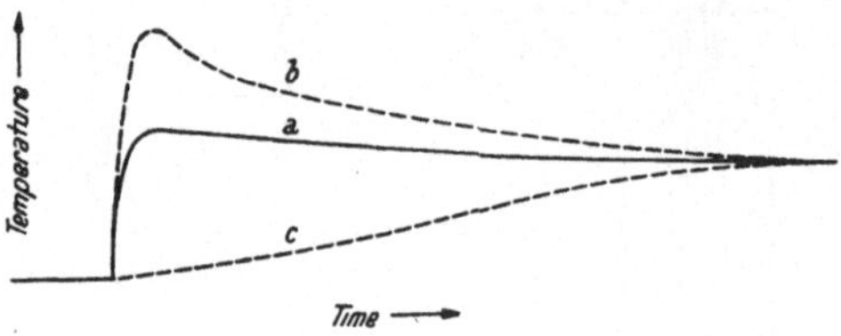

Fig. 3. Time-Temperature-Curves. Show effect of position of the thermocouple in non-selective adsorption process.

position of the thermocouple. If the adsorbed gas were uniformly distributed through the catalyst mass (selective adsorption) and if the liberated heat energy were quickly distributed to all parts of the calorimeter a time-temperature curve like Curve a, Fig. 3, would be expected regardless of the position of the thermocouple. In practice, records of the form of Curve b were found for the initial increment when the thermocouple was placed near the top of the catalyst mass, and of the form of Curve c when it was near the bottom. From these observations it was inferred that the adsorption of this first small increment occurred largely on the small fraction of the copper near the top, where the gas entered. The first portions of carbon monoxide all gave these anomalous curves; these portions were adsorbed almost instantaneously, leaving no measurable residual gas pressure. The anomalies in the time-temperature curves disappeared with later increments when a residual gas pressure was produced and the adsorption was reversible. It is obvious that any attempt to estimate the actual quantity of heat evolved by extrapolation of Curves b or c would be very uncertain and might easily lead to erroneous results. The calorimetric work of BULL, HALL and GARNER[2] (calorimeter H) with oxygen adsorption on charcoal leads to the conclusion that this process, also, is non-selective. Likewise the experiments of RUSSELL and GHERING[3] (see page 492) with the ice-calorimeter, demonstrate the non-selectivity of the adsorption of oxygen on active copper.

Reduction of Temperature Gradients in the Vacuum Calorimeter.

To reduce the undesirable effect of temperature gradients it is necessary if possible (1) to reduce the rate of heat loss from the calorimeter, (2) to improve the conditions for heat distribution, (3) to obtain a more even distribution of the adsorbed gas throughout the adsorbent.

(1) Having shown that the major portion of the heat was lost by radiation in the vacuum calorimeter, GARNER and VEAL[4] cut down the emissivity by platinizing the surfaces of the thin bulb and the inner surface of the outer container (calorimeter E).

[1] BEEBE: Trans. Faraday Soc. 28 (1932), 761.
[2] BULL, HALL, GARNER: J. chem. Soc. (London) 1931, 837.
[3] RUSSELL, GHERING: J. Amer. chem. Soc. 57 (1935), 2544.
[4] GARNER, VEAL: J. chem. Soc. (London) 1935, 1487.

In the work of BEEBE et al,[1,2] at −183°, the radiation losses were very greatly reduced because of the low temperature of operation (calorimeter F).

(2) Conditions for heat distribution within the calorimeter are improved if the adsorbent granules are mixed with metal gauze (calorimeter J), wire (calorimeter E) or pellets (calorimeter F). MAGNUS and GIEBENHAIN[3] subdivide the adsorption volume in sectors by strips of copper sheet, in order to facilitate heat transfer to the thermocouples situated at the outer wall. With cases in which all the gas increment is rapidly cleaned up to a hard vacuum, an inert gas such as helium has been used to improve the conduction of heat between grains. This use of an inert gas has been found to be less helpful than might be supposed, probably because the helium, not being adsorbed, is unable to enter the cracks of the adsorbent granules and improve their conductivity for heat.[4]

(3) With cases in which non-selective adsorption occurs, it is impossible completely to eliminate this troublesome factor. A more equal distribution of the adsorbed gas might be expected if the adsorbent were spread out in a very thin layer so that the incoming gas would reach a very large fraction of its surface at once. This condition is approached, although not completely reached, in calorimeters E, F and J in which the gas is introduced into the center of the adsorbent mass. It is obvious in those calorimeters that the heat, liberated by the non-selective adsorption of an initial increment of gas on that portion of the adsorbent with which it first comes into contact, would not have to go so far to reach all parts of the calorimeter as in calorimeters $A \div D$ where the heat for the initial increment would be liberated at the top of the adsorbent mass.

Tests of the Reliability of Vacuum Calorimeters.

Several tests for the reliability of the different types of vacuum calorimeter are available. In extreme cases the effects of non-selective adsorption show up in the obvious anomalies of the time-temperature curves (see page 484). On the other hand, satisfactory calorimetric conditions are indicated by curves such as the one shown in Fig. 4. This curve was obtained in heat measurements in calorimeter F with argon on chromic oxide at − 183° C. The very rapid rise to maximum temperature and the almost negligible rate of cooling indicate nearly ideal conditions for calorimetry in this case. GARNER and VEAL[4] have devised a more searching test for temperature gradients which is based upon the reasonable assumption that, if such temperature gradients are absent in the adsorbent material, then the NEWTON cooling coefficient[5] for a vacuum calorimeter should be independent of the gas pressure within the calorimeter. Using this criterion, these authors have tested calorimeters D and E and several modified forms under actual working conditions using several

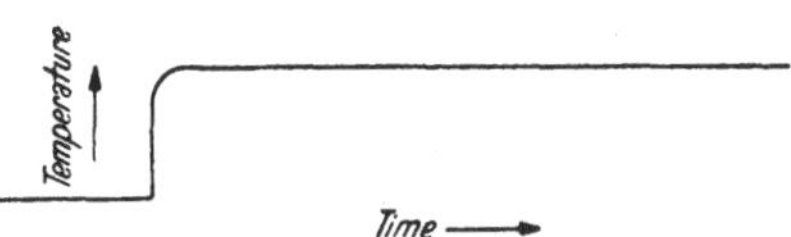

Fig. 4. Time-Temperature-Curve.
Shows satisfactory calorimetric conditions at − 183°
(Argon on Cr_2O_3).

gases on oxide catalysts. In both calorimeters D and E the NEWTON coefficient was practically independent of the gas pressure if the latter was greater than 5×10^{-3} cm. With calorimeter D, however, serious temperature gradients were indicated at pressures below 5×10^{-3} cm. Tests with calorimeter E showed that it was much superior in the region of very low pressures although the temperature gradients were not completely eliminated. The absence of temperature gradients at pressures above 5×10^{-3} cm. is probably due to the absence of non-selective adsorption as well as to the improve-

[1] BEEBE, ORFIELD: J. Amer. chem. Soc. 59 (1937), 1627.
[2] BEEBE, DOWDEN: J. Amer. chem. Soc. 60 (1938), 2912.
[3] MAGNUS, GIEBENHAIN: Z. physik. Chem., Abt. A 143 (1929), 265.
[4] GARNER, VEAL: J. chem. Soc. (London), 1935, 1487.
[5] Expressed as loss in temperature in degrees per minute for a temperature difference of 1°.

ment in the heat conductivity[1] between grains. Another test applied by GARNER and VEAL in a limited number of experiments involved a comparison of the heats obtained by adiabatic and non-adiabatic measurements with the same calorimeter.

SCHWAB and BRENNECKE[2] detected the failure of certain calorimeter constructions by observing a temperature effect on admission of helium.

Estimate of Reliability of Calorimeters $A-J$.

Unfortunately there are not sufficient data available for an accurate analysis of the time-temperature records obtained with many of the calorimeters which have been used. However, we know that the possibility of error in the vacuum calorimeter lies in the presence of temperature gradients, that these temperature gradients are due to three definite causes, and that the effect of these causes may be greatly reduced in instruments such as calorimeter E as shown by the tests of GARNER and VEAL. It is not difficult, therefore, to form a rough estimate of the reliability of the other calorimeters by comparison.

The tests of GARNER and VEAL show that there are no serious defects from temperature gradients in calorimeters similar to calorimeter D at pressures above 5×10^{-3} cm. It seems reasonable to infer, therefore, that any one of the vacuum calorimeters would be fairly satisfactory at high pressures. This supposition is upheld by the available data on the differential heats for carbon monoxide on copper which have been measured with calorimeters A,[3] B,[4] D[5] and J[6]. Although the results with the four instruments are in serious disagreement in the region of very low pressures, they agree very well in the higher pressure region as is seen in Fig. 5[7].

GARNER and VEAL have demonstrated the presence of very definite temperature gradients in calorimeter D with gas pressures below 5×10^{-3} cm. A comparison of this instrument with calorimeters A, B and C will show that no one of the latter is designed any better than calorimeter D to reduce the causes of temperature gradients.

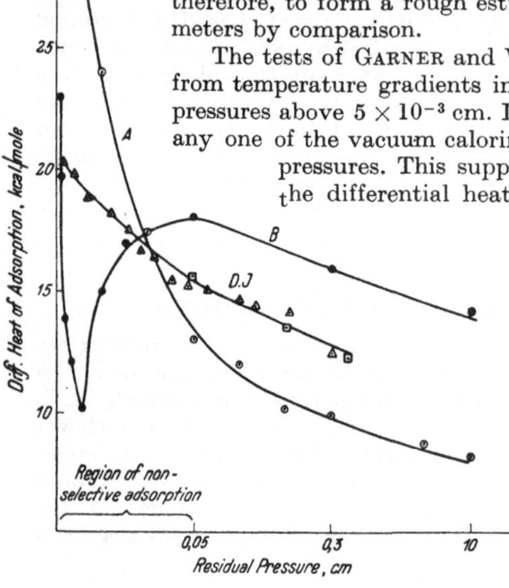

Fig. 5: Heats of Adsorption, CO on Copper.
O Calorimeter A, ● Calorimeter B, □ Calorimeter D, △ Calorimeter J.

[1] There is, of course, relatively little change with increasing pressure in the thermal conductivity of a gas at pressures above 5×10^{-3} cm. but much change in the heat exchange with solid surfaces up to about 2 cm.[2]

[2] SCHWAB, BRENNECKE: Z. physik. Chem., BODENSTEIN-Vol. (1931), 907; Z. physik. Chem., Abt. B 16 (1932), 19.

[3] BEEBE: J. physic. Chem. 30 (1926), 1538.

[4] TAYLOR, KISTIAKOWSKY: Z. physik. Chem. 125 (1927), 341.

[5] BEEBE: Trans. Faraday Soc. 28 (1932), 761.

[6] BEEBE, WILDNER: J. Amer. chem. Soc. 56 (1934), 642.

[7] To make the comparison more significant, the residual pressures of carbon monoxide have been plotted rather than the volumes adsorbed. With calorimeter B the residual pressures are obtained by an estimation based on the observation that, with carbon monoxide on copper, the pressures 5×10^{-3}, 3×10^{-1} and 10 cm. mark respectively the adsorption of approximately 1, 2 and 3 units of gas. The heats measured in calorimeters D and J were on the same sample of copper; but different samples were employed in calorimeters A and B. The difference in magnitude of the heats on different copper samples is not surprising and it illustrates a phenomenon very frequently encountered. It is important to observe, however, that the form of the curves from all four calorimeters is the same in the region of higher residual pressure (selective adsorption).

These instruments have the additional disadvantage that anomalies in the time-temperature curves might have been overlooked because of the time lag between the temperature of the adsorbent mass and the thermometer owing to the poor thermal contact. The unreliability of calorimeters A, B and D appears to be demonstrated in the differential heat measurements with carbon monoxide on copper, Fig. 5. Curve J obtained with calorimeter J, using the same copper sample as that used with calorimeter D, is believed to represent an approximation to the true differential heat curve. The results with calorimeters A and B are far from being in agreement with Curve J or with each other. As already stated (page 484) the time-temperature curves obtained for initial increments with calorimeter D were anomalous and the differential heats by this method were not measured. This serious disagreement in the results with the different calorimeters in the region of very low residual pressures is very probably due to defects resulting from a combination of poor thermal distribution and non-selective adsorption.

Because of the improvements already mentioned which are incorporated in calorimeters E and F, one might expect much smaller temperature gradients in these instruments even at pressures below 5×10^{-3} cm. The tests applied by GARNER and VEAL have shown that this expectation is realized in calorimeter E. This instrument was satisfactory in all cases studied except the adsorption of oxygen on zinc-chromium oxide; in this instance the results indicated that slight errors might result from its use at very low pressures. Although no direct test for temperature gradients was applied to calorimeter F, this instrument gave very satisfactory time-temperature curves at $-183°$ such as that shown in Fig. 4.

In the copper calorimeter of MAGNUS and his co-workers (calorimeter G) no provision is made within the adsorption tube itself to minimize the effects of poor heat distribution and non-selective adsorption. However, the small metal tube containing the adsorbent comprises only a small part of the whole copper calorimeter, and it does not matter so much whether the heat is well distributed within the adsorbent, so long as it finds its way out into the copper block, because the adsorbent itself contributes a very small fraction only to the total heat capacity of the calorimeter.[1]

Calorimeters H, I and J are not truly vacuum calorimeters because the gas is admitted outside the radiating surface, and if this gas is not immediately and completely adsorbed the effective vacuum is no longer operative between the calorimeter and the outer container. However, for cases in which the gas is completely adsorbed within less than one minute after admission, the calorimeters are, in effect, vacuum calorimeters. The above conditions are satisfied in the early increments of oxygen on charcoal and of carbon monoxide on copper. BULL, HALL and GARNER[2] have found that calorimeter H is unsatisfactory with early increments because of the non-selective adsorption of the oxygen on the outside of the mass of the adsorbent, with the consequence that a large amount of heat was radiated from the external surface before it could be distributed throughout the calorimeter. The result was that the measured value of the differential heat was much lower than the true value. However, the differential heat data of BULL, HALL and GARNER for oxygen on charcoal obtained with calorimeter I (the copper gauze discs were omitted) were in fair agreement with those of MARSHALL and BRAMSTON-COOK[3] using the ice calorimeter. This agreement indicated the favorable effect of introducing the gas into the center of the adsorbent mass, thereby eliminating abnormal early heat losses. Calorimeter J was used by BEEBE and WILDNER[4] with carbon monoxide on copper. The insertion of the copper

---

[1] With this calorimeter, it was found (LENDLE[5]), that the form of the time-temperature curves was the same whether the energy was liberated in the adsorbent material as heat of adsorption for a process such as the adsorption of carbon dioxide on charcoal or whether this energy was liberated within the copper block by means of a heating coil. This observation in itself would lead to the conclusion that the copper calorimeter is reliable.

[2] BULL, HALL, GARNER: J. chem. Soc. (London) **1931**, 837.

[3] MARSHALL, BRAMSTON-COOK: J. Amer. chem. Soc. **51** (1929), 2019.

[4] BEEBE, WILDNER: J. Amer. chem. Soc. **56** (1934), 642.

[5] LENDLE: Z. physik. Chem., Abt. A **172** (1935), 77.

gauze discs made it unnecessary for any of the liberated heat to travel more than 1 mm. across the adsorbent. It is seen from the time-temperature curves published by these authors that extrapolation of these curves should lead to no serious errors. Although calorimeters I and J have given results which appear to be reliable in the measurements mentioned above, neither calorimeter H, I or J is recommended for general use because of the presence of heat conducting residual gas, and the very large dead space correction at higher residual gas pressures.

On the basis of the evidence given above the following statements are made in summary:

(1) All the vacuum calorimeters described appear to be reliable at pressures above the approximate value 5×10^{-3} cm.* Hence, all differential heats measured in this higher pressure range are to be considered trustworthy as are all integral heats which are obtained under conditions of residual pressure greater than 5×10^{-3} cm.

(2) For differential heat measurements in the pressure region below 5×10^{-3} cm., calorimeters A, B, C, D and H appear to be unreliable, but calorimeters E, F, G, I and J appear to be reliable although errors possibly as high as 10% may be expected with especially unfavorable cases.

It is hoped that this attempt to estimate the reliability of the various types of vacuum calorimeter will be useful to the reader not only in helping him to decide which of the published data should be rejected but also in giving him more confidence in the large portion of the data which is trustworthy.

The effect of Non-selective Adsorption in all Types of Adsorption Calorimeter.

Difficulties due to temperature gradients across the adsorbent are relatively unimportant in the ice-calorimeter, the calorimeter immersed in a liquid, and the copper calorimeter of Magnus, for the reasons already given in the case of the copper calorimeter. It is true that any one of these instruments may be expected to give a fairly accurate measure of the amounts of heat energy liberated even by initial increments at very low pressures.[1] However, these amounts do not necessarily give an accurate picture of the distribution of surface potential, if the adsorption is non-selective. Let us suppose that the true distribution of energy among the surface units of the adsorbent is represented by the differential heat curve A in Fig. 6. Then, in an extreme case, if the successive gas increments are adsorbed on those successive portions of the ad-

---

* Of course at very high residual pressures the errors are greater in the correction for the volume of gas unadsorbed and the correction for heat of compression. See page 478.

[1] Even this statement may fail to hold in extreme cases unless special care is exercised to insure sufficiently deep immersion of the adsorption tube. Russell and Bacon[2] observed a slight increase with surface covered in the differential heats of oxygen on nickel observed in their ice calorimeter. Dr. Russell now believes (private communication) that the lower heats observed with the initial increments were due to an abnormally great thermal leak when the heat was liberated on the top layer of the catalyst and therefore near the top of the mantle of the ice calorimeter.

Marshall and MacInnes[3] repeating the earlier ice calorimeter measurements of Marshall and Bramston-Cook found higher initial heats for oxygen on charcoal if the oxygen was introduced into the *center* of the charcoal mass. This observation indicates that some heat was lost in the earlier measurements due to adsorption on the top layer of charcoal and abnormal heat losses near the top of the ice mantle.

[2] Russell, Bacon: J. Amer. chem. Soc. **54** (1932), 54.

[3] Marshall, MacInnes: Canad. J. Res., Sect. B **15** (1936), 75.

sorbent with which they first come into contact, the observed values of the differential heats would be constant, lying along the line B. In other words the observed heats would actually represent integral heats on successive portions rather than differential heats on the whole sample of adsorbent. Although this effect can be diminished by presenting a relatively large area of the ad-

sorbent to the incoming gas, in practice it can never be eliminated, and its effect is equally serious in all types of adsorption calorimeter.[1] Certain consequences of this effect of non-selective adsorption will be discussed later.

Anomalous Initial Heats of Chemisorption.

In all the measurements which have been made with *reliable* calorimeters, it has been found that the differential heats of chemisorption either decrease or remain constant with successive increments. On the other hand,

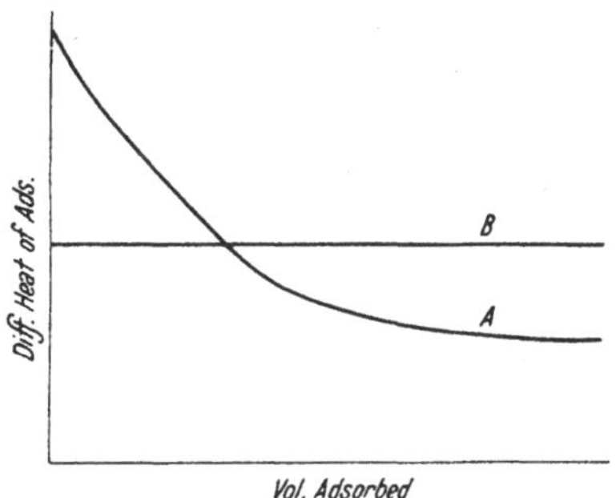

Fig. 6. Curve A: Selective Adsorption.
Curve B: Non-selective Adsorption.

in a number of cases,[2, 3, 4, 5, 6] anomalous results have been found with initial heats of chemisorption on relatively bare surfaces in a state of high activity. Most frequently these anomalous heats are abnormally low initially, pass through a maximum, and then undergo a normal decrease with further surface covered. All these measurements were made, however, with vacuum calorimeters now known to be *unreliable* because of temperature gradients (calorimeters A, B, C and H). This has first been shown by SCHWAB and BRENNECKE.[7] Nearly all these differential heat experiments in which maxima appeared, have been repeated by the same or by other investigators[7, 8, 9, 10, 11, 12] using more reliable calorimetric methods; in no case has the existence of the maximum been confirmed. It seems certain, therefore, that these maxima in the differential heat curves are due to calorimetric defects in all the cases reported.

It has already been shown by GARNER and his co-workers (page 487) that the initial heats observed in calorimeter H were too low because of temperature gradients arising from the non-selective adsorption of the gas and the poor heat conductivity across the charcoal with very small residual oxygen gas pressures. The observed heats for later increments under the conditions of higher pressure (above 5×10^{-3} cm.) would give a much more reliable estimate

---

[1] The effect of a partially non-selective process on the relative shapes of the observed differential heat curves with hydrogen and deuterium on chromic oxide at $-183°$ is discussed by BEEBE and DOWDEN[13].

[2] FRYLING: J. physic. Chem. **30** (1926), 818.

[3] GARNER, McKIE: J. chem. Soc. (London) **1927**, 2451.

[4] KISTIAKOWSKY, FLOSDORF, TAYLOR: J. Amer. chem. Soc. **49** (1927), 2200.

[5] KISTIAKOWSKY: Proc. nat. Acad. Sci. **13** (1927), 1.

[6] MAXTED: J. chem. Soc. (London) **1930**, 2093.

[7] SCHWAB, BRENNECKE: Z. physik. Chem., BODENSTEIN-Vol. (1931), 907; Z. physik. Chem., Abt. B **16** (1932), 19.

[8] WARD: Proc. Roy. Soc. (London), Ser. A **133** (1931), 506.

[9] MAXTED, HASSID: J. chem. Soc. (London) **1931**, 3313.

[10] BEEBE, WILDNER: J. Amer. chem. Soc. **56** (1934), 642.

[11] GARNER, VEAL: J. chem. Soc. (London) **1935**, 1487.

[12] G. B. TAYLOR, KISTIAKOWSKY, PERRY: J. phys. Chem. **34** (1930), 799.

[13] BEEBE, DOWDEN: J. Amer. chem. Soc. **60** (1938), 2912.

of the energy actually liberated and consequently the maxima can be attributed to the incorrect initial values which are too low.

In other cases it is not quite so easy to see just how the anomalous effects could result from temperature gradients. For instance, a maximum in the first differential heats was found with hydrogen on highly active copper using calorimeter B.[1] When the activity of the catalyst was diminished by partial sintering, the maximum disappeared. In this case it seems probable that the first small increments of hydrogen, which were admitted to calorimeter B containing a very active copper sample, were adsorbed on the top layer of the catalyst at a point rather remote from the platinum resistance thermometer with the result that a large quantity of the liberated heat escaped before being well distributed to all parts of the calorimeter; this would have produced initial heats which were too low. With later increments the adsorption might well be an entirely selective process; the heat energy would then be liberated uniformly throughout the catalyst mass and the observed heats would be a good approximation of the "true" values. With the sintered catalyst the most active points on which the adsorption was non-selective with "zero" residual pressure, would be eliminated and the abnormally low initial heats would not be found.

The Data of Heats of Adsorption on Metal and Oxide Catalysts.

Although the thermal effect of adsorption has been observed by MITSCHER-LICH[2] in 1843, the first quantitative measurements were those of FAVRE[3] who used a mercury calorimeter in investigating the heats of several gases on charcoal and platinum black. Prior to 1924, this work of FAVRE and one subsequent calorimetric investigation by RAMSAY, SHIELDS and MOND[4] with hydrogen on platinum were the only calorimetric experiments of catalytic materials.

Beginning with the work of FORESTI[5] and of BEEBE and TAYLOR[6] with hydrogen on nickel, and inspired by an interest in the contact theory of catalysis, a large number of heat investigations have been carried out since then on active catalytic surfaces. In Tables 1 and 3 are presented the data on heats of adsorption of gases on metal and metallic oxide catalysts, Table 1 including the available data obtained by direct calorimetric measurement and Table 3 the data obtained by indirect methods. For a typical series of calorimetric measurements, greater detail is shown in Table 2. This is the form in which the data are frequently presented in the literature.

Table 2. *Adsorption of Hydrogen on Zinc-chromic oxide.* Weight of $ZnO\text{-}Cr_2O_3$, 14.8 g. Temp. of thermostat, 17°. [7]

Expt. No.	Vol. of H_2, c. c. at N.T.P.		Press. at 5 mins. (cm. $\times 10^{-3}$)	Total vol. adsorbed at 5 mins. (c. c. at N.T.P.).	Heat of adsorption kcals./mol.).
	admitted	adsorbed after 5 mins.			
1	0.324	0.289	4.68	0.289	12.3
2	0.336	0.239	12.97	0.561	11.9
3	0.337	0.201	19.84	0.852	11.7
4	0.361	—	27.08	—	—
5	0.349	0.178	22.60	1.38	12.0[8]
6	0.364	0.135	33.52	1.66	11.2
7	1.80	0.42	189.7	2.26	9.7

[1] KISTIAKOWSKY: Proc. nat. Acad. Sci. **13** (1927), 1.
[2] MITSCHERLICH: Ann. chim. phys. [3] **7** (1843), 18.
[3] FAVRE: Ann. chim. phys. [5] **1** (1874), 209.
[4] RAMSAY, SHIELDS, MOND: Z. physik. Chem. **25** (1898), 657.
[5] FORESTI: Gazz. chim. ital. **53** (1923), 487; **54** (1924), 132; **55** (1925), 185.
[6] BEEBE, TAYLOR: J. Amer. chem. Soc. **46** (1924), 43.
[7] GARNER, VEAL: J. chem. Soc. (London) **1935**, 1487.
[8] After overnight standing (page 493).

Table 1. *Heats of Adsorption on Metal and Oxide Catalysts.* *
Direct Calorimetry (0 ÷ 20°).**

Adsorbent	Gas	Calorimeter	Differential Heat in kcals.	Observers
Cu	H_2	B***	12	KISTIAKOWSKY, FLOS-DORF, TAYLOR[1]
	H_2	B***	14 → 8	KISTIAKOWSKY,[2] TAYLOR, KISTIA-KOWSKY[3]
	H_2	A	10	BEEBE, TAYLOR[4]
	H_2	D	12	BEEBE[5]
	H_2	Special	60, 13, 11, 9††	WARD[6]
	H_2 and D_2	D	11	BEEBE et al.[7]
	H_2		11	WASHBURNE[8]
Cu	CO	B***	18 → 14	TAYLOR, KISTIA-KOWSKY,[3] KISTIAKOWSKY[2]
	CO	A***	12 → 9	BEEBE[9]
	CO	D***	16 → 14	BEEBE[5]
	CO	J	21 → 13	BEEBE, WILDNER[10]
	CO	Special†††	19 → 14	BEEBE, LOW, GOLD-WASSER[11]
Cu	NH_3	A	8	DEW, TAYLOR[12]
	C_2H_4	A	16	WASHBURNE[8]
	C_2H_6	A	11	WASHBURNE[8]
Cu	O_2	Ice Cal.	80 → 60†	RUSSELL, BACON[13]
		Ice Cal.	90 → 68†	RUSSELL, GHERING[14]
Fe	NH_3	A	16 → 8	DEW, TAYLOR[12]
	NH_3	A	18	WASHBURNE[8]
	CO	F	20 → 16	BEEBE et al.[15]
Ni	H_2	Ice Cal.	16 → 10	FORESTI[16]
	H_2	A***	20 → 10	FRYLING[17]
	H_2	A	20 → 14	BEEBE, TAYLOR[4]
	H_2	A	15	DEW, TAYLOR[12]
	H_2 and D_2	G	24 → 18⁺	MAGNUS, SARTORI[18]
	NH_3	A	11 → 7	DEW, TAYLOR[12]
	CO_2	A	9 → 7	FRYLING[17]
	O_2	Ice Cal.	100 → 60	RUSSELL, BACON[13]
Pt	H_2	C modified	17	MAXTED, MOON[19]
	H_2	I	16	MAXTED, HASSID[20]
	H_2	C	18 → 10	G. B. TAYLOR et al.,[21] FLOSDORF, KISTIA-KOWSKY[22]
			30 → 9	
			29 → 9	
	O_2	C	51 → 8	G. B. TAYLOR et al.[21]
			161 → 104	
			107 → 48	
	O_2	I	60†	MAXTED, HASSID[23]
	SO_2	C	37 → 18	G. B. TAYLOR et al.[21]
	C_2H_4	C modified	9	MAXTED, MOON[19]
W	H_2	Special	34 → 18	ROBERTS[24]
	O_2	Special	150 → 48	ROBERTS[25]
ZnO (ox.) ⁺⁺	CO	E	18 → 12 / 16 (desorption)	GARNER, VEAL[26]
	C_2H_4	E	25 → 19	GARNER, VEAL
	CO_2	E	13 → 9	GARNER, VEAL
ZnO (red.) ⁺⁺	CO	E	20.6	GARNER, VEAL

Table 1 (continued).

Adsorbent	Gas	Calorimeter	Differential Heat in kcals.	Observers
Cr_2O_3 (red.) [++][***]	CO	J	$15 \to 12$	BEEBE, DOWDEN[27]
	O_2	J	50	BEEBE, DOWDEN
	N_2	J	18	BEEBE, DOWDEN
$ZnO-Cr_2O_3$ (red.) [++]	H_2	C	$19 \to 8$	FLOSDORF, KISTIA-KOWSKY[22]
	H_2	E	$13 \to 10$	GARNER, VEAL[26]
	O_2	E	43	GARNER, VEAL
	CO_2	E	$18 \to 16$	GARNER, VEAL
	CO	I	20	GARNER, KINGMAN[28]
	CO	E	$15 \to 11$	GARNER, VEAL[26]
	C_2H_4	E	$11 \to 10$	GARNER, VEAL
$ZnO-Cr_2O_3$ (ox.) [++][***]	H_2	E	48	GARNER, VEAL
	CO	E	$44 \to 16$	GARNER, VEAL
	CO_2	E	$15 \to 13$	GARNER, VEAL
	C_2H_4	E	$20 \to 17$	
bauxite	H_2O	—	14	DOHSE, KÄLBERER[29]

* General Comments on Table 1. — When the differential heats undergo an appreciable decrease with increasing coverage of the available surface this fact is indicated by an arrow between the heats for the first and last increments added, e. g. $18 \to 12$ in the case of carbon monoxide on zinc oxide measured by GARNER and VEAL. When the differential heats are constant with surface or decrease less than 1 kcal., the nearest integer to the average heat is given.

In general the differential heats for from six to twenty increments have been measured in each series represented in Table 1.

** Unless a temperature outside this range is specified.

*** In Table 1 are included only those data which are believed to be reliable. In the cases marked by three asterisks, the initial differential heats have been omitted. In these cases the adsorption process is believed to give rise to temperature gradients the effect of which is not eliminated by the design of the calorimeter used; these data for initial increments are therefore believed to be unreliable (page 486).

† In these cases the observed constancy in the differential heats for successive early increments is probably due to non-selective adsorption (page 484). In the case of oxygen on platinum the heats were independent of surface for the range investigated; in other cases, such as oxygen on copper, the initial heats were constant bu the heat values fell off with later increments.

†† Measured with a 26 junction thermocouple calorimeter not previously described. Because of the rather high heat capacity of the calorimeter and the small quantities of heat measured it was necessary to control the temperature to $\pm$ 0.00001° C.

The differential heats, constant for each series, were 60, 13, 11, and 9 respectively in successive series. The decreasing values with successive series were due to sintering.

††† The calorimeter was a modified form of calorimeter J.

+ Measured at 0° and 25° C. Within the limits of reproducibility of the results, no difference was observed in the heats at the two temperatures.

++ With the oxide catalysts it was impossible to prepare the surface in the oxidized state by heating in the presence of oxygen before degassing, and in the reduced state by treatment in a hydrogen atmosphere.

1 KISTIAKOWSKY, FLOSDORF, TAYLOR: J. Amer. chem. Soc. 49 (1927), 2200.

2 KISTIAKOWSKY: Proc. nat. Acad. Sci. 13 (1927), 1.

3 TAYLOR, KISTIAKOWSKY: Z. physik. Chem. 125 (1927), 341.

4 BEEBE, TAYLOR: J. Amer. chem. Soc. 46 (1924), 43.

5 BEEBE: Trans. Faraday Soc. 28 (1932), 761.

6 WARD: Proc. Roy. Soc. (London), Ser. A 133 (1931), 506.

7 BEEBE, LOW, WILDNER, GOLDWASSER: J. Amer. chem. Soc. 57 (1935), 2527.

8 TAYLOR: Z. Elektrochem. angew. physik. Chem. 35 (1929), 545.

9 BEEBE: J. physic. Chem. 30 (1926), 1538.

10 BEEBE, WILDNER: J. Amer. chem. Soc. 56 (1934), 642.

11 BEEBE, LOW, GOLDWASSER: J. Amer. chem. Soc. 58 (1936), 2196.

Miscellaneous Factors Affecting the Heat Values.

It is well known that the adsorptive capacity as well as the catalytic activity of a given catalyst may be profoundly altered by such factors as method of preparation, and heat treatment leading to sintering. The same statement may be made regarding the heat of adsorption. TAYLOR, KISTIAKOWSKY, and PERRY[1] found great differences in the heats of adsorption on platinum blacks prepared by different methods. Indeed the heat values for two blacks prepared by the same method were far from agreeing with each other (see Table 1). The effect of sintering is well illustrated from the experimental data of WARD[2] who found that the heat of adsorption of hydrogen on an initially active copper surface was approximately 60 kcal. but that this heat value decreased after heating the copper at 200° C. to a final value of 9 kcal. Further heating at 200° produced no further change (see footnote ††, Table 1). The work of FORESTI[3] with hydrogen on nickel gives similar results.

The temperature of degassing, of course, has an important effect on the heats obtained since the areas of higher potential are freed from adsorbed gas only at higher temperatures. It seems probable that failure to obtain results which are more nearly in agreement for successive series of heat measurements may be attributed, in many cases, to inadequate control of the degassing temperature. GARNER and VEAL[4] state that a difference of 1° or 2° in the neighborhood of 460° C. affects the activity of a zinc-chromic oxide catalyst considerably. LENDLE found a very strong influence of the temperature of degassing upon the heat of adsorption of oxygen on charcoal.

It has been observed in a number of cases[4, 5] that the interruption of a series of differential heat measurements, let us say overnight, results in an observed increase in the next heat determined after the interruption. We may illustrate that from the measurements of GARNER and VEAL[4] with carbon monoxide on an oxidized zinc-chromic oxide surface. These observers found the following differential heats in nine successive admissions: 40.4, 30.5, 24.3, 20.7, 17.7, 29.4, 19.4, 16.6, 14.9.[6] The series was interrupted overnight between admissions 5 and 6. Other admissions were less than one hour apart. GARNER and VEAL attribute this effect to the slow diffusion of the gas into the interior of the grains, which leaves the external surface in a more active state.

It is obvious that all the effects discussed in this section reduce the accuracy and reproducibility with which the heat measurements can be made and hence limit the usefulness of these measurements in the study of contact catalysis.

[12] DEW, TAYLOR: J. physic. Chem. **31** (1927), 277.
[13] RUSSELL, BACON: J. Amer. chem. Soc. **54** (1932), 54.
[14] RUSSELL, GHERING: J. Amer. chem. Soc. **57** (1935), 2544.
[15] BEEBE, DOWDEN, STEVENS: forthcoming publication.
[16] FORESTI: Gazz. chim. ital. **53** (1923), 487; **54** (1924), 132; **55** (1925), 185.
[17] FRYLING: J. physik. Chem. **30** (1926) 818.
[18] MAGNUS, SARTORI: Z. physik. Chem., Abt. A **175** (1936), 329.
[19] MAXTED, MOON: Trans. Faraday Soc. **32** (1936), 1375.
[20] MAXTED, HASSID: J. chem. Soc. (London) **1931**, 3313.
[21] G. B. TAYLOR, KISTIAKOWSKY, PERRY, J. phys. Chem. **34**, (1930), 799.
[22] FLOSDORF, KISTIAKOWSKY: J. phys. Chem. **34** (1930), 1907.
[23] MAXTED, HASSID: Trans. Faraday Soc. **29** (1933), 698.
[24] ROBERTS: Proc. Roy. Soc. (London), Ser. A **152** (1935), 445.
[25] ROBERTS: Proc. Roy. Soc. (London), Ser. A **152** (1935), 464.
[26] GARNER, VEAL: J. chem. Soc. (London) **1935**, 1487.
[27] BEEBE, DOWDEN: J. Amer. chem. Soc. **60** (1938), 2912.
[28] GARNER, KINGMAN: Trans. Faraday Soc. **27** (1931), 322.
[29] DOHSE, KÄLBERER: Z. physik. Chem., Abt. B **5** (1929), 131.

[1] G. B. TAYLOR, KISTIAKOWSKY, PERRY: J. phys. Chem. **34** (1930), 799.
[2] WARD: Proc. Roy. Soc. (London), Ser. A **133** (1931) 506.
[3] FORESTI: Gazz. chim. ital. **53** (1923), 487; **54** (1924), 132; **55** (1925), 185.
[4] GARNER, VEAL: J. chem. Soc. (London) **1935**, 1487.
[5] BEEBE, DOWDEN: J. Amer. chem. Soc. **60** (1938), 2912.
[6] See also Table 2.

Table 3. *Heats of Adsorption on Metal and Oxide Catalysts.*
Indirect Methods.*

| Adsorbent | Gas | Temp. Range °C | Heat in kcals. ** | | Observers |
			chemisorption or composite	V. D. WAALS adsorption	
Ag (red.)	O_2	$188 \to 197$	16	—	BENTON, DRAKE[1]
Ag (ox.)	CO_2	$111 \to 159$	17.3 ***	—	BENTON, DRAKE
Ag (red.)	CO_2	$-78 \to 0$	—	5	BENTON, DRAKE
Au	C_2H_4	$0 \to 40$	$8.8 \to 6.9$	—	MAGNUS, KLAR[2]
Cu	H_2	-195 to -183	—	ca. 1 †	BENTON, WHITE[3]
Cu	N_2	-183 to -78	—	$3.6 \to 2.0$	BENTON, WHITE
Fe	N_2	-183 to -78	—	$3.7 \to 2.0$	BENTON, WHITE
	H_2	$300 \to 400$	$9 \to 6$	—	MOROZOV[4]
	C_2H_4	$0 \to 40$	$16 \to 8$	—	MAGNUS, KLAR[2]
Ni	H_2	$184 \to 218$	ca. 12††	—	GAUGER, TAYLOR[5]
	H_2	$100 \to 200$	$17.4 \to 15$	—	IIJIMA[6]
Ni	H_2	—	12†††	—	RIDEAL[7]
Ni	C_2H_4	$\leftarrow 112 \to 20$	12	—	KUBOKAWA[8]
Pd	CO	$273 \to 457$	15	—	TAYLOR, McKINNEY[9]
Pt	CO	$0 \to 184$	15	—	TAYLOR, McKINNEY
Pt	A	-196 to -80	—	5	WILKINS[10]
	N_2	-196 to -80	—	5.5	WILKINS
	J_2	1027	54	—	VAN PRAAGH, RIDEAL[11]
W	O_2	1800	162+	—	LANGMUIR, VILLARS[12]
W	NH_3	$20 \to 60$	$14 \to 8$	—	FRANKENBURGER, HODLER[13]
Al_2O_3	H_2O	$218 \to 444$	18.3	—	TAYLOR, GOULD[14]
		$80 \to 132$	14.6	—	
	NH_3	$600 \to 700$	$30 \to 18$	—	KAGAN, MOROZOV, PODUROVSKAYA[15]
Cr_2O_3	H_2	$-190 \to -78$	—	1.8	HOWARD, TAYLOR[16]
		$338 \to 375$	27		
	He	-191 to -78	—	0.6	HOWARD, TAYLOR
	N_2	-191 to -78	6.8	—	HOWARD, TAYLOR
	C_2H_4		10.8	—	HOWARD, TAYLOR
ThO_2	C_2H_5OH	$52 \to 100$	14	10	HOOVER, RIDEAL[17]
ZnO	H_2	-183 to -78		1.1	TAYLOR, SICKMAN[18]
		$184 \to 218$	21++		
	H_2	-183 to -78	—	1	TAYLOR, STROTHER[19]
	H_2O	$313 \to 401$	30	—	TAYLOR, SICKMAN[18]
		$0 \to 20$	13.5	—	
		$-22 \to 0$	$11 \to 13$	—	
	CO	-48 to -22	$11 \to 12$	—	GARNER, MAGGS[20]
		-78 to -48	$10 \to 9$	—	
$ZnO \cdot Mo_2O_5$	H_2	$-183 \to -79$	—	2	
		$351 \to 404$	22		
	CO	$-79 \to 0$	7	—	TAYLOR, OGDEN[21]
		$0 \to 56$	10	—	
		$351 \to 405$	16	—	
$MnO \cdot Cr_2O_3$	H_2	$-78 \to 0$		2	TAYLOR, WILLIAMSON[22]
		$305 \to 414$	19		
MnO_2	O_2	below 0	—	2.3	
	CO	below 0	—	2.6	ROGINSKY, ZELDOWITSCH[23]
	CO_2	ca. 20	—	5.5	

The Data of Heats of Adsorption on Charcoal and on Non-Catalytic Materials.

The literature contains a large amount of data obtained by both direct and indirect methods of measurement on heats of adsorption of gases and vapors on charcoal, silica, and other non-catalytic adsorbents. Early workers, using direct calorimetry, were FAVRE,[1] CHAPPUIS,[2] DEWAR,[3] TITOFF[4] and LAMB and COOLIDGE.[5] Miss HOMFRAY[6] used the indirect method, applying the CLAUSIUS CLAPEYRON equation.

In a limited number of cases the adsorption of gases on charcoal appears to be of the *chemisorption* type with characteristically high heat effects. The most thoroughly investigated example is the adsorption of oxygen on charcoal, a process for which the heat has been measured by a number of investigators. Although, at low temperatures, the process appears to be largely of the VAN DER WAALS type, the extremely high values observed calorimetrically[7] at tempera-

---

* Calculated from the isosteric data by means of the CLAPEYRON equation unless otherwise specified.

** Heats which appear to be due exclusively to VAN DER WAALS adsorption are placed in the appropriate column. All others are placed in the column labeled "chemisorption or composite" indicating that the heat may have resulted from a simple chemisorption or from a complex involving both chemisorption and VAN DER WAALS adsorption.

*** This value is identical with the heat of the stoichiometric reaction between Ag_2O and CO_2. This seems to show that a more profound reaction than a simple chemisorption in a monolayer is occurring.

† ca. = approximately.

†† Recalculated by BEEBE and TAYLOR.

††† For method of calculation, see page 475.

+ Calculated from rate of evaporation (page 475).

++ For method of calculation, see page 475.

[1] BENTON, DRAKE: J. Amer. chem. Soc. **56** (1934), 255.
[2] MAGNUS, KLAR: Z. physik. Chem., Abt. A **161** (1932), 241.
[3] BENTON, WHITE: J. Amer. chem. Soc. **54** (1932), 1373.
[4] MOROZOV: Trans. Faraday Soc. **31** (1935), 659.
[5] GAUGER, TAYLOR: J. Amer. chem. Soc. **45** (1923), 920.
[6] IIJIMA: Sci. Pap. Inst. physic. chem. Res. **23** (1933), 285.
[7] RIDEAL: J. chem. Soc. (London) **121** (1922), 309.
[8] KUBOKAWA: Proc. Imp. Acad. (Tokyo) **14** (1938), 61.
[9] TAYLOR, McKINNEY: J. Amer. chem. Soc. **53** (1931), 3604.
[10] WILKINS: Proc. Roy. Soc. (London), Ser. A **164** (1938), 510.
[11] VAN PRAAGH, RIDEAL: J. Amer. chem. Soc. **53** (1931), 486.
[12] LANGMUIR, VILLARS: J. Amer. chem. Soc. **53** (1931), 486.
[13] FRANKENBURGER, HODLER: Trans. Faraday Soc. **28** (1932), 229.
[14] TAYLOR, GOULD: J. Amer. chem. Soc. **56** (1934), 1685.
[15] KAGAN, MOROZOV, PODUROVSKAYA: J. physik. Chem. 8 (1936), 677.
[16] HOWARD, TAYLOR: J. Amer. chem. Soc. **56** (1934), 2259.
[17] HOOVER, RIDEAL: J. Amer. chem. Soc. **49** (1927), 104.
[18] TAYLOR, SICKMAN: J. Amer. chem. Soc. **54** (1932), 602.
[19] TAYLOR, STROTHER: J. Amer. chem. Soc. **56** (1934), 586.
[20] GARNER, MAGGS: Trans. Faraday Soc. **32** (1936), 1744.
[21] TAYLOR, OGDEN: Trans. Faraday Soc. **30** (1934), 1178.
[22] TAYLOR, WILLIAMSON: J. Amer. chem. Soc. **53** (1931), 2168.
[23] ROGINSKY, ZELDOWITSCH: Acta physicochim. USSR **1** (1935), 554.

---

[1] DEW, TAYLOR: J. physic. Chem. **31** (1927), 277.
[2] CHAPPUIS: Wied. Ann. **19** (1883), 21.
[3] DEWAR: Proc. Roy. Soc. (London) **74** (1904), 122.
[4] TITOFF: Z. physik. Chem. **74** (1910), 641.
[5] LAMB, COOLIDGE: J. Amer. chem. Soc. **42** (1920), 1146.
[6] HOMFRAY: Z. physik. Chem. **74** (1910), 196.
[7] GARNER, McKIE: J. chem. Soc. (London) **1927**, 2451.

tures from 0 to 450° indicate a very strongly bound and irreversible chemisorption (see page 484). Although no calorimetric data are available with hydrogen on charcoal at high temperatures, the calculations of BARRER[1] from the isotherms at 900÷950° giving heats of 50 ± 5 kcal. for several different charcoals indicate strongly the presence of a chemisorption process in the high temperature region. Chlorine also appears to be at least in part chemisorbed on charcoal at 0° C. having a heat of about 20 kcals.[2]

The greater part of the thermal data on charcoal, and silica and the other catalytically inactive adsorbents, indicates that the adsorption is predominantly of the VAN DER WAALS type, with heats which seldom are more than double or, at most, triple the heats of vaporization. Because this type of adsorption is of secondary interest in the present chapter, it does not seem advisable to list the results in tabular form. The data up to 1927 are found in the International Critical Tables, Vol. V, pp. 139÷143 for the following processes: charcoal as adsorbent — air, NH_3, A, C_2H_6, CO_2, CS_2, CO, CCl_4, Cl_2, $CHCl_3$, HCl, HJ, CH_4, CH_3OH, CH_3Cl, N_2, N_2O_3, O_2, SO_2, H_2O; SiO_2 as adsorbent — SO_2, H_2O; meerschaum as adsorbent — NH_3, CH_3OH, SO_2.

Additional results are found in the comprehensive review of heats of adsorption by KRUYT and MODDERMAN[3] bringing the data up to about 1930. More recently the list of substances studied has been extended further especially with the organic vapors. Outstanding among the investigations are the calorimetric measurements of LAMB and COOLIDGE,[4] PEARCE and his co-workers with organic vapors on charcoal[5, 6], and MAGNUS and his co-workers with carbon dioxide, ammonia, sulphur dioxide and other gases on charcoal and silica gel.[7, 8] Because of the refinements in their experimental technique, the latter investigators were able to extend their measurements to very small concentrations of adsorbed gas. Calorimetric measurements were also made by GREGG,[9] KÄLBERER and MARK,[10] KÄLBERER and SCHUSTER,[11] WHITEHOUSE[12], WILLIAMS[13] and others.

Calculation from the isotherms has been employed frequently by a great number of investigators especially in cases of VAN DER WAALS adsorption. KRUYT and MODDERMAN have listed the results which have been calculated from the isotherms of various investigators. Some of these heats were calculated in the original papers, others by KRUYT and MODDERMAN from isotherms found in those papers. The work of MAGNUS and his co-workers[14] in this field also deserves attention because of the low pressure ranges studied and the consistency of the results obtained.

A number of studies of VAN DER WAALS adsorption of gases on ionic crystals

---

[1] BARRER: Proc. Roy. Soc. (London), Ser. A 149 (1935), 253.

[2] KEYES, MARSHALL: J. Amer. chem. Soc. 49 (1927), 2200.

[3] KRUYT, MODDERMAN: Chem. Reviews 7 (1930), 259÷346.

[4] LAMB, COOLIDGE: J. Amer. chem. Soc. 42 (1920), 1146.

[5] PEARCE, McKINLEY: J. physic. Chem. 32 (1928), 360.

[6] PEARCE et al.: J. physic. Chem. 35 (1931), 905, 1091; 39 (1935), 293.

[7] MAGNUS, KÄLBERER: Z. anorg. allg. Chem. 164 (1927), 163.

[8] MAGNUS, GIEBENHAIN: Z. physik. Chem., Abt. A 143 (1929), 265. — MAGNUS, GIEBENHAIN, VELDE: Z. physik. Chem., Abt. A 150 (1930), 285.

[9] GREGG: J. chem. Soc. (London) 1927, 1494.

[10] KÄLBERER, MARK: Z. physik. Chem., Abt. A 139 (1929), 151.

[11] KÄLBERER, SCHUSTER: Z. physik. Chem., Abt. A 141 (1929), 270.

[12] WHITEHOUSE: J. Soc. chem. Ind. 45 (1926), 13.

[13] WILLIAMS: Proc. Roy. Soc. (Edinburgh) 37 (1917), 162; 38 (1918), 23; 39 (1919), 48; Proc. Roy. Soc. (London), Ser. A 96 (1919), 287, 298; 98 (1921), 223.

[14] There are a number of papers in this field by MAGNUS and his co-workers beginning in 1926. The references to the earlier papers are found in the later ones. See, for instance, MAGNUS and WINDECK.[15]

[15] MAGNUS, WINDECK: Z. physik. Chem., Abt. A 153 (1931), 113.

are also of interest. In addition to the work of LENEL[1] at $-183°$ discussed on page 501, we may cite the work of DURAU and SCHRATZ[2] who determined the isosteric heats at 0 to $40°$ for sulphur dioxide and propane on sodium chloride and for propane and ethane on potassium permanganate.

Comparison of Heats by Direct and Indirect Methods for the Same Adsorption Process.

Because of the greater ease of operation in adsorption calorimetry in the vicinity of room temperature, almost all the direct measurements have been made at $0 \div 20°$ C. It happens, with active catalytic materials in the region of room temperature, that the necessary conditions are seldom realized for the application of the method of calculating heats of chemisorption from the isosteres, i. e. a rapid, reversible process involving only one kind of adsorption. As a result of this, in only a few cases of chemisorption, has the heat been measured calorimetrically and calculated from the isosteres at the same temperature. GARNER and MAGGS[3] calculated the heats of the chemisorption of carbon monoxide on zinc oxide from isosteric data obtained from the adsorption isotherms for the temperature interval $0 \div 20°$ C. Their results are in good agreement with the earlier calorimetric data of GARNER and VEAL[4] with carbon monoxide at $18°$ C. on a zinc oxide surface which was as nearly as possible in the same state as that employed in obtaining the isotherms. We may cite also the work of IIJIMA[5] who calculated an isosteric heat of adsorption of $17 \rightarrow 15$ kcal. for hydrogen on nickel, a value which is in good agreement with the calorimetric data.[6, 7]

NEUMANN and GOEBEL,[8] on the other hand, have found a sharp disagreement between the heats of adsorption obtained by calorimetry and those calculated from the isosteric data in the case of sulphur dioxide on the three adsorbents, platinum, ferric oxide, and chromic oxide in the region $0 \div 100°$ C. With each adsorbent, the calorimetric heats range from 30 kcals. on the bare surface to 10 kcals. on the nearly saturated surface. All the isosteric heats on the other hand fall within the range $7,0 \rightarrow 0,8$ kcal. There can be little doubt that the calorimetric method gives at least the correct order of magnitude especially if we compare the results with those of TAYLOR, KISTIAKOWSKY and PERRY[9] and we are forced to conclude that the calculation from the isosteres is unjustifiable in this case. It is difficult to assign a specific cause to the failure in application of the CLAPEYRON equation here, but it seems probable that the adsorption may be a complex process consisting in both chemisorption and a VAN DER WAALS process.

With VAN DER WAALS adsorption the CLAUSIUS CLAPEYRON equation frequently has been applied in the region of room temperature; hence there is ample opportunity to compare the results of the two methods if chemisorption is absent or negligibly small in amount. KRUYT and MODDERMAN[10] have listed examples taken from the work of several investigators with charcoal adsorbent in which good agreement is obtained between the heats determined by the direct and the indirect methods.[11] This agreement

[1] LENEL: Z. physik. Chem., Abt. B **23** (1933), 379.
[2] DURAU, SCHRATZ: Z. physik. Chem., Abt. A **159** (1932), 115.
[3] GARNER, MAGGS: Trans. Faraday Soc. **32** (1936), 1744.
[4] GARNER, VEAL: J. chem. Soc. (London) **1935**, 1487.
[5] IIJIMA: Sci. Pap. Inst. physic. chem. Res. **22** (1933), 285.
[6] WARD: Proc. Roy. Soc. (London), Ser. A **133** (1931), 506.
[7] GREGG: J. chem. Soc. (London) **1927**, 1494.
[8] NEUMANN, GOEBEL: Z. Elektrochem. angew. physik. Chem. **39** (1933), 672.
[9] G. B. TAYLOR, KISTIAKOWSKY, PERRY: J. phys. Chem. **34** (1930), 799.
[10] KRUYT, MODDERMAN: Chem. Reviews **7** (1930), $259 \div 346$.
[11] Complete agreement is not to be expected between heats of adsorption calculated from the isotherms and those observed by calorimetric measurement.

KRUYT and MODDERMAN point out that the calorimetrically determined value ought to exceed the calculated value by RT, provided no heat due to external work is given to the calorimeter. Usually this is not the case and it is difficult to tell just how much of this heat the calorimeter does receive. In the extreme case the difference in the calculated and observed heats due to this factor would be 544 cal. per mole at $0°$ C.

is further illustrated by the accurate work of Magnus and his co-workers[1] at low pressures. In one case of adsorption at low pressures, however, the results of the direct and indirect methods are not in good agreement. Polanyi and Welke[2] calculated the differential heats for sulphur dioxide on charcoal from their adsorption isotherms at 0° and 5° C.; they worked with a relatively bare surface and with gas pressures less than 5×10^{-1} mm. Their results are given in curve A, Fig. 7. Curve B gives the form of the differential heat curve based on the direct calorimetric measurements of Magnus, Giebenhain and Velde[3] using calorimeter G. These authors mention the possibility that the discrepancy in the curves shown in Fig. 7 might be attributed to differences in the two kinds of charcoal used or to differences in the purity of the two samples. Such a possibility seems unlikely however. In the estimation of the writer, the calorimetric method of Magnus et al. is very reliable, and the extreme variation between the results obtained by the direct and indirect methods in this case must lessen one's confidence in the reliability of the latter method when applied in the region of very low pressures.

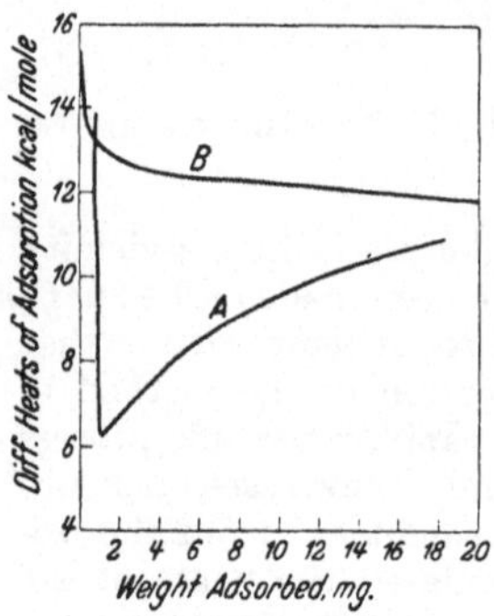

Fig. 7. SO$_2$ on Charcoal. Curve A calculated from the isosteres; Curve B found by direct calorimetry.

Heat of Chemisorption.

Experimental evidence is given in other parts of this volume (page 405), which makes it possible to differentiate between the two types of adsorption, the van der Waals process, in which the van der Waals forces are like those which produce condensation in a liquid, and the process of chemisorption, involving binding forces of a co-valent type. We shall see that the heat measurements also provide valuable evidence for making this differentiation.

In comparing the two types of adsorption it becomes evident that the characteristics of the van der Waals process are relatively non-specific, and, on the other hand, that chemisorption[4] displays highly specific characteristics. For instance the order of adsorbability of a series of different gases by van der Waals forces is in general the same as the order of condensibility. We should therefore expect nitrogen to be more strongly adsorbed than hydrogen. This is true if the adsorption be of the van der Waals type; however, we find that with active nickel adsorbent at 0° C., hydrogen is adsorbed in large quantities, and nitrogen in negligibly small amounts. This observation alone seems to justify the conclusion that in this case we are not dealing exclusively with van der Waals forces in the case of the hydrogen. The experimental investigation of the heat of adsorption brings us further evidence in support of this

---

[1] Magnus, Giebenhain: Z. physik. Chem., Abt. A **143** (1929), 265. — Magnus, Giebenhain, Velde: Z. physik. Chem., Abt. A **150** (1930), 285.

[2] Polanyi, Welke: Z. physik. Chem., Abt. A **132** (1928), 371.

[3] Magnus, Giebenhain, Velde: Z. physik. Chem., Abt. A **150** (1930), 285.

[4] Indeed the difference between such an adsorption and a chemical bond is in reality one of convention only. A comparison of the chemical reaction between carbon monoxide and nickel on the one hand and the adsorption of the same gas on copper may be cited as an illustration. If the bound atoms of carbon monoxide can detach a metal atom from the crystal lattice to form Ni(CO)$_4$, we refer to the product as a chemical compound, because in such cases stoichiometric proportions are maintained. If, on the other hand, the metal atom still remains partially bound to the metal lattice, no stoichiometric proportions obtain since the combining ratio depends on the extent of the copper surface. In this copper-carbon monoxide system, we speak of adsorption, although it might equally well be referred to as surface compound formation.

inference. It was found by Foresti[1] and by Beebe and Taylor[2] that the heat of adsorption of hydrogen on a reduced nickel catalyst was of the order of 16 kcal./mole, a value which may be compared with 450 cal., the heat of vaporization of hydrogen. Studies on other catalytically active materials, both metals and metal oxides, have given similar results, showing that in general the heats of adsorption are usually of a higher order of magnitude and certainly are more specific to the particular adsorption reaction in question than might reasonably be expected in a simple physical adsorption of the substrate gas.[3] For illustrations of the specificity in the heat effect in chemisorption processes we have only to turn to the data of Table 1 to find such widely divergent heats as 100 kcal. for oxygen on nickel compared with 15 kcal. for hydrogen on the same metal surface, and also compared with 50 kcal. for oxygen on a chromic oxide surface, all measurements being at 0° C. Moreover, this specificity in the adsorption heats is found even with the same gas-solid system when the surface of the latter undergoes changes due, for instance, to sintering. This effect is illustrated by the work of Ward already discussed (page 493). Indeed, so great is this dependence of the heat of adsorption upon the physical state of the surface that it is frequently impossible to obtain identical results in two successive series of heat measurements even when all possible care is exercised to obtain a constant state of surface activity (page 493).

The magnitude and specificity of the heats constitute *per se* a most compelling argument for chemisorption. This application of the thermal adsorption data is probably the most important single contribution of the heat measurements to the general theory of adsorption.

Van der Waals Heats.

The process of van der Waals adsorption, which frequently occurs exclusively on porous adsorbents like charcoal or silica gel as well as on non-catalytic plane surfaces like mica or glass, is likewise found on catalytic materials which may also be capable of the chemisorption of the same gas. It is usually found in the low temperature region below, or close to, the critical temperature of the substrate gas. Frequently the two types of adsorption occur in rather well separated temperature intervals the chemisorption being characteristic of the higher temperature especially when a relatively high activation energy is required. In certain instances, however, the energy of activation is sufficiently low so that chemisorption occurs concurrently with the low temperature van der Waals adsorption. When this happens, the problem of unravelling the two processes becomes a difficult one indeed. In certain cases, the solution of this problem has been found by application of the results of adsorption calorimetry (page 514).

---

[1] Foresti: Gazz. chim. ital. **53** (1923), 487; **54** (1924), 132; **55** (1925), 185.

[2] Beebe, Taylor: J. Amer. chem. Soc. **46** (1924), 43.

[3] There appears to be no fundamental reason why the heat of chemisorption might not have a very low, or even a negative value. Taylor[4] points out that a process involving dissociation into atoms might be a case of this sort, citing as an example the stoichiometric reaction $N_2 + O_2 \rightarrow 2\,NO$, the net heat of which is -43 kcal., as it involves the heats of dissociation of nitrogen and oxygen molecules, respectively 200 and 120 kcals. The fact is, however, that in no case recognized as chemisorption, has a negative heat been found, and, indeed, in few cases have heats less than 10 kcals. been reported. It is nevertheless worthy of mention that Smittenberg,[5] has calculated a negative heat of *solution* ($-1,77$ kcal. at 263° C. and $-4,00$ kcal. at 1245° C.) from his isotherms with hydrogen on smooth nickel wire.

[4] Taylor: J. Amer. chem. Soc. **53** (1932), 583.

[5] Smittenberg: Recueil Trav. chim. Pays-Bas **53** (1934), 1065.

We have already shown that heats of activated adsorption are in general relatively high and that their magnitude depends largely on the specific gas used and upon the physical state as well as the chemical composition of the adsorbing surface. The criteria of VAN DER WAALS adsorption are quite different. The VAN DER WAALS heats are in general not more than twice or three times the heats of vaporization of the substrate gases, and do not differ greatly for different adsorption processes if one considers gases which have similar boiling points and consequently similar heats of vaporization. For instance, the four gases oxygen, argon, carbon monoxide, and nitrogen, all of which boil within the twelve degree range from $-183°$ to $-195°$, have the heats of vaporization 1.63, 1.50, 1.41 and 1.38 kcals. respectively at their boiling points. It is therefore not surprising that the experimentally determined heats of VAN DER WAALS adsorption on chromic oxide at $-183°$, a process involving forces not unlike those present in a pure liquid, should be about 4 kcals. and of the same magnitude for all four of these gases (Table 5, page 514).[1] Even when we examine the thermal data for the same gas on different adsorbents, there is no great variation to be found. For instance with carbon monoxide on such widely different surfaces as chromic oxide, copper, iron, and charcoal at $-183°$ and pressures of the order of one mm. the heats by direct measurement are all approximately 4 kcals.[2,3] The obvious inference is that the forces in operation here are largely non-specific in character. This non-specificity of the VAN DER WAALS adsorption becomes more striking when one compares the heats of different chemisorption processes at $-183°$ (see Table 5), the values varying from 8 kcal. for nitrogen, and 27 kcal. for oxygen on chromic oxide, up to 120 kcal. for oxygen on the iron synthetic ammonia catalyst.

Our knowledge of the forces involved in the physical type of adsorption, as contrasted with chemisorption, has been considerably extended within the last decade. The theoretical deductions of LONDON[4] are especially noteworthy. His

---

[1] These measurements were made at relatively low equilibrium pressures, and the adsorption probably occurred exclusively as a monolayer. Obviously with higher pressures, polylayers would form and capillary condensation would occur and finally, when the vapor pressure of the liquid was reached, we would have simple condensation of the liquid state with its corresponding heat of vaporization.

[2] All the VAN DER WAALS heats for hydrogen with its lower boiling point and heat of vaporization fall within the lower range 0.8 to 2 kcals. and of course with more easily condensible gases and vapors we find heats which are higher than 4 kcals., but in no case are they more than two or three times the heat of vaporization.

[3] This concept of the non-specificity of the VAN DER WAALS heats of adsorption must not be pushed too far, however. According to the suggestion of DE BOER and CUSTERS[5] discussed below, the binding energy due to LONDON[4] forces will be greater in very narrow cracks or capillaries than in a plane surface. Hence, in porous materials the proportion of inner surface and the distance between the interior walls will have a marked effect on the binding energy. Moreover, in the case of ionic crystals, the nature of the cleavage planes may be an important factor. For instance LENEL[6] has shown both experimentally and theoretically that the heat of adsorption of argon on cesium chloride is nearly twice that on potassium chloride, being 3.6 kcal. for the former and 1.8 kcal. for the latter. This difference he attributes to the difference in crystal structure of the two halides. In the body centered cesium chloride, the (100) cleavage planes will contain only one kind of ion with four ions of like charge forming a square elementary surface cell with a fifth ion of opposite charge beneath the center of this square, while the square elementary cell for potassium chloride will contain two positive and two negative ions. LENEL shows that the binding energies due both to LONDON forces and to induced dipoles will be much greater with the cesium chloride structure.

[4] LONDON: Z. physik. Chem., Abt. B 11 (1930), 22.

[5] DE BOER, CUSTERS: Z. physik. Chem., Abt. B 25 (1934), 225.

[6] LENEL: Z. physik. Chem., Abt. B 23 (1933), 379.

study of molecular forces from the standpoint of wave mechanics is based on the assumption that the gas in the adsorbed layer has the same equation of state as in the gas phase and that the forces of adsorption and VAN DER WAALS forces are related. LONDON obtained an equation by which it was possible to calculate the heats of adsorption of argon, helium, nitrogen, carbon monoxide, carbon dioxide, and methane on charcoal. These calculated results were in reasonably good agreement with the experimentally observed values although, in general, the calculated values were too low. LENEL[1] pointed out that the surface structure is better known in ionic crystals than in a porous material like charcoal and was able to obtain excellent agreement between the observed and calculated heats of adsorption for argon and for carbon dioxide, if he took into account the contribution of the induced or permanent dipole binding energy as well as that due to the LONDON forces. Because our interest from the point of view of contact catalysis, centers in chemisorption rather than the VAN DER WAALS type, a further review of the theories of the latter does not seem to be within the scope of this book.[2] It is important to observe, however, that the theoretical developments provide further justification for the assumption that the binding forces of the two types of adsorption differ from each other not only in degree but *in kind*.

The Experiments of ROBERTS.

Beginning in 1930, ROBERTS[3] has published a series of papers in which he has developed a novel method for the measurement of heats of adsorption on a smooth tungsten wire. Because of the unique character of these experiments and of the deductions made from them, this work merits special attention.

In the earlier experiments ROBERTS showed that the removal of all adsorbed films from a tungsten surface, by flashing at 2000° K., caused the accommodation coefficient[4] to change almost by an order of magnitude (0.6 for an ordinary surface covered with adsorbed film of impurity and 0.07 to 0.08 on a bare surface). This suggested the possibility of using the accommodation coefficient of neon as an indicator for studying the characteristics of the adsorption of gases on a smooth tungsten wire. The experiments with hydrogen showed that a monolayer of the gas was adsorbed, the number of atoms of hydrogen in the adsorbed layer being equal to the number of tungsten atoms in the surface of the wire after making minor corrections for roughness of the surface and incomplete cleaning of the ends of the wire during the flashing process. Moreover, the adsorption was rapid and the monolayer was filled up even at hydrogen pressures as low as 4×10^{-4} mm. and at 79° K.

---

[1] LENEL: Z. physik. Chem., Abt. B **23** (1933), 379.

[2] An extensive review of the work on VAN DER WAALS forces is found in a recent paper by MARGENAU.[5]

[3] ROBERTS: Proc. Roy. Soc. (London), Ser. A **129** (1930), 146; **135** (1932), 192; **142** (1933), 518; **152** (1935), 445, 464; Trans. Faraday Soc. **28** (1932), 395; Proc. Cambridge philos. Soc. **30** (1934), 74, 376; **32** (1936), 152; Nature (London) **135** (1935), 1037.

[4] The accommodation coefficient, α, which is a quantitative measure of the efficiency of heat interchange between a solid surface and the gas molecules striking it, is defined in the equation
$$T_g' - T_g = \alpha (T_s - T_g)$$
where T_s is the temperature of the solid, and T_g and T_g' are the average temperatures of the gas molecules before striking the surface and after leaving it respectively.

[5] MARGENAU: Rev. mod. Physics **11** (1939), 1.

Because the adsorption occurred so rapidly in this region of very low pressures, it was possible to devise a method of measurement of the heat of adsorption, the wire itself being used as the calorimeter.[1] The thermal capacity of the wire, calculated from its diameter (0.0066 cm.) and length (28.2 cm.) and the density and specific heat of the tungsten, was very small, compared to any ordinary type of calorimeter, thus making it possible to measure heats for quantities of gas as small as 10^{-9} moles. Changes in the temperature of the wire were found from the changes in its electrical resistance measured by means of a PASCHEN galvanometer. In Fig. 8 is shown a plot of the time (in minutes) against the galvanometer readings (temperature). The curve at the left of Fig. 8 is the cooling curve when a sufficient time had elapsed after flashing the wire to permit following the temperature change. After the admission of the hydrogen, at the time indicated by the arrow, a rapid rise in temperature was observed. From this temperature rise, corrected for the cooling which had occurred during the time of the deflection (never more than 10% of the total deflection), it was possible to calculate the heat of adsorption directly.

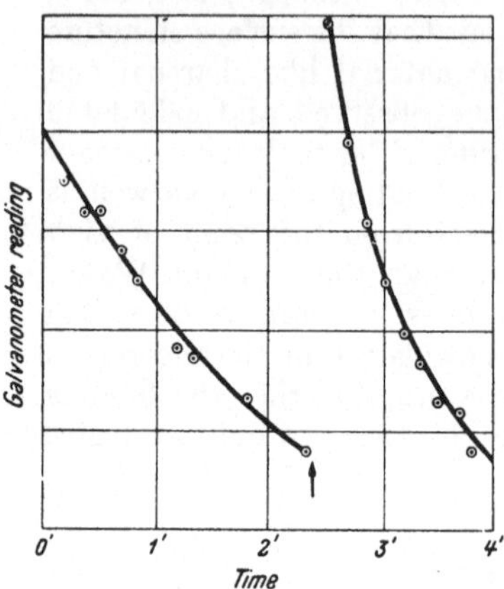

Fig. 8. Time Temperature (galvanometer) Readings with Hydrogen on tungsten wire (ROBERTS).

The experimental results for five series of heat measurements, the wire being flashed before each series, are shown in Fig. 9 in which the heats of adsorption for successive lots of hydrogen are plotted as a function of the number of unfilled spaces on the surface. By extrapolation, the values 45 kcal. and 18 kcal. respectively are deduced for the heats of adsorption on a completely bare surface and a surface where two adjacent spaces are bare and all surrounding spaces are already covered.

ROBERT's results with oxygen on tungsten wire were also very interesting. LANGMUIR[2] had already shown that the first layer of atoms adsorbed forms a film stable up to nearly 2000° K. and with a heat of desorption of 162 kcal.[3] Using the neon accommodation coefficient as an indicator, ROBERTS has shown that this first layer appears to contain gaps in which single tungsten atoms are exposed, and suggests that these gaps are present because two adjacent tungsten atoms are required for the dissociative adsorption of oxygen and since these adjacent pairs are selected by chance, a certain number (about one-tenth) of the surface atoms will be left single provided the adsorbed film of oxygen atoms is immobile. On these single atoms, oxygen molecules are adsorbed with one atom in contact with the tungsten and the other protruding into a second layer. The amount

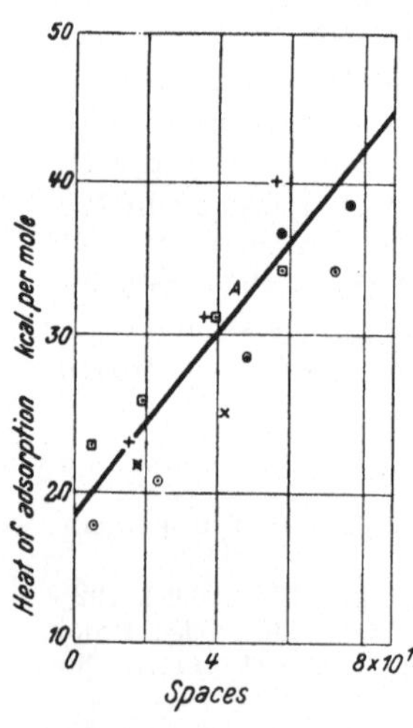

Fig. 9. Heats of Adsorption, Hydrogen on tungsten wire (ROBERTS).

---

[1] Most of the heat measurements were carried out at temperatures just above that of the room.

[2] LANGMUIR: Chem. Reviews **13** (1933), 152.

[3] LANGMUIR, VILLARS: J. Amer. chem. Soc. **53** (1931), 486

of oxygen adsorbed in this molecular state was found to be just about that expected if one-tenth of the surface atoms were exposed as single tungsten atoms. For reasons given by ROBERTS, the heat measurements were somewhat less reliable with oxygen than with hydrogen, although the orders of magnitude were undoubtedly correct. ROBERTS found heats of 180 and 130 kcal. for the first layer in good agreement with the value of LANGMUIR and VILLARS.[1] After heating the wire to 1050° K. to remove any of the second layer, he obtained a heat of about 40 kcals. when the second layer was again formed. Thus, the heat measurements confirm the conclusion, already reached, that two energetically different types of binding were operative.

ROBERTS[2] has shown that small quantities of oxygen have a profound effect on the characteristics of hydrogen adsorption on a smooth tungsten surface, especially on the rate of adsorption. It seems probable that traces of oxygen on other surfaces such as copper or nickel might have a similar effect. Unfortunately, the conventional methods of preparation of metal catalysts do not insure complete absence of oxygen, and ROBERTS' technique, which involves flashing a metal wire at 2000° K., is applicable to a limited number of metals. Therefore the technique developed by BEECK[3] for the preparation in vacuo of oxygen-free nickel and other surfaces seems to be very promising and important, especially because these surfaces are quite reproducible in their physical state and as a consequence in their catalytic activity and adsorption characteristics. Because of this reproducibility and absence of oxygen, heats of adsorption data on such surfaces would have much greater quantitative significance than that obtained on the metal catalysts as commonly prepared. Unfortunately, the experimental difficulties involved appear to be rather great because of the small quantities of metal obtainable under working conditions and the necessity for water cooling during deposition of the metal layer in vacuo.

Heats of Adsorption and the Stability of the Adsorbed Layer.

TAYLOR has pointed out that the assumption of proportionality between the rate of desorption and $e^{-\lambda/RT}$ where λ is the heat of adsorption, is too simple a concept to fit most cases. He suggests that with reactions in which E_a, the activation energy of the process, is not negligibly small, the correct expression involves $e^{-(E_a+\lambda)/RT}$ since $E_d = E_a + \lambda$, where E_d is the activation energy of desorption. Hence, because of the effect of the E_a factor, which is frequently unknown, a quantitative relationship between the heat of adsorption and the rate of evaporation of the adsorbed gas molecules is not to be expected. The data of G. B. TAYLOR, KISTIAKOWSKY and PERRY[4] appear to illustrate this point. These investigators found that hydrogen adsorbed with heats in excess of 20 kcal. could be removed from platinum black in vacuum at 250° C., although carbon monoxide and sulphur dioxide with heats of adsorption of 20 kcal. were less completely removed at 350° C.

In spite of these variations, it needs scarcely be said that there is a qualitative relationship between the heat of adsorption and stability. It is necessary only to cite the fact that VAN DER WAALS adsorbed carbon monoxide or oxygen with heats of 4 kcal. are removable from a chromic oxide surface at $-183°$ C.,

[1] LANGMUIR, VILLARS: J. Amer. chem. Soc. 53 (1931), 486.
[2] ROBERTS: Proc. Roy. Soc. (London), Ser. A 152 (1935), 477.
[3] BEECK: J. chem. Physics, forthcoming publication.
[4] TAYLOR, KISTIAKOWSKY, PERRY: J. phys. Chem. 34 (1930), 799.

while oxygen adsorbed on tungsten with a heat of 130÷160 kcal. can be removed only by raising the temperature to the region of 1700° C.

Using smooth tungsten wire instead of metal catalysts with irregular surfaces, both LANGMUIR and VILLARS[1] and ROBERTS[2] have been more successful in deriving a quantitative relationship between the heat and rate of evaporation of the adsorbed film. ROBERTS has obtained the formula

$$t_f = -2.06 \cdot 10^{-13} \cdot \log^{10} f \cdot (M^{\frac{1}{2}} T^{\frac{1}{2}}/\alpha)\, e^{\Phi/RT}$$

"where t is the time in seconds taken for a film to evaporate to such an extent that a fraction f of the initial number of spaces occupied remains occupied, M is the molecular weight of the evaporating particles, Φ is the heat of desorption in calories per mole which is assumed constant, and the numerical constant is determined from the experiments of LANGMUIR and VILLARS on the evaporation of oxygen."

ROBERTS found it possible to put the above formula to experimental test in the adsorption of hydrogen and of oxygen on tungsten wire. With the help of the neon accommodation coefficient as indicator, he found that the second adsorbed film of oxygen (molecular adsorption) began to break down at about 360° K. By use of the above evaporation formula he calculated that the heat of desorption for a film breaking down at 360° K. would be approximately 30 kcal. The experimentally measured heat for the second oxygen layer was 40 kcal., but ROBERTS states that this measured heat might have been 30% in error because of experimental difficulties. With hydrogen Φ could be measured more accurately and the success of the evaporation formula was more definitely manifest. ROBERTS makes the assumption that the hydrogen is adsorbed on the surface as atoms and that the potential energy which binds a given hydrogen atom is a function not only of the forces exerted by the underlying tungsten atoms but also of the forces, assumed to be electrostatic, *exerted by adjacent adsorbed hydrogen atoms*. Taking these factors into consideration, and making use of the heats, extrapolated from the measured values given in Fig. 9, which are 45 and 18 kcal. for a bare and nearly covered surface respectively, he shows that the heat required to remove the first hydrogen atom from a complete film is 58.8 kcal., and that required to remove the last hydrogen atom from the nearly bare surface is 73.7 kcal. Substituting 58.8 kcal. in the evaporation formula it is found that the film should begin to break down within one minute at about 700° K. This is in remarkable agreement with the temperature at which the film was observed to begin to be unstable, which was also found to be 700° K.[3] ROBERTS points out that this agreement can hardly be a coincidenec and that we are justified in concluding that the evaporation formula is a good first approximation. From the formula it was calculated also that, to remove the last traces of hydrogen (heat of desorption 73.7 kcals.), it would be necessary to heat the wire at about 900° K.

Another attempt to test the relationship between the stability of the adsorbed layer and the heat of adsorption is that of BARRER[4] who studied the chemisorption of hydrogen on diamond and graphite at 710°. Using an expression derived by FOWLER[5] by means of statistical mechanics, BARRER was able to

[1] LANGMUIR, VILLARS: J. Amer. chem. Soc. **53** (1931), 486.

[2] ROBERTS: Trans. Faraday Soc. **31** (1935), 1710.

[3] This was done by heating the wire to successively higher temperatures until heat due to adsorption was liberated upon the admission of hydrogen at room temperature, indicating that a part of the surface had been uncovered.

[4] BARRER: J. chem. Soc. (London) **1936**, 1256.

[5] FOWLER: Proc. Cambridge philos. Soc. **31** (1935), 260.

estimate the heat of adsorption from the observed pressure and temperature at which ϑ, the fraction covered, was $\frac{1}{2}$. The solution of the equation was not unique, however, because of the necessity of estimating certain unknown factors.

Dependence of Heats on Fraction of Surface Covered.

If we disregard those measurements on relatively bare surfaces which have produced anomalous results caused by calorimetric defects (pages 489f), then all the other calorimetric work on chemisorption processes shows that the differential heats of chemisorption either decrease or remain constant with increasing fractions of the adsorbing surface covered. Decreasing heats are more frequently found especially with the oxide catalysts; there are however a limited number of cases especially in the adsorption of hydrogen on copper and platinum in which the observation that the heats are independent of the surface covered appears to be experimentally justifiable. The decreasing heat values support the idea that the surface energy is not uniformly distributed, a conclusion already reached from a study of the adsorption isotherms (see page 433), and that the energetically different areas of the surface possess progressively decreasing heats of adsorption. This observed variability in heats of adsorption appears to give direct experimental support to TAYLOR's theory of "active centers" originally deduced from the study of the kinetics of chemical reactions catalyzed by active surfaces. However as a means of determining the energetic structure of the surface the experimentally measured differential heats must be used with caution.

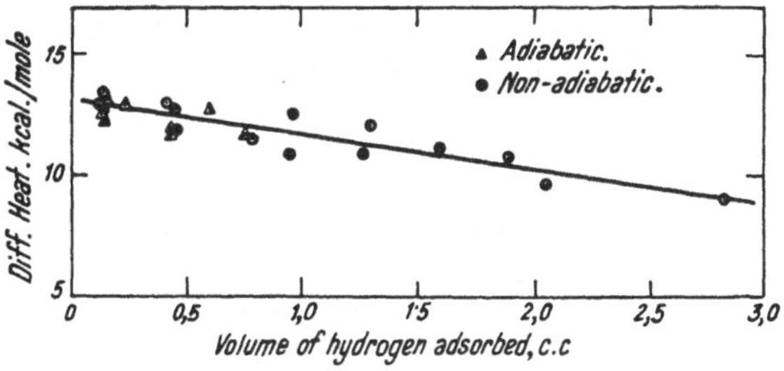

An example illustrating decreasing differential heats for hydrogen on $ZnO \cdot Cr_2O_3$ at $17°$ C. is given in Fig. 10, from the work of GARNER and VEAL[1] using calorimeter E especially designed to eliminate all the

Fig. 10.
Heat of Adsorption, Hydrogen on $ZnO \cdot Cr_2O_3$ (GARNER and VEAL).

known potential sources of error. The results of BEEBE and WILDNER for carbon monoxide on copper have already been shown in Fig. 5. These authors believe that there is no room for reasonable doubt that the heats decrease with surface covered and indeed they point out that the initial heats may be too low because of the effect of a partially non-selective adsorption. An extreme case of diminishing heats is found in the data of BULL, HALL and GARNER[2] with oxygen on charcoal at room temperature. The differential heat curve runs from 92 down to 4 kcals. as the amount of adsorbed oxygen increases from zero to 0.5 cc. per g. of charcoal.[2, 3]

In a number of instances it has been reported that the calorimetrically measured heats are independent of the surface covered. We have already shown that, in extreme cases, this constancy of the heat values may be only apparent because of the effect of non-selective adsorption (page 488). It is therefore unsound in such cases to use experimentally observed constancy in the differential heats as definitive evidence against the concept of variable surface energy.

[1] GARNER, VEAL: J. chem. Soc. (London) **1935**, 1487.
[2] BULL, HALL, GARNER: J. chem. Soc. (London) **1931**, 837.
[3] MARSHALL, BRAMSTON-COOK: J. Amer. chem. Soc. **51** (1929), 2019.

The adsorption of oxygen on platinum black appears to be a case of this sort.
MAXTED and HASSID[1] using calorimeter I found constant heats at 60 kcals. for
thirteen successive increments of oxygen making a total of 5 cc. adsorbed. They
state that the oxygen was adsorbed "quickly and completely up t a stage at
which about 5 to 6 cc. had been added, the pressure after the addition of each
increment falling to a value too low to be read on the McLEOD gauges." These
are precisely the conditions for non-selective adsorption and it seems probable
that we have here an extreme case yielding the horizontal line for differential
heats shown in Fig. 6. The work of RUSSELL and his coworkers[2, 3] indicates a
similar constancy in the heats with oxygen on copper and nickel catalysts;
and the presence of non-selective adsorption has been demonstrated in the case
of oxygen on copper. Constant heats were reported in the case of oxygen on
chromic oxide at 0°, in the initial increments adsorbed at "zero" residual pressure.[4] It seems probable that, in all these cases of oxygen adsorption, the constancy
of the heats may be attributed to non-selective adsorption.

On the other hand, it seems impossible to explain away, on the basis of
calorimeter defects, the observed fact that the heats with hydrogen on certain
metals are independent of the fraction of the surface covered. WARD[5] observed
constant heats with hydrogen on copper although the magnitude of the heat was
changed when the initially active surface was sintered by heating at 150° C.
MAXTED and his co-workers[6, 7] have made an especially careful study of the
differential heats with hydrogen on platinum black at room temperature, finding
constant heats over the whole range of surface covered. This work appears to be
especially trustworthy because two different types of calorimeter were used, and
the measured heats of desorption and adsorption were in good agreement. Moreover, because an appreciable residual gas pressure was observed after the first
increment of hydrogen added, it seems probable that the adsorption process was
selective throughout. The measurements of MAXTED and MOON showed that the
heats of adsorption of ethylene were likewise independent of surface.[8]

It is hard to believe that there was no variation in the energetic structure
of the surfaces studied by MAXTED and by WARD. If, as seems justifiable here,
we eliminate the probability of non-selective adsorption, it becomes difficult
indeed to account for the independence of the heats with increasing gas adsorbed.
WARD discusses the possibilities of an explanation based on the assumption of
lateral diffusion of the gas molecules on the solid surface with resulting frequent
increases and decreases in the potential energy of the metal-gas complex and
a corresponding cancellation of the effect of a variable surface. He goes on to
show, however, that high initial heats would still be expected if the mean life
of the adsorbed molecules is longer on the more active metal atoms.

It has been shown that an observed constancy of the differential heats needs
not necessarily be interpreted as evidence against a variation in potential energy

[1] MAXTED, HASSID: Trans. Faraday Soc. 29 (1933), 698.
[2] RUSSELL, GHERING: J. Amer. chem. Soc. 57 (1935), 2544.
[3] RUSSELL, BACON: J. Amer. chem. Soc. 54 (1932), 54.
[4] BEEBE, DOWDEN: J. Amer. chem. Soc. 60 (1938), 2912.
[5] WARD: Proc. Roy. Soc. (London), Ser. A 133 (1931) 506.
[6] MAXTED, HASSID: J. chem. Soc. (London) 1931, 3313.
[7] MAXTED, MOON: Trans. Faraday Soc. 32 (1936), 1375.
[8] The situation as regards hydrogen on platinum is further complicated by the
fact that G. B. TAYLOR, KISTIAKOWSKY and PERRY[9] observed variable heats with
hydrogen on platinum black under conditions which would appear to give trustworthy
data.
[9] G. B. TAYLOR, KISTIAKOWSKY, PERRY: J. physic. Chem. 34 (1930), 799.

of different parts of a surface[1]. On the other hand, the calorimetric measurements which show decreasing differential heats must not be regarded as final proof for variable distribution of the surface energy. The experiments of ROBERTS on the adsorption of hydrogen on a clean, smooth tungsten wire showed that the differential heats decreased from 45 kcals. on the bare wire to 17 kcals. as the surface approached saturation. Since the surface was practically free from inequalities this variation in the heats cannot, in this case, be attributed to variable surface energy but rather must be attributed to changes in the surface potential caused by portions of the gas already adsorbed on the surface (see page 504). Although this effect would probably be less pronounced on the ordinary catalyst surface[2] than on a smooth wire, the possibility of its influence must certainly be taken into consideration in interpreting the diminishing values of the differential heats.

We have already shown that it seems highly probable that the anomalous results for relatively bare catalyst surfaces can be attributed to experimental errors as a consequence of temperature gradients set up in the calorimeters used in the earlier work. Because we believe that the calorimetrically observed maxima in the differential heats of chemisorption for successive increments of gas are fictitious (page 489) we shall give no discussion of the theoretical consequences of such maxima. In our estimation all the discussion found in the literature to account for such maxima on catalytically active surfaces is of no value and, like the experimental data, should be disregarded by future readers.

With VAN DER WAALS-adsorption of gases and vapors on porous adsorbents, the evidence concerning variation of differential heats with surface is complex. Initial differential heats are usually from two to three times the heats of vaporization and undergo a marked decrease with successive increments in the region of very low concentration of adsorbed gas. It is suggested by BARRER that the higher values obtained for the initial increments of gas adsorbed may be attributed to the molecules in cracks sufficiently narrow to permit both walls to influence the adsorption. For crevices with plane and nearly parallel sides, the heat of adsorption would be nearly double the value for a plane surface. Moreover the calculations of DE BOER and CUSTERS[3], showed, for adsorption in hemispherical pockets, tubes, and cells, maximum energies of four, six, and eight times, respectively, the energies on a plane surface. According to this concept, later increments, added after the surfaces of these very narrow cracks are covered with an adsorbed film, would give rise to lower heats.

Especially with vapors near their boiling points the differential heats on a nearly "saturated" adsorbent may be expected to approximate to the heats of vaporization if the measurements are carried to sufficiently high concentrations. Beginning with an initially bare surface, the heats might be expected to undergo a steady decrease with increased concentration of adsorbed gas or vapor. The experimental data, however,

---

[1] GARNER and VEAL[4] found that the differential heats, observed calorimetrically with carbon monoxide on an oxidized zinc-chromic oxide surface at 18° C. decreased from about 40 to 16 kcal. with successive increments of gas. Taken naively, this observation appears to indicate a very large variation in the energetic structure of the surface. However, GARNER and VEAL showed that, in this case, the high initial heats were actually due to reduction of the oxidized surface even at room temperature. Of course these high initial heats could not be obtained in a second experiment without first reoxidizing the surface. It is noteworthy, however, that these authors, using hydrogen and carbon monoxide on a reduced surface of the mixed oxides, found a definite, though less marked, decrease with surface in the differential heats; unlike the case with the oxidized surface this effect was reproducible if the gas was merely pumped off at 400° C. between successive series of differential heat measurements.

[2] On catalytic materials, the chemisorption might be occurring on corners or edges of crystallites, or on more or less isolated centers of high potential with the result that there would be less mutual influence between adsorbed atoms or molecules.

[3] DE BOER, CUSTERS: Z. physik. Chem., Abt. B **25** (1934), 225.

[4] GARNER, VEAL: J. chem. Soc. (London) **1935**, 1487.

fail to bear this out, the dependence of the differential heats on surface covered often being a very complex relationship. KRUYT and MODDERMAN[1] have published a considerable amount of data of this sort for the adsorption of gases and vapors on charcoal. The behaviour of the different adsorption systems is very irregular, and frequently minima and maxima appear in the region of pressures from $10 \div 760$ mm.

ROBERTS[2] has considered from a theoretical point of view the variation in the heat of adsorption with increase in ϑ, the fraction of the surface covered by a monolayer, for processes which are not of the chemisorption type. The LONDON dispersion processes operate in such a manner that the adsorbed molecules will seek those positions on the surface in which they will have the greatest number of neighbors, with the result that they tend to form aggregates on a partially covered surface. Taking this factor into account WANG[3] has shown that there should be an *increase* in heat of adsorption with increasing ϑ. However ROBERTS points out that in the case of the adsorption of molecules possessing permanent dipoles, e. g. ammonia or sulphur dioxide, the calculations show that the contribution to the heat of adsorption due to dipole interaction is also important being in fact of the same order of magnitude as the effect of the LONDON forces. Moreover, it is shown that the contribution of the dipoles to the total binding energy undergoes a *decrease with* increasing ϑ. The net result is that these two effects may more or less balance each other and the actual change in the heat with ϑ may be rather small. It is even possible on the basis of these considerations to account for the seemingly anomalous variations in the experimentally observed heats of VAN DER WAALS adsorption if we assume an appropriate ratio of the contribution of the LONDON forces and the dipole interaction to the total heat of adsorption. ROBERTS points out that the double wall effect of DE BOER and CUSTERS[4] must be taken into account when ϑ is very small to account for the commonly observed initial rapid decrease in the heat and also that the experimental heats may be expected to be considerably lower than the calculated values when ϑ approaches 1 because of the beginning of the formation of polymolecular layers with lower binding energies. ROBERTS and ORR[5] have shown that the above discussion may also be applied to the variation of the heat with ϑ for the adsorption of non-polar argon on alkali halides. In this case the induced dipoles in the argon operate in a manner analagous to the permanent dipoles of ammonia or sulphur dioxide.

Heats of Adsorption and Catalytic Activity.

We have seen that both the magnitude and the specificity of the heats of chemisorption provide strong evidence that co-valent forces are operative between the adsorbed gas and the active adsorbing surface. These forces, unlike the weaker binding forces which produce VAN DER WAALS adsorption, are undoubtedly operative in reactions catalyzed by the surface.

Fifteen years ago, it seemed probable that the heat measurements would be very valuable in revealing the energetic structure of active surfaces from the point of view of their catalytic activity, and that the catalytic activity of a given surface area might well be estimated from the heat of adsorption of one or both reactants on that area. The results of subsequent work have been disappointing for several reasons. First, it has been shown repeatedly that a small fraction only of the adsorbing surface may account for practically all the catalytic activity. Now these most active points would be the ones first covered during adsorption; and it is precisely these initial increments of the surface which give trouble in the heat measurements. Moreover, if the active points comprise too small a fraction

[1] KRUYT, MODDERMAN: Chem. Reviews 7 (1930), $259 \div 346$.
[2] ROBERTS: Trans. Faraday Soc. **34** (1938), 1342.
[3] WANG: Proc. Roy. Soc. (London), Ser. A **131** (1937), 161.
[4] DE BOER, CUSTERS: Z. physik. Chem., Abt. B **25** (1934), 225.
[5] ROBERTS, ORR: Trans. Faraday Soc. **34** (1938), 1346.

of the total surface, their differential heats can be estimated only by a rather uncertain extrapolation of the experimental results. Second, although the working temperature for contact catalytic reactions is frequently well above room temperature, yet, owing to the experimental difficulties involved, we have little data on heats of adsorption by direct measurement on metal or metallic oxide catalysts above 20° C. Indeed the measurements of GARNER[1, 2, 3] with oxygen on charcoal at temperatures up to 450° C. appear to be unique[4].

Even in those instances for which both the thermal data and the reaction kinetic data are available for the same surface under the same conditions, there appears to be no obvious correlation between these factors. For example we may cite the hydrogenation of ethylene on copper, a reaction which proceeds at a measureable velocity at room temperature. The experiments of PEASE and STEWART[5] on clean and poisoned copper catalyst (v. page 455) indicate very plainly that the catalytic activity is a function of the hydrogen adsorption and that less than five per cent of the total surface capable of hydrogen adsorption accounts for about ninety per cent of the catalytic activity at 20° C. We might therefore predict that the measured differential heats of adsorption of hydrogen on copper would be higher in a marked degree for the initial few per cent of surface covered. This prediction is difficult to test experimentally because of the relatively small hydrogen adsorption on copper. However, using direct calorimetric methods, WARD[6] found constant differential heats at 20° and BEEBE and his coworkers[7, 8] working at 0° found only a slight decrease with successive increments. Neither investigation revealed any large excess in the heat values for the initial increments. It may be, of course, that the active centers operative in PEASES experiments had energies which exceeded a critical value by a small margin only and that we should, therefore, not expect any great difference in the heats of adsorption with the initial increments.[9]

Although the reactivity of gases is often enormously enhanced by their adsorption in the chemisorbed form, it would be incorrect to suppose that enhanced reactivity always accompanies chemisorption. For instance, the complete chemisorbed layer of oxygen on tungsten ($\lambda = 160$ kcal.) is removed with such difficulty that it reacts far less readily with hydrogen than does oxygen in the gas phase[10]. Thus the tungsten could not be catalytically active here, for the reaction between oxygen and hydrogen, because the oxygen is so tightly bound to the surface. Moreover, this film of adsorbed oxygen acts as a catalyst poison for the dissociation of molecular hydrogen on the tungsten surface.

[1] BLENCH, GARNER: J. chem. Soc. (London) 125 (1924), 1288.

[2] BULL, HALL, GARNER: J. chem. Soc. (London) 1931, 837.

[3] GARNER, McKIE: J. chem. Soc. (London) 1927, 2451.

[4] NEUMANN and GOEBEL[11] have made direct determinations of the heat of adsorption of sulphur dioxide on platinum, iron oxide, and chromic oxide at 20° and 100 . For this particular adsorbent there was no marked difference in the heats in this limited temperature range. Experimental difficulties made it necessary to abandon the idea of going to higher temperatures.

[5] PEASE, STEWART: J. Amer. chem. Soc. 47 (1925), 1235.

[6] WARD: Proc. Roy. Soc. (London), Ser. A 133 (1931), 506.

[7] BEEBE: Trans. Faraday Soc. 28 (1932), 761.

[8] BEEBE, LOW, GOLDWASSER: J. Amer. chem. Soc. 58 (1936), 2196.

[9] It has already been suggested that the observed constancy in the heats does not necessarily indicate a corresponding constancy in energy from point to point in the surface (page 488). In any case it is seen that the heat measurements are of little value in testing for the presence of a small fraction of surface atoms of high potential energy.

[10] LANGMUIR: Chem. Reviews 13 (1933), 152.

[11] NEUMANN, GOEBEL: Z. Elektrochem. angew. physik. Chem. 39 (1933), 672.

In vol. V of this handbook are developed certain relationships, due to Polanyi[1], Hinshelwood[2] and others, dealing with the observed activation energy of surface reactions. It will be seen that all these relationships involve the heats of adsorption of one or more of the reacting species or of the reaction products. In actual practice, the conditions are seldom favorable for the quantitative application of the simpler equations to be expected to hold, and it is rare that all the necessary data are at hand for substitution in the more complex expressions.

One obvious concept, which pervades all these considerations, is that desorption of the reaction products is a necessary condition for the occurrence of contact catalysis. We have already seen (page 503) that the activation energy E_d for the desorption process will be equal to $E_a + \lambda$. Regardless of the value of E_a, which must always be positive, or of other complicating factors, it is apparent that a high value of λ will tend to produce a low rate of desorption and the reaction product will therefore poison the surface. We may illustrate the application of the above discussion by the work of Taylor and his co-workers. Taylor emphasizes specifically that the relative dehydration and dehydrogenation efficiencies of oxide surfaces would be dependent on the relative rates of desorption of water vapor and hydrogen respectively from these surfaces and hence on the relative values of E_a and λ. Taylor and Sickman,[3] using zinc oxide, a typical dehydrogenating catalyst, have estimated, for water vapor, $E_a = 15 \div 20$, $\lambda = 30$ kcal., and for hydrogen, $E_a = 7 \div 16$, $\lambda = 21$ kcal., the velocity of desorption of hydrogen from the surface being very much more rapid than that of water vapor under similar conditions. The high value of $(E_a + \lambda)_{H_2O}$ would account for the known poisoning action of water on zinc oxide. With precipitated alumina, Taylor and Gould[4] have shown that the behavior is reversed. With this catalyst, the measured value of λ for water is $18 \div 14$ kcal. and the estimated value of E_a for hydrogen is 30 kcal. Moreover the activation energy for hydrogen is greater than that for water, with the result that $(E_a + \lambda)_{H_2}$ is much greater than $(E_a + \lambda)_{H_2O}$ and with this oxide, a typical dehydration catalyst, the rate of desorption would be greater for water.

In surfaces containing centers of varying degrees of adsorption potential it is often assumed that the centers of highest potential, which might be expected to produce the highest differential heats, are the seat of catalytic activity. This is doubtless frequently the case, although it is easy to see that exceptions to this generalization may be found. Remembering the necessity for the desorption of the reaction products it is apparent that conditions on those parts of the surface which possess high surface potential and correspondingly high heats of adsorption may well be unfavorable to catalytic activity. An interesting illustration is found in the case of the reaction $H_2 + D_2 \rightleftarrows 2\,HD$. It was found by Gould, Bleakney and Taylor[5] that this reaction is catalysed by reduced chromic oxide at the surprisingly low temperature $-183°$. This observation suggests at once the possibility of the chemisorption of the hydrogen isotopes, a process which must possess a very small E_a, occurring, as it does, at $-183°$. We should expect this activated adsorption to produce a characteristically higher heat than $1 \div 2$ kcal., which is the van der Waals heat range for hydrogen. On the other hand it is obvious that a very high heat of adsorption would prohibit the desorption of the product HD with the result that the surface would become

[1] Polanyi: Z. Elektrochem. angew. physik. Chem. 27 (1921), 143.
[2] Hinshelwood: Kinetics of Chemical Change. Oxford: University Press, 1933.
[3] Taylor, Sickman: J. Amer. chem. Soc. 54 (1932), 602.
[4] Taylor, Gould: J. Amer. chem. Soc. 56 (1934), 1685.
[5] Gould, Bleakney, Taylor: J. chem. Physics 2 (1934), 362.

poisoned by that substance. It was therefore predicted by BURWELL and TAYLOR[1] that the heat of activated adsorption of hydrogen on chromic oxide at —183° would be a relatively low value. The heats for both hydrogen isotopes at the above temperature have been measured calorimetrically by BEEBE and his co-workers[2, 3] and the results are given in Fig. 11. It was found that 15 cc. of hydrogen and 24 cc. of deuterium were adsorbed at 'zero' pressure and of course none of this gas could be removed by degassing at —183°. The heats for this part of the surface were 5 to 4 kcal. Later portions of H_2 and D_2 added, however, did produce a residual pressure and were removable by degassing at —183° and yet yielded heats of 4 to 3 kcal., a value which is definitely higher than the characteristic $1 \div 2$ kcals. of VAN DER WAALS hydrogen adsorption.[4] It is to this inter-mediate portion of the sur-

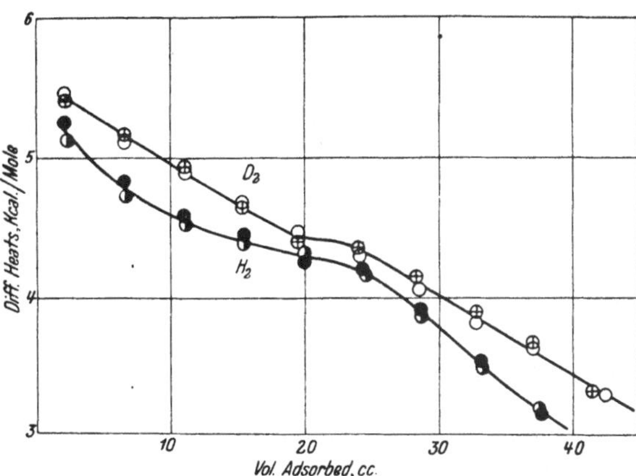

Fig. 11. Heats of Adsorption,
Hydrogen Isotopes on 12 g. Cr_2O_3 at —183°.

face that the authors have attributed the seat of catalytic activity. RUSSELL and GHERING[5] likewise have found evidence that the points of highest adsorption potential in a copper surface are not the most active catalytically in the hydrogenation of ethylene, but rather that the surface centers of intermediate activity are the seat of the catalytic action.

The treatment of SCHWAB[6] of the problem of the maximum with temperature in the velocity constant of the hydrogenation of ethylene on a nickel surface affords a further example of the possibilities of a relationship between heats of adsorption and reaction kinetic data.

Heats of Adsorption and Promotor Action.

The heats of adsorption on simple and promoted nickel catalysts have been compared calorimetrically by FRYLING and by RUSSELL and BACON.[7] The results of the former are inconclusive because there is evidence of calorimetric difficulties with the initial heats[8]. In the work of RUSSELL and BACON, the addition

[1] BURWELL, TAYLOR: J. Amer. chem. Soc. 58 (1936), 697.

[2] BEEBE, ORFIELD: J. Amer. chem. Soc. 59 (1937), 1627.

[3] BEEBE, DOWDEN: J. Amer. chem. Soc. 60 (1938), 2912.

[4] From the heat measurements alone, we have no right to assume that the process producing $3 \div 5$ kcal. may not be a composite of a chemisorption with a much higher heat and a VAN DER WAALS process with its characteristically lower heat. The large adsorption at zero pressure, however, seems to make the possibility unlikely.

[5] RUSSELL, GHERING: J. Amer. chem. Soc. 57 (1935), 2544.

[6] SCHWAB: Z. physik. Chem., Abt. A 171 (1934), 421.

[7] RUSSELL, BACON: J. Amer. chem. Soc. 54 (1932), 54.

[8] Although the maxima in FRYLING's differential heat curves are probably fictitious, the fact that the maximum was more pronounced with the promoted catalyst seems to be evidence that the addition of the thoria did increase the number of centers of high adsorption potential, for reasons similar to those discussed on page 490.

of 2% thoria appeared to produce a slight increase in the heats of adsorption on the nickel catalyst. In view of the profound effect on the catalytic activity of nickel which is produced by thoria promotor[1], it seems at first rather surprising that the heats on the simple and promoted catalysts are so nearly alike. We must remember, however, that there is strong evidence to show that in many cases the catalytically active areas comprise a very small fraction only of the total adsorbing surface.

The Temperature Coefficient of Heats of Adsorption.

The temperature coefficient of the heat of a stoichiometric chemical reaction is dependent solely on the effect of the differences which exist in the specific heats of the reactants and the resultants over the temperature range considered. The same statement fails to hold for heats of adsorption because of the relative complexity of the adsorption process as compared to the stoichiometric reaction. Most important of these complicating factors are: (1) adsorption at the two temperatures may not occur on the same parts of a surface which consists in areas of different activity, (2) even if the adsorption occurs on the same parts of the surface at the two temperatures, the type of force binding the adsorbed molecule to the surface may differ at the two temperatures, and (3) the surface of the adsorbent may undergo changes with change in temperature. These three factors are, of course, more or less interdependent.

Unfortunately we have only a limited amount of data on the temperature coefficient of heats of adsorption although both indirect methods and direct calorimetry have been used. The limitations of the CLAUSIUS-CLAPEYRON calculation from the isosteres have already been discussed. These limitations become even more serious when we seek to obtain heat measurements for the same gas-solid system at widely different temperature intervals, for we often find that, although the method may be applicable in one temperature range, yet the adsorption characteristics may be so altered in another range of temperature that the calculation from the isosteres cannot be used. For direct measurement the vacuum calorimeter is the only type which has been used for work over a considerable range of temperature and because of experimental difficulties, except for a few measurements, the use of this instrument has been limited to 0° or room-temperature.

An examination of Table 3 will show that heat data from the isosteres have been obtained with hydrogen on several oxide catalysts in the high and low temperature ranges. The data on manganous-chromium oxide are typical with heats of 2 and 20 kcals. respectively for the temperature intervals $-78 \div 0°$ C. and $315 \div 414°$ C. All the other results with hydrogen are similar, indicating a more or less complete separation into chemisorption at high temperatures and a VAN DER WAALS process in the region below 0° C. The work of GARNER and MAGGS[2] and of TAYLOR and OGDEN,[3] with carbon monoxide on zinc oxide and zinc-molybdenum oxide respectively, likewise show that the heats with this gas increase with rising temperature, but indicate a less complete separation of the two types of adsorption, with the fraction of chemisorption increasing with rising temperature.

The work of BARRER[4] with hydrogen on charcoal at 710° already has been

[1] RUSSELL, TAYLOR: J. phys. Chem. **29** (1925), 1325.
[2] GARNER, MAGGS: Trans. Faraday Soc. **32** (1936), 1744.
[3] TAYLOR, OGDEN: Trans. Faraday Soc. **30** (1934), 1178.
[4] BARRER: Proc. Roy. Soc. (London), Ser. A **149** (1935), 253.

cited. The isosteric heats of 50 ± 5 kcal. at that temperature are to be compared with heats of the order of 1.5 kcal. calculated from the isotherms measured at $0°$ and $-195°$ by BARRER and RIDEAL.[1] These results on charcoal appear to indicate a rather clear-cut separation of the chemisorption and VAN DER WAALS processes into the high and low temperature regions.

The calorimetric data are most complete for the system charcoal-oxygen studied by GARNER,[2, 3, 4] and his co-workers. The results are shown in Fig. 12.[5, 6]

For comparison with these data, mention is made of the calorimetric work of DEWAR[7] who found the heat of adsorption to be approximately 4 kcal. for oxygen on charcoal at liquid air temperature. The magnitudes of the heats may be taken roughly to represent the strength of the forces binding a gas to an adsorbing surface. GARNER ascribes the observed rapid rise in the heat of adsorption with temperature to changes in these forces which bind the oxygen to the surface and suggests that at low temperatures, oxygen molecules are held by VAN DER WAALS forces only, but that at higher temperatures chemical forces become operative with the formation of groups C_xO_y on the surface. GARNER suggests the three possible bindings of oxygen to the carbon surface which are shown below.

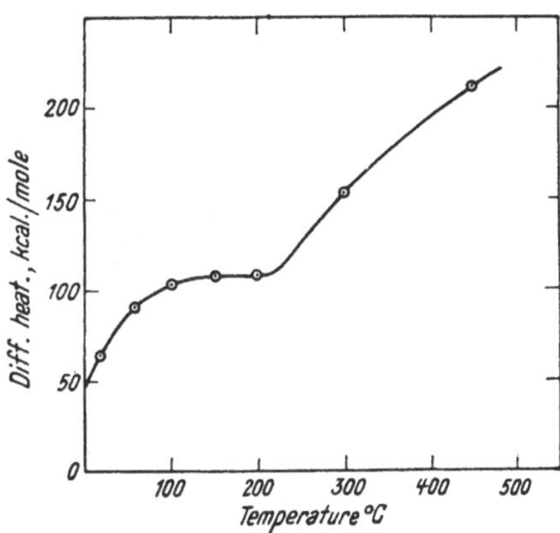

Fig. 12. Heat of Adsorption, Oxygen on Charcoal.

```
C C C C      C C C      C C C
 ‖ ‖          ∧          ‖
 O O         O—O         O
                         ‖
                         O
 (I)         (II)       (III)
```

(I) gives CO with desorption, (II) gives CO_2, and (III) gives unchanged O_2. At any one temperature some of these groups are stable and others unstable — the heat of formation being a rough measure of the degree of stability. These conclusions are strengthened by the results of analyses of the gases obtained by outgassing the surface at different temperatures[8], given in Table 4.

Table 4. *Outgassing of oxygen loaden charcoal.*

Temp. of adsorption	Gaseous products
18°	O_2; trace of CO_2; no CO
150°	5% O_2, 95% CO_2, trace of CO
200°	9% O_2, 82% CO_2, 9% CO*

---

[1] BARRER, RIDEAL: Proc. Roy. Soc. (London), Ser. A **149** (1935), 231.

[2] BLENCH, GARNER: J. chem. Soc. (London) **125** (1924), 1288.

[3] BULL, HALL, GARNER: J. chem. Soc. (London) **1931**, 837.

[4] GARNER, McKIE: J. chem. Soc. (London) **1927**, 2451.

[5] BLENCH and GARNER state that the data at the higher temperature possess qualitative rather than quantitative significance because of experimental difficulties. The order of magnitude is undoubtedly correct, however.

[6] The heats given represent the integral heats for the range of surface studied. Owing to surface inequalities the differential heats exhibit a considerable variation for any one temperature.   [7] DEWAR: Proc. Roy. Soc. (London) **74** (1904), 122.

[8] McKIE: J. chem. Soc. (London) **1928**, 2870.

* A recent study by LAMBERT[9] indicates that surface impurities in the charcoal may influence the ratio of carbon monoxide to carbon dioxide obtained upon outgassing at higher temperatures. LAMBERT also includes a helpful list of references on the general question of the reaction between oxygen and charcoal.

[9] LAMBERT: Trans. Faraday Soc. **32** (1936), 452.

The only other calorimetric work dealing primarily with chemisorption over a considerable temperature range is that of BEEBE and his coworkers who have measured the heats of adsorption in a number of processes at 0° and —183°. The results given in Table 5 indicate, in all cases but one, a large positive temperature coefficient of the heat of adsorption. The positive temperature coefficient of the heat with carbon monoxide on copper and iron and of nitrogen on iron may be explained if we postulate an increasing predominance of the chemisorption process with rising temperature of adsorption. However, the experiments with carbon monoxide, nitrogen and oxygen on chromic oxide, and with oxygen on iron are unique because it has been possible by an analysis of the time-temperature curves to *separate* the chemisorption from the VAN DER WAALS process (page 518). The heat data for oxygen on iron at 0° are not yet available, but with the three gases on chromic oxide we have the values of the heats of chemisorption at —183° and of the adsorption at 0° which must be largely chemisorption. The data in Table 5 show that the heats of the chemisorption process for nitrogen and oxygen have a large temperature coefficient, the value, with each gas, at 0° being just about double that at —183°.[1] With the carbon monoxide there seems to be relatively little difference in the magnitudes of the heats at the two temperatures.

The observed positive coefficient for the heat of the pure chemisorption process with oxygen and nitrogen seems to indicate that there must be a great difference in the nature of the binding forces in operation at the two temperatures, and with these gases the range from —183° to 0° is to compared with the ascending portions of the curve shown in Fig. 12 for oxygen on charcoal observed by GARNER. On the other hand, with carbon monoxide, the small variation in the

Table 5.

Heats of adsorption at —183° and at 0°

Adsorbent	Gas	Temperature °	Heat of Ads. kcals.
Cu*	CO	0	20 → 14
	CO	— 78	10 **
	CO	—183	8 → 3 †
Fe***	CO	0	20 → 16
	CO	—183	8 → 4 †
	N_2	—183	6 → 4 †
	O_2	—183	120 and 4 ††
Cr_2O_3	A	—183	4.2 → 2.7 †††
	H_2	—183	5.1 → 3.2
	D_2	—183	5.4 → 3.3
	CO	0	15 → 10
	CO	—183	12 and 4 ††
	N_2	0	16
	N_2	—183	8 and 4 ††
	O_2	0	50
	O_2	—183	25 and 4 ††

* BEEBE and WILDNER,[2] and BEEBE, Low and GOLDWASSER[3] used calorimeter *J* in the measurements on copper. All the other data in this table were obtained with calorimeter *F*, by BEEBE and DOWDEN[4].

** Unpublished data.

*** Forthcoming publication.

† These appear to be complex processes, the high heats for the initial increments indicating at least partial chemisorption and the low values of approximately 4 kcal. indicating exclusively VAN DER WAALS adsorption for the later increments.

†† In these cases it was possible to separate the chemisorption from the VAN DER WAALS process. In each case, the initial number given represents the heat of the chemisorption while the heat of the VAN DER WAALS process was approximately 4 kcal.

††† Simple VAN DER WAALS adsorption.

[1] There was no experimental means of testing for the presence of VAN DER WAALS adsorption at 0°. However if any were present the observed heat would be less than that of the pure chemisorption process. Hence the increase of the heat of chemisorption is at least as great as the values given and possibly greater.

[2] BEEBE, WILDNER: J. Amer. chem. Soc. **56** (1934), 642.

[3] BEEBE. Low, GOLDWASSER: J. Amer. chem. Soc. **58** (1936), 2196.

[4] BEEBE, DOWDEN: J. Amer. chem. Soc. **60** (1938), 2912.

heats from —183° to 0° finds its counterpart in the constancy of the heats with oxygen on charcoal in the region $100 \div 200°$ C., indicating little change in the binding forces over that interval. This great difference in the behaviour of the carbon monoxide as compared to that of oxygen and nitrogen on the same surface is just another example of the specificity generally observed in the characteristics of chemisorption processes.

It is noteworthy that the heat of adsorption of oxygen on chromic oxide at 0° C. (50 kcal.) is larger than the heat of the most probable stoichiometric reaction, $Cr_2O_3 + 3\,O_2 \rightarrow 2\,CrO_3$ (36.4 kcal. per mole O_2). Similarly, the observed heat of adsorption of oxygen on charcoal at 450° C. is almost twice the heat of reaction between solid charcoal and oxygen to form carbon dioxide and in fact, approaches in value the estimated heat of formation of carbon dioxide from carbon vapor and oxygen[1]. If we may make the very reasonable inference that the surface atoms of the chromic oxide or of the charcoal are held by lower binding energies than would be true for atoms within the body of the solid material, then it is easy to understand why the heats of adsorption should exceed those of the stoichiometric reactions, since less energy would be absorbed by the endothermic process of breaking the bonds which hold the solid together.

The adsorption of oxygen on iron at —183° C. is of interest because the heat of adsorption is approximately equal to the heat of formation of 2 FeO from solid iron and oxygen. EMMETT and BRUNAUER[2] have presented evidence to show that the oxygen penetrates the iron lattice to a depth of several atoms in this case even at —183°; hence, strictly speaking, the process ist not one of adsorption and the agreement between the observed heat and the heat of formation of 2 FeO is not surprising.

Details concerning the heats of processes which appear to involve only physical binding forces are of secondary interest from the point of view of a study of the relation of adsorption to catalysis. Nevertheless it is interesting that MAGNUS and his coworkers,[3, 4] studying the adsorption of several gases on charcoal and silica gel in the vicinity of room temperature have found a *negative* temperature coefficient in the heats. The data which are beautifully consistent were obtained both by direct calorimetry (calorimeter G) and by calculation from the isosteres. For example the temperature coefficient of the heat for carbon dioxide on charcoal was — 20 cal./degree.

The experiments of VAN ITTERBEEK and VAN DINGENEN[5] on the other hand showed that there is a positive temperature coefficient for the heat of VAN DER WAALS adsorption with oxygen, carbon monoxide, helium, and the two isotopes of hydrogen on charcoal in the low temperature region near the critical temperatures of these gases. PEARCE et al.[6] found no measureable difference over the interval $20 \div 40°$ C. with several organic vapors on charcoal.

The Heats of Slow Adsorption Processes.

A great number of chemisorption reactions proceed at a low rate of speed. These are frequently called *activated adsorption* processes. It is quite as important for us to know the heats of these slow processes as those of the rapid ones. However, such measurements present experimental difficulties which have greatly limited the number of investigations in this field. Indeed most of the heat data

[1] BULL, HALL, GARNER: J. chem. Soc. (London) **1931**, 837.
[2] EMMETT, BRUNAUER: J. Amer. chem. Soc. **57** (1935), 1754.
[3] MAGNUS, GIEBENHAIN: Z. physik. Chem., Abt. A **143** (1929), 265.
[4] MAGNUS, WINDECK: Z. physik. Chem., Abt. A **153** (1931), 113.
[5] VAN ITTERBEEK, VAN DINGENEN: Physica 4 (1937), 1169; 5 (1938), 529; 6 (1939) 49.
[6] PEARCE et al.: J. phys. Chem. **35** (1931), 905, 1091; **39** (1935), 293.

listed in Tables 1, 2 and 3 were obtained from adsorption processes which were practically complete within a few minutes. For those cases in which a slow process followed the initial instantaneous one, due correction has generally been made for the effect of the slow adsorption on the measurement of the heat of the rapid process, but few investigators have undertaken to measure the heat of the slow reaction itself.

For slow adsorption reactions, calculation of the heats from the isotherms by means of the CLAPEYRON equation offers little promise for obtaining quantitatively accurate data because the *equilibrium* pressures must be used, and the experimental determination of these pressures for each observed point on the isotherms is a tedious undertaking unless the reaction is rapid. However, for reactions which are reasonably near to completion within, let us say, one hour the method does give at least the order of magnitude of the heat.[1]

The direct calorimetric measurement of the heats of slow adsorption processes on active surfaces offers more promise if a calorimeter which is free from heat lag and the effects of temperature gradients is employed. The success of the application of this method in a limited number of investigations indicates that it may be worthy of further exploitation. Work in this field by BARRY and BARRETT[2], by LENDLE,[3] and by BEEBE and DOWDEN[4] will be discussed.[5]

BARRY and BARRETT have described a very sensitive adiabatic calorimeter with which they have measured the heat of the absorption of water vapor on a massive gold disc. They were able to follow the process over a seven hour period. The weights of water vapor adsorbed with time were found by following the increase in weight of the gold disc which was suspended from the pan of a sensitive balance. The heats of adsorption varied from 136 kcal./mole on an initially dry surface down to 10.1 kcal. near saturation. The latter value is identical with the heat of vaporization of water.

LENDLE found that the adsorption of oxygen on charcoal at 20° C. could be divided into an instantaneous process and a much slower one. Because there was no appreciable heat lag in the copper calorimeter employed, the process produced an immediate temperature rise from which the heat of the rapid adsorption was readily calculated. The heat of this reaction ran from 79 kcal. on an initially bare surface down to 13.2 kcal. after the addition of 89 micromoles of oxygen per gram of charcoal producing a residual pressure of about 100 mm. Following this instantaneous reaction, however, there was a slow disappearance of oxygen from the gas phase which was due to a slow adsorption process. This slow process was of course accompanied by a corresponding slow evolution of heat energy, which also could be followed calorimetrically. The experimental method is better understood from Fig. 13 taken from LENDLE's paper. In this figure the time is plotted against the potential difference in microvolts produced in the multiple junction thermocouple by the temperature change within the calorimeter. Curve *I* is the calibration curve resulting from the introduction, over a two minute interval, of a measured amount of electrical energy. The absence of heat lag is de-

---

[1] TAYLOR, MCKINNEY: J. Amer. chem. Soc. **53** (1931), 3604.

[2] BARRY, BARRETT: J. Amer. chem. Soc. **55** (1933), 3088.

[3] LENDLE: Z. physik. Chem., Abt. A **172** (1935), 77.

[4] BEEBE, DOWDEN: J. Amer. chem. Soc. **60** (1938), 2912.

[5] It is noteworthy that STURTEVANT[6] has developed a precise calorimetric method, for following the course of slow stoichiometric chemical reactions, which offers great promise as a sensitive tool for the study of the reaction kinetics of these processes since it is possible to measure the rates and the heats of reaction in the same experiment.

[6] STURTEVANT: J. Amer. chem. Soc. **59** (1937), 1529.

monstrated by the instantaneous rise of temperature to the maximum value; the subsequent slow decrease in temperature is of course due to the normal cooling of the calorimeter. Curves of this type had been obtained in earlier work with this calorimeter using such gases as carbon dioxide and sulphur dioxide on carbon.[1]

With the adsorption of oxygen, however, Curve *II* which has an entirely different character was obtained. The maximum temperature was not reached until after forty-five minutes, when the effect of the heat evolution was finally overbalanced by the cooling of the calorimeter. By the application of suitable cooling corrections the amount of heat energy evolved over any given time interval was obtained. Then by assuming that this energy was produced by the adsorption of the volume of gas which had been observed to disappear from the gas phase within the same time interval, LENDLE

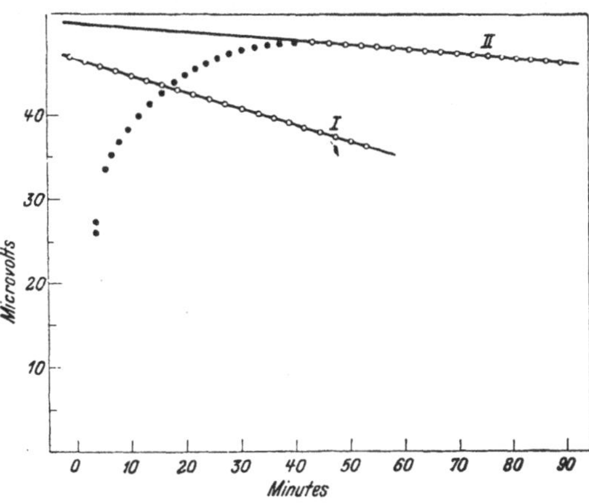

Fig. 13. Slow Adsorption of Oxygen on Charcoal (LENDLE). Curve *I*: Calibration; Curve *II*: Oxygen Adsorption.

was able to calculate the heat of adsorption for the slow process. In thirteen successive two minute intervals between the fourth and the thirtieth minutes after admission, the heats were practically constant at 40 kcals. It is noteworthy that this heat of the secondary slow adsorption was larger than that of the rapid process for the same fraction of surface covered.

The heat measurements of BEEBE and DOWDEN[2] on chromic oxide at —183° are unique in that they provide evidence not otherwise obtainable for the presence of a slow process which the authors believe to be a change *on the surface* from an initial VAN DER WAALS state to a final state of chemisorption.

In the adsorption of argon, known to be a simple

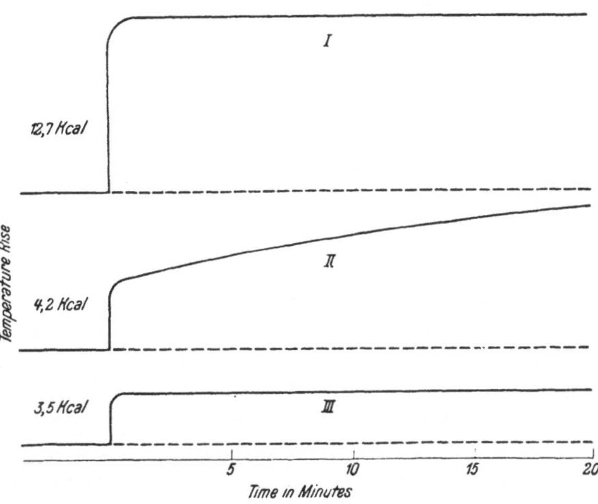

Fig. 14. Time-Temperature-Curves, CO on Cr_2O_3 at — 183°.

VAN DER WAALS process which is instantaneous, a normal curve was obtained (Fig. 4) using the metal calorimeter *F* described on page 481. The almost negligible rate of cooling is attributed to the very low radiation loss at —183°. With the adsorption of carbon monoxide however the form of the time-temperature curves departed from the normal type of the argon curve. In Fig. 14, Curves *I*, *II* and *III* are the time-temperature curves obtained upon the ad-

[1] MAGNUS, KÄLBERER: Z. anorg. allg. Chem. **164** (1927), 163.
[2] BEEBE, DOWDEN: J. Amer. chem. Soc. **60** (1938), 2912.

mission of increments of approximately 4.5 cc. to the chromic oxide surface to which had been added previously 0, 55 and 112 cc. respectively, i. e. thesec urves were obtained from experiments on a bare surface, a partially covered surface, and a nearly saturated surface.

A normal type of curve was obtained when no carbon monoxide was previously adsorbed (Curve *I*); however with successive increments of the gas the rise to maximum temperature became less and less sharp, and then began to divide into a rapid and a slow stage (Curve *II*) until finally the slow stage had assumed such a low rate that it could scarcely be detected in the twenty minute period of observation (Curve *III*). All the other time-temperature curves observed in the series of measurements fitted in form to their intermediate positions in the series. In all the carbon monoxide increments up to 120 cc. adsorbed, *all the gas disappeared from the gas phase within one minute after admission.*

From these observations Beebe and Dowden conclude that the adsorption of carbon monoxide on chromic oxide at —183° consists of two distinct and separate processes which they call Process A and Process B. Process A is rapid with all states of the surface and gives a heat of approximately 4 kcal.; Process B is rapid with a bare surface but becomes progressively slower with successive increments until it is too slow to observe. Process B yields an additional heat of about 8 kcal. bringing the total heat up to 12 kcal. The authors believe Process A is a van der Waals adsorption, and that the final result of Process B is a state of chemisorption. If this is true the heat values 4 and 12 kcal. represent differential heats of van der

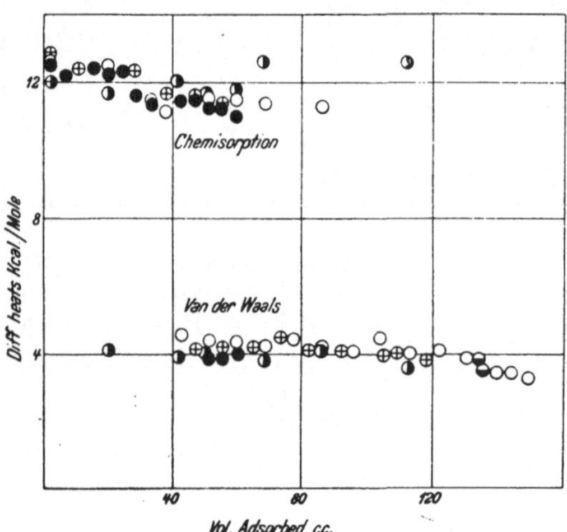

Fig. 15. Heats of Adsorption, CO on Cr$_2$O$_3$: ⊕, O and ●: Series *1*, *2* and *3* at —183°; ⊖ after outgassing at —183°; ◐ Series *1* at —195°.

Waals and of chemisorption respectively, and are therefore so designated in Fig. 15. Furthermore, because of the slow evolution of heat long after all the gas had disappeared from the gas phase, it seems probable that the gas, initially adsorbed by van der Waals forces, subsequently underwent a change into the chemisorbed state without leaving the surface.

Similar results were obtained at —183° with nitrogen and with oxygen on chromic oxide. As with carbon monoxide, the heat of van der Waals adsorption was 4 kcal. with both these gases. The heats of chemisorption were however 8 kcals. for nitrogen and 20÷27 kcals. for oxygen. The same phenomenon was observed in the adsorption at —183° of oxygen on iron synthetic ammonia catalyst.[1]

These authors were unable to decide from their experiments whether the rate controlling factor of the slow Process B was an activated adsorption or a surface diffusion. A comparison of the rates of the process at —183° and —195° obtained from the heat measurements, enabled them to calculate the activation energy of

---

[1] Beebe, Dowden, Stevens: forthcoming publication.

the process. This was found to range from 200 to 690 cal. BEEBE and DOWDEN suggest that this phenomenon of chemisorption *via* an initial VAN DER WAALS process may be more common than has been realized. Such a possibility had already been postulated by BURWELL and TAYLOR[1] as a plausible explanation of their experimental results on the rate of adsorption of hydrogen on chromic oxide at higher temperatures.

Differential Heats in Non-selective Adsorption; Relation to Poisoning Experiments.

We have already seen that the interpretation of differential heat measurements does not give us definitive evidence concerning the distribution of energies among the various points in a catalyst surface. However, the evidence is consistent with the idea that many surfaces are heterogeneous in character and exhibit different parts which comprise a considerable range of activities.

Another approach to the problem of distribution of surface activity has been made through the study of decrease in catalytic activity of various surfaces upon the addition of successive small increments of catalyst poisons. Studies of this sort have been made on iron synthetic ammonia catalyst using oxygen poison;[2] on thoria in the decomposition of ethyl alcohol using water and acetaldehyde as poison;[3] and on platinum as a hydrogenating catalyst for unsaturated organic substances in the liquid phase using mercury ion in the capacity of a poison.[4] In the last investigation a linear relation was found between the amount of poison added and the catalytic activity. This observation was interpreted to mean that the surface of the platinum catalyst is predominantly uniform in character.

In such an interpretation we find the implicit assumption that the poisoning is selective (see page 506) in character, i. e. that the poison, present in insufficient quantity to cover the active surface, would find its way to the most active centers, thus producing a non-linear effect on the catalytic activity provided the surface was non-uniform. A considerable body of evidence is found from the differential heat measurements that the process of activated adsorption may be entirely non-selective or at most only partially selective. The question then arises whether an observed linear relation between the amount of poison and the activity of the catalyst may not be attributed to non-selective adsorption of the poison, or a covering up of those successive areas of the catalyst with which the poison first comes into contact rather than a selecting and covering of the most active centers first.

Although the presence of non-selective adsorption has been demonstrated by several investigations cited above, in one research only has an attempt been made to consider the effect of this phenomenon by correlating the evidence from poisoning experiments with the differential heat measurements on the same surface. This is the work of RUSSELL and GHERING[5] on the poisoning of a copper surface for the hydrogenation of ethylene by the presence of adsorbed oxygen, and the measurement of the differential heats for the oxygen adsorption on the same copper surface.

---

[1] BURWELL, TAYLOR: J. Amer. chem. Soc. **58** (1936), 697.
[2] ALMQUIST, BLACK: J. Amer. chem. Soc. **48** (1926), 2814.
[3] HOOVER, RIDEAL: J. Amer. chem. Soc. **49** (1927), 104.
[4] MAXTED, LEWIS: J. chem. Soc. (London) **1933**, 502. — MAXTED, STONE: J. chem. Soc. (London) **1934**, 672. See also the article by BACCAREDDA in vol. VI of this Handbuch.
[5] RUSSELL, GHERING: J. Amer. chem. Soc. **57** (1935), 2544.

520   RALPH A. BEEBE:

Preliminary heat measurements had shown decreasing differential heats for successive increments of oxygen added to the copper (Fig. 16, Curve *4*) thereby indicating variable activity of the copper surface. Measurements of the poisoning effect, however, revealed a linear relation between the amount of oxygen adsorbed and the decrease in catalytic activity (see Fig. 17, Curve *5*). This would appear to be evidence for a uniform copper surface.

Suspecting that this apparent discrepancy might be traced to non-selective adsorption, RUSSELL and GHERING proceeded to demonstrate the non-selective character of the process. Because they were using an ice calorimeter rather than a thermocouple calorimeter, the method of testing for non-selective adsorption already described (see page 484) could not be employed. However, they devised an ingenious test which could be used with the ice calorimeter. They were able to show that the form of the differential heat curves could be altered by the method of admission of the oxygen. The experimental results are given in Fig. 16.

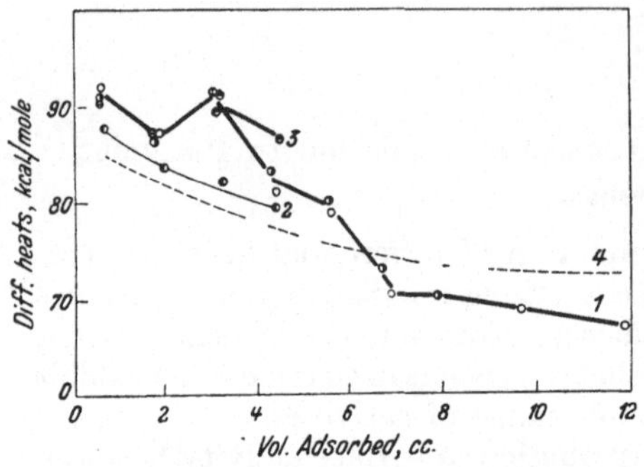

Fig. 16. Heats of Oxygen sorption on copper. Symbols indicate to which end of catalyst oxygen was admitted: Curve *1*: ◑ bottom, ◐ top, run 138, Cu XXI; Curve *2*: ◖ top, run 143, Cu XXI; Curve *3*: ⊖ top, ◕ bottom, run 144, Cu XXI; Curve *4*: top, earlier work on Cu 11.

The smooth Curves *2* and *4* were obtained by admission of all successive increments of oxygen at the same end of the cylindrical catalyst tube. The discontinuous Curves *1* and *3* resulted when some increments were admitted at the top and others at the bottom of the catalyst mass. Quoting RUSSELL and GHERING: "The interpretation of these curves seems fairly clear if, when an increment of oxygen is admitted to one end of a cylindrical copper catalyst, it is assumed that although the gas is pretty largely sorbed upon the first portions of the catalyst encountered, yet some preferential (selective) sorption occurs and a sorption gradient is set up in which the concentration is greatest on those parts of the catalyst surface first contacting the incoming oxygen molecules. A larger and larger part of each successive increment of oxygen admitted

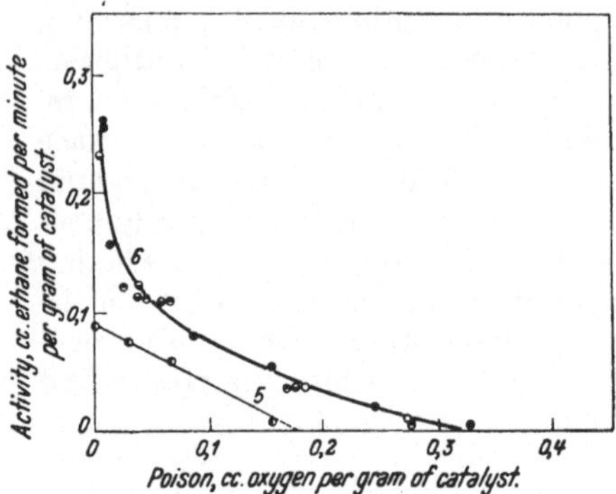

Fig. 17. Effect of poisoning by Oxygen on catalytic activity of Copper. Curve *5*: non-selective poisoning; Curve *6*: selective poisoning.

to the given end will be sorbed upon previously partially saturated surface with the observed decrease in the heats of sorption, which can be neither strictly integral nor differential values."

Having demonstrated the partially non-selective character of the adsorption process operative in the direct poisoning of copper by oxygen, RUSSELL and GHERING devised an indirect method of poisoning. In this method the surface was treated with excess oxygen and then successive increments of the surface oxygen were removed by controlled reduction in a hydrogen atmosphere. This process was found to be selective, the least active points of the surface being uncovered by reduction first, and the most active points being the last to be made available for the catalytic hydrogenation. With this indirect method of poisoning, the catalytic activity was no longer a linear function of the amount of oxygen on the surface but, instead, it varied according to Curve *6*, Fig. 17, indicating a very marked heterogeneity of the copper surface.

The importance of the work of RUSSELL and GHERING to the theory of catalytic poisoning cannot be over-emphasized. It is obvious from their experiments that an observed linear relation between the amount of poison and the catalyst activity must not always be taken as a certain criterion of the uniform character of the surface, and that the possibility of a non-selective adsorption process must be considered, and, if possible, experimentally investigated before interpreting any experimental evidence for or against uniformity of surface. Moreover, it is seen that the measurement of differential heats under specially devised conditions provides a very satisfactory test for this non-selectivity.

Heats of Complex Adsorption Processes.

A number of investigations have been conducted on heats of adsorption on surfaces which have been previously exposed to the action of a second gas. An account will be given of the results of several such experiments, although the interpretation of these results is seldom a simple matter because of the complexity of the phenomena involved.

FLOSDORF and KISTIAKOWSKY[1] have measured the heat of adsorption at 0° C. of hydrogen on a reduced platinum black surface and also on the same surface containing a layer of oxygen chemisorbed at 0°. They also investigated the heats when the conditions were reversed, i. e. they measured the heat of adsorption of oxygen on the reduced platinum surface and on the same surface containing chemisorbed hydrogen. From the above experimental results, these authors showed that it was possible to estimate the heat of adsorption of water on platinum assuming that water was formed on the surface at 0°. In this calculation they make use of the fact that the net heat effect must be the same whether water is formed from hydrogen and oxygen in the gas phase and subsequently is adsorbed on the reduced platinum surface, or whether one of these gases, initially adsorbed on the platinum, reacts with the other on the surface to form adsorbed water.

Although the method of calculation is strictly rigorous, the results are somewhat uncertain because of the difficulty in obtaining identical surface conditions in the platinum in successive experiments. These calculated values are compared with direct calorimetric results for water on platinum which ranged from 34.5 to 20 kcals. and the data obtained by the two methods are in good agreement considering the uncertainties discussed above. RUSSELL and BACON[2] have employed a similar method of calculation in the case hydrogen adsorption on a reduced nickel surface and on the same surface containing adsorbed oxygen, although the heat of adsorption for water on nickel calculated by the indirect method was not measured directly.

ROBERTS[3] has investigated the reaction which occurs when oxygen is admitted to a smooth tungsten surface already covered with a chemisorbed monolayer of hydrogen. It was found that the heat effect was of the order of 100 to 130 kcal. per mole of oxygen admitted, although the pressure in the apparatus was no less than the value it would have had if no oxygen were adsorbed. ROBERTS believes

[1] FLOSDORF, KISTIAKOWSKY: J. phys. Chem. **34** (1930), 1907.
[2] RUSSELL, BACON: J. Amer. chem. Soc. **54** (1932), 54.
[3] ROBERTS: Proc. Roy. Soc. (London), Ser. A **152** (1935), 477.

that these observations can be accounted for only by assuming that the oxygen displaced the adsorbed hydrogen atom for atom. Taking into account the known heat of desorption of hydrogen (the measured heat of adsorption) the total amount of heat, 120 to 150 kcal. is of the order that can be made available from the adsorption of oxygen on the tungsten. ROBERTS goes on to show that these observations preclude the possibility that the hydrogen is thrown off as separate atoms because if this were true the heat of desorption of hydrogen would be 120 kcals. per mole, making a total of 220 to 250 kcal. to be accounted for by the heat of adsorption of oxygen, a value much higher than the measured one.

BEEBE and DOWDEN[1] have studied the heats of adsorption at $-183°$ of carbon monoxide on an oxygen covered chromic oxide surface, and of oxygen on a carbon monoxide covered surface. It was found that the presence of adsorbed oxygen caused very little change in the heat of adsorption of carbon monoxide, but that adsorbed carbon monoxide reduced the heat of oxygen adsorption from 25 kcal. to 13 kcal. The authors have not offered an explanation of their observations.

GARNER and VEAL[2] have measured the heats of adsorption at 18° of carbon monoxide on zinc-chromic oxide previously reduced in hydrogen and on the same material after exposure to an oxygen atmosphere at 400°. The heats on the reduced and oxidized surfaces were 14 and 40 kcal. respectively. Since no appreciable amount of oxygen was adsorbed on the oxidized catalyst at 18°, it was possible to devise an experiment to show that carbon monoxide led to surface reduction at 18°. The introduction of a 2:1 mixture of carbon monoxide and oxygen resulted in complete adsorption and the heat of adsorption for 1 mole of carbon monoxide + one-half mole of oxygen was 66 kcal. The authors conclude that the oxygen is adsorbed on that part of the surface which is reduced by the carbon monoxide even at room temperature and they postulate the following surface reactions:

$$(1) \quad 2\,XO + CO \rightarrow XCO_3 + X + 44\,kcal.$$

$$(2) \quad X + \tfrac{1}{2}O_2 \rightarrow XO + 22\,kcal.$$

$$(3) \quad 2\,XO + CO + \tfrac{1}{2}O_2 \rightarrow XO + XCO_3 + 66\,kcal.$$

All these heats are experimental values, and there is good agreement between the sum of the heats for the separate gases in (1) and (2) and the heat measured in (3).[3] Similar experiments were conducted substituting hydrogen for carbon monoxide but the results were not so definite. It was found however that the heat of hydrogen adsorption on the oxidized catalyst underwent a decrease with progressive reduction of the surface to a final value of 10 kcals. on the reduced surface. Because the heat of adsorption did not decrease appreciably until one-half of the surface was reduced, it was concluded that the oxidized centers were not appreciably diminished in number until this stage was reached, indicating that these oxidized centers were situated at an interface between the oxidized and the reduced areas.

GARNER[4] has conducted further studies of this sort on the oxidized surfaces of chromic oxide and manganous oxide catalysts at 18° C., and has shown

---

[1] BEEBE, DOWDEN: J. Amer. chem. Soc. **60** (1938), 2912.

[2] GARNER, VEAL: J. chem. Soc. (London) **1935**, 1487.

[3] The authors believe that the exact agreement obtained here is probably accidental, because there would be a certain amount of experimental error in each of the measurements.

[4] GARNER: J. chem. Soc. (London), forthcoming publication.

that the net heat evolved in the formation of an adsorbed layer of carbon dioxide by first adsorbing carbon monoxide and then adding the required amount of oxygen is the same as the heat evolved by the direct adsorption of carbon dioxide if the heat of formation of the latter gas from carbon monoxide and oxygen be taken into account. For instance, in the case of the oxidized manganous oxide surface the following balance sheet may be drawn up.

$$(1) \quad \begin{array}{ll} \text{(a)} & 2\,XO + CO \rightarrow XCO_3 + X + 67\,\text{kcal.} \\ \text{(b)} & \underline{XCO_3 + X + \tfrac{1}{2}O_2 \rightarrow XCO_3 + XO + 24\,\text{kcal.}} \\ & XO + CO + \tfrac{1}{2}O_2 \rightarrow XCO_3 + 91\,\text{kcal.} \end{array}$$

$$(2) \quad \begin{array}{ll} \text{(a)} & CO + \tfrac{1}{2}O_2 \rightarrow CO_2 + 68\,\text{kcal.} \\ \text{(b)} & \underline{CO_2 + 2\,XO \rightarrow XCO_3 + XO + 23\,\text{kcal.}} \\ & XO + CO + \tfrac{1}{2}O_2 \rightarrow XCO_3 + 91\,\text{kcal.} \end{array}$$

Similar results were obtained with chromic oxide.

Namenverzeichnis.

ACKERMANN, s. FRICKE.
ADADUROW 325.
—, DIDENKO 331.
—, GERNET 241, 306
—, GRIGOROWITSCH 233
—, RIVLIN, KOVALEV 311.
—, TZEITLIN, ORLOWA 311.
ADAM 136.
ADAMS, VORHEES 322.
—, s. COVERT.
ADDINK, s. Cohen.
ADHIKARI, FELMAN 390.
—, s. VOLMER.
ADKINS 105, 305, 307.
—, LAZIER 129, 382.
—, MILLINGTON 129, 137
—, s. BISCHOFF.
—, s. COVERT.
—, s. LAZIER.
ADSUMI 180.
AGAFONOW, s. TSCHUFA-
    ROW 241.
AGAPOW 175.
AHRNDTS, s. FRICKE.
ALMQUIST, BLACK 341,
    519.
—, CRITTENDEN 446.
ALBERT, s. FRAZER.
ALBRECHT, s. MANEGOLD.
ALLMAND, BURRAGE 172.
—, BURRAGE, CHAPLIN 173.
—, CHAPLIN 412.
ALTMANN, s. M. MAYER.
AMINOFF, BROOMÉ 186.
AMSLER, SCHERRER 273.
ANDERSEN, s. ANDREASEN.
J. S. ANDERSON 83. 169.
—, s. EMELÉUS.
P. A. ANDERSON, 289.
ANDO, s. TAMARU
ANDREADE 330.
ANDREASEN 181. 183f., 187.
—, ANDERSEN 166, 227.
—, LUNDBERG 183.
ANDRESS, s. BERL.
ANDRUSSOW 371.
—, s. FRANKENBURGER.
V. ANTROPOFF 190
APPLEBEY 303.

V. ARDENNE 48, 83, 125,
    167, 182, 186, 218, 234,
    394.
—, BEISCHER 66ff., 89,
    125f., 182, 218, 225f.,
    398.
VAN ARKEL 23.
—, DE BOER 16.
ARMSTRONG 310.
—, HILDITCH 315.
ARNFELT 35.
ARNOLD, LAZIER 312.
ASKEY 365.
AUSTIN 160.
AYNSLEY, PEARSON, RO-
    BINSON 362.
—, ROBINSON 362.

BACCAREDDA 296, 326, 336,
    443, 519.
BACHMANN, BRIEGER
    203ff.
BACON, s. RUSSELL.
BADZYNSKI, s. ZAWADZKI.
BAETHE, s. SCHENCK.
BAGDASSARJAN 362.
BAILLEUL, HERBERT, REI-
    SEMANN 11, 40, 131, 393.
BAKR, s. MCBAIN.
BALANDIN 106.
—, DRUSSOW 263.
BALY 194, 310.
—, PEPPER, VERNON 202
BALZ, s. WÖHLER.
BANCROFT, BARNETT 194.
BARNETT, s. BANCROFT.
BARON, s. LEHMANN.
BARRER 231, 423f., 432,
    437ff., 458ff., 496, 504,
    507, 512.
—, RIDEAL 248, 458, 513.
BARRETT, BIRNIE, COHEN
    190.
—, s. BARRY.
BARRY, BARRETT 516
BARTELL, FU 204.
—, GRÄGER 159.
BAUER, s. EWING.
BAUM, s. TRAXLER.

V. BAUMBACH, s. SCHWAB.
BECHHOLD, ZSIGMONDY,
    MANEGOLD 49.
BENEDICT, s. MORIKAWA.
BECK, s. FRICKE.
BECKER, DÖRING 278.
BEEBE 406, 432, 481, 483f.,
    486, 491f., 509.
—, DOWDEN 420, 470, 485,
    489, 491ff., 506, 511,
    514, 516ff., 522.
—, DOWDEN, STEVENS 493,
    518.
—, LOW, GOLDWASSER 491,
    509, 514.
—, LOW, WILDNER, GOLD-
    WASSER 423, 429, 492,
    456.
—, ORFIELD 479, 481, 485,
    511.
—, ROBERTS, ORR 508.
—, SOLLER, GOLDWASSER
    413, 427, 456.
—, STEVENS 451.
—, TAYLOR 475, 480, 490ff,
    495, 499.
—, WILDNER 483, 486f.,
    489, 492, 505, 514.
BEECK 503.
—, WHEELER, SMITH 123.
—, s. SMITH.
BEGER, s. SCHOON.
BEHR jun., s. RICHARDS.
BEHREND, s. PIETSCH.
BEISCHER 61, 63ff., 68, 83,
    182, 402.
—, WINKEL 55, 63.
—, s. V. ARDENNE.
BELKEWITSCH 466.
BELL, s. BENTON.
BENNETT, FRAZER 308.
BENTON 173, 420, 430,
    456.
—, BELL 457.
—, DRAKE 421, 438f., 457,
    494f.
—, ELGIN 411, 457.
—, EMMETT 317, 349.
—, THACKER 347.

BENTON, WHITE 172, 407, 409, 411, 420, 455f., 463, 494.
BERG 183f.
BERGER, s. FEITKNECHT.
—, s. GEFFCKEN.
BERL 189, 232.
—, ANDREAS, REINHARDT HERBST 223f.
—, BITTER 358.
BERLIN, s. KOHLSCHÜTTER.
BERNDT, s. SUHRMANN.
BERTRAM, LACEY 166,179.
BERZELIUS 342.
BESSALOW, KOBOSEW 226, 307.
BETHE 120, 122.
BEUTLER, s. KOHLSCHÜTTER.
BEYER, s. WAGNER.
BILLIGER 226.
BILTZ 158.
—, SPECHT 158.
—, s. HEVESY.
—, s. WRIGGE.
—, s. WÜNNENBERG.
BIRNIE, s. BARRETT.
BISCHOFF, ADKINS 129.
BITTEL 25.
BITTER, s. BERL.
BJERRUM 46.
—, FAURHOLT 46.
—, MANEGOLD 162.
BLACK, s. ALMQUIST.
BLASCHKE, s. FRICKE.
BLEAKNEY, s. GOULD.
—, s. TAYLOR.
BLENCH, GARNER 482, 509, 513.
BLOCH, BRINGS, KUHN 274.
BLODGETT 135f.
—, s. LANGMUIR.
BOAS 32f.
BOBECK, s. HAHN.
BODENSTEIN 357, 362, 365, 375.
—, JOCKUSCH 358.
—, OHLMER 370.
—, s. STOCK.
BOEDECKER 422.
DE BOER 201, 224, 226, 417.
—, CUSTERS 226, 229ff., 233, 500, 507f.
—, DIPPEL 201.
—, s. VAN ARKEL.
BOERSCH 65, 83.
BOHLIN 23.
BÖHM, GANTER 54, 65.

BOLTON, LUSH 321.
BOMMER, s. RIENÄCKER.
BONER, s. TREADWELL.
BONHOEFFER 343f.
—, FARKAS 345, 417.
—, HARTECK 344.
—, ROWLEY 417.
BONNELL, s. WILSDON.
BORCHARD, WILDI 204.
BORCHERS, s. FRICKE.
BORESKOW, RUDERMANN 439.
BORN, STERN 77.
—, WEISSKOPF 464.
v. BORRIES 48, 83, 127, 186.
—, KAUSCHE 182.
—, RUSKA 65, 125f., 182.
BORRMANN 124.
BOSTRÖM, s. HEDVALL.
BOSWELL, ILER 206, 296, 316, 328.
BÖTTLER, s. STOCK.
BOWDEN, O'CONNOR 332.
—, RIDEAL 185, 222, 320.
BRADISTILOV, STRANSKI 77.
BRADLEY 197, 290, 414, 428, 472.
BRAMSTON-COOK, s. MARSHALL.
BRANDES, VOLMER 282.
BRANER, s. MAGNUS.
BRANKSTONE, GEALY, SMITH 158.
BREDIG, IKEDA 352.
—, MÜLLER v. BERNECK 352, 374.
—, STARK 352.
BREJNEVA, ROGINSKY, SCHILINSKY 387.
BRENNECKE, s. SCHWAB.
BRETSZNAJDER, s. ZAWADZKI.
BRINGS, s. BLOCH.
BRILL 28f., 34f., 51ff., 57, 62ff., 68, 89, 95, 135, 182.
—, PELZER 56.
—, RENNINGER 15, 19, 27, 33, 38f.
—, RIEDER 122.
—, s. GRIMM.
BRIEGER, s. BACHMANN.
BRINDLEY 27.
—, RIDLEY 30, 33.
—, SPIERS 15, 28, 39.
BRINTZINGER 69.
BRITTON 9, 47.
BRITZKE, PESTOW, POSTNIKOW 368.

BRÖGGER 288.
DE BROGLIE 60.
BROHULT, s. TISELIUS.
BROOMÉ, s. AMINOFF.
BROSSA 352.
BROWN 169.
—, MURRAY 221.
—, s. GRIFFITHS.
BRÜCHE 48, 65, 83.
—, JOHANNSON 126.
—, KNECHT 126.
BRUCE, s. GRIFFITH.
BRUNAUER, EMMETT 195ff., 242.
—, EMMETT, TELLER 195f., 230.
BRUNNER, s. NERNST.
BRUNS, ZARUBINA 223, 232.
BRUSON, STEIN 300.
BUBASCHEWSKY 412.
BÜCKMANN, s. FRICKE.
BUDNIKOV, KREC 364.
BÜHRER 314, 329.
BULL, HALL, GARNER 483f., 487, 505, 509, 513, 515.
BUNDE, s. JANDER.
BURG, MÜLLER 472.
BURGERS, DIPPEL 123.
—, PLOOS VAN AMSTEL 123.
BURK, HINSHELWOOD 347.
BURMANN, s. RIENÄCKER.
BURNS, s. TAYLOR.
BURRAGE 412.
—, s. ALLMAND.
BURSTEIN, FRUMKIN 460.
BURWELL, TAYLOR 322, 438f., 511, 519.
—, s. TAYLOR.
BÜSSEM, KÖBERICH 23, 92.

CALCOTT, DOUGLASS 333.
CAMPBELL, s. WIGGINS.
CARMAN 188f.
CASPARI, s. COEHN.
CASSEL 447.
—, s. CLARKE.
CASSIRER, s. HÜTTIG.
CENTNERSZWER 350.
CHAMBERS, KING 172f., 190.
CHAO, LYONS 362.
CHAPLIN, s. ALLMAND.
CHAPMAN, REYNOLDS 335.
CHAPPUIS 495.
CHARMADARJAN, PRICHODKA 358.
CHOMIKOWSKY, s. REHBINDER 174.

CHUDOBA, s. V. STACKEL-
BERG.
CHWATOW 240.
CLARK, s. PALMER.
CLARKE 422, 432.
—, CASSEL, STORCH 429.
CLAUSING 252, 255.
VAN CLEAVE, RIDEAL 321.
CLUSIUS, DICKEL 418.
COCHRANE 124.
COEHN, CASPARI 350.
COHEN 365.
—, ADDINK 156.
—, s. BARRETT.
COHN 161.
—, s. HEDVALL.
COLLANDER, s. HEDVALL.
CONNOR, s. COVERT.
CONSTABLE 104, 233.
COOK 220.
—, ROBINSON 362.
COOLIDGE, s. LAMB.
COUTTS, s. CROWTHER.
COVERT, ADAMS 307.
—, ADKINS 402f.
—, CONNOR, ADKINS 403.
CREMER 104, 129, 344, 383,
412.
—, FLÜGGE 11, 106, 173,
233,270,423,433f.,439.
—, SCHWAB 11, 104, 294,
434.
CRITTENDEN, s. ALMQUIST.
—, s. WYCKHOFF.
CROWTHER, COUTTS 356.
CSESCH, s. SUHRMANN.
CUDE, HULETT 156.
CULBERTSON, DUNBAR 156.
CUSTERS, s. DE BOER.

DACHS, s. FRICKE.
DAHL, s. MASING.
DAKNYAK, s. KARMANDA-
RYAN.
DAMERELL, s. URBANIC.
DAMKÖHLER 248f., 256,
258f., 268.
DANILOW, NEUMARK 274.
DANNEEL 364.
DAVISSON, GERMER 60.
DEBYE 14, 17, 31, 41, 114.
—, MENKE 17, 21, 40.
—, SCHERRER 50.
—, WALLER 27.
DEHLINGER 16, 21ff., 36ff.,
273.
—, KOCHENDÖRFER 21f.,
24f., 52, 57ff.

DEHLINGER, WERTZ 273.
DEIFEL, s. FRICKE.
DENNING 195.
DENT, s. LENNARD-JONES.
DEUTSCHBEIN, s. TOMA-
SCHEK.
DEW, TAYLOR 491, 493, 495.
DEWAR 411, 460, 478f., 495,
513.
DIAMOND, s. TAYLOR.
DICKEL, s. CLUSIUS.
DIDENKO, s. ADADUROW.
DIENER, s. KOHLSCHÜTTER.
VAN DINGENEN, s. VAN IT-
TERBEEK.
DINGMANN, s. SCHENK.
DIPPEL, s. DE BOER.
—, s. BURGERS.
DIXON, VANCE 347.
—, s. FOOTE.
DÖBEREINER 4.
DOBYTSCHIN, FROST 327.
DOHSE 103, 105, 205, 221,
383.
—, KÄLBERER 103f., 383,
492f.
—, MARK 95, 106, 204, 422.
DÖNGES, s. FRICKE.
DÖRING, s. BECKER.
DOUGLASS, s. CALCOTT.
DOWDEN, CARNER 231.
—, s. BEEBE.
DRAKE, s. BENTON.
DRIKOS, s. SCHWAB.
DRUCKER 206, 354.
DRUSSOW, s. BALANDIN.
DUBININ, SAWERINA 223.
DUBROWSKAJA, KOBOSEV
193.
DUFTSCHMIDT, s. SCHLECHT
DULLENKOPF, s. ZINTL.
DUMANSKI 179.
—, OSSTRIKOW 174.
DUNBAR, s. GULBERTSON.
DUNHOLTER, KERSTEN 123.
DUNSTAN, HOWES 325, 334.
DÜNWALD, C. WAGNER 248.
DURAU 189.
—, SCHRATZ 497.
—, TSCHOEPE 207.
—, s. G. C. SCHMIDT.
DÜRR, s. FRANKENBURGER.
—, s. FRICKE.

EBERT 157.
ECHEANDIA, s. STOCK.
ECKELL 106, 142, 206, 233,
327, 346, 386.

EGERTON 251.
EGGERTSEN, s. KOLTHOFF.
EHRLICH, s. THIESSEN.
EINSTEIN 249, 277.
EISENHUT, KAUPP 62, 340.
EISNER 210.
EITEL, GOTTHARDT 126.
—, SCHUSTERIUS 126, 182.
ELDER, s. HOLMES.
ELEY, RIDEAL 345.
ELGIN, s. BENTON.
ELKIN, s. STEACIE.
ELLIS 324.
ELSNER, s. TAMMANN.
EMELÉUS, ANDERSON 345.
EMERT, s. MITTASCH.
EMMETT, BRUNAUER 422,
438f., 446, 448, 458,
462, 515.
—, HANSFORD 446, 462.
—, HARKNESS 408, 412,
438f., 446, 453, 461.
—, s. BRUNAUER.
ENDEL, s. HOFMANN.
ENGELDER, MILLER 370.
—, s. RUDISHILL.
ENGELHARDT 362.
ERBACHER 96f., 100f., 185.
ERBE 175.
ERDEY-GRÚZ 291.
—, FRANKL 292.
—, KARDOS 292.
—, VOLMER 291.
ERNST 25.
ESTERMANN 282.
—, s. VOLMER.
EVANS 127, 173, 254, 374.
—, s. MAXTED.
EUCKEN 29, 74, 229, 406,
410, 422.
—, HUNSMANN 106, 426,
441f., 463.
EWALD 13.
EWING 189.
—, BAUER 479.
—, s. HARKINS.
EYRING, s. LAIDLER.
—, s. SHERMAN.

E. FAJANS 328, 344.
K. FAJANS, HASSEL 131,
135.
FAIRLIE 325.
FALKENHAGEN 279.
A. FARKAS 345.
—, MELVILLE 216.
L. FARKAS 277, 344.
FARKAS, s. BONHOEFFER.

FAST 224.
FAUCOUNAU 307.
FAURHOLT, s. BJERRUM.
FAVRE 490.
FEICHTNER, s. FRICKE.
FEIGL 369.
FEITKNECHT 6, 9, 14, 17, 34ff., 48, 83, 92, 148, 217, 222, 355.
—, s. Fischer 222.
—, LOTMAR 301.
—, SIGNER, BERGER 49, 68, 71.
FELMAN, s. ADHIKARI.
FENSKE, s. FROHLICH.
FIGUROVSKII 335.
FINCH, FORDHAM 73.
—, FORDHAM, WILMAN 62f.
—, WILMAN 186.
FINKELSTEIN 337.
FISCHBECK 84, 461.
—, NEUNDEUBEL, SALZER 131.
F. FISCHER 6, 18.
—, MEYER 221, 307.
FISCHER, s. FEITKNECHT.
—, s. FRICKE.
—, s. WÜNNENBERG.
v. FISCHER, s. KOLTHOFF.
FLAKE, s. KRAUT.
FLOSDORF, KISTIAKOWSKY 480, 491ff., 521.
—, s. KISTIAKOWSKY.
FLÜGGE, ZIMENS 86ff., 212f.
—, s. CREMER.
FOERSTER 364.
—, MÜLLER 361.
FOOTE, DIXON 468.
—, SAXTON 90.
DE FORCRAND 143.
FORDHAM, s. FINCH.
FORESTI 475, 490f., 493f., 499.
FORST, s. SCHENCK.
FORTUNATOW, s. RABINO-WITSCH.
FOWLER 504.
—, HERTEL 189.
FRANCK, HEIMANN 371.
—, MISES 245.
FRANKE, s. WIELAND.
FRANKENBURGER 338, 351, 362, 366.
—, ANDRUSSOW, DÜRR 366.
—, DÜRR 337, 347, 368, 377.
—, HODLER 409, 458, 494f.
—, MESSMER 420, 458.

FRANKL, s. ERDEY-GRÚZ.
FRANKLIN 367.
FRANZ, s. SCHENCK.
—, s. TRENDELENBURG.
FRAZER 300.
—, ALBERT 439.
—, s. BENNETT.
—, s. PITZER.
FRENZEL, s. HOFMANN.
FREUDE, s. F. MÜLLER.
FREUNDLICH 168, 175, 179, 190, 242.
VON FREY 161, 165.
FRICKE 5f., 7, 13, 27f., 38, 45f., 57, 71, 90f., 105f., 117, 123, 138, 142, 148, 169, 181, 185, 206, 211, 215ff., 219, 233, 270, 299, 386, 400.
—, ACKERMANN 7, 28, 31, 54, 133, 144, 147ff., 386.
—, AHRNDTS 8.
—, BLASCHKE 8, 38, 91, 142, 144, 147.
—, BLASCHKE, SCHMITT 132f.
—, BÜCKMANN 11, 87, 89.
—, DACHS 147.
—, DEIFEL 133, 215.
—, DÖNGES 145.
—, DÜRR 7f., 28.
—, DÜRR, GWINNER 91f., 142.
—, FEICHTNER 212.
—, FISCHER, BORCHERS 11.
—, GLEMSER 87.
—, GOTTFRIED, SKALIKS 72.
—, GWINNER 28, 30f., 39.
—, GWINNER, FEICHTNER 54, 144, 147, 150, 212, 233, 263, 386.
—, HAVESTADT 70.
—, HÜTTIG 10, 12, 40f., 45f., 60, 69, 123, 132, 143, 147f., 173, 217f., 220, 299.
—, JUCAITIS 71, 90.
—, KEEFER 133.
—, KLENK 7, 13, 18, 28, 54, 92, 144, 147f.
—, LOHRMANN, SCHRÖDER 19, 28, 30, 56.
—, LOHRMANN, WOLF 19, 28ff., 32, 56, 145, 150, 386.
—, LÜKE 23, 28, 54, 62ff., 92, 118, 144, 147, 150.

FRICKE, MARQUARDT 171.
—, MEYER 7f., 28, 32, 50, 66, 72, 93, 119, 122, 145, 150, 386.
—, MEYRING 8, 13, 28, 45f. 54, 123, 133, 136, 144, 146ff.
—, NIERMANN, FEICHTNER 12, 89, 93, 133, 144, 149, 212, 270, 383.
—, PFAU 146.
—, RENNENKAMPF 132.
—, SCHNABEL, BECK 35f., 54, 145.
—, SCHOON, SCHRÖDER 68, 90.
—, SCHWECKENDIEK 28, 32, 38f., 107, 145, 150, 352, 379, 402.
—, WAGNER 111f., 118, 138.
—, WALTER, LOHRER 149.
—, WEITBRECHT 68, 90, 115, 149, 387.
—, WESSING 104, 383.
—, WEVER 72.
—, WIEDMANN 13, 233.
—, WULLHORST 146f.
—, ZERRWECK 7, 92f., 144, 146f., 400.
—, s. HAVESTADT.
FRIEDMANN, KRAEMER 179, 247.
—, s. KLEMM.
FROHLICH, FENSKE, QUIGGLE 297, 301.
FRUMKIN, s. Burstein.
FRYLING 489, 491, 493, 511.
FU, s. BARTELL.
FUKUROI 271.
FUNK, STEPS 186.

GANS, s. HARKINS.
GANTER, s. BÖHM.
GARNER 522.
—, KINGMAN 483, 492f.
—, MAGGS 469, 494, 497, 512.
—, McKIE 489, 495, 509, 513.
—, VEAL 469, 481ff., 489ff., 505, 507, 522.
—, s. BLENCH.
—, s. BULL.
—, s. DOWDEN.
GAUBATZ, s. RIENÄCKER.
GAUGER, TAYLOR 494f.
—, s. TAYLOR.

GAWRYCH, s. KRAUSE.
GEALY, s. BRANKSTONE.
GEFFCKEN, BERGER 187.
GEIB 344, 350, 357, 365, 417.
GEIERHAAS, s. ULICH.
GEILING, GLOCKER 14, 41.
GERASSIMOFF 421.
GERMER 123.
—, s. DAVISSON.
GESSNER 49, 68, 83, 185.
GHERING, s. RUSSELL.
GIBBS 75.
GIEBENHAIN, s. MAGNUS.
GINGRICH, s. WARREN.
GIESEN 414.
GLASSTONE, s. LAIDLER.
GLEMSER, s. FRICKE.
GLOCKER 18f., 23, 30, 56, 65.
—, HENDUS 14, 41.
—, s. GEILING.
GOEBEL, s. NEUMANN.
GOENS, s. GRÜNEISEN.
GOERK, s. HÜTTIG.
GOLDMANN, POLANYI 156.
GOLDSCHMIDT 208.
GOLDWASSER, s. BEEBE.
GONELL 68.
GOODEN, CH. M. SMITH 188.
GÖTTE 89, 220.
GOTTFRIED, s. FRICKE.
GOTTHARDT, s. EITEL.
GOUBEAU, s. ZINTL.
GOUGUELL, RUDERMANN 197.
GOULD, BLEAKNEY, TAYLOR 510.
—, s. TAYLOR.
GRABER 167.
GRAF 119, 285, 293.
GRAFE, s. WOLF.
GRÄGER, s. BARTELL.
GRAUE 217, 218, 220.
—, KOCH 17, 85.
—, RIEHL 17, 84f.
GRAY, s. MELVILLE.
GREEN, THEOBALD 222.
GREGG 95, 478, 496f.
GRIFFIN 443, 445, 455, 464.
GRIFFITH 40, 216, 299f., 303, 315f., 332, 454.
—, BRUCE 300, 438f., 472.
—, HILL 370, 472.
—, HILL, PLANT 316.
GRIFFITHS, BROWN 299.
GRIGOROWITSCH, s. ADADUROW.

GRIMM 358.
—, BRILL, HERMANN, PETERS 110.
—, RAUDENBUSCH, WOLFF 479.
—, SCHWAMBERGER 358.
—, s. PATRICK.
GRONOW, s. TAMMANN.
GROSS 274.
—, s. NEUMANN.
GRÜNEISEN, GOENS 30.
GURNEY 185.
GUSTAVER 189.
GUTBIER 270.
—, SCHIEFERDECKER 466.
GUTTMANN, s. STOCK.
GUYER, JORIS, TAYLOR 418, 438f., 467.
GWINNER, s. FRICKE.
GYULAI 293.

HAARDT, s. LEVI.
HAAS, KEHLER 62.
HABER 220.
HÄGG 158.
HAHN 17, 49, 84, 86, 211.
—, BOBECK 207, 211.
—, MÜLLER 211.
—, SENFTNER 17, 86.
—, s. JUZA.
v. HAHN 68, 159, 167, 184, 204.
HALEY, SÖLLNER, TERREY 72.
HALL, s. BULL.
HALLER, s. OSTWALD.
HAMMARSON, s. HEDVALL.
HANSEN 402.
HANSFORD, s. EMMETT.
HANTELMANN, s. KOHLSCHÜTTER.
HANTZSCH, TORKE 41, 46.
HARBARD, KING 172f., 220.
HARDER, s. ZINTL.
HARGER, TERRY 348.
HARKINS, EWING 155f.
—, GANS 189.
HARKNESS, s. EMMETT.
HARMS 155.
HARTECK 95.
—, s. BONHOEFFER.
HARTLEY, s. HINSHELWOOD.
HARVEY, s. WOLLAN.
HASSEL, s. FAJANS.
HASSID, s. MAXTED.
HAUFFE, s. WAGNER.
HAUL 115.

HAUL, s. SCHOON.
—, s. WINKEL.
HAUPTMANN, SCHULZE 157.
HAUSER 167.
HAVESTADT, FRICKE 45f.
—, s. FRICKE.
HEBLER 68.
HECKTER 86f., 212.
HEDIN, s. HEDVALL.
HEDVALL 5, 7f., 13, 84, 91, 119, 131, 139f., 215, 217.
—, BOSTRÖM, COLLANDER, HAMMARSON 131.
—, COHN 140.
—, HEDIN, LJUNGKVIST 140.
—, OLSSON 11.
—, RUNEHAGEN 11.
—, SANDBERG 140.
HEIMANN, s. FRANCK.
HENDUS 14.
—, s. GLOCKER.
HENGLEIN 157.
HENGSTENBERG 15f, 28.
—, MARK 25, 28, 54, 58, 182.
—, WOLF 60f., 120, 124f.
HENRI 48.
HERBERT 472.
—, s. BAILLEUL.
HERBST 158, 167, 223, 238.
—, s. BERL.
HERMANN, s. GRIMM.
HERRMANN 273.
—, s. HÜTTIG.
HERTEL, s. FOWLER.
—, s. SULLIVAN.
HERZFELD 251, 274, 415.
HEVESY, BILTZ 185, 208.
HEYMANN 136.
HILDITCH 337, 347f., 362ff., 388.
—, s. ARMSTRONG.
HILL, s. GRIFFITH.
—, s. ROYEN.
HINSHELWOOD 103, 423, 510.
—, BURK 347.
—, HARTLEY, TOPLEY 130.
—, PRICHARD 130.
—, s. HUTCHINSON.
—, s. RAINE.
HIROTA, HORIUTI 344.
HOCK, H. SCHMIDT 363.
HODLER, s. FRANKENBURGER.
HOFER, s. LEWIS.

K. A. Hofmann 356.
—, Ritter 361.
U. Hofmann 89, 94, 224, 358, 369, 388.
—, Endell, Wilm 224.
—, Frenzel 224.
—, Lemcke 388.
—, Ragoss, Sinkel 68, 89, 183, 393f.
—, Wilm 14, 17, 23, 25, 34f., 54, 73, 99, 187, 223.
Hofmann, s. Lemcke.
—, s. Manegold.
Holmes, Elder 169, 325.
Holzmüller 41.
Homfray 495.
Hoover, Rideal 105, 130, 382, 494, 519.
Horiuti, s. Hirota.
Hosemann 41.
Hostetter, s. Sosman.
Houwink 216.
Howard 308, 412, 470.
—, Hulett 156.
—, Taylor 494f.
Howes, s. Dunstan.
Hrubišek 166.
Huber 294.
Hückel 95, 169, 191, 193, 203, 346.
Hugill, s. Westmann.
Hulett 74.
—, s. Cude.
—, s. Howard.
Hume, s. Topley.
Hummel 369.
Hunsmann, s. Eucken.
Hutchinson, Hinshelwood 130, 347, 351.
Hüttig 6, 8, 11, 13, 72, 84, 90ff., 97, 119, 139f., 149, 159, 169, 172, 195, 197, 211, 217, 235, f. 239, 303f., 380.
—, Cassirer, Strotzer 304.
—, Goerk 234.
—, Herrmann 11, 195, 238.
—, Kostelitz 381.
—, Kosterhon 72, 90.
—, Meller, Lehmann 371.
—, Neuschul 132.
—, Peter 132.
—, Radler, Kittel 380.
—, Schreider 72.
—, Theimer 140.

Hüttig, Toischer 157, 169.
—, Tschakert, Kittel 140.
—, s. Fricke.

Iijima 106, 425f., 430, 436, 438f., 445, 464, 466, 494f., 497.
Ikeda, s. Bredig.
Iler, s. Boswell.
Iljin 203.
—, Kisselew 204.
Imre 97, 208f., 211.
Ingold, Wilsen 344.
Insley 221.
Ipatiew 383.
Ishikawa, Sano 468.
Issidoridis, s. Schwab.
van Itterbeek 195.
—, van Dingenen 515.
—, Vereycken 193, 197.
Ivanoff, Koboseff 329.
Ivanovski, s. Kröger.

Jaeger 312.
Jahr 47.
—, s. Jander.
Jander 6, 8, 12, 69, 84, 91, 139f., 159.
G. Jander, Jahr 9, 47.
—, Scheele 396.
—, Spandau 69.
—, Winkel 44.
—, s. Winkel.
W. Jander, Leuthner 91, 139f., 142.
—, Bunde 140, 240f.
—, Pfister 142.
—, Stamm 373.
—, Weitendorf 233, 380.
Jenkins 61.
Jenness 308.
Jevinš, s. Straumanis.
Job 354.
Jockusch, s. Bodenstein.
Johannson, s. Brüche.
Johnsen 25.
Jones 57, 62, 224, 358, 388.
Jost 119, 294, 357, 372, 401.
Jucaitis, s. Fricke.
Jungers, Taylor 418, 420, 458, 462.
—, s. Taylor.
Juza, Langheim 135, 415.
—, Langheim, Hahn 388.

Käding, Riehl 98f., 101.
Kagan, Morozow, Podurovskaya 494.
Kainer, s. Krczil.
Kaischew 274.
—, Keremidtschielo, Stranski 272, 289.
—, Stranski 278, 282.
—, s. Stranski.
Kälberer, Mark 496.
—, Schuster 203, 296.
—, s. Döhse.
—, s. Magnus.
Kallenbach, s. Wicke.
Kalippke, s. Kohlschütter.
Kandilarow 159.
Kardos, s. Erdey-Grúz.
Karmandaryan, Daknyak 312.
Karrer 356f., 359, 387.
Karzhavin 311.
Kasanzev 349.
Kast, Stuart 273.
Kaunert, s. F. Müller.
Kaupp, s. Eisenhut.
Kausch 352, 393.
Kautsky 136.
Kawakita 322.
Kayser 324.
Kearby 307.
Keefer, s. Fricke.
Kehler, s. Haas.
Kelber 320.
Kelley 110.
Kenrick 187.
Keremidtschielo, s. Kaischew.
Kersten 18, 25, 41.
—, s. Dunholter 123.
Keunecke, s. Mittasch.
Keyes, Marshall 496.
Kikuchi 122, 124.
—, Nakagawa 121.
King, s. Chambers.
—, s. Harbard.
Kingman 424, 438f., 458.
—, Barrer 436.
—, Rideal 305.
—, s. Garner.
Kirchner 60, 62, 64f.
Kirscht, s. Schenk.
Kisselew, s. Iljin.
Kistiakowsky 489ff.
—, Flosdorf, Taylor 489, 491f.
—, s. Flosdorf.
—, s. Taylor.

KISTLER 84.
—, SWANN, APPEL 307.
KITTEL, s. HÜTTIG.
KLAR 388, 462, 466.
—, s. MAGNUS.
KLEBER 294.
KLEMM 384.
—, FRIEDMANN 180.
KLENK, s. FRICKE.
—, s. THIESSEN.
KLETTE, s. SCHOON.
KNECHT, s. BRÜCHE.
KNOELL 175.
KNOLL 65, 129.
KNOP, s. LANDT.
KNUDSEN 251.
KOBAYASHI, s. TANAKA.
KÖBERICH, s. BÜSSEM.
KOBOSEW 319.
—, s. BESSALOW.
—, s. DUBROWSKAJA.
—, s. IVANOFF.
KOCH 182.
—, s. GRAUE.
KOCH-HOLM, s. MASING.
KOCHENDÖRFER 16, 22, 24f., 52, 57.
—, s. DEHLINGER.
KOENIG 167.
H. W. KOHLSCHÜTTER 6, 9, 83, 154, 217ff., 231, 297, 349, 375, 380, 391, 396f., 470.
—, GASTINGER 396.
—, HANTELMANN 47.
—, HANTELMANN, DIENER, SCHILLING 44.
—, SIECKE 7, 47, 161, 205, 218, 352, 394f.
—, SPIESS 395.
—, SPRENGER 92, 401.
—, SPRENGER, SIECKE 354f., 394.
V. KOHLSCHÜTTER 6, 40, 45ff., 92, 155, 217f.
—, BEUTLER, SPRENGER, BERLIN 43, 219.
—, FEITKNECHT 400.
—, KRÄHENBÜHL 351.
—, NITSCHMANN 353, 356.
KOLLE 223.
KOLTHOFF 97, 187, 207, 217f., 301, 331.
—, EGGERTSEN 194, 202, 209.
—, v. FISCHER, ROSENBLUM 207.
—, MACNEVIN 208f.

KOLTHOFF, O'BRIEN 208f.
—, ROSENBLUM 194, 219, 297.
KOMAGATA, s. MANEGOLD.
KÖNIG 187, 241.
KÖPPEN 135.
KOSSEL 77, 105, 124, 276, 279f., 284, 287, 293.
KOSTELITZ, s. HÜTTIG.
KOSTERHON, s. HÜTTIG.
KOTOWSKI, s. PIETSCH.
KOVALEV, s. ADADUROV.
KOZENY 188f.
KRAEMER, s. FRIEDMANN.
KRÄHENBÜHL, s. KOHLSCHÜTTER.
KRAMER 18, 271.
KRÄNZLEIN 358.
KRASTANOW, s. STRANSKI.
KRATKY, SCHOSSBERGER, SEKORA 19, 30.
—, SEKORA, TREER 41.
KRAUSE 47, 65, 217.
—, GAWRYCH 47.
—, MIZGAJSKI 270.
—, POLANSKI 447.
KRAUT, FLAKE, W. SCHMIDT, VOLMER 10, 45.
KRCZIL 12, 91, 183, 204, 216, 223, 357, 388, 393, 398.
KREČ, s. BUDNIKOV.
KREMSER, s. NEUMANN.
KRÖGER, s. NEUMANN.
KRUMHOLZ, WALZEK 374.
KRUYT, MODDERMAN 496f.
KUBELKA 83, 158, 166, 169ff.
KUBOKAWA 408, 424, 439, 464, 494f.
KUENTZEL 334.
KUHN, s. BLOCH.
KULPINA, s. TSCHUFAROW.
KULTASCHEFF, SANTALOW 221.
KURZEN, s. SCHENK.
KUSS, s. MITTASCH.

LACEY, s. BERTRAM.
LACHS, PARNAS 189.
LADENBURG 179.
LAGUARTA 48f.
LAIDLER, GLASSTONE, EYRING 365.
LAMB, COOLIDGE 495f.
—, WEST 232.
LAMBERT 513.
LANDT 156, 204.
—, KNOP 241.

LANGHEIM, s. JUZA.
LANGMUIR 95, 135, 192, 253, 255, 317, 343, 411, 430ff., 467, 509.
—, BLODGETT 417.
—, VILLARS 475, 494f., 503ff.
—, s. TAYLOR.
LARSON, F. E. SMITH 346.
v. LAUE 15, 17, 34, 51, 57, 60, 64, 120f., 124.
LAVES 26.
—, NIEUWENKAMP 32.
LAZIER, ADKINS 382.
—, VAUGHEN 298, 398.
—, s. ADKINS.
—, s. ARNOLD.
LEA, NURSE 188.
LEDER-PACKENDORF, s. PACKENDORF.
LEHMANN, STOPP, BARON, NEUMANN 184.
—, s. HÜTTIG.
LEMCKE, HOFMANN 223.
—, s. HOFMANN.
LENDLE 408, 460, 487, 516.
LENEL 497, 500f.
LENGER, s. STOCK.
LENNARD-JONES 73, 122, 229, 254, 409ff., 418.
—, DENT 72, 122.
LE POINTE 479.
LESSING 309.
LEUTHNER, s. JANDER.
LEVI, HAARDT 205, 327.
LEWIS 352, 438.
—, HOFER, WHITEHEAD 456.
v. LIEMPT 205.
LJUNGKVIST, s. HEDVALL.
LOANE 221, 299.
LOBER, s. SCHWAB.
LOCHMANN 180.
LOHRER, s. FRICKE.
LOHRMANN, s. FRICKE.
LONDON 229, 500f.
LORENZ 184.
LOTMAR 25.
—, s. FEITKNECHT.
LOTTERMOSER 69, 130, 205.
—, ROTHE 130.
—, SCHMIED 46.
—, SCHMIED, PEH-CHUAN-CHÜ 46.
—, TU CHUN-YEN 158, 189.
LOW, s. BEEBE.
LOWRY 189.
LUCAS 174.
LUDLAM, s. MELVILLE.

LUFT 306.
LÜKE, s. FRICKE.
LUNDBERG, s. ANDREASEN.
LUSH, s. BOLTON.
LYMANN, REES 222.
LYONS, s. CHAO.

MAAS, s. WIGGINS.
MACHU 364.
MACINNES, s. MARSHALL.
MACK JR., s. WARRICK.
MACNEVIN, s. KOLTHOFF.
MADEL, NASKE 184.
MADELUNG 280.
MAGGS, s. GARNER.
MAGNUS 83, 487f.
—, BRANER 479.
—, GIEBENHAIN 485, 496, 498, 515.
—, VELDE 496, 498.
—, KÄLBERER 482, 496, 517.
—, KLAR 494.
—, SARTORI 463, 491, 493.
—, WINDECK 496, 515.
MAILHE, s. SABATIER.
MAHL 48, 65, 83, 127f., 186, 270.
—, POHL 126.
—, STRANSKI 292.
MALAN 307.
MANEGOLD 84, 161, 167, 179, 214, 232, 243, 246, 249f.
—, HOFMANN, SOLF 243.
—, KOMAGATA, ALBRECHT 175.
—, SOLF 162, 176ff., 252.
—, SOLF, ALBRECHT 69,175.
—, s. BECHHOLD.
—, s. BJERRUM.
MÅNSSON, s. HEDVALL.
MANSURI, s. TAMMANN.
MARGENAU 501.
MARK, s. DOHSE.
—, s. HENGSTENBERG.
—, s. KÄLBERER.
MARQUARDT, s. FRICKE.
MARSHALL, BRAMSTON-COOK 487f., 505.
—, s. KEYES.
—, s. MACINNES 488.
MARTIN, SAYREVILLE 184.
—, s. SCHWAB.
MASING, DAHL, KOCHHOLM 15.
MASSLJANSKI, SCHENDEROWITSCH 369.

MAXTED 308, 346, 429, 443, 489.
—, EVANS 429, 444.
—, HASSID 430, 438f., 463, 467, 478, 489, 491, 493, 506.
—, LEWIS 519.
—, MOON 327, 425, 431, 439, 444, 467f., 491, 493, 506.
—, STONE 519.
MAYER, ALTMAYER 369.
MCBAIN 95, 189.
—, BAKR 190.
MCGARVAK, PATRIK 171.
MCKAY 248.
MCKIE 513.
—, s. GARNER.
MCKINLEY, s. PEARCE.
MCKINNEY 438f.
—, s. TAYLOR.
MEISEL, s. WRIGGE.
MELLER, s. HÜTTIG.
MELVILLE, GRAY 365.
—, LUDLAM 368.
—, s. FARKAS.
—, s. RIDEAL.
MENKE, s. DEBYE.
MESSMER, s. FRANKENBURGER.
F. K. MEYER, s. FRICKE.
J. MEYER, PFAFF 273ff.
L. MEYER 461.
MEYER, s. SKITA.
—, s. FISCHER.
MEYRING, s. FRICKE.
MIDDLETON, WARD 297.
MIERS 274.
MILES 323.
MILLINGTON, s. ADKINS.
MISES, s. FRANK.
MITSCHERLICH 490.
MITTASCH 5, 118, 129, 136ff., 142, 147, 150, 338, 342f., 349, 371f., 386, 389.
—, KEUNECKE 341, 349, 454.
—, KUSS, EMERT 340.
—, THEIS 338, 340, 346, 358, 363, 367.
MIYAKE 124.
MIZGAJSKI, s. KRAUSE.
MODDERMAN, s. KRUYT.
MOLIÈRE 18, 121, 122, 124f.
—, s. THIESSEN.
MOND, s. RAMSAY.
MONGAN 62.

MONTORO 132.
MOON, s. MAXTED.
MORIKAWA, BENEDICT, TAYLOR 418, 439, 465.
—, TRENNER, TAYLOR 418, 465.
MORITA 351.
—, TITANI 351.
MOROZOW 408, 438f, 448, 461, 472, 494.
—, s. KAGAN.
MOSES, s. SABALITSCHKA.
v. MÜFFLING 344, 350, 357, 365.
E. MÜLLER 72.
—, SCHWABE 466.
—, s. FOERSTER.
F. MÜLLER, FREUDE, KAUNERT 194.
H. MÜLLER 224.
—, s. HAHN.
—, s. RIENÄCKER.
—, s. RUSKA.
MÜLLER VON BERNECK, s. BREDIG.
MUMBRAUER 89, 208.
—, FRICKE 87.
—, ZIMENS 212.
MURISON, s. THOMSON.
MURRAY, s. BROWN.

NAKAGAWA, s. KIKUCHI.
NAKAMURA, s. SCHWAB.
NASINI 192.
NASKE, s. MADEL.
NERNST, BRUNNER 206.
NEUHAUS 97, 132, 287, 389.
B. NEUMANN 348, 359, 361, 363, 369.
—, GOEBEL 468, 470, 497, 509.
—, GROSS, KREMSER, SCHMIDT 156.
—, KRÖGER, IVANOWSKI 363, 370, 385.
—, SCHNEIDER 356.
K. NEUMANN 95, 253, 282.
NEUMANN, s. LEHMANN.
NEUMARK, s. DANILOW.
NEUNDEUBEL, s. FISCHBECK.
NEUSCHUL, s. HÜTTIG.
NIERMANN, s. FRICKE.
NIEUWENKAMP 35.
—, s. LAVES.
NIGGLI 389.
NITSCHMANN 390.
—, s. KOHLSCHÜTTER.

NORMANN 346, 403.
NOTTAGE, s. WILSDON.
NURSE, s. LEA.

O'BRIEN, s. KOLTHOFF.
O'CONNOR, s. BOWDEN.
OGDEN, s. TAYLOR.
OLSSON, s. HEDVALL.
ORFIELD, s. BEEBE.
ORLOVA, s. ADADUROW.
ORR, s. ROBERTS.
OSSTRIKOW, s. DUMANSKI.
OSTWALD 68, 214, 338, 347.
—, HALLER 159.
—, SCHULZE 190.
OTHMER 274f.
OTT 18, 27.

PACKENDORF, LEDER-PACKENDORF 126.
PALMER, CLARK 205.
PANETH 207, 210ff., 345.
—, RADU 194.
—, THIMANN 193, 207, 209.
—, VORWERK 97, 207ff.
PAPAPETROU 74, 81, 293.
PAPED, s. STRANSKI.
PARKS 204.
PARNAS, s. LACHS.
PATRICK, GRIMM 204.
PATRIK, s. McGARVAK.
Patterson 182.
PAWLOW 159.
PEARCE 515.
—, McKINLEY 479, 496.
PEARSON, s. AYNSLEY.
PEASE 378, 411, 455.
—, STEWART 509.
—, TAYLOR 349, 384.
—, s. WHEELER.
PEDERSEN, s. THE SVEDBERG.
PEH-CHUAN-CHÜ, s. LOTTERMOSER.
PELZER, s. BRILL.
PEPPER, s. BALY.
PERRIN 49.
PERRY, s. TAYLOR.
PESTOW, s. BRITZKE.
PETER, s. HÜTTIG.
PETERLIN, STUART 49, 71.
PETERS, s. GRIMM.
PFAFF, s. MEYER.
PFAU, s. FRICKE.
PFEIFFER, s. WERNER.
PFISTER, s. JANDER.
PIETSCH, KOTOWSKI, BEHREND 139, 356.

PIETSCH, SEUFERLING 344.
—, s. SCHWAB.
PIGGOT 315.
PINKEL, s. STORCH.
PIPER 173.
PITZER, FRAZER 348.
PLANT, s. GRIFFITH.
PLOOS VAN AMSTEL, s. BURGERS.
POCKELS 135.
PODUROVSKAYA, s. KAGAN.
POGANY 167.
POHL, s. MAHL.
POKROWSKI, WORONZOW 161.
POLANSKI, s. KRAUSE.
POLANYI 25, 171, 229, 510.
—, Eyring 418.
—, WELKE 498.
—, s. GOLDMANN.
POLJAKOW 227.
POLLARD 418.
POSTNIKOW, s. BRITZKE.
VAN PRAAGH, RIDEAL 494.
PRAETORIUS, s. WOLF.
PRASAD, TENDULKAR 298.
PRESTON, BIRCUMSHAW 330.
PRICHARD, s. HINSHELWOOD.
PRICHODKA, s. CHARMADARJAN.
PUKALL 156.

QUIGGLE, s. FROHLICH.

RABINOWITSCH, FORTUNATOW 169.
RADLER, s. HÜTTIG.
RADULESCU 169, 172.
—, TILENSCHI 172.
RAGOSS, s. HOFMANN.
RAINE, HINSHELWOOD 267.
RAMDOHR 393.
RAMMLER 98, 187.
RAMSAY, SHIELDS, MOND 490.
RANEY 6, 221, 308.
RAPOPORT 221.
RASMUSSEN 252.
RAUDENBUSCH, s. GRIMM.
REES, s. LYMANN.
REHBINDER, s. CHOMIKOWSKY.
REINECKE, s. STAUDINGER.
REINHARDT, s. BERL.
REINHOLD, s. TUBANDT.
REISEMANN, s. BAILLEUL.

RENNENKAMPF, s, FRICKE.
RENNINGER, s. BRILL.
REXER 472.
REYERSON, SWEARINGEN 457.
REYNOLDS, s. CHAPMAN.
RHEAD, WHEELER 460.
RHEINBOLDT, WEDEKIND 135.
RIBNER, WOLLAN 29.
RICHARDS 275.
—, BEHR JUN. 222.
RICHTER, s. SCHLEEDE.
RIDEAL 475, 494f.
—, VAN CLEAVE 321.
—, MELVILLE 456.
—, TAYLOR 334, 337, 347f., 359, 361ff., 368ff., 379, 384.
—, TWIGG 410, 417, 420.
—, s. BARRER.
—, s. BOWDEN.
—, s. ELEY.
—, s. HOOVER.
—, s. KINGMAN.
—, s. VAN PRAAGH.
RIDLER 307.
RIDLEY, s. BRINDLEY.
RIEDER, s. BRILL.
RIEHL 186.
—, s. GRAUE.
—, s. KÄDING.
—, s. WOLF.
RIENÄCKER 26, 104, 107, 137, 142, 267.
—, BOMMER 26.
—, BURMANN 26, 107, 142.
—, GAUBATZ 26.
—, MÜLLER, BURMANN 346.
—, WESSING, TRAUTMANN 26.
RIESENFELD, SCHWAB 351.
RITTER, s. HOFMANN.
RIVLIN, s. ADADUROW.
RIX 275.
ROBERTI, SARTORI 129, 382.
ROBERTS 409, 416, 422, 432, 458, 491, 493, 508, 511ff., 521.
ROBINSON, s. AYNSLEY.
—, s. COOK.
RODEBUSH 112.
ROGERS 318.
ROGINSKY, SCHECHTER 350.
—, ZALDOWITSCH 494.
—, s. BRESNEVA.
ROLLIN 208, 210.

ROSENBLUM, s. KOLTHOFF.
ROST, s. SCHWAB.
RÖTH, s. TAMMANN.
ROTHE, s. LOTTERMOSER.
ROWLEY, s. BONHOEFFER.
RUBINSTEIN 107.
RUDERMANN, s. BORESKOW
—, s. Gouguell.
RUDISHILL, ENGELDER 223, 298.
RUDOLPH, s. SCHWAB.
RUNEHAGEN, s. HEDVALL.
RUSKA 48, 83, 127.
—, MÜLLER 127.
—, s. BORRIES.
RUSSELL 488.
—, BACON 488, 491, 493, 511, 521.
—, GHERING 233, 482ff., 491, 493, 511, 519ff.
—, TAYLOR 138, 512.

SABALITSCHKA, MOSES 310.
SABATIER 129, 322, 337, 354, 377, 381f., 387.
—, MAILHE 358.
SACHSE, s. LE BLANC.
SALMANG 220.
SALZER, s. FISCHBECK.
SANDBERG, s. HEDVALL.
SANO, s. ISHIKAWA.
SANTALOW, s. KULTASCHEFF.
SAPPER 157.
—, s. WÜNNENBERG.
SARTORI, s. MAGNUS.
—, s. ROBERTI.
SAUERWALD 392.
SAUTER 337.
Sawerina, s. DUBININ.
SAXTON, s. FOOTE.
SAYREVILLE, s. MARTIN 184.
SCHAAF 205.
SCHÄFER 18ff., 56.
SCHARGORODSKI 364.
SCHECHTER, s. ROGINSKI.
SCHEIBE 132, 136.
SCHELUDKO 361.
SCHENCK 143, 318, 352.
—, BATHE, KEUTH, SÜSS 142.
—, DINGMANN, KIRSCHT, WESSELKOCK 149, 386.
—, FORST 142, 149.
—, FRANZ, WILLEKE 386.
—, KURZEN 149.
SCHENDEROWITSCH, s. MASSLJANSKI.

SCHERRER 50f.
—, STAUB 72.
—, s. AMSLER.
—, s. DEBYE.
SCHIEBOLD 17.
SCHIEFERDECKER, s. GUTBIER.
SCHILINSKY, s. BREJNEVA.
SCHILLING, s. KOHLSCHÜTTER.
SCHLECHT, SCHUBARDT, DUFTSCHMIDT 167.
SCHLEEDE, RICHTER, SCHMIDT 187, 189, 194, 217, 298.
SCHLESINGER 184.
SCHMÄH, s. SCHRÖDER.
SCHMID 314.
A. W. SCHMIDT 347ff., 368, 371.
G. C. SCHMIDT, DURAU 205.
O. SCHMIDT 98, 205, 221, 242, 315, 346, 377f., 411, 463.
—, s. HOCK.
SCHMIDT, s. KRAUT.
—, s. NEUMANN.
—, s. SCHLEEDE.
—, s. WEITZ.
SCHMIED, s. LOTTERMOSER.
SCHMITT, s. FRICKE.
SCHNABEL, s. FRICKE.
SCHNACKENBERG, s. SUHRMANN.
SCHNEIDER 26, 137, 142.
—, s. NEUMANN.
SCHOON 16, 18, 60f., 119, 186.
—, BEGER 89, 125f., 383.
—, HAUL 61f., 122.
—, KLETTE 398.
—, s. FRICKE.
—, s. THIESSEN.
SCHOSSBERGER, s. KRATKY.
SCHOTTKY 36, 119, 434.
SCHRATZ, s. DURAU.
SCHRÖDER 86, 89.
—, SCHMÄH 86.
—, s. FRICKE.
SCHRÖER, SCHUMACHER 338f., 343.
SCHRÖTER 221, 379, 402.
SCHUBARDT, s. SCHLECHT.
SCHUBNIKOW 273.
SCHUCHOWITZKI 171.
SCHULTES, s. SCHWAB.
SCHULZE, s. HAUPTMANN.
—, s. OSTWALD.
—, s. VOLMER.

SCHUMACHER, s. SCHRÖER.
SCHUSTER 460.
—, s. KÄLBERER.
SCHUSTERIUS, s. EITEL.
SCHÜTZA, s. THIESSEN.
SCHWAB 6, 11, 84, 91, 94f., 100f., 103ff., 106, 122, 130, 136, 138, 240, 269f., 283, 294, 337, 347, 351, 357f., 375, 377, 389, 411, 423, 434, 475, 511.
—, BRENNECKE 98, 142, 204, 481, 486, 489.
—, DRIKOS 103, 107, 348, 387.
—, ISSIDORIDIS 135, 141.
—, LOBER 232, 358.
—, MARTIN 131, 331.
—, NAKAMURA 150, 233, 263, 318.
—, PIETSCH 106, 130, 139, 210, 269f., 294, 356, 385, 459.
—, RUDOLPH 77, 98, 107, 205.
—, RUDOLPH, ROST 310.
—, SCHULTES 97, 137f., 142, 194, 267.
—, SCHULTES, STAEGER, v. BAUMBACH 351.
—, AGALLIDIS 107.
—, STAEGER 267.
—, TAYLOR, SPENCE 106, 119, 136, 267, 472.
—, ZORN 221, 262f., 346, 402, 475.
—, s. CREMER.
—, s. RIESENFELD.
—, s. WAGNER.
—-AGALLIDIS, s. SCHWAB.
SCHWABE, s. MÜLLER.
SCHWAMBERGER, s. GRIMM.
SCHWECKENDIEK, s. FRICKE.
SEDDIG 48.
SEFMANN 23, 27.
SEITH 119.
SELAJEW, s. WESSELOWSKI.
SELJAKOW 51.
SEKORA, s. KRATKY.
SENFTNER, s. O. HAHN.
SEUFERLING, s. PIETSCH.
SHAH 460f.
SHERMAN, EYRING 411, 418f.
—, s. TAYLOR.
SHIELDS, s. RAMSEY.
SHUKOFF 309.

SICKMANN, s. TAYLOR.
SIEBERT, s. WINKEL.
SIECKE, s. KOHLSCHÜTTER.
SIEDENTOPF 48.
SIEGBAHN 57.
SIEGERT 363.
SIGNER, s. FEITKNECHT.
SINGER, s. WEITZ.
SINKEL, s. HOFMANN.
SKALIKS, s. FRICKE.
SKAUPY 224.
SKITA, MEYER 308.
SKUMBURDIS 205.
SMEKAL 253, 294.
SMITH 332.
—, BEECK 123.
—, s. BEECK.
—, s. BRANKSTONE.
—, s. WRIGHT.
F. E. SMITH, s. LARSON.
SMITTENBERG 499.
SOLF, s. MANEGOLD.
SOLLER, s. BEEBE.
SÖLLNER, s. HALEY.
SOSMAN, HOSTETTER 317.
SPANDAU, s. JANDER.
SPANGENBERG 279, 287.
SPECHT, s. BILTZ.
SPENCE, s. SCHWAB.
SPIERS, s. BRINDLEY.
SPIESS, s. KOHLSCHÜTTER.
SPONER 420.
SPRENGEL 170f.
SPRENGER, s. KOHLSCHÜT-
TER.
SREBOW 371.
V. STACKELBERG. CHUDOBA
157.
STAEGER, s. SCHWAB.
—, s. WAGNER.
STARK, s. BREDIG.
STARKE 200f.
STARKWEATHER s. TAYLOR.
STAUB, s. SCHEERER.
STAUDINGER 69.
—, REINECKE 69.
STAUFF 135.
STEACIE 412.
—, ELKIN 331.
—, STOVEL 412, 466.
STECHER, WIBERG 345.
STEIN, s. BRUSON.
STEPS, s. FUNK.
STERN 68.
—, s. BORN.
STEVENS, s. BEEBE.
STEWART 40, 273.
STOCK, BODENSTEIN 346.

STOCK, BÖTTLER, LENGER
365.
—, ECHEANDIA, VOIGT 346,
365.
—, GUTTMANN 346.
STONE, s. MAXTED.
STOPP, s. LEHMANN.
STORCH, PINKEL 333.
—, s. CLARKE.
STOVEL, s. STEACIE.
STRANSKI 77f., 80ff., 92,
108, 110f., 113, 115,
134, 272f., 279ff., 283,
285ff.
—, KAISCHEW 77f., 80f.,
105, 281f., 284, 286f.,
290f.
—, KAISCHEW, KRASTA-
NOW 290.
—, PAPED 113.
—, TOTOMANOW 278.
—, s. BRADISTILOV.
—, s. KAISCHEW.
—, s. MAHL.
STRASHESSKO, s. WOLKOW.
ZUR STRASSEN 423, 475.
STRASSMANN 86f., 212.
STRAUMANIS 23, 75, 81,
271f., 288ff., 293, 344,
350, 374.
—, JEVINŠ 23.
—, s. TAMMANN.
STROCK 158.
STROTHER, s. TAYLOR.
STROTZER, s. HÜTTIG.
STRUNZ 158.
STUART, s. KAST 273.
—, s. PETERLIN.
—, s. THOMSON.
STUMPF 182.
STUNTEVANT 516.
SUHRMANN 18, 41.
—, BERNDT 41.
—, CSESCH 344.
—, SCHNACKENBERG 18, 41.
SULLIVAN 188.
—, HERTEL 189.
SÜSS, s. SCHENCK.
SVEDBERG 48f.
—, PEDERSEN 69.
SVEN BERG 48, 71f.
SWEARINGEN, s. REYER-
SON.

TAMARU, ANDO 373.
TAMMANN 137, 329, 392.
—, ELSNER, GRONOW 275,
278.

TAMMANN, MANSURI 392.
—, RÖTH 275.
—, STRAUMANIS 291f.
TANAKA, KOBAYASHI 320.
TATIJEWSKAJA, s. TSCHU-
FAROW.
TAYLOR 4, 13, 105f., 130,
136, 173, 269, 369, 383,
408, 413, 429, 435. 470f.,
492, 499, 505.
—, BURNS 411, 455, 462.
—, BURWELL 381, 429,
438ff., 469.
—, DIAMOND 344.
—, GAUGER 411, 462.
—, GOULD 438f., 471,
494f., 510.
—, GOULD, BLEAKNEY 417.
—, HOWARD 439, 454, 470.
—, JUNGERS 344, 438f.
—, LANGMUIR 253.
—, LEWIS 438f., 456, 468.
—, KISTIAKOWSKY 378,
480, 486, 491f.
—, KISTIAKOWSKY, PARRY
218, 296, 468, 489, 493.
497, 503, 506.
—, McKINNEY 430, 466,
494f., 516.
—, OGDEN 408, 438f., 471,
494f., 512.
—, PACE 463, 470.
—, SHERMAN 469.
—, SICKMAN 380, 438f.,
469, 475, 494f., 510.
—, STARKWEATHER 318.
—, STROTHER 380, 407,
413, 431, 437ff., 469,
494f.
—, TURKEVICH 457, 471.
—, WILLIAMSON 407, 438f,
468, 470, 476f., 494f.
—, s. BEEBE.
—, s. BURWELL.
—, s. GAUGER.
—, s. GOULD.
—, s. GUYER.
—, s. HOWARD.
—, s. JUNGERS.
—, s. KISTIAKOWSKY.
—, s. MORIKAWA.
—, s. PEASE.
—, s. SCHWAB.
—, s. RIDEAL.
—, s. RUSSELL.
TE GUDE 129.
TELLER, s. BRUNAUER.
TENDULKAR, s. PRASAD.

TERREY, s. HALEY.
TERRY, s. HARGER.
TERWELL 194.
THAKER, s. BENTON.
THAU 225.
THE SVEDBERG, s. SVEDBERG.
THEIMER, s. HÜTTIG.
THEIS, s. MITTASCH.
THEOBALD, s. GREEN.
THIELE 248, 258, 260f., 264.
THIESSEN 10, 14, 16, 57, 129, 135, 275.
—, BEGER 136.
—, EHRLICH 34.
—, KLENK 34.
—, MOLIERE 61, 122, 124.
—, SCHOON 61f., 72, 121f., 125, 136, 215.
—, SCHÜTZA 149, 457.
—, s. ZSIGMONDY.
THIMANN, s. PANETH.
THOMAS 309, 319.
W. THOMSON 73, 83, 275.
G. P. THOMSON, STUART, MURISON 62.
TILENSCHI, s. RADELESCU.
TISELIUS 247.
—, BROHULT 190.
TITANI, s. MORITA.
TITOFF 495.
TOISCHER, s. HÜTTIG.
TOMASCHEK, DEUTSCHBEIN 18, 41.
TOMPKINS 472.
TOPLEY, HUME 356.
—, s. HINSHELWOOD.
TORKE, s. HANTZSCH.
TOTOMANOW, s. STRANSKI.
TRAUBE 353.
TRAUTMANN, s. RIENÄCKER.
TRAXLER, BAUM 179.
TREADWELL, BONER 9.
TREER, s. KRATKY.
TRENDELENBURG 62.
—, FRANZ, WIELAND 62, 73.
—, WIELAND 61.
TRENNER, s. MORIKAWA.
TSCHAKERT, s. HÜTTIG.
TSCHAPEK 156.
TSCHOEPE s. DURAU.
TSCHUFAROW 262.
—, AGAFONOW, TATIJEWSKAJA, KULPINA 241.
—, AWERBUCH 349.
—, TATIJEVSKAJA 317f.

TUBAND, REINHOLD 373.
TU CHUN-YEN, s. LOTTERMOSER.
TURNER 330.
TUSCHHOFF, WESTBERG, WAHLBERG 158, 162.
TWIGG, s. RIDEAL.
TZEITLIN, s. ADADUROW.

UBBELOHDE 318.
ULICH, KEUTMANN, GEIERHAAS 359.
ULINSKA, s. ZAWADZKI.
ULLMANN 359, 363, 368f., 371, 377, 403.
URBANIC, DAMERELL 193.

VALLGREN, s. HEDVALL.
VANCE, s. DIXON.
VARGA 335.
VAUGHEN, s. LAZIER.
VAVON, HUSON 241.
VEAL, s. GARNER.
VELDE, s. MAGNUS.
VEREYCKEN, s. VAN ITTERBEEK.
VERNON, s. BALY.
VILLARS, s. LANGMUIR.
VOGEL VON FALCKENSTEIN 361.
VOGT 26.
VOIGT, s. STOCK.
VOLMER 8, 13, 75f., 78, 82, 108, 134, 147, 191, 220, 253ff., 273, 276ff., 389, 399.
—, ADHIKARI 254.
—, ESTERMANN 253, 282.
—, SCHULZE 278.
—, WEBER 273, 275, 277.
—, s. BRANDES.
—, s. ERDEY-GRÚZ.
—, s. KRAUT.
VORHEES, s. ADAMS.
VORWERK, s. PANETH.

C. WAGNER 36, 119, 158, 259, 264ff., 350ff., 373f., 385.
—, BEYER 158, 214.
—, HAUFFE 345, 358, 384.
—, SCHOTTKY 294.
G. WAGNER, SCHWAB, STAEGER 142.
WAGNER, s. DÜNWALD.
—, s. FRICKE.
WAHLBERG, s. TUSCHHOFF.
WALDSCHMIDT-LEITZ, s. WILLSTÄTTER.

WALLER, s. DEBYE.
WALTER, s. FRICKE.
WALZEK, s. KRUMHOLZ.
WANG 508.
WANNIKOW 225.
WARD 412, 427, 429f., 432, 436ff., 455, 478, 489, 491ff., 497, 506, 509.
—, s. MIDDLETON.
—, s. WILKINS.
WARREN 14.
—, GINGRICH 14.
WARRICK, MACK JUN. 221.
v. WARTENBERG 369.
WASHBURNE 491.
WASSILIEW, s. WESSELEWSKI.
WEBER, s. VOLMER.
WEDEKIND, s. RHEINBOLDT.
WEHNER, s. LE BLANC.
WEIBKE 156.
WEISER 217.
—, PORTER 194.
WEISSKOPF, s. BORN.
WEITBRECHT, s. FRICKE.
WEITENDORF, s. JANDER.
WEITZ 135.
—, SCHMIDT 135.
—, SCHMIDT, SINGER 135.
WELKE, s. POLANYI.
WERNER, PFEIFFER 357.
WERTZ, s. DEHLINGER.
WESSELKOCK, s. SCHENCK.
WESSELOWSKI, SELAJEW 227.
—, WASSILIEW 214, 393f.
WESSING, s. FRICKE.
—, s. RIENÄCKER.
WEST, s. LAMB.
WESTBERG, s. TUSCHHOFF.
WESTMANN, HUGILL 166.
WEVER, s. FRICKE.
WEYDE, WICKE 102.
WHEELER, PEASE 344.
—, s. BEECK.
—, s. RHEAD.
WHITE, s. BENTON.
WHITEHEAD, s. LEVIS.
WHITEHOUSE 496.
WIBERG, s. STECHER.
WIBAUT 358.
WICKE 102, 160, 165f., 169, 245, 248, 254ff., 266, 428.
—, KALLENBACH 162f., 249, 266.
WIEDMANN, s. FRICKE.

WIEGEL 352.
WIEGNER 49, 68, 83.
WIELAND, FRANKE 354.
—, s. TRENDELENBURG.
WIGGINS, CAMPBELL, MAAS 189.
WILDI, s. BORCHARD.
WILDNER, s. BEEBE.
WILKINS 494.
—, WARD 193.
WILLEKE, s. SCHENCK.
WILLIAMS 496.
WILLIAMSON 468, 471.
—, s. TAYLOR.
WILLSTÄTTER 379.
— WALDSCHMIDT-LEITZ 217, 323, 345f., 379.
WILM, s. HOFMANN.
WILMAN, s. FINCH.
WILSDEN, BONNELL, NOTTAGE 156.
WILSEN, s. INGOLD.
WINDECK, s. MAGNUS.
WINKEL 48.
—, HAUL 150.
—, JANDER 184, 226.
—, SIEBERT 182, 184.
—. WITZMANN 68, 184.
—, s. BEISCHER.

WINKEL. s. JANDER
WITTE 98.
WITZMANN 48. 84.
—, s. WINKEL.
WÖHLER 386.
—, BALZ 317.
WOHRYZEK 11, 216.
WOLF 115.
—, GRAFE 115.
—, PRAETORIUS 227.
—, RIEHL 99, 101.
—, s. FRICKE.
—, s. HENGSTENBERG.
WOLFF 205.
—, s. GRIMM.
WOLKOWA 180, 242.
WOLKOW, STRASHESSKO 364.
WOLLAN, HARVEY 33.
—, s. RIBNER.
WOKER 337.
WORONZOW, s. POKROWSKI.
WRIGGE, MEISEL. BILTZ 158, 220.
WRIGHT, SMITH 326.
WULF 76.
WULLHORST, s. FRICKE.
WÜNNENBERG, FISCHER, SAPPER, BILTZ 157.

WYCKHOFF, CRITTENDEN 303, 454.

YAMADA 77.
YAMAGUCHI 123.
YAMAGUTI 120f.

ZARUBINA, s. BRUNS.
ZAWADZKI, BADZYNSKI 224.
—, BRETSZNAJDER 148.
—, ULINSKA 148.
ZELDOWITSCH 247, 258, 260f.
—, s. ROGINSKY.
ZERRWECK, s. FRICKE.
ZIMENS 17, 40, 69, 83, 86, 89f., 102, 137, 213f., 393.
—, s. FLÜGGE.
ZINTL, GOUBEAU, DULLENKOPF 345.
—, HARDER 157.
ZOCHER 12, 169, 173.
ZORN, s. SCHWAB.
ZSIGMONDY 49f., 68, 83. 167, 171, 374, 471.
—, THIESSEN 69, 270.
—, s. BECHHOLD.

Berichtigungen.

Seite	Zeile	Anmerkg.	lies:	statt:
11		1	FISCHER	Fischer
106		3	IIJIMA	JIJIMA
132		3	RENNENKAMPF	RENNENKAMPFF
138		3	RUSSELL	RUSSEL
148	2, 3, 5 v. u.	7	ZAWADZKI	ZAWADSKI
171	16 v. o.		McGARVAK	GARVAK
180		2	WOLKOWA	WOLKAWA
186	6 v. o.		WILMAN	WILMANNS
186		2	WILMAN	WILMANNS
190		2	BARRETT	BARETT
192		1	NASINI in Band V	NASINI in diesem Bande
193		3	VAN ITTERBEEK	VON ITTERBEEK
195		8	VAN ITTERBEEK	VON ITTERBEEK
197		4	VAN ITTERBEEK	VON ITTERBEEK
214		3	WESSELOWSKI	WESSELEWSKI
218		7	WALDSCHMIDT-LEITZ	WALSCHMIDT-LEITZ
223		6	LEMCKE	LEMKE
223		*	RUDISHILL	RUDISILL
233		6	WIEDMANN	WIEDEMANN
350		8	ROGINSKY	ROGINSKI
402		3	SCHWECKENDIEK	SCHWECKENDIECK
438	1 v. u.		JORIS	JORRIS
439		25	JORIS	JORRIS

Sachverzeichnis.

Jedes Stichwort wurde in der Sprache in das Verzeichnis aufgenommen, in der es im Text auftritt. Außerdem wurde die deutsche Übersetzung der englischen Stichwörter eingereiht, außer in einigen Fällen, wo die Übersetzung fast an dieselbe Stelle des Alphabets zu stehen käme.

Abdruckmethode der Elektronenmikroskopie 127.

Ablösungsarbeiten von Ionen vom Kristall 77 ff.

— von Ionen vom Kristall, Zusammenstellung 80.

—, Zusammenhang mit Sublimationswärme und Oberflächenenergie 108 f.

Abrieb von Katalysatoren 335.

Abstumpfung von Ecken und Kanten 272.

— — — — — am homöopolaren Kristall 285 f.

Accommodation coefficient and adsorption on tungsten 501.

Acetylen, katalytische Chlorierung 357.

Activated adsorption, heat effects 515 ff.

— — of hydrogen on chromic oxide 511.

Activation energy of desorption 503, 510.

Active centers and heat of adsorption 505, 510.

Adlineation, elektronenmikroskopischer Nachweis 129.

Adsorption, aktivierte (s. d.) 405 ff.

— zur Aktivitätsuntersuchung von Oberflächenteilen 98.

—, Bindungsart 451.

— und Capillarkondensation 171 f.

—, chemisch spezifische 132 f.

— und nichtisotherme Diffusion 257.

— von Emanation 101.

— von Farbstoffen 97.

— von Farbstoffen an Blei- und Wismutsalzen 193.

— von Gasen und aktive Bezirke 101.

— von Gasen an porösen Körpern 193.

— und Hydrierungskatalyse 378.

— von Ionen an Niederschlägen 131.

— aus katalytischen Messungen 103.

— unter Polarisation des Adsorptivs 135.

— zur Oberflächenbestimmung 95 ff., 446 f.

— — —, Schwierigkeiten 95.

— in Poren 229.

—, VAN DER WAALSsche 229 (s. d.).

—, elektrostatische 230.

— radioaktiver Elemente 96, 100.

Adsorption an Salzen, Einfluß auf die Zerreißfestigkeit 472.

—, verdrängungslose 130.

— an vergifteten Oberflächen 442.

—, complex processes 521 f.

—, heat of complex processes (s. heat) 473 ff.

—, non selective, consequences 484.

— — —, definition 483.

— — —, detection 484.

— — —, differential heats 519.

— — —, effects 488, 505 f.

— calorimetry 477 f.

— —, ice calorimeter 478.

— —, general technique 477.

— — in slow processes 516 f.

— —, vacuum calorimeters 479.

— —, wire method 502.

Adsorptionsgeschwindigkeit, Gesetze 424 ff.

—, Messung 413.

Adsorptionsisotherme 422 f., 433.

— zur Messung von Oberflächen 189 ff.

— — — — —, Auswertung 195 ff., 236.

— — — — —, Prüfung 197 ff.

— und Qualität der Adsorptionszentren 235 f.

— s. a. FREUNDLICHsche, LANGMUIRsche.

Adsorptionspotential, erhöhtes in Poren 231.

Adsorptionsspezifität von Oxydhydraten 132 ff.

Adsorptionsvolumen, Definitionsgleichung 203.

— zur Oberflächenbestimmung 203 f.

Adsorptionswärme als Störung bei Diffusionsmessungen 257.

— s. heat of adsorption.

Adsorptionszentren, Aktivität aus der Isotherme 235.

—, Berechnung der Zahl 191.

—, Messung der Zahl 192, 196.

Aerogele als Katalysatoren 307.

Aerosol von Nickel, Herstellung 402.

Aggregationen, Grundsätze der Beschreibung 376.

Akkommodationskoeffizient als Maß der Adsorption 416.
— s. accommodation coefficient.
Aktionskonstante, Bedeutung 103.
Aktivator s. Verstärker.
Aktive Linien in Mischkatalysatoren 139.
— Oberfläche, Bestimmung durch Adsorption 100.
— Stellen, Beständigkeit 118f.
— —, Energieinhalt 108ff.
— —, —, Zahlenwerte 116f.
— —, —, Umrechnung auf Meßtemperatur 117.
— — homöopolarer Kristalle 285.
— —, Stabilisierung 118f.
— — s. a. aktive Zentren.
— Stoffe, Begriff 5.
— —, Darstellung 5ff.
— —, — durch Fällung 8ff.
— —, — — Nachbehandlung 10f.
— —, — — Reaktion fester Stoffe 7f.
— —, — — thermische Aktivierung 11.
— —, — — Umwandlung 5ff.
— —, —- — Zusätze 12.
— —, Entstehung 5ff.
— —, Gleichgewichtsverschiebungen 146ff.
— Stoffe, katalytische Aktivität 150.
— —, Reaktivität 150.
— —, Reinigung 10.
— —, Wärmeinhalt 143ff.
— —, s. a. amorphe Stoffe.
Aktive Zentren und Adsorptionsisotherme 423.
— Zentren und aktivierte Adsorption 432.
— Zentren, Homogenität 104.
— —, Lokalisierung 269, 294.
— —, Modellvorstellungen 105f.
— —, Qualität und Quantität 104.
— — und Reaktionskinetik 103.
— — und Sekundärstruktur 84.
— —, Spezifität 105.
— —, Verteilungsfunktion 433, 441.
— —, Wesen 104.
— — s. active centers, aktive Stellen.
— Zustände von Metallen als Oxydationskatalysatoren 386.
— Zustände von Mischkörpern 91.
Aktivierte Adsorption 405ff.
— — und aktive Zentren 432.
— —, Aktivierungswärme 435ff.
— —, —, Beladungs-Abhängigkeit 440ff.
— —, —, Temperatur-Abhängigkeit 437.
— —, —, Werte 438f.
— —, Begriff 409.
— —, Einwände 412.
— —, Einzelsysteme 455ff.

Aktivierte Adsorption, Experimentelles 413ff.
— —, Geschichtliches 411.
— —, Kinetik (s. d.) 424.
— — an Mischkatalysatoren 445.
— — und Oberflächenverbindungen 419ff.
— Adsorption, Phänomenologie 405f.
— —, Potentialkurven 409.
— —, Quantenmechanik 418f.
— —, Theorie der Bindungen 418.
— —, Vergiftung 442ff.
— — s. Activated adsorption.
Aktivierung durch Erhitzen 11.
— — Gase 11.
— von Katalysatoren 314ff.
— — — durch feste Phasen 317.
— — —, Nebenreaktionen 322.
— — — durch Redoxbehandlung 320f.
— — — — Reduktionsmittel 316.
— — — — verschiedene Faktoren 319.
— — — — Zusätze 315.
— der Oberfläche von Katalysatoren 383.
— poröser Körper 216.
Aktivierungsenergie s. Aktivierungswärme.
Aktivierungswärme der Adsorption, Ableitung aus Potentialkurve 409.
— — —, Messung 435ff.
— — —, quantenmechanische Berechnung 419.
— der Adsorption, Verteilung 441ff.
— definiert aktiver Katalysatoren 150.
— und Porenausschaltung 261.
—, scheinbare 102.
—, wahre 103.
— s. Activation energy.
Aktivität von Ecken 271.
— fester Stoffe, Messung durch Gasgleichgewichte 149.
— von Kanten 271.
— — Katalysatoren 270.
—, katalytische, definiert aktiver Stoffe 150.
— von Oberflächen 129.
— und poröse Ausbildungsform 234.
Aktivkohle s. Charcoal, Graphit, Kohle.
Alkohole, Dehydratisierung an Oxyden 381ff.
Alterung aktiver Stoffe und Gleichgewicht 148.
— von Gelen 42.
— — Katalysatoren 270ff., 326ff., 334ff.
— — — durch Abrieb 335.
— — — durch chemische Veränderung 334f.
— von Katalysatoren durch Diffusion von Verunreinigungen 335.

Alterung von Katalysatoren durch Schmelzen 331.
— von Katalysatoren durch Schrumpfung 332 f.
— von Katalysatoren durch Sinterung (s. d.) 326 ff., 332 ff.
— von Katalysatoren, vorteilhafte 334.
— — — als Wachstumsvorgang 270 ff.
Alumina, adsorption of ammonia and water vapour 494.
—, catalysis and heat of adsorption 510.
Aluminium, Elektronenmikroskopie 127.
Aluminiumchlorid, Katalyse der Äthylenanlagerung 359.
—, Katalyse der Chlorwasserstoffanlagerung und -abspaltung 358.
—, Katalyse der FRIEDEL-CRAFTS schen Reaktion 359.
Aluminiumhydroxyd, s. Alumina, Aluminiumoxydhydrat.
Aluminiumoxyd, Adsorption von Wasserdampf und Wasserstoff 471.
—, Adsorptionsspezifität 133 f.
—, basische Eigenschaften 133 f.
—, saure Eigenschaften 133 f.
— als Träger 315.
— s. Alumina.
Aluminiumoxydhydrat, Adsorptionsspezifität 132.
—, basische Eigenschaften 132.
—, Entstehung amorphen —s 43.
—, Konstitution 45.
—, Polymerisationsgrad 44.
—, Polymorphie 46.
—, Pseudomorphose nach Sulfat 401.
—, saure Eigenschaften 132.
Amalgame zur Katalysatorherstellung 308.
Ameisensäure, Dehydrierung und Dehydratisierung 356 f.
Amide als Zwischenstufen des Ammoniakgleichgewichts 339 f.
Ammoniak, Bildung 339 ff.
—, Katalysatoren 340.
—, katalytische Oxydation 367.
—, Reaktion mit Metallen 366 f.
—, Synthese 378 f.
—, Zwischenstufen 339 f.
Ammoniakkatalysator s. Eisen, Iron.
Amorphe Beimengungen, röntgenographische Erkennung 18.
— Beimengungen, röntgenographische Erkennung, Aufnahme 18 ff.
— Beimengungen, röntgenographische Erkennung, Bestimmung neben Gitterstörungen 38.
— Beimengungen, röntgenographische Erkennung, Eichstoffe 20.

Amorphe Beimengungen, röntgenographische Erkennung, Photometrierung 19 f.
— Stoffe, chemische Untersuchung 41.
— —, Entstehungsgeschichte 43.
— —, Herstellung 40, 42.
— —, Konstitutionsermittlung 40 ff., 45.
Amorpher Zustand, Begriff 13.
— —, röntgenographische Untersuchung 17 ff.
— Zustand, Ursachen 13 ff.
Amorphes Material, Gitterstörungen 37.
— —, Richtungsabhängigkeit 37.
Anlagerungsenergie an aktiven Stellen des Wachstumskörpers 283.
— der Atome an homöopolaren Kristallen 284.
— der Ionen an heteropolaren Kristallen 279.
— der Ionen an heteropolaren Kristallen, Abschätzung 280.
Anlaufschichten, Orientierung 123.
—, Umwandlung 122.
Anorganische heterogene Katalysen 337 ff.
Antimon, explosives 14.
Antimonpentachlorid, Chlorierungskatalysator 357.
Antimonwasserstoff, autokatalytischer Zerfall 346.
Äquivalentradius von Körnern 181.
— von Poren 178, 188.
ARRHENIUS sche Gleichung und aktivierte Adsorption 436.
— Gleichung, Interpretation 102 f.
Äthylchlorid, katalytische Spaltung 358.
Äthylen, Hydrierung, Kinetik 423.
—, — an Kupfer 378.
— s. Ethylene.
Atomlöcher, Energieinhalt 118.
—, Spezifität 118 f.
Atomradius und Trägerwirkung 311.
Aufbauschichten aus gespreiteten Filmen 135 f.
Aufdampfschichten, Orientierung 123.
—, Sammelkristallisation 123.
Auflösung fester Stoffe in Wasser 354.
— von Metallen in Säuren 350.
Aufrauhung von Oberflächen 185, 189.
— — —, Messung 96.
— — — durch Reaktion 223 f.
Aufteilungszustände von Katalysatoren 391.
Ausbrennstoffe in der Keramik 220 f.
Ausgangsstoffe, Einfluß auf die Porosität von Fällungen 217.
Auslaugen zur Darstellung aktiver Stoffe 6.
Austausch von Ionen und Oberflächenbestimmung 185, 207.

Austauschadsorption zur Oberflächenbestimmung 207.
— zur Oberflächenbestimmung, Ergebnisse 209f.
— zur Oberflächenbestimmung, Isotherme 209.
— zur Oberflächenbestimmung, Störungen 208.
Auswaschen aktiver Niederschläge 10.
Autokatalyse des Antimonwasserstoffzerfalls 346.
— bei Oxydreduktionen 317f., 349.
— beim Oxydzerfall 352.
— bei Reaktionen im festen Zustand 388ff.
— bei Reduktion von Oxyden 317f., 349.
— des Wachstums von Netzebenen 281.
Autoxydation als Grenzfall der Katalyse 353f.
— von Sulfit 364.

Bariumcarbonat, Reaktion mit Siliciumdioxyd 373.
Basische Salze und amorphe Niederschläge 47f.
— Salze, Gitterstörungen 36.
Basischer Charakter von Oberflächen 132f.
Bauxit, katalytische Oberflächenbestimmung 205.
Bearbeitung und Katalyse 106f.
Benetzung und Adsorption 136.
— und Dampfdruck in engen Capillaren 169.
Benetzungswärme zur Oberflächenbestimmung 204.
Beryllium, Gleichgewichtsform 288.
Berylliumoxyd, Teilchenform und Elektroneninterferenzen 64.
Bindungsenergien von Atomen in verschiedenen Oberflächenlagen 117.
Bindungsgrad der Kristallite als Gefügeelement 216.
Blasen als allseitig geschlossene Poren 161.
Blasendruckmethode zur Messung der Porengröße 175, 177.
Bleisalze, Farbstoffadsorption 193.
—, ThB- und ThX-Adsorption 209.
Brechungsindex von Elektronenwellen im Gitter 120.
— von Elektronenwellen im Gitter, Gang mit der Interferenzordnung 121f.
Bremssubstanz in der Emaniermethode 88f.
Brennen poröser keramischer Massen 221f.
Brom, Aktivierung an Kohle 388.
Bromatome, Rekombination 357.

Cadmium, Gleichgewichtsform 82, 289.
—, Wachstumsformen 271.
Cadmiumferrit, Zwischenzustände bei der Bildung 303f.
Calciumcyanamid, Katalyse bei der Bildung 371.
Calorimeter, Calorimetry s. Adsorption calorimetry.
Capillardiffusion s. KNUDSENsche Diffusion.
Capillardruck zur Messung der Porengröße 174f.
Capillaren, Dampfdruck darin 168.
Capillarkondensation, Hysterese 171.
— in Poren 232.
—, Störung durch Adsorption 171f.
— und Verteilung (s. d.) der Porenradien 167ff.
Carbon, adsorption and chemical binding of oxygen 513.
Carbon monoxide, adsorption on chromic oxide 492, 500, 514, 517f., 522.
— monoxide, adsorption on copper 491, 514.
— monoxide, adsorption on iron 491.
— —, — — mixed oxides 522.
— —, — — platinum 494.
— —, — — zinc oxide 491, 494.
— —, heat of adsorption and of surface reaction 522f.
Carbonate, thermische Zersetzung 371.
Carbonates, heat effects of formation 522f.
Carbonyle, Ausgangsstoffe für Katalysatoren 309.
Cassiterit s. Zinndioxyd.
Catalytic activity and heats of adsorption 508.
— materials, heats of adsorption 473ff.
— —, — — —, values 490ff.
Charakteristik der Korngrößenverteilung 185.
Charcoal, adsorption of oxygen 513, 516f.
—, heats of adsorption 495.
Chemisorption, Begriff 409.
— s. Adsorption, aktivierte Adsorption.
Chlor, Atomrekombination 357.
—, katalytische Herstellung 359f.
—, — Reaktionen 357ff.
Chloratome, Rekombination 357.
Chlorierung, katalytische, von Acetylen 357.
—, —, von Schwefeldioxyd 364.
Chlorwasserstoff, Abspaltung aus Aethylchlorid 358.
—, Anlagerung an Olefine 358.
—, Bildung 358.
—, katalytische Herstellung 359, 361.

Chromic oxide, adsorption of carbon monoxide 492, 500, 514, 517f.
— oxide, adsorption of ethylene 494.
— —, — — hydrogen 492, 494, 511,514.
— —, — — nitrogen 494, 500, 514.
— —, — — oxygen 492, 500, 514f.
Chromhydroxyd, amorphes, Konstitution 46f.
—, Fällungsarten 297.
—, Fällungsbedingungen 396, 399.
—, kompakt-disperse Struktur 397.
—, Wasserabspaltung 397.
Chromoxyd, Adsorptionsverhalten 469f.
—, Entstehung aus Hydroxyd 397, 400.
— als Hydrierungskatalysator 398.
—, Schrumpfung auf Trägern 332f.
— verschiedener Aktivität 315f.
— s. Chromic oxide.
CLAUSIUS-CLAPEYRON equation, application to adsorption 476, 497, 512, 516.
Complex adsorption processes 521ff.
Copper, adsorption of carbon monoxide 491, 514.
—, adsorption of ethylene 491, 509.
—, — of hydrogen 491, 494, 509.
—, — of nitrogen 494.
—, — of oxygen 491, 519.
—, hydrogenation of ethylene 519.
Cosinusförmige Gitterstörungen 24f.

Dampfdruck in Capillaren 168.
— — — und Benetzung 169.
— und Oberflächenspannung kleiner Teilchen 73ff.
DEACONverfahren, Funktion des Katalysators 359f.
Dehydration and dehydrogenation, heats of adsorption and desorption 510.
Dehydratisierung von Alkoholen an Oxyden 381ff.
— von Katalysatoren 381.
— organischer Verbindungen 356.
Dehydrogenation s. a. Dehydration.
Dendritisches Kristallwachstum 74, 293.
Desorption, Aktivierungswärme 441.
—, activation energy 503, 510.
—, velocity 504.
Deuterium, Adsorption an Nickel 425, 438.
— s. a. Wasserstoff.
Diachrone Fällung von Eisenhydroxyd 390f.
Diaphragmen, Messung der Porengröße 175.
Dichte poröser Körper, Definition 157.
—, scheinbare s. Scheindichte.
Dichtemessung poröser Körper 155.
— — —, Röntgenmethode 157f.
— — —, Vorbereitungen 157.

Differential heat of adsorption 474.
Diffusion, Druckabhängigkeit in Poren 163f.
— der Emanation und Emaniermethode (s. d.) 87.
— und Gefüge 249.
— in Gelen und Porengröße 179ff.
—, gemischte, in engen Poren 256.
— und Katalyse 257ff.
—, KNUDSENsche 164, 250, 252.
—, nichtisotherme 257.
—, nichtstationäre 247.
— und Porosität 163ff.
—, stationäre 246.
—, Temperaturabhängigkeit 251, 253.
—, VOLMERsche 253.
Diffusionsgeschwindigkeit zur Teilchengrößenmessung 69.
Diffusionskoeffizient, Abschätzung aus dem Verschiebungsquadrat 249.
—, effektiver, in Capillarsystemen 245.
— während des Fällungsvorgangs 44.
—, innerer, in heterogenen Systemen 250.
—, KNUDSENscher 251.
—, VOLMERscher 254.
Dispersitätsgrad, Übertragung auf das Reaktionsprodukt 400.
Distickstoffmonoxyd, .katalytischer Zerfall 351, 367.
Doppelschicht, elektrische, und Porenradius 175.
Durchlässigkeit zur Messung von Porengröße und -zahl 176f.
— und Porosität 244.
—, spezifische, bei Capillarsystemen 244.

Ecken, Adsorptionsspezifität 134.
— als aktive Stellen 105, 271.
— kleiner Kristalle 77, 81.
Effektive Porosität 162.
Eindiffusion in Poren, Gesetze 247f.
Eindringtiefe, capillare, zur Messung der Porengröße 174f.
Eiscalorimeter s. Ice calorimeter.
Eisen, Adsorption von Stickstoff 447, 462.
— — — verschiedenen Gasen 446ff., 462.
—, Adsorption von Wasserstoff 408, 438, 453, 461.
—, Herstellung für die Ammoniaksynthese 303.
—, Katalyse beim Rosten 374.
—, Verbindungen mit Stickstoff bei der Ammoniakkatalyse 340.
— s. Iron.
Eisenhydroxyd, Adsorptionsspezifität 132.
—, basische Eigenschaften 132f.
—, diachrone Fällung aus $FeSO_4$ 390f.

Eisenhydroxyd, Entstehung kompakt-dispersen 394, 400.
—, saure Eigenschaften 132f.
—, Wasserabspaltung 395.
Eisenkatalysator, Struktur nach Adsorptionsmessungen 446ff.
Eisenoxyd, aktives, Lösungswärme und Gitterstörungen 31.
—, Adsorption nach Vorerhitzung 237.
—, Entstehung aus Hydroxyd, Dispersitätsgrad 400.
—, Entstehung aus Hydroxyd, Kristallisation 395.
—, Verlauf der Reduktion 317ff.
Eisenoxydhydrate, elektronenmikroskopische Untersuchung 90.
Elektrolyse zur Erzeugung poröser Körper 226.
Elektrolytisches Wachstum von Metallkristallen 291.
Elektronenabtaster zur Oberflächenuntersuchung 129.
Elektronenbeugung an Oberflächen 119ff.
Elektroneninterferenzen, Grundlagen 60.
—, Oberflächenuntersuchung 119.
— und Röntgenamorphie 14.
—, Schwierigkeiten 124f.
—, Teilchengrößenbestimmung 61f.
—, Unterschiede gegen Röntgenstrahlen 124.
Elektronenmikroskop, Abdruckmethode 127.
—, Adlineation nachzuweisen 129.
—, Durchstrahlungsmethode 125f.
—, Korngrößenbestimmung 182f.
—, Oberflächenuntersuchung 125ff.
— und Sekundärstruktur 89.
— und Teilchengröße und -form 65f.
Elektronentheorie der aktivierten Adsorption 418.
Elektrophorese zur Messung der Oberflächenbedeckung 202.
— zur Messung von Porengrößen 175f.
Elektrostatische Adsorption in Poren 230.
Emanation, Adsorption an aktiver Kohle 101.
— als Pyknometerfüllung 85.
Emaniermethode und Alterungsvorgänge 331.
— zur Oberflächenbestimmung 211.
— — —, Bereich 214.
— — —, Diffusion 213.
— — —, Grundlage 211.
— — —, Porenoberfläche 213.
— — —, Rückstoß 212.
— zur Untersuchung der Sekundärstruktur 86ff.

Energiebänder und aktivierte Adsorption 418.
Energieinhalt von Kristallflächen, -kanten, -ecken usw. 108ff.
— der Oberfläche und Katalyse 383.
Entwicklung von Gold- und Silbersolen 374.
Ethylene, adsorption on copper 491, 509.
—, — — chromic oxide 494.
—, — — iron 494.
—, — — mixed oxides 492, 494.
—, — — nickel 494.
—, — — platinum 491.
—, — — zinc oxide 491.
—, hydrogenation on copper 519f.

Fällung aktiver Stoffe 8f.
— — —, Nachbehandlung 11.
— — —, Reinigung 10.
— von Chromhydroxyden 396.
—, elektrometrische Verfolgung 43.
— zur Erzeugung großer Porosität 217.
— gemischter Hydroxyde 301.
— von Katalysatoren 297.
— — — auf dem Träger, Einwände 312f.
— — — — — —, Vorschrift 313.
Fällungsgeschwindigkeit und -richtung, Einfluß auf die Porosität 219.
Fällungsreaktionen im freien Raum 399.
Farbstoffadsorption an Blei- und Wismutsalzen 193.
— zur Oberflächenbestimmung 97.
— und Vorerhitzung 236ff.
Fehlbau poröser Körper, Begriff 155.
Fehlordnung, reversible und eingefrorene 294.
Fehlordnungsgleichgewicht der aktiven Zentren 434.
Festkörper, Struktur und Verteilungsart 1ff.
FICKsche Gesetze für Diffusion in Capillarsystemen 245.
— —, Lösungen der Gleichungen 247.
Filme von Metallen, Sinterung 330.
Flächenbedarf adsorbierter Molekeln 191.
Flüssige-Luft-Calorimeter s. Liquid oxygen calorimeter.
Flüssigkeitscalorimeter für Adsorptionswärmen 479.
Flüssigkeitsinterferenzen als Anzeichen amorphen Zustandes 13.
Fremdatome als Ursache für Röntgenamorphie 15, 17.
Fremdgase, aktivierender Einfluß 11.
—, Einfluß auf das Adsorptionsverhalten von Kaolin 238.
FREUNDLICHsche Adsorptionsisotherme 422.

FREUNDLICHsche Adsorptionsisotherme, Ableitung 433f.
— — — aus der LANGMUIRschen 173.
FRIEDEL-CRAFTSsche Reaktion 359.

Gammastrahlen zur Porositätsmessung 160f.
Gasabgabe zur Erzeugung hoher Porosität 220.
Gasaustreibung zur Darstellung aktiver Stoffe 6f.
Gase, Adsorption zur Oberflächenbestimmung 193, 447.
— als heterogene Katalysatoren 373.
— s. Fremdgase.
Gasgleichgewichte und Aktivität der Bodenphasen 149.
Gefüge poröser Körper, Begriff 155.
— — — und Diffusion 249.
Gefügeelemente poröser Körper 215.
Gele, Messung der Porenweite durch Diffusion 179.
— s. a. amorphe Stoffe.
Gesamte Adsorptionswärmen, s. Integral heat of adsorption.
Geschwindigkeit s. a. Kinetik.
Geschwindigkeitskonstante, Temperaturabhängigkeit 102.
GIBBSscher Satz für Kristalloberflächen 75.
— — — —, Ableitung 77f.
Gitterdehnung als Ursache für Röntgenamorphie 15.
— als Gitterstörung 22f.
Gitterkonstanten sehr kleiner Teilchen 72.
Gitterschrumpfung als Gitterstörung 22f.
— in Schichtengittern 35.
— als Ursache für Röntgenamorphie 14.
Gitterstörungen 13ff., 21ff.
—, Bestimmung neben amorphem Material 38.
— durch Mischkristallbildung 25.
—, Richtungsabhängigkeit 33f., 37.
—, röntgenographische Untersuchung 21ff.
— durch Schwankungen der Netzebenenabstände 21.
—, spezielle, bei Schichtengittern 34.
—, Stabilisierung als strukturelle Verstärkung 138.
—, Stabilisierungsursachen 36.
—, unregelmäßige (s. d.) 26ff.
—, —, Wärmeschwingungstheorie 28ff.
— durch Verbiegung der Kristallite 23.
Gitterstruktur poröser Körper 214.
Gitterverhakungen und -versetzungen als Gitterstörung 36.
— und -versetzungen als Ursache für Röntgenamorphie 16.

Glätte von Oberflächen, Beurteilung mit Elektroneninterferenzen 121.
Gleichgewichte unter Beteiligung aktiver Stoffe 146, 148f.
Gleichgewichtsform, Beispiele 82.
—, experimentelle Ermittlung 82.
— heteropolarer Kristalle 281.
— — —, Prüfung 287.
— homöopolarer Kristalle 285.
— — —, Ableitung 286.
— — —, Prüfung 288ff.
— kleiner Kristalle 77.
— und Übersättigung 81.
Gold, Adsorption 457.
Goldsol, Entwicklungskatalyse 374.
Graphit, Gitterstörungen 35.
—, Kristallitgröße in Kohlen 393.
—, Oxydation 369.
—, Quellung unter Oberflächenvergrößerung 224.
Grauwertverfahren zur Oberflächenbestimmung 98.

HAHNsche Emaniermethode s. Emaniermethode.
Halbkristallage, Begriff 77.
—, Ablösungsarbeit (s. d.) 79.
—, Anlagerung 280f.
Halbwertsbreite von Röntgeninterferenzen und Kristallitgröße 50ff.
— von Röntgeninterferenzen, Korrektur für Linienaufspaltung 53.
Halogene, katalytische Reaktionen 357ff.
Halogenierung, Katalysatoren 387f.
Halogenwasserstoffe, Anlagerung an Olefine 359.
—, Bildung und Zerfall 358.
HARGREAVES-Verfahren, Grenzfall von Katalyse 360.
Heat losses in calorimeters 483.
— of adsorption 473ff.
— — —, anomalous initial values 481, 489.
— of adsorption, calculation from isosteres 475f., 497.
— of adsorption, calorimetry 477.
— — — and catalytic activity 508.
— — — on catalytic materials 473ff.
— — — on charcoal 495.
— — — in complex processes 521f.
— — — and covered surface fraction 505.
— — —, data on metals and oxide catalysts 490.
— of adsorption, differential and integral value 474.
— of adsorption, direct values 491f.
— — —, erroneous maxima 481.
— — —, factors affecting 493.

Heat of adsorption, indirect values 494.
— — —, kinetic determination 475, 508 f.
— — —, methods of measurement 474 f.
— — —, — — —, comparison 497.
— — — and promotor action 511 f.
— — — in slow processes 516 f.
— — —, specificity 499.
— — —, temperature coefficient 512.
— — —, theory of London 501.
— transfer in calorimeters 481 f.
— of slow adsorption 515 ff.
Hedvall-Effekt der Aktivierung während Umwandlung 131.
Herstellung von Katalysatoren 296 ff.
— — —, Allgemeines 296.
— — —, Ausgangsstoffe 296, 298.
— — — aus Carbonylen 309.
— — —, Einzelverfahren 322 ff.
— — —, Fällungsart 297.
— — — aus Kolloiden 308 f.
— — —, Mahlen 297.
— — — aus organischen Derivaten 299.
— — —, Reinigung 305.
— — —, Skelettkontakte 307.
— — —, Temperatureinfluß 296 ff.
— — —, Trocknen 297.
Herstellungstemperatur und Porosität von Fällungen 218.
— und Verteilungsgleichgewicht der aktiven Zentren 434.
Heteropolare Kristalle, Wachstumstheorie 280.
— Kristalle, Wachstumstheorie, experimentelle Prüfung 287.
Heterogene Systeme und Medien der Diffusion 246, 250.
Heteropolysäuren als Ausgangsstoffe von Katalysatoren 305.
Hohlraumvolumen, Definitionsgleichung 152.
Homogene Systeme und Medien der Diffusion 246.
Homöopolare Kristalle, aktive Stellen 285.
— —, Wachstumstheorie 284.
— —, —, experimentelle Prüfung 288 ff.
Hopcalit zur selektiven Kohlenoxydverbrennung 370, 387.
Hydratation organischer Verbindungen 356.
Hydrazin, katalytischer Zerfall 365.
Hydride, Bildung und Zerfall 345 f.
Hydrierung von Aethylen 423.
— — — an Chromoxyd 398.
—, Katalysatoren 377 ff.
— von Kohlenoxyd zu Methan 379.
— von Kohlenwasserstoffen 346.
— s. Hydrogenation.

Hydrogen, adsorption on chromic oxide 492, 494, 511, 514.
—, adsorption on copper 491, 494, 509.
—, — — iron 494.
—, — — manganous-chromic oxide 476 f.
—, — — mixed oxides 476 f., 492, 494, 505.
—, — — nickel 491, 494.
—, — — platinum 491.
—, — — tungsten 491, 501, 504.
—, — — zinc oxide 494.
Hydrogenation of ethylene on poisoned copper 519.
Hydroperoxyd s. Wasserstoffperoxyd.
Hydroxyde, aktive Fällungsbedingungen 9.
—, gemischte Fällung 301.
—, s. Oxydhydrate.
Hypochlorit, Katalyse der Zersetzung 361.
Hysterese bei der aktivierten Adsorption 406 f
— bei der Capillarkondensation 171.

Ice calorimeter for heats of adsorption 478.
Imide als Zwischenstufen des Ammoniakgleichgewichts 339 f.
Immersion calorimeter for heats of adsorption 479.
Impfen übersättigter Systeme 276.
Indirect values of heat of adsorption 494, 497.
Induzierte Autoxydation 353 f.
Integral heat of adsorption 474.
Interferenzaufspaltung infolge Verbiegung der Kristallite 24.
Interferenzschwächung infolge amorpher Beimengungen 18.
— infolge unregelmäßiger Gitterstörungen 26 ff.
— infolge Wärmeschwingungen 27.
Interferenzverbreiterung infolge geringer Kristallitgröße 50 ff
— an Schichtgittern 35.
— infolge schwankender Netzebenenabstände 22.
— infolge Überlagerung verschiedener Ursachen 58 f.
— infolge Verbiegung der Kristallite 24 f.
Interferenzverschiebung infolge abnormer Netzebenenabstände 23.
— infolge Mischkristallbildung 26.
Ionenadsorption an Oberflächen 131.
Ionengitter, Oberflächenenergien 115 f.
Iridium, s. Platinmetalle.
Iron, adsorption of ammonia 491.
—, — — carbon monoxide 491, 514.
—, — — ethylene 494.
—, — — hydrogen 494.

Iron, adsorption of nitrogen 494, 514.
—, — — oxygen 514.
Isobaren der aktivierten Adsorption 406 ff.
— — — —, Theorie 410.
Isosteres of adsorption, calculation of heat values 475 f., 497.
Isotherme der aktivierten Adsorption 406, 422[1].
—, unstetige, der Sorption 172 f.
Isotope exchange of deuterium on chromie oxide 511.
Isotopenaustausch und aktivierte Adsorption 417.
— des Sauerstoffs 351.
— des Wasserstoffs 344.
— — — mit Kohlenwasserstoffen an Nickel 463.

Kaliumchlorat, Katalyse der Zersetzung 361.
Kalkstickstoff, Katalyse bei der Bildung 371.
Kanäle als beiderseits offene Poren 161.
Kanten, Adsorptionsspezifität 134.
— als aktive Linien 270 f.
— — — Stellen 105.
— kleiner Kristalle 77, 81.
Kaolin, Vorerhitzung in Fremdgasen und Adsorptionsverhalten 238.
Katalysatoren, Abrieb 335.
—, Aerogele 307.
—, Aktivierung (s. d.) 314 ff.
—, allgemeine Kennzeichnung 375 ff.
—, Alterung 326 ff., 334 ff.
—, — durch Abrieb 335.
—, — durch chemische Reaktion 334 f.
—, — durch Diffusion von Verunreinigungen 335.
—, Alterung durch Schmelzen 331.
—, — durch Schrumpfung 332 f.
—, — durch Sinterung (s. d.) 326 ff., 332 ff.
—, Alterung, vorteilhafte 334.
—, — als Wachstumsvorgang 270 f.
—, Aufbringung auf den Träger 312 f.
—, Aufteilungszustände 391.
—, Ausnutzbarkeit von Poren 257 ff.
—, Beschreibung 376.
—, Bildungsweisen 398 ff.
—, Einteilung nach Reaktionen 377.
— der Dehydratisierung 381.
— der Halogenierung 387.
— der Hydrierung und Dehydrierung 377.
— der Oxydation 384.
—, Elektronenmikroskopie 125 f.
—, Formgebung 305 f., 311.
—, Herstellung (s. d.) 296 ff.

Katalysatoren, Herstellung von verstärkten 300 ff.
—, Kennzeichnung 338 f., 341, 375 ff.
—, kolloide 308.
—, Oberflächenbeschaffenheit 271.
—, Reinheit 300.
—, Reinigung 305.
—, Struktur 341.
—, — und Verteilungsart 1 ff.
—, Teilchenform und -größe 305 f.
—, Verbesserung durch Alterung 334.
—, Verteilung der aktiven Zentren 434.
— als Wachstumskörper 269.
—, s. Catalytic materials.
Katalysatorkoeffizient und Porenausschaltung 265.
Katalyse und Bearbeitung 106 f.
— an definiert aktiven Stoffen 150.
— neben Diffusion 257.
—, heterogene, in anorganischen Systemen 337 ff.
—, heterogene, Begriff 342 f.
—, —, Beispiel 339 ff.
—, —, Stellung in der Chemie 338.
— und Kristallwachstum 269.
— der Kristallisation durch Fremdkörper 276.
— zur Oberflächenuntersuchung 102 ff.
— und Porosität 161.
—, selektive 129 f.
— an spezifisch behandelten Oberflächen 107.
—, Systematik nach Phasen 375.
— als Wachstumsvorgang 272.
Katalytisch, s. Catalytic.
Katalytische Aktivität von Poren 233.
— — und poröse Ausbildungsform 233 f., 241.
— Aktivität von Zentren 235.
— Messungen der Oberfläche poröser Körper 204 f.
Keimbildung bei der Fällung 399.
—, Geschwindigkeit 277 f.
—, Kristallwachstum und Katalyse 269.
—, spontane 273 ff.
—, VOLMERsche Theorie 275 ff.
Keimbildungsarbeit 276.
Keimbildungsgeschwindigkeit, Berechnung 277 f.
Keimkatalyse der Phasenbildung 389 f.
Keramische Massen, Porenweite und -zahl 180.
Kieselgur als Träger von Nickelkatalysatoren 402 f.
KIKUCHI-Linien in Elektronendiagrammen 124.
Kinetik und aktive Linien 269.
— der aktivierten Adsorption 424.

Kinetik der aktivierten Adsorption, LANGMUIRsche Theorie 430ff.
— der aktivierten Adsorption, logarithmische Gleichung 425.
— der aktivierten Adsorption, Wurzelgleichung 427.
— der aktivierten Adsorption, Zentrenwechsel 429.
— und Energetik des Kristallwachstums 279.
Knallgasreaktion, Katalyse 346.
— an Kupfer 384.
KNUDSENsche Diffusion 164.
— — in Capillarsystemen 250.
— — in Poren und Porengröße 180, 251.
— — in porösen Körpern 164.
Kochsalz, Elektronenmikroskopie 128.
—, Kristallwachstum 293.
Kohle, Adsorption von Kohlenoxyd 461.
—, — von Sauerstoff 408, 460.
—, — von Wasserstoff 418, 423, 438, 458.
— als Halogen aktivierender Katalysator 388.
— als Katalysatorträger, Herstellung 326.
—, katalytische Zersetzung von Methan 459.
—, Kristallitgröße 393.
—, kompakt-disperse Struktur 393f.
—, Oberflächenstruktur 19.
—, Porengröße aus Capillarkondensation 170.
—, Scheindichte 155.
—, Träger für Elektrolytplatin 314.
— s. Charcoal, Graphit.
Kohlehydrierung 369.
Kohlendioxyd, Gleichgewicht mit Kohlenmonoxyd 370.
Kohlenoxyd, Adsorption an Kohle 461.
—, — — Kupfer 457.
—, — — Palladium 439.
—, — — Silber 457.
—, — — Zink-Molybdänoxyd 407, 439.
—, Hydrierung zu Methan 347, 369, 379.
—, Oxydation 370.
—, — an Hopcalit 387.
—, — an Nickeloxyd 384.
—, Reaktion mit Ammoniak oder Wasser 371.
— s. Carbon monoxide.
Kohlenstoff, Abscheidung auf Katalysatoren 322.
—, katalytische Oxydation 369.
—, — Reaktionen 368ff.
— s. Carbon.
Kohlenwasserstoffe, Hydrierung 346.
Koks, kompakt-disperse Struktur 393f.
Kolloide Katalysatoren 308f.

Kolloide Lösungen zur Herstellung verstärkter Katalysatoren 302.
Kompakt-disperse Stoffe 47.
— — —, Begriff 391f.
— — —, Eigenschaften 392.
— — —, Sinterung 392.
— — — als Trägerstoffe 398.
— disperser Zustand bei topochemischen Reaktionsprodukten 400.
Komplexe Adsorptionsvorgänge s. Complex adsorption processes.
Komplexsalze als Ausgangsstoffe für Mehrstoffkatalysatoren 304f.
Kontaktstoffe, Begriff, Eigenschaften 4f.
— s. a. aktive Stoffe, Katalysatoren.
Kontaktverfahren der Schwefelsäureherstellung 363.
Korn, Begriff 181.
Körnen von Katalysatoren 306.
Korngrenzen als aktive Linien 270f.
Korngröße poröser Körper 181ff.
— — —, Begriff 181.
— — —, Bestimmungsmethoden 49.
— — —, elektronenmikroskopisch 182f.
— — — als Gefügeelement 215.
— — —, Mittelwerte 182.
— — — und Oberfläche 187, 189.
— — — und Porengröße von Schüttungen 177ff.
— poröser Körper aus der Sedimentationsgeschwindigkeit 183.
— poröser Körper aus der Siebanalyse 182.
— poröser Körper, Verteilungsfunktion 184f.
— s. a. Teilchengröße.
Kornschüttungen, Schüttporosität 166.
Korrosion, Katalyse beim Rosten 374.
KOSSEL-Effekt der Eigenstrahlung im Gitter 124.
— -STRANSKIsche Theorie des Kristallwachstums 279.
Kraftgesetz zwischen Gitterbausteinen 110.
Kreuzgitterinterferenzen an Schichtengittern 34.
Kristallflächen, Bildungsarbeit 109.
—, Oberflächenenergien 110f.
—, —, genaue Formeln 112f.
—, —, Zahlenwerte 114, 116.
Kristallhabitus, Beeinflussung durch Fremdstoffe 130.
Kristallisation bei Bildung aktiver Stoffe 12f.
Kristallisationsgeschwindigkeit, lineare 278.
Kristallite, Röntgenographische Untersuchung 24.

Kristallite, Verbiegung als Gitterstörung
23.
Kristallitgröße und Amorphie 14.
—, Bestimmung mit Elektroneninterferenzen 60.
—, Bestimmung mit dem Elektronenmikroskop 65.
—, mittlere, Bedeutung 59.
— poröser Körper 214.
—, röntgenographische Bestimmung 50 ff.
—, — — nach JONES 57.
—, — —, Kontrolle 58.
—, — — nach v. LAUE und BRILL 51 f.
—, — —, Pulverplattenmethode 57 f.
—, — — nach SCHERRER 50 f.
—, — — bei starker Absorption 55 f.
— und Stabilität 73 ff.
Kristallkeim, Definition 273.
—, Existenz in der Schmelze 275.
—, zweidimensionaler 282.
Kristallwachstum, Keimbildung und Katalyse 269.
—, Theorie 279.
—, — als Theorie der aktiven Zentren
272.
Kristallwasser, Abspaltung 355 f.
Kugelpackungen, Porenradius und Kornradius 178.
—, Schüttporosität 166, 177.
Kupfer, Adsorption von Kohlenoxyd 457.
—, — von verschiedenen Gasen 456.
—, — von Wasserstoff 427, 437 f., 457 ff.
—, — — — nach Vergiftung 434.
—, elektrolytisches Wachstum 292.
—, Elektronenmikroskopie 129.
—, Katalysator der Knallgasreaktion 384.
—, Vergiftung 443.
— s. Copper.
Kupferoxyd verschiedener Aktivität 316.
Kupfer-Zinkoxyd-Mischkatalysatoren
301.

Labyrinthfaktor des Permeations- (s. d.)
widerstandes 162.
Laminare Strömung in Capillarsystemen
242.
— — in Poren und Porengröße 180.
LANGMUIRsche Adsorptionsisotherme zur
Oberflächenbestimmung 195.
— — und Reaktionskinetik 422 f.
Langsame Adsorption s. Slow adsorption.
Leerstellen als Gitterstörung 36.
— als Ursache für Röntgenamorphie 14 f.
Legierungen, Katalyse nach Ätzen 107.
Leitfähigkeit bei porösem Medium 165.
Linien, aktive 269 f.
Liquid oxygen calorimeter for heats of
adsorption 479.

Lockerstellen an Kristalloberflächen 293 f.
Löslichkeit und Teilchengrößenverteilung
71.
Lösung und aktivierte Adsorption 412 f.
Lösungsgeschwindigkeit fester Stoffe in
Wasser 355.
— kleiner Kriställchen 74.
— zur Oberflächenbestimmung 98, 206.
— und Teilchengrößenverteilung 72.
Lösungswärme und unregelmäßige Gitterstörungen 31.
— und unregelmäßige Gitterstörungen,
Berechnung 32.

Magnesium, Gleichgewichtsform 288.
Magnesiumoxyd, Elektronenmikrophoto-
graphie 66.
Magnesiumtitanat, Zwischenzustände bei
der Bildung 139.
Magnetismus, Verfolgung bei der Ad-
sorption 415.
—, Verfolgung bei der Adsorption, Appa-
ratur 416.
Manostat für Adsorptionsmessungen 413 f.
Medien, homogene und heterogene der
Diffusion 246.
Mehrstoffkatalysatoren, Herstellung 303.
— aus Komplexsalzen 304 f.
—, Vorbehandlung 304.
—, Vorerhitzung 303 f.
— s. Mischkatalysatoren, Mixed catalysts.
Metalle, Auflösung in Säuren, Katalyse
350.
—, Herstellung als Katalysatoren 322 ff.
—, — aus organischen Derivaten 299.
— als Hydrierungskatalysatoren 377 f.
—, Katalyse der H-Rekombination 343 f.
—, — der Knallgasreaktion 346.
—, — der Parawasserstoff-Umwandlung
345.
—, katalytische Reaktionen 372.
—, Oberflächenbestimmung 96, 100.
—, Oberflächenenergie 110 f.
—, —, genauere Berechnung 111 ff.
—, —, Zahlenwerte 114.
—, Oxydation 352.
—, poröse, durch Elektrolyse 226.
—, —, durch Pressen und Sintern 224 f.
—, Reaktion mit Stickstoff oder Ammo-
niak 366.
—, Sinterung dünner Filme 330.
—, Sinterungstemperaturen 332.
—, Vergiftung und Adsorption 442 ff.
Metallkeramik zur Herstellung poröser
Körper 224 f.
Methan, Bildung und Zerfall 368 f.
—, katalytische Zersetzung an Kohle 459.

Methanol, Adsorption und katalytische Spaltung nach Vorerhitzung des Katalysators 236ff.
—, Adsorptionsisothermen 198ff.
—, Zerfall an Zinkoxyd 381.
Mikroskopie von Porengrößen 167.
Mikrowaage für Adsorptionsmessungen 414.
Mischadsorption 442ff.
— an Mischkatalysatoren (s. d.) 446ff.
Mischfällungen von Hydroxyden 301.
Mischkatalysatoren, aktivierte Adsorption 445, 470ff.
— der Ammoniaksynthese 340f.
—, Begriff 136.
—, Einfluß der Zusammensetzung 142.
—, Sekundärstruktur 91.
—, Struktur und Wirkung 136ff.
—, Strukturuntersuchung durch Adsorption 446ff.
—, Verstärker, Verteilung 452.
—, —, Wirkungsweise 454.
— und Zwischenzustände 141.
— s. Mehrstoffkatalysatoren, Mixed catalysts.
Mischkörper, Sekundärstruktur 90.
Mischkristalle als Gitterstörung 25, 36.
— als Katalysatoren 26.
—, Röntgenintensitäten 15f.
—, Überstruktur 25.
Mixed catalysts, adsorption 492, 511f.
Molekulardiffusion in porösen Körpern 164.
— s. KNUDSENsche Diffusion.
Molybdän-Mischkatalysatoren aus Heteropolymolybdaten 305.
Molybdänoxyd, Adsorptionsverhalten 472.
—, Herstellung als verstärkter Katalysator 303.

Nachbehandlung aktiver Niederschläge 11.
Nebenreaktionen bei organischen Katalysen 356f.
Netzebenen, Anlagen neuer 282f.
Netzebenenabstände, abnorme, als Gitterstörung 21.
—, abnorme, als Ursache für Röntgenamorphie 16f.
—, Schwankungen als Gitterstörung 21.
Nickel, Adsorption von Äthylen 423, 425, 439.
—, Adsorption von Deuterium 425, 438.
—, — von Kohlenwasserstoffen 464f.
—, — von Methan 408, 436, 439.
—, — von Wasserstoff 407, 425, 436, 438, 445, 463.

Nickel, adsorption of ammonia 491.
—, — of carbon dioxide 494.
—, — of ethylene 494.
—, — of hydrogen 491, 494.
—, — of oxygen 494.
—, — on promoted 511.
— auf Aluminiumoxydträger 315.
—, Bearbeitung und katalytische Wirksamkeit 106f.
— aus Carbonyl 309.
—, Herstellung von feinteiligem 402f.
—, — als Katalysator 324.
—, — von verstärktem 300.
—, hochporöses, durch Reduktion 221.
— als Hydrierungskatalysator 379.
—, Isotopenaustauschkatalyse 465.
— auf Kieselgur 402f.
— durch Reduktion 403.
—, Reduktionstemperatur 319.
—, röntgenographische Teilchenform 55.
—, Sinterung und Katalyse 328f.
— als Skelettkontakt 307.
—, Vorbehandlung und Katalyse 320.
Nickeloxyd, Eigenschaften bei verschiedener Herstellung 298.
—, Oberflächenbestimmung aus der Lösungsgeschwindigkeit 206.
Nitride, Zwischenstufen des Ammoniakgleichgewichts 339f.
Nitrierung von Metallen 366.
Nitrogen, adsorption on chromic oxide 494, 500, 514.
—, adsorption on copper 494.
—, — on iron 494, 514.
—, — on platinum 494.
Non selective adsorption, consequences 484.
— selective adsorption, definition 483.
— — —, detection 484.
— — —, differential heats 519.
— — —, effects 488f., 505f.
— — poisoning 519f.

Oberflächen, Aktivität 129.
—, anomale Netzebenenabstände 121f.
—, basischer Charakter 132f.
—, Bau 98ff., 108ff.
—, Bestimmung 92ff.
—, —, direkte (Adsorptionsmethoden) 95ff.
—, Bestimmung, indirekte 92ff.
—, —, Unsicherheiten 94.
—, —, verschiedene Methoden 98.
—, chemische Bedeutung 153.
—, chemischer Zustand 129.
—, Energetik 99ff., 108ff.
—, Erzeugung großer —, s. Porosität.
— fester Stoffe 92ff.

Oberflächen, katalytische Untersuchung 102.
—, katalytisches Verhalten 106f.
— von Kristallen 293.
— poröser Körper 185.
— — — aus der Adsorptionsisotherme 189ff., 195ff.
— poröser Körper aus dem Adsorptionsvolumen 203.
— poröser Körper aus der Austauschadsorption (s. d.) 207.
— poröser Körper aus der Benetzungswärme 204.
— poröser Körper, Berechnung aus der Zahl der Adsorptionszentren 191, 196.
— poröser Körper, Berechnung aus der Zahl der Oberflächenatome 190, 201.
— poröser Körper nach der Emaniermethode (s. d.) 211.
— poröser Körper aus der Gasadsorption 193.
— poröser Körper aus katalytischen Messungen 204.
— poröser Körper aus Korngrößen 187.
— — — aus der Lösungsgeschwindigkeit 206.
— poröser Körper, mikroskopisch 210.
— — — ausOberflächenreaktionen205f.
— — — aus Porengrößen 188.
— — —, Problematik des Begriffs 186.
— — —, Rauhigkeit 185.
— — —, relative Messung 203.
— — — nach dem Rückstoßverfahren (s. d.) 211.
— poröser Körper aus der Zahl der Adsorptionszentren 192ff.
—, saurer Charakter 132f.
—, spezifische Energetik und Struktur 98ff.
—, Spezifität 129.
— und Teilchengröße 193.
—, Theorie 108ff.
—, Untersuchung 119ff.
—, — mit Elektroneninterferenzen 119ff.
—, — mit dem Elektronenmikroskop 125.
—, — durch Katalyse 102.
—, — mit dem Mikroskop 119.
Oberflächenatome, Berechnung der Zahl 190.
—, Messung der Zahl 201.
Oberflächenbestimmung aus Gasadsorption 446f.
Oberflächenbildungsarbeit verschiedener Kristallflächen 109.
Oberflächendiffusion in porösen Körpern 163.
— s. VOLMERsche Diffusion.

Oberflächenenergie fester Stoffe 108ff.
— — —, Berechnung aus Ablösearbeiten 109.
— fester Stoffe, Berechnung, genauere 111.
— von Metallen 110f.
— von Salzen 116.
—, Zahlenwerte 114, 116.
— s. Surface energy.
Oberflächenentropie. Berechnung 112, 115, 117.
Oberflächenhäute bei Reaktionen im festen Zustand 140f.
Oberflächenladung von Niederschlägen 131.
Oberflächenreaktionen zur Oberflächenbestimmung 205f.
— s. Surface reaction.
Oberflächenspannung, Änderung in engen Capillaren 169.
— und Dampfdruck kleiner Teilchen 73ff.
— an Kristallen 76, 79.
— verschiedener Kristallflächen 77.
Oberflächenverbindungen und aktivierte Adsorption 419ff.
— s. Surface compounds.
Oberflächenverbrennung 370.
Organische Verbindungen als Ausgangsstoffe für Katalysatoren 299.
— Verbindungen, Hydratation und Dehydratation 356.
Orientierung von Aufdampf- und Anlaufschichten 123.
— von Kristalliten, elektroneninterferometrische Bestimmung 64f.
— von Kristalliten als Gefügeelement 215.
Osmium s. Platinmetalle.
OSTWALDsche Stufenregel, Ableitung 278.
Oxydation, Katalysatoren 384.
—, —, Eigenschaften 386.
—, Mechanismus 385.
— und Reduktion zur Aktivierung von Katalysatoren 320f.
Oxides, mixed, adsorption 476f., 492, 494, 505.
Oxyde, aktivierte Adsorption 468ff.
—, Bildung und Zerfall 351f.
— als Dehydratationskatalysatoren 381.
— als Hydrierungskatalysatoren 380.
—, Katalyse des Deuteriumaustausches 344.
—, Katalyse des Hydroperoxydzerfalls 352.
— als Oxydationskatalysatoren, Wirksamkeit und Sauerstofftension 385f.
—, poröse, aus Oxydhydraten (s. d.) 222.
—, —, durch Sublimation 226.

Oxyde, Vorbehandlung und Katalyse 321.
— s. Oxides.
Oxydhydrate, Adsorptionsspezifität 132ff.
—, Herstellung oberflächenreicher 218.
—, Zersetzungsdrucke aktiver 147.
Oxygen, adsorption on charcoal 513, 516f.
—, — on chromic oxyde 492, 500, 514f.
—, — on copper 491, 519.
—, — on iron 514.
—, — on nickel 494.
—, — on platinum 491, 506.
—, — on silver 494.
—, — on tungsten 491, 494, 502, 504, 509, 521.
Ozon, katalytischer Zerfall 351.

Packungsdichte und Emaniermethode 87f.
Palladium, Adsorption von Kohlenoxyd 439.
Parawasserstoffumwandlung 344f.
Permeabilität, spezifische 179.
—, —, Definition 246.
Permeation poröser Körper 162.
Permutite, Herstellung und Porosität 223.
Peroxyschwefelsäure, Katalyse bei der Darstellung 364.
Phasen, zweidimensionale, in Adsorptionsschichten 431f.
Phasengrenzen und Aktivierung von Katalysatoren 317.
Phasengrenzlinien als aktive Zentren 269.
Phosphor, katalyt. 365.
—, — Oxydation 368.
Phosphorsäure, katalytische Bildung 368.
—, Herstellung als Katalysator 325f.
Phosphorwasserstoff, Bildung, Umsetzungen, Zerfall 365f.
Photometrierung von Röntgeninterferenzen 19.
Physical adsorption s. VAN DER WAALS-Adsorption.
Platin, Adsorption von verschiedenen Gasen 467f.
—, Adsorption von Wasserstoff 467.
—, elektrolytisches, auf Kohle 314.
—, Herstellung als Katalysator 296, 322ff.
—, Vergiftung für Adsorption 444.
Platinmetalle, Adsorptionsverhalten 466f.
Platinum, adsorption of carbon monoxide 494.
—, adsorption of ethylene 491.
—, — — hydrogen 491.
—, — — nitrogen 494.
—, — — oxygen 491, 506.
—, heat effects of water formation 521.

Plättchenform von Kristalliten, röntgenographischer Nachweis 54.
Poisoning and heats of adsorption (s. d.) 519.
Polarisationskapazität und Aufrauhung von Oberflächen (s. d.) 186.
Polymerisation zur Herstellung von Katalysatoren 325f.
Polymerisationsgrad amorphen Aluminiumoxydhydrats 44.
Poren, Adsorption 229.
—, Ausnutzbarkeit in Katalysatorkörnern 257ff.
—, Capillarkondensation 232.
—, Diffusion 244f.
—, — in engen 256.
—, Eindiffusion, Gesetze 247f.
—, grundsätzliche Bedeutung 229.
—, katalytische Aktivität 232f.
— der Kohle und Emanations-Adsorption 102.
—, laminare Strömung 242.
—, Teilchentransport 241ff.
Porenausschaltung 257f.
— und Aktivierungswärme 261.
—, Ausnutzungsgrad 266f.
—, experimentelle Prüfung 262f.
—, Katalysatorkoeffizient 265.
—, rechnerische Prüfung 264f.
—, Theorie 258ff.
Porengröße 167.
— nach dem Capillardruck 174f.
— aus der Durchlässigkeit 176f., 180.
— aus elektrokinetischen Messungen 175f.
— von Gelen aus Diffusionsmessungen 179ff.
— und KNUDSENsche Diffusion (s. d.) 251.
— aus der Korngröße bei Schüttungen 177.
—, mikroskopische Messung 167.
— und Oberfläche 188.
—, Problematik des Begriffs 173f.
—, Verteilungsfunktion 177.
—, — aus der Capillarkondensation 167ff.
—, Zusammenfassung 181.
Porenlage als Gefügeelement 215.
Porensubstanz bei der Emaniermethode 88.
Porenvolumen 161.
Porenweite als Gefügeelement 215.
Porenzahl aus der Durchlässigkeit 176.
Poröse Körper, Bedeutung 154.
— —, Dichtemessung 155f.
— —, Eigenschaften 151ff.
— —, Gefügeelemente 215.
— —, Herstellung 151ff., 216ff.
— —, Katalyse 233.

Poröse Körper, Kennzeichnung 151 ff.
— —, Modellaufbau 216.
— —, Porosität 159 ff.
— —, spezifische Eigenschaften 228.
— —, Strukturelemente 214.
— —, Untersuchung 154 f.
Porosität, Beziehung zu anderen Kenngrößen poröser Körper 160.
—, Definitionsgleichung 152, 159.
—, effektive 162.
—, —, und Diffusion 163, 249.
—, —, — —, Messung 164.
—, —, und Durchlässigkeit 163, 244.
—, —, — und Leitfähigkeit 165.
—, —, — —, Messung 165.
—, Erzeugung großer 217 ff.
—, — —, durch Auflockerung 223.
—, — —, durch chemische Reaktion 217.
—, — —, durch Elektrolyse 226.
—, — —, durch Entzug eines Bestandteils 221.
—, Erzeugung großer, durch Gasabgabe 220.
—, Erzeugung großer, durch poröse Träger 225.
—, Erzeugung großer, durch Pressen und Sintern 224.
—, Erzeugung großer, durch Quellung 224.
—, Erzeugung großer, durch Sublimation 226.
—, Erzeugung großer, durch verschiedene Methoden 226.
— als Gefügeelement 215.
— und Katalyse 161, 241.
—, Messung 160.
—, Modellberechnung 163.
—, scheinbare und wahre 161.
Potential, inneres, von Gittern 120 f.
Potentialkurven der aktivierten Adsorption 409 f., 418 f.
Preßkörper als poröse Körper 224 f.
Pretreatment, influence on the heat of adsorption 493.
Primärteilchen, Begriff 181.
—, Gitterkonstanten sehr kleiner 72.
—, Größenbestimmung mit Röntgenstrahlen 50.
—, Instabilität kleiner 73.
— und Oberfläche 187.
— oder Sekundärteilchen? 71.
Promotor action and heat of adsorption 511 f.
Pseudomorphosen, Adsorptionsverhalten 232.
— von Aluminiumhydroxyd nach -nitrat 401.
— von Eisenhydroxyd nach -sulfat 394.

Pseudomorphosen als hochporöse Körper 217 f.
Pyknometrie mit Emanation 85.
— poröser Körper, Besonderheiten 156.
— der Sekundärstruktur 85.
Pyrophores Nickel, Herstellung 402.

Quellung von Graphit 224.
— zur Oberflächenvergrößerung 224.

Radioaktive Methode der Oberflächenbestimmung 96 f., 185, 207, 211.
— Methode der Oberflächenspezifizierung 99 f.
— Methode s. Austauschadsorption, Rückstoßverfahren.
Radiogramme von Kohle 99.
Randwinkel als Maß chemischer Oberflächenspezifität 136.
RANEY-Kontakte 307.
— -Nickel, Herstellung 402.
— s. Skelettkontakte.
Rauhigkeit von Oberflächen 185, 189.
Reaction kinetics and heats of adsorption 475, 508 f.
Reaktionen im festen Zustand 139 f.
— — — — zur Darstellung aktiver Stoffe 7 f.
Reaktionskinetik und Adsorptionsisotherme 423.
— s. Reaction kinetics.
Reaktionsordnung, wahre 103.
Reaktionswärme und Überhitzung von Katalysatoren 267 f.
Redoxbehandlung von Katalysatoren zur Aktivierung 320 f.
Reduktion zur Aktivierung von Katalysatoren 316, 320 f.
— zur Darstellung aktiver Stoffe 6 f.
— und Oxydation zur Aktivierung von Katalysatoren 320 f.
— von Oxyden mit Wasserstoff 349.
— — — — —, autokatalytischer Verlauf 317 ff.
— von Oxyden mit Wasserstoff, Temperatur 319.
Reinheit von Katalysatoren 300.
Reinigung aktiver Niederschläge 10.
— von Katalysatoren 305.
Rekristallisation s. Sammelkristallisation.
Reliability of vacuum calorimeters 486 ff.
Rhodium s. Platinmetalle.
Richtungsabhängigkeit von Gitterstörungen 37.
— von Gitterstörungen neben amorphem Material 39.
— von Gitterstörungen, unregelmäßigen 33 f.

Röntgenamorphie s. amorpher Zustand.
Röntgenstrahlen zur Dichtemessung poröser Körper 157f.
—, ergänzende Methoden 17.
—, Erkennung amorpher Zustände 13ff.
—, Porositätsbestimmung 160.
Rosten des Eisens, Katalyse 374.
Rückstoßverfahren zur Oberflächenbestimmung 211.
— zur Oberflächenbestimmung, Anwendbarkeit 213f.
— zur Oberflächenbestimmung, Grundlagen 212.
Rückstoßweglänge in der Emaniermethode (s. d.) 86.
Ruß, Kristallisation 394.
Ruthenium s. Platinmetalle.

Säcke als einseitig offene Poren 161.
Salpetersäure, Katalyse der Reaktionen 368.
Salze, Adsorption und Zerreißfestigkeit 472.
—, Oberflächenenergien 115f.
Salzhydrate, Zerfallskinetik 355f.
Salzschichten, poröse, Adsorptionsverhalten 231.
—, poröse, Quellung unter Oberflächenvergrößerung 224.
—, poröse, durch Sublimation 226.
Salzschmelzen, elektrolytisches Wachstum aus ihnen 292.
Sammelkristallisation in Aufdampfschichten 123.
— bei Darstellung aktiver Stoffe 7.
—, Schwellentemperatur 137.
—, Verhinderung durch Zusätze 12.
— s. a. Kristallisation.
Sättigungswert der Adsorption 192f.
— — —, elektrophoretische Messung 202.
Sauerstoff, Adsorption an Kohle 408, 460.
—, — an Silber 421, 438, 457.
—, Atomrekombination 350.
—, Isotopenaustausch 351.
—, katalytische Reaktionen 350ff.
— als Stimulans der Hydrierung mit Nickel 379.
— s. Oxygen.
Sauerstoffatome, Rekombination 350.
Sauerstoffisotope, Austausch 351.
Saurer Charakter von Oberflächen 132f.
Scheindichte poröser Körper, Definition 158.
— poröser Körper, Messung 158.
Schichten, s. Filme.
Schichtengitter, spezielle Gitterstörungen 34.

Schlämmanalyse zur Teilchengrößenbestimmung 68.
Schmelzen und Kristallgröße 274.
Schmelzpunkt, Katalyse am — 331.
Schrumpfung von Trägerkatalysatoren 332f.
Schüttdichte poröser Körper, Messung 159.
Schüttporosität, Definitionsgleichung 153, 160.
— und Korngrößenverteilung 166f.
— von Kugelpackungen 166, 177.
Schüttungen, Porengröße aus der Korngröße 177.
Schwankungen der Netzebenenabstände 21.
— — — und Interferenzverbreiterung (s. d.) 22.
Schwefel, katalytische Reaktionen 361.
Schwefeldioxyd, Adsorption an Platin 468.
—, Bindung im HARGREAVES-Verfahren 360.
—, katalytische Chlorierung 364.
—, — Oxydation (s. a. Schwefelsäure) 363.
Schwefelkohlenstoff, katalytische Oxydation 370.
Schwefelsäure, Kontaktverfahren 363.
—, — Katalysator-Herstellung 325.
Schwefelwasserstoff, katalytische Bildung 362.
—, katalytische Oxydation 348f., 362f.
Schwingungen von Gitterbausteinen und Oberflächenenergie 112.
Sedimentationsanalyse zur Teilchengrößenbestimmung 69.
Sedimentationsgeschwindigkeit zur Messung von Korngrößen 183.
— zur Messung von Korngrößen, Geltungsgrenzen 183f.
— in der Ultrazentrifuge 70.
Sedimentationsgleichgewicht in der Ultrazentrifuge 70.
Sedimentvolumen, relative Messung 159.
Sekundärstruktur, Begriff 83.
—, Beeinflussung durch die Ausgangsstoffe 92.
—, Elektronenmikroskopische Untersuchung 89.
—, Emanieruntersuchung 86.
—, Methoden 83ff.
— von Mischkörpern 90.
Sekundärteilchen, Begriff 181.
— oder Primärteilchen? 71.
Selektive Katalyse 129f.
Selen, Gleichgewichtsform 290.
Selenwasserstoff, (auto)katalytische Bildung 362.

Siebanalyse zur Messung von Korngrößen 182.

Silber, Adsorption von Kohlenoxyd 457.

—, — von Sauerstoff 421, 438, 457.

—, — von Wasserstoff 457.

—, Autokatalyse der Bildung 375.

—, elektrolytisches Wachstum 291.

—, — — aus Salzschmelzen 292.

— s. Silver.

Silbersol, Entwicklungskatalyse 374.

Silbersulfid, Katalysator der Silbertelluridbildung 372f.

—, Keimkatalyse bei der Reduktion 375.

Silbertellurid, Katalyse bei der Bildung 372f.

Siliciumdioxyd, Reaktion mit Bariumcarbonat 373.

Silikagel, Adsorptionsvolumen 203.

— als Katalysator (Aerogel) 307.

— als Katalysatorträger, Herstellung 326.

— Katalyse, Adsorption und Vorbehandlung 135.

— als Verstärker, Herstellung 302.

Siloxene als spezifische Adsorbentien 136.

Silver, adsorption of carbon dioxide 494.

—, — of oxygen 494.

Sinterung von Filmen 330.

— von Katalysatoren 326ff., 332ff.

— — —, Beschreibung 327.

— — —, katalytischer Effekt 329.

— — —, Temperatureinfluß 328.

— von Niederschlägen 331.

— von Preßkörpern 224f.

—, Temperaturgrenze 332.

— von Trägerkatalysatoren 329f.

—, vorteilhafte 333f.

Sinterungsverhinderung durch Aluminiumoxyd 222.

Skelettkontakte 307.

— als poröse Körper, Herstellung 221.

Slow adsorption, heat evolution 515ff.

Sole, Entwicklung als Keimkatalyse 374.

Sorptionsisothermen, unstetige 172.

Spezifität von Oberflächen 129.

Stabilisierung aktiver Stellen 118f.

Stability of adsorbed layers 503.

Steighöhe, capillare, zur Messung von Porengrößen 174.

Stereofaktor des Permeations- (s. d.) widerstandes 162.

Stickoxyde, Bildung und Zerfall 367.

Stickoxydul s. Distickstoffmonoxyd.

Stickstoff, Atomrekombination 365.

—, katalytische Reaktionen 364ff.

—, Reaktion mit Metallen 366.

— s. Nitrogen.

Stickstoffatome, Rekombination 365.

Stickstoffpentoxyd, Katalyse des Zerfalls 367.

STOKESsche Gleichung der Sedimentationsgeschwindigkeit 183.

Störtemperatur s. Lösungswärme, unregelmäßige Gitterstörungen.

Störungsart und -grad in porösen Körpern 214.

Störungsstellen als aktive Linien 270.

STRANSKI-KOSSELsche Theorie des Kristallwachstums 77ff., 279.

Strömung, laminare, in Capillarsystemen 242.

Struktur von Aggregaten, Begriff 376.

— von Festkörpern, realen 1ff.

— poröser Körper, Begriff 155.

— — —, Einfluß auf Dichtemessungen 157.

Strukturelemente poröser Körper 214.

Strukturelle Verstärkung in Mischkatalysatoren 137.

— durch Stabilisierung von Störungen 138.

Stufenhafte Adsorption 429.

Stufenregel, OSTWALDsche, Ableitung 278.

Sublimation zur Erzeugung poröser Körper 226.

Sublimationswärme, Zusammenhang mit Ablösungsarbeiten (s. d.) 108.

Substanzfaktor des Permeations- (s. d.) widerstandes 162.

Substratverarmung s. Porenausschaltung.

Sulfate, thermische Zersetzung 364.

Sulfit, Autoxydation 364.

Sulfurylchlorid, katalytische Darstellung 364.

Summenkurve der Korngrößenverteilung 185.

Surface compounds of oxygen with carbon 513.

— energy distribution 506f.

— reaction of carbon monoxide 522f.

Synergetische Verstärkung in Mischkatalysatoren 138.

Teilchenform, Bestimmung mit dem Elektronenmikroskop 65ff.

—, Bestimmung mit Elektroneninterferenzen 63.

—, Bestimmung mit Röntgenstrahlen 54f.

—, Bestimmung mit der Ultrazentrifuge 70.

— von Katalysatoren 305.

— als Maß der Oberfläche 92ff.

Teilchengröße, Begriff 48.

—, Bestimmung 48ff., 68ff.

—, — mit dem Elektronenmikroskop 65ff.

Teilchengröße, Bestimmung mit Röntgenstrahlen 50.
—, Einheitlichkeitsprüfung 71.
— von Katalysatoren 306.
—, mittlere, Bedeutung 59.
— als Maß der Oberfläche 92ff.
—, primäre oder sekundäre Natur 71.
— und Stabilität 73ff.
— s. Korngröße.
Tellur, Gleichgewichtsform 290.
Temperature coefficient of heats of adsorption 512ff.
— curves of vacuum calorimeters 484, 517.
— gradients in vacuum calorimeters 484f.
Temperaturfaktor der Röntgenstreuung 27.
Thermodynamisches Potential und Kristallform 76ff.
THOMSONsche Gleichung für den Dampfdruck in Capillaren 168.
— Gleichung für den Dampfdruck kleiner Teilchen 73f., 275.
— Gleichung, Erweiterung auf Kristalle 75ff.
— Gleichung, Gültigkeitsgrenzen 74f.
Thoriumhydroxyd, Aerogel als Katalysator 307.
Titanoxyd, Herstellung als Katalysator 298.
Titrationskurve bei amorphen Fällungen 43.
Tonerde s. Alumina, Aluminiumhydroxyd.
Topochemische Reaktionen, Anwendung der Bezeichnung 401.
— Reaktionen, zur Darstellung aktiver Stoffe 6.
— Reaktionen, zur Darstellung von Katalysatoren 400.
Träger von Katalysatoren, Aufbringung 312f.
— von Katalysatoren, Auswahl 310f.
— — —, elektrolytische Aufbringung 314.
— — —, Funktion 310.
— — —, Herstellung 309ff., 326.
— — —, notwendige Eigenschaften 137.
—, poröse, zur Oberflächenvergrößerung 225f.
Trägerkatalysatoren, elektronenmikroskopische Untersuchung 89, 125f.
— aus RANEY-Legierungen 308.
—, Schrumpfung 333.
—, Sinterung 329f.
Trägerstoffe als Alterungsverhinderer 12.
Tränken von Katalysatorträgern 312.
Transporterscheinungen in Poren 241ff.

Tungsten, accommodation coefficient and adsorption 501ff.
—, adsorption of ammonia 494.
—, — of hydrogen 491, 501, 504.
—, — of oxygen 491, 494, 502, 504, 509.

Übermikroskop 65, s. a. Elektronenmikroskop.
Übersättigung und Keimbildung 273.
Ultrafilterwirkung 241.
— bei Zeolithen 242.
Ultraporositätsabfall 167, 241.
Ultrazentrifuge zur Teilchengrößenbestimmung 69f.
Umwandlung, aktivierende Wirkung 5ff., 131.
Umwandlungspunkt, Katalyse am — 331.
Uniatomare Schicht, Phasengrenzen darin 431.
Unimolecular layers on tungsten 502f.
Unregelmäßige Gitterstörungen, allgemeine Ursachen 26.
— Gitterstörungen, Bestimmung neben amorphem Material 38.
— Gitterstörungen, calorimetrische Prüfung 31.
— Gitterstörungen, genaueres Bild 28.
— —, Messung 29f.
— —, Richtungsabhängigkeit 33f.
— —, röntgenographische Untersuchung 26ff.
— Gitterstörungen, Stabilisierung 36.
Unselektive Adsorption s. Non selective adsorption.
Untersuchungsmethoden von Festkörpern und Katalysatoren 1ff.

Vacuum calorimeters for heats of adsorption 479ff.
— calorimeters for heats of adsorption, experimental difficulties 481.
— calorimeters for heats of adsorption, temperature curves 484.
— calorimeters for heats of adsorption, temperature gradients 484f.
— calorimeters for heats of adsorption, tests of reliability 485f.
— — calorimeters for heats of adsorption, various designs 480ff.
Vakuumcalorimeter s. Vacuum calorimeters.
Vanadinoxyd als Katalysator des Kontaktverfahrens 363.
— als Katalysator des Kontaktverfahrens, Herstellung 325.
VAN DER WAALS adsorption 495f.
— — — —, heat evolution 499f.
— — — —, — —, theory 501.

Van der Waalssche Adsorption 405 ff.
— — — —, Berechnung 230.
— — — — in Poren 229.
Verdunstung von Katalysator-Misch-
lösungen 302.
Vergiftung und Adsorption 442 ff.
— s. Poisoning.
Verläßlichkeit s. Reliability.
Verschiebungsquadrat, mittleres, und Dif-
fusionskoeffizient 249.
Verstärker, Funktion in Mischkatalysa-
toren 454.
— Verteilung, in Mischkatalysatoren 452.
Verstärkte Katalysatoren, Herstellung
300 ff.
— Katalysatoren, Herstellung durch
Fällung 301.
— Katalysatoren, Herstellung durch
Fällung am Träger 303.
— Katalysatoren, Herstellung durch
kolloide Lösung 302.
— Katalysatoren, Herstellung durch
Verdunstung 302.
Verstärkung in Mischkatalysatoren,
strukturelle 137.
— in Mischkatalysatoren, synergetische
138.
— s. Promotor action.
Verteilung der Korngrößen, Darstellung
184 f.
— der Korngrößen und Schüttporosität
166 f.
— der Porenradien 177.
— — — aus der Capillarkondensation
167 ff.
— der Porenradien aus der Capillarkondensation, Geltungsbereich 169.
Verteilungsart realer Festkörper 1 ff.
Viscosität und Diffusion in Gelporen 179.
Volmersche Theorie der Keimbildung
276 ff.
— Oberflächendiffusion in Capillarsystemen 253.
— Oberflächendiffusion in porösen Körpern 163.
— Oberflächendiffusion, Temperaturabhängigkeit 253 ff.
Voluminometrie zur Dichtemessung poröser Körper 157.
Vorbehandlung und Katalyse 320 f.
— — — bei Zweistoffkontakten 139.
— s. Pretreatment.
Vorerhitzung und Adsorptionsverhalten
von Oxyden und Gemischen 236 ff.

Wachstum von Kristallen 279.
— — —, heteropolaren 282.
— — —, homöopolaren 284.

Wachstumskörper, aktive Stellen 283.
—, Katalysatoren als — 270.
— des Kochsalzes 283.
Wärmeinhalt aktiver Stoffe 143 ff.
— — —, Tabellen 144 f.
— — —, thermodynamische Folgen 146 ff.
Wärmeschwingungen und Röntgeninten-
sitäten 27.
Wärmetönung s. Heat.
Wärmeübertragung s. Heat transfer.
Wärmeverluste s. Heat losses.
Wasser, Auflösung fester Stoffe 354.
—, katalytische Reaktionen 354 f.
—, Zerfall von Salzhydraten 355.
Wasserabspaltung s. Dehydratation.
Wasserdampf als Katalysator einer Re-
aktion im festen Zustand 373.
Wassergasreaktion 347.
Wasserstoff, Adsorption 405 f.
—, — an Chrom-Manganoxyd 407, 438.
—, — an Eisen 408, 438, 453, 461.
—, — an Kohle 418, 423, 438, 459.
—, — an Kupfer 427, 437 f., 443, 457.
—, — an Nickel 407, 436, 438, 463.
—, — an Oxyden 468 ff.
—, — an Platin 444 f., 467.
—, — an Silber 457.
—, — an Zinkoxyd 407, 438.
—, Atomrekombination 343 f.
—, Gewinnung aus Wasser 348.
—, Isotopenaustausch 344.
—, Katalysator des Zinndioxyd-Auf-
schlusses 373.
—, katalytische Reaktionen 343 ff.
—, — Reinigung 348.
—, Ortho-Para-Umwandlung 344 f.
—, Reduktion von Oxyden 347 f.
— s. Hydrogen.
Wasserstoffatome, Rekombination 343 f.
—, thermische 343.
Wasserstoffisotope, Austausch 344.
Wasserstoffperoxyd, katalytische Zer-
setzung 352 f.
Wave mechanics of adsorption 501.
Weldon-Verfahren, Grenzfall von Kata-
lyse 360.
Wellenmechanik s. Wave mechanics.
Wertigkeitswechsel bei Oxydationskata-
lysatoren 385.
Wiederholbare Kristallflächen 281.
Wiederholbarer Schritt des Wachstums 280.
Windsichtung zur Teilchengrößenbestim-
mung 68.
Wolfram, Adsorption 458.
— s. Tungsten.
Wulfscher Satz über die Oberflächen-
form von Kristallen 76.
— Satz, Ableitung 77 f.

Zeolithe, Ultrafilterwirkung 242.
Zerreißfestigkeit und Adsorption 472.
Zersetzungsdrucke aktiver Oxydhydrate 147.
Zinc oxide, adsorption of carbon dioxide 491.
— oxide, adsorption of carbon monoxide 491, 494.
— oxide, adsorption of ethylene 491.
— —, — of hydrogen 494.
— —, — of water vapour 494.
— —, catalysis and heat of adsorption 510.
Zink, Gleichgewichtsform 289.
Zinkaluminat, Vorerhitzung, Adsorption und Katalyse 241.
Zinkchromit, Zwischenzustände als Katalysatoren 380.
Zinkferrit, Zwischenzustände bei der Bildung 240.
Zinkoxyd, Adsorption von Kohlenoxyd 469.

Zinkoxyd, Adsorption von Wasserstoff 407, 438, 469.
—, Adsorptionsspezifität 133.
—, aktives, Lösungswärme und Gitterstörungen 31.
—, basische Eigenschaften 133.
—, Elektronenmikrophotographie 67.
—, Herstellung als Katalysator 298.
—, Katalysator des Methanolzerfalls 381.
—, saure Eigenschaften 133.
— s. Zinc oxide.
Zinndioxyd, Wasserstoffkatalyse des Aufschlusses mit Kalk 373.
Zusammengesetzte Adsorptionsvorgänge s. Complex adsorption processes.
Zwischenraumvolumen bei Korn- und Kugelschüttungen 166.
Zwischenstufen der Reaktionen im festen Zustand 140f.
Zwischenzustände bei Festreaktionen als aktive Bezirke 139.
— von Mischkörpern 91.